Ausgesondert
Stadtbibliothek
Wolfsburg

Bergmann · Schaefer
Lehrbuch der Experimentalphysik
Band 4   Bestandteile der Materie

# Bergmann · Schaefer
# Lehrbuch der Experimentalphysik

Band 4

Walter de Gruyter
Berlin · New York 2003

# Bestandteile der Materie

Atome, Moleküle, Atomkerne, Elementarteilchen

Herausgeber Wilhelm Raith

Autoren

Manfred Fink, Rolf-Dieter Heuer, Hans Kleinpoppen
Klaus-Peter Lieb, Nikolaus Risch, Peter Schmüser

2., überarbeitete Auflage

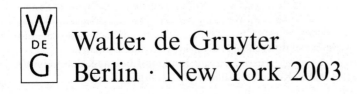

Walter de Gruyter
Berlin · New York 2003

*Herausgeber*
Dr.-Ing. Wilhelm Raith
Professor Emeritus
Universität Bielefeld
Fakultät für Physik
Postfach 100131
33501 Bielefeld
Email: raith@physik.uni.-bielefeld.de

Das Buch enthält 615 Abbildungen und 76 Tabellen.

ISBN 3-11-016800-6

*Bibliografische Information Der Deutschen Bibliothek*

Die Deutsche Bibliothek verzeichnet diese Publikation in der Deutschen Nationalbibliografie; detaillierte bibliografische Daten sind im Internet über < http://dnb.ddb.de > abrufbar

☉ Gedruckt auf säurefreiem Papier, das die US-ANSI-Norm über Haltbarkeit erfüllt.

© Copyright 2003 by Walter de Gruyter & Co.KG, D-10785 Berlin. – Dieses Werk einschließlich aller seiner Teile ist urheberrechtlich geschützt. Jede Verwertung außerhalb der engen Grenzen des Urheberrechtsgesetzes ist ohne Zustimmung des Verlages unzulässig und strafbar. Das gilt insbesondere für Vervielfältigungen, Übersetzungen, Mikroverfilmungen und die Einspeicherung und Verarbeitung in elektronischen Systemen. Printed in Germany.
Satz und Druck: Tutte Druckerei GmbH, Salzweg-Passau. Bindung: Lüderitz & Bauer GmbH, Berlin. Einbandgestaltung: +malsy, Kommunikation und Gestaltung, Bremen

# Vorwort zur 2. Auflage

Wie im Rückentext erläutert, wendet sich dieses Lehrbuch vor allem an Studierende der Physik im Hauptstudium, Doktoranden und Physiklehrer, aber darüber hinaus auch an naturwissenschaftlich Gebildete, die den aktuellen Stand des Wissens von den Bausteinen der Materie kennen lernen wollen.

Die Kapitel 1, 3, 4 und 5 über Atom-, Molekül-, Kern- und Elementarteilchenphysik, verfasst von experimentellen Experten auf diesen Gebieten, beschreiben den Wissenstand, die modernen Untersuchungsmethoden und die Einbettung der Messergebnisse in die Theorie. Das Kapitel 2 gibt eine kurzgefasste Einführung in die Chemie, wie sie für das Verständnis der Molekülphysik erforderlich ist, aber heute nicht mehr überall in Pflichtveranstaltungen des Physik-Grundstudiums vermittelt wird. Im umfangreichen ersten Kapitel wird auch eine verständliche Einführung in die Quantenmechanik gegeben. Diese für die moderne Physik grundlegende Theorie entstand zusammen mit der Atomphysik in den ersten drei Jahrzehnten des 20. Jahrhunderts. Die an die historische Entwicklung angelehnte Behandlung soll Studierenden helfen, die sich von den oft sehr abstrakten und mathematisch anspruchsvollen theoretischen Vorlesungen zur Quantenmechanik überfordert fühlen.

Die 1. Auflage von Band 4 mit dem Titel „Teilchen" erschien 1992 zusammen mit den Bänden 5 „Vielteilchen-Systeme" und 6 „Festkörper" als Nachfolger des Doppelbandes Bergmann-Schaefer IV (1,2) „Aufbau der Materie" (2. Aufl. 1981).

Eine aktualisierte englische Ausgabe von Band 4 erschien 1997 mit dem Titel „Constituents of Matter – Atoms, Molecules, Nuclei and Particles". Die hier vorgestellte überarbeitete 2. deutsche Auflage entspricht in Titel und Kapitelfolge der englischen Ausgabe.

April 2003 *Wilhelm Raith*

# Autoren

Prof. Dr. Manfred Fink
Physics Department
University of Texas
RLM 5.208
Austin, TX 78712
USA
fink@physics.utexas.edu

Prof. Dr. Rolf-Dieter Heuer
Universität Hamburg
Institut für Experimentalphysik und
Deutsches Elektronen-Synchrotron
DESY
Notkestraße 85
22607 Hamburg
rolf-dieter.heuer@desy.de

Prof. em. Dr. Hans Kleinpoppen
University of Stirling
Stirling FK9 4LA
Scotland, U.K.
hjwk1@stir.ac.uk
und
Gastwissenschaftler am
Fritz-Haber-Institut
Faradayweg 4–6
14195 Berlin
kleinpop@fhi-berlin.mpg.de

Prof. Dr. Dr. h.c. Klaus-Peter Lieb
Universität Göttingen
Am Kreuze 34
37075 Göttingen
lieb@physik2.uni-goettingen.de

Prof. Dr. Nikolaus Risch
Universität Paderborn
Fakultät für Naturwissenschaften
Department Chemie
Warburger Str. 100
33098 Paderborn
nr@chemie.uni-paderborn.de

Prof. Dr. Peter Schmüser
Universität Hamburg
Institut für Experimentalphysik und
Deutsches Elektronen-Synchrotron
DESY
Notkestraße 85
22607 Hamburg
peter.schmueser@desy.de

*Bild auf dem Einband*

**Stoß zweier lasergekühlter Mg$^+$-Ionen in einem Miniatur-Quadrupol-Speicherring**
Diese Ionen-Falle ist eine Weiterentwicklung der Paul'schen Hochfrequenz-Quadrupol-Falle, wie in Abschnitt 1.7.1.2 erläutert wird. Die Bewegung der Ionen entlang der Achse des Quadrupolfeldes wird durch ein elektrisches Potential eingeschränkt. Die Fluoreszenz der laserbestrahlten Ionen wird zur Positionsbestimmung genutzt.
Im Einbandbild liegt die Achse des Quadrupolfeldes parallel zum Buchrücken und die Zeit nimmt von links nach rechts zu. Die Farbcodierung bezieht sich auf die Fluoreszenzintensität.
*Anfangs (im Bild links) ist nur ein Ion im flachen Potentialminimum entlang der Achse eingefangen. Dieses Ion wird von einem zweiten abgestoßen, das sich (im Bild von unten) nähert. Danach stellt sich ein Gleichgewichtsabstand beider Ionen in der Potentialmulde ein.*

(Photo freundlicherweise zur Verfügung gestellt von H. Kartori, S. Schlipf und H. Walther, Max-Planck-Institut für Quantenoptik, 85748 Garching)

# Inhalt

**1 Atome**
*Hans Kleinpoppen*

| | | |
|---|---|---|
| 1.1 | Die Entwicklung der Atomphysik | 1 |
| 1.2 | Die ältere Atomtheorie | 3 |
| 1.2.1 | Das Rutherford-Bohr'sche Atommodell | 3 |
| 1.2.2 | Das Energieniveauschema und die Spektralserien des Wasserstoffatoms | 10 |
| 1.3 | Die Quantenmechanik in der Formulierung Schrödingers | 14 |
| 1.3.1 | Die zeitabhängige Schrödinger-Gleichung | 15 |
| 1.3.2 | Die stationäre Schrödinger-Gleichung | 17 |
| 1.3.3 | Potential-Null-Lösung der Schrödinger-Gleichung | 18 |
| 1.3.4 | Die Lösung der Schrödinger-Gleichung für das zentrale Coulomb-Feld im Wasserstoffatom | 18 |
| 1.3.5 | Die Grobstuktur der Energiezustände des Wasserstoffatoms | 28 |
| 1.3.6 | Die Feinstruktur- und Hyperfeinstruktur-Aufspaltung des Wasserstoffatoms | 30 |
| 1.3.6.1 | Die normale Feinstruktur: Spin-Bahn-Wechselwirkung und relativistische Korrekturen | 32 |
| 1.3.6.2 | Die Hyperfeinstruktur und Isotopie-Verschiebung | 42 |
| 1.3.6.3 | Lamb-Shift als anomale Feinstruktur (quantenelektrodynamischer Effekt) | 52 |
| 1.4 | Ansätze zur Verallgemeinerung und Entwicklung einer vollständigen abstrakten Theorie der Quantenmechanik | 54 |
| 1.4.1 | Operatoren, Eigenwerte, Eigenfunktionen und quantenmechanische Mittelwerte | 54 |
| 1.4.2 | Die Dirac-Schreibweise und Matrix-Formulierung der Quantenmechanik | 58 |
| 1.4.2.1 | Linearer Vektor-Raum (Hilbert-Raum) | 58 |
| 1.4.2.2 | Die Postulate der Quantenmechanik mit den Zustandsoperatoren und Zustandsvektoren | 62 |
| 1.4.2.3 | Weitere Resultate und Konsequenzen der quantenmechanischen Postulate | 63 |
| 1.4.2.4 | Der quantenmechanische Oszillator | 66 |
| 1.4.2.5 | Der quantenmechanische Potentialtopf | 70 |
| 1.4.2.6 | Auswahlregeln und Übergangsmatrixelemente | 75 |
| 1.5 | Struktur der Atome mit mehreren Elektronen | 85 |
| 1.5.1 | Die elektrostatische Korrelation | 86 |
| 1.5.2 | Russel-Saunders-*LS*- und *jj*-Kopplung | 86 |
| 1.5.3 | Pauli-Prinzip und Symmetrie der Wellenfunktionen | 88 |
| 1.5.4 | Die Struktur des Heliumatoms | 90 |
| 1.5.5 | Aufbauprinzip und Periodensystem der Atome | 99 |
| 1.5.6 | Die Spektren der Alkalimetallatome | 106 |
| 1.5.7 | Die Spektren der Erdkalimetallatome und der Zwei-Elektronen-Systeme Zink, Cadmium und Quecksilber | 113 |
| 1.5.8 | Multiplett-Spektren der Mehr-Elektronen-Atome | 116 |

| | | |
|---|---|---|
| 1.5.8.1 | Die Elemente der p-Gruppen | 117 |
| 1.5.8.2 | Die Elemente der d-Gruppen | 122 |
| 1.5.9 | Energiestruktur und Spektren positiver Ionen | 122 |
| 1.5.10 | Negative Ionen | 123 |
| 1.5.11 | Energiestruktur der inneren Schalen: Röntgenspektren, Auger-Effekt und Coster-Kronig-Übergänge | 125 |
| 1.5.12 | Röntgenbremsstrahlung | 139 |
| 1.6 | Atome in äußeren Feldern | 145 |
| 1.6.1 | Zeeman-Effekt – Atome in Magnetfeldern | 145 |
| 1.6.1.1 | Normaler Zeeman-Effekt: Lorentz-Tripletts | 145 |
| 1.6.1.2 | Anomaler Zeeman-Effekt als allgemeiner Fall und der Landé'scher $g$-Faktor | 148 |
| 1.6.1.3 | Quadratischer Zeeman-Effekt, Diamagnetismus und Landau-Bereiche | 158 |
| 1.6.2 | Stark-Effekt – Atome in elektrischen Feldern | 167 |
| 1.6.3 | Lichtpolarisation, Photonenspin und -helizität | 178 |
| 1.7 | Experimentelle Methoden und Anwendungen der Atomspektroskopie | 181 |
| 1.7.1 | Atomare Targets und Strahlen | 182 |
| 1.7.1.1 | Atomare Gaszellen und Atomstrahlen | 182 |
| 1.7.1.2 | Ionenstrahlen, Ionen- und Elektronenfallen, gekühlte Atomtargets („kalte Atome") und Bose-Einstein-Kondensation (BEK) | 188 |
| 1.7.2 | Die Breite und Linienform atomarer Spektrallinien | 195 |
| 1.7.2.1 | Die natürliche Linienbreite – Lorentz-Linienform | 196 |
| 1.7.2.2 | Die Stoßverbreiterung der Spektrallinien | 198 |
| 1.7.2.3 | Die Doppler-Verbreiterung | 198 |
| 1.7.2.4 | Das Voigt-Profil | 200 |
| 1.7.2.5 | Sättigungseffekt und Selbstumkehr der Spektrallinien | 201 |
| 1.7.3 | Hochfrequenz- und Mikrowellenspektroskopie | 203 |
| 1.7.3.1 | Elektrische und magnetische Dipolübergänge | 203 |
| 1.7.3.2 | Die magnetische Atomstrahl-Resonanzmethode nach Rabi | 207 |
| 1.7.3.3 | Der Wasserstoffmaser und die Hyperfeinstruktur des H-Atoms | 211 |
| 1.7.3.4 | Der $g$-Faktor freier Elektronen und Positronen | 214 |
| 1.7.4 | Optische und Lasermethoden | 216 |
| 1.7.4.1 | Doppler-freie Ein- und Zwei-Photonen-Laserspektroskopie | 217 |
| 1.7.4.2 | Hochfrequenz- und Mikrowellen-Spektroskopie angeregter Atome, Lamb-Shift-Experimente | 221 |
| 1.7.4.3 | Optische Doppelresonanztechnik | 224 |
| 1.7.4.4 | Hanle-Effekt-, Level-Crossing- und Anticrossing-Spektroskopie | 232 |
| 1.7.4.5 | Spektroskopie mit schnellen atomaren Teilchen und Anregung durch Folien (Beam-Foil- und Fast-Beam-Spektroskopie) | 242 |
| 1.7.4.6 | Spektroskopie mit der Synchrotronstrahlung | 243 |
| 1.7.4.7 | Metastabile Zustände | 249 |
| 1.8 | Exotische Atome | 260 |
| 1.9 | Rydberg-Atome | 265 |
| 1.10 | Atomare Stoßprozesse | 267 |
| 1.10.1 | Klassifizierung atomarer Stoßprozesse | 267 |
| 1.10.2 | Totaler und differentieller Wirkungsquerschnitt | 270 |
| 1.10.3 | Photoionisation der Atome | 271 |
| 1.10.3.1 | Experimentelle Methoden zur Messung von Photoionisationsquerschnitten | 272 |
| 1.10.3.2 | Resultate für totale Wirkungsquerschnitte | 279 |

| | | |
|---|---|---|
| 1.10.3.3 | Spin-Bahn-Wechselwirkung und Fano-Effekt | 282 |
| 1.10.3.4 | Photonionisation mit polarisierten Atomen | 286 |
| 1.10.3.5 | Doppelphotoionisation | 290 |
| 1.10.4 | Stoßprozesse zwischen Elektronen (Positronen) und Atomen | 293 |
| 1.10.4.1 | Partialwellenanalyse und Ramsauer-Townsend-Effekt | 295 |
| 1.10.4.2 | Resonanzstrukturen | 301 |
| 1.10.4.3 | Koinzidenzexperimente | 312 |
| 1.10.4.4 | Spineffekte in der Elektron-Atom-Streuung | 328 |
| 1.10.5 | Ion-Atom- und Atom-Atom-Stoßprozesse | 341 |
| 1.10.5.1 | Stoßparameter-Darstellung in klassischer Näherung | 341 |
| 1.10.5.2 | Quasi-Molekülbildung | 342 |
| 1.10.5.3 | Potentialstreuung und quantenmechanische Struktureffekte | 348 |
| 1.10.5.4 | Koinzidenz- und Spinexperimente | 351 |
| 1.10.5.5 | Antiproton-Atom-Stoßprozesse | 356 |

Einführende Bemerkungen zu den Kapiteln 2 und 3: Moleküle .............. 371

## 2 Moleküle – Bindungen und Reaktionen
*Nikolaus Risch*

| | | |
|---|---|---|
| 2.1 | Chemische Bindungen | 373 |
| 2.1.1 | Chemische Formeln | 373 |
| 2.1.2 | Die Periodizität chemischer Eigenschaften | 374 |
| 2.1.3 | Metalle | 377 |
| 2.1.4 | Ionenbindung | 378 |
| 2.1.5 | Kovalente Bindung | 379 |
| 2.2 | Reaktionsdynamik | 384 |
| 2.2.1 | Chemisches Gleichgewicht | 384 |
| 2.2.2 | Kinetik, Katalyse | 386 |
| 2.2.3 | Säure-Base-Reaktionen | 389 |
| 2.2.4 | Redoxreaktionen | 390 |
| 2.3 | Synthese | 391 |
| 2.3.1 | Reaktionsmöglichkeiten und Mechanismen | 392 |
| 2.3.2 | Stereochemie | 396 |
| 2.3.3 | Strukturaufklärung | 401 |
| 2.3.4 | Beispiele interessanter Strukturen | 402 |

## 3 Moleküle – Spektroskopie und Strukturen
*Manfred Fink*

| | | |
|---|---|---|
| 3.1 | Einleitung | 405 |
| 3.2 | Spektroskopie an Molekülen im elektronischen Grundzustand | 415 |
| 3.2.1 | Kernparamagnetische Resonanz (NMR) | 416 |
| 3.2.1.1 | Einleitung | 416 |
| 3.2.1.2 | Absorption und Emission | 418 |
| 3.2.1.3 | Die Bloch'schen Gleichungen | 421 |
| 3.2.1.4 | Das NMR-Messverfahren | 423 |
| 3.2.1.5 | Molekulare Strukturen und NMR | 431 |

| | | |
|---|---|---|
| 3.2.1.6 | NMR-Spektroskopie in der Medizin | 450 |
| 3.2.2 | Elektronen-Spin-Resonanz-Spektroskopie (ESR) | 453 |
| 3.2.2.1 | Definition und Messverfahren | 453 |
| 3.2.2.2 | Hyperfeinstruktur-Kopplungen | 454 |
| 3.2.2.3 | ESR in Übergangsmetallverbindungen | 456 |
| 3.2.2.4 | ENDOR | 458 |
| 3.2.3 | Mikrowellen-Spektroskopie | 459 |
| 3.2.3.1 | Einleitung und Definitionen | 459 |
| 3.2.3.2 | Lineare Moleküle | 460 |
| 3.2.3.3 | Nichtlineare Moleküle | 462 |
| 3.2.3.4 | Die Mikrowellen-Messmethode | 468 |
| 3.2.3.5 | Anwendungen der Mikrowellenspektroskopie | 471 |
| 3.2.4 | Infrarotspektroskopie | 475 |
| 3.2.4.1 | Einleitung | 475 |
| 3.2.4.2 | Symmetrien in polyatomaren Molekülen | 479 |
| 3.2.4.3 | Infrarotspektrometer | 482 |
| 3.2.4.4 | Auswertung der Infrarotspektren | 485 |
| 3.2.4.5 | Der $CO_2$-Laser | 489 |
| 3.2.4.6 | Infrarote Laserspektroskopie | 490 |
| 3.2.5 | Raman-Spektroskopie | 492 |
| 3.2.5.1 | Einleitung | 492 |
| 3.2.5.2 | Raman-Spektrometer | 499 |
| 3.2.5.3 | Raman-Spektren | 501 |
| 3.2.5.4 | Resonanz-Raman-Spektroskopie | 511 |
| 3.2.5.5 | Kohärente Anti-Stokes-Raman-Spektroskopie (CARS) | 516 |
| 3.2.6 | Multiphotonen-IR-Anregungen | 522 |
| 3.2.6.1 | Einleitung | 522 |
| 3.2.6.2 | Messungen im Quasikontinuum | 523 |
| 3.2.6.3 | Modellrechnungen von Vielquantenanregungen | 524 |
| 3.3 | Strukturen von Molekülen im elektronischen Grundzustand | 526 |
| 3.3.1 | Hochenergetische Elektronenbeugung | 528 |
| 3.3.2 | Niederenergetische Elektronenstreuung | 540 |
| 3.3.2.1 | Einleitung | 540 |
| 3.3.2.2 | Elastische Elektronenstreuung an orientierten Molekülen | 540 |
| 3.3.2.3 | Elastische Elektronenstreuung an statistisch orientierten Molekülen | 548 |
| 3.3.2.4 | Inelastische Elektronenstreuung innerhalb des elektronischen Grundzustands | 558 |
| 3.3.2.5 | Theorie zur Elektron-Molekül-Streuung | 561 |
| 3.3.3 | Röntgenstreuung von Molekülen in der Gasphase | 567 |
| 3.3.3.1 | Einleitung | 567 |
| 3.3.3.2 | Messmethode und Ergebnisse | 569 |
| 3.3.4 | Holographie an Molekülen | 572 |
| 3.4 | Moleküle im angeregten elektronischen Zustand | 573 |
| 3.4.1 | Das Born-Oppenheimer-Theorem | 573 |
| 3.4.2 | Klassifikation und Termsymbole von elektronisch angeregten Molekülzuständen | 576 |
| 3.4.3 | Orbitale für zweiatomige Moleküle | 584 |
| 3.4.3.1 | Homonuklearer Fall | 584 |
| 3.4.3.2 | Molekülorbitale zweiatomiger, heteronuklearer Moleküle | 588 |
| 3.4.4 | Auswahlregeln und Intensitäten | 591 |
| 3.4.4.1 | Der elektronische Beitrag | 591 |

| | | |
|---|---|---|
| 3.4.4.2 | Schwingungsstruktur eines elektronischen Zustandes ................... | 593 |
| 3.4.4.3 | Rotationsstruktur eines elektronischen Zustandes ..................... | 599 |
| 3.4.5 | Unelastische Elektronenstreuung ................................. | 604 |
| 3.4.5.1 | Vergleich von optischer Anregung und Elektronenstoßanregung .......... | 604 |
| 3.4.5.2 | Oszillatorenstärken, Bethe-Oberflächen und Summenregeln .............. | 605 |
| 3.4.5.3 | Experimentelle unelastische Wirkungsquerschnitte .................... | 608 |
| 3.4.5.4 | EXAFS (Extended X-Ray Absorption Fine Structure) ................... | 612 |
| 3.5 | Moleküle von physikalischem Interesse – Beispiele ................... | 614 |
| 3.5.1 | Myonische Moleküle: $(dt\mu)de_2$ ................................. | 614 |
| 3.5.1.1 | Myonischer Wasserstoff ........................................ | 614 |
| 3.5.1.2 | Myonenkatalisierte Fusion ...................................... | 616 |
| 3.5.2 | Die metallische Mehrfachbindung von Übergangsmetallen ............. | 621 |
| 3.5.2.1 | Einleitung und Überblick ....................................... | 621 |
| 3.5.2.2 | Der ultrakurze Cr–Cr-Abstand ................................... | 624 |
| 3.5.2.3 | Die Photoelektronenspektren von Molekülen mit Metallvielfachbindungen . | 626 |
| 3.5.3 | Van-der-Waals-Moleküle ........................................ | 631 |
| 3.5.3.1 | Herstellung und Nachweis ...................................... | 631 |
| 3.5.3.2 | Eigenschaften von van-der-Waals-Molekülen ....................... | 636 |
| 3.5.3.3 | Strukturen und Molkülorbitale ................................... | 640 |
| 3.5.3.4 | Die Rolle der van-der-Waals-Moleküle in der Gasphase ............... | 643 |
| 3.5.4 | Buckminsterfullerene .......................................... | 646 |
| 3.5.4.1 | Historische Einleitung ......................................... | 646 |
| 3.5.4.2 | Herstellung von Fullerenen ..................................... | 647 |
| 3.5.4.3 | Spektren der Fullerene im Grundzustand .......................... | 648 |
| 3.5.4.4 | Die elektronischen Zustände .................................... | 652 |
| 3.5.4.5 | Winkelaufgelöste Photoelektronenspektren ......................... | 654 |
| 3.5.4.6 | Endohedrale Fullerene ......................................... | 656 |

# 4 Atomkerne
*Klaus-Peter Lieb*

| | | |
|---|---|---|
| 4.1 | Einleitung .................................................. | 663 |
| 4.1.1 | Wovon handelt die Kernphysik? .................................. | 663 |
| 4.1.2 | Kurzer Abriss der historischen Entwicklung ........................ | 666 |
| 4.2 | Allgemeine Eigenschaften von Atomkernen ........................ | 670 |
| 4.2.1 | Die Kernladung .............................................. | 671 |
| 4.2.2 | Kernmassen und Bindungsenergien ............................... | 676 |
| 4.2.2.1 | Definitionen ................................................ | 676 |
| 4.2.2.2 | Massenspektrometer und Massenseparatoren ....................... | 678 |
| 4.2.2.3 | Messung von Separationsenergien und $Q$-Werten – Die Masse des Neutrons | 682 |
| 4.2.2.4 | Systematik der Bindungsenergien ................................ | 686 |
| 4.2.3 | Kernradien, Verteilung der Nukleonen im Kern ..................... | 687 |
| 4.2.3.1 | Die Nukleonenverteilung im Kern ................................ | 687 |
| 4.2.3.2 | Die Ladungsverteilung im Kern .................................. | 691 |
| 4.2.3.3 | Elektrische Quadrupolmomente .................................. | 706 |
| 4.2.4 | Kernspin und magnetisches Moment .............................. | 706 |
| 4.3 | Kernmodelle ................................................ | 709 |
| 4.3.1 | Das Tröpfchenmodell .......................................... | 710 |
| 4.3.2 | Das Kollektivmodell ........................................... | 712 |

| 4.3.2.1 | Das Vibrationsmodell | 712 |
| 4.3.2.2 | Rotationsbanden in gg-Kernen | 717 |
| 4.3.3 | Das Einteilchen-Schalenmodell | 723 |
| 4.3.3.1 | Magische Zahlen | 723 |
| 4.3.3.2 | Das Schalenmodell | 724 |
| 4.3.3.3 | Konsequenzen des Schalenmodells – Restwechselwirkungen | 729 |
| 4.3.4 | Das Fermigas-Modell | 734 |
| 4.3.5 | Kopplung von kollektiver und Einteilchen-Bewegung | 738 |
| 4.3.5.1 | Schwache Kopplung | 739 |
| 4.3.5.2 | Das Nilsson-Modell | 740 |
| 4.3.5.3 | Coriolis-Entkopplung | 742 |
| 4.3.6 | Elementare magnetische Anregungen | 744 |
| 4.4 | Die Nukleon-Nukleon-Wechselwirkung | 748 |
| 4.4.1 | Das Deuteron | 749 |
| 4.4.2 | Nukleon-Nukleon-Streuung | 751 |
| 4.4.2.1 | Proton-Neutron-Streuung | 752 |
| 4.4.2.2 | Proton-Proton-Streuung | 757 |
| 4.4.3 | Der Isospin | 761 |
| 4.4.4 | Phänomenologische Nukleon-Nukleon-Potentiale | 765 |
| 4.4.5 | Mesonen und/oder Quarks in Kernen? | 768 |
| 4.4.5.1 | Hadronenresonanzen | 769 |
| 4.4.5.2 | Das naive Quarkmodell der Hadronen | 771 |
| 4.5 | Kernzerfälle | 774 |
| 4.5.1 | Nuklidkarte – Zerfallsgesetz – Erhaltungssätze | 774 |
| 4.5.2 | Der Alphazerfall | 779 |
| 4.5.2.1 | Einige wichtige Beobachtungen | 779 |
| 4.5.2.2 | Der Gamow-Faktor | 781 |
| 4.5.2.3 | Neuere Ergebnisse | 783 |
| 4.5.3 | Die Kernspaltung | 786 |
| 4.5.3.1 | Der Spaltprozess | 786 |
| 4.5.3.2 | Energiebilanz – Spaltbarriere | 787 |
| 4.5.3.3 | Spaltreaktoren | 790 |
| 4.5.4 | Elektromagnetische Strahlung des Kerns | 794 |
| 4.5.4.1 | Auswahlregeln | 794 |
| 4.5.4.2 | Einteilchenbreiten | 795 |
| 4.5.4.3 | Messung nuklearer Lebensdauern | 798 |
| 4.5.4.4 | Kernresonanzabsorption und Mößbauer-Effekt | 802 |
| 4.5.4.5 | Elektronen-Konversion | 805 |
| 4.5.5 | Betazerfälle | 806 |
| 4.5.5.1 | Neutrinos | 807 |
| 4.5.5.2 | Die Form des $\beta$-Spektrums | 809 |
| 4.5.5.3 | Die $\beta$-Zerfallswahrscheinlichkeit | 811 |
| 4.5.5.4 | Paritätsverletzung beim $\beta$-Zerfall | 813 |
| 4.5.5.5 | Die Helizität des Neutrinos | 816 |
| 4.5.6 | Radiodatierung | 818 |

# 5 Elementarteilchen
*Rolf-Dieter Heuer, Peter Schmüser*

| | | |
|---|---|---|
| 5.1 | Historische Entwicklung und grundlegende Konzepte der Elementarteilchenphysik | 831 |
| 5.1.1 | Elementarteilchen in der Atom- und Kernphysik | 831 |
| 5.1.2 | Erste Versuche zur Beschreibung der fundamentalen Wechselwirkungen | 832 |
| 5.1.3 | Unser heutiges Bild der Elementarteilchen und ihrer Wechselwirkungen | 835 |
| 5.2 | Beschleuniger und Teilchendetektoren | 840 |
| 5.2.1 | Grundzüge der Beschleunigerphysik | 840 |
| 5.2.1.1 | Strahloptik und Betatronschwingungen | 840 |
| 5.2.1.2 | Beschleunigung und Synchrotronschwingungen | 844 |
| 5.2.1.3 | Synchrotronstrahlung | 846 |
| 5.2.1.4 | Teilchenquellen und Vorbeschleuniger | 848 |
| 5.2.2 | Kreisförmige und lineare Collider | 849 |
| 5.2.3 | Wechselwirkungen von Teilchen und $\gamma$-Strahlung mit Materie | 850 |
| 5.2.3.1 | Ionisation | 851 |
| 5.2.3.2 | Bremsstrahlung | 853 |
| 5.2.3.3 | Tscherenkow- und Übergangsstrahlung | 854 |
| 5.2.3.4 | Elektromagnetische Schauer | 855 |
| 5.2.3.5 | Hadronische Schauer | 856 |
| 5.2.4 | Teilchendetektoren | 856 |
| 5.2.4.1 | Aufgaben der Detektorkomponenten | 856 |
| 5.2.4.2 | Szintillationszähler | 856 |
| 5.2.4.3 | Blasenkammer | 857 |
| 5.2.4.4 | Proportional- und Driftkammern | 857 |
| 5.2.4.5 | Tscherenkow-Zähler | 859 |
| 5.2.4.6 | Schauerzähler und Kalorimeter | 860 |
| 5.2.4.7 | Mikrovertexdektoren | 862 |
| 5.2.4.8 | Ein moderner Speicherringdetektor | 863 |
| 5.3 | Wichtige Eigenschaften der Elementarteilchen | 863 |
| 5.3.1 | Teilchen mit starken Zerfällen | 864 |
| 5.3.2 | Dirac-Gleichung und Antiteilchen | 869 |
| 5.3.3 | Masse und mittlere Lebensdauer | 872 |
| 5.3.4 | Spin und magnetisches Moment | 875 |
| 5.3.5 | Ladungsartige Quantenzahlen | 878 |
| 5.3.6 | Parität | 880 |
| 5.3.7 | Ladungskonjugation, CP und CPT | 883 |
| 5.4 | Quark-Modell | 884 |
| 5.4.1 | Einordnung der Hadronen in Isospin- und SU(3)-Multipletts | 884 |
| 5.4.2 | Die Neuen Teilchen | 887 |
| 5.4.3 | Experimentelle und theoretische Argumente für die Existenz von Quarks | 890 |
| 5.4.3.1 | Tief inelastische Elektron-Nukleon-Streuung | 890 |
| 5.4.3.2 | Hadronen-Jets in der Elektron-Positron-Vernichtung | 893 |
| 5.4.3.3 | Charmonium und Bottomium | 894 |
| 5.4.4 | Farbladungen und Gluonen | 896 |
| 5.4.5 | Entdeckung der Gluonen | 898 |
| 5.5 | Elementarprozesse und Teilchenreaktionen | 901 |
| 5.5.1 | Elementare Prozesse und Feynman-Graphen in der QED | 901 |

| | | |
|---|---|---|
| 5.5.2 | Schwache Wechselwirkung | 907 |
| 5.6 | Vereinigung der Wechselwirkungen | 911 |
| 5.6.1 | Experimentelle Grundlagen der vereinheitlichten elektroschwachen Wechselwirkung | 911 |
| 5.6.2 | Die Eichtheorie der elektromagnetischen Wechselwirkung | 914 |
| 5.6.3 | Das Standard-Modell der elektroschwachen Wechselwirkung | 917 |
| 5.6.4 | Die Quantenchromodynamik als Eichtheorie | 925 |
| 5.6.5 | Neutrino-Massen und Neutrino-Oszillationen | 927 |
| 5.6.6 | Große Vereinheitlichung | 927 |
| 5.6.7 | Supersymmetrie | 928 |
| 5.7 | Zusammenfassung und Ausblick | 928 |
| Anhang | Relativistische Kinematik und Einheiten | 929 |

Tabelle der Fundamentalkonstanten ................................. 935
Register ........................................................ 939

# 1 Atome

*Hans Kleinpoppen*

## 1.1 Die Entwicklung der Atomphysik

**Moderne Atomphysik** beginnt um die Wende vom neunzehnten zum zwanzigsten Jahrhundert mit der Entdeckung des Elektrons, des Atomkerns, der Ionen, der Photonen und deren Beziehungen und Wechselwirkungen miteinander. Die physikalische und chemische Forschung vor dem zwanzigsten Jahrhundert lieferte zwar eine Anzahl wichtiger Hinweise auf die Existenz der Atome, die jedoch nach dem heutigen Kenntnisstand nur als indirekt angesehen werden. Dennoch müssen wir die Tatsache anerkennen, dass die Frage nach der Natur der Materie denkende Menschen schon frühzeitig im Altertum beschäftigt hat und der Begriff des **Atoms** (griechisch „atomos", unteilbar) als unteilbares Ganzes und kleinste Ureinheit der Materie von den griechischen Philosophen Demokrit und Leukipp eingeführt worden ist. Spuren solcher Ideen finden sich bereits im 12. Jahrhundert vor unserer Zeitrechnung in der indischen Philosophie. Dieses frühe philosophische Konzept einer *atomaren Hypothese* der Materie stand im Gegensatz zu derjenigen der Griechen Anaxagoras und Aristoteles, die die Idee vertraten, dass Materie kontinuierlich ohne erkennbar Grenze teilbar sein sollte. Obwohl diese *Kontinuumhypothese* der Materie bis zum Mittelalter vorherrschte, gab es jedoch auch Denker wie den römischen Dichter Lukrez, der der atomaren Hypothese den Vorzug gab. Mit der Entwicklung der modernen Experimentalwissenschaft vor etwa vierhundert Jahren neigten jedoch Physiker und Philosophen wie Boyle, Descartes, Galilei und Newton mehr zum atomaren Bild der Materie. Newton beschreibt insbesondere in seinem Buch „Principia", wie das von ihm entwickelte Konzept der Kräfte in der Grenze kleiner und kleiner werdender Materieteilchen nur dann sinnvoll bleibt, wenn schließlich Teilchen endlicher Größe übrigbleiben, die mittels (damals) unbekannter Kräfte die Materie zusammenhalten. Ein wesentlicher Fortschritt gelang jedoch erst zu Beginn des neunzehnten Jahrhunderts, als die Idee des Atoms quantitativ auf die verschiedenen identifizierbaren chemischen Elemente und Reaktionen übertragen werden konnte (Daltons „Neues System Chemischer Philosophie" und Avogadros Hypothese der gleichen Zahl von Molekülen in gleichen Volumina von Gasen bei gleicher Temperatur und gleichem Druck). Obwohl die *Atom- und Molekülgewichte* der Chemie des neunzehnten Jahrhunderts relative makroskopische Gewichte der chemischen Elemente und Verbindungen waren, deuteten sich in diesem quantitativen Konzept der Chemie bereits Vorstellungen an, dass verschiedene Atome und Moleküle verschieden schwer sein könnten. *Daltons Gesetz* (1808) der *Multiplen Proportionen* chemischer Reaktionen und *Prouts Hypothese* (1815), dass alle chemischen

Elemente aus Vielfachen der Masse des Wasserstoffatoms zusammengesetzt sind, stehen mit den empirisch ermittelten relativen Atom- und Molekülgewichten im Einklang.

Parallel mit der Entwicklung einer quantitativen Atom-Hypothese in der Chemie ging die quantitative Vermessung elektrischer Ladungen einher, die in der ersten Hälfte des vorigen Jahrhunderts als Folge der Faraday'schen Untersuchungen zur Elektrolyse zu der Vorstellung einer „atomaren" Grundeinheit elektrischer Ladungen („*Atome der Elektrizität*") führte. Ein weiterer, wichtiger Schritt in der Entwicklung des atomaren Konzepts der Materie war die periodische Klassifizierung der chemischen Elemente durch Mendeleev und Meyer (zweite Hälfte des vorigen Jahrhunderts). Die periodische Ähnlichkeit chemischer Elemente mit zunehmendem Atomgewicht sollte ihre Ursache in der Ähnlichkeit der bis dahin unbekannten atomaren Struktur haben, sich aber in der chemischen Valenz periodisch als Funktion des Atomgewichts widerspiegeln (Periodensystem der Atome, Abschn. 1.5.5).

Die Entwicklung der modernen Atomphysik begann im Anschluss an die Entdeckungen verschiedener, neuartiger physikalischer Phänomene:

1. Die Entdeckung der Röntgenstrahlung (1895) als extrem kurzwellige elektromagnetische Strahlung und von Laues Interferenz der Röntgenstrahlung an Kristallen (1912).
2. Die Entdeckung der Radioaktivität durch Becquerel (1896).
3. Die Messung der Masse des Elektrons zu 1/1837 der Masse des Wasserstoffatoms (Thomson, 1897).
4. Die Entdeckung der Quantennatur elektromagnetischer Strahlung durch Planck (1900).
5. Die Lichtquanten-Hypothese Einsteins zur Erklärung des Photoeffekts (1905).
6. Rutherfords Entdeckung des Atomkerns (1911).
7. Der Franck-Hertz-Versuch (1914) zum Nachweis der Beziehung $h\nu = eU$ (Photonenenergie $h\nu$ gleich der Stoßenergie eines Elektrons $eU$).
8. Die präzise Vermessung der Wellenlängen der Spektrallinien des Wasserstoffatoms.
9. De Broglie's Hypothese der Wellennatur elementarer Teilchen (1924).

Erst in der Mitte der zwanziger Jahre dieses Jahrhunderts wurden die für die Struktur des Atoms grundlegendsten neuen Gesetze der Physik, die Gesetze der Quantenmechanik, entdeckt (Heisenberg, Schrödinger, Born, Dirac). Seit dieser Zeit ist klar geworden, dass die Gesetze der Newton'schen Mechanik für die Beschreibung der Atome und seiner Bausteine nicht ausreichen. Die neue Quantenmechanik und deren Erweiterung, die Quantenelektrodynamik, haben sich dagegen als richtige Theorien zur Beschreibung und Erklärung aller bisher experimentell beobachteten, atomphysikalischen Phänomene erwiesen.

Wir werden in den folgenden Abschnitten dieses Kapitels zunächst die Struktur der Atome, deren Energieschemata und Übergangsprozesse zwischen diskreten Energiezuständen behandeln. Hierzu benötigen wir die Methoden der Quantenmechanik, deren Grundlagen wir erläutern werden. Im Anschluss hieran werden die modernen Methoden der **Atomspektroskopie** beschrieben.

Das Wechselspiel zwischen den experimentellen Resultaten der Spektroskopie der Atome und den theoretischen Voraussagen der Quantenmechanik hat zu einem Grad der Übereinstimmung geführt, der bis heute im Vergleich zu anderen Bereichen der Physik unübertroffen ist. Während die Atomspektroskopie sich seit Beginn des vorigen Jahrhunderts (atomare Spektrallinien im Sonnenspektrum durch Fraunhofer 1814/15 entdeckt) bis heute stetig fortentwickelt hat, hat sich der andere Hauptzweig der Atomphysik, die Physik **atomarer Stoßprozesse** (zu Beginn dieses Jahrhunderts entstanden), in den letzten drei Jahrzehnten zu einer eindrucksvollen Breite und Tiefe entwickelt. Während die atomaren Strukturen und die zugehörige Elektronenkonfiguration als statische Eigenschaften des Atoms klassifiziert werden können, sind die atomaren Stoßprozesse als dynamische Probleme der Atomphysik einzustufen.

## 1.2 Die ältere Atomtheorie

### 1.2.1 Das Rutherford-Bohr'sche Atommodell

Die Kathodenstrahlen einer Vakuumröhre wurden 1897 von Thomson als Korpuskularstrahlen interpretiert. Es stellte sich heraus, dass die Kathodenstrahlteilchen, die Elektronen, eine etwa 2000-mal kleinere Masse haben als die Wasserstoffatome. Lenard hatte bereits vier Jahre vorher beobachtet, dass Kathodenstrahlen durch dünne Folien aus Entladungsröhren ins Freie gelangen können. Er folgerte später daraus, dass die Masse des Elektrons nur ein sehr kleines Volumen im Innern des Atoms einnehmen kann.

Thomson schlug ein statisches Atommodell vor. Er nahm an, dass die positive Ladung gleichmäßig (wie ein „Pudding") über das gesamte, kugelförmige Volumen des Atoms verteilt ist und die Elektronen stabile Lagen innerhalb dieser Ladung einnehmen (wie Rosinen im Pudding, daher *Puddingmodell*). Sie können Schwingungen um ihre Ruhelage ausführen; dabei wird Strahlung bestimmter Frequenzen ausgesandt.

Das *Thomson'sche Atommodell* wurde jedoch endgültig durch die Ergebnisse von Streuversuchen mit radioaktiven $\alpha$-Strahlen (siehe Kap. 4) widerlegt. Beim Durchgang dieser Strahlen durch dünne Folien wurden überraschenderweise auch sehr große Ablenkungen der $\alpha$-Teilchen beobachtet, die nur für Stoßparameter ($\approx$ Minimalabstände zwischen stoßendem Teilchen und Stoßzentrum), die viel kleiner sind als der Atomradius, zu erwarten sind. Nach den Stoßgesetzen für Punktmassen kann ein $\alpha$-Teilchen durch ein Elektron jedoch höchstens um einen Winkel von 28" abgelenkt werden. Rutherford folgerte daraus, dass sich im Innern der Atome ein praktisch punktförmiges positives Ladungszentrum befindet. Die von ihm abgeleitete Streuformel wurde durch Experimente von Geiger und Marsden bestätigt (Abschn. 4.1.2).

Bei dem 1911 von Rutherford aufgestellten dynamischen Modell des Wasserstoffatoms umkreist das Elektron den sehr kleinen Atomkern (*Planetenmodell*), der eine positive Ladung trägt und in dem fast die gesamte Atommasse enthalten ist. Bei den Umläufen des Elektrons um den Atomkern muss nach den Gesetzen der klassischen Elektrodynamik dauernde Strahlung emittiert werden. Da das Elektron wegen der Ausstrahlung laufend Energie verliert, muss es eine Spiralbahn beschreiben

4    1 Atome

und in den Kern fallen. Außerdem würde bei einer solchen Bahnkurve ein kontinuierliches Spektrum ausgesandt, wohingegen das Emissionsspektrum des Wasserstoffatoms aus diskreten Spektrallinien besteht (Abb. 1.1).

Zur Behebung dieser Schwierigkeiten hat Bohr das Rutherford'sche Atommodell erweitert, indem er 1913 postulierte, dass es im Gegensatz zur klassischen Elektrodynamik bestimmte Bahnen geben soll, auf denen das Elektron umlaufen kann, *ohne Strahlung auszusenden*. Auf diesen Bahnen hat das Elektron diskrete Energien,

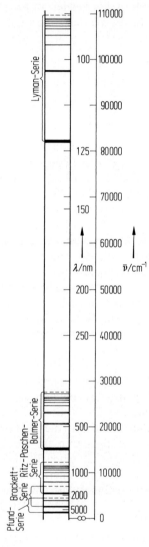

**Abb. 1.1** Schematische Darstellung der Spektralserien des Wasserstoffatoms vom ultravioletten (Wellenlänge der Größenordnung von 100 nm. Wellenzahl $\bar{\nu} = 1/\lambda$ der Größenordnung von $10^5 \text{cm}^{-1}$) bis zum infraroten Spektralbereich ($\lambda > 1000$ nm). Die Intensitäten der Spektrallinien einer Wasserstoff-Gasentladung sind durch deren Dicke angedeutet. Die gestrichelten Linien geben die Seriengrenzen an.

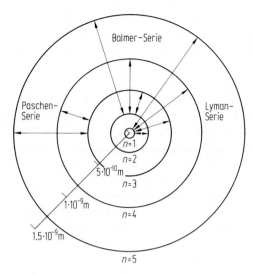

**Abb. 1.2** Bohr'sches Atommodell des Wasserstoffatoms mit den Elektronenbahnen der Hauptquantenzahlen $n = 1$ bis $n = 5$ und den Übergängen zur Absorption oder Emission von Spektrallinien verschiedener Spektralserien.

die sich nach der klassischen Mechanik berechnen lassen. Springt das Elektron von einer energiereicheren Bahn auf eine energieärmere, so wird die frei werdende Energie als Strahlung emittiert (Abb. 1.2). Ein Sprung in der umgekehrten Richtung wird durch Strahlungsabsorption ermöglicht.

Die Frequenzen der Strahlung, die das Atom emittieren und absorbieren kann, folgen aus dem Energieerhaltungssatz und der Hypothese, dass Strahlungsenergie immer nur in sehr kleinen Mengen $E = h\nu$ abgegeben oder aufgenommen werden kann. Dabei ist

$$h = 6.626\,068\,76\,(52) \cdot 10^{-34}\,\text{J\,s} = 4.135\,667\,27\,(16) \cdot 10^{-15}\,\text{eV\,s}.$$

die *Planck-Konstante* (das **Planck'sche Wirkungsquantum**).[1] Nach Einstein (1905) können wir uns Licht der Wellenlänge $\lambda = c/\nu$ als einen Strom von *Lichtquanten* oder *Photonen* der Energie $E = h\nu = h\nu/\lambda$ vorstellen. Beim Emissionsprozess muss

---

[1] Man beachte, dass sich die absoluten Standard-Unsicherheiten in diesem Fall auf die 8. und 9. Dezimalen der angegebenen Werte für das Planck'sche Wirkungsquantum $h$ beziehen und daher zu relativen Standard-Unsicherheiten von $7.8 \cdot 10^{-8}$ in der J s-Einheit und zu $3.9 \cdot 10^{-8}$ in der eV s-Einheit führt.

Am Ende dieses Bandes befindet sich eine Tabelle der Fundamentalkonstanten, in der die neuesten Messwerte und ihre Fehlergrenzen angegeben sind. Viele dieser Konstanten sind mit Hilfe atomspektroskopischer Methoden bestimmt worden. Die in diesem Kapitel angegebenen Werte atomarer Konstanten sollen dem Leser die heute erreichte enorme Messgenauigkeit verdeutlichen. Wir weisen bereits an dieser Stelle auf die letzte Tabelle (Tab. 1.15) dieses Kapitels hin, in der die wichtigsten physikalischen Größen der Atomphysik in atomaren und SI-Einheiten aufgeführt sind.

die ausgestrahlte Energie gleich der Differenz der Gesamtenergien der beiden Elektronenbahnen sein, zwischen denen der Elektronensprung stattfindet. Dann lautet die **Bohr'sche Frequenzbedingung**

$$h\nu_{n'n''} = E_{n'} - E_{n''}. \tag{1.1}$$

Das ganzzahlige $n$ bezieht sich auf die Nummerierung der Elektronenbahnen, wobei die Bahn mit der niedrigsten Energie die Zahl 1 enthält; $n'$ bezeichnet die energiereichere und $n''$ die energieärmere Bahn.

Das Kriterium für die strahlungsfreien Bahnen können wir finden, indem wir verlangen, dass die Ergebnisse der Bohr'schen Theorie mit denen der klassischen Physik übereinstimmen, wenn die Energie der Lichtquanten $E = h\nu$ gegen null geht (Korrespondenzprinzip). Zunächst müssen wir die Gesamtenergie des Elektrons berechnen. Dabei wollen wir uns nicht auf das Wasserstoffatom beschränken, sondern auch wasserstoffähnliche Ionen miterfassen. Der Atomkern soll $Z$ Elementarladungen $e = 1.602176462(63) \cdot 10^{-19}$ C tragen.

Die Coulomb-Kraft ist die Zentripetalkraft, die das Elektron auf der Kreisbahn hält; es gilt

$$\frac{1}{4\pi\varepsilon_0} \frac{Ze^2}{r^2} = -m_e \dot\varphi^2 r$$

mit der Ruhemasse des Elektrons $m_e = 9.10938188(72) \cdot 10^{-31}$ kg, der elektrischen Feldkonstante oder Influenzkonstante

$$\varepsilon_0 = 1/\mu_0 c^2 = 8.854187817 \cdot 10^{-12}\,\mathrm{A\,s\,V^{-1}\,m^{-1}}$$

und der magnetischen Feldkonstante oder Induktionskonstante

$$\mu_0 = 1.2566370614 \cdot 10^{-6}\,\mathrm{V\,s\,A^{-1}\,m^{-1}}.$$

Der zur Winkelkoordinate $\varphi$ gehörende Impuls, der Bahndrehimpuls, ist $p_\varphi = m_e r^2 \dot\varphi$ und demnach

$$\dot\varphi = \frac{p_\varphi}{m_e r^2} \quad \text{und} \quad r = \frac{4\pi\varepsilon_0 p_\varphi^2}{m_e Z e^2}. \tag{1.2}$$

Die potentielle ($E_p$) und die kinetische ($E_k$) Energie des Elektrons im Abstand $r$ vom Kern ist

$$E_p = -\frac{1}{4\pi\varepsilon_0}\frac{Ze^2}{r} \quad \text{und} \quad E_k = \frac{m_e}{2} r^2 \dot\varphi^2 = \frac{p_\varphi^2}{2 m_e r^2}.$$

Dann ergibt sich bei Benutzung der Gleichung für $r$

$$E_{\text{ges}} = E_p + E_k = -m_e \left[\frac{Ze^2}{4\pi\varepsilon_0}\right]^2 \frac{1}{p_\varphi^2} + \frac{m_e}{2}\left[\frac{Ze^2}{4\pi\varepsilon_0}\right]^2 \frac{1}{p_\varphi^2}$$

$$= -\frac{m_\mathrm{e}}{2}\left[\frac{Ze^2}{4\pi\varepsilon_0}\right]^2 \frac{1}{p_\varphi^2} = \frac{1}{2}E_\mathrm{p} = -E_\mathrm{k}. \tag{1.3}$$

Wir verwenden jetzt die Bohr'sche Frequenzbedingung. Zur Bahn $n$ mit der Gesamtenergie $E_n$ soll der Bahndrehimpuls $p\varphi_n = p_\varphi$ und zur benachbarten Bahn $n+1$ mit $E_{n+1}$ der Bahndrehimpuls $p\varphi_{n+1} = p_\varphi + C$ gehören. Dann ist

$$v_{n,n+1} = \frac{m_\mathrm{e}}{2h}\left(\frac{Ze^2}{4\pi\varepsilon_0}\right)^2\left[\frac{1}{p_\varphi^2} - \frac{1}{(p_\varphi+C)^2}\right] = \frac{m_\mathrm{e}}{h}\left(\frac{Ze^2}{4\pi\varepsilon_0}\right)^2 \frac{C}{p_\varphi^3}\frac{\left(1+\frac{1}{2}\frac{C}{p_\varphi}\right)}{\left(1+\frac{C}{p_\varphi}\right)^2}.$$

Je kleiner die Energie $hv_{n,n+1}$ der Lichtquanten und damit auch die Frequenz $v_{n,n+1}$ ist, um so besser soll nach diese nach Bohrs Korrespondenzprinzip mit der klassischen Frequenz übereinstimmen. Nach der klassischen Theorie ist die Frequenz, die das kreisende Elektron mit dem Bahndrehimpuls $p_\varphi$ ausstrahlt,

$$v_\mathrm{klass}(p_\varphi) = \frac{\dot\varphi}{2\pi} = \frac{p_\varphi}{2\pi m_\mathrm{e} r^2} = \frac{m_\mathrm{e}}{2\pi}\left(\frac{Ze^2}{4\pi\varepsilon_0}\right)^2 \frac{1}{p_\varphi^3};$$

entsprechend gilt

$$v_\mathrm{klass}(p_\varphi+C) = \frac{m_\mathrm{e}}{2\pi}\left(\frac{Ze^2}{4\pi\varepsilon_0}\right)^2 \frac{1}{(p_\varphi+C)^3} = \frac{m_\mathrm{e}}{2\pi}\left(\frac{Ze^2}{4\pi\varepsilon_0}\right)^2 \frac{1}{p_\varphi^3\left(1+\frac{C}{p_\varphi}\right)^3}.$$

Offensichtlich ist $v_{n,n+1}$ um so kleiner, je größer $p_\varphi$ gegenüber $C$ ist. Unter der Bedingung $p_\varphi \gg C$ oder $1 \gg C/p_\varphi$ ist es nun gleichgültig, ob wir die Frequenz $v_\mathrm{klass}(p_\varphi)$ für die Bahn $n$ oder $v_\mathrm{klass}(p+C)$ für die Bahn $n+1$ wählen und $v_{n,n+1} = v_\mathrm{klass}(p_\varphi)$ oder $v_{n,n+1} = v_\mathrm{klass}(p_\varphi+C)$ setzen. Es ergibt sich in beiden Fällen

$$C = p_{\varphi_{n+1}} - p_{\varphi_n} = \frac{h}{2\pi} = \hbar.$$

Diese Differenz der Drehimpulse erhalten wir für alle benachbarten Bahnen, wenn wir

$$p_\varphi = n\frac{h}{2\pi} = n\hbar \tag{1.4}$$

setzen, wobei $n$ gleich 1, 2, 3, ... sein kann. Dass diese verallgemeinernde Annahme richtig ist, zeigt der Vergleich der Ergebnisse der Theorie mit Messwerten, wie wir später sehen werden. Der *Bahnparameter $n$ wird als Hauptquantenzahl* bezeichnet. Gl. (1.4) ist das Kriterium für die strahlungsfreien Bahnen, die sogenannte *Quantenbedingung*. Damit die Frequenzen nach der klassischen und der Bohr'schen Theorie übereinstimmen, muss $p_\varphi \gg C$ sein. Da $p_\varphi = n\hbar$ und $C = \hbar$ ist, ergibt sich $n \gg 1$. Die Bohr'sche Theorie enthält die klassische Theorie als Grenzfall für sehr große Werte von $n$.

Bisher haben wir die Mitbewegung des Atomkerns noch nicht berücksichtigt; das Elektron und der Kern umkreisen den gemeinsamen Massenmittelpunkt M (Abb. 1.3.).

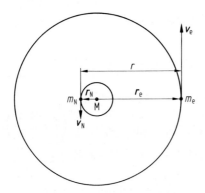

**Abb. 1.3** Die gegenseitige Bewegung des Elektrons (Masse $m_e$) und des Atomkerns (Masse $m_N$) um den gemeinsamen Schwerpunkt M.

Durch die Einführung von Relativkoordinaten können wir das Zweiteilchenproblem auf ein Einteilchenproblem zurückführen. Der Radius $r$ behält die Bedeutung des Abstands zwischen Elektron und Kern. Mit $r_e$ und $r_N$ (wie Nukleus) wollen wir die Radien der Bahnen des Elektrons und des Kerns, mit $v_e$ und $v_N$ ihre Bahngeschwindigkeiten und mit $m_e$ und $m_N$ ihre Massen bezeichnen. Die reduzierte Masse ist

$$m_r = \frac{m_e \cdot m_N}{m_e + m_N} = \frac{m_e}{1 + \dfrac{m_e}{m_N}}. \tag{1.5}$$

Dann gelten die Gleichungen

$$m_e r_e = m_N r_N \quad \text{und} \quad r = r_e + r_N,$$

$$r_e = r \frac{m_r}{m_e} \quad \text{und} \quad r_N = r \frac{m_r}{m_N},$$

$$v_e = r_e \dot{\varphi},\ v_N = r_N \dot{\varphi} \quad \text{und} \quad v = r\dot{\varphi} = (r_e + r_N)\dot{\varphi} = v_e + v_N,$$

$$v_e = v \frac{m_r}{m_e} \quad \text{und} \quad E_k = \frac{1}{2} m_e v_e^2 + \frac{1}{2} m_N v_N^2 = \frac{1}{2} m_r v^2 = \frac{1}{2} m_r r^2 \dot{\varphi}^2.$$

Wir brauchen in den bisher erhaltenen Gleichungen nur $m_e$ durch $m_r$ zu ersetzen. Der Drehimpuls $p = m_r \dot\varphi r^2$ und die Energien $E_k$ und $E_{ges}$ gehören dann zum Gesamtsystem Elektron-Kern.

Wenn wir Gl. (1.4) in die Gl. (1.2) für $r$ einsetzen, die $n$-te Bahn mit dem Index $n$ bezeichnen und wir $m_r$ statt $m_e$ schreiben, so erhalten wir

$$r_n = r_1 n^2 \quad \text{mit} \quad r_1 = \frac{4\pi\varepsilon_0 \hbar^2}{m_r Z e^2}. \tag{1.6}$$

Der Bohr-Radius $a_0$ ist gleich $r_1$ für $Z = 1$ und $m_r = m_e$ (also $m_N \to \infty$):

$$a_0 = 5.291\,772\,083(19) \cdot 10^{-10}\,\text{m}.$$

Aus Gl. (1.3) folgt nach Einsetzen von Gl. (1.4) die Geschwindigkeit auf der $n$-ten Bahn

$$v_n = \sqrt{\frac{2E_{k,n}}{m_r}} = \frac{Ze^2}{4\pi\varepsilon_0 \hbar}\frac{1}{n} = \frac{\hbar}{m_r r_1}\frac{1}{n}. \tag{1.7}$$

Für $Z = 1$, $m_e = m_r$ und $n = 1$ ergibt sich $v_1 = 2.188 \cdot 10^6\,\text{m s}^{-1}$.

Schließlich wird die Gesamtenergie der Elektronen- und Kernbewegung – als Betrag auch *Bindungsenergie* im Zustand mit der Quantenzahl $n$ genannt – zu:

$$E_n = -E_{k,n} = -\frac{1}{2}\frac{m_e}{1 + \frac{m_e}{m_N}}\left[\frac{Ze^2}{4\pi\varepsilon_0 \hbar}\right]^2 \frac{1}{n^2} = -\frac{\hbar^2}{2m_r r_1^2}\frac{1}{n^2} = E_1\frac{1}{n^2}$$

$$= -hcZ^2 \frac{R_\infty}{1 + \frac{m_e}{m_N}}\frac{1}{n^2} \tag{1.8}$$

mit der Rydberg-Konstante

$$R_\infty = 10\,973\,731.568\,549(83)\,\text{m}^{-1}. \tag{1.9}$$

Wir wollen uns jetzt etwas eingehender mit der Bedeutung der Gesamtenergie beschäftigen. Die Wahl des Nullpunkts für die potentielle Energie ist willkürlich. Nach Gl. (1.3) wird sie null, wenn $r$ gegen unendlich geht, und erreicht damit ihren maximalen Wert. Weil die kinetische Energie ebenfalls für $r \to \infty$ verschwindet, muss auch die Gesamtenergie gleich null werden. Die Gesamtenergie hat nach Gl. (1.8) negative Werte. Die Gesamtenergie $E_n$ ist die Energie des Elektrons, das den Kern auf der $n$-ten Bahn umkreist. Das negative Vorzeichen weist darauf hin, dass dem Elektron Energie fehlt, um freizukommen. Hierzu muss ihm die Ionisierungsenergie $|E_n|$ zugeführt werden. In dieser Energieskala hat das ionisierte Atom die Energie null, das neutrale angeregte Atom ist energieärmer und das Atom im Grundzustand mit $n = 1$ am energieärmsten. Die Gesamtenergie $E_n$ wird auch als Energie eines Atoms in dem Zustand mit der Quantenzahl $n$ bezeichnet.

Nun ist das Elektron ein Teil des Atoms, und schon beim Wasserstoffatom hängt die Gesamtenergie infolge der Mitbewegung des Kerns nicht mehr allein vom Elektron ab. Aufgrund der Frequenzbedingung (Gl. (1.1)) ergibt sich die Wellenzahl der Strahlung bei einem Übergang von der $n'$-ten auf die $n''$-te Bahn zu

$$\bar{\nu}_{n''n'} = \frac{\nu_{n''n'}}{c} = Z^2 \frac{R_\infty}{1 + \frac{m_e}{m_N}}\left[\frac{1}{(n'')^2} - \frac{1}{(n')^2}\right]. \tag{1.10}$$

Die *Rydberg-Konstante* für das ${}^1$H-Atom ist

$$R_H = \frac{R_\infty}{1 + \frac{m_e}{m_p}} = (1.0967758 \pm 0.0000003)\cdot 10^7\,\text{m}^{-1}$$

($m_p$ = Masse des Protons). Rydberg hat bereits 1890 aufgrund der damals bekannten

Messwerte für die Wellenlängen der Wasserstoff-Spektrallinien eine ähnliche Formel wie Gl. (1.10) für die Spektralserien des Wasserstoffatoms aufgestellt. Die Übereinstimmung der nach Gl. (1.10) berechneten Wellenzahlen mit den Messwerten ist so gut, dass die durch Gl. (1.4) formulierte Annahme als richtig angesehen werden darf.

Das *Deuteriumatom* $^2$H (die Zahl links oben am Elementsymbol H ist die Massenzahl (Nukleonenzahl) = Summe der Protonenzahl und Neutronenzahl im Kern; s. Kap. 4) besitzt ein Proton und ein Neutron und das Tritium-Atom $^3$H ein Proton und zwei Neutronen; daher ist für $^2$H $m_e/m_N \approx m_e/2m_p$ und für $^3$H $m_e/m_N \approx m_e/3m_p$. Die Spektrallinien dieser Atome sind entsprechend Gl. (1.1) nach höheren Wellenzahlen oder nach kürzeren Wellenlängen hin verschoben. Der natürliche Wasserstoff enthält zwei Isotope, $^1$H und $^2$H, so dass jede Linie in zwei Linienkomponenten aufgespalten ist. Außer diesem *Massenverschiebungseffekt*, der bei leichteren Elementen besonders deutlich in Erscheinung treten kann, gibt es noch einen anderen **Isotopieverschiebungseffekt**, den sog. *Kernvolumen- oder Feldverschiebungseffekt*, der für schwerere Atome wesentlich ist (Abschn. 1.3.6.2). Durch den Einbau von Neutronen wird die Form der Verteilung der elektrischen Kernladung verändert und die Energie des Elektrons geringfügig, aber merklich beeinflusst. Die Isotopieverschiebung ist eine der Ursachen der *Hyperfeinstruktur der Energieniveaus und Spektrallinien*. Außerdem tritt eine Hyperfeinstruktur auf, wenn ein Kernspin vorhanden ist (Abschn. 1.3.6.2).

### 1.2.2 Das Energieniveauschema und die Spektralserien des Wasserstoffatoms

Die **Anregungsenergie** $E_{a,n}$ ist die Energiedifferenz zwischen dem Niveau $n' = n$ und dem Grundzustand $n'' = 1$:

$$E_{a,n} = E_n - E_1 = hcZ^2 \frac{R_\infty}{1 + \frac{m_e}{m_N}} \left(1 - \frac{1}{n^2}\right).$$

Unter der Ionisierungsenergie $E_I$ verstehen wir die erforderliche Energie zur Abtrennung eines Elektrons, wenn sich das Atom im Grundzustand befindet:

$$E_I = E_{a,\infty} = -E_1 = hcZ^2 \frac{R_\infty}{1 + \frac{m_e}{m_N}}.$$

Der Termwert $T_n$ ist die dem absoluten Betrag des Energiewerts $E_n$ proportionale Wellenzahl:

$$T_n = Z^2 \frac{R_\infty}{1 + \frac{m_e}{m_N}} \frac{1}{n^2}. \qquad (1.11)$$

Die Wellenlänge der Spektrallinie, die beim Übergang des Atoms vom Niveau $n'$ auf das Niveau $n''$ emittiert wird, lässt sich folgendermaßen berechnen:

$$\lambda_{n''n'} = \frac{1}{\bar{\nu}_{n''n'}} = \frac{1}{T_{n''} - T_{n'}}.$$

Wellenlängen werden in Mikrometer (μm) oder Nanometer (nm) angegeben. Die veraltete Einheit Ångström (1 Å = 1 · 10$^{-10}$ m = 0.1 nm) wird kaum noch verwendet.

Nun lassen sich die Energiewerte des H-Atoms in einem übersichtlichen Schema darstellen, wie dies in Abb. 1.4 geschehen ist. Auf der linken Seite ist eine Skala für die Anregungsenergie $E_a$ in eV (1 eV = 1.6022 · 10$^{-19}$ J) und auf der rechten Seite eine Skala für die Termwerte $T$ in cm$^{-1}$ und für die Bindungsenergien in eV angebracht (100 m$^{-1}$ = 1 cm$^{-1}$ ≙ 1.239854 · 10$^{-4}$ eV, 1 eV ≙ 8.065547 · 10$^3$ cm$^{-1}$). Das Energieniveauschema, das kurz Niveauschema, Termschema oder auch *Grotrian-Diagramm*, (nach Walter Grotrian, der für die Mehrzahl der Atome solche Diagramme zusammengestellt hat) genannt wird, lässt sich für alle Atome aufstellen. Beim Wasserstoffatom und den wasserstoffähnlichen Ionen können die Energiewerte nach der Bohr'schen Theorie oder mithilfe der Quantenmechanik berechnet werden. Bei Atomen mit zwei oder mehreren Elektronen versagt die Bohr'sche Theorie völlig, Energiezustände dieser Atome können jedoch approximativ mittels der Quantenmechanik errechnet werden (siehe Abschn. 1.3).

Eine **Spektralserie des Wasserstoffatoms** umfasst alle Linien, die zu speziellen Übergängen mit einem gemeinsamen tieferen Niveau $n''$ gehören. In das Niveauschema des H-Atoms (Abb. 1.4) sind Linien der fünf zuerst vermessenen Serien eingetragen:

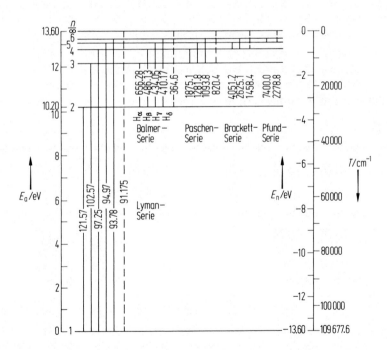

**Abb. 1.4** Termschema des Wasserstoffatoms mit den ersten fünf Spektralserien, Spektrallinien (ausgezogene vertikale Linien, die Wellenlängen sind in nm angegeben) und Seriengrenzen (gestrichelte vertikale Linien).

Lyman-Serie, $n'' = 1, n' = 2, 3, \ldots$ (UV-Spektralbereich);
Balmer-Serie, $n'' = 2, n' = 3, 4, \ldots$ (sichtbarer und UV-Bereich);
Paschen-Serie, $n'' = 3, n' = 4, 5, \ldots$ (IR-Spektralbereich);
Brackett-Serie, $n'' = 4, n' = 5, 6, \ldots$ (IR-Spektralbereich);
Pfund-Serie, $n'' = 5, n' = 6, 7, \ldots$ (IR-Spektralbereich).

Abb. 1.4 zeigt ein Schema der Wasserstoff-Spektralserien. Die Spektrallinien häufen sich zu den (gestrichelt gezeichneten) Seriengrenzen mit den Wellenlängen $\lambda = 1/R_\mathrm{H}$, $4/R_\mathrm{H}$ und $9/R_\mathrm{H}$ immer dichter. Für mehrere Linien und die Seriengrenzen sind die Wellenlängen in Abb. 1.4 eingetragen. Für $\lambda < 2000$ nm gelten die Werte für Vakuum, sonst diejenigen für Luft.

Wasserstoffgleiche Spektren besitzen auch die Ionen $He^+$ ($Z = 2$), $Li^{2+}$ ($Z = 3$), ..., $U^{91+}$ ($Z = 92$) mit einem einzigen vom Atomkern gebundenen Elektron. Die entsprechenden Wellenlängen der Spektrallinien dieser Ionen sind proportional zu $1/Z^2$ im Vergleich zum Wasserstoff gekürzt. Andere wasserstoffgleiche System sind das Positronium und das myonische Atom, in denen das Proton durch ein Positron oder das Elektron durch ein Myon (Masse $m_\mu = 207\, m_e$) ersetzt ist (s. Abschn. 1.8). Infolge der Gleichheit der Massen des Elektrons und des Positrons „schrumpft" das Energiespektrum des Positroniums im Vergleich zum Wasserstoffatom um den Faktor zwei zusammen (s. Gl. (1.8), die Rydberg-Konstante des Positroniums wird $R_\mathrm{Ps} = R_\infty/2$). Da der „Kern" des Positroniums „einfache" Leptonen-Struktur im Vergleich zur komplizierten nuklearen Struktur des Protons, des Deuterons und des Tritiums (s. Kap. 4) besitzt, eignet es sich besonders zum Studium der feinen Details der Energiestruktur dieses einfachsten atomaren Systems (Abschn. 1.8).

Übergänge zwischen Wasserstoff-Energiezuständen mit sehr hohen Quantenzahlen ($n > 100$) haben viel Interesse in Verbindung mit der Anwendung von Lasern und in der Astrophysik gefunden. Die hohe spektrale Auflösung der Laserstrahlung erlaubt eine gezielte Anregung von Zuständen mit hohem $n$, obwohl diese sehr dicht beieinander liegen (Abschn. 1.7.4).

**Tab. 1.1** Mikrowellen-Frequenzen und relative Intensitäten $I$ (Linie)/$I$ (109α) von Übergängen zwischen hochangeregten Wasserstoffatomen, beobachtet im Inneren der Milchstraße mittels eines Radioteleskops (1 MHz = $10^6$ Hz = $10^6$ s$^{-1}$, 1 Hz als Frequenzeinheit nach Hertz, dem Entdecker elektromagnetischer Strahlung [1].

| Linie | $\Delta n$ | $\nu$/MHz | $\dfrac{I(\text{Linie})}{I(109\alpha)}$ |
|---|---|---|---|
| H109α | 1 | 5008.939 | 1.000 |
| H137β | 2 | 5005.045 | 0.278 |
| H157γ | 3 | 4955.424 | 0.129 |
| H172δ | 4 | 4994.557 | 0.0746 |
| H184ε | 5 | 5070.601 | 0.0487 |
| H196ζ | 6 | 5009.095 | 0.0343 |
| H206η | 7 | 5009.085 | 0.0256 |
| H215θ | 8 | 5012.068 | 0.0198 |
| H224ι | 9 | 4964.671 | 0.0164 |
| H231κ | 10 | 5007.533 | 0.0129 |
| H238λ | 11 | 5015.440 | 0.0077 |

Mikrowellen-Strahlung von Übergängen zwischen Zuständen hoher Quantenzahlen $n$ wurde mittels astrophysikalischer Beobachtungsmethoden registriert (Radioastronomie). Die Erzeugung von Wasserstoffatomen in Quantenzuständen mit hohem $n$ kann u. a. durch Ladungseinfang geschehen: Elektronen (e) werden durch Protonen (p) eingefangen, p + e → H($n$). In der Astrophysik ist es üblich, Übergänge zwischen Zuständen hoher Quantenzahl mit $n\alpha$, $n\beta$, $n\gamma$, ... zu bezeichnen, wobei $\alpha$, $\beta$, $\gamma$, ... sich respektive auf $\Delta n = 1, 2, 3,$ ... und $n$ auf den niedrigeren angeregten Zustand beziehen. Tab. 1.1 gibt Beispiele verschiedener Mikrowellen-Linien im Frequenzbereich von ca. 5 GHz wieder; die beobachtete Strahlung entstammt sog. Proton-Elektron-Rekombinationen aus verschiedenen Bereichen unserer Milchstraße. Die Anwendung dieser radioastronomischen Spektroskopie hochangeregter Wasserstoffatome liefert unter anderem wertvolle Auskunft über die Spiralstruktur der Milchstraße (siehe Abb. 1.5).

Während lichtoptische Teleskope wegen der Absorption durch interstellaren Staub nur eine Sichtweite von 2 − 3 kpc (1 Parsec = 1 pc = $3.0865 \cdot 10^{16}$ m = 3.621 Lichtjahre, 1 Lichtjahr = $9.4605 \cdot 10^{15}$ m) in den Raum der Milchstraße haben, kann Mikrowellen-Strahlung nahezu ungeschwächt aus allen Richtungen und von allen Entfernungen aus der Milchstraße beobachtet werden. Wir weisen auch auf analoge Untersuchungen mit der 21-cm-Linie (1420 MHz) des Wasserstoffatoms hin (Abschn. 1.7.3.3), die durch Hyperfeinstruktur-Übergänge im Grundzustand induziert wird und ebenfalls aus weiten Entfernungen der Milchstraße radioastronomisch beobachtet werden kann. Während die Spiralstruktur aufgrund der Beobachtung der Übergänge zwischen hochangeregten Wasserstoffatomen durch die Dichte der

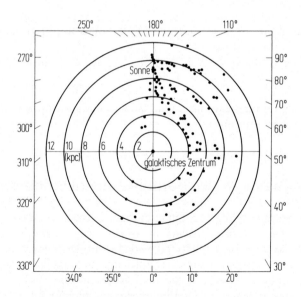

**Abb. 1.5** Ursprungsorte (schwarze Datenpunkte) der H 109 $\alpha$-Mikrowellen-Strahlung des Wasserstoffatoms innerhalb des Milchstraßensystems (1 kpc = $3.26 \cdot 10^3$ Lichtjahre). Die Anhäufung der Ursprungsorte spiegelt die Spiralstruktur der Milchstraße wieder (nach Mezger [2]).

der 21-cm-Linie Auskunft über die räumliche Verteilung neutraler Wasserstoffatome (*H I-Regionen*) in der Milchstraße.

Sommerfeld erweiterte 1916 das Rutherford-Bohr'sche Atommodell, indem er neben den Bohr'schen Kreisen auch elliptische Bahnen des Elektrons zuließ und die relativistische Veränderlichkeit der Masse des Elektrons berücksichtigte. Das historisch wichtige Ergebnis der Sommerfeld'schen Theorie war die Herleitung der sogenannten *Feinstruktur-Formel* (Abschn. 1.3.6). Aufgrund der verschiedenen Geschwindigkeiten des Elektrons auf den Ellipsen- und Kreisbahnen entstehen für jeden Bohr'schen Energiezustand Energieunterschiede, die als **Feinstruktur-Aufspaltungen** bezeichnet werden. Die Bedeutung der Sommerfeld'schen Feinstruktur-Formel lag darin, dass die von den Spektroskopikern entdeckten Aufspaltungen der Wasserstoff-Linien mit hoher Genauigkeit berechnet werden konnten. Die Feinstruktur-Aufspaltungen können mittels einer universalen Konstanten, der sogenannten **Sommerfeld-Feinstruktur-Konstante** $\alpha$, der Bohr'schen Hauptquantenzahl $n$ und einer weiteren Quantenzahl $k$, die von der Elliptizität der Elektronenbahnen abhängt, beschrieben werden.

Obwohl die von Sommerfeld verallgemeinerte Bohr'sche Theorie (*Bohr-Sommerfeld'sche Theorie*) zur Entdeckung führte, dass eine **universelle Konstante** die Feinstruktur-Aufspaltung der Bohr'schen Zustände (und die der Mehrelektronenatome, die wir in Abschn. 1.5 behandeln werden) beschreibt, gibt es eine Vielzahl von Unzulänglichkeiten dieser Theorie. Die Bohr-Sommerfeld'sche Theorie sagt zwar richtig die Wasserstoff-Energiezustände und deren Feinstruktur voraus, versagt aber bezüglich der Übergangsintensitäten und der optischen Polarisation der Spektrallinien des Wasserstoffatoms. Weitere Unzulänglichkeiten dieser Theorie beziehen sich auf folgende Probleme:

a) die unzulängliche Beschreibung der Energiestruktur von komplizierten Mehrelektronenatomen und von Molekülen;
b) das Versagen in der Beschreibung der Veränderung der Energiestruktur von Atomen in elektrischen und magnetischen Feldern (Stark- und Zeeman-Effekt, Abschn. 1.6);
c) die unzulängliche Beschreibung atomarer und molekularer Stoßprozesse (einschließlich der chemischen Bindung).

## 1.3 Die Quantenmechanik in der Formulierung Schrödingers

Im Gegensatz zur Bohr-Sommerfeld'schen Quantentheorie haben die *Quantenmechanik in Heisenbergs* und die *Wellenmechanik in Schrödingers* Formulierung die oben aufgezählten Probleme nicht; prinzipiell sind beide Formulierungen völlig äquivalent und beschreiben die atomaren Strukturen zufrieden stellend. Üblicherweise bezeichnet der Ausdruck (*ältere*) *Quantentheorie* die Bohr-Sommerfeld'sche Theorie, während die Bezeichnungen Wellen- und Quantenmechanik zueinander äquivalent sind, obwohl die letztere im Allgemeinen bevorzugt wird. Dies zeigt sich auch in der Überschrift dieses Abschnittes.

## 1.3.1 Die zeitabhängige Schrödinger-Gleichung

Am Anfang der Entwicklung der neuen Quantenmechanik steht eine Hypothese, die von de Broglie 1924 eingeführt wurde. De Broglie postulierte (s. Band 3, Abschn. 10.1, „Materiewellen"), dass mit jeder Bewegung eines Teilchens im Raum ein Wellenphänomen verknüpft sein soll. Bewegt sich ein Teilchen der Masse $m$ gleichförmig mit der Geschwindigkeit $v$, errechnet sich die zugeordnete monochromatische Wellenlänge des Teilchens nach de Broglie zu

$$\lambda = \frac{h}{mv} = \frac{h}{p} \quad \text{oder} \quad \boldsymbol{p} = \hbar \boldsymbol{k}, \quad \boldsymbol{k} = \frac{2\pi}{\lambda} \boldsymbol{s}$$

($\hbar = h/2\pi$, $h$ Planck-Konstante, $\boldsymbol{p}$ Impuls des Teilchens, $\boldsymbol{s}$ Einheitsvektor in Richtung der Geschwindigkeit des Teilchens oder der Ausbreitungsrichtung der Welle mit Wellenvektor $\boldsymbol{k}$). Die Beschreibung der Bewegung des Teilchens mittels klassischer Physik ist nicht möglich, wenn die Masse des Teilchens von der Größenordnung atomarer Teilchen ist. Die klassische Gleichung für die Erhaltung der Energie eines Teilchens der Masse $m_0$ und des Impulses $\boldsymbol{p}$, das sich in einem Potential $V(r)$ bewegt, kann wie folgt umgeschrieben und sodann zur Berechnung der quantenmechanischen Dynamik des Teilchens verwendet werden. In der klassischen Gleichung

$$E = \frac{\boldsymbol{p}^2}{2m_0} + V(r) \tag{1.12}$$

für die Erhaltung der Energie werden die Größen der Gesamtenergie $E$, des Impulses $\boldsymbol{p}$ und der potentiellen Energie $V(r)$ wie folgt nach den Regeln der Quantenmechanik ersetzt:

$$E \to i\hbar \frac{\partial}{\partial t}, \quad \boldsymbol{p} \to -i\hbar \nabla,$$

und $V(r) \to$ multiplizieren mit $V(r)$ und

$$\nabla = \left( \frac{\partial}{\partial x}, \frac{\partial}{\partial y}, \frac{\partial}{\partial z} \right). \tag{1.13}$$

Diese quantenmechanischen Differentialoperatoren auf Gl. (1.12) angewandt, ergeben die **Schrödinger'sche Wellengleichung** für die Wellenfunktion $\psi(x, y, z, t)$ eines Teilchens im vorgegebenen Potential $V(r)$:

$$i\hbar \frac{\partial \Psi}{\partial t} = -\frac{\hbar^2}{2m_0} \nabla^2 \Psi + V(r) \Psi. \tag{1.14}$$

Es ist üblich, beide Terme der rechten Seite dieser Gleichung zum *quantenmechanischen Hamilton-Operator*

$$\boldsymbol{H} = -\frac{\hbar^2}{2m_0}\nabla^2 + V(r) \tag{1.15}$$

zusammenzufassen. Die **Schrödinger-Gleichung** folgt hiermit zu

$$\boldsymbol{H}\Psi = i\hbar\frac{\partial\Psi}{\partial t}. \tag{1.16}$$

Diese Schrödinger-Gleichung entspricht der nichtrelativistischen, klassischen Form der Energieerhaltung eines physikalischen Systems. Der Differentialoperator $-\frac{\hbar^2}{2m_0}\nabla^2$ repräsentiert den kinetischen Teil und das Potential $V(r)$ als Multiplikator den potentiellen Teil des quantenmechanischen Hamilton-Operators $\boldsymbol{H}$. Die Gleichung ist linear in der komplexen Amplitude $\psi$ der Welle. Die physikalische Interpretation für $\psi$, die allgemein akzeptiert worden ist, wurde von Max Born 1927 vorgeschlagen: $|\psi|^2 = \psi\psi^*$ ($\psi^*$ ist der konjugiert komplexe Wert von $\psi$) stellt die **Wahrscheinlichkeitsdichte** dar, das Teilchen der Masse $m_0$ unter der Wirkung des Potentials $V(x,y,z)$ als Resultat einer Messung im Raumelement d$v$ zur Zeit $t$ am Ort mit den Koordinaten $x$, $y$, $z$ vorzufinden. Diese **statistische Deutung der Wellenfunktion** steht im krassen Widerspruch zur klassischen Physik, in der alle Phänomene im Prinzip mit einer zu „eins" vorausberechenbaren Wahrscheinlichkeit bestimmbar sind. Die Physik der Atome folgt offenbar nicht den charakteristischen Gesetzen der klassischen Physik. Hier liegt ein ganz entscheidender Unterschied zwischen klassischer und atomarer Physik, der bis heute Anlass zu vielen Diskussionen und sogar polemischen *Disputen* gegeben hat, auf die wir in Abschn. 1.7.4.7 eingehen werden.

Wir wollen an dieser Stelle bereits einem möglichen Missverständnis bei der obigen Einführung der Schrödinger-Gleichung vorgreifen. Die Schrödinger-Gleichung kann nicht aufgrund allgemeinerer umfassender Naturgesetze hergeleitet werden. Schrödinger gelang es, mit viel Intuition und unter Anwendung der **de Broglie'schen Teilchenwellenhypothese**, eine Gleichung zusammenzubasteln, die sich an der experimentellen Erfahrung der Atomphysik bestens bewährt hat und die oben aufgezählten Unzulänglichkeiten der Bohr'schen Theorie vollständig beseitigt. Die Regeln der Quanten- oder Wellenmechanik Schrödingers und Heisenbergs sind z. B. in der Form der *Umwandlungsbeziehungen zwischen klassischen Größen und quantenmechanischen Operatoren* **reine Postulate**, die nicht weiter theoretisch bewiesen werden, sondern nur durch experimentelle Forschung als richtig bestätigt werden können. Durch „Probieren" haben Schrödinger und Heisenberg die an der Natur als richtig erwiesenen Regeln, Postulate und Gleichungen der Atom- und Quantenphysik herausgefunden. Diese Situation ähnelt dem Aufstellen oder Auffinden des Strahlungsgesetzes der Hohlraumstrahler, für das Max Planck die Existenz der nicht-klassischen Wirkungskonstante $h$ postulierte.

Das Aufstellen der Schrödinger- oder quantenmechanischen Gleichungen eines atomaren Systems basiert letztlich immer auf den quantenmechanischen Postulaten, wie sie z. B. in den Umwandlungsbeziehungen in Gl. (1.13) dargestellt sind. Nur in diesem Sinne können wir eine quantenmechanische Gleichung aufstellen oder „herleiten".

## 1.3.2 Die stationäre Schrödinger-Gleichung

Atome besitzen stationäre Energiezustände, die sich mittels einer zeitlich stationären Schrödinger-Gleichung errechnen lassen. Diese stationäre Schrödinger-Gleichung folgt aus der obigen zeitabhängigen Schrödinger-Gleichung, indem wir die Wellenfunktion $\psi(x, y, z, t)$ in einen orts- und einen zeitabhängigen Faktor aufspalten: $\psi(x, y, z, t) = \psi(x, y, z) v(t)$. Mithilfe des quantenmechanischen Hamilton-Operators (1.15) erhalten wir für die zeitabhängige Schrödinger-Gleichung

$$i\hbar \frac{dv}{dt} \psi = v \boldsymbol{H} \psi. \tag{1.17}$$

Multiplikation mit $1/v$ ergibt

$$\frac{i\hbar}{v} \frac{dv}{dt} = \frac{1}{\psi} \boldsymbol{H} \psi. \tag{1.18}$$

Gl. (1.18) wird wegen getrennter Differentation nach Ort und Zeit auf beiden Seiten eine Konstante mit der Dimension einer Energie:

$$\frac{i\hbar}{v} \frac{dv}{dt} = E, \quad \frac{1}{\psi} \boldsymbol{H} \psi = E. \tag{1.19}$$

Als Lösung für $v(t)$ ergibt sich $v(t) = v_0 e^{-i(E/\hbar)t}$ mit $v = v_0$ für $t = 0$. Unter Berücksichtigung einer geeigneten Normierung kann die Konstante $v_0 = 1$ gesetzt werden, so dass die gesamte Eigenfunktion zu

$$\Psi = \psi(x, y, z) e^{-i(E/\hbar)t} \tag{1.20}$$

wird und wir die stationäre, zeitunabhängige Schrödinger-Gleichung erhalten:

$$\boldsymbol{H}\psi(x, y, z) = E\psi(x, y, z). \tag{1.21}$$

Die Werte dieser sogenannten *Eigenwert-Gleichung* für $E$ und $\psi(x, y, z)$ hängen von dem vorgegebenen atomaren System ab, spezifiziert durch die Wahl des vorliegenden Potentials $V(x, y, z)$.

Die Aufgabe des Physikers besteht nun darin, Eigenwerte $E$ und Eigenfunktionen $\psi(x, y, z)$ des Hamilton-Operators $\boldsymbol{H}$ der stationären Schrödinger-Gleichung zu bestimmen und deren Voraussagen mit den experimentellen Daten zu vergleichen. Exakte Lösungen für $E$ und $\psi$ sind allerdings spärliche Ausnahmen, Approximationen für $E$ und $\psi$ die überwiegende Regel. Werte für die Energie $E$ eines atomaren Systems können diskret oder kontinuierlich sein. Die oben eingeführte Wahrscheinlichkeitsdichte $\psi^*\psi$ wird mit Gl. (1.20) zu

$$e^{i(E/\hbar)t} \psi^* e^{-i(E/\hbar)t} \psi = \psi^* \psi = |\psi|^2,$$

und ist nur vom Ort abhängig.

Bevor wir Lösungsbeispiele diskutieren, weisen wir darauf hin, dass die hier aufgestellte Schrödinger-Gleichung selbst eine Approximation darstellt. Vernachlässigt wurden in der obigen Schrödinger-Gleichung Effekte, die ihren Ursprung in der Relativitätstheorie und der elektromagnetischen Rückwirkung des Feldes auf das Atom haben. Wir werden später (Abschn. 1.3.6) auf die Größenordnung solcher

Effekte als Korrekturen und Erweiterungen der Resultate der Schrödinger-Gleichung eingehen.

### 1.3.3 Potential-Null-Lösung der Schrödinger-Gleichung

Im kräftefreien Raum ist das Potential $V(r) = 0$, so dass sich die Schrödinger-Gleichung zu

$$i\hbar \frac{\partial \Psi}{\partial t} = -\frac{\hbar^2}{2m} \nabla^2 \Psi \tag{1.22}$$

reduziert. Beschränken wir uns auf den eindimensionalen Fall $\psi(x, t)$, wird diese Gleichung zu

$$i\hbar \frac{\partial \Psi}{\partial t} = -\frac{\hbar^2}{2m} \frac{\partial^2 \Psi}{\partial x^2}. \tag{1.23}$$

Als Lösungsgleichung für $\psi(x, t)$ erhalten wir die Gleichung einer ebenen Welle entlang der x-Koordinate

$$\Psi(x, t) = A e^{i(kx - \omega t)},$$

was durch Einsetzen dieses Ansatzes in Gl. (1.23) geprüft werden kann, wenn die de Broglie-Beziehung $p = \hbar k$ und die Energie-Beziehung $E = p^2/(2m) = \hbar^2 k^2/(2m) = \hbar \omega$ verwendet wird.

### 1.3.4 Die Lösung der Schrödinger-Gleichung für das zentrale Coulomb-Feld im Wasserstoffatom

Der wichtigste Test für die Gültigkeit der Schrödinger-Gleichung ist natürlich die präzise Voraussage der Spektren des atomaren Wasserstoffs und der wasserstoffgleichen Ionen. Da das Coulomb-Potential für das Elektron im Feld des Atomkerns mit der Ladung $+Ze$ unabhängig von der Zeit ist, sollte die Lösung der zeitunabhängigen Schrödinger-Gleichung Gl. (1.20) die Eigenwerte für die Energien und die Eigenfunktionen $\psi(x, y, z)$ des Wasserstoffatoms bestimmen. Der Hamilton-Operator des wasserstoffgleichen atomaren Systems lautet mit dem Atomkern im Ursprung des Koordinatensystems und dem Elektron am Ort $r = \sqrt{x^2 + y^2 + z^2}$

$$\boldsymbol{H} = -\frac{\hbar^2}{2m} \nabla^2 - \frac{Ze^2}{4\pi\varepsilon_0 \sqrt{x^2 + y^2 + z^2}}, \tag{1.24}$$

wobei der zweite Term das Coulomb-Potential darstellt. Zur Lösung der zeitunabhängigen Schrödinger-Gleichung $H\psi = E\psi$ ist es üblich, die Methode der Trennung der Variablen anzuwenden, wobei die partielle Differentialgleichung in einen Satz von drei gewöhnlichen Differentialgleichungen aufgespalten wird. Eine solche Trennung der Variablen kann jedoch nicht mit den kartesischen Koordinaten $x, y, z$ durchgeführt werden, da das Coulomb-Potential von allen drei Koordinaten in korrelierter Weise abhängt; es kann nicht in Terme aufgespalten werden, die jeweils

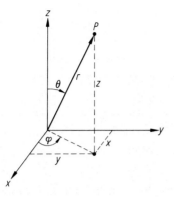

**Abb. 1.6** Zusammenhang zwischen sphärischen $(r, \theta, \varphi)$ und kartesischen Koordinaten $(x, y, z)$ für einen Punkt P.

nur von einer kartesischen Koordinate abhängen. Diese Schwierigkeit kann jedoch behoben werden, wenn anstelle der kartesischen sphärische Polarkoordinaten verwendet werden. Abb. 1.6 zeigt den Zusammenhang zwischen den beiden Koordinatensystemen für einen Punkt P. Indem wir wiederholt die Kettenregel der partiellen Differentiation anwenden, können wir den *Laplace-Operator* $\nabla^2$ wie folgt in sphärische Polarkoordinaten umrechnen:

$$\nabla^2 = \frac{\partial^2}{\partial x^2} + \frac{\partial^2}{\partial y^2} + \frac{\partial^2}{\partial z^2}$$
$$= \frac{1}{r^2} \frac{\partial}{\partial r}\left(r^2 \frac{\partial}{\partial r}\right) + \frac{1}{r^2} \frac{1}{\sin\theta} \frac{\partial}{\partial \theta}\left(\sin\theta \frac{\partial}{\partial \theta}\right)$$
$$+ \frac{1}{r^2 \sin^2\theta} \frac{\partial^2}{\partial \varphi^2}. \tag{1.25}$$

Der entscheidende Trick besteht nun darin, dass wir die zeitunabhängige Wellenfunktion in eine Produktform

$$\psi(x, y, z) = \psi(r, \theta, \varphi) = R(r)\,\Theta(\theta)\,\Phi(\varphi) \tag{1.26}$$

umschreiben, in den Laplace-Operator der Gl. (1.25) einsetzen und nach den sphärischen Kugelkoordinaten differenzieren. Wir erhalten dann:

$$-\frac{\hbar^2}{2m}\left\{\frac{\Theta\Phi}{r^2}\frac{d}{dr}\left(r^2 \frac{dR}{dr}\right) + \frac{R\Phi}{r^2\sin\theta}\frac{d}{d\theta}\left(\sin\theta\frac{d\Theta}{d\theta}\right) + \frac{R\Theta}{r^2\sin^2\theta}\frac{d^2\Phi}{d\varphi^2}\right\}$$
$$+ V(r)R\Theta\Phi = R\Theta\Phi E. \tag{1.27}$$

Wir haben die partiellen Differentiationen $\partial/\partial r$, $\partial/\partial \theta$ und $\partial/\partial \varphi$ in die totalen Differentiationen $d/dr$, $d/d\theta$ und $d/d\varphi$ umgeschrieben, da die zu differenzierenden Terme jeweils unabhängig von den beiden anderen Koordinaten sind.

Durch Multiplizieren der Gl. (1.27) mit $-\dfrac{2mr^2\sin^2\theta}{R\Theta\Phi\hbar^2}$ und einer Umformung erhalten wir

$$-\frac{\sin^2\theta}{R}\frac{\mathrm{d}}{\mathrm{d}r}\left(r^2\frac{\mathrm{d}R}{\mathrm{d}r}\right) - \frac{\sin\theta}{\Theta}\frac{\mathrm{d}}{\mathrm{d}\theta}\left(\sin\theta\frac{\mathrm{d}\Theta}{\mathrm{d}\theta}\right)$$
$$-\frac{2m}{\hbar^2}r^2\sin^2\theta[E-V(r)] = \frac{1}{\Phi}\frac{\mathrm{d}^2\Phi}{\mathrm{d}\varphi^2}. \tag{1.28}$$

Die rechte Seite dieser Gleichung ist unabhängig von $r$ und $\theta$, wohingegen die linke Seite nur von $r$ und $\theta$, aber nicht von $\varphi$ abhängt. Beide Seiten der Gleichung müssen daher gleich einer Konstanten sein, die üblicherweise wie folgt geschrieben wird:

$$\frac{\mathrm{d}^2\Phi}{\mathrm{d}\varphi^2} = -m_l^2\Phi \tag{1.29}$$

Einsetzen dieser Gleichung in Gl. (1.28) und weiteres Umwandeln ergibt

$$\frac{m_l^2}{\sin^2\theta} - \frac{1}{\Theta\sin\theta}\frac{\mathrm{d}}{\mathrm{d}\theta}\left(\sin\theta\frac{\mathrm{d}\Theta}{\mathrm{d}\theta}\right)$$
$$= \frac{1}{R}\frac{\mathrm{d}}{\mathrm{d}r}\left(r^2\frac{\mathrm{d}R}{\mathrm{d}r}\right) + \frac{2mr^2}{\hbar^2}[E-V(r)]$$
$$= \text{Konstante} = l(l+1). \tag{1.30}$$

Jede der beiden Seiten der Gleichung hängt nur von einer und nicht der anderen Variablen ab. Aus Gründen, die sich aus dem Lösungsansatz ergeben, ist es üblich, die Konstante dieser Gleichung gleich $l(l+1)$ zu setzen.

Wie man sieht, haben wir erreicht, eine Differentialgleichung mit partiellen Differentiationen in drei getrennte, gewöhnliche Differentialgleichungen zu überführen (Gl. (1.28)–(1.30)). Betrachten wir zunächst die Lösung

$$\Phi(\varphi) = \mathrm{e}^{\mathrm{i}m_l\varphi}, \tag{1.31}$$

die offensichtlich der separierten Differentialgleichung (1.29) genügt. Als zusätzliche Nebenbedingung muss diese Gleichung die Forderung $\Phi(0) = (2\pi) \equiv 1$ erfüllen, was bedeutet, dass $m_l$ nur ganzzahlig positiv oder negativ sein kann:

$$|m_l| = 0, 1, 2, \ldots. \tag{1.32}$$

$m_l$ hat die physikalische Bedeutung einer Quantenzahl (**magnetische Quantenzahl**), wie wir später erläutern werden (Abschn. 1.6).

Wir diskutieren nun die Lösungen des winkelabhängigen Teils von Gl. (1.29), indem wir sie mit Gl. (1.30) kombinieren und $\Theta\Phi = Y(\theta,\varphi) = Y$ setzen

$$\left[-\frac{1}{\sin\theta}\frac{\mathrm{d}}{\mathrm{d}\theta}\left(\sin\theta\frac{\mathrm{d}}{\mathrm{d}\theta} - \frac{1}{\sin^2\theta}\frac{\mathrm{d}^2}{\mathrm{d}\varphi^2}\right)\right]Y = l(l+1)Y. \tag{1.33}$$

Die Lösungen dieser Differentialgleichung für $Y$ sind proportional zu den assoziierten Legendre-Polynomen $P_l^{m_l}$ für den Grad $l = 0, 1, 2, \ldots$, wobei $m_l$ mit der oberen eingeführten Quantenzahl identisch ist. Mit einer geeigneten Normierung für

$$Y = Y_l^{m_l}(\theta, \varphi) = \Phi_m(\varphi)\,\Theta_{m_l,l}(\theta)$$

$$= (-1)^{m_l} \left\{ \frac{(2l+1)(l-m)!}{4\pi(l+m)!} \right\}^{\frac{1}{2}} P_l^{m_l}(\cos\theta)\, e^{im_l\varphi}$$

und

$$m_l \geq 0, \quad Y_l^{-m_l} = (-1)^{m_l} Y_l^{m_l *} \tag{1.34}$$

wird das folgende Integral eins:

$$\int Y_l^{m_l *} Y_l^{m_l} d\Omega = \int_0^{2\pi} d\varphi \cdot \int_0^{\pi} \sin\theta\, d\theta\, Y_l^{m_l *} Y_l^{m_l} = 1. \tag{1.35}$$

Die $Y_l^{m_l}$ werden sphärisch harmonische Kugelflächenfunktionen genannt, sie haben folgende Orthogonalitätseigenschaften:

$$\int Y_{l'}^{m_l' *} Y_l^{m_l} d\Omega = \delta_{m_l,m_l'} \delta_{l,l'} \tag{1.36}$$

wobei $\delta$ die üblichen Kronecker-Symbole darstellen, d. h.,

$$\delta_{m_l m_l'} = \begin{cases} 1 & \text{für } m_l = m_l' \\ 0 & \text{für } m_l \neq m_l' \end{cases}$$

und

$$\delta_{l,l'} = \begin{cases} 1 & \text{für } l = l' \\ 0 & \text{für } l \neq l' \end{cases}.$$

Zur Lösung des Radialanteile $R(r)$ der Wellenfunktionen schreiben wir den mittleren Teil der Gl. (1.27) mit den folgenden Beziehungen um:

$$\frac{d}{dr}\left(r^2 \frac{dR}{dr}\right) = r\frac{d^2(rR)}{dr^2} \quad \text{und} \quad rR(r) = u(r),$$

das ergibt

$$E u(r) = -\frac{\hbar^2}{2m}\frac{d^2 u(r)}{dr^2} + \left\{ \frac{\hbar^2 l(l+1)}{2mr^2} + V(r) \right\} u(r). \tag{1.37}$$

Diese radiale Schrödinger-Gleichung kann wie folgt interpretiert werden: $V(r) = -Ze^2/(4\pi\varepsilon_0 r)$ als Coulomb-Potential erhält einen weiteren Anteil, der von der Fliehkraft des Elektrons auf seiner Bahn um den Atomkern herrührt (effektives zentrifugales Potential, das das Elektron vom Kern fernhält). Wir interpretieren daher den Term $\frac{\hbar^2 l(l+1)}{2mr^2}$ als Verhältnis des Quadrates eines Drehimpulses $L$ zum Trägheitsmoment. Somit wird

$$\hbar^2 l(l+1) = \boldsymbol{L}^2, \tag{1.38}$$

wobei $l$ *eine Drehimpulsquantenzahl* mit $l = 0, 1, 2, \ldots$ ist. Der Betrag des Drehimpulses ergibt sich zu

$$|L| = \sqrt{l(l+1)}\,\hbar. \tag{1.39}$$

Die Lösung der radialen Differentialgleichung (1.37) ist eine umfangreiche mathe-

**Tab. 1.2** Radialanteil $R_{nl}(r)$ der Eigenfunktion $\psi_{n,l,m_l}(r, \theta, \varphi)$ der wasserstoffgleichen Ionen mit der Kernladung $Ze$ für Hauptquantenzahlen von $n = 1$ bis $n = 3$.

$R_{nl}(r)$

$$R_{10} = \left(\frac{Z}{a_0}\right)^{\frac{3}{2}} 2 \exp\left(-\frac{Zr}{a_0}\right)$$

$$R_{20} = \left(\frac{Z}{2a_0}\right)^{\frac{3}{2}} 2 \left(1 - \frac{Zr}{2a_0}\right) \exp\left(-\frac{Zr}{2a_0}\right)$$

$$R_{21} = \left(\frac{Z}{2a_0}\right)^{\frac{3}{2}} \frac{2}{\sqrt{3}} \left(\frac{Zr}{2a_0}\right) \exp\left(-\frac{Zr}{2a_0}\right)$$

$$R_{30} = \left(\frac{Z}{3a_0}\right)^{\frac{3}{2}} 2 \left[1 - 2\frac{Zr}{3a_0} + \frac{2}{3}\left(\frac{Zr}{3a_0}\right)^2\right] \exp\left(\frac{-Zr}{3a_0}\right)$$

$$R_{31} = \left(\frac{Z}{3a_0}\right)^{\frac{3}{2}} \frac{4\sqrt{2}}{3} \left(\frac{Zr}{3a_0}\right)\left(1 - \frac{1}{2}\frac{Zr}{3a_0}\right) \exp\left(\frac{-Zr}{3a_0}\right)$$

$$R_{32} = \left(\frac{Z}{3a_0}\right)^{\frac{3}{2}} \frac{2\sqrt{2}}{3\sqrt{5}} \left(\frac{Zr}{3a_0}\right)^2 \exp\left(\frac{-Zr}{3a_0}\right)$$

$$a_0 = \frac{4\pi\varepsilon_0 \hbar^2}{m_0 e^2}$$

Normiert: $\int_0^\infty R_{nl}^* R_{nl} r^2 \, dr = 1$

**Tab. 1.3** Winkelanteile $Y_l^{m_l}(\theta, \varphi)$ der Eigenfunktionen $\psi_{n,l,m_l}(r, \theta, \varphi)$ der wasserstoffgleichen Ionen mit der Kernladung $Ze$ für Hauptquantenzahlen $n = 1$ bis $n = 3$. Allgemeine Formel für $Y_l^{m_l}$ s. Gl. (1.34).

$$Y_0^0 = \sqrt{\frac{1}{4\pi}}$$

$$Y_1^0 = \sqrt{\frac{3}{4\pi}} \cos\theta, \quad Y_1^{\pm 1} = \mp \sqrt{\frac{3}{8\pi}} \sin\theta \, e^{\pm i\varphi}$$

$$Y_2^0 = \sqrt{\frac{5}{16\pi}}(3\cos^2\theta - 1), \quad Y_2^{\pm 1} = \mp \sqrt{\frac{15}{8\pi}} \sin\theta\cos\theta \, e^{\pm i\varphi}, \quad Y_2^{\pm 2} = \sqrt{\frac{15}{32\pi}} \sin^2\theta \pm 2i\varphi$$

$$Y_l^{-m_l} = (-1)^{m_l} Y_l^{m_l *}$$

matische Aufgabe, die in den Standardwerken der Quantenmechanik beschrieben ist. Wir beschränken uns hier auf die Angabe der vollständigen Lösungsfunktion des radialen Anteils der Eigenfunktion:

$$R_{nl}(r) = -\left\{\left(\frac{2Z}{na_\mu}\right)^3 \frac{(n-l-1)!}{2n[(n+l)!]^3}\right\}^{\frac{1}{2}} e^{-\frac{\varrho}{2}} \varrho^l \cdot L_{n+l}^{2l+1}(\varrho) \tag{1.40}$$

mit $\varrho = \frac{2Z}{na_\mu}r$, $a_\mu = \frac{4\pi\varepsilon_0\hbar^2}{\mu e^2}$, wobei $\mu = \frac{m \cdot M}{m+M}$ die reduzierte Masse des Elektrons ist und

$$L_{n+l}^{2l+1}(\varrho) = \sum_{k=0}^{n_r} (-1)^{k+2l+1} \frac{[(n+l)!]^2}{(n_r-k)!(2l+1+k)!} \frac{\varrho^k}{k!}$$

die assoziierten Laguerre-Polynome sind. $n$ und $l$ sind wiederum ganzzahlig: $n = 1, 2, 3, \ldots$ und $l = 0, 1, 2, 3, \ldots$; $n_r = n - l - 1$.

Wir haben somit alle drei Anteile $R(r)$, $\Phi(\varphi)$ und $\Theta(\theta)$ der Eigenfunktionen der stationären Schrödinger-Gleichung des Wasserstoffatoms und der wasserstoffgleichen Ionen ermittelt. Es ist praktisch, die Eigenfunktionen tabellarisch und auch in Bildern darzustellen.

Die Tabellen 1.2 und 1.3 geben den Winkelanteil $Y(\varphi, \theta) = \Phi(\varphi)\Theta(\theta)$ und den Radialanteil $R_{nl}(r)$ von $n = 1$ bis $n = 3$ wieder. $|\Psi|^2 = \Psi\Psi^*$ stellt die Ladungsdichte des Elektrons als Funktion des Ortes dar. Die Funktion

$$r^2\{R_{n,l}(r)\}^2 dr = D(r) dr \tag{1.41}$$

ist ein Maß für die Wahrscheinlichkeit, das Elektron zwischen Kugeln mit den Radien $r$ und $r + dr$ zu finden; $4\pi r\{R_{n,l}(r)\}^2 = D(r)$ wird *radiale Wahrscheinlichkeitsdichte* genannt. Die Abbildungen 1.7–1.9 zeigen Beispiele für $(R_{n,l})^2$ und $D(r)$ des Wasserstoffatoms.

Ein wichtiger qualitativer Unterschied zwischen den radialen Funktionen für $l = 1$ und $l = 0$ besteht darin, dass

für $l = 1 \quad R_{n,l}(r = 0) = 0$

wird, während

für $l = 0 \quad R_{n,l}(r = 0) \neq 0$

wird.

Die Bezeichnungen 1s, 2s, 2p, 3s, 3p, 3d, ... in den Tabellen und Abbildungen bedeuten Folgendes: Die Zahlen 1, 2, 3, ... geben den betreffenden Wert für die Hauptquantenzahl $n = 1, 2, 3, \ldots$ an, während die Buchstaben s, p, d, f, g, h, ... (Fortsetzung in alphabetischer Ordnung) der Quantenzahl $l$ des Bahndrehimpulses zugeordnet sind:

| Buchstabe: | s | p | d | f | g | h | ... | ... |
|---|---|---|---|---|---|---|---|---|
| $l =$ | 0 | 1 | 2 | 3 | 4 | 5 | ... | ...∞ |

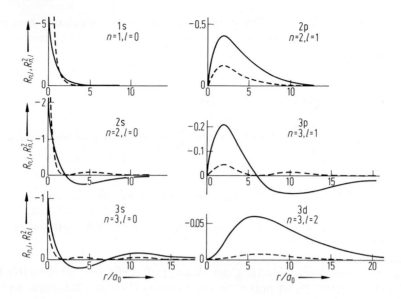

**Abb. 1.7** Die radialen Funktionen $R_{n,l}$ (durchgezogene Kurven) und $(R_{n,l})^2$ (gestrichelte Kurven) der Eigenfunktionen des Wasserstoffatoms ($Z = 1$) als Funktion des Abstandes zwischen Atomkern und Elektron; $a_0 = 0.53 \cdot 10^{-10}$ m ist der Radius der ersten Bohr'schen Kreisbahn (nach White [3]).

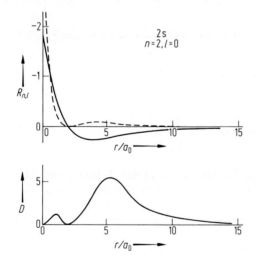

**Abb. 1.8** Die radialen Funktionen $R_{n,l}(r)$ (durchgezogene Linie) und $[R_{n,l}(r)]^2$ (gestrichelte Linie) und die Wahrscheinlichkeitsdichte-Funktion $D(r) = 4\pi r [R_{n,l}(r)]^2$ für das 2s-Elektron des Wasserstoffatoms ($r$ in Einheiten des ersten Bohr-Radius $a_0 = 53$ pm).

1.3 Die Quantenmechanik in der Formulierung Schrödingers

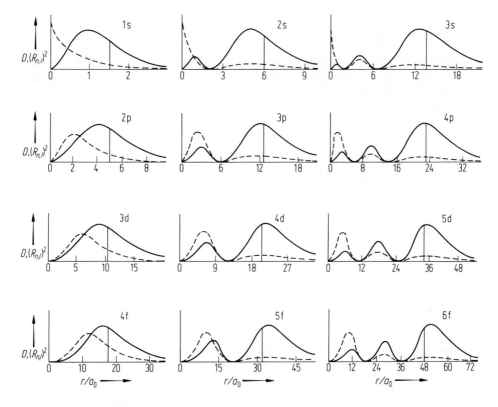

**Abb. 1.9** $[R_{n,l}(r)]^2$ (gestrichelte Kurven) und $D(r)$ (durchgezogene Kurven) des Wasserstoffatoms für die Elektronenzustände 1s, 2s, 3s, 2p, …

Wie aus der Abb. 1.9 erkenntlich ist, liegen die Maxima der radialen Wahrscheinlichkeitsfunktionen $D(r)$ für die Elektronenkonfigurationen 1s, 2p, 3d, 4f, … bei $r = a_0$, $r = 4a_0$, $r = 9a_0$ und $r = 16a_0$, …, entsprechend den Radien der Bohr'schen Theorie ($a_0$ erster Bohr-Radius).

Die Wahrscheinlichkeitsverteilungen $\Phi_{m_l}\Phi_{m_l}^*$ und $\Theta_{l,m_l}\Theta_{l,m_l}^*$ besitzen Strukturen, wie sie gemäß Gl. (1.31) und (1.34) errechenbar sind. $\Phi_{m_l}^2$ ist unabhängig vom azimutalen Winkel, wie es sich leicht aus folgender Überlegung ergibt. Mit Gl. (1.31), $\Phi_{m_l} = A e^{i m_l \varphi}$, $m_l = 0, \pm 1, \pm 2, \ldots$ und der Normierung

$$\int_0^{2\pi} \Phi_{m_l} \Phi_{m_l'} \, d\varphi = 1$$

wird

$$\int_0^{2\pi} A^2 e^{i(m_l - m_l')\varphi} \, d\varphi = A^2 \begin{cases} 0 & \text{für } m \neq m' \\ 2\pi & \text{für } m = m' \end{cases}$$

so dass $A = 1/\sqrt{2\pi}$ und

$$\Phi_{m_l} = \frac{1}{\sqrt{2\pi}} e^{im_l\varphi} \tag{1.42}$$

wird und $\Phi_{m_l}\Phi_{m_l}^* = 1/2$ unabhängig von $\varphi$ ist (Abb. 1.10). Das bedeutet, dass die Wahrscheinlichkeit, ein Elektron in dem azimutalen Winkelelement $d\varphi_1$ vorzufinden, gleich der Wahrscheinlichkeit ist, es in einem gleich großen, anderen Winkelelement $d\varphi_2$ zu finden.

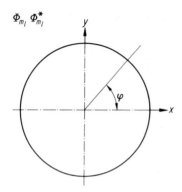

**Abb. 1.10** Die azimutale Wahrscheinlichkeitsdichte-Funktion $\Phi_{m_l}\Phi_{m_l}^* = |\Phi_{m_l}|^2$ des Wasserstoffatoms als Funktion des azimutalen Winkels $\varphi$.

Der polare Anteil $\Theta(\theta)_{l,m_l}$ der Eigenfunktion zeigt eine viel kompliziertere Abhängigkeit als der azimutale. Es ist üblich, die reelle Funktion $|\theta_{l,m_l}|^2$, die als Wahrscheinlichkeitsdichte die polare Abhängigkeit des Elektrons im Winkelelement $\theta, \theta + d\theta$ beschreibt, wie folgt darzustellen: Wir zählen die $z$-Richtung des kartesischen Koordinatensystems als sogenannte Quantisierungsachse (wie in Abb. 1.11 dargestellt). Dann ist die Wahrscheinlichkeit, das Elektron zwischen den polaren Winkeln $\theta$ und $\theta + d\theta$ zu finden, gleich

$$\Theta_{l,m_l}\Theta_{l,m_l}^* \sin\theta \, d\theta. \tag{1.43}$$

Die Integration von $\theta = 0$ bis $\theta = 2\pi$ für $\Theta_{l,m_l}\Theta_{l',m_l'}$ ergibt

$$\int_0^{2\pi} \Theta_{m_l,l}\Theta_{m_l',l'} \sin\theta \, d\theta = C \begin{cases} 0 & \text{für } l \neq l' \\ \dfrac{2(l+m)!}{(2l+1)(l-m_l)!} & \text{für } l = l' \end{cases}.$$

Normieren wir dieses Integral zu eins, wird

$$C = \frac{(2l+1)(l-m_l)!}{2(l+m)!} \tag{1.44}$$

In den Abbildungen 1.7 bis 1.11 sind die Wahrscheinlichkeitsdichte-Faktoren $|R_{n,l}(r)|^2$, $|\Phi_{m_l,l}(\varphi)|^2$ und $|\Theta_{m_l,l}(\theta)|^2$ getrennt dargestellt. Der amerikanische Physiker

## 1.3 Die Quantenmechanik in der Formulierung Schrödingers

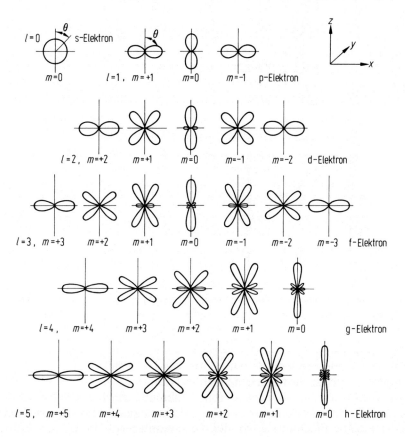

**Abb. 1.11** Die polare Wahrscheinlichkeitsdichte-Funktion $|\Theta_{m_l,l}(\theta)|^2$ der Wasserstoff-Eigenfunktion für s-, p-, d-, f-, g- und h-Elektronen als Funktion des polaren Winkels $\theta$. Die Interpretation dieser Darstellung besagt, dass der Radiusvektor vom Koordinatenursprung bis zu einem Punkt der durchgezogenen Kurven proportional der $|\Theta_{m_l,l}(\theta)|^2$-Funktion ist. Für Zustände mit $m_l = 0$ gilt eine relative Skala, die um den Faktor $1/(l+1)$ reduziert ist im Vergleich zu den Zuständen mit $m_l \neq 0$ bei gleichem $l$.

White [3, 4] hat mittels einer einfachen, aber trickreichen Projektionsanordnung (Abb. 1.12) die gesamte Wahrscheinlichkeitsdichte

$$|\psi|^2 = \psi\psi^* = |R_{n,l}|^2 |\Theta_{m_l,l}|^2 |\Phi_{m_l}|^2$$

des Elektrons im Wasserstoffatom bildlich in Photographien dargestellt (Abb. 1.13). Eine um die $z$-Achse rotierende Spindel hat die Form der Dichteverteilungskurven $D(r)$ der Gl. (1.41). Diese Bewegung gibt die erforderliche Symmetrie bezüglich des azimutalen Winkels $\varphi$ wieder. Gleichzeitig mit dieser Rotation wird die Spindelachse geschwenkt, indem der Drehring S den polaren Winkel $\theta$ nach Vorlage der Länge RHS des Seiles und der Form des Holzstückes A zwischen $\theta = 0°$ und $\theta = 90°$ variiert. Wenn das Holzstück A mit gleichförmiger Geschwindigkeit in der Pfeilrichtung

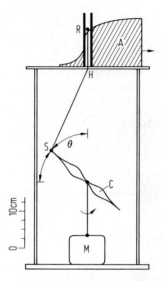

**Abb. 1.12** Die mechanische Anordnung nach White [4] zur bildlichen Darstellung (nächste Abbildung) der Elektronenwolken, d. h. $\varphi\varphi^*$ des Wasserstoffatoms: C rotierende Spindel, M Motor, A Holzstück, das sich in Pfeilrichtung bewegt, RHS Seil variabler Länge.

bewegt wird, ändert sich $d\theta/dt$. Die Form des Holzstücks A in der Abb. 1.12 reproduziert die Elektronenverteilung (3d, $m_l = 0$).

Wir haben somit alle drei separierten Differentialgleichungen der Schrödinger-Gleichung des Wasserstoffatoms gelöst. Als zusätzlicher Lösungsparameter tritt noch der Energie-Eigenwert $E$ auf, der die Gesamtenergie des Hamilton-Operators darstellt. Es stellt sich heraus, dass dieser Energiewert der Schrödinger-Gleichung mit demjenigen des Bohr'schen Atommodells exakt übereinstimmt (Gl. (1.8)):

$$E_n = -hc R_\infty \frac{Z^2}{n^2} \frac{m_N}{m_e + m_N}. \tag{1.45}$$

Diese Übereinstimung ist frappierend, jedoch kein Zufall! Schrödinger wollte eine Differentialgleichung finden, die als Eigenwerte die Energien des H-Atoms besitzt. Das obige Resultat stand also am Anfang seiner theoretischen Bemühungen.

### 1.3.5 Die Grobstruktur der Energiezustände des Wasserstoffatoms

Die Lösungen der Eigenfunktionen der Schrödinger-Gleichung des Wasserstoffatoms sind mit den drei Quantenzahlen $n$, $l$ und $m_l$ verknüpft, die durch die Bedingungen $n = 1, 2, \ldots$, $l = n-1, n-2, \ldots, 0$ und $m_l = l, l-1, l-2, \ldots -l+2$, $-l+2, -l+1, -l$ eingeschränkt sind. Es folgt, dass die Hauptquantenzahl $n$ mit $n$ Werten der Drehimpulsquantenzahl $l$ „assoziiert" ist; $l$ selbst ist mit $(2l + 1)$-Werten der sog. magnetischen Quantenzahl $m_l$ verknüpft. Wir werden später in Abschn. 1.6 den Grund für die Bezeichnung magnetische Quantenzahl einsehen. Alle drei Quan-

## 1.3 Die Quantenmechanik in der Formulierung Schrödingers

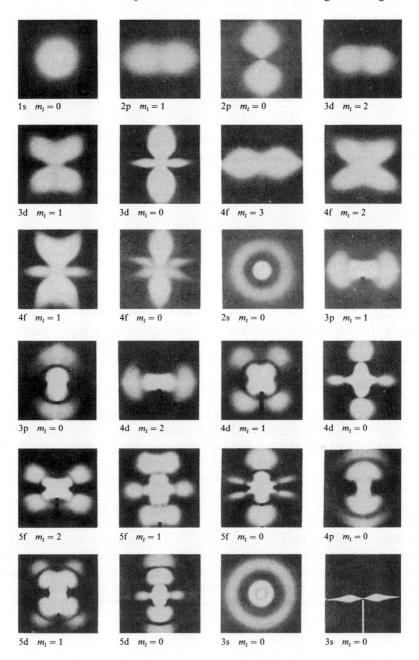

**Abb. 1.13** Photographien der Elektronenwolken des Wasserstoffatoms nach der Methode von White (Abb. 1.12). Die Wahrscheinlichkeitsdichte-Verteilung $\Psi\Psi^*$ ist symmetrisch zum azimutalen Winkel $\varphi$, d. h. rotationssymmetrisch um die Achse, die parallel zur Längsseite dieses Buches und in der Zeichenebene liegt. Die Figur rechts unten stellt die Form der Spindel für den (3d, $m_l = 0$)-Zustand dar. Die Längenskala jeder Teilfigur lässt sich der Abb. 1.9 entnehmen [3].

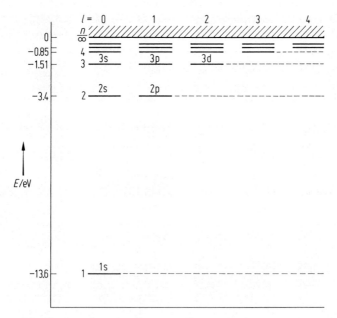

**Abb. 1.14** Die Grobstruktur des Wasserstoff-Energieschemas nach Bohr'scher Theorie (gestrichelte Linien) und nach nichtrelativistischer Quantenmechanik (ausgezogene Linien). Die Termbezeichnungen 1s, 2s, 2p, ... folgen dem Schema der s, p, d, ... -Werte für die Bahndrehimpuls-Quantenzahlen $l$ auf Seite 23.

tenzahlen bestimmen die Wahrscheinlichkeitsdichte der Elektronen um den Atomkern, wie es im vorhergehenden Abschnitt erläutert wurde. Die Energien hängen jedoch nach Gl. (1.45) nur von der Quantenzahl $n$ ab. Die Zustände des Wasserstoffatoms mit gleichem $n$, aber verschiedenem $l$ und $m_l$ bezeichnet man als *entartet* bezüglich der Energie. Dies ist eine Erscheinung, die mit dem reinen Coulomb-Potential zwischen Atomkern und Elektron zusammenhängt.

Obwohl die Bohr'sche Theorie und die Quantenmechanik die gleichen Energiewerte des Wasserstoffatoms ergeben, pflegt man das Energieschema unter Berücksichtigung der $l$-Entartung darzustellen. Abb. 1.14 stellt das Wasserstoff-Energieschema gemäß der (nicht-relativistischen) Quantenmechanik dar: Terme mit gleichem $n$, aber verschiedenem $l$ sind auf gleichem Energieniveau nebeneinander dargestellt. Wie wir später sehen werden, wird die **$l$-Entartung** und auch die **$m$-Entartung** durch zusätzliche, bisher unberücksichtigte physikalische Wechselwirkungen aufgehoben (siehe Abschn. 1.3.6 und 1.6).

### 1.3.6 Die Feinstruktur- und Hyperfeinstruktur-Aufspaltung des Wasserstoffatoms

Schon vor etwa einem Jahrhundert beobachteten die amerikanischen Physiker Michelson und Morley (1887), dass die erste Spektrallinie $H_\alpha$ der Balmer-Serie (siehe Abb. 1.1 und 1.4) des Wasserstoffatoms offensichtlich in zwei Komponenten aufgespalten ist. Dies war der Beginn der Präzisionsspektroskopie des Wasserstoffatoms, die sich seitdem und bis zur Gegenwart als wichtigste Messtechnik für die Prüfung der Quantenphysik der Atome erwiesen hat.

Die in der Überschrift genannten **Fein- und Hyperfeinstrukturen** des Wasserstoffs beruhen auf der Existenz innerer Drehimpulse (genannt **Spins**) des Elektrons und des Atomkerns, auf relativistischen und quantenelektrodynamischen Korrekturen und der speziellen Struktur des Atomkerns. Bevor wir diese zusätzlichen energetischen Wechselwirkungen im Wasserstoffatom beschreiben, seien einige allgemeinere Bemerkungen zur grundsätzlichen theoretischen Behandlung vorangestellt.

Die Schrödinger-Gleichung basiert gemäß ihrer obigen Einführung auf einer nicht-relativistischen Behandlung, d. h. die relativistischen Korrekturen der Elektronenmasse und Invarianzen (s. Band 3, Optik, Kap. 12) wurden vollständig vernachlässigt. Diese Inkonsequenzen, die der Schrödinger-Gleichung anhaften, werden in der Theorie, die von dem Engländer Dirac entwickelt wurde, eliminiert. Die **Dirac'sche Theorie** des Wasserstoffatoms ist eine **relativistische Quantentheorie**, die einen erheblichem mathematischen Aufwand erfordert, jedoch sowohl die Grob- als auch die Feinstruktur des Wasserstoffatoms richtig beschreibt. Für die Herleitung von Diracs Theorie sei der Leser auf die weiterführende Literatur verwiesen.

Für unsere Zwecke ist folgender Weg geeignet, der einen geringeren mathematischen Formalismus erfordert. Zusätzlich zur Coulomb-Wechselwirkung zwischen dem Atomkern und dem Elektron im Wasserstoffatom müssen weitere energetische Wechselwirkungen berücksichtigt werden, um den Fein- und Hyperfeinstrukturen Rechnung zu tragen. Alle diese Wechselwirkungen können durch einen quantenmechanischen Hamilton-Operator dargestellt werden. Der totale Hamilton-Operator des Wasserstoffatoms ($H_{\text{tot}}$) wird sodann die Summe aller erforderlichen Hamilton-Operatoren darstellen, für die Coulomb-(Coul), die Fein-(fs) und Hyperfein-(hfs) Wechselwirkung, die quantenelektrodynamische (QED) Wechselwirkung und für eine Wechselwirkung (nukl), die die nukleare Struktur des Atomkerns berücksichtigt:

Hamilton-Operatoren:
Größenordnung:

$$H_{\text{tot}} = H_{\text{Coul}} + H_{\text{fs}} + H_{\text{QED}} + H_{\text{hfs}} + H_{\text{nukl}}$$
$$\quad\quad\quad 10\,\text{eV} \quad 10^{-4}\,\text{eV} \quad 10^{-5}\,\text{eV} \quad 10^{-5}\,\text{eV} \quad 10^{-8}\,\text{eV} \quad (1.46)$$

In Gl. (1.46) sind approximativ die Energien oder Energieaufspaltungen angegeben, die von den aufgezählten Wechselwirkungen herrühren. Wie ersichtlich ist, dominiert die Coulomb-Wechselwirkung, während die übrigen Wechselwirkungen zu sehr kleinen, aber messbaren Energieverschiebungen oder Aufspaltungen führen. Die äußerst präzise Vermessung der Energiestruktur des Wasserstoffatoms und deren ausgezeichnete Übereinstimmung mit den quantentheoretischen Berechnungen gehört zu den größten Erfolgen der modernen Physik.

Wir werden in den folgenden Unterabschnitten zunächst die Physik der obigen Wechselwirkungen erklären und verweisen für die experimentelle Vermessung der Energiestruktur des Wasserstoffatoms auf Abschn. 1.7.

### 1.3.6.1 Die normale Feinstruktur: Spin-Bahn-Wechselwirkung und relativistische Korrekturen

Wir haben in Abschn. 1.2 und 1.3.2 gesehen, wie Bohr den Bahndrehimpuls des Elektrons im Wasserstoffatom in Einheiten von $h$ quantisiert hat und wie offensichtlich diese Quantisierungsbedingung ein wesentliches Element sowohl der älteren als auch der neueren Quantentheorie ist. Die beiden holländischen Physiker Goudsmith und Uhlenbeck schlugen 1925 vor, dass das Elektron zusätzlich zum Bahndrehimpuls noch einen weiteren Drehimpuls besitzen soll, der in klassischer Analogie durch Rotation um eine gegebene Achse des Elektrons hervorgerufen wird. Dieser interne Drehimpuls wird *Spin* genannt und hat einen wesentlichen Anteil an der *Feinstruktur-Aufspaltung* der Energiezustände des Wasserstoffatoms. Die Spin-Hypothese von Goudsmith und Uhlenbeck besagt, dass der interne Eigendrehimpuls des Elektrons wie folgt quantisiert sein soll: Die **Spinquantenzahl** $s$ besitzt den Wert $s = 1/2$, was bedeuten soll, dass man bei einer Messung der Komponente des Spindrehimpulses stets nur einen der Werte $\pm 1/2\,\hbar$ erhält. Gemäß den oben erläuterten Regeln für quantenmechanische Bahndrehimpulse (Abschn. 1.3.2) sollte das Quadrat des Spindrehimpulses zu

$$s(s+1)\hbar^2 = \frac{1}{2}\left(1+\frac{1}{2}\right)\hbar^2 = \frac{3}{4}\hbar^2 = S^2 \tag{1.47}$$

werden. Mit der Vorstellung von zwei Spinkomponenten kann die Quantenzahl $m_s = \pm 1/2$ für die beiden Komponenten eingeführt werden. Mittels eines Einheitsvektors **1** wird der Spinvektor zu

$$\boldsymbol{S} = \sqrt{s(s+1)} \cdot \hbar \cdot \mathbf{1}. \tag{1.48}$$

Es ist naheliegend, die Eigendrehung und Bewegung eines Planeten um die Sonne mit dem Spin und Bahndrehimpuls des Elektrons im Wasserstoffatom zu vergleichen, obwohl klassische Bilder im Bereich der Quantenmechanik keine Realität besitzen. Andererseits können wir uns von dieser Analogie leiten lassen und überlegen, ob Bahn- und Spindrehimpuls des Elektrons miteinander gekoppelt sind. Dabei erhebt sich sofort die Frage, ob der gleichsinnige (*l* und *s* parallel) und entgegengesetzte Drehsinn (*l* und *s* antiparallel) der Bahn- und Spindrehimpulse zu verschiedenen Energiewerten für Zustände gleicher Hauptquantenzahl $n$ führt. Die Antwort hierauf ist positiv, das heißt, dass die Zustände des Elektrons mit $l+s$ und $l-s$ energetisch verschieden sind. Dieser energetische Effekt wird **Spin-Bahn-Wechselwirkung** genannt, er kann wie folgt verständlich gemacht werden. Wir betrachten zunächst die Bahnbewegung des Elektrons. Der Strom des Elektrons $e$ auf einer Kreisbahn mit dam Radius $r$ ist

$$I = \frac{e}{T} = \frac{ev}{2\pi r}$$

mit $T$ als Umlaufperiode und $v$ als Umlaufgeschwindigkeit. Der Strom der Bahnbewegung und die vom Elektron in einem vollständigen Umlauf überstrichene Fläche $F$ bestimmen ein magnetisches Dipolmoment $\mu_l = IF$. Die Richtung des magnetischen Momentes ist senkrecht zur Bahnbewegung des Elektrons. Da das Elektron

## 1.3 Die Quantenmechanik in der Formulierung Schrödingers

negative Ladung besitzt, stehen das magnetische Dipolmoment $\boldsymbol{\mu}_l$ und der zugehörige Drehimpuls $\boldsymbol{L} = m\boldsymbol{r} \times \boldsymbol{v}$ antiparallel zueinander.
Mit

$$\mu_l = IF = \frac{ev}{2\pi r}\pi r^2 = \frac{ev}{2}r$$

ergibt sich für das konstante Verhältnis:

$$\frac{\mu_l}{L} = \frac{evr}{2mrv} = \frac{e}{2m}. \tag{1.49}$$

Führen wir nun die Quantenbedingung $L = l\hbar$ ein, so erhalten wir

$$\mu_l = -\frac{e}{2m}l\hbar. \tag{1.50}$$

Die „natürliche" Einheit dieses magnetischen Momentes wird mit $l = 1$ erhalten; sie wird **Bohr-Magneton** $\mu_B$ genannt:

$$\mu_B = \frac{e\hbar}{2m} = 0.927\,400\,899(37) \cdot 10^{-23}\,\text{J/T}. \tag{1.51}$$

Wir schreiben die Vektorgröße $\boldsymbol{\mu}_l$ nun in folgender Form, die den sog. $g_l$-**Faktor** und die quantenmechanische Darstellung des Drehimpulses $|L| = \sqrt{l(l+1)}\,\hbar$ berücksichtigt:

$$\boldsymbol{\mu}_l = -\frac{g_l\mu_B}{\hbar}\boldsymbol{L} \tag{1.52}$$

und

$$\begin{aligned}|\boldsymbol{\mu}_l| &= -\frac{g_l\mu_B}{\hbar}\sqrt{l(l+1)}\,\hbar \\ &= -g_l\mu_B\sqrt{l(l+1)}.\end{aligned} \tag{1.53}$$

Das Verhältnis $\mu_l/L = -g_l\mu_B/\hbar$ ist eine Konstante, die unabhängig von der Bahnbewegung des Elektrons ist. Der orbitale $g_l$-Faktor wird $g_l = 1$; obwohl er in den obigen Gleichungen entbehrlich ist, führen wir ihn hier in dieser Form ein, um ihn später für andere Fälle allgemeiner zu verwenden.

Die üblichen klassischen Gleichungen, die das Drehmoment $\vartheta$ und die Energie eines Magneten mit dem magnetischen Moment $\boldsymbol{\mu}$ in einem magnetischen Feld $\boldsymbol{B}$ beschreiben, besitzen auch Gültigkeit für das magnetische Bahndipolmoment $\boldsymbol{\mu}_l$:

$$\vartheta = \boldsymbol{\mu}_l \times \boldsymbol{B}, \quad E = -\boldsymbol{\mu}_l \cdot \boldsymbol{B}. \tag{1.54}$$

Nehmen wir als Beispiel ein Bohr-Magneton in einem Feld von 0.1 Tesla ($= 10^3$ Gauss), so ist die Energiedifferenz zwischen den Positionen des Bohr'schen Dipolmomentes parallel und antiparallel zum Magnetfeld

$$E = 2\mu_B = 2 \cdot 0.927 \cdot 10^{-23} \cdot 0.1 \,\text{Joule}$$
$$= 1.85 \cdot 10^{-24} \,\text{Joule} = 1.16 \cdot 10^{-5} \,\text{eV}.$$

Wie wir später sehen werden, können solche sehr kleinen Energiedifferenzen mit modernen Messmethoden präzise ermittelt werden (Abschn. 1.7).

Nun ist es naheliegend, ein zusätzliches magnetisches Moment zu erwarten, das mit dem Spin des Elektrons verknüpft ist. Alle Konsequenzen, die experimentell mit dieser Vorstellung im Einklang stehen, lassen sich in der Gleichung

$$\boldsymbol{\mu}_s = -\frac{\mu_B g_s}{\hbar} \boldsymbol{S} \tag{1.55}$$

für das zusätzliche magnetische Moment vom Elektronenspin zusammenfassen, wobei $\boldsymbol{S}$ den oben eingeführten Elektronenspin darstellt.

Wenn das Elektron ein magnetisches Moment besitzt, so sollte es aufgrund seiner Bewegung durch das Coulomb-Feld des Atomkerns zu einer energetischen Wechselwirkung kommen, da das elektrische Feld des Kerns zu einem magnetischen „Bewegungsfeld" führt:

$$\boldsymbol{B} = -\frac{1}{c^2} \boldsymbol{v} \times \boldsymbol{E}. \tag{1.56}$$

Mit diesem magnetischen Feld erhalten wir die potentielle Energie des Spins zu

$$E = -\boldsymbol{\mu}_s \cdot \boldsymbol{B} = -\boldsymbol{\mu}_s \cdot \frac{1}{c^2} \boldsymbol{E} \times \boldsymbol{v} \tag{1.57}$$

in Analogie zu Gl. (1.54).

Mit Gl. (1.55) für $\boldsymbol{\mu}_s$ folgt

$$\Delta E_{LS} = \frac{g_s \mu_B}{\hbar} \boldsymbol{S} \cdot \boldsymbol{B}. \tag{1.58}$$

Diese Gleichung ist aber noch nicht richtig, da die Geschwindigkeit $v$ und daher das induzierte Magnetfeld zeitlich nicht konstant sind. Eine relativistische Korrektur erfordert einen Faktor 1/2 (*Thomas-Faktor* genannt, nach dem britischen Physiker Thomas) in Gl. (1.58).

$$\Delta E_{LS} = \frac{1}{2} \frac{g_s \mu_B}{\hbar} \boldsymbol{S} \cdot \boldsymbol{B}. \tag{1.59}$$

Es ist üblich, diese Gleichung so auszudrücken, dass das skalare Produkt $\boldsymbol{S} \cdot \boldsymbol{L}$ auftritt. Hierzu schreiben wir zunächst die Kraft, die auf das Elektron wirkt, in der Form

$$\boldsymbol{F} = -e\boldsymbol{E} = -\frac{\partial V}{\partial r} \cdot \frac{\boldsymbol{r}}{r}$$

mit $V = V(r)$ als Coulomb-Potential. Dann folgt für das induzierte Magnetfeld

## 1.3 Die Quantenmechanik in der Formulierung Schrödingers

$$B = -\frac{1}{r}\frac{1}{ec^2}\frac{\partial V}{\partial r}\,v \times r;$$

und mit $L = mr \times v = -mv \times r$

$$B = \frac{1}{r}\cdot\frac{1}{emc^2}\frac{\partial V}{\partial r}L. \tag{1.60}$$

Gl. (1.59) und (1.60) miteinander verknüpft, ergibt

$$\Delta E_{LS} = \frac{1}{r}\frac{g_s\mu_B}{2e\hbar mc^2}\frac{\partial V}{\partial r}S\cdot L. \tag{1.61}$$

Diese Gleichung, die zuerst von Thomas 1926 hergeleitet wurde, führt zu einer mit den Experimenten verträglichen Beschreibung, wenn in diese Gleichung das Bohr-Magneton $\mu_B$ nach Gl. (1.51) und für $g_s$ der Wert 2 eingesetzt wird:

$$\Delta E_{LS} = \frac{1}{2m^2c^2}\frac{1}{r}\frac{\partial V}{\partial r}S\cdot L. \tag{1.62}$$

Wir merken an, dass diese formale Einführung des g-Faktors $g_s = 2$ kein direktes klassisches Analogon besitzt, im Gegensatz zum obigen $g_l$-Faktor.

Der Stern-Gerlach-Effekt, der normale Zeeman-Effekt und alle übrigen relevanten spektroskopischen Untersuchungen zur atomaren Struktur sind im Einklang mit dem Wert $g_s = 2$ (Abschn. 1.6, 1.7 und 1.10). Einsetzen des Coulomb-Potentials in Gl. (1.62) ergibt mit

$$\frac{\partial V}{\partial r} = \frac{e^2}{4\pi\varepsilon_0}\frac{1}{r^2}$$

die Gleichung

$$\Delta E_{LS} = \frac{e^2}{4\pi\varepsilon_0 2m^2c^2}\frac{1}{r^3}S\cdot L. \tag{1.63}$$

Eine Spin-Bahn-Wechselwirkung kann nach dieser Gleichung nur für $L \neq 0$ auftreten. Eine Abschätzung der Größenordnung der Spin-Bahn-Wechselwirkung ergibt sich wie folgt.

Aus der bekannten Ladungsverteilung des Elektrons um den Atomkern lässt sich ein mittlerer Wert für $1/r^3$ errechnen ($r$ als Abstand zwischen Atomkern und Elektron):

$$\overline{\left(\frac{1}{r^3}\right)} = \frac{e^2}{4\pi\varepsilon_0 2m^2c^2}\frac{1}{r^3}S\cdot L \tag{1.64}$$

mit dem Bohr-Radius $a_0$ und den üblichen Quantenzahlen $n$ und $l$; für $n = 2$ und $l = 1$ erhalten wir

$$\overline{\left(\frac{1}{r^3}\right)} = \frac{Z^3}{24a_0^3}$$

und für $S\cdot L \approx \hbar^2$

Mit den bekannten Werten für $m$, $\varepsilon_0$, $Z = 1$ und $c$ ergibt sich eine Abschätzung für die Spin-Bahn-Wechselwirkung zu $\Delta E \approx 10^{-4}\,\text{eV}$. Dieser Wert ist sehr klein im Vergleich zur Coulomb-Energie des Zustandes mit $n = 2$ ($E_{n=2} = -3.4\,\text{eV}$). Gl. (1.63) mit $\boldsymbol{\mu}_s \cdot \boldsymbol{B}$ in Beziehung gesetzt, ergibt eine Abschätzung des mittleren Magnetfeldes, das das Elektron im Wasserstoffatom erfährt:

$$B = \frac{\Delta E_{LS}}{\mu_s} \approx \frac{10^{-4}\,\text{eV}}{10^{-23}\,\text{Am}^2} \approx 1\,\text{Tesla}.$$

Die Tatsache, dass das Elektron ein starkes Magnetfeld erfährt, hat seine Ursache in der Bahnbewegung durch das starke elektrische Feld ($10^7 \approx \text{V/m}$) des Atomkernes.

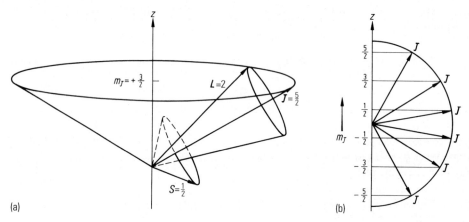

**Abb. 1.15** (a) Vektormodell der Spin-Bahn-Wechselwirkung mit dem Bahndrehimpuls $\boldsymbol{L}$ (Beispiel für $L = 2$), dem Spindrehimpuls $\boldsymbol{S}$ (Beispiel für $S = 1/2$) und dem Gesamtdrehimpuls $\boldsymbol{J}$ (Beispiel für $J = 5/2$ und $m_J = 3/2$). Die Vektoren $\boldsymbol{L}$ und $\boldsymbol{S}$ präzedieren gemeinem um $\boldsymbol{J} = \boldsymbol{L} + \boldsymbol{S}$. (b) Richtungsquantisierung des Drehimpulses $\boldsymbol{J}$ (Beispiel für $J = 5/2$) mit den Orientierungen charakterisiert durch die Quantenzahl $m_J$.

Eine weitere Folgerung der Spin-Bahn-Wechselwirkung ist die Kopplung von Bahn- und Spin-Drehimpuls (*LS*-Kopplung). Ohne Spin-Bahn-Wechselwirkung würden sich der Bahndrehimpuls $\boldsymbol{L}$ und der Spindrehimpuls $\boldsymbol{S}$ unabhängig voneinander im Raum einstellen. Da jedoch das atomare Elektron die Wirkung eines starken internen Magnetfeldes erfährt, dessen Richtung von $\boldsymbol{L}$ abhängt, entsteht ein Drehmoment, das auf das magnetische Spinmoment $\boldsymbol{\mu}_s$ wirkt, dessen Orientierung von $\boldsymbol{S}$ abhängt (Gl. (1.55)). Das Drehmoment verändert jedoch nicht die Beträge von $\boldsymbol{S}$ und $\boldsymbol{L}$, es erzwingt aber die Kopplung von $\boldsymbol{S}$ und $\boldsymbol{L}$. Als Folge dieser Kopplung führen $\boldsymbol{L}$ und $\boldsymbol{S}$ eine Präzessionsbewegung aus, die von der gegenseitigen Orientierung von $\boldsymbol{L}$ und $\boldsymbol{S}$ abhängt. $\boldsymbol{L}$ und $\boldsymbol{S}$ präzedieren um einen Vektor $\boldsymbol{J}$, der die Vektorsumme von $\boldsymbol{L}$ und $\boldsymbol{S}$ darstellt (Abb. 1.15a):

$$\boldsymbol{J} = \boldsymbol{L} + \boldsymbol{S}. \tag{1.65}$$

Die Komponenten von **L** und **S** bleiben bezüglich der Richtung von **J** konstant, so dass der Betrag von **J** ebenfalls konstant ist. Der Vektor **J** beschreibt bezüglich einer Quantisierungsachse $z$ einen Kegel, so dass die zeitlichen Mittelwerte $J_x = J_y = 0$ werden und die folgenden Quantenbedingungen gelten (Abb. 1.15b):

$$J_z = m_J \hbar \tag{1.66}$$

und

$$|\mathbf{J}| = \sqrt{J(J+1)}\,\hbar \tag{1.67}$$

mit

$$m_J = -J, \ -J+1, \ +\ldots +J-1, \ J. \tag{1.68}$$

Bezeichnen $m_l$ und $m_s$ die Komponenten von **L** und **S** bezüglich der gewählten Quantisierungsachse mit $L_z = m_l \hbar$, so wird die $z$-Komponente von **J** zu

$$J_z = m_J \hbar = m_L \hbar + m_S \hbar \tag{1.69}$$

oder

$$m_J = m_L + m_S. \tag{1.70}$$

Da für Wasserstoff üblicherweise kleine Buchstaben für die Quantenzahlen verwendet werden, ergeben sich für $s = 1/2$ zwei Werte, $j = l + 1/2$ und $j = l - 1/2$, und für $l = 0$ wird $j = 1/2$. Für die verschiedenen Hauptquantenzahlen $n$ folgen die Terme:

$n = 1, \ l = 0, \ j = 1/2, \ $ Terme $1\ ^2S_{1/2}$
$n = 2, \ l = 0, \ j = 1/2, \ $ Term $2\ ^2S_{1/2}$
$\quad\quad\quad\ l = 1, \ j = 1/2, \ j = 3/2, \ $ Terme $2\ ^2P_{1/2}, \ 2\ ^2P_{3/2}$
$n = 3, \ l = 0, \ j = 1/2, \ $ Term $3\ ^2S_{1/2}$
$\quad\quad\quad\ l = 1, \ j = 1/2, \ j = 3/2, \ $ Terme $3\ ^2P_{1/2}, \ ^2P_{3/2}$
$\quad\quad\quad\ l = 2, \ j = 3/2, \ j = 5/2, \ $ Terme $3\ ^2D_{3/2}, \ 3\ ^2D_{5/2}$
$n = 4, \ l = 0, \ j = 1/2, \ $ Term $4\ ^2S_{1/2}$
$\quad\quad\quad\ l = 1, \ j = 1/2, \ j = 3/2, \ $ Terme $4\ ^2P_{1/2}, \ 4\ ^2P_{3/2}$
$\quad\quad\quad\ l = 2, \ j = 3/2, \ j = 5/2, \ $ Terme $4\ ^2D_{3/2}, \ 4\ ^2D_{5/2}$
$\quad\quad\quad\ l = 3, \ j = 5/2, \ j = 7/2, \ $ Terme $4\ ^2F_{5/2}, \ 4\ ^2F_{7/2}$

Die Termbezeichnungen entwickeln sich von $n = 5$ an alphabetisch zu G, H, I, ... Die Symbole S, P, D und F sind historisch bedingt; sie sind verknüpft mit den Spektralserien der Emissionsspektren mit den folgenden Übergängen: $l = 0$ nach $l = 1$, *Scharfe Serie*; $l = 1$ nach $l = 0$, *Haupt-* oder *Prinzipale Serie*; $l = 2$ nach $l = 1$ *Diffuse Serie* und $l = 3$ nach $l = 2$, *Fundamentale Serie*; die Termbezeichnung kann allgemein durch die Symbole $n^{2S+1}L_j$ dargestellt werden, wobei $2S+1$ die sogenannte *Multiplizität* ist. Sie gibt an, in wie viele Feinstruktur-Terme das Energiesystem des betreffenden Atoms im Allgemeinen aufspaltet. Alle Energiezustände des Wasserstoffatoms mit $l \neq 0$ spalten in zwei Feinstruktur-Terme auf, was sich mithilfe von Gl. (1.62) und der Beziehung $\mathbf{J} = \mathbf{S} + \mathbf{L}$ wie folgt ergibt:

38    1 Atome

$$\begin{aligned}\boldsymbol{J}\cdot\boldsymbol{J} &= \boldsymbol{L}\cdot\boldsymbol{L}+\boldsymbol{S}\cdot\boldsymbol{S}+2\boldsymbol{S}\cdot\boldsymbol{L}\\ \boldsymbol{S}\cdot\boldsymbol{L} &= 1/2\,(\boldsymbol{J}\cdot\boldsymbol{J}-\boldsymbol{L}\cdot\boldsymbol{L}-\boldsymbol{S}\cdot\boldsymbol{S})\\ &= 1/2\,(J^2-L^2-S^2)\\ &= \hbar^2/2\,[j(j+1)-l(l+1)-s(s+1)].\end{aligned}$$ (1.71)

Gl. (1.62) wird daher

$$\Delta E_{LS}=\frac{\hbar^2}{4m^2c^2}\frac{1}{r}\frac{\partial V(r)}{\partial r}\{j(j+1)-l(l+1)-s(s+1)\},$$ (1.72)

mit zwei verschiedenen Energiewerten für $j=l+1/2$ und $j=l-1/2$.

Eine Umformung des Ausdrucks $\frac{1}{r}\frac{\partial V}{\partial r}$ ergibt

$$\frac{1}{r}\frac{\partial V}{\partial r}=\frac{Ze^2}{4\pi\varepsilon_0 r^3}$$

und mit Gl. (1.64) für $1/r^3$ und der Bohr'schen Energie $E_n$ (Gl. (1.8)) erhalten wir

$$\Delta E_{LS}=-\frac{\alpha^2 Z^2}{n^2}E_n\frac{n}{l(l+\tfrac{1}{2})(l+1)}\boldsymbol{S}\cdot\boldsymbol{L}\quad\text{für}\quad l\neq 0.$$ (1.73)

In dieser Darstellung ist die Spin-Bahn-Wechselwirkungsenergie proportional zu $\alpha^2 E_n$ mit der Sommerfeld-Feinstrukturkonstanten

$$\alpha=\frac{e^2}{4\pi\varepsilon_0\hbar c}=\frac{1}{137.0359895}.$$ (1.74)

Zwei weitere relativistische Effekte bestimmen zusätzliche Anteile an der Feinstruktur der Energiezustände des Wasserstoffatoms. Der eine Effekt trägt der relativistischen Korrektur der kinetischen Energie des Elektrons Rechnung, wohingegen ein zweiter Effekt von der endlichen Ladungsdichte des Elektrons am Koordinatenursprung für $S$-Zustände ($l=0$) herrührt.

Bei der Berechnung dieser beiden zusätzlichen Effekte benutzen wir anstelle des nicht-relativistischen Hamilton-Operators der Schrödinger-Gleichung (Gl.(1.15)) dessen relativistische Form

$$H=(p^2c^2+m_0^2c^4)^{\frac{1}{2}}-m_0c^2+V(r)=T+V(r)$$ (1.75)

mit $T$ als relativistische kinetische Energie:

$$\begin{aligned}T &= (p^2c^2+m_0^2c^4)^{\frac{1}{2}}-m_0c^2\\ &= \frac{p^2}{2m_0}-\frac{1}{8}\frac{p^4}{m_0^3 c^3}+\ldots;\end{aligned}$$ (1.76)

mit $T_0=\dfrac{p^2}{2m_0}$ folgt

## 1.3 Die Quantenmechanik in der Formulierung Schrödingers

$$T = T_0 - \frac{1}{8} \frac{p^4}{m_0^3 c^2} = T_0 + \Delta T \tag{1.77}$$

und

$$\Delta T = -\frac{1}{8} \frac{p^4}{m_0^3 c^2} = -\frac{1}{2m_0 c^2} T_0^2 = -\frac{1}{2m_0 c^2} (E_n - V(r))^2. \tag{1.78}$$

Mittels einer quantenmechanischen Störungsrechnung lässt sich der Einfluss der kinetischen Energieänderung auf stationäre Energiewerte $E_n$ wie folgt ermitteln:

$$\begin{aligned}\Delta E_{\text{rel}} &= -\frac{1}{2m_0 c^2} \langle (E_n - V(r)^2 \rangle \\ &= -\frac{1}{2m_0 c^2} \left\{ E_n^2 - 2E_n \left\langle -\frac{Ze^2}{4\pi\varepsilon_0 r} \right\rangle + \left\langle \frac{Z^2 e^4}{(4\pi\varepsilon_0)^2 r^2} \right\rangle \right\}. \end{aligned} \tag{1.79}$$

Hierbei bedeuten die Bezeichnungen $\langle \ldots \rangle$ sogenannte *quantenmechanische Mittel-* oder *Erwartungswerte* einer Funktion $f(r)$, die durch die Beziehung $\langle f \rangle = \int f(r) |\psi(r,t)|^2 \mathrm{d}r$ definiert sind, wobei $\psi(r,t)$ die zugehörige normierte Eigenfunktion darstellt. Mit

$$\left\langle \frac{1}{r} \right\rangle = \overline{\left(\frac{1}{r}\right)} = \frac{1}{n^2} \cdot \frac{Z}{a_0}, \quad \left\langle \frac{1}{r^2} \right\rangle = \overline{\frac{1}{r^2}} = \frac{1}{\left(l+\frac{1}{2}\right) n^3} \left(\frac{Z}{a_0}\right)^2$$

und der Bohr'schen Energie $E_n$ erhalten wir für die relativistische Korrektur

$$\Delta E_{\text{rel}} = -E_n \frac{\alpha^2 Z^2}{n^2} \left[ \frac{3}{4} - \frac{n}{l+1/2} \right]. \tag{1.80}$$

Diese *relativistische Korrektur* hängt sowohl von $n$ als auch von $l$ ab. $\Delta E_{\text{rel}}/E \sim \alpha^2 Z^2 \sim v_n^2/c^2$, wobei $v_n$ die Geschwindigkeit des Elektrons auf der $n$-ten Bohr'schen Bahn ist.

Der dritte Term der Feinstruktur, der *Darwin-Term* genannt wird, hat kein klassisches Analogon, er resultiert aus der endlichen Ladungsdichte des Elektrons am Kernort und lässt sich wie folgt berechnen:

$$\begin{aligned}\Delta E_{\text{Darwin}} &= \frac{\pi \hbar^2}{2m^2 c^2} \frac{Ze^2}{4\pi\varepsilon_0} |\psi_{nlm_l}(r=0)|^2 \\ &= E_n \frac{(Z\alpha)^2}{n} \quad \text{für} \quad l = 0. \end{aligned} \tag{1.81}$$

40  1 Atome

Dieser Ausdruck bleibt nur für Zustände mit $l = 0$ endlich, da nur Eigenfunktionen mit $l = 0$ am Kernort von null verschieden sind. Somit haben wir für die Gesamtenergie $E_{nj}$ die Summe

$$E_{nj} = E_n + \Delta E_{LS} + \Delta E_{rel} + \Delta E_{Darwin} = E_n + \Delta E_{fs}$$
$$= E_n \left\{ 1 + \frac{(Z\alpha)^2}{n^2} \left( \frac{n}{j+1/2} - \frac{3}{4} \right) \right\}$$

mit

$$\Delta E_{fs} = -hc R_\infty \alpha^2 \frac{m_N}{m_N + m_e} \cdot \frac{Z^4}{n^3} \left\{ \frac{1}{j+1/2} - \frac{3}{4n} \right\}. \tag{1.82}$$

Diese Gleichungen stimmen mit der Sommerfeld'schen Feinstruktur-Formel der relativistisch erweiterten Bohr'schen Theorie überein, wenn $j + 1/2$ durch die Sommerfeld-Quantenzahl $k$ ersetzt wird. Desgleichen stimmt Gl. (1.82) in der zweiten Ordnung von $(Z\alpha)^2$ mit der oben erwähnten exakten Dirac-Theorie überein, die die Formel

$$E_{nj}^{Dirac} = mc^2 \left\{ \left[ 1 + \frac{(Z\alpha)^2}{[n-j-1/2 + \sqrt{(j+1/2)^2 - (Z\alpha)^2}]^2} \right]^{-\frac{1}{2}} - 1 \right\} \tag{1.83}$$

liefert.

Wie aus Gl. (1.82) ersichtlich, führen die obigen Korrekturen zu einer sehr kleinen, aber messbaren Erhöhung der Bindungsenergien in der Größenordnung von $10^{-4}$ eV für niedrige Hauptquantenzahlen $n$.

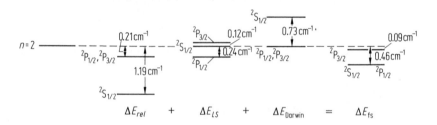

**Abb. 1.16** Die Anteile der relativistischen Massenkorrektur $\Delta E_{rel}$, der Spin-Bahn-Wechselwirkung $\Delta E_{LS}$ und des Darwin-Terms $\Delta E_{Darwin}$ an der normalen Feinstruktur-Aufspaltung $\Delta E_{fs}$ des Wasserstoffzustands mit der Hauptquantenzahl $n = 2$. Der Bohr'sche Energiezustand liegt auf der Höhe der gestrichelten Linie.

In den Abbildungen 1.16, 1.17 und 1.18 sind die Ergebnisse dieser theoretischen Feinstruktur-Berechnungen für das Wasserstoffatom dargestellt. Abb. 1.16 zeigt die obigen Feinstruktur-Terme für $n = 2$ als Differenzen $(hc)^{-1} E_{LS,rel,Darwin}$ in Einheiten von cm$^{-1}$ für die Wellenzahlen (reziproken Wellenlängen). Abb. 1.17 gibt ein quantitatives Bild der Feinstruktur-Terme von $n = 1$ bis $n = 3$, wohingegen Abb. 1.18 ein Gesamtbild zeigt, wie es normalerweise mit den oben erläuterten Termsymbolen präsentiert wird.

## 1.3 Die Quantenmechanik in der Formulierung Schrödingers

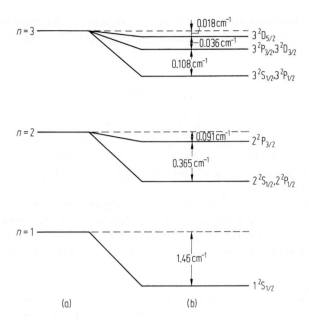

**Abb. 1.17** Die gesamte normale Feinstruktur-Aufspaltung des Wasserstoffatoms für $n = 1$, 2 und 3 (Teilbild (b)). Teilbild (a) zeigt die entsprechenden Bohr'schen Zustände. Die rechte Seite gibt die Termsymbole wieder.

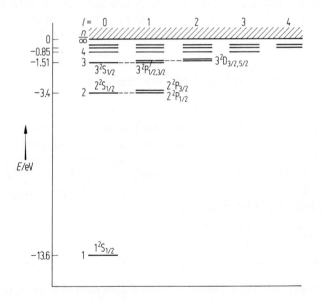

**Abb. 1.18** Darstellung des Wasserstoff-Spektrums mit normaler Feinstruktur-Aufspaltung, wobei die Zustände mit verschiedenen Bahndrehimpulsen $l = 0, 1, 2, \ldots$, aber gleichem $n$ nebeneinander dargestellt sind. Paare von Zuständen mit gleichem $n$ und $j$, aber $l$ und $l \pm 1$ besitzen gleiche Energiewerte (sog. $l$-Entartung). Die Feinstruktur-Aufspaltungen sind um mehrere Größenordnungen zu groß dargestellt und für $n \geq 4$ nicht eingezeichnet.

Wie aus den obigen Beziehungen für die Energiezustände des Wasserstoffatoms hervorgeht, haben die folgenden Terme dieselben Energiewerte:

$$E_{n,j,l} = E_{n,j,l \pm 1}.$$

Mit anderen Worten, die Terme $n^2S_{1/2}$ und $n^2P_{1/2}$ für $n \geq 2$, die Terme $n^2P_{3/2}$ und $n^2D_{3/2}$ für $n \geq 3$, die Terme $nD_{5/2}$ und $nF_{5/2}$ für $n \geq 4$ usw. besitzen paarweise die gleiche Energie. Solche Terme mit gleichem $n$ und $j$, aber $\Delta l = \pm 1$, werden als zweifach *entartet* bezeichnet. Diese Entartung der Feinstruktur-Terme ist charakteristisch für die *Dirac-Theorie* und die *Pauli-Darwin'sche Approximation*. Die Entartung dieser Feinstruktur-Terme war ein entscheidender Test für die Gültigkeit dieser quantenmechanischen Theorien.

Bis etwa in die Mitte der vierziger Jahre gab es keine eindeutigen experimentellen Hinweise dafür, dass die Voraussagen der Dirac-Theorie oder der Pauli-Darwin'schen Näherung bezüglich der Energiestruktur des Wasserstoffatoms unrichtig sein könnten oder einer weiteren Korrektur bedürften. Erst moderne Präzisionsexperimente zeigten um die Mitte dieses Jahrhunderts eindeutig, dass die beiden Zustände $2^2S_{1/2}$ und $2^2P_{1/2}$ des Wasserstoffatoms *nicht* zusammenfallen. Die energetische Aufspaltung dieser beiden Zustände wird *Lamb-Shift* (*Lamb-Verschiebung*) genannt (nach dem amerikanischen Physiker Willis E. Lamb, Jr.) und beruht auf einer Erweiterung der Regeln der Quantenphysik in den Bereich der Elektrodynamik.

Bevor wir auf diese Erweiterung der Quantentheorie (**Quantenelektrodynamik**) und die Lamb-Shift-Experimente eingehen (Abschn. 1.7.4.2), führen wir zunächst die Hyperfeinstruktur der Energiezustände ein, da es sich hier um einen Effekt handelt, der vom Spin des Atomkerns herrührt und im Rahmen der bisherigen theoretischen Modellvorstellungen der Quantenmechanik behandelt werden kann.

### 1.3.6.2 Die Hyperfeinstruktur und Isotopie-Verschiebung

Bisher haben wir den Atomkern als strukturloses Zentrum des Atoms der Masse $m_N$ betrachtet, das das elektrische Feld mittels der Ladung $+Ze$ erzeugt und das Elektron bindet. In Analogie zum Elektron mit der Gesamtdrehimpulsquantenzahl $J$ soll nach Pauli (1924) der Atomkern einen Gesamtdrehimpuls $I$ besitzen, dessen Spinquantenzahl $i$ null oder ein halb- oder ganzzahliges Vielfaches von $\hbar$ ist: $i = 0$, 1/2, 1, 3/2, 2 .... Der Drehimpulsvektor $I$, sein Betrag $|I|$ und seine Komponenten $m_I$ errechnen sich formal wie beim Elektron:

$$\begin{aligned} I &= |I|\hbar \quad \text{mit} \quad |I| = \sqrt{i(i+1)} \\ m_I &= i, i-1, i-2, \ldots -2, \ldots -i+1, -i. \end{aligned} \quad (1.84)$$

Da der Atomkern aus Protonen und Neutronen besteht, bezieht sich die obige Analogie auf den Gesamtdrehimpuls des Elektrons $J$ und den Kernspin $I$ und nicht auf den Elektronenspin $S$.

Die Drehimpulsquantenzahl $I$ wird allgemein *Kernspin* genannt, obwohl diese Bezeichnung eigentlich inkonsequent ist, da der Gesamtdrehimpuls des Atomkerns auch orbitale Anteile enthalten kann. Ansonsten können wir zwischen dem Elektron

## 1.3 Die Quantenmechanik in der Formulierung Schrödingers

und dem Atomkern folgende Analogien erwarten: Mit dem Kernspin ist ein magnetisches Dipolmoment des Atomkerns verknüpft, das wie folgt quantitativ darstellbar ist (vgl. (Gl. (1.55)):

$$\boldsymbol{\mu}_I = g_I \mu_N \frac{\boldsymbol{I}}{\hbar}, \tag{1.85}$$

hierbei stellt $g_I$ den *Kern-g-Faktor* dar und das **Kernmagneton** $\mu_N$ wird in Analogie zum Bohr-Magneton $\mu_B$ wie folgt beschrieben.

$$\mu_N = \frac{e\hbar}{2m_p} = \frac{m_e}{m_p} \mu_B. \tag{1.86}$$

Mit der Masse des Protons $M_P$ und $\mu_B$ ergibt sich mit $m_e/M_P = 5.446\,170\,232(12) \cdot 10^{-4}$

$$\mu_N = 5.050\,78\,317(20) \cdot 10^{-27}\,\text{J/T}$$
$$= 3.152\,45\,1238(24) \cdot 10^{-8}\,\text{eV/T}.$$

Das **Kernmagneton** wird als natürliche Einheit für magnetische Kernmomente verwendet. Magnetische Kernmomente sind etwa um den Faktor $10^{-3}$ kleiner als die magnetischen Momente der Elektronenhülle des Atoms.

Es ist naheliegend zu erwarten, dass das Wasserstoffatom einer weiteren zusätzlichen magnetischen Dipolwechselwirkung ausgesetzt ist, falls der Atomkern an seinem Ort ($r = 0$) ein magnetisches Feld $\boldsymbol{B}(r = 0)$ erfährt:

$$\Delta E_\text{hfs} = -\boldsymbol{\mu}_I \cdot \boldsymbol{B}(r = 0). \tag{1.87}$$

Diese Wechselwirkung führt zur **Hyperfeinstruktur-Aufspaltung** der Energiezustände. Das Magnetfeld am Kernort wird vom Spin und von der Bahnbewegung des Elektrons erzeugt (s. Abb. 1.19). Ähnlich wie bei der oben beschriebenen Spin-Bahn-Wechselwirkung koppeln aufgrund der magnetischen Hyperfeinstruktur-Wechselwirkung der Kernspin $I$ und der Gesamtdrehimpuls $J$ des Elektrons zum Gesamtdrehimpuls $F$ (s. Abb. 1.20). Da $\mu_I \sim I$ und $B \sim J$, kann die magnetische Wechselwirkungsenergie der Hyperfeinstruktur wie folgt dargestellt werden:

$$\Delta E_\text{hfs} = -\boldsymbol{\mu}_I \cdot \boldsymbol{B}(r = 0) = -\mu_I B(r = 0) \cos\{(\boldsymbol{\mu}_I, \boldsymbol{B}(r = 0))\}$$
$$= AIJ \cos(\boldsymbol{I}, \boldsymbol{J}); \tag{1.88}$$

$\cos(\boldsymbol{I}, \boldsymbol{J})$ folgt aus dem Drehimpulsdreieck:

$$\cos(\boldsymbol{I}, \boldsymbol{J}) = \frac{F^2 - I^2 - J^2}{2IJ}. \tag{1.89}$$

Die Regeln der Quantenmechanik für die Quadrierung von Drehimpulsen erfordern die Umwandlungen von $F^2$, $I^2$ und $J^2$ in $F(F+1)$, $I(I+1)$ und $J(J+1)$. Somit erhalten wir

$$\Delta E_\text{hfs} = \frac{1}{2} AC \tag{1.90}$$

mit

$$C = F(F+1) - I(I+1) - J(J+1)$$

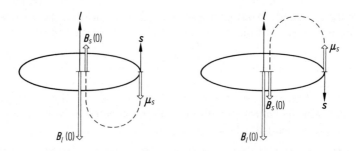

**Abb. 1.19** Magnetfelder $B_s(0)$ und $B_l(0)$ am Kernort ($r = 0$), die vom magnetischen Moment $\mu_s$ des Elektronenspins $s$ und von der Bahnbewegung (Drehimpuls $l$) des Elektrons erzeugt werden.

und

$$A = \frac{\mu_I \overline{B(r=0)}}{IJ} = \frac{\mu_N g_I \overline{B(r=0)}}{J}. \tag{1.91}$$

Das Verhältnis $A$ wird *Hyperfeinstruktur-Aufspaltungsfaktor* genannt. Das am Kernort erzeugte Magnetfeld repräsentiert einen Mittelwert, der aus der Ladungsverteilung des Elektrons um den Atomkern errechenbar ist.

Bevor wir auf die Größenordnung der Wechselwirkungsenergie von Hyperfeinstruktur-Aufspaltungen eingehen, seien noch folgende Ergänzungen zum Vektormodell des Atoms gemacht. Aufgrund der Wechselwirkung zwischen der Bahnbewegung und dem Eigendrehimpuls des Elektrons setzen sich der Bahndrehimpuls $L$ und der Spindrehimpuls $S$ zum elektronischen Gesamtdrehimpuls $J$ zusammen; $L$ und $S$ präzedieren daher mit konstanter Winkelgeschwindigkeit um die Richtung des resultierenden Vektors $J$. Analog hierzu führen $J$ und der Kerndrehimpuls $I$ infolge ihrer oben beschriebenen magnetischen Kopplung eine gemeinsame, gleichförmige Präzessionsbewegung um den resultierenden Drehimpuls $F$ aus. Da die Spin-Bahn-Wechselwirkung zwischen $L$ und $S$ jedoch die Hyperfein-Wechselwirkung zwischen $J$ und $I$ um Größenordnungen übersteigt, kann man sich das kinematische Bild der Drehbewegung des Vektorgerüstes des Atoms wie folgt vorstellen: $L$ und $S$ bewegen sich mit großer Winkelgeschwindigkeit um $J$, wohingegen $J$ gemeinsam mit $I$ langsam um den Gesamtdrehimpuls $F$ des Atoms präzediert (Abb. 1.20).

Die Hyperfeinstruktur-Aufspaltung des Wasserstoffatoms ist experimentell am genauesten am Grundzustand studiert worden (Abschn. 1.7.3.3). Mithilfe spektroskopischer Präzisionsmethoden (Abschn. 1.7.3) ist es gelungen, den Kernspin des atomaren Wasserstoffs zu $I = 1/2$ zu ermitteln. Das Vektormodell (Abb. 1.20) für $I = 1/2$ und $J = 1/2$ des Wasserstoffatoms ergibt zwei Werte für die Hyperfein-Quantenzahl $F$

$$F = \frac{1}{2} + \frac{1}{2} = 1 \quad \text{und} \quad F = \frac{1}{2} - \frac{1}{2} = 0.$$

Dies führt nach Gl. (1.90) zu einer energetischen Aufspaltung des Grundzustandes in zwei Hyperfein-Niveaus, wie es Abb. 1.21 zeigt. Die Energiedifferenz zwischen

1.3 Die Quantenmechanik in der Formulierung Schrödingers 45

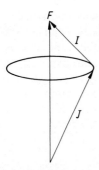

**Abb. 1.20** Vektormodell des Atoms mit dem Drehimpulsvektor *J* des Elektrons und dem Kernspin *I*; *I* und *J* präzedieren gemeinsam um den resultierenden Drehimpulsvektor *F*.

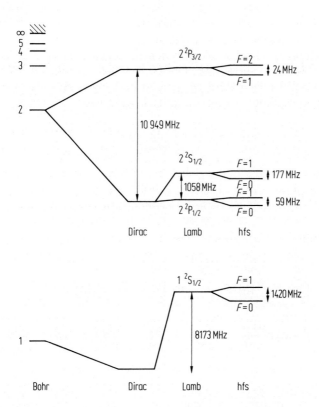

**Abb. 1.21** Wasserstoff-Termschema für die Hauptquantenzahlen $n = 1$ und $n = 2$ („Bohr") unter Berücksichtigung der normalen Feinstruktur („Dirac"), der Lamb-Shift („Lamb") und der Hyperfeinstruktur-Aufspaltung („hfs").

den beiden Hyperfeinstruktur-Niveaus entspricht einer Wellenlänge von 21 cm (einer Frequenz von ca.1420 MHz). Mikrowellen-Übergänge zwischen den beiden Niveaus wurden sowohl im Labor (Abschn. 1.7.3.3) als auch mittels radioastronomischer Mikrowellen-Detektoren in der Strahlung aus dem Weltraum nachgewiesen.

Die genaue theoretische Interpretation und Berechnung der Hyperfeinstruktur erfordert die Kenntnis des Magnetfeldes am Kernort, der Struktur und des magnetischen Momentes des Protons und der Effekte, die sich aufgrund der Lamb-Shift (Abschn. 1.3.6.3 und 1.7.4.2) ergeben. Der Aufspaltungsfaktor $A$ in Gl. (1.91) ist für S-Zustände nahezu proportional zu $1/n^3$ (Fermi'sche Formel), was sich auch in Abb. 1.21 erkennen lässt.

In die Hyperfeinstruktur komplexer Atome gehen noch weitere Effekte ein, nämlich magnetische und elektrische Multipol-Wechselwirkungen höherer Ordnung und Isotopie-Effekte. Die oben erläuterte magnetische Wechselwirkung der Hyperfeinstruktur ist jedoch im Vergleich zu diesen Effekten die bedeutendste. Da jedoch mittels der hochentwickelten Präzisionsmethoden der modernen Spektroskopie die Hyperfeinstruktur-Aufspaltungen mit hoher Genauigkeit vermessen worden sind, müssen solche Wechselwirkungen höherer Ordnung zur genaueren Interpretation herangezogen werden. In der Tat ist es mittels atomphysikalischer Messmethoden gelungen, wichtige sog. *Kern-Eigenschaften* wie Kernspins, elektrische Quadrupolkonstanten und Kernvolumen-Effekte zu bestimmen. Sobald man dem Atomkern ein endliches Volumen und eine nicht-punktförmige Ladungsverteilung zugesteht, hat man anstelle der Coulomb-Wechselwirkung den allgemeinen Ansatz für die elektrostatische Wechselwirkung zu verwenden. Der Unterschied zwischen der Wechselwirkung für einen punktförmigen Kern ($E_{\text{Coul}}$) und derjenigen für einen Kern mit ausgedehnter Ladungsverteilung ($E_k$) bestimmt sich wie folgt:

$$\Delta E = E_k - E_{\text{Coul}} = e \int \varrho_k \varphi_e \, d\tau - Ze^2 \int \frac{\varrho_e}{4\pi\varepsilon_0 r} \, d\tau. \tag{1.92}$$

Hierbei bedeuten $e\varrho_k$ und $e\varrho_e$ die Ladungsdichten im Kern und in der Elektronenhülle, $\varphi_e$ das elektrische Potential der Elektronenhülle und $d\tau$ das Volumenelement, wobei die Ladungsschwerpunkte im Koordinatenursprung zusammenfallen sollen. Entwickeln wir das Potential $\varphi_e$ in der Nähe des Ladungsschwerpunktes nach Potenzen der Ortskoordinaten $(x, y, z)$, so erhält man

$$\begin{aligned}\Delta E = &\; e \int \varrho_k \varphi_e(0) \, d\tau + e \int \varrho_k [x\varphi_x(0) + y\varphi_y(0) + z\varphi_z(0)] \, d\tau \\ &+ \frac{1}{2} e \int \varrho_k [x^2 \varphi_{xx}(0) + xy\varphi_{xy}(0) + \ldots + z^2 \varphi_{zz}(0)] \, d\tau \\ &- Ze^2 \int \frac{\varrho_e}{4\pi\varepsilon_0 r} \, d\tau \end{aligned} \tag{1.93}$$

mit den Abkürzungen

$$\varphi_x = \frac{\partial \varphi}{\partial x}, \quad \varphi_{xy} = \frac{\partial^2 \varphi}{\partial x \partial y}, \quad \varphi_{yy} = \frac{\partial^2 \varphi}{\partial y^2}, \ldots$$

Der erste Term in Gl. (1.93) wird vom letzten kompensiert. Der zweite Term beschreibt die Wechselwirkung zwischen einem elektrischen Kerndipolmoment und dem elektrischen Feld, das die Elektronenhülle am Kernort erzeugt. Wir erwarten allerdings, dass der Kern spiegelsymmetrisch bezüglich seiner Äquatorebene ist. Ein elektrisches Dipolmoment würde jedoch, wie alle höheren, ungeraden elektrischen Momente, die Spiegelsymmetrie des Atomkerns zerstören, weshalb der elektrische Dipolterm in Gl. (1.93) verschwinden sollte. Der dritte Term, der möglicherweise nicht verschwindet, stellt die *elektrische Quadrupol-Wechselwirkung* dar:

$$\Delta E_Q = \frac{1}{2} e \{ \varphi_{xx}(0) \int \varrho_k x^2 \mathrm{d}\tau + \varphi_{xy}(0) \int \varrho_k xy \mathrm{d}\tau$$
$$+ \ldots + \varphi_{zz}(0) \int \varrho_k z^2 \mathrm{d}\tau \}. \qquad (1.94)$$

Diese Summe kann als skalares Produkt zweier Tensoren dargestellt werden:

$$\begin{pmatrix} Q_{xx} & Q_{xy} & Q_{xz} \\ Q_{yx} & Q_{yy} & Q_{yz} \\ Q_{zx} & Q_{zy} & Q_{zz} \end{pmatrix} \cdot \begin{pmatrix} \varphi_{xx} & \varphi_{xy} & \varphi_{xz} \\ \varphi_{yx} & \varphi_{yy} & \varphi_{yz} \\ \varphi_{zx} & \varphi_{zy} & \varphi_{zz} \end{pmatrix} = \Delta E_Q, \qquad (1.95)$$

mit $Q_{xx} = \int \varrho_k x^2 \mathrm{d}\tau$, $Q_{xy} = \int \varrho_k xy \mathrm{d}\tau$, ..., ... als Komponenten des *Tensors des Quadrupolmomentes Q* und des *Tensors des Gradienten des elektrischen Feldes am Kernort*. Diese zweistufigen Tensoren koppeln zu einem Produkt vom Rang null, das den Eigenenergieanteil des elektrischen Quadrupolmomentes im elektrischen Feld mit nichtverschwindenden Gradienten ergibt.

Setzen wir nun voraus, dass die Elektronenhülle rotationssymmetrisch um die J-Achse des Hüllen-Drehimpulses $J(x, y, z)$ und außerdem die Kernladungsverteilung rotationssymmetrisch um die I-Achse des Kernspins $I(\xi, \eta, \zeta)$ ist, so verschwinden die Nichtdiagonalglieder; die Tensoren sind „auf Hauptachsen" transformiert:

$$\Delta E_Q = \frac{1}{2} e \{ Q_{xx} \varphi_{xx} + Q_{yy} \varphi_{yy} + Q_{zz} \varphi_{zz} \} \qquad (1.96)$$

im „feldeigenen Koordinatensystem" oder

$$\Delta E_Q = \frac{1}{2} e \{ Q_{\xi\xi} \varphi_{\xi\xi} + Q_{\eta\eta} \varphi_{\eta\eta} + Q_{\zeta\zeta} \varphi_{\zeta\zeta} \} \qquad (1.97)$$

im „kerneigenen Koordinatensystem".

Mit der Laplace-Gleichung $\Delta \varphi = 0$ am Kernort ergibt sich wegen der oben vorausgesetzten Rotationssymmetrie von $\varphi$ um die z-Achse

$$\varphi_{zz} = -2 \varphi_{xx} = -2 \varphi_{yy}, \qquad (1.98)$$

so dass $\Delta E_Q$ durch $\varphi$ am Kernort beschrieben werden kann:

$$\Delta E_Q = \frac{\varphi_{zz}(0)}{4} e \int (3z^2 - r^2) \varphi_k \mathrm{d}\tau \qquad (1.99)$$

mit $r^2 = x^2 + y^2 + z^2$.

Bildet die Kernachse ($\zeta$-Achse) mit der Feldachse (z-Achse) einen Winkel $\delta$, so folgt

$$\int (3z^2 - r^2)\varrho_k d\tau = \int (3\zeta^2 - r^2)\varrho_k d\tau \left(\frac{3}{2}\cos^2\vartheta - \frac{1}{2}\right). \qquad (1.100)$$

Der Ausdruck

$$e \int (3\zeta^2 - r^2)\varrho_k d\tau = eQ \qquad (1.101)$$

wird als *Quadrupolmoment* des Atomkerns bezeichnet. Somit folgt für die Quadrupol-Wechselwirkungsenergie bei Mittelung über die Elektronenbewegung:

$$\Delta E_Q = \frac{eQ\overline{\varphi_{zz}(0)}}{4}\left(\frac{3}{2}\cos^2\vartheta - \frac{1}{2}\right). \qquad (1.102)$$

Führen wir den Polarwinkel im kerneigenen Koordinatensystem ein, lässt sich Gl. (1.102) wie folgt transformieren:

$$eQ = e \int (3\zeta^2 - r^2)\varrho_k d\tau = e \int r^2 (3\cos^2\theta - 1)\varrho_k d\tau. \qquad (1.103)$$

Wie aus dieser Gleichung ersichtlich, hat $Q$ die Dimension einer Fläche. Bei einer sphärisch symmetrischen Ladungsverteilung wird $3\zeta^2 - r^2 = 0$, $Q$ stellt daher ein Maß für die Abweichung der Ladungsverteilung von der Kugelsymmetrie dar. Wenn $3\zeta^2 - r^2 > 0$, wird $Q$ positiv für Atomkerne, die eine in Richtung des Kernmomentes $I$ gestreckte Ladungsverteilung haben (siehe Abb. 1.22); umgekehrt wird für $3\zeta^2 - r^2 < 0$ $Q$ negativ für Atomkerne, die bezüglich der Richtung des Kernmomentes eine abgeflachte Ladungsverteilung haben (Abb. 1.22).

Im Vektormodell des freien Atoms bilden Kernspin $I$ und Hüllenspin $J$ einen festen Winkel $\theta$, so dass Gl. (1.103)

$$\Delta E_Q = \frac{B}{4}\left[\frac{3}{2}\cos^2(I, J) - \frac{1}{2}\right] \qquad (1.104)$$

wird mit der *Quadrupolkonstanten*

$$B = eQ\overline{\varphi_{JJ}(0)} \qquad (1.105)$$

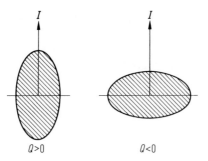

**Abb. 1.22** Die schraffierten Flächen stellen die Ladungsverteilungen von Atomkernen mit Quadrupolmomenten $Q > 0$ und $Q < 0$ dar, wobei die Richtung des Kernspins $I$ die Symmetrierichtung angibt.

1.3 Die Quantenmechanik in der Formulierung Schrödingers    49

und $\varphi_{JJ}(0)$ als Gradient des elektrischen Feldes der Elektronenhülle am Kernort mit der Rotationssymmetrie um die $J$-Achse. Beim Übergang vom klassischen Vektormodell zur Quantenmechanik und für kleine Werte von $I$, $J$ und $F$ geht Gl. (1.105) in Gl. (1.106) über:

$$\Delta E_Q = \frac{B}{4} \frac{3/2\, C(C+1) - 2I(I+1)J(J+1)}{I(2I-1)J(2J-1)}, \tag{1.106}$$

wobei, wie oben in Gl. (1.90), $C = F(F+1) - I(I+1) - J(J+1)$ wird.

Gl. (1.90) und (1.106) erlauben es uns, die beiden Zusatzenergien von der magnetischen Dipolwechselwirkung und der elektrischen Quadrupolwechselwirkung der Energie $E_J$ eines Feinstruktur-Terms hinzuzufügen:

$$E_F = E_J + \frac{AC}{2} + \frac{3}{8} B \frac{C(C+1) - 4/3\, I(I+1)J(J+1)}{I(2I-1)J(2J-1)}. \tag{1.107}$$

Die experimentelle Erfahrung hat gezeigt, dass die elektrische Quadrupolwechselwirkung im Allgemeinen klein gegenüber der magnetischen Dipolwechselwirkung ist und die Hyperfeinstruktur näherungsweise

$$E_F \approx E_J + \frac{A}{2}[F(F+1) - I(I+1) - J(J+1)] \tag{1.108}$$

wird. Diese Gleichung gilt exakt für jeden Feinstruktur-Term mit $J \leq 1/2$, da der elektrische Feldgradient dann verschwindet, oder für $I \leq 1/2$, da Kerne mit $I = 0$ und $I = 1/2$ kugelsymmetrische Ladungsverteilungen haben. Hyperfeinstruktur-Abstände (Intervalle genannt) der Terme mit $F = I+J, I+J-1, I+J-2, \ldots$ verhalten sich nach Gl. (1.108) wie $(I+J):(I+J-1):(I+J-2):\ldots$ Diese Abstandsregel wird *Intervallregel der magnetischen Kopplung* genannt. Sie gilt sowohl für nor-

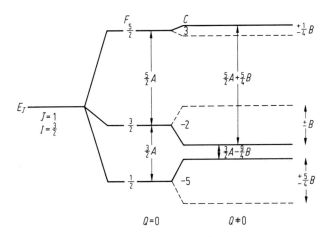

**Abb. 1.23** Termschema eines Hyperfeinstruktur-Multipletts für $J = 1$, $I = 3/2$; mittlere Hälfte mit Intervallregel (5/2 $A$ : 3/2 $A$) und $Q = 0$, rechte Hälfte für $Q \gtrless 0$, gestrichelte Terme für $B < 0$, ausgezogene Terme für $B > 0$; man beachte die Verletzung der Intervallregel für $Q$ bzw. $B \neq 0$.

male Feinstruktur-Terme als auch für Hyperfeinstruktur-Terme als auch für Hyperfeinstruktur-Terme mit ausschließlich magnetischer Dipolwechselwirkung. Abb. 1.23 gibt eine Illustration der Wirkungsweise der Intervallregel und ihrer Verletzung durch das Vorhandensein einer Quadrupolwechselwirkung. In Abschn. 1.8 werden wir eine kurze Systematik der Daten für Kernspin und Quadrupolmomente geben. Beide physikalischen Größen sind wichtig für das Verständnis des Aufbaus und der Struktur der Atomkerne (Kap. 2) und der Wechselwirkung mit der Elektronenhülle.

Die Lage der Hyperfeinstruktur-Terme wird noch zusätzlich durch sog. *Isotopieverschiebungseffekte* beeinflusst. Wie wir aus der Kernphysik wissen (Kap. 2), besteht der Atomkern aus $Z$ Protonen ($Z$ ganzzahlig von $Z = 1$ aufwärts) und $N$ Neutronen ($N$ ebenfalls ganzzahlig von $N = 0$ aufwärts). Jedes Atom eines chemischen Elements besitzt einen festen Wert für $Z$, aber es gibt Isotope mit verschiedenen möglichen Werten für $N$; z.B. hat Wasserstoff drei Isotope: $Z = 1$, $N = 0$ Wasserstoff, $Z = 1$, $N = 1$ Deuterium und $N = 2$ Tritium. Man unterscheidet

1. den massenabhängigen Isotopieverschiebungseffekt und
2. den kernvolumen-abhängigen Isotopieverschiebungseffekt.

Der massenabhängige Isotopieverschiebungseffekt ist ein „*einfacher Bohr'scher Mitbewegungseffekt*", der bereits in der Bohr'schen Theorie in Erscheinung tritt (Abschn. 1.2.1). Anstelle der wirklichen Elektronenmasse $m_e$ geht die reduzierte Masse $m_r = m_e m_N/(m_e + m_N)$ ein. Ein wasserstoffähnlicher Energiewert mit endlicher Kernmasse $m_N$ erhält die Form

$$E_n = -hc\frac{R_\infty Z^2}{n^2}\left(\frac{m_N}{m_e + m_N}\right) = -hc\frac{R_\infty Z^2}{n^2}\left[\frac{1}{1 + m_e/m_N}\right]$$
$$\cong -hc\frac{R_\infty Z^2}{n^2}\left[1 - \frac{m_e}{m_N}\right]. \tag{1.109}$$

Die Energiedifferenz $\Delta E$ für zwei Isotope mit den Massen $m_{N'}$ und $m_{N''}$ folgt sodann zu

$$\Delta E = hc\frac{R_\infty Z^2}{n^2} m_e \left\{\frac{1}{m_{N'}} - \frac{1}{m_{N''}}\right\}$$
$$= hc\frac{R_\infty Z^2}{n^2} \frac{m_e}{m_p}\left\{\frac{1}{A'} - \frac{1}{A''}\right\}, \tag{1.110}$$

wenn die Massen der beiden Isotope in guter Näherung durch das Produkt der Massenzahl $A = N + Z$ mal der Protonenmasse $m_p$ dargestellt werden. Der Frequenzabstand $\Delta \nu$ der beiden Isotope ist

$$\Delta \nu = \frac{cR_\infty Z^2}{n^2}\frac{m_e}{m_p}\left(\frac{A'' - A'}{A' \cdot A''}\right) \sim \frac{1}{A^2}. \tag{1.111}$$

Der massenabhängige Isotopieverschiebungseffekt nimmt mit ansteigender Massenzahl $A$ umgekehrt proportional zu $A^2$ ab; in reinster Form beobachtet man diesen Effekt in allen Linien der wasserstoffähnlichen Spektren; so ist der Abstand der ersten Balmer-Linie ($\lambda = 656.3$ nm) für Wasserstoff und Deuterium $\Delta \nu = 1.26 \cdot 10^{12}$ cm$^{-1}$

oder $\Delta\lambda = 0.18$ nm. Dieser relativ große Masseneffekt in der Feinstruktur des Wasserstoffs reduziert sich jedoch bei $A \approx 20$ auf die Größenordnung der üblichen Hyperfeinstruktur-Aufspaltung.

Der massenabhängige Isotopieverschiebungseffekt wird im Bereich der Massenzahl $A \geq 30$ sehr klein. Nichtsdestoweniger zeigen sehr schwere Atome deutliche Isotopieverschiebungen. Bohr hat vorgeschlagen, dass diese Verschiebungen durch die endliche Ausdehnung der Kernladung verursacht sein sollen, die für verschiedene Isotope verschieden groß ist, so dass unterschiedlich große elektrische Felder auf das Elektron einwirken. Dieser Effekt wird als „Volumen- oder Feldeffekt" der Isotopieverschiebung bezeichnet. Für zwei verschiedene Massenzahlen $A$ und $A + \delta A$ ergibt sich eine Potentialdifferenz $\delta \Delta V$ und eine Energieänderung für das Atomelektron mit der Ladungsdichte $\varrho_e(r)$:

$$d\Delta E = \int_0^{r_0} \varrho_e(r) \delta \Delta V 4\pi r^2 dr. \tag{1.112}$$

Abb. 1.24a zeigt den Unterschied der Potentialkurven innerhalb des Kerns mit dem Radius $r_0$. Da die Ladungsdichte $\varrho_e(r)$ nur für s- und $p_{1/2}$-Elektronen am Kern endlich ist, verbleibt ein endlicher Kernvolumen-Isotopieeffekt nur für Übergänge zwischen Energiezuständen mit diesen Elektronen. Besonders auffallend sind solche Kernvolumen-Effekte für Kerne mit $I = 0$, in denen keine magnetische Hyperfeinstruktur auftritt (s. Abb. 1.24b).

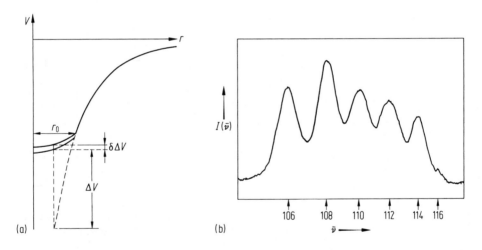

**Abb. 1.24** (a) Unterschied der Potentialkurven eines Atomelektrons für zwei verschiedene Isotope mit dem Kernradius $r_0$. (b) Isotopieverschiebungen in der Cadmium-Ionenlinie $\lambda = 441{,}6$ nm (Übergang $4d^{10}5p\,^2P_{3/2} \to 4d^9 5s^2\,^2D_{5/2}$) mit den Isotopen der Massenzahlen 106, ..., 116. Skala: 1 cm der $x$-Achse entspricht einer Wellenzahldifferenz von $0{,}045$ cm$^{-1}$ (nach Kuhn und Ramsden [5]).

### 1.3.6.3 Lamb-Shift als anomale Feinstruktur (quantenelektrodynamischer Effekt)

Die normale Feinstruktur atomarer Zustände resultiert von der Spin-Bahn-Wechselwirkung und relativistischen Korrekturen (Abschn. 1.3.6.1). Terme mit gleichen Quantenzahlen $n$, $j$, $l$ fallen nach der Pauli-Approximation und der Dirac'schen Theorie energetisch zusammen. Die Energie-Entartung $E(n, j, l) = E(n, j, l \pm 1)$ wird durch quantenelektrodynamische Effekte aufgehoben und die resultierenden Energieaufspaltungen und Energieverschiebungen werden als *Lamb-Shift* bezeichnet. Die Amerikaner Lamb und Retherford entdeckten als Erste die Aufspaltung der beiden Energiezustände $2^2S_{1/2}$ und $2^2P_{1/2}$ des Wasserstoffatoms.

Qualitativ lässt sich dieser wichtige Effekt wie folgt verstehen: Analog zur Quantenmechanik lässt sich die Quantenelektrodynamik aufgrund einer Quantisierung der Elektrodynamik entwickeln. Ein quantenelektrodynamischer Operator, der auf eine Eigenfunktion für elektromagnetische Felder angewandt wird, ergibt Eigenwerte für die Energie des elektromagnetischen Feldes in der Form

$$E = \sum_{\omega}\left(n_{\omega} + \frac{1}{2}\right)\hbar\omega. \tag{1.113}$$

Diese Gleichung beschreibt sowohl die Photonenenergie $n_{\omega}\hbar\omega$ eines reellen elektromagnetischen Feldes als auch die sog. Nullpunktenergie $E_{\text{Vak}}$ des Vakuums mit $n_{\omega} = 0$, d.h.

$$E_{\text{Vak}} = \sum_{\omega}\frac{1}{2}\hbar\omega. \tag{1.114}$$

Mit anderen Worten, selbst bei Abwesenheit reeller elektromagnetischer Felder besitzt das Vakuum ein oszillierendes elektromagnetisches Restfeld. Aus diesem Restfeld resultiert eine zusätzliche Wechselwirkung mit dem Atom, die die Bindung des Elektrons im Atom ändert. Abb. 1.25 illustriert die Bahnbewegung („Zitterbewegung") eines Elektrons im Feld eines Atomkernes unter der zusätzlichen Einwirkung des oszillierenden elektromagnetischen Vakuumfeldes. Das Elektron führt eine „Zitterbewegung" aus, und als Folge hiervon ändert sich das mittlere Potential, das das Atomelektron erfährt, wie folgt: Anstelle der Ortskoordinate $r_0$ ohne Vakuumfeld besitzt das Elektron die Koordinate $r = r_0 + dr$, und das Potential wird wie folgt angenähert:

$$V(r_0 + dr) = V(r_0) + \nabla V \cdot dr + \frac{1}{2}\nabla^2 V \cdot dr^2 + \ldots;$$

im Mittel verschwindet $dr$ ($\overline{dr} = 0$), während $dr^2$ endlich bleibt ($\overline{dr^2} \neq 0$), so dass das gemittelte Potential einen zusätzlichen „Störungsterm" $\Delta V_{\text{Stör}}$ erhält:

$$\overline{V(r_0 + dr)} = V(r_0) + \overbrace{\frac{1}{2}\nabla^2 V \cdot dr^2}^{\Delta V_{\text{Stör}}}. \tag{1.115}$$

## 1.3 Die Quantenmechanik in der Formulierung Schrödingers

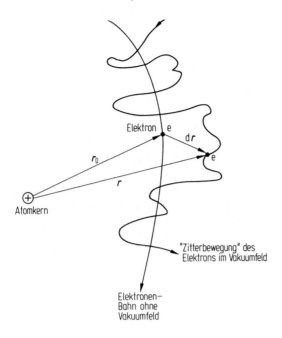

**Abb. 1.25** „Zitterbewegung" eines Elektrons e im Coulomb-Feld des Atomkernes (+).

Eine detaillierte quantenmechanische Störungsrechnung mit diesem Störungspotential zeigt, dass lediglich die S-Zustände des Wasserstoffs eine Energieverschiebung (*Lamb-Shift*) erfahren. Die Bindungsenergien der S-Zustände werden um ca. $(10^{-2} - 10^{-5})$% für Terme mit niedrigen Quantenzahlen $n$ vermindert. So erfährt der $2^2S_{1/2}$-Zustand eine Verschiebung um ca. 1050 MHz (historisch erste Lamb-Shift-Messung); diese „anomale" Feinstruktur-Aufspaltung zwischen $2^2S_{1/2}$ und $2^2P_{1/2}$ beträgt ungefähr ein Zehntel der normalen Feinstruktur-Aufspaltung zwischen den Zuständen $2^2P_{1/2}$ und $2^2P_{3/2}$. Allgemein sagt die Theorie eine Abhängigkeit der Lamb-Shift $\Delta E_{Ls} \sim Z^4/n^3$ voraus, die auch für die normale Feinstruktur-Aufspaltung gilt (Gl. (1.82)). Diese Abhängigkeit konnte experimentell bestätigt werden (Abschn. 1.7.4.2). Quantenelektrodynamische Korrekturen höherer Ordnung verschieben geringfügig auch Terme mit Bahndrehimpuls-Quantenzahlen $l \neq 0$ wie in Abb. 1.21 zu erkennen ist. Außerdem wird der $g$-Faktor der Elektronen um ca. 1‰ durch quantenelektrodynamische Effekte modifiziert (*g-Faktor-Anomalie des Elektrons*, s. Abschn. 1.7.3.4).

Wir weisen noch auf die formale Analogie zwischen der quantenelektrodynamischen Nullpunktenergie (Gl. (1.114)) des elektromagnetischen Feldes und der quantenmechanischen Nullpunktenergie eines harmonischen Oszillators hin, den wir in Abschn. 1.4.2.4 behandeln.

## 1.4 Ansätze zur Verallgemeinerung und Entwicklung einer vollständigen abstrakten Theorie der Quantenmechanik

In den vorangehenden Abschnitten haben wir die Schrödinger'sche Wellengleichung aufgestellt und insbesondere auf das Wasserstoffatom angewendet. Diese Formulierung der Quantenmechanik ist in sich selbst konsistent. Die historisch erste Formulierung der Quantenmechanik geschah jedoch mittels der Matrix-Darstellung, wie sie von Heisenberg angegeben wurde. Beide Formulierungen, die Wellenmechanik Schrödingers und die Matrizen-Mechanik Heisenbergs sind äquivalente Theorien, wie Schrödinger nachgewiesen hat.

Die Schrödinger-Gleichungen (1.16) und (1.21) und auch die (hier später erläuterten) Matrizen-Beziehungen Heisenbergs haben jedoch über den oben beschriebenen Anwendungsbereich des Wasserstoffatoms hinaus verallgemeinerte Gültigkeit; das bedeutet, dass wir beide Formulierungen zur Beschreibung sowohl von Viel-Teilchen-Systemen (das heißt Mehrelektronensystemen wie Atome mit mehr als einem Elektron oder Moleküle und auch Festkörper) als auch von Systemen mit der Überlagerung von vielen Wellenfunktionen (sog. Basiszuständen) anwenden können.

In Verbindung mit den Ansätzen zur abstrakten Verallgemeinerung der Quantenmechanik über das Wasserstoffatom hinaus hat sich die Darstellung im mathematischen **Hilbert-Raum** mit Hilfe der **Dirac'schen Schreibweise** besonders bewährt und sowohl in der Schrödinger'schen Wellen- als auch der Heisenberg'schen Matrizen-Mechanik als praktisch erwiesen. Bevor wir diese Diracsche Darstellung erläutern, seien zuvor spezielle Eigenschaften algebraischer Operatoren und Eigenfunktionen beschrieben, die der Schrödinger-Gleichung gehorchen.

### 1.4.1 Operatoren, Eigenwerte, Eigenfunktionen und quantenmechanische Mittelwerte

Die zeitunabhängige Schrödinger-Gleichung $H\psi = E\psi$ sagt aus, dass der algebraische Operator $H$, angewandt auf die ortsabhängige Wellenfunktion $\psi(x, y, z)$ wieder diese Wellenfunktion, multipliziert mit dem reellen Faktor $E$, ergibt; d.h. der **Operator $H$ ist linear** – oder anders und äquivalent ausgedrückt – die *Schrödinger-Gleichung ist linear*.

Die Wellenfunktionen sind im Allgemeinen komplex; nur ihr Absolut-Quadrat $|\psi|^2 = \psi\psi^*$ ist physikalisch als Aufenthaltswahrscheinlichkeitsdichte des Teilchens (Elektrons) interpretierbar. Funktionen $\psi$, die der Schrödinger-Gleichung genügen und außerdem stetig, endlich und im ganzen Variabilitätsbereich eindeutig sind, heißen *Eigenfunktionen* des Operators, und die dazugehörigen Faktoren $E$ heißen *Eigenwerte*. Die für die *Quantenmechanik zulässigen Operatoren sind linear*, d.h. es gilt mit den Operatoren $A$ und $B$

$$(A + B)f = Af + Bf;$$

sie sind außerdem *hermitesch*. Hermite'sche Operatoren haben *reelle Eigenwerte*;

## 1.4 Ansätze zur Verallgemeinerung und Entwicklung der Quantenmechanik

sie genügen der Beziehung

$$\int f^*(Ff)\,dX = \int (Ff)^* f\,dX, \tag{1.116}$$

wobei $dX$ die Integration über den gesamten Variabilitätsbereich symbolisieren soll. Es sei $Ff = \lambda f$. Dann folgt nach obiger Beziehung

$$\int f^* \lambda f\,dX = \int (\lambda f)^* f\,dX$$
$$\lambda \int f^* f\,dX = \lambda^* \int f^* f\,dX$$
$$\lambda = \lambda^*,$$

d. h. $\lambda$ ist reell.

Die Eigenfunktionen eines linearen, hermiteschen Operators sind zueinander orthogonal, d. h.

$$\int f_m^* f_n\,dX = 0 \quad \text{für} \quad m \neq n.$$

Normiert durch

$$\int f_n^* f_n\,dX = 1$$

bilden sie ein **vollständiges, orthonormales System**. Jede beliebige, auf eins normierte Funktion im selben Variabilitätsbereich kann als Funktion dieser Eigenfunktion dargestellt werden. Für das ungestörte H-Atom z. B. bilden die Wellenfunktionen $\psi(n, l, m_l, m_s)$ als Eigenfunktionen des Operators $H$ ein solches vollständiges System von orthonormalen Eigenfunktionen, hier dargestellt durch $\psi_i$ mit $i = 1, \ldots, \infty$. Ein beliebiger Zustand des H-Atoms lässt sich als *lineare Superposition von Eigenzuständen* darstellen:

$$\psi = \sum_i c_i \psi_i$$

mit

$$\int \psi^* \psi\,dX = 1 = \sum_i c_i^* c_i. \tag{1.117}$$

Dieses **Prinzip der linearen Superposition** gilt ganz allgemein für jedes quantenmechanische System, das durch eine Schrödinger-Gleichung mit linearen Operatoren beschrieben wird.

Befindet sich das quantenmechanische System in dem durch die Wellenfunktion beschriebenen Zustand, dann kann der zu erwartende Mittelwert (*Erwartungswert*) einer physikalischen Größe $A$ mit dem entsprechenden Operator $A$ berechnet werden durch

$$\langle A \rangle = \int \psi^* A \psi\,dX. \tag{1.118}$$

Nur wenn $\psi$ eine Eigenfunktion des Operators $A$ ist, ergibt sich $A$ als der dazugehörige Eigenwert.

Ein bestimmter („scharfer") Messwert für jede Einzelmessung setzt also voraus, dass $\psi$ eine Eigenfunktion von $A$ ist. Die gleichzeitige exakte („scharfe") Bestimmung zweier physikalischer Größen $A$ und $B$ an einem quantenmechanischen System ist deshalb nur dann möglich, wenn die Operatoren $A$ und $B$ eine gemeinsame Eigenfunktion $\psi$ haben. Aus dem Ansatz

$$A\psi = a\psi, \qquad B\psi = b\psi$$

folgt

$$BA\psi = B(A\psi) = aB\psi = ab\psi$$
$$AB\psi = A(B\psi) = bA\psi = ba\psi$$

und

$$AB\psi = BA\psi$$

oder

$$[AB - BA] = 0. \tag{1.119}$$

Das heißt, Operatoren mit gemeinsamen Eigenfunktionen können kommutativ (vertauschbar) sein; das gilt auch umgekehrt.

Als ein wichtiges Beispiel für nicht-kommutative Operatoren betrachten wir die Operatoren der Impulskomponenten, $p_x = \hbar/i \dfrac{\partial}{\partial x}$, und der Ortskoordinate $x = x$:

$$\left(\frac{\hbar}{i}\frac{\partial}{\partial x}x - x\frac{\hbar}{i}\frac{\partial}{\partial x}\right)\psi = \frac{\hbar}{i}\left(x\frac{\partial \psi}{\partial x} + \psi - x\frac{\partial \psi}{\partial x}\right) = \frac{\hbar}{i}\psi$$

oder

$$[p_x x - x p_x] = \frac{\hbar}{i} \ne 0. \tag{1.120}$$

Für das Beispiel einer ebenen Welle, d.h. $e^{\frac{i}{\hbar}(p_x x)}$, folgt qualitativ, dass ein „scharfer" Impuls $p_x = \hbar k_x$ ($k_x$ = x-Komponente des Wellenvektors $k$) nur bei einer unendlich ausgedehnten Welle gegeben ist, während der „scharfe" Ort $x$ nur bei einem Wellenpaket in Form einer $\delta$-Funktion (d.h. $\delta(x) \ne 0$, sonst gleich null) messbar ist, was wiederum einem unendlich breiten Wellenzahlspektrum entspricht. Für „Wellenpakete" mit gaußförmiger Orts- und Impulsverteilung ergibt sich die *Heisenberg'sche Ungleichung*

$$\Delta x \cdot \Delta p_x \gtrsim \hbar \tag{1.121}$$

(siehe auch Gl. (1.157)–(1.160)). Eine präzisere Formulierung ist

$$(\Delta p_x)^2 \cdot (\Delta x)^2 \ge \hbar^2/4$$

und analog

$$(\Delta x)^2 = \langle x^2 \rangle - \langle x \rangle^2,$$

das heißt $(\Delta p_x)^2$ ist die Differenz zwischen dem Mittelwert der quadrierten Messwerte $\langle p_x^2 \rangle$ und dem Quadrat des Erwartungswertes $\langle p_x \rangle^2$; die gleiche Schlussfolgerung gilt für $(\Delta x)^2$.

Analog zu der hier behandelten allgemeinen Darstellung und Anwendung der stationären Schrödinger-Gleichung ist bei der Berechnung der zeitabhängigen Ent-

## 1.4 Ansätze zur Verallgemeinerung und Entwicklung der Quantenmechanik

wicklung eines quantenmechanischen Systems von der uns bekannten zeitabhängigen („allgemeinen") Schrödinger-Gleichung auszugehen:

$$\boldsymbol{H}\Psi(x,y,z,t) = -\frac{\hbar}{i}\frac{\partial \Psi}{\partial t}.$$

Wegen der Bedeutung, die die Erhaltungssätze (für Energie, Impuls, Drehimpuls, ...) in der klassischen Physik haben, ist es wichtig zu erkennen, welche Mittelwerte physikalischer Größen für ein quantenmechanisches System zeitlich konstant sind. Wir betrachten den Mittelwert $\langle A \rangle$, der durch den hermiteschen Operator $A$ beschriebenen Größe und analysieren, ob seine zeitliche Ableitung endlich oder null ist:

$$\langle A \rangle = \int \psi^* \boldsymbol{A} \psi \, \mathrm{d}X$$

$$\frac{\mathrm{d}\langle A \rangle}{\mathrm{d}t} = \int \frac{\partial \psi^*}{\partial t} \boldsymbol{A} \psi \, \mathrm{d}X + \int \psi^* \boldsymbol{A} \frac{\partial \psi}{\partial t} \, \mathrm{d}X.$$

Mit

$$\frac{\partial \psi}{\partial t} = -\frac{i}{\hbar} \boldsymbol{H}\psi \quad \text{und} \quad \frac{\partial \psi^*}{\partial t} = +\frac{i}{\hbar} \boldsymbol{H}\psi^* = \frac{i}{\hbar}(\boldsymbol{H}\psi)^*$$

folgt

$$\frac{\mathrm{d}\langle A \rangle}{\mathrm{d}t} = \frac{i}{\hbar} \int (\boldsymbol{H}\psi)^* \boldsymbol{A}\psi \, \mathrm{d}X - \frac{i}{\hbar} \int \psi^* \boldsymbol{A}\boldsymbol{H}\psi \, \mathrm{d}X.$$

Unter Ausnutzung der Bedingung der Hermitezität von $\boldsymbol{H}$ kann der erste Term umgeformt werden; es ergibt sich:

$$\begin{aligned}\frac{\mathrm{d}\langle A \rangle}{\mathrm{d}t} &= \frac{i}{\hbar} \int \psi^* \boldsymbol{H}\boldsymbol{A}\psi \, \mathrm{d}X - \frac{i}{\hbar} \int \psi^* \boldsymbol{A}\boldsymbol{H}\psi \, \mathrm{d}X \\ &= \frac{i}{\hbar} \int \psi^* (\boldsymbol{H}\boldsymbol{A} - \boldsymbol{A}\boldsymbol{H})\psi \, \mathrm{d}X;\end{aligned} \quad (1.122)$$

oder $\mathrm{d}\langle A \rangle/\mathrm{d}t = 0$, wenn $\boldsymbol{H}$ und $\boldsymbol{A}$ kommutativ sind. Daraus ist zu ersehen: Mittelwerte von Größen, deren Operatoren mit dem Hamilton-Operator vertauschbar sind, sind zeitlich konstant.

Viele quantenmechanische Probleme lassen sich nicht exakt lösen. Wenn aber ein Problem als „kleine Störung" eines exakt lösbaren Falles behandelt werden kann, führt die *Theorie der Störungsrechnung* zu brauchbaren Lösungen. Ein Beispiel ist die Störung eines H-Atoms durch die oszillierende Kraft, die das elektrische Feld einer Lichtwelle auf das Elektron ausübt. Schwingt das elektrische Feld in $x$-Richtung, dann ist das induzierte elektrische Dipolmoment $ex$. Die Störungstheorie verknüpft zwei Energiezustände $E_m$ und $E_n$, deren Differenz gleich der Photonenenergie $h\nu$ ist und liefert als entscheidende, wichtige Größe den Mittelwert des Dipolmomentes, berechnet für die beiden verknüpften Zustände nach

$$e\langle x \rangle = e \int \psi_m^* \boldsymbol{x} \psi_n \, \mathrm{d}X = ex_{mn}. \quad (1.123)$$

Die Größen $x_{mn}$ für alle möglichen Übergänge zwischen zwei Energiezuständen bilden eine **Matrix**; deshalb wird $ex_{mn}$ auch als Matrixelement des Dipol-Operators $ex$ bezeichnet (s. Abschn. 1.4.2 zur allgemeinen Darstellung von Matrizen).

Das störungstheoretische Resultat für die strahlungsinduzierte Übergangswahrscheinlichkeit zwischen Eigenzuständen des ungestörten Atoms wird auch als *Fermis Goldene Regel* bezeichnet.

### 1.4.2 Die Dirac-Schreibweise und Matrix-Formulierung der Quantenmechanik

#### 1.4.2.1 Linearer Vektor-Raum (Hilbert-Raum)

Im Prinzip können alle Ergebnisse und Aussagen der Quantenmechanik mit den Elementen (und deren Beziehungen zueinander) eines abstrakten, linearen Vektor-Raumes (**Hilbert-Raum** genannt) dargestellt werden. Die Elemente des linearen Vektor-Raumes sind beliebige mathematische Größen, die den folgenden mathematischen Rechenregeln genügen: Ein *linearer Vektor-Raum V (Hilbert-Raum)* wird durch einen Satz von Vektoren $V_i$ aufgebaut mit den Axiomen für Addition:

$$V_i + V_j = V_j + V_i \quad \text{(kommutativ)}$$
$$V_i + (V_j + V_k) = (V_i + V_j) + V_k \quad \text{(assoziativ)} \tag{1.124}$$

und skalare Multiplikation:

$$\alpha(V_i + V_j) = \alpha V_i + \alpha V_j$$
$$(\alpha + \beta)V_i = \alpha V_i + \beta V_i$$
$$\alpha(\beta V_i) = (\alpha\beta)V_i. \tag{1.125}$$

Der *Raum der inneren Produkte* lässt sich *mittels der Dirac-Schreibweise* wie folgt darstellen: Ein $n$-dimensionaler Vektor $V$ wird durch seine Komponenten $v_i$ und die Basis der Einheitsvektoren $e_i$ definiert:

Alle Vektor-Operationen – Addition, skalare Multiplikation und inneres Produkt – sollen mit den Komponenten $v_i$ ausgeführt werden. Da die Komponenten $v_i$ eindeutig skalare Größen sind, gibt es eine „eins-zu-eins"-Korrespondenz:

$$|V\rangle \xleftrightarrow[\text{in der gegebenen Basis der } e_i]{} \begin{bmatrix} v_1 \\ v_2 \\ \vdots \\ v_n \end{bmatrix} \xrightarrow[\text{Transposition}]{\text{mittels komplexer Konjugation und}} (v_1^*, v_2^*, \ldots v_n^*) \xleftrightarrow[\text{in der gegebenen Basis der } e_i]{} \rangle V|. \tag{1.126}$$

Die Spalte und Zeile stellt alle Komponenten der Basisvektoren $e_i$ dar.

Das *innere Produkt* wird dann wie folgt gebildet:

$$\langle VV' \rangle = \Sigma\, v_i^* v_i'] = (v_1^*, v_2^*, \ldots, v_n^*) \cdot \begin{bmatrix} v_1' \\ v_2' \\ \vdots \\ v_n' \end{bmatrix}. \tag{1.127}$$

Wir nennen nach Dirac $\langle V| \leftrightarrow (v_1^*, v_2^*, v_n^*)$ den *Bra-Vektor* (oder kurz *Bra*) und $|V\rangle$ (Gl. (1.126)) den *Ket-Vektor* (kurz *Ket*) als Folge der Aufspaltung des englischen

## 1.4 Ansätze zur Verallgemeinerung und Entwicklung der Quantenmechanik

Wortes „bra(c)ket" (deutsch: Klammer). Auch die Basisvektoren $e_i$ können wie die Vektoren der Bras und Kets dargestellt werden und lassen sich mit Spalten und Zeilen beschreiben

$$|e_i\rangle = |i\rangle \leftrightarrow \begin{bmatrix} 0 \\ 0 \\ \vdots \\ 1 \\ \vdots \\ 0 \end{bmatrix} \tag{1.128a}$$

$$\langle e_i| = \langle i| \leftrightarrow (0, 0, \ldots, 1, \ldots, 0). \tag{1.128b}$$

Kets und Bras eines Vektors $V$ können dann wie folgt geschrieben werden:

$$|V\rangle = \sum v_i |i\rangle \quad \text{und} \quad \langle V| = \sum v_i^* \langle i|. \tag{1.129}$$

Bras und Kets stehen zueinander wie eine komplexe Zahl zu ihrer konjugiert komplexen. So wie zu jeder komplexen Zahl eindeutig eine konjugiert komplexe Zahl gehört, gehört zu jeder Gleichung zwischen Bras (Kets) eine Gleichung zwischen Kets (Bras). Mit der Orthonormalität der Basisvektoren $e_i$ und $e_j$

$$\langle i|j\rangle = \delta_{ij}, \quad \delta_{ij} = \begin{cases} 1 & \text{für } i = j \\ 0 & \text{für } i \neq i \end{cases}$$

folgt

$$\langle j|V\rangle = \langle j|\sum_{i=1}^{n} v_i |i\rangle = \sum_{i=1}^{n} \langle j|i\rangle v_i = \sum_{i=1}^{n} \delta_{ij} v_i = v_j$$

oder

$$|V\rangle = \sum_{i=1}^{n} |i\rangle\langle i|V\rangle = \sum_{i=1}^{n} |i\rangle v_i. \tag{1.130}$$

Desgleichen folgt für den Bra-Vektor

$$\langle V| = \sum_{i=1}^{n} \langle i| v_i^*$$

und mit $v_j^* = \langle V|j\rangle$

$$\langle V| = \sum_{i=1}^{n} \langle V|i\rangle\langle i|. \tag{1.131}$$

Gl. (1.130) und (1.131) stellen sogenannte *adjungierte Vektoren* dar.

„*Operatoren*" geben eine Anweisung zur Transformation eines gegebenen Ket-Vektors $|V\rangle$ in einen anderen Vektor $|V'\rangle$. Die Wirkung des Operators $\Omega$ sei wie folgt dargestellt:

$$\Omega|V\rangle = |V'\rangle. \tag{1.132}$$

# 1 Atome

Operatoren können außerdem auch auf Bra-Vektoren einwirken

$$\langle V'|\Omega = \langle V''|. \tag{1.133}$$

Lineare Operatoren $\Omega$ gehorchen den Regeln

$$\Omega\{\alpha|V_i\rangle + \beta|V_j\rangle\} = \alpha\Omega|V_i\rangle + \beta\Omega|V_j\rangle \tag{1.134}$$

mit komplexen Zahlen $\alpha$ und $\beta$.

Wie wir oben gesehen haben, kann jeder abstrakte Vektor $|V\rangle$ in einer $n$-dimensionalen Basis durch $n$ Zahlen (den Komponenten) dargestellt werden. Ein linearer Operator kann durch einen Satz von $n^2$ Zahlen, einer $(n \times n)$-Matrix mit $n^2$ Matrixelementen beschrieben werden (wobei $n$ im Prinzip auch unendlich werden kann!).

Als Ausgangspunkt betrachten wir die Wirkung eines linearen Operators $\Omega$ auf die Basisvektoren $|i\rangle$:

$$\Omega|i'\rangle = |i'\rangle,$$

wobei $|i'\rangle$ bekannt sein soll.

Jeder Vektor $|V\rangle$ erfährt dann die folgende Wirkung des Operators

$$\Omega|V\rangle = \Omega\sum_i v_i|i\rangle = \sum_i v_i \Omega|i\rangle = \sum_i v_i|i'\rangle. \tag{1.135}$$

Bilden wir jetzt das innere Produkt oder das Bracket

$$\langle j|i'\rangle = \langle j|\Omega|i\rangle \equiv \Omega_{ji}, \tag{1.136}$$

so erhalten wir $n^2$ Zahlen, die *Matrixelemente* $\Omega_{ji}$ des linearen Operators $\Omega$ in der Basis $|i\rangle$. Die Komponenten $v'_i$ des Kets $|V'\rangle$ können dann durch die Matrixelemente und die Komponenten $v_i$ des Kets $|V\rangle$ dargestellt werden:

$$\begin{aligned}v'_i &= \langle i|V'\rangle = \langle i|\Omega|V\rangle = \langle i|\Omega|(\sum_j v_j|j\rangle) \\ &= \sum_j v_j\langle i|\Omega|j\rangle = \sum_j \Omega_{ij} v_j;\end{aligned} \tag{1.137}$$

die Matrizenform dieser Gleichung lautet:

$$\begin{bmatrix} v'_1 \\ v'_2 \\ \vdots \\ v'_n \end{bmatrix} = \begin{bmatrix} \langle 1|\Omega|1\rangle & \langle 1|\Omega|2\rangle & \cdots & \langle 1|\Omega|n\rangle \\ \langle 2|\Omega|1\rangle & \cdots & & \vdots \\ \vdots & & & \vdots \\ \langle n|\Omega|1\rangle & & & \langle n|\Omega|n\rangle \end{bmatrix} \begin{bmatrix} v_1 \\ v_2 \\ \vdots \\ v_n \end{bmatrix} \tag{1.138}$$

Der *Identitätsoperator* $I$ lässt sich mittels der Matrizen

$$I_{ij} = \langle i|I|j\rangle = \langle i|j\rangle = \delta_{ij}$$

definieren und wird durch eine Diagonal-Matrix mit Einsern in der Diagonalen dargestellt:

## 1.4 Ansätze zur Verallgemeinerung und Entwicklung der Quantenmechanik

$$I = \begin{bmatrix} 1 & 0 & 0 & 0 & 0 & 0 \\ 0 & 1 & 0 & \cdots & & \\ 0 & 0 & 1 & & \ddots & \\ 0 & \vdots & & \ddots & & \vdots \\ 0 & & & & \ddots & \vdots \\ 0 & & & & \cdots & 1 \end{bmatrix} = \sum_{i=1}^{n} |i\rangle\langle i|$$

$$= \sum_{i=1} P_i. \tag{1.139}$$

$P_i = |i\rangle\langle i|$ wird Projektionsoperator für den Ket $|i\rangle$ genannt. Mit $|V\rangle = \sum v_i |i\rangle$ und $P_i$ folgt

$$P_i |V\rangle = |i\rangle\langle i|V\rangle = |i\rangle v_i.$$

Somit ist der Projektionsoperator linear; $P_i|V\rangle$ ist ein Vielfaches des Basisvektors $|i\rangle$ unabhängig davon, was $|V\rangle$ bedeutet; $P_i|V\rangle$ ist die Projektion von $|V\rangle$ entlang der Basis oder Richtung $|i\rangle$.

Schließlich stellen wir verschiedene Definitionen der Matrix-Algebra zusammen: Für einen Ket $\alpha |V\rangle = |\alpha V\rangle$ wird der korrespondierende Bra zu

$$\langle \alpha V| = \langle V|\alpha^*, \text{ (aber nicht } \langle V|\alpha);$$

für einen Ket $\Omega |V\rangle = |\Omega V\rangle$ wird der korrespondierende Bra zu

$$\langle \Omega V| = \langle V|\Omega^+. \tag{1.140}$$

Gl. (1.140) definiert den *adjungierten Operator* $\Omega^+$. Wenn $\Omega$ den Ket $|V\rangle$ in $|V'\rangle$ transformiert, so transformiert $\Omega^+$ den Bra $\langle V|$ in $\langle V'|$. In der Matrix-Schreibweise haben wir

$$(\Omega^+) = \langle i|\Omega^+|j\rangle = \langle \Omega i|j\rangle$$
$$= \langle j|\Omega i\rangle^* = \langle i|\Omega|i\rangle^*,$$

so dass

$$\Omega^+_{ij} = \Omega^*_{ji} \tag{1.141}$$

wird.

Ein *Operator $\Omega$ ist hermitesch, wenn $\Omega^+ = \Omega$, und antihermitesch, wenn $\Omega^+ = -\Omega$* gilt. Ein Operator $U$ ist *unitär*, wenn $UU^+ = I$, wobei $I$ der Identitätsoperator mit den Elementen 1 entlang der Diagonalen der entsprechenden Matrix $I_{ij} = \langle i|I|j\rangle = \langle i|j\rangle = \delta_{ij}$ ist.

Das *Eigenwert-Problem* ist besonders wichtig in der Physik: Wenn ein Operator $\Omega$ lediglich eine Umeichung von Kets erzeugt, d.h.,

$$\Omega|V\rangle = \omega|V\rangle, \tag{1.142}$$

heißen die $\omega$ *Eigenwerte* und $|V\rangle$ ist ein *Eigenket, Eigenvektor* oder eine *Eigenfunktion des Operators* $\Omega$. Die obigen Beziehungen lassen sich zu beliebig hohen Dimensionen mit den folgenden Gleichungen erweitern:

$$|f_n\rangle = \begin{bmatrix} f_n(x_1) \\ f_n(x_2) \\ \vdots \\ f_n(x_n) \end{bmatrix}, \quad |x_i\rangle \leftrightarrow \begin{bmatrix} 0 \\ 0 \\ \vdots \\ 1 \\ \vdots \\ 0 \end{bmatrix},$$

wobei die Basisvektoren $|x_i\rangle$ die Orthogonalitätsbedingung $\langle x_i | x_j \rangle = \delta_{ij}$ erfüllen sollen. Die Funktion $|f_n\rangle$ kann dann durch einen Vektor dargestellt werden, dessen Projektion entlang der $i$-ten Richtung $f_n(x_i)$ ist:

$$|f_n\rangle = \sum_{i=1}^{n} f_n(x_i) |x_i\rangle. \qquad (1.143)$$

In Analogie zum *inneren Produkt*

$$\langle f_n | g_n \rangle = \sum_{i=1}^{n} f_n(x_i) g_n(x_i) \qquad (1.144)$$

erweitern wir jede Funktion $f$ und $g$ in einen unendlich-dimensionalen Raum, lassen $x$ kontinuierlich werden und schreiben

$$\langle f | g \rangle = \int f^*(x) g(x) \, dx. \qquad (1.145)$$

Obwohl $f$ und $g$ jetzt kontinuierliche Funktionen sind, können sie als Kets $|f\rangle$ und Bras $\langle g|$ aufgefasst werden und folgen denselben mathematischen Regeln und Gleichungen, wie sie oben entwickelt wurden.

### 1.4.2.2 Die Postulate der Quantenmechanik mit den Zustandsoperatoren und Zustandsvektoren

**1. Postulat**
Der Zustand eines quantenmechanischen Teilchens wird durch den Ket-Vektor $|\psi(t)\rangle$ in einem Hilbert-Raum beschrieben.

**2. Postulat**
Die klassischen Orts- und Impulsvariablen $(x, p)$ werden in der *Quantenmechanik* durch hermitesche Operatoren $X$ und $P$ und die folgenden Matrixelemente dargestellt:

$$\langle x | X | x \rangle = x \delta(x - x), \qquad (1.146a)$$

$$\langle x | P | x \rangle = -i\hbar \delta(x - x), \qquad (1.146b)$$

wobei der klassische Impuls $p_x$ durch den Operator $-i\hbar (d/dx) = P_x$ zu ersetzen ist, während $x = X$ bleibt.

## 3. Postulat
Der Zustandsvektor (Eigenket) $|\psi(t)\rangle$ gehorcht der Schrödinger-Gleichung

$$i\hbar \frac{\mathrm{d}}{\mathrm{d}t}|\psi(r,t)\rangle = \boldsymbol{H}|\psi(r,t)\rangle, \qquad (1.147)$$

wobei $\boldsymbol{H}$ der quantenmechanische Operator $H = H(X, P)$ ist, der aus dem klassischen Hamilton-Operator $H = \dfrac{p^2}{2m} + V(r)$ folgt, wenn $x$ und $p$ durch die Operatoren $X$ und $P$ ersetzt werden.

## 4. Postulat
Wenn ein Teilchen sich im Zustand $|\psi\rangle$ befindet und die makroskopische Variable $\omega$ gemessen werden soll (entsprechend dem Operator $\Omega$ mit der Eigenwert-Gleichung $\Omega|\psi\rangle = \omega|\psi\rangle$), dann tritt einer der Eigenwerte $\omega$ mit der Wahrscheinlichkeit $P(\omega) \sim |\langle\omega|\psi\rangle|^2$ auf. Der Zustand des Systems transferiert sich dann von $|\psi\rangle$ nach $|\omega\rangle$ als Folge der Messung. Diese Reduzierung des Eigenzustandes $|\psi\rangle$ in einen Eigenwert $\omega$ des Eigenzustandes $|\omega\rangle$ wird auch *Kollaps* des Eigenzustandes $|\psi\rangle$ oder der Wellenfunktion $\psi$ genannt.

### 1.4.2.3 Weitere Resultate und Konsequenzen der quantenmechanischen Postulate

Wenn wir sagen, dass die Kets $|\psi\rangle$ und $|\psi'\rangle$ Elemente des linearen Vektorraumes (Hilbert-Raumes) sind, dann soll auch $\alpha|\psi\rangle + \beta|\psi'\rangle$ ein Zustandsvektor oder Eigenket sein. Dies ist das **Prinzip der linearen Superposition**. Auch die klassische Physik ist voll von linearen Superpositionen, z.B. Addition von linearen Impulsen und Drehimpulsen, lineare Superposition der Auslenkungen von schwingenden Saiten, usw.

Die relative Wahrscheinlichkeit $P(\omega_i)$ für den Eigenwert $\omega_i$ ist $P(\omega_i) \sim |\langle\omega|\psi\rangle|^2$ (Postulat 4). Die absolute Wahrscheinlichkeit folgt aus der Division durch die Summe aller relativen Wahrscheinlichkeiten:

$$P(\omega_i) = \frac{|\langle\omega_i|\psi\rangle|^2}{\sum_j |\langle\omega_j|\psi\rangle|^2} = \frac{|\omega_i|\psi\rangle|^2}{\langle\psi|\psi\rangle}. \qquad (1.148)$$

Normieren wir $\langle\psi|\psi\rangle \equiv 1$ und wenden normierte Zustände an, d.h.

$$|\psi'\rangle = \frac{|\psi'\rangle}{\langle\psi|\psi\rangle^{\frac{1}{2}}},$$

so erhalten wir stattdessen

$$P(\omega_i) = |\langle\omega_i|\psi\rangle|^2. \qquad (1.149)$$

Wir interpretieren $P(\omega)$ als Wahrscheinlichkeitsdichte zum Wert $\omega$, so dass $P(\omega)\mathrm{d}(\omega)$ die Wahrscheinlichkeit des Resultates zwischen $\omega$ und $\omega + \mathrm{d}\omega$ ist. Die Gesamtwahrscheinlichkeit ergibt sich durch Integration über alle $\omega$-Werte:

$$\int P(\omega)\,d\omega = \int |\langle \omega|\psi\rangle|^2\,d\omega = \int \langle\psi|\omega\rangle\langle\omega|\psi\rangle\,d\omega$$
$$= \langle\psi|I|\psi\rangle = \langle\psi|\psi\rangle \equiv 1\,. \tag{1.150}$$

Wenn zwei Zustände $|\omega_1\rangle$ und $|\omega_2\rangle$ überlagert werden zu einem normierten Zustand

$$|\psi\rangle = \frac{\alpha|\omega_1\rangle + \beta|\omega_2\rangle}{(|\alpha|^2 + |\beta|^2)} \tag{1.151}$$

und man bei der Messung zum Operator $\Omega$ entweder $\omega_1$ oder $\omega_2$ erhält, so sind deren Wahrscheinlichkeiten $|\alpha|^2/(|\alpha|^2+|\beta|^2)$ oder $|\beta|^2/(|\alpha|^2+|\beta|^2)$, respektive. Diese eigenartige *Konsequenz des quantenmechanischen Superpositionsprinzips hat kein klassisches Analogon.* Die Auslenkung einer schwingenden Saite kann eine additive Überlagerung zweier verschiedener Schwingungsmoden sein. Man erwartet jedoch nicht, dass die Saite für eine Zeit lang in der *einen* Mode schwingt und den Rest der Zeit in einer *anderen*.

Befinden sich $n$ Teilchen im Zustand $|\psi\rangle$, so können wir fragen, welcher Bruchteil den Wert $\omega$ der Variablen $\Omega$ (quantenmechanischer Operator $\Omega$) bei einer Messung besitzt. Diese Frage lässt sich mittels der Eigenwert-Gleichung $\Omega|\psi\rangle = \omega|\psi\rangle$ beantworten. Ein **Mittel- oder Erwartungswert** der Variablen $\Omega$ lässt sich mithilfe der Statistik wie folgt definieren und berechnen:

$$\langle\Omega\rangle = \sum_j P(\omega_i)\,\omega_i = \sum_j |\langle\omega_i|\psi\rangle|^2 \omega_i$$
$$= \sum_i \langle\psi|\omega_i\rangle\langle\omega_i|\psi\rangle\,\omega_i\,. \tag{1.152}$$

Mit der Eigenwert-Gleichung $\Omega|\omega_i\rangle = \omega_i|\omega_i\rangle$ erhalten wir

$$\langle\Omega\rangle = \sum_i \langle\psi|\Omega|\omega_i\rangle\langle\omega_i|\psi\rangle\,;$$

und mit dem Identitätsoperator $I = \sum_i |\omega_i\rangle\langle\omega_i|$ für den quantenmechanischen Erwartungswert

$$\langle\Omega\rangle = \langle\psi|\Omega|\psi\rangle\,. \tag{1.153}$$

Produkte quantenmechanischer Operatoren unterliegen **Vertauschungsregeln**, die zu wichtigen physikalischen Konsequenzen führen können. Im Allgemeinen sind zwei Operatoren bezüglich ihres Produktes nicht vertauschbar, d. h. es gilt:

$$AB - BA \neq 0\,. \tag{1.154}$$

Ein berühmtes Beispiel ist das Produkt des Impulsoperators $P$ mit dem Operator einer Ortskoordinate $X$:

$$(P_x X)\psi = -i\hbar\frac{\partial}{\partial x}(x\psi) = -i\hbar x\frac{\partial\psi}{\partial x} - i\hbar\psi$$
$$= (XP_x - i\hbar)\psi\,,$$

so dass

$$XP_x - P_x X = i\hbar \tag{1.155}$$

## 1.4 Ansätze zur Verallgemeinerung und Entwicklung der Quantenmechanik

wird. Diese Gleichung wird auch oft in der *Poisson'schen Schreibweise* dargestellt:

$$[X, P_x] = i\hbar, \tag{1.156}$$

wobei [ ] die Poisson-Klammer genannt wird.

Als sog. *kanonische Vertauschungsregeln* lassen sie sich wie folgt auf die anderen Koordinaten übertragen (mit den Indizes $i, j, k = x, y, z$ für die Koordinaten):

$$[X_i, P_j] = i\hbar\delta_{ij}, \quad [X_i, X_j] = 0, \quad [P_i, P_j] = 0. \tag{1.157}$$

Der erste dieser *quantenmechanischen Kommutatoren* ist der **Ursprung des Heisenberg'schen Unbestimmtheitsprinzips**. Die abstrakte Bedeutung ist zunächst, dass

$$(XP_x - P_x X)|\psi\rangle = i\hbar|\psi\rangle \neq 0|\psi\rangle \tag{1.158}$$

für jeden beliebigen, nicht-trivialen Eigenvektor $|\psi\rangle$ gilt. Dies bedeutet, dass es keinen einzelnen Eigenvektor $|\psi\rangle$ für die gleichzeitige Wirkung sowohl von $X$ als auch von $P_x$ gibt. Jeder Versuch, die Koordinate $x$ eines Teilchens mit beliebiger Genauigkeit zu messen, schließt die gleichzeitige Messung der dynamischen Variablen des Impulses $P_x$ aus. Ganz allgemein lässt sich aufgrund einer statistischen Rechnung für die Wahrscheinlichkeit der Erwartungswerte der nichtkommutierenden Variablen $x$ und $p_x$, $y$ und $p_y$ sowie $z$ und $p_z$ zeigen, dass die *Ungenauigkeitsbeziehungen*

$$\Delta x \Delta p_x \geqq \frac{\hbar}{2}, \quad \Delta y \Delta p_y \geqq \frac{\hbar}{2}, \quad \Delta z \Delta p_z \geqq \frac{\hbar}{2} \tag{1.159}$$

gelten. Je genauer eine Ortskoordinate eines Teilchens gemessen wird, desto ungenauer kann die entsprechende Impulskoordinate gemessen werden (und umgekehrt; s. auch Abschn. 1.4.1, in dem wir die Heisenberg'sche Ungenauigkeitsrelation aufgrund der Existenz nicht-kommutativer Operatoren direkt hergeleitet haben.)

Eine weitere Form des *Heisenberg'schen Ungenauigkeitsprinzips* ist mit der Energie und der Zeit verbunden: bei Anwendung der Beziehung $v = \frac{\Delta x}{\Delta t}, \frac{\Delta E}{\Delta P} = \frac{P}{m} = v = \frac{\Delta x}{\Delta t}$, und $\Delta t \Delta E \cong \Delta x \Delta p$ erhalten wir

$$\Delta E \Delta t \geqq \frac{\hbar}{2}. \tag{1.160}$$

Diese Beziehung folgt nicht direkt aus der obigen Vertauschungsrelation, da die Zeit $t$ eine algebraische, aber keine dynamische Variable ist.

Dimensionsmäßig gilt jedoch die Identität

$$[\text{Energie}] \cdot [\text{Zeit}] = [\text{Entfernung}] \cdot [\text{Impuls}] = [\hbar].$$

Die Bedeutung der Energie-Zeit-Ungenauigkeitsrelation zeigt sich in physikalischen Prozessen, in denen ein physikalisches System nur eine endliche Zeit $\Delta t$ lang existiert, so dass seine Energie $E$ nicht scharf ist, sondern eine Unschärfe, d.h. eine Verbreiterung oder Verschmierung $\Delta E$ erfährt (Abschn. 1.7.2).

## 1.4.2.4 Der quantenmechanische Oszillator

Der lineare harmonische Oszillator ist für viele Teilgebiete der Physik ein wichtiges Beispiel der Anwendung der Quantenmechanik. Selbst für den eindimensionalen Fall ist jedoch die Bestimmung der zu den Energie-Eigenwerten gehörenden Wellenfunktionen mathematisch sehr aufwendig. Die folgende Behandlung des quantisierten harmonischen Oszillators ist ein Beispiel der Anwendung der kanonischen Vertauschungsrelationen (Gl. (1.157)) und der Dirac'schen Schreibweise. Der nur an dem Ergebnis interessierte Leser sollte den Text bis zu Abb. 1.27 überspringen.

Ein klassischer harmonischer Oszillator der Masse $m$ und der Frequenz $\omega/(2\pi)$ erfährt eine rücktreibende Kraft, die linear vom Abstand $x$ von der Ruhelage ($x = 0$) abhängt. Die gesamte Energie dieses Oszillators ist die Summe der kinetischen und potentiellen Energie:

$$\frac{1}{2m}p^2 + \frac{m\omega^2}{2}x^2 = H. \tag{1.161}$$

Nach Dirac lässt sich dieser klassische Oszillator mittels der obigen Vertauschungsrelation $[X, P] = i\hbar$ (Gl. (1.56)) und der Operatoren $X \to x$ und $P \to i\hbar \frac{\partial}{\partial x}$ wie folgt quantisieren. Wir führen zunächst den Operator

$$a = \left(\frac{m\omega}{2\hbar}\right)^{\frac{1}{2}} X + i\left(\frac{1}{2m\omega\hbar}\right)^{\frac{1}{2}} P \tag{1.162}$$

und den adjungierten Operator

$$a^+ = \left(\frac{m\omega}{2\hbar}\right)^{\frac{1}{2}} X - i\left(\frac{1}{2m\omega\hbar}\right)^{\frac{1}{2}} P \tag{1.163}$$

ein. Wie man leicht nachrechnet, genügen diese beiden Operatoren der Vertauschungsrelation

$$[a, a^+] = 1.$$

Des Weiteren lässt sich der hermitesche Operator $aa^+$ mit dem quantenmechanischen Hamilton-Operator $H$ verknüpfen:

$$a^+ a = \frac{m\omega}{2\hbar} X^2 + \frac{1}{2m\omega\hbar} P^2 + \frac{i}{2\hbar}[X, P]$$

$$= \frac{H}{\hbar\omega} - \frac{1}{2}$$

oder $H = \left(a^+ a + \frac{1}{2}\right)\hbar\omega.$

Wir führen jetzt den Operator $\hat{H}$ ein,

$$\hat{H} = \frac{H}{\hbar\omega} = \left(a^+ a + \frac{1}{2}\right), \tag{1.164}$$

## 1.4 Ansätze zur Verallgemeinerung und Entwicklung der Quantenmechanik

dessen Eigenwerte $\varepsilon$ (Energiewerte) in ganzzahligen Vielfachen von $\hbar\omega$ gemessen werden. Zur Lösung der Eigengleichung

$$\hat{H}|\varepsilon\rangle = \varepsilon|\varepsilon\rangle$$

benutzen wir des Weiteren

$$[a, \hat{H}] = \left[a, a^+ a + \frac{1}{2}\right] = [a, a^+ a] = a$$

und

$$[a^+, \hat{H}] = -a^+.$$

Wir betrachten nun

$$\begin{aligned}\hat{H}a|\varepsilon\rangle &= (a\hat{H} - [a, \hat{H}])|\varepsilon\rangle \\ &= (a\hat{H} - a)|\varepsilon\rangle \\ &= (\varepsilon - 1)a|\varepsilon\rangle,\end{aligned}$$

wobei $a|\varepsilon\rangle$ ein Eigenzustand mit dem Eigenwert $\varepsilon - 1$ ist, d.h. es gilt außerdem

$$a|\varepsilon\rangle = C_\varepsilon|\varepsilon - 1\rangle,$$

wobei $C_\varepsilon$ eine Konstante ist, und $|\varepsilon - 1\rangle$ und $|\varepsilon\rangle$ normalisierte Eigenkets darstellen. Ganz analog folgt

$$\begin{aligned}\hat{H}a^+|\varepsilon\rangle &= (a^+\hat{H} - [a^+, \hat{H}])|\varepsilon\rangle = (a^+\hat{H} + a^+)|\varepsilon\rangle \\ &= (\varepsilon + 1)a^+|\varepsilon\rangle,\end{aligned}$$

so dass

$$a^+|\varepsilon\rangle = C_{\varepsilon+1}|\varepsilon + 1\rangle$$

wird.

Die beiden Operatoren $a$ und $a^+$ werden auch *Vernichtungs- und Erzeugungsoperatoren* genannt, da sie ein Energiequantum $\hbar\omega$ vernichten oder erzeugen.

Wir können aus den obigen Gleichungen außerdem folgern, dass, wenn $\varepsilon$ ein Eigenwert zu dem Operator $H$ ist, $\varepsilon + 1, \varepsilon + 2, \varepsilon + 3, \ldots \varepsilon + \infty$ ebensolche sind. Desgleichen sollten $\varepsilon - 1, \varepsilon - 2, \varepsilon - \infty$ Eigenwerte sein, jedoch werden negative Energiewerte des Oszillators nicht erwartet. Folglich sollte diese Serie von Eigenwerten schließlich einen Eigenzustand $|\varepsilon_0\rangle$ erreichen, der nicht weiter reduziert werden kann:

$$a|\varepsilon_0\rangle = 0. \tag{1.165}$$

Wenden wir $a^+ a$ auf $|\varepsilon_0\rangle$ an, so ergibt sich mit Gl. (1.164)

$$a^+ a|\varepsilon_0\rangle = \left(\hat{H} - \frac{1}{2}\right)|\varepsilon_0\rangle = 0$$

oder $\hat{H}|\varepsilon_0\rangle = 1/2|\varepsilon_0\rangle$ mit $\varepsilon_0 = 1/2$, so dass

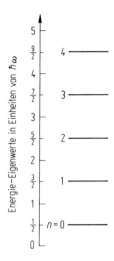

**Abb. 1.26** Energie-Eigenwerte eines quantisierten harmonischen Oszillators.

$$\varepsilon_n = \left(n + \frac{1}{2}\right) \quad \text{und} \quad E_n = \left(n + \frac{1}{2}\right)\hbar\omega$$

mit $n = 0, 1, 2, \ldots$ wird.

Abb. 1.26 zeigt das Energieschema eines quantisierten harmonischen Oszillators mit den möglichen Energiedifferenzen in ganzzahligem Vielfachen von $\hbar\omega$. Die niedrigste Energie mit $n = 0$ hat den Wert $E_0 = 1/2\,\hbar\omega$, die als *Nullpunktenergie* bezeichnet wird.

Die Beziehung zwischen der klassischen Frequenz $\omega/2\pi$ und den quantisierten Energiesprüngen $\hbar\omega$ geht zurück auf Max Planck, der quantisierte Energiebeträge harmonischer Oszillatoren zur Herleitung der Formel der Wärmestrahlung fester Körper eingeführt hat. Diese *Planck'sche Beziehung* für die Energiewerte harmonischer Oszillatoren, *Einsteins Beziehung* für die Energie quantisierter elektromagnetischer Strahlung und *Bohrs Beziehung* für die quantisierten Energien des Wasserstoffatoms waren die **Meilensteine in der Entwicklung der Quantenphysik**, die in der obigen Formulierung der Quantenmechanik ihre endgültige Form erhielt.

Die *Eigenfunktionen des quantisierten harmonischen Oszillators* folgen aus den Gleichungen (1.162) und (1.163) durch Ersetzen von $P_x = -i\hbar\dfrac{\partial}{\partial x}$:

$$a = \frac{1}{\sqrt{2}}\left\{\left(\frac{\hbar}{m\omega}\right)^{\frac{1}{2}}\frac{\partial}{\partial x} + \left(\frac{m\omega}{\hbar}\right)^{\frac{1}{2}}x\right\} = \frac{1}{\sqrt{2}}\left(\frac{\partial}{\partial \xi} + \xi\right)$$

$$a^+ = \frac{1}{\sqrt{2}}\left(-\frac{\partial}{\partial \xi} + \xi\right) \quad \text{mit} \quad \xi = (m\omega/\hbar)^{\frac{1}{2}}x;$$

Gl. (1.165) kann wie folgt umgeschrieben werden:

1.4 Ansätze zur Verallgemeinerung und Entwicklung der Quantenmechanik 69

$$\frac{1}{\sqrt{2}}\left(\frac{d|\varepsilon_0\rangle}{d\xi} + \xi|\varepsilon_0\rangle\right) = 0.$$

Hieraus folgen die Eigenfunktionen des niedrigsten Zustandes:

$$|\varepsilon_0\rangle = \left(\frac{m\omega}{\pi\hbar}\right)^{\frac{1}{4}} e^{-\frac{1}{4}\xi^2}. \tag{1.166}$$

Die anderen Eigenfunktionen $|\varepsilon_n\rangle$ können aus $|\varepsilon_0\rangle$ durch sukzessive Anwendung des quantenmechanischen Erzeugungsoperators $a^+$ (Gl. (1.163)) erhalten werden. Es ist offensichtlich

$$|\varepsilon_n\rangle \sim (a^+)^n|\varepsilon_0\rangle,$$

woraus sich durch geeignete Normalisierung und weitere Rechnungen die folgenden Eigenfunktionen ergeben:

$$|\varepsilon_n\rangle = (2^n n!)^{-\frac{1}{2}}\left(\frac{m\omega}{\pi\hbar}\right)^{\frac{1}{4}} e^{-\frac{1}{2}\xi^2} H_n(\xi). \tag{1.167}$$

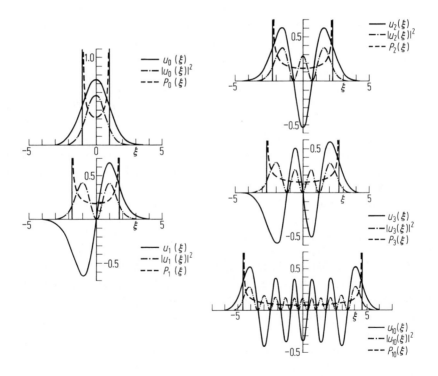

**Abb. 1.27** Beispiele der Eigenfunktionen $u_n(\xi)$ eines quantisierten harmonischen Oszillators und der Wahrscheinlichkeitsdichten $|u_n(\xi)|^2$ und $P_n(\xi)$ des quantisierten ($n = 0, 1, 2, 3$ und 10) und klassischen Oszillators ($n = 0, 1, 2, 3$ n und 10). Der klassische Oszillator hat für gleiches $n$ die gleiche Energie wie der entsprechende quantisierte Oszillator. Die vertikalen Linien markieren den Umkehrpunkt der klassischen Bewegung.

Die Funktionen $H_n(\xi)$ sind die sog. hermiteschen Polynome $n$-ten Grades:

$$H_n(\xi) = (-1)^n e^{\xi^2} \left(\frac{d}{d\xi}\right)^n e^{-\xi^2}. \qquad (1.168)$$

Identifizieren wir nun die Eigenkets $|\varepsilon_n\rangle$ mit den Eigenfunktionen $u_n(\xi)$ des quantenmechanischen Oszillators und stellen diese in Abb. 1.27 dar, zusammen mit $|u_n(\xi)|^2$ und der klassischen Wahrscheinlichkeit $P_n(\xi)$, den oszillierenden Massenpunkt bei $\xi$ vorzufinden, so ergibt sich folgende Interpretation:

1. Wenn der quantenmechanische Oszillator in seinem niedrigsten Energiezustand mit der Energie $1/2\,\hbar\omega$ („Nullpunktenergie") ist, so steht er im Gegensatz zum klassischen Oszillator „nicht still". Der quantenmechanische Oszillator besitzt eine Restenergie $1/2\,\hbar\omega$, selbst wenn er in thermischem Kontakt mit einer Umgebung ist, die die thermodynamische Temperatur null besitzt.
2. Für alle Werte $n$ besitzen die Wahrscheinlichkeitsdichten $|u_n(\xi)|^2$ und $P(\xi)$ entgegengesetzte Extremwerte (Maxima, Minima). Für große $n$-Werte nähert sich die gemittelte quantenmechanische Wahrscheinlichkeitsdichte der klassischen (wie es das Bohr'sche Korrespondenzprinzip erfordert!).
3. Ein klassischer Oszillator kann niemals den Grenzwert $x_0$ überschreiten, der die Koordinate des Umkehrpunktes der Schwingung darstellt. Im Gegensatz hierzu besitzt der quantenmechanische Oszillator für beliebig große Abstände vom Ursprung noch endliche (wenn auch kleine) Aufenthaltswahrscheinlichkeiten. Dies ist ein charakteristisches Quantenphänomen (analog zum quantenmechanischen Potentialtopf und zum quantenmechanischen „Tunneleffekt", siehe Abschnitt 1.4.2.5). Der quantisierte Oszillator „schwingt" noch in Bereichen, die klassisch unerreicht bleiben.

Der quantenmechanische Oszillator erfährt Anwendungen insbesondere in der Molekülphysik (Kap. 3).

### 1.4.2.5 Der quantenmechanische Potentialtopf

**Der unbegrenzte, quadratische Topf.** Potentialtöpfe, die ein Teilchen der Masse $m$ binden können, zeigen große Unterschiede in ihrem Verhalten in der klassischen Physik und in der Quantenmechanik. Wir diskutieren daher verschiedene Formen von Töpfen, um diese Unterschiede herauszuarbeiten. Als erstes Beispiel betrachten wir ein Teilchen in dem unbegrenzten „quadratischen" Potential $V(x)$, das in Abb. 1.28 illustriert und durch folgende Bedingungen charakterisiert ist:

$V = \infty$ für $-a < x < a$ (Bereich I)
$V = 0$ für $|x| > a$ (Bereich II)

Im Bereich I gilt die zeitunabhängige Schrödinger-Gleichung

$$\frac{\hbar^2}{2m}\frac{d^2 u}{dx^2} + Eu = 0. \qquad (1.169)$$

1.4 Ansätze zur Verallgemeinerung und Entwicklung der Quantenmechanik 71

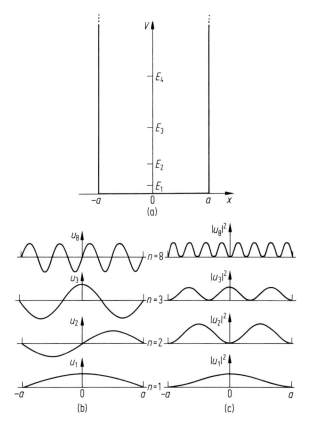

**Abb. 1.28** Teilbild (a) zeigt das Potential $V$ als Funktion von $x$ für einen unendlich tiefen Potentialtopf mit den vier niedrigsten Energie-Eigenwerten. Diese rechteckige Potentialform wird als „quadratischer Topf" (engl. *square well*) bezeichnet. Die Eigenfunktionen $u_n(x)$ und die entsprechenden Wahrscheinlichkeitsdichten für $n = 1, 2, 3$ und 8 sind in den Teilbildern (b) und (c) dargestellt.

Die allgemeine Lösung dieser Gleichung ist wohlbekannt und kann durch Einsetzen in Gl. (1.169) verifiziert werden:

$$u(x) = A\cos(kx) + B\sin(kx), \tag{1.170}$$

wobei $k = (2mE/\hbar^2)^{1/2}$ und $A$ und $B$ Konstanten sind. Die Eigenfunktionen $u(x)$ stellen stehende Wellen dar (Abb. 1.28), die wir wie folgt analysieren können. Im Bereich II kann die Schrödinger-Gleichung nur erfüllt werden, wenn die Eigenfunktion verschwindet. An der Grenze $x = \pm a$ muss die Wellenfunktion kontinuierlich in beide Bereiche übergehen, d. h. $u(\pm a) = 0$ sein:

$$A\cos(ka) + B\sin(ka) = 0, \quad A\cos(ka) - B\sin(ka) = 0,$$

d. h. es muss entweder gelten

$$B = 0 \quad \text{und} \quad \cos(ka) = 0 \quad \text{mit} \quad k = n\frac{\pi}{2a}, \quad n = 1, 3, 5, \ldots$$

oder

$$A = 0 \quad \text{und} \quad \sin(ka) = 0 \quad \text{mit} \quad k = n\frac{\pi}{2a}, \quad n = 2, 4, \ldots$$

Diese Werte für $k = n\dfrac{\pi}{2a} = (2m/E\hbar^2)^{1/2}$ ergeben die Energieeigenwerte

$$E_n = \frac{\hbar^2 \pi^2 n^2}{8ma^2}. \tag{1.171}$$

Indem wir die Eigenfunktionen normalisieren (Gl. (1.70)) erhalten wir:

$$\left.\begin{aligned} u_n(x) &= a^{-\frac{1}{2}} \cos\left(n\frac{\pi x}{2a}\right), \text{ für ungerade } n, \\ u_n(x) &= a^{-\frac{1}{2}} \sin\left(n\frac{\pi x}{2a}\right), \text{ für gerade } n, \\ u_n(x) &= 0 \end{aligned}\right\} \begin{aligned} &\text{für } -a \leq x \leq a \\ &\text{für } |x| > a \end{aligned}$$

Wie aus Abb. 1.28 ersichtlich ist, sind die Eigenfunktionen entweder symmetrisch $u_n(x) = u_n(-x)$ oder antisymmetrisch $u_n(x) = -u_n(-x)$ bezüglich des Koordinatenursprungs. Diese Eigenschaft der Eigenfunktion wird als **Parität** bezeichnet: symmetrische Eigenfunktionen haben **gerade**, antisymmetrische Eigenfunktionen haben **ungerade Parität**. Unter einer sog. **Paritätsoperation** mit dem Operator $P$ versteht man die Reflexion einer mathematischen Funktion am Koordinatenursprung, d.h. $Pu(x, y, z) = u(-x, -y, -z)$.

Die größte Wahrscheinlichkeit für die Lage eines Teilchens mit der Energie $E_1$ ($n = 1$) ist im Zentrum des Potentialtopfes, für die Energie $E_2$ ($n = 2$) bei $x = \pm a/2$, und für verhältnismäßig hohe Energiewerte hat die zugehörige Wahrscheinlichkeitsdichte die Form von Oszillatoren gleicher Amplitude und gleichen Abstandes zwischen den Extremwerten.

Für ein Elektron ($m_e \approx 9.1 \cdot 10^{-31}$ kg) in einen Potentialtopf mit der „atomaren" Dimension von $a = 10^{-10}$ m erhalten wir aus Gl. (1.171) $\Delta E = E_2 - E_1 = 28$ eV oder eine Wellenlänge für einen möglichen Photonenübergang von 44 nm. Diese Werte stimmen natürlich nicht mit den entsprechenden Werten des Bohr'schen Modells oder der Quantenmechanik des Wasserstoffatoms überein, sie geben aber die Größenordnung wieder.

**Der begrenzte, quadratische Topf.** Im Gegensatz zum vorherigen Beispiel begrenzen wir nun die Potentialhöhe an den Koordinaten $x = \pm a$ zu $V(x) = V_0$, so dass

$$V(x) = 0 \quad \text{für} \quad |x| \leq a$$
$$V(x) = V_0 \quad \text{für} \quad |x| > a$$

## 1.4 Ansätze zur Verallgemeinerung und Entwicklung der Quantenmechanik

gilt (Abb. 1.29). Die Schrödinger-Gleichung mit diesem Potential für $|x| > 0$ lautet dann

$$\frac{\hbar^2}{2m}\frac{d^2 u}{dx^2} - (V_0 - E)u = 0. \tag{1.172}$$

Innerhalb dieses Bereiches $|x| \leq a$ haben die Eigenfunktionen die Form

$$u_i(x) = \cos(k_0 x), \sin(k_0 x) \quad \text{mit} \quad k_0^2 = \frac{2mE}{\hbar^2},$$

während für $x > a$ und $x < -a$ die folgenden Lösungen gelten ($u_R$ rechts, $u_L$ links vom Potentialtopf):

$$u_R(x) = Ce^{-Kx} \quad \text{mit} \quad K^2 = \frac{2m}{\hbar^2}(V - E_0)$$

und

$$u_L(x) = C'e^{-K|x|}. \tag{1.173}$$

Die alternativen Lösungen mit ansteigender Exponentialfunktion ($e^{K|x|}$) sind nicht möglich, da sie nicht normalisierbar sind ($e^{Kx}$ geht nicht gegen null im Unendlichen). Es existieren zwei mögliche Typen von Lösungen, die symmetrischen (mit positiver Parität) und die antisymmetrischen (mit negativer Parität):

$$u_i(x) = A\cos(k_0 x), \ u_R(x) = C'e^{-Kx}, \ u_L(x) = Ce^{-K|x|},$$
$$u_i(x) = B\sin(k_0 x), \ u_L(x) = C'e^{-Kx}, \ u_L(x) = -Ce^{-K|x|}.$$

Für jede Lösung und ihre Ableitung muss die Kontinuitätsbedingung bei $x = a$ gelten, woraus für die gerade Lösung folgt:

$$\cos(k_0 a) = Ce^{-Ka}, \quad k_0 \sin(k_0 a) = KCe^{-Ka}.$$

Beide Bedingungen können erfüllt werden, wenn

$$K = k_0 \tan(k_0 a) \tag{1.174}$$

wird.

Ähnlich erhalten wir für die Lösungen mit ungerader Parität

$$-K = k_0 \cot(k_0 a). \tag{1.175}$$

Unglücklicherweise lassen sich keine geschlossenen Ausdrücke für die möglichen, diskreten Energien $E_n$ angeben, die aus den obigen Randbedingungen folgen; numerische Berechnungen mittels iterativer Standardverfahren für vorgegebene $V$- und $a$-Werte sind jedoch möglich und in Abb. 1.29 dargestellt.

Während die Eigenfunktionen für den unbegrenzten und begrenzten Potentialwall ähnliches Verhalten zeigen und insbesondere definitive Parität besitzen – symmetrisch oder antisymmetrisch bezüglich $x = 0$ – dringen die Eigenfunktionen für den begrenzten Potentialtopf über $|x| > a$ hinaus – im Gegensatz zum unbegrenzten Potentialtopf für den $u(\pm a) = 0$ wird (Abb. 1.28). Das bedeutet, dass das Teilchen mit der Energie $E_n < V_0$ auch außerhalb des Potentialtopfes ($|x| > a$) vorgefunden werden kann, was nach den Regeln der klassischen Physik nicht möglich ist.

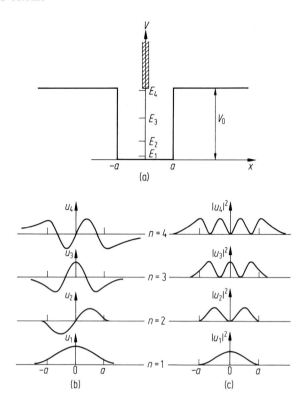

**Abb. 1.29** Teilbild (a) zeigt das Potential $V(x)$ für einen begrenzten Potentialtopf mit $V_0 = 25\,\hbar^2/(2ma^2)$ und die vier in diesem Falle möglichen diskreten Energien ($E_1, \ldots, E_4$); der schraffierte Bereich zeigt die Energien freier kontinuierlicher Zustände an. Die entsprechenden Eigenfunktionen und deren Absolutquadrate sind in den Teilbildern (b) und (c) dargestellt.

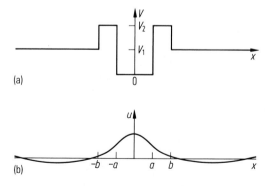

**Abb. 1.30** (a) Potential $V$ und (b) Eigenfunktion $u(x)$ eines diskreten Zustands der Energie $E$ im Innern des Potentialtopfes zwischen $V_2$ und $V_1$.

**Quantenmechanischer Tunnel-Effekt.** Der oben beschriebene Eindringeffekt der Wellenfunktion in klassisch verbotene Bereiche wird auch als **Tunnel-Effekt** bezeichnet. Wir erläutern diesen Effekt nochmals mithilfe des speziellen Potentials von Abb. 1.30. Da jedoch die Schrödinger-Gleichung mit den Randbedingungen dieses speziellen Potentials nur mit beträchtlichem mathematischem Aufwand lösbar ist, beschränken wir uns auf eine qualitative Diskussion, die die wesentlichen Züge dieses Effektes aufzeigt. Diskrete Zustände mit Energien $E \leq V_1$ (Abb. 1.30) haben Eigenfunktionen, die denjenigen des begrenzten Potentialtopfes (Abb. 1.29) ähnlich sind und daher mit kleiner Wahrscheinlichkeit in Bereiche $|x| > a, b$ eindringen. Zustände, die zwischen $V_1$ und $V_2$ liegen, haben im zentralen Bereich $|x| > a$ sinusförmige Wellenfunktionen mit $k = (2mE/\hbar)^{1/2}$ (wie beim begrenzten Potentialtopf).

Im klassisch verbotenen Bereich ($E < V_2$) zwischen $a$ und $b$ klingt die Eigenfunktion exponentiell ab. In dem Bereich $|x| > b$ zeigt die Wellenfunktion wieder Oszillationen, jedoch mit einem kleineren Wert für den Wellenvektor $k = [2m(E - V_1)/\hbar^2]^{1/2}$ im Vergleich zu $|x| < a$. Wenn die Eigenfunktionen und ihre Ableitungen an den Bereichsgrenzen $|x| = a$ und $b$ einander angepasst werden, so erhalten wir eine typische Lösung für die gesamte Eigenfunktion, wie sie in Abb. 1.30 dargestellt ist. Die Quantenmechanik erlaubt es folglich, dass ein Teilchen eine Potentialbarriere durchdringen kann. Dies ist der oben bezeichnete *Tunnel-Effekt*, der zum Beispiel für die Emission von α-Teilchen durch Atomkerne (s. Kap. 4) oder für die Elektronen-Feldemission aus Festkörpern verantwortlich ist (s. Band 2, Abschn. 8.2.2).

### 1.4.2.6 Auswahlregeln und Übergangsmatrixelemente

Nachdem es Schrödinger gelungen war, eine partielle Differentialgleichung zu finden, deren Eigenwerte die diskreten Energiezustände des H-Atoms richtig beschreiben, wurde die damit (und mit den entsprechenden Arbeiten Heisenbergs zur Matrix-Mechanik) begründete „neue" **Quantentheorie** weiterentwickelt und ausgebaut. So ist auch die Anwendung des quantenmechanischen Formalismus zur Berechnung von Übergangswahrscheinlichkeiten (oder von Intensitäten für Spektrallinien und von Auswahlregeln für Übergänge) als eine Erweiterung gegenüber der „älteren" Quantentheorie zu verstehen, die sich im kritischen Vergleich mit den experimentellen Messergebnissen bewährt hat (im Gegensatz zur Bohr-Sommerfeld-Theorie, Abschn. 1.2.2).

Zwischen den Energieniveaus eines Atoms können elektromagnetische Übergänge in Form von Absorptions- und Emissionsprozessen auftreten. Die quantitative Beschreibung der Wechselwirkung elektromagnetischer Felder mit einem atomaren System kann mittels der Schrödinger-Gleichung für einen Massenpunkt der Ladung $q$ in einem elektromagnetischen Vektorpotential erfolgen. Eine strenge Theorie dieser Wechselwirkungen erfordert jedoch den Formalismus der *Quantenelektrodynamik*, da das elektromagnetische Feld der Photonen, die an den Übergangsprozessen beteiligt sind, quantisiert werden muss. Diese quantitative Behandlung erfordert eine aufwändige zeitabhängige Störungsrechnung; die wesentlichen physikalischen Effekte solcher Rechnungen lassen sich jedoch anhand einiger weniger physikalischer Prozesse erläutern, die besonders einfach mittels quantenmechanischer Matrixelemente und thermodynamischer Gleichgewichtsbedingungen beschrieben werden können.

Wir betrachten ein Atom, das mit einer ebenen elektromagnetischen Welle der Frequenz $\omega/2\pi$ bestrahlt wird; der zugehörige elektrische Vektor $\boldsymbol{F}$ möge parallel zur $z$-Richtung schwingen, so dass $F$ als Welle wie folgt dargestellt werden kann ($|\boldsymbol{k}| = 2\pi/\lambda$, $\lambda$ = Wellenlänge):

$$F = F_0 \cos(\boldsymbol{k} \cdot \boldsymbol{r} - \omega t).$$

Wir legen den Ursprung des Koordinatensystems in den Atomkern und setzen voraus, dass die Wellenlänge $\lambda \gg r$ ist, so dass das elektrische Feld über den Bereich des Atoms nahezu konstant ist und $\boldsymbol{k} \cdot \boldsymbol{r} = 0$. Die Wechselwirkungsenergie $H$ zwischen dem Atom und der elektrischen Komponente der Welle wird somit

$$H = eFz \cong eF_0 z \cos(\omega t),$$

wobei $z$ die Ortskoordinate in der Feldrichtung ist.

Das quantenmechanische Matrixelement, das aus der zeitabhängigen Störungsrechnung folgt, verknüpft diese Wechselwirkungsenergie zu jedem Zeitpunkt mit den Eigenfunktionen zweier Zustände mit den Quantenzahlen $n_1 l_1 m_1$ und $n_2 l_2 m_2$:

$$\begin{aligned}\langle H \rangle &= eF_0 \int u^*_{n_1 l_1 m_1} z u_{n_2 l_2 m_2} \, d\tau \\ &= \langle u_{n_1 l_1 m_1} | z | u_{n_2 l_2 m_2} \rangle.\end{aligned} \quad (1.176)$$

Mit den in Abschn. 1.3 eingeführten Wasserstoff-Eigenfunktionen in Polarkoodinaten (Abb. 1.11) ergibt sich

$$\begin{aligned}\langle H \rangle = eF_0 \int_0^{2\pi}\int_0^{\pi}\int_0^{\infty} &R^*_{n_1 l_1 m_1}(r) P_{l_1}^{|m_1|}(\cos\theta) e^{-im_1\varphi} r\cos\theta \\ &\times R_{n_2 l_2 m_2}(r) P_{l_2}^{|m_2|}(\cos\theta) e^{-im_2\varphi} r^2 \, dr \sin\theta \, d\theta \, d\varphi,\end{aligned}$$

wobei $z = r\cos\theta$ ist und

$$\begin{aligned}\langle H \rangle = eF_0 &\left[ \int_0^{\infty} R^*_{n_1 l_1}(r) R_{n_2 l_2}(r) r^3 \, dr \right] \\ &\times \left[ \int_0^{\pi} P_{l_1}^{|m_1|}(\cos\theta) P_{l_2}^{|m_2|}(\cos\theta) \cos\theta \sin\theta \, d\theta \right] \\ &\times \left[ \int_0^{2\pi} e^{i(m_2 - m_1)} \frac{d\varphi}{2\pi} \right].\end{aligned} \quad (1.177)$$

Es folgt, dass ein elektrischer Dipolübergang zwischen den beiden Zuständen nur möglich ist, wenn alle drei Integrale einzeln nicht verschwinden. Das letzte Integral verschwindet außer für $m_1 = m_2$. Das Integral über den polaren Winkel $\theta$ kann aufgrund der folgenden Eigenschaften der assoziierten Legendre-Polynome $P_l^{|m|}$ ermittelt werden:

$$(2l + 1)\cos\theta \, P_l^{|m|} = (l - |m| + 1) P_{l+1}^{|m|} + (l + |m|) P_{l-1}^{|m|}.$$

1.4 Ansätze zur Verallgemeinerung und Entwicklung der Quantenmechanik 77

Somit ergibt sich mit $m_1 = m_2$ aus Gl. (1.177) für das Integral über $\theta$:

$$\int_0^\pi P_{l_1}^{|m_1|}(\cos\theta) P_{l_2}^{|m_2|} \cos\theta \sin\theta \, d\theta$$

$$= \frac{l_2 - |m_1| + 1}{2l_2 + 1} \int_0^\pi P_{l_1}^{|m_1|} P_{l_2+1}^{|m_1|} \sin\theta \, d\theta$$

$$+ \frac{l_2 + |m_1|}{2l_2 + 1} \int_0^\pi P_{l_1}^{|m_1|} P_{l_2-1}^{|m_1|} \sin\theta \, d\theta.$$

Assoziierte Legendre'sche Funktionen mit gleichem $m$, aber verschiedenem $l$ sind orthogonal zueinander, d.h. die obigen Integrale verschwinden außer für $l_1 = l_2 + 1$ oder $l_1 = l_2 - 1$.

Somit haben wir eine *Auswahlregel für Übergänge mit linear polarisierter elektromagnetischer Strahlung* (linear polarisiertem Licht):

$$\Delta l = \pm 1 \quad \text{und} \quad \Delta m = 0. \tag{1.178}$$

Für einen optischen Übergang mit zirkular polarisierter Welle betrachten wir entsprechende Matrixelemente, die mit den Koordinaten $x + iy = r\sin\theta e^{i\varphi}$ und $x - iy = r\sin\theta e^{-i\varphi}$ verknüpft sind, wie es aus der klassischen Optik folgt:

$$\langle u_{n_1 l_1 m_1} | x \pm iy | u_{n_2 l_2 m_2} \rangle$$
$$= \int_0^\infty R_{n_1 l_1}^* R_{n_2 l_2} r^3 \int_0^\pi P_{l_1}^{|m_1|} P_{l_2}^{|m_2|} \sin^2\theta \, d\theta \int_0^{2\pi} e^{i(m_1 - m_2 \pm 1)} d\varphi.$$

Dieses Matrixelement verschwindet außer für $m_1 = m_2 \pm 1$.

Damit ergibt sich als *Auswahlregel für zirkular polarisierte elektromagnetische Strahlung* innerhalb der obigen Dipol-Approximation:

$$\Delta l = \pm 1 \quad \text{und} \quad \Delta m = \pm 1. \tag{1.179}$$

Bei unpolarisierter Strahlung gelten die Übergangsregeln

$$\Delta l = \pm 1, \quad \Delta m = 0, \pm 1 \tag{1.180}$$

Diese Übergangsregeln können erweitert oder modifiziert werden, indem man folgende, zusätzliche Effekte berücksichtigt:

**Fein- und Hyperfeinstruktur-Aufspaltung.** Wir haben in Abschn. 1.3.6.2 gesehen, wie die Ankopplung des Elektronen- und Kernspins an die Bahnbewegung des Elektrons die kombinierte Einführung der Quantenzahlen $j$ und $F$ erforderte. Elektromagnetische Übergänge zwischen Fein- und Hyperfeinstruktur-Niveaus werden durch erweiterte Regeln bestimmt, die aufgrund spezieller Kopplungsmechanismen zwischen den verschiedenen Drehimpulsen auftreten. Wir stellen sie hier ohne Herleitung wie folgt zusammen:

*Auswahlregeln elektrischer Dipolübergänge zwischen Feinstruktur-Termen:*

$$\Delta j = 0, \pm 1, \quad \Delta l = \pm 1, \quad \Delta m_j = 0, \pm 1, \tag{1.189}$$

jedoch mit dem Zusatz, dass Übergänge $j_1 = 0 \leftrightarrow j_2 = 0$ verboten sind.

*Auswahlregeln elektrischer Dipolübergänge zwischen Hyperfeinstruktur-Termen von verschiedenen Feinstruktur-Niveaus:*

$$\Delta F = 0, \pm 1, \quad \Delta l = \pm 1, \quad \Delta m_F = 0, \pm 1 \tag{1.190}$$

mit dem Zusatz, dass Übergänge $F_1 = 0 \leftrightarrow F_2 = 0$ verboten sind.

Hierbei sind linear polarisierte Übergänge mit $\Delta m_j = 0$ und $\Delta m_F = 0$ (sogenannte *π-Komponente*) verknüpft, während rechts- und linkszirkular polarisierte Übergänge respektive mit $\Delta m_j = +1$, $\Delta m_F = +1$ (sogenannte *$\sigma^+$-Komponente*) und $\Delta m_j = -1$, $\Delta m_F = -1$ (sogenannte *$\sigma^-$-Komponente*) verknüpft sind.

Abb. 1.31 demonstriert $\Delta j$- und $\Delta F$-Übergänge für $(n = 2)$- und $(n = 1)$-Terme des Wasserstoffatoms mit der zusätzlichen Bedingung $\Delta l = \pm 1$, so dass kein elektrischer Dipolübergang zwischen $2^2S_{1/2}$ und dem Grundzustand $1^2S_{1/2}$ erlaubt ist. Die weiteren Auswahlregeln für die magnetischen Quantenzahlen $m_j$ und $m_F$ werden bei der Behandlung der Atome in äußeren Feldern und bei *magnetischen Dipolübergängen* eine Rolle spielen (Abschn. 1.7.3.1).

Die obigen *Auswahlregeln gelten für elektrische Dipolübergänge*, d. h. für die Wechselwirkung niedrigster Ordnung des elektromagnetischen Feldes mit dem atomaren System. Dies erkennen wir am einfachsten, indem wir das elektrische Feld in komplexer Form darstellen:

$$F = F_0 e^{i(kr - \omega t)} = F_0 e^{-i\omega t} e^{ikr}; \tag{1.191}$$

wir entwickeln die Exponentialfunktion in der bekannten Weise, d. h.

$$e^{ikr} = 1 + i\mathbf{k} \cdot \mathbf{r} + \ldots,$$

und da wir $\mathbf{k} \cdot \mathbf{r} \ll 1$ annehmen, erhalten wir mit $e^{i\mathbf{k} \cdot \mathbf{r}} \approx 1$ die elektrische Dipolwechselwirkung mit den obigen Auswahlregeln; die höheren Glieder der Exponentialfunktion ergeben *Multipolwechselwirkungen*, d. h. die elektrischen Quadrupol-,

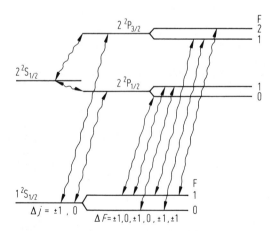

**Abb. 1.31** $\Delta j$- und $\Delta F$-Übergänge zwischen den Fein- oder Hyperfeinstruktur-Niveaus des atomaren Wasserstoffs mit den Hauptquantenzahlen $n = 1$ und $n = 2$. Übergänge zwischen den 2S- und 2P-Niveaus sind intensitätsmäßig vernachlässigbar.

## 1.4 Ansätze zur Verallgemeinerung und Entwicklung der Quantenmechanik

Oktopol-, 16-Pol-Wechselwirkungen usw. Wir haben z. B. in Abschn. 1.3.6 erfahren, wie ein elektrischer Feldgradient zu einer energetischen Wechselwirkung mit dem elektrischen Quadrupolmoment eines Atomkerns führt. Analog hierzu kann eine solche Wechselwirkung zwischen dem elektrischen Feld der elektromagnetischen Strahlung und einer möglichen elektrischen Quadrupol-Ladungsverteilung des Atoms entstehen.

Neben der elektrischen Wechselwirkung kann die magnetische Komponente des Strahlungsfeldes mit dem Elektron des Atoms in Wechselwirkung treten. Dies führt zur magnetischen Dipol-, Quadrupolwechselwirkung usw. mit entsprechenden Auswahlregeln, die wir bei der Behandlung spezieller Beispiele zur präzisen Vermessung von atomaren Energieabständen erläutern werden. Wir erwähnen jedoch jetzt die konventionelle Bezeichnungsweise für die elektrischen (Buchstabe E) und die magnetischen (Buchstabe M) Multipolübergänge zwischen diskreten Energiezuständen: E1, E2, E3, ... bezeichnen respektive die elektrischen Dipol-, Quadrupol-, Oktopolübergänge, usw.; M1, M2, M3 bezeichnen entsprechend die magnetischen Dipol-, Quadrupol-, Oktopolübergänge, ... usw.

Wir beschränken uns zunächst in diesem Abschnitt auf elektrische Dipolübergänge zwischen diskreten Energieniveaus, die wir wie folgt klassifizieren (Abb. 1.32):

1. *Absorption der Strahlung* $h\nu = E_1 - E_2$, wodurch das Atom aus dem Zustand 1 mit der Energie $E_1$ in den Zustand 2 mit der Energie $E_2$ übergeht.
2. *Induzierte Emission der Strahlung* $h\nu = E_1 - E_2$, bei der der angeregte Zustand 2 des Atoms durch die resonant eingestrahlte Lichtwelle in den Zustand 1 übergeht.
3. *Spontane Emission der Strahlung* $h\nu = E_1 - E_2$, bei der der angeregte Zustand 2 in den Zustand 1 übergeht.

Wir merken hier noch an, dass die beiden ersten Übergangsprozesse in „semi-klassischer Approximation" behandelt werden können, d. h. wir können auf die strenge, quantenelektrodynamische Theorie verzichten. Selbst in relativ schwachen elektromagnetischen Feldern ist die Zahl der Photonen, die mit einem Atom wechselwirken, noch so groß, dass das Strahlungsfeld klassisch mit den Maxwell'schen Gleichungen beschrieben werden kann. Eine semi-klassische Theorie der atomaren Übergänge verwendet dann die übliche klassische Beschreibung des Strahlungsfeldes mit den Maxwell'schen Gleichungen, während das atomare System durch die Quantenmechanik beschrieben wird. In der daraus folgenden Approximation wird die Kopplung zwischen Strahlungsfeld und Atom ohne gegenseitige Rückwirkungen behandelt.

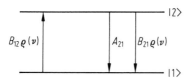

**Abb. 1.32** Elektrische Dipolübergänge zwischen zwei diskreten atomaren Zuständen $|1\rangle$ und $|2\rangle$ mit den Einstein-Koeffizienten $A$ und $B$. $B_{12}\varrho(v)$ Übergangsrate für Absorption, $A_{21}$ Übergangsrate oder Übergangswahrscheinlichkeit für spontane Emission und $B_{21}\varrho(v)$ Übergangsrate für induzierte Emission.

Die obige Annahme einer großen Zahl von Photonen gilt jedoch nicht für den spontanen Emissionsvorgang, da nur ein Photon für jeden spontanen Übergang eines angeregten Atoms in Erscheinung tritt und eine semi-klassische Näherung mit vielen Photonen unzulässig ist. Der spontane Emissionsübergang erfordert eine strenge quantenelektrodynamische Beschreibung. Der auslösende physikalische Prozess der spontanen Emission ist das nicht-verschwindende elektromagnetische Vakuumfeld, das uns bereits bei der Behandlung der Theorie der Lamb-Shift begegnet ist (Abschn. 1.3.6.3). Wir können jedoch die Übergangsintensitäten für spontane Prozesse aufgrund einer thermodynamischen Argumentation von Einstein (1917) ohne Anwendung der Quantenelektrodynamik wie folgt herausfinden. Wir nehmen an, dass sich Atome mit den beiden möglichen Zuständen $|1\rangle$ und $|2\rangle$ in einem strahlungsgefüllten Hohlraum befinden, der bei der Temperatur $T$ im thermodynamischen Gleichgewicht mit seiner Umgebung ist. Unsere Atome sind daher einer thermischen Wärmestrahlung ausgesetzt, deren Frequenzverteilung dem Planck'schen Gesetz (s. Band 3) der Hohlraum-Strahlung entspricht:

$$\varrho(v) = \frac{8\pi h v^3}{c^3} [e^{hv/(kT)} - 1]^{-1}; \qquad (1.192)$$

diese Formel stellt die Energiedichte pro Frequenzintervall mit der Dimension Energie Zeit/Volumen und der SI-Einheit Js/m$^3$ = J/m$^3$ Hz dar. Zur Zeit $t$ mögen sich $N_1$ Atome in dem Zustand 1 und $N_2$ Atome in dem Zustand 2 befinden. Die Änderungen dieser Besetzungszahlen $N_1$ und $N_2$ unter der Einwirkung der Hohlraumstrahlung in der Zeit $\Delta t$ seien wie folgt dargestellt:

$$\Delta N_1 = \{-B_{12} N_{12} \varrho(v) + A_{21} N_2 + B_{21} N_2 \varrho(v)\} \Delta t$$
$$\Delta N_2 = \{-A_{21} N_2 - B_{21} N_2 \varrho(v) + B_{12} N_1 \varrho(v)\} \Delta t;$$

diese zeitlichen Änderungen beschreiben den *Absorptionsprozess mit der Konstanten $B_{12}$*, den *Emissionsprozess* für den spontanen Übergang *mit der Übergangswahrscheinlichkeit $A_{21}$* und die *induzierte Emission mit der Konstanten $B_{21}$*.

Im thermischen Gleichgewicht gilt die Bedingung $\Delta N_2 = -\Delta N_1$, woraus die Differentialgleichungen

$$\frac{dN_1}{dt} = -\frac{dN_2}{dt} = A_{21} N_2 - B_{12} N_1 \varrho(v) + B_{21} N_2 \varrho(v) \qquad (1.193)$$

folgen; im stationären Zustand gilt $dN_1/dt = dN_2/dt = 0$, so dass

$$N_1 B_{12} \varrho(v) = N_2 \{A_{21} + B_{21} \varrho(v)\}$$

wird oder

$$\frac{N_2}{N_1} = \frac{B_{12} \varrho(v)}{A_{21} + B_{21} \varrho(v)} = \frac{W_{\text{Ab}}}{W_{\text{Em}}}, \qquad (1.194)$$

wobei $W_{\text{Ab}}$ und $W_{\text{Em}}$ die Wahrscheinlichkeiten für die Absorption und Emission des Atoms bezogen auf die Zeit darstellen:

$$W_{\text{Ab}} = B_{12} \varrho(v) \quad \text{und} \quad W_{\text{Em}} = A_{21} + B_{21} \varrho(v). \qquad (1.195)$$

## 1.4 Ansätze zur Verallgemeinerung und Entwicklung der Quantenmechanik

Dieses Verhältnis $N_2/N_1$ der Besetzungszahlen muss außerdem dem Boltzmann'schen Gesetz der thermischen Energieverteilung gehorchen (s. Band 1, Abschn. 39.4):

$$\frac{N_2}{N_1} = \frac{g_2}{g_1} e^{-h\nu/(kT)}, \tag{1.196}$$

wobei $g_1$ und $g_2$ die Anzahlen der möglichen entarteten Terme der beiden Zustände angeben. Gln. (1.192), (1.193) und (1.194) miteinander kombiniert ergibt

$$\varrho(\nu) = \frac{A_{21}(g_2/g_1) e^{-h\nu/(kT)}}{B_{12} - B_{21}(g_2/g_1) e^{-h\nu/(kT)}} = \frac{8\pi h \nu^3}{c^3} \frac{1}{e^{h\nu/(kT)} - 1}. \tag{1.197}$$

Der mittlere und letzte Teil dieser Gleichung stimmen nur miteinander überein, falls

$$B_{12} = B_{21} \frac{g_2}{g_1},$$

$$A_{21} = \frac{8\pi h \nu^3}{c^3} B_{21} = \frac{8\pi h \nu^3}{c^3} \frac{g_1}{g_2} B_{12} \tag{1.198}$$

gilt. *A und B werden Einstein-Koeffizienten* genannt; Einstein hat somit die Verknüpfung von Absorption, spontaner und induzierter Emission mit Hilfe des Planck'schen Strahlungsgesetzes hergeleitet.

Die obigen Beziehungen zwischen den Einstein-Koeffizienten wurden unter der Voraussetzung der Gültigkeit des thermischen Gleichgewichtes hergeleitet (d. h. z. B. für eine beliebig große Anzahl von Atomen in einem Gas der Temperatur $T$). Wir können jedoch auch eine Beziehung zwischen den Koeffizienten $A$ und $B$ einerseits und der Struktur einzelner Atome im elektromagnetischen Strahlungsfeld andererseits ableiten. Eine detaillierte quantenmechanische Berechnung gestattet es, die bereits eingeführten elektrischen Dipolmatrixelemente mit den Übergangswahrscheinlichkeiten für die Absorption zu verknüpfen:

$$T_{ab} = B_{12} \varrho(\nu) = \frac{2e^2 \pi^2}{3\varepsilon_0 h^2} |\langle u(2)|x|u(1)\rangle|^2 \varrho(\nu), \tag{1.199}$$

wobei $u(2)$ und $u(1)$ die zu den beiden nicht-entarteten Zuständen gehörenden Eigenfunktionen sind und $x$ die Polarisationsrichtung der Strahlung darstellt. Bei unpolarisierter Strahlung wird Gl. (1.199) um den Faktor 3 reduziert. Mit der Einstein'schen Relation zwischen den $A$- und $B$-Koeffizienten (Gl. (1.198)) erhalten wir für die Übergangswahrscheinlichkeit mit unpolarisierter Strahlung:

$$A_{21} = \frac{e^2}{\varepsilon_0} \frac{16\pi^3}{3hc^3} \nu^3 |\langle u(2)|\mathbf{r}|u(1)\rangle|^2. \tag{1.200}$$

Die Größenordnung dieser Übergangswahrscheinlichkeit lässt sich wie folgt abschätzen: Das Matrixelement $\langle u(2)|\mathbf{r}|u(1)\rangle$ ist von der Größenordnung $a_0$, dem Radius der ersten Bohr'schen Bahn des Wasserstoffatoms, so dass

$$A_{21} \approx \frac{16\pi^3}{3h\varepsilon_0 c^3} e^2 a_0^2 \nu^3 \tag{1.201}$$

wird. Mit optischen Frequenzen von $\approx 10^{15}$ Hz erhalten wir $A_{21} \approx 10^8$ s$^{-1}$ als typische Größenordnung der Übergangswahrscheinlichkeiten für elektrische Dipolübergänge angeregter Atome. Wegen der $v^3$-Frequenzabhängigkeit sind im Mikrowellen- und Hochfrequenz-Bereich spontane Emissionsprozesse völlig vernachlässigbar.

Bei Abwesenheit eines Strahlungsfeldes können angeregte Atome durch spontane Übergänge zerfallen. Die entsprechende Differentialgleichung für den spontanen Zerfall lautet dann (nach Gl. (1.193)):

$$\frac{dN_2}{dt} = -A_{21} N_2 \qquad (1.202)$$

mit der zeitabhängigen Lösung der Besetzungszahl

$$N_2(t) = N_2(t=0)\, e^{-A_{21} t}. \qquad (1.203)$$

Dieses exponentielle Zerfallsgesetz lässt sich verallgemeinern, indem wir annehmen, dass der angeregte Zustand $|j\rangle$ in verschiedene Zustände $|i\rangle$ zerfallen kann.

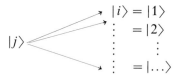

Die entsprechende Differentialgleichung lautet dann:

$$\frac{dN_j}{dt} = -\sum_i A_{ji} N_j. \qquad (1.204)$$

$A_{ji}$ sind die Übergangswahrscheinlichkeiten für die Übergänge vom Zustand $|j\rangle$ zu den verschiedenen Zuständen $|i\rangle$. Die Lösung von Gl. (1.204) lautet analog zu Gl. (1.203):

$$N_j(t) = N_j(t=0)\, e^{-(\sum_i A_{ji})t}. \qquad (1.205)$$

Wiederum haben wir es mit dem exponentiellen Zerfallsgesetz zu tun, wobei – wie beim radioaktiven Zerfall – eine mittlere Lebensdauer $\tau_j$ des angeregten Zustandes $|j\rangle$ durch alle Übergänge bestimmt ist:

$$A_j = \sum_i A_{ji}, \quad \tau_j = \frac{1}{\sum_i A_{ji}} = \frac{1}{A_j}. \qquad (1.206)$$

Typische *Lebensdauern atomarer Zustände* mit Spektrallinien im optischen Bereich sind von der Größenordnung $10^{-8}$ s.

Die **Berechnung von Lebensdauern, Übergangswahrscheinlichkeiten und Intensitäten** der Spektrallinien des Wasserstoffatoms und anderer Atome erfordert die Kenntnis der entsprechenden Dipolmatrixelemente (Gl. (1.199)). In diesem Zusammenhang ist der radiale Anteil des Dipolmatrixelementes von besonderer Bedeutung, da er

1.4 Ansätze zur Verallgemeinerung und Entwicklung der Quantenmechanik

**Tab. 1.4** Quadrate $\{R_{nl}^{n'l'}\}^2$ der Radialanteile der Dipolmatrixelemente des Wasserstoffatoms in Einheiten von $a_0^2$, dem Quadrat des Bohr'schen Radius $a_0$. Multipliziert mit dem Ladungsquadrat $e^2$ des Elektrons ergeben sich die Quadrate der elektrischen Dipolmomente für Übergänge zwischen den jeweiligen Zuständen.

$\{R_{nl}^{n'l'}\}^2 = (\int R_{nl} R_{n'l'} r^3 dr)^2$ der Anfangs- und Endzustände:

| Anfangszustand<br>Endzustand | 1s<br>$n$p | 2s<br>$n$p | 2p<br>$n$s | 2p<br>$n$d | 3s<br>$n$p | 3p<br>$n$s | 3p<br>$n$d | 3d<br>$n$p | 3d<br>$n$f |
|---|---|---|---|---|---|---|---|---|---|
| $n = 1$ | – | – | 1.67 | – | – | 0.3 | – | – | – |
| 2 | 1.666 | 27.00 | 27.00 | – | 0.9 | 9.2 | – | 22.5 | – |
| 3 | 0.267 | 9.18 | 0.88 | 22.52 | 162.0 | 162.0 | 101.2 | 101.2 | – |
| 4 | 0.093 | 1.64 | 0.15 | 2.92 | 29.9 | 6.0 | 57.2 | 1.7 | 104.6 |
| 5 | 0.044 | 0.60 | 0.052 | 0.95 | 5.1 | 0.9 | 8.8 | 0.23 | 11.0 |
| 6 | 0.024 | 0.29 | 0.025 | 0.41 | 1.9 | 0.33 | 3.0 | 0.08 | 3.2 |
| 7 | 0.015 | 0.17 | 0.014 | 0.24 | 0.9 | 0.16 | 1.4 | 0.03 | 1.4 |
| 8 | 0.010 | 0.10 | 0.009 | 0.15 | 0.5 | 0.09 | 0.8 | 0.02 | 0.8 |
| $n = 9$ bis $\infty$ zus. | 0.032 | 0.31 | 0.025 | 0.42 | 1.4 | 0.22 | 2.0 | 0.05 | 1.8 |
| asymptotisch | $4.7n^{-3}$ | $44.0n^{-3}$ | $3.7n^{-3}$ | $58.6n^{-3}$ | $169n^{-3}$ | $28n^{-3}$ | $248n^{-3}$ | $5n^{-3}$ | $198n^{-3}$ |
| Diskretes Spektrum | 2.151 | 39.30 | 29.820 | 27.62 | 202.56 | 179.18 | 174.54 | 125.88 | 122.85 |
| Kontinuierliches Spektrum | 0.849 | 2.70 | 0.180 | 2.38 | 4.44 | 0.82 | 5.46 | 0.12 | 3.15 |
| Summe | 3.000 | 42.00 | 30.00 | 30.00 | 207.00 | 180.00 | 180.00 | 126.00 | 126.00 |

| Anfangszustand<br>Endzustand | 4s<br>$n$p | 4p<br>$n$s | 4p<br>$n$d | 4d<br>$n$p | 4d<br>$n$f | 4f<br>$n$d | 4f<br>$n$g |
|---|---|---|---|---|---|---|---|
| $n = 1$ | – | 0.09 | – | – | – | – | – |
| 2 | 0.15 | 1.66 | – | 2.9 | – | – | – |
| 3 | 6.0 | 29.8 | 1.7 | 57.0 | – | 104.7 | – |
| 4 | 540.0 | 540.0 | 432.0 | 432.0 | 252.0 | 252.0 | – |
| 5 | 72.6 | 21.2 | 121.9 | 9.3 | 197.8 | 2.75 | 314.0 |
| 6 | 11.9 | 2.9 | 19.3 | 1.3 | 26.9 | 0.32 | 27.6 |
| 7 | 5.7 | 1.4 | 7.7 | 0.5 | 8.6 | 0.08 | 7.3 |
| 8 | 2.1 | 0.6 | 3.2 | 0.2 | 3.9 | 0.04 | 3.0 |
| $n = 9$ bis $\infty$ zus. | 4.3 | 1.0 | 5.9 | 0.3 | 6.9 | 0.07 | 4.5 |
| asymptotisch | $445n^{-3}$ | $102n^{-3}$ | $655n^{-3}$ | $33n^{-3}$ | $687n^{-3}$ | $6n^{-3}$ | $393n^{-3}$ |
| Diskretes Spektrum | 642.7 | 598.7 | 591.7 | 503.50 | 496.0 | 359.95 | 356.4 |
| Kontinuierliches Spektrum | 5.3 | 1.3 | 8.3 | 0.50 | 8.0 | 0.05 | 3.6 |
| Summe | 648.0 | 600.0 | 600.0 | 504.00 | 504.0 | 360.00 | 360.0 |

**Tab. 1.5** Übergangswahrscheinlichkeiten $A$ und Lebensdauern $\tau$ der Zustände des Wasserstoffatoms.

| Anfangs-zustand | End-zustand | $n=1$ $A=$ | $n=2$ $A=$ | $n=3$ $A=$ | $n=4$ $A=$ | $n=5$ $A=$ | Summe von $A$ | Lebens-dauer $\tau$ in $10^{-8}$ s |
|---|---|---|---|---|---|---|---|---|
| 2s | $n$p | – | – | – | – | – | 0 | $\infty$ |
| 2p | $n$s | 6.25 | – | – | – | – | 6.25 | 0.16 |
| 2 | Mittel | 4.69 | – | – | – | – | 4.69 | 0.21 |
| 3s | $n$p | – | 0.063 | – | – | – | 0.063 | 16 |
| 3p | $n$s | 1.64 | 0.22 | – | – | – | 1.86 | 0.54 |
| 3d | $n$p | – | 0.64 | – | – | – | 0.64 | 1.56 |
| 3 | Mittel | 0.55 | 0.43 | – | – | – | 0.98 | 1.02 |
| 4s | $n$p | – | 0.025 | 0.018 | – | – | 0.043 | 23 |
| 4p | $n$s / $n$d | 0.68 | 0.095 / – | 0.030 / 0.003 | – | – | 0.81 | 1.24 |
| 4d | $n$p | – | 0.240 | 0.070 | – | – | 0.274 | 3.65 |
| 4f | $n$d | – | – | 0.137 | – | – | 0.137 | 7.3 |
| 4 | Mittel | $0.12_8$ | 0.083 | 0.089 | – | – | 0.299 | 3.35 |
| 5s | $n$p | – | $0.012_7$ | $0.008_5$ | $0.006_5$ | – | $0.027_7$ | 36 |
| 5p | $n$s / $n$d | 0.34 | 0.049 / – | 0.016 / $0.001_5$ | $0.007_5$ / 0.002 | – | 0.415 | 2.40 |
| 5d | $n$p / $n$f | – | 0.094 / – | 0.034 / – | 0.014 / $0.000_5$ | – | 0.142 | 7.0 |
| 5f | $n$d | – | – | 0.045 | 0.026 | – | 0.071 | 14.0 |
| 5g | $n$f | – | – | – | $0.042_5$ | – | $0.042_5$ | 23.5 |
| 5 | Mittel | 0.040 | 0.025 | 0.022 | 0.027 | – | 0.114 | 8.8 |
| 6s | $n$p | – | $0.007_3$ | 0.0051 | 0.0035 | 0.0017 | 0.0176 | 57 |
| 6p | $n$s / $n$d | 0.195 | 0.029 / – | 0.0096 / 0.0007 | 0.0045 / 0.0009 | 0.0021 / 0.0010 | 0.243 | 4.1 |
| 6d | $n$p / $n$f | – | 0.048 / – | 0.0187 / – | 0.0086 / 0.0002 | 0.0040 / 0.0004 | 0.080 | 12.6 |
| 6f | $n$a / $n$g | – | – | 0.0210 | 0.0129 / – | 0.0072 / 0.0001 | 0.0412 | 24.3 |
| 6g | $n$f | – | – | – | 0.0137 | 0.0110 | 0.0247 | 40.5 |
| 6h | $n$g | – | – | – | – | 0.0164 | 0.0164 | 61 |
| 6 | Mittel | 0.0162 | 0.0092 | 0.0077 | 0.0077 | 0.0101 | 0.0510 | 19.6 |

ein direktes Maß des elektrischen Dipolmomentes für den betreffenden Übergang ist. Indem wir das radiale Integral des Matrixelementes der Gl. (1.200) mit

$$(R_{n_2 l_2}^{n_1 l_1})^2 = \int_0^\infty R_{n_1 l_1} R_{n_2 l_2} r^3 \, dr$$

bezeichnen, weisen wir auf Tab. 1.4 hin, deren Werte $(R_{n_2 l_2}^{n_2 l_1})^2$ in Einheiten des ersten Bohr-Radius angegeben sind und, multipliziert mit dem Quadrat der Elektronenladung, das Quadrat des zugehörigen Dipolmomentes der betreffenden Zustände darstellen. Diese Werte bestimmen nach Gl. (1.200) und Gl. (1.206) die Übergangswahrscheinlichkeiten, die die Intensitäten der Spektrallinien des Wasserstoffatoms bestimmen, in sehr guter Übereinstimmung mit den experimentellen Befunden sind. Mit anderen Worten, die neue Quantentheorie – die Quantenmechanik und die Quantenelektrodynamik – beschreibt nicht nur das Energie-Termschema des Wasserstoffatoms richtig, sondern auch die Lebensdauern angeregter Zustände und die Intensitäten der Spektrallinien. Das Bohr'sche Atommodell versagt völlig in der Voraussage dieser Größen.

## 1.5 Struktur der Atome mit mehreren Elektronen

Atome mit mehr als einem Elektron können ebenso wie das Wasserstoffatom quantenmechanisch zufriedenstellend beschrieben werden. Im Unterschied zum Wasserstoffatom haben wir es jedoch sowohl mit einem Vielkörper-Problem als auch mit einer Reihe zusätzlicher quantenmechanischer Effekte in der Beschreibung der Atome mit zwei und mehreren Elektronen zu tun. Das Vielkörper-Problem kann nur mit Näherungsmethoden behandelt werden. Zusätzlich zur elektrostatischen Coulomb-Wechselwirkung zwischen dem Atomkern und den Elektronen der Atomhülle muss die gegenseitige elektrostatische Abstoßung und die spezielle Kopplung der Bahn- und Spin-Drehimpulse der Elektronen in Rechnung gestellt werden.

Die quantenmechanische *Ununterscheidbarkeit der Elektronen* führt zur **Heisenberg'schen Austauschwechselwirkung**, die die energetische Lage der Terme der Elektronenzustände mitbestimmt. Das zur Beschreibung der Atome mit mehreren Elektronen erforderliche sog. *Pauli-Prinzip* folgt aus der *Antisymmetrie der quantenmechanischen Wellenfunktionen* bezüglich der Elektronenvertauschung, die die Ausschließung identischer Quantenzustände zweier Elektronen im Atom verlangt. Alle diese Effekte zusammen bestimmen das **Bohr'sche Aufbauprinzip** der Struktur der Atome, das sich in der Erfahrung bestens bewährt hat. Die genaue Kenntnis der Struktur der Atome ist die Basis, auf der andere Zweige der Physik, wie die Molekül- und die Festkörperphysik, aufgebaut sind. Wir behandeln zunächst die oben erwähnten Effekte, bevor wir uns den wichtigsten Atomen und Atomgruppen zuwenden.

86   1 Atome

## 1.5.1 Die elektrostatische Korrelation

Bei Mehrelektronen-Atomen erwarten wir wie beim Wasserstoffatom Feinstruktur-, Hyperfeinstruktur- und Lamb-Shift-Effekte, jedoch in einer Form, die wir im Augenblick nicht weiter spezifizieren. Zusätzlich hierzu haben wir bei einem Atom mit der Kernladungszahl $Z$ die elektrostatische Abstoßung zwischen den $Z$ Elektronen, deren quantenmechanischer Hamilton-Operator ohne Berücksichtigung der Lamb-Shift und der Fein- und Hyperfeinstruktur offensichtlich durch Erweiterung von Gl. (1.24) gegeben ist:

$$\boldsymbol{H} = \sum_{i=1}^{Z}\left(-\frac{\hbar^2}{2m}\nabla_i^2 - \frac{Ze^2}{4\pi\varepsilon_0 r_i}\right) + \sum_{i<j}^{Z}\frac{e^2}{4\pi\varepsilon_0 r_{ij}}, \qquad (1.207)$$

wobei $\boldsymbol{r}_i$ der Ortsvektor des $i$-ten Elektrons, $r = 0$ die Ortskoordinate des Atomkerns und $|\boldsymbol{r}_{ij}| = |\boldsymbol{r}_i - \boldsymbol{r}_j|$ der Abstand der Elektronen $i$ und $j$ ist: Der erste Summand enthält den „kinetischen" Anteil und die Summe aller Coulomb-Potentiale zwischen dem Atomkern und den Elektronen. Der zweite Teil stellt die Summe der elektrostatischen Abstoßung oder die „elektrostatische Korrelation" zwischen allen Elektronen dar. Dieser Korrelationsterm trägt wesentlich zur Struktur der Atome bei, wie wir in den folgenden Abschnitten sehen werden.

## 1.5.2 Russel-Saunders-*LS*- und *jj*-Kopplung

Die Kopplung zwischen Bahn- und Spindrehimpulsen in Atomen mit vielen Elektronen ist offensichtlich von großer Bedeutung für das Verständnis der atomaren Struktur. Die detaillierte Analyse solcher Kopplungsmechanismen ist sehr kompliziert, weswegen der interessierte Leser Spezialliteratur zu Rate ziehen sollte. Die in der Überschrift genannten Kopplungsarten gelten im Bereich leichter und schwerer Atome oder, anders formuliert, für den Fall, dass die elektrostatische Abstoßungsenergie zweier Elektronen groß bzw. klein gegenüber der Spin-Bahn-Wechselwirkung ist.

In der **Russel-Saunders-Kopplung – die auch *LS*-Kopplung genannt wird** – nehmen wir an, dass die gesamte elektrostatische Wechselwirkung zwischen allen Elektronen groß im Vergleich zur Summe aller Spin-Bahn-Wechselwirkungen einzelner Elektronen ist, d. h.:

$$\sum_{i>j}\frac{e^2}{4\pi\varepsilon_0 r_{ij}} \gg \sum_i C\boldsymbol{l}_i \cdot \boldsymbol{s}_i, \qquad (1.208)$$

wobei $\boldsymbol{j}_i = \boldsymbol{l}_i + \boldsymbol{s}_i$ der Gesamtdrehimpuls eines einzelnen Elektrons ist. In dieser Russel-Saunders-Kopplungsart wird die Spin-Bahn-Wechselwirkung jedes einzelnen Elektrons durch die starke elektrostatische Wechselwirkung praktisch aufgebrochen. Stattdessen koppeln die Bahndrehimpulse $\boldsymbol{l}_i$ und die Spindrehimpulse $\boldsymbol{s}_i$ getrennt zu resultierenden Gesamtdrehimpulsen für die Bahn und den Spin:

$$\boldsymbol{L} = \sum_i \boldsymbol{l}_i \quad \text{und} \quad \boldsymbol{S} = \sum_i \boldsymbol{s}_i.$$

Der Gesamtdrehimpuls ist dann die Vektorsumme von **L** und **S**:

$$J = L + S = \sum_i l_i + \sum_i s_i = \sum_i j_i. \tag{1.209}$$

Abb. 1.33 stellt das Vektormodell für die Drehimpulse zweier Elektronen in der *LS*-Kopplung dar. Natürlich kann diese Kopplung auf mehr als zwei Elektronen übertragen werden.

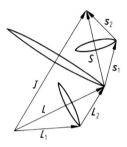

**Abb. 1.33** Vektormodell der Drehimpulse zweier Elektronen in der *LS*-Kopplung.

Wenden wir uns nun dem anderen Extremfall zu, in dem die Spin-Bahn-Wechselwirkung groß gegenüber der elektrostatischen Wechselwirkung der Elektronen ist.

$$\sum_i C l_i \cdot s_i \gg \sum_{i>j} e^2/4\pi\varepsilon_0 r_{ij}. \tag{1.210}$$

In diesem Fall bewegen sich die Elektronen in einem zentralen Feld weitgehend unabhängig voneinander, so dass jedes einzelne Elektron getrennt von den anderen seine „eigene" Spin-Bahn-Wechselwirkung erfährt. Das einzelne Elektron hat daher eine Elektronenkonfiguration $l_i s_i j_i m_i$ wie z. B. im Wasserstoffatom (Ein-Elektron-System). Bahndrehimpuls $l_i$ und Spin $s_i$ koppeln miteinander zum Drehimpuls $j_i$, der eine Konstante der Bewegung ist:

$$j_i = l_i + s_i. \tag{1.211}$$

Der Gesamtdrehimpuls ist dann einfach die Vektorsumme aller $j_i$-Werte (***jj*-Kopplung**):

$$J = \sum_i j_i \tag{1.212}$$

(s. Abb. 1.34).
Die totale Spin-Bahn-Wechselwirkung wird dann in erster Ordnung zu:

$$H_{jj} = \sum C l_i \cdot s_i. \tag{1.213}$$

Die resultierende Feinstruktur-Aufspaltung der *jj*-Kopplung tritt insbesondere in Elektronenkonfigurationen schwerer Atome auf (Abschn. 1.5.7). Obwohl es auch kompliziertere Kopplungen gibt, die zwischen diesen beiden Grenzfällen liegen, gilt für viele *leichtere Atome die LS-Kopplung* und für viele *schwerere Atome die jj-Kopplung* in sehr guter Näherung.

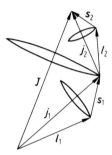

**Abb. 1.34** Vektormodell der Drehimpulse zweier Elektronen in der *jj*-Kopplung.

### 1.5.3 Pauli-Prinzip und Symmetrie der Wellenfunktionen

Bei der Beschreibung weiterer Effekte, die den Aufbau und die Struktur der Atome bestimmen, spielt das **Pauli-Prinzip** eine entscheidende Rolle. Die ursprüngliche Formulierung dieses Prinzips wurde von dem Schweizer Physiker Pauli wie folgt angegeben:

Zwei Elektronen im Zentralfeld des Atomkernes können nicht in ein und demselben Zustand sein, der durch vier gleiche Quantenzahlen charakterisiert ist. Als erstes Beispiel mögen im Augenblick die vier Quantenzahlen $n, l, m_l, m_s$ (oder auch $n, l, j, m_j$) genannt sein. Jeweils nur ein Elektron kann sich in einem Zustand mit vier vorgegebenen Quantenzahlen befinden, während ein weiteres Elektron mindestens *eine* vom ersten Elektron verschiedene Quantenzahl besitzen muss. Dieses Ordnungsprinzip für die Elektronenkonfiguration der Atome wurde zunächst von Pauli an den spektroskopischen Daten der Atome erkannt; es lässt sich jedoch nach Heisenberg und Dirac quantenmechanisch in einer Weise formulieren, die mit der *Symmetrie der Wellenfunktionen* oder *Eigenvektoren* zusammenhängt. Wir erläutern diese Eigenschaften zunächst an dem Beispiel zweier identischer Elementarteilchen, das dann auf Elektronen im Atom übertragen werden kann.

Wir nehmen an, dass die beiden Teilchen ununterscheidbar sind, so dass der quantenmechanische Operator, der eine physikalische Messung an dem System der beiden Teilchen beschreibt, ungeändert bleibt, wenn wir die Reihenfolge der Koordinaten-Darstellung von Teilchen „1" und „2" vertauschen.

$$\boldsymbol{H}(1,2) = \boldsymbol{H}(2,1).$$

## 1.5 Struktur der Atome mit mehreren Elektronen

Wir definieren nun einen *Teilchen-Austausch-Operator* $P_{12}$, der, auf eine Funktion der Variablen angewandt, ihre Reihenfolge vertauscht:

$$P_{12} H(1,2) = H(2,1).$$

Wir bezeichnen mit $\psi(1,2)$ eine Wellenfunktion der beiden Teilchen und wenden $P_{12}$ und $H$ wie folgt an:

$$P_{12} H(1,2) \psi(1,2) = H(2,1) \psi(2,1) = H(1,2) P_{12} \psi(1,2),$$

so dass

$$\{P_{12} H(1,2) - H(1,2) P_{12}\} \psi(1,2) = 0$$

oder in der Poisson'schen Schreibweise

$$[P_{12} H(1,2)] = 0 \tag{1.214}$$

wird, da die vorangehende Gleichung für jede beliebige Wellenfunktion richtig ist. Da der Teilchen-Austausch-Operator und der Hamilton-Operator miteinander kommutieren, gibt es einen gemeinsamen Satz von Eigenfunktionen beider Operatoren. Wenn $\psi(1,2)$ eine Eigenfunktion von $P_{12}$ ist, so ist sie eine Lösung der Eigenwertgleichung

$$P_{12} \psi(1,2) = p\psi(1,2)$$

mit $p$ als Eigenwert. Aufgrund der Definition von $P_{12}$ erhalten wir

$$\psi(2,1) = p\psi(1,2);$$

nochmalige Anwendung von $P_{12}$ auf die Gleichung ergibt

$$P_{12} \psi(2,1) = p\psi(2,1) = pP_{12} \psi(1,2) = p^2 \psi(1,2),$$

so dass der Eigenwert $p = \pm 1$ und

$$\varphi(1,2) = \pm \varphi(2,1) \tag{1.215}$$

wird. Mit anderen Worten, jede physikalisch akzeptable Wellenfunktion, die zwei Teilchen beschreibt, muss entweder symmetrisch ($p = +1$) oder antisymmetrisch ($p = -1$) bezüglich des Teilchen-Austausches sein. Diese Eigenschaft lässt sich natürlich sofort auf ein System mit $N$ Teilchen übertragen, wobei wiederum die Wellenfunktion $\psi(1, 2, ..., N)$ bezüglich des Austausches eines jeden beliebigen Paares der Teilchen entweder symmetrisch oder antisymmetrisch ist. Nun hat es sich herausgestellt, dass es offensichtlich zwei Klassen von Teilchen in der Natur gibt; die einen, deren Wellenfunktionen für alle physikalischen Prozesse symmetrisch sind, werden **Bosonen** genannt, während die Teilchen, die antisymmetrische Wellenfunktionen besitzen, **Fermionen** genannt werden (s. auch Kap. 5). Diese Symmetrie-Eigenschaft der Wellenfunktion bezüglich des Teilchen-Austausches ist außerdem eng mit dem Wert des Gesamtspins des freien Teilchens verknüpft: Bosonen haben ganzzahlige Werte für den Gesamtspin (z.B. α-Teilchen und Pionen mit Spin null oder Deuteronen mit Spin eins (s. auch Kap. 4)), während Fermionen halbzahlige Werte für den Gesamtspin besitzen (z.B. Elektronen, Protonen, Neutronen und Neutrinos haben alle den Spin 1/2). Diese *Beziehung zwischen Spin und Symmetrie der Wellenfunktion* folgt aus Gesetzen der relativistischen Quantenfeldtheorie.

Betrachten wir nun weitere Konsequenzen bezüglich der Eigenfunktion $\psi(1,2)$ der beiden Teilchen. Da jedes Potential $V(r)$, in dem sich die beiden Teilchen befinden mögen, unabhängig davon sein muss, ob Teilchen „1" die Koordinate $r_1$ oder $r_2$ besitzt (und dasselbe gilt für Teilchen „2"), kann der Ansatz

$$\psi(1,2) = \frac{1}{\sqrt{2}}[u_1(1)\,u_2(2) \pm u_1(2)\,u_2(1)] \tag{1.216}$$

für die Eigenfunktion gemacht werden (wobei der Faktor $1/\sqrt{2}$ für die geeignete Normierung sorgt). Die lineare Superposition der beiden Teile von Gl.(1.216) trägt der Ununterscheidbarkeit der Teilchen Rechnung. Teilchen-Austausch ergibt symmetrische Eigenfunktionen für Bosonen, wenn die beiden Teile von Gl.(1.216) addiert werden oder antisymmetrische Eigenfunktionen für Fermionen, wenn beide Teile voneinander subtrahiert werden. Letzterer Fall gilt nach den obigen Erläuterungen für Elektronen:

$$\psi(1,2) = (1/\sqrt{2})\,[u_1(1)\,u_2(2) - u_1(2)\,u_2(1)]. \tag{1.217}$$

Betrachten wir nun den speziellen Fall, dass $u_1 = u_2$ ist, so wird diese Gleichung

$$\psi(1,2) = (1/\sqrt{2})\,[u_1(1)\,u_1(2) - u_1(2)\,u_1(1)] \equiv 0.$$

Diese Konsequenz, die sich als Folge der Antisymmetrie der Wellenfunktionen für Elektronen manifestiert, ist dem obigen Pauli-Prinzip äquivalent, nach dem zwei Elektronen sich nicht im gleichen Quantenzustand befinden können.

Elektrostatische Korrelation, Spin-Bahn-Wechselwirkung, Pauli-Prinzip und Symmetrie der Wellenfunktion sind die wichtigsten physikalischen Effekte, die die Struktur und den Aufbau der Elektronenhüllen der Atome mit mehreren Elektronen bestimmen. Als erstes Beispiel behandeln wir das Heliumatom, das in der Serie der Atome dem Wasserstoffatom folgt.

### 1.5.4 Die Struktur des Heliumatoms

Das Heliumatom besitzt die Kernladungszahl $Z = 2$, so dass zwei Elektronen zur Neutralisierung der beiden Protonen erforderlich sind. Dies wurde zum ersten Mal eindeutig von Rutherford experimentell nachgewiesen. Zweifach positiv geladene α-Teilchen, die von einem radioaktiven Präparat (s. Kap. 4) emittiert werden, kollidieren in einer evakuierten Glasröhre mit den Atomen und Molekülen des Restgases. Nach einigen Tagen kann in der Glasröhre eine Gasentladung gezündet und ein Spektrum beobachtet werden, das typische Heliumlinien enthält. Mit anderen Worten, die α-Teilchen werden offenbar durch Stöße mit dem Restgas neutralisiert (Ladungseinfang von Elektronen durch die α-Teilchen).

Wenden wir uns jetzt der quantenmechanischen Beschreibung des Heliumatoms zu. Vernachlässigen wir zunächst die Spin-Bahn-Wechselwirkung, so wird der Hamilton-Operator des Zwei-Elektronen-Atoms unter Berücksichtigung der gegenseitigen Abstoßung der Elektronen

## 1.5 Struktur der Atome mit mehreren Elektronen

$$H = -\frac{\hbar^2}{2m}\nabla_1^2 - \frac{\hbar^2}{2m}\nabla_2^2 - \frac{Ze^2}{4\pi\varepsilon_0 r_1} - \frac{Ze^2}{4\pi\varepsilon_0 r_2} + \frac{e^2}{4\pi\varepsilon_0 r_{12}},\qquad(1.217a)$$

wobei $r_1$, $r_2$ die Abstände der beiden Elektronen vom Atomkern und $r_{12} = |\mathbf{r}_1 - \mathbf{r}_2|$ den Elektronenabstand angeben. Bei Vernachlässigung des letzten Gliedes dieser Gleichung, der elektrostatischen Korrelation, können wir die Eigenfunktion der Schrödinger-Gleichung als Produkt $u_1(\mathbf{r}_1)\, u_2(\mathbf{r}_2)$ schreiben und erhalten zwei getrennte Eigenwertgleichungen:

$$-\frac{\hbar^2}{2m}\nabla_1^2 u_1(\mathbf{r}_1) - \frac{Ze^2}{4\pi\varepsilon_0 r_1}u_1(\mathbf{r}_1) = E_1 u_1(\mathbf{r}_1)$$

$$-\frac{\hbar^2}{2m}\nabla_2^2 u_2(\mathbf{r}_2) - \frac{Ze^2}{4\pi\varepsilon_0 r_1}u_2(\mathbf{r}_2) = E_2 u_2(\mathbf{r}_2),$$

wobei $E_1$ und $E_2$ die jeweiligen Energien der getrennten Teilchen darstellen; $E_1$ bzw. $E_2$ sind identisch mit der Lösung der Schrödinger-Gleichung oder des Bohr'schen Modells des Wasserstoffatoms. Die gesamte Energie der beiden Elektronen ist die Summe

$$E = E_1 + E_2;$$

mit anderen Worten, bei Vernachlässigung der elektrostatischen Wechselwirkung beider Elektronen wäre die Energie gleich der Summe der Energien zweier Wasserstoffatome in den Zuständen $u_1(\mathbf{r}_1)$ und $u_2(\mathbf{r}_2)$, wobei die Indizes „1" und „2" für zwei verschiedene Sätze der Quantenzahlen $n_1$, $l_1$ und $n_2$, $l_2$ stehen. Wir wollen nun den Einfluss der elektrostatischen Wechselwirkung der beiden Elektronen in einer *Störungsrechnung erster Ordnung* ermitteln. Wir machen für den Hamilton-Operator des quantenmechanischen Systems den Ansatz $H = H_0 + \beta H'$, mit $H'$ als Störterm zu dem bereits bekannten Eigenwertproblem $H_0 u_{0n} = E_{0n} u_{0n}$ ohne Störung; $\beta$ ist eine Größe, die konstant gesetzt werden kann (einschließlich $\beta = 1$) und die Stärke der Störung markiert. Für das gestörte Eigenwertproblem $Hu_n = E_n u_n$ machen wir den Ansatz

$$\begin{aligned}E_n &= E_{0n} + \beta E_{1n} + \beta^2 E_{2n} + \cdots \\ u_n &= u_{0n} + \beta u_{1n} + \beta^2 u_{2n} + \cdots\end{aligned}\qquad(1.218)$$

und erhalten mit diesen Eigenwerten $E_n$ und Eigenfunktionen $u_n$ die Schrödinger-Gleichung:

$$\begin{aligned}&(H_0 + \beta H')(u_{0n} + \beta u_{1n} + \beta^2 u_{2n} + \cdots) \\ &= (E_{0n} + \beta E_{1n} + \beta^2 E_{2n})(u_{0n} + \beta u_{1n} + \beta^2 u_{2n} + \cdots).\end{aligned}$$

Daraus folgen die Gleichungen mit gleichen Potenzen in $\beta$ sukzessive zu:

$$H_0 u_{0n} = E_{0n} u_{0n},\qquad(1.219)$$

$$H' u_{0n} + H_0 u_{1n} = E_{0n} u_{1n} + E_{1n} u_{0n},\qquad(1.220)$$

$$H' u_{1n} + H_0 u_{2n} = E_{0n} u_{2n} + E_{1n} u_{1n} + E_2 u_{0n}.\qquad(1.221)$$

Die Gleichungen (1.219) bis (1.221) sind für alle $\beta$ gültig, einschließlich $\beta = 1$, mit den Korrekturen erster und zweiter Ordnung für die Energien $E_{1n}$, $E_{2n}$, die Eigenfunktionen $u_{1n}$ und $u_{2n}$ und außerdem für $\beta = 0$, dem ungestörten Problem. Wir erhalten die Korrekturen erster Ordnung nach Gl. (1.220), indem wir die Eigenfunktion $u_{1n}$ zunächst als Linearkombination des vollständigen Satzes der ungestörten Eigenfunktionen $u_{0k}$ darstellen:

$$u_{1n} = \sum_k a_k u_{0k}. \tag{1.222}$$

Indem wir diesen Ansatz in Gl. (1.220) einsetzen und Gl. (1.219) benutzen, erhalten wir durch Umordnen der Terme:

$$(H' - E_{1n}) u_{0n} = \sum_k a_{nk}(E_{0n} - E_{0k}) u_{0k}. \tag{1.223}$$

Wir multiplizieren beide Seiten dieser Gleichung mit $u_{0n}$, integrieren über den gesamten Raum, benutzen die Orthonormierung aller Eigenfunktionen $u_{0k}$ und erhalten:

$$E_{1n} = H_{nn} \quad \text{mit} \quad H_{nn} = \int u_{0n}^* H' u_{0n} d\tau = \langle H' \rangle. \tag{1.224}$$

Wir haben somit einen Ausdruck erster Ordnung für die Korrektur der Energie erhalten, wobei das Matrixelement $H_{mn}$ gleich dem Erwartungswert des Störoperators mit den Eigenfunktionen des ungestörten Systems ist. Wir leiten für die Korrektur erster Ordnung einen Ausdruck der Eigenfunktionen her, indem wir beide Seiten von Gl. (1.222) mit $u_{0m}$ multiplizieren (wobei $m \neq n$), über den gesamten Raum integrieren und wiederum die Orthonormierung berücksichtigen:

$$a_{nm} = \frac{H'_{mn}}{E_{0n} - E_{0m}}, \tag{1.225}$$

wobei $H'_{mn}$ analog zu Gl. (1.223) als Matrixelement definiert ist, wenn $u_{0n}$ durch $u_{0m}$ ausgetauscht wird. Unter Anwendung von Gl. (1.218) und (1.222) erhalten wir für die Eigenfunktionen des gestörten Systems:

$$u_n = u_{0n} + \sum_{k \neq n} \frac{H'_{kn}}{E_{0n} - E_{0k}} + \text{Terme höherer Ordnung} \tag{1.226}$$

mit $a_{mn} = 0$.

In zweiter Ordnung der Näherung wird die entsprechende Eigenfunktion wieder als lineare Überlagerung der ungestörten Eigenfunktion dargestellt: $u_{2n} = \sum_k b_{nk} u_{0k}$. Hieraus folgt für die Energiekorrektur in zweiter Ordnung:

$$E_{2n} = \sum_{k \neq n} \frac{|H'_{kn}|^2}{E_{0n} - E_{0k}}. \tag{1.227}$$

Wir kehren nun zu unserem Helium-Problem zurück und betrachten als Störung oder Störpotential $H'$ das letzte Glied von Gl. (1.217a):

## 1.5 Struktur der Atome mit mehreren Elektronen

$$H' = H_{\text{korr}} = \frac{e^2}{4\pi\varepsilon_0 r_{12}},$$

so dass die zusätzliche Energiekorrektur in erster Näherung nach der obigen Störungstheorie

$$\Delta E = \int \psi^*(1,2) H_{\text{korr}} \psi(1,2) \, d\tau = \langle \psi(1,2) H_{\text{korr}} \psi(1,2) \rangle \quad (1.228)$$

wird. Wir müssen nun zunächst herausfinden, welche Eigenfunktionen $\psi(1,2)$ für die Störungsrechnung in Frage kommen. Im vorangehenden Abschnitt haben wir gelernt, dass die Elektronen-Eigenfunktionen antisymmetrisch bezüglich des Teilchen-Austausches sind. Dabei haben wir allerdings den Spin des Elektrons vernachlässigt, was bei der hier vorliegenden Störungsrechnung unzulässig ist. Wir koppeln die Drehimpulse nach der *LS*-Kopplung, so dass die beiden Elektronenspins getrennt addiert werden: $\boldsymbol{S} = \boldsymbol{s}_1 + \boldsymbol{s}_2$ mit den möglichen $z$-Komponenten

$$m_{S=0} = m_{s1} + m_{s2} = 0 \quad \text{oder} \quad m_{S=1} = m_{s1} + m_{s2} = 1, 0, -1.$$

Wir können die Spins der Elektronen wie folgt in der Wellenfunktion $\varphi(1,2)$ beschreiben: $\alpha(1)$ und $\alpha(2)$ seien sog. Spinfunktionen (auch *Spinoren* genannt), die die positiven Spinkomponenten parallel zu einer Quantisierungsachse $z$ der beiden einzelnen Elektronen darstellen, wenn beide Spins parallel zueinander stehen, während $\beta(1)$ und $\beta(2)$ Spinfunktionen sind, für die die beiden Spins antiparallel zueinander gerichtet sind. Die Ortsfunktionen $u_1(\boldsymbol{r}_1)$, $u_2(\boldsymbol{r}_2)$ und die Spinfunktionen $\alpha$ und $\beta$ bilden resultierende Eigenfunktionen, die wegen des Pauli-Prinzips antisymmetrisch bei Teilchen-Austausch sein müssen. Unter diesen Bedingungen lassen sich die folgenden vier Kombinationen von Orts- und Spinfunktionen konstruieren:

$$\frac{1}{\sqrt{2}} \{ u_1(\boldsymbol{r}_1) u_2(\boldsymbol{r}_2) - u_1(\boldsymbol{r}_2) u_2(\boldsymbol{r}_1) \} \alpha(1) \alpha(2) = \psi_1^{\text{T}}$$

$$\frac{1}{\sqrt{2}} \{ u_1(\boldsymbol{r}_1) u_2(\boldsymbol{r}_2) - u_1(\boldsymbol{r}_2) u_2(\boldsymbol{r}_1) \} \beta(1) \beta(2) = \psi_{-1}^{\text{T}}$$

$$\frac{1}{\sqrt{2}} \{ u_1(\boldsymbol{r}_1) u_2(\boldsymbol{r}_2) - u_1(\boldsymbol{r}_2) u_2(\boldsymbol{r}_1) \} (\alpha(1) \beta(2) + \alpha(2) \beta(1)) = \psi_0^{\text{T}}$$

$$\frac{1}{\sqrt{2}} \{ u_1(\boldsymbol{r}_1) u_2(\boldsymbol{r}_2) + u_1(\boldsymbol{r}_2) u_2(\boldsymbol{r}_1) \} (\alpha(1) \beta(2) - \alpha(2) \beta(1)) = \psi_0^{\text{S}}. \quad (1.229)$$

Die ersten drei Funktionen sind antisymmetrisch bezüglich der Ortsfunktionen, jedoch symmetrisch bezüglich der Spinfunktionen. Außerdem ist die Gesamtspinquantenzahl $S = 1$ und deren $z$-Komponenten sind $m_s = 1$, 0 oder $-1$ (als Indizes in $\psi^{\text{T}}$). Die letzte Funktion ist jedoch symmetrisch bezüglich der Ortsfunktionen und antisymmetrisch bezüglich der Spinfunktionen; die Gesamtspinquantenzahl dieser Funktion ist $S = 0$ mit der $z$-Komponente $m_s = 0$. Die drei ersten Funktionen $\psi_{1,0,-1}^{\text{T}}$ beschreiben einen **Triplett-Zustand**, während die letzte Funktion $\psi_0^{\text{S}}$ einen **Singulett-Zustand** darstellt. Für den speziellen Fall $u_1 = u_2$ erlaubt die Antisymmetrie-Forderung lediglich $S = 0$ (Singulett-Zustand).

Wir können nun die Eigenfunktionen von Gl. (1.229) dazu benutzen, um die Energiekorrektur $\Delta E$ der elektrostatischen Wechselwirkungen zwischen den beiden Elektronen nach Gl. (1.228) zu berechnen. Wir beginnen mit dem Singulett-Zustand $\psi_0^s$, wobei wir den Spinanteil $\alpha(1)\beta(2) - \alpha(2)\beta(1)$ unberücksichtigt lassen, da er nichts zur elektrostatischen Wechselwirkung beiträgt:

$$\Delta E^s = \frac{e^2}{4\pi\varepsilon_0} \int \frac{1}{r_{12}} \psi_0^s \psi_0^{s*} \, d\tau_1 \, d\tau_2$$

$$= \frac{e^2}{4\pi\varepsilon_0} \int \frac{1}{r_{12}} [u_1(r_1) u_2(r_2) + u_1(r_2) u_2(r_1)]$$

$$\cdot [u_1^*(r_1) u_2^*(r_2) + u_1^*(r_2) u_2^*(r_1)] \, d\tau_1 \, d\tau_2. \tag{1.230}$$

Dieses Integral lässt sich wie folgt in zwei Anteile $J$ und $K$ aufspalten:

$$J = \frac{e^2}{4\pi\varepsilon_0} \int \frac{1}{r_{12}} [u_1(r_1) u_1^*(r_1) u_2(r_2) u_2^*(r_2)$$

$$+ u_1(r_2) u_1^*(r_2) u_2(r_1) u_2^*(r_1)] \, d\tau_1 \, d\tau_2. \tag{1.231}$$

Der erste Summand unter dem Integral stellt die Coulomb-Wechselwirkung zwischen den beiden Elektronen-Ladungsverteilungen $e|u_1(r_1)|^2 d\tau_1$ und $e|u_2(r_2)|^2 d\tau_2$ dar, während der zweite Summand die entsprechende Coulomb-Wechselwirkung für den Fall beschreibt, dass die beiden Elektronen ausgetauscht sind. Der zweite Anteil $K$ des Integrals in Gl. (1.230) ist

$$K = \frac{e^2}{4\pi\varepsilon_0} \int \frac{1}{r_{12}} [u_1(r_1) u_1^*(r_2) u_2(r_2) u_2^*(r_1)$$

$$+ u_1(r_2) u_2^*(r_2) u_2(r_1) u_1^*(r_1)] \, d\tau_1 \, d\tau_2. \tag{1.232}$$

Dieses Integral kann nicht in der gleichen Weise wie im vorhergehenden Fall interpretiert werden, da die zueinander konjugiert-komplexen Wellenfunktionen zu verschiedenen Zuständen oder Ortskoordinaten gehören. Wir haben es hier mit einer neuartigen quantenmechanischen Wechselwirkung zu tun, die von Heisenberg entdeckt wurde. Das obige Integral wird daher als **Heisenberg'sches Austausch-Integral** und die Wechselwirkung als **Heisenberg'sche Austausch-Wechselwirkungsenergie** bezeichnet.

Wir haben somit die Energiekorrektur der elektrostatischen Wechselwirkung für Singulett-Zustände berechnet: $\Delta E^s = J + K$ oder als Gesamtenergie der beiden Elektronen

$$E^s = E_1 + E_2 + \Delta E^s = E_1 + E_2 + J + K \tag{1.233}$$

mit den beiden wasserstoffgleichen Energieanteilen $E_1$ und $E_2$ bei Vernachlässigung der elektrostatischen Wechselwirkung der beiden Elektronen.

Die Berechnung der elektrostatischen Korrektur $\Delta E^T$ mit den Triplett-Funktionen verläuft analog, indem wir lediglich die Ortsfunktion von $\psi^T$ in dem Wechselwirkungsintegral berücksichtigen:

$$\Delta E^{\mathrm{T}} = \frac{1}{4\pi\varepsilon_0} \int \frac{1}{r_{12}} [u_1(r_1)\,u_2(r_2) - u_1(r_2)\,u_2(r_1)]$$
$$\cdot [u_1^*(r_1)\,u_2^*(r_2) - u_1^*(r_2)\,u_2^*(r_1)]\,\mathrm{d}\tau_1\,\mathrm{d}\tau_2. \tag{1.234}$$

Mit den obigen Lösungen für $J$ und $K$ erhalten wir

$$\Delta E^{\mathrm{T}} = J - K \quad \text{und} \quad E^{\mathrm{T}} = E_1 + E_2 + J - K. \tag{1.235}$$

Das Austausch-Integral $K$ von Gl. (1.231) gibt einen negativen Beitrag zur Gesamtenergie eines Triplett-Zustandes. Abb. 1.35 illustriert die Ergebnisse für die Gesamtenergie des Zwei-Elektronen-Atoms unter Berücksichtigung der elektrostatischen Wechselwirkung der beiden Elektronen; wie erkenntlich sind die entsprechenden Triplett-Zustände stärker gebunden als die Singulett-Zustände (s. auch Abb. 1.36).

Zusätzlich zu der elektrostatischen Wechselwirkung tritt noch die Spin-Bahn-Wechselwirkung auf, die wir nach Abschn. 1.5.2 in der $LS$-Kopplung darstellen können. Singulett-Zustände mit dem Gesamtspin $S = s_1 + s_2 = 0$ für die beiden Elektronen haben keine Spin-Bahn-Wechselwirkung und somit keine Feinstruktur-Aufspaltung; der gesamte Drehimpuls der Singulett-Zustände ist daher $J = L$ und $L^2 = \hbar^2 L(L+1)$ mit $L = l_1 + l_2$. Nach der in Abschn. 1.3.4 eingeführten Termbezeichnung kennzeichnen wir die Singulett-Zustände wie folgt:

$$1^1S_0,\ 2^1S_0,\ 2^1P_1,\ 3^1S_0,\ 3^1P_1,\ 3^1D_2,\ 4^1S_0\ \ldots\ 4^1F_3\ldots,$$

wobei jeweils die erste Zahl die Hauptquantenzahl $n$ des Elektrons angibt, das in dem angeregten Zustand ist (das andere Elektron bleibt im tiefsten Zustand mit $n = 1$). Die *Multiplizität* ist $2S + 1 = 1$ für die Singulett-Zustände; die Buchstaben S, P, D, ... sind, wie beim Wasserstoff, mit dem resultierenden Bahndrehimpuls $L = 0, 1, 2, \ldots$ verknüpft.

Triplett-Zustände mit dem Gesamtspin $S = s_1 + s_2 = 1$ und $|\boldsymbol{S}^2| = \hbar S(S+1)$ haben eine Spin-Bahn-Wechselwirkung, die zu drei Feinstruktur-Niveaus führt: der

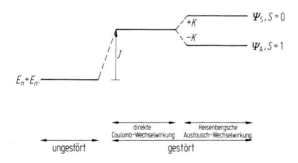

**Abb. 1.35** Schematische Darstellung der Energie des Zwei-Elektronen-Atoms Helium unter Berücksichtigung der elektrostatischen Wechselwirkung der beiden Elektronen: $E_n + E_{n'}$ sind die wasserstoffgleichen „ungestörten" Energiewerte, $J$ ist die „direkte" (gestörte) Coulomb-Energie und $\pm K$ die (gestörte) Heisenberg'sche Austauschenergie der beiden Elektronen; $\psi_s$ bezeichnet einen symmetrischen Singulett-Zustand ($S = 0$), $\psi_A$ einen antisymmetrischen Triplett-Zustand ($S = 1$).

Gesamtdrehimpuls $J$ dieser Niveaus ergibt sich zu

$$J = L+1, \quad J = L, \quad J = L-1.$$

Die Feinstruktur-Aufspaltung $\Delta E_{LS}$ erfolgt nach dem gleichen Mechanismus, den wir in Abschn. 1.3.6 erläutert haben. Sie resultiert aus der Kopplung von Bahn- und Spindrehimpuls. Alle Zustände mit $L \neq 0$ haben für den Gesamtspin $S = 1$ eine Triplett-Aufspaltung; der niedrigste Zustand mit dieser Aufspaltung ist der Zustand $2^3P_{2,1,0}$ mit den drei Unterzuständen für die Drehimpulse $J = 2, 1$ und 0; die nächst höheren Triplett-Zustände sind $3^3D_{3,2,1}$, $4^3F_{4,3,2}$, $5^3G_{5,4,3}$, usw.

Es ist außerdem üblich, die **Elektronenkonfiguration** beider Elektronen zusammenfassend wie folgt darzustellen. Wir erwarten, dass Elektronen im tiefsten Zustand mit den Quantenzahlen $n_1 = n_2 = 1$ und $s_1 + s_2 = 0$ oder $S = 0$ existieren und bezeichnen diesen Zustand als $1s^2$, $1^1S_0$, wobei $1s^2$ mit dem „Quadrat" bedeutet, dass „zwei" Elektronen den Bahndrehimpuls $\ell_1 = \ell_2 = 0$ und die Hauptquantenzahl $n_1 = n_2 = 1$ besitzen. Dieser Zustand ist nach dem Pauli-Prinzip erlaubt, da die zwei Sätze der vier Quantenzahlen $n_1 = 1, l_1 = 0, m_{\ell_1} = 0, m_{s_1} = +1/2$ und $n_2 = 1, \ell_2 = 0, m_{\ell_2} = 0, m_{s_2} = -1/2$ in dem Singulett-Zustand voneinander verschieden sind. Im Gegensatz hierzu ist der Triplett-Zustand $1s^2$, $1^3S_1$ nach dem Pauli-Prinzip verboten, da alle vier Quantenzahlen der beiden Elektronen identisch wären. Die nächst höheren $S$-Zustände sind sowohl in der Singulett- als auch in der Triplett-Elektronenkonfiguration nach dem Pauli-Prinzip erlaubt: $1s2s$, $2^1S_0$ und $1s2s$, $2^3S_1$ mit jeweils einem Elektron im 1s- und dem anderen im 2s-Zustand, jedoch mit dem Gesamtspin $S = 0$ für den Singulett- und $S = 1$ für den Triplett-Zustand. Die Zahlen 1 und 2 vor dem kleinen Buchstaben s geben jeweils die beiden Hauptquantenzahlen $n_1$ und $n_2$ an. Analog schreiben wir für die oben bereits eingeführten Singulett- und Triplett-Zustände die vollständigen Elektronenkonfigurationen in der Form: $1s2p$, $2^1P_1$, $1s2p$, $2^3P_{2,1,0}$, $1s3d$, $3^1D_2$, $1s3d$, $3^3D_{3,2,1}$, $1s4f$, $4^1F_3$, $1s4f$, $4^3F_{4,3,2}$, usw.

Es ist üblich, das Energie-Termschema des Heliums getrennt nach den Singulett- und Triplett-Zuständen darzustellen (Abb. 1.36). Auswahlregeln für optische Übergänge in Form von Absorptions- und Emissionsprozessen lassen sich mithilfe von elektrischen Dipol-Matrixelementen ähnlich wie beim Wasserstoffatom berechnen; bei Übergängen dieser Art ändern sich die obigen Quantenzahlen wie folgt:

$$\Delta L = \pm 1, \quad \Delta J = 0, \pm 1, \quad \Delta S = 0. \tag{1.236}$$

Übergänge (sog. *Interkombinationsübergänge oder Interkombinationslinien*) zwischen den Singulett- und Triplett-Zuständen sind nach diesen Auswahlregeln verboten. In Abb. 1.36 sind daher nur optische Übergänge zwischen Zuständen entweder des Singulett- oder Triplett-Systems eingezeichnet. Wir notieren außerdem, dass die beiden angeregten Zustände $2^1S_0$ und $2^3S_1$ ca. 20 eV oberhalb des Grundzustandes liegen, was mit Gl. (1.223) und (1.225) verträglich ist, da die elektrostatischen Korrekturen $J$ und $K$ nur einen verhältnismäßig kleinen Beitrag zur Gesamtenergie liefern und im Wasserstoffatom der Energieabstand zwischen $n = 1$- und $n = 2$-Zustand 10,2 eV beträgt. Wegen des negativen Beitrages der Heisenberg'schen Austausch-Energie $K$ liegen die Triplett-Terme niedriger als die Singulett-Terme gleicher Hauptquantenzahl.

Die Feinstruktur der Triplett-Zustände, die von der Spin-Bahn-Wechselwirkung herrührt, ist das Resultat zweier Anteile, nämlich der direkten Spin-Bahn-Wechsel-

1.5 Struktur der Atome mit mehreren Elektronen

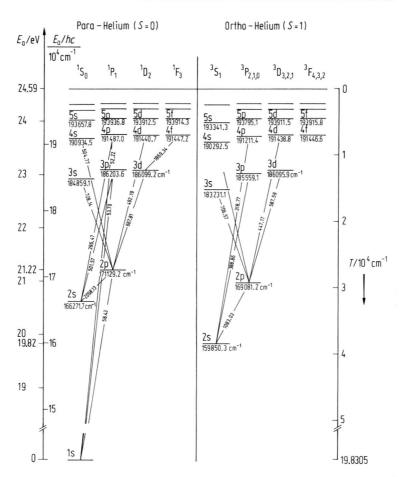

**Abb. 1.36** Termschema des Heliumatoms mit Wellenlängen der optisch erlaubten Übergänge in nm. Die Zahlen unterhalb der Terme geben die Energien in Wellenzahl-Differenzen zum Grundzustand 1s an.

wirkung $C_2(\boldsymbol{l}_2 \cdot \boldsymbol{s}_2)$ des Elektrons im angeregten Zustand und der sog. *Spin-Andere-Bahn-Wechselwirkung* $C_2(\boldsymbol{l}_2 \cdot \boldsymbol{s}_1)$, die die Wechselwirkung der Bahnbewegung des Elektrons im angeregten Zustand mit dem Spin des Elektrons im Grundzustand darstellt. Die detaillierte quantenmechanische Analyse der Feinstruktur des Heliums wurde zuerst von Heisenberg durchgeführt, der zeigte, dass die Triplett-Aufspaltung der Spin-Bahn-Wechselwirkung von Zwei-Elektronen-Atomen und Ionen mit der Kernladungszahl $Z$ einer Formel

$$\Delta E_{LS} = C_2 \alpha^2 (Z-3) \cdot [J(J+1) - L(L+1) - S(S+1)] \qquad (1.237)$$

gehorcht, die der des Ein-Elektron-Systems Gl. (1.82) entspricht ($\alpha$ ist die Sommerfeld-Feinstrukturkonstante). Wenn lediglich die normale Feinstruktur mit der direkten Spin-Bahn-Wechselwirkung vorhanden wäre, würde der Faktor $Z-3$ durch

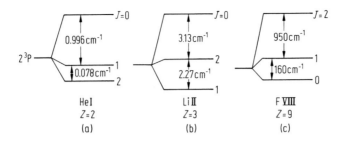

**Abb. 1.37** Feinstruktur-Aufspaltung der $2\,^3$P-Zustände für Helium (He I), dem einfach geladenen Lithium-Ion (Li$^+$ = Li II) und dem siebenfach geladenen Fluor-Ion (F$^{7+}$ = F VIII). Die römischen Zahlen kennzeichnen den neutralen und ionisierten Zustand der Atome (I neutral) und Ionen (A$^+$ = II, A$^{2+}$ = III, ... A$^{7+}$ = VIII, usw.

$Z-1$ ersetzt. Der Unterschied dieser Faktoren ist bedeutend für die Reihenfolge der Feinstruktur-Terme. Als Folge des Faktors $Z-3$ sind die Feinstruktur-Terme des Heliums *invertiert*, d. h. die Terme $^3$P$_0$, $^3$P$_1$ und $^3$P$_2$ erscheinen in der Reihenfolge, wie sie in Abb. 1.37 dargestellt sind; der $2^3$P$_2$-Zustand liegt tiefer als der $2^3$P$_1$-Zustand und dieser tiefer als der $2^3$P$_0$-Zustand. Gl. (1.237) genügt außerdem der *Lande'schen Intervallregel* für die Abstände der Feinstruktur-Terme:

$$E(J) - E(J-1) = \text{konst} \cdot J, \tag{1.238}$$

was offenbar für unser obiges Beispiel

$$\{E(2^3\text{P}_2) - E(2^3\text{P}_1)\} : \{E(2^3\text{P}_1) - E(2^3\text{P}_0)\} = 2:1 \text{ ergibt.}$$

Die tatsächlich beobachtete Abweichung von dieser Intervallregel für Helium ist durch eine weitere Wechselwirkung verursacht, nämlich die *Spin-Spin-Wechselwirkung* zwischen den beiden Elektronen. Beide Elektronen haben ein magnetisches Moment und erzeugen gegenseitig ein magnetisches Feld am Ort des anderen. Deutliche Energie-Verschiebung durch die Spin-Spin-Wechselwirkung kann bei den Triplett-Zuständen auftreten, wenn sie von der gleichen Größenordnung ist wie die Aufspaltung der Spin-Bahn-Wechselwirkung; dann haben wir es mit einer deutlichen Abweichung von der Intervallregel zu tun. Bei Zwei-Elektronen-Ionen mit großer Kernladungszahl $Z$ dominiert jedoch die Spin-Bahn-Wechselwirkung, so dass die Intervallregel erfüllt ist, wie es in Abb. 1.37 für $Z = 9$ demonstriert wird.

Helium kommt in der Natur fast zu 100 % als Isotop mit zwei Protonen und zwei Neutronen vor. Dieses Heliumatom ($^4$He) besitzt keinen Kernspin und daher auch keine Hyperfeinstruktur-Aufspaltung. Das Heliumatom $^3$He kommt in der Natur nur mit der Häufigkeit von $10^{-6}$ im Vergleich zum $^4$He vor; es hat den Kernspin $I = 1/2$ und daher eine Hyperfeinstruktur.

## 1.5.5 Aufbauprinzip und Periodensystem der Atome

Wir haben die beiden leichtesten Atome – Wasserstoff und Helium – quantitativ im Rahmen der Quantenmechanik behandelt. Die exakte theoretische Beschreibung der Atome mit mehr als zwei Elektronen wird zunehmend komplizierter. Wir können jedoch die Elektronenkonfigurationen komplizierter Atome mit Hilfe des Pauli-Prinzips und aufgrund unserer bisherigen quantenmechanischen Kenntnisse qualitativ analysieren.

Nach dem *Pauli-Prinzip kann nur ein Elektron einen Zustand mit den vier Quantenzahlen* ($n$, $l$, $m_l$, $m_s$) *besetzen*. Beschränken wir uns zunächst auf die möglichen Grundzustände der Atome als diejenigen mit den niedrigsten vier Quantenzahlen und der größten Bindungsenergie. Wir hatten für Wasserstoff und Helium die Elektronenkonfigurationen H(1s, $1^2S_{1/2}$) und He($1s^2$, $1^1S_0$) im Grundzustand angegeben. Analog hierzu können wir für Lithium mit drei Elektronen (Li, $Z = 3$) und Beryllium mit vier Elektronen (Be, $Z = 4$) die zusätzlichen Elektronen in die Zustände mit den Quantenzahlen $n = 2$ und $l = 0$ platzieren:

$$\text{Li}(1s^2 2s, 2^2S_{1/2}) \quad \text{und} \quad \text{Be}(1s^2 2s^2, 2^1S_0);$$

mit anderen Worten, wir haben für Lithium und Beryllium Gesamtelektronenkonfigurationen ($^2S_{1/2}$ und $^1S_0$), die mit denen für Wasserstoff und Helium identisch sind. Nun erkennen wir schon den weiteren Aufbauplan: die nächsten Atome mit fünf und mehr Elektronen bauen zunächst Konfigurationen mit $l = 1$ auf:

| | |
|---|---|
| Bor | B($1s^2 2s^2 2p$, $2^2P_{1/2}$), |
| Kohlenstoff | C($1s^2 2s^2 2p^2$, $2^3P_0$), |
| Stickstoff | N($1s^2 2s^2 2p^3$, $4S_{3/2}$), |
| Sauerstoff | O($1s^2 2s^2 2p^4$, $^3P_2$), |
| Fluor | F($1s^2 2s^2 2p^5$, $^2P_{3/2}$), |
| Neon | Ne($1s^2 2s^2 2p^6$, $^1S_0$). |

Wir können in jeden Zustand $n$, $l = 1$ maximal sechs Elektronen platzieren, da wir drei Werte für $m_l$ und jeweils zwei für $m_s$ zur Verfügung haben. Allgemein haben wir $2(2l+1)$ Plätze in einer *Unterschale* für Elektronen mit der Quantenzahl $l$:

$l = 0$ (s-Elektronen), maximale Zahl $= 2$
$l = 1$ (p-Elektronen), maximale Zahl $= 6$
$l = 2$ (d-Elektronen), maximale Zahl $= 10$
$l = 3$ (f-Elektronen), maximale Zahl $= 14$
$l = 4$ (g-Elektronen), maximale Zahl $= 18$

Es ist außerdem üblich, große Buchstaben für die Elektronenkonfiguration zu verwenden, die dem folgenden Code genügen:

| Hauptquantenzahl $n$ | 1 | 2 | 3 | 4 | 5 | 6 |
|---|---|---|---|---|---|---|
| Code | K | L | M | N | O | P |

Elektronen, die den gleichen Wert der Hauptquantenzahl $n$ haben, gehören der gleichen *Elektronen-Schale* an, z. B. der K-Schale, der L-Schale, der M-Schale, usw., wobei die großen Buchstaben dem obigen Code genügen. Jede Schale kann verschiedene Unterschalen besitzen, die durch die Quantenzahl $l$ charakterisiert sind. Die K-Schale ist nicht unterteilt, die L-Schale besitzt jedoch die 2s- und die 2p-Unterschalen, die M-Schale die 3s-, 3p- und 3d-Unterschalen, usw.; hierbei weisen die Bezeichnungen 2s, 2p, 3s, 3p und 3d, ... auf die Elektronenkonfigurationen hin, die in den Unterschalen von Elektronen besetzt sein können.

Wir haben schon mithilfe des Pauli-Prinzips die K-Schale von Wasserstoff und Helium „mit Elektronen aufgefüllt" und den Anfang der Besetzung der L-Schale mit Lithium, Beryllium, Bor, Kohlenstoff und Stickstoff erläutert. Die L-Schale wird sukzessive mit Sauerstoff ($1s^2 2s^2 2p^4$), Fluor ($1s^2 2s^2 2p^5$) und Neon ($1s^2 2s^2 2p^6$) aufgefüllt. Das nächste Atom, Natrium mit $Z = 11$, bindet das elfte Elektron in der 3s-Konfiguration, Na ($1s^2 2s^2 2p^6 3s$), d. h. als das erste Elektron in der M-Schale; der weitere Aufbau der M-Schale geschieht zunächst analog zur L-Schale in den 3s- und 3p-Unterschalen bis zum Argon-Atom mit der Konfiguration Ar ($1s^2 2s^2 2p^6 3s^2 3p^6$). Wir stellen nun den weiteren Aufbau der Elektronen in Tab. 1.6 zusammen. Ihr können wir entnehmen, dass das vollständige Auffüllen der M-Schale durch die $3d^{10}$-Unterschale zunächst unterbrochen wird. Das neunzehnte und zwanzigste Elektron wird zunächst in der 4s-Unterschale untergebracht: in Kalium ($1s^2 2s^2 2p^6 3s^2 3p^6 4s$) und Calcium ($1s^2 2s^2 2p^6 3s^2 3p^6 4s^2$). Sodann wird von $Z = 21$ (Scandium) bis $Z = 29$ (Kupfer) und $Z = 30$ (Zink) die 3d-Unterschale vollständig aufgebaut. Allerdings beobachtet man, dass der Aufbau nicht regelmäßig vor sich geht. In Chrom gehen zunächst zwei Elektronen (zusätzlich zum Vanadium) in die 3d-Unterschale, was dadurch zustande kommt, dass ein Elektron aus der zuvor vollen 4s-Unterschale zurück in die 3d-Unterschale „springt". Offensichtlich ist im Chrom die ($\ldots 3d^5 4s$)-Konfiguration energetisch tiefer und mit halbvoller 3d-Schale gegenüber der ($\ldots 3d^4 4s^2$)-Konfiguration begünstigt. Die Atome von $Z = 21$ bis $Z = 30$ sind die Elemente der *Eisen-Gruppe*, sie werden auch *die erste Gruppe der Übergangselemente* genannt. Die Elemente der *Eisen-Gruppe* haben äußere Elektronen der Konfigurationen $nd^x(n+1)s^2$ oder $nd^{x+1}(n+1)s$ mit $n = 3$, die nahe beieinander liegen. Die *zweite Gruppe der Übergangselemente* – auch die *Palladium-Gruppe* genannt – läuft von $Z = 39$ bis $Z = 48$ mit den entsprechenden äußeren Elektronenkonfigurationen wie bei der Eisen-Gruppe, jedoch mit $n = 4$. Die *dritte Gruppe der Übergangselemente* – auch die *Platin-Gruppe* genannt – erstreckt sich von $Z = 71$ bis $Z = 80$, jedoch mit $n = 5$ für die Konfiguration der s- und d-Unterschalen und ähnlichen Unregelmäßigkeiten wie bei den anderen Übergangselementen. Die Gruppe der *Seltenerd-Metalle oder Lanthanoide* von $Z = 57$ bis $Z = 70$ baut die 4f-Unterschale für Elemente mit bereits vollen 5s-, 5p- und 6s-Unterschalen auf. Allerdings treten auch beim Aufbau der 4f-Unterschale der Lanthanoide Unregelmäßigkeiten auf, die auf die gegenseitige Konkurrenz der Energielagen zurückzuführen sind, die mit der Besetzung der 4f- und 5d-Niveaus zusammenhängt.

Analog zu dem Aufbauschema der Lanthanoide wird in den Atomen der *Aktinoide* ($Z \geq 89$) die 5f-Unterschale vollständig in Konkurrenz zur 6d-Unterschale aufgebaut, wobei die 7s-Unterschale bereits mit zwei Elektronen besetzt ist. Die resultierenden Gesamtkonfigurationen der Grundzustände sind ebenfalls in Tab. 1.6 aufgeführt. Die Termsymbole können bei leichten Atomen und in speziellen Fällen in einfacher Weise verständlich gemacht werden. Bei schweren Atomen spielt jedoch die Spin-Bahn-Wechselwirkung und die Tatsache, dass eine Reihe von Elektronenkonfigurationen energetisch sehr eng beieinander liegen, eine wichtige Rolle in der Bestimmung der Terme der Grundzustände.

Die *Ionisationsenergien* der Atome zeigen ein charakteristisches, periodisches Verhalten, das mit der Elektronenkonfiguration und der Abschirmung der Kernladung zusammenhängt. Die genaue quantenmechanische Bestimmung der Ionisationsenergien erfordert komplizierte Berechnungen; wir können jedoch das Verhalten der Ionisationsenergie als Funktion von $Z$ qualitativ verstehen (Abb. 1.38): Vom Wasserstoff ($E_i$(H) = 13.6 eV) zum Helium nimmt die Ionisationsenergie nahezu auf das Doppelte zu ($E_i$(He) = 24.6 eV) (Abschn. 1.5.4). Lithium mit dem äußeren 2s- Elektron würde eine Ionisationsenergie haben, die der des Wasserstoffatoms im angeregten Zustand mit $n = 2$ gleicht, d. h. $E_i$(H, $n = 2$) = 3.4 eV, falls die beiden 1s-Elektronen des Lithium-Atoms ihren Anteil der Kernladung vollständig abschirmt. Die tatsächliche Ionisationsenergie des Lithium-Atoms ist jedoch $E_i$(Li) = 5.39 eV, was darauf hinweist, dass die Abschirmung durch die 1s-Elektronen nicht vollständig ist oder das äußere 2s-Elektron partiell durch die $1s^2$-Elektronenwolke dringt und der Anziehung einer Kernladung ausgesetzt ist, die zwischen $Z = 1$ und $Z = 3$ liegt, was qualitativ verständlich macht, dass $E_i$(Li) > $E_i$(H, $n = 2$) ist. Andererseits wird die *Abschirmung der Kernladung minimal in abgeschlossenen Schalen*, d. h. in den Atomen der Edelgase (Helium, Neon, Argon, Krypton, Xenon); in den *Edelgasatomen* sind die Elektronen gleichwertig in den Unterschalen und im Mittel gleich weit voneinander entfernt, so dass keine effiziente Abschirmung zustande kommt und die Ionisationsenergien der Edelgase Maximum-Werte besitzen. Atome, die in der Kernladungszahl einem Edelgasatom folgen (*Alkalimetallatome*: Lithium, Natrium, Kalium, Rubidium, Caesium) haben dagegen eine optimale Abschirmung der Kernladung, so dass die Alkalimetallatome Minimum-Werte der Ionisationsenergie besitzen. Vom Wasserstoff und Helium bis zum Xenon und Caesium liegen die Ionisationsenergien alle zwischen den jeweiligen Minimum- und Maximum-Werten der Alkalimetall- und Edelgasatome.

Die chemischen Eigenschaften der Atome beziehen sich auf die Wechselwirkungen zwischen Atomen und den möglichen Bildungen von Molekülen. Diese Eigenschaften hängen von den Elektronenkonfigurationen der Atome ab. Edelgase mit abgeschlossenen Elektronenschalen sind chemisch relativ inaktiv, wohingegen Alkalimetallatome mit einem zusätzlichen Elektron außerhalb des Edelgas-Atomrumpfes chemisch sehr aktiv sind. Desgleichen sind die *Halogene* (Fluor, Chlor, Brom und Iod) chemisch sehr aktiv. In diesen Atomen fehlt ein Elektron in der p-Unterschale; diese Fehlstelle wird *Elektronenloch* genannt. Das Elektronenloch in den Halogenen besitzt eine große Elektronenaffinität und kann bei einer chemischen Reaktion sehr leicht aufgefüllt werden (vgl. Kap. 2).

Mendelejew und Meyer haben bereits 1869 unabhängig voneinander das bekannte **Periodensystem der chemischen Elemente** aufgestellt. Dieses System wurde empirisch aufgrund der chemischen Eigenschaften der Atome entwickelt; es ist eine Folge der Regelmäßigkeiten der Elektronenkonfigurationen, wie sie in Tab. 1.6 erkennbar sind. Eine moderne Version der periodischen Tafel ist im hinteren Einbanddeckel wiedergegeben.

102    1 Atome

Die horizontale und vertikale Ordnung dieser Tafel und die Periodizität in der Folge der Elemente ist sofort erklärbar aufgrund der Elektronenkonfigurationen von Tab. 1.6. Jede Reihe wird Periode genannt; die erste Periode enthält Wasserstoff und Helium; die folgenden Perioden beginnen mit einem Alkalimetall und enden mit einem Edelgas – ausgenommen die siebte Periode, die unvollständig ist. Die acht Atome der zweiten und dritten Periode vollenden den Aufbau der $s^2$- und $p^6$-Unterschalen. Die Lücken in diesen beiden Perioden werden in den drei folgenden Perioden durch Auffüllen der $d^{10}$-Unterschalen geschlossen. Die Lanthanoide und Actinoide bauen respektive die 4f- und 5f-Unterschale auf. Wir stellen außerdem fest, dass die römischen Zahlen über den Spalten die Summe der äußeren Elektronen angeben, wobei A und B auf die verschiedene Zusammensetzung der inneren Elektronenschalen hinweist. Elemente der gleichen Spalte – auch Gruppe genannt – haben identische Elektronenkonfigurationen in den äußersten Schalen, was natürlich die chemische und physikalische Ähnlichkeit aller Elemente einer Gruppe erklärt.

Es ist historisch bemerkenswert, dass das *Periodensystem der chemischen Elemente von Mendelejew und Meyer* zu einer Zeit (1869) aufgestellt wurde, als Elektronen und Atomkerne noch physikalisch unbekannt waren. Der periodische Charakter der Tafel basierte einzig und allein auf den damals bereits bekannten chemischen Eigenschaften und den relativen Atomgewichten der Elemente. Ursprüngliche Lücken im Periodensystem stimulierten später Entdeckungen von bis dahin unbekannten Elementen. Wie zu Zeiten von Mendelejew und Meyer wird das Periodensystem in sieben Gruppen der Elemente plus einer zusätzlichen Gruppe für die Edelgase unterteilt.

Wir sollten abschließend nochmals auf die zentrale Bedeutung des *Pauli'schen Ausschließungsprinzips* hinweisen, das die Struktur der Elektronenschalen der Atome bestimmt; wenn es nicht gelten würde, würden sich alle Elektronen in der 1s-Schale

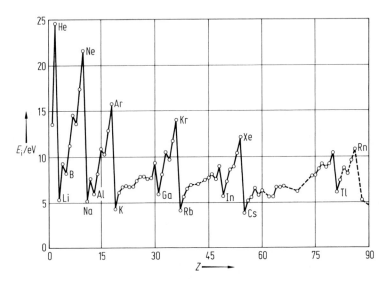

**Abb. 1.38** Ionisationsenergie $E_i$ der Atome als Funktion der Kernladungszahl Z.

**Tab. 1.6** Die Elektronenkonfiguration der Atome mit den Quantenzahlen $n$, $l$ der Unterschalen, der Kernladungszahl $Z$, der Grundzustandskonfiguration und der ersten Ionisationsenergie.

| Röntgen-Terme | K | L | | M | | | N | | | | |
|---|---|---|---|---|---|---|---|---|---|---|---|
| Quantenzahlen $n, l$ | 1,0 | 2,0 | 2,1 | 3,0 | 3,1 | 3,2 | 4,0 | 4,1 | 4,2 | 4,3 | |
| Spektr. Bezeichnung | 1s | 2s | 2p | 3s | 3p | 3d | 4s | 4p | 4d | 4f | |
| Element | Kernladungszahl $Z$ | Erste Ionisationsenergie in eV | | | | | | | | | | Niedrigster Energiezustand als Grundzustand |
| H  | 1  | 13.598 | 1 | | | | | | | | | | $^2S_{1/2}$ |
| He | 2  | 24.587 | 2 | | | | | | | | | | $^1S_0$ |
| Li | 3  | 5.392  | 2 | 1 | | | | | | | | | $^2S_{1/2}$ |
| Be | 4  | 9.322  | 2 | 2 | | | | | | | | | $^1S_0$ |
| B  | 5  | 8.298  | 2 | 2 | 1 | | | | | | | | $^2P_{1/2}$ |
| C  | 6  | 11.260 | 2 | 2 | 2 | | | | | | | | $^3P_0$ |
| N  | 7  | 14.534 | 2 | 2 | 3 | | | | | | | | $^4S_{3/2}$ |
| O  | 8  | 13.618 | 2 | 2 | 4 | | | | | | | | $^3P_2$ |
| F  | 9  | 17.422 | 2 | 2 | 5 | | | | | | | | $^2P_{3/2}$ |
| Ne | 10 | 21.564 | 2 | 2 | 6 | | | | | | | | $^1S_0$ |
| Na | 11 | 5.139  | Neon- | | | 1 | | | | | | | $^2S_{1/2}$ |
| Mg | 12 | 7.646  | Konfiguration | | | 2 | | | | | | | $^1S_0$ |
| Al | 13 | 5.986  | | | | 2 | 1 | | | | | | $^2P_{1/2}$ |
| Si | 14 | 8.151  | 10-Elektronen | | | 2 | 2 | | | | | | $^3P_0$ |
| P  | 15 | 10.486 | Atomrumpf | | | 2 | 3 | | | | | | $^4S_{3/2}$ |
| S  | 16 | 10.360 | | | | 2 | 4 | | | | | | $^3P_2$ |
| Cl | 17 | 12.967 | | | | 2 | 5 | | | | | | $^2P_{3/2}$ |
| Ar | 18 | 15.759 | | | | 2 | 6 | | | | | | $^1S_0$ |
| K  | 19 | 4.341  | Argon- | | | | | | 1 | | | | $^2S_{1/2}$ |
| Ca | 20 | 6.113  | Konfiguration | | | | | | 2 | | | | $^1S_0$ |
| Sc | 21 | 6.54   | | | | | | 1 | 2 | | | | $^2D_{3/2}$ |
| Ti | 22 | 6.82   | 18-Elektronen- | | | | | 2 | 2 | | | | $^3F_2$ |
| V  | 23 | 6.74   | Atomrumpf | | | | | 3 | 2 | | | | $^4F_{3/2}$ |
| Cr | 24 | 6.766  | | | | | | 5 | 1 | | | | $^7S_3$ |
| Mn | 25 | 7.435  | | | | | | 5 | 2 | | | | $^6S_{5/2}$ |
| Fe | 26 | 7.870  | | | | | | 6 | 2 | | | | $^5D_4$ |
| Co | 27 | 7.86   | | | | | | 7 | 2 | | | | $^4F_{9/2}$ |
| Ni | 28 | 7.635  | | | | | | 8 | 2 | | | | $^3F_4$ |
| Cu | 29 | 7.726  | | | | | | 10 | 1 | | | | $^2S_{1/2}$ |
| Zn | 30 | 9.394  | | | | | | 10 | 2 | | | | $^1S_0$ |
| Ga | 31 | 5.999  | | | | | | 10 | 2 | 1 | | | $^2P_{1/2}$ |
| Ge | 32 | 7.899  | | | | | | 10 | 2 | 2 | | | $^3P_0$ |
| As | 33 | 9.81   | | | | | | 10 | 2 | 3 | | | $^4S_{3/2}$ |
| Se | 34 | 9.752  | | | | | | 10 | 2 | 4 | | | $^3P_2$ |
| Br | 35 | 11.814 | | | | | | 10 | 2 | 5 | | | $^2P_{3/2}$ |
| Kr | 36 | 13.999 | | | | | | 10 | 2 | 6 | | | $^1S_0$ |

# 1 Atome

| Röntgen-Terme | K | L | M | N | | | | O | | | | | P | | | | | |
|---|---|---|---|---|---|---|---|---|---|---|---|---|---|---|---|---|---|---|
| Quantenzahlen $n, l$ | 1 | 2 | 3 | 4,0 | 4,1 | 4,2 | 4,3 | 5,0 | 5,1 | 5,2 | 5,3 | 5,4 | 6,0 | 6,1 | 6,2 | 6,3 | 6,4 | 6,5 |
| Spektr. Bezeichnung | | | | 4s | 4p | 4d | 4f | 5s | 5p | 5d | 5f | 5g | 6s | 6p | 6d | 6f | 6g | 6h |

| Element | Kernladungszahl Z | Erste Ionisations-energie in eV | 1s | 2 | 3 | 4s | 4p | 4d | 4f | 5s | 5p | 5d | 5f | 5g | 6s | 6p | 6d | 6f | 6g | 6h | Niedrigster Energiezustand als Grundzustand |
|---|---|---|---|---|---|---|---|---|---|---|---|---|---|---|---|---|---|---|---|---|---|
| Rb | 37 | 4.177 | Krypton- | | | | | | | 1 | | | | | | | | | | | $^2S_{1/2}$ |
| Sr | 38 | 5.695 | Konfiguration | | | | | | | 2 | | | | | | | | | | | $^1S_0$ |
| Y  | 39 | 6.38  | | | | | | 1 | | 2 | | | | | | | | | | | $^2D_{3/2}$ |
| Zr | 40 | 6.84  | 36-Elektronen- | | | | | 2 | | 2 | | | | | | | | | | | $^3F_2$ |
| Nb | 41 | 6.88  | Atomrumpf | | | | | 4 | | 1 | | | | | | | | | | | $^6D_{1/2}$ |
| Mo | 42 | 7.099 | | | | | | 5 | | 1 | | | | | | | | | | | $^7S_3$ |
| Tc | 43 | 7.28  | | | | | | 6 | | 1 | | | | | | | | | | | $^6S_{5/2}$ |
| Ru | 44 | 7.37  | | | | | | 7 | | 1 | | | | | | | | | | | $^5F_5$ |
| Rh | 45 | 7.46  | | | | | | 8 | | 1 | | | | | | | | | | | $^4F_{9/2}$ |
| Pd | 46 | 8.34  | | | | | | 10 | | | | | | | | | | | | | $^1S_0$ |
| Ag | 47 | 7.576 | Palladium- | | | | | | | 1 | | | | | | | | | | | $^2S_{1/2}$ |
| Cd | 48 | 8.993 | Konfiguration | | | | | | | 2 | | | | | | | | | | | $^1S_0$ |
| In | 49 | 5.786 | | | | | | | | 2 | 1 | | | | | | | | | | $^2P_{1/2}$ |
| Sn | 50 | 7.344 | 46-Elektronen- | | | | | | | 2 | 2 | | | | | | | | | | $^3P_0$ |
| Sb | 51 | 8.641 | Atomrumpf | | | | | | | 2 | 3 | | | | | | | | | | $^4S_{3/2}$ |
| Te | 52 | 9.009 | | | | | | | | 2 | 4 | | | | | | | | | | $^3P_2$ |
| I  | 53 | 10.451 | | | | | | | | 2 | 5 | | | | | | | | | | $^2P_{3/2}$ |
| Xe | 54 | 12.130 | | | | | | | | 2 | 6 | | | | | | | | | | $^1S_0$ |
| Cs | 55 | 3.894 | Xenon-Konfiguration | | | | | | | | | | | | 1 | | | | | | $^2S_{1/2}$ |
| Ba | 56 | 5.212 | 54-Elektronen-Atomrumpf | | | | | | | | | | | | 2 | | | | | | $^1S_0$ |
| La | 57 | 5.577 | Schalen | | | | | | | 2 | 6 | 1 | | | 2 | | | | | | $^2D_{3/2}$ |
| Ce | 58 | 5.47  | 1s bis 4d mit | | | | | | 1 | 2 | 6 | 1 | | | 2 | | | | | | $J = 4$ |
| Pr | 59 | 5.42  | 46 Elektronen | | | | | | 2 | 2 | 6 | 1 | | | 2 | | | | | | $^4I_{9/2}$ |
| Nd | 60 | 5.49  | | | | | | | 3 | 2 | 6 | 1 | | | 2 | | | | | | $^5I_4$ |
| Pm | 61 | 5.55  | | | | | | | 4 | 2 | 6 | 1 | | | 2 | | | | | | $^6H_{5/2}$ |
| Sm | 62 | 5.63  | | | | | | | 5 | 2 | 6 | 1 | | | 2 | | | | | | $^7F_0$ |
| Eu | 63 | 5.67  | | | | | | | 6 | 2 | 6 | 1 | | | 2 | | | | | | $^8S_{7/2}$ |
| Gd | 64 | 6.14  | | | | | | | 7 | 2 | 6 | 1 | | | 2 | | | | | | $^9D_2$ |
| Tb | 65 | 5.85  | | | | | | | 8 | 2 | 6 | 1 | | | 2 | | | | | | $^8G_{13/2}$ |
| Dy | 66 | 5.93  | | | | | | | 9 | 2 | 6 | 1 | | | 2 | | | | | | $^5I_8$ |
| Ho | 67 | 6.02  | | | | | | | 10 | 2 | 6 | 1 | | | 2 | | | | | | $^4I_{15/2}$ |
| Er | 68 | 6.10  | | | | | | | 11 | 2 | 6 | 1 | | | 2 | | | | | | $^3H_6$ |
| Tm | 69 | 6.18  | | | | | | | 13 | 2 | 6 | 0 | | | 2 | | | | | | $^2F_{7/2}$ |
| Yb | 70 | 6.254 | | | | | | | 14 | 2 | 6 | 0 | | | 2 | | | | | | $^1S_0$ |
| Lu | 71 | 5.426 | | | | | | | 14 | 2 | 6 | 1 | | | 2 | | | | | | $^3D_{5/2}$ |

## 1.5 Struktur der Atome mit mehreren Elektronen

| Röntgen-Terme | K | L | M | N | O | | | | | P | | | | | | Q | | |
|---|---|---|---|---|---|---|---|---|---|---|---|---|---|---|---|---|---|---|
| Quantenzahlen $n, l$ | 1 | 2 | 3 | 4 | 5,0 | 5,1 | 5,2 | 5,3 | 5,4 | 6,0 | 6,1 | 6,2 | 6,3 | 6,4 | 6,5 | 7,0 | 7,0 | |
| Spektr. Bezeichnung | | | | | 5s | 5p | 5d | 5f | 5g | 6s | 6p | 6d | 6f | 6g | 6h | 7s | 7p | |

| Element | Kernladungszahl Z | Erste Ionisationsenergie in eV | | | | | | | | | | | | | | | | Niedrigster Energiezustand als Grundzustand |
|---|---|---|---|---|---|---|---|---|---|---|---|---|---|---|---|---|---|---|
| Hf | 72 | 7.0    | Schalen     |   |   |   | 2 |   |   | 2 |   |   |   |   |   |   |   | $^3F_2$ |
| Ta | 73 | 7.89   | 1s bis 5p   |   |   |   | 3 |   |   | 2 |   |   |   |   |   |   |   | $^4F_{3/2}$ |
| W  | 74 | 7.98   | mit         |   |   |   | 4 |   |   | 2 |   |   |   |   |   |   |   | $^5D_0$ |
| Re | 75 | 7.88   | 68 Elektronen |   |   |   | 5 |   |   | 2 |   |   |   |   |   |   |   | $^6S_{5/2}$ |
| Os | 76 | 8.7    |             |   |   |   | 6 |   |   | 2 |   |   |   |   |   |   |   | $^5D_4$ |
| Ir | 77 | 9.1    |             |   |   |   | 7 |   |   | 2 |   |   |   |   |   |   |   | $^4F_{9/2}$ |
| Pt | 78 | 9.0    |             |   |   |   | 9 |   |   | 1 |   |   |   |   |   |   |   | $^3D_3$ |
| Au | 79 | 9.225  |             |   |   |   | 10|   |   | 1 |   |   |   |   |   |   |   | $^2S_{1/2}$ |
| Hg | 80 | 10.437 | Schalen     |   |   |   |   |   |   | 2 |   |   |   |   |   |   |   | $^1S_0$ |
| Tl | 81 | 6.108  | 1s bis 5d   |   |   |   |   |   |   | 2 | 1 |   |   |   |   |   |   | $^2P_{1/2}$ |
| Pb | 82 | 7.416  | mit         |   |   |   |   |   |   | 2 | 2 |   |   |   |   |   |   | $^3P_0$ |
| Bi | 83 | 7.287  | 78 Elektronen |   |   |   |   |   |   | 2 | 3 |   |   |   |   |   |   | $^4S_{3/2}$ |
| Po | 84 | 8.42   |             |   |   |   |   |   |   | 2 | 4 |   |   |   |   |   |   | $^3P_2$ |
| At | 85 | –      |             |   |   |   |   |   |   | 2 | 5 |   |   |   |   |   |   | $^2P_{3/2}$ |
| Rn | 86 | 10.748 |             |   |   |   |   |   |   | 2 | 6 |   |   |   |   |   |   | $^1S_0$ |
| Fr | 87 | –      | Radon Konfiguration |   |   |   |   |   |   |   |   |   |   |   |   | 1 |   | $^2S_{1/2}$ |
| Ra | 88 | 5.279  | 86 Elektronen-Atomrumpf |   |   |   |   |   |   |   |   |   |   |   |   | 2 |   | $^1S_0$ |
| Ac | 89 | 5.2    | Schalen     |   |   |   |   |   |   | 2 | 6 | 1 |   |   |   | 2 |   | $^2D_{3/2}$ |
| Th | 90 | 6.1    | 1s bis 5d   |   |   |   |   |   |   | 2 | 6 | 2 |   |   |   | 2 |   | $^3F_2$ |
| Pa | 91 | 6.0    | mit 78      |   |   |   | 2 |   |   | 2 | 6 | 1 |   |   |   | 2 |   | $^4K_{11/2}$ |
| U  | 92 | 6.194  | Elektronen  |   |   |   | 3 |   |   | 2 | 6 | 1 |   |   |   | 2 |   | $^5L_6$ |
| Np | 93 | 6.266  |             |   |   |   | 5 |   |   | 2 | 6 |   |   |   |   | 2 |   | $^6L_{11/2}$ |
| Pu | 94 | 5.8    |             |   |   |   | 6 |   |   | 2 | 6 |   |   |   |   | 2 |   | $^7F_0$ |
| Am | 95 | 6.0    |             |   |   |   | 7 |   |   | 2 | 6 |   |   |   |   | 2 |   | $^8S_{7/2}$ |
| Cm | 96 | 6.0    |             |   |   |   | 7 |   |   | 2 | 6 | 1 |   |   |   | 2 |   | $^9D_2$ |
| Bk | 97 | 6.23   |             |   |   |   | 8 |   |   | 2 | 6 | 1 |   |   |   | 2 |   | $^8G_{15/2}(?)$ |
| Cf | 98 | 6.30   |             |   |   |   | 10|   |   | 2 | 6 |   |   |   |   | 2 |   | $^5I_8(?)$ |
| Es | 98 | 6.42   |             |   |   |   | 11|   |   | 2 | 6 |   |   |   |   | 2 |   | $^4I_{15/2}$ |
| Fm | 100| 6.5    |             |   |   |   | 12|   |   | 2 | 6 |   |   |   |   | 2 |   | $^3H_6$ |
| Md | 101| 6.6    |             |   |   |   | 13|   |   | 2 | 6 |   |   |   |   | 2 |   | $^2F_{7/2}$ |
| No | 102| 6.6    |             |   |   |   | 14|   |   | 2 | 6 |   |   |   |   | 2 |   | $^1S_0$ |
| Lr | 103|        |             |   |   |   | 14|   |   | 2 | 6 | 1 |   |   |   | 2 |   | $^2D_{3/2}$ |
| Rf | 104|        |             |   |   |   |   |   |   |   |   |   |   |   |   |   |   | |
| Db | 105|        |             |   |   |   |   |   |   |   |   |   |   |   |   |   |   | |

ansammeln und alle Atome wären durch die Konfiguration $1s^Z$ ($Z$ Ordnungszahl) charakterisiert. Das Pauli-Prinzip verhindert auch die Durchdringung von Elektronenhüllen benachbarter Atome und ist somit verantwortlich für die bis zu enorm hohen Drucken gewährleistete Stabilität der atomaren Materie, die erst in Endstadien der Entwicklung von Sternen (Weiße Zwerge, Neutronensterne, Schwarze Löcher, vgl. Band 8) verloren geht.

### 1.5.6 Die Spektren der Alkalimetallatome

Wir haben ausführlich die Energiespektren des Wasserstoffs (Abschn. 1.2 und 1.3.6.1) und des Heliums (Abschn. 1.5.4) behandelt. Das nächste Atom in der Reihenfolge der Ladungszahl $Z$ des Atomkerns ist das Lithium-Atom mit dem Grundzustand $1s^2 2s$, $2^2S_{1/2}$; als Folge des Pauli-Prinzips geht das dritte Elektron in die 2s-Unterschale. Der resultierende Term $2^2S_{1/2}$ weist auf eine Ähnlichkeit zum Wasserstoff hin; das 2s-Elektron bewegt sich unter der Einwirkung des $Li^+ 1s^2$-Ions (auch Atomrumpf (engl.: core) genannt), wobei jedoch, wie wir im vorangehenden Abschnitt erläutert haben, die Abschirmung der Kernladung nicht vollständig ist. Die Wechselwirkung zwischen dem Atomrumpf und dem äußeren Elektron (auch *Valenz- oder Leuchtelektron* genannt) kann nicht durch ein reines Coulomb-Potential dargestellt werden. Da jedoch der Atomrumpf bei Vernachlässigung von Polarisationseffekten kugelsymmetrisch ist, bewegt sich das Valenzelektron in einem effektiven, zentralen Potential, das bei großem Abstand $r$ zwischen dem Atomrumpf und dem Elektron durch ein Coulomb-Potential $V(r) \xrightarrow{r \to \infty} \dfrac{e^2}{4\pi\varepsilon_0 r}$ dargestellt werden kann, da die Kernladung $Ze$ durch $(Z-1)$ Elektronen des Rumpfes abgeschirmt wird. Da jedoch bei kleinem Abstand $r$ das effektive Potential $V_{\text{eff}}$ kein Coulomb-Potential ist, wird die Entartung der Energiezustände mit gleicher Hauptquantenzahl $n$, aber verschiedener Bahndrehimpulsquantenzahl $l$ aufgehoben (im Gegensatz zum H-Atom).

Die Erforschung der Spektren hat ergeben, dass die angeregten Zustände des Lithium-Atoms durch die Konfigurationen $1s^2 nl$, $n^2L_j$ dargestellt werden können, wobei $n$ für die übliche Hauptquantenzahl, $l$ für die Bahndrehimpulsquantenzahl, L als Zustandssymbol für S, P, D, F, ... und $j$ für den Gesamtdrehimpuls steht. Die Terme haben Dublett-Struktur und sind somit wasserstoffähnlich: $n^2S_{1/2}$, $n^2P_{1/2,3/2}$, $n^2D_{3/2,5/2}$, ...; die Dublett-Aufspaltung rührt von der Spin-Bahn-Wechselwirkung her. Analog zum Lithium haben die nachfolgenden Alkalimetallatome Natrium, Kalium, Rubidium und Caesium die gleiche Dublett-Struktur mit der zusätzlichen Auflage, dass die Hauptquantenzahl $n$ von einem zum nächsten Atom jeweils um eine Einheit ansteigt und die inneren Schalen der Elektronen unverändert bleiben:

Na($1s^2$, $2s^2\,2p^6 nl$) mit $n = 3, 4, \ldots l = 0, 1, 2, 3, \ldots$;
K($1s^2 2s^2 2p^6 3s^2 3p^6 nl$) mit $n = 4, 5, \ldots l = 0, \ldots, 3, \ldots$;
Rb($1s^2 2s^2 2p^6 3s^2 3p^6 3d^{10} 4s^2 4p^6 nl$) mit $n = 5, 6, \ldots$; $l = 0, 1, \ldots, 4, \ldots$;
Cs($1s^2 2s^2 2p^6 3s^2 3p^6 3d^{10} 4s^2 4p^6 4d^{10} 5s^2 5p^6 nl$) mit $n = 6, 7, 8, \ldots$; $l = 0, 1, \ldots, 5, \ldots$.

1.5 Struktur der Atome mit mehreren Elektronen 107

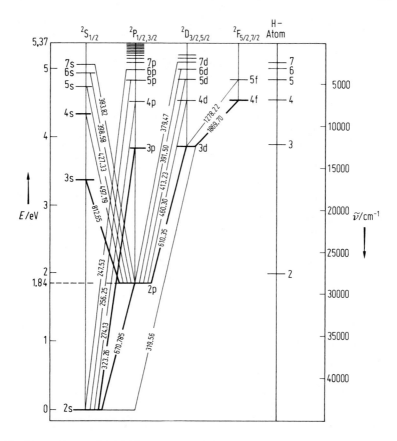

**Abb. 1.39** Termschema des Lithium-Atoms; die Feinstrukturterme $^2P_{1/2,3/2}$, $^2D_{3/2,5,2}$, ..., sind unaufgelöst dargestellt (optische Übergänge in nm); zum Vergleich sind die Bohr'schen Energiewerte des Wasserstoffs ($n \geq = 2$) eingezeichnet ($\tilde{\nu}$ = Wellenzahl).

In den Abb. 1.39 und 1.40 geben wir die detaillierte Termstruktur von Lithium und Natrium wieder, während Abb. 1.41 einen Überblick aller Alkalimetall-Energiespektren im Vergleich zur Grobstruktur des Wasserstoffs darstellt.

Die Terme der Alkalimetalle mit niedriger Quantenzahl sind am stärksten gegenüber den Wasserstofftermen verschoben. Dieser Sachverhalt wird üblicherweise mittels der *Rydberg-Terme* der Atome zum Ausdruck gebracht; jeder Energiewert $E$ wird als Termwert $T$ mit der Rydberg-Konstanten $R$ und einer *effektiven Hauptquantenzahl* $n^*$ dargestellt:

$$\frac{E}{hc} = T = -\frac{R}{n^{*2}}; \qquad (1.239)$$

(*Rydberg-Formel*), wobei

$$n^* = n - \alpha(l), \qquad (1.240)$$

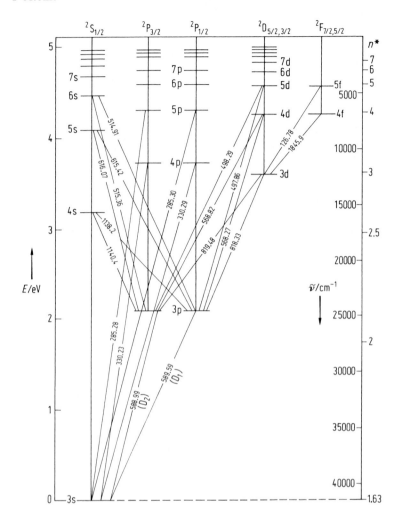

**Abb. 1.40** Termschema des Natrium-Atoms in der gleichen Weise dargestellt wie für Lithium in Abb. 1.39. ($D_1$) und ($D_2$) sind die D-Linien des Natrium-Atoms in gelber Farbe.

und $\alpha$ eine Funktion der Bahndrehimpulsquantenzahl $l$ ist. Die Rydberg-Formel mit der Rydberg-Konstanten und der Bohr'schen Quantenzahl $n$ ist empirisch gefunden worden und offensichtlich eine Modifikation der ursprünglichen Balmer-Formel des Wasserstoffatoms. Eine genauere Beschreibung des sogenannten *Quantendefektes* $n - n^* = \Delta(n, l)$ zwischen der Bohr'schen Hauptquantenzahl $n$ für Wasserstoff und der effektiven Hauptquantenzahl $n^*$ der Alkalimetallatome kann man mittels der *Rydberg-Ritz-Formel* erhalten:

$$\Delta(n, l) = \alpha(l) + \beta(l)/n^2 \tag{1.241}$$

mit $\Delta(n, l) = \alpha(l) - \beta(l)/n^2$. Innerhalb einer Term-Serie, wie z. B. $n^2S$, $n^2P$ usw., ist $\Delta(n, l)$ nahezu konstant, jedoch etwas größer für die niedrigsten Terme infolge des

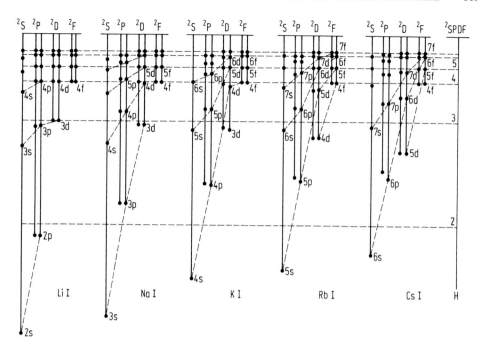

**Abb. 1.41** Termschema der Alkalimetallatome (römisch I gibt den Neutralzustand der Atome an) und des Wasserstoffatoms mit Hauptquantenzahlen $n \geq 2$ (gestrichelte Linien). Es ist zu beachten, dass die Zahlen in den Konfigurationen 2s, 2p, 3s, 3p, 3d, ... der Alkalimetallatome den Hauptquantenzahlen $n$ des Wasserstoffs zugeordnet sind.

Ritz'schen Korrekturgliedes $\beta/n^2$. Dieser Sachverhalt kann Tab. 1.7 am Beispiel des Natrium-Atoms entnommen werden. Der Quantendefekt wird mit abnehmender Quantenzahl und zunehmender Kernladung $Z$ größer (Tab. 1.7 und 1.8).

Die Rydberg-Ritz-Formel der Energieniveaus der Alkalimetallatome kann sowohl mithilfe der Bohr-Sommerfeld'schen Theorie als auch der Quantenmechanik hergeleitet werden. Im Bohr-Sommerfeld'schen Modell unterscheiden wir Elektronenbahnen, in denen das Valenzelektron des Alkalimetallatoms in den Atomrumpf entweder eindringen (*Tauchbahnen*) oder nicht eindringen kann. Beispiele solcher Kepler-Ellipsen im Rahmen des Bohr-Sommerfeld'schen Atommodells sind in Abb. 1.42 dargestellt. Das 3d-Elektron des Natrium-Atoms dringt nicht in den Rumpf ein, wohingegen die 3s- und 3p-Elektronen partiell in den Rumpf eintauchen und somit eine stärkere Anziehung erfahren. Dies ist im Einklang mit der Beobachtung (s. Tab. 1.7), dass der Quantendefekt der D-Zustände des Natrium-Atoms praktisch null ist – im Gegensatz zu den S- und P-Zuständen mit beträchtlichem Quantendefekt. Dieses Bild ist im Einklang mit der Darstellung der quantenmechanisch berechneten radialen Wahrscheinlichkeitsdichte-Funktionen $D = 4\pi r^2 |\psi|^2$ dieser Zustände. Die Funktionen über der schraffierten Fläche stellen die Elektronendichten der inneren K- und L-Elektronenschalen dar. Nur die 3s- und 3p-Elektronen haben hinreichende Aufenthaltswahrscheinlichkeiten innerhalb der endlichen Ladungsdichten der inneren Elektronen.

**Tab. 1.7** $n$S-, $n$P- und $n$F-Terme in cm$^{-1}$, Quantendefekte $\Delta(n,l)$ und effektive Quantenzahlen $n^*$ für das Natrium-Atom.

| $n$ S-Terme | | $\Delta(n,l)$ | $n^*$ | $n$ P-Terme | | $\Delta(n,l)$ | $n^*$ | $n$ D-Terme | | $\Delta(n,l)$ | $n^*$ | $n$ F-Terme | | $\Delta(n,l)$ | $n^*$ |
|---|---|---|---|---|---|---|---|---|---|---|---|---|---|---|---|
| 3S | 41449.7 | 1.374 | 1.626 | 3P$_{1/2}$ | 24493 | 0.884 | 2.116 | 3D | 12277 | 0.01 | 2.99 | | | | |
| | | | | 3P$_{3/2}$ | 24476 | 0.883 | 2.117 | | | | | | | | |
| 4S | 15710.2 | 1.357 | 2.643 | 4P$_{1/2}$ | 11182 | 0.867 | 3.133 | 4D | 6901 | 0.01 | 3.99 | 4F | 6861 | 0 | 4.00 |
| | | | | 4P$_{3/2}$ | 11177 | 0.866 | 3.134 | | | | | | | | |
| 5S | 8249.0 | 1.353 | 3.647 | 5P$_{1/2}$ | 6409 | 0.862 | 4.138 | 5D | 4413 | 0.01 | 4.99 | 5F | 4391 | 0 | 5.00 |
| | | | | 5P$_{3/2}$ | 6407 | 0.861 | 4.139 | | | | | | | | |
| 6S | 5078.0 | 1.351 | 4.649 | 6P$_{1/2}$ | 4153 | 0.860 | 5.140 | 6D | 3062 | 0.01 | 5.99 | 6F | 3042 | 0 | 6.00 |
| | | | | 6P$_{3/2}$ | 4152 | 0.859 | 5.141 | | | | | | | | |
| 7S | 3438.0 | 1.350 | 5.650 | 7P$_{1/2}$ | 2909 | 0.859 | 6.141 | | | | | | | | |
| | | | | 7P$_{3/2}$ | 2908 | 0.857 | 6.143 | | | | | | | | |

## 1.5 Struktur der Atome mit mehreren Elektronen

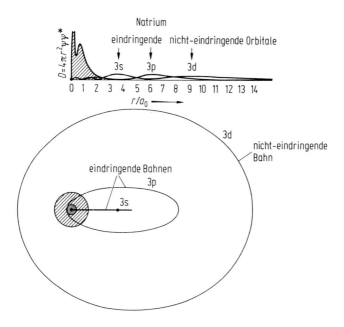

**Abb. 1.42** Der obere Teil stellt die radiale Wahrscheinlichkeitsdichte-Funktionen des Natrium-Atoms dar; man beachte, dass die Wahrscheinlichkeitsdichte-Funktion für die 3d-Elektronen unterhalb von $6a_0$ praktisch auf null abgeklungen ist. Die Funktion über der schraffierten Fläche bezieht sich summarisch auf die Elektronen der inneren K- und L-Schalen (Abschn. 1.5.11). Der untere Teil gibt die *Bohr-Sommerfeld'schen Elektronenbahnen* für 3s-, 3p- und 3d-Elektronen wieder.

Alle Zustände der Alkalimetallatome mit $l \neq 0$ erfahren eine Feinstruktur-Aufspaltung, die analog zum Wasserstoffatom dargestellt werden kann. Jeder Zustand $n$ spaltet nach der Vorschrift der Kopplung zwischen Bahn- und Spindrehimpuls des Valenzelektrons auf: Der Gesamtdrehimpuls wird $j = l + 1/2$ oder $j = l - 1/2$. Die gesamte Aufspaltung folgt aus der Überlagerung derselben Effekte, die die Feinstruktur des Wasserstoffatoms bestimmen: Spin-Bahn-Wechselwirkung und relativistische Korrekturen (Abschn. 1.3.6.1). Allerdings überwiegt bei weitem die Spin-Bahn-Wechselwirkung, so dass es genügt, die entsprechende Gl. (1.63) zur Beschreibung der Feinstruktur der Alkalimetallatome anzuwenden. Das effektive

**Tab. 1.8** Quantendefekt $\Delta(n, l)$ der Alkaliatome.

| Atom | $l =$ | 0 | 1 | 2 | 3 |
|---|---|---|---|---|---|
| Li | $\Delta(n,l) =$ | 0.412 | 0.034 | 0.001 | 0.00 |
| Na | $\Delta(n,l) =$ | 1.374 | 1.883 | 0.01 | 0.00 |
| K | $\Delta(n,l) =$ | 2.229 | 1.766 | 0.203 | 0.006 |
| Rb | $\Delta(n,l) =$ | 3.195 | 2.713 | 1.293 | 0.011 |
| Cs | $\Delta(n,l) =$ | 4.131 | 3.425 | 2.448 | 0.023 |

zentrale Potential $V_{\text{eff}}$ für das Valenzelektron kann nach einem Näherungsverfahren berechnet werden, z. B. nach der bewährten (hier nicht behandelten) Hartree-Fock-Methode (siehe Bransden und Joachain, [6]), die oft bei Atomen mit mehreren Elektronen verwendet wird. Die Übereinstimmung zwischen den theoretischen Voraussagen und den experimentellen Daten der Feinstruktur der Alkalimetallterme ist bis heute noch unbefriedigend, weshalb in Tab. 1.9 lediglich Beispiele der recht genau vermessenen Daten angegeben sind. Wie man der Tabelle entnimmt, wird die Feinstruktur-Aufspaltung der ersten $n^2P_{1/2,3/2}$-Zustände mit ansteigender Ordnungszahl viel größer. Dies folgt offensichtlich aufgrund der Tatsache, dass der Quanteneffekt bei schweren Alkalimetallatomen ebenfalls beträchtlich zunimmt (Tab. 1.8). Das angeregte Valenzelektron eines schweren Alkalimetallatoms taucht tief in den Atomrumpf ein, so dass es die Wirkung einer effektiven Kernladung $Z_{\text{eff}}$ erfährt, die viel größer als $Z = 1$ ist. Da die Feinstruktur-Aufspaltung proportional zu $Z^4/n^3$ für ein Ein-Elektronen-Ion ist (Gl. (1.82)), erwartet man für die schweren Alkalimetallatome im Vergleich zum Wasserstoff eine viel größere Feinstruktur-Aufspaltung.

Die Tatsache, dass das Valenzelektron der Alkalimetallatome bei kleinem Bahndrehimpuls beträchtlich in den Core des Atoms eintauchen kann, hat zur Folge, dass die Grobstruktur der Energieniveaus aufgrund des Quantendefekts eine Termdepression erfährt (und somit nicht wasserstoffgleich, sondern wasserstoffähnlich ist!) und dass die Feinstruktur-Aufspaltung erheblich größer als beim Wasserstoff wird $[E(2^2P_{3/2} - 2^2P_{1/2}) = 0.365\,\text{cm}^{-1}$ für Wasserstoff im Vergleich zu $\Delta E(6^2P_{3/2} - 6^2P_{1/2}) = 554.0\,\text{cm}^{-1}$ für Caesium, Tab. 1.9].

**Tab. 1.9** Die Wellenlängen, Wellenzahlen und Feinstruktur-Aufspaltungen der ersten Resonanzlinien der Alkalimetallatome.

| Atom | Übergang | Wellenlängen in nm | Wellenzahlen in cm$^{-1}$ | Feinstruktur-Aufspaltung |
|---|---|---|---|---|
| Li | $n = 2$ | 670.8 | 14904 | 0.337 cm$^{-1}$<br>0.42 · 10$^{-4}$ eV |
| Na* | $n = 3$ | 589.6<br>589.0 | 16956<br>16973 | 17.3 cm$^{-1}$<br>2.1 · 10$^{-3}$ eV |
| K | $n = 4$ | 769.9<br>766.5 | 12985<br>13043 | 57.7 cm$^{-1}$<br>7.2 · 10$^{-3}$ eV |
| Rb | $n = 5$ | 794.6<br>780.0 | 12582<br>12817 | 235.0 cm$^{-1}$<br>2.95 · 10$^{-2}$ eV |
| Cs | $n = 6$ | 894.3<br>852.1 | 11179<br>11733 | 554 cm$^{-1}$<br>6.87 · 10$^{-1}$ eV |

\* Diese beiden Linien sind die bekannten Fraunhofer'schen Linien $D_1(\lambda = 589.6\,\text{nm})$ und $D_2(\lambda = 589.0\,\text{nm})$.

1.5 Struktur der Atome mit mehreren Elektronen    113

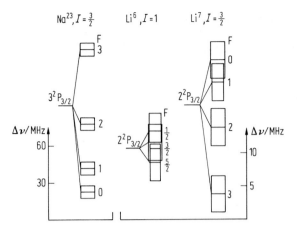

**Abb. 1.43** Die Hyperfeinstruktur-Aufspaltungen ($\Delta\nu$/MHz) und zugehörigen Breiten der ersten angeregten $^2P_{3/2}$-Zustände von $^{23}$Na, $^6$Li und $^7$Li. Die Breite der Terme mit den Quantenzahlen $F$ ist durch deren Lebensdauern nach der Ungenauigkeitsrelation bestimmt.

Die Übergänge für Absorption und Emission zwischen den Energieniveaus der Alkalimetallatome werden durch die gleichen Dipol-Auswahlregeln wie beim Wasserstoffatom bestimmt: $\Delta j = 0, \pm 1$ und $\Delta l = \pm 1$. Folglich haben die Übergänge $^2S_{1/2} \leftrightarrow {}^2P_{1/2,3/2}$ Dublett-Linien-Struktur (zum Beispiel die beiden D-Linien des Natriums und die anderen Resonanzlinien aus Tab. 1.9), während die Übergänge $^2D_{3/2} \leftrightarrow {}^2P_{1/2,3/2}, {}^2F_{5/2,7/2} \leftrightarrow {}^2D_{3/2,5/2}, \ldots$ und alle Übergänge zwischen Nicht-S-Zuständen Triplett-Linien-Strukturen besitzen.

Schließlich weisen wir noch darauf hin, dass die Alkalimetallatome eine ausgeprägte Hyperfeinstruktur aufweisen; Abb. 1.43 gibt die Hyperfeinstruktur-Aufspaltung der ersten angeregten $^2P_{3/2}$-Zustände von $^{23}$Na-, $^6$Li- und $^7$Li-Isotopen wieder. Aufgrund der großen Energiebreite des $2^2P$-Zustandes des $^6$Li-Atoms kann die Hyperfeinstruktur nicht aufgelöst werden, im Gegensatz zum $^{23}$Na-Atom, in dem die Energiebreite so klein ist, dass die Hyperfeinstruktur des $3^2P_{3/2}$-Zustandes klar aufgelöst ist, während $^7$Li ein intermediärer Fall ist. Der Kernspin $I$ des $^{23}$Na-Atoms ist nach Abb. 1.43 nur verträglich mit $I = 3/2$ gemäß der Beziehung $F = I + J$, die den gesamten Elektronendrehimpuls $J$ mit dem Kernspin $I$ vektoriell verknüpft.

### 1.5.7 Die Spektren der Erdalkalimetallatome und der Zwei-Elektronen-Systeme Zink, Cadmium und Quecksilber

Alle chemischen Elemente, deren Atome ein Elektron zusätzlich zu den Elektronen der Alkalimetallatome haben, werden *Erdalkalimetalle* genannt: Beryllium Be ($\ldots 2s^2, 2{}^1S_0$), Magnesium Mg ($\ldots 3s^2, 3{}^1S_0$), Calcium Ca ($\ldots 4s^2, 4{}^1S_0$), Strontium Sr ($\ldots 5s^2, 5{}^1S_0$), Barium Ba ($\ldots 6s^2, 6{}^1S_0$) und Radium Ra ($\ldots 7s^2, 7{}^1S_0$). Die Atome dieser Elemente haben zwei Valenzelektronen außerhalb der inneren, abgeschlossenen Elektronenschalen ($ns^2 np^6$). Da diese Elektronen leichter angeregt werden können als die inneren Elektronen, besteht das optische Spektrum der Erdalkalimetallatome aus Übergängen, an denen ausschließlich die Valenzelektronen beteiligt sind. Wir haben es daher bei Erdalkalimetallen mit Spektren zu tun, die dem des Heliumatoms ähnlich sind. Die Energieniveaus der Erdalkalimetalle werden wie beim Helium in Singulett und Triplett-Terme unterteilt. Die Triplett-Terme der Erdalkalimetalle spalten ebenfalls infolge der Spin-Bahn-Wechselwirkung in drei Niveaus auf, während die Singulett-Terme unaufgespalten bleiben. Die Termsymbole für die Erdalkalimetall-Niveaus sind mit denjenigen des Heliumatoms identisch, z. B. $n^1S_0$, $n^3S_1$, $n^1P_1$, $n^3P_{2,1,0}$, usw.

Wie bei den Alkalimetallatomen können die Energieniveaus der Erdalkalimetallatome durch Rydberg-Formeln $E/hc = T = -R/n^{*2}$ Gl. (1.239) beschrieben werden. Abb. 1.44 gibt als Beispiel das Termschema des Calcium-Atoms wieder. Die Struktur dieses Termschemas zeigt im Vergleich zur Grobstruktur des Wasserstoffs eine Termdepression wie wir sie bereits bei den Alkalimetallatomen in Abschn. 1.5.6 beschrieben haben. Die Termdepression oder der äquivalente Quantendefekt nimmt, wie bei den Alkalimetallatomen, mit abnehmender Quantenzahl $l$ der zwei Valenzelektronen 4s$nl$ des Calcium-Atoms zu. Mit anderen Worten, die Valenzelektronen tauchen partiell in den Rumpf des Atoms ein, wodurch ihre Bindungsenergien vergrößert werden. Dieses Verhalten, das sich mit zunehmender Kernladung stärker ausprägt, zeigen alle Erdalkalimetallatome und andere Zwei-Elektronen-Systeme (Abb. 1.45).

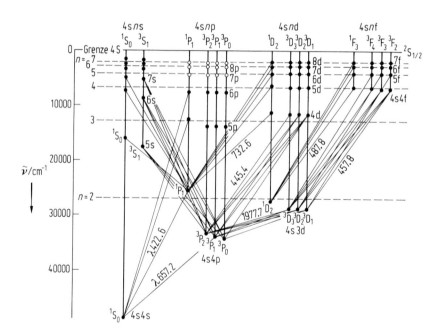

**Abb. 1.44** Termschema des Calcium-Atoms mit den vier wichtigsten Singulett- und Triplett-Spektralserien; die Wellenlängen $\lambda$ sind in nm angegeben, $\tilde{\nu}$ ist die Wellenzahl; die Niveaus des Wasserstoffs sind mit den Hauptquantenzahlen $n$ gekennzeichnet und gestrichelt dargestellt.

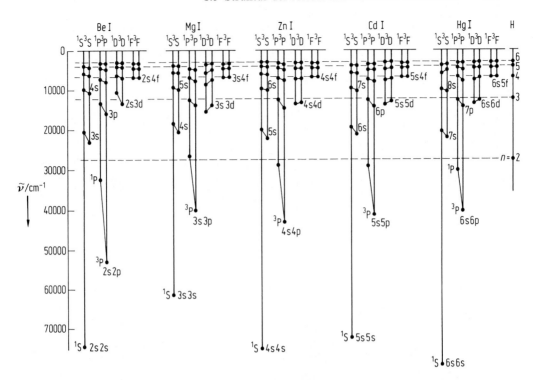

**Abb. 1.45** Übersicht und Vergleich der Energieniveaus der leichten Erdalkalimetallatome und der Zwei-Elektronen-Atome Zink, Cadmium und Quecksilber, in denen die d-Schalen voll aufgebaut sind (Tab. 1.6). Die Grobstruktur des Wasserstoffs für die Zustände von $n = 2$ bis $n = 6$ ist gestrichelt eingezeichnet ($\tilde{\nu}$ = Wellenzahl).

Die Atome Zink, Cadmium und Quecksilber unterscheiden sich respektive von Calcium, Strontium und Barium dadurch, dass sie 10 zusätzliche Elektronen in den d-Unterschalen haben (Tab. 1.6), die somit vollständig besetzt sind. Die Elektronen der äußersten Unterschalen der Zn-, Cd- und Hg-Atome sind wie bei den Erdalkalimetallatomen in $(\ldots ns^2)$-Konfigurationen; folglich können die Spektren von Zn, Cd und Hg durch optische Übergänge entweder zwischen Singulett- oder Triplett-Zuständen beschrieben werden. Mit anderen Worten, alle Zustände für optische Übergänge in Zn, Cd und Hg haben die Elektronenkonfigurationen $4snl$, $5snl$ und $6snl$, respektive. Abb. 1.45 zeigt die Ähnlichkeit der Termsysteme von Zn, Cd und Hg mit denen der Erdalkalimetall-Atome. Abb. 1.46 zeigt eine detaillierte Darstellung der Singulett- und Triplett-Terme und der optischen Übergänge des Quecksilber-Atoms, das aufgrund seines hohen Dampfdruckes vielseitige Anwendungen in der Forschung gefunden hat.

Mit zunehmender Ordnungszahl $Z$ kann man beobachten, wie die Auswahlregel $\Delta S = 0$ (*Verbot von Interkombinationsübergängen*) der Zwei-Elektronen-Atome graduell ihre Bedeutung verliert. So ist z.B. ein Übergang zwischen dem $6^3P_1$- und dem $6^1S_0$-Zustand möglich, der im Fall des Quecksilbers zu der intensiven Linie

116    1 Atome

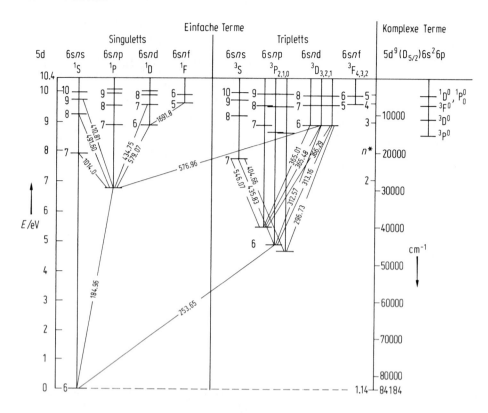

**Abb. 1.46** Termschema des Quecksilber-Atoms mit optischen Übergängen (Wellenlängen in nm); $n^*$ stellen Wasserstoffterme zum Vergleich dar.

mit der Wellenlänge $\lambda = 253.65$ nm führt. Die Erklärung für das Auftreten der *Interkombinationslinien* liegt in der Tatsache, dass die reine Russel-Saunders-(*LS*)-Kopplung mit zunehmender Kernladungszahl zusammenbricht und dadurch die Auswahlregel $\Delta S = 0$ ungültig wird. Die quantitative Beschreibung solcher komplizierter Atome erfolgt in einer *intermediären Kopplung* der Drehimpulse der Elektronen (siehe Spezialliteratur). Trotz der Ungültigkeit der Auswahlregel $\Delta S = 0$ bleiben die Auswahlregeln $\Delta L = \pm 1$ und $\Delta J = 0, \pm 1$ für die komplizierten Atome erhalten.

### 1.5.8 Multiplett-Spektren der Mehr-Elektronen-Atome

Die Beschreibung der Energiespektren der Atome mit beliebig vielen Elektronen kann aufgrund der periodischen Systematik der Elektronenkonfigurationen erfolgen.

Es ist üblich, eine Unterteilung der Energiestrukturen nach den $nl$-Unterschalen vorzunehmen. Da wir die Ein- und Zwei-Elektronen-Systeme mit den s- und $s^2$-Unterschalen in den vorhergehenden Abschnitten behandelt haben, unterteilen wir den jetzigen Abschnitt in Elemente mit np- und nd-Unterschalen. Allerdings sind die herausgegriffenen Beispiele nur selektiv.

### 1.5.8.1 Die Elemente der p-Gruppen

Der Aufbau der Elemente mit p-Elektronen erfolgt in den folgenden Gruppen und Spalten des Periodensystems:

| $p^1$ | $p^2$ | $p^3$ | $p^4$ | $p^5$ | $p^6$ |
|---|---|---|---|---|---|
| B | C | N | O | F | Ne |
| Al | Si | P | S | Cl | A |
| Ga | Ge | As | Se | Br | Xe |
| In | Sn | Sb | Te | I | Xe |
| Tl | Pb | Bi | Po | At | Rn |

Als Beispiel der dritten Gruppe $p^1$ (IIIa nach Periodentafel) mit drei Elektronen in den beiden äußeren Unterschalen beschreiben wir das Termdiagramm von Al($1s^2 2s^2 2p^6 3s^2 3p$) in Abb. 1.47. Die Energieniveaus lassen sich in *einfache* und *komplexe* Terme mit den folgenden Elektronenkonfigurationen aufteilen:

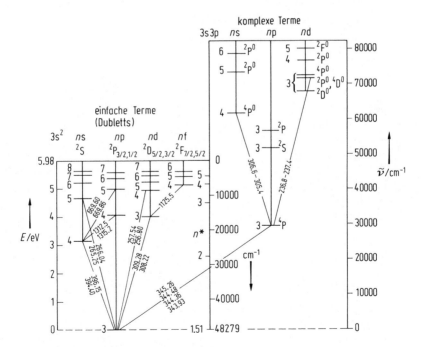

**Abb. 1.47** Termschema des Aluminium-Atoms (optische Übergänge in nm); $n^*$ stellen Wasserstoffterme zum Vergleich dar.

118    1 Atome

einfache Terme:     $3s^2 nl$,     *Dubletts*;
komplexe Terme:     $3s\,3p\,nl$,     *Dubletts und Quartetts*.

Die Terme der angeregten Zustände können daher dadurch charakterisiert werden, dass zehn Elektronen in ihren Unterschalen verbleiben, während ein Elektron aus der $3s^2$- oder der 3p-Unterschale in einen angeregten Zustand übergeht.

Die Elemente der vierten Gruppe (IVa) – C, Si, Fe, Sn und Pb – haben die Grundzustandskonfiguration $ns^2 np^2$ ($n = 2, 3, 4, 5, 6$), deren Terme $^3P_0$ von der Theorie vorausgesagt werden. Als Beispiel ist in Abb. 1.48 das Termschema des Kohlenstoffatoms wiedergegeben. Die *geraden* und *ungeraden* Terme beziehen sich auf gerades oder ungerades $\sum_i l_i$ für die angegebenen Bahndrehimpulse $l_i$. Wie man der Abbildung entnimmt, geht ein Elektron entweder aus der $2s^2$- oder der $2p^2$-Unterschale in einen angeregten Zustand über.

Die Elemente N, P, As, Sb und Bi der fünften Gruppe (Va) des Periodensystems mit den Grundzustandskonfigurationen $ns^2 np^3$ ($n = 2, 3, 4, 5, 6$) besitzen den Term $^4S_{3/2}$ (siehe Tab. 1.6). Angeregte Zustände haben die Elektronenkonfigurationen $2s^2 2p^2 ns$, $2s^2 2p^2 np$, $2s^2 2p^2 nd$ oder $2s^2 2p^3$. Abb. 1.49 gibt als Beispiel das Termdiagramm von Stickstoff-Atomen wieder.

In der sechsten Gruppe (VIa) des Periodensystems haben die Atome O, S, Se, Te und Po Grundzustandskonfigurationen $ns^2 np^4$ $^3P_2$. Abb. 1.50 zeigt das Termschema von Sauerstoff-Atomen. Wir bemerken, dass ($\Delta l = \pm 2$)-Übergänge (*Quadrupolübergänge*) im Sauerstoff-Atom möglich sind; die Linie mit der Wellenlänge $\lambda = 557.73$ nm ist die prominenteste Auroralinie des Nordlichts. Die zwei roten Quadrupollinien – $\lambda = 636.39$ nm, $\lambda = 630.04$ nm – sind intensive Nebularlinien. Diese

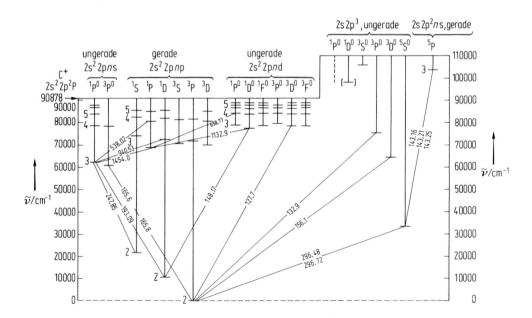

**Abb. 1.48** Termschema des Kohlenstoff-Atoms (optische Übergänge in nm).

1.5 Struktur der Atome mit mehreren Elektronen   119

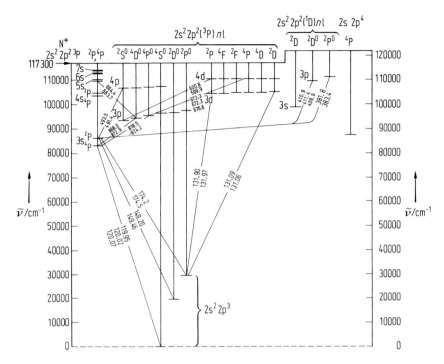

**Abb. 1.49** Termschema des Stickstoff-Atoms (optische Übergänge in nm).

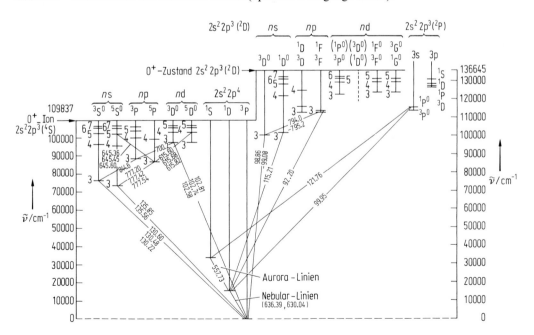

**Abb. 1.50** Termschema des Sauerstoff-Atoms mit Angabe astrophysikalischer Linien (optische Übergänge in nm).

astrophysikalischen Linien sind jedoch wegen ihrer geringen absoluten Intensität sehr schwer im Labor zu beobachten.

Die Elemente der siebten Gruppe (VIIa) sind die Halogene mit den Grundzustandskonfigurationen $ns^2 np^5$, so dass lediglich ein Elektron in einer vollen $p^6$-Unterschale fehlt. Die angeregten Zustände $ns^2 np^4\,nl$ besitzen Dublett- und Quartett-Konfigurationen. Abb. 1.51 zeigt das Termdiagramm des Fluor-Atoms, des leichtesten Halogens. Der Grundzustand ist ein invertierter $^2P_{1/2,3/2}$-Zustand, d. h. der $^2P_{3/2}$-Zustand liegt niedriger als der $^2P_{1/2}$-Zustand.

Die Atome der achten Gruppe (VIIIa) sind die Edelgase Ne, Ar, Kr, Xe, Rn (Radon) mit abgeschlossenen äußeren $np^6$-Unterschalen. Der Gesamtdrehimpuls der Grundzustände aller Edelgasatome wie auch der Gesamtbahn- und Gesamtspindrehimpuls verschwindet. Die Termkonfigurationen dieser Grundzustände sind daher durch das Termsymbol $n^1S_0$ gekennzeichnet. Die angeregten Zustände der Edelgase lassen sich herleiten, indem wir, von den Ionen der Edelgase ausgehend, die Bindung eines zusätzlichen Elektrons bestimmen. Die Ionen der Edelgase sind entweder im $^2P_{1/2}$- oder im $^2P_{3/2}$-Zustand. Die Atome unterliegen in angeregten Zuständen der sogenannten $j,l$-Kopplung, die wie folgt zustande kommt: Das angeregte Elektron wechselwirkt mit dem Atomrumpf $np^5$ derart, dass der Gesamtdrehimpuls

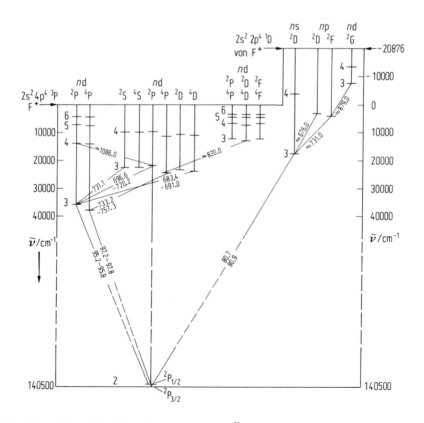

**Abb. 1.51** Termschema des Fluor-Atoms (optische Übergänge in nm).

1.5 Struktur der Atome mit mehreren Elektronen 121

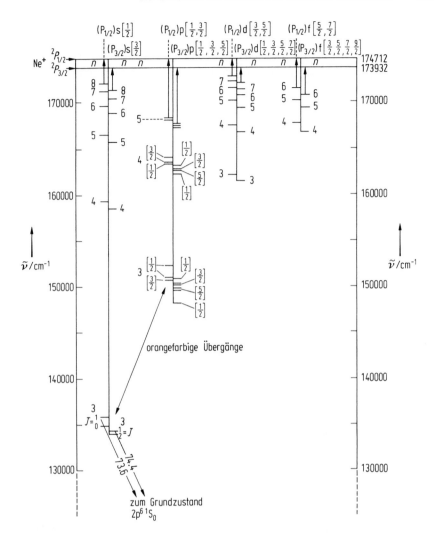

**Abb. 1.52** Termschema des Neon-Atoms. Die Zahlen in den eckigen Klammern geben die Drehimpulsquantenzahl $K$ wieder. Optische Übergänge in nm.

des Atomrumpfs und der Bahndrehimpuls $l$ des angeregten Elektrons vektoriell zu einem resultierenden Drehimpuls $K$ addiert werden: $K = j + l$. Die Nomenklatur des zugehörigen Terms ist $(j)l[K]_J$, mit $J$ als Summe des Gesamtdrehimpulses des Atomrumpfs und des Elektrons außerhalb dieses Cores. Für die Edelgase mit den $^2P_{1/2,3/2}$-Zuständen des $np^5$-Rumpfs ergeben sich die Termbezeichnungen $(P_{1/2})l[K]_J$ und $(P_{3/2})l[K]_J$ für die angeregten Atome.

Abb. 1.52 gibt das Termschema des Neon-Atoms mit diesen Termbezeichnungen wieder. Bei $n = 3$ ist klar erkennbar, dass die beiden Ionisationsgrenzen Ne$^{+ \, 2}P_{1/2,3/2}$ zu einer Verdopplung der Terme führen. Die komplizierte Struktur der verschiedenen Terme zeigt sich in den Werten für $K$ in den eckigen Klammern. Übergänge zwischen den Zuständen ($^2P_{1/2,3/2}$) 3p und ($^2P_{1/2,3/2}$) 3s resultieren in einer beträchtlichen Anzahl von Spektrallinien in rosaroten Farben, die typisch für Neon-Entladungsröhren sind. Die anderen Edelgasatome zeigen eine dem Neon-Atom ähnliche Termstruktur; die Aufspaltungen einer gegebenen Konfiguration sind bei den schweren Edelgasen jedoch größer als beim Neon.

### 1.5.8.2 Die Elemente der d-Gruppen

Wir beenden hier die Diskussion der Atomspektren und verweisen auf die Spezialliteratur für die Atome der Übergangselemente, der Lanthanoide und der Actinoide (die Elemente der d-Gruppen). Die Termschemen all dieser Atome zeichnen sich besonders durch die Vielzahl und die Komplexität der niedrig liegenden Zustände aus, was zur Folge hat, dass die Spektren aus sehr vielen Linien bestehen (*Viellinien-Spektren* wie z. B. für Eisen).

### 1.5.9 Energiestruktur und Spektren positiver Ionen

Ionen der Atome können positiv oder negativ geladen sein. In diesem Abschnitt behandeln wir zunächst die positiv geladenen Ionen. Alle diese Ionen haben Ladungen, die ganzzahlige Vielfache der positiven Einheitsladung $e$ sind: Ein Ion wird durch das entsprechende Atomsymbol mit der Ladung $n+$ oder nur den positiven Zeichen $+, ++, \ldots$ gekennzeichnet:

$A^{n+}$, z. B. $He^+$, $He^{++}$, $Li^{+++}$ oder $Li^{3+}, \ldots, U^{91+}$. Sogenannte „isoelektronische Reihen" der Ionen beziehen sich auf das neutrale Atom mit gleicher Elektronenzahl wie die Ionen bei zunehmender Ordnungszahl: z. B. die wasserstoffgleichen Ionen $He^+$, $Li^{2+}$, $Be^{3+}, \ldots, Na^{10+}, U^{91+}, \ldots$, die heliumgleichen Ionen $Li^+$, $Be^{2+}$, $B^{3+}, \ldots$, $K^{19+}, \ldots, Lw^{101+}, \ldots$ oder die kupfergleichen Ionen $Zn^+$, $Ga^{2+}, \ldots, Xe^{25+}, \ldots, Fm^{81+}$, $\ldots$ . Die Energiestruktur der wasserstoffgleichen Ionen basiert auf der Zunahme der Coulomb-Wechselwirkung mit $Z^2$, dem Quadrat der Kernladung des Ions, so dass die Bohr'schen Energiewerte mit $Z^2$ multipliziert werden (Gl. (1.8)). Entsprechend nimmt die Dublett-Aufspaltung der Terme mit nichtverschwindendem Bahndrehimpuls $l \neq 0$ mit $Z^4$ für wasserstoffgleiche Ionen zu. Der Hauptanteil der $n$S-Lamb-Shifts der wasserstoffgleichen Ionen nimmt ebenfalls mit $Z^4$ zu, da die Eigenfunktionen der $n$S-Zustände proportional zu $Z^3$ sind und der Gradient des elektrischen Feldes des Atomkerns proportional zu $Z$ ist.

Betrachten wir nun die Ionen mit mehr als einem Elektron, so nimmt die Coulomb-Energie eines Elektrons in dem Zustand mit der Quantenzahl $n$ proportional zu $(Z-s)^2$ zu, wobei $s$ die Abschirmung der Kernladung $Z$ durch die anderen Elektronen beschreibt. Da die Abschirmung $s$ von $l$ abhängt, aber näherungsweise unabhängig von $Z$ ist, nimmt die Energiedifferenz zwischen Orbitalen mit gleichem $n$, aber verschiedenem $l$ annähernd linear mit $Z$ zu, d. h. $E_{n,l} - E_{n,l'} \approx \text{konst} \cdot Z$. Als Beispiel hierfür betrachten wir die ($n = 3$)-Konfigurationen der isoelektronischen Magnesium-Reihe (Abb. 1.53). Die Energien der verschiedenen Zustände sind in Einheiten der Energie des $3s3p\,^1P$-Zustandes aufgetragen. In dieser Form der Darstellung sind die Energiedifferenzen der Ionenzustände angenähert konstant. Diese

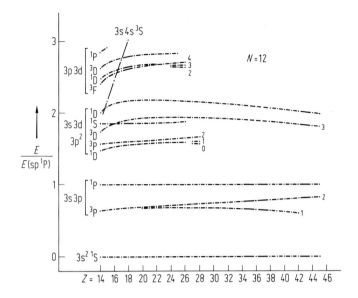

**Abb. 1.53** Beobachtete ($n = 3$)-Zustände der isoelektronischen Magnesium-Reihe ($N = 12$, Zahl der Elektronen). Die Energien der Zustände sind in Einheiten der Energie des (3s3p$^1$P)-Zustandes dargestellt (nach Edlén [7]).

Approximation erscheint für niedrige Quantenzahlen $nl$ offensichtlich besser als für höhere Quantenzahlen erfüllt zu sein.

Laborexperimente und auch astrophysikalische Prozesse verschiedenster Art haben zum Nachweis und zur präzisen Vermessung von Ionenlinien und Spektren mit extrem hohem Ionisationsgrad geführt (Abschn. 1.7.4.5).

### 1.5.10 Negative Ionen

Negative Ionen der Atome können durch das Vielfache der negativen Einheitsladung bezeichnet werden: A$^-$, A$^{--}$ oder A$^{n-}$ – analog zu der Klassifizierung positiver Ionen im vorherigen Unterabschnitt. *Im Allgemeinen reicht jedoch die Bindungsstärke des Atoms nur dazu aus, ein einzelnes Elektron zu binden.* Die Bindungsenergie des an das neutrale Atom (A) angelagerten Elektrons wird als atomare **Elektronenaffinität** $E_{EA}(A)$ bezeichnet und quantitativ wie folgt definiert:

$$E_{EA}(A) = E_{tot}(A) - E_{tot}(A^-), \qquad (1.242)$$

wobei $E_{tot}(A)$ und $E_{tot}(A^-)$ die Gesamtenergien des neutralen Atoms bzw. des negativen Ions im Grundzustand bezeichnen. Die Elektronenaffinität ist positiv, wenn das negative Ion stabil ist. Bei negativer Elektronenaffinität kann das entsprechende negative Ion nicht existieren.

Tab. 1.10 gibt die Elektronenaffinitäten für Elemente mit der Kernladung $Z \leq 86$ wieder, aus denen folgende Schlussfolgerungen gezogen werden können: Atome mit abgeschlossenen $ns^2$- und $np^6$-Unterschalen besitzen keine stabilen negativen Ionen

**Tab. 1.10** Elektronenaffinitäten (in eV) der Atome (a) für Elemente der Hauptgruppen des Periodensystems (< 0 bedeutet, dass das negative Ion nicht stabil ist) und (b) für Elemente der drei langen Reihen [8].

| ¹H 0.754209 | | | | | | | ²He < 0 |
|---|---|---|---|---|---|---|---|
| ³Li 0.6180 | ⁴Be < 0 | ⁵B 0.277 | ⁶C 1.2629 | ⁷N < 0 | ⁸O 1.4611215 | ⁹F 3.399 | ¹⁰Ne < 0 |
| ¹¹Na 0.54793 | ¹²Mg < 0 | ¹³Al 0.441 | ¹⁴Si 1.385 | ¹⁵P 0.7465 | ¹⁶S 2.077120 | ¹⁷Cl 3.617 | ¹⁸Ar < 0 |
| ¹⁹K 0.50147 | ²⁰Ca < 0 | ³¹Ga 0.3 | ³²Ge 1.2 | ³³As 0.81 | ³⁴Se 2.02069 | ³⁵Br 3.365 | ³⁶Kr < 0 |
| ³⁷Rb 0.48592 | ³⁸Sr < 0 | ⁴⁹In 0.3 | ⁵⁰Sn 1.2 | ⁵¹Sb 1.07 | ⁵²Te 1.9708 | ⁵³I 3.0591 | ⁵⁴Xe < 0 |
| ⁵⁵Cs 0.47163 | ⁵⁶Ba < 0 | ⁸¹Tl 0.2 | ⁸²Pb 0.364 | ⁸³Bi 0.946 | ⁸⁴Po 1.9 | ⁸⁵At 2.8 | ⁸⁶Rn < 0 |

(a)

| ²⁰Ca < 0 | ²¹Sc 0.188 | ²²Ti 0.079 | ²³V 0.525 | ²⁴Cr 0.666 | ²⁵Mn < 0 | ²⁶Fe 0.163 | ²⁷Co 0.661 | ²⁸Ni 1.156 | ²⁹Cu 1.228 | ³⁰Zn < 0 |
|---|---|---|---|---|---|---|---|---|---|---|
| ³⁸Sr < 0 | ³⁹Y 0.307 | ⁴⁰Zr 0.426 | ⁴¹Nb 0.893 | ⁴²Mo 0.746 | ⁴³Tc 0.55 | ⁴⁴Ru 1.05 | ⁴⁵Rh 1.137 | ⁴⁶Pd 0.557 | ⁴⁷Ag 1.302 | ⁴⁸Cd < 0 |
| ⁵⁶Ba < 0 | ⁵⁷La 0.5 | ⁷²Hf ≈ 0 | ⁷³Ta 0.322 | ⁷⁴W 0.815 | ⁷⁵Re 0.15 | ⁷⁶Os 1.1 | ⁷⁷Ir 1.565 | ⁷⁸Pt 2.128 | ⁷⁹Au 2.30863 | ⁸⁰Hg < 0 |

(b)

im Grundzustand. Offensichtlich kann das Wasserstoffatom ein stabiles negatives Ion mit der Konfiguration H⁻ (1s²) bilden, da das Pauli-Prinzip dem nicht widerspricht. Das Heliumatom kann jedoch wegen des Pauli-Prinzips kein weiteres Elektron im Quantenzustand mit $n = 1$ anlagern und besitzt daher kein stabiles negatives Ion. Diese Überlegung gilt gleichermaßen für alle übrigen Edelgasatome mit abgeschlossenen $np^6$-Schalen und für alle Erdalkalimetallatome und Zink, Cadmium und Quecksilber mit der abgeschlossenen Elektronenkonfiguration $ns^2$.

Für Atome mit abgeschlossenen Schalen kann wegen des Pauli-Prinzips ein weiteres Elektron nur in einem höheren Quantenzustand angelagert werden. Solche negativen Ionen in höheren Quantenzuständen spielen eine wichtige Rolle in atomaren Stoßprozessen, insbesondere bei Kollisionen zwischen Elektronen und Atomen, in denen negative, angeregte Ionen bei bestimmten resonanten Elektronenenergien entstehen (Abschn. 1.10.4.2). Diese angeregten negativen Ionen können metastabil sein (Lebensdauern von der Größenordnung von Mikrosekunden, z. B.

für den negativen Ionenzustand He$^-$(1s2s2p$^4$P$_0$)) oder sehr kurze Lebensdauern besitzen – z. B. $10^{-13} - 10^{-14}$ s für H$^-$(1s$nl$). Der Zerfall der angeregten, negativen Ionen erfolgt durch **Autoionisation**, d. h. das Ion zerfällt in das neutrale Atom und in ein Elektron. Solche Prozesse gehen am schnellsten aufgrund der Coulomb-Wechselwirkung (für Zustände mit sehr kurzen Lebensdauern) und am langsamsten mittels Spin-Spin- oder Spin-Bahn-Wechselwirkung (für metastabile Zustände) vor sich.

Auffallend in Tab. 1.10 sind die relativ großen Elektronenaffinitäten der Halogenatome F, Cl, Br und I. Atome mit der Konfiguration $n$p$^5$ haben eine starke Tendenz (Affinität), ihre äußere Schale zu vervollständigen. Negative Ionen spielen wichtige Rollen in elektrischen Gasentladungen und in Absorptionsprozessen der planetarischen und solaren Atmosphären. Negative Ionen werden auch in Teilchenbeschleunigern verwendet, wo sie nach Beschleunigung in einem statischen Feld auf einem hohen positiven Potential in positive Ionen umgewandelt (z. B. Elektronen-Stripping beim Durchgang durch eine dünne Folie) und danach noch mal zu einer geerdeten oder negativen Elektrode hin beschleunigt werden.

### 1.5.11 Energiestruktur der inneren Schalen: Röntgenspektren, Auger-Effekt und Coster-Kronig-Übergänge

In den vorangehenden Abschnitten haben wir die Energiestruktur der Elektronen in den inneren Schalen unberücksichtigt gelassen, obwohl wir deren Elektronen-Konfigurationen bereits ausführlich dargestellt haben. Wir haben außerdem in den obigen Abschnitten gelernt, wie optische Strahlungsübergänge durch Energieänderungen der Elektronen in den äußersten Schalen stattfinden. Bei solchen Übergängen ändern sich die Quantenzahlen des Elektrons, das mit der Absorption oder Emission der Strahlung verknüpft ist. Übergänge dieser Art innerhalb oder zwischen abgeschlossenen Schalen oder Unterschalen der Elektronenhüllen sind nicht möglich, da die Gesamtelektronenkonfiguration sich nicht ändert; deshalb muss die Gesamtenergie der abgeschlossenen Schalen konstant bleiben. Wir können daher die Energie der abgeschlossenen Schalen und Unterschalen der Elektronenhüllen nicht direkt vermessen.

Die Entdeckung der **charakteristischen und kontinuierlichen Röntgenstrahlung** (durch Röntgen 1896) hat jedoch zu einer Analyse der Energiestruktur der inneren Schalen geführt. Die charakteristischen Röntgenstrahlen sind monoenergetische Photonen im Wellenlängenbereich von ca. 0.01 bis 10 nm. Mittels eines Erzeugungsmechanismus (Abschn. 1.10), der auf Stößen zwischen Atomen und Elektronen, Ionen oder anderen Teilchen basiert, können Elektronen aus *inneren Schalen* herausgeschlagen werden. Dasselbe kann durch Absorption von Photonen erzielt werden. Das Atom A wird dabei in einer inneren Schale ionisiert. Mit anderen Worten, in einer inneren Schale fehlt dann ein Elektron in der zuvor abgeschlossenen vollen Unterschale. Es möge zum Beispiel ein Elektron aus der 1s$^2$-Unterschale hinausgeschlagen worden sein, so dass das entsprechende Ion die Konfiguration A$^+$ (1s2s$^2$2p$^6$ ...) hat (man sagt, die K-Schale des Atoms habe ein *Elektronenloch*!). Entsprechende Elektronenlöcher können auch in den L-, M-Schalen usw. erzeugt worden sein. Die K-Schalen-Elektronen sind am stärksten durch den Atomkern gebunden; danach folgen die L-Schalen-Elektronen, die M-Schalen-Elektronen usw. Die

Lücken der Elektronen in den Schalen, die am stärksten gebunden sind, können durch Elektronen wieder aufgefüllt werden, z. B. kann eine Lücke in der K-Schale dadurch geschlossen werden, dass ein Elektron aus der L-Schale (oder M-, N-Schale usw.) in die K-Schale „*springt*". Da ein Elektron in der L-Schale schwächer gebunden ist als ein Elektron in der K-Schale, wird Energie von dem Ion in Form eines Photons freigegeben. Wir können diesen Prozess wie folgt beschreiben:

$$A^+(K) \rightarrow A^+(L) + h\nu_{KL}.$$

Das Ion $A^+(K)$ mit einer Elektronenlücke in der K-Schale geht über in ein Ion $A^+(L)$ mit einer Elektronenlücke in der L-Schale. Bei diesem Übergang wird die K-Schale mit einem Elektron der L-Schale aufgefüllt, wobei eine *charakteristische Röntgenlinie* mit der Energie $h\nu_{KL}$ entsteht. Das Elektronenloch der K-Schale ist weitergegeben worden an die L-Schale. Sukzessive kann das L-Schalen-Elektronenloch durch ein Elektron der M-, N-Schale usw. aufgefüllt werden, wobei die freiwerdende Energie $h\nu_{LM}$, $h\nu_{LN}$, ... in der Emission einer charakteristischen Röntgenlinie auftritt. Die Interpretation dieser charakteristischen Röntgenlinien ist überraschend einfach; wir behandeln die zu einer Röntgenlinie gehörenden Energieniveaus wasserstoffähnlich mit einer Abschirmungskonstanten $\sigma_n$ für die Kernladung $Z$ oder einer effektiven Kernladungszahl $Z_{eff} = Z - \sigma_n$. Der Energiezustand eines Elektrons einer inneren Schale wird dann approximativ durch eine modifizierte Bohr'sche Formel mit der Hauptquantenzahl $n$ und der effektiven Ladung $Z - \sigma_n$ dargestellt:

$$E_n = -Rhc \frac{(Z-\sigma_n)^2}{n^2}, \qquad (1.243)$$

hierbei sind $n = 1, 2, 3, 4, \ldots$ den K-, L-, M-, N-Schalen ... zugeordnet. Diese Formel beschreibt die Grobstruktur der Energie eines Elektrons einer inneren Schale.

In Analogie zu der Feinstruktur der Valenzelektronen gibt es eine solche Feinstruktur auch für die Elektronen der inneren Schalen. Wie bei der obigen Formel für die Grobstruktur beschreiben wir die Feinstruktur der Elektronen der inneren Schalen wasserstoffähnlich, d. h. wir verwenden die Sommerfeld'sche oder quantenmechanische Feinstruktur-Formel mit einer weiteren Abschirmungsgröße $s$ bzw. einer weiteren effektiven Kernladung $Z_{eff} = Z - s_n$:

$$E_{j,l} = -\frac{hcR\alpha^2(Z-s_n)^4}{n^3}\left[\frac{1}{j+1/2} - \frac{3}{4n}\right]; \qquad (1.244)$$

hierbei benutzen wir die Quantenzahlen, $j$, $l$ und $s$ mit $= l \pm 1/2$ – wie bei der Beschreibung der Feinstruktur des Wasserstoffs (Abschn. 1.3.6).

Die verschiedenen Schalen haben daher für die Elektronenlöcher eine wasserstoffähnliche Grob- und Feinstruktur der Energien. Beginnen wir mit der K-Schale, die mit zwei Elektronen in der $1s^2$-Konfiguration voll besetzt ist. Fehlt ein Elektron in der K-Schale, liegt eine $1s^2 S_{1/2}$-Konfiguration vor. In der L-Schale gibt es drei Möglichkeiten für die Elektronenlücken mit den Konfigurationen $2s\,2p^6\,{}^2S_{1/2}$, $2s^2\,2p^5\,{}^2P_{1/2}$ und $2s^2\,2p^5\,{}^2P_{3/2}$. Die 2s-Elektronenlücke hat eine Elektronenkonfiguration mit $l = 0$, während die Elektronenlücke der $2p^5$-Elektronen eine Konfiguration mit $l = 1$ besitzt. Daher benutzen wir die uns bekannten Termsymbole ${}^2S_{1/2}$ und ${}^2P_{1/2,3/2}$ für die resultierenden Konfigurationen der Elektronenlöcher. Die Spin-Bahn-Wechselwirkung in den Elektronenlücken tritt in der uns geläufigen Form in den Termsymbolen auf. Nun erkennen wir schon die Fortsetzung dieses Schemas: In der M-Schale sind fünf Konfigurationen $3s3p^63d^{10}\,^2S_{1/2}$; $3s^23p^53d^{10}\,^2P_{1/2,3/2}$ und $3s^23p^63d^9\,^2D_{3/2,5/2}$. In der N-Schale haben wir zusätzlich $^2F_{5/2,7/2}$-Konfigurationen und entsprechend in der O-Schale $^2G_{7/2,9/2}$-Konfigurationen. Eine weitere Folgerung dieser wasserstoffähnlichen Beschreibung betrifft die Übergangsregeln für Elektronenlücken zwischen den Schalen; sie sind identisch mit optischen Auswahlregeln für Ein-Elektronen-Atome, die wir zuvor behandelt haben: $\Delta l = \pm 1$, $\Delta j = 0, \pm 1$, $n$ beliebig. Traditionell haben sich spezielle Bezeichnungen für die Energien der Schalen und Unterschalen und für die Übergänge zwischen den Schalen herausgebildet. Tab. 1.11 fasst diese verschiedenen Bezeichnungen zusammen. Die K-Schale hat nach den Formeln (1.243) und (1.244) nur einen Energieterm, während die L-Schale in 3 Unterschalen $L_I$, $L_{II}$ und $L_{III}$ aufspaltet, die respektive mit den obigen Gesamtkonfigurationen $2^2S_{1/2}$, $2^2P_{1/2}$ und $2^2P_{3/2}$ identisch sind. Entsprechend gibt es die $M_I$-, ..., $M_V$-Unterschalen in der M-Schale mit den oben beschriebenen Gesamtkonfigurationen, die auch in der Tabelle aufgeführt sind. Übergänge zwischen der K-Schale und den L-Unterschalen sind nach den Auswahlregeln zwischen der K-Schale und den $L_{II}$- und $L_{III}$-Unterschalen erlaubt, die zugehörigen Röntgenlinien werden $K_{\alpha 1}$- und $K_{\alpha 2}$-Linien genannt. Weitere K- und L-Linien sind in Tab. 1.11 angegeben.

Wir haben somit die Systematik der Energiestruktur der inneren Elektronenschalen des Atoms und der möglichen Röntgenlinien erläutert; wenden wir uns nun den experimentellen Resultaten zu. Die Energiestruktur der inneren Elektronenschalen der Atome kann mittels der Absorption kurzwelliger elektromagnetischer Strahlung oder der Emission der Röntgenstrahlung durch Stoßanregung untersucht werden. Das Schema einer klassischen Röntgenröhre ist in Abb. 1.54 erläutert. Die Röntgenstrahlen in dieser Röhre werden beim Aufprall der energetischen Elektronen auf die Anode erzeugt. Da die inneren Elektronenschalen der Atome weitgehend von Festkörper-Wechselwirkungen frei sind, kann man erwarten, dass die Emission der charakteristischen Röntgenstrahlung einer solchen Röntgenröhre näherungsweise mit der freier Atome identisch ist. Wir weisen jedoch bereits jetzt darauf hin, dass heutzutage mittels moderner Methoden Röntgenstrahlung durch direkte Stoßanregung freier Atome (frei von Festkörpereinflüssen) erzeugt werden kann (siehe z. B. Abb. 1.71. Abb. 1.55 zeigt typische Beispiele von *Röntgenspektren*. Während die Spektren von Chrom und Wolfram offenbar kontinuierlich ohne Struktur verlaufen, besitzt das Molybdän-Spektrum zwei scharfe Peaks. Diese Peaks sind die charakteristische $K_\beta$-Linie bei 0.06 nm und die $K_\alpha$-Linie bei 0.07 nm; sie sind in dieser Darstellung offenbar nicht weiter aufgelöst (d.h. in verschiedene α- und β-Komponenten nach Tab. 1.11). Die kontinuierlichen Spektren von Chrom und Wolfram und die kontinuierlichen Anteile des Molybdän-Spektrums repräsentieren die *Röntgen-Bremsstrahlung* dieser Elemente, die beim Abbremsen der Elektronen durch die Atome erzeugt wird (nächster Abschnitt). Im Allgemeinen überlagern sich in den vermessenen Röntgenspektren die Anteile der Bremsstrahlung und der charakteristischen Röntgenstrahlung. Wir beobachten in Abb. 1.55 einen gemeinsamen Schwellenwert für den Anfang der drei Bremsstrahlungsspektren auf der kurzwelligen Seite. Die Erklärung hierfür beruht auf der gleichen kinetischen Energie $eU$ der Elektronen, die mit 35 keV auf die Anode prallen. Aufgrund der Erhaltung der Energie sollte die maximal mögliche Energie der Bremsstrahlungsphotonen der Be-

**Tab. 1.11** Nomenklatur der K-, L- und M-Schalen mit den Gesamtkonfigurationen $1^2S_{1/2}$, $2^2S_{1/2}$, $2^2P_{1/2}$ ... und den Bezeichnungen der zugehörigen Röntgenlinien in den Schnittpunkten der beiden Koordinatenachsen.

| Elektronen-Konfiguration | Schalen | K-Linien<br>K | L-Linien<br>$L_I$ | $L_{II}$ | $L_{III}$ |
|---|---|---|---|---|---|
| $1^2S_{1/2}$ | K | | | | |
| $2^2S_{1/2}$ | $L_I$ | | | | |
| $2^2P_{1/2}$ | $L_{II}$ | $\alpha_2$ | | | |
| $2^2P_{3/2}$ | $L_{III}$ | $\alpha_1$ | | | |
| $3^2S_{1/2}$ | $M_I$ | | | $\eta$ | $l$ |
| $3^2P_{1/2}$ | $M_{II}$ | } $\beta_1$ | $\beta_4$ | | |
| $3^2P_{3/2}$ | $M_{III}$ | | $\beta_3$ | | |
| $3^2D_{3/2}$ | $M_{IV}$ | | $\beta_{10}$ | $\beta_1$ | $\alpha_2$ |
| $3^2D_{5/2}$ | $M_V$ | | $\beta_9$ | | $\alpha_1$ |
| $4^2S_{1/2}$ | $N_I$ | | | | |
| $4^2P_{1/2}$ | $N_{II}$ | } $\beta_2$ | $\gamma_2$ | | |
| $4^2P_{3/2}$ | $N_{III}$ | | $\gamma_3$ | | |
| $4^2D_{3/2}$ | $N_{IV}$ | | | $\gamma_1$ | $\beta_{15}$ |
| $4^2D_{5/2}$ | $N_V$ | | | | $\beta_2$ |
| $4^2F_{5/2}$ | $N_{VI}$ | | | | |
| $4^2F_{7/2}$ | $N_{VII}$ | | | | |
| $5^2S_{1/2}$ | $O_I$ | | | $\gamma_8$ | $\beta_7$ |
| $5^2P_{1/2}$ | $O_{II}$ | | } $\gamma_4$ | | |
| $5^2D_{3/2}$ | $O_{III}$ | | | | |
| $5^2D_{3/2}$ | $O_{IV}$ | | | $\gamma_6$ | } $\beta_5$ |
| $5^2D_{5/2}$ | $O_V$ | | | | |

## 1.5 Struktur der Atome mit mehreren Elektronen

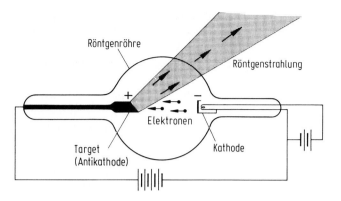

**Abb. 1.54** Schema einer Röntgenröhre mit der Kathode auf negativem und der Anode (Antikathode) auf positivem Potential. Beim Aufprallen der Elektronen auf die Anode entstehen Röntgenstrahlen.

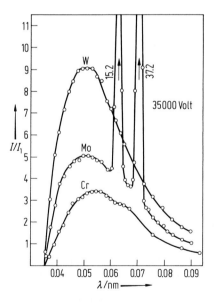

**Abb. 1.55** Röntgenemissionsspektren von Chrom (Cr), Molybdän (Mo) und Wolfram (W), erzeugt durch 35-keV-Elektronen. Die Peaks bei 0.06 nm und 0.07 nm stellen die $K_\alpha$- bzw. $K_\beta$-Linien des Molybdäns dar. Die Intensität $I$ in Abhängigkeit von der Wellenlänge $\lambda$ ist in willkürlichen Einheiten $I_1$ angegeben (nach Urey [9]).

ziehung $h\nu_{Max} = eU$ gehorchen. Diese Energiebeziehung für die Grenzwellenlänge ist vollauf bestätigt worden.

Neben der Emissionsspektroskopie charakteristischer Röntgenstrahlung gibt es eine Absorptionsspektroskopie. Wie im optischen Spektralbereich für Licht erfährt ein Röntgenstrahl eine Verminderung seiner anfänglichen Intensität $I_0$, wenn er ein Target passiert. Das typische exponentielle Gesetz für die gemessene Intensität, $I_0 = I_0 e^{-\mu x}$, hinter dem Target der Dicke $x$, ergibt einen **Absorptionskoeffizienten $\mu$ der Röntgenstrahlung**, der, in weiten Bereichen, monoton mit zunehmender Frequenz oder Energie abnimmt (Abb. 1.56).

Daher haben energiereiche (*harte*) Röntgenstrahlen ein größeres Materie-Durchdringungsvermögen als energieärmere (*weiche*) Röntgenstrahlen. Wenn jedoch die Energie der einfallenden Strahlung groß genug ist, können Elektronen aus den K-, L-, ...-Schalen herausgeschlagen werden. Der Absorptionswirkungsquerschnitt $Q = \mu/n$ ($n =$ Atomdichte) zeigt dann einen abrupten Anstieg, den man nach seinem typischen Verhalten als *Absorptionskante* der K-, L-, ...-Schale oder Unterschale

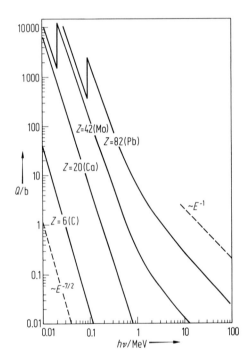

**Abb. 1.56** Wirkungsquerschnitt $Q = \mu/n$ ($\mu =$ Absorptionskoeffizient, $n =$ Atomzahldichte) der Photoionisation als Funktion der Photoenergie $h\nu$ für schwere und leichte Atome. Die Steigung $E^{-7/2}$ und $E^{-1}$ ergeben sich für die Born'sche Näherung (Photoenergie $h\nu$ groß gegenüber der Bindungsenergie des Elektrons, d.h. $h\nu \gg E_{j,n}$, s. Abschn. 1.10.3) und für den Fall, dass die Photonenenergie groß gegenüber der Ruheenergie der Elektronen ist ($h\nu \gg mc^2$); die Einheit b = barn = $10^{-24}$ cm$^2$ wird üblicherweise in der Kernphysik (Kap. 4) verwendet; die Absorptionskanten, die scharfen Peaks bei ca. 20 keV für Mo und ca. 80 keV für Pb deuten den Einsatz der K-Schalen-Absorption an.

bezeichnet, wobei die zugehörige Röntgenstrahlfrequenz $v_K$, $v_L$, ... die Energie $E_n$ der Schale bestimmt: $hv_K$, $hv_L$, ... und wir definieren wie in der optischen Spektroskopie Termwerte für Zustände innerer Schalen durch die Beziehung $T_n = -E_n/hc = R(Z - \sigma_o)^2/n^2$ nach Gl. (1.243). Die Wellenzahlen für erlaubte Übergänge ergeben sich dann nach dem Kombinationsprinzip zu $\bar{v} = 1/\lambda = T_n - T_{n'}$. Mit anderen Worten, in der Emissionsspektroskopie ergeben die Wellenzahlen die Termdifferenzen, während in der Absorptionsspektroskopie die Termwerte $T_n$ oder Energien $E_n$ gemessen werden. Die Beschreibung wird noch durch die experimentelle Beobachtung vereinfacht, dass die Wellenzahlen der K-, L-, ...-Spektralserien der charakteristischen Linien dem sog. **Moseley'schen Gesetz** folgen: Anstelle der obigen Darstellung der K-, L-, M-Röntgenspektrallinien durch Termdifferenzen

$$\bar{v} = \frac{1}{\lambda} = R\left[\frac{(Z-\sigma_{n'})^2}{n'^2} - \frac{(Z-\sigma_{n''})^2}{n''^2}\right], \tag{1.245}$$

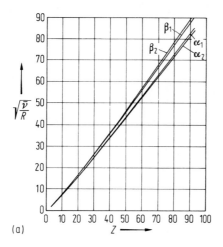

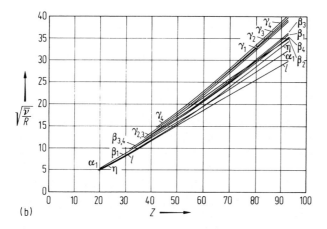

**Abb. 1.57** Moseley'sches Gesetz für die Röntgenlinien der K-Serien (a) und der L-Serien (b).

genügt angenähert *ein* Wert für die Abschirmungskonstante, z. B. für die K-Serie $\bar{v}_K = R(Z - \sigma_{n=1})^2 (1 - 1/4) = 3/4 \, R(Z - \sigma_{n=1})^2$.

In der Darstellung des Moseley'schen Gesetzes wird $\sqrt{\bar{v}/R}$ als Funktion der Ordnungszahl $Z$ aufgetragen (Abb. 1.57). Die Abschirmungskonstante $\sigma$ ist angenähert $\sigma_{n=1} \approx 1$ für die K-Serie und $\sigma_{n=2} \approx 5.8$ für die L-Serie der Spektrallinien, allerdings variieren diese Angaben wegen der Abweichung des Moseley'schen Gesetzes von der Linearität über den $Z$-Bereich. Die Genauigkeit der Wellenzahlmessungen der Spektrallinien ist groß genug, um in den Moseley-Diagrammen Feinstruktureffekte in den Röntgenlinien voneinander zu trennen. Es hat sich bewährt, die Feinstrukturterme der inneren Schalen mit effektiven Ordnungszahlen oder Abschirmungskonstanten $\sigma_n$ und $s_n$ gemeinsam zu beschreiben:

$$T_{n,l,j} = R(Z - \sigma_n)^2 - \frac{R\alpha^2(Z - s_n)^4}{n^3}\left[\frac{3}{4n} - \frac{1}{j+1/2}\right]. \tag{1.246}$$

Der zweite Teil dieser Gleichung entspricht der Sommerfeld'schen Formel (1.244) für die Feinstruktur mit der Abschirmungskonstanten $s_n$.

Wir haben bereits erläutert, dass $\sigma_n$ von $l$ abhängt, und $s_n$ außerdem von $j$; desgleichen hängen beide Größen noch in geringem Maße von $Z$ ab. Der zweite Term in Gl. (1.246) führt zur Dublett-Aufspaltung ($j = \pm 1/2$), die in der vierten Potenz von $(Z - s_n)$ abhängt und als *Spin-* oder *reguläres Dublett* bezeichnet wird, entsprechend der normalen Feinstruktur-Aufspaltung der optischen Spektren, z. B. $P_{1/2,3/2}$, $D_{3/2,5/3}$ usw. Zwei Terme mit gleichem $n$ und $j$, aber verschiedenen $l$ (d. h. $l$, $l+1$ oder $l$, $l-1$) erfahren eine weitere Dublett-Aufspaltung in *irreguläre* oder *Abschirmungsdubletts*. Diese Aufspaltung kommt dadurch zustande, dass $\sigma$ und $s$ von $l$ abhängen, wobei der erste Term gegenüber dem zweiten dominiert. Stellt man anstelle von $\sqrt{\bar{v}/R}$ der Spektrallinien in einem Mosley-Diagramm die Werte $\sqrt{T/R}$ mit den Termen $T$ der Röntgenzustände dar, so erhält man ein *Bohr-Coster-Diagramm* (Abb. 1.58), das sich direkt aus der Messung der K-, L-, M-, ...-Absorptionskanten gewinnen lässt (Abb. 1.56). Indem wir Gl. (1.246) nach $\sigma$ differenzieren, erhalten wir $\Delta T = \dfrac{2R(Z - \sigma)}{n^2} \Delta \sigma$, d. h. die Termdifferenz für ein Abschirmungsdublett, die eine lineare Funktion von $Z$ ist. Zwei Terme mit gleichem $j$ und $n$, aber verschiedenem $l$ verlaufen in dem Bohr-Coster-Diagramm parallel zueinander, wie es in Abb. 1.58 an den Beispielen für die $L_I$- und $L_{II}$-, $M_I$- und $M_{II}$-, ...-Zustände erkennbar ist. Die angenähert lineare Abhängigkeit der Abschirmungsdubletts von $Z$ hat Ähnlichkeit mit optischen Spektren isoelektronischer Sequenzen von Ionen (Abschn. 1.5.9).

Wir weisen auch noch darauf hin, dass die Abschirmungskonstanten ($\sigma_n$) für die Spektralserien der charakteristischen Röntgen-Linien und Absorptionskanten ($\sigma_K$, $\sigma_L$, ...) sehr verschieden voneinander sein können. Während $\sigma_{n=1} \approx 1$ für die K-Spektralserien ist, wird $\sigma_K \approx 2$–$3$. Dies ist verständlich, da für den charakteristischen Röntgenspektralübergang die Abschirmung nur in dem atomkern-nahen Bereich der K-Schale wirksam ist, während bei der Messung der Absorptionskante die mittlere Abschirmung in dem weiten Bereich von der betrachteten Schale bis zur Ionisationsgrenze berücksichtigt werden muss. Abb. 1.59 zeigt als Beispiel die Röntgenenergieniveaus des Cadmiums mit den erlaubten Übergängen. Wir merken an, dass die Darstellung in positiven Werten für die Wellenzahlen angegeben ist, wobei der Nullpunkt mit dem Grundzustand des neutralen Atoms zusammenfällt.

In neueren Experimenten können auch Messungen von Absorptionskanten der Röntgenstrahlen, an freien Atomen erzeugt, durchgeführt werden – im Gegensatz zu den früheren Untersuchungen an Festkörpertargets. Die Struktur solcher Absorptionskanten ist in Abb. 1.60 am Beispiel freier Edelgasatome erläutert. Sie setzt sich aus zwei Komponenten zusammen: 1. aus dem Anteil der Photoionisation, in dem das erzeugte Ion sich im Grundzustand befindet und 2. aus dem zusätzlichen Anteil, in dem das Atom gar nicht ionisiert, sondern in einen unbesetzten optischen Zustand des Atoms angeregt wird. Falls die Lebensdauer des Elektronenloches der inneren Schale hinreichend groß und daher dessen Energiebreite klein genug ist, erscheint eine Nebenkante wie z. B. für die Ar-K-Kante, die sich aus der Überlagerung der beiden geschilderten Anteile ergibt.

Neben den bisher besprochenen charakteristischen Röntgenlinien gibt es noch auf deren kurzwelliger Seite *Satelliten* und *Hypersatelliten*. Die hiermit assoziierten Linien sind sehr schwach im Vergleich zu den normalen charakteristischen Linien. Einige der Satellitenlinien konnten als Quadrupolübergänge identifiziert werden, deren Anteil an elektromagnetischen Übergängen im Vergleich zur Dipolstrahlung proportional zum Quadrat der Wellenzahl zunimmt. Der Mehrzahl der sehr vielen

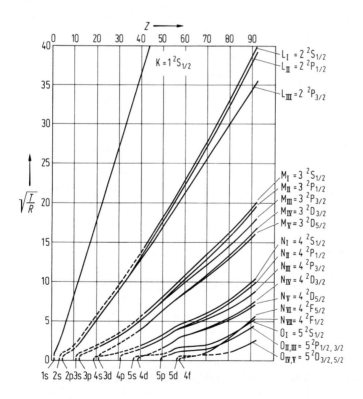

**Abb. 1.58** Bohr-Coster-Diagramm der Röntgenterme.

134  1 Atome

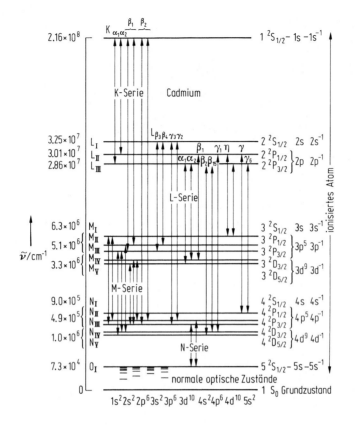

**Abb. 1.59** Röntgenniveaus und Röntgenspektralserien des Cadmium-Atoms. Zum Vergleich die normalen optischen Niveaus mit dem Grundzustand als Energie-Nullpunkt. Die Exponenten $-1$ in den Konfigurationen $1s - 1s^{-1}$, $2s - 2s^{-1}$, ... deuten ein Elektronen-Loch in den Unterschalen an.

Satellitenlinien liegt jedoch eine andere Ursache zugrunde, nämlich die Erzeugung von doppelten (*Satellitenlinien*) oder mehrfachen Elektronenlöchern (*Hypersatellitenlinien*) in einer oder mehreren inneren Schalen. Die Erzeugung solcher mehrfachen Elektronenlöcher wird durch die Vielzahl der möglichen atomaren Stoßprozesse begünstigt. Die Satelliten der $K_\alpha$-Linien sind natürlich von besonderem Interesse.

Eine große Mannigfaltigkeit von Satelliten- und Hypersatellitenlinien zeigt sich in hochenergetischen Stoßprozessen zwischen hochgeladenen Ionen und Atomen.

Wenn ein Elektronenloch einer inneren Schale durch ein Elektron einer Schale geringerer Bindungsenergie aufgefüllt wird, wird Energie freigesetzt. In Konkurrenz zur Emission einer charakteristischen Röntgenlinie kann dabei ein *strahlungsloser Übergang* auftreten, wobei die freiwerdende Energie dazu verwendet wird, ein zweites Elektron aus der Schale geringerer Bindungsenergie zu entfernen. Dieser Prozess wurde von dem französischen Physiker Auger 1925 entdeckt und wird als **Auger-Effekt** bezeichnet (s. auch Abb. 1.61). Nehmen wir an, dass ein Projektil P (d.h. Photonen oder atomare Teilchen wie Elektronen, Ionen, ...) die Ionisation der in-

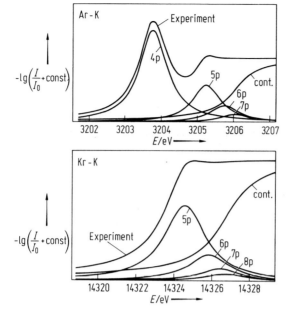

**Abb. 1.60** Experimentelle Daten der Struktur der K-Absorptionskanten freier Edelgasatome (Ar und Kr) und Zerlegung in Komponenten verschiedener angeregter Zustände (nach Breinig et al. [10]). Die Bezeichnungen 4p, 5p, ... kont. entsprechen den Übergängen 1s → 4p, 1s → 5p, ... 1s → ∞ der K-Absorptionen in optische Zustände der Ar- und Kr-Atome. Die Zerlegungen in 4p, 5p, ...-Anteile erfolgten aufgrund von theoretischen Berechnungen der Dipolübergänge.

neren Schale hervorruft; dann ließe sich der Auger-Effekt durch folgende Reaktionsgleichungen darstellen:

(1)    $P + A \to P + A^+ + e(E_1) \to P + A^{++} + e(E_1) + e(E_{Auger})$
(2)    $P + A \to P + A^{++} + e(E_1) + e(E_{Auger})$.

A ist das Targetatom, $e(E_1)$ das herausgeschlagene Elektron mit der Energie $E_1$ und $e(E_{Auger})$ das Auger-Elektron mit der scharfen Energie $E_{Auger}$. Nun stellt sich heraus, dass der direkte Doppelionisationsprozess (2) (Einstufenprozess) eine viel geringere Wahrscheinlichkeit hat als der Zweistufenprozess (1). Es ist üblich, die Auger-Elektronen (auch Auger-Übergänge genannt) in Analogie zu denjenigen der charakteristischen Röntgenlinien zu benennen. Die Bezeichnung K-LL, oder kurz KLL, bedeutet, dass primär ein Elektron aus der K-Schale entfernt worden ist. Damit verknüpft, werden durch den Auger-Effekt zwei Elektronenlöcher in der L-Schale erzeugt. Entsprechend gibt es KMM-, LMM-, ...-Auger-Übergänge, wobei die Unterschalen zusätzlich klassifiziert werden können, z. B. durch $KL_IL_{II}$, $KL_IL_{III}$ oder auch $KL_1L_2$ und $KL_2L_3$. Die Doppellöcher werden außerdem noch durch die verschiedenen Kopplungsarten wie $LS$-, $jj$- und intermediäre Kopplung charakterisiert. Wenn jedoch eines der sekundären Elektronenlöcher in der gleichen Schale des primären Loches aber in einer anderen Unterschale entsteht, so spricht man von **Coster-**

**Kronig-Übergängen** wie z. B. $L_1L_2M$- oder $M_1M_3N$-Übergängen, die spezielle Auger-Prozesse sind (Abb. 1.61c). Die Energien der Coster-Kronig-Elektronen sind im Allgemeinen kleiner als die der Auger-Elektronen. Wenn beide sekundären Elektronenlöcher in der gleichen Schale wie das primäre Elektronenloch entstehen, handelt es sich um *Super-Coster-Kronig-Übergänge*, z. B. $L_1L_2L_3$ (Abb. 1.61d).

Die Auger- und Coster-Kronig-Elektronen haben scharfe Energien, die sich aus den Energiedifferenzen der inneren Schalen und Unterschalen bestimmen. Der Nachweis der Auger- und Coster-Kronig-Übergänge erfolgt daher mithilfe eines Energieanalysators, wie er in Abb. 1.62 schematisch dargestellt ist. Zwei zylindrisch geformte Metallplatten erzeugen ein radiales Feld in der Zeichenebene, wobei die elektrische Kraft $eE$ die Elektronen auf Kreisbahnen hält, wenn die zentrifugale Kraft kompensiert wird, d. h. $eE = mv^2/r$. Es lässt sich außerdem zeigen, dass Elektronen, die den Eintrittsspalt unter einem kleinen Winkel zur Eintrittsrichtung passieren, nach Ablenkung von 127° auf den Austrittsspalt fokussiert werden. Eine Veränderung der Radialfeldstärke $E$ verändert auch die Geschwindigkeit $v$, mit der die Elektronen passieren können; damit wird die Anordnung zum Geschwindigkeits- oder

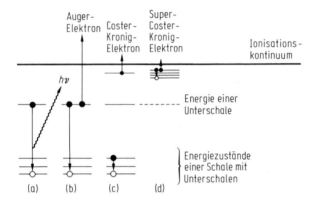

**Abb. 1.61** Die verschiedenen Zerfallstypen eines Elektronenloches (○) der inneren Schalen eines Atoms: (a) Röntgenlinien-Übergang (hν), (b) Auger-Übergang ↑, (c) Coster-Kronig-Übergang ↑, (d) Super-Coster-Kronig-Übergang ↑.

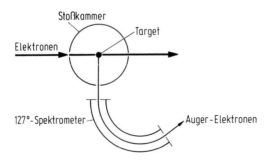

**Abb. 1.62** Schema eines Spektrometers zum Nachweis von Auger-Elektronen mit Stoßkammer und 127°-Elektronenspektrometer.

## 1.5 Struktur der Atome mit mehreren Elektronen

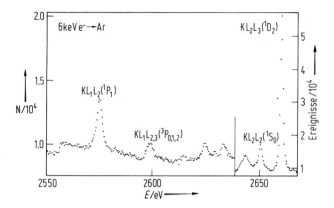

**Abb. 1.63** Das durch Elektronenstoß angeregte KLL-Auger-Elektronenspektrum von Argon; die nicht-spezifischen Peaks stellen Auger-Satellitenlinien dar. $N$ ist die Anzahl der gezählten Ereignisse (nach Gräf [11]).

Energieanalysator. Mit 127°-Energieanalysatoren (oder auch anderen Typen von Analysatoren) können Auger- oder Coster-Kronig-Elektronen nachgewiesen werden. Abb. 1.63 und 1.64 geben typische Beispiele von Auger- und Coster-Kronig-Spektren. Wir weisen darauf hin, dass bei der Ionisation innerer Schalen durch Photonen- oder Elektronenstoß in den Auger-Peaks ein interessanter Effekt auftritt, der, respektive, durch die Wechselwirkung zwischen dem auslaufenden Elektron oder den beiden Elektronen einerseits und dem Auger-Elektron andererseits verur-

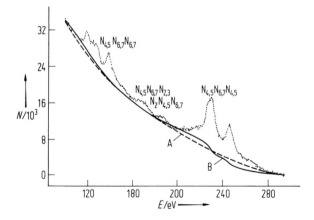

**Abb. 1.64** NNO-Coster-Kronig- und NNN-Super-Coster-Kronig-Linien des Quecksilber-Atoms bei Anregung mit 3 keV-Elektronen. Die Kurven A und B beschreiben theoretisch die Darstellung des Untergrundsignals der Elektronen. $N$ ist die Anzahl der gezählten Ereignisse (nach H. Aksela und S. Aksela [12]).

sacht wird (*post-collision interaction* oder *PCI-Effekt*). Dieser Effekt ist am stärksten in der Nähe der Schwellenenergie, da dann das auslaufende Elektron (oder die auslaufenden Elektronen) noch in der Nähe des Ions ist (sind), wenn das Auger-Elektron emittiert wird. Der PCI-Effekt führt zu einer geringen Energieverschiebung und Verbreiterung der Auger-Linien.

Nach den obigen Ausführungen kann ein Elektronenloch entweder durch die Absorption elektromagnetischer Strahlung relevanter Frequenz, bei der Emission einer charakteristischen Röntgenlinie oder durch einen Auger- oder Coster-Kronig-Übergang erzeugt werden.

Diese Prozesse konkurrieren miteinander, und man bezieht die relativen Anteile der *Fluoreszenzausbeute* der charakteristischen Röntgenlinien-Emission zusammen mit der Auger-Ausbeute (einschließlich Coster-Kronig-Ausbeute) auf die Ausgangssituation mit $N_x$ Atomen, die ein Elektronen-Loch in der X = K-, L-, ...-Schale haben. Beziehen wir uns auf die K-Schale, so mögen $N_{\gamma K}$ Röntgen-Photonen und $N_{AK}$ Auger-Elektronen emittiert werden. Die entsprechenden Übergangswahrscheinlichkeiten seien $P_{\gamma K}$ und $P_{AK}$. Wir definieren sodann die Fluoreszenzausbeute $\omega_K$ und die *Auger-Ausbeute* $a_K$ der K-Schale wie folgt:

$$\omega_K = \frac{N_{\gamma K}}{N_K} = \frac{P_{\gamma K}}{P_{\gamma K} + P_{AK}}, \quad a_K = \frac{N_{AK}}{N_K} = \frac{P_{AK}}{P_{\gamma K} + P_{AK}} \tag{1.247}$$

mit $\omega_K + a_K = 1$.

Für die L-Schale müssen wir bei dem Zerfall der Elektronenlöcher Koster-Cronig-Übergänge berücksichtigen; haben wir anfänglich $N_{L_i}$ ($i = 1, 2, 3$) Atome in L-Elektronenlöchern, so lässt sich die Coster-Kronig-Ausbeute zu $f_{LL} = N_{LL}/N_L$ definieren, wobei $N_{LL}$ die Zahl der Coster-Kronig-Übergänge $L_iL_lX$ (X = M, N, O, ...) darstellt. Dann ergibt sich in Analogie zu Gl. (1.247) für die $L_i$-Unterschalen:

$L_1$-Schale: $\quad \omega_{L_1} + a_{L_1} + f_{L_1L_1} + f_{L_1L_3} = 1$,
$L_2$-Schale: $\quad \omega_{L_2} + a_{L_2} + f_{L_2L_3} \quad\quad\quad = 1$,
$L_3$-Schale: $\quad \omega_{L_3} + a_{L_3} \quad\quad\quad\quad\quad\quad = 1$.

Fluoreszenzausbeuten wurden insbesondere für die K-, L- und M-Schalen experimentell gemessen; Abb. 1.65 stellt einige der Daten zusammen, wobei folgende Definitionen gelten:

$$\bar{\omega}_{L_{2,3}} = \frac{1}{3}\omega_{L_2} + \frac{2}{3}\omega_{L_3} \quad \text{und} \quad \bar{\omega}_{4,5} = \frac{2}{5}\omega_{M_4} + \frac{3}{5}\omega_{M_5}.$$

Die beträchtliche Zunahme der Fluoreszenzausbeute mit der Ordnungszahl $Z$ ist sehr auffallend und folgt qualitativ aus der Überlegung, dass die Übergangswahrscheinlichkeiten proportional zu $\nu^3$ sind ($\nu$ ist die Frequenz der Röntgenlinie, die ihrerseits proportional zu $Z^3$ ist); andererseits sind die mittleren Radien in den Quadraten der Dipol-Matrixelemente proportional zu $1/Z^2$, so dass die Fluoreszenz-Übergangswahrscheinlichkeiten mit $Z^4$ ansteigen. Diese Überlegungen gelten allerdings nur für wasserstoffgleiche Systeme in einer Näherung, deren Gültigkeit bei hohen Werten von $Z$ begrenzt ist. Außerdem hängen Fluoreszenzausbeuten noch von der Zahl der Elektronenlöcher in den äußeren Schalen ab, wie es besonders in Ionen-Atom-Stoßprozessen demonstriert wurde.

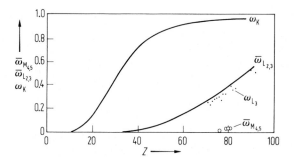

**Abb. 1.65** Experimentelle Fluoreszenzausbeuten als Funktion der Ordnungszahl $Z$ (nach Bambynek et al. [13]).

### 1.5.12 Röntgenbremsstrahlung

Neben der charakteristischen Röntgenstrahlung (Abb. 1.55) tritt im Allgemeinen beim Stoß von geladenen Teilchen auf Materie zusätzlich eine *kontinuierliche Röntgenstrahlung* in Erscheinung (Abb. 1.66). Diese Art der Röntgenstrahlung, die wir bereits in den Abbildungen der Röntgenlinien als Untergrund beobachtet haben, hat ihren Ursprung in dem folgenden physikalischen Prozess: Elektronen (oder auch

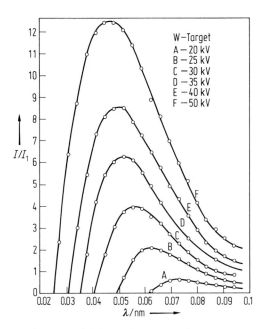

**Abb. 1.66** Kontinuierliches Bremsstrahlungsspektrum für verschiedene Energien der auf eine Wolfram-Anode aufprallenden Elektronen. Die Intensität $I$ in Abhängigkeit von der Wellenlänge $\lambda$ ist in willkürlichen Einheiten $I_1$ angegeben (nach Urey [9]).

andere geladene Teilchen der Energie $E_0$ können bei einer Stoßwechselwirkung mit Atomen im freien oder gebundenen Zustand (i. e. im Festkörper) Energie verlieren, die in Form elektromagnetischer Strahlung auftritt. Da das Elektron hierbei abgebremst wird, wurde diese Röntgenstrahlung auf Vorschlag von Sommerfeld als *Bremsstrahlung* bezeichnet. Die zugehörige Stoßreaktion schreibt sich wie folgt:

$$e(E_0) + A \rightarrow A + e(E_0 - h\nu) + \gamma(h\nu).$$

Elektronen mit der Energie $E_0$ werden an Atomen A gestreut, wobei sie Energie verlieren, die in Form von Röntgenphotonen $\gamma$ der Energie $h\nu$ auftritt. Die Energieverteilung der Bremsstrahlungsquanten, $E_B = h\nu$, kann theoretisch sowohl klassisch als auch quantenmechanisch berechnet werden. Der Hauptanteil beim Abbremsen der auf Atome aufprallenden Elektronen geschieht durch Wechselwirkungen mit den orbitalen Elektronen, wobei atomare Ionisations- und Anregungsprozesse auftreten können. Wenn die primär einfallenden Elektronen jedoch die Elektronenhüllen vollständig oder partiell durchdringen und sich dem Atomkern nähern, geschieht die Ablenkung der Elektronen durch das – möglicherweise partiell abgeschirmte – Coulomb-Feld des Kerns. Kramers (1923) nahm parabolische Bahnen für die abgelenkten Elektronen an und berechnete die Winkel und Energieverteilung der erzeugten, kontinuierlichen *Bremsstrahlung nach den Gesetzen der klassischen Elektrodynamik*. Die berechnete Winkelverteilung der Bremsstrahlung entspricht dann der eines klassischen Oszillators, der in der Richtung der einfallenden Elektronen schwingt:

$$I(\theta) \sim \sin^2 \theta, \tag{1.248}$$

wobei $\theta$ der Winkel zwischen der Richtung der einfallenden Elektronen und der Beobachtungsrichtung ist (Abb. 1.67). Wenn jedoch die Geschwindigkeit $v$ der Elektronen vergleichbar mit der Lichtgeschwindigkeit $c$ wird, ist eine relativistische Korrektur erforderlich, die diese Winkelverteilung wie folgt modifiziert (mit $\beta = v/c$):

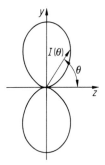

**Abb. 1.67** Winkelverteilung der Intensität $I(\theta)$ der Bremsstrahlung für Elektronen, die parallel zur $z$-Achse auf eine Anode im Koordinatensprung auftreffen (ohne relativistische Korrektur). Die Strahlungsintensität ist rotationssymmetrisch zur $z$-Achse und maximal in der Äquator-Ebene ($x - y$), sie verschwindet in der Beschleunigungsrichtung ($z$-Achse).

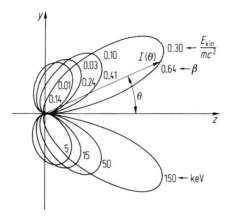

**Abb. 1.68** Relativistische Effekte in der Winkelverteilung der Bremsstrahlungsintensität $I(\theta)$ für verschiedene $\beta$-Werte ($\beta = v/c$) und kinetische Energien $E_{\text{kin}}$ der auf die Targetatome auftreffenden Elektronen ($z$-Achse parallel zur Einfallsrichtung der Elektronen).

$$I(\theta) \sim \left[\frac{1}{(1-\beta\cos\theta)^4} - 1\right] \frac{\sin^2\theta}{\cos\theta}. \tag{1.249}$$

Abb. 1.68 zeigt, wie die Dipolstrahlungscharakteristik nach Gl. (1.248) durch die relativistische Korrektur in Gl. (1.249) modifiziert wird. Die abgestrahlte Bremsstrahlung für hohe Elektronenenergien tritt dann vorwiegend in der Vorwärtsrichtung auf. Solche relativistischen Effekte wurden in neuerer Zeit in Experimenten mit gekreuzten Elektronen- und Atomstrahlen (Abschn. 1.10.4) nachgewiesen. In diesen Experimenten mit freien Atomen werden Einflüsse des Festkörpers auf die Erzeugung der Bremsstrahlung vermieden. Abb. 1.69 zeigt die relativistische Asym-

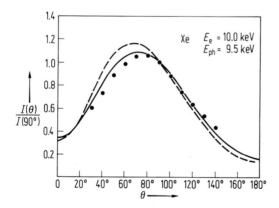

**Abb. 1.69** Relative Winkelverteilung $I(\theta)/I(90°)$ der Bremsstrahlung für freie Xenon-Atome bei einer Elektronenenergie von $E_e = 10$ keV und einer Energie der Bremsstrahlungsphotonen von $E_{\text{ph}} = 9{,}5$ keV. Experimentelle Daten (●) nach Aydinol et al. [14] mit theoretischen Voraussagen (---) nach Kuhlenkamp [15] und (—) nach Tseng et al. [16].

metrie der Winkelverteilung der Bremsstrahlung an freien Xenon-Atomen bereits für Elektronenenergien von $E_e = 10$ keV.

Die Abhängigkeit der Photonenenergie der Bremsstrahlung kann nach Kramers, wie oben erläutert, klassisch behandelt werden. Die Elektronen, die abgebremst und abgelenkt werden, transferieren Energie in Form elektromagnetischer Strahlung. Es zeigt sich, dass die spektrale Verteilung der Bremsstrahlung für freie Atome oder sehr dünne Targets wie folgt klassisch vorausgesagt wird:

$$I(Z, V, v)\, dv \sim \frac{Z^2}{eV} dv. \tag{1.250}$$

Die spektrale Intensität der Bremsstrahlungsphotonen ist proportional zum Quadrat der Kernladung $Z$, umgekehrt proportional zur Primärenergie $eV$ der auffallenden Elektronen, aber unabhängig von der Frequenz der Photonen. Die Energieunabhängigkeit der spektralen Verteilung der Bremsstrahlung wurde in der Tat mit freien Atomen und dünnen Metallfolien als Targets verifiziert (Abb. 1.70, 1.71). Bei dicken Targets als Anoden findet eine Überlagerung vieler Einzelstreuprozesse statt, bis zur mehr oder weniger vollständigen Abbremsung der Elektronen in dem Festkörper.

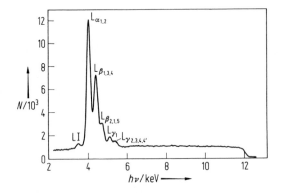

**Abb. 1.70** Experimentelle Daten des Röntgenspektrums freier Xenon-Atome bei Anregung mit 12-keV-Elektronen. Der Anteil der Bremsstrahlung ist durch die horizontal verlaufende Schreiberkurve dargestellt, während die Peaks charakteristische Röntgenlinien sind. $N$ ist die Anzahl der gezählten Ereignisse (nach Aydinol et al. [14]).

Das *Festkörper-Bremsstrahlungsspektrum kann daher additiv aus Atom-Bremsstrahlungsspektren* zusammengesetzt werden, indem die Festkörperschichten, die gleiche Elektronenenergieverluste erzeugen, gleiche Bremsstrahlungsintensitäten je Frequenzintervall ergeben (Abb. 1.72). Dies führt zu den experimentell beobachteten *Festkörper-Bremsstrahlungsspektren*, deren Intensität linear mit der Frequenz oder Energie der Photonen abnimmt (Abb. 1.73) und sich daher drastisch von der *Atom-Bremsstrahlung* unterscheidet.

## 1.5 Struktur der Atome mit mehreren Elektronen

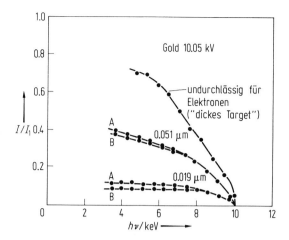

**Abb. 1.71** Intensitäten $I$ (in relativen Einheiten $I_1$) der Bremsstrahlungsspektren von Gold bei Anregung mit 10.05-keV-Elektronen für verschiedene Foliendicken und für ein dickes Target; die Kurven B sind korrigiert bezüglich der von der Trägerfolie herrührenden Bremsstrahlung, die Kurven A sind unkorrigiert (nach Dyson [17]).

Wir weisen noch darauf hin, dass – wie zu erwarten – die oben erläuterte klassische Theorie in ihrem Anwendungsbereich begrenzt ist. Komplizierte quantenmechanische Berechnungsmethoden sind erforderlich, um z. B. Abweichungen von der klassischen $Z^2$-Abhängigkeit der Bremsstrahlung korrekt vorauszusagen.

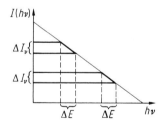

**Abb. 1.72** Aufbau eines Bremsstrahlungsspektrums $I(h\nu)$, in dem Schichten gleichen Energieverlustes der Elektronen $\Delta E$ zu gleichen Intensitätsanteilen $\Delta I$ je Frequenzintervall führen.

Abschließend sei noch bemerkt, dass moderne Bremsstrahlungsforschung sich insbesondere auf die Elementarprozesse konzentriert, in denen primär spinpolarisierte Elektronen als Projektile verwendet werden (Abschn. 1.10.4.4) oder in denen Koinzidenzen zwischen den Bremsstrahlungsphotonen und den inelastisch gestreuten Elektronen nachgewiesen werden (Nakel et al. [21]). Solche Experimente sind allerdings bisher auf Festkörper-Targets beschränkt.

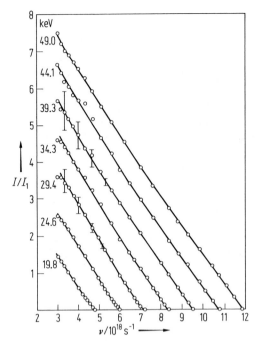

**Abb. 1.73** Intensitäten $I$ (in relativen Einheiten $I_1$) der Bremsstrahlungsspektren dicker Platin-Targets für Primärenergien der Elektronen von 49 keV bis 19.8 keV als Funktion der Frequenz (dividert durch $10^{18}$) der Bremsstrahlungsphotonen (nach Kuhlenkampf und Schmidt [18]).

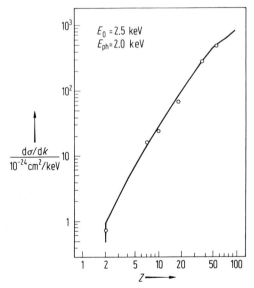

**Abb. 1.74** Bremsstrahlungsintensität als Funktion der Ordnungszahl $Z$ freier Atome; die Energie der auf die Atome auftreffenden Elektronen ist $E_0 = 2.5$ keV; die Energie der Bremsstrahlungsphotonen beträgt $E_{ph} = 2.0$ keV. Experimentelle Datenpunkte nach Hippler et al. [19], ausgezogene Kurve nach theoretischen Berechnungen von Pratt et al. [20].

## 1.6 Atome in äußeren Feldern

Atome in äußeren magnetischen, elektrischen oder elektromagnetischen Feldern erfahren Aufspaltungen und Verschiebungen ihrer Energieniveaus. Unter speziellen Bedingungen können sich außerdem atomare Zustände in den betreffenden Feldern (kohärent) überlagern oder vermischen. Statische Aufspaltungs- und Verschiebungseffekte wurden zuerst mit homogenen Magnetfeldern (*Zeeman-Effekt*, Abschn. 1.6.1) und elektrischen Feldern (*Stark-Effekt*, Abschn. 1.6.2) beobachtet. Mit Atomen in intensiver Laserstrahlung konnten in neuerer Zeit dynamische Feldeffekte neuer Art nachgewiesen werden.

### 1.6.1 Zeeman-Effekt – Atome in Magnetfeldern

Der holländische Physiker Zeeman beobachtete 1896 in Leiden, dass Spektrallinien von Atomen in Magnetfeldern verbreitert werden. Lorentz, ein anderer holländischer Physiker – der als Schöpfer der Elektronentheorie gilt – behauptete jedoch, dass bei höherer Spektralauflösung die verbreiterten Spektrallinien in mehrere, separierte Komponenten aufgespalten sein sollten, was dann auch experimentell nachgewiesen werden konnte und **Zeeman-Effekt** oder **Zeeman-Aufspaltung** genannt wird. Lorentz schlug sodann eine klassische Theorie des Zeeman-Effektes vor, die einerseits überraschend einfach ist, andererseits aber auch mit der quantenmechanischen Theorie des *normalen Zeeman-Effektes* in Übereinstimmung steht. Wir behandeln zunächst diesen normalen Zeeman-Effekt, der als Sonderfall des *anomalen* oder *allgemeinen Zeeman-Effektes* nach der klassischen Theorie betrachtet werden kann.

#### 1.6.1.1 Normaler Zeeman-Effekt: Lorentz-Tripletts

Lorentz nahm an, dass Elektronen aufgrund ihrer Bindung im Atom oszillatorische Bewegungen in allen drei Koordinatenrichtungen ausführen können. Bei geeigneter Überlagerung dieser Bewegungen sollte eine ebene, kreisförmige Bewegung des Elektrons entstehen, die durch die Wirkung eines Magnetfeldes wie folgt beeinflusst werden kann. Die zentripetale Kraft auf das Elektron ohne Magnetfeld stellt sich in üblicher Form durch $F_0 = m\omega_1^2 r$ dar, mit der Winkelgeschwindigkeit $\omega_0$ und dem Abstand $r$ des Elektrons (Masse $m$) vom Zentrum des Atoms. Beim Einschalten eines homogenen Magnetfeldes senkrecht zur Kreisebene stellt sich nach einer Zeit, die groß im Vergleich zu $1/\omega_0$ sein soll, ein stationärer Zustand ein, in dem die Winkelgeschwindigkeit durch die zusätzliche Lorentz-Kraft $F_L = e\omega_1 r B$ modifiziert wird. Die gesamte Kraft stellt sich dann wie folgt dar:

$$F_0 + F_L = m\omega_1^2 r + e\omega_1 r B = m\omega_1^2 r,$$

mit der Lösung für $\omega_1$

$$\omega_1 = \frac{\dfrac{eB}{m} \pm \sqrt{(eB/m)^2 + 4\omega_0^2}}{2}.$$

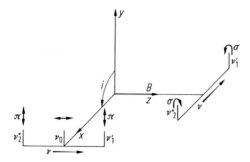

**Abb. 1.75** Koordinatensystem für Beobachtung des Lorentz-Tripletts beim normalen Zeeman-Effekt: Magnetfeld $B$ in der $z$-Richtung; bei longitudinaler Beobachtung parallel zur $z$-Richtung erscheinen die beiden zirkular polarisierten Komponenten $v'_1$ und $v''_2$ (Gl. 1.251) für $v = \dfrac{\omega}{2\pi}$, bei transversaler Beobachtung senkrecht zur $z$-Richtung treten alle drei Komponenten des Lorentz-Tripletts auf; die verschobenen Linien $v'_1$ und $v''_2$ sind senkrecht zur $z$-Achse linear polarisiert, während die unverschobene Linie $v_0$ parallel zur $z$-Achse linear polarisiert ist.

Für unsere Diskussion reicht zunächst die Annahme aus, dass der Einfluss des Magnetfeldes relativ klein bleibt, so dass $eB/m \ll 2\omega_0$ gilt und die obige Gleichung für $\omega_1$ angenähert durch

$$\omega_1 = \omega_0 \pm \frac{eB}{2m} \tag{1.251}$$

dargestellt wird.

Beobachtet man die elektromagnetische Strahlung der („klassischen") Atome in Richtung der magnetischen Feldlinien $B$ in der $z$-Richtung eines kartesischen Koordinatensystems (Abb. 1.75), so sollten zwei Spektrallinien mit den Frequenzen

$$v'_1 = \frac{\omega_0}{2\pi} + \frac{eB}{4\pi m} \quad \text{und} \quad v''_2 = \frac{\omega_0}{2\pi} - \frac{eB}{4\pi m}$$

auftreten. Je eine Spektrallinie ist rechts- oder linkszirkular polarisiert. Experimente zeigen, dass die Spektrallinie mit der höheren Frequenz im gleichen Sinne zirkular polarisiert ist wie der Umlaufstrom des Elektromagneten. Beobachtet man die Strahlung der Atome senkrecht zur Magnetfeldrichtung, so treten 3 Spektrallinien auf, nämlich die unverschobene Linie $v_0 = \omega_0/2\pi$, die parallel zum Magnetfeld linear polarisiert ist, und die beiden obigen Linien $v'_1$ und $v''_2$. Diese Polarisationscharakteristik ergibt sich aufgrund der klassischen Theorie. Die drei möglichen Oszillationen der Elektronen haben eine Komponente in der $z$-Richtung, deren Strahlung parallel zur $z$-Achse polarisiert ist, aber in der Frequenz unverschoben bleibt und in der $z$-Richtung nicht beobachtet wird. Wie in der klassischen Optik ergibt die Bewegung der beiden zirkularen Elektronen-Kreisströme senkrecht zur $z$-Richtung linear polarisiertes Licht. In diesem Fall, dem *transversalen Zeeman-Effekt*, beobachten wir das vollständige **Lorentz-Triplett**, während bei Beobachtung in der Feldrichtung die unverschobene Linie nicht auftritt (*longitudinaler Zeeman-Effekt*). Die quantenmechanische Berechnung des normalen Zeeman-Effektes erfolgt unter der Annahme, dass der Elektronenspin in dem Zustand des Atoms vernachlässigt werden kann bzw. mehrere Elektronen zusammen den Gesamtspin $S = 0$ besitzen. Das magnetische Moment des Atoms in dem „spinlosen" Zustand mit dem Bahndrehimpuls $L = |L|\hbar$ folgt dann nach der Bohr'schen Theorie zu $\mu_L = -\mu_B = \dfrac{L}{\hbar}$ mit $L = 0, 1, 2, \ldots$. Die magnetische Wechselwirkungsenergie des magnetischen Momentes mit dem außen angelegten Magnetfeld $B$ ist $\Delta E_B = -\mu_L \cdot B$ (s. Gl. (1.54)). Die quantenmechanische Richtungsquantisierung erlaubt $2L + 1$ mögliche Werte für die Richtung des $L$-Vektors mit den magnetischen Quantenzahlen $m_L = L, L-1, \ldots -L+1, -L$ und die magnetischen Wechselwirkungsenergien $\Delta E_B$:

$$\Delta E_B = m_L \frac{e\hbar}{2m} B = m_L \mu_B B. \tag{1.252}$$

Zu der Energie $E_{nL}$ eines quantenmechanischen Zustandes im feldfreien Raum wird $\Delta E_B$ hinzuaddiert:

$$E_B = E_{nL} + \Delta E_B = E_{nL} + m_L \mu_B B.$$

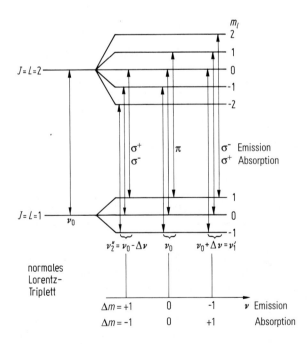

**Abb. 1.76** Normaler Zeeman-Effekt mit $\sigma^\pm$- und $\pi$-Übergangskomponenten zwischen magnetisch aufgespalteten Zuständen $L = J = 2$ und $L = J = 1$. Emissionen von $J = 2$ nach $J = 1$, Absorptionen von $J = 1$ nach $J = 2$.

Die Auswahlregeln $\Delta m_L = \pm 1$ und $\Delta m_L = 0$ liefern für die Differenzen der Kreisfrequenzen

$$\Delta \omega = \pm \frac{\mu_B B}{\hbar} = \pm \frac{eB}{2m} \quad \text{(für } \Delta m_L = \pm 1\text{)}$$
$$\Delta \omega = 0 \quad \text{(für } \Delta m_L = 0\text{),} \quad (1.253)$$

die mit den entsprechenden Kreisfrequenzen des Lorentz-Tripletts identisch sind (Gl. (1.251)). Dieser „lineare" Zeeman-Effekt ist mit den erlaubten Übergängen in der Abb. 1.76 dargestellt; wie bei den Lorentz-Tripletts sind die Übergänge mit $\Delta m_L = \pm 1$ ($\sigma^\pm$-Komponenten) in longitudinaler Beobachtung mit links- und rechtszirkular polarisierter Strahlung verknüpft, während der Übergang mit $\Delta m_L = 0$ ($\pi$-Komponente) unter Emission linear polarisierter Strahlung erfolgt.

Um ein Gefühl für die Größenordnung der Zeeman-Aufspaltung zu erhalten, sei die folgende Beziehung für die *Lorentz-Verschiebung* angegeben:

$$\Delta \bar{\nu} = \Delta \left(\frac{1}{\lambda}\right) = \frac{\mu_B B}{hc} = 4.66862 \cdot 10^{-3} \left[\frac{m^{-1}}{\text{Tesla}}\right] B.$$

Bei einer Feldstärke (= magn. Flussdichte = magn. Induktion) von $B = 2$ T, (T, genannt „Tesla", $1\,\text{T} = 10^4$ Gauss) wird $\Delta \bar{\nu} \approx 1\,\text{cm}^{-1}$, dies entspricht einer Wellenlängendifferenz von etwa $\Delta \lambda = 0.025$ nm bei $\lambda = 500$ nm ($\bar{\nu} = 20000\,\text{cm}^{-1}$).

### 1.6.1.2 Anomaler Zeeman-Effekt als allgemeiner Fall und Landé'scher g-Faktor

Beim normalen Zeeman-Effekt haben wir im vorangehenden Unterabschnitt den Spin der Elektronen und der Atomkerne außer Betracht gelassen. Im Allgemeinen spielen jedoch sowohl der Elektronen- als auch der Kernspin eine wesentliche Rolle in der atomaren Struktur, die auch bei Einwirkung durch äußere Felder zu berücksichtigen ist. Bei der Beschreibung und Berechnung des Zeeman-Effektes der Fein- und Hyperfeinstruktur-Zustände sind die Verhältnisse der Zeeman-Aufspaltungen zu den Fein- und Hyperfeinstruktur-Aufspaltungen sowie die Drehimpuls-Kopplungsmechanismen der Atome im Magnetfeld von wesentlicher Bedeutung.

Beschränken wir uns zunächst auf den Sonderfall, in dem die Zeeman-Aufspaltung klein gegenüber der Spin-Bahn-Wechselwirkung der Elektronenhülle ist und keine Hyperfeinstruktur-Aufspaltung vorliegt. Die quantenmechanische Beschreibung erfolgt mittels der stationären Schrödinger-Gleichung, indem der Hamilton-Operator $H = H_0 + H_{LS} + H_B$ als Summe der Coulomb-Wechselwirkung $H_0$, der Spin-Bahn-Wechselwirkung $H_{LS}$ und der magnetischen Wechselwirkung $H_B$ mit dem äußeren Feld dargestellt wird. Der Operator $H_B$, der klein im Vergleich zu $H_{LS}$ sein möge, wird dann in erster Näherung durch das magnetische Moment $\mu_J$ des atomaren Zustandes mit dem Gesamtdrehimpuls $J$ und dem äußeren Magnetfeld $B$ beschrieben: $H_B = -\mu_J B$. Es hat sich bewährt, das magnetische Moment $\mu_j$ mit dem Bohr-Magneton $\mu_B$, dem Spin ($S = \Sigma s_i$) und dem Bahndrehimpuls ($L = \Sigma l_i$) wie folgt darzustellen (Abb. 1.77):

$$\boldsymbol{\mu}_J = -\frac{\mu_B}{\hbar}\left(g_s \sum_i \boldsymbol{s}_i + g_l \sum_i \boldsymbol{l}_i\right) = -\frac{\mu_B}{\hbar}(\boldsymbol{L} + 2\boldsymbol{S}) \tag{1.254}$$

mit $g_s = 2$ und $g_l = 1$ als sogenannte $g$-Faktoren, die empirisch gefunden wurden und die Beziehung zwischen den Bahn- und Spindrehimpulsen und den zugehörigen magnetischen Momenten herstellen (Abb. 1.77):

$$\boldsymbol{\mu}_s = -g_s \frac{\mu_B}{\hbar} \boldsymbol{S} \quad \text{und} \quad \boldsymbol{\mu}_L = -g_l \frac{\mu_B}{\hbar} \boldsymbol{L}. \tag{1.255}$$

Andererseits folgt aus dem Vektormodell für Russel-Saunders-Kopplung zwischen $\boldsymbol{L}$ und $\boldsymbol{S}$ die folgende geometrische Beziehung mit den Winkeln $\theta_1$ zwischen $\boldsymbol{L}$ und $\boldsymbol{J}$ und $\theta_2$ zwischen $\boldsymbol{S}$ und $\boldsymbol{J}$ (s. auch Abb. 1.33):

$$\cos\theta_1 = \frac{J^2 + L^2 - S^2}{2JL} \quad \text{und} \quad \cos\theta_2 = \frac{J^2 + S^2 - L^2}{2JS},$$

so dass

$$\begin{aligned}\boldsymbol{\mu}_J &= -[L\mu_B \cos\theta_1 + 2S\mu_B \cos\theta_2] \\ &= -\mu_B\left[\frac{J^2 + L^2 - S^2}{2J} + \frac{J^2 + S^2 - L^2}{J}\right] \\ &= -\mu_B\left[\frac{3J^2 + S^2 - L^2}{2J}\right] = -\mu_B J\left[\frac{3J^2 + S^2 - L^2}{2J^2}\right] \\ &= -\mu_B J\left[1 + \frac{J^2 + S^2 - L^2}{2J^2}\right]\end{aligned}$$

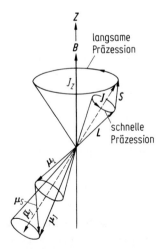

**Abb. 1.77** Geometrie und klassisches Vektordiagramm der Drehimpulse **L, S, J** und der entsprechenden magnetischen Momente im Magnetfeld **B**; $\boldsymbol{\mu}_J$ steht wegen des $g_s = 2$-Wertes nicht in entgegengesetzter Richtung von **J** (Gl. (1.254)). Wegen der schnellen Präzession von $\boldsymbol{\mu}_L$ und $\boldsymbol{\mu}_S$ steht jedoch der zeitliche Mittelwert von $\boldsymbol{\mu}_J$ in entgegengesetzter Richtung von **J**.

wird. Der Übergang vom klassischen Vektormodell zur Quantenmechanik vollzieht sich in gewohnter Weise:

$$\mu_J = -\mu_B J \left[ 1 + \frac{J(J+1) + S(S+1) - L(L+1)}{2J(J+1)} \right].  \quad (1.256)$$

Der Ausdruck in der eckigen Klammer wird **Lande'scher $g_J$-Faktor** genannt, der sich für $L = 0$ mit $S = J$ zu $g_S = 2$ und für $S = 0$ mit $L = J$ zu $g_L = 1$ reduziert. Die magnetische Aufspaltungsenergie beträgt dann gemäß dem Hamilton-Operator $H_B = -\mu_J \cdot B$:

$$\Delta E_B = m_J g_J \mu_B B; \quad (1.257)$$

wobei wir die Richtungsquantisierung des Gesamtdrehimpulses $J$ bezüglich des Magnetfeldes in der z-Richtung berücksichtigt haben, d.h. $J_z = m_J \hbar$ mit $m_J = J$, $J-1, \ldots, -J+1, -J$.

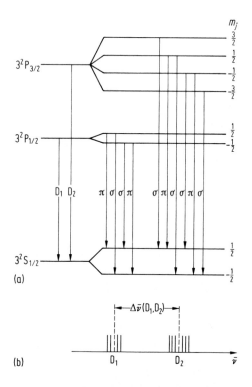

**Abb. 1.78** (a) Schematische Darstellung der Zeeman-Aufspaltung bei einer vorgegebenen magnetischen Feldstärke mit den π- und σ-Übergängen der Natrium-$D_1$- und $D_2$-Emissionslinien. Die tatsächliche Aufspaltung der magnetischen Unterzustände $m_j$ ist klein im Vergleich zur Feinstruktur-Aufspaltung $\Delta E(3\,^2P_{3/2}, {}^2P_{1/2}) = 2.1 \cdot 10^{-3}\,\text{eV}$. (b) Dublett-Differenz $\Delta \bar{\nu}\,(D_2, D_1) = 17.2\,\text{cm}^{-1}$ und Zeeman-Aufspaltung der beiden D-Linien. Das Aufspaltungsbild bezieht sich auf ein magnetisches Feld, in dem die vier Zeeman-Komponenten der $D_1$-Linie und die sechs der $D_2$-Linie nur wenig im Vergleich zur Dublett-Differenz aufgespalten sind.

Diese Gleichung beschreibt den Zeeman-Effekt für alle atomaren Zustände mit *LS*-Kopplung, solange die magnetische Aufspaltung kleiner als die Feinstruktur-Aufspaltung ist. Für $g_J = g_L = 1$ und $m_J = m_L$ geht der anomale Zeeman-Effekt nach Gl.(1.257) in den normalen Zeeman-Effekt über (Gl.(1.252)). Nach der **Runge'schen Regel** (Runge, Mitarbeiter von Paschen) sind die energetischen Abstände oder Aufspaltungen des anomalen Zeeman-Effektes rationale Vielfache der Lorentz-Aufspaltungen des normalen Zeeman-Effektes – eine Beziehung, die natürlich aus der Darstellung des $g_J$-Faktors in Gl.(1.256 und 1.257) folgt.

Als Beispiel für den anomalen Zeeman-Effekt betrachten wir im Detail die prominenten D-Linien des Natrium-Atoms (Abb. 1.78). Der Grundzustand $3\,^2S_{1/2}$ mit $m_s = \pm 1/2$ und $g_s = 2$ spaltet in zwei Zustände auf:

$$\Delta E(3\,^2S_{1/2}) = \pm \frac{1}{2} \cdot 2 \cdot \mu_B B = \pm \mu_B B.$$

Der $3\,^2P_{1/2}$-Zustand besitzt den $g_J$-Faktor

$$g_J = 1 + \frac{\frac{1}{2} \cdot \frac{3}{2} + \frac{1}{2} \cdot \frac{3}{2} - 2}{2\frac{1}{2} \cdot \frac{3}{2}} = \frac{2}{3}$$

und der Zustand $3\,^2P_{1/2}$ den Wert $g_J = 4/3$. Somit ergibt sich für die Aufspaltungen

$$\Delta E(3\,^2P_{1/2}) = \pm \frac{1}{2} \cdot \frac{2}{3} \cdot \mu_B B = \pm \frac{1}{3}\mu_B B$$

$$\Delta E\left(3\,^2P_{3/2}, m_J = \pm \frac{3}{2}\right) = \pm \frac{3}{2} \cdot \frac{4}{3}\mu_B B = \pm 2\mu_B B$$

$$\Delta E\left(3\,^2P_{3/2}, m_J = \pm \frac{1}{2}\right) = \pm \frac{1}{2} \cdot \frac{4}{3}\mu_B B = \pm \frac{2}{3}\mu_B B.$$

Wie man Abb. 1.78 entnimmt, spaltet die $D_1$-Linie in vier Komponenten auf, während die $D_2$-Linie sechs Komponenten im Magnetfeld aufweist.

Bei der Anwendung stärkerer Magnetfelder kann die Zeeman-Aufspaltung vergleichbar oder sogar größer als die Feinstruktur-Aufspaltung werden (*intermediärer Zeeman-Effekt* und *Paschen-Back-Effekt*). Die theoretische Darstellung des intermediären Zeeman-Effektes erfordert komplizierte quantenmechanische Berechnungen, die zu einer nicht-linearen Abhängigkeit führen (Abb. 1.81). Der **Paschen-Back-Effekt** als magnetische Aufspaltung in starken Feldern erklärt sich jedoch wesentlich einfacher wie folgt: Die *LS*-Kopplung wird im starken Magnetfeld aufgebrochen; der Bahndrehimpuls *L* und der Spindrehimpuls *S* orientieren sich gemäß der Richtungsquantisierung im Magnetfeld unabhängig voneinander mit den z-Komponenten $m_L = L, L-1, \ldots, -L+1, -L$ und $m_s = S, S-1, \ldots, -S+1, -S$ (Abb. 1.79). Entsprechend dieser Drehimpulsentkopplung addieren sich die zugehörigen magnetischen Momente bezüglich der Magnetrichtung zu

$$\mu_z = -\frac{\mu_B}{\hbar}(m_L + 2m_s),$$

so dass die energetische Aufspaltung des Paschen-Back-Effektes zu

$$\Delta E_B = -\mu_z B = \mu_B B(m_L + 2m_s) \tag{1.258}$$

wird.

Es gelten die folgenden Auswahlregeln für die elektrischen Dipolübergänge

$$\Delta m_s = 0, \quad \Delta m_L = \pm 1, 0.$$

Dies hat zur Folge, dass die magnetische Aufspaltung der Spektrallinien mit dem normalen Zeeman-Effekt identisch wird, d. h. mit dem Lorentz-Triplett der unverschobenen Linie der Energie $h\nu = E_0$ und den beiden verschobenen Linien $h\nu_{1,2} = E_0 \pm \mu_B B$. Abb. 1.80 zeigt den Paschen-Back-Effekt für die Natrium-D-Linien, Abb. 1.81 den Zeeman-Effekt für $^2P_{1/2,3/2}$-Zustände über den Bereich von schwachen bis zu starken Feldern. Während in schwachen und starken Feldern der anomale Zeeman- und der Paschen-Back-Effekt linear vom Magnetfeld abhängen, tritt im intermediären Feldbereich – wie oben angedeutet – eine komplizierte Abweichung von der Linearität auf. Die $m_J$-Werte des Zeeman-Effektes im schwachen Feld stehen mit den magnetischen Quantenzahlen $m_S$ und $M_L$ des Paschen-Back-Effektes in folgender Beziehung: Beim Übergang vom schwachen zum starken Feld muss

$$M_J = m_L + m_s$$

erhalten bleiben.

**Abb. 1.79** Drehimpulsvektor-Modell beim Paschen-Back-Effekt. Entkopplung von $L$ und $S$ im starken Magnetfeld $B$.

Der *Zeeman-Effekt für Zustände mit Hyperfeinstruktur (HFS)* lässt sich, ähnlich wie der Zeeman-Effekt der Feinstruktur-Terme, für schwache, intermediäre und starke Magnetfelder beschreiben. Dabei gilt als Kriterium für die Stärke des Magnetfeldes die Größe der Hfs-Aufspaltung im Vergleich zur magnetischen Aufspaltung. In den beiden Grenzfällen für schwache Magnetfelder (Zeeman-Aufspaltung klein gegenüber Hfs-Aufspaltung) und starke Magnetfelder (magnetische Aufspaltung oder Paschen-Back-Effekt groß gegenüber Hfs-Aufspaltung) ist die magnetische Aufspaltung der Hfs-Zustände linear von der Feldstärke abhängig.

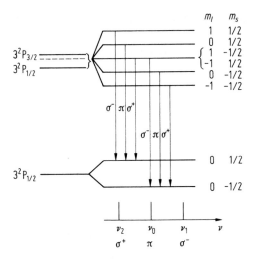

**Abb. 1.80** Paschen-Back-Effekt der Natrium-D-Linien in starken Magnetfeldern. Die beiden σ-Übergänge und die π-Übergänge fallen derart zusammen, dass sie ein gemeinsames Lorentz-Triplett des normalen Zeeman-Effektes bilden.

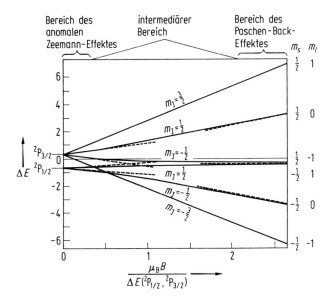

**Abb. 1.81** Magnetische Aufspaltung eines $^2P_{1/2,3/2}$-Dubletts vom Bereich des anomalen Zeeman-Effektes zum Bereich des Paschen-Back-Effektes. Die gestrichelten Linien stellen die linearen Abhängigkeiten im schwachen und starken Magnetfeld dar. Der Übergangsbereich zeigt den intermediären, nicht-linearen Zeeman-Effekt.

Im schwachen Feld sind der Kernspin $I$ und der Gesamtdrehimpuls $J$ der Elektronenhülle fest miteinander gekoppelt. Der Gesamtdrehimpuls $F = I + J$ stellt sich gemäß der Richtungsquantisierung im Magnetfeld ein (Abb. 1.82). Der Drehimpuls

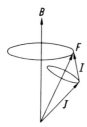

**Abb. 1.82** Klassisches Vektormodell des Drehimpulsgerüstes der Hyperfeinstruktur im schwachen Magnetfeld.

$F$ präzediert mit der Larmorfrequenz um das Magnetfeld. Entsprechend bildet sich nach dem Vektormodell ein resultierendes magnetisches Moment $\mu_F$ aus:

$$\mu_F = \mu_J \cos(J, F) - \mu_I \cos(I, F), \tag{1.259}$$

mit $\mu_J$ und $\mu_I$ als magnetische Momente der Elektronenhülle und des Atomkerns mit dem Spin $I$. Das Minuszeichen des zweiten Gliedes dieser Gleichung berücksichtigt, dass $\mu_J$ und $\mu_I$ bei positivem magnetischem Kernmoment entgegengesetzt zueinander orientiert sind, wenn $I$ und $J$ parallel zueinander sind. Die magnetische Wechselwirkungsenergie des Atoms mit dem magnetischen Moment $\mu_F$ ist dann

$$\begin{aligned} E_B^{\text{Hfs}} &= -\mu_F B \cos(\mu, B) \\ &= \mu_F B \cos(F, B). \end{aligned} \tag{1.260}$$

Mit der Aufspaltung von $\mu_F$ in $\mu_J$ und $\mu_I$ und den Darstellungen für $\mu_J = g_J J \mu_B$ und $\mu_I = g_I I \mu_B (m_e/m_p) = g'_I I \mu_B$ mit $g'_I = (m_e/m_p) g_I$, $\mu_K = (m_e/m_p) \mu_B$ und $\mu_I = g_I I \mu_K$ folgt für Gl. (1.260):

$$\begin{aligned} \Delta E_B^{\text{Hfs}} &= \mu_B B F \cos(F, B) \left\{ \frac{J}{F} g_J \cos(J, F) - \frac{I}{F} g'_I \cos(I, F) \right\} \\ &= g_F m_F \mu_B B, \end{aligned} \tag{1.261}$$

mit dem klassischen $g_F$-Faktor

$$\begin{aligned} g_F &= g_J \frac{J}{F} \frac{F^2 + J^2 - I^2}{2FJ} - g'_I \frac{I}{F} \frac{F^2 + I^2 - J^2}{2FI} \\ &= g_J \frac{F^2 + J^2 - I^2}{2F^2} - g'_I \frac{F^2 + I^2 - J^2}{2F^2}. \end{aligned}$$

Der Übergang zur quantenmechanischen Formulierung erfolgt durch Ersetzen von $F^2$ durch $F(F + 1)$ usw., so dass der $g_F$-Faktor

$$g_F = g_J \frac{F(F+1) + J(J+1) - I(I+1)}{2F(F+1)}$$
$$- g'_I \frac{F(F+1) + I(I+1) - J(J+1)}{2F(F+1)} \tag{1.262}$$

wird, der in dieser Form die Wechselwirkungsenergie der Hfs-Terme in Gl. (1.261) bestimmt. Da jedoch $g_I$ wegen des Faktors $m_e/m_p$ um ca. $10^{-3}$ kleiner als $g_J$ ist, kann der zweite Summand im Allgemeinen vernachlässigt werden:

$$g_F \approx g_J \frac{F(F+1) + J(J+1) - I(I+1)}{2F(F+1)},$$

d. h. im schwachen Feld hängt in dieser Näherung der Zeeman-Effekt zwar vom Kernspin $I$, aber nicht vom $g_I$-Faktor und vom magnetischen Kernmoment $\mu_I$ ab. Jedes Hfs-Niveau spaltet daher in $(2F+1)$ äquidistante $m_F$-Terme auf. Ein Hfs-Term-Multiplett eines Feinstruktur-Zustandes der Quantenzahl $J$ spaltet in $(2J+1)(2F+1)$ Zeeman-Terme auf.

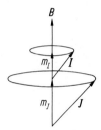

**Abb. 1.83** Klassisches Vektormodell des Drehimpulsgerüstes der Hyperfeinstruktur im starken Magnetfeld (Paschen-Back-Effekt).

Der Gültigkeitsbereich für den Zeeman-Effekt eines Hfs-Terms im schwachen Magnetfeld kann wie folgt abgeschätzt werden: Die Hfs-Aufspaltung $\Delta E_{\text{Hfs}}$ ist von der Größenordnung $\Delta E_{\text{Hfs}} \approx \mu_I B(r=0)$ mit dem Kernmoment $\mu_I$, das am Kernort $r = 0$ ein durch die Elektronenhülle erzeugtes Magnetfeld $\overline{B(r=0)} \approx 100$ T erfährt; die Zeeman-Aufspaltung im Feld $B$ ist nach Gl. (1.261) von der Größenordnung $\Delta E_B^{\text{Hfs}} \approx \mu_B B$; mit der Bedingung $\Delta E_B^{\text{Hfs}} \ll \Delta E_{\text{Hfs}}$ folgt

$$B < (\mu_I/\mu_B) \overline{B(r=0)} \approx 10^{-3} \overline{B(r=0)} \approx 0.1 \, \text{T}.$$

Beim *Paschen-Back-Effekt* der Hfs-Niveaus ist die magnetische Zeeman-Aufspaltung groß gegenüber der Hfs-Aufspaltung. Aufgrund der starken Einwirkung durch das äußere Magnetfeld sind der Kernspin $I$ und der Gesamtdrehimpuls $J$ der Elektronenhülle entkoppelt. Beide Drehimpulse präzedieren unabhängig voneinander um das Magnetfeld (Abb. 1.83). Die Richtungsquantisierung erfordert somit getrennte Einstellungen von $J$ und $I$ mit den Komponenten $m_J$ und $m_I$. Die magnetischen Wechselwirkungsenergien der Elektronenhülle ($\Delta E_B^J$) und des Kernmagneten ($\Delta E_B^I$) im Magnetfeld lauten:

$$\Delta E_B^J = \mu_B B g_J \cos(\boldsymbol{J}, \boldsymbol{B}) = m_J g_J \mu_B B = h\nu_J m_J$$

mit $\nu_J = g_J \mu_B B/h$ als Larmor-Frequenz der Präzession. Die Wechselwirkungsenergie des Kernmagneten im Magnetfeld wird durch

$$\Delta E_B^I = -g_I' I \mu_B B \cos(\boldsymbol{I}, \boldsymbol{B}) = -m_I g_I' \mu_B B = m_I h\nu_I$$

dargestellt, mit $\nu_I = g_I' \mu_B B/h$ als Larmor-Frequenz. Hinzu kommt noch die eigentliche Hfs-Wechselwirkungsenergie (Gl. (1.88)), bei der wir allerdings den Mittelwert von $\cos(\boldsymbol{I}, \boldsymbol{J})$ zu nehmen haben, da der $\boldsymbol{J}$-Vektor nach der obigen Überlegung wesentlich schneller (und in entgegengesetzter Richtung) um das Magnetfeld präzediert als der $\boldsymbol{I}$-Vektor:

$$\overline{\Delta E_{\text{Hfs}}} = AIJ \overline{\cos(\boldsymbol{I}, \boldsymbol{J})}.$$

Mit

$$\overline{\cos(\boldsymbol{I}, \boldsymbol{J})} = \cos(\boldsymbol{I}, \boldsymbol{B}) \cos(\boldsymbol{J}, \boldsymbol{B})$$

erhalten wir für die gemittelte Hfs-Energie

$$\overline{\Delta E_{\text{Hfs}}} = AJI \cos(I, B) \cos(J, B) = A m_I m_J.$$

Der gesamte Paschen-Back-Effekt $\Delta E_{\text{PB}}$ wird daher

$$\Delta E_{\text{PB}} = \Delta E_B^J + \Delta E_B^I + \overline{\Delta E_{\text{Hfs}}}$$
$$= m_J g_J \mu_B B - m_I g_I' \mu_B B + A m_I m_J. \tag{1.263}$$

Das zweite Glied kann im Allgemeinen vernachlässigt werden, so dass

$$\Delta E_{\text{PB}} \approx m_J g_J \mu_B B + A m_I m_J \tag{1.264}$$

wird. Der Paschen-Back-Effekt ist unter der Bedingung $\Delta E_{\text{PB}} \gg \Delta E_{\text{Hfs}}$ gültig, d.h. es muss $\mu_B B \gg \mu_I \overline{B(r=0)}$ sein, und wegen $\mu_B/\mu_I \approx 10^3$ wird $B \gg 10^{-3} \overline{B(r=0)}$, d.h. mit dem von der Elektronenhülle erzeugten Magnetfeld am Kernort $r=0$ von $\overline{B(r=0)} \approx 100$ T tritt vollständiger Paschen-Back-Effekt bei Feldern größer als etwa 0.1 T auf.

Die physikalische Interpretation von Gl. (1.264) des Paschen-Back-Effektes geschieht wie folgt: Das erste Glied beschreibt den Zeeman-Effekt des durch $J$ charakterisierten Feinstrukturterms; das zweite Glied berücksichtigt die Tatsache, dass jeder $m_J$-Term in $m_I$-Terme aufspaltet, d.h. in $(2I+1)$ Terme. Da es $(2J+1)$ magnetische Terme der Feinstruktur und $(2I+1)$ Werte für $m_I$ gibt, spaltet ein Feinstrukturterm $J$ im Paschen-Back-Bereich in $(2J+1)(2I+1)$-Unterniveaus auf (wie beim Zeeman-Effekt für schwache Felder). Abb. 1.84 zeigt schematisch die Aufspaltungsstruktur eines $^2P_{3/2}$-Feinstrukturterms mit dem Kernspin $I=3/2$ für schwache und starke Magnetfelder. Die Lage der Hfs-Terme im Paschen-Back-Bereich ist anders als im schwachen Feld symmetrisch zum Schwerpunkt des Hfs-Multipletts.

Beim Übergang eines Hfs-Multipletts vom schwachen zum starken Magnetfeld muss wegen der Erhaltung des Drehimpulses die Summe der Komponenten des Ge-

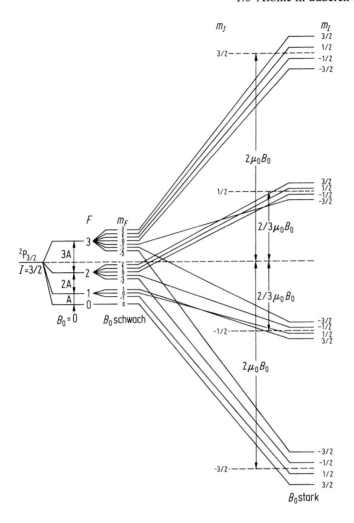

**Abb. 1.84** Aufspaltung eines $^2P_{2/3}$-Feinstruktur-Terms mit dem Kernspin $I = 3/2$ ohne Magnetfeld, im schwachen und im starken Magnetfeld $B_0$; die Verbindungslinien zwischen den Termen im schwachen und starken Feld sind rein schematisch für Zustände mit gleichem $m = m_I + m_J = m_F$ (nach Kopfermann „Kernmomente" [22], jedoch mit korrigierten Termzuordnungen in schwachen und starken Magnetfeldern).

samtdrehimpulses in Feldrichtung konstant bleiben, d. h. es ist $m_I + m_J = m_F = m$; im schwachen Feld ist $m_F = m$, im starken Feld $m_I + m_J = m$.

Der Fall mittlerer Felder, d. h. der Übergang von schwachen zu starken Magnetfeldern, in dem die magnetische Aufspaltung von der gleichen Größenordnung wie die Hfs-Aufspaltung ist, lässt sich im Allgemeinen nur mittels komplizierter quantenmechanischer Näherungsmethoden lösen. Nach Breit und Rabi [23] lassen sich jedoch für den Sonderfall eines $^2S_{1/2}$-Zustandes mit dem Kernspin $I$ folgende Formeln angeben, die (hier ohne Herleitung) von schwachen bis starken Feldern den mittleren

Feldbereich einbeziehen. Für $m = \pm (I + 1/2)$ erhält man nach der „Breit-Rabi-Formel" die einfache lineare Beziehung

$$\Delta E_{Hfs}^B = \frac{I}{2I+1} \Delta E_{Hfs} \pm \left(\frac{1}{2}g_J \mp I g_I'\right)\mu_B B \qquad (1.265)$$

mit $E_{Hfs}$ für die Hfs-Aufspaltung des $^2S_{1/2}$-Zustandes. Für die übrigen $m$-Werte, d. h. $m = -1/2, \ldots, -I - 1/2$, erhält man nach Breit und Rabi:

$$\Delta E_{Hfs}^B = -\frac{\Delta E_{Hfs}}{2(2I+1)} - m_I' \mu_B B \pm \frac{\Delta E_{Hfs}}{2} \cdot \sqrt{1 + \frac{4m}{2I+1}x + x^2} \qquad (1.266)$$

mit

$$x = \frac{g_J - g_I'}{\Delta E_{Hfs}} \mu_B B.$$

Abb. 1.85 zeigt die Aufspaltung eines $^2S_{1/2}$-Niveaus für $I = 3/2$ in $2(2I + 1)$ Zeeman-Terme, die nach der Breit-Rabi-Formel berechnet worden sind und zeigt, wie die Unsymmetrie der Termlage bei schwachem Feld in die symmetrische Termlage bei starkem Feld überführt wird. Beide Grenzfälle für schwache und starke Felder folgen aus Gl. (1.266) für $x^2 \ll 1$ und $x^2 \gg 1$.

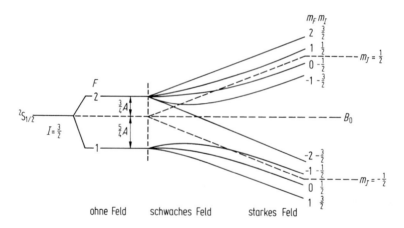

**Abb. 1.85** Zeeman-Aufspaltung eines $^2S_{1/2}$-Niveaus mit dem Kernspin $I = 3/2$ nach der Breit-Rabi-Formel (Gl. (1.266)).

### 1.6.1.3 Quadratischer Zeeman-Effekt, Diamagnetismus und Landau-Bereiche

Im normalen wie auch im anomalen Zeeman-Effekt sind die magnetischen Aufspaltungen linear vom Magnetfeld abhängig, wenn wir den Übergangsbereich vom schwachen zum starken Magnetfeld (Paschen-Back-Effekt) ausschließen. In der quantenmechanischen Behandlung des obigen Unterabschnittes haben wir stets vorausgesetzt, dass der Hamilton-Operator $H_B$, der die Wechselwirkung zwischen dem magnetischen Moment des Atoms und dem äußeren Magnetfeld beschrieben, sehr klein gegenüber dem Coulomb-Operator $H_0$ ist, der die elektrostatische Wechselwirkung zwischen dem Atomkern und der Elektronenhülle beschreibt. Es genügt dann, in einer Störungsrechnung erster Ordnung die magnetischen Aufspaltungen zu berechnen (*linearer Zeeman-Effekt*). In einer quantenmechanischen Störungsrechnung zweiter Ordnung bleibt jedoch das magnetische Moment, das durch die Bahnbewegung des Elektrons verursacht wird, nicht konstant. Die Änderung dieses magnetischen Momentes wird durch die elektromagnetische Induktion hervorgerufen, die durch die Einwirkung des Magnetfeldes auf das orbitale Elektron entsteht, und die proportional zum äußeren Magnetfeld $B$ und zur Umlauffläche $F$ des Elektrons ist (*diamagnetische Suszeptibilität*). Die Energien der atomaren Zustände ändern sich aufgrund dieses diamagnetischen Effektes proportional zu $B^2 \overline{r^2}$ (*quadratischer Zeeman-Effekt*), wobei $r$ der Radius der Umlaufbahn des Elektrons ist. Da die effektive Quantenzahl $n^*$ und der Radius $r$ durch die Bohr'sche Beziehung $(n^*)^4 \sim \overline{r^2}$ miteinander verknüpft sind, wird der Einfluss der diamagnetischen Korrektur als quadratischer Zeeman-Effekt insbesondere für Atome in hochangeregten Zuständen und in starken Magnetfeldern experimentell nachweisbar.

Eine völlig neue Situation tritt auf, wenn die magnetische Wechselwirkung $H_B$, die durch das äußere Magnetfeld hervorgerufen wird, vergleichbar oder sogar größer als die Coulomb-Wechselwirkung $H_0$ zwischen dem Atomkern und der Elektronenhülle wird. Dieser Sachverhalt möge wie folgt dargestellt werden: $H_B^{\mathrm{I}}$ und $H_B^{\mathrm{II}}$ seien die Hamilton-Operatoren, deren Wechselwirkungsterme den linearen und den quadratischen Zeeman-Effekt verursachen. $H_B^{\mathrm{I}}$ ist natürlich der uns bekannte Wechselwirkungsoperator $H_B^{\mathrm{I}} = -\boldsymbol{\mu} \cdot \boldsymbol{B}$ mit dem „inneren" magnetischen Moment $\boldsymbol{\mu}$ des Atoms (d. h. die Summe aller magnetischen Momente von Atomkern und Elektronenhülle); dieses uns bereits bekannte magnetische Phänomen wird auch *Paramagnetismus* genannt. Die durch sehr große Magnetfelder induzierten magnetischen Effekte höherer Ordnung werden als *Diamagnetismus* bezeichnet, der sich wie folgt beschreiben lässt. Der diamagnetische, quadratische Effekt ist das Resultat der theoretischen Standardmethode, in der das Impulsquadrat $p^2$ des Elektrons durch $[\boldsymbol{p} + (e/c)\boldsymbol{A}]^2$ ersetzt wird, wobei $\boldsymbol{A}$ das Vektorpotential des elektromagnetischen Feldes ist. Mit der aus der Elektrizitätslehre bekannten Beziehung des Vektorpotentials einer Ladung $e$ im Magnetfeld $\boldsymbol{B}$ zu $\boldsymbol{A} = 1/2(\boldsymbol{B} \times \boldsymbol{r})$ ergibt sich in dem Hamilton-Operator ein quadratischer Term proportional zu $(\boldsymbol{B} \times \boldsymbol{r})^2 = B^2 r^2 \sin^2\theta$:

$$H_B^{\mathrm{II}} = \frac{e^2 B^2}{8m} r^2 \sin^2\theta, \tag{1.267}$$

wobei $\theta$ der Winkel zwischen dem Magnetfeld $\boldsymbol{B}$ und dem Ortsvektor $\boldsymbol{r}$ des Elektrons ist. Mit $r^2 \sin^2\theta = x^2 + y^2$ und der halben Zyklotronfrequenz $\omega = (1/2)\omega_c = eB/2m$ ($\omega_c = 2\pi\nu_c$ = klassische Kreisfrequenz eines orbitalen Elektrons im Magnetfeld $B$) erhalten wir

$$H_B^{\mathrm{II}} = \frac{1}{2} m\omega^2 (x^2 + y^2). \tag{1.268}$$

Die Bedeutung dieses diamagnetischen Anteils tritt besonders in Erscheinung, wenn die Coulomb-Bindung $H_0$ des Elektrons an den Atomkern schwach oder vergleichbar mit $H_B^{II}$ wird. Dies wurde erstmals von dem russischen Physiker Landau erkannt und erregte erneut besonderes Interesse seit Ende der sechziger Jahre, als die magnetfeldabhängige Modulation der Photoabsorption nahe der Ionisationsgrenze von Garton und Tomkin [50] entdeckt wurde (Abb. 1.86). Durch detaillierte Untersuchungen hat sich herausgestellt, dass die Überlagerung der Kugelsymmetrie der Coulomb-Wechselwirkung und der Zylinder-Symmetrie der magnetischen Wechselwirkung des Diamagnetismus zu Schwierigkeiten in der quantenmechanischen Beschreibung führt, da die entsprechenden Differentialgleichungen in ihren Koordinaten nicht separierbar sind (im Gegensatz zum feldfreien H-Atom in Abschn. 1.3). Abb. 1.87 zeigt schematisch das Potential eines H-Atoms in einem Magnetfeld von $B = 6$ T als Summe des diamagnetischen (Gl. (1.267)) und des Coulomb-Potentials (die Spin-Bahn-Wechselwirkung und der paramagnetische Anteil sind vernachlässigt). Folgende Unterteilung des Problems der magnetischen Wechselwirkungen ist üblich:

*Landau-Limit*

(1) Landau-Bereich $\quad\quad\quad\quad\quad\quad\quad |H_B^{II}| \gg |H_0|$

(2) Quasi-Landau-Bereich $\quad\quad\quad\quad |H_B^{II}| \approx |H_0|$
(stark mischender Bereich)

(3) $n$-mischender Bereich $\quad\quad\quad\quad |H_B^{II}| < |H_0|$
($n$ ist keine gute
Quantenzahl mehr)

(4) $l$-mischender Bereich
($l$ ist keine gute
Quantenzahl mehr)

(5) Paschen-Back-Effekt $\quad\quad\quad\Big\}\; |H_B^{II}| \ll |H_0|$

(6) Zeeman-Effekt

*Coulomb-Limit*

Die Feldbereiche (5) und (6) nahe dem *Coulomb-Limit* werden durch den „traditionellen" Paschen-Back- und Zeeman-Effekt vollständig beschrieben (Abschn. 1.6.1.1 und 1.6.1.2). Der entgegengesetzte Fall, der Feldbereich (1) nahe dem *Landau-Limit* stellt sich wie folgt dar: Die Bewegung der Elektronen senkrecht zur $B$-Feld-Richtung ($z$-Achse) wird durch das parabelförmige, diamagnetische Wechselwirkungspotential von Gl. (1.268) beschrieben (Abb. 1.87). Dieses Potential entspricht dem eines harmonischen Oszillators, der in der Ebene senkrecht zum Magnetfeld schwingt. Das quantenmechanische Eigenwertspektrum des Elektrons in diesem reinen Landau-Bereich ergibt sich aus der Überlagerung der Energie des quantisierten harmonischen Oszillators und der freien Bewegung des Elektrons entlang der $z$-Richtung:

$$E = \left(n + \frac{1}{2}\right)\hbar\omega_c + \frac{\hbar^2 k_z^2}{2m}, \quad\quad\quad (1.269)$$

1.6 Atome in äußeren Feldern    161

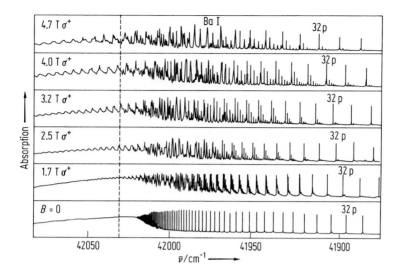

**Abb. 1.86** Absorptionsspektren der $n^1S - n^1P$-Hauptserien des Barium-Atoms bei verschiedenen magnetischen Feldstärken $B$ und Einstrahlung mit $\sigma^+$-Licht. Die gestrichelte Linie markiert die Ionisationsschwelle; $\bar{\nu}$ ist die Wellenzahl (nach Garton und Tomkin [24]).

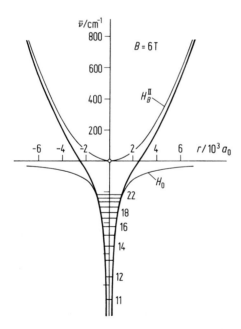

**Abb. 1.87** Überlagerung des diamagnetischen Potentials $H_B^{II}$ und des Coulomb-Potentials $H_0$ zum resultierenden Potential (starke Linie) des H-Atoms bei einer magnetischen Feldstärke von $B = 6$ T. Die horizontalen Linien mit den Hauptquantenzahlen $n$ stellen die Niveaus hochangeregter Zustände dar (nach Holle [25]).

mit der oben eingeführten Zyklotron-Frequenz $\omega_c$, dem Wellenvektor $k_z$ des Elektrons in der $z$-Richtung und der üblichen Quantenzahl $n = 0, 1, \ldots$ eines harmonischen Oszillators. Die Energieabstände bei festgehaltenem $k_z$ ergeben sich aus der Folge $E_{n=0} = 1/2\,\hbar\omega_c$, $E_{n=1} = 3/2\,\hbar\omega_c$, usw. zu $\Delta E = \hbar\omega_c$.

Die theoretische Beschreibung im *Quasi-Landau-Bereich* erfordert beträchtlichen mathematischen Aufwand, wobei die oben erwähnten prinzipiellen Schwierigkeiten bezüglich der Separierbarkeit der Differentialgleichungen einer exakten Lösung im Wege stehen. Die Voraussage der Theorie für Energieabstände im Quasi-Landau-Bereich ist $\Delta E = 1.5\,\hbar\omega_c$, was offenbar in einem begrenzten Energiebereich experimentell bestätigt worden ist (Abb. 1.88). In dieser experimentellen Untersuchung wurden Wasserstoffatome zunächst durch Einstrahlung von Laserphotonen der Wellenlänge $\lambda = 121.6$ nm (Lyman-$\alpha$-Linie) teilweise in den 2P-Zustand transferiert. Anschließend wurden Wasserstoffatome vom 2P-Zustand durch einen zweiten Laserstrahl mit Wellenlängen im Ultravioletten (360–370 nm) in hoch angeregte Zustände (Rydberg-Zustände oder Rydberg-Atome, Abschn. 1.9) gebracht. Der Nachweis dieser Atome in Rydberg-Zuständen gelingt mittels der Methode der elektrischen Feldionisation (Abschn. 1.6.2). Befindet sich der angeregte Zustand nahe der Ionisationsgrenze, so genügt ein relativ schwaches, statisches Feld, das Rydberg-Atom zu ionisieren. Die dadurch erzeugten Elektronen können mittels eines geeigneten Detektors (z. B. eines Oberflächensperrschicht-Detektors) nachgewiesen werden, dessen Signale z. B. in Abb. 1.88 und 1.90 als Funktion der Energiedifferenz zwischen der Ionisationsenergie und der Energie des hoch angeregten Rydberg-Zustandes angegeben sind.

Im *l-mischenden Bereich* ist ein Zustand mit der Hauptquantenzahl $n$ und der $z$-Komponente $m_l$ des Bahndrehimpulses $(n-|m_l|)$-fach entartet. Diese Entartung wird jedoch im Magnetfeld aufgehoben. Es wurde gefunden, dass die (nicht-entarteten) Zustände jeder $m_l$-Gruppe im l-mischenden Magnetfeld durch eine neue Quantenzahl $k$ beschrieben werden können, die die Werte $k = 0, 1, 2, \ldots, n-m-1$ besitzt. Die Theorie sagt für die magnetische Aufspaltung der l-mischenden Zustände einen

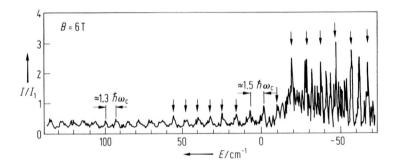

**Abb. 1.88** Quasi-Landau-Bereich der Energiezustände atomaren Wasserstoffs in einem Magnetfeld von $B = 6$ T in der Nähe der Ionisationsgrenze (Energie $E = 0$). Die Pfeile deuten an, dass die Energiezustände (bzw. Absorptionslinien), die unterhalb der Ionisationsschwelle dominieren, beim Überqueren dieser Schwelle in die Quasi-Landau-Resonanzen übergehen und dabei die Regelmäßigkeit der Abstände ($1.5\,\hbar\omega_c$) zunächst angenähert erhalten bleibt. Die Signalintensität ist in willkürlichen Einheiten $I_1$ angegeben (nach Holle [25]).

1.6 Atome in äußeren Feldern    163

quadratischen Effekt voraus (Abb. 1.89), der auch experimentell verifiziert werden konnte. Abb. 1.90 zeigt die $k$-Aufspaltung hochangeregter Rydberg-Zustände in der Absorption der zwei resonanten Photonen-Übergänge: Das erste Photon induziert den Übergang 1S → 2P, das zweite Photon den Übergang vom 2P-Zustand in den Rydberg-Zustand mit der Quantenzahl $n$. Für die Endzustände $k$, $m_l^f = 0$ werden

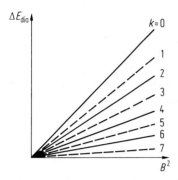

**Abb. 1.89** Aufspaltung des Wasserstoffatoms im Energiezustand $n = 8$, $m_l = 0$ als Funktion des Quadrates des magnetischen Feldes $B^2$ mit der Quantenzahl $k$ als Parameter; $k$ ist gerade für Zustände gerader (durchgezogene Linien) und ungerade für Zustände ungerader $z$-Parität (gestrichelte Linien).

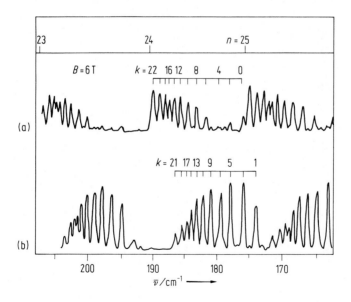

**Abb. 1.90** $l$-mischender Bereich der Rydberg-Energiezustände des H-Atoms für $n = 23$, 24 und 25 bei einem Magnetfeld von $B = 6$ T; (a) für $k$, $m_l^f = 0$, (b) für $k$, $m_l^f = \pm 1$; die magnetische Aufspaltung für $n = 24$ ist vollständig aufgelöst mit eindeutiger Zuordnung der Quantenzahl $k$. Die Energien bzw. Wellenzahlen liegen zwischen ca. 200 cm$^{-1}$ und 160 cm$^{-1}$ unterhalb der Ionisationsgrenze (nach Holle [25]).

nur die geraden Quantenzahlen $k$ angeregt, während für $k$, $m_l^f = \pm 1$ nur die ungeraden Quantenzahlen angeregt werden. Dieses Verhalten ist für $n = 24$ in Abb. 1.90 klar erkennbar.

In Magnetfeldern, in denen die Aufspaltungen der Rydberg-Zustände zunehmend größer werden, können sich die Aufspaltungszweige verschiedener Hauptquantenzahlen $n$ überlappen (*n-mischender Bereich*). In diesem Feldbereich verliert die Quantenzahl $k$ zunehmend ihre Bedeutung als Erhaltungsgröße. Wenn sich zwei Zustände verschiedener Hauptquantenzahl $n$ durch magnetische Aufspaltung im $n$-mischenden Bereich einander nähern, so kreuzen sie sich nicht, sondern stoßen sich bei einem Minimalabstand ab (*Anticrossing*). Abb. 1.91 zeigt ein Beispiel der numerischen Berechnungen der magnetischen Aufspaltungen für Wasserstoff-Zustände mit den Hauptquantenzahlen $n = 31$ bis $n = 34$. Mittels der resonanten Zwei-Photonen-Anregung (1s → 2p → $n$) konnten die Aufspaltungen experimentell verifiziert werden (siehe Abb. 1.92).

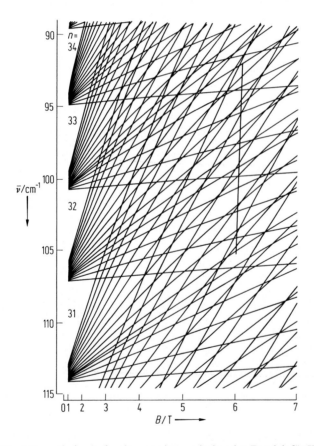

**Abb. 1.91** Magnetische Aufspaltungen im $n$-mischenden Bereich für Wasserstoffatome in den Zuständen der Hauptquantenzahlen $n = 31$ bis $n = 34$. Die vertikale Linie bei 6 T weist auf das gemessene Spektrum der Energiezustände in Abb. 1.92 hin (nach Berechnungen von Wintgen und Hanne [26]).

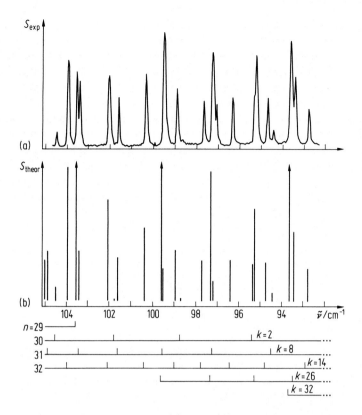

**Abb. 1.92** Zwei-Photonen-Absorptionssignale $S$ des Wasserstoffatoms mit Bezug auf die vertikale Linie ($B = 6\,\text{T}$) in Abb. 1.91. Teilbild (a) gibt die experimentellen Messungen wieder (Holle [25]), Teilbild (b) enthält die berechneten Absorptionslinien (Wintgen und Hanne [26] und Wintgen et al. [27]).

Es ist faszinierend, darüber zu berichten, dass mit höherer spektraler Auflösung der diamagnetischen Effekte des Wasserstoffatoms eine neuartige Quasi-Landau-Struktur entdeckt wurde [28], die wegen ihrer komplizierten Irregularität *chaotisch* erscheint und bei einer Fourier-Analyse „reguläre" und „irreguläre" Quasi-Landau-Resonanzen zeigt. Die regulären aufeinanderfolgenden Quasi-Landau-Resonanzen treten in Abständen der Zyklotron-Periode $T_c$ auf, d.h. $T_v^{\text{exp}} - T_{v-1}^{\text{exp}} = T_c$. Diese regulären Resonanzen konnten durch Darstellung periodischer, klassisch-geschlossener Elektronenbahnen um das Proton erklärt werden. Die irregulären Quasi-Landau-Resonanzen sind ein offenes Problem, das weitere experimentelle und theoretische Untersuchungen chaotisch klassischer und chaotisch quantenmechanischer Systeme als auch deren Beziehungen zueinander erfordert. Offensichtlich liegt hier eine Korrespondenzidentität zwischen einem „irregulär chaotisch"-klassischen System und dem Zusammenbruch der Separierbarkeit eines quantenmechanischen Systems vor (*Quantenchaos*). Quasi-Landau-Resonanzen lassen sich selbst in niedrigen Magnetfeldern ($\sim 0.01\,\text{T}$) nachweisen, wenn Atome in sehr hohe Rydberg-Zustände angeregt werden, z.B. Barium-Zustände mit $n \approx 50$.

166   1 Atome

Abgesehen von diesen fundamentalen Problemen des Diamagnetismus gibt es interessante Anwendungen extrem hoher Magnetfelder in der Astrophysik. So konnten magnetische Verschiebungen der Wellenlängen von Wasserstoff-Spektrallinien astrophysikalischer Objekte vermessen werden, deren Magnetfelder aufgrund theoretischer Berechnungen Feldstärken von $10^7$–$10^9$ T in Neutronen-Sternen und $10^3$–$10^5$ T in Weißen Zwergen erreichen.

Abb. 1.93 zeigt die Vielfältigkeit der Aufspaltungen der prominenten Balmer-$\alpha$, -$\beta$ und -$\gamma$ Wasserstoff-Linien in extrem hohen Magnetfeldern, die bisher nur in astrophysikalischen Systemen nachgewiesen werden konnten. So hatte man bereits seit langem vermutet, dass der Weiße Zwerg Grw + 70° 8247, der 42 Lichtjahre von uns entfernt im Sternbild Draco liegt und dessen Spektrum sich bisher einer konsistenten Interpretation entzog, ein extrem hohes Magnetfeld besitzt. Abb. 194 zeigt

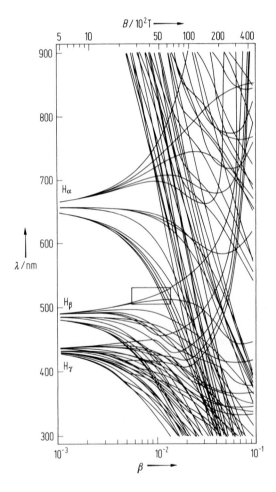

**Abb. 1.93** Wellenlängenspektrum der Balmer-Linien $H_\alpha$, $H_\beta$, $H_\gamma$ des atomaren Wasserstoffs in extrem hohen Magnetfeldern: $\beta = B/B_0$, $B_0 = 2(\alpha m_e c)^2/(eh) = 4.70 \cdot 10^5$ T (nach Wunner und Ruder [29]).

1.6 Atome in äußeren Feldern    167

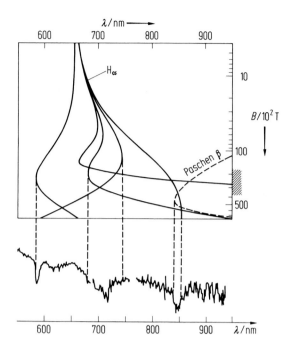

**Abb. 1.94** Magnetische Aufspaltung der $H_\alpha$-Komponenten und der Paschen-$\beta$-Komponente des Wasserstoffatoms in extrem hohen Magnetfeldern (oberes Teilbild; nach Berechnungen von Wunner und Ruder [30]) und das Absorptionsspektrum des Weißen Zwerges Grw + 70° 8247 im Draco-Sternbild (unteres Teilbild; nach experimentellen Beobachtungen von Angel et al. [31]). Die gestrichelten Linien deuten angenähert die Minima der berechneten Wellenlängenkomponenten an, die mit den Minima bzw. Maxima der Absorptionslinien übereinstimmen.

die theoretisch errechneten magnetischen Verschiebungen der Balmer-$\alpha$-Komponenten zusammen mit einer Paschen-$\beta$-Komponente im Vergleich mit dem beobachteten Spektrum des obigen Weißen Zwerges. Die beträchtlichen Linienverschiebungen der $H_\alpha$-Komponenten sind konsistent mit Magnetfeldern von ca. $1.7-3.5 \cdot 10^4$ T (s. Schraffierung auf der Ordinate in Abb. 1.94). Dies sind die höchsten Magnetfelder, die bisher in der Natur nachgewiesen werden konnten und denen Atome ausgesetzt sind.

### 1.6.2 Stark-Effekt – Atome in elektrischen Feldern

Der *Stark-Effekt*, die Aufspaltung und Verschiebung von Spektrallinien und atomaren Zuständen in elektrischen Feldern, wurde 1913 unabhängig voneinander von Stark und Lo Surdo an den Balmer-Linien atomaren Wasserstoffs entdeckt. Elektrische Felder der Größenordnung $10^7$ V/m waren zum Nachweis des Stark-Effektes erforderlich. Ein von der elektrischen Feldstärke abhängiger *linearer Effekt* tritt *beim Wasserstoff* und wasserstoffgleichen Ionen auf, wenn die Stark-Aufspaltungen groß gegenüber der Feinstruktur-Aufspaltung sind. Im umgekehrten Fall oder wenn wie bei den S-Zuständen keine Feinstruktur existiert, besitzen Wasserstoffatome einen *quadratischen Stark-Effekt*, der auch insbesondere bei Mehrelektronen-Atomen dominiert.

Legen wir in der z-Richtung ein konstantes elektrisches Feld über den räumlichen Bereich der Atome an, so wird der Hamilton-Operator $H_0$ des feldfreien, ungestörten Atoms durch den Störungsterm

$$H^F = eFz \tag{1.270}$$

erweitert, der die zusätzliche potentielle Energie des Atoms beschreibt. Indem wir einen Einfluss des Elektronenspins in dieser Störungswechselwirkung zunächst vernachlässigen, erhalten wir für den Stark-Effekt des Wasserstoff-Grundzustandes $\psi_{nlm}(r) = \psi_{100}$ in erster Ordnung eine Energieverschiebung

$$\Delta E^{(1)} = eF \langle \psi_{100} | z | \psi_{100} \rangle = eF \int |\psi_{100}|^2 z \, d\tau. \tag{1.271}$$

Wählen wir die z-Richtung als Quantisierungsachse, werden die Quadrate der Eigenfunktionen $|\psi_{nlm}|^2$ zu gleichen Teilen mit positiven und negativen z-Werten multipliziert, so dass das Matrixelement, der Erwartungswert von z, $\langle \psi_{nlm} | z | \psi_{nlm} \rangle = 0$ wird. In erster Näherung verschwindet daher der lineare Stark-Effekt für die separierten Zustände $\psi_{nlm}$ des Wasserstoffatoms. Andererseits stellt das Produkt $ez = D$ ein statisches elektrisches Dipolmoment dar, das in einem elektrischen Feld $F$ die Energieverschiebung $-\boldsymbol{D} \cdot \boldsymbol{F}$ erfahren würde. Da jedoch der quantenmechanische Erwartungswert für z verschwindet, kann der Grundzustand des Wasserstoffatoms kein permanentes elektrisches Dipolmoment besitzen.

In zweiter Näherung erfährt jedoch das H-Atom im Grundzustand eine elektrische Polarisierbarkeit und einen *quadratischen Stark-Effekt*. Eine quantenmechanische Störungsrechnung zweiter Ordnung ergibt den quadratischen Stark-Effekt des Grundzustandes

$$\begin{aligned}\Delta E^{(2)}_{100} &= -e^2 F^2 \sum_{\substack{n \neq 1 \\ l,m}} \frac{\langle \psi_{nlm} | z | \psi_{100} \rangle^2}{E_n - E_1} \\ &= -8\pi\varepsilon_0 \frac{a_0^3}{Z^4} F^2.\end{aligned} \tag{1.272}$$

Dieser quadratische Stark-Effekt ist allerdings sehr klein, bei einer Feldstärke von $F = 10^5$ V/cm wird der Grundzustand um ca. $2 \cdot 10^{-4}$ cm$^{-1}$ oder $25 \cdot 10^{-8}$ eV zu niedrigeren Energien verschoben. Differenzieren wir die obige Gleichung nach der Feldstärke, so erhalten wir das induzierte elektrische Dipolmoment:

$$D = \frac{\partial E^{(2)}_{100}}{\partial F} = -2e^2 F \sum_{\substack{n \neq 1 \\ l,m}} \frac{\langle \psi_{nml} | z | \psi_{100} \rangle^2}{E_n - E_1} = \alpha F, \tag{1.273}$$

1.6 Atome in äußeren Feldern   169

mit α als elektrischer Dipol-Polarisierbarkeit des Atoms im Grundzustand:

$$\alpha = 2e^2 \sum_{n \neq 1} \frac{|\langle \psi_{nlm}|z|\psi_{100}\rangle|^2}{E_n - E_1}. \qquad (1.274)$$

Dieses elektrische Dipolmoment ist proportional zur Feldstärke $F$, es ist daher ein *induziertes elektrisches Dipolmoment*. Gl. (1.272) und (1.273) miteinander verknüpft, ergibt

$$\Delta E^{(2)}_{100} = -\frac{1}{2}\alpha F^2 \qquad (1.275)$$

mit $\alpha = 1.8 \cdot 10 \cdot \pi \varepsilon_0 a_0^3/Z^4 = 7.42 \cdot 10^{-23} \, Z^{-4} \, [(C/V)\,nm^2]$.

Wegen der $l$-Entartung der Wasserstoffatome gleicher Hauptquantenzahl $n$ und bei Vernachlässigung der Feinstruktur (d. h. der „normalen" Feinstruktur und der Lamb-Shift) tritt jedoch für $n > 1$ ein linearer Stark-Effekt auf, der den obigen quadratischen Effekt bei weitem überwiegt. Als Beispiel betrachten wir den ($n=2$)-Zustand. Ohne Feinstruktur haben wir für $|2p\rangle$ und $|2s\rangle$ die Zustände $|lm_l\rangle$:

$$|2p\rangle \rightarrow |1\,1\rangle, |1\,0\rangle, |1\,-1\rangle, \quad |2s\rangle \rightarrow |0\,0\rangle.$$

Als Folge der elektrischen Störung nach Gl. (1.270) und wegen der Auswahlregeln $\Delta l = \pm 1$ und $\Delta m_l = 0$ für das Nichtverschwinden des Matrixelementes $\langle \psi_{nlm}|z|\varphi_{nl'm'}\rangle$ erfahren die Zustände $|1\,1\rangle$ und $|1\,-1\rangle$ im elektrischen Feld keine Wechselwirkung. Die Zustände $|1 \pm 1\rangle$ bleiben daher in erster Näherung im elektrischen Feld unverschoben. Im Gegensatz hierzu sollten jedoch die Zustände $|1\,0\rangle$ und $|0\,0\rangle$ eine Aufspaltung und lineare Verschiebung erfahren, die sich wie folgt errechnet. Wenden wir die Schrödinger-Gleichung mit dem linearen Störanteil (Gl.(1.270)) und dem ungestörten Teil $H_0|lm_l|$ an, d.h.

$$H|\psi\rangle = (H_0 + eFz)|\psi\rangle = E^{(1)}|\psi\rangle,$$

so erhalten wir mit dem Ansatz für die Wellenfunktion

$$|\psi\rangle = a_1|1\,0\rangle + a_2|0\,0\rangle$$

die Schrödinger-Gleichung

$$a_1 E_0|1\,0\rangle + a_2 E_0|0\,0\rangle + a_1 eFz|1\,0\rangle + a_2 eFz|0\,0\rangle$$
$$= a_1 E^{(1)}|1\,0\rangle + a_2 E^{(1)}|0\,0\rangle. \qquad (1.276)$$

Multiplizieren wir diese Gleichung mit den Eigenfunktionen $\langle 1\,0|$ und $\langle 0\,0|$ und berücksichtigen die Orthonormalität der Eigenfunktionen und die Auswahlregeln für die Dipolmatrixelemente, d. h. $\langle \psi'|z|\psi\rangle$, so reduziert sich diese Gleichung zu

$$a_1 E_0 + a_2 eF\langle 1\,0|z|0\,0\rangle = a_1 E^{(1)},$$
$$a_2 E_0 + a_1 eF\langle 0\,0|z|1\,0\rangle = a_2 E^{(1)}. \qquad (1.277)$$

Mithilfe der Werte für die Matrixelemente zwischen Zuständen mit $n = 2$ (Abschn. 1.3.5)

$$\langle 1\,0|z|0\,0\rangle = \langle 0\,0|z|1\,0\rangle = -3a_0$$

ergibt sich für das Gleichungssystem (1.277)

$$(E_0 - E)a_1 - 3ea_0 F a_2 = 0,$$
$$-3ea_0 a_1 F + (E_0 - E)a_2 = 0.$$

Indem wir die Determinante dieser Gleichungen gleich null setzen, erhalten wir als Lösung für den linearen Stark-Effekt der $(m_l = 0)$-Zustände mit der Hauptquantenzahl $n = 2$

$$E_{n=2}^{(1)} = E_0 \pm 3ea_0 F. \tag{1.278}$$

Die normierte Eigenfunktion für den Eigenwert $E^{(1)} = E_0 - 3ea_0 F$ wird $\psi_1 = (1/\sqrt{2})$ $(\psi_{200} + \psi_{210})$ und für $E^{(1)} = E_0 + 3ea_0 F$ wird $\psi_2 = (1/\sqrt{2})(\psi_{200} - \psi_{210})$. Abb. 1.95 zeigt den linearen Stark-Effekt für $n = 2$.

Der Zustand mit $m_l = \pm 1$ bleibt im elektrischen Feld unaufgespalten und unverschoben, er ist zweifach entartet. Die Beobachtung der Aufspaltung der $m_l = 0$-Zustände erfordert sehr hohe elektrische Felder; die Verschiebungen in Wellenzahlen ergibt sich zu $\Delta\tilde{v} = 3eFa_0/(hcZ) = 12.8\,Z^{-1}\,F\,10^{-7}\,\mathrm{cm}^{-1}$, wenn $F$ in V/m gemessen wird. Felder von der Größenordnung $10^7$ V/m sind erforderlich, um solche Stark-Aufspaltungen zu beobachten.

Bei zunehmender Hauptquantenzahl wird das obige Verfahren zur Berechnung der Stark-Verschiebungen recht kompliziert, da eine $n$-zeilige Matrix diagonalisiert werden muss. Eine brauchbare und einfachere Lösungsmethode besteht darin, die Schrödinger-Gleichung in parabolischen Koordinaten darzustellen und in diesen Koordinaten zu separieren. Die detaillierte Beschreibung dieser Methode, die zunächst in der alten Quantentheorie eingeführt und von Schrödinger in seine neue Wellenmechanik übertragen wurde, ist z. B. in dem Buch von Bethe und Salpeter dargestellt (siehe Literatur-Liste zu Abschn. 1.4). Wir beschreiben hier die wichtigsten Resultate dieser Theorie: Das allgemeine, mit dem Stark-Effekt verbundene

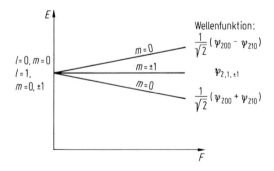

**Abb. 1.95** Linearer Stark-Effekt des vierfach entarteten $(n = 2)$-Zustandes des atomaren Wasserstoffs.

Problem ist dadurch charakterisiert, dass die Struktur des Gesamtpotentials $V(r,z) = Ze^2/(4\pi\varepsilon_0 r) + eFz$ es nicht ermöglicht, die Schrödinger-Gleichung in polaren, sondern nur in parabolischen Koordinaten zu separieren (d.h. die kartesischen und polaren Koordinaten sind mit den parabolischen Koordinaten $\zeta$, $\eta$, $\psi$ durch die Beziehungen $\zeta = r + z$, $\eta = r - z$ und $\tan \psi = y/z$ verknüpft). Die Separation der Schrödinger-Gleichung in parabolische Koordinaten führt zu zwei neuen Quantenzahlen $n_1$, $n_2 = 0, 1, 2, ...$, die mit der Hauptquantenzahl $n$ und dem Betrag der magnetischen Quantenzahl $|m_l|$ wie folgt verknüpft sind:

$$n = n_1 + n_2 + |m_l| + 1.\qquad(1.279)$$

Die Energieeigenwerte der Schrödinger-Gleichung $(H_0 + eFz)|\psi\rangle = E^{(1)}|\psi\rangle$, transformiert auf parabolische Koordinaten, ergeben sich mit den „elektrischen" Quantenzahlen $n_1$ und $n_2$ zu

$$E^{(1)} = E_n + \frac{2}{3} ea_0 F \frac{n}{Z}(n_1 - n_2).\qquad(1.280)$$

Diese Formel für den linearen Stark-Effekt wurde zuerst von Schwarzschild und Epstein 1916 aufgrund der Bohr-Sommerfeld'schen Theorie hergeleitet und ca. 10 Jahre später von Schrödinger in seiner dritten Veröffentlichung zu Wellenmechanik verifiziert. Die energetisch höchste Komponente der Stark-Aufspaltung eines Terms mit der Hauptquantenzahl $n$ ergibt sich, indem wir die elektrischen Quantenzahlen $n_1 = n - 1$ und $n_2 = 0$ setzen; umgekehrt wird $n_1 = 0$ und $n_2 = n - 1$ für die energetisch niedrigste Stark-Komponente. Der Energieabstand dieser beiden extremen Stark-Komponenten ist daher

$$\Delta E^{(1)} = 3ea_0 \frac{n(n-1)}{Z} F,$$

mit anderen Worten, für hohes $n$ ist die maximale lineare Aufspaltung angenähert proportional zu $n^2$. Da der Radius der Elektronenbahnen $r \sim n^2$ ist, lässt sich das Verhalten des Stark-Effektes als Funktion von $n^2$ wie folgt verstehen: Je größer der Durchmesser der Elektronenbahn, desto größer ist die Potentialdifferenz zwischen diametral entgegengesetzten Punkten, d.h. $|\Delta V| \sim 2eFr$. Stellen wir quantitativ die *Schwarzschild-Epstein-Formel* in eV für die Energie und in V/m für die elektrische Feldstärke auf, erhalten wir die Rechenformel

$$E^{(1)}/\text{eV} = E_n/\text{eV} + \frac{n}{Z}(n_1 - n_2) \cdot 7.94198 \cdot 10^{-11} F/(\text{V m}^{-1});$$

multiplizieren wir diese Gleichung mit $hc$ und messen das Feld in V m$^{-1}$, erhalten wir die Wellenzahl in cm$^{-1}$:

$$\tilde{v}/\text{cm}^{-1} = -\frac{1.097 \cdot 10^5}{m^2} Z^2 + \frac{F(\text{V m}^{-1})}{1\,562\,000} \frac{n}{Z}(n_1 - n_2).$$

Die Stark-Aufspaltung kann für hohe Zustände große Werte erreichen, z.B. wird für $n = 5$ und $Z = 1$ die Aufspaltung der beiden äußersten Komponenten ($n_1 = 4$, $n_2 = 0$ und $n_2 = 4$, $n_1 = 0$) in einem Feld von 500 000 V cm$^{-1}$ zu $\Delta \tilde{v} = 1280$ cm$^{-1}$,

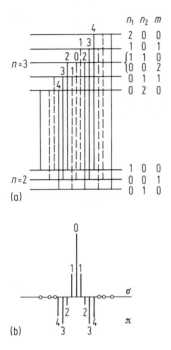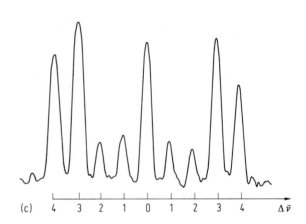

**Abb. 1.96** (a) Stark-Aufspaltung der Zustände $n = 2$ und $n = 3$ des Wasserstoffs mit den π- und σ-Übergangskomponenten der Balmer-α-Linie (volle bzw. gestrichelte Linien); (b) die Kreise geben die Positionen der sehr schwachen Komponenten an, die Länge der Striche die theoretisch errechneten Intensitäten der Linienkomponenten; die Zahlen an den Komponenten stellen die relative Verschiebung zu der feldunabhängigen Komponente „0" dar, in Einheiten von $3/2 a_0 eF = 15\,620\,\mathrm{cm}^{-1}$ für $\Delta \bar{v}$ und für die elektrische Feldstärke in Einheiten von $F/15\,620$ für V/cm; (c) experimentelle Photometerkurve der π- und σ-Linienkomponenten des Teilbildes (b) (nach Bethe und Salpeter [32] und Mark und Wiert [33]).

was nahezu gleich dem Abstand von $1400\,\mathrm{cm}^{-1}$ der beiden Zustände mit $n = 5$ und $n = 6$ im feldfreien Raum ist.

Die Aufspaltung nach der *Schwarzschild-Epstein-Formel* (Gl. (1.280)) ist in Abb. 1.96 für die $H_\alpha$-Linien illustriert. Die Auswahlregeln für Stark-Übergänge sind die gleichen wie zuvor bei der magnetischen Aufspaltung: $\Delta m = 0$ für parallel zur elektrischen Feldrichtung linear polarisierte Strahlung (π-Komponente) und $\Delta m = \pm 1$ für senkrecht zur elektrischen Feldrichtung linear polarisierte Strahlung in transversaler Beobachtung (σ-Komponente); anders als beim Zeeman-Effekt sind die σ-Komponenten des Stark-Effektes bei Beobachtung in longitudinaler Richtung (parallel zum elektrischen Feld) unpolarisiert, d. h. sie sind nicht zirkular polarisiert, da die ($m = \pm 1$)-Zustände zusammenfallen (*m-Entartung der Stark-Niveaus*).

Die Beschreibung des Stark-Effektes mittels der parabolischen Koordinaten-Darstellung führt in zweiter Ordnung zu einem quadratischen Korrekturterm, der für $n = 1$ mit Gl. (1.272) übereinstimmt:

$$E^{(2)} = E_{0n} + \frac{3}{2} ea_0 \frac{n}{Z} (n_1 - n_2) F$$

$$- \frac{4\pi\varepsilon_0}{16} \left(\frac{n}{Z}\right)^4 \{17n^2 - 3(n_1 - n_2)^2 - 9m^2 + 19\} F^2. \quad (1.281)$$

Nach dieser Gleichung hängt der quadratische Stark-Effekt nicht nur von $n$, $n_1$ und $n_2$, sondern auch von der magnetischen Quantenzahl $m$ ab. Da $n > (n_1 - n_2)$ und $n > m$ gilt, überwiegt in der großen Klammer stets das positive Glied, so dass der quadratische Anteil des Stark-Effektes immer zu einer Energieerniedrigung der Wasserstoff-Niveaus führt. Wegen des Faktors $n^4$ in dem quadratischen Term erleiden alle Spektrallinien-Serien neben der Aufspaltung eine Verschiebung zu größeren Wellenlängen (Rotverschiebung). Folgende Zahlenbeispiele illustrieren die Größenordnungen der linearen und quadratischen Stark-Aufspaltungen und Verschiebungen für die Balmer-$H_\alpha$-Linie: $\tilde{\nu}_{H_\alpha} = 15\,233\,\text{cm}^{-1}$ ($\lambda = 656\,\text{nm}$), elektrische Feldstärke $F = 4 \cdot 10^7\,\text{Vm}^{-1}$, der Abstand der beiden äußersten Komponenten „4" Abb. 1.96 wird in diesem Feld $200\,\text{cm}^{-1}$, während die Rotverschiebung nur $1\,\text{cm}^{-1}$ beträgt; andererseits gelten bei der gleichen Feldstärke für die Balmer-$H_\gamma$-Linie die folgenden Werte: $\tilde{\nu}_{H_\gamma} = 23\,033\,\text{cm}^{-1}$ ($\lambda = 434\,\text{nm}$), der Übergang von $n = 5$, $n_1 = 4$, $n_2 = 0$, $m = 0$ nach $n = 2$, $n_1 = 0$, $n_2 = 1$, $m = 0$ erfährt eine Stark-Aufspaltung der äußersten Komponenten von ca. $900\,\text{cm}^{-1}$ bei einer beachtlichen Rotverschiebung von $22\,\text{cm}^{-1}$.

Infolge der hohen $n$-Abhängigkeit des Stark-Effektes kann eine *elektrische Feld-Ionisation* des Atoms auftreten, die wie folgt zustande kommt: Die Überlagerung des Coulomb-Potentials mit dem Potential des äußeren elektrischen Feldes führt zu einer beträchtlichen Verformung des ursprünglichen Potentials ohne Feld. Wie aus Abb. 1.97 ersichtlich ist, entsteht im positiven Koordinatenteil eine Potentialbarriere. Das Maximum (der Energiesattelpunkt) der Barriere liegt bei einem Abstand $r$ des Elektrons vom Atomkern, bei dem sich die Coulomb-Kraft und die Kraft des äußeren elektrischen Feldes kompensieren: $Z^2 e/(4\pi\varepsilon_0 r^2) = -eF$. Für Energieniveaus nahe unterhalb des Maximums kann das Elektron durch den quan-

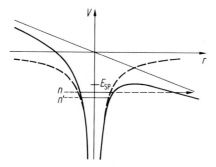

**Abb. 1.97** Überlagerung des Coulomb-Potentials $-Ze^2/(4\pi\varepsilon_0 r)$ eines Wasserstoff-Systems (---) mit dem Potential $eFz$ ($r = z$) eines äußeren elektrischen Feldes (——); ein Strahlungsübergang von $n \to n'$ konkurriert mit der Tunneleffekt-Ionisation (-- →) in ungebundene freie Zustände; $E_{SP}$ = Sattelpunktenergie.

tenmechanischen Tunnel-Effekt (Abschn. 1.4.2.5) aus einem gebundenen in einen ungebundenen, freien Zustand übergehen (*Tunneleffekt-Ionisation*). Diese Tunneleffekt-Ionisation tritt daher in Konkurrenz zu den üblichen Strahlungsübergängen $n \to n'$ des Atoms von einem höheren in einem niedrigeren Zustand. Man kann quantenmechanisch die „kritischen Feldstärken" $F_Q$ berechnen [34], bei denen die Rate für die „normalen" Strahlungsübergänge $n \to n'$ gleich der Tunneleffekt-Rate wird. Für die verschiedenen Stark-Komponenten der Spektrallinien errechnet man unterschiedliche Werte von $F_Q$; so ergeben sich z. B. für die äußersten „roten" und „violetten" Stark-Komponenten der Balmer-Linien $H_\gamma$ und $H_\varepsilon$ die folgenden $F_Q$-Werte in elektrischen Feldern von der Größenordnung $10^7$–$10^8$ Vm$^{-1}$:

| Balmer-Linien | $H_\gamma$ (rot) | $H_\gamma$ (violett) | $H_\varepsilon$ (rot) | $H_\varepsilon$ (violett) |
|---|---|---|---|---|
| $F_Q/10^8$ Vm$^{-1}$ | 0.69 | 1.01 | 0.20 | 0.32 |

Gebundene Zustände eines Atoms sind oberhalb des Maximums der Potentialbarriere instabil. Mit anderen Worten, wenn hoch angeregte Atome in ein starkes elektrisches Feld gelangen, können sie ionisiert werden. Der Zusammenhang zwischen der kritischen Hauptquantenzahl $n_c$ und der elektrischen Feldstärke $F$, für die oberhalb von $n_c$ keine gebundenen Zustände möglich sind, lässt sich folgendermaßen abschätzen. Wenn sich die Coulomb-Kraft und die Kraft des elektrischen Feldes im Maximum der Potentialbarriere kompensieren, folgt klassisch der Gleichgewichtsabstand $r$ zu $r^2 = e^2 Z/(4\pi\varepsilon_0 eF)$; für hohe Hauptquantenzahlen $n$ wird der quantenmechanische Erwartungswert $\langle r \rangle_{l=n-1}$ für den Elektron-Proton-Abstand wie folgt angenähert:

$$\langle r \rangle_{l=n-1} = n^2 \left(1 + \frac{1}{2n}\right) \frac{a_0}{Z} \approx n^2 \frac{a_0}{Z} = r,$$

wobei $r$ mit dem Bohr-Radius der $n$-ten Bahn identisch ist. Indem wir diesen Wert für $r$ in die obige Beziehung einsetzen, erhalten wir mit dem ersten Bohr-Radius $a_0 = \varepsilon_0 h^2/(\pi m e^2)$ für die kritische Hauptquantenzahl $n_c$:

$$n_c^4 = \frac{\pi e^5 Z^3 m^2}{4 \varepsilon_0^3 h^4} \cdot \frac{1}{F} = \frac{A}{F}. \tag{1.282}$$

Diese wichtige Relation, $F \sim 1/n_c^4$, wird in der Spektroskopie zur Identifizierung hoch-angeregter Rydberg-Zustände verwendet (Abschn. 1.9). Das „Absterben" von angeregten Zuständen durch die Tunneleffekt-Ionisation (auch *Feldionisation* genannt) wird bereits bei Balmer-Linien in sehr hohen elektrischen Feldern beobachtet (Abb. 1.98).

Die Theorie des Stark-Effektes, die wir bis jetzt entwickelt haben, basierte auf der Schrödinger-Gleichung unter Vernachlässigung sowohl der relativistischen Korrekturen als auch des Elektronenspins, des Kernspins und der Lamb-Shift. Für elektrische Feldstärken von der Größenordnung $10^7$ V/m und höher liegt die Stark-Aufspaltung beim Wasserstoff zwischen 10 cm$^{-1}$ und mehreren 1000 cm$^{-1}$, was groß gegenüber der Feinstruktur des 2P-Zustandes ($\approx 0.33$ cm$^{-1}$), der Lamb-Shift ($\approx 0.03$ cm$^{-1}$) und den Hyperfeinstruktur-Aufspaltungen ($\approx 0.003$ cm$^{-1}$) ist. Die de-

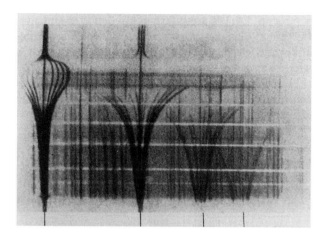

**Abb. 1.98** Stark-Effekt einiger Balmer-Linien nach Experimenten von Rausch von Traubenberg [35]. Die elektrische Feldstärke nimmt von unten nach oben bis auf $1.14 \cdot 10^6$ V cm$^{-1}$ zu; die horizontalen weißen Linien sind Orte gleicher Feldstärke; die Balmer-Linien „sterben" oberhalb bestimmter Feldstärken abrupt aus.

taillierte Berechnung des Stark-Effektes unter Berücksichtigung all dieser Einflüsse ist kompliziert und ergibt wegen der Aufhebung der 2S-2P-Entartung nicht-lineare Stark-Aufspaltungen. Bei Vernachlässigung der Hyperfeinstruktur, die nur bei extrem kleinen Feldern einen Einfluss hat, ergibt sich bei Berücksichtigung der Feinstruktur und der Lamb-Shift eine Stark-Aufspaltung für $n = 2$, wie sie in Abb. 1.99 dargestellt ist. Der Nullpunkt der Energie wurde in dieser Darstellung so gewählt, dass er mit dem $2^2S_{1/2}$-Zustand zusammenfällt. Die Zustände $^2P_{3/2}, |m_j| = 3/2$ erleiden durch das elektrische Feld keine Energieverschiebung. Die Energie der Zustände $^2S_{1/2}, |m_j| = 1/2$ nimmt bis zu ca. $4.5 \cdot 10^2$ kV/m leicht zu, um dann konstant zu bleiben. Für Feldstärken $F \gtrsim 4.5 \cdot 10^2$ kV/m zeigen alle Unterniveaus mit $n = 2$ in guter Näherung einen linearen Stark-Effekt, wie er ohne Feinstruktur und Lamb-Shift aufgrund der oben behandelten Entartung der Zustände mit verschiedener Quantenzahl $l$ zu erwarten ist. Bisher konnte der nicht-lineare Stark-Effekt der ($n = 2$)-Mannigfaltigkeit des H-Atoms in schwachen Feldern nur an der Aufspaltung der beiden Stark-Komponenten $|m_j| = 3/2$ und $|m_j| = 1/2$ des $2^2P_{3/2}$-Zustandes gemessen werden (Abschn. 1.7.4.4 und Abb. 1.144).

Die Spektroskopie hochangeregter Atome in äußeren elektrischen Feldern hat besonders durch die fortgeschrittene Lasertechnik (Abschn. 1.7.4) beträchtlichen Auftrieb erfahren. Wie wir bereits im Zusammenhang mit der Form des Potentials in Abb. 1.97 gesehen haben, treten Ionisationseffekte hochangeregter Rydberg-Atome in elektrischen Feldern auf. Detaillierte theoretische und auch experimentelle Untersuchungen haben ergeben, dass in Energiebereichen oberhalb der feldfreien Ionisationsenergie $E_{IP}$ und zwischen dem Sattelpunkt des Potentials $E_{SP}$ und der feldfreien Ionisationsenergie *quasistabile oder quasistationäre Energiezustände* liegen, die als Oszillationen in der Photoionisation des Rubidium-Atoms zuerst nachgewiesen wurden [39]. Die Beschreibung solcher quasistabiler Zustände erfolgt mittels

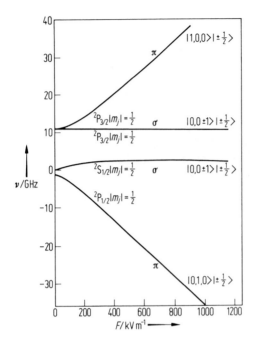

**Abb. 1.99** Stark-Effekt der ($n = 2$)-Zustände des Wasserstoffs nach der Theorie von Lüders [36] unter Berücksichtigung der Feinstruktur und der Lamb-Shift. Für die Feldstärke $F = 0$ ist die Energie $E$ des $2^2S_{1/2}$-Zustandes gleich null gesetzt worden. Die Zustandssymbole geben die parabolischen, magnetischen und Spinquantenzahlen an, d. h. $|n_1, n_2, m\rangle |m_s\rangle$; $\pi$ und $\sigma$ bezeichnen die Polarisationsrichtungen des Lichtes bei Anregung vom Grundzustand aus (nach Rottke [37] und Rottke und Welge [38]).

parabolischer Separierung der Schrödinger-Gleichung und quantenmechanischer Approximationsmethoden. Als Beispiel zeigen wir die quasistationären Zustände des Wasserstoffatoms in Abb. 1.100. Die quasistationären Zustände wurden durch Absorption von Laserphotonen von dem Wasserstoffzustand mit $n = 2$ aus bevölkert.

Die durch Feldionisation (s. Gl. 1.282) der quasistationären Zustände erzeugten Elektronen (Photoelektronen) wurden nachgewiesen und deren Zahl als Funktion der Energie der eingestrahlten Photonen gemessen. Die Theorie erlaubt es, die beobachteten quasistationären Zustände in Serien konstanter Hauptquantenzahl $n = n_1 + n_2 + |m| + 1$ vorauszusagen und zu ordnen.

Auch oberhalb der feldfreien Ionisationsschwelle wird die oszillatorische Struktur der Photoabsorption sehr gut von der Theorie reproduziert (Abb. 1.101). Es wurde experimentell gefunden, dass der energetische Abstand der Peaks oberhalb der Ionisationsschwelle näherungsweise mit $F^{3/4}$ zunimmt, was ebenfalls im Einklang mit der Theorie ist.

Es ist naheliegend, die *Energiestruktur der Stark-Komponenten* in der Nähe der Ionisationsschwelle mit der mannigfaltigen *Struktur der Landau- und Quasi-Landau-*

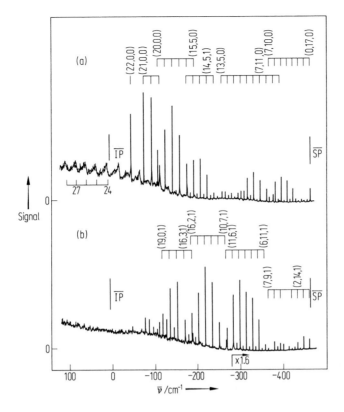

**Abb. 1.100** Photoelektronensignale der Feldionisation quasistabiler Zustände des Wasserstoffatoms als Funktion der Energie $E$ in Wellenzahlen $\bar{\nu} = E/hc$ mit dem Nullpunkt IP für die Ionisationsenergie ohne elektrisches Feld. SP markiert die Position der klassischen Sattelpunktenergie (siehe Abb. 1.97) der potentiellen Energie bei einem äußeren Feld von $F = 5714 \,\text{V}\,\text{cm}^{-1}$. Die Zahlentripletts stellen die Quantenzahlen $(n_1, n_2, |m|)$ dar, die in Serien konstanter Werte für die Hauptquantenzahl $n = n_1 + n_2 + |m| + 1$ geordnet sind; (a) $\pi$-Übergänge der ionisierenden Laserstrahlung von $\{n = 2, |1, 0, 0\rangle | \pm 1/2\rangle\}$ zum quasistationären Zustand, (b) entsprechender $\sigma$-Übergang (nach Rottke [37] und Rottke und Welge [38]).

*Resonanzen des Diamagnetismus zu vergleichen* (Abschn. 1.6.1.3). In beiden Fällen ist die Störungswechselwirkung vom magnetischen oder elektrischen Feld von der gleichen Größenordnung wie die Coulomb-Wechselwirkung zwischen dem Elektron und dem Proton. Im elektrischen Fall lässt sich jedoch die Schrödinger-Gleichung in durchsichtiger Weise in getrennte Differentialgleichungen mit parabolischen Koordinaten aufspalten, und daher kann die Störungsrechnung nach bekannten Approximationen durchgeführt werden. Das Fehlen eines in den geometrischen Variablen separierten Satzes der Schrödinger-Gleichung für den Diamagnetismus ist jedoch trotz beträchtlicher Fortschritte nach wie vor ein zentrales Problem in der Atomphysik.

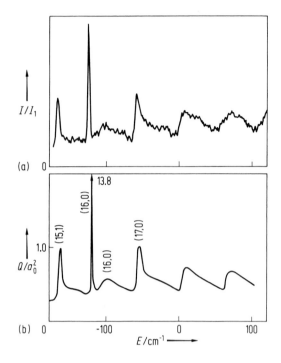

**Abb. 1.101** Quasistationäre Energiestruktur der Photoionisation des Wasserstoffatoms nahe der feldfreien Ionisationsschwelle $E = 0$ im elektrischen Feld von 16.7 kV cm$^{-1}$: (a) experimentelle Daten des Ionisationssignals $I$ in relativen Einheiten $I_1$, (b) quantenmechanische Approximation des Wirkungsquerschnitts $Q$; die quasistationären Zustände unterhalb von $E = 0$ sind durch die Zahlenpaare ($n_1$, $n_2$) gekennzeichnet (nach Glab et al. [40]).

### 1.6.3 Lichtpolarisation, Photonenspin und -helizität

**Einwirkung von Licht auf quantenmechanische Systeme.** In der bisher behandelten Quantenmechanik wurden Systeme (Oszillatoren, Atome) betrachtet, die diskrete Zustände mit unterschiedlichen Energien besitzen. Unter dem Einfluss eines oszillierenden elektrischen Feldes geeigneter Frequenz können Übergänge zu anderen Energiezuständen des Systems induziert werden. In vielen wichtigen Beispielen wird das oszillierende elektrische Feld durch einfallende elektromagnetische Strahlung („Licht") bewirkt; das elektrische Feld steht senkrecht (transversal) zur Ausbreitungsrichtung der Welle. Die zur Zustandsänderung des Systems erforderliche Energieänderung ist mit Absorption oder Emission von Wellen-Strahlungsenergie verbunden.

**Anfänge der Quantentheorie des Lichtes.** Meilensteine waren
- die Entdeckung des *photoelektrischen Effektes* durch *Hallwachs* (1888) [41] und dessen eingehende Untersuchung, wonach die Frequenz des einfallenden Lichtes einen durch das Metalltarget bestimmten Minimalwert überschreiten muss,

- die bei der theoretischen Fundierung des Gesetzes für die Hohlraumstrahlung gewonnene Erkenntnis von *Planck* (1900) [42], dass die Strahlung nur in „Energiequanten" absorbiert und emittiert werden kann, deren Größe $E$ zur Strahlungsfrequenz $\nu$ proportional ist ($E = h\nu$, $h$ = Planck-Konstante),
- die Übertragung dieses Energiequanten-Konzepts auf das Licht zur Erklärung des photoelektrischen Effektes durch *Einstein* (1905) [43].

Mit der Einführung der Lichtquanten, später *Photonen* genannt, wurden dem Licht korpuskulare Eigenschaften zugeschrieben, die wieder an die Newton'sche Korpuskulartheorie des Lichtes anzuschließen schienen, obwohl doch durch Beugung und Interferenz der Wellencharakter des Lichtes erwiesen worden war. Dieser zuerst für das Licht erkannte *Welle-Teilchen-Dualismus* führte *de Broglie* (1924) [44] zur Wellennatur des vorher nur korpuskular betrachteten Elektrons und schließlich *Schrödinger* (1926) [45] zum Ansatz seiner Wellenmechanik, in der das Elektron des Wasserstoffatoms als stehende elektromagnetische Welle im Potentialtopf des Atomkerns beschrieben wird. Ausführlichere Darstellungen dazu sind in Band 2 (Abschn. 7.2.1: Teilchencharakter des Lichtes) und in Band 3 (Abschn. 7.1: Der lichtelektrische Effekt) zu finden.

**Polarisation einer Lichtwelle.** Der Polarisationszustand wird auf das transversale elektrische Feld einer Lichtwelle bezogen. Eine monochromatische, elektromagnetische Welle ist durch die Winkelfrequenz $\omega = 2\pi\nu$ (Frequenz $\nu$), den Wellenvektor $\boldsymbol{k} = \dfrac{2\pi}{\lambda}\boldsymbol{n}$ mit dem Einheitsvektor $\boldsymbol{n}$ in der Richtung der Fortschreitung der Welle charakterisiert. Der *Polarisationszustand* der Welle ist definiert durch die Schwingung des elektrischen Feldvektors $\boldsymbol{E} = A\boldsymbol{e}\,\mathrm{e}^{\mathrm{i}(\boldsymbol{k}\cdot\boldsymbol{r}-\omega t)}$ mit $A$ als Amplitude und $\boldsymbol{e} = a_1 \boldsymbol{e}_x + a_2 \boldsymbol{e}_y \mathrm{e}^{\mathrm{i}\delta}$ als allgemeinen *Polarisationsvektor* mit den reellen Koeffizienten $a_1$ und $a_2$ [46, 47a]. Wegen der transversalen Natur elektromagnetischer Wellen steht $\boldsymbol{e}$ senkrecht zu $\boldsymbol{n}$.

Eine lineare Superposition zweier Wellen mit den Amplituden $A_1$ und $A_2$ in der $x$- und $y$-Richtung senkrecht zur $\boldsymbol{n}$-Richtung ($z$-Koordinate) ergibt sich zu

$$\boldsymbol{E} = A_1 \boldsymbol{e}_x \mathrm{e}^{\mathrm{i}(\boldsymbol{k}\cdot\boldsymbol{r}-\omega t)} + A_2 \boldsymbol{e}_y \mathrm{e}^{\mathrm{i}(\boldsymbol{k}\cdot\boldsymbol{r}-\omega t+\delta)}.$$

$A_1 = A_2$ und $\delta = \pm \pi/2$ entsprechen einer *links-* bzw. *rechtshändig zirkularen Polarisation*; $A_1 \neq A_2$ und $\delta \neq 0$ beschreiben den allgemeinen Fall *elliptischer Polarisation*.

Die Zustände linearer Polarisation mit zueinander orthogonalen Schwingungslinien sind „orthogonale Polarisationszustände", die nicht miteinander interferieren. Jeder Polarisationszustand kann formal als kohärente Überlagerung von Teilwellen mit zwei zueinander orthogonalen Grundzuständen beschrieben werden. Beispiel: Zwei Teilwellen mit linearer Polarisation entlang der $x$- und $y$-Richtung ergeben bei Gleichphasigkeit eine in der Diagonalen linear polarisierte Welle; mit einer Phasendifferenz von 90° ergibt sich eine zirkular polarisierte Welle. Letzteres wird technisch durch ein $\lambda/4$-Plättchen bewirkt. Das Plättchen ist ein transparenter anisotroper Stoff mit zwei Achsen (*fast* und *slow*), entlang derer die Phasengeschwindigkeit des hindurchtretenden Lichtes schnell bzw. langsam ist, und hat genau die Dicke, die beim Durchgang eine Phasendifferenz von 90° ($= \lambda/4$) bewirkt. Wird linear polarisiertes Licht entlang einer der Diagonalen eingestrahlt, dann ist das austretende Licht links- oder rechtszirkular polarisiert.

Umgekehrt ergibt die kohärente Überlagerung von zwei gleichstarken, entgegengesetzt zirkular polarisierten Teilwellen eine linear polarisierte Welle, wobei die Lage der Schwingungslinie von der Phasendifferenz der Teilwellen abhängt. Beispiel: Beim Durchgang einer linear polarisierten Lichtwelle durch ein zirkular-doppelbrechendes (veraltet: „optisch aktives") Medium wirkt das Medium auf die zirkular polarisierten Teilwellen, in die die einfallende Welle zerlegt werden kann; die Teilwellen treten mit unterschiedlicher Phasengeschwindigkeit durch das Medium und setzen sich beim Austritt wieder zu einer linear polarisierten Welle zusammen; wegen der entstandenen Phasendifferenz ist die Schwingungslinie aber um einen bestimmten Winkel gedreht.

*Unpolarisiertes Licht*, z. B. Licht von einer Glühlampe, ist eine inkohärente Überlagerung von vielen Teilwellen mit statistisch gleichverteilten zueinander orthogonalen Polarisationszuständen, wobei es gleichgültig ist, ob es sich um eine Überlagerung aller möglichen elliptischen Polarisationszustände oder nur um zwei orthogonale Zustände handelt. Die Umwandlung von unpolarisiertem Licht in polarisiertes ist nur mit einem Intensitätsverlust von 50% möglich. Das dafür erforderliche Instrument ist ein *Polarisator/Analysator*, der Licht mit linearer Polarisation entlang seiner Vorzugsebene hindurchlässt, Licht mit dazu orthogonaler linearer Polarisation dagegen absorbiert.

Licht, das aus einer polarisierten und einer unpolarisierten Komponente besteht, wird *partiell polarisiert* genannt; das Verhältnis der Intensität der (vollständig) polarisierten Komponente zur Gesamtintensität ist der *Polarisationsgrad*. Mehr zur Lichtpolarisation steht in Band 2 (Abschn. 6.1.4: Polarisationsoptik) und Band 3 (Kap. 4: Polarisation und Doppelbrechung des Lichts).

**Drehimpuls einer Lichtwelle.** Linear polarisiertes Licht überträgt, wie zu vermuten, keinen Drehimpuls. Der maximale Drehimpuls wird durch zirkular polarisiertes Licht übertragen. Das wurde von *Beth* (1936) [47] in einem eleganten Experiment nachgewiesen (siehe Band 3, Abschn. 7.4: Die korpuskularen Eigenschaften des Photons). Das auch von der Theorie gelieferte Resultat zwingt zu der Annahme, dass jedem Photon einer zirkular polarisierten Welle ein Drehimpuls der Größe $\hbar = h/2\pi$ zugeordnet werden muss, der bei linkszirkular polarisiertem Licht in Ausbreitungsrichtung orientiert ist, bei rechtszirkular polarisiertem Licht entgegengesetzt.

**Elektronenspin.** Wie in Abschn. 1.3.6.1 dargestellt wurde, führten spektroskopische Resultate dazu, dem Elektron einen Eigendrehimpuls (= Spin) der Größe $\hbar/2$ zuzuordnen, der jede beliebige Richtung im Raum annehmen kann. Entlang einer Quantisierungsachse sind als Spin-Grundzustände nur die Projektionen $\pm 1/2$ (in Einheiten von $\hbar$) erlaubt. Andere Richtungen des Elektronenspins können formal durch eine Superposition von Amplituden der beiden Grundzustände beschrieben werden.

Bei relativistischen Elektronen, deren Geschwindigkeit sich asymptotisch der Lichtgeschwindigkeit nähert, führt der Faktor $1/\gamma$ (siehe Lorentz-Transformation, Band 1, Teil II: Spezielle Relativitätstheorie) zum Verschwinden der Wechselwirkungen, die mit transversaler Spinrichtung verbunden sind.

**Quantenmechanische Behandlung von Photonenspin und -helizität.** Die quantenmechanische Interpretation der Polarisation des Lichtes beruht auf dem *Konzept des Photons* und *seines Spins* und folgt der von *Dirac, Heisenberg* und *Pauli* (1928/29) entwickelten (relativistischen) *Quantenelektrodynamik*, auf die wir nicht eingehen können (siehe z. B. Heitler, „The Quantum Theory of Radiation"). Für die Diskussion der modernen atomphysikalischen Experimente in diesem Kapitel sind die quantenmechanischen Konzepte von Photon und Photonenhelizität jedoch unerlässlich [46].

Der Spin der Photonen lässt sich im Einklang mit uns bekannten Beispielen aus der Atomspektroskopie verständlich machen: Bei spektroskopischen Übergängen des Typs $n^2 P_j \leftrightarrow n^2 S_{1/2}$ können sowohl in Emission als auch in Absorption die betreffenden Übergangskomponenten für die *l*-Quantenzahlen (z. B. die Lyman-Linien des Wasserstoffatoms) und für die m-Quantenzahlen mit der Änderung einer Drehimpulseinheit $\pm \hbar$ verknüpft sein (siehe z. B. Abb. 1.76 und 1.78). In der Spektroskopie der Atome in magnetischen Feldern sind dies die $\sigma^\pm$-Komponenten. Da die Ruhemasse des Photons zu null angenommen wird, besitzt es keinen orbitalen Drehimpuls $L\hbar$. Der totale Drehimpuls $J\hbar$ des Photons kann nur ein „*innerer*" *Spindrehimpuls* $S\hbar$ sein. Als Quantisierungsrichtung wird die Fortpflanzungsrichtung des Photons gewählt. Somit wird $\boldsymbol{J} \cdot \boldsymbol{n} = (\boldsymbol{L} + \boldsymbol{S}) \cdot \boldsymbol{n} = \boldsymbol{S} \cdot \boldsymbol{n}$. Wegen der transversalen Natur elektromagnetischer Wellen kann beim Photon von den drei möglichen, magnetischen Komponenten $m_S = 0$ nicht möglich sein, d. h. nur die ($m_S = \pm 1$)-Komponenten existieren, d. h. der Spin $|\boldsymbol{S}| = 1$ des Photons (in Einheiten von $\hbar$) hat nur longitudinale Komponenten $m_S = \pm 1$; die hierzu gehörenden Zustände des Photons werden als *Helizitäten* oder *Helizitätszustände* mit den definitiven Werten $\lambda = +1$ (eng. „*spin up*") und $\lambda = -$ („spin down") beschrieben. Allgemein wird die Helizität $\lambda$ von Teilchen und Photonen als Projektion eines Drehimpulses $\boldsymbol{J}$ auf die Impulsrichtung definiert: $\lambda = (\boldsymbol{J} \cdot \boldsymbol{P})/(|\boldsymbol{J}||\boldsymbol{P}|)$. Man bezeichnet den Polarisationsvektor und den Zustand mit der positiven Helizität $\lambda = 1$ durch $|1\rangle$ und $\lambda = -1$ durch $|-1\rangle$. Bei Photonen mit positiver Helizität definieren Drehimpulsvektor und Impulsvektor einen Rechtsschraubensinn. In der Terminologie der klassischen Optik, die sich auf die ankommende Lichtwelle bezieht, entspricht das linkshändig polarisierter Lichtstrahlung.

Photonen von linear polarisiertem Licht, die keinen Drehimpuls tragen, werden als amplitudengleiche kohärente Überlagerung der beiden Grundzustände $|1\rangle$ und $|-1\rangle$ beschrieben.

## 1.7 Experimentelle Methoden und Anwendungen der Atomspektroskopie

Die **Atomspektroskopie** hat eine traditionsreiche Entwicklung durchlaufen, die mit dem optischen Prismen-Spektralapparat begann und in der heute eine Vielzahl neuartiger experimenteller Methoden verwendet werden. Das Ziel der Anwendung dieser Methoden besteht in der präzisen Vermessung der Energie und aller übrigen Eigenschaften atomarer Zustände. Die experimentellen Daten der Spektroskopie dienen als Tests fundamentaler Theorien, die sogar jenseits der eigentlichen Atomphysik liegen können, z. B. im Bereich der Kernphysik, der Physik der Elementarteilchen und der Grundlagen der Interpretation der Quantenmechanik. Das zentrale Problem der Spektroskopie ist mit der Entwicklung höchstauflösender experimenteller Methoden verbunden, wobei sowohl die absolute als auch die relative Energieunsicherheit eines Energieniveaus minimal sein soll. Oft lassen sich Energiedifferenzen atomarer Zustände mit sehr hoher Genauigkeit vermessen, während die einzelnen absoluten Energiewerte nur mit niedriger Genauigkeit bekannt sein mögen.

Im Folgenden werden wir besonders die neuartigen Methoden in den Vordergrund stellen, die sich von den mehr traditionellen *Absorptions- und Emissionsmethoden* der klassischen Optik drastisch unterscheiden.

### 1.7.1 Atomare Targets und Strahlen

In vielen Experimenten sind Ansammlungen von Atomen, Ionen oder Elektronen in einem vorgegebenen Raumbereich als *Targets* zur spektroskopischen Untersuchung erforderlich. *Atomare Strahlen*, d. h. Atom-, Ionen- oder Elektronenstrahlen, werden sowohl als Targets als auch als Projektile (besonders in atomaren Streuexperimenten (Abschn. 1.10)) verwendet. Die zur Erzeugung atomarer Targets und Strahlen erforderlichen experimentellen Techniken werden beispielhaft in den folgenden Unterabschnitten beschrieben. Bezüglich der Elektronenstrahlen, die besonders in Elektron-Atom-Stoßprozessen vielseitige Anwendungen erfahren, weisen wir auf Abschn. 1.10.4 hin.

#### 1.7.1.1 Atomare Gaszellen und Atomstrahlen

Abgeschlossene Glas- oder Quarzgefäße, die mit Atomen in der Gasphase gefüllt sind, werden auch heute noch als atomare Gaszellen verwendet (Abb. 1.102); nichtgasförmige Substanzen in der Gaszelle können durch Aufheizen zum Verdampfen gebracht werden. Auf diese Weise haben der englische Physiker Wood und seine Studierenden die **Resonanzfluoreszenzstrahlung** von Atomen entdeckt und untersucht: Strahlung einer Quecksilberdampf-Entladungslampe wurde in die mit Quecksilber gefüllte Gaszelle fokussiert, wobei Resonanzfluoreszenzstrahlung auftritt, die

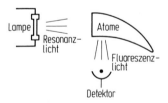

**Abb. 1.102** Schematische Darstellung einer atomaren Gaszelle für den Nachweis von Resonanzfluoreszenzstrahlung. Die Lampe emittiert Strahlung, die von den Atomen der Gaszelle absorbiert und re-emittiert wird. Die Form der Gaszelle entspricht der eines *Wood'schen Horns*, das die Streuung des primär eingestrahlten Lichtes durch Mehrfach-Reflexion vermindert.

in alle Richtungen emittiert wird und dem spontanen Übergang vom ersten angeregten Niveau $6^3P_1$ zum Grundzustand $6^1S_0$ des Hg-Atoms entspricht (*Interkombinationsübergang* vom Triplett- zum Singulett-System, s. Abb. 1.46). Mit anderen Worten: Resonanzfluoreszenzstrahlung entsteht im Allgemeinen durch Absorption von Photonen, die den Übergang aus einem Grundzustand in einen angeregten Zustand induzieren, der sodann unter spontaner Emission in den Grundzustand zerfällt.

Ein anderes, sehr häufig verwendetes atomares Target beruht auf der Anwendung der *Atomstrahl-Technik*. Bei hinreichend niedrigen Drucken kann in einer Hochvakuum-Apparatur mithilfe von dünnwandigen, kollimierenden Aperturen ein *Atomstrahl* erzeugt werden. Die wichtigsten physikalischen Bedingungen für die Erzeugung von Atomstrahlen in einer Vakuumapparatur können wie folgt zusammengefasst werden:

a) bei molekularen Strömungsbedingungen breiten sich Atome in geometrisch geraden Linien aus, d.h. in „Strahlen" wie z.B. in der geometrischen Optik bei der geradlinigen Ausbreitung des Lichts; im Gegensatz hierzu würden hydrodynamische Strömungsbedingungen in der gesamten Apparatur die geradlinige Ausbreitung der Atome verhindern;

b) die mittlere freie Weglänge $\lambda$ für die Ausbreitung der Atome sollte groß oder zumindest vergleichbar mit den inneren Abmessungen der Vakuumapparatur sein, so dass das Atom keine Stöße mit dem Restgas erleidet. Die gaskinetische Theorie verknüpft die Anzahldichte der Atome $n$ und den gaskinetischen Wirkungsquerschnitt $Q$ mit der freien Weglänge $\lambda$ durch die Beziehung $\lambda = 1/(nQ\sqrt{2})$. Mit der Druck-Temperatur-Beziehung $p = nKT$ idealer Gase ergibt sich

$$\lambda \text{ in [cm]} = 9.758 \cdot 10^{-18} \frac{T}{p \cdot Q} \text{ in } \left[\frac{K}{Pa \, cm^2}\right].$$ Bei einem Druck von $1.33 \cdot 10^{-4}$ Pa ergibt sich die freie Weglänge zu $\lambda \geq 300$ m für Luft bei Zimmertemperatur. Mit anderen Worten, selbst für Drucke von relativ mäßigem Hochvakuum ($\sim 10^{-4}$ Pa) ist die mittlere freie Weglänge hinreichend groß für Vakuumapparaturen mit Abmessungen von der Größenordnung eines Meters.

Eine typische *Atomstrahlapparatur* (Abb. 1.103) besteht aus einer Ofenkammer (A), einer Wechselwirkungskammer (B) und einer Nachweiskammer (C). Diese Kammern

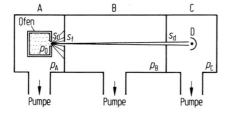

**Abb. 1.103** Typisches Schema einer Atomstrahlapparatur mit Drucken $p_0 \approx 10$ Pa im Ofen, $p_A = 10^{-2} \ldots 10^{-3}$ Pa in der Ofenkammer A, $p_B = p_C \approx 10^{-5}$ Pa in der Wechselwirkungskammer B und in der Nachweiskammer C. Die Schlitze S dienen zur Kollimation, D ist ein Atomstrahldetektor.

werden *differentiell gepumpt*, d. h. an die Kammern sind getrennte Hoch- oder Ultrahochvakuumpumpen angeschlossen, wobei normalerweise die Ofenkammer infolge der größten Gasbelastung die stärkste Pumpe (d. h. Saugleistung) und die Nachweiskammer mit der geringsten Gasbelastung die schwächste Pumpe hat. In der Ofenkammer befindet sich der Atomstrahlofen, der das verdampfende Material enthält. Im einfachsten Fall stellt dieser Ofen eine Öffnung dar, wenn das betreffende Material zur Atomstrahlerzeugung bei Zimmertemperatur in der Gasphase vorliegt. *Atomstrahlöfen* im Sinne der Bedeutung dieses Wortes sind erforderlich, wenn flüssige oder feste Materie verdampft werden muss. Die Materialeigenschaften der Atomstrahlöfen selbst spielen in den meisten Anwendungen eine wichtige Rolle.

Unter den Bedingungen der molekularen Strömung ergibt sich nach der elementaren kinetischen Theorie folgende Intensität für den Atomstrahl in dem Raumwinkel d$\Omega$ bei einem relativen Winkel $\theta$ gegenüber der Normalrichtung der Öffnungsfläche $A$ des Atomstrahlofens (d. h. d$I$ ist gleich der Anzahl der Atome pro Zeiteinheit, die aus dem Ofen in die Richtung um den Raumwinkel d$\Omega$ fliegen):

$$dI = \frac{d\Omega}{4\pi} n \bar{v} A \cos\theta, \quad (1.283)$$

wobei $n$ die Anzahldichte und $\bar{v}$ die mittlere Geschwindigkeit der Atome im Ofen ist. Indem wir annehmen, dass die Atomstahlintensität keine azimutale Abhängigkeit besitzt, kann der Raumwinkel d$\Omega = 2\pi \sin\theta \, d\theta$ über den vollen azimutalen Winkelbereich $2\pi$ genommen werden; dann ergibt sich für die Integration von d$I$

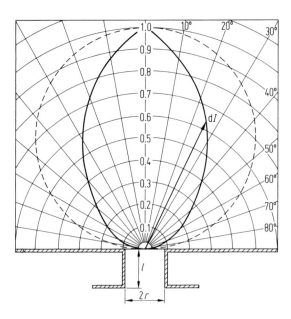

**Abb. 1.104** Winkelverteilung der Atomstrahlintensität d$I(\theta)$ für einen zylinderförmigen Kanal mit der Ofenöffnung $2r$ (ausgezogene Kurve); die gestrichelte Kurve repräsentiert die Kosinusbeziehung von Gl. (1.283), in der die Länge $l$ der Ofenöffnung vernachlässigt werden kann, d. h. $l \ll 2r$.

zwischen $\theta = 0°$ und $90°$ die Anzahlrate der Atome, die die Ofenöffnung in alle Richtungen verlassen:

$$I = \frac{1}{4}\pi \bar{v} A. \qquad (1.284)$$

Diese Intensitätsformeln sind nur richtig, wenn die Ofenöffnung von einer sehr dünnwandigen Ofenfläche begrenzt ist. Nimmt die Öffnung des Ofens mehr die Form eines Kanals an, tritt eine deutliche Abweichung von der Kosinusbeziehung auf (Gl. (1.283)), wie es in Abb. 1.104 illustriert ist. Eine wichtige Konsequenz dieser kanalförmigen Öffnung besteht in einer Bevorzugung der Vorwärtsrichtung der Atomstrahlintensität; durch die Kanalapertur wird die Gesamtemission der Atome aus dem Ofen reduziert, wobei jedoch die Atomstahlintensität in der Kanalachsenrichtung im Vergleich zur dünnwandigen Apertur unvermindert bleibt. Eine Verstärkung dieses Effektes kann dadurch erreicht werden, dass viele enge, parallel zueinander liegende Kanäle verwendet werden (*Vielkanal-Ofen*).

Eine andere Methode zur Intensitätssteigerung des Atomstrahls besteht in der Anwendung einer *adiabatischen Düsenstrahlexpansion* des Atomgases (siehe Abb. 1.105) in der Vorwärtsrichtung mittels einer *Düse* (engl. *nozzle*) und eines geeigneten *Abschälers* (engl. *skimmer*). Als Düsenstrahlexpansion bezeichnet man die Ausströmung eines Gases aus der Öffnung eines Gefäßes (z. B. des Ofens der Atom-

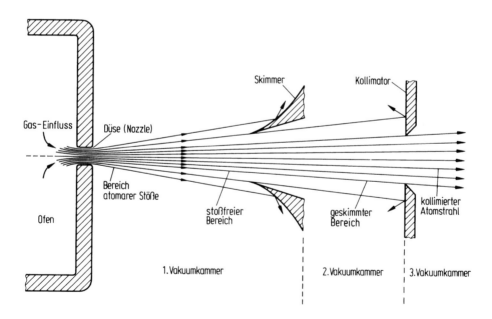

**Abb. 1.105** Schema der Düsen(Nozzle-)Skimmer-Anordnung für die Erzeugung von Überschall(Jet)-Atomstrahlen. Typische Drucke: in der Ofenkammer mehrere bar, in der ersten Vakuumkammer $\lesssim 10^{-3}$ mbar und in der dritten Vakuumkammer $\leq 10^{-6}$ mbar. Der Abstand zwischen dem Skimmer und der Düse ist von der Größenordnung $10^2$ Düsendurchmesser (1 bar = $10^5$ Pa).

strahlapparatur in Abb. 1.105) unter hohem Druck (freie Weglänge der Atome sehr viel kleiner als Düsenöffnung), wobei kein Wärmeaustausch mit der Umgebung stattfindet. Dabei wird die ungerichtete thermische Bewegung der Atome nach Austritt aus der Düse durch adiabatische Expansion in eine gerichtete Bewegung umgewandelt. Während der Expansion des Gases nimmt die Anzahldichte $n$ der Atome ständig ab, so dass schließlich in der Nähe des Skimmers praktisch keine Stöße mehr stattfinden. Aufgrund der adiabatischen Expansion wächst die Strömungsgeschwindigkeit $v_s$ des Atomstrahls (angenähert gleich der wahrscheinlichsten Geschwindigkeit der Atome im Strahl), wobei die lokale, akustische Schallgeschwindigkeit $v_a = (\gamma kT/m)^{1/2}$ überschritten werden kann, mit $\gamma = C_p/C_v$ als Verhältnis der molaren Wärme-Kapazitäten des Gases bei konstantem Druck ($C_p$) und konstantem Volumen ($C_v$). Das Verhältnis $Ma = v_s/v_a$ wird als *Mach-Zahl* bezeichnet, die zur Charakterisierung der Überschallexpansion allgemein verwendet wird. Dabei ist zu berücksichtigen, dass die Basisgröße, die Schallgeschwindigkeit im Atomstrahl, durch die Abkühlung bei der adiabatischen Expansion stark reduziert werden kann. Abb. 1.106 gibt Beispiele für die theoretisch berechneten Geschwindigkeitsverteilungen des Atomstrahls in der Vorwärtsrichtung mit den Mach-Zahlen $Ma = 0$, $Ma = 10$ und $Ma = 25$ wieder. $Ma = 0$ bedeutet, dass freie thermische Effusion vorliegt; bei Überschallströmung $Ma > 1$ tritt eine von der Maxwell'schen Verteilung abweichende Geschwindigkeitsverteilung auf, die bei hohen Werten von $Ma$ zu einer beträchtlichen Einengung der Geschwindigkeitsverteilung führt; das Geschwindigkeitsmaximum liegt dann bei dem 1,6-fachen der wahrscheinlichsten Geschwindigkeit der Atome im Ofen mit der Temperatur $T_0$.

Die gemessene Intensität in der gewünschten Vorwärtsrichtung des expandierenden Düsenstrahls hängt entscheidend von dem Abstand zwischen den Düsen und dem konusförmigen Skimmer und dem Druck des Gases in dem Ofen ab (s. Abb. 1.107). In beiden Fällen beobachten wir zunächst einen bis zu einem Maximum nahezu linearen Anstieg und sodann einen langsamen Abfall der Intensität. Diese Charakteristik lässt sich wie folgt verständlich machen. Bei kleinem Abstand wirkt das *Düsen-Skimmer-System* praktisch wie ein normaler Effusionsofen mit der Skimmeröffnung als Ofenöffnung bei $Ma \approx 0$. Erst bei größerem Düsen-Skimmer-

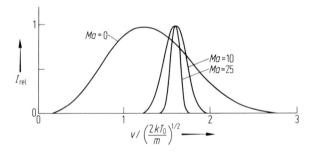

**Abb. 1.106** Theoretische relative Geschwindigkeitsverteilungen von atomaren Düsenstrahlen mit Mach-Zahlen $Ma = 0$, 10 und 25 am Eingang eines Skimmers nach Abb. 1.105. $Ma = 0$ gibt die Geschwindigkeitsverteilung der Atome an, die ohne Düsenexpansion den Ofen bei der Temperatur $T_0$ verlassen.

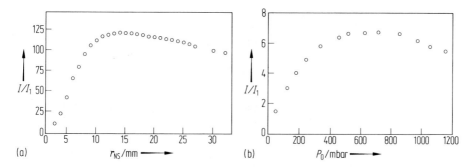

**Abb. 1.107** Abhängigkeit der Düsenstrahlintensität $I$ (in willkürlichen Einheiten $I_1$) eines Atomstrahls als Funktion des Düsen-Skimmer-Abstandes $r_{NS}$ (Teilbild a für HCl) und des Ofendruckes $P_0$ des Gases (Teilbild b für Argon) (nach Velegrakis [48]).

Abstand kommt adiabatische Überschallexpansion zustande, die aber bei noch größerem Abstand durch Untergrundteilchen vor dem Skimmer reduziert wird. Der lineare Anstieg des Atomstrahlsignals mit zunehmendem Ofendruck folgt aus der Tatsache, dass die Zahl der aus der Düse austretenden Atome zunächst proportional zum Ofendruck ist. Oberhalb eines kritischen Druckes bilden die aus dem Ofen austretenden Teilchen einen „Teilchenstau", der nicht schnell genug von den Pumpen der Ofenkammer abgesaugt werden kann. Dadurch entsteht eine Abschwächung der Atomstrahlintensität, die für alle Gasarten in ähnlicher Weise beobachtet wurde.

Wird einem Düsenstrahl von Atomen kleiner Masse (z. B. Helium) ein geringer Anteil Atome größerer Masse beigemischt, so werden diese in der Strömung „mitgerissen", d.h. auf die Strömungsgeschwindigkeit der Heliumatome beschleunigt (*Seeded-Beam-Technik*). Außerdem werden die schweren Atome in der Strahlachse konzentriert, was eine Vorwärtsintensitätserhöhung der schweren Sorte bewirkt. Mithilfe dieser Seeded-Beam-Technik lassen sich z. B. reaktive chemische Prozesse zwischen Atomen bei Energien von einigen eV studieren, die den traditionellen chemischen Untersuchungsmethoden nicht zugänglich sind. Diese Technik hat zu beträchtlichen Intensitätssteigerungen (Faktor 100–1000 im Vergleich zu der obigen molekularen Strömung) des Atomstrahls in der Vorwärtsrichtung geführt, sie erfordert jedoch höhere Pumpleistungen der Hochvakuumpumpen und evtl. eine weitere differentielle Hochvakuumkammer. Offensichtlich liegt in der Ofenkammer und zwischen der Düse und dem Skimmer ein gerichteter, hydrodynamischer Fluss des Atomgases (engl. *jet*) vor, während sich molekulare Strömung erst in der zweiten und den folgenden Kammern ausgebildet hat. Ein weiterer Nebeneffekt der *Überschalltechnik* besteht in der Beobachtung, dass die thermische Geschwindigkeitsverteilung der Atome zu höheren Geschwindigkeiten hin verschoben und eingeengt ist. Die Dichte eines reellen Atomstrahltargets hängt von den speziellen Bedingungen der jeweiligen Apparatur ab, sie liegt in der Größenordnung von $n = 10^8 \ldots 10^{12}$ cm$^{-3}$ für die meisten experimentellen Untersuchungen.

Anstelle von thermischen Öfen eignen sich Gasentladungen oft besser zur Dissoziation von Molekülen in Atome (z. B. $H_2 \rightarrow 2H$, $N_2 \rightarrow 2N$, usw.). Die Erzeugung metastabiler Atomstrahlen (d. h. angeregter Atome mit Lebensdauern, die um Größenordnungen höher sind als die üblichen Lebensdauern von $10^{-7}$–$10^{-9}$ s) erfordert spezielle Techniken, die wir in Verbindung mit ausgewählten Beispielen erläutern werden. Auf die Nachweistechnik von Atomen gehen wir aufgrund von Beispielen ein.

### 1.7.1.2 Ionenstrahlen, Ionen- und Elektronenfallen, gekühlte Atomtargets („kalte Atome") und Bose-Einstein-Kondensation (BEK)

*Targets von Ionen* finden vielseitige Anwendungen sowohl in der Spektroskopie als auch in der Physik atomarer Stoßprozesse. Die am häufigsten benutzte Methode ist die Erzeugung von intensiven Ionenstrahlen mithilfe einer Gasentladung, aus der Ionen mittels einer elektrischen Spannung durch eine Öffnung abgesaugt werden können. Ionen folgen als Strahlen den Ausbreitungsgesetzen der Ionen-Optik, die analog zur Elektronen-Optik (Band 3) nach Ersetzen der spezifischen Elektronenladung $e/m_e$ durch die spezifische Ionenladung $q/m_q$ als vollständige Theorie vorliegt. In rein elektrischen Feldern sind die Trajektorien von Elektronen und Ionen gleicher Energie identisch, nur die Flugzeiten sind verschieden. Um gleiche Trajektorien der gleichen Energien auch in magnetischen Feldern zu erreichen, müssen die Magnetfelder für Ionen der Masse $m$ mit $(m_e/m)^{1/2}$ skaliert werden.

Ionenstrahlen haben im Allgemeinen noch niedrigere Anzahldichten als Atomstrahlen, da die Ionen als Strahlen gebündelt normalerweise wesentlich höhere Energien ($\geq 10\,\mathrm{eV}$) als thermische Atomstrahlen (einige $1/10\,\mathrm{eV}$) besitzen. Der Abbremsung der Ionen auf wesentlich kleinere Energien steht entgegen, dass (1) die Energieverteilung der Ionen aus der Ionenquelle meist einige eV beträgt und (2) der Strahl durch die gegenseitige Coulomb-Wechselwirkung der Ionen aufgeweitet wird.

Hochinteressante spektroskopische Anwendung haben in letzter Zeit *Elektronen- und Ionenfallen* erfahren, deren Prinzip wir wie folgt beschreiben: Die räumliche Stabilisierung freier Elektronen oder Ionen ist bei Experimenten von Interesse, in denen es darauf ankommt, Elektronen oder Ionen möglichst lange in einem begrenzten Raumbereich zu speichern, sei es, um sie während ihrer *Verweildauer* auf hohe

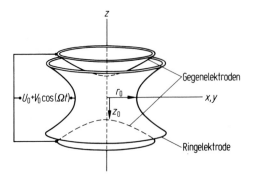

**Abb. 1.108** Elektrodenanordnung einer elektrischen Hochfrequenz-Quadrupolfalle nach Paul et al. [50]. Einer Gleichspannung $U_0$ ist eine Wechselspannung $V_0 \cos(\Omega t)$ überlagert, die zwischen der Ring- und den beiden Gegenelektroden angelegt ist.

Energien zu beschleunigen (wie in Teilchenbeschleunigern) oder sei es, um die Messzeit (= Verweildauer) zu vergrößern, während der irgendeine physikalische Eigenschaft der geladenen Teilchen gemessen werden soll. Eine erfolgreiche Methode, Elektronen oder Ionen räumlich in einem vorgegebenen Bereich festzuhalten (zu „stabilisieren") wurde von Paul und Steinwedel [49] vorgeschlagen und in zwei verschiedenen Versionen verifiziert. Es handelt sich dabei um die *elektrischen Quadrupolfallen*, die eine um die z-Achse rotationssymmetrische Elektrodenanordnung haben, wie sie in den Abb. 1.108 und 1.109 perspektivisch und im Schnitt dargestellt sind. Die Anordnung besteht aus drei Rotationshyperboloiden, einer einschaligen *Ringelektrode* und zwei zweischaligen *Gegenelektroden* (Abb. 1.108) bzw. einer *Gegenelektrode* und einer *Siebelektrode* (Abb. 1.109). Die räumliche Stabilisierung der Ladungen gelingt auf zwei verschiedene Weisen:

(1) eine geeignete Gleichspannung $U_0$ mit einer überlagerten Wechselspannung $V_0 \cos(\Omega t)$ wird zwischen der Ringelektrode und den auf gemeinsamen Potentialen liegenden Gegenelektroden angelegt (Abb. 1.108, nach Paul, Osberghaus und Fischer [50]). Die Bewegungsgleichung einfach geladener Teilchen in dem elektrischen Potential

$$\psi = \frac{U_0 + V_0 \cos(\Omega t)}{r_0^2}(x^2 + y^2 - z^2)$$

der Quadrupolfalle führt auf spezielle Differentialgleichungen (Mathieu-Typ), die für bestimmte Kombinationen von $U_0$, $V_0$, $\Omega$ und der spezifischen Ladung $q/m_q$ zu räumlich stabilen oder unstabilen Bereichen des Aufenthaltes der geladenen Teilchen führen.

(2) Im Gegensatz zu der historisch ersten erfolgreichen Quadrupolfalle mit elektrischen Wechselfeldern haben Kleinpoppen und Schumann [51] lediglich statische elektrische und magnetische Felder verwendet (Abb. 1.109). Ein hinreichend starkes, homogenes Magnetfeld **B** ist dem Potential der statischen Spannung $U_0$ in der z-Richtung überlagert (d.h. $V_0 = 0$). Die Bewegungsgleichungen der Ladung $q$ mit der Masse $m_q$ im Inneren der Falle lauten dann (mit $B_z = \mu_0 H_z$):

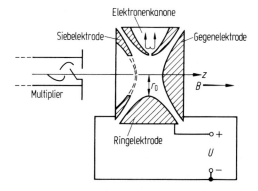

**Abb. 1.109** Schema einer statischen Quadrupolfalle für Elektronen nach Kleinpoppen und Schumann [51]. Rotationssymmetrie der Anordnung um die z-Achse, $r_0 = 2$ cm.

$$\ddot{x} - \frac{q}{m_q} \cdot \frac{U_0}{r_0^2} x + \frac{q}{m_q} B_z \dot{y} = 0$$

$$\ddot{y} - \frac{q}{m_q} \cdot \frac{U_0}{r_0^2} y - \frac{q}{m_q} B_z \dot{x} = 0$$

$$\ddot{z} + \frac{2q}{m_q} \cdot \frac{U_0}{r_0^2} = 0. \tag{1.285}$$

Aufgrund einfacher Rechnungen lässt sich zeigen, dass Lösungen dieser gekoppelten Differentialgleichungen auf das Innere der Quadrupolfalle beschränkt bleiben, wenn die folgenden *Stabilitätsbedingungen* erfüllt sind:

$$B_z^2 > 4 \frac{U_0}{q/m_q \cdot r_0^2} \quad \text{und} \quad \frac{q}{m_q} \cdot \frac{U_0}{r_0^2} < 0. \tag{1.286}$$

Die erste dieser Stabilitätsbedingungen besagt, dass die stabilisierende Wirkung des Magnetfeldes die destabilisierende Wirkung des elektrischen Feldes in der $xy$-Ebene größer sein muss. Die zweite Bedingung sorgt für die Stabilität in der $z$-Richtung. Der experimentelle Nachweis dieser Ladungsstabilisierung gelang zuerst mit Elektronen nach dem Schema von Abb. 1.109: Elektronen einer Elektronenkanone wurden in die Falle durch eine kleine Öffnung der Ringelektrode eingeschossen. Diese eingeschossenen Elektronen können jedoch nicht stabilisiert werden, da sie nicht den Anfangsbedingungen für die Gültigkeit der Stabilisierung genügen, nämlich der Erzeugung der Elektronen im Inneren der Falle. Durch den Stoß der eingeschossenen Elektronen mit den Molekülen des Restgases können jedoch innerhalb der Falle Sekundärelektronen durch Stoßionisation gebildet werden (Abschn. 1.10.4). Wenn die Energie dieser Sekundärelektronen kleiner als $eU_0$ ist, können sie in der Falle festgehalten werden. Mittels einer geeigneten Impulsfolge-Methode für die eingeschossenen Elektronen und die nach einer gewissen Verweildauer extrahierten Sekundärelektronen (nachgewiesen am Multiplier) konnte eindeutig die Stabilisierung nachgewiesen werden. Typische mittlere Verweildauern der Elektronen als Funktion des Restgasdruckes und des magnetischen Stabilisierungsfeldes sind in Abb. 1.110 dargestellt. Es ist klar, dass im Ultrahochvakuumbereich geladene Teilchen extrem lange Zeiten (Stunden und Tage!) in den Quadrupolfallen festgehalten werden können. Dadurch werden Messergebnisse an geladenen Teilchen mit einer Genauigkeit möglich, die weit über das hinausgehen, was bisher möglich war. Wir werden solche höchstauflösenden Messungen in Verbindung mit neueren, spektroskopischen Methoden erläutern (Abschn. 1.7.2.4).

In dem Experiment von Walther [52] sind $Mg^+$-Ionen durch Elektronenstoß anfänglich neutraler Mg-Atome erzeugt worden; diese Ionen wurden in einem *Quadrupol-Speicherring* gespeichert, wobei sie nach Kühlung (s. unten) durch einen Resonanzübergang $Mg^+$-$3\,^2S_{1/2} \to 3\,^2P_{3/2}$ in kristalliner Phase sichtbar werden (Abb. 1.111). Atome können in einem beschränkten Volumenbereich durch Lasereinstrahlung in hohem Maße abgebremst (d.h. gekühlt) werden. Die Ablenkung von Atomen durch einen optischen Resonanzübergang wurde bereits von Frisch [53] 1933 beobachtet. Die zusätzliche *Laserkühlung* beruht auf der Lasereinstrahlung mit sechs Lasern, deren Fortpflanzungsrichtungen parallel und antiparallel zu den kartesischen Koordinatenrichtungen liegen. Betrachten wir zur Erläuterung ei-

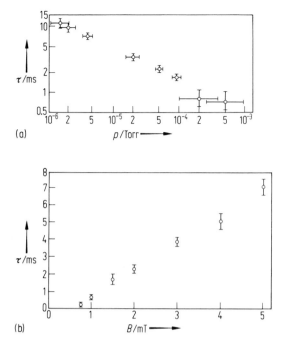

**Abb. 1.110** (a) Mittlere Verweilzeit τ der Elektronen in der Falle der vorhergehenden Abbildung als Funktion des Restgasdruckes bei konstanter Stabilisierungsspannung $U_0 = 6\,\text{V}$ und magnetischer Feldstärke $B_z = 5\,\text{mT}$. (b) Mittlere Verweilzeit τ der Elektronen in der Falle der vorhergehenden Abbildung als Funktion des stabilisierenden Magnetfeldes $B$ (konstante Spannung $U_0 = 6\,\text{V}$ und Restgasdruck $p = 1.3 \cdot 10^{-4}\,\text{Pa}$, 1 Torr ≈ 133 Pa).

nen atomaren Grund- und einen angeregten Zustand für einen resonanten Laserübergang. Der Impuls eines Photons ist $h/\lambda$, er kann auf das Atom im Resonanzfall zur Reduzierung seiner Geschwindigkeit in den drei Koordinatenrichtungen vielfach (d. h. mit vielen Photonenwechselwirkungen) einwirken. Die zugehörige Kraft (Strahlungsdruckkraft genannt) liegt in der Fortpflanzungsrichtung des Laserlichtes. Als typisches Beispiel sei das Natrium-Atom mit der D2-Resonanzlinie (Wellenlänge $\lambda = 589\,\text{nm}$) und dem stärksten Hyperfeinstruktur-Übergang $F = 2$, $m_F = 2 \to F' = 3$, $m_F = 3$ betrachtet. Diese „Laserkühlung" der kinetischen Energie der Atome konkurriert jedoch mit einer „Aufheizung" der atomaren kinetischen Bewegung durch die Fluoreszenzemission (Fluoreszenzphotonen) des spontanen Übergangs des angeregten Atoms. Diese klassisch-optische Laserkühlung basiert auf dem vielfachen optischen Pumpprozess mit der Doppler-Limitierung für die erreichbare Minimum-Temperatur $T_{\text{Min}}$, die durch die Beziehung $kT_{\text{Min}} = \Delta E/2$ bestimmt ist, wobei $\Delta E$ die Heisenberg'sche Unschärfe des angeregten Zustands ist. Für die erste Resonanzlinie von Natrium wird $T_{\text{Min}} = 240\,\mu\text{K}$, was einer mittleren Geschwindigkeit von $v_{\text{rms}} = 0.3\,\text{m/s}$ in einer Richtung entspricht. Die Rückstoßgeschwindigkeit $v_R$ bei der Abstrahlung der Fluoreszenzstrahlung ist vernachlässigbar, d. h. $v_R \ll v_{\text{rms}}$.

192  1 Atome

Interessante Anwendungen von Paul-Fallen und Quadrupol-Speicherringen in Verbindung mit der Möglichkeit, thermisch-kinetische Energien bzw. Temperaturen der Atome drastisch zu reduzieren (bis unter den Mikro- oder sogar Nano-Kelvin-Temperatur-Bereich für einzelne Atome), führten kürzlich zu Beobachtungen von kristallinen Strukturen räumlich getrennter Ionen (Abb. 1.111) als auch zur sog. *Bose-Einstein-Kondensation* [54, 55] freier Atome.

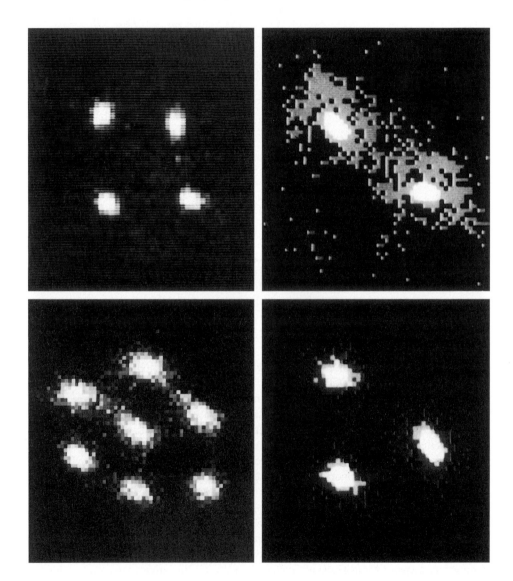

**Abb. 1.111** „Bilder" von $Mg^+$-Ionen, die durch das dynamische Potential einer Paul-Falle in einer kristallinen Struktur von 2, 3, 4 und 7 Ionen in Erscheinung treten. Die weißen Flecken repräsentieren die Intensitäten der beobachteten Resonanzfluoreszenzstrahlung des durch einen Laser angeregten $3\,^2P_{3/2}$-Zustandes des $Mg^+$-Ions [52].

Es gibt inzwischen eine ganze Reihe neuartiger Methoden, um Atome unterhalb der obigen Doppler-Limitierung abzukühlen und gefangen zu halten. Da diese Methoden insbesondere in der Präzisionsspektroskopie und zum Nachweis der Bose-Einstein-Kondensation verwendet werden, seien sie kurz selektiv erwähnt. Ein Atom, das mit einem intensiven Laserfeld wechselwirkt, kann eine Verschiebung seiner Energieniveaus erfahren, die sog. „light shift" („Lichtverschiebung") [56]. Wenn die Photonenenergie $hv$ nicht exakt mit der Resonanzenergie $E_e - E_g$ ($E_e$ Energie des angeregten, $E_g$ Energie des Grundzustandes) übereinstimmt, erfolgt ein „virtueller Prozess", der die Wellenfunktion und die Energie des Grundzustandes modifiziert. Die resultierende Verschiebung hängt von allen resonanten und nicht-resonanten Photonen ab und ist bei geringer Sättigung proportional zur eingestrahlten Lichtintensität. Außerdem kann die Lichtverschiebung noch durch eine geeignete Variation des Polarisationsgradienten der eingestrahlten Strahlung aus entgegengesetzten Richtungen in dem kartesischen Koordinatensystem vergrößert werden. Ein wichtiger Fall zur erfolgreichen weiteren Kühlung der Atome besteht darin, die Polarisationscharakteristik der eingestrahlten Resonanzstrahlung beim optischen Pumpen innerhalb einer Wellenlänge die Polarisationen $\sigma^-$- über $\pi$-, $\sigma^+$-, $\pi$- und zurück zu $\sigma^-$-Übergängen zu variieren (detaillierte Erklärung siehe [57]). Diese „Korkenzieher-Polarisation", verwendet beim optischen Pumpen, führt zu einer zusätzlichen Lichtverschiebung der Energie des Grundzustandes mit der obigen Polarisationscharakteristik. Experimentell wird ein Anti-Helmholtz-Spulenpaar (die Kreisströme der Ringspulen fließen in entgegengesetzten Richtungen) dazu verwendet, eine magnetische Falle (ein magnetisches Quadrupolfeld) zu erzeugen. Zusätzlich zur magneto-optischen Laserkühlung kann eine weitere Temperaturreduzierung durch eine Verdampfungskühlung erreicht werden [58]. Hierbei verlassen die schnellsten Atome die Falle, so dass die verbliebenen Atome weiter gekühlt werden. Zusätzlich können schnellere, noch nicht gespeicherte Atome durch Hochfrequenzübergänge zwischen Spinzuständen in langsamere, gespeicherte Atome transferiert werden.

**Bose-Einstein-Kondensationen (BEK)** konnten inzwischen erfolgreich mithilfe der oben beschriebenen Kombinationen der Kühlungsmethoden beobachtet werden. Obwohl die Bose-Einstein-Kondensation eine „Kondensation" besonderer Art darstellt (und deshalb eigentlich nicht in ein Kapitel über die Physik freier Atome passt), werden wir sie kurz auszugsweise erwähnen, da die experimentellen Methoden und die theoretischen Argumentationen zur Bose-Einstein-Kondensation zur Atomphysik gehören.

Anschaulich lässt sich die BEK wie folgt verstehen: Wenn sich bosonische Atome (Bosonen mit ganzzahligem Drehimpuls in Einheiten von $\hbar$, siehe Abschn. 1.5.3) so nahe kommen, dass ihre Abstände untereinander etwa der de-Broglie-Wellenlänge entsprechen, können sich atomare de-Broglie-Wellen im quantenmechanischen Sinn überlagern, d. h. sie schwingen miteinander im Gleichtakt und es bildet sich eine kohärente Materiewelle aus, die alle Atome im Grundzustand erfasst. Dieser Übergang von „ungeordneten" de-Broglie-Materiewellen zu kohärenten Materiewellen ist vergleichbar mit dem Schritt von normalem Licht zu kohärentem Laserlicht. Ein solcher kohärenter Zustand eines atomaren Systems ist Gegenstand wichtiger gegenwärtiger Forschungsarbeiten [60]. Aufgrund der Quantenstatistik [58] zeigte Einstein [55], dass Teilchen (Bosonen) eines idealen Gases bei hinreichend großer

194  1 Atome

Teilchendichte $\varrho$, mit mittlerem Teilchenabstand $r$ und extrem kleiner Temperatur $T$ zu einem BEK-Kondensat kondensieren. Mit der de-Broglie-Wellenlänge $\lambda_{dB} = (2\pi\hbar^2/mkT)^{1/2}$ der thermischen Bewegung ergibt sich ein quantitatives Kriterium, $\varrho\lambda^3_{dB} > 2.612$, für die Bose-Einstein-Kondensation der Atome in einem gleichförmigen Gas.

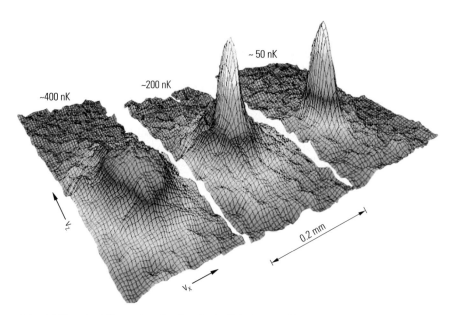

**Abb. 1.112** Zweidimensionale Geschwindigkeitsverteilungen (vertikale $y$-Richtung) kalter Rubidium-Atomwolken bezogen auf die horizontalen $x$- und $z$-Richtungen für drei verschiedene Temperaturen: $\sim 400$ nK linkes (beachte K für Kelvin), $\sim 200$ nK mittleres und $\sim 50$ nK rechtes Teilbild. Das linke Teilbild stellt die klassische Boltzmann-Maxwell-Verteilung gerade oberhalb der Temperatur dar, bei der BEK einsetzen kann. Das mittlere Teilbild zeigt eine typische BEK im Maximum; bei weiterer Temperaturreduzierung (rechtes Teilbild) werden zusätzliche Atome (ungefähr 90 % der Atome) aus dem klassischen Bereich in der BEK-Phase gespeichert [60, 61].

Erste Beobachtungen von BEK gelangen mit den oben beschriebenen Methoden in magneto-optischen Fallen, in denen Rubidium-, Natrium- oder Lithium-Atome bis auf Bruchteile von Mikro-Kelvin abgekühlt werden konnten [59, 60, 61]. Abb. 1.112 zeigt ein experimentelles Ergebnis der BEK-Beobachtung in $^{87}$Rb seitens der Gruppe von Cornell und Wieman bei Anwendung der oben beschriebenen magneto-optischen Laserfalle mit der Rb-Resonanzlinie. In der vertikalen Richtung nach oben der Abb. 1.112 ist die relative Geschwindigkeitsverteilung der Rb-Atome in Abhängigkeit von den beiden ebenen Koordinatenrichtungen senkrecht dazu dargestellt. Das Teilbild links zeigt die Geschwindigkeitsverteilung bei Temperaturen oberhalb des Gültigkeitsbereichs der BEK, sie entspricht annähernd der klassischen Boltzmann-Maxwell-Verteilung. Bei Temperaturen von ca. 200 nK tritt eine zweite

Komponente auf (mittleres Teilbild 1.112). Dieser Übergang der Geschwindigkeitsverteilung wird als Phasenübergang zur Entstehung einer BEK interpretiert, er deutet auf einen dichteren und kälteren Anteil der Atome hin, der sich in einem Minimum der Falle gebildet hat. Bei weiterer Temperaturerniedrigung ($\sim 50$ nK) reduziert sich die „Normalkomponente" (d. h. die Boltzmann-Maxwell-Verteilung) und es verbleibt praktisch nur eine BEK aus ca. 2000 Atomen.

Die experimentelle Forschung bezüglich der BEK hat kürzlich eine intensive Entwicklung der theoretischen Interpretation [62] nach sich gezogen. Natürlich bleiben die Grundprinzipien der Quantenmechanik erhalten, wobei jedoch eine **nichtlineare Schrödinger-Gleichung** zur theoretischen Beschreibung der kondensierten Atome herangezogen wurde [62]:

$$i\hbar \frac{\partial \psi}{\partial t} = H_0 \psi(r,t) + N_0 U_0 |\psi(r,t)|^2 \psi(r,t).$$

Diese so genannte *Gross-Pitaevkii-Gleichung* (GP-Gleichung) enthält den Hamilton-Operator $H_0$ mit der kinetischen Energie und einem bindenden Potential der Falle (ein harmonisches Oszillatorpotential), das den nichtlinearen Term $U_0$ charakterisiert. Die auf der GP-Gleichung basierenden theoretischen Voraussagen [63] der JILA-Daten [61] (JILA = Joint Institute for Laboratory Astrophysics, Boulder, Colorado) für die in Abb. 1.112 gezeigten zweidimensionalen Geschwindigkeitsverteilungen sind innerhalb von wenigen Prozenten sehr befriedigend. Die atomaren Bose-Einstein-Kondensate stellen eine neue Klasse von Vielkörpereffekten dar, die aber mit Methoden der Atomphysik nachgewiesen wurden.

### 1.7.2 Die Breite und Linienform atomarer Spektrallinien

Die Bezeichnung **Spektrallinie** mit der Übergangsfrequenz $v_0$ bedeutet idealisiert in quantenmechanischer Interpretation die Anwendung der Bohr'schen Energiebeziehung $\Delta E/h = (E_1 - E_2)/h = v_0$ für den Nachweis eines Überganges zwischen diskreten Energien eines Atoms, wobei $v_0$ als unbegrenzt scharf angenommen wird. Diese idealisierte, vollständig monochromatische Übergangsfrequenz eines Spektralüberganges gibt es in Wirklichkeit nicht, da verschiedene physikalische Effekte zu einer symmetrischen ($v_0 \pm \Delta v$) oder sogar asymmetrischen $\left(v_0 \begin{smallmatrix} +\Delta v_1 \\ -\Delta v_2 \end{smallmatrix}\right)$ Verbreiterung der beobachteten Spektrallinie führen können. Mit einer solchen Verbreiterung ist eine durch eine mathematische Funktion zu beschreibende *Linienform* der Spektrallinie verknüpft. Wir erläutern im Folgenden die wichtigsten physikalischen Effekte, die die Linienformen der Spektrallinien beschreiben. Diese Effekte variieren allerdings in ihrem Einfluss in den verschiedenen Spektralbereichen.

### 1.7.2.1 Die natürliche Linienbreite – Lorentz-Linienform

Die *natürliche Linienbreite* einer Spektrallinie lässt sich mit dem Heisenberg'schen Ungenauigkeitsprinzip verständlich machen. Angeregte Zustände besitzen eine spontane Übergangswahrscheinlichkeit (Abschn. 1.4.2.6), deren inverse Größe die mittlere Lebensdauer $\tau$ des Zustandes ist. Indem wir das Heisenberg'sche Ungenauigkeitsprinzip in der Energie-Zeit-Relation (Abschn. 1.4.2.3) anwenden, können wir die folgende Aussage über die natürliche Linienbreite erhalten. Befindet sich das Atom in einem angeregten Zustand und kehrt es unter Emission eines Photons in den Grundzustand zurück, so ist der Augenblick dieses Überganges mit einer Unbestimmtheit versehen, die mit der mittleren Lebensdauer $\tau$ (Gl. (1.206)) des angeregten Zustandes in Beziehung steht. Das emittierte Photon wird dann durch ein Wellenpaket repräsentiert, dessen räumliche Ausdehnung in der Ausstrahlungsrichtung (x-Richtung) $c\tau = \Delta x$ ist; entsprechend wird die Frequenzbreite des Wellenpaketes durch die de Broglie-Beziehung

$$\Delta p = \Delta\left(\frac{h}{\lambda}\right) = \frac{\Delta(h\nu)}{c} = \frac{\Delta E}{c}$$

bestimmt; hieraus folgt mit der Heisenberg'schen Unbestimmtheitsbeziehung $\Delta x \Delta p = \Delta E \tau \geq \hbar/2$. Dieser Zusammenhang zwischen der „natürlichen" Energiebreite $\Delta E$ und der mittleren Lebensdauer $\tau$ eines angeregten Atoms konnte experimentell vollauf bestätigt werden, indem z. B. die mittlere Lebensdauer $\tau$ aus der exponentiellen Zerfallswahrscheinlichkeit und die Energiebreite des angeregten Zustandes durch eine spektroskopische Messung bestimmt wurden. Findet der Übergang zwischen zwei angeregten Zuständen statt, so addieren sich deren natürliche Breiten und bestimmen die gesamte Breite der Linie zu $\Delta E/h = \Delta E_1/h + \Delta E_2/h = \Delta\nu$. Die Berechnung der mathematischen Funktion der Linienform des Überganges kann sowohl klassisch als auch quantenmechanisch durchgeführt werden. Klassisch betrachtet kann die Emission einer Spektrallinie durch die gedämpfte Oszillation eines elektrischen Oszillators mit der Kreisfrequenz $\omega_0$ beschrieben werden, wobei die zeitabhängige Amplitude der Oszillation einen Dämpfungsterm $e^{-\gamma t}$ enthält: $f(t) = C e^{i\omega_0 t} e^{-\gamma t}$. Normieren wir diese Amplitude durch die Forderung $\int_{-\infty}^{+\infty} e^{-2\gamma t} dt = C^2/2\gamma = 1$, so dass $C = \sqrt{2\gamma}$ ist. Die Amplitude $\sqrt{2\gamma}\, e^{i\omega_0 t} e^{-\gamma t}$ der gedämpften Schwingung hat die Fourier-Komponenten

$$F(\omega) = \left(\frac{\gamma}{\pi}\right)^{\frac{1}{2}} \int_{c}^{\infty} e^{-i\omega t} e^{i\omega_0 t} e^{-\gamma t} dt = \left(\frac{\gamma}{\pi}\right)^{\frac{1}{2}} \frac{i}{\omega_0 - \omega + i\gamma},$$

woraus sich für die Intensitätsabhängigkeit der Spektrallinie von der Kreisfrequenz $\omega = 2\pi\nu$ folgender Ausdruck ergibt:

$$|F(\omega)|^2 = \frac{\gamma}{\pi} \frac{1}{(\omega_0 - \omega)^2 + \gamma^2}. \tag{1.287}$$

Indem wir diese Intensitätsverteilung auf die totale Intensität $I_0 = \int_0^{\infty} |F(\omega)|^2 d\omega$

1.7 Experimentelle Methoden und Anwendungen der Atomspektroskopie 197

normieren und $2\gamma = \Gamma$ setzen, ergibt sich:

$$I(\omega) = I_0 \frac{\Gamma/2\pi}{(\omega - \omega_0)^2 + \Gamma^2/4}. \qquad (1.288)$$

Diese Funktion beschreibt das *Lorentz-Profil* der Spektrallinien; es hat die Form einer Glocke (Abb. 1.113), deren Breite üblicherweise durch die Differenz der Werte $\omega_1$ und $\omega_2$ bei halber maximaler Intensität, $I(\omega_{1,2}) = I_0/2$ charakterisiert wird: $\omega_1 - \omega_2 = \Delta\omega_{1,2} = \Gamma$. Setzen wir die Halbwertsbreite $\Delta\omega_{1,2} = \Gamma = 1/\tau$, d.h. gleich dem Reziproken der Lebensdauer $\tau$ des angeregten Zustands, so wird sie identisch mit der aus dem Ungenauigkeitsprinzip folgenden Relation $\Delta E \, \Delta t = \hbar \Delta\omega_{1,2}\tau = \hbar/2$. Die quantenmechanische Beschreibung des natürlichen Linienprofils ergibt die gleichen obigen Lorentz-Formeln (Gl. (1.287) und (1.288)), wenn anstelle des Dämpfungsfaktors die Beziehung $2\gamma = \Gamma_{ik} = \sum_j A_{ij} + \sum_l A_{kl}$ gesetzt wird; hierbei sind $\sum_j A_{ij} + \sum_l A_{kl}$ die Summen der Übergangswahrscheinlichkeiten aller möglichen Übergänge vom oberen Zustand $i$ als auch vom unteren Zustand k, wenn die beobachtete Spektrallinie vom Übergang von i nach $k$ herrührt. Mit anderen Worten, die Breite $\Delta E_i$ des oberen und die Breite $\Delta E_k$ des unteren Zustandes bestimmen die Halbwertsbreite der Linie $\Delta\omega_{1,2} = \Gamma_{ik} = \Delta E_i/\hbar + \Delta E_k/\hbar$. Mit diesen Bezeichnungen wird die quantenmechanische Lorentz-Formel zu

$$I_{ik}(\omega) = I_0 \frac{\Gamma_{ik}/2\pi}{(\omega - \omega_0)^2 + \Gamma_{ik}^2/4}, \qquad (1.289)$$

die mit der klassisch hergeleiteten Formel (Gl. (1.288)) für einen gedämpften Oszillator identisch ist. Bei einer typischen Lebensdauer angeregter Zustände von $\tau \approx 10^{-8}$ s wird die Halbwertsbreite $\Delta\nu_{1/2} = \Gamma/2\pi \approx 16$ MHz. Die Lyman-$\alpha$-Linie hat eine natürliche Breite von $\Delta\nu_{L\alpha} \approx 100$ MHz, da der 2P-Zustand eine Lebensdauer von $\tau_{2P} = 1.6 \cdot 10^{-9}$ s besitzt.

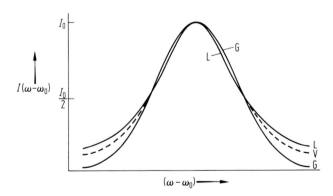

**Abb. 1.113** Lorentz- (L), Gauß- (G) und Voigt-Profil (V) einer Spektrallinie.

## 1.7.2.2 Die Stoßverbreiterung der Spektrallinien

Wenn ein Atom, das eine Linienstrahlung der Frequenz $v_0 = \omega_0/2\pi$ emittiert, mit anderen Atomen, Ionen oder Elektronen kollidiert, kann die Abstrahlung der Photonen unterbrochen werden. Ein Wellenzug, der zur Zeit $t = 0$ startet und zum Zeitpunkt $t = \tau$ abrupt gestoppt wird, hat die Fourier-Komponente

$$F_\tau(\omega) = \frac{1}{\sqrt{2\pi}} \int_0^\tau e^{-i\omega t} e^{i\omega_0 t} \, dt = \frac{e^{i(\omega_0 - \omega)t} - 1}{i(\omega_0 - \omega)\sqrt{2\pi}}$$

mit der Intensität $|F_\tau(\omega)|^2 = \dfrac{\sin^2[(\omega_0 - \omega)(\tau/2)]}{2\pi[(\omega_0 - \omega)/2]^2}$. Nehmen wir an, dass diese Unterbrechungen der Emissionsprozesse ganz zufällig und unkorreliert erfolgen, so wird die Wahrscheinlichkeit $P(\tau) d\tau$ dafür, dass ein Stoßprozess im Zeitintervall $(\tau, \tau + d\tau)$ auftritt, jedoch nicht im Zeitintervall $(0, \tau)$, durch die statistische Poisson-Verteilung bestimmt. Bei einer mittleren Stoßrate (Zahl der Stöße pro Zeitintervall) $\gamma$ wird die Verteilung zu $P(\tau) = \gamma e^{-\gamma\tau}$. Dieser Unterbrechungsprozess der Linienemission ergibt das Linienprofil

$$I(\omega) = \int_0^\infty P(\tau) |F_\tau(\omega)|^2 \, d\tau = \frac{\gamma}{2\pi} \int_0^\infty e^{-\gamma\tau} \frac{\sin^2[(\omega_0 - \omega/2)\tau/2]}{[(\omega_0 - \omega/2)]^2}$$

$$= \frac{\gamma}{\pi} \frac{1}{(\omega_0 - \omega)^2 + \gamma^2}. \tag{1.290}$$

Diese Gleichung stellt wiederum ein *Lorentz-Profil* dar, dessen Breite $2\gamma = \Gamma$ mit der Kollisionsfrequenz verknüpft ist. Bei einer Anzahldichte $n$ der emittierenden Atome und einer mittleren Geschwindigkeit $v$ der Teilchen, die mit dem angeregten Atom kollidieren und außerdem mit der effektiven Fläche $Q$ des Atoms (auch Wirkungsquerschnitt genannt, s. Abschn. 1.10.2), ergibt sich $\gamma \approx nQv$. Mit typischen Daten eines Wasserstoffplasmas der Temperatur $T = 25\,000$ K, einer Anzahldichte von $n \approx 10^{14}$ cm$^{-3}$, einem Wirkungsquerschnitt $Q \approx 10^{-14}$ cm$^2$ und einer mittleren Geschwindigkeit der Plasmaelektronen $v = 10^8$ cm s$^{-1}$ wird $\Gamma \approx 200$ MHz, d. h. von der gleichen Größenordnung wie die natürliche Breite der Lyman-α-Linie ($\simeq 100$ MHz). Erfahrungsgemäß sind jedoch diese Stoßverbreiterungen noch beträchtlich höher und liegen für die angegebenen Bedingungen bei $\Gamma \approx 1$ GHz für die Lyman-α-Linie [64].

## 1.7.2.3 Die Doppler-Verbreiterung

Ein stationärer Beobachter, der die Strahlung eines sich mit der Geschwindigkeit $v \ll c$ bewegenden Atoms unter dem Winkel $\theta$ zwischen der Bewegungs- und Beobachtungsrichtung nachweist, registriert die Kreisfrequenz

$$\omega = \omega_0 \frac{1 - (v/c)\cos\theta}{[1 - (v/c)^2]^{1/2}} \approx \omega_0 \left(1 - \frac{v}{c}\cos\theta\right), \tag{1.291}$$

wenn das Atom in seinem eigenen Bezugssystem Strahlung mit der Übergangsfrequenz $\omega_0$ emittiert. Die relative *Doppler-Verschiebung* der Strahlung, die aus der Bewegung des Atoms resultiert, ist wie folgt definiert:

$$\frac{\Delta\omega}{\omega_0} = \frac{\omega - \omega_0}{\omega_0} = \frac{v}{c}\cos\theta = \frac{\Delta\nu}{\nu_0} = \frac{\nu - \nu_0}{\nu_0}$$

oder in Wellenlängeneinheiten

$$\frac{\Delta\lambda}{\lambda} = \frac{\lambda - \lambda_0}{\lambda_0} = -\frac{v}{c}\cos\theta.$$

Beobachten wir die Strahlung der Atome in einer vorgegebenen Koordinatenrichtung, sagen wir in der $z$-Richtung, so trägt nur die $v_z$-Komponente zu der obigen Doppler-Verschiebung bei, d. h. $v_z = v\cos\theta$. Befindet sich das Gas der strahlenden Atome auf der Temperatur $T$, dann ist nach der Maxwell-Boltzmann'schen Verteilung (Band 1, Abschn. 35.6) der Anteil $dN/N$ der Atome im Geschwindigkeitsintervall $v_z$, $v_z + dv_z$ gleich

$$\frac{dN}{N} = C \cdot e^{-(Mv_z^2/2RT)}\, dv_z, \tag{1.292}$$

wobei $M$ die molare Masse des Atoms, $R$ die universelle Gaskonstante und $C = (M/2RT)^{1/2}$ ist. Mit der obigen Doppler-Verschiebung $\nu = \nu_0(1 - v_z/c)$ erhalten wir die auf $\nu_0$ normierte Intensitätsverteilung:

$$I(\nu) = I_0\, e^{-\frac{Mc^2}{2RT}\left(\frac{(\nu_0-\nu)^2}{\nu_0^2}\right)} \tag{1.293}$$

mit $I(\nu_0) = I_0$.

Diese Funktion stellt eine gaußförmige Verteilungskurve dar, die durch die thermische Bewegung der Atome hervorgerufen wird. Die Halbwertsbreite $\Delta\nu_D$ dieser Gauß-Kurve errechnet sich zu

$$\Delta\nu_D = \frac{2\nu_0}{c}\sqrt{\frac{2RT}{M}\ln 2} \approx 7.16 \cdot 10^{-7}\, \nu_0 \sqrt{\frac{T/K}{M/(\text{g mol}^{-1})}}, \tag{1.294}$$

wobei $\Delta\nu_D = \nu_1 - \nu_2$ und $I(\nu_1) = I(\nu_2) = I_0/2$ ist. Die gleiche Formel gilt natürlich für die Kreisfrequenzen und Wellenzahlen, wenn $\nu_0$ und $\Delta\nu$ entsprechend ersetzt werden. Einsetzen von Gl. (1.294) in Gl. (1.293) ergibt

$$I(\nu) = I_0\, e^{-4\ln 2(\nu-\nu_0)^2/\Delta\nu_D^2} \tag{1.295}$$

mit $C = [M/RT]^{1/2}$.

Abb. 1.114 zeigt eine numerische Berechnung und die graphische Darstellung der Doppler-Breiten $\Delta\nu_D$ (nach Gl. (1.294)) in Abhängigkeit von der Wellenlänge mit dem Verhältnis $T/M$ als Parameter. Es folgt aus Abb. 1.114 und den obigen Gleichungen, dass bei festem $T/M$ eine rote Spektrallinie eine kleinere Doppler-Verbreiterung als eine violette Linie besitzt; ganz allgemein nimmt die Doppler-Breite mit fallender Frequenz der Linie linear ab, so dass sie z.B. im Bereich der Hochfrequenz-Spektroskopie mit Frequenzen von $\nu_0 \approx (10^6 - 10^{10})$ Hz oft vernachlässigt werden kann. Die Doppler-Breite, die proportional zu $\sqrt{T}$ ist, kann durch Kühlen der Emissionsquelle reduziert werden. Die Doppler-Verbreiterung hat einen störenden und

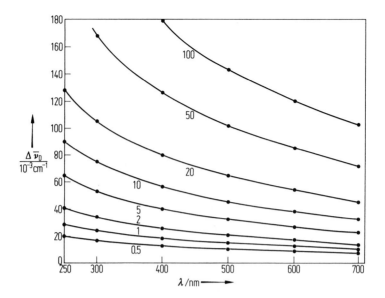

**Abb. 1.114** Doppler-Breite $\Delta\bar{\nu}_D$ als Funktion der Wellenlänge $\lambda$; die Zahlen an den Kurven stellen die Parameter $T/M$ dar ($T$ in Kelvin, $M$ relative Molekülmasse).

begrenzenden Einfluss in der hochauflösenden Spektroskopie der Atome, weshalb Physiker danach trachten, sie als ungewünschten Effekt weitgehend zu eliminieren, zumindest zu reduzieren. So kann z. B. die Emission von Spektrallinien senkrecht zur Richtung eines scharf gebündelten Atomstrahls beobachtet werden, wobei die Geschwindigkeitskomponente – und somit die Doppler-Breite – der emittierenden Atome in der Beobachtungsrichtung sehr klein ist. Auch trickreiche Lasermethoden ermöglichen es, in der Atomspektroskopie die Doppler-Verbreiterung selbst im optischen Spektralbereich weitgehend zu eliminieren (Abschn. 1.7.4).

### 1.7.2.4 Das Voigt-Profil

Das gesamte Profil einer Spektrallinie wird durch die Überlagerung physikalischer Prozesse bestimmt, deren wichtigste wir in den vorangehenden Abschnitten beschrieben haben. Sowohl die natürliche Linienverbreiterung als auch die Stoßverbreiterung werden beide durch Lorentz-Funktionen der Form $I_L(x) = \text{konst}/(1 + x^2/\delta_L^2)$ dargestellt (Gl. (1.290)), während die Doppler-Verbreiterung durch eine Gauß-Funktion der Form $I_G(x) = \text{konst} \cdot e^{-(x^2/\delta_G^2)}$ beschrieben wird (Gl. (1.293)). Wenn beide Arten von Prozessen gleichzeitig unabhängig voneinander die Linienform einer Spektrallinie bestimmen, dann stellt das Verhältnis $\delta_L/\delta_G$ deren relative Anteile an der Bildung der Linienform dar. Wenn das Atom sich mit einer gegebenen Geschwindigkeit bewegt, verschiebt sich das Zentrum der Lorentz-Verteilung nach Maßgabe der Frequenzänderung durch den Doppler-Effekt; die zwei Prozesse, die durch die Lorentz- und Gauß-Funktionen beschrieben werden, überlagern sich in der Form eines

## 1.7 Experimentelle Methoden und Anwendungen der Atomspektroskopie

Faltungsintegrals zu

$$I_v(x) = \int_{-\infty}^{+\infty} I_L(x-x')I_G(x')\,dx'\,; \tag{1.296}$$

dieses Integral wird **Voigt-Integral** bzw. **Voigt-Profil** genannt. Das Voigt-Integral in der allgemeinen Form von Gl. (1.296) lässt sich nicht durch elementare mathematische Funktionen ausdrücken; es kann jedoch numerisch bestimmt werden und es liegen tabellarische Daten für die Analyse der Spektralprofile vor. Abb. 1.113 demonstriert die drei Linienprofile, die wir bisher beschrieben haben: (a) für das Verhältnis der Lorentz-Breite $\Gamma$ zur beobachteten Linienbreite $\Delta\omega$, d. h., $\Gamma/\Delta\omega \gg 1$ wird das Linienprofil in guter Annäherung durch eine Lorentz-Funktion über den gesamten Linienbereich dargestellt; (b) für $\Gamma/\Delta\omega \ll 1$ erhalten wir eine Gauß-förmige Linienform; die fernen Linienflügel ($|\omega - \omega_0| \to \infty$) sind aber überwiegend Lorentz-Flügel $\propto (\omega - \omega_0)^{-2}$; (c) wenn jedoch $\Gamma/\Delta\omega \approx 1$ ist, wird die Linie durch ein Voigt-Profil beschrieben. In Abb. 1.113 sind die verschiedenen Profile auf gleiche Peak-Intensität $I_0$ und gleiche Halbwertsbreite, $\Delta\omega$ bzw. $\Gamma$, normiert. Natürlich stellt diese Normierung einen Spezialfall dar; er macht jedoch die wesentlichen Züge und Unterschiede der verschiedenen Linienprofile kenntlich. Die Lorentz-Kurve dehnt sich stärker vom Linienzentrum zu größeren und kleineren Frequenzen (den Linienflügeln) aus als die Gauß-Kurve, die in der Nähe des Zentrums überwiegt und in den Linienflügeln einen geringeren Anteil hat. Mittels einer Fitting-Methode lassen sich experimentell gemessene Linienkurven an das Voigt-Profil anpassen, woraus sich Linienbreiten und relative Anteile der Lorentz- und Gauß-Funktionen ergeben; dabei wird meistens die „experimentelle Breite" des Spektrometers (*Apparateprofil*) ebenfalls angenähert durch eine Lorentz-Kurve angepasst. Voigt-Integrale werden häufig in der Spektroskopie und der Astrophysik benutzt, da sowohl die Doppler- als auch die Druckverbreiterung mit den zugehörigen Gauß- und Lorentz-Profilen wichtige Anteile am gesamten Linienprofil besitzen.

### 1.7.2.5 Sättigungseffekt und Selbstumkehr der Spektrallinien

Bis jetzt haben wir ausschließlich Linienprofile der Emission angeregter Atome betrachtet und mögliche Absorptionsprozesse und deren Linienstruktur nicht diskutiert. Wir haben den allgemeinen Zusammenhang zwischen Absorptions- und Emissionsprozessen für ein Atom mit zwei Energiezuständen bereits behandelt (siehe Abschn. 1.4.2.6) und gesehen, wie ein Strahlungsfeld mit der Energiedichte pro Frequenzintervall $\varrho(\nu)$ (Gl. (1.192)) in Verbindung mit dem Einstein'schen Koeffizienten $B_{12}$ einen Absorptionsübergang vom Zustand $|1\rangle$ in den Zustand $|2\rangle$ induziert, wenn die energetische Resonanzbedingung $h\nu = E_2 - E_1$ erfüllt ist. Offensichtlich kann eine Resonanzabsorption auch dann stattfinden, wenn die Photonenenergie $h\nu$ innerhalb der Überlagerung der natürlichen Breite, der Stoßverbreiterung (beide mit Lorentz-Profil) und der Dopplerverbreiterung (Gauß-Profil) mit $E_2 - E_1$ übereinstimmt. Mit anderen Worten, die Übergangsraten $B_{12}\,\varrho(\nu)$ für Absorption und $B_{21}\,\varrho(\nu)$ für induzierte Emissionen zwischen den beiden Zuständen müssen streng genommen wie bei der spontanen Emission mit den Linienprofil-Faktoren Gl. (1.289)

(Lorentz-Profil) oder Gl. (1.293) (Doppler-Profil) oder Gl. (1.296) (Voigt-Profil) multipliziert werden. Indem wir zurück zu Gl. (1.193) für stationäre Übergänge zwischen den beiden Zuständen $|2\rangle$ und $|1\rangle$ gehen (d.h. $dN_1/dt = dN_2/dt = 0$, Abb. 1.32), erhalten wir mit den Einstein-Koeffizienten $A_{21}$ und $B_{12} = B_{21}$ für die Besetzungszahl $N_1$ des Zustandes $|1\rangle$

$$N_1 = N \frac{A_{21} + B_{12}\varrho(\nu)}{A_{21} + 2B_{12}\varrho(\nu)} = N \frac{1+S}{1+2S}, \tag{1.297}$$

mit $N = N_1 + N_2$ und $S = \varrho(\nu) B_{12}/A_{21} = I(\nu) B_{12}/c A_{21}$ als Verhältnis der induzierten zur spontanen Übergangsrate und $I(\nu) = c\varrho(\nu)$ als Intensität der auf das Atom einfallenden monochromatischen Strahlung ($c$ Lichtgeschwindigkeit). $S$ wird *Sättigungsparameter* der Frequenz für den Absorptionsprozess genannt; diese Bezeichnung rührt nach Gl. (1.297) daher, dass für hohe Intensitäten $I(\nu) \to \infty$ die Besetzungszahlen $N_2 = N_1 = N/2$ werden, d.h. beide Zustände $|1\rangle$ und $|2\rangle$ sind gleich stark bevölkert. In diesem Fall wird die Rate der induzierten Emission gleich der Rate der Absorption, und die Bedingung der Linearität zwischen einer Besetzungsänderung $\Delta N$ und der Intensität der Strahlung ist nicht mehr erfüllt.

Bei hoher Einstrahlungsintensität treten nichtlineare Effekte in der Absorption auf, von denen wir hier nur die Verbreiterung und die Selbstumkehr des Linienprofils erwähnen.

Von besonderem Interesse sind *Resonanzabsorptionsprozesse*, in denen Strahlung von Atomen einer Lichtquelle emittiert, gleich danach von benachbarten Atomen absorbiert und sodann wieder emittiert wird. Das Resultat einer Serie von Re-Ab-

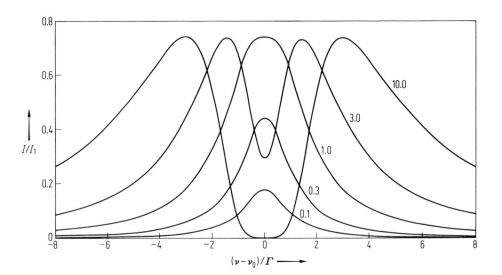

**Abb. 1.115** Theoretische Kurven der Resonanzlinienintensität $I$ (in relativen Einheiten $I_1$) als Funktion des Frequenzabstandes $\nu - \nu_0$ vom Resonanzzentrum dividiert durch die Halbwertsbreite $\Gamma$. Die Parameter $p = 0.1, 0.3, \ldots, 10.0$ sind proportional zur Dichte der Atome im Grundzustand; Kurven für $p > 1$ zeigen zunehmende Selbstumkehr durch Re-Absorption und Re-Emission (engl. *resonance trapping*).

sorptionen und Re-Emissionen (engl. *resonance trapping*) von atomaren Resonanzlinien reduziert aufgrund der obigen Ausführungen die Absorption und Emission im Linienzentrum stärker als außerhalb. Die Linienprofile der Resonanzlinien zeigen dann den Effekt der **Selbstumkehr** (Abb. 1.115), durch den zunächst eine Sättigungsverbreiterung und schließlich ein Doppel-Peak auftritt, da das Zentrum der Linie „abgebaut" wird und die Flanken stattdessen „aufgebaut" werden.

### 1.7.3 Hochfrequenz- und Mikrowellenspektroskopie

#### 1.7.3.1 Elektrische und magnetische Dipolübergänge

Spektroskopische Methoden der Atomphysik umspannen einen weiten Frequenzbereich des elektromagnetischen Spektrums: vom Kilohertz-Bereich der Hochfrequenzspektroskopie bis zum Röntgen-Spektralbereich. Optische Methoden für den ultravioletten, sichtbaren und infraroten Spektralbereich werden häufig mit Hochfrequenz- und Mikrowellenmethoden kombiniert; wir behandeln daher letztere zuerst, um die Anwendung der kombinierten Methoden in den folgenden Abschnitten zu verstehen.

Hochfrequenz- und Mikrowellen-Spektroskopie dienen der Vermessung sehr kleiner Energieabstände atomarer Zustände (d.h. $\Delta E \approx 4 \cdot 10^{-7}$ eV bei einer Frequenz von ca. 1 MHz). Wir unterscheiden elektrische und magnetische Multipolübergänge zwischen zwei Energiezuständen. Dipolübergänge beider Arten sind um mehrere Größenordnungen intensiver als die nächsthöheren Quadrupolübergänge. Elektrische HF-(Hochfrequenz)-Übergänge unterliegen den gleichen Dipolübergangsregeln, die wir in Abschn. 1.4.2.6 für optische Übergänge erläutert haben: $\Delta F = 0$, $\pm 1$, $\Delta J = 0$, $\pm 1$, $\Delta L = \pm 1$, $\Delta m_F = 0$, $\pm 1$ in schwachen Magnetfeldern und $\Delta J = 0$, $\pm 1$, $\Delta L = \pm 1$, $\Delta m_J = 0$, $\pm 1$ und $\Delta m_I = 0$ in starken Magnetfeldern. Experimentell können elektrische und magnetische Dipolübergänge durch resonant oszillierende elektrische bzw. magnetische Felder induziert werden. Solche Felder werden durch Auskopplung elektromagnetischer Energie aus Hochfrequenz- und Mikrowellen-Sendern erzeugt. Am Ort der zu induzierenden elektrischen oder magnetischen Übergänge hat der apparative Teil oft die Form eines elektrischen Kondensators, zwischen dessen Platten sich vorwiegend ein elektrisches Wechselfeld ausbildet, oder die Form einer magnetischen Ringspule (oder einer Haarnadel) mit einer oder mehreren Windungen, in derem Inneren sich vorwiegend ein magnetisches Wechselfeld ausbildet.

Die Übergangswahrscheinlichkeiten für magnetische Dipolwechselwirkung werden durch ein zur elektrischen Dipolwechselwirkung analoges Matrixelement bestimmt (Gl. (1.199) und (1.200)), indem wir den elektrischen Dipoloperator $er$ durch den magnetischen Dipoloperator $\boldsymbol{\mu} = \mu_B(\boldsymbol{l} + g_s\boldsymbol{s})$ ersetzen, wobei $\mu_B$ das Bohr-Magneton, $g_s = 2$ der $g$-Faktor des Elektrons und $\boldsymbol{l}$ und $\boldsymbol{s}$ die üblichen Bahn- und Spindrehimpulse sind. Die magnetische Komponente $B_0$ eines elektromagnetischen Hochfrequenzfeldes wechselwirkt daher energetisch mit dem magnetischen Moment $\boldsymbol{\mu}$ eines Atoms (d.h. potentielle Energie $-\boldsymbol{\mu} \cdot \boldsymbol{B}_0$).

Ein magnetisches Moment $\boldsymbol{\mu}_J = -g_J\mu_B\boldsymbol{J}$ führt um die Richtung eines Magnetfeldes $\boldsymbol{B}_0$ eine Larmor-Präzession mit der Winkelgeschwindigkeit $\omega_0 = g_J\mu_B B_0/\hbar$ aus.

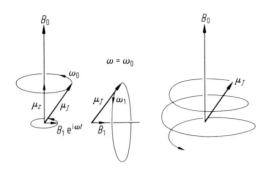

**Abb. 1.116** Überlagerung der Larmor-Präzessionen eines magnetischen Momentes $\mu_J$ im homogenen Magnetfeld $B_0$ und dem magnetischen Wechselfeld $B_1 e^{i\omega t}$, das senkrecht zu $B_0$ rotiert. Bei Resonanz $\omega = \omega_0$ präzediert $\mu_J$ mit der Frequenz $\omega_1$ im rotierenden Koordinatensystem um die zeitlich konstante $B_1$-Richtung. $\mu_J$ führt klassisch eine Schraubenbewegung auf der Kugeloberfläche mit dem Kugelradius $\mu_J$ aus.

Die $(2J+1)$-Positionen der Orientierung von $J$ und $\mu_J$ im Magnetfeld entsprechen den $m_J$-Zeeman-Unterniveaus mit äquidistanten Energieabständen $\hbar\omega_0$ (d. h. linearer Zeeman-Effekt). Strahlt man zusätzlich ein magnetisches, zirkular rotierendes Hochfrequenzfeld $B_0 e^{i\omega t}$ senkrecht zum homogenen Feld $B_0$ ein (Abb. 1.116), so versucht das magnetische Moment $\mu_J$ beiden Magnetfeldern $B_0$ und $B_1$ in Präzessionsbewegungen zu folgen. Der Einfluss von $B_1$ ist jedoch im Mittel gering, solange $\omega$ sehr von $\omega_0$ verschieden ist, da von dem mit $\omega_0$ rotierenden Koordinatensystem aus betrachtet $B_1$ ständig seine Richtung ändert. Bei der Resonanz $\omega = \omega_0$ ist jedoch in dem mit der Winkelgeschwindigkeit $\omega_0$ rotierenden Koordinatensystem das Magnetfeld $B_1$ zeitlich konstant, so dass $\mu_J$ um die $B_1$-Richtung mit der Resonanzfrequenz $\omega_1 = g_J \mu_B B_1/\hbar$ präzediert. Diese resonante Präzessionsbewegung des magnetischen Momentes entspricht im Laborsystem klassisch einer Auf- und Abbewegung entlang der $B_0$-Richtung – einer Art Schraubenbewegung auf einer Kugeloberfläche, wobei sich der Schraubendurchmesser entsprechend der Orientierung von $\mu_J$ ständig ändert. Zwischen den $(2J+1)$-Orientierungen für die $z$-Komponente $\mu_z = -g_J \mu_B m_J$ gibt es Übergänge $m_J \leftrightarrow m_{J-1} \leftrightarrow m_{J-2}, \ldots$ nach der Auswahlregel $\Delta m_J = \pm 1$, wobei Drehimpulseinheiten $\pm \hbar$ zur Erhaltung des Drehimpulses vom Hochfrequenzfeld zu- oder weggeführt werden. Betrachten wir die zwei Orientierungen des Elektronenspins mit $m_J = m_s = \pm 1/2$, so erhalten wir die Spinumklappfrequenz $\omega_0 = \mu_B B_0/\hbar$ (mit $g_s = 2$) zwischen den beiden magnetischen Zuständen. Strahlen wir senkrecht zu $B_0$ ein in einer Richtung oszillierendes magnetisches Feld ein, das als Überlagerung zweier entgegengesetzt rotierender Felder dargestellt werden kann, so erfolgen magnetische Dipolübergänge mit der Auswahlregel $\Delta m_J = \Delta m_S$ und $\Delta J = 0$ für Zustände mit verschiedenen $J$-Werten.

Magnetische Dipolübergänge können auch zwischen Hyperfeinstruktur-Zuständen induziert werden. Für die Anwendungen interessieren besonders Auswahlregeln der magnetischen Quantenzahlen in schwachen und starken magnetischen Feldern, die zusätzlich zu den Auswahlregeln $\Delta L = 0$ und $\Delta J \leftrightarrow 0, \pm 1$ (wobei $J = 0 \leftrightarrow J' = 0$ verboten ist) der magnetischen Dipolübergänge gelten:

1.7 Experimentelle Methoden und Anwendungen der Atomspektroskopie     205

1. Schwache Magnetfelder:

$\Delta m_F = 0 \quad \sigma$-Komponenten, nur für $\Delta F = \pm 1$;
$\Delta m_F = \pm 1 \quad \pi$-Komponenten, nur für $\Delta F = 0, \pm 1$.

2. Starke Magnetfelder:

$\Delta m_J = 0, \quad \Delta m_I = \pm 1$;
$\Delta m_I = 0, \quad \Delta m_J = \pm 1$.

Letztere Regeln besagen, dass entweder der Kernspin $I$ oder der Elektronengesamtdrehimpuls $J$ bei magnetischen Dipolübergängen ungeändert bleibt. Als Beispiel sind in Abb. 1.117 die erlaubten magnetischen Dipolübergänge im schwachen Feld für eine Konfiguration angegeben, die dem Natrium-Atom im Grundzustand entspricht.

Der zeitliche Ablauf magnetischer Dipolübergänge wird quantenmechanisch mittels einer Störungstheorie behandelt. Nehmen wir zur Vereinfachung an, dass das magnetische Dipolmoment lediglich mit dem Spin des Elektrons verknüpft ist (d. h. $\boldsymbol{\mu} = \boldsymbol{\mu}_s$). Im Laborsystem kann dann die Wellenfunktion des Spinzustandes als lineare Superposition der Zustände mit dem Spin nach oben, $\chi(+\frac{1}{2})$, und nach unten, $\chi(-\frac{1}{2})$, beschrieben werden:

$$\psi(t) = b_+(t)\chi\left(+\frac{1}{2}\right) + b_-(t)\chi\left(-\frac{1}{2}\right).$$

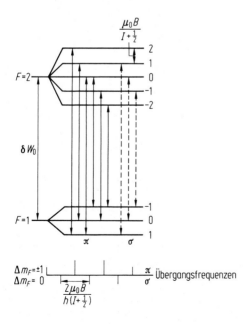

**Abb. 1.117** Magnetische Dipolübergänge zwischen den Hyperfeinstruktur-Multipletts $F = 2$ und $F = 1$ eines $^2S_{1/2}$-Zustandes mit dem Kernspin $I = 3/2$.

Der Erwartungswert des magnetischen Momentes in der $z$-Richtung ist dann

$$\langle \mu_z \rangle = \langle \psi | -2\mu_B S_z | \psi \rangle = -\mu_B \{|b_+|^2 - |b_-|^2\}. \tag{1.298}$$

Die Wahrscheinlichkeit, das Elektron in den Zuständen mit dem Spin nach oben oder unten vorzufinden, errechnet sich dann mit den obigen Definitionen für $\omega$, $\omega_0$ und $\omega_1$ zu:

$$P_+(t) = |b_+(t)|^2$$
$$= \frac{\omega_1^2}{(\omega-\omega_0)^2 + \omega_1^2} \cdot \sin^2\left\{\frac{1}{2}\sqrt{(\omega-\omega_0)^2 + \omega_1^2}\,t\right\}$$
$$P_-(t) = |b_-(t)|^2$$
$$= \frac{\omega_1^2}{(\omega-\omega_0)^2 + \omega_1^2} \cdot \cos^2\left\{\frac{1}{2}\sqrt{(\omega-\omega_0)^2 + \omega_1^2}\,t\right\}, \tag{1.299}$$

was für den Resonanzfall $\omega = \omega_0$ in Abb. 1.118 graphisch dargestellt ist, d.h. $P_+(t) = \sin^2(1/2\,\omega_1 t)$ und $P_-(t) = \cos^2(1/2\,\omega_1 t)$. Der Spin oszilliert dann periodisch zwischen der Spin-oben- und der Spin-unten-Position. Die klassische Präzession des magnetischen Dipolmomentes in dem kombinierten homogenen und oszillierenden Magnetfeld kann quantenmechanisch als Folge magnetischer Dipolübergänge interpretiert werden, die durch das angelegte Hochfrequenzfeld induziert werden.

Da spontane Übergangswahrscheinlichkeiten für Dipolübergänge proportional zur dritten Potenz der Übergangsfrequenz $\nu$ sind (Gl. (1.201)), gibt es im Hochfrequenz- und Mikrowellenbereich praktisch keine spontanen, sondern nur induzierte Übergänge und Absorptionen zwischen zwei Energiezuständen.

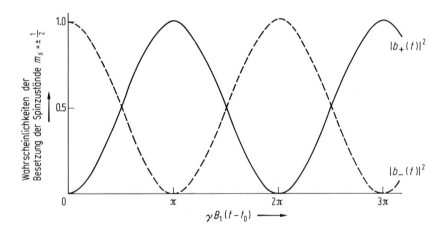

**Abb. 1.118** Zeitabhängige Wahrscheinlichkeiten $|b_+(t)|^2$ und $|b_-(t)|^2$ beim magnetischen Resonanzübergang, das Elektron in den Spinzuständen $m_S = +1/2$ und $m_S = -1/2$ vorzufinden. Das Elektron sei zur Zeit $t = 0$ im Zustand $m_S = -1/2$ und es ist vorausgesetzt, dass die Resonanzbedingung $\omega = \omega_0 = \gamma B_1$ für die magnetischen Übergänge zwischen den beiden Spinzuständen exakt erfüllt ist. Die Größe $\gamma$ wird *gyromagnetisches Verhältnis* genannt.

1.7 Experimentelle Methoden und Anwendungen der Atomspektroskopie    207

Ein experimentell sehr wichtiges und zum Teil sehr schwieriges Problem ist der Nachweis solcher resonanter elektrischer und magnetischer Übergänge an freien Atomen. Atome, die im thermischen Gleichgewicht miteinander sind, haben praktisch eine Gleichbesetzung $N_1 = N_2$ zweier eng benachbarter Hyperfeinstruktur-Niveaus mit den Energien $E_1$ und $E_2$; wenn wir $E_1 - E_2 = \Delta E = 10^{-5}$ eV für die statistischen Faktoren der Energiezustände, $g_1/g_2 = 1$ und für das Produkt $kT \approx$ 1/40 eV ($T$ = Zimmertemperatur) ansetzen, erhalten wir nach dem Boltzmann'schen Gesetz $N_1/N_2 = e^{\Delta E/kT} \approx 1 - 4 \cdot 10^{-5}$, d.h. $(N_2 - N_1)N_1 = \Delta N/N \approx 4 \cdot 10^{-5}$.

Mit anderen Worten, die Wahrscheinlichkeiten für Absorptions- und Emissionsprozesse zwischen den beiden Energieniveaus sind praktisch gleich groß (d.h. $N_2/N_1 = W_{Ab}/W_{Em} = 1$ (Gl. (1.194)), d.h. gleich viele Atome machen einen Übergang vom oberen zum unteren Zustand wie umgekehrt vom unteren zum oberen Zustand. Ein solcher Prozess mit gleich vielen Absorptions- wie Emissionsprozessen entzieht sich dem Nachweis. Selbst wenn die Besetzungsdifferenz $\Delta N = N_2 - N_1$ groß ist, sagen wir von der Größenordnung $\Delta N \cong N_2 = 10^{10}$ Atome pro cm$^3$ in Atomstrahlexperimenten, ist ein Resonanznachweis durch die Messung der mit den Übergängen verbundenen Energieemission nicht möglich, da die pro Sekunde transferierten Gesamtenergien nur ca. $10^4$ eV/s = $10^{-15}$ Watt sind, d.h. *viel zu gering*, um durch *Rückwirkung auf den Hochfrequenz- oder Mikrowellensender* einzuwirken; dies steht im Gegensatz zu paramagnetischen Elektronenspinresonanzen in Festkörpern, die induktiv und daher nachweisbar auf den Hochfrequenz- oder Mikrowellen-Sendekreis rückwirken. In paramagnetischen Resonanzen in Festkörpern sind die absorbierten oder emittierten Energiebeiträge wegen der viel größeren Festkörperdichten um viele Größenordnungen höher als in magnetischen Resonanzexperimenten mit freien Atomen. Hochfrequenz- und Mikrowellenphysiker haben daher in der Atomphysik die wichtige Aufgabe, *spezielle Nachweisverfahren für die Resonanzübergänge zu finden*. Eine der bedeutendsten Methoden war und ist die *Rabi'sche Atomstrahl-Resonanzmethode*, die im nächsten Abschnitt beschrieben wird.

### 1.7.3.2 Die magnetische Atomstrahl-Resonanzmethode nach Rabi

Die Atom- und Molekularstrahl-Resonanzmethode, die von Rabi und Mitarbeitern entwickelt wurde [65], stellt eine Erweiterung des Stern-Gerlach-Experimentes dar (Abschn. 1.10.4.4). Abb. 1.119 erläutert das Schema dieser Technik. Die Atomstrahlapparatur enthält einen Ofen (O), kollimierende Schlitze und Magnetfeldbereiche A, B und C. In der Hauptkammer, in der ein Druck von etwa $10^{-5}$ Pa herrscht, befinden sich drei Magnete, von denen die beiden Magnete im A- und B-Bereich inhomogene Magnetfelder $B_A + (\partial B_A/\partial z)\Delta z$ und $B_B + (\partial B_B/\partial z)\Delta z$ erzeugen, deren Inhomogenitäten $\partial B/\partial z$ in der $z$-Richtung entgegengesetzt zueinander und in dem Strahlbereich der Atome angenähert konstant sind, d.h. $\partial B_A/\partial z = -\partial B_B/\partial z =$ konst (s. auch Rabi-Magnete in Ramseys „Molecular Beams" und Abb. 1.121). Im C-Bereich wird ein homogenes Magnetfeld durch den C-Magneten erzeugt. Am Ende der Apparatur weist ein Detektor die Atome nach. Infolge der Inhomogenität des Magnetfeldes erfährt ein Atom mit dem magnetischen Moment $\mu$ die Kraft $F_z = \mu_z(\partial B/\partial z)$. Ein Atom, das den Ofen unter einem Startwinkel $\theta$ zur Achse der Apparatur verlässt, möge den Kollimatorschlitz S (Abb. 1.119) passieren, voraus-

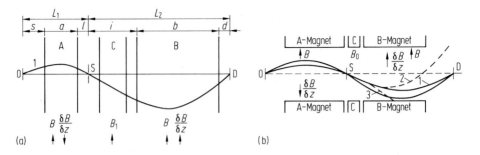

**Abb. 1.119** Schema des Bahnverlaufes der Atome zwischen den Magneten (Teil b) und den geometrischen Abmessungen (Teil a) einer Rabi-Atomstrahl-Resonanzapparatur. Die Trajektorien der Atome, die den Ofen (O) verlassen, sind wie folgt gekennzeichnet: Teilchen 1 erreicht den Detektor unter der Bedingung von Gl. (1.300) für ein vorgegebenes $\mu_z$; Teilchen 2 hat im C-Feld ein größeres $\mu_z$, Teilchen 3 ein kleineres $\mu_z$ erhalten (nach Kopfermann [22]).

gesetzt, dass die Geschwindigkeit des Atoms, die geometrischen Abstände und die magnetische Kraft im A-Feldbereich im richtigen Verhältnis zueinander stehen. Nachdem ein solches Atom den Schlitz passiert hat, verläuft es zunächst geradlinig solange weiter, bis im C-Feldbereich eine zusätzliche magnetische Kraftwirkung auftritt. Behält nun das Atom auf seinem weiten Weg bis zum Detektor D seine $\mu_z$-Komponente bei, kann es den Detektor treffen, wenn die folgenden Bedingungen erfüllt sind (die Bedeutung der verschiedenen Größen $L_1$, $L_2$, $a$, ... folgt aus Abb. 1.119:

$$\frac{\mu_z(\partial B_A/\partial z)}{\mu_z(\partial B_B/\partial z)} = \frac{L_1}{L_2} \cdot \frac{b(d+b/2)}{a(s+a/2)}. \tag{1.300}$$

Ändert sich jedoch die z-Komponente des magnetischen Momentes auf dem Weg des Atoms bis zum Detektor, so ändert sich auch die ablenkende Kraft und das Atom läuft am Detektor vorbei (Strahlen 2 und 3 in Abb. 1.119). Wendet man im C-Feld ein resonantes magnetisches Hochfrequenzfeld im Sinne des vorhergehenden Unterabschnittes an, so werden in einem festgehaltenen, homogenen Magnetfeld $B_0$ Resonanzübergänge zwischen den Zeeman-Termen im Grundzustand induziert; wenn die Resonanzbedingung für einen magnetischen Übergang erfüllt ist, nimmt die Intensität der auf den Detektor treffenden Atome ab, da die z-Komponente des magnetischen Momentes geändert wird und die Atome somit am Detektor vorbeilaufen (*Flop-Out-Methode*). Messungen mit viel günstigerem Signal/Rausch-Verhältnis liefert die *Flop-In-Methode*, bei der der Atomdetektor so aufgestellt ist, dass ihn nur die Atome mit verändertem $\mu_z$ erreichen.

Die Halbwertsbreite einer solchen Resonanzkurve wird durch die Verweilzeit $\tau$ des Atoms im resonanten Hochfrequenzfeld $B_1$ bestimmt; der räumlich begrenzte elektromagnetische Wellenzug des Hochfrequenzfeldes besitzt gemäß einer Fourier-Analyse eine Frequenzverteilung $f(\nu)$, die die Breite von Spektrallinien bestimmt, d. h. $\Delta \nu \cdot \tau \approx 1$. Bei Geschwindigkeiten der Atome von $10^5$ cm/s und wenn das hochfrequente $B_1$-Feld über eine Strecke von 10 cm wirkt, wird $\tau = 10^{-4}$ s, so dass sich eine Resonanzbreite von $\Delta \nu \cong 10^4$ Hz ergibt. Nun könnte man erwägen, das homogene und das Hochfrequenzfeld in der Dimension entlang des Atomstrahls zu vergrößern, um die Resonanzbreite $\Delta \nu$ weiter zu vermindern und somit die Genauigkeit der Messung der Übergangsfrequenz $\omega_1/2\pi = \nu_1$ zu erhöhen. Dieser Idee sind jedoch Grenzen gesetzt, da die erforderliche Homogenität der Felder über große Bereiche nicht erreicht werden kann. Eine effektivere Methode, die Linienbreite einzuengen und das Maximum (oder Minimum) des Resonanzsignals genauer zu vermessen, basiert auf der *Ramsey'schen Zwei-Oszillator-Anordnung* [66]. Anstelle eines langen Hochfrequenzfeldes $B_1$ im C-Feld werden zwei kurze $B_1$-Felder am Eingang und Ausgang des $B_0$-Feldes des C-Magneten erzeugt. Da beide Felder relativ kurz sind, ergibt jedes Oszillatorfeld für sich einen Resonanzübergang von relativ großer Halbwertsbreite. Wenn jedoch die beiden Hochfrequenzfelder im $B_0$-Feld mit der Larmor-Frequenz der Atome in Resonanz sind, ergibt sich eine Form des Resonanzsignals, wie sie von dem Amerikaner Ramsey zuerst beobachtet worden ist (Abb. 1.120). Das zentrale, enge Hauptmaximum der Resonanz hat eine Halbwertsbreite $\Delta \nu_{1/2} = 0.65 \cdot v/L$ mit der wahrscheinlichsten Geschwindigkeit der Atome in der Nullwinkelrichtung des Strahls und dem Abstand $L$ der beiden Hochfrequenzfelder im C-Feld. Die Gesamtbreite der Resonanzstruktur ist gegeben durch $\Delta \nu_{1/2} = 1.4 v/\Delta l$, wobei $\Delta l$ die Länge eines einzelnen Hochfrequenzfeldes $B_1$ ist. Diese komplizierte Resonanzstruktur mit der Zwei-Oszillator-Anordnung einer Rabi-Apparatur lässt sich im Detail als ein Interferenzeffekt verstehen und ist als solcher analog zu den Interferenzeffekten bei einem Doppelspalt in der Optik oder einem Stern-Interferometer in der Astronomie.

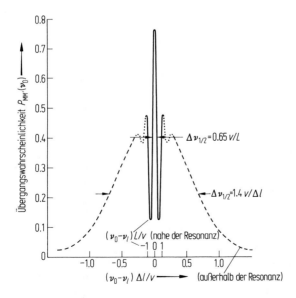

**Abb. 1.120** Ramsey-Interferenzstruktur eines magnetischen Resonanzüberganges im C-Feld einer Rabi-Apparatur. Das Resonanzmaximum liegt bei $\nu_0 = \omega_0/2\pi$ mit den zugehörigen Halbwertsbreiten $\Delta \nu_{1/2}$ (nach Ramsey [67]).

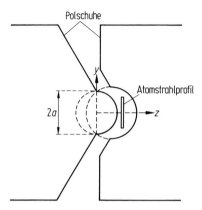

**Abb. 1.121** Schnitt durch die Polschuhe eines Rabi-Magneten. Die Schnittpunkte der gestrichelten Kreislinien sind die Ortspunkte der äquivalenten stromdurchflossenen Drähte.

Als Magnete für die Erzeugung der A- und B-Felder werden häufig Elektromagnete verwendet, um hohe Werte von $B$ und $\partial B/\partial z$ zu erreichen. Die Polschuhformen dieser Magnete differieren meistens von denjenigen der Stern-Gerlach-Magnete. *Rabi-Magnete* haben zylinderförmige Polschuhprofile (Abb. 1.121). Das magnetische Feld zwischen den Polschuhflächen entspricht demjenigen zweier parallel zueinander angeordneter Drähte, die in entgegengesetzten Richtungen vom Strom durchflossen werden und deren Achsen mit den Schnittlinien der Zylinderflächen der beiden Polschuhe zusammenfallen. Ist die Entfernung der beiden Drähte $2a$, sind für $z = 1.2\,a$ sowohl das Magnetfeld $B_0$ als auch dessen Gradient $\partial B_0/\partial z$ in einem Bereich zwischen $y = -0.7\,a$ und $y = +0.7\,a$ nahezu konstant.

Der Nachweis der Atome am Detektor einer Rabi-Apparatur (Abb. 1.119) hängt wesentlich von den Eigenschaften der Atome ab. Atomstrahlen nicht-kondensierbarer Gase können durch den Druckanstieg eines Manometers nachgewiesen werden (*Stern-Pirani-Manometer*). Hierbei wird die hohe Ausrichtung der Atomgeschwindigkeiten im Strahl ausgenutzt. Wenn ein stark kollimierter Strahl durch eine lange Röhre in eine Manometerkammer eintritt, wird ein Druckanstieg bewirkt, bis die ungeordnete Bewegung der Gasatome durch die Röhre nach außen die Atomzufuhr durch den Strahl kompensiert. Für kondensierbare Atome kleiner Ionisierungsenergie gelingt der Nachweis oft mithilfe des Phänomens der *Oberflächenionisation*. Die Atome des Strahls treffen z. B. auf einen glühenden Wolframdraht, werden dort zunächst absorbiert und dann mit einer gewissen Wahrscheinlichkeit ionisiert! Die Ionen können sodann mittels einer Absaugspannung extrahiert und als Strom gemessen werden (*Langmuir-Taylor-Detektor*) oder auch als Ionen einzeln mit einem offenen *Multiplier* gezählt werden. Ein *universeller Atomstrahldetektor* besteht aus der Kombination einer Elektronenstoßkanone, mittels der der Atomstrahl ionisiert wird, und eines Massenspektrometers, das die Ionen massenspezifisch nachweist.

Als Beispiel einer vollständigen Vermessung von magnetischen Resonanzübergängen eines Atoms verweisen wir auf Abb. 1.122 für Hyperfeinstruktur-Übergänge $F = 2 \leftrightarrow F = 1$ des $^{39}$K im schwachen Magnetfeld. Es sei bemerkt, dass Abb. 1.117 und 1.122 in der Darstellung miteinander korreliert sind: Die Zuordnung eines Kern-

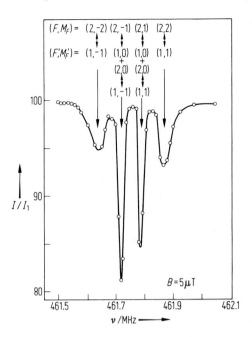

**Abb. 1.122** Zeeman-Komponenten der magnetischen Dipolübergänge $|\Delta F| = \pm 1$ mit der Auswahlregel $\Delta m_F = \pm 1$ in Abhängigkeit von der Frequenz $v$ des Hochfrequenzfeldes $B_0$ für $^{39}$K ($I = 3/2$) bei $B_0 = 5\,\mu$T. Die Aufspaltungsfrequenz ohne Feld ($B_1 = 0$) wurde aus dem Schwerpunkt der Gesamtstruktur ermittelt. Die Atomstrahlintensität $I$ ist in willkürlichen Einheiten $I_1$ angegeben (nach Kusch et al. [68]).

spins $I = 3/2$ für $^{39}$K folgt eindeutig aus der Zahl der auftretenden Zeeman-Komponenten der magnetischen ($\Delta m_F = 0$)- und ($\Delta m_F = \pm 1$)-Resonanzübergänge. Die Energie der Hyperfeinstruktur-Terme ist $E^{\text{hfs}} = g_F m_F \mu_B B_0$, und mit dem experimentell ermittelten $g_F$-Faktor und der Kenntnis von $J = \pm 1/2$ und $F = I \pm 1/2$ folgt aus Gl. (1.262) der Wert für $I = 3/2$. Wenn die Quantenzahlen $I$, $J$ und $F$ eines Zustandes bekannt sind, kann der $g_J$-Faktor durch magnetische Dipolübergänge mit hoher Genauigkeit vermessen werden (Gl. (1.262)). Für $^2S_{1/2}$-Zustände sollte das zugehörige magnetische Moment $\mu_s = -g_s s \mu_B = \mu_B$ sein, d.h. $g_s$ sollte exakt 2 sein! Die Amerikaner Kusch und Foley haben jedoch mittels obiger magnetischer Atomstrahl-Resonanzexperimente eindeutig nachweisen können, dass der $g_s$-Faktor eines Atoms im $^2S_{1/2}$-Zustand um ca. 1 ‰ größer als zwei ist. Wir werden neuere, präzisere Experimente zu dieser *g-Faktor-Anomalie* des Elektrons in Abschn. 1.7.3.4 beschreiben.

### 1.7.3.3 Der Wasserstoffmaser und die Hyperfeinstruktur des H-Atoms

Die Hyperfeinstruktur-Aufspaltung des Wasserstoffatoms wurde mit einer kombinierten Atomstrahl- und Masermethode präzise vermessen. Das Wort **Maser** steht als Abkürzung für *M*icrowave *A*mplification by *S*timulated *E*mission of *R*adiation und ähnelt der Abkürzung für Laser, in der L für „light" steht, während die übrigen Buchstaben mit denen des Masers identisch sind (s. Band 3, Abschn. 7.9). Wir erläutern die Masertechnik anhand von Abb. 1.123 und 1.124. Zunächst betrachten wir die Zeeman-Aufspaltung des Grundzustandes in Abb. 1.123. Die Hyperfeinstruktur-Terme im starken Magnetfeld werden durch die Entkopplung der magnetischen Quantenzahlen für den Kernspin $m_I$ und den Elektronenspin $m_s$ charakterisiert, während im schwachen Feld $m_F = m_I + m_s$ eine gute Quantenzahl ist. Im thermischen Gleichgewicht bei Zimmertemperatur sind natürlich die ($F = 1$)- und ($F = 0$)-Hyperfeinstruktur-Niveaus total gleichbesetzt (wie wir in Abschn. 1.7.3.1 diskutiert haben), so dass magnetische Dipolübergänge zwischen ihnen nicht direkt nachweisbar sind. Ramsey und Mitarbeitern gelang es jedoch, einen Besetzungsunterschied zwischen den beiden Hyperfeinstruktur-Niveaus herzustellen und magnetische Dipolübergänge zu induzieren. Wasserstoffatome einer Hochfrequenzentladung (siehe Abb. 1.224) passierten zunächst einen Zustandsselektor, ein magnetisches 6-Pol-Feld, das durch einen Hexapolmagneten erzeugt wurde und im Teilbild (b) von Abb. 1.124 dargestellt ist; dieser Magnet besteht aus drei magnetischen Nord-Süd-Polschuhpaaren, die um 120° gegeneinander versetzt symmetrisch angeordnet sind. Aufgrund der Symmetrie dieser Anordnung verschwindet das Magnetfeld entlang der Achse des Hexapolmagneten. Friedburg [69] hat gezeigt, dass das magnetische Hexapolfeld außerhalb der Achse für Atome mit negativer Komponente $\mu_z$ des magnetischen Momentes wie eine Sammellinse der Optik *fokussierend*, während es für Atome mit positivem $\mu_z$ wie eine Zerstreuungslinse *defokussierend* wirkt. Damit eine Fokussierung zustande kommt, muss eine zur Achse des Hexapolfeldes rücktrei-

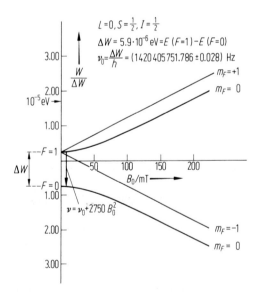

**Abb. 1.123** Hyperfeinstruktur- und Zeeman-Aufspaltung des Grundzustandes des atomaren Wasserstoffs mit den Nullfeld-Energiezuständen für die Quantenzahlen $F = 0$ und $F = 1$. Der Pfeil von $F = 1$ nach $F = 0$ deutet den Maserübergang des stabilen Wasserstoff-Oszillators an. $\Delta W$ bezeichnet die Energiedifferenz der beiden Hfs-Niveaus ohne Feld ($B_0 = 0$).

## 1.7 Experimentelle Methoden und Anwendungen der Atomspektroskopie 213

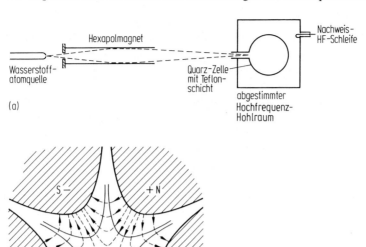

**Abb. 1.124** Schema des *Wasserstoffmasers* (Teilbild a) mit einem Querschnitt des Hexapolmagneten im Teilbild (b); die gestrichelten Linien in (b) stellen die magnetischen Feldlinien, die ausgezogenen Linien das magnetische Potential dar.

bende Kraft $K = \mu_z \, \text{grad} \, |B| = -\,\text{konst} \cdot r$ auf die Atome wirken, wobei $r$ der Abstand der Atome von der Achse ist. Das Magnetfeld muss außerdem der Potentialgleichung $\nabla V = 0$ genügen. Daraus folgt für das Magnetfeld die Bedingung $B_x = \gamma(x^2 - y^2)$, $B_y = -2\gamma xy$, $B_z = 0$ und $|B| = \gamma r^2$, die vom Hexapolfeld erfüllt wird. Atome in Zuständen mit der magnetischen Spinquantenzahl $m_s = +1/2$ (d. h. mit negativem $\mu_z$) werden fokussiert, während die ($m_s = -1/2$)-Atome mit positivem $\mu_z$ defokussiert werden. Dabei haben wir den Einfluss der kernmagnetischen Quantenzahl $m_I$ außer Betracht gelassen, da die z-Komponente des zugehörigen magnetischen Kernmomentes um ca. drei Größenordnungen kleiner als die des magnetischen Dipolmomentes des Elektrons ist. Die Dimensionen des Hexapolmagneten (der Anordnung in Abb. 1.124) und seine magnetischen Eigenschaften wurden so gewählt, dass die Atome mit $F = 1$, $m_s = +1/2$, $m_I = +1/2$ in eine mit Teflon ausgelegte „Speicherkammer" aus Quarz fokussiert wurden. Als Resultat dieser fokussierenden Aktion des Hexapols entstand in der Speicherkammer ein beträchtlicher Überschuss von Atomen im ($F = 1$)-Zustand im Vergleich zu denjenigen im ($F = 0$)-Zustand. Dieser Besetzungsüberschuss im energetisch höheren Zustand erfüllt die Bedingungen für einen **Maser**: Ein resonant eingestrahltes magnetisches Dipolfeld induziert Übergänge zwischen den Hyperfeinstruktur-Zuständen $F = 1$ und $F = 0$, deren Strahlungsintensität sich zu der eingestrahlten Mikrowellenstrahlung addiert, d. h. der Maser wirkt als Verstärker. Die Speicherkammer ist von einem Mikrowellenhohlraum umgeben, der resonant auf die Frequenz der magnetischen Dipolübergänge abgestimmt ist, die von einem Mikrowellensender erzeugt werden. Dieser *Wasserstoffmaser* kann daher als Verstärker bei einer Frequenz von ca. 1420 MHz im Mikrowellenbereich verwendet werden. Wenn die Verstärkung hinreichend groß wird, kann der Wasserstoffmaser als ein Mikrowellen-Oszillator benutzt werden, der auf der Frequenz des magnetischen Hyperfeinstruktur-Resonanzüberganges schwingt. Die abgestrahlte Leistung eines solchen atomaren Wasserstoff-Oszillators beträgt allerdings nur ca. $10^{-12}$ Watt, wenn $10^{12}$ Atome pro Sekunde in die Speicherkammer einströmen. Obwohl diese Ausgangsleistung des Wasserstoffmasers im Vergleich zu derjenigen von Laser-Oszillatoren im sichtbaren Spektralbereich extrem niedrig ist, sind Frequenz und Amplitude der Maser-Oszillation äußerst stabil.

Das Teflon im Inneren der Speicherkammer dient dazu, die Rekombination des atomaren in molekularen Wasserstoff an den Wänden beträchtlich zu reduzieren. Teflon besitzt einen sehr niedrigen Koeffizienten für diese Rekombination. Die einzelnen Atome werden ca. eine Sekunde lang gespeichert; in dieser Zeit kollidiert jedes Atom ca. 10 000-mal mit der Wand der Speicherkammer. Die lange Speicherzeit hat eine große Frequenzstabilität des Masers zur Folge; über eine Zeit von 12 Stunden ergaben sich Frequenzgenauigkeiten und Stabilitäten von ca. $1:10^{13}$.

Mithilfe dieser Masertechnik konnte die Nullfeld-Hyperfeinstruktur des Wasserstoff-Grundzustandes (d. h. die Energiedifferenz zwischen den Zuständen mit $F = 1$ und $F = 0$) mit sehr hoher Genauigkeit vermessen werden (in Frequenzeinheiten):

$$\Delta \nu_{H,exp}(F = 1, F = 0) = (1420405751.7667 \pm 0.010) \text{ Hz}.$$

Ein solcher Wert, der mit einem Fehler von der Größenordnung $10^{-14}$ behaftet ist, gehört mit zu den am genauesten vermessenen physikalischen Größen in der Atomphysik (und der restlichen Physik!). Moderne Theorien der Atomphysik liefern für die Hyperfeinstruktur-Aufspaltung den Wert

$$\Delta \nu_{H,theor}(F = 1, F = 0) = (1420.4034 \pm 0.0013) \text{ MHz},$$

d. h. die Genauigkeit der theoretischen Berechnung ist um einen Faktor $10^6$ bis $10^7$ geringer als die des hier beschriebenen Experimentes mit der kombinierten Atomstrahl- und Masermethode.

### 1.7.3.4 Der *g*-Faktor freier Elektronen und Positronen

Wir haben bereits in Abschn. 1.7.3.2 darüber berichtet, wie die Resultate der Rabi'schen Atomstrahlresonanzmethode einen Hinweis dafür geliefert haben, dass im $^2S_{1/2}$-Zustand gebundene Elektronen einen um ca. 1‰ größeren $g_s$-Faktor besitzen als es dem von der Quantenmechanik geforderten Wert $g = 2$ entspricht. Die Physiker interessierte darüber hinaus aber auch ganz besonders der exakte Wert des *g-Faktors des freien Elektrons*. Es wäre nun schön, ein ideales Experiment durchzuführen, nämlich ein magnetisches Resonanzexperiment mit einem einzelnen Elektron im Ruhezustand, das sich frei im Raum befindet. Die naheliegende Methode, ein solches ideales Experiment in Angriff zu nehmen, beruht darauf, einzelne Elekt-

## 1.7 Experimentelle Methoden und Anwendungen der Atomspektroskopie

ronen in einer statischen Quadrupolfalle (Abschn. 1.7.1.2) zu binden und magnetische Dipolübergänge zwischen den beiden Spinzuständen zu induzieren. Solche Experimente sind über viele Jahre sehr erfolgreich von Dehmelt und Mitarbeitern in den USA durchgeführt worden. In dem sehr komplizierten Experiment, das bei der Temperatur des flüssigen Heliums im Ultrahochvakuumbereich durchgeführt wurde, wurden die Frequenzen der axialen Oszillationen (in der $z$-Richtung der Falle) und der orbitalen Zyklotronbewegungen (in Ebenen senkrecht zur $z$-Richtung) des Elektrons an die Frequenzen der magnetischen Dipolübergänge angeschlossen. Einzelne Elektronen konnten über Stunden und Tage hinaus in der Falle gehalten werden, worauf die hohe Genauigkeit in der Ermittlung des $g$-Faktors basiert. Die Vermessung der verschiedenen Typen von Frequenzen, der Frequenz $v_z$ der oszillierenden Elektronen in der $z$-Richtung, der Zyklotron-Frequenz $v_c$ und der Frequenz des magnetischen Dipolüberganges des freien Elektrons $v_a$ bestimmt den $g(e^-)$-Faktor nach der Beziehung

$$[g(e^-)/2] - 1 = a(e^-) = (v_a^2 - v_z^2/2v_c)/(v_a^2 + v_z^2/2v_c).$$

Die experimentellen Werte für diese Größe wurden in den letzten Jahren ständig in der Genauigkeit verbessert. Nach dem gegenwärtigen Stand zitieren wir den folgenden experimentellen Wert für Elektronen (s. Buyers' Guide in Physics Today, August 2000):

$$g_{\text{exp}}(e^-)/2 = 1 + a_{\text{exp}}(e^-)$$
$$= (1.001\,159\,652\,193 \pm 0.000\,000\,000\,004);$$

mit anderen Worten, der $g$-Faktor des freien Elektrons ist experimentell bis auf einen Fehler von $\pm 4 \cdot 10^{-12}$ bekannt. Die Abweichung des $g$-Faktors von $g = 2$ und die sogenannte *g-Faktor-Anomalie* $a(e^-) = 1/2(g - 2)$ haben ihre Ursachen in der Quantenelektrodynamik, der Quantentheorie, die die Wechselwirkung zwischen elektromagnetischer Strahlung und Atomen beschreibt. Die höchst eindrucksvolle Genauigkeit, mit der die Quantenelektrodynamik Strahlungseffekte beschreibt, kommt ganz besonders in der Berechnung der Anomalie des $g$-Faktors zum Ausdruck: $1 + a_{\text{theor}}(e^-) = 1.001\,159\,652\,302$, woraus eine Diskrepanz von $a_{\text{exp}}(e^-) - a_{\text{theor}}(e^-) = 1.09 \cdot 10^{-10}$ zwischen dem obigen, experimentellen und dem theoretischen Wert folgt. Allerdings sind die möglichen Ungenauigkeiten in der theoretischen Berechnung von der gleichen Größenordnung wie diese Diskrepanz.

Durch Einführung einer radioaktiven Substanz als Positronen-Emitter (radioaktives $^{22}$Na) in einer Quadrupolfalle konnte der $g$-Faktor des freien Positrons ebenfalls mit sehr hoher Genauigkeit gemessen werden. Innerhalb der Fehlergrenzen stimmen die $g$-Faktoren des Elektrons und des Positrons miteinander überein. Myonen (Kap. 5), die als Elementarteilchen wie Elektronen zur Familie der Leptonen gehören, zeigen ebenfalls die charakteristische $(g - 2)$-Anomalie, die experimentell in einem hochenergetischen Speicherring bestimmt werden konnte.

216    1 Atome

### 1.7.4 Optische und Lasermethoden

Wir haben bereits das Phänomen der Resonanzfluoreszenz als ein Beispiel der Wechselwirkung zwischen Licht und Atomen beschrieben. Seit der Entdeckung der Resonanzfluoreszenz durch den Engländer Wood in den zwanziger Jahren gab es zahlreiche spektroskopische Anwendungen der Wechselwirkung elektromagnetischer Strahlung mit Atomen, die alle dazu beigetragen haben, die Kenntnis der atomaren Struktur zu verfeinern und zu vervollständigen.

Wir sollten eigentlich diesen Unterabschnitt mit der Beschreibung der klassischen optischen Spektralapparatur, dem Prismen-, Gitter- und Interferenz-Spektrometer beginnen. Wir weisen jedoch hier lediglich auf die ausführliche Beschreibung dieser traditionellen optischen Spektrometer in Band 3 (Optik) hin, da die weitaus größere Zahl der modernen optischen Untersuchungen auf völlig neuartigen Methoden be-

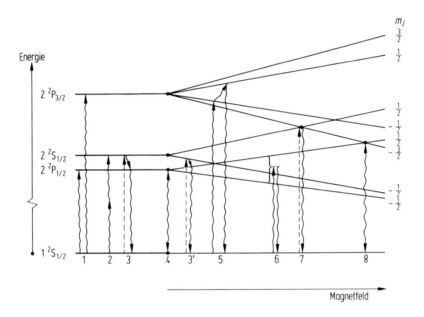

**Abb. 1.125** Schematischer Überblick über die gegenwärtigen experimentellen spektroskopischen Methoden, illustriert am Beispiel des Grundzustandes und der angeregten ($n = 2$)-Zustände des Wasserstoffatoms:
(1) Doppler-freie Ein-Photon-Laserspektroskopie,
(2) Doppler-freie Zwei-Photonen-Laserspektroskopie,
(3) Lamb-Shift-Spektroskopie im Nullfeld (3) und im Magnetfeld (3') bei Anregung durch atomare Stoßprozesse,
(4) Hanle-Effekt-Spektroskopie,
(5) Doppelresonanzspektroskopie,
(6) Quanten-Beat-Interferenzspektroskopie zweier angeregter Zustände,
(7) Anticrossing-Spektroskopie,
(8) Level-Crossing-Spektroskopie.
Man beachte, dass die Zeeman-Aufspaltungen für die angeregten Zustände nur schematisch dargestellt und für den Grundzustand nicht eingezeichnet sind.

1.7 Experimentelle Methoden und Anwendungen der Atomspektroskopie   217

ruht, die wir in Abb. 1.125 schematisch zusammengefasst haben. Wir betrachten zunächst übersichtshalber die möglichen spektroskopischen Methoden am Beispiel der Übergänge zwischen Zuständen der Hauptquantenzahlen $n=2$ und $n=1$ des Wasserstoffatoms (selbstverständlich sind alle diese spektroskopischen Anwendungen, zumindest im Prinzip, auch bei höheren Quantenzahlen und anderen Atomen möglich). Die Zahlen (1) und (2) beziehen sich auf die dopplerfreie Ein- und Zwei-Photonen-Laserspektroskopie; (3) und (5) stellen elektrische und magnetische Dipolübergänge in Verbindung mit der Lamb-Shift-Spektroskopie oder Doppelresonanz-Spektroskopie dar; (4), (7) und (8) beziehen sich auf die Hanle-Effekt- und die Level-Crossing- und Anticrossing-Spektroskopie, in denen die Schnittpunkte zweier Zeeman-Niveaus ermittelt werden; (6) deutet einen Quanten-Beat-Interferenzeffekt zwischen den beiden Ausgangszuständen an.

### 1.7.4.1 Doppler-freie Ein- und Zwei-Photonen-Laserspektroskopie

Die thermische Bewegung der Atome ist die Ursache der Doppler-Verbreiterung der Spektrallinien in Absorption und Emission (Abschn. 1.7.2.2). Durch diese Verbreiterung wird die Genauigkeit der Vermessung des Linienzentrums und somit auch der Energielage der atomaren Zustände begrenzt. Bei Zimmertemperatur ist die Doppler-Verbreiterung im sichtbaren Spektralbereich von der Größenordnung $\Delta \nu_D = 2\nu_0(v/c) \approx 10^{15} \cdot 10^{-6} \approx 10^9$ Hz ($v$ mittlere, thermische Geschwindigkeit). Diese Doppler-Breite ist um mehrere Größenordnungen größer als die Linienbreite gegenwärtiger hochauflösender Laser und in vielen Fällen größer als die natürliche Linienbreite (Abschn. 1.7.2.1). In einer Ansammlung von Atomen einer Gaszelle sind normalerweise alle Ausbreitungsrichtungen der Atome gleichberechtigt. Um

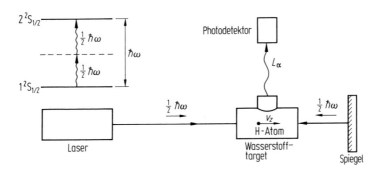

**Abb. 1.126** Schema der *Doppler-freien Zwei-Photonen-Spektroskopie*: Die Photonen aus dem Laser haben eine Energie von $1/2\,\hbar\omega$ bezüglich eines atomaren Überganges mit der erforderlichen Energie $\hbar\omega$ (z. B. für den $(1^2S_{1/2} - 2^2S_{1/2})$-Übergang im Teilbild über dem Laser); die Photonen passieren das Wasserstofftarget (z. B. eine Wasserstoffentladungsröhre, in der $H_2$-Moleküle zu H-Atomen dissoziiert werden) und werden durch Reflexion an dem Spiegel in sich selbst reflektiert. Das herausgegriffene Atom hat eine Geschwindigkeitskomponente $v_z$ in der Ausbreitungsrichtung der Laserstrahlung. Die beim Zerfall des angeregten Zustandes entstehende Lyman-$\alpha$-Strahlung wird durch einen Photomultiplier nachgewiesen.

die Methoden zur Eliminierung oder Reduzierung des störenden Doppler-Effektes zu verstehen, nehmen wir an, dass die Laserstrahlung scharf auf die Frequenz $v_L$ abgestimmt ist, deren Frequenzbreite $\Delta v_L$ klein gegenüber der Doppler-Breite ist: $\Delta v_L < \Delta v_D$. Mittels einer geeigneten optischen Spiegelmethode schicken wir z. B. gemäß Abb. 1.126 die Laserstrahlung in entgegengesetzten Richtungen durch das atomare Target und greifen ein Atom mit der Geschwindigkeitskomponente $v_z$ heraus. Unter Berücksichtigung der Ausbreitungsrichtungen der beiden Photonen addieren sich die Energien für eine mögliche Zwei-Photonen-Absorption der Atome wie folgt:

$$E_1 + E_2 = \hbar\omega\left(1 - \frac{v_z}{c}\right) + \hbar\omega\left(1 + \frac{v_z}{c}\right) = 2\hbar\omega.$$

Da diese Beziehung für jede beliebige Geschwindigkeitskomponente $v_z$ gilt und auf das Atom kein linearer Impuls übertragen wird, ist der Einfluss des Doppler-Effektes bei der gleichzeitigen Absorption der beiden Photonen vollständig eliminiert; alle Atome können unabhängig von ihrer thermischen Bewegung nach Maßgabe der Zwei-Photonen-Absorptionswahrscheinlichkeit an dem Übergang mit dem Energietransfer $E_1 + E_2 = \hbar\omega$ teilnehmen.

Die gleichzeitige Absorption zweier solcher Photonen ist ein Beispiel für *Multi-Photonen-Prozesse*, bei denen die beteiligten Photonen eine kontinuierliche Energieverteilung besitzen können und die quantenmechanisch als Strahlungsprozesse höherer Ordnung beschrieben werden. Wir erläutern das Prinzip dieser Zwei-Photonen-Technik am Beispiel des Überganges vom Grundzustand $1\,^2S_{1/2}$ zum metastabilen $2\,^2S_{1/2}$-Zustand des Wasserstoffatoms. Frequenzverdoppelte Laserstrahlung eines Farbstofflasers mit kontinuierlich abstimmbarer Frequenz im Bereich von 243 nm (doppelte Wellenlänge der Lyman-α-Strahlung!) wird durch ein Wasserstofftarget geschickt und durch einen hochwertigen Spiegel in sich selbst reflektiert, wodurch

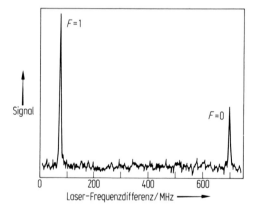

**Abb. 1.127** Doppler-freies Zwei-Photonen Absorptionsspektrum für den Übergang $1\,^2S_{1/2} \to 2\,^2S_{1/2}$ des atomaren Wasserstoffs mit den zwei Hyperfeinstruktur-Komponenten für $F = 1$ und $F = 0$. Die Frequenzskala wurde mittels einer Linie des Tellurs geeicht (Nullposition der Skala; nach Foot et al. [72]).

stehende Lichtwellen entstehen. Die Wasserstoffatome können dann den oben erläuterten Zwei-Photonen-Absorptionsprozess für den Übergang $1\,^2S_{1/2} \to 2\,^2S_{1/2}$ praktisch dopplerfrei vollziehen. Der resonante Nachweis der Zwei-Photonen-Absorption geschieht durch Beobachtung der Lyman-α-Strahlung, die durch „Quenchen" (vom engl. „to quench" = löschen, unterdrücken, ...) der metastabilen $2\,^2S_{1/2}$-Atome als Folge der Stöße mit dem Restgas aufgrund der Übergänge $2S \to 2P \to 1S$ entsteht. Abb. 1.127 gibt die Resonanzpeaks der Zwei-Photonen-Absorption des atomaren Wasserstoffs wieder. Der Übergang folgt der Auswahlregel $\Delta F = 0$, da der Kernspin in der sehr kurzen Zeit der simultanen Zwei-Photonen-Absorption seine Richtung nicht ändern kann. Die Messung der Übergangsfrequenzen dieser Zwei-Photonen-Absorption wurde mit hoher Präzision von einer Forschungsgruppe in Oxford [70] durchgeführt und ergab die folgenden Resultate: $R_H = (109\,737.315\,729 \pm 0.000\,035)\,\text{cm}^{-1}$ für die Rydberg-Konstante, $(8\,172.93 \pm 0.84)\,\text{MHz}$ für die Lamb-Shift des Grundzustandes des Wasserstoffatoms; letztere Größe ist in ausgezeichneter Übereinstimmung mit der quantenelektrodynamischen Berechnung. Andere dopplerfreie Methoden haben zu vergleichbaren Genauigkeiten der spektroskopischen Resultate geführt. Eine im Prinzip einfache Methode zur Reduzierung der Doppler-Verbreiterung besteht darin, einen scharf gebündelten Laserstrahl und einen kollimierten Atomstrahl mit sehr kleinem Divergenzwinkel senkrecht miteinander zu kreuzen. Diese Methode wurde insbesondere bei metastabilen Wasserstoff-Atomstrahlen einer Kollimation von 1:4000 (d.h. Schlitzbreite geteilt durch den Abstand zwischen kollimierendem Schlitz und der Atomstrahlquelle) für die Balmer-α- und Balmer-β-Linien angewendet [71].

Ein anderes, vielfach angewandtes Verfahren zur Verminderung der Doppler-Verbreiterung beruht auf der Methode der *Sättigungsspektroskopie*, die wir in Abb. 1.128 erläutern: Ein Laserstrahl hoher spektraler Auflösung wird mittels eines halbdurchlässigen Spiegels in zwei Teilstrahlen aufgespalten; beide Strahlen passieren in nahezu entgegengesetzten Richtungen die Röhre einer Wasserstoff-Gasentladung, die als Target dient. Der Strahl, der den durchlässigen Spiegel direkt durchsetzt (Sättigungsstrahl genannt), ist intensiver als der andere, durch Reflexion entstandene

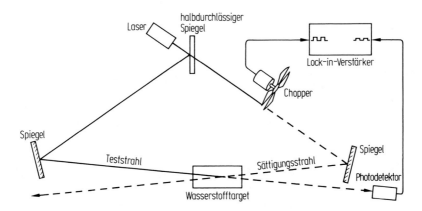

**Abb. 1.128** Schema der Sättigungsspektroskopie (nach Hänsch und Toschek [73]).

Strahl (Teststrahl genannt). Der Sättigungsstrahl ist intensiv genug, um Absorptionsübergänge zwischen den angeregten Zuständen $|n\rangle \pm |n'\rangle$ des Wasserstofftargets zu induzieren und somit die Besetzungszahl des Zustandes $|n\rangle$ zu reduzieren. Der Sättigungsstrahl bleicht daher auf seinem Weg durch die Gasentladung Atome im Zustand $|n\rangle$ aus, so dass der Teststrahl weniger Atome für den Absorptionsprozess $|n\rangle \to |n'\rangle$ vorfindet. Mit anderen Worten, die Gasentladungsröhre wird für das Passieren des Teststrahls durchlässiger, seine am Photodetektor gemessene Intensität nimmt zu bzw. seine Absorption durch das Target nimmt ab. (Dieses Minimum in der Absorption ist dem *Lamb-Dip* ähnlich, der in der Absorption stehender optischer Wellen in Wechselwirkung mit einem atomaren Gas im Linienzentrum entsteht.) Um die zu messende Intensität des Teststrahles von Untergrundsignalen zu differenzieren, wird der Sättigungsstrahl mittels eines mechanischen „Choppers" in seiner Intensität moduliert und eine frequenzabhängige Verstärkung des Testsignals auf der Modulationsfrequenz vorgenommen (*Lock-In-Verstärkung*). Als Beispiel zeigt Abb. 1.129 einen Vergleich der Ergebnisse dieser Sättigungsspektroskopie mit denjenigen der optischen Interferenzspektroskopie für die Balmer-α-Linie. Abb. 1.129 (a) gibt schematisch die Energiepositionen der ($n = 2$)- und ($n = 3$)-Zustände wieder, wobei die Lamb-Shift berücksichtigt wurde. Teilbild (b) zeigt das Spektrum der

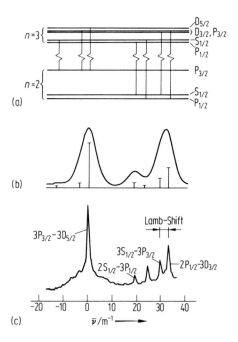

**Abb. 1.129** (a) Energieniveaus $n = 3$ und $n = 2$ und Balmer-α-Komponenten des Wasserstoffatoms unter Berücksichtigung der Lamb-Shift, aber Vernachlässigung der Hyperfeinstruktur; (b) Balmer-α-Spektrum des Deuteriums, das von einer Hochfrequenzentladungsröhre auf einer Temperatur von T ≈ 50 K erhalten wurde; die vertikalen Linien im Spektrum deuten die relativen Intensitäten der Übergangskomponenten in Teilbild (a) an (nach Kibble et al. [82]); (c) Balmer-α-Spektrum bei Anwendung der Laser-Sättigungsspektroskopie ($\bar{\nu}$ = Wellenzahl [82]; nach Hänsch et al. [83]).

Balmer-α-Linie des Deuteriums, das mit einem Fabry-Perot-Interferometer von einer Hochfrequenz-Entladungslampe erhalten wurde. Trotz der niedrigen Temperatur der Lampe (ca. 50 K) ist die Struktur des Spektrums durch den Doppler-Effekt beträchtlich verbreitert im Vergleich zu den Daten der Sättigungsspektroskopie in Teilbild (c). Die Lamb-Shift zwischen dem $2\,^2S_{1/2}$- und $2\,^2P_{1/2}$-Zustand ist eindeutig durch diese optische Methode aufgelöst.

Hingewiesen sei auch in diesem Zusammenhang auf atomphysikalische Präzisionsexperimente [52, 74–81] zur *Paritätsverletzung* (vgl. Kap. 4, Abschn. 4.5.5.4; Kap. 5, Abschn. 5.3.6) in der *elektroschwachen Wechselwirkung* (Kap. 3, Abschn. 3.6.1).

### 1.7.4.2 Hochfrequenz- und Mikrowellen-Spektroskopie angeregter Atome, Lamb-Shift-Experimente

Die Spektroskopie angeregter atomarer Zustände hat zu einer Serie neuer Erkenntnisse bezüglich atomarer Strukturen und der Wechselwirkung von Licht oder elektromagnetischen Feldern mit Atomen geführt. Wir haben bereits auf die Lamb-Shift-Daten hingewiesen, die mittels Lasermethoden vermessen wurden. In diesem Unterabschnitt erläutern wir zunächst ein Präzisionsexperiment zur Lamb-Shift zwischen dem $2\,^2S_{1/2}$- und dem $2\,^2P_{1/2}$-Zustand des Wasserstoffatoms, das höhere Auflösung erzielt hat als die im vorangegangenen Unterabschnitt beschriebene Sättigungsspektroskopie. Das ursprüngliche *Lamb-Retherford-Experiment*, das in Abb. 1.130 erläutert ist und zum ersten Mal eindeutig den Nachweis der Energieverschiebung des $2\,^2S_{1/2}$-Zustandes gegenüber dem $2\,^2P_{1/2}$-Zustand von ca. 1050 MHz

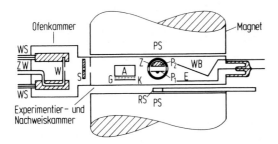

**Abb. 1.130** *Lamb-Retherford-Experiment*: Wasserstoffatome werden durch thermische Dissoziation in einem Ofen erzeugt (W Wolfram-Ofen auf einer Temperatur von ca. 2500 °C); der austretende, kollimierte Wasserstoffatomstrahl wird durch Elektronenstoß (Elektronenkanone: K Kathode, A Anode) in den metastabilen $2\,^2S_{1/2}$-Zustand angeregt. Die metastabilen Atome werden durch einen Oberflächensekundärelektronen-Effekt beim Auftreffen auf ein Wolframblech (WB) nachgewiesen. Die so erzeugten Sekundärelektronen werden durch ein positives Potential (Elektrode E) abgesaugt und als Strom gemessen. Ein elektrischer Dipolübergang von $2\,^2S_{1/2}$ nach $2\,^2P_{1/2}$ wird durch ein resonantes Hochfrequenzfeld zwischen den Platten $P_1$ und $P_2$ induziert; in diesem Resonanzübergang $2\,^2S_{1/2} \to 2\,^2P_{1/2}$ nimmt die Zahl der gemessenen metastabilen Atome am Oberflächendetektor ab, da die $2\,^2P_{1/2}$-Atome im Vergleich zum Übergang $2\,^2P_{1/2} \to 2\,^2S_{1/2}$ sehr viel schneller in den Grundzustand zerfallen; RS rotierende Spule zur Messung des Magnetfeldes.

erbrachte, wurde von den US-Amerikanern Lundeen und Pipkin [84] wie folgt modifiziert und verbessert: Das Haupthindernis für eine hochpräzise Vermessung der Lamb-Shift liegt in der relativ großen Breite von ca. 100 MHz der Resonanzlinie eines einzelnen Hochfrequenzüberganges. Diese Breite wird nach der Heisenberg'schen Unschärferelation ($\Delta E \cdot \tau = \hbar/2$) durch die kurze Lebensdauer $\tau = 1.6 \cdot 10^{-9}$ s des 2P-Zustandes verursacht. Wir haben bereits in Abschn. 1.7.3.2 gesehen, wie die effektive Breite eines Hochfrequenz-Resonanzüberganges durch einen Interferenzeffekt mit zwei getrennten Hochfrequenzfeldern (*Ramsey'sche Methode*) im C-Feld einer Rabi-Apparatur eingeengt und somit das Resonanzmaximum schärfer vermessen werden kann. Dieses Konzept wurde von Lundeen und Pipkin für die Lamb-Shift-Messung verwendet, die in Abb. 1.131 schematisch dargestellt ist. Ein Protonenstrahl mit einer Energie von 55.1 keV passiert eine Ladungsaustauschzelle, in der metastabile Wasserstoffatome aufgrund der Ladungstransferreaktion $p + N_2 \rightarrow H(2S) + N_2^+$ erzeugt werden. Der metastabile Strahl fliegt, nach Eliminierung übriggebliebener Ionen mittels eines elektrischen Feldes, in die Kammer mit zwei getrennten Hochfrequenzfeldern (Ramsey-Anordnung, Abschn. 1.7.3.2). Die Änderung der Zahl der metastabilen Atome beim Resonanzübergang $2^2S_{1/2} \rightarrow 2^2P_{1/2}$ wird – anders als beim ursprünglichen Lamb-Retherford-Experiment – durch Quenchen im elektrischen Feld eines Plattenkondensators und anschließender Messung der resultierenden Lyman-α-Strahlung nachgewiesen. Abb. 1.132 zeigt, wie die *Ramsey'schen Zwei-Oszillator-Interferenzsignale* für den Lamb-Shift-Übergang $2^2S_{1/2} \rightarrow 2^2P_{1/2}$ mit zunehmendem Abstand der beiden Hochfrequenzfelder schärfer und die Linienbreiten geringer werden. Man beachte, dass die Phasendifferenz zwischen den beiden Hochfrequenzfeldern konstant sein muss, um eine Interferenzverengung des Lamb-Shift-Überganges zu erhalten. Es lässt sich zeigen, dass die in Abb. 1.132 dargestellten, optimalen Zwei-Oszillator-Interferenzsignale durch Differenzbildung der Signale mit der Phasendifferenz null und 180° erhalten werden. Das obere Teilbild von Abb. 1.132 zeigt ein über die Phasen gemitteltes Signal, dessen große Breite sich aus der Unschärferelation und der kurzen Verweildauer der metastabilen Atome in dem Raumbereich der Hochfrequenzfelder ergibt.

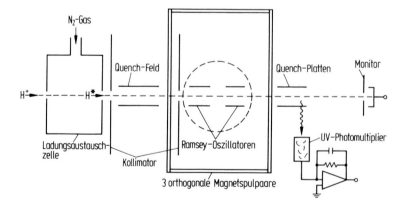

**Abb. 1.131** Schema der Ramsey'schen Zwei-Oszillator-Methode zur Messung der ($2^2S_{1/2} - 2^2P_{1/2}$)-Lamb-Shift (nach Lundeen und Pipkin [84]).

Die in Abb. 1.132 gezeigte Resonanz entspricht dem Übergang zwischen den Hyperfeinstruktur-Termen $2\,^2S_{1/2}(F=0) \leftrightarrow 2\,^2P_{1/2}(F=1)$. Die auf die Schwerpunkte der beiden Zustände bezogene Lamb-Shift-Frequenz ergibt sich nach Lundeen und Pipkin zu $v_{exp}(2\,^2S_{1/2}-2\,^2P_{1/2}) = (1057.845 \pm 0.009)$ MHz. Das bedeutet, dass die Ungenauigkeit dieser Messung ca. $1:10^5$ beträgt; das ist etwa $1:10^4$ der natürlichen Linienbreite von 100 MHz. Ein Vergleich mit theoretischen Berechnungen ist kompliziert, da deren Voraussagen Werte ergeben, die um ca. $10^{-5}$ variieren und hier nicht bezüglich ihrer Qualität diskutiert werden können. Die Messung der Lamb-Shift mit der obigen Genauigkeit ist herausragend und von großer Wichtigkeit als Test für theoretische Modelle der Quantenelektrodynamik und der Struktureigenschaften des Protons.

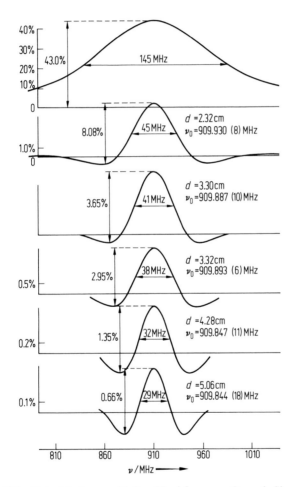

**Abb. 1.132** Beispiele des gemittelten Hochfrequenz-Quench-Signals (oberes Teilbild) und der Ramsey'schen Zwei-Oszillator-Interferenzsignale (folgende Teilbilder) zur Messung der $(2\,^2S_{1/2}-2\,^2P_{1/2})$-Lamb-Shift des atomaren Wasserstoffs (mit Angabe der Abstände $d$ zwischen den Hochfrequenzfeldern; nach der experimentellen Methode von Lundeen und Pipkin, siehe auch Abb. 1.131).

224    1 Atome

Eine Anzahl weiterer Experimente zur Lamb-Shift höherer Wasserstoffzustände und wasserstoffgleicher Ionen wurde erfolgreich durchgeführt, und sie bestätigen deren annähernde Proportionalität zu $Z^4/n^3$.

### 1.7.4.3 Optische Doppelresonanztechnik

Die Methode, in der die optische Resonanzfluoreszenz mit der Hochfrequenz- oder Mikrowellentechnik kombiniert wird, wird *optische Doppelresonanztechnik* genannt. Diese Technik wurde durch die Franzosen Brossel und Kastler 1949 vorgeschlagen [85]; sie wiesen darauf hin, dass mittels linear polarisierter Resonanzeinstrahlung beträchtliche Besetzungsunterschiede angeregter magnetischer Unterniveaus der Atome erreicht werden können. Ein Ausgleich der Besetzungsunterschiede durch magnetische Dipolübergänge im angeregten Zustand soll dann durch Beobachtung der Änderung der Polarisation der Resonanzfluoreszenz nachweisbar sein. Das Pionierexperiment zu diesem Vorschlag wurde von Brossel und Bitter [86] durchgeführt, es ist in Abb. 1.133 schematisch dargestellt.

Licht einer Niederdruck-Quecksilber-Gasentladung passiert ein Polarisationsfilter für die Quecksilber-Resonanzlinie der Wellenlänge 253.7 nm. Die linear polarisierte Linienstrahlung wird auf eine Quecksilbergas-Zelle (Quarz-Resonanzzelle) gerichtet, die die Form eines *Wood'schen Rohres* hat; der Dampfdruck des Quecksilbers wird durch ein Eisbad am dünnen Ende niedrig gehalten. Die Resonanzabsorption des Überganges $6\,^1S_0 \to 6\,^3P_1$ bevölkert (wegen der Auswahlregel $\Delta m_J = 0$ für linear polarisiertes π-Licht) das Unterniveau $m_J = 0$ des angeregten Zustandes. Legt man

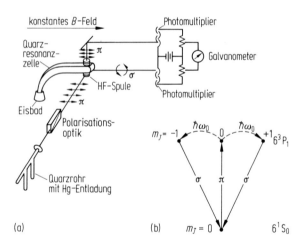

**Abb. 1.133** (a) Schema des *Brossel-Bitter-Experimentes* zum Nachweis und zur Vermessung optischer Doppelresonanzen des Quecksilber-Zustandes $6\,^3P_1$; (b) optische Anregung des $6\,^3P_1$-Zustandes durch Resonanzabsorption mit linear polarisiertem π-Licht; magnetische Dipolübergänge (gestrichelte, runde Pfeile) zwischen den Zeeman-Unterzuständen $m_J = 0$ und $m_J = \pm 1$ führen zur Beobachtung zirkular polarisierter Komponenten $\sigma^\pm$ der optischen Übergänge zum Ausgangszustand $6\,^1S_0$ (Brossel und Bitter [86]).

nun parallel zum elektrischen Vektor des eingestrahlten Lichtes ein konstantes Magnetfeld $B_0$ und senkrecht dazu ein rotierendes Magnetfeld $B_1$ an, können die Bedingungen für resonante magnetische Dipolübergänge vom ($m_J = 0$)-Niveau zu den ($m_J = \pm 1$)-Unterniveaus erfüllt sein, wenn die Larmor-Frequenz des magnetischen Dipolmomentes im angeregten Zustand gleich der Kreisfrequenz $\omega_0$ des rotierenden magnetischen Feldes wird (entsprechend den Bedingungen für magnetische Dipolübergänge im Grundzustand nach Abschn. 1.7.3). Diese magnetischen Dipolübergänge werden von einer Zunahme der $\sigma$-Komponenten und einer Abnahme der $\pi$-Komponenten der Resonanzfluoreszenzstrahlung begleitet.

Die Beobachtungsweise der Intensitäten der Resonanzfluoreszenz geht aus Abb. 1.133 hervor, sie werden senkrecht zueinander von zwei Photomultipliern registriert, in der Richtung parallel zum Magnetfeld $B_0$ die $\sigma^\pm$-Komponenten der zirkular polarisierten Strahlung und senkrecht dazu die linear polarisierten $\pi$-Komponenten. Wenn magnetische Übergänge von dem ($m_J = 0$)-Unterzustand zu den ($m_J = \pm 1$)-Unterzuständen induziert werden, sollte die Intensität der Resonanzfluoreszenz in der parallelen Beobachtungsrichtung zunehmen, während die Intensität in senkrechter Beobachtungsrichtung abnimmt.

Abb. 1.134 demonstriert experimentelle Evidenz hierfür; wenn bei magnetischer Resonanz die Intensität der $\sigma$-Komponente auf Kosten der $\pi$-Komponente zunimmt, wird die zuvor auf null abgestimmte Brücke der entgegengesetzt fließenden Photo-

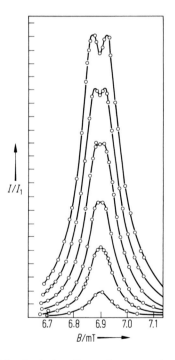

**Abb. 1.134** Optische Doppelresonanzsignale des Quecksilber-Überganges $6^1S_0 \rightarrow 6^3P_1$ ($\lambda = 253.7$ nm) als Funktion des homogenen Magnetfeldes $B$ und bei von unten nach oben zunehmender Intensität des magnetischen Hochfrequenzfeldes (nach Brossel und Bitter [86]).

multiplierströme in ihrem Gleichgewicht gestört, so dass die Galvanometeranzeige direkt proportional zur Differenz zwischen den Signalen der $\sigma$- und $\pi$-Komponenten wird. Diese Brückenmethode kompensiert außerdem die Schwankungen der Intensität des eingestrahlten Lichtes der Lampe. Bei der Registrierung der Resonanzkurven wurde die Frequenz $\omega_1/2\pi$ des oszillierenden Hochfrequenzfeldes konstant gehalten (typische Werte lagen zwischen 50 und 100 MHz), während das homogene Feld variiert wurde. Die gültige Resonanzbedingung für magnetische Dipolübergänge zwischen den Unterzuständen $m_J = +1$ und $m_J = 0$ lautet gemäß dem linearen Zeeman-Effekt

$$\Delta E = m_{J=+1} g_J \mu_B B_0 - m_{J=0} g_J \mu_B B_0 = \hbar \omega_1 = g_J \mu_B B_0.$$

Ohne weiter auf die quantitative Theorie der Doppelresonanz nach Brossel und Bitter einzugehen, können wir folgende wichtige Schlüsse aus dem Resultat von Abb. 1.134 ziehen:

Die Peaks der Resonanzkurven werden zunächst mit zunehmender Feldstärke des oszillierenden Magnetfeldes $B_1$ größer; sodann werden die Resonanzkurven breiter und spalten schließlich das Maximum in zwei Maxima auf. Wenn die Intensität des oszillierenden Feldes hinreichend klein ist, hat die Resonanz die typische Form einer Lorentz-Kurve, d.h. $\omega_1 = \gamma B_1 \ll 1/\tau$ mit als Lebensdauer des angeregten Zustandes und $\gamma = g J \mu_B / \hbar$. Wenn andererseits die Intensität des oszillierenden Magnetfeldes so groß wird, dass die Bedingung $\omega_1 \gg 1/\tau$ *angenähert* wird, treten die Doppelpeaks auf, was physikalisch bedeutet, dass viele Übergänge zwischen den beiden magnetischen Unterniveaus während der Lebensdauer des angeregten Zustands stattfinden und die ursprüngliche Besetzungsdifferenz zunehmend ausgeglichen wird (*Sättigung des magnetischen Dipolüberganges*); dieses Phänomen steht natürlich in Analogie zu dem Sättigungseffekt elektrischer Dipolübergänge im optischen Bereich (Abschn. 1.7.2.5).

Die Theorie dieser optischen Doppelresonanzen reproduziert die experimentellen Daten in Abb. 1.134 (ausgezogene Kurven) in perfekter Weise. Die experimentellen Daten ergeben außerdem den folgenden Wert für den $g_J$-Faktor des $6^3P_1$-Zustandes der geraden Isotope des Quecksilbers: $g_J = 1.4838 \pm 0.0004$. Dieser Wert weicht zwar nicht viel, aber deutlich von dem Wert $g_J = 1.5$ nach Gl. (1.256) ab, der sich aufgrund des *LS*-Kopplungsschemas errechnet. In der Tat liegt der experimentelle $g_J$-Faktor näher demjenigen, der sich aus einer Kopplungsmischung zwischen dem Singulett-$6^1P$- und dem Triplett-$6^3P$-Zustand ergibt, in dem ein geringer Beitrag der $6^1P_1$-Konfiguration an dem $6^3P_1$-Zustand Anteil hat.

Die optische Doppelresonanzmethode hat zu vielen Anwendungen in der Spektroskopie angeregter Atome geführt, insbesondere zur Vermessung von Fein- und Hyperfeinstruktur, $g$-Faktoren und Lebensdauern angeregter Zustände.

Ein weiteres Phänomen, das mit optischen Doppelresonanzen oder Resonanzfluoreszenzen verknüpft ist, ist die zeitliche *Modulation der beobachteten Lichtintensität* (auch *Quantenbeats* genannt) beim Übergang in den Grundzustand. Abb. 1.135 beschreibt schematisch die Beobachtungsweise der Modulation der Resonanzfluoreszenz eines (P $\to$ S)-Überganges, der durch linear polarisiertes Licht induziert wird. Infolge der Lorentz-Kraft erfährt der induzierte elektrische Dipol des angeregten Zustandes ein Drehmoment und präzediert in der Ebene senkrecht zum homogenen Magnetfeld *B*. Durch diese Präzessionsbewegung wird die beobachtete Intensität

1.7 Experimentelle Methoden und Anwendungen der Atomspektroskopie   227

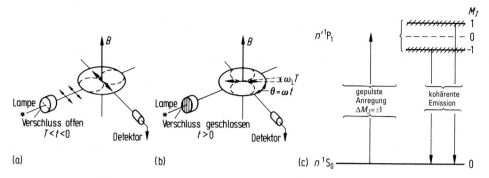

**Abb. 1.135** Klassische und quantenmechanische Beschreibung der Modulation der Resonanzfluoreszenz bei gepulster Anregung (engl. „quantum beat"): (a) Atome werden durch linear polarisiertes Licht im Zeitintervall $T < t < 0$ gepulst angeregt (Verschluss offen); (b) Verschluss geschlossen: Die elektrisch angeregten Dipole präzedieren im Magnetfeld $B$ für $t > 0$; das Produkt der Larmor-Frequenz $\omega_L$ mit der Zeit $t$ ergibt den Präzessionswinkel $\theta$ des Dipols; die gestrichelten Linien in Teilbild (a) und (b) sollen die Winkelabhängigkeit der Emission des angeregten Dipols andeuten; (c) quantenmechanisch wird die Dipolemission durch kohärente Überlagerung der elektrischen Dipolübergangsamplituden $\langle 0|er|m_J\rangle$ mit $m_J = +1$ und $m_J = -1$ dargestellt.

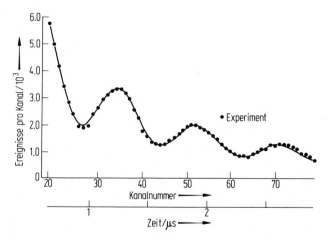

**Abb. 1.136** Modulation der Resonanzfluoreszenz (Quantenbeats) des Cadmium-Zustandes $5^3P_1$ bei Anregung mit 200 ns-Impulsen in einem homogenen Magnetfeld von 34 µT (nach Todd, Sandle und Zissermann [87]).

in einer gegebenen Richtung senkrecht zum Magnetfeld moduliert. Dieser Modulationseffekt kann jedoch nur beobachtet werden, wenn die Anregung mit einem Lichtimpuls erfolgt, dessen zeitliche Ausdehnung kurz im Vergleich zur Lebensdauer des angeregten Zustandes ist. Abb. 1.136 zeigt eine Intensitätsmodulation des mit 200-ns-Lichtimpulsen angeregten Cadmium-Zustandes $5^3P_1$. Quantenmechanisch wird dieser Modulationseffekt – auch *Quantenbeat* genannt – durch *kohärente Super-*

*position der Amplituden der magnetischen Unterzustände* $m_J = \pm 1$ *im Dipolmatrixelement des Überganges* beschrieben. Die dem exponentiellen Abfall überlagerte sinusförmige Modulation mit der Frequenz $\Delta\nu$ in Abb. 1.136 entspricht dem energetischen Abstand $\Delta E = 2g\mu_B B = h\Delta\nu$ zwischen den magnetischen Unterzuständen $m_J = +1$ und $m_J = -1$ des angeregten Zustandes $5^3P_1$. Die beobachteten Modulationsfrequenzen können mit den Abständen der Energieniveaus korreliert werden und somit zur Messung der Energien verwendet werden.

Andere Methoden der impulsförmigen Anregung der Atome führten ebenfalls zur Beobachtung von Modulationen der emittierten Strahlung (z. B. mittels gepulster Elektronenstrahlen oder der Anregung von Ionen beim Passieren dünner Folien, s. Abschn. 1.7.4.5 und 6).

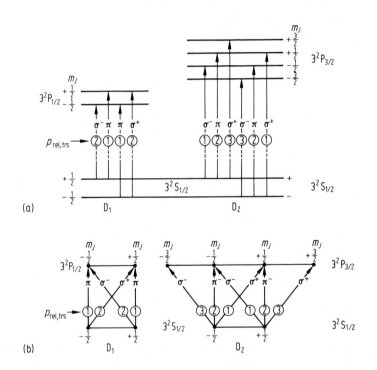

**Abb. 1.137** (a) Zeeman-Struktur der $D_1$- und $D_2$-Resonanzlinien des Natrium-Atoms (ohne Hyperfeinstruktur-Aufspaltung) mit $\pi$- und $\sigma$-Übergängen und relativen Übergangswahrscheinlichkeiten $p_{rel,trs}$; (b) Polarisationsschema für $\pi$- und $\sigma^\pm$-Übergänge, wobei die magnetischen Zustände $m_J$ als Punkte nebeneinander dargestellt sind.

Die optischen Methoden der Hochfrequenztechnik wurden außerdem zum Studium der Grundzustände um die Technik des **optischen Pumpens** erweitert, deren Prinzip wir in Abb. 1.137 anhand der Natrium-D-Resonanzlinien verständlich machen. Das Wort *Pumpen* soll bedeuten, dass Atome von einem magnetischen Unterzustand in einen anderen transferiert („gepumpt") werden. Dies wird wie folgt mittels der Polarisationseigenschaft der Resonanzübergänge zwischen dem Grund- und dem angeregten Zustand erreicht. Die ($\Delta m = 0$)-π-Übergänge in der Absorption aus dem Grundzustand sind nicht zum optischen Pumpen geeignet, da sie völlig symmetrisch durch spontane Übergänge in den Grundzustand zurückfallen. Wenn die Atome jedoch mit der zirkular polarisierten Komponente $\sigma^+$ (oder $\sigma^-$) bestrahlt werden, kommt ein Besetzungsunterschied der beiden Grundzustandsniveaus zustande. Nehmen wir an, dass anfänglich 100 Atome in den beiden Unterzuständen $m_J = \pm 1/2$ gleich besetzt sind, d. h. $N_{+1/2} = 50$ und $N_{-1/2} = 50$. Beim Einstrahlen der $\sigma^+$-Komponente der $D_2$-Linie mögen alle 100 Atome des Grundzustandes in die ($m_J = +1/2$)- und ($m_J = 3/2$)-Unterniveaus des $3^2P_{1/2}$-Zustandes transferiert werden. Alle 50 Atome im ($m_J = +3/2$)-Unterniveau des angeregten $3^2P_{3/2}$-Zustandes fallen in das Unterniveau $m_J = +1/2$ des Grundzustandes zurück; aufgrund der theoretisch bekannten Wahrscheinlichkeiten fallen die Atome des angeregten ($m_J = +1/2$)-Unterniveaus im Verhältnis 2:1 durch Emission von π- und $\sigma^+$-Licht zurück in den Grundzustand. Nach diesem ersten Pumpzyklus hat sich daher die Besetzung der beiden Unterniveaus des $3^2S_{1/2}$-Grundzustandes wie folgt geändert:

$$N_{+\frac{1}{2}} = 50 + \frac{2}{3} 50 = 83.33 \quad \text{für das} \quad \left(m_J = +\frac{1}{2}\right)\text{-Niveau}$$

$$N_{-\frac{1}{2}} = 50 - \frac{2}{3} 50 = 16.67 \quad \text{für das} \quad \left(m_J = -\frac{1}{2}\right)\text{-Niveau}.$$

Mit anderen Worten, in dem ($m_J = +1/2$)-Unterniveau befinden sich fünfmal so viele Atome wie im ($m_J = -1/2$)-Unterniveau. Die Atome mit diesem beträchtlichen Besetzungsunterschied sind *spinpolarisiert* bezüglich des äußeren Elektrons, da für Alkalimetallatome im Grundzustand $m_J = m_s$ gilt (bei Vernachlässigung der Hyperfeinstruktur der Atome). Der Polarisationsgrad dieser Elektronenspin-Polarisation ist durch die folgende Gleichung definiert und ergibt den Wert mit dem obigen Besetzungsunterschied:

$$P = \frac{N_{+\frac{1}{2}} - N_{-\frac{1}{2}}}{N_{+\frac{1}{2}} + N_{-\frac{1}{2}}} = \frac{5-1}{5+1} = 66.6\%.$$

Wie man leicht nachrechnet, wird das Besetzungsverhältnis nach zwei Pumpzyklen $N_{+1/2}/N_{-1/2} = 17:1$ und der Polarisationsgrad $P = 88.8\%$; entsprechende Werte für drei Pumpzyklen lauten $N_{+1/2}/N_{-1/2} = 53:1$ und $P = 96.3\%$. Mit der modernen Lasertechnik können 100 und mehr dieser Pumpzyklen und somit im Prinzip Polarisationsgrade von nahezu 100% erreicht werden (s. auch Abschn. 1.10.4). Durch die Hyperfeinstruktur-Aufspaltung des Grundzustandes wird jedoch, wenn nicht zwei Pumpfrequenzen gleichzeitig eingestrahlt werden, dieser 100-prozentige Polarisationsgrad z.B. für Natrium mit dem Kernspin $I = 3/2$ auf $P = 5/8 = 62.5\%$ reduziert.

Diese Beispiele zeigen, dass optisches Pumpen eine sehr elegante und praktische Methode ist, um Besetzungsunterschiede der Atome in verschiedenen Quantenzuständen zu erzeugen. Diese Zustände können verschiedene Energien besitzen und zu Feinstruktur-, Hyperfeinstruktur- oder Zeeman-Aufspaltungen gehören.

Wie wir gezeigt haben, führt optisches Pumpen mit zirkular polarisiertem Resonanzlicht zu einer Polarisation oder allgemeiner ausgedrückt zu einer Orientierung atomarer Drehimpulse. Man kann jedoch die Überbesetzung des optisch gepumpten Unterniveaus $m_J = +1/2$ im obigen Beispiel durch induzierte Hochfrequenz- oder Mikrowellenübergänge zwischen dem $(m_J = +1/2)$- und $(m_J = -1/2)$-Zustand wieder rückgängig machen. Der Nachweis solcher Übergänge gelingt entweder mit einer Absorptionsmessung der optischen Pumpstrahlung, d.h. der eingestrahlten und im Target nicht absorbierten zirkular polarisierten Resonanzstrahlung oder durch Beobachtung der Resonanzfluoreszenzstrahlung. Ohne auf die technischen Details einzugehen, können wir aufgrund der obigen Erklärung des optischen Pumpens diese Nachweismethoden sofort verständlich machen. Beim Durchgang der Pumpstrahlung durch das atomare Target wird graduell der $(m_J = -1/2)$-Zustand entvölkert; das hat zur Folge, dass ein zweites eingestrahltes Resonanzlicht weniger stark absorbiert wird und dessen Intensität hinter dem atomaren Target zunimmt (d.h. das atomare Target wird transparenter). Wenn jedoch gleichzeitig der magnetische Resonanzübergang $m_J = +1/2 \rightarrow m_J = -1/2$ induziert wird, wird sowohl die Überbesetzung des $(m_J = +1/2)$-Zustandes als auch die Intensität der das atomare Target passierenden Resonanzstrahlung durch zusätzliche Absorption reduziert (bei der magnetischen Resonanzfrequenz). Die andere Nachweismethode des Resonanzüberganges, die Beobachtung der resonanten Änderung der Resonanzfluoreszenzintensität, geschieht in der Weise, wie es in Abb. 1.138 dargestellt ist. Ein Natrium-Atomstrahl wird mit einer $\sigma^+$-zirkular-polarisierten resonanten Laserstrahlung im obigen Sinne optisch gepumpt. Die orientierten, spinpolarisierten Atome im $(m_J = +1/2)$-Zustand passieren sodann ein Hochfrequenzfeld ($B_1$) für magnetische Dipolübergänge und werden nach einer kurzen Laufstrecke zum zweiten Mal der resonanten

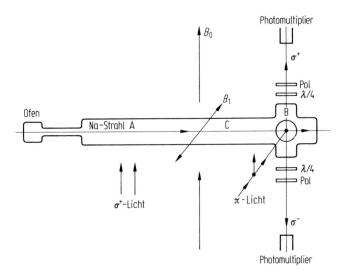

**Abb. 1.138** Nachweis hochfrequenter magnetischer Dipolübergänge mit der kombinierten Methode des optischen Pumpens und der Resonanzfluoreszenz.

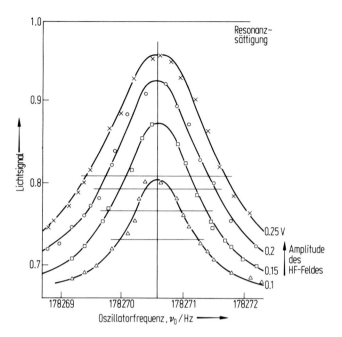

**Abb. 1.139** Magnetische Resonanzkurven des Überganges $m_I = +1/2 \to m_I = -1/2$ des $^{199}$Hg-Atoms im Grundzustand für verschiedene Stärken des induzierten Hochfrequenzfeldes (nach Cagnac [88]).

Laserstrahlung ausgesetzt, aber diesmal einer linear polarisierten π-Strahlung. Die dadurch angeregten Atome emittieren $\sigma^+$- und $\sigma^-$-polarisierte Komponenten der Resonanzfluoreszenz, deren Intensitäten $I^{\sigma^+}$ bzw. $I^{\sigma^-}$ nach Abb. 1.137 direkt proportional zu den Besetzungszahlen $N_{+1/2}$ und $N_{-1/2}$ sind. Die Beobachtung von $I^{\sigma^+}$ oder $I^{\sigma^-}$ kann daher direkt zum Nachweis der Besetzungsänderung durch das resonante Hochfrequenzfeld benutzt werden. Diese Technik wurde und wird vielseitig verwendet. Als Beispiel zeigt Abb. 1.139 magnetische Hochfrequenz-Resonanzkurven der 253.7-nm-Fluoreszenzstrahlung des Überganges $6^3P_1 - 6^1S_0$ im Quecksilber-Isotop $^{199}$Hg mit dem Kernspin $I = 1/2$. Der optisch gepumpte Grundzustand war im ($m_I = +1/2$)-Zustand angereichert. Der induzierte Hochfrequenzübergang $m_I = +1/2 \to m_I = -1/2$ zeigt die bereits im Brossel-Bitter-Experiment (siehe Abb. 1.134) beobachtete Intensitätsverbreiterung. Die Vermessung der Resonanzkurven ergab Werte hoher Genauigkeit für Kern-$g$-Faktoren und magnetische Kernmomente $\mu$, z.B. der Isotope $^{199}$Hg und $^{201}$Hg: $\mu_{199} = (+0.497\,865 \pm 0.000\,006)\,\mu_K$ und $\mu_{201} = (-0.551\,344 \pm 0.000\,009)\,\mu_K$ [88].

Optisches Pumpen zur Erzeugung orientierter oder spinpolarisierter Atome wird auch vielseitig in der Physik atomarer Stoßprozesse verwendet (Abschn. 1.10.3.4).

### 1.7.4.4 Hanle-Effekt-, Level-Crossing- und Anticrossing-Spektroskopie

In diesem Unterabschnitt behandeln wir – zusammen und in vergleichender Weise – die in der Überschrift aufgezählten spektroskopischen Methoden; in Abb. 1.125 sind die zugehörigen optischen Prozesse 4, 7 und 8 dargestellt, die mit diesen Methoden verknüpft sind. Bei diesen drei Methoden finden jeweils typische Kreuzungen der Zeeman-Niveaus bei bestimmten magnetischen Feldstärken (einschließlich der Feldstärke null wie beim Hanle-Effekt) statt.

Wood und Ellett haben 1923 einen Einfluss magnetischer Felder auf die Polarisation von Resonanzfluoreszenzstrahlung entdeckt (eine Depolarisation). Weitere experimentelle Untersuchungen dieses Effektes wurden von Hanle (1924) durchgeführt, der insbesondere auch eine klassische Theorie der Depolarisation im Magnetfeld entwickelte. Dieser Depolarisationseffekt der Resonanzfluoreszenz wird heute allgemein **Hanle-Effekt** genannt. In Abb. 1.140 ist ein typisches Schema zur experimentellen Untersuchung des Hanle-Effektes angegeben. Die linear polarisierte Strahlung der Quecksilber-Resonanzlinie $\lambda = 253.7$ nm wird auf die Resonanzzelle, die die Form eines Wood'schen Rohres hat, fokussiert. Ein variables, homogenes Magnetfeld ist senkrecht zur Polarisationsrichtung des eingestrahlten Lichtes orientiert; in der zum Magnetfeld parallelen Richtung wird die Polarisation der Resonanzstrahlung gemessen. Betrachten wir klassisch die Emission der Resonanzstrahlung als Folge der linearen Oszillation eines Elektrons parallel zur Polarisationsrichtung des eingestrahlten Lichtes, so bewirkt die Lorentz-Kraft eine Präzessionsbewegung des Oszillators um die Richtung des Magnetfeldes. Je nach Stärke der Dämpfung der Bewegung des Oszillators ergeben sich die verschiedenen Bilder von *Rosettenbahnen des Elektrons* nach Hanles klassischer Theorie (Abb. 1.141). Zwei Schlussfolgerungen können zunächst aus dieser klassischen Rosettenbewegung gezogen werden: (1) Die linear polarisierte Intensitätskomponente $I_y$ der in der z-Richtung beobachteten Resonanzfluoreszenz ist in der Zeit moduliert, so wie es in Abb. 1.141c dargestellt ist. Das magnetische Moment $\boldsymbol{\mu}$ des angeregten Atoms führt

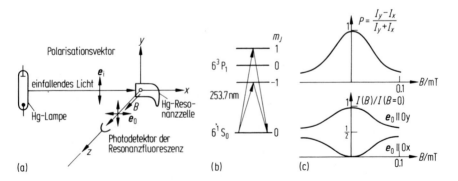

**Abb. 1.140** (a) Schema eines Experimentes zum Nachweis des Hanle-Effektes; (b) Zeeman-Niveaus mit $\sigma$-Übergängen für die Hg-253.7-nm-Linie; (c) Hanle-Effekt-Signale der Polarisation $P$ und der linear polarisierten, relativen Intensitätskomponenten $I(B)/I(B=0)$ als Funktion des homogenen Magnetfeldes mit linearem Polarisationsvektor parallel zur y- und x-Achse.

1.7 Experimentelle Methoden und Anwendungen der Atomspektroskopie   233

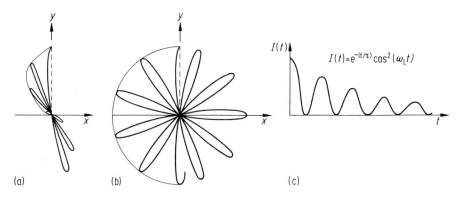

**Abb. 1.141** Rosettenbahnen der Bewegung des als gedämpfter Oszillator schwingenden Elektrons nach der Geometrie von Abb. 1.140; (a) starkes Magnetfeld senkrecht zur Zeichenebene (z-Richtung); (b) schwaches Magnetfeld; (c) Intensität der in der z-Richtung emittierten Fluoreszenzstrahlung mit linearem Polarisationsvektor parallel zur y-Achse bei gepulster Anregung.

eine Larmor-Präzession mit der Larmor-Frequenz $\omega_L = g_J \mu_B B/\hbar$ und der Periode $T = h/g_J \mu_B B$ im Magnetfeld aus. Der angeregte Zustand des Atoms besitzt eine endliche, mittlere Lebensdauer $\tau$, durch die die Zahl der Rosettenschleifen begrenzt ist. Aus der Präzession des Oszillators und seiner mittleren Lebensdauer errechnet sich die Polarisation bzw. Depolarisation der Resonanzstrahlung als Funktion des angelegten Magnetfeldes zu

$$P = \frac{P_0}{1 + (2\omega_L \tau)^2} = P_0 \frac{1}{1 + (2\gamma B_z \tau)^2}, \qquad (1.301)$$

mit dem gyromagnetischen Faktor $\gamma = g_J \mu_B/\hbar$, der Larmor-Frequenz $\omega_L$ und der Nullfeld-Polarisation $P_0$. Dieses Signal hat die Form einer Lorentz-Kurve mit den Halbwertsdaten für $P = 1/2 P_0$ bei den Magnetfeldern $B_{1/2} = \pm 1/(2\gamma\tau)$ und der Halbwertsbreite $\Delta B_z = 2 B_{1/2} = (\gamma\tau)^{-1} = g_J \mu_B \tau/\hbar$. Bei bekanntem $g_J$-Faktor kann aus der Breite der Hanle-Kurve die Lebensdauer $\tau$ gemessen werden (oder auch z. B. der $g$-Faktor von Hyperfein- oder Feinstruktur-Niveaus, wenn die Lebensdauer aus anderen Messungen bekannt ist).

Wir wollen nun diese Hanle'sche Depolarisation der Resonanzfluoreszenz im Magnetfeld aufgrund quantenmechanischer Argumente qualitativ verständlich machen. Betrachten wir unseren Übergang $J = 0 \rightarrow J = 1 \rightarrow J = 0$ mit $m_J = \pm 1$ und $m_J = 0$. Legen wir zunächst ein Magnetfeld $B_y$ parallel zum elektrischen Vektor $E_y$ der anregenden Strahlung an (Abb. 1.140), dann ist die Resonanzfluoreszenzstrahlung vollständig parallel zur y-Richtung polarisiert. Bei Beobachtung der Resonanzstrahlung in der z-Richtung bleibt die vollständige lineare Polarisation der Resonanzfluoreszenz unabhängig von der Größe der Magnetfeldkomponente $B_y$ erhalten. Dies wurde von Heisenberg (1926) bewiesen, der zeigte, dass die Polarisation der Resonanzfluoreszenz von der Stärke des Magnetfeldes unabhängig ist, wenn es die gleichen räumlichen Symmetrieelemente wie der $E$-Vektor der anregenden Strahlung hat; bezogen auf unser Beispiel in Abb. 1.140 muss $B_y$ parallel zu $E_y$ gerichtet sein, d. h. die Achse der Quantisierung ist parallel zur y-Koordinate. Wählen wir jedoch jetzt als Achse der Quantisierung die z-Richtung und halten das B-Feld zunächst auf dem Wert null, dann haben wir bei Beobachtung der Resonanzfluoreszenzstrahlung in z-Richtung nur die Möglichkeit, links- und rechtszirkular polarisierte Photonen *kohärent* zu überlagern, was wiederum linear polarisierte Fluoreszenz parallel zum elektrischen Vektor der anregenden Strahlung ergibt. Aufgrund dieser Betrachtungsweise können wir von einer *kohärenten Anregung der* $(m_J = +1)$- und $(m_J = -1)$-*Unterzustände und einer kohärenten Abregung dieser Zustände* sprechen. Die beiden kohärent angeregten Unterzustände emittieren kohärent die $\sigma^+$- und $\sigma^-$-Photonen, deren Überlagerung die Schwingungsrichtung parallel zu dem elektrischen $E_y$-Vektor der Anregungsstrahlung wiederherstellt. Nun, was ist interessant an dieser Interpretation? Wenn wir jetzt das Magnetfeld $B_z$ in der Beobachtungsrichtung langsam ansteigen lassen, so führt das zu einer Energieaufspaltung der zwei magnetischen Unterzustände mit $m_J = \pm 1$, deren Betrag in Kreisfrequenzen $\Delta\omega = 2\gamma B_z$ ist. Wenn diese beiden kohärent angeregten $(m_J = \pm 1)$-Zustände nach einer Zeit $t$ Strahlung emittieren, so resultiert aus dieser Frequenzaufspaltung eine Phasenverschiebung $\Delta\varphi = t\Delta\omega = 2\gamma B_z t$. Diese Phasenverschiebung führt zu einer Drehung der Richtung des Polarisationsvektors der Resonanzfluoreszenzstrahlung um den Winkel $\alpha = \Delta\varphi/2 = \gamma B_z t$. Die Polarisation der Strahlung wird daher reduziert. Die eigentliche quantenmechanische Ursache dieser Depolarisation kann anhand von Abb. 1.142 illustriert werden. Die durch die kurze Lebensdauer hervorgerufene, endliche Breite der angeregten Unterzustände hat zur Folge, dass sich im Feldbereich um den Nullpunkt die $m_J$-Zustände überlappen und kohärent angeregt

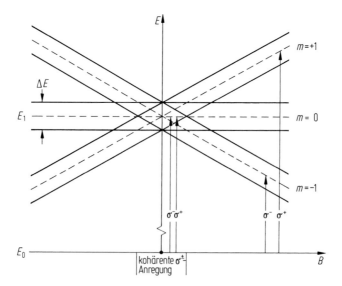

**Abb. 1.142** Zeeman-Aufspaltung eines P-Zustandes (Energie $E_1$, Breite $\Delta E$) mit Übergängen der $\sigma^-$- und $\sigma^+$-Komponenten vom S-Zustand (Energie $E_0$). Die endliche Breite der Energieniveaus führt zu einer Überlappung, und in dem entsprechenden Feldbereich ist kohärente Anregung der $(m = \pm 1)$-Zustände möglich.

werden können. Bei größerer Feldstärke wird diese Kohärenz jedoch zunehmend reduziert, da nun die ($m_J = \pm 1$)-Zustände getrennt voneinander angeregt werden. In diesem Sinn kann der Hanle-Effekt beim Übergang vom Nullfeld zum nichtverschwindenden Feld durch eine zunehmende Entkopplung der Kohärenz (engl. *decoherence*) der magnetischen Unterzustände beschrieben werden. Wir bemerken außerdem, dass die drei magnetischen Unterzustände in Abb. 1.142 sich am Nullpunkt des magnetischen Feldes schneiden (Nullfeld-Level-Crossing). Bei dieser verschwindenden Feldstärke haben die $\sigma^+$- und $\sigma^-$-Komponenten, die miteinander in kohärenter Weise interferieren, die gleiche Frequenz. Der *Hanle-Effekt wird daher als Kohärenz oder Interferenz der Quantenzustände des Nullfeld-Level-Crossings interpretiert.*

In komplizierten Zeeman-Diagrammen magnetischer Aufspaltungen können Überschneidungen von Fein- und Hyperfein-Zuständen bei nichtverschwindenden magnetischen Feldstärken, $B_z \neq 0$, auftreten. Solche Überschneidungen werden als **Level-Crossings und Anticrossings** bezeichnet (Übergänge 7 und 8 in Abb. 1.125). Franken und Mitarbeiter [89] haben gezeigt, dass die *Level-Crossings* im nichtverschwindenden Magnetfeld physikalisch analog zum Hanle-Effekt sind und die Resonanzfluoreszenz in den Level-Crossings durch kohärente Überlagerung der Zustandsvektoren für die An- und Abregung beschrieben wird. Beim Durchstimmen des Magnetfeldes durch den Wert $B_0$, bei dem Level-Crossing auftritt, zeigt die Intensität der Resonanzfluoreszenzstrahlung ein typisches Hanle-Resonanzsignal. Aufgrund der Kenntnis dieser Resonanzfeldstärke $B_0$ und der Feldabhängigkeit des Zeeman-Effektes der beiden sich kreuzenden Niveaus lässt sich deren Energiedifferenz im Feld null errechnen.

Wir erläutern in Abb. 1.143a den Interferenzeffekt, der mit dem Nachweis von Level-Crossings verknüpft ist. Wir greifen aus der Vielzahl möglicher Zustände eines Atoms den Grundzustand $a$ und die beiden angeregten Zustände $b$ und $c$ heraus, die im Magnetfeld null den Energieabstand $E$ besitzen. Die anregende Resonanzstrahlung möge eine spektrale Frequenzbreite haben, welche die magnetische Aufspaltung in der Nähe der Überschneidung (Crossing) der beiden Zustände $b$ und $c$ überdeckt. Definieren wir die Dipolmatrixelemente mit den beiden Polarisationsvektoren $f$ und $g$ für die Absorptions- und Emissionsübergänge zwischen den drei Zuständen zu $f_{ab} = \langle a|\boldsymbol{f}\cdot\boldsymbol{r}|b\rangle$, $g_{ba} = \langle b|\boldsymbol{g}\cdot\boldsymbol{r}|a\rangle$, $f_{ac} = \langle a|\boldsymbol{f}\cdot\boldsymbol{r}|c\rangle$ und $g_{ca} = \langle c|\boldsymbol{g}\cdot\boldsymbol{r}|a\rangle$, so sind die Übergangsraten $R(\boldsymbol{f},\boldsymbol{g})$ für die Absorption von Photonen der Polarisation $\boldsymbol{f}$ und Re-Emission der Photonen mit der Polarisation $\boldsymbol{g}$ der Resonanzfluoreszenz proportional zu

$$R(\boldsymbol{f},\boldsymbol{g})_{(b,c)\text{ getrennt}} \sim |f_{ab}g_{ba}|^2 + |f_{ac}g_{ca}|^2 = R_0,$$
$$R(\boldsymbol{f},\boldsymbol{g})_{(b,c)\text{-Crossing}} \sim |f_{ab}g_{ba} + f_{ac}g_{ca}|^2 = R_0 + S.$$

Hierbei bezieht sich die erste Gleichung auf den Fall, in dem die beiden Zustände $b$ und $c$ voneinander getrennt sind und die Übergangsintensitäten sich *inkohärent* addieren, das heißt das gewählte Magnetfeld liegt außerhalb des Wertes, an dem $b$ und $c$ sich kreuzen. Am Kreuzungspunkt (Crossing) jedoch (zweite Gleichung) addieren sich die Übergangsamplituden kohärent; letztere Formel enthält daher ein Interferenzglied $S$, das sich zu

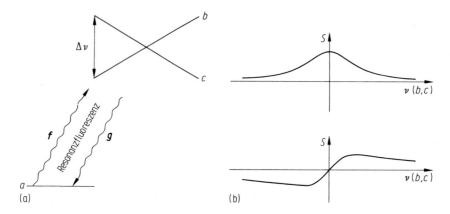

**Abb. 1.143** (a) Die Zustände $b$ und $c$ werden durch Resonanzstrahlung mit der Amplitude $f$ angeregt, was zur Resonanzfluoreszenz mit der Amplitude $g$ führt. (b) Intensität des Interferenzsignals $S$ einer Level-Crossing-Resonanz als Funktion der Energiedifferenz der beiden sich kreuzenden Zustände $b$ und $c$; *oben*: Lorentz-Kurve für ein reelles Matrixprodukt $A$ *unten*: Dispersionskurve für rein imaginäres $A$.

$$S = \frac{A}{1 - i\omega_{bc}\tau} + \frac{A}{1 + i\omega_{bc}\tau} \tag{1.302}$$

errechnet, wobei $A = f_{ab}f_{ac}g_{ba}g_{ca}$, $\omega_{bc} = E_{bc}/\hbar$ die Kreisfrequenz der Energiedifferenz zwischen den Zuständen $b$ und $c$ und $\tau$ deren Lebensdauer ist. Diese Gleichung lässt sich wie folgt umschreiben:

$$\begin{aligned} S &= \frac{A + A^*}{1 + \omega_{bc}^2\tau^2} + i\frac{(A - A^*)\omega_{bc}^2\tau^2}{1 + \omega_{bc}^2\tau^2} \\ &= \underbrace{\frac{2\,Re(\omega_{bc}^2\tau^2)}{1 + \omega_{bc}^2\tau^2}}_{\text{Lorentz-Kurve}} + \underbrace{\frac{2\,Im(\omega_{bc}^2\tau^2)}{1 + \omega_{bc}^2\tau^2}}_{\text{Dispersionskurve}}. \end{aligned} \tag{1.303}$$

Im Allgemeinen ist $A$ eine komplexe Zahl, so dass die Level-Crossing-Resonanzkurve eine recht komplizierte Form besitzt. Zwei Sonderfälle ergeben jedoch typische Resonanzkurven (Abb. 1.143b). Wenn $A$ reell ist, hat die Level-Crossing-Resonanz die Gestalt einer Lorentz-Kurve, während für rein imaginäres $A$ die Resonanz die Form einer Dispersionskurve hat.

Die Level-Crossing-Technik hat viele Anwendungen bei der Messung von Feinstrukturen, Hyperfeinstrukturen und Stark-Verschiebungen angeregter Atome erfahren. So konnte zum Beispiel die Level-Crossing-Methode bei einer Präzisionsmessung der nichtlinearen Stark-Verschiebung des 2P-Zustandes des Wasserstoffs angewandt werden. Der $\{(2^2P_{3/2}, m_J = -3/2)\text{-}(2^2P_{3/2}, m_J = 1/2)\}$-Level-Crossing (siehe Abb. 1.81) manifestiert sich in einer Änderung der Intensität der Lyman-α-Strahlung, die in einer fest vorgegebenen Richtung beobachtet wird, wenn das Magnetfeld

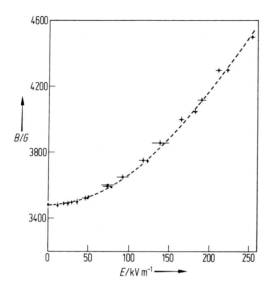

**Abb. 1.144** Stark-Verschiebung des Level-Crossings $\{2\,^2P_{3/2}, m_J = -3/2), (2\,^2P_{1/2}, m_J = 1/2)\}$ (s. Abb. 1.81) des Wasserstoffs. Die Ordinate gibt den Wert der Resonanzfeldstärke des Magnetfeldes an, bei der das Level-Crossing-Signal in dem vorgegebenen elektrischen Feld auftritt. Experimentelle Daten mit Fehlerbalken und theoretische Kurve (---) nach Kollath [90] und Kollath und Kleinpoppen [91].

durch die Resonanzfeldstärke durchgestimmt wird. Wird außerdem ein homogenes elektrisches Feld parallel zum Magnetfeld angelegt, so verschiebt sich der Level-Crossing und damit die Resonanzfeldstärke, bei der sich die Intensität der Lyman-α-Strahlung ändert. Abb. 1.144 zeigt die so vermessene Stark-Verschiebung des obigen Level-Crossings in guter Übereinstimmung mit der Theorie.

Die Hanle-Effekt- und Level-Crossing-Technik beruhen physikalisch auf Interferenzeffekten der Anregung und Emission zweier sich kreuzender Zustände. Der Vorteil dieser Methode im Vergleich zur optischen Doppelresonanztechnik (Abschn. 1.7.4.3) liegt darin, dass keine aufwändigen Hochfrequenzgeräte erforderlich sind und der experimentelle Aufbau daher einfacher wird. Wegen der Auswahlregeln für elektrische Dipolübergänge ($\Delta m_{J,F} = 0, \pm 1$) sind Level-Crossings zwischen den magnetischen Unterzuständen jedoch nur nachweisbar, wenn der Unterschied zwischen deren magnetischen Quantenzahlen $|m_b - m_c| \leq 2$ ist. Level-Crossings können außerdem nicht zwischen zwei Zuständen mit der gleichen Quantenzahl $J = 1/2$ nachgewiesen werden, da die räumliche Winkelverteilung der Resonanzfluoreszenzstrahlung beim Durchgang durch den Kreuzungspunkt ungeändert kugelsymmetrisch bleibt.

Eine weitere, sehr erfolgreiche spektroskopische Methode ist die **Anticrossing-Technik**, die der Level-Crossing-Methode im Nachweisverfahren ähnlich ist, jedoch physikalisch wie bei der Doppelresonanzmethode auf Ausgleichen oder Angleichen von Besetzungsunterschieden zweier angeregter Zustände angewiesen ist (Prozess 7 in Abb. 1.125). Ein nachweisbarer Anticrossing lässt sich wie folgt beschreiben

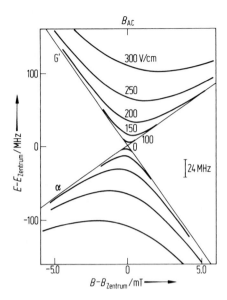

**Abb. 1.145** Berechnete Energiewerte der magnetischen Unterzustände α und G' der He⁺-Zustände mit $n = 4$ (zur Bezeichnungsweise siehe nachfolgende Abbildung) nahe dem Kreuzungspunkt für verschiedene elektrische Feldstärken $F$ (nach Beyer [92]).

(Abb. 1.145). Zwei Zeeman-Niveaus (α und G') mögen sich bei der magnetischen Feldstärke $B_{AC}$ schneiden. Wird jedoch eine zusätzliche Störung z. B. durch Anlegen eines äußeren elektrischen Feldes in dem Atom hervorgerufen, so entstehen in der Nähe des ungestörten Kreuzungspunktes modifizierte Zeeman-Aufspaltungen, die als *Anticrossing* bezeichnet werden und deren Form von der elektrischen Feldstärke abhängt. Der Nachweis solcher Anticrossings basiert auf der Beobachtung der Intensität der Linienstrahlung eines Überganges von einem der beiden Zustände als Funktion der magnetischen Feldstärke bei konstant gehaltener Störung. Die Störung der Zeeman-Niveaus, die die beiden Zustände miteinander koppelt, kann sowohl durch einen äußeren Effekt, wie z. B. durch Anlegen eines elektrischen Feldes als auch durch eine interne Wechselwirkung wie der magnetischen Dipol- oder Spin-Bahn-Wechselwirkung hervorgerufen werden. Wie es aus Abb. 1.145 ersichtlich ist, stoßen sich offensichtlich die beiden Zustände gegenseitig ab; ihre Wellenfunktionen tauschen sich beim Durchgang durch den Feldbereich, an dem der Abstand der beiden Zustände am geringsten ist, gegenseitig aus. Die resultierende Wellenfunktion eines jeden Zustandes im Bereich des Anticrossings besteht aus einer Mischung der Wellenfunktionen der ungestörten Zustände. Obwohl das Überkreuzen der beiden Zustände tatsächlich nicht vor sich geht, tritt als Folge der Zustandsmischung eine Intensitätsänderung in den Spektrallinien auf, die von den beiden Zuständen im Feldbereich des Anticrossings emittiert werden. Ohne die oben beschriebenen Störungen kreuzen sich die Terme, was möglicherweise zu Level-Crossing-Effekten führen kann.

Die US-Amerikaner Wieder und Eck [93] haben Level- und Anticrossing-Signale in einer zeitabhängigen quantenmechanischen Störungsrechnung kombiniert miteinander berechnet. Überlagerungen von Level- und Anticrossing-Signalen sind in komplizierter Weise möglich. Reine Anticrossing-Signale ohne Level-Crossing-Überlagerung haben als Resonanzprozesse die Form einer Lorentz-Kurve, die auftritt, wenn gleichzeitig durch den Anregungsprozess eine Besetzungsdifferenz erzeugt wird und eine Differenz der Verzweigungsverhältnisse in der Emission der beiden angeregten Zustände existiert. Die Anticrossing-Spektroskopie hat zu vielseitigen Anwendungen besonders bei der Messung der Feinstruktur und Stark-Verschiebungen des Wasserstoffs und des wasserstoffgleichen, einfach geladenen Helium-Ions geführt. Abb. 1.146 zeigt den Zeeman-Effekt der Feinstruktur von $n = 4$ des He$^+$-Ions und die beobachteten Anticrossings, die zwischen den Unterzuständen des 4S-Zustands einerseits und denen der Zustände 4P, 4D, 4F andererseits auftreten können, wenn das homogene elektrische Feld senkrecht zum variablen Magnetfeld liegt. Hierbei handelt es sich um Anticrossings, die in erster ( d. h. $\Delta l = \pm 1$) und höherer Ordnung (d. h. $\Delta l = 2, 3, \ldots$) beobachtet werden können. Da ein homogenes elektrisches Feld nur eine elektrische Dipolkopplung erzeugt, können Anticrossing-Sig-

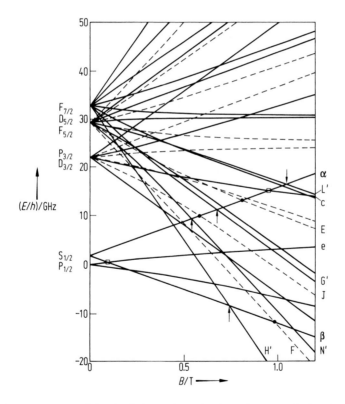

**Abb. 1.146** Zeeman-Effekt der Feinstruktur der ($n = 4$)-Zustände des He$^+$-Ions. Die D-Zustände sind durch gestrichelte, alle übrigen Zustände durch voll ausgezogene Linien dargestellt (nach Beyer [92]). Die Quadrate, Kreise und Pfeile zeigen Anticrossings zwischen dem 4S-Zustand einerseits und den Zuständen 4P, 4D und 4F andererseits ($B$ = magnetische Flussdichte in Tesla).

240   1 Atome

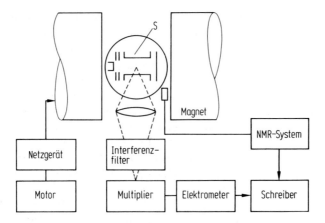

**Abb. 1.147** Typische experimentelle Anordnung einer Anticrossing-Apparatur. Eine mit einem Gas gefüllte Glasröhre enthält eine Elektronenkanone zur Anregung der Atome. Ein variables Magnetfeld und ein konstantes elektrisches Feld (Feldplatten S) ist dem Anregungsraum überlagert. Die emittierte Linienstrahlung wird mittels eines Interferenzfilters ausgefiltert und ihre Intensität gemessen. Das magnetische Feld wird mit der kernmagnetischen Resonanzmethode (s. Kap. 2) vermessen (nach Beyer [92]).

nale höherer Ordnung nur durch sukzessive elektrische Dipolkopplungen induziert werden; das Störpotential, das z. B. erforderlich ist, um den 4S- und den 4F-Zustand in sukzessiver elektrischer Dipolnäherung miteinander zu koppeln, ist von der Form

$$V_{4S,4F} \sim \langle 4S|e\boldsymbol{F}\cdot\boldsymbol{r}|4P\rangle\langle 4P|e\boldsymbol{F}\cdot\boldsymbol{r}|4D\rangle\langle 4D|e\boldsymbol{F}\cdot\boldsymbol{r}|4F\rangle \sim |F|^3.$$

Felder von der Größenordnung $F \approx 100\,\text{V/cm}$ induzieren Anticrossings zwischen dem 4S- und dem 4F-Zustand, wie es Abb. 1.149 zeigt, deren Resultate mit der

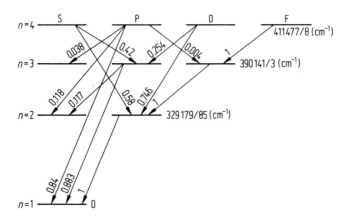

**Abb. 1.148** Energieniveaus von $n = 4$ bis $n = 1$ mit Angabe der Verzweigungsverhältnisse der Übergänge für He$^+$. Man beachte, dass die Summe aller Verzweigungsverhältnisse für jeden Zustand gleich eins ist.

1.7 Experimentelle Methoden und Anwendungen der Atomspektroskopie   241

Apparatur gewonnen wurden, die in Abb. 1.147 beschrieben ist. Beobachtet wurde die Intensität des Linienkomplexes der Übergänge $n = 4 \to n = 3$ (Wellenlänge 468.6 nm), die in Abb. 1.148 mit den zugehörigen Verzweigungsverhältnissen dargestellt sind. Wie ersichtlich, sind diese Verzweigungsverhältnisse verschieden voneinander; desgleichen sind die $(n = 4)$-Zustände durch die Elektronenstoßanregung verschieden stark bevölkert, so dass beide obigen Bedingungen für die Beobachtung möglicher Anticrossings zwischen $(n = 4)$-Zuständen erfüllt sind. Abb. 1.149 zeigt charakteristische reine Anticrossing-Resonanzkurven.

Ein relativ kleines elektrisches Feld ist erforderlich, um ein Anticrossing-Signal zu induzieren, das aus dem Untergrund herausragt. Mit zunehmendem elektrischem Feld nimmt das Anticrossing-Signal bis zu einer Sättigung beträchtlich zu; außerdem wird die Signalkurve verbreitert und ihr Maximum zunehmend verschoben. Aus der Analyse solcher Signale folgt der zu erwartende quadratische Stark-Effekt des Zentrums des Anticrossings (Abb. 1.150). Bei Extrapolation auf verschwindende

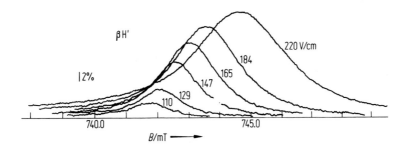

**Abb. 1.149** Darstellung mehrerer Intensitätskurven der He$^+$-Linie $\lambda = 468.4$ nm (Übergang $n = 4 \to n = 3$) für den $\beta$H'-Anticrossing (Abb. 1.146) bei verschiedenen elektrischen Feldstärken; der vertikale Strich zeigt die Größe der Intensitätsänderung von ca. 2% an ($B$ = magnetische Flussdichte; nach Beyer et al. [94]).

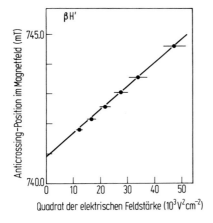

**Abb. 1.150** Quadratischer Stark-Effekt des $\beta$H'-Anticrossings (s. Abb. 1.146 und 1.149) in He$^+$ bei $n = 4$; experimentelle Daten mit Fehlergrenzen und ausgezogene Kurve als theoretische Voraussage (nach Beyer et al. [94]).

elektrische Feldstärke erhält man den energetischen Abstand zwischen den beiden Feinstruktur-Termen: $(1/h)\Delta E(4^2F_{7/2} - 4S_{1/2})_{exp} = (31098.2 \pm 10.5)$ MHz; im Vergleich hierzu ergibt sich der theoretische Wert zu $(31103.84 \pm 0.13)$ MHz in guter Übereinstimmung mit dem experimentellen Wert. Kombinationsdifferenzen solcher Anticrossings mit Bahndrehimpulsen, die größer als $l = 1$ sind (theoretische Daten in Klammern ohne Fehlerangaben):

$$\Delta E/h(4^2D_{3/2} - 4^2D_{3/2}) = (7310.9 \pm 4.0) \text{ MHz}, \quad (7315.75 \text{ MHz}),$$
$$\Delta E/h(4^2F_{7/2} - 4^2F_{5/2}) = (3662.6 \pm 3.0) \text{ MHz}, \quad (3657.78 \text{ MHz}),$$
$$\Delta E/h(4^2D_{5/2} - 4^2F_{5/2}) = \phantom{00}(15.8 \pm 2.8) \text{ MHz}, \quad \phantom{00}(12.96 \text{ MHz});$$

die letzte Größe stellt die Lamb-Shift $4^2D_{5/2} - 4^2F_{5/2}$ dar.

### 1.7.4.5 Spektroskopie mit schnellen atomaren Teilchen und Anregung durch Folien (Beam-Foil- und Fast-Beam-Spektroskopie)

Ein weites Feld der Spektroskopie mit schnellen atomaren Teilchen – insbesondere mit hochgeladenen Ionen – entstand aus der Anwendung kernphysikalischer Beschleuniger. Hochenergetische Ionen, die ein gasförmiges Target oder eine dünne Folie durchdringen, können dabei ionisiert und angeregt werden. Die angeregten Ionenzustände „zerfallen" dann strahlabwärts.

Schnelle angeregte Atome oder Ionen durchlaufen dabei beträchtliche Strecken, wobei deren Emissionsintensität als Funktion der Weglänge abklingt und die mittlere Lebensdauer des angeregten Zustandes gemessen werden kann. Die schnellen Atome oder Ionen können außerdem der Wirkung äußerer Felder (einschließlich der Laserstrahlung) ausgesetzt werden. Eine typische experimentelle Anordnung zur *Beam-Foil-Spektroskopie* ist in Abb. 1.151 dargestellt. Ein Ionenstrahl wird mithilfe eines van-de-Graaff-Beschleunigers auf die gewünschte Energie beschleunigt; Ionen spezifischer Ladung passieren nach Selektion mittels eines Magnetfeldes die Anregerfolie, in der die Anregung der Ionen induziert wird und die in den meisten Fällen aus Kohlenstoff besteht. Die Intensität der Emission der angeregten Ionen kann dann entlang der Strahlrichtung gemessen werden. Der Anregungs- und Ionisationsmechanismus durch die Folie ist ein komplizierter Prozess.

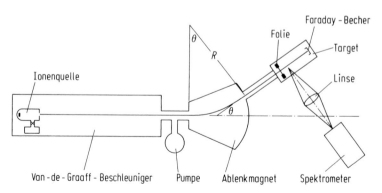

**Abb. 1.151** Typisches experimentelles Schema der Beam-Foil-Spektroskopie.

1.7 Experimentelle Methoden und Anwendungen der Atomspektroskopie     243

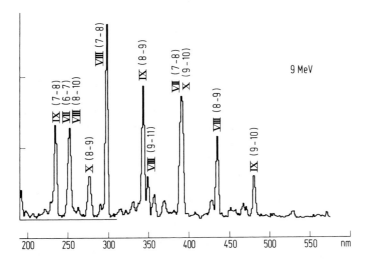

**Abb. 1.152** Beispiel eines Beam-Foil-Spektrums des Chlor-Atoms bei einer Anregungsenergie von 9 MeV. Die römischen Zahlen I, II, ... der auf die Kohlenstofffolie einfallenden Cl-Ionen geben den Ladungszustand an: I neutrales Atom, II einfach geladenes Ion, III zweifach geladenes Ion usw. Die Zahlenpaare in Klammern stellen die Quantenzahlen $(l, n)$ der Zustände dar, von denen die Linien emittiert werden (nach Halin et al. [96]).

Die überlegene Effizienz der Erzeugung hochgeladener Ionen mittels der Kohlenstofffolie zeigt sich sehr auffallend. Außerdem wurde experimentell gefunden, dass in beliebigen Ionen nahezu wasserstoffgleiche Zustände hoher Quantenzahlen $n$ und $l$ mit überraschend großer Ausbeute durch die Wechselwirkung zwischen Ionen und Folie angeregt werden (siehe Abb. 1.152).

Viele interessante Anwendungen der Spektroskopie mit schnellen Ionen haben zur Messung der Spektren hochgeladener Ionen, zur präzisen Bestimmung von Lebensdauern angeregter Zustände und zum Nachweis und zur Messung von *Quantenbeats* geführt. Letztere können mit hoher Genauigkeit als Modulation der Intensität der Linienstrahlung entlang des hochenergetischen Ionenstrahls aufgelöst werden, da die Anregung von Zuständen in der Folie in einer Zeit von ca. $10^{-15}$ s in kohärenter Weise vor sich geht [95].

### 1.7.4.6 Spektroskopie mit der Synchrotronstrahlung

Der Anwendungsbereich zur spektroskopischen Untersuchung atomarer Strukturen überstreicht den Energiebereich der Photonen von ca. $10^{-10}$ eV bis zu etwa 100 keV. In den vorangehenden Abschnitten haben wir spektroskopische Methoden beschrieben, die den Bereich von der Hochfrequenzspektroskopie ($\approx 10^{-10}$ eV) bis zum ultravioletten Spektralbereich ($\approx 10$ eV) überspannen. Spektroskopische Untersuchungen der Energiestruktur innerer Elektronenschalen erfordern Strahlungsquellen im Röntgen- und im vakuum-ultravioletten Bereich, d.h. im Wellenlängenbereich $0.01 - 100$ nm bzw. im Energiebereich $10^2$ keV $- 10$ eV. Zwar haben die Edelgase

244    1 Atome

und das Wasserstoff-Molekül Emissionskontinua bis hinunter zu 60 nm, jedoch sind deren optimale Intensitäten auf ca. $10^4$–$10^5$ Photonen/s mit einer Bandbreite von $\Delta\lambda = 0.1$ nm im Dauer- oder Impulsbetrieb begrenzt. Es gibt außerdem noch die Möglichkeit, mit Gasentladungen der Edelgase intensive monochromatische Linienstrahlung im Vakuum-UV zu erzeugen ($\approx 10^{11}$–$10^{12}$ Photonen/s); man ist jedoch mit diesen speziellen Gasentladungsquellen auf wenige Spektrallinien beschränkt. Infolge dieser begrenzten Möglichkeiten mit traditionellen, ultravioletten Photonenquellen hat man die *Synchrotronstrahlung* von Elektronenbeschleunigern in der Spektroskopie angewandt; in der Tat wird diese Strahlungsquelle in den Naturwissenschaften heutzutage sehr vielseitig benutzt.

Die Eigenschaften der Synchrotronstrahlung in Beschleunigern lassen sich wie folgt beschreiben: In Elektronensynchrotrons werden Elektronen auf Kreisbahnen so hoch beschleunigt, dass ihre Geschwindigkeit $v$ der Lichtgeschwindigkeit $c$ sehr nahe kommt: $v \to c$. Nach den klassischen Gesetzen der Elektrodynamik sendet das zum Zentrum der Kreisbahn beschleunigte Elektron elektromagnetische Strahlung aus. Für den nichtrelativistischen Fall $v \ll c$ ist die *momentane Winkelverteilung der Emission der elektromagnetischen Strahlung* durch die Winkelfunktion $\sin^2\theta'$ gegeben (Abb. 1.153a), wobei $\theta'$ der Winkel zwischen der Beobachtungsrichtung und der Beschleunigungsrichtung des Elektrons zum Mittelpunkt der Kreisbahn ist. Diese Winkelverteilung entspricht der eines in der Beschleunigungsrichtung oszillierenden Dipols im Ruhesystem des Elektrons auf der Kreisbahn. Die momentane Winkelverteilung der Synchrotronstrahlung des nichtrelativistischen Elektrons rotiert mit der Bewegung auf der Kreisbahn. Dieses Bild ändert sich drastisch für relativistische Energien, d.h. $v \approx c$, die momentane Winkelverteilung der Synchrotronstrahlung zeigt dann eine scharfe Bündelung parallel zur Tangente der Elektronenbahn (Abb. 1.153b). Der Tangens des Öffnungswinkels $\theta$ in der orbitalen Ebene

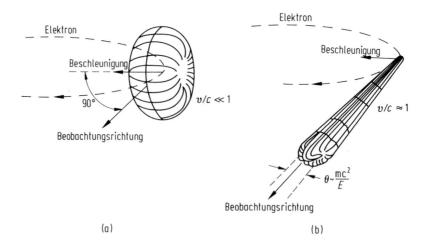

**Abb. 1.153** Elektronen auf Kreisbahnen emittieren Synchrotronstrahlung; (a) nichtrelativistischer Fall $v \ll c$ mit der momentanen Winkelverteilung der Synchrotronemission; (b) relativistischer Fall $v \approx c$ mit scharfem Bündel der Synchrotronstrahlung tangential zur Kreisbahn der Elektronen.

des Synchrotronstrahles wird angenähert $\tan\theta \approx mc^2/E$, mit der totalen Elektronenenergie $E$ und $mc^2 = 0.5$ MeV als Ruheenergie des Elektrons. Für $E = 3$ GeV ergibt sich $\tan\theta \approx \theta = 0.2$ mrad. Die azimutale Winkelverbreiterung ist in den meisten Synchrotrons noch geringer. Die Umlaufzeit eines Elektrons mit der Geschwindigkeit $v = \beta c$ ($\beta = v/c$) auf einer Kreisbahn mit dem Radius $R$ ist $T = 2\pi R/v = 2\pi/\omega$. Für $R = 20$ m eines typischen Synchrotrons wird die Grundfrequenz des zugehörigen Fourier-Spektrums $\omega_0 = c/R \approx 10^7 \text{ s}^{-1}$; für die gesamte Elektronenenergie $E = 5$ GeV liefert die Theorie eine maximale Frequenz der Synchrotronstrahlung von $\nu = \omega/2\pi \approx 10^{19}$ Hz, was einer Wellenlänge von der Größenordnung von 0.1 nm oder weniger entspricht. In der Praxis sind jedoch die Werte für $\omega$ keine diskreten ganzzahligen Vielfachen von $\omega_0$, da die Elektronenbahnen Abweichungen von den Kreisbahnen aufweisen, die von Betatron-Oszillationen herrühren (z. B. Abweichungen der Elektronenbahnen vom gegebenen Radius $R$ um $10^{-4} - 10^{-5}$). Die diskreten, harmonischen Frequenzen sind daher weitgehend verschmiert, so dass ein kontinuierliches Spektrum der Synchrotronstrahlung zustande kommt (Abb. 1.154), das sich vom Infraroten bis zum Bereich harter Röntgenstrahlung erstreckt. Das Synchrotronspektrum wird durch eine „kritische Photonenenergie $\varepsilon_0$" charakterisiert; die Hälfte der vom Synchrotron abgestrahlten Energie liegt unterhalb und die andere Hälfte oberhalb dieser kritischen Energie. Die kritische Energie der Photonen ist stets nahe dem Maximum der spektralen Verteilung, das bei $0.4\,\varepsilon_0$ liegt.

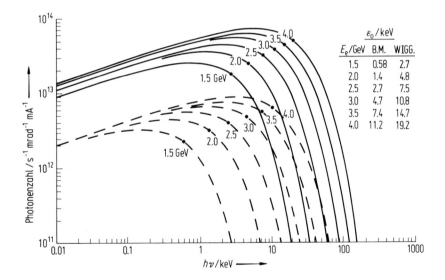

**Abb. 1.154** Spektrale Intensitätsverteilung $I(h\nu)$ der Photonenenergie $h\nu$ der Synchrotronstrahlung des Synchrotrons der Stanford Universität. Radius des Elektronenstrahls $R = 12.7$ m, $E_e$ gibt die Energien der beschleunigten Elektronen an. Die gestrichelten und durchgezogenen Kurven geben die spektralen Verteilungen ohne und mit acht Wiggler-Magneten an (Abb. 1.155). Die Punkte auf den Kurven geben die Werte der kritischen Photonenenergie $\varepsilon_0$ an, die in der Tabelle dieser Abbildung mit (WIGG.) und ohne (B.M.) Wiggler-Magneten zusammengestellt sind. Der Elektronenstrom des Synchrotrons ist etwa 100 mA.

Eine erhebliche Intensitätssteigerung der Synchrotronstrahlung kann durch spezielle *Wiggler-* und *Undulator-Magneten* erreicht werden, wobei die Elektronen Oszillationen um die kreisförmige Sollbahn (Abb. 1.155) ausführen, was zu einer erhöhten Lichtintensität und zu einer Verschiebung des Maximums zu höheren Photonenenergien führt (Abb. 1.154). Einige wichtige physikalische Parameter des Berliner BESSY-2-Synchrotrons (BESSY = Berliner Elektronenspeicherring Gesellschaft für Synchrotronstrahlung) sind wie folgt: Ringumfang des Elektronenbeschleunigers 240 m, Elektronenenergie 0.9–1.9 GeV, Brillanz $10^{19}\,\text{s}^{-1}\,\text{mm}^{-2}\,\text{mrad}^{-2}$ und spektraler Bandbreite von 0.1 %.

Eine weitere wichtige Eigenschaft der Synchrotronstrahlung ist ihre lineare und zirkulare Polarisation, deren Abhängigkeit von dem vertikalen Winkel zur Kreisbahn der Elektronen in Abb. 1.156 dargestellt ist. In der Ebene der Elektronenbe-

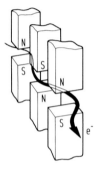

**Abb. 1.155** Elektronenbewegung in einem System von periodisch angebrachten Magneten (Wiggler- und Undulatoren).

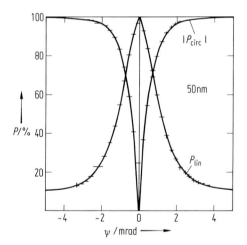

**Abb. 1.156** Zirkulare ($P_{\text{circ}}$) und lineare ($P_{\text{lin}}$) Polarisation der Synchrotronstrahlung als Funktion des vertikalen Winkels $\psi$ für 50 nm Wellenlänge. Experimentelle Daten mit Fehlerbalken nach Heckenkamp et al. [97] im Vergleich zur Theorie (ausgezogene Kurve).

wegung ist die Synchrotronstrahlung linear polarisiert; mit zunehmendem vertikalen Winkel wird die lineare Polarisation reduziert, während die zirkulare Polarisation graduell wächst. Diese Polarisationseigenschaften sind wichtig für spektroskopische Untersuchungen, wobei zu berücksichtigen ist, dass die Intensität sehr stark mit $\psi$ abnimmt.

Eine wichtige Anwendung der Synchrotronspektroskopie ist die Photoabsorption freier Atome im ultravioletten und Röntgenspektralbereich. So verdanken wir z. B. der Entwicklung der Synchrotronspektroskopie die Entdeckung zahlreicher doppelt angeregter Elektronenzustände. Wir erläutern diesen Prozess am Beispiel des Heliumatoms: Wenn die Photonenenergie größer als die Ionisationsenergie des Heliumatoms ist, können zwei miteinander konkurrierende Prozesse auftreten:

$$h\nu + \text{He} \begin{array}{c} \longrightarrow \text{He}^{**}(n_1 j_1, n_2 j_2) \rightarrow \text{He}^+ + e \\ \longrightarrow \text{He}^+ + e^- \end{array}$$

Der zweite Prozess ist der direkte Photoionisationsprozess, während der erste ein Doppelanregungsprozess ist, in dem beide Elektronen in höhere, angeregte Zustände gebracht werden (auch *Autoionisations-* oder *Resonanz*zustände genannt, siehe Abschn. 1.10.4.2 zum Vergleich mit Stoßanregungen). Die doppelt angeregten Zustände haben scharfe, diskrete Energiewerte, die als besondere Struktur, d. h. als Resonanzen in der Photoabsorption der Synchrotronstrahlung nachgewiesen werden können. Abb. 1.157 zeigt ein typisches Absorptionsspektrum von Helium, das mittels einer photographischen Registrierung aufgenommen wurde. Die hellen Bereiche zeigen geringe, die dunklen starke Absorption. Die so nachgewiesenen Resonanzstrukturen in dieser Abbildung lassen sich wie folgt interpretieren: Der intensivsten Resonanzlinie mit der niedrigsten Photonenenergie in der Absorption wird die Elektronenkonfiguration $2s\,2p\,^1P$ in Verbindung mit dem Photonenüber-

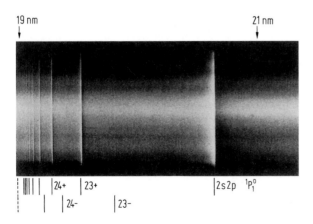

**Abb. 1.157** Absorptionsspektrum des Heliums im Spektralbereich von ca. 19–21 nm (190 bis 210 Å). Die Zahlenpaare unterhalb der Resonanzen weisen auf die zugehörigen Elektronenkonfigurationen $2snp$ und $2pns$ hin mit den Vorzeichen + oder − für die gemischten Zustände (nach Madden und Codling [98a]).

gang $1s^2\,^1S \to 2s2p\,^1P$ zugeordnet. Die Resonanzlinien mit kürzeren Wellenlängen werden den Spektralserien mit den *Elektronenkonfigurationen* $2snp\,^1P$ und $2pns\,^1P$ zugeordnet, die sich nahezu in gleichen Anteilen miteinander vermischen. Die zugehörigen Eigenfunktionen dieser gemischten Zustände stellen sich wie folgt dar:

$$\psi(\mathrm{sp}, 2n\,\pm) = \frac{1}{\sqrt{2}}\{u(2snp) \pm u(2pns)\}.$$

Es lässt sich theoretisch beweisen, dass die Übergänge vom Grundzustand ($1s^2\,^1S$) zu den angeregten Zuständen mit dem (+)-Zeichen, d. h. nach $\psi(\mathrm{sp}, 2n+)$, wahrscheinlicher sind als zu denjenigen mit dem (−)-Zeichen, d. h. nach $\psi(\mathrm{sp}, 2n-)$. Dieses Vorzeichenverhalten bezüglich der Absorptionslinien konnte experimentell verifiziert werden, wie in Abb. 1.157 zu sehen ist.

Abb. 1.158 gibt das Profil der stärksten Resonanzlinie bei ca. 20.7 nm wieder. Die Form dieser Resonanzlinie ist das Resultat einer kohärenten Überlagerung der beiden obigen Prozesse, der direkten Photoionisation und der Doppelanregung der beiden Elektronen, wobei natürlich der letztere Prozess nur bei scharfen Energiewerten – den Resonanzenergien – merklich in Erscheinung tritt. Die asymmetrische Form der Resonanzen, die in das Photoionisationskontinuum des Heliumatoms eingebettet sind, hat Ähnlichkeit mit der Form der Absorptionslinien, die von Beutler [99] in Argon, Krypton und Xenon 1935 beobachtet wurden. Das typische Resonanzprofil wurde von Fano als Interferenzspektrum zwischen dem Untergrundprozess (d.h. der direkten Photoionisation) und der Resonanzabsorption quantitativ

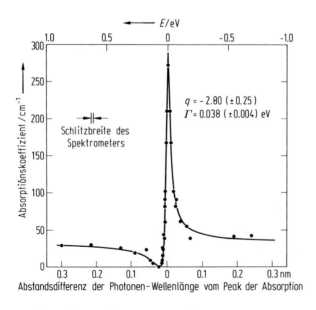

**Abb. 1.158** Absorptionsprofil der Resonanzlinie für die Doppelanregung $2spP_1$ des Heliums bei ca. 20.7 nm. Die ausgezogene Kurve stellt ein angepasstes Fano-Profil dar; $q$ ist der Fano-Parameter (s. Abschn. 1.10.4.2), die Halbwertsbreite der Resonanzkurve (nach Madden und Codling [98a]).

theoretisch beschrieben [100]. Das Fano-Resonanzprofil der Beutler-Linien weicht im Allgemeinen von der Lorentz-Kurvenform elektrischer und magnetischer Übergänge ab. Das *Fano-Profil* von Resonanzprozessen spielt auch eine wichtige Rolle in atomaren Stoßprozessen (s. z.B. Abb. 1.200 und 1.201).

### 1.7.4.7 Metastabile Zustände

Die Auswahlregeln optischer Dipolübergänge und deren Intensitätsabhängigkeiten haben zur Folge, dass gewisse angeregte Zustände **metastabil** sind. Metastabile angeregte Zustände haben Lebensdauern, die groß gegenüber denjenigen angeregter Zustände sind, die durch elektrische Dipolübergänge zerfallen (ca. $10^{-7}$–$10^{-9}$ s). Ein-Photon-Übergänge höherer Multipolmomente und Multiphotonen-Übergänge höherer Ordnung zwischen diskreten Zuständen konkurrieren miteinander; dieses Wechselspiel miteinander konkurrierender Übergangsprozesse beeinflusst die Lebensdauer metastabiler Zustände. Die Situation ist jedoch für jedes Atom und jeden metastabilen Zustand verschieden, und es ist daher nicht möglich, eine allgemeine Regel für die Lebensdauer der konkurrierenden Übergangsprozesse anzugeben. Wir greifen daher nur einige, typische Beispiele zur Metastabilität der Atome heraus, wobei das Wasserstoffatom im Vordergrund steht, da es wie zuvor theoretisch am genauesten behandelt werden kann und experimentelle Daten zum Vergleich vorliegen.

**Der Zwei-Photonen-Zerfall des metastabilen Wasserstoffs.** Lamb und Retherford haben in ihrem Experiment (Abschn. 1.7.4.2) zur Messung der Energiedifferenz zwischen den Wasserstoffzuständen $2^2P_{1/2}$ und $2^2S_{1/2}$ die Metastabilität des $2^2S_{1/2}$-Zustandes zum Nachweis des Resonanzüberganges benutzt. Die verschiedenen, physikalisch erlaubten spontanen Übergänge sind in Abb. 1.159 zum Vergleich zusammengestellt.

(1) Der elektrische Ein-Photon-Übergang von $2^2S_{1/2}$ nach $2^2P_{1/2}$ mit nachfolgender Emission der Lyman-α-Linie; wegen der niedrigen Übergangsfrequenz und der $v^3$-Abhängigkeit der Übergangswahrscheinlichkeit (Gl. (1.201)) wird die entsprechende Lebensdauer für diesen Übergangsprozess etwa $10^{11}$ s ≈ $10^4$ Jahre; (2) in relativis-

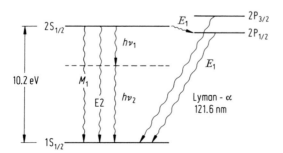

**Abb. 1.159** Feinstrukturterme für die ($n = 2$)-Zustände des Wasserstoffatoms mit den Ein- und Zwei-Photonen-Übergängen.

tischer Näherung führt ein elektrischer Quadrupol-Ein-Photon-Übergang (E2-Übergang) vom $2^2S_{1/2}$- zum Grundzustand mit einer entsprechenden Lebensdauer von mehreren Monaten; (3) ein magnetischer Dipol-Ein-Photon-Übergang (M1-Übergang mit $\Delta l = 0$, $\Delta m_l = 0, \pm 1$) ergibt eine Lebensdauer von ca. zwei Tagen; (4) der schnellste Zerfallskanal für den metastabilen $2^2S_{1/2}$-Zustand ist ein elektrischer *Dipol-Zwei-Photonen-Übergang* in zweiter Näherung, in dem zwei Photonen mit den Energien $h\nu_1$ und $h\nu_2$ unter Erhaltung der Energiebeziehung $h\nu_1 + h\nu_2 = |E(2^2S_{1/2}) - E(1^2S_{1/2})|$ gleichzeitig emittiert werden; die Übergangswahrscheinlichkeit errechnet sich zu $A_{2S-1S} = 8.2291 \text{ s}^{-1}$, was einer Lebensdauer von $\tau_{2S}(H) \approx 1/10 \text{ s}$ entspricht. Der dominierende spontane Zerfall des metastabilen $2^2S_{1/2}$-Zustandes ist nach diesen Überlegungen und theoretischen Voraussagen der spontane Zwei-Photonen-Übergang. Die spektrale Frequenzverteilung der Zwei-Photonen-Emission ist kontinuierlich, d. h. sie folgt einer Form, die theoretisch vorausgesagt und in Abb. 1.160 dargestellt ist. Das Maximum der Zwei-Photonen-Frequenzverteilung liegt bei $h\nu_1 = h\nu_2$, d. h. also in der Mitte des $(2^2S_{1/2} - 1^2S_{1/2})$-Energieabstandes. Diese spektrale Verteilung konnte jedoch noch nicht experimentell verifiziert werden, obwohl der Zwei-Photonen-Zerfall selbst, dessen Polarisations-, Winkelkorrelations- und Kohärenzeigenschaften nachgewiesen und gemessen werden konnten. Der Zwei-Photonen-Zerfall des metastabilen Wasserstoffs ist in sich selbst natürlich ein neuartiges Phänomen; anstelle diskreter Energien der vom Zerfall angeregter Zustände herrührender Photonen haben wir eine *kontinuierliche Energieverteilung der beiden Photonen*. Eine wichtige weitere Konsequenz ist die zu erwartende Gleichzeitigkeit der Emission der beiden Photonen, was zur Folge hat, dass der Nachweis in Koinzidenz vorgenommen werden kann. Mit anderen Worten, wenn ein metastabiles $2^2S_{1/2}$-Atom ein Photon der Energie $h\nu_1$ emittiert, so erfolgt gleichzeitig (s. unten bezüglich der Einschränkung dieser Gleichzeitigkeit!) die Emission eines zweiten Photons mit der Energie $h\nu_2$ unter Erhaltung der obigen Energiesumme. In Koinzidenzexperiment wurden die beiden Photonen als Koinzidenzereignisse nachgewiesen. Bevor wir diese Koinzidenzexperimente beschreiben, stellen wir zunächst den

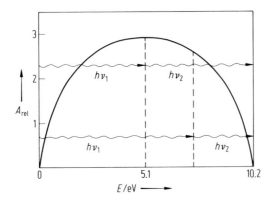

**Abb. 1.160** Spektrale Energieverteilung der Zwei-Photonen-Emission des metastabilen Wasserstoffs. Relative Übergangswahrscheinlichkeiten $A_{rel}$ als Funktion der beiden Photonenenergien $h\nu_1$ und $h\nu_2$.

quantenmechanischen Zustandsvektor für die beiden Photonen des 2S-Zerfalls auf. Zwei Erhaltungssätze genügen, diesen Zustandsvektor zu bestimmen: (1) Die Erhaltung des Drehimpulses: Beide Zustände $2^2S_{1/2}$ und $1^2S_{1/2}$ haben den gleichen Gesamtdrehimpuls, so dass die beiden Photonen des $2^2S_{1/2}$-Zerfalls keinen Drehimpuls abführen können. Das bedeutet, dass die zwei Photonen des $2^2S_{1/2}$-Zerfalls in entgegengesetzter Emissionsrichtung entweder beide rechtszirkular oder linkszirkular polarisiert sind, das heißt der Zustandsvektor ist eine lineare Superposition dieser beiden Fälle: $|\psi\rangle = (1/\sqrt{2})\{|R_1\rangle|R_2\rangle \pm |L_1\rangle|L_2\rangle\}$, wobei $|R_1\rangle$, $|R_2\rangle$, $|L_1\rangle$ und $|L_2\rangle$ die Zustandsvektoren für rechts- bzw. linkszirkular polarisiertes Licht des ersten (Index 1) oder zweiten Photons (Index 2) darstellen. Der zweite Erhaltungssatz bezieht sich auf die Parität. Da beide Zustände $2^2S_{1/2}$ und $1^2S_{1/2}$ gerade Parität besitzen ($l = 0!$), können die zwei Photonen des $2^2S_{1/2}$-Zerfalls keine Änderung der Parität unter der Paritätsoperation $P$ (siehe Abschn. 1.4.2.5) hervorrufen, das heißt $|P\psi\rangle = +|\psi\rangle$; mit anderen Worten, für den obigen Zustandsvektor muss das Pluszeichen gelten: $|\psi\rangle = (1/\sqrt{2})\{|R_1\rangle|R_2\rangle + |L_1\rangle|L_2\rangle\}$.

Stellen wir diesen Zustandsvektor des Zwei-Photonen-Zerfalls mit linear polarisierten Komponenten dar, so können wir die übliche Beziehung zwischen den Amplituden für linear und zirkular polarisiertes Licht benutzen, d. h.

$$|R\rangle = (1/\sqrt{2})\{|x\rangle + i|y\rangle\} \quad \text{und} \quad |L\rangle = (1/\sqrt{2})\{|x\rangle - i|y\rangle\},$$

und erhalten

$$|\psi\rangle = (1/\sqrt{2})\{|x_1\rangle|x_2\rangle + |y_1\rangle|y_2\rangle\}.$$

Führen wir nun ein Koinzidenzexperiment für den Nachweis des Zwei-Photonen-Zerfalls durch, dann reduziert sich der Zustandsvektor auf einen der beiden Summanden, z. B. $|\psi\rangle = (1/\sqrt{2})\{|R_1\rangle|R_2\rangle\}$ (oder entsprechend für die linkszirkularen Komponenten) und $|\psi\rangle = (1/\sqrt{2})\{|x_1\rangle|x_2\rangle\}$ (oder entsprechend für die y-Koordinate). Diese Reduzierung des Zustandsvektors (auch *Kollaps der Wellenfunktion* genannt) hat die wichtige Konsequenz, dass der Nachweis durch den ersten Photonendetektor bei vorgegebener Wahl der Richtung der Photonenpolarisation das Resultat der Polarisationsrichtung des Photons am zweiten Detektor bestimmt. Das bedeutet für die in Abb. 1.161a dargestellte Geometrie die oben bereits geforderte Rechts-Rechts- oder Links-Links-Korrelation der Zirkularpolarisation und eine $\cos^2\theta$-Korrelation für die Richtungen der Polarisationsvektoren der beiden linear polarisierten, koinzidenten Photonen. Diese charakteristische Polarisationskorrelation des Zwei-Photonen-Zerfalls des metastabilen Wasserstoffatoms konnte mit der in Abb. 1.161b dargestellten, experimentellen Methode nachgewiesen werden. Abb. 1.162 und 1.163 zeigen ein typisches Koinzidenzsignal und experimentelle Daten der Polarisationskorrelation des Zwei-Photonen-Zerfalls. Abb. 1.164 zeigt schematisch eine spektroskopische Darstellung der möglichen, koinzidenten Zwei-Photonen-Komponenten in Analogie zu den π- und $\sigma^\pm$-Übergängen für elektrische Ein-Photon-Übergänge. Die Symbole $|\pi\rangle$ bzw. $|\sigma\rangle$ sollen die Zustandsvektoren für linear und zirkular polarisierte Übergänge des einen oder anderen Photons des Zwei-Photonen-Zerfalls darstellen. Diese Darstellung beruht jedoch auf der Annahme, dass die *Emission der beiden Photonen gleichzeitig und nicht nacheinander erfolgt*

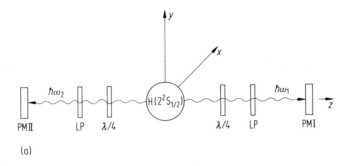

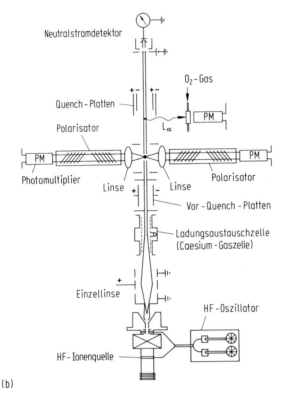

**Abb. 1.161** (a) Geometrie zum Nachweis der Polarisationskorrelation des Zwei-Photonen-Zerfalls des metastabilen Wasserstoffs; LP = linearer Polarisator, $\lambda/4$-Platte, PM = Photomultiplier. (b) Experimentelle Methode zur Messung der Polarisierungskorrelation des H(2S)-Zwei-Photonen-Zerfalls: Protonen einer Ionenquelle passieren eine Caesium-Gaszelle, in der sie ein Elektron in den 2S-Zustand einfangen. Nach Durchqueren des Nachweisbereiches der Polarisationskorrelation der Zwei-Photonen-Strahlung werden die metastabilen Atome durch ein elektrisches Feld in den 2P-Zustand gequencht, wobei die Intensität der resultierenden Lyman-$\alpha$-Strahlung ein Maß für die Zahl der metastabilen Atome ist. Die Zwei-Photonen-Emission der metastabilen Wasserstoffatome wird durch die zwei gegenüberliegenden Photomultiplier (PM) in Koinzidenz nachgewiesen. Die optischen Parallelplatten-Polarisatoren zur Messung der linearen Polarisation bestehen aus je 12 (amorphen) Quarzplatten, die unter dem Brewster'schen Winkel geneigt sind (nach Perrie et al. [102]).

*und der „virtuelle" Zwischenstand physikalisch nicht existiert.* Es sei jedoch in diesem Zusammenhang erwähnt, dass erst kürzlich aufgrund einer neuartigen, experimentellen Femtosekunden-Zeitanalyse gezeigt wurde [98b], dass die beiden Photonen *nacheinander mit einer Zeitdifferenz von ca.* $10^{-15}$s *(also nicht simultan!) emittiert werden.*

Wir weisen noch auf eine fundamental wichtige Anwendung der Zwei-Photonen-Korrelation hin, die mit der **allgemein akzeptierten Kopenhagen-Göttinger Interpretation der Quantenmechanik** zusammenhängt. Die Messung der Polarisationskorrelation erweist sich als ideales Testexperiment zur Wahl zwischen den Grundprinzipien der klassischen Physik und der Quantenmechanik. Legen wir z. B. die Richtung des Polarisationsvektors des ersten linearen Polarisators (I) in der einen Nachweisrichtung fest (PM I in Abb. 1.161), so erhalten wir eine maximale Koinzidenzrate, wenn der Polarisationsvektor des zweiten linearen Polarisators (II) in der entgegengesetzten Nachweisrichtung (PM II in Abb. 1.161) parallel zu der des ersten Polarisators steht; das folgt aus der $\cos^2\theta$-Beziehung der Zwei-Photonen-Polarisationskorrelation. Mit anderen Worten, die Zählrate des Detektors II hinter dem Polarisator (II) hängt von der Stellung der Polarisationsrichtung des ersten Polarisators (I) ab. Diese $\cos^2\theta$-Beziehung zwischen den beiden Polarisationsrichtungen ist im Prinzip unabhängig vom Abstand der beiden Detektoren; es sei z. B. der eine Detektor auf der Erde, der andere auf dem Mars und die Quelle der Zwei-Photonen-Emission zwischen den beiden Planeten auf einem Satelliten. Der Physiker auf der Erde könnte dann mithilfe einer geeigneten Koinzidenzapparatur experimentell herausfinden, dass sein Kollege auf dem Mars z. B. die Richtung seines Polarisationsvektors in die ekliptische Ebene (Ebene, in der die Erde um die Sonne läuft) gelegt hat. Dieser physikalische Tatbestand, dass eine physikalische Messgröße am Ort I von einer Messgröße am Ort II abhängt, widerspricht jedoch den Gesetzen der klassischen Physik und der Theorie der Relativität! **Es war besonders Einstein, der aufgrund der**

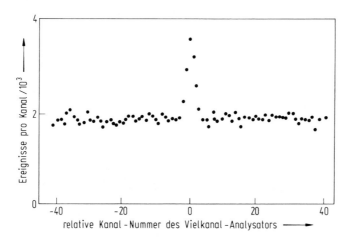

**Abb. 1.162** Typisches Koinzidenzsignal der Zwei-Photonen-Emission des metastabilen Wasserstoffs. Die mittlere Koinzidenzzählrate beträgt $(490 \pm 16)$ pro Stunde (nach Perrie et al. [102]).

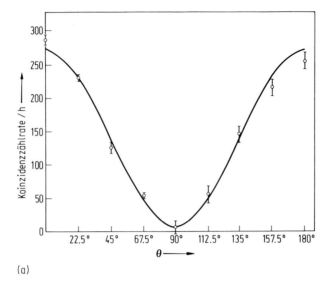

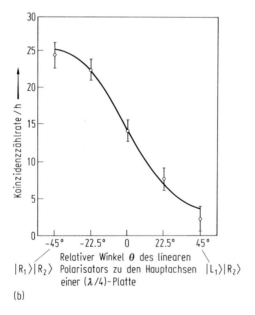

**Abb. 1.163** Lineare (a) und zirkulare (b) Polarisationskorrelation der Zwei-Photonen-Strahlung des metastabilen Wasserstoffs. Die ausgezogenen Kurven stellen Anpassungen (least-square-fits) der ($\cos^2\theta$)-Beziehung an die experimentellen Daten dar, wobei der endliche Öffnungswinkel der nachgewiesenen Zwei-Photonen-Strahlung berücksichtigt wurde (nach Perrie et al. [102]).

1.7 Experimentelle Methoden und Anwendungen der Atomspektroskopie    255

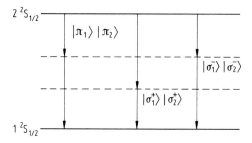

**Abb. 1.164** Schematische Darstellung der Polarisationskorrelation des koinzidenten Zwei-Photonen-Übergangs vom metastabilen $2^2S_{1/2}$-Zustand in den Grundzustand des Wasserstoffs. Die Symbole $|\pi_1\rangle|\pi_2\rangle$, $|\sigma_1^+\rangle|\sigma_2^+\rangle$ und $|\sigma_1^-\rangle|\sigma_2^-\rangle$ beziehen sich auf die koinzidenten Zwei-Photonen mit linearer und zirkularer (rechts-rechts oder links-links zirkular polarisiert) Polarisationskorrelation. Die gestrichelten „virtuellen" Niveaus haben keine physikalische Realität in der Form normaler, angeregter quantenmechanischer Zustände.

**Verletzung der Lokalität der physikalischen Gesetze durch die Quantenmechanik schwerwiegende Einwände gegenüber der Kopenhagen-Göttinger Interpretation der Quantenmechanik erhob.** „Lokalität" bedeutet hier, dass eine physikalische Messgröße von derjenigen an einem „lokal" getrennten Ort physikalisch unabhängig sein muss. Wäre die Stellung der Polarisationsrichtung am Ort I ohne Einfluss auf die Zählrate am Ort II hinter dem Polarisator, dürfte die Drehung der Richtung des zweiten Polarisators keine Änderung der Koinzidenzzählrate ergeben. Tatsächlich haben jedoch die empfindlichen Experimente zur Zwei-Photonen-Polarisationskorrelation (die auch mit anderen Atomen durchgeführt wurden) eindeutig die Kopenhagen-Göttinger Interpretation der Quantenmechanik bestätigt. In der Literatur werden solche Testexperimente in Verbindung mit dem Einstein-Podolsky-Rosen-Paradox (**EPR-Paradox**) diskutiert – nach einer gemeinsamen Arbeit Einsteins und seiner Kollegen [103], in der die logischen Konsequenzen der Quantenmechanik klassisch und relativistisch *paradox* erscheinen. Obwohl der dänische Physiker Bohr und die Mehrheit der Physiker die *Nichtlokalität der Quantenmechanik* als ein *neuartiges Naturphänomen* außerhalb des Gültigkeitsbereiches der klassischen und der relativistischen Physik ansehen, reißt die Diskussion um das EPR-Paradox bis heute nicht ab.

**Vollständige Polarisation der Quenchstrahlung im elektrischen Feld.** Wir haben im vorhergehenden und in Abschn. 1.7.4.2 erfahren, wie metastabile $2^2S_{1/2}$-Wasserstoffatome im elektrischen Feld gequencht werden können, wobei Lyman-$\alpha$-Strahlung aufgrund der $(2S \rightarrow 2P \rightarrow 1S)$-Übergänge emittiert wird. Eine wichtige Eigenschaft dieser durch das elektrische Feld induzierten Lyman-$\alpha$-Strahlung ist ihre hohe, negative, lineare Polarisation, die als Funktion des elektrischen Feldes in Abb. 1.165 dargestellt ist. Das Schema des Experimentes zu dieser Messung sei wie folgt erläutert: Wie bei der Messung der Zwei-Photonen-Polarisation (vorhergehender Abschnitt) werden die metastabilen Atome durch Ladungseinfang von Protonen beim Passieren einer Ladungsaustauschzelle, die in diesem Fall Argon-Gas enthält, produziert. Die metastabilen 2S-Atome fliegen sodann mit einer Energie von ca. 1 keV

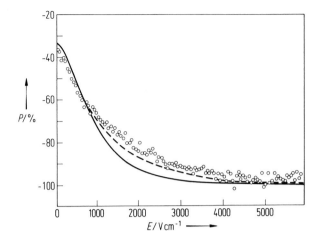

**Abb. 1.165** Lineare Polarisation $P$ (mit Bezug auf die elektrische Feldrichtung) der Quenchstrahlung des metastabilen $2^2S_{1/2}$-Zustandes des Wasserstoffs in Abhängigkeit von der elektrischen Feldstärke $E$. ○ experimentelle Daten nach Harbich et al. [104]; – quantenmechanische Berechnung ohne Berücksichtigung einer Korrektur des Randfeldes der elektrischen Feldplatten; – – – quantenmechanische Berechnung unter Berücksichtigung einer Randfeldkorrektur (nach Harbich [105]).

durch das homogene elektrische Feld eines Plattenkondensators, wo die entstehende Lyman-α-Strahlung senkrecht zur Strahlrichtung beobachtet und deren lineare Polarisation $P = (I^\| - I^\perp)/(I^\| + I^\perp)$ bezüglich der elektrischen Feldrichtung gemessen wird. Zum Verständnis dieses Polarisationseffektes benutzen wir die Darstellung, in der die ($n = 2$)-Eigenzustände des Wasserstoffs in einem elektrischen Feld durch eine kohärente, lineare Superposition der ungestörten Wasserstoffzustände beschrieben werden (s. Abschn. 1.3.6.1). Dabei liefert in dieser Darstellung der $|2^2P_{3/2,3/2}\rangle$-Zustand mit $j = 3/2$ und $|m_j| = 3/2$ keinen Beitrag, da er wegen der Erhaltung der Komponente $m_j$ nicht bevölkert werden kann (dem $2^2S_{1/2}$-Zustand fehlt $|m_j| = 3/2$). Es zeigt sich nun, dass in sehr hohen elektrischen Feldern in den $|2^2P_{3/2,1/2}\rangle$- und $|2^2P_{1/2,1/2}\rangle$-Zuständen lediglich die Anteile besetzt werden, deren Komponenten $|m_l| = 1$ sind; die Komponenten dieser Zustände mit $m_l = 0$ treten nicht auf, da die Bewegung des Elektrons in der Feldrichtung eine Abbremsung und entgegen der Feldrichtung eine Beschleunigung erfährt. Da beide Bewegungen gerade um 180° phasenverschoben sind, löschen sie sich bei kohärenter Überlagerung aus. Mit anderen Worten, in den Zuständen $|^2P_{3/2,1/2}\rangle$ und $|^2P_{1/2,1/2}\rangle$ sind lediglich die Komponenten mit den magnetischen Quantenzahlen $m_l = 1$ angeregt, so dass beim Übergang zum Grundzustand nur zirkular polarisierte ($\Delta m_l = 1$)-Übergangskomponenten erlaubt sind bzw. bei der Beobachtung senkrecht zum elektrischen Feld negative, lineare Polarisation der Lyman-α-Strahlung auftritt. Bei niedriger elektrischer Feldstärke werden die ($m_l = 0$)-Komponenten der 2P-Zustände graduell zunehmend bevölkert, was zu einer Reduzierung der Lyman-α-Polarisation führt. In der Nähe der elektrischen Feldstärke null wird die Lyman-α-Polarisation $P = -33\%$, was einem Besetzungsverhältnis von 2 : 1 der ($m_l = \pm 1$)-Komponenten zu den ($m_l = 0$)-Komponenten der 2P-Zustände entspricht.

Wir merken noch an, dass in dem hier beschriebenen Experiment die metastabilen Atome „adiabatisch" in das elektrische Feld eintreten, d. h. die Stark-Zustände folgen langsam und graduell dem Anstieg der Feldstärke. Geschieht der Eintritt der metastabilen Wasserstoffatome in das Feld „diabatisch" (d. h. sehr schnell bei hoher Energie der Metastabilen), so treten – ähnlich wie bei den Beam-Foil-Experimenten – Quantenbeats auf (nächster Unterabschnitt), die außerdem die Polarisation der Lyman-α-Strahlung völlig verändern.

**Quantenbeats im elektrischen Feld.** Wenn der Eintritt von Atomen in ein elektrisches Feld schnell im Vergleich zu den reziproken Werten der Fein-, Hyperfein- und Lamb-Shift-Frequenzen erfolgt, liegen die üblichen Bedingungen für die Beobachtung von Quantenbeats vor (s. Abschn. 1.7.4.3). Für die metastabilen Wasserstoffatome wird die Struktur der Quantenbeats dann durch die Oszillationen der durch den Stark-Effekt verschobenen $2^2S_{1/2} - {}^2P_{1/2}$-Lamb-Shift (ca. 1050 MHz) bestimmt (Abb. 1.166). Die Einhüllende dieser Oszillationen ist weiterhin mit der Frequenz der Hyperfeinstruktur-Aufspaltung des $2S_{1/2}$-Zustandes ($\approx 180$ MHz) moduliert. Jeder Peak der Lamb-Shift-Quantenbeats ist weiterhin durch die schnellen Oszillationen der ($2^2S_{1/2} - 2^2P_{3/2}$)-Frequenz ($\approx 10\,000$ MHz) strukturiert (Abb. 1.167). Die Apparatur zur Beobachtung der Quantenbeats ist in Abb. 1.168 erläutert. Wie bei den vorher beschriebenen Methoden wird der metastabile $2^2S_{1/2}$-Strahl durch Ladungseinfang beschleunigter Protonen erzeugt, diesmal mit molekularem Wasserstoff in der Gaszelle. Um die Störung durch das elektrische Feld sehr plötzlich „einzuschalten",

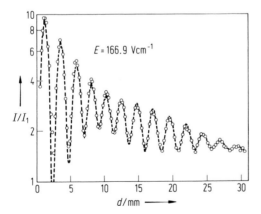

**Abb. 1.166** Quantenbeats schneller metastabiler H(2S)-Atome beim plötzlichen Einfliegen in ein statisches elektrisches Feld von $E = 166.9\,\text{V}\,\text{cm}^{-1}$ mit einer Strahlgeschwindigkeit der Metastabilen von $2.97 \cdot 10^8$ cm/s (entsprechende Energie 50 keV). Experimentelle Daten (Kreise) im Vergleich zur theoretischen Berechnung (gestrichelte Kurve). Die Abszisse stellt die Entfernung $d$ des Detektors der Lyman-α-Strahlung von der Eintrittsöffnung in das elektrische Feld dar, die Intensität $I$ ist in willkürlichen Einheiten von $I_1$ angegeben (siehe auch Abb. 1.168; nach van Wijngaarden et al. [106]).

258  1 Atome

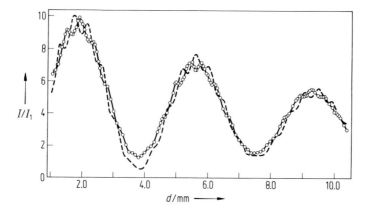

**Abb. 1.167** Gleiche Messung der Quantenbeats wie in der vorhergehenden Abbildung, jedoch bei einer Strahlgeschwindigkeit der Metastabilen von $4{,}79 \cdot 10^8 \, \text{cm/s}^{-1}$ und größerer örtlicher Auflösung; (– – –) theoretische Berechnung; Kreise und durchgezogene Kurve: experimentelle Daten nach van Wijngaarden et al. [106].

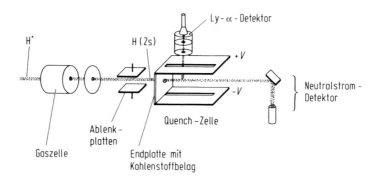

**Abb. 1.168** Apparatur zur Beobachtung der Quantenbeats der metastabilen Wasserstoffatome $2^2S_{1/2}$ in einem homogenen elektrischen Feld. Ein Protonenstrahl wird in einer Gaszelle zu einem metastabilen H(2S)-Strahl neutralisiert, der in ein elektrisches Feld eintritt, dessen Quenchstrahlung als Funktion des Abstandes von der Eintrittsöffnung in das elektrische Feld beobachtet wird (nach van Wijngaarden et al. [106]).

d.h. um den Anstieg vom Feld null zu der gewünschten Feldstärke zu erzielen, wurden die Kondensatorplatten durch ein Plastikteil überbrückt, das auf der Seite der Kondensatorplatte eine dünne Kohlenstoffschicht mit einem elektrischen Widerstand von einigen MΩ besitzt, um somit die Randfelder auf ein Minimum herunterzudrücken. Durch eine kleine Öffnung von 1.55 mm Durchmesser treten die metastabilen Atome in das Feld des Kondensators ein.

Diese Quenchmethode der metastabilen Atome wurde von den kanadischen Physikern van Wijngaarden, Kwela und Drake [107] zu einer Präzisionsmethode entwickelt, um die Lamb-Shift des wasserstoffgleichen He$^+$-Ions zu vermessen. Dabei wurde insbesondere die Anisotropie der Winkelverteilung der Quenchstrahlung des metastabilen He$^+$ ($2^2S_{1/2}$) als empfindliche Messgröße mit der Lamb-Shift verknüpft, woraus sich der folgende Wert ergab:

$$\Delta E(\text{He}^+, 2^2S_{1/2} - 2^2P_{1/2}) = (14022.52 \pm 0.16) \text{ MHz},$$

der in ausgezeichneter Übereinstimmung mit dem theoretischen Wert (14042.51 $\pm$ 0.2) MHz ist.

**Weitere Beispiele metastabiler Zustände.** Viele Atome und Ionen besitzen metastabile Zustände, deren relativ lange Lebensdauern daher rühren, dass Übergänge zu niedrigeren Zuständen verboten sind oder nur mit sehr geringer Übergangswahrscheinlichkeit stattfinden.

Wir erwähnen hier zunächst die Metastabilität des 2S-Zustandes der wasserstoffgleichen Ionen He$^+$, Li$^{++}$, ..., deren Übergangswahrscheinlichkeit wie beim Wasserstoff überwiegend durch die Zwei-Photonen-Emission bestimmt ist. Da jedoch diese Übergangswahrscheinlichkeit proportional zu $Z^6$ ansteigt – das heißt $A_{2S-1S} = (8.226 \pm 0.001) Z^6 \text{ s}^{-1}$ – wird die Metastabilität des 2S-Zustandes der wasserstoffgleichen Ionen graduell mit steigendem $Z$ zerstört; so ist z. B. die theoretisch berechnete Lebensdauer des siebzehnfach geladenen Ar$^{17+}$ ($2^2S_{1/2}$)-Ions $\tau = 3.57$ ns, ein Wert, der gut mit dem experimentellen Wert von $(3.54 \pm 0{,}25)$ ns übereinstimmt.

Die beiden ersten angeregten Zustände $2^1S_0$ und $2^3S_1$ des Heliumatoms sind ebenfalls metastabil. Da der $2^1S_0$-Zustand oberhalb des $2^3S_1$-Zustandes liegt (Abb. 1.36), wäre ein relativistisch erlaubter magnetischer Dipolübergang denkbar. Wegen der geringen Übergangsfrequenz und der Auswahlregel $\Delta S = 0$ ist jedoch ein solcher Ein-Photon-Zerfall des He($2^1S_0$)-Zustandes extrem unwahrscheinlich. Der Zwei-Photonen-Zerfall ist jedoch wie beim metastabilen Wasserstoff erlaubt; theoretisch wurde die Lebensdauer des He($2^1S_0$)-Zustandes aufgrund dieses Zwei-Photonen-Überganges zu $\tau_{\text{theor}}(2^1S_0) = 19.5$ ms berechnet – in guter Übereinstimmung mit dem aufgrund einer Flugzeitmessung experimentell ermittelten Wert von $\tau_{\text{exp}}(2^1S_0) = (19.7 \pm 1.0)$ ms.

Der $2^3S_1$-Zustand des Heliums ist ebenfalls metastabil; in nichtrelativistischer Näherung sind sowohl die elektrischen Dipol- und Quadrupolübergänge als auch ein magnetischer Dipolübergang zum $1^1S_0$-Grundzustand verboten. Selbst der Zwei-Photonen-Übergang hat wegen des erforderlichen Spinumklapps vom Triplett- zum Singulettzustand eine extrem kleine Übergangswahrscheinlichkeit von $10^{-8}$ bis $10^{-9}$ s$^{-1}$. In relativistischer Näherung und Korrektur errechnet sich jedoch die Übergangswahrscheinlichkeit zu $1.27 \cdot 10^{-4}$ s$^{-1}$ für einen magnetischen Dipolübergang vom $2^3S_1$ zum Grundzustand des Heliums. Diese extrem kleine Übergangswahrscheinlichkeit konnte am Helium noch nicht gemessen werden.

Mithilfe der Beam-Foil-Technik (Abschn. 1.7.4.5) wurde jedoch die Lebensdauer des hochgeladenen Ar$^{16+}$ ($2^3S_1$)-Ions zu $\tau = (172 \pm 30)$ ns gemessen, für die die relativistische Theorie des magnetischen Dipolüberganges den Wert 213 ns voraussagt. Dieser große Anstieg der Übergangswahrscheinlichkeit skaliert nach der Theorie proportional zu $1.66 \cdot 10^{-6} Z^{10}$ s$^{-1}$ für Ionen hoher Ordnungszahl $Z$.

Die anderen Edelgase Ne, Ar, Kr und Xe besitzen ebenfalls metastabile Zustände, die in der *LS*-Kopplung die energetisch niedrigsten $n^3P_0$- und $n^3P_2$-Zustände sind. Das gleiche trifft für die entsprechenden Terme der metallischen Zwei-Elektronen-

Systeme Zink, Cadmium und Quecksilber zu. Da alle diese Zustände entgegengesetzte Parität zum Grundzustand $n^1S_0$ haben, sind Zwei-Photonen-Übergänge verboten. Die Lebensdauern dieser metastabilen $^3P_0$-und $^3P_2$-Übergänge werden durch die sehr schwachen magnetischen Dipol- und die magnetischen und elektrischen Quadrupolübergänge bestimmt.

Eine andere Klasse metastabiler Zustände kommt dadurch zustande, dass Elektronen innerer Schalen durch atomare Stoß- und Photoprozesse in äußere Schalen überführt werden können. Solche metastabilen Zustände sind insbesondere in Alkalimetallatomen und Ein-Elektron-Ionen gefunden worden. Als Beispiel greifen wir das Lithium-Atom heraus, dessen Grundzustandskonfiguration Li($1s^22s$, $2^2S_{1/2}$) ist. Durch Stöße mit Elektronen geeigneter Energie können die Elektronen des Lithium-Atoms in die Konfiguration Li($1s2s2p$) gebracht werden. Aufgrund einer Anticrossing-Analyse (siehe Abschn. 1.7.4.4) konnten die US-Amerikaner Feldman und Novick zeigen, dass diese Li($1s2s2p$)-Konfiguration ein Feinstruktur-Quartett $^4P_J$ bildet, wobei $J$ die Gesamtdrehimpulsquantenzahl mit den Werten $J = 5/2$, $3/2$ und $1/2$ ist (bei Vernachlässigung der Hyperfeinstruktur-Aufspaltung). Diese Quartettzustände zerfallen aufgrund einer sog. *Autoionisation*, die auf Spin-Spin- und Spin-Bahn-Wechselwirkungen beruht, in ein Li$^+$-Ion und ein Elektron. Die resultierenden gemessenen Lebensdauern hängen daher von den $J$-Werten ab:

$$\tau(^4P_{5/2}) = (5.8 \pm 1.2)\,\mu s, \ \tau(^4P_{3/2}) = (0.46 \pm 0.10)\,\mu s$$

und

$$\tau(^4P_{1/2}) = (0.14 \pm 0.07)\,\mu s.$$

Wir weisen an dieser Stelle noch darauf hin, dass es zwei verschiedene Typen von Autoionisationszerfällen und -zuständen gibt. Der eine basiert auf den obigen relativ schwachen Spin-Spin- und Spin-Bahn-Wechselwirkungen und führt zu metastabilen Zuständen mit Lebensdauern von $10^{-3} - 10^{-7}$ s. Der andere Typ von Autoionisationszuständen und Zerfallsprozessen unterliegt der stärkeren, direkten Coulomb-Wechselwirkung und führt zu sehr kurzen Lebensdauern von $10^{-12} - 10^{-14}$ s. Die sehr kurzlebigen Zustände zeigen sich nicht in Verbindung mit spektroskopisch beobachtbaren Emissions- und Absorptionslinien; sie werden nur in dynamischen Stoßprozessen und in der Photoionisation als Resonanz nachweisbar (Abschn. 1.10). Im Gegensatz hierzu können Absorptionsübergänge von metastabilen, autoionisierenden Zuständen nachgewiesen werden; diese Übergänge wurden zuerst 1933 von Beutler postuliert, um ultraviolette Absorptionslinien in Alkalimetallatomen zu erklären, die nicht im Rahmen der üblichen Termschemen auftreten.

## 1.8 Exotische Atome

**Exotische Atome** sind solche, in denen mindestens ein Elektron in der Elektronenhülle durch ein anderes negatives Elementarteilchen oder der Atomkern durch ein anderes positives Teilchen ersetzt worden ist. „Antiteilchen" haben die gleiche Masse wie das entsprechende „Teilchen" aber entgegengesetzte elektrische Ladung; z. B. ist das Positron e$^+$ Antiteilchen des Elektrons e$^-$ und das Antiproton p$^-$ (gelegentlich p̄ geschrieben) das Antiteilchen des Protons p⁺. Allgemein gibt es in der Physik der Elementarteilchen (s. Kap. 5) zu jedem Teilchen ein entsprechendes Antiteilchen. Dieses Konzept der Teilchen-Antiteilchen-Paare wurde zuerst von Dirac in der symmetrischen Beschreibung positiver und negativer elektrischer Ladungen in der relativistischen Quantenmechanik eingeführt. Experimentell am besten untersucht und von weitaus größtem Interesse sind exotische Atome in der Form von Zweiteilchensystemen. Solche atomaren Systeme sind wasserstoffgleich, wie der *Antiwasserstoff*, der ein Antiproton als Kern und ein Positron in der Hülle besitzt. Das *Positronium* $(e^+e^-)$ besteht aus einem Elektron und einem Positron und das *Myonium* $(\mu^+e^-)$ aus einem positiven Myon $\mu^+$ (ein sogenanntes *schweres Positron* mit der Masse $m_\mu = 207\,m_e$, das aber unstabil ist und eine mittlere Lebensdauer von $2.2 \cdot 10^{-6}$s besitzt) und einem Elektron. Positronium (abgekürzt Ps) wurde zuerst 1949 von dem US-amerikanischen Physiker Deutsch [108] nachgewiesen.

Freie Positronium-Atome können nach Abbremsung von Positronen in gasförmigen oder flüssigen Targets oder auch gewissen Metalloxidpulvern (besonders MgO) erzeugt werden. Die verschiedenen anderen exotischen Atome können durch Einfang abgebremster Teilchen, wie z. B. negativer Myonen ($\mu^-$), Pionen ($\pi^-$), Kaonen ($K^-$), Hyperonen ($\Sigma^-, \Xi^-, \ldots$) oder Antiprotonen ($\bar{p}$) in die atomaren Orbitale erzeugt werden. Da diese Teilchen eine viel größere Masse $m$ als das Elektron besitzen, können nach dem Bohr'schen Atommodell die Bahnradien der umlaufenden Teilchen in den exotischen Atomen beträchtlich kleiner als beim Wasserstoff sein (siehe Tab. 1.12). Die Teilchen $\pi^-$, $K^-$, $\Sigma^-$, $p^-$ und $p$ sind *Hadronen* (Kap. 5), die starke nukleare Wechselwirkung mit dem Kern haben; deshalb werden die exotischen Atome mit diesen Teilchen als *hadronische Atome* bezeichnet.

Die ersten Antiwasserstoff-Atome sind 1996 im Antiprotonen-Speicherring LEAR am CERN (der Europäischen Organisation für Kernforschung in Genf) erzeugt worden (vgl. dazu auch Abschn. 1.10.5.5 und 5.1.1). Das waren Hochenergie-Antiprotonen, die nach der $e^+e^-$-Paarerzeugung an schweren Atomkernen ein Positron einfangen konnten. Für spektroskopische Präzisionsmessungen hätte man gern sehr niederenergetische Antiwasserstoff-Atome zur Verfügung. Im September 2002 be-

**Tab. 1.12** Reduzierte Masse und erster Bohr-Radius von exotischen Atomen.

| Exotisches Atom | Reduzierte Masse | Erster Bohr-Radius |
|---|---|---|
| H̄ | $\dfrac{1836}{1837} m_e \approx m_e$ | $a_0$ |
| $(e^+e^-) = $ Ps | $0.5\,m_e$ | $2a_0$ |
| $(\mu^+e^-)$ | $\dfrac{207}{208} m_e \approx m_e$ | $a_0$ |
| $(p\mu^-)$ | $186\,m_e$ | $5.4 \cdot 10^{-3}\,a_0$ |
| $(p\pi^-)$ | $238\,m_e$ | $4.2 \cdot 10^{-3}\,a_0$ |
| $(pK^-)$ | $633\,m_e$ | $1.6 \cdot 10^{-3}\,a_0$ |
| $(p\bar{p})$ | $918\,m_e$ | $1.1 \cdot 10^{-3}\,a_0$ |
| $(p\Sigma^-)$ | $1029\,m_e$ | $9.7 \cdot 10^{-4}\,a_0$ |

richtete eine internationale Kollaboration am CERN die Erzeugung von etwa 50 000 „kalten" Antiwasserstoff-Atomen mit thermischen Energien von 15 Kelvin. Dazu wurden abgebremste Antiprotonen in einer magnetischen Falle gespeichert und gekühlt und dann mit ebenfalls gespeicherten Positronen zusammengebracht. Die gebildeten neutralen Antiwasserstoff-Atome trafen die Fallenwand und wurden durch Sekundärreaktionen nachgewiesen.

Besondere Bedeutung hat die Vermessung der Energiespektren des Positroniums und des Myoniums erfahren. Da sowohl das Positron als auch das Myon keine nachweisbaren (bis jetzt!) internen Strukturen besitzen, eignen sich beide exotischen Atome besonders und sogar prinzipiell besser als das Wasserstoffatom zum Testen der quantitativen Voraussagen der Quantenelektrodynamik (z. B. der Lamb-Shift). Allerdings sind die spektroskopischen Untersuchungsmethoden dieser exotischen Atome sehr viel schwieriger und aufwendiger als beim Wasserstoffatom. Abb. 1.169

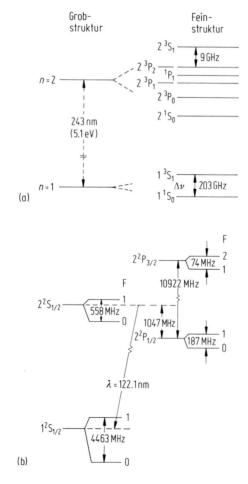

**Abb. 1.169** Energiediagramme von Positronium (a) und Myonium (b).

stellt die Termschemata des Positroniums und Myoniums dar, wobei auf folgende Eigentümlichkeiten dieser exotischen Atome hingewiesen wird: Beim Positronium wird wegen der Gleichheit der Massen des Elektrons und des Positrons die reduzierte Masse $\mu = 1/2\, m_e$, was zur Folge hat, dass das Energiespektrum im Vergleich zum Wasserstoffatom auf die Hälfte zusammengestaucht ist, d.h. die Ionisationsenergie und die Energieabstände sind in der Grobstruktur um den Faktor zwei vermindert. Die Feinstruktur des Positroniumspektrums wird – wie beim Heliumatom – durch Singulett- (Elektronen- und Positronenspins antiparallel) und Triplettzustände (Spins parallel) beschrieben. Beim Myonium mit einer reduzierten Masse $\mu = (207/208)\, m_e$ bleibt die Grobstruktur weitgehend identisch mit dem des Wasserstoffatoms; die Fein- und Hyperfeinstruktur des Myoniums (Elektronenspin $S = 1/2$, Myonenspin $I = 1/2$) wird ebenfalls wie beim Wasserstoff dargestellt; es sind jedoch die Massen und die Beträge der magnetischen Momente des Myons und des Elektrons voneinander verschieden. Tab. 1.13 gibt Beispiele präziser Messungen und theoretischer Voraussagen von Energiezuständen des Positroniums und des Myoniums wieder. Bei der Berechnung der quantenelektrodynamischen Effekte des Positroniums werden Fehler durch die Unsicherheit in der Kenntnis der Struktur des Protons zwar vermieden, jedoch sind die theoretischen Genauigkeiten im Vergleich zum Wasserstoffatom dadurch begrenzt, dass das Positronium eine Zwei-Teilchen-Approximation mit den beiden „Dirac-Teilchen", Elektron und Positron, zur theoretischen Beschreibung erfordert, im Gegensatz zum Wasserstoffatom, das als Ein-Körper-Problem mit zentralem Kraftfeld exakt behandelt werden kann.

Es sei noch bemerkt, dass Teilchen und Antiteilchen sich nach den Gesetzen der Quantenelektrodynamik unter Aussendung zweier oder mehrerer Photonen vernichten können. Betrachten wir als Beispiel Positronium, so ist die Zahl $N$ der entstehenden Vernichtungsphotonen durch die Relation $(-1)^{L+S} = (-1)^N$ bestimmt, wobei $L$ die Quantzahl des relativen Bahndrehimpulses und $S$ die Quantzahl des Gesamtspins des Positron-Elektron-Paares („Ps") ist. Wenn Positronium in einem der möglichen Singulett (Spin = 0, Para-Ps)- oder Triplett (Spin = 1, Ortho-

**Tab. 1.13** Spektroskopische Daten des Positroniums und Myoniums (Bezeichnungen nach Abb. 1.169).

a) Positronium

| Energiedifferenz $\Delta E$ | Experiment ($\Delta E/h$) | Theorie ($\Delta E/h$) |
|---|---|---|
| $\Delta E(1^3S_1 - 1^1S_0)$ | 203.389 10(74) GHz (3.6 ppm) | (203 400.3 ± 10) MHz (50 ppm) |
| $\Delta E(2^3S_1 - 2^3P_2)$ | (8 628 ± 2.8) MHz | 8 625.14 MHz |
| $\Delta E(2S - 1S)$ | (1 233 607 185 ± 15) MHz | (1 233 607 198 ± 280) MHz |

b) Myonium: $(2^2S_{1/2} - 2^2P_{1/2})$-Lamb-Shift

| Theorie | Gemittelte experimentelle Daten |
|---|---|
| (1 047.578 ± 0.3) MHz | (1 062 ± 18) MHz |

Ps)-Zustände vorliegt, so besagt z. B. die obige Auswahlregel, dass Ortho-Ps-S-Zustände unter Aussendung einer ungeraden Zahl von Photonen, und Para-Ps-S-Zustände unter Aussendung einer geraden Zahl von Photonen vernichtet werden. Vernichtung des Elektron-Positron-Paares unter Aussendung eines einzigen Photons ist verboten, falls nicht ein naher Atomkern den Impuls des Photons zur Erhaltung des Gesamtimpulses aufnehmen kann. Die Positroniumzustände zerfallen sowohl unter der Emission der gewohnten elektrischen Dipolstrahlung als auch der Vernichtungsstrahlung; beide Prozesse konkurrieren miteinander. Die beiden ($n = 1$)-Zustände, Singulett ($1^1S_0$) und Triplett ($1^3S_1$), zerfallen unter Aussendung zweier bzw. dreier Photonen und die entsprechenden Lebensdauern dieser Zustände sind $\tau_s(1^1S_0) = 1.25 \cdot 10^{-10}$ s und $\tau_t(1^3S_1) = 1.4 \cdot 10^{-7}$ s. Die Zwei-Photonen-Emission des $1^1S_0$-Positroniums besteht aus zwei diametral entgegenlaufenden $\gamma$-Quanten mit den scharfen Energien $h\nu = m_e c^2 = 511$ keV (der Ruheenergie des Elektrons und des Positrons), wohingegen die Drei-Photonen-Emission des $1^3S_1$-Positroniums eine kontinuierliche Energieverteilung besitzt. Seit der Entdeckung des Positroniums durch den US-Amerikaner Deutsch [108] war dies Gegenstand vieler, präziser spektroskopischer Untersuchungen (Tab. 1.13). Der Nachweis der 511-keV-Vernichtungsstrahlung des Positroniums aus dem Zentrum des Milchstraßensystems – und ihre zeitliche Variation der Intensität über zwei Jahrzehnte bis zum gelegentlichen Verschwinden – ist ein wichtiges Ergebnis der Astrophysik [109].

Der Zerfallsprozess der *angeregten* 2P-Zustände des Positroniums wird von dem optischen Übergang in den 1S-Zustand dominiert (Übergangswahrscheinlichkeit $A_{2p \to 1s} \approx 3 \cdot 10^8$ s$^{-1}$), der den Prozess des direkten Zerfalls durch Vernichtung unter Aussendung von $\gamma$-Strahlung um vier Zehnerpotenzen übertrifft.

Wir verweisen noch auf weitere Besonderheiten der exotischen Atome. Negativ geladene Elementarteilchen mit beträchtlich größerer Masse als der des Elektrons können auch in Mehr-Elektronen-Atomen ein Elektron ersetzen, wobei nach Vorstellungen im Rahmen des Bohr'schen Modells sich das eingelagerte schwere negative Teilchen in der Elektronenhülle sehr viel näher am Atomkern befindet als die Elektronen. Als Beispiel betrachten wir das Heliumatom (siehe Abb. 1.170), in dem ein Elektron durch ein Myon ersetzt sei. Der Bohr'sche Radius des Myons um den

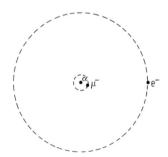

**Abb. 1.170** Schematisches Diagramm des myonischen Heliumatoms mit He$^{++}$ = $\alpha$ als Atomkern, dem (He$^{++}\mu^-$) als „Pseudoatomkern" und dem umlaufenden Elektron e$^-$ (die Radien der Umlaufbahnen sind allerdings nicht korrekt skaliert!).

Heliumatomkern beträgt $r_{\mu,B} = 1.3 \cdot 10^{-13}$ m, während der Bohr'sche Radius des Elektrons $r_{e,B} = 5.3 \cdot 10^{-11}$ m ist. Das Elektron bewegt sich daher um einen Pseudoatomkern ($He^{++}\mu^-$) mit der Ladung $Z = 1$, so dass das Energiespektrum des äußeren Elektrons in guter Approximation wasserstoffgleich ist. Da der Pseudoatomkern ($He^{++}\mu^-$) selbst wieder wasserstoffgleich ist, erscheint das myonische ($He^{++}\mu^-e^-$)-Atom als zwei ineinander gesteckte Wasserstoffsysteme. Präzise Vermessungen der Hyperfeinstruktur-Aufspaltung der Niveaus mit den Quantenzahlen $F = 1$ und $F = 0$ im Grundzustand ($^4He^{++}\mu^-e^-$) ergeben den Wert $v_{exp}(F = 1, F = 0) = (4464.973 \pm 0.017)$ MHz. Da der Kernspin des $^4$He null ist, bezieht sich $F = I_\mu + S$ auf den Spin des Myons $I_\mu = 1/2$ und des Elektrons $S = 1/2$.

Vielseitige interessante Anwendungen werden in der Zukunft mit exotischen Atomen erwartet, wobei die physikalischen Probleme in den Bereich der Elementarteilchenphysik übergreifen können (siehe Kap. 5); als Beispiel sei die Erforschung des Protoniums (p$\bar{p}$) genannt.

## 1.9 Rydberg-Atome

Wir haben bereits in den vorangehenden Abschnitten auf *Rydberg-Atome* verwiesen, deren bedeutende Eigenschaften durch die hohe Hauptquantenzahl $n$ bestimmt sind. Die hohe Quantenzahl $n$ hat zur Folge, dass insbesondere die Radien der Atome sehr groß, die Bindungsenergien sehr klein und die Lebensdauern relativ lang werden. Für das Wasserstoffatom wird der Bohrsche Radius durch die Beziehung $r_n = n^2 a_0$ errechnet, und die Energieabstände benachbarter Zustände werden durch die Gleichung

$$E = E_{n+1} - E_n = hcR\left(\frac{1}{n^2} - \frac{1}{(n+1)^2}\right) \approx \frac{2hcR}{n^3}$$

für hohe Quantenzahlen $n$ angenähert. Tab. 1.14 gibt selektiv Beispiele von Eigenschaften von Rydberg-Atomen für Wasserstoff- und Natrium-Atome wieder. Bemerkenswert sind die charakteristischen $n$-Abhängigkeiten hochangeregter Rydberg-Atome. Für hinreichend hohe Werte der Hauptquantenzahl $n$ besteht das Rydberg-Atom aus einem positiv geladenen Atomrumpf und einem einzelnen hochangeregten Elektron. Besitzt dieses Elektron außerdem noch einen hohen Bahndrehimpuls, so dringt es praktisch nicht in den Atomrumpf ein; es bewegt sich daher effektiv in einem Coulomb-Feld mit der Einheitsladung $Z_{eff} = e$. Solche Rydberg-Atome sind daher den hochangeregten Rydberg-Zuständen des Wasserstoffatoms sehr ähnlich. Die Erzeugung hochangeregter Rydberg-Atome hat insbesondere durch die Lasertechnik viele Anwendungen erfahren; dabei wird oft zunächst ein niedriger, angeregter Zustand durch Absorption von Laserstrahlung bevölkert, von dem aus mit einem zweiten Laser der hohe Rydberg-Zustand angeregt wird.

Weitere sehr erfolgreiche Methoden zur Erzeugung von Rydberg-Atomen basieren auf atomaren Stoßprozessen wie Elektronenstoßanregung und Einfang von Elektronen durch Ionen, die ein gasförmiges Target passieren. Während die Laserabsorptionstechnik insbesondere geeignet ist, hohe $n$-Werte der angeregten Zustände bei

**Tab. 1.14** Quantenmechanisch berechnete Eigenschaften der Rydberg-Zustände von Wasserstoff und Natrium.

| Physikalische Größe | $n$-Abhängigkeit | H($n=1$) | H($n=10$) | H($n=100$) | Na(10d) |
|---|---|---|---|---|---|
| Bindungsenergie | $n^{-2}$ | 13.6 eV | 0.136 eV | $1.36 \cdot 10^{-3}$ eV | 0.14 eV |
| Energiedifferenz zwischen benachbarten Zuständen | $n^{-3}$ | | | $2.7 \cdot 10^{-5}$ eV | 0.023 eV |
| Bohr'scher Radius $r_n$ für H($n$). Orbitaler Radius $r$ für Na | $r_n = n^2 a_0$ | $a_0 = 5.3 \cdot 10^{-9}$ cm | $5.3 \cdot 10^{-7}$ cm | $5.3 \cdot 10^{-5}$ cm | $r = 147 a_0$ $= 7.79 \cdot 10^{-7}$ cm |
| Geometrische Wirkungsquerschnitte $\pi r_n^2$ und $\pi r^2$ | $n^4 \pi a_0^2 = \pi r_n^2$ | $\pi a_0^2 = 8.8 \cdot 10^{-17}$ cm$^2$ | $8.8 \cdot 10^{-13}$ cm$^2$ | $8.8 \cdot 10^{-9}$ cm$^2$ | $\pi r^2 = 68000 a_0$ $= 1.91 \cdot 10^{-12}$ cm$^2$ |
| Geschwindigkeit des umlaufenden Elektrons | $v_n = \dfrac{v_0}{n}$ | $v_0 = \alpha c = 2.2 \cdot 10^8 \dfrac{\text{cm}}{\text{s}}$ | $2.2 \cdot 10^7 \dfrac{\text{cm}}{\text{s}}$ | $2.2 \cdot 10^6 \dfrac{\text{cm}}{\text{s}}$ | |
| Umlaufzeit des Elektrons | $T_n = n^3 T_0$ | $T_0 = 1.5 \cdot 10^{-16}$ s | $1.5 \cdot 10^{-13}$ s | $1.5 \cdot 10^{-10}$ s | |
| Elektrisches Dipolmoment $\langle n\mathrm{d}|er|n\mathrm{f}\rangle$ | $n^2$ | | | | $143\, e a_0$ |
| Polarisierbarkeit | $n^7$ | | | | 0.21 MHz cm$^2$ V$^{-2}$ |
| Lebensdauer | $n^3$ | | | | 1 µs |
| Feinstruktur-Aufspaltung | $n^{-3}$ | | | | 92 MHz |

niedrigen Bahndrehimpulsen zu erreichen (z. B. Natrium-10d-Zustand als Beispiel in Tab. 1.14) konnten mit der Elektronenstoßanregung gleichzeitig sowohl relativ hohe $n$-Werte als auch hohe $l$-Werte bevölkert werden (z. B. $n = 15$, $l = 12$ in Helium [110]). Die Physik der Rydberg-Atome spielt auch eine wichtige Rolle in anderen Zweigen der Physik, wie z. B. in der Radioastronomie (s. Abschn. 1.2.2) und der Plasmaphysik.

## 1.10 Atomare Stoßprozesse

In den vorangehenden Abschnitten über Atomspektroskopie und freie Atome unter der Einwirkung äußerer, statischer und dynamischer Felder stand die Analyse der Struktur der Atome in Grund- und angeregten Zuständen im Vordergrund. Atome, Ionen, Elektronen und Photonen können jedoch miteinander kollidieren, wobei eine Serie von Phänomenen auftritt, die wir als **atomare Stoßprozesse** bezeichnen. Physikalisch wichtig für solche Stoßprozesse sind der zeitliche Ablauf, die Typen der Wechselwirkungsprozesse, die Intensitäten dieser Prozesse als Funktion aller möglichen Anfangsbedingungen, die relativen Energien der kollidierenden atomaren Teilchen, ihre gegenseitigen potentiellen Energien und ihre Quantenzahlen und Quantenzustände vor und nach der Kollision. Die Gesamtheit all dieser physikalischen Prozesse bei atomaren Stößen ist sowohl durch die atomaren Strukturen als auch durch die Stoßdynamik bestimmt. Während atomare Strukturen als atomare Parameter in den Stoßprozessen auftreten, ist die eigentliche *atomare Stoßdynamik* das zentrale Problem atomarer Stoßprozesse.

Es gibt eine riesige Zahl von möglichen atomaren Stoßprozessen; jedes beliebige Atom oder Ion kann mit jedem anderen Atom oder Ion oder mit einem Elektron kollidieren. Die Energien der aufeinander treffenden atomaren Teilchen können beliebig gewählt werden; nach dem Stoß fliegen die Teilchen in alle möglichen Richtungen. Diese Vielzahl der atomaren Stoßprozesse erfordert eine Klassifizierung und Ordnung anhand der physikalischen Prozesse, die hier wenigstens grob darzustellen versucht werden soll. Zu einer vollständigeren Beschreibung atomarer Stoßprozesse müssen weiterführende Bücher und Speziallliteratur herangezogen werden.

Besonders seit Mitte der sechziger Jahre hat das Gebiet der atomaren Stoßprozesse sowohl durch die Entwicklung experimenteller als auch theoretischer Methoden zu einem vertieften Verständnis der quantenmechanischen atomaren Stoßdynamik geführt. Analog zur Atomkern- und Elementarteilchenphysik haben insbesondere *Koinzidenz- und Spinexperimente* beträchtlich zu diesen neuen Erkenntnissen beigetragen. Anwendungen atomarer Stoßprozesse finden insbesondere in der Astrophysik, der atmosphärischen Physik, der Plasmaphysik, der nuklearen Fusionsphysik und der chemischen Reaktionsphysik statt.

### 1.10.1 Klassifizierung atomarer Stoßprozesse

Ein atomarer Stoßprozess lässt sich zunächst in einfachster Weise durch seine Geometrie erläutern und klassifizieren: Ein atomares Teilchen A kollidiert mit einem

Teilchen B. Teilchen A möge in einem gerichteten, kollimierten Strahl (Atome, Ionen, Elektronen oder Photonen u.a.) auf ein Teilchen B eines Targets B treffen (Abb. 1.171a). Meistens wird das Target B ebenfalls durch einen gerichteten, kollimierten Teilchenstrahl hergestellt (Methode der *gekreuzten Atomstrahlen, engl. crossed-beam technique*).

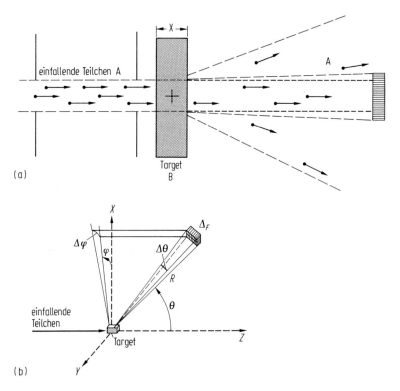

**Abb. 1.171** (a) Streuung der Teilchen A an den Targetteilchen B. (b) Experiment zur Messung des differentiellen Wirkungsquerschnitts mit der Detektorfläche: $\Delta F = (R \Delta \theta)(R \sin \theta \Delta \varphi)$.

Weitere Klassifizierungen des atomaren Stoßprozesses ergeben sich wie folgt: *Elastische Stoßprozesse* sind solche, in denen die Stoßpartner ihre Energiezustände nicht verändern, also z.B. beide im Grund- oder sonstigen Zuständen verbleiben. Es wird aber *kinetische Energie* nach den Gesetzen der Mechanik übertragen. Bei *inelastischen Stoßprozessen* wird bei einem oder beiden Stoßpartnern der Energiezustand verändert, z.B. kinetische Energie des Projektils in Anregungsenergie überführt. Bei solchen Prozessen kann kinetische Energie auch zur Anregung der Atome in höhere Anregungszustände A*, B* verwendet werden,

$$
\begin{aligned}
A + B &\to A^* + B \quad \text{oder} \\
&\to A + B^* \quad \text{oder} \\
&\to A^* + B^*.
\end{aligned}
$$

## 1.10 Atomare Stoßprozesse

Bei Reaktionsprozessen der primären Teilchen entstehen andere Formen der Materie, wie z. B. Moleküle, ionisierte Teilchen und Elektronen

$$A + B \rightarrow AB + h\nu$$

oder

$$A + B \rightarrow A^{n+} + B^{m+} + (m+n)e^-$$

oder sogar exotische Atome, z. B.

$$e^+ + H \rightarrow p + Ps.$$

In den obigen Klassifizierungen ist vorausgesetzt worden, dass die Komponenten $m_J$ der Quantenzahlen $J$ der atomaren Zustände der Teilchen A und B statistisch nicht bevorzugt und daher gleichmäßig verteilt sind. Die Stoßprozesse gehen dann auf der Basis einer Mittelung über alle Quantenzustände mit den Komponenten $m_J$ vor sich. Man kann jedoch seit kurzem atomare Stoßprozesse durchführen und analysieren, in denen die Stoßpartner A und B anfänglich in *reinen Quantenzuständen* sind. Allgemein ausgedrückt bedeutet das, dass die Teilchen A und B vor dem Stoß in den Quantenzuständen $|n_A J_A m_A\rangle$ und $|n_B J_B m_B\rangle$ mit den entsprechenden Quantenzahlen $n$, $J$ und $m$ für die beiden Teilchen sind. Der Ablauf des Stoßprozesses mit den Teilchen in reinen quantenmechanischen Zuständen lässt sich – zumindest im Prinzip – durch einen quantenmechanischen Hamilton-Operator $H_{\text{int}}$ beschreiben, der durch das Wechselwirkungspotential zwischen den Stoßpartnern bestimmt ist. Die Linearität der Schrödinger-Gleichung hat zur Folge, dass das Gesamtsystem der Teilchen nach dem Stoß ebenfalls in reinen Quantenzuständen ist. Mit anderen Worten, wir können solche Stoßprozesse zwischen atomaren Teilchen in reinen Quantenzuständen wie folgt darstellen:

| $|\psi_{\text{ein}}\rangle = |A\rangle|B\rangle$ | $\xrightarrow{\text{linearer Operator } H_{\text{int}}}$ | $|\psi_{\text{aus}}\rangle = |C\rangle|D\rangle\ldots$ |
|---|---|---|
| **Z**ustandsvektor vor dem Stoß | | Zustandsvektor nach dem Stoß |

Vor dem Stoßprozess befinden sich die Teilchen im gemeinsamen Quantenzustand $|\psi_{\text{ein}}\rangle$; nach dem Stoßprozess befinden sich die Stoßprodukte C, D, ... im Zustand $|\psi_{\text{aus}}\rangle$.

Wenn der Zustandsvektor $|\psi_{\text{aus}}\rangle$ nach dem Stoß aufgrund eines geeigneten Experimentes ermittelt worden ist, lässt er sich mithilfe des quantenmechanischen linearen Superpositionsprinzips beschreiben:

$$|\psi_{\text{aus}}\rangle = \sum_m f_m \psi_m.$$

$\psi_m$ sind Wellenfunktionen für die Unterzustände des Zustandsvektors $|\psi_{\text{aus}}\rangle$ und $f_m$ die zugehörigen *komplexen Amplituden* des Stoßprozesses. Die Ermittlung dieses Zustandsvektors stellt das *Maximum an Information und Erkenntnis* dar, das man aus der experimentellen Analyse des Stoßprozesses erhalten kann. Experimente, aus deren Analyse maximale Information dieser Art extrahiert werden kann, werden als **vollständige Experimente** bezeichnet und klassifiziert.

Vollständige Experimente atomarer Stoßprozesse erfordern ein hohes Maß an experimentellem Aufwand und spezielle Methoden, die erst seit kurzem zur Verfügung stehen (Abschn. 1.10.3–5).

### 1.10.2 Totaler und differentieller Wirkungsquerschnitt

Der Wirkungsquerschnitt ist, wie sein Name andeutet, eine effektive Fläche, die als eine der assoziierten physikalischen Größen den Stoßprozess beschreibt. Der **totale Wirkungsquerschnitt** lässt sich wie folgt definieren und messen. Ein Strahl der Teilchen A mit nahezu gleicher Geschwindigkeit und Bewegungsrichtung passiert den Targetbereich B. Die Targetteilchen B seien als freie Atome auf niedriger Temperatur, so dass deren Geschwindigkeiten niedrig im Vergleich zu denjenigen der Projektilteilchen sind. Zur quantitativen Analyse des Stoßvorganges führen wir zunächst die Intensität $I$ des Teilchenstroms als Zahl der Teilchen ein, die die Fläche $F$ pro Zeiteinheit passieren. Ferner nehmen wir an, dass das Target mit der Länge $x$ die Intensität auf die Größe $I(x)$ reduziert hat. Variieren wir die Targetdicke um einen kleinen Betrag $\Delta x$, so wird die Intensität des Teilchenstroms hinter dem Target um

$$\Delta I = -Q n_B I(x) \Delta x$$

verändert, wobei $n_B$ die Anzahldichte der Atome des Targets angibt und der Proportionalitätsfaktor $Q$ mit der Dimension einer Fläche den totalen Wirkungsquerschnitt darstellt. Im Grenzfall $\Delta x \to 0$ erhalten wir die charakteristische Differentialgleichung für ein exponentielles Abklingen mit der Lösung

$$I(x) = I(0) e^{-Qnx}. \tag{1.304}$$

Bei Kenntnis von Targetdichte $n_B$ (die wir zur Vereinfachung mit $n$ bezeichnen) und Länge $x$ lässt sich der totale Wirkungsquerschnitt aufgrund von Intensitätsmessungen vor und hinter dem Target experimentell ermitteln. Treffen $N_0$ Teilchen A auf das Target, so errechnet sich die Anzahl $Z$ der Stoßprozesse aus der Differenz der Teilchenzahl $A$ vor und nach dem Target zu $Z = N_0 - N(x) = N_0(1 - e^{-nQx})$ und in der Näherung $nQx \ll 1$ wird $Z = N_0 nQx$. Das Verhältnis $Z/N_0 = nQx$ stellt daher angenähert die Wahrscheinlichkeit dar, dass ein Teilchen A den durch den totalen Wirkungsquerschnitt $Q$ charakterisierten Stoßprozess erfährt. Totale Wirkungsquerschnitte atomarer Stoßprozesse umspannen je nach Art und Bedingungen Werte zwischen ca. $10^{-14}$ und $10^{-20}$ cm², wie wir an Beispielen in den folgenden Abschnitten sehen werden.

Wird der Exponentialfaktor von Gl. (1.304) gleich eins, so gewinnen wir die Definition der sogenannten **mittleren freien Weglänge** $\lambda$ eines Atoms in einem Gas mit der Anzahldichte $n$ und dem Stoßquerschnitt $Q$: $\lambda = 1/nQ$. Bei Experimenten mit „freien Atomen" wird verlangt, dass die Abmessungen der experimentellen Apparaturen kleiner als die freie Weglänge sind; deshalb muss das Vakuum so gut sein (der Restgasdruck so klein), dass im Mittel die Atome eines Atomstrahles nicht mit Restgasmolekülen zusammenstoßen. Bei einem typischen totalen Wirkungsquerschnitt von $3 \cdot 10^{-15}$ cm² beträgt die mittlere freie Weglänge für einen Gasdruck von 10 Pa nur $\lambda = 10^{-1}$ mm; für einen Druck von $10^{-2}$ Pa wird die mittlere freie Weglänge jedoch ca. 1 m. In den üblichen Atomstrahlexperimenten muss daher ein Druck von weniger als $10^{-2}$ Pa aufrechterhalten werden.

Bei dem in Abb. 1.171 dargestellten Stoßprozess werden die Teilchen A aus dem primären Strahl gestreut. Die winkelabhängige Intensität der gestreuten Atome wird durch den **differentiellen Wirkungsquerschnitt** $\sigma$ charakterisiert, den wir nach Abb. 1.171b wie folgt definieren: Wir differenzieren den totalen Wirkungsquerschnitt $Q$ nach dem Raumwinkel $d\Omega$, $\sigma = dQ/d\Omega$ und messen $\sigma$ durch die Angabe

$$\frac{dQ}{d\Omega} d\Omega = \frac{\text{Zahl der in } d\Omega \text{ gestreuten Teichen}}{\text{Zahl der einfallenden Teilchen}},$$

bezogen auf dieselbe Zeitdauer der Beobachtung der einfallenden und gestreuten Teilchen. Wir setzen nun voraus, dass der totale Wirkungsquerschnitt nur von der Energie abhängt, d. h. $Q = Q(E)$, während der differentielle Wirkungsquerschnitt $\sigma$ außerdem noch vom Raumwinkel $d\Omega$, d. h. von $\theta$ als polarem und $\varphi$ als azimutalem Winkel abhängt, so dass $\sigma = \sigma(E, \theta, \varphi)$ wird. Integration des differentiellen Wirkungsquerschnitts über den gesamten Raumwinkelbereich ergibt den totalen Wirkungsquerschnitt

$$Q(E) = \int \sigma(E, \theta, \varphi) d\Omega. \tag{1.305}$$

Indem wir annehmen, dass die Streuung um die Richtung des Einfalls rotationssymmetrisch ist, wird

$$Q(E) = \int_0^{2\pi} d\varphi \int_0^{\pi} \sin\theta \, \sigma(E, \theta, \varphi) d\theta$$

$$= 2\pi \cdot \int_0^{\pi} \sin\theta \, \sigma(E, \theta, \varphi) d\theta. \tag{1.306}$$

Wir können die Definitionen des totalen und differentiellen Wirkungsquerschnittes auf die oben erläuterten elastischen, inelastischen und Reaktionsprozesse anwenden. Beispiele hierzu sind in den folgenden Abschnitten angegeben.

### 1.10.3 Photoionisation der Atome

Photoionisation der Atome wird normalerweise unter atomare Stoßprozesse eingestuft, obwohl die Photonen als „Primärteilchen" nach Vollendung des Prozesses verschwunden sind:

$$h\nu + A \rightarrow A^+ + e^-.$$

Symbolisch werden die Photonen in der Hochenergiephysik als *γ-Teilchen* dargestellt, in der Atomphysik als *Energiequanten $h\nu$*, wobei $\nu$ die Frequenz der elektromagnetischen Strahlung ist. Oft werden Photoionisationsprozesse mit Atomen auch als *halbe Stöße* bezeichnet. Dahinter steckt folgende Überlegung: Ein Stoß zwischen zwei Teilchen kann unterteilt werden in einen dynamischen Annäherungsprozess der beiden Stoßpartner bis zur Bildung eines (angeregten, kurzlebigen) Stoßkomplexes und einen dynamischen Zerfall des Komplexes, der asymptotisch übergeht in die auslaufenden Teilchen, symbolisch für den Stoß eines Elektrons mit einem Ion $A^+$

$$e^- + A^+ \rightarrow A^* \rightarrow A^+ + e^-.$$

Die Photoanregung eines Atoms A liefert dann die zweite Hälfte des obigen Stoßes

$$A + h\nu \rightarrow A^* \rightarrow A^+ + e^-.$$

Es gibt bis heute eine Entwicklung in der Erforschung und Analyse atomarer Photoionisationsprozesse, die von der Entdeckung des photoelektrischen Effektes durch Hertz [1] vor mehr als 100 Jahren über die Messung totaler Wirkungsquerschnitte und die Bestimmung der Winkelabhängigkeit der Photoelektronen (differentielle Wirkungsquerschnitte) bis zu vollständigen Experimenten mit spinpolarisierten Atomen und Photoelektronen führt. Eine weitere, neuartige Entwicklung verdanken wir den intensiven Laserstrahlen, mit denen *Multi-Photonen-Ionisationsprozesse* entdeckt worden sind, die wir wie folgt beschreiben:

$$nh\nu + A \rightarrow A^+ + e^-.$$

In solchen Prozessen ist die Energie $h\nu$ des einzelnen Photons im Laserstrahl kleiner als die erforderliche Ionisationsenergie: $h\nu < E_{\text{ion}}$. Ionisation kann erfolgen, wenn $nh\nu > E_{\text{ion}}$ wird, d. h. der Prozess kommt durch die gemeinsame Wirkung der $n$ Photonen zustande. Es ist außerdem gelungen, mittels gepulster und daher sehr intensiver Laserstrahlen das Atom durch Multi-Photon-Ionisation mehrfach zu ionisieren:

$$nh\nu \rightarrow A^{m+} + me^-.$$

Mittels energiereicher Synchrotronstrahlung können multiple Ionisationsprozesse auch durch einzelne Photonen induziert werden:

$$h\nu \rightarrow A^{m+} + me^-.$$

Wir erläutern im Folgenden Beispiele der Meßmethoden und geben eine Auswahl der experimentellen Daten, die wir gegebenenfalls mit theoretischen Berechnungen vergleichen.

### 1.10.3.1 Experimentelle Methoden zur Messung von Photoionisationsquerschnitten

**Photoabsorptionstechnik.** Parallel gebündeltes Licht der Frequenz $\nu$ und Intensität $I_0$ passiert das atomare Target der Länge $x$. Dann ist die Verminderung der Intensität durch Gl. (1.304) gegeben, $I(x) = I_0 e^{-\alpha x}$, mit dem Absorptionskoeffizienten $\alpha = nQ$, der Anzahldichte des Targets $n$ und dem totalen Wirkungsquerschnitt $Q = Q(h\nu)$. Diese Technik ist einfach in der Methode, kann allerdings nicht dazu verwendet werden, um eindeutig zwischen den oben erläuterten einfachen und multiplen Ionisationsprozessen zu unterscheiden. Wir haben in Abb. 1.157 eine photographische Aufnahme des Photoabsorptionsspektrums des Heliums gezeigt, dessen Absoluteichung für $\alpha$ totale Wirkungsquerschnitte $Q$ ergibt.

1.10 Atomare Stoßprozesse 273

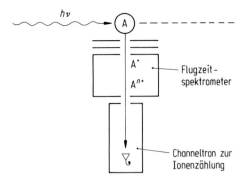

**Abb. 1.172** Ionenkollektion und Ladungsanalyse mittels eines Flugzeitspektrometers und Ionennachweis durch ein Channeltron.

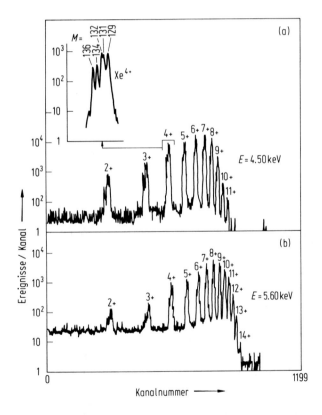

**Abb. 1.173** (a) Flugzeit-Ladungsspektrum von Xe-Ionen mit positiven Ladungen von $Xe^{2+}$ bis $Xe^{11+}$ bei einer Photonenenergie von $h\nu = 4.50$ keV und einem neutralen Xe-Target; das Spektrum in der linken oberen Ecke zeigt im vergrößerten Maßstab die Massenzahlen der verschiedenen Isotope für $Xe^{4+}$; (b) Ladungsspektrum von $Xe^{2+}$ bis $Xe^{14+}$ bei einer Photonenenergie von $h\nu = 5.60$ keV (nach Tonuma et al. [111]).

**Ionenkollektion und Ladungsanalyse.** Abb. 1.172 illustriert die Methode der Ionenkollektion und Ladungsanalyse mittels eines Flugzeitspektrometers. Die durch den Photoprozess erzeugten Ionen werden durch Elektroden auf negativen elektrischen Spannungen aus dem Targetbereich in den Ionenladungsseparator übergeführt. Der Ladungsseparator, der Ionen verschiedener Ladungen voneinander abtrennt, kann aus einem üblichen Massenspektrometer oder einem Flugzeitspektrometer bestehen. Ein Flugzeitspektrometer analysiert die Flugzeit der Ionen verschiedener Ladung, die nach Beschleunigung im elektrischen Feld auf die Energie $E = n_e E_0$ ($n_e$ = Ladungszahl, $E_0$ Energie der einfach geladenen Ionen) mit verschiedenen Geschwindigkeiten durch eine feldfreie Driftstrecke fliegen, so dass eine Zeitanalyse der Ankunft der Ionen am Ionendetektor (einem Channeltron-Multiplier) den Ladungszustand markiert. Die Messung der Zahl der Ionen im Ladungszustand $n_e$, der Zahl der einfallenden Photonen und der Targetdichte ergibt die totalen Wirkungsquerschnitte $Q^+, Q^{2+}, \ldots, Q^{m+}$ der einfachen und multiplen Photoionisation als Funktion der Energie $h\nu$ der einfallenden Photonen.

Wir führen als Beispiele hier Anwendungen der Synchrotron- und der Laserstrahlung zur einfachen und multiplen Photoionisation des Xenon-Atoms an:

In der Reaktion $h\nu + \text{Xe} \rightarrow \text{Xe}^{n+} + n e$ mit Synchrotronphotonen der Energien im keV-Bereich können Xenon-Ionen bis zu dem Ladungszustand $n = 14$ erzeugt werden, wie es aus der Abb. 1.173 ersichtlich ist. Es ist sehr interessant, dass hier eine solch hohe Zahl von vielfach geladenen Ionen des Xenon-Atoms (und natürlich auch bei anderen Atomen, die wir hier nicht diskutieren) auftritt.

Es ist bemerkenswert, dass die zugehörigen Photoelektronen zu einem beträchtlichen Anteil aus den tieferen Schalen, den M- und L-Schalen, kommen. Man bedenke, dass Xenon in der äußeren Schale 8 Elektronen und in der nächst tieferen N-Schale 18 Elektronen besitzt! Dies folgt aus der Analyse solcher Ladungsspektren, aus der die mittlere Ladung $\langle q \rangle$ der erzeugten Ionen extrahiert werden kann, die wie folgt definiert ist: $\langle q \rangle = \sum q F_q$, wobei $F_q$ der Bruchteil der beobachteten Ionen mit der Ladung $q$ ist. Abb. 1.174 stellt die mittlere Ladung der Xenon-Ionen als Funktion der Photonenenergie dar. Wenn die Photonenenergie unterhalb der Ionisationsenergieschwelle der $L_3$-Unterschale liegt, besitzt die mittlere Ladung etwa den Wert $\langle q \rangle = 6$. Wenn die Photonenenergie diese Schwelle passiert, steigt $\langle q \rangle$ sprunghaft um 1.2 Ladungseinheiten an. Desgleichen nimmt $\langle q \rangle$ jeweils um ca. 0.2 Ladungseinheiten beim Passieren der Energieschwellen für die $L_2$- und $L_1$-Unterschalen zu. Dieser Tatbestand bezüglich der mittleren Ladung weist darauf hin, dass der Wirkungsquerschnitt der Photoionisation der $L_3$-Unterschale größer als der der $L_2$- und $L_1$-Unterschalen ist.

Intensive Laserstrahlung wurde ebenfalls zur Erzeugung mehrfach geladener Xenon-Ionen aufgrund der Reaktion $n h\nu + \text{Xe} \rightarrow \text{Xe}^{m+} + m e^-$ angewandt. Wie in dem obigen Beispiel wurde der Nachweis der Xe-Ionen mit einem Flugzeitspektrometer durchgeführt. Abb. 1.175 zeigt die Abhängigkeit der Ionenausbeuten als Funktion der Laserintensität. Die Energie der Laserstrahlung beträgt $h\nu = 2.33\,\text{eV}$ mit einer Wellenlänge von $\lambda = 532.2\,\text{nm}$. Wie die doppelt-logarithmische Darstellung von Abb. 1.175a zeigt, nimmt die Ionenausbeute für Xe$^+$ mit der sechsten Potenz der Laserintensität zu, was im Einklang mit der Überlegung ist, dass mindestens 6 Photonen mit einer Energie von jeweils 2.31 eV erforderlich sind, um ein Elektron des Xenon-Atoms freizumachen (Abb. 1.175b). Der Wirkungsquerschnitt für diese Mul-

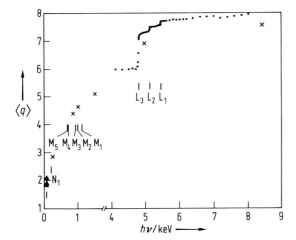

**Abb. 1.174** Mittlere Ladung $\langle q \rangle$ der Xe-Ionen als Funktion der Photonenenergie $h\nu$ der Synchrotronstrahlung. Die vertikalen Linien geben die Positionen der Schwellenenergien der L-, M- und N-Schalen des Xenons wieder (nach Tonuma et al. [111]).

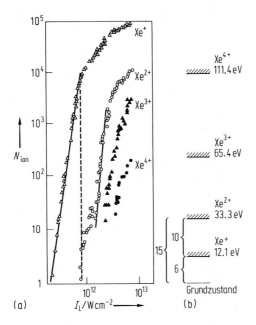

**Abb. 1.175** (a) Doppelt-logarithmische Darstellung der Zahl der Xe-Ionen (in willkürlichen Einheiten) als Funktion der Laserintensität $I_L$. Die vertikale, gestrichelte Linie markiert die Sättigungsintensität für die Xe$^+$- und Xe$^{2+}$-Ionen (siehe Text). (b) Schematische Darstellung des 15-Photonen-Ein-Stufen- und des (6 + 10)-Photonen-Zwei-Stufen-Prozesses für die Erzeugung von Xe$^{2+}$-Ionen (nach l'Huiller et al. [112]).

ti-Photon-Ionisation ist daher proportional zur sechsten Potenz der Laserintensität: $Q(\text{Xe}^+, 6h\nu) \sim I_0^6(h\nu)$. Oberhalb der Intensität $I_s$, die als Sättigungsintensität bezeichnet sei und die durch die vertikale Linie in Abb. 1.175a angedeutet ist, weicht die gemessene Intensitätskurve von derjenigen der sechsten Potenz der Laserintensität ab. Dies rührt daher, dass bei sehr hohen Intensitäten die Anzahldichte der Atome durch den hohen Grad der Ionisation beträchtlich reduziert wird.

Zwei Prozesse können zur doppelten Ionisation $\text{Xe}^{++}$ führen: (1) ein direkter Prozess mit 15 Photonen, d.h. $15h\nu + \text{Xe} \rightarrow \text{Xe}^{2+} + 2\text{e}^-$ und (2) ein Zwei-Stufen Prozess nach dem Schema $6h\nu + \text{Xe} \rightarrow \text{Xe}^+ + \text{e}^-$ und $10h\nu + \text{Xe}^+ \rightarrow \text{Xe}^{2+} + \text{e}^-$, für den 16 Photonen erforderlich sind.

Die Sättigungsintensität für $\text{Xe}^{2+}$-Ionen tritt ziemlich genau an der gleichen Stelle wie für $\text{Xe}^+$-Ionen auf, was im Einklang mit dem direkten Erzeugungsmechanismus (1) steht. Ein plötzlicher Anstieg in der Zahl der $\text{Xe}^{2+}$-Ionen tritt bei $I = 1.5 \cdot 10^{12}$ W/cm² auf; die gemessene Steigung dieses Teils der $\text{Xe}^{2+}$-Ausbeute beträgt $11 \pm 1$, im Einklang mit der zweiten Stufe im Prozess (2). Wenn die Laserintensität dann über $2.5 \cdot 10^{12}$ W/cm² ansteigt, so erscheint der Zwei-Stufen-Prozess gesättigt, da ein beträchtlicher Bruchteil der $\text{Xe}^+$-Ionendichte im Target durch die zweite Ionisationsstufe entvölkert worden ist. Für die Erzeugungsmechanismen der $\text{Xe}^{3+}$- und $\text{Xe}^{4+}$-Ionen können keine zuverlässigen Aussagen aus den Daten von Abb. 1.175a gemacht werden. Für den direkten Prozess der Erzeugung von $\text{Xe}^{4+}$ wären mindestens $15 + 33 = 48$ Photonen erforderlich.

**Elektronenkollektion und Photoelektronenspektroskopie.** Bei der Anwendung dieser Technik werden die Photoelektronen eines Photoionisationsprozesses bezüglich ihrer Energie und ihrer Emissionsrichtung untersucht (siehe Abb. 1.176). Die Messung der Elektronenenergie kann dazu benutzt werden, die Elektronenschale oder Unterschale zu ermitteln, aus der das Photoelektron stammt. Die Winkelverteilung der Photoelektronen wird durch die Drehimpulsbilanz des Elektrons beim Übergang vom gebundenen Zustand mit den Quantenzahlen $n_i l_i$ in den ungebundenen, freien Zustand $\varepsilon l_f$ bestimmt ($\varepsilon$ Energie und $l_f$ Drehimpulsquantenzahl des Photoelektrons); $l_f$ nimmt die Werte $l_f = l_i \pm 1$ an, was aus der elektrischen Dipolauswahlregel $\Delta l = \pm 1$ folgt, die bei Photoionisation durch einzelne Photonen ebenfalls gültig ist. Die Winkelverteilung der Photoelektronen wird durch den Ausdruck

$$\sigma(E_{h\nu}, \theta) = \frac{Q(E_{h\nu})}{4\pi}\{1 + \beta P_2(\cos\theta)\} \tag{1.307}$$

beschrieben, in dem $\sigma(E_{h\nu}, \theta)$ den differentiellen Wirkungsquerschnitt für die Photoemission unter dem Winkel $\theta$, $Q(E_{h\nu})$ den totalen Photoionisationsquerschnitt, $P_2$ das zweite Legendre-Polynom $P_2 = 1/2\{3\cos^2\theta - 1\}$, $E_{h\nu}$ die Photonenenergie, $\theta$ den Winkel zwischen der Elektronenrichtung und der Polarisationsrichtung der Photonen und $\beta$ einen Asymmetriefaktor darstellt, der mit der obigen Drehimpulsbilanz, den partiellen Wirkungsquerschnitten $Q_{l_i+1}$ und $Q_{l_i-1}$ und den Phasendifferenzen der Amplituden der Photoionisation zusammenhängt. Wir beschränken uns hier auf ein durchsichtiges Beispiel, nämlich die Winkelabhängigkeit der Photoionisation des Heliums im Grundzustand He($1s^2$, $1^1S_0$), d.h. in der obigen Schreibweise betrachten wir den Prozess $1s^2 \rightarrow 1s\varepsilon p$ mit dem freien Photoelektron im $\varepsilon p$-Zustand, der

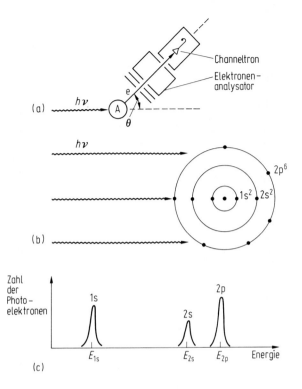

**Abb. 1.176** (a) Nachweis der Photoelektronen als Funktion ihrer Energie mittels eines Elektronen-Energieanalysators unter dem Beobachtungswinkel $\theta$. (b) Bildliche Darstellung der Photoionisation eines Atoms aus den inneren Schalen. (c) Energiespektrum von Photoelektronen (*Photoelektronenspektroskopie*) aus den 1s-, 2s- und 2p-Schalen eines Atoms.

im *sogenannten Ionisationskontinuum* liegt und die Energie $\varepsilon$ und die Bahndrehimpulsquantenzahl $l = 1$ (p-Zustand) besitzt. Nach Gl. (1.307) und mit $\beta = 2$ folgt die Winkelabhängigkeit für diese Photoelektronen der ($\cos^2 \theta$)-Funktion, deren Maximum in Richtung der elektrischen Feldstärke $F$ der eingestrahlten, linear polarisierten Synchrotronstrahlung liegt (Abb. 1.177). Bei komplizierteren Atomen gibt ein möglicher Wert $\beta \ne 2$ Auskunft über atomare Vielelektroneneffekte wie Elektronenkorrelationen, Spin-Bahn-Wechselwirkungen usw., deren Behandlung der weiterführenden Literatur obliegt. Stattdessen beschreiben wir noch winkelabhängige Effekte der Photoelektronen in der *Multi-Photonen-Ionisation* der Atome bei intensiver Lasereinstrahlung.

Als Beispiel betrachten wir zunächst den Prozess $nh\nu + \text{Xe} \to \text{Xe}^+ + \text{e}^-$. Abb. 1.178 und 1.179 beschreiben schematisch diesen Prozess mit den Spektrallinien $\lambda = 532$ nm ($h\nu = 2.33$ eV) und $\lambda = 1064$ nm ($h\nu = 1.65$ eV) eines Nd:YAG-Lasers. Das durch diese intensive Laserstrahlung erzeugte Xe-Ion hat zwei Kanäle für die Grundzustände, einen $^2P_{1/2}$- und einen $^2P_{3/2}$-Zustand, die energetisch um 1.31 eV voneinander getrennt sind. Das Besondere an diesem Prozess besteht darin, dass oberhalb der Ionisationsschwelle scharfe Maxima (auch „ATI-Peaks" genannt, ATI für „*above threshold ionization*") im Energiespektrum der Photoelektronen auftreten

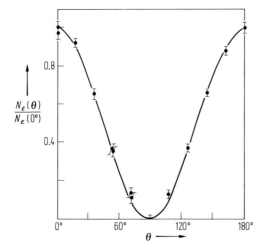

**Abb. 1.177** Winkelverteilung der Photoelektronen des Photoprozesses $1s^2 \rightarrow 1s\varepsilon p$ im Heliumatom; $\varepsilon = 0.5\,\text{eV}$, d.h. die Photonenenergie der linear polarisierten Strahlung des Glasgower 340 MeV-Elektronensynchrotrons beträgt 25.08 eV (Ionisationsenergie des Heliumatoms 24.58 eV + 0.5 eV). Experimentelle Daten nach Watson und Stewart [113]); die ausgezogene Kurve stellt die ($\beta = 2$, $\cos^2\theta$)-Beziehung von Gl. (1.307) dar.

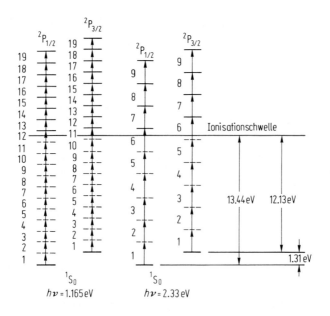

**Abb. 1.178** Multi-Photonen-Ionisationsprozesse des Xe-Atoms (nach Humpert et al. [114]).

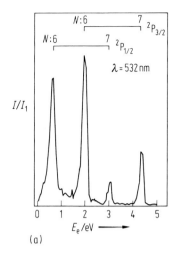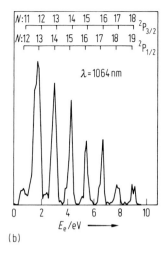

**Abb. 1.179** Photoelektronenspektren mit ATI-Peaks in der Multi-Photonen-Ionisation des Xe-Atoms. (a) Laserwellenlänge $\lambda = 532$ nm; (b) Laserwellenlänge $\lambda = 1064$ nm. Die Zahlenreihen $N$ geben die Zahl der absorbierten Photonen an. $E_e$ = Elektronenenergie; die Signalintensität $I$ ist in willkürlichen Einheiten $I_1$ angegeben (nach Humpert et al. [114]).

(Abb. 1.179). Mit anderen Worten, das Elektron, das bereits als freies, ungebundenes Teilchen im Ionisationskontinuum existiert, absorbiert weiter Energie in ganzzahligen Vielfachen der Photonenenergie $h\nu$ der Laserstrahlung. Die Winkelverteilung der Photoelektronen in diesen Energie-Peaks im Kontinuum des Xenons (Abb. 1.179) wurden ebenfalls vermessen; sie lassen sich durch die Summe von Legendre-Polynomen der Ordnung $2k$ quantitativ anpassen, wobei $k$ mit der Zahl $L$ der absorbierten Photonen durch die Beziehung $0 \leq k \leq L$ verknüpft ist. Ähnliche Experimente wurden mit Wasserstoffatomen durchgeführt, wobei u. a. von der 1064-nm-Laserstrahlung bis zu 26 Photonen vom Atom absorbiert wurden, 12 unterhalb und 14 oberhalb der Ionisationsgrenze.

### 1.10.3.2 Resultate für totale Wirkungsquerschnitte

Wir greifen in diesem Abschnitt einige typische Beispiele für totale Wirkungsquerschnitte der Photoionisation heraus. Das Wasserstoffatom ist natürlich wegen seiner einfachen Struktur von besonderer Bedeutung als Test theoretischer Beschreibungen. Der Hamilton-Operator $H$ zur Beschreibung der Photoionisation des Wasserstoffatoms setzt sich aus dem Hamilton-Operator $\boldsymbol{H}_0$ des freien Atoms und dem Wechselwirkungsoperator $\boldsymbol{H}_{\text{ww}}$ zusammen; $\boldsymbol{H}_{\text{ww}} = \dfrac{e}{2mc}\{\boldsymbol{p}_e \cdot \boldsymbol{A} + \boldsymbol{A} \cdot \boldsymbol{p}_e\} + \dfrac{e^2}{2mc^2}|\boldsymbol{A}|^2$, wobei $\boldsymbol{p}_e$ der lineare Impuls des Elektrons und $\boldsymbol{A}$ das Vektorpotential der elektromagnetischen Welle des einfallenden Lichtes ist. $\boldsymbol{A}$ kann durch eine ebene Welle $\boldsymbol{A} = e^{i(kr - \omega t)}$ mit der Frequenz $\omega$ und dem Wellenvektor $\boldsymbol{k}$ angenähert werden. Das

Matrixelement mit dem Wechselwirkungsoperator wird dann $\langle \psi_\varepsilon | H_{WW} | \psi_0 \rangle$ mit der Eigenfunktion des Grundzustandes $\psi_0$ und der Eigenfunktion des Kontinuumzustandes $\psi_\varepsilon$ des freien Elektrons der Energie $\varepsilon$. Die Eigenfunktion $\psi_\varepsilon$ des freien Elektrons im Kontinuum wird in erster Näherung durch eine ebene Welle $e^{ikr}$ dargestellt, die allerdings durch das Coulomb-Feld des Ions in nächst höherer Ordnung modifiziert wird (es entsteht eine Coulomb-Welle statt der ebenen Welle). Der totale Wirkungsquerschnitt, der proportional zum Quadrat des Matrixelementes ist, berechnet sich dann zu $Q(h\nu) = 4\pi^2/3\alpha |\langle \psi_\varepsilon | e^{ikr} r | \psi_0 \rangle|^2$, mit $\alpha$ als Sommerfeld-Feinstrukturkonstante und $r$ als Koordinate des Elektrons im Atom. Indem wir $e^{ikr} = 1 + \boldsymbol{k} \cdot \boldsymbol{r} + \ldots$ annähern und $\boldsymbol{k} \cdot \boldsymbol{r}$ vernachlässigen, wird

$$Q(h\nu) = 4\pi^2/3\alpha |\langle \psi_\varepsilon | e^{ikr} r | \psi_0 \rangle|^2$$

in der Dipolapproximation. Mit $\alpha = 1/137$ und einem typischen Wert des Matrixelementes $|\langle \psi_\varepsilon | r | \psi_0 \rangle|^2 \approx 10^{-16} \, cm^2$ wird

$$Q(h\nu) \approx 10 \cdot 10^{-2} \cdot 10^{-16} \, cm^2 = 10^{-17} \, cm^2 .$$

Das Verhältnis der Approximation erster Ordnung (Dipol) zur Approximation zweiter Ordnung (elektrische Quadrupol-Approximation) wird durch den Faktor $\gamma = (2\pi r/\lambda)^2$ bestimmt, der bei einem typischen Wert für die Atomkoordinate $r \approx 0.1 \, nm$ und einer Photonenwellenlänge von $\lambda = 10^2 \, nm$ zu $\gamma \approx 10^{-6}$ wird, während für $\lambda = 0.1 \, nm$ ($= 12 \, keV$-Röntgenstrahlung) $\gamma \approx 1$ wird. Mit anderen Worten, die Dipol-Approximation sollte eine hinreichend genaue Beschreibung des Photoionisationsquerschnittes sein, solange wir Photonen mit Wellenlängen $\lambda \leq 0.1 \, nm$ (harte Röntgenstrahlung) vermeiden. Einsetzen von exakten nichtrelativistischen Wasserstoff-Eigenfunktionen für $\psi_0$ und $\psi_\varepsilon$ in das obige Matrixelement ergibt die quantitative Beziehung für den totalen Wirkungsquerschnitt (in cm²) des Wasserstoffatoms und der wasserstoffgleichen Ionen mit der Kernladungszahl $Z$, der $m_A$ des Atoms in Gramm und der Schwellenenergie $h\nu_0$ für die Photoionisation:

$$Q(h\nu)/cm^2 = 1.05 \cdot 10^7 (\nu_0/\nu)^{\frac{8}{3}} 1/Z^2 [m_A/g] .$$

In Born'scher Näherung mit ebenen Wellen der auslaufenden Photoelektronen errechnet sich der Wirkungsquerschnitt zu $Q(h\nu) = 8.64 \cdot 10^7 (\nu_0/\nu)^{7/2} 1/Z^2 [m_A]$, der für hohe Frequenzen $\nu \gg \nu_0$ hinreichend genaue Daten liefert.

Es ist natürlich unbefriedigend, dass nur ein relativ begrenztes experimentelles Datenmaterial des Photoionisationsquerschnittes des Wasserstoffatoms vorliegt (siehe Abb. 1.180), allerdings in teilweise guter Übereinstimmung mit der theoretischen Voraussage der exakten Dipolapproximation und der $(\nu_0/\nu)^{8/3}$-Abhängigkeit. In den Experimenten von Beynon und Cairns [101, 115] wurde atomarer Wasserstoff in einer intensiven Hochfrequenzentladung erzeugt, der in ein Absorptionsrohr strömt, durch das die photoionisierende monochromatische Strahlung zur Absorptionsmessung hindurchtritt. Palenius et al. [116] benutzten zur Herstellung atomaren Wasserstoffs eine aerodynamisch aufgeheizte Schockwellenröhre, in der Wasserstoff vollständig dissoziiert ist. Zur Erzeugung der VUV-Strahlung dienten Flashlampen nach Garton [117], wobei entweder scharfe Spektrallinien [101, 116] oder ein VUV-Untergrundkontinuum zur Photoabsorptionsmessung verwendet wurde.

Ähnlich wie beim Wasserstoff nimmt der totale Wirkungsquerschnitt beim Helium (Abb. 1.181) monoton mit zunehmender Energie der Photonen ab. Bei höherer Ener-

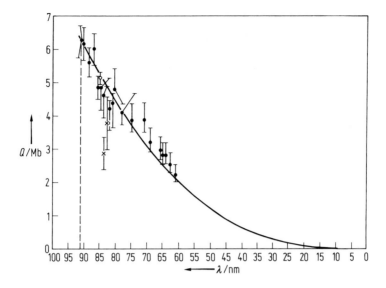

**Abb. 1.180** Wirkungsquerschnitt $Q$ der Photoionisation des atomaren Wasserstoffs in Abhängigkeit von der Wellenlänge $\lambda$. Ausgezogene Kurve: Theorie nach der Dipolapproximation. Experimenteller Datenpunkt ○ mit dem Wert $Q(\lambda = 85.06\,\text{nm}) = (5.15 \pm 0.18)\,\text{Mb}$ (Mb = megabarn = $10^{-18}\,\text{cm}^2$) (nach Beyon und Cairns [101]); (×) zwei experimentelle Datenpunkte nach Beyon [101a], (●) experimentelle Daten nach Palenius et al. [101b].

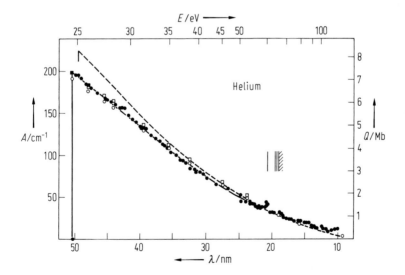

**Abb. 1.181** Photoionisationsquerschnitt $Q$ und Absorptionskoeffizient $A$ des Heliums in Abhängigkeit von der Energie $E$ bzw. der Wellenlänge $\lambda$; (○) experimentelle Daten von Samson [118] und (●) Lowry et al. [119] im Vergleich zu verschiedenen Typen von Dipolapproximationen: (□) Stewart und Webb [120], (---) Cooper [121]. Die Striche bei 20 nm geben die Positionen der unaufgelösten Resonanzen an (s. Abb. 1.157 und 1.158).

gieauflösung wird jedoch eine Resonanzstruktur bei $\lambda \approx 20$ nm beobachtet, auf die wir bereits in Abschn. 1.7.4.6 hingewiesen haben und die als Resultat der Doppelanregung der beiden Heliumelektronen zur Autoionisation führt und im Wirkungsquerschnitt eine Fano-Beutler-Resonanz hervorruft. Solche Resonanzstrukturen in Photoionisationsquerschnitten werden in vielen Multi-Elektronen-Atomen beobachtet.

Photoionisationsquerschnitte der Edelgas- und Alkalimetallatome wurden experimentell ausführlich untersucht. Wie Abb. 1.182 und 1.183 zeigen, weichen die Strukturen dieser Wirkungsquerschnitte von den relativ monotonen Formen für Wasserstoff und Helium (abgesehen von den Resonanzstrukturen, die bei den schweren Atomen ebenfalls auftreten) in auffallender Weise ab.

### 1.10.3.3 Spin-Bahn-Wechselwirkung und Fano-Effekt

Wir behandeln hier von den zahlreichen möglichen Viel-Elektronen-Effekten zur theoretischen Beschreibung der Photoionisation lediglich den *Spin-Bahn-Wechselwirkungseffekt*. Es wurde zuerst von dem englischen Physiker Seaton und dem US-amerikanischen Physiker Cooper erkannt, dass der endliche Wert im Minimum des Wirkungsquerschnittes (siehe Abb. 1.183) der schweren Alkalimetallatome – z.B. Caesium oder Rubidium – durch eine Spin-Bahn-Kopplung hervorgerufen wird. Sie hat ihre Ursache in der uns bereits bekannten Feinstruktur-Wechselwirkung (Abschn. 1.3.6.1) des magnetischen Momentes $\boldsymbol{\mu}$ des Photoelektrons mit dem magnetischen Bewegungsfeld $\boldsymbol{B}$, das das Elektron im Coulomb-Feld des erzeugten Ions erfährt, d.h. $W_{LS} = -(\boldsymbol{\mu} \cdot \boldsymbol{B})$. Mit anderen Worten, wir haben es mit der gleichen Wechselwirkung wie bei der Beschreibung der spektroskopischen Feinstruktur zu

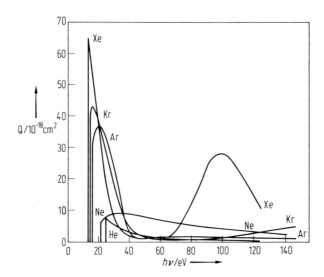

**Abb. 1.182** Experimentelle Wirkungsquerschnitte $Q$ der Photoionisation der Edelgasatome in Abhängigkeit von der Photonenenergie $h\nu$ (nach Samson [122]).

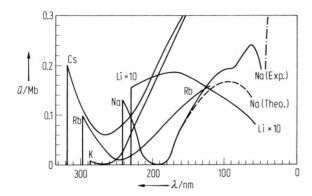

**Abb. 1.183** Experimentelle Photoionisationsquerschnitte $Q$ der Alkalimetallatome in Abhängigkeit von der Wellenlänge $\lambda$ (nach Samson [122]; die gestrichelte Kurve stellt die Berechnungen aufgrund einer Viel-Körper-Störungstheorie nach Chang [123] dar.

tun, wobei allerdings das Photoelektron sich hier im ungebundenen Kontinuumzustand befindet. Mit diesem Spin-Bahn-Wechselwirkungseffekt ist ein interessanter *Spineffekt der Photoelektronen* verknüpft, der von dem US-amerikanischen Physiker Fano vorausgesagt wurde. Bei dem Photoionisationsübergang $n^2 S_{1/2} \to \varepsilon^2 P_{1/2,3/2}$ sind zwar die beiden Kontinuumzustände $\varepsilon^2 P_{1/2,3/2}$ entartet, jedoch sind die Radialanteile $R(\varepsilon, j = 3/2) = R_3$ und $R(\varepsilon, j = 1/2) = R_1$ der Matrixelemente für die Photoionisation infolge der Spin-Bahn-Wechselwirkung verschieden voneinander, $R_1 \neq R_3$. Für Caesium zum Beispiel, mit den Radialintegralen $R(\varepsilon, j) = \int\limits_0^\infty P(\varepsilon p_j; r) \, r \, P(6^2 S_{1/2}; r) \, \mathrm{d}r$, die den Wirkungsquerschnitt bestimmen, verursacht die Spin-Bahn-Wechselwirkung, dass die Kontinuumwellenfunktion mit $j = 1/2$ ein wenig zum Ion hingezogen wird, während die Funktion mit $j = 3/2$ ein wenig vom Ion fortgedrängt wird (mit $P$ als radialer Anteil der Eigenfunktion $|\varepsilon p_j\rangle$ und $|6^2 S_{1/2}\rangle$ des Grundzustandes). Fano [124] hat den Photoionisationsquerschnitt mit den obigen radialen Integralen wie folgt dargestellt: $Q(E) = C\{2[R_3(E)]^2 + [R_1(E)^2]\} = 2Q_3(E) + Q_1(E)$. Folgende Konsequenzen ergeben sich für $R_1 \neq R_3$: (1) Ein endlicher Wert im Minimum des

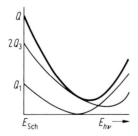

**Abb. 1.184** Wirkungsquerschnitte $Q_1$ und $2Q_3$ mit Minima bei verschiedenen Energien und dem nichtverschwindenden Wert für $Q = Q_1 + 2Q_3$ im Minimum; $E_{Sch}$ bezeichnet die Schwellenenergie des Photoionisationsprozesses.

Photoionisationsquerschnittes wird durch die verschiedenen Lagen der Minima für $Q_1$ und $Q_3$ hervorgerufen (Abb. 1.184). (2) Die Erzeugung polarisierter Elektronen durch Photoionisation mit zirkular polarisiertem Licht ($\sigma^+$ rechtszirkular, $\sigma^-$ linkszirkular) ist möglich:

$$\{h\nu\}_{\sigma^+} + \text{Cs} \rightarrow \text{Cs}^+ + \text{e}^- (\uparrow)$$
$$\{h\nu\}_{\sigma^-} + \text{Cs} \rightarrow \text{Cs}^+ + \text{e}^- (\downarrow).$$

Der Grad der Spinpolarisation $P_e$ der Elektronen errechnet sich aus der Kenntnis der $R_1$- und $R_3$-Integrale nach Fano zu:

$$P_e = \frac{N_e^\uparrow - N_e^\downarrow}{N_e^\uparrow + N_e^\downarrow} = \frac{9R_3^2 + 2(R_3 - R_1) - (2R_1 + R_3)^2}{9R_3^2 + 2(R_3 - R_1) + (2R_1 + R_3)^2}$$
$$= \frac{1 + 2X}{2 + X^2}, \qquad (1.308)$$

mit $X = \dfrac{2\alpha + 1}{\alpha - 1}$, wobei $\alpha = \dfrac{R_3}{R_1}$ ist.

$N_e^\uparrow$ bzw. $N_e^\downarrow$ bezeichnet die Zahl der Elektronen mit dem Spin parallel oder antiparallel zur Einfallsrichtung des zirkular polarisierten Lichtes. Wie man Gl. (1.308) entnimmt, verschwindet die Elektronenpolarisation bei Vernachlässigung der Spin-Bahn-Wechselwirkung, d. h. für $R_3 = R_1$.

Abb. 1.185 zeigt die experimentelle Anordnung zur Messung des Fano-Effektes. Ein Caesium-Atomstrahl wird mit zirkular polarisiertem Licht bestrahlt. Die dadurch erzeugten Photoelektronen werden aus dem Stoßraum extrahiert, auf ca. 120 kV beschleunigt und sodann dem *Mott-Detektor* zur Messung des Polarisationsgrades der Elektronen zugeführt. Der nach dem englischen Physiker Mott benannte Detektor zur Polarisationsmessung beruht ebenfalls auf einem Spin-Bahn-Effekt,

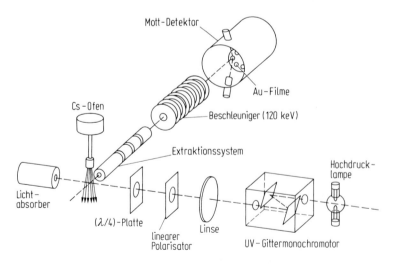

**Abb. 1.185** Schema der Apparatur zur Messung des Fano-Effektes (nach Heinzmann et al. [125]); Gold-Filme verschiedener Dicke zur Extrapolation auf Dicke null im Mott-Detektor.

der aber diesmal aufgrund der magnetischen Wechselwirkung des magnetischen Moments $\mu_e$ des einfallenden Elektrons mit dem magnetischen Bewegungsfeld $B$ im Coulomb-Feld des Target-Atomkerns zustande kommt. Ein in einer vorgegebenen Richtung spinpolarisiertes Elektron, das am Atomkern gestreut wird, erfährt eine geringe zusätzliche (oder verminderte) Wahrscheinlichkeit für eine Streuung unter dem gleichen Streuwinkel $\theta$ nach rechts (oder links), da die Wechselwirkung $\mu_e \cdot B$ zu dem Coulomb-Streupotential addiert (oder davon subtrahiert) wird. Es entsteht eine Links-Rechts-Asymmetrie ($I_R \neq I_L$) bezüglich der Intensität der rechts oder links gestreuten spinpolarisierten Elektronen, die direkt ein Maß der Elektronenpolarisation $P_e$ ist,

$$P_e = \frac{1}{S} \cdot \frac{I_R - I_L}{I_R + I_L}.$$

Der Parameter $S$, die sogenannte *Sherman-Funktion*, ist ein komplizierter Eichfaktor, der von der Energie der einfallenden Elektronen, dem Streuwinkel der gestreuten Elektronen und der Kernladung des Materials des Mott-Detektors abhängt. Typisch für Mott-Detektoren sind verschieden dicke Gold-Folien, ein Streuwinkel von ca. 120° und Elektronenenergien von ca. 100 keV. Wie aus Abb. 1.185 ersichtlich ist, sind die extrahierten Elektronen „transversal polarisiert", das heißt senkrecht zur Bewegungsrichtung. Im Einklang mit der obigen Erklärung des Mott-Effektes ist dessen Links-Rechts-Streuasymmetrie $I_R - I_L$ in der Ebene senkrecht zur Spinrichtung der Elektronen maximal. Longitudinale Polarisation, das heißt eine Spinpolarisation in der Bewegungsrichtung, kann mit dem Mott-Detektor nicht nachgewiesen werden. Abb. 1.186 zeigt die experimentellen Daten für die Spinpolarisation der Photoelektronen des Caesiums als Funktion der Energie der eingestrahlten, zirkular polarisierten Photonen (*Fano-Effekt*). Das Maximum von 100 % Spinpolarisation liegt innerhalb der Fehlergrenzen im Bereich des Minimums des Photoionisationsquerschnittes (Abb. 1.183), wie es aufgrund der theoretischen Argumente er-

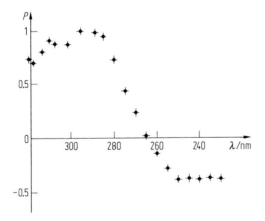

**Abb. 1.186** Fano-Effekt-Messung der Spinpolarisation der Photoelektronen des Caesiums als Funktion der Wellenlänge der zirkular polarisierten Photonen (nach Heinzmann et al. [125]).

wartet wird. Die Messung der Elektronenpolarisation $P_e$ führt nach Gl. (1.308) zur Ermittlung der Größe $\alpha(\lambda) = R_3/R_1$, die von der Wellenlänge der photoionisierenden Strahlung abhängt. Wir merken noch an, dass in dem hier beschriebenen Experiment zum Nachweis der Energieabhängigkeit des Fano-Effektes die Photoelektronen aus allen möglichen Emissionsrichtungen durch das elektrische Feld abgezogen werden. In dieser Form handelt es sich um einen *integralen Fano-Effekt*, der sich offenbar nicht über die Winkelabhängigkeit der Photoemission zu null wegmittelt. Man kann jedoch die Winkelabhängigkeit des Fano-Effektes, d.h. die winkelaufgelöste Spinpolarisation der Photoelektronen, im Detail untersuchen, woraus zusätzliche Information über Amplituden und Phasen des Photoionisationsprozesses erhalten werden kann. Solche Experimente wurden primär mit Edelgasatomen durchgeführt.

### 1.10.3.4 Photoionisation mit polarisierten Atomen

Eine komplementäre Methode zur Untersuchung des Fano-Effektes und der Amplituden und Phasen der Photoionisation besteht darin, spinpolarisierte Atome als Target zu verwenden. Baum, Lubell und Raith [130] haben z.B. mit polarisierten Cs-, Rb- und K-Atomen im Grundzustand (Elektronenspin $s = 1/2$) Photoionisationsexperimente durchgeführt und die Zahl der erzeugten Ionen $N^\uparrow$ und $N^\downarrow$ gemessen, wobei der Spin des Atomelektrons entweder parallel ($\uparrow$) oder antiparallel ($\downarrow$) zu einer vorgegebenen Quantisierungsrichtung stand. Die Asymmetrie $A = (N^\uparrow - N^\downarrow)/(N^\uparrow + N^\downarrow)$ ist theoretisch mit der Spinpolarisation der Photoelektronen des oben erläuterten Fano-Effektes verwandt, d.h. das Verhältnis $R_3/R_1$ kann in Beziehung zu $A$ gesetzt und somit bestimmt werden. Historisch betrachtet, waren diese Experimente die ersten zum Nachweis des Fano-Effektes [124]. In der Weiterführung solcher Experimente mit polarisierten Atomen konnte gezeigt werden [131], dass die Messung der Winkelverteilung der Photoelektronen von polarisierten Atomen nicht nur die Beträge der komplexen Matrixelemente bestimmt, sondern auch deren Phasendifferenzen; wir diskutieren unten als Beispiel die Photoionisation polarisierter Sauerstoff-Atome und weisen für weitere Details auf die Literatur hin [126–129] und fügen insbesondere Folgendes an: Aufgrund der Klassifizierung atomarer Stoßprozesse in Abschn. 1.10.1 lässt sich ein „**vollständiges**" **Photoionisationsexperiment** durch folgende Reaktionsgleichung beschreiben:

$$|\psi_{\text{in}}\rangle = |A\rangle|hv\rangle \rightarrow H_{\text{linearer Operator}} \rightarrow |\psi_{\text{out}}\rangle = \sum c_i |A\rangle|e_i\rangle.$$

Das Atom und das Photon werden zu Beginn des Experimentes derart präpariert, dass diese in reinen Zuständen $|A\rangle$ und $|hv\rangle$ vorliegen. Der Photoionisierungsprozess transferiert das System $|\psi_{\text{in}}\rangle$ durch einen linearen Dipoloperator in einen reinen Endzustand $|\psi_{\text{out}}\rangle$, dessen maximale Information in Form von Amplituden und Phasendifferenzen beschrieben werden kann [126, 127]. Es ist offensichtlich, dass solche „vollständigen Experimente" mit polarisierten Atomen angenähert werden können.

Inzwischen sind eine ganze Serie von Experimenten mit polarisierten Atomen und relevante theoretische Arbeiten diesbezüglich veröffentlicht worden [134, 135]; wir weisen insbesondere auf das Pionierexperiment von Siegel et al. [136] mit polarisierten, metastabilen Neon-Atomen hin (in den Zuständen $2P^5 3s$, $^3P_{0,2}$), die mittels optischem Pumpen (Abschn. 1.7.4.3) zwischen den Zuständen Ne ($2P^5\,3s$, $^3P_2$) und Ne ($2P^5\,3P$, $^3D_3$) mit linear oder zirkular polarisiertem Licht eines Farbstofflasers eine ungleiche Besetzung der magnetischen $M_J$-Unterzustände des $^3D_3$-Zustandes erreichten: Entweder eine „Orientierung" (engl. „orientation") mit ungleicher Besetzung für die $M_J$-Werte oder eine ungleiche Besetzung der $|M_J|$-Werte, d. h. eine „Ausrichtung" (engl. „alignment").

Obwohl die Lasermethode zur Orientierung und Ausrichtung von Atomen zunächst begrenzt war durch die Limitierung vorhandener Frequenzen im sichtbaren Spektralbereich, können jetzt mit Frequenzverdopplung auch ultraviolette Frequenzen für diese Lasermethode erzielt werden [134]. Beide Methoden, die mit dem Hexapolmagneten und das optische Pumpen mit Laserstrahlung ergänzen sich in der Anwendung zur Herstellung polarisierter Atome.

Als detaillierte Photoionisation des atomaren Sauerstoffs betrachten wir den Prozess

$$\mathrm{O}(1s^2 2s^2 2p^4\,^3P_2) + h\nu \rightarrow \mathrm{O}^+(1s^2 2s^2 2p^3\,^4S_{3/2}) + e^-,$$

mit $h\nu = 33\,\mathrm{eV}$.

Abb. 1.187 zeigt schematisch den Aufbau des Experimentes. Mittels einer 27 MHz-Mikrowellen-Entladungsröhre als Atomstrahlofen (s. auch Abschn. 1.7.1.1) werden

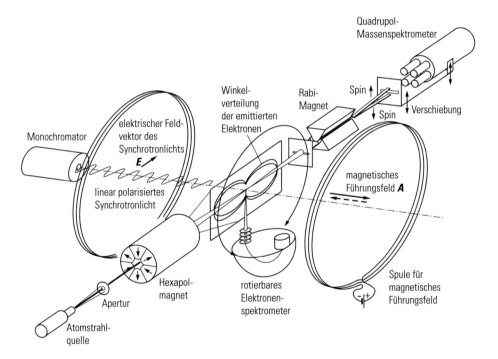

**Abb. 1.187** Experimentelles Schema der Anordnung zur Winkelverteilungsmessung von Photoelektronen polarisierter Atome bei Verwendung eines Hexapolmagneten und eines rotierbaren Elektronenspektrometers. Das Synchrotronlicht kreuzt den polarisierten Atomstrahl, dessen Polarisation mittels eines Rabi-Magneten und Quadrupol-Massenspektrometers analysiert wird (nach Plotzke et al. [126] und Prümper [127]).

Sauerstoff-Atome erzeugt, die durch den Skimmer zu einem Atomstrahl kollimiert werden. Im Hexapolmagneten (s. auch Abschn. 1.7.3.3) erfolgt die Zustandsselektion durch Ablenkung der Atome in Abhängigkeit von den Werten ihrer magnetischen Quantenzahl $m$. Nach dem Austritt aus dem Hexapolmagneten wird die Polarisation der Atome durch ein magnetisches Führungsfeld vorgegeben. Im Wechselwirkungszentrum kreuzen sich der polarisierte Atomstrahl und der Synchrotronlichtstrahl. Die so erzeugten Photoelektronen werden nach Passieren durch ein rotierbares Elektronenspektrometer von einem Channeltron nachgewiesen. Am Ende des Atomstrahls werden ein Rabi-Magnet und ein Massenspektrometer zur Analyse des Polarisationszustandes des Atomstrahls verwendet. Eine typische Besetzungsverteilung der magnetischen Unterzustände des Sauerstoff-Grundzustandes ist: 53% für den magnetischen Unterzustand mit $M_J = 2$, 24% für den ($M_J = 1$)-Unterzustand, 13% für den ($M_J = 0$)-Unterzustand, 7% für den ($M_J = -1$)-Unterzustand und 3% für den ($M_J = -2$)-Unterzustand. Für eine Photonenenergie $hv = 33$ eV der eingestrahlten Synchrotronstrahlung ergibt sich die Winkelverteilung der Photoelektronen der Photoionisation des polarisierten Sauerstoff-Atoms wie es in Abb. 1.188a dargestellt ist. Hierbei lag der Polarisationsvektor $A$ des Atoms parallel zum elektrischen Feldvektor $E$ der senkrecht zur Zeichenebene gerichteten Synchrotronstrahlung und die Winkelverteilung der Photoelektronenintensität wurde in der zur Photoneneinstrahlrichtung orthogonalen Ebene gemessen. Diese gemessene Photonen-Winkelverteilung lässt sich zusätzlich zum totalen Wirkungsquerschnitt $\sigma$ und dem polarisationsunabhängigen Winkelverteilungsparameter $\beta$ (siehe Gl. (1.307) und Abb. 1.177) und einem polarisationsabhängigen Parameter $\beta'$ beschreiben (siehe Abb. 1.188b). Die ausgezogene starke Kurve in Abb. 1.188a ist eine Anpassung an die experimentellen Daten mit den drei Parametern $\sigma$, $\beta$ und $\beta'$. Außerdem lässt sich diese Photonen-Winkelverteilung des Sauerstoff-Atoms durch eine Phasendifferenz $\Delta$ und zwei radialen Komponenten $R_l$ der Matrixelemente der 2P-Elektronen beschreiben, die beim Photoionisationsdipolübergang in die $\varepsilon$s- und $\varepsilon$d-Kontinuumzustände transferiert werden (Abb. 1.188b).

**Abb. 1.188** (a) Beispiel für die Photoelektronen-Winkelverteilung des polarisierten Sauerstoff-Atoms für die in Abb. 1.197 angegebene Photoionisations-Nachweisebene. Die inneren Kurven beziehen sich auf die Anteile der magnetischen Unterzustände mit $M_J = 0$, $M_J = \pm 1$ und $M_J = \pm 2$. Die angegebenen Spektren für die verschiedenen Winkel repräsentieren die $^4$S-Photoelektronen-Spektren der 2p$^4$-Sauerstoff-Photoionisation der Atome (volle „Peaks") und eine Vibrationsstruktur des unpolarisierten molekularen Sauerstoffs, die zum Vergleich gemessen wurden (Peaks neben denjenigen der vollen schwarzen Peaks des Atoms (nach Plotzke et al. [126] und Prümper [127]). (b) Winkelverteilungsparameter $\beta$ und $\beta'$, die Differenz in der asymptotischen Phasenverschiebung zwischen s- und d-Wellen und deren Wellenamplituden. Die gestrichelten Kurven sind theoretische Resultate nach dem geläufigen Cowan-Code (siehe weiterführende Ref. Abschn. 1.5). Die punktiert-gestrichelten Kurven resultieren von der theoretischen Arbeit von Starace et al. [128] und die $\beta$-Werte unterhalb 25 eV von [129]. Die kurze durchgezogene Kurve repräsentiert die Quantendefekt-Differenz der $n$s- und $n$d-Rydberg-Serien, die zur $^4$S-Schwelle konvergieren. (c) Linearer, magnetischer Dichroismus in der Winkelverteilung der 2P-Photoionisation des atomaren Sauerstoffs für verschiedene Nachweiswinkel $\theta$ der Photoelektronen und einer Photonenenergie von $hv = 30{,}5$ eV.

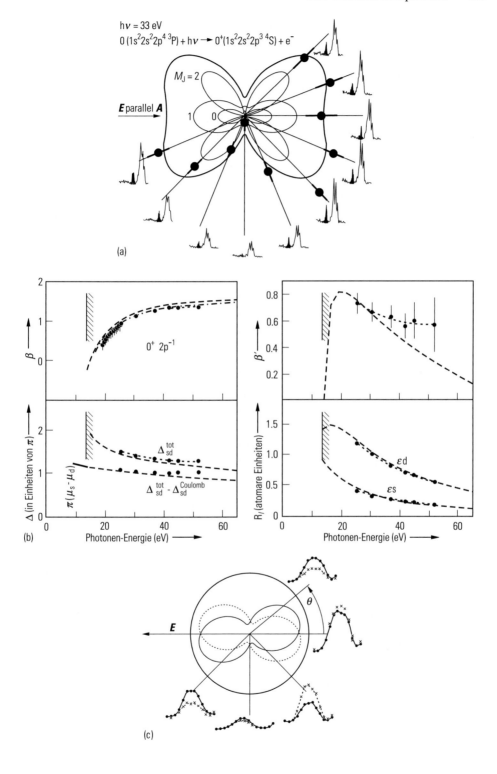

Somit ist experimentell gezeigt worden, dass sich die gemessene Winkelverteilung der Photoelektronen des polarisierten Sauerstoff-Atoms nicht allein mithilfe der Parameter $\sigma$ und $\beta$ von Gl. (1.307) beschrieben werden kann, sondern der *polarisationsabhängige $\beta'$-Parameter* unbedingt für die vollständige Analyse polarisierter Atome erforderlich ist (wie es die an die experimentellen Daten angepasste Kurve in Abb. 1.188a zeigt).

Ein *linearer magnetischer Dichroismus* der Winkelverteilung der 2P-Photoionisation atomaren Sauerstoffs für variable Nachweiswinkel der Photoelektronen bei einer Energie der eingestrahlten Photonen von $h\nu = 30.5$ eV ist in Abb. 1.188c dargestellt. Die Spektren der Photoelektronen (mit Energien $h\nu = 30.5$ eV minus die Ionisationsenergie des 2P-Zustandes von 13.62 eV) beziehen sich auf die Polarisationsrichtungen des Sauerstoff-Atoms entweder parallel (volle Kurven) oder antiparallel (gestrichelte Kurven) zur Fortpflanzungsrichtung der eingestrahlten Photonen (Abb. 188c). Die relevanten Intensitätskurven für den erlaubten, totalen Dipolübergang sind ebenfalls in dieser Abbildung für beide Fälle eingezeichnet.

### 1.10.3.5 Doppelphotoionisation

Ein weiterer interessanter fundamentaler Photoionisationsprozess ist mit der Ejektion zweier Elektronen durch die Absorption eines einzelnen Photons verknüpft (**Doppelphotoionisation**). Eine solche Doppelphotoionisation ist sowohl experimentell als auch theoretisch (in Verbindung mit der fundamentalen Drei-Körper-Dynamik geladener Teilchen!) häufig mit dem Helium-Atom untersucht worden, das eine Photonen-Schwellenenergie von 79 eV hat, die leicht durch moderne Synchrotrons erreichbar ist. Der Anfangszustand dieses Photoionisationsprozesses $h\nu + \text{He} \rightarrow \text{He}^{++} + 2e^-$ hat die einfache $^1$S-Symmetrie, der Endzustand eine reine $^1$P-Symmetrie und relativistische Effekte können vernachlässigt werden. Der direkteste Weg zum Studium dieser Doppelphotoionisation besteht in der Kombination einer Koinzidenzmessung der beiden Photoelektronen mit einer Winkel- und einer Photonenenergieselektion. Die experimentellen Untersuchungen resultieren in der Messung des dreifach differentiellen Wirkungsquerschnittes $d^3\sigma/d\Omega_a d\Omega_b dE_a$, wobei $d\Omega_a$ und $d\Omega_b$ die Winkelsegmente beim Nachweis der Photoelektronen sind und $dE_a$ das Energieintervall des Photoelektrons „a" darstellen (die Energie und die Intervalle des Photoelektrons „b" folgen automatisch aus der Energiebilanz der Doppelphotoionisation). Die erste Messung des dreifach differentiellen Wirkungsquerschnittes wurde von Schwarzkopf et al. veröffentlicht [137].

Viefhaus und Kollegen [138, 139] berichteten über die experimentelle Evidenz eines zirkularen Dichroismus der Doppelphotoionisation des Heliums. Abb. 1.189a zeigt das experimentelle, geometrische Schema der Untersuchung. Abb. 1.189b demonstriert gemessene dreifach differentielle Wirkungsquerschnitte; der entsprechende normalisierte zirkulare Dichroismus $\Delta_n$ (Teilbild c) wird durch die folgende Formel beschrieben:

$$\Delta_n = \frac{1}{P_{circ}} \frac{\sigma^+(DDW) - \sigma^-(DDW)}{\sigma^+(DDW) + \sigma^-(DDW)};$$

1.10 Atomare Stoßprozesse    291

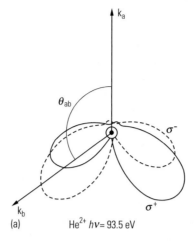

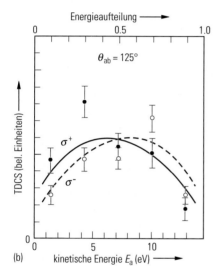

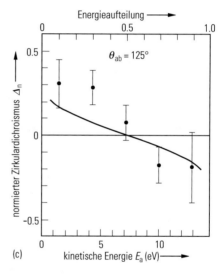

**Abb. 1.189** (a) Geometrisches Schema zum Studium der Doppelphotoionisation des Prozesses $h\nu + \mathrm{He} \rightarrow \mathrm{He}^{++} + 2\mathrm{e}^-$ (Viefhaus et al. [138] und Cvejanović et al. [139]). Die Richtungen der Emission der beiden Photoelektronen mit den Vektoren $\boldsymbol{k}_\mathrm{a}$ und $\boldsymbol{k}_\mathrm{b}$ liegen in einer Ebene senkrecht zur Richtung der eingestrahlten zirkular polarisierten Photonen, die senkrecht zur Zeichenebene eingestrahlt werden. (b) Helium-Doppelphotoionisation bei einer Energie $h\nu = 93.5\,\mathrm{eV}$ der eingestrahlten Photonen des Synchrotrons: zwei Elektronen „a" und „b" werden emittiert. Ionisationsenergie $\Delta E\,(\mathrm{He}, \mathrm{He}^{++}) = \Delta E\,(\mathrm{He}, \mathrm{He}^+) + \Delta E\,(\mathrm{He}, \mathrm{He}^{++}) = (24.59 + 54.39\,\mathrm{eV}) = 88.98\,\mathrm{eV}$. Das linke Teilbild (b) gibt die dreifach differentiellen Wirkungsquerschnitte für die positiven (volle, gefüllte Datenpunkte) und negativen (Kreise als Datenpunkte) Helizitäten (siehe Abschn. 1.6.3, für die quantenelektrodynamische Definition der Helizität) der eingestrahlten, zirkular polarisierten Synchrotronstrahlung an. Die durchgezogene ($\sigma^+$) und gestrichelte ($\sigma^-$) Kurve entsprechen ab-initio Berechnungen mit Hylleras-Wellenfunktionen für den Helium-Grundzustand. Das rechte Teilbild (c) gibt den normalisierten zirkularen Dichroismus $\Delta_n$ wieder. Der Winkel zwischen den beiden Photoelektronen beträgt $\theta_{ab} = 125°$. Zum Vergleich zeigt die volle Kurve die theoretische Voraussage der obigen Theorie.

wobei $\sigma^+$ (DDW) und $\sigma^-$ (DDW) die dreifach differentielle Wirkungsquerschnitte bei Einstrahlung von Synchrotronstrahlung mit positiver (+) und negativer (−) Helizität bedeuten. Die berechneten dreifach differentiellen Wirkungsquerschnitte wurden an die experimentellen Daten angeglichen (best fit). Die auf Querschnittsverhältnissen beruhenden Daten des zirkularen Dichroismus sind natürlich unabhängig von dieser Eichung, werden aber ebenfalls gut von der Theorie reproduziert. Allgemeiner wurde beobachtet, dass der zirkulare Dichroismus eine starke Abhängigkeit von der Energieaufteilung der beiden Photoelektronen besitzen.

Weitere Messungen zum normalisierten, zirkularen Dichroismus der Doppelionisation des Heliums wurden erst kürzlich von Cvejanović et al. [139] berichtet. Als Beispiel ist der Prozess $\gamma(h\nu) + \mathrm{He} \rightarrow \mathrm{He}^{2+} + \mathrm{e}\,(E_\mathrm{a}, \theta_\mathrm{a}) + \mathrm{e}(E_\mathrm{b}, \theta_\mathrm{b})$ für spezielle Energien $E_\mathrm{a}$ und $E_\mathrm{b}$ als Funktion der Winkel $\theta_{\mathrm{ab}} = \theta_\mathrm{a} - \theta_\mathrm{b}$ in Abb. 1.189 für zirkular polarisierte Photonen mit Energien von $h\nu = 159\,\mathrm{eV}$ (Überschussenergie von 80 eV) zur Doppelionisationsschwelle von ca. 79 eV dargestellt. Daten dieser Art wurden mittels einer Parametrisierung von Cvejanović und Reddish [140] analysiert. Der obere Teil (a) dieser Abbildung zeigt die in Abb. 1.189 dargestellte Richtungskorrelation der in Koinzidenz gemessenen zwei Photoelektronen, wobei die Richtung $k_\mathrm{a}$ festgehalten bleibt, die Richtungen $k_\mathrm{b}$ jedoch von $\theta_\mathrm{b} \cong 0°$ bis $180°$ variiert werden. Das linke Teilbild von Abb. 1.190a gilt für Synchrotron-Photoneneinstrahlung mit zirkular, polarisiertem Licht negativer Helizität, während das rechte Teilbild für positive Helizität gilt. Die Energie für das eine, koinzidente Elektron in der Richtung $k_\mathrm{a}$ beträgt $E_\mathrm{a} = 12\,\mathrm{eV}$, während für die Messpunkte des zweiten Photoelektrons die Energie $E_\mathrm{b} = 80 - 12 = 68\,\mathrm{eV}$ ist. Beide Teilbilder (a) von Abb. 1.190 demonstrieren den *zirkularen Dichroismus* der Doppelphotoionisation des Heliumatoms. Die Teilbilder Abb. 1.190(b) und (c) zeigen Beispiele des quantitativ definierten, zirkularen Dichroismus $\Delta_n$ für spezielle Energien $E_\mathrm{a}$ des einen Photoelektrons als Funktion des korrelierten Winkels $\theta_{\mathrm{ab}}$. Wie man sieht, stimmen die experimentellen Messpunkte gut mit den durchgezogenen Kurven überein. Die hierzu quantenmechanische Theorie [139, 140] lässt sich wie folgt beschreiben.

Der zirkulare und lineare (auf den wir hier nicht eingegangen sind) Dichroismus sind Manifestationen quantenmechanischer Interferenzeffekte, die mittels kinematischer und dynamischer Faktoren zu Voraussagen des dreifach differentiellen Wirkungsquerschnittes führen; hierbei genügen Kombinationen symmetrischer (d.h. „gerader") und antisymmetrischer (d.h. „ungerader") Amplituden (einschließlich deren Phasendifferenzen) für den Austausch der beiden Photoelektronen zur Beschreibung des dreifach differentiellen Wirkungsquerschnittes in den hier angegebenen Energie- und Winkelkorrelationsbereichen. Die durchgezogenen Kurven in den Teilbildern (b) und (c) von Abb. 1.190, basierend auf der obigen Parametrisierung der Helium-Doppelionisation, verifizieren die experimentellen Daten in einer oszillationsähnlichen Struktur, die allerdings keinerlei Bezug haben zu Resonanzeffekten der traditionellen Atomspektroskopie (s. z.B. Abschn. 1.7.2) oder zu den Breit-Wigner-, Feshbach- und Fano-Resonanzen der atomaren (s. z.B. Abschn. 1.10) und molekularen (s. Kap. 5) Stoßprozessen der Atom- und Molekülphysik und Streuprozessen der Kern- und Elementarteilchenphysik (s. Kap. 2 und 3).

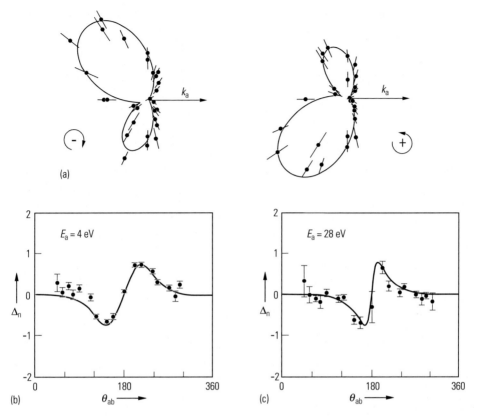

**Abb. 1.190** Zirkularer Dichroismus $\Delta_n$ (Details im Text) der Doppelphotoionisation des Heliums: Linkes Teilbild (a) für negative Helizität, rechtes Teilbild für positive Helizität der Synchrotronstrahlung der Energie $h\nu = 159\,\mathrm{eV}$; $E_a = 12\,\mathrm{eV}$, $E_b = 80\,\mathrm{eV} - E_a$. Teilbilder (b) und (c) zeigen $\Delta_n$ für zwei ausgewählte Energien $E_a$ und die durchgezogenen Kurven geben quantenmechanische Voraussagen nach der erläuterten Parametrisierung wieder [139, 140].

### 1.10.4 Stoßprozesse zwischen Elektronen (Positronen) und Atomen

Stoßprozesse zwischen Elektronen und Atomen werden experimentell mit primären Elektronenströmen von ca. $10^{-5}$ bis $10^{-8}\,\mathrm{A}$ untersucht, wobei hohe Energieauflösung ($\Delta E \leq 0.1\,\mathrm{eV}$) der Elektronen notwendigerweise auf Kosten der Intensität geht. Seit etwa 30 Jahren sind auch atomare Stoßprozesse mit den *positiven Elektronen* $e^+$, *den Positronen*, durchgeführt worden. Solche Experimente, die mit primären Intensitäten von einem Positron pro Sekunde begannen, haben inzwischen $10^3$–$10^5\,e^+/\mathrm{s}$ erreicht und könnten in den nächsten Jahren auf Positronenströme von ca. $10^{-9}\,\mathrm{A}$ ansteigen. Trotz dieser geringen Intensitäten konnten bereits beachtliche Resultate in der Physik der Positronenstreuung an Atomen erzielt werden. Wir werden im Verlauf dieses Abschnittes auf die physikalisch interessanten Unterschiede und Ähnlichkeiten in der Elektronen- und Positronenstreuung hinweisen.

Historisch betrachtet kann der Beginn der Physik der Elektronenstreuung an den Anfang dieses Jahrhunderts gelegt werden, als es Lenard [141] gelang, Kathodenstrahlen durch eine Aluminiumfolie von nur 1/100 mm Dicke hindurchzuschießen und Absorptionsmessungen dieser Strahlen hinter der Folie in verschiedenen Gasen zu machen. Die mittlere Reichweite der Kathodenstrahlen hinter der Folie und unter atmosphärischen Druckbedingungen war ca. 0.5 cm, was etwa $10^4$–$10^5$ mal mehr ist als die Reichweite von Atomen in atomaren Gasen. Lenards Schlussfolgerung war, dass Atome offensichtlich sehr leer sein müssen, da Elektronen nur äußerst geringfügig von Atomen absorbiert werden. Diese Einsicht wurde ca. 10 Jahre später durch das Bohr-Rutherford'sche Atommodell bestätigt.

Ein weiteres, fundamental wichtiges Experiment ist der historisch berühmte *Franck-Hertz-Versuch* [142] zum Nachweis der Energiebeziehung $h\nu = eV$ bei der Anregung atomarer Zustände durch Elektronen der Energie $eV$ mit der resultierenden Emission von Photonen der Energie $h\nu$. Wir wollen jedoch auf die Details des Franck-Hertz-Versuches nicht eingehen, weisen aber auf spezielle Literatur [143] und den Abschn. 1.10.4.3 hin, in dem solche Energiebeziehungen in modernen Elektronenstoßexperimenten erläutert sind.

Bevor wir die verschiedenen Elektronenstoßprozesse in den folgenden Abschnitten beschreiben, stellen wir einige qualitative Überlegungen an. Beginnen wir mit niederenergetischen, elastischen Elektronenstößen, in denen das Targetatom im Grundzustand verbleibt und nicht in einen höheren Zustand angeregt wird. Trotzdem können bei dieser niederenergetischen, elastischen Streuung eine Reihe recht komplizierter Prozesse auftreten, da die Elektronenhülle des Atoms durch das vorbeifliegende Projektilelektron deformiert, sprich (dielektrisch) polarisiert werden kann. Diese Störung in der Elektronenhülle wirkt andererseits wieder zurück auf das Elektron, wodurch eine *Polarisationswechselwirkung* entsteht, die sich im Verhalten des Wirkungsquerschnittes widerspiegelt (z. B. beim *Ramsauer-Townsend-Effekt* im nächsten Abschnitt). Wenn die Energie des einfallenden Elektrons so weit ansteigt, dass seine Geschwindigkeit die der äußeren Atomelektronen erreicht, kann ein weiteres Phänomen, nämlich die Bildung von negativen Ionen, auftreten. Die Existenz solcher, teilweise sehr kurzlebiger, negativer Ionen manifestiert sich in scharfen **Resonanzstrukturen** der Wirkungsquerschnitte. Weitere Komplikationen entstehen durch die Existenz der Spins der Projektil- und Atomelektronen. Als Folge hiervon treten interessante **Spin-Polarisationsphänomene in Elektron-Atom-Streuprozessen** auf. Inelastische Elektronenstreuung führt zur Anregung und Ionisation der Atome, wobei metastabile Atome, Photonen, Ionen und Sekundärelektronen erzeugt werden können. Die Analyse aller dieser Stoßprodukte in modernen Koinzidenz- und Spinexperimenten ergibt Informationen über quantenmechanische Amplituden, die den Stoßprozess vollständig beschreiben, d. h. aus solchen Experimenten kann maximale Information über den Elektronenstoß gewonnen werden (Abschn. 1.10.1).

Wir weisen noch abschließend in diesem Abschnitt darauf hin, dass neuerdings auch Stoßprozesse zwischen Elektronen und Ionen zu ausgedehnten Untersuchungen bezüglich elastischer und inelastischer Prozesse geführt haben. Außerdem kann ein Projektilelektron durch ein Ion eingefangen werden. Dieser als *Rekombination* bezeichnete Prozess spielt eine wichtige Rolle z. B. in der äußeren Atmosphäre der Sonne, der solaren Korona, und in dichten Plasmen zur Erzeugung nuklearer Fusion.

### 1.10.4.1 Partialwellenanalyse und Ramsauer-Townsend-Effekt

Im Gegensatz zur Rutherford-Streuung geladener Teilchen an Atomkernen der Ladungszahl $Z$ lässt sich die Elektronenstreuung an Atomen klassisch selbst näherungsweise nicht zufriedenstellend beschreiben. Andererseits liefern quantenmechanische Berechnungsmethoden sogar für den einfachsten Fall der Elektronenstreuung an Wasserstoffatomen nur Approximationen, da es sich hierbei um ein dynamisches, exakt nicht lösbares Drei- oder Viel-Körper-Problem handelt. Wir skizzieren jedoch hier nur die allgemeinen, physikalischen Gesichtspunkte der quantenmechanischen Näherungstheorien der Elektronenstreuung, die einen beträchtlich höheren mathematischen Aufwand erfordern als im Falle der zuvor beschriebenen statischen Atomstruktur.

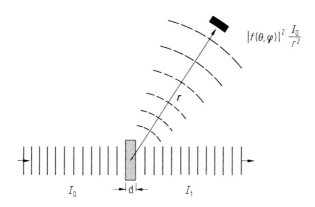

**Abb. 1.191** Streuexperiment zur Messung des totalen und differentiellen Wirkungsquerschnittes: eine einfallende, ebene Welle $I_0$, die auslaufende Kugelwelle in Richtung $r$, die transmittierte Welle $I_t$ und die Dicke $d$ des Targets.

Abb. 1.191 erläutert den Streuvorgang der Elektronen an Atomen: Eine in $z$-Richtung einfallende, ebene Welle der Elektronen der Intensität $I_0$ trifft auf das atomare Target der Dicke $d$ und erfährt in der Vorwärtsrichtung eine Reduzierung ihrer Intensität zu $I_t$. Die in den Winkel $(\theta, \varphi)$ gestreute Intensität der Welle bezogen auf den Raumwinkel ist gleich $|f(\theta, \varphi)|^2 I_0/r^2$, mit $r$ als (mittlerem) Abstand zwischen dem Detektor und dem Streuzentrum und der Größe $f(\theta, \varphi)$, die wir als *Streuamplitude* bezeichnen; $f(\theta, \varphi)$ ist eine Funktion der polaren Winkel $\theta$ und $\varphi$ und überdies in komplizierter Weise von verschiedenen Größen, wie der Primärenergie der Elektronen, der Dynamik des Stoßprozesses selbst (d. h. elastisch, inelastisch) und den Eigenschaften des Atoms abhängig.

Für $r \gg d$ können wir dann asymptotisch eine Wellenfunktion des Elektrons hinter dem Target als Überlagerung der transmittierten, ebenen und der gestreuten, kugelförmigen Welle wie folgt angeben:

$$\psi(r) \xrightarrow[r \gg d]{} \{\sqrt{I} e^{i(P/\hbar)r} + \sqrt{I_0} f(\theta, \varphi) e^{i(p'/\hbar)r}\}, \qquad (1.309)$$

wobei $p$ und $p'$ den Impuls des einlaufenden und gestreuten Elektrons angibt. Wir verweisen hierbei noch auf den Zusammenhang zwischen der Streuamplitude und dem differentiellen Wirkungsquerschnitt: $I_0 |f(\theta, \varphi)|^2 \Delta\Omega$ ist die zeitbezogene Wahrscheinlichkeit, dass ein Elektron in das Raumwinkelelement $\Delta\Omega$ gestreut wird. Mit Bezug auf $\Delta\Omega$ und den totalen Wirkungsquerschnitt $Q$ folgt nach den Gleichungen (1.304) bis (1.306) $\Delta\Omega = \sigma(\theta, \varphi) \Delta\Omega = |f(\theta, \varphi)|^2 \Delta\Omega$, so dass der differentielle Wirkungsquerschnitt $dQ/d\Omega = \sigma(\theta, \varphi) = |f(\theta, \varphi)|^2$ wird.

Wir beschreiben nun quantenmechanisch den Streuprozess wie folgt: Unter der Annahme, dass sowohl das Atom als auch dessen Potential, das auf das Elektron einwirkt, kugelsymmetrisch sind, müssen der Bahndrehimpuls $l$ des Elektrons und seine $z$-Komponente in der Vorwärtsrichtung bei der Streuung am Atom erhalten bleiben.

Mit der de Broglie-Beziehung $p = \hbar k$ lassen sich die einlaufenden, ebenen Wellen $e^{ikr\cos\theta}$ und die auslaufenden, gestreuten Kugelwellen $(1/r)e^{ikr}$ jeweils durch geeignete Überlagerungen von einlaufenden und auslaufenden Kugelwellen mit den Bahndrehimpulsen $l$ darstellen. Streuung des Elektrons am Atom tritt dann auf, wenn sich Phasendifferenzen $\eta_l$ zwischen den Kugelwellen der Drehimpulse $l = 0, 1, 2, \ldots$ mit und ohne Streuzentrum ausbilden. Die mathematische Darstellung eines solchen physikalischen Streuprozesses resultiert in der folgenden Gleichung für die Streuamplitude:

$$f(\theta) = \frac{1}{2k\mathrm{i}} \sum_{l=0}^{\infty} (2l+1)(e^{2i\eta_l} - 1) P_l(\cos\theta)$$

$$= \frac{1}{k} \sum_{l=0}^{\infty} (2l+1) e^{i\eta_l} \sin\eta_l P_l(\cos\theta); \quad (1.310a)$$

mit den Legendre-Polynomen $P_l(\cos\theta)$. Hieraus folgen die Ausdrücke für die differentiellen und totalen Wirkungsquerschnitte unter der Annahme zylindrischer Symmetrie um die $z$-Achse, so dass keine $\varphi$-Abhängigkeit auftritt:

$$\sigma(\theta, E) = |f(\theta)|^2 = \frac{1}{k^2} \sum_{l=0}^{\infty} |(2l+1) e^{i\eta_l} \sin\eta_l P_l(\cos\theta)|^2$$

$$Q(E) = \frac{4\pi}{k^2} \sum_{l=0}^{\infty} (2l+1) \sin^2\eta_l = \frac{\pi}{k^2} \sum_{l=0}^{\infty} |(2l+1)| e^{2i\eta_l} - 1|^2. \quad (1.310b)$$

Diese Analyse des Streuprozesses nach den Drehimpulsen $l$ und Phasendifferenzen $\eta_l$ wird als **Partialwellenmethode** nach den dänischen Physikern Faxen und Holtsmark bezeichnet. Theoretische Voraussagen von Wirkungsquerschnitten reduzieren sich daher auf die Berechnung der Phasendifferenzen $\eta_l$. Die Phasen $\eta_l$ hängen im Detail von der Struktur des Atoms und der Stoßwechselwirkung ab. Sind alle $\eta_l = 0$ oder ein Vielfaches von $\pi$, findet keine Streuung statt. Als wichtiges Beispiel für die Abhängigkeit des Streuprozesses von den Phasen ragt die Struktur des **Ramsauer-Townsend-Effektes** heraus. Dieser Effekt zeigt sich als Minimum des totalen und als Interferenzstruktur des differentiellen Wirkungsquerschnittes. Wir illustrieren den Zusammenhang zwischen den Streuphasen $\eta_l$ und den Wirkungsquerschnitten $Q$

1.10 Atomare Stoßprozesse 297

und $Q_l$ in den Abbildungen 1.192 und 1.193, wobei wir $Q$ als $Q = \sum Q_l$ definieren und $Q_l$ der partielle totale Wirkungsquerschnitt $Q_l = (4\pi/k^2)(2l+1)\sin^2\eta_l$ mit dem spezifischen Drehimpuls $l$ und der Phase $\eta_l$ ist. Der Berechnung der Streuphasen $\eta_l$ liegt folgende physikalische Überlegung zugrunde. Die Elektronen erfahren beim

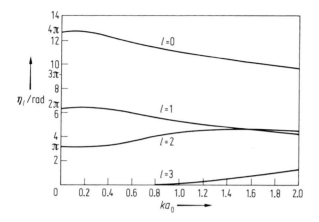

**Abb. 1.192** Berechnete Streuphasen $\eta_l$ für $l = 0, 1, 2$ und $3$ der elastischen Elektronenstreuung an Krypton. Die Einheit der Abszisse $(ka_0)^2 = 1$ entspricht einer Energie der einfallenden Elektronen von 13.6 eV.

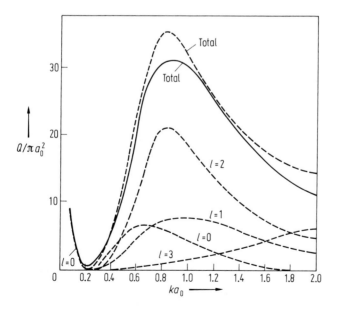

**Abb. 1.193** Berechnete partielle ($l = 0 - 3$) und totale Wirkungsquerschnitte (gestrichelte Kurve) für die elastische Elektronenstreuung an Krypton entsprechend den Phasen $\eta_l$ der vorangehenden Abbildung. (Abszisseneinheit wie in Abb. 1.192). Zum Vergleich ist der gemessene totale Wirkungsquerschnitt angegeben (ausgezogene Kurve).

Stoß mit dem Atom ein Streupotential, das sich aus mehreren Anteilen zusammensetzt: (1) dem statischen Potential, das die direkte Coulomb-Wechselwirkung zwischen dem Projektilelektron einerseits und den Atomelektronen und der Kernladung andererseits beschreibt, d. h.

$$V(r, r') = -\frac{Ze^2}{4\pi\varepsilon_0 r} + \frac{Ze^2}{4\pi\varepsilon_0|r-r'|} \int_0^\infty \varrho(r)\,\mathrm{d}\tau,$$

mit $r$ als Abstand zwischen Atomkern und Projektilelektron, $\varrho(r)$ als Ladungsdichte der Elektronenhülle und $|r-r'|$ als Abstand zwischen einem Ladungselement $\mathrm{d}\tau$ der Elektronenhülle und dem Projektil; die Berechnung der Ladungsdichte komplizierter Atome erfolgt mittels der Hartree-Fock-Approximation; (2) der Heisenberg'schen Austauschwechselwirkung zwischen dem Projektil- und einem Atomelektron (diese Wechselwirkung ist mit der Heisenberg'schen Austauschwechselwirkung identisch, die wir zur Beschreibung der Energiestruktur der Zwei-Elektronen-Atome in Abschn. 1.5.4 eingeführt haben) und (3) einer Polarisationswechselwirkung, die dadurch zustande kommt, dass das vorbeifliegende Projektilelektron das Atom polarisiert; diese Polarisationswirkung wird in Dipolnäherung durch ein $(\alpha/r^4)$-Potential beschrieben, wobei $\alpha$ die elektrische Dipolpolarisierbarkeit des Atoms ist (d.h. das induzierte elektrische Dipolmoment des Atoms wird dann $P_\mathrm{i} = \alpha F$, mit $F$ als elektrischer Feldstärke, die das Atom durch das vorbeifliegende Elektron erfährt). Es hat sich herausgestellt, dass z. B. eine zufriedenstellende theoretische Beschreibung der elastischen Elektronenstreuung nur erzielt werden kann, wenn zusätzlich zur statischen Hartree-Fock-Potential-Wechselwirkung (1) sowohl die Austausch- (2) als auch die Polarisationswechselwirkung (3) in die Berechnung einbezogen werden.

Abb. 1.192 und 1.193 zeigen solche Berechnungen der Streuphasen und Wirkungsquerschnitte für die Streuung von Elektronen an Krypton. Jedes Mal, wenn sich die Streuphase $\eta_l$ einer Partialwelle mit dem Drehimpuls $l$ einem ganzzahligen Vielfachen von $\pi$ nähert, verschwindet der Partialquerschnitt. Wie man Abb. 1.192 entnimmt, liegen diese $n\pi$-Durchgänge der Phasen bei nahezu gleichen Energien für $l = 0, 1$ und $2$, so dass ein tief eingebuchtetes *Ramsauer-Townsend-Minimum* entsteht (Abb. 1.193). Die $(1/2)n\pi$-Durchgänge der Phasen bauen das breite Maximum des elastischen Wirkungsquerschnittes auf. Dieses Verhalten ist ähnlich für Argon- und Xenon-Atome, die ebenfalls Ramsauer-Townsend-Minima in den niederenergetischen Wirkungsquerschnitten zeigen (Abb. 1.194b). Im Gegensatz hierzu treten bei den leichten Edelgasen Helium und Neon keine Ramsauer-Townsend-Minima auf. Das liegt daran, dass das resultierende Potential aus den obigen drei Anteilen zu Phasen führt, die innerhalb einer Phasenperiode $\pi$ liegen und daher keine $n\pi$-Durchgänge haben. Da außerdem die Streupotentiale für Helium und Neon schwächer sind, sind auch die Streuphasen $\eta_l$ und Wirkungsquerschnitte geringer als bei den schweren Edelgasen (Abb. 1.194b).

Wie bereits zu Anfang dieses Abschnittes erwähnt wurde, sind in den letzten Jahren auch Streuexperimente mit Positronen erfolgreich durchgeführt worden, deren Resultate für die Wirkungsquerschnitte im Vergleich zu den Elektronenexperimenten in Abb. 1.194 dargestellt sind. Im Gegensatz zu Elektronen können Positronen nicht aus einer Glüh- oder Oxidkathode gewonnen werden; sie werden entweder mittels

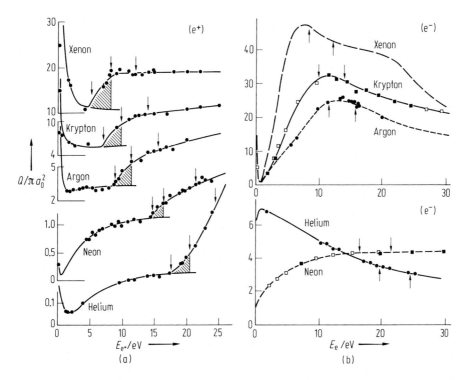

**Abb. 1.194** (a) Totale Wirkungsquerschnitte $Q$ der niederenergetischen Positronenstreuungen an Edelgasatomen in Abhängigkeit von der Positronenenergie $E_{e^+}$: Die drei Pfeile zeigen das Einsetzen der Bildung von Positronium, der ersten inelastischen Anregung und der Ionisation des Atoms an. Die schraffierten Bereiche stellen eine Abschätzung für den Wirkungsquerschnitt der Positroniumbildung dar, nach dessen Subtraktion sich der totale elastische Wirkungsquerschnitt ergibt (untere Kurve des schraffierten Bereiches); (b) zum Vergleich, totale Wirkungsquerschnitte für die Elektronenstreuung an Edelgasatomen in Abhängigkeit von der Elektronenenergie $E_e$; die beiden Pfeile deuten das Einsetzen der ersten inelastischen Anregung und der Ionisation der Atome an (nach Kauppila und Stein [144]).

intensiver, radioaktiver $\beta^+$-Strahler wie $^{22}$Na (Lebensdauer $\tau \approx 2.6$ Jahre) oder kernphysikalischer Beschleuniger gewonnen ($e^+e^-$-Paarerzeugung durch Bremsstrahlung hochenergetischer Elektronen). Die aus solchen Quellen gewonnenen, hochenergetischen Positronen werden in einem Festkörpermoderator bis auf niedrige, thermische Energie abgebremst und sodann auf die gewünschte Energie nachbeschleunigt, um einen monoenergetischen Strahl zu bilden.

In der Positron-Atom-Wechselwirkung gibt es zwei Reaktionskanäle, die bei der Elektronenstreuung nicht auftreten: (1) die Bildung des Positroniums (s. Abschn. 1.8) und (2) die Vernichtung des Positrons mit einem Atomelektron, wobei die $\gamma$-Vernichtungsstrahlung auftritt. Da jedoch der Wirkungsquerschnitt für den letzteren Prozess sehr klein ist ($Q = \pi r_0^2 c/v$ mit $r_0 = \alpha^2 r_B = 2.8 \cdot 10^{-12}$ cm als „klassischer" Elektronenradius und $v$ als Positronengeschwindigkeit; für $E = 10$ eV ist zum Beispiel $Q \leq 10^{-22}$ cm$^2$), kann der Vernichtungsprozess vernachlässigt werden. Positroniumbildung ist dagegen ein Prozess, dessen Wirkungsquerschnitt mit den Streuquerschnitten von Positronen an Atomen vergleichbar ist. Die Energieschwelle $E_S$ für die Positroniumbildung folgt aus der Differenz zwischen der Ionisationsenergie $E_{\text{Ion}}$ des Atoms, das das Elektron liefert, und der Bindungsenergie des Positroniums:

$$E_S = E_{\text{Ion}}(A) - E_{PS} = E_{\text{Ion}}(A) - 1/2\,E_{\text{Ion}}(H) = E_{\text{Ion}}(A) - 6.8\,\text{eV},$$

wobei die Bindungsenergie des Positroniums gleich der Hälfte derjenigen des Wasserstoffatoms ist, d. h. 6.8 eV (Abb. 1.169). Der Einfluss der Positroniumbildung ist deutlich in den Daten von Abb. 1.194 a erkennbar. Helium- und Neon-Atome zeigen in der niederenergetischen Positronenstreuung typische Ramsauer-Townsend-Minima – im Gegensatz sowohl zur Elektronenstreuung an Helium und Neon als auch zur Positronenstreuung an den schwereren Edelgasatomen. Die detaillierte theoretische Beschreibung der Positronenstreuung hängt wiederum von den Streuphasen der Wechselwirkungen ab, deren Potentiale für die statische Coulomb-Wechselwirkung wegen der positiven Positronenladung im Vorzeichen verschieden von der Elektronenstreuung sind. Insbesondere fehlt bei der Positronenstreuung die Austauschwechselwirkung, die quantenmechanisch nur zwischen Teilchen gleicher Art auftreten kann. Somit verbleibt bei der Positronenstreuung nur die *direkte Coulomb-Wechselwirkung* zwischen den Positronen und den positiven und negativen Ladungen des Atoms.

Bei sehr niedrigen Positronenenergien überwiegt in Helium und Neon die Partialwelle mit $S = 0$ (sog. „S-Streuung" mit dem Symbol $S$ für die Quantenzahl $l = 0$ wie in der Spektroskopie). Nahe der Energie null überwiegt die Anziehung zwischen dem Positron und den Elektronen des Atoms, was zur Folge hat, dass die Streuphase $\eta_0$ zunächst positiv ist; mit zunehmender Energie dominiert jedoch das abstoßende Potential und $\eta_0$ wechselt über in den negativen Bereich, so dass ein Ramsauer-Townsend-Minimum in der Positronenstreuung an Helium und Neon beim Nulldurchgang von $\eta_0(E)$ entstehen kann. In der Positronenstreuung an schweren Edelgasatomen haben die höheren Partialwellen mit $l \geq 1$ einen beträchtlichen Anteil im Vergleich zur Streuung mit $l = 0$; der Wirkungsquerschnitt besitzt dann kein Minimum, obwohl die s-Wellenphase $\eta_0$ durch null hindurchgeht. Es sei noch erwähnt, dass es kürzlich gelang, die Ionisation von atomarem Wasserstoff durch Positron- und Elektronstoßprozesse vergleichsweise zu vermessen. Unterhalb von 450 eV ist der Ionisationswirkungsquerschnitt für Positronenstoß größer als für Elektronenstoß, bei 50 eV um etwa einen Faktor 2.

Es ist interessant darauf hinzuweisen, dass die traditionellen Ramsauer-Townsend-Messungen erst kürzlich wieder durchgeführt wurden, wobei moderne Elektronenmonochromatoren wie sphärische 180°-Monochromatoren oder Flugzeitspektrometer verwendet wurden. Beim letzteren Instrument wird die Flugzeit der Elektronen zwischen einer gepulsten Elektrode und einer Detektorelektrode gemessen, woraus die Elektronenenergie mit hoher Auflösung ermittelt wird. Beim 180°-Monochromator fliegen die Elektronen durch den Raum zwischen zwei konzentrisch angeordneten Halbkugeln, wobei die speziellen Eigenschaften dieses Systems derart beschaffen sind, dass die eintretenden Elektronen nach einer Umlenkung von 180° für eine bestimmte Energie fokussiert werden.

Als Beispiel für die Anwendung solcher Elektronenmonochromatoren und Spektrometer greifen wir die Messung des totalen Wirkungsquerschnittes der elastischen

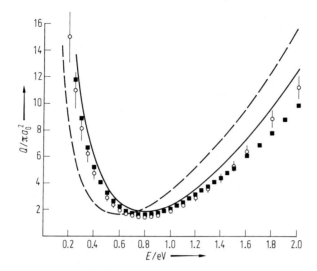

**Abb. 1.195** Totaler elastischer Wirkungsquerschnitt $Q$ für die Elektronenstreuung an Xenon-Atomen; ○ nach Jost et al. [145], (Anwendung eines 180°-Kugelmonochromators); ■ nach Ferch et al. [146], (Anwendung eines Flugzeitspektrometers); (---) nichtrelativistische Berechnung nach McEachran und Stauffer [147], (——) relativistische Theorie nach McEachran und Stauffer [148].

Elektronenstreuung an Xenon-Atomen heraus (Abb. 1.195). Wie man dieser Abbildung entnimmt, wird die Übereinstimmung zwischen den experimentellen und theoretischen Daten verbessert, wenn relativistische Effekte in der theoretischen Berechnung berücksichtigt werden.

Winkelverteilungen der an Atomen gestreuten Elektronen können ebenfalls mittels der Partialwellenmethode beschrieben werden. Dabei treten nach Gl. (1.310) Beugungsstrukturen der Partialwellen auf, die durch die Abhängigkeit der einzelnen Streuphasen von der Energie und der Winkelabhängigkeit der Legendre-Polynome $P_l(\cos\theta)$ bestimmt sind. Solche Beugungsstrukturen sind ein quantenmechanisches Phänomen, das kein klassisches Analogon hat und daher in der klassischen Rutherford-Streuung an einem Coulomb-Potential nicht auftritt. Beugungsstrukturen in der Streuung von Elektronen an Atomen wurden zuerst von Bullard und Massey [149] für Argon beobachtet. Abb. 1.196 illustriert Beispiele von Beugungsstrukturen für verschiedene Atome und ihre Verknüpfung mit dem Term $[P_l(\cos\theta)]^2$ in Gl. (1.310) für die dominierenden Phasen $\eta_l$ bei 80 eV.

### 1.10.4.2 Resonanzstrukturen

Neben den Ramsauer-Townsend-Minima und Beugungsstrukturen gibt es in Elektron-Atom-Streuprozessen Resonanzstrukturen, die während der sechziger Jahre entdeckt wurden. Der Ausdruck **Resonanz** bedeutet, dass im totalen oder differentiellen

302   1 Atome

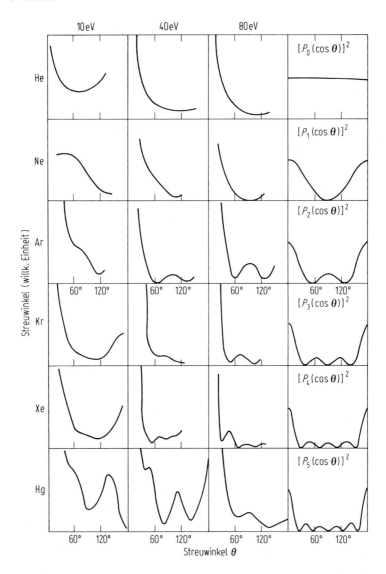

**Abb. 1.196** Beobachtete Winkelverteilungen der elastischen Streuung von Elektronen an verschiedenen Atomen sowie die Winkelverteilungen $[P(\cos\theta)]^2$ für die jeweils dominierende Phase $\eta_l$ bei Energien von 10 eV, 40 eV und 80 eV der einfallenden Elektronen (nach Massey und Burhop [150]).

Wirkungsquerschnitt bei einer bestimmten, scharfen Energie, nämlich der Resonanzenergie $E_{res}$, ein *anomales* Verhalten beobachtet wird. Resonanzstrukturen treten ganz allgemein in atomaren und subatomaren Streuprozessen auf. Der quantitative physikalische Prozess, der in einer Resonanz bei der scharfen Resonanzenergie vor sich geht, erfordert eine komplizierte theoretische Beschreibung. Qualitativ lässt er sich mit dem **Compound-Modell** beschreiben, das von Bohr vorgeschlagen und in kernphysikalischen Streuprozessen zuerst angewandt wurde. Auf unser Problem übertragen, führt das Compound-Modell bei der Elektronenresonanzenergie $E_{res}$ zur Bildung eines kurzlebigen, negativen atomaren Ions. Wir beschreiben diesen Prozess in einer Reaktionsgleichung:

$$e(E_{res}) + A \rightarrow A^- \rightarrow A + e(E_{res}).$$

Das kurzlebige, negative Ion $A^-$, das beim Stoß durch das Elektron mit der Energie $E_{res}$ erzeugt wird, befindet sich in einer speziellen Elektronenkonfiguration, während das gestreute Elektron mit den im vorhergehenden Unterabschnitt erläuterten Partialwellen beschrieben wird. In den meisten Fällen zerfällt das negative Ion wieder zurück in den Ausgangszustand des Atoms; es sind jedoch auch andere Zerfallskanäle, wie z. B. angeregte Zustände des neutralen Atoms, möglich. Solche inelastischen Resonanzprozesse werden durch die Reaktionsgleichung

$$e(E_{res}) + A \rightarrow A^- \rightarrow A^* + e(E_{res} - E_0)$$
$$\hookrightarrow A + h\nu$$

dargestellt.

Formal lassen sich diese Resonanzprozesse durch *kohärente Überlagerung* einer *Potential-* und einer *Resonanzstreuung* beschreiben [Fano and Cooper, 151]. Die Potentialstreuung möge durch die Phasen $\eta_l^{pot}$ der Partialwellen in der obigen Weise dargestellt werden (Abschn. 1.10.4.1). Die Resonanzstreuung tritt jedoch nur in Verbindung mit einer einzigen Partialwelle der Quantenzahl $l$ bei der Resonanzenergie auf, das heißt $\eta_l^{res}(E_{res}) \neq 0$ und $\eta_l^{res}(E \neq E_{res}) = 0$. Aufgrund einer detaillierten Resonanztheorie lässt sich zeigen, dass die Resonanzphase $\eta^{res}$ im endlichen Bereich der Resonanzenergie – der sog. Resonanzbreite – einen Phasensprung um den Betrag $\pi$ erfährt. Wir sagen, die $l$-te Partialwelle besitzt eine Resonanz, die sich im Wirkungsquerschnitt manifestiert; weil wir für die totale Phase $\eta_l = \eta_l^{pot} + \eta_l^{res}$ setzen und $\eta_l^{pot}$ über die Breite der Resonanz nahezu konstant bleibt, macht $\eta_l$ den Phasensprung um $\pi$.

Nach Gleichung (1.310b) wird der partielle Wirkungsquerschnitt $Q_l = (4\pi/k^2)(2l+1)\sin^2(\eta_l^{pot})$; seine Resonanzstruktur ist in Abb. 1.197 für verschiedene Fälle von $\eta_l^{pot}$ dargestellt. Wenn die Potentialstreuphase (oder auch Untergrundstreuphase genannt) null oder $\pi/2$ ist, besitzt die Resonanzkurve die Form einer Lorentz-Kurve – analog zu Emissions- und Absorptionskurven in der Spektroskopie. Für andere Werte von $\eta_l^{pot}$ zeigt die Resonanzkurve typische Formen von **Breit-Wigner-Resonanzen**, wie sie in der Kern- und Elementarteilchenphysik in Verbindung mit den oben erwähnten Compound-Zuständen zuerst beobachtet wurden. Der die Resonanzform bestimmende physikalische Prozess beruht auf einem Interferenzphänomen, der *Interferenz zwischen der Potential- und der Resonanzstreuung,* was wir wie folgt einsehen können. Wir benutzen das Glied $e^{2i\eta_l} - 1 = T_l(E)$ der Gl. (1.310) als Definition der *T-Matrix der Streutheorie* und formen diese entsprechend den Streuphasen mit $\eta_l = \eta_l^{pot} + \eta_l^{res}$ um:

$$T_l(E) = e^{2i\eta_l^{pot}}(e^{2i\eta_l^{res}} - 1) + (e^{2i\eta_l^{pot}} - 1) = T_l^{res} + T_l^{pot}.$$

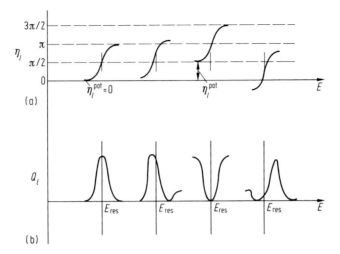

**Abb. 1.197** Streuphasen $\eta_l = \eta_l^{pot} + \eta_l^{res}$ und Profile der Breit-Wigner-Resonanzen: (a) Streuphasensprünge um $\pi$ (über eine endliche Energiebreite!) und (b) Partialwirkungsquerschnitte $Q_l(E)$ als Funktion der Energie der Elektronen.

Der totale und der partielle Wirkungsquerschnitt ergeben sich dann zu

$$Q(E) = \frac{\pi}{k^2} \sum_{l=0}^{l} (2l+1)|T_l|^2, \quad Q_l(E) = \frac{\pi}{k^2}(2l+1)|T_l^{res} + T_l^{pot}|^2;$$

letztere Gleichung enthält den Resonanzterm $|T_l^{res}|^2$, den Potential- oder Untergrundterm $|T_l^{pot}|^2$ und den Interferenzterm $|T_l^{res} * T_l^{pot} + T_l^{res} T_l^{pot} *|$.

Indem wir die Halbwertsbreite $\Gamma$ wie folgt einführen,

$$E_1 = E_{res} - \Gamma/2 \quad \text{und} \quad E_2 = E_{res} + \Gamma/2$$
$$E_1 - E_2 = \Gamma,$$

errechnet sich die exakte Form des Resonanzwirkungsquerschnittes in der $l$-ten Partialwelle nach Breit und Wigner zu:

$$Q_l^{res}(E) = \frac{4\pi}{k^2}(2l+1)\frac{(\Gamma/2)^2}{(E-E_{res})^2 + (\Gamma/2)^2}. \tag{1.311}$$

Für die Energien $E_1$ und $E_2$ besitzt $Q^{res}(E)$ den halben Wert des Maximums bei $E^{res}$.

Eine weitere, sehr gebräuchliche Darstellung der Form der Resonanzen wurde von Fano und Cooper [151] eingeführt: Mit der Definition der *Fano-Parameter* $q = -\cot\eta_l^{pot}$ *und* $\varepsilon = -\cot\eta_l^{res} = (E-E^{res})/(\Gamma/2)$ kann Gl.(1.311) wie folgt umgeschrieben werden:

$$Q_l(E) = \frac{4\pi}{k^2}(2l+1)\sin^2\eta_l^{pot}\frac{(\varepsilon+q)^2}{1+\varepsilon^2}. \tag{1.312}$$

Wir bemerken, dass $\sin^2 \eta_l^{\text{pot}}$ direkt mit der Untergrundstreuung verknüpft ist, d.h. es wird $Q_l(E) = Q_l^{\text{pot}}(\varepsilon + q)^2/(1 + \varepsilon^2)$. Vorausgesetzt, dass im Streuprozess nur eine resonante Partialwelle mit dem Drehimpuls $l'$ vorliegt, wird der totale Wirkungsquerschnitt $Q(E)$ zu

$$Q(E) = Q_a + Q_b \frac{(q + \varepsilon)^2}{1 + \varepsilon^2}, \tag{1.313}$$

mit $Q_a = \sum_{l \ne l'} Q_l$ und $Q_b = Q_{l'}^{\text{pot}}$. Indem wir $Q^{\text{pot}} = Q_a + Q_b$ setzen, erhalten wir für den gesamten Wirkungsquerschnitt

$$Q(E) = Q^{\text{pot}} + Q_a \frac{q^2 + 2q\varepsilon - 1}{1 + \varepsilon^2}. \tag{1.314}$$

Durch Differenzieren von Gl. (1.313) und (1.314) nach $\varepsilon$ ergibt sich das Maximum bei $\varepsilon = q^{-1}$ und das Minimum bei $\varepsilon = -q$, d.h. beide Extremwerte der Resonanz liegen nicht bei der eigentlichen Resonanzenergie $E_{\text{res}}$, für die $\varepsilon = 0$ ist; für die maximalen und minimalen Wirkungsquerschnitte ergibt sich $Q^{\max}(E) = Q^{\text{pot}} + q^2 Q_a$ und $Q^{\min}(E) = Q^{\text{pot}} - Q_a = Q_b$. Die Größen $q$, $\Gamma$, $Q_a$ und $Q_b$ können in praktischen Fällen über den Bereich der Resonanz als konstant angesehen werden. Abb. 1.198 stellt die Größe $(q^2 + 2q\varepsilon - 1)/(1 + \varepsilon^2)$ dar, die als Funktion von $\varepsilon$ die Form der Resonanzkurve bestimmt. Diese asymmetrischen **Fano-Profile** der Streuresonanzen unterscheiden sich von den Lorentz-Profilen atomarer Spektrallinien; sie werden jedoch

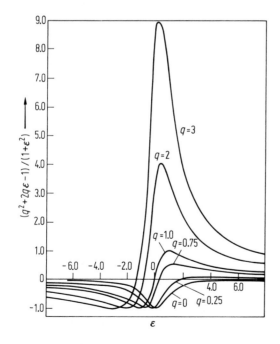

**Abb. 1.198** Fano-Profile von Streuresonanzen mit $q$ als Parameter. Für negative $q$-Werte sind die Vorzeichen der Abszisse umgekehrt.

mit diesen für $q \to 0$ (sog. *Transmissionsfenster* für die einfallenden Elektronen mit einem Minimum des Wirkungsquerschnitts) und $q \to \infty$ (mit Funktionen der Form $B/(1+x)^2$) identisch.

Die Winkelabhängigkeit der Streuresonanzen hängt von den Legendre-Polynomen $P_l(\cos\theta)$ ab (Gl. (1.310)). Deren Charakteristik kann dazu verwendet werden, experimentell herauszufinden, in welcher Partialwelle mit dem Drehimpuls $l$ die Resonanz auftritt. Elektronenstreuresonanzen wurden zuerst in Helium (die *19.3-eV-Schulz-Resonanz* nach dem Entdecker Schulz 1963 [152]) und kurz danach in Wasserstoff und vielen anderen Atomen sowohl in elastischen als auch inelastischen Prozessen beobachtet. Eine wichtige Charakteristik solcher Streuexperimente ist die Notwendigkeit, hohe Energieauflösung der Elektronen zu erzielen. In vielen dieser Experimente werden daher zwei elektrostatische Energieanalysatoren mit Energiebreiten $\Delta E$ kleiner als ca. 0.1 eV verwendet, nämlich ein Elektronenmonochromator zur Erzeugung von monoenergetischen Elektronen und ein ähnlicher Elektronenanalysator zum Nachweis der gestreuten Elektronen (Abb. 1.199). Die erste hochauflösende Messung mit einer solchen experimentellen Anordnung für die elastische Elektronenstreuung am Wasserstoff ist in Abb. 1.200 dargestellt. Unter einem Streuwinkel von $\theta = 94°$ wird bei einer Elektronenenergie von 9.7 eV in der Intensität der gestreuten Elektronen ein ausgeprägtes Streuminimum beobachtet. Bei Beobachtung in der Vorwärtsrichtung (d. h. in Transmission) und einer noch geringeren Energiebreite von $\Delta E = 0.07$ eV wird die Resonanzstruktur unterhalb der $(n=2)$-Energieschwelle des Wasserstoffatoms noch weiter aufgelöst, wie es Abb. 1.201 demonstriert.

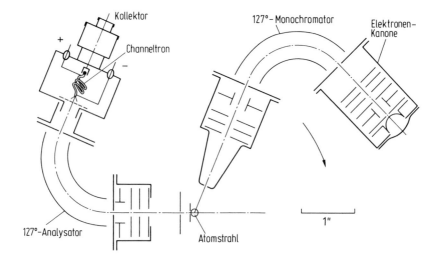

**Abb. 1.199** Schematisches Diagramm eines doppelten elektrostatischen Analysators (nach Pavlovic et al. [153]) mit zwei zylindrischen 127°-Elektronenanalysatoren (Monochromator und Analysator) und elektrooptischen Elementen zur Fokussierung und Extraktion der Elektronen; ein Channeltron-Multiplier dient zum Nachweis der gestreuten Elektronen. Der Atomstrahl kreuzt den Elektronenstrahl des Monochromators senkrecht zur Zeichenebene ($1'' = 2.54$ cm).

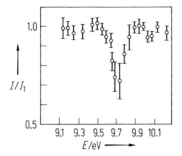

**Abb. 1.200** Die nach dem Schema von Abb. 1.199 von Kleinpoppen und Raible [154] beobachtete Resonanz der elastischen Elektronenstreuung an atomarem Wasserstoff; Beobachtungswinkel $\theta = 94°$; Energiebreite des primären Elektronenstrahls $\Delta E \approx 0{,}1$ eV. Die Intensität $I$ in Abhängigkeit von der Elektronenenergie $E$ ist in willkürlichen Einheiten $I_1$ angegeben.

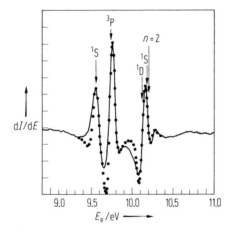

**Abb. 1.201** Resonanzstruktur in der Transmission von Elektronen beim Passieren atomaren Wasserstoffs; die Ordinate stellt die Ableitung des Transmissionsstromes nach der Elektronenenergie, $dI/dE$, dar. Die ausgezogene Kurve gibt die experimentellen Daten wieder. Die Punkte sind theoretische Voraussagen; $n = 2$ zeigt die Energieschwelle für den $n = 2$-Wasserstoffzustand an; $^1S$, $^3P$ und $^1D$ sind die Termsymbole der negativen Ionenzustände (nach Sanche und Burrow [155]).

Die theoretische Interpretation dieser Elektronenstreuresonanzen basiert auf dem oben erläuterten Compound-Modell. Die auf das Atom einfallenden Elektronen werden für sehr kurze Zeiten gebunden ($\tau \approx 10^{-13} - 10^{-14}$ s; diese Zeiten ergeben sich nach der Heisenberg'schen Ungenauigkeitsrelation aus den Resonanzbreiten von $\Delta E_{\text{res}} \approx 0{,}1 \ldots 0{,}01$ eV), wobei ein *doppeltangeregtes negatives Wasserstoffion* gebildet wird. Die Elektronenkonfigurationen dieser negativen Wasserstoffzustände entsprechen denjenigen eines Zwei-Elektronen-Systems mit Singulett- und Triplettzuständen; für die Compound-Zustände unterhalb der ($n = 2$)-Schwelle des Wasserstoffatoms lauten diese Konfigurationen z. B. $n_1 = 2$, $l_1 = 0$, $n_2 = 2$, $l_2 = 0$ oder $2s^2$, $2s2p$, $2snp$, $2p^2$, $2s3s$, $2sns$, $2snp \pm 2pns$ mit der Auflage, dass eines der beiden Elektronen im Zustand $n = 2$ verbleibt. Entsprechend hierzu gibt es weitere und analoge Serien von Compound-Zuständen unterhalb der Wasserstoffzustände mit $n \leq 3$. Es ist daher üblich, ein Termschema der Compound-Zustände des $H^-$-Ions

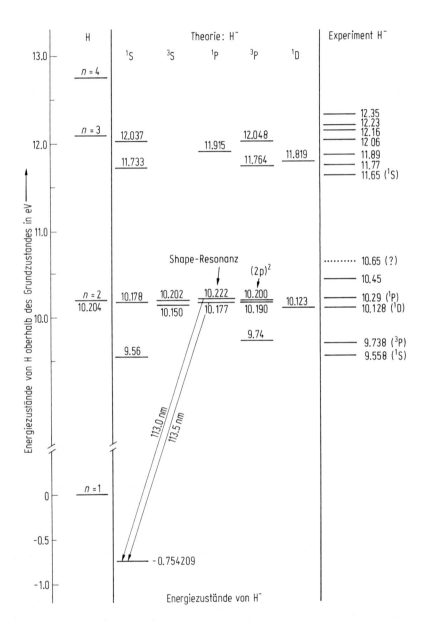

**Abb. 1.202** Termschema des $H^-$-Atoms im Vergleich zu den Wasserstoffzuständen des Bohr'schen Atommodells.

in Verbindung mit dem stabilen Grundzustand von H$^-$ und dem Wasserstoffatom aufzustellen (Abb. 1.202). Dieser Darstellung können wir folgende physikalisch interessante Fakten entnehmen: Das negative H$^-$-Ion besitzt nur einen stabilen Zustand, den (1s$^2$ $^1$S$_0$)-Grundzustand, der 0.75 eV unterhalb des Wasserstoffgrundzustandes liegt. Einfach angeregte H$^-$-Zustände mit den Konfigurationen 1s$nl$ existieren nicht als gebundene Zustände. Während die doppelt angeregten Compound-Zustände des H$^-$-Ions unterhalb der $n$-Zustände des H-Atoms durch die Bindung einer Dipolpolarisationswechselwirkung $\sim (-\alpha/r^4)$ zwischen dem Atom und dem Elektron zustande kommen, gibt es noch *Shape-Resonanzen* oder *Shape-Zustände* (vom engl. „shape", bezogen auf die Form der Potentialkurve), die durch den Term $l(l+1)/r^2$ der orbitalen Bewegung des Elektrons mit dem Drehimpuls $l$ im Hamilton-Operator hervorgerufen werden und oberhalb der Zustände des H-Atoms liegen. Elektronen in den Shape-Zuständen können durch die Potentialbarriere des orbitalen Terms hindurchtunneln (Abb. 1.203).

Wir unterscheiden folglich zwei Typen von Elektronenstreuresonanzen: Die *Typ-I-Resonanzen*, die auch *Breit-Wigner-* oder *Feshbach-Resonanzen* genannt werden und mit den Compound-Zuständen assoziiert sind, und die *Typ-II-Resonanzen* oder *Shape-Resonanzen*, die mit dem Zentrifugalterm $l(l+1)/r^2$ des Streupotentials verknüpft sind. Der in Abb. 1.203 dargestellte Shape-Zustand oberhalb der ($n=2$)-Schwelle und die Compound-Zustände unterhalb der ($n=3$)-Schwelle konnten experimentell in den inelastischen Wirkungsquerschnitten der Anregung der 2S- und 2P-Zustände nachgewiesen werden (Abb. 1.204).

Feshbach- und Shape-Resonanzen wurden in der Elektronenstreuung bei vielen anderen Multi-Elektronen-Atomen beobachtet; zum Teil treten solche Resonanzen viel ausgeprägter in komplexen Atomen in Erscheinung als beim Wasserstoffatom, wie es Abbildung 1.205 für die Anregung der stärksten Resonanzlinien des Krypton- und Quecksilber-Atoms demonstriert. In diesem Zusammenhang weisen wir darauf hin, dass der steile Anstieg des Wirkungsquerschnittes der Quecksilber-Linie $\lambda = 253.7$ nm (Übergang $6^3P_1 \rightarrow 6^1S_0$, Abb. 1.205) wesentlich zum Erfolg des Nachweises des inelastischen Energieverlustes der Elektronen $e\Delta V = hc/\lambda = h\nu$ bei der

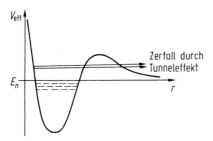

**Abb. 1.203** Effektives Potential $V_{\text{eff}}$ eines Elektrons im Feld eines Wasserstoffatoms; für sehr kleine $r$-Werte dominiert ein abstoßendes Potential, dann überwiegt das Dipolpotential $-a/r^4$ und schließlich der Anteil $l(l+1)/r^2$ für den zentrifugalen Term. Unterhalb der Wasserstoffzustände mit der Quantenzahl $n$ liegen die Compound-Zustände (gestrichelt), oberhalb davon die Shape-Zustände (durchgezogene Linien), deren Elektronen durch den Potentialwall hindurchtunneln können.

310    1 Atome

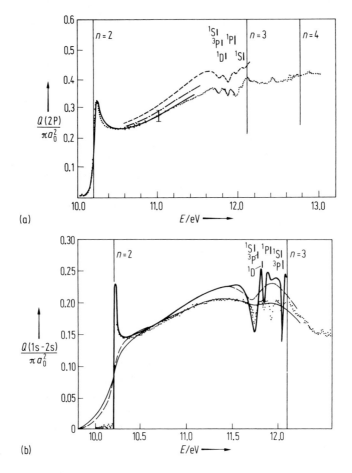

**Abb. 1.204** Experimentelle und theoretische Daten der totalen Wirkungsquerschnitte $Q(2P)$ und $Q(2S)$ in Abhängigkeit von der Elektronenenergie $E$ für die Anregung der Wasserstoffzustände 2P und 2S durch Elektronenstoß.
(a) Anregung des Zustandes 2P (*experimentelle Daten*: ··· Williams [156]; *theoretische Daten*: --- Burke et al. [157]; —— Taylor und Burke [158]; — — — Geltman und Burke [159]).
(b) Anregung des Zustandes 2S (*experimentelle Daten*: ··· Williams [156]; --- Koschmieder et al. [160]; —— Oed [161]; *theoretische Daten*: voll ausgezogene Kurve nach Burke et al. [159]).
Die Anregungsschwellen für $n = 2$, 3 und 4 und die Termsymbole $^1S$, $^3P$, ... der Compound-Zustände unterhalb der ($n = 3$)-Schwelle sind markiert.

Anregung dieser Linie im historisch bedeutenden *Franck-Hertz-Versuch* beigetragen hat. Beim Franck-Hertz-Versuch werden die inelastischen, in die Vorwärtsrichtung gestreuten Elektronen durch ein Gegenfeld so weit abgebremst, dass sie die Nachweiselektrode nicht erreichen. Die Potentialdifferenz $\Delta V$ wird aus der Differenz des Potentials zweier benachbarter Minima oder Maxima des Elektronenstroms nach Passieren des Gegenfeldes bestimmt. Ein sehr langsamer Anstieg des Wirkungs-

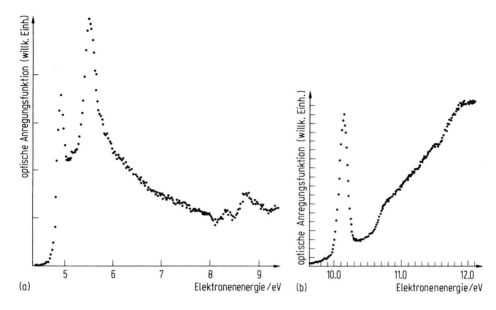

**Abb. 1.205** Optische Anregungsfunktionen, d. h. relative Wirkungsquerschnitte für die Beobachtung der ersten Resonanzlinien senkrecht zur Richtung der einfallenden Elektronen (a) für die 253.7-nm-Linie des ($6^3P_1 \rightarrow 6^1S_0$)-Interkombinationsübergangs des Quecksilber-Atoms (nach Ottley und Kleinpoppen [162a], Khalid und Kleinpoppen [162b]) und (b) für die kombinierte Anregung der 123.5-nm- und 116.4-nm-Linien des Kryptons ($^{3,1}P \rightarrow {}^1S$-Übergänge) (nach Al-Shamma und Kleinpoppen [163]).

querschnittes der 253.7-nm-Hg-Linie wäre sehr ungünstig für den Nachweis der Schwellenenergie $E_{sch} = e\Delta V = h\nu = 4.89$ eV im Franck-Hertz-Versuch gewesen.

Eine detaillierte Untersuchung des Franck-Hertz-Experimentes mit Quecksilber wurde kürzlich mit der Anregung durch polarisierte Elektronen und der Beobachtung der zirkularen Polarisation der 253.7-nm-Quecksilber-Linie durchgeführt [164]. Dabei konnte gezeigt werden, dass nicht nur die hier beschriebenen Resonanzeffekte, sondern auch die Größe und die Verhältnisse der Wirkungsquerschnitte aller drei $6^3P_{2,1,0}$-Zustände zueinander einen Einfluss auf die gemessene Potentialdifferenz $\Delta V$ im Franck-Hertz-Experiment haben. Im Wechselspiel dieser Größen spielen der Druck und die Geometrie der Anordnung eines Franck-Hertz-Experimentes eine wichtige Rolle; die gemessene Potentialdifferenz kann daher in einer traditionellen Franck-Hertz-Röhre zwischen den Werten $\Delta V = 4.8$ und $5.15$ V variieren, wie Hanne [143] in einer Modellrechnung gezeigt hat.

### 1.10.4.3 Koinzidenzexperimente

In den vorangegangenen Abschnitten haben wir den Elektronenstreuprozess im Zusammenhang mit experimentellen Methoden beschrieben, in denen die Beobachtungsgrößen, wie die Zahl der gestreuten oder transmittierten Elektronen oder die Zahl der beobachteten Photonen, die Summe von vielen Einzelereignissen des Stoßprozesses darstellen. Solche Beobachtungsgrößen resultieren aus der Überlagerung oder Mittelung vieler verschiedener Typen von Einzelprozessen, und erlauben die Bestimmung von Wirkungsquerschnitten der Art, wie wir sie in den vorangehenden Abschnitten erläutert haben.

Infolge der Mittelung über die Einzelprozesse ist die Informationsqualität, die aus der Messung der Wirkungsquerschnitte erhalten werden kann, begrenzt. Ein wesentlicher Fortschritt bezüglich einer detaillierteren Information wird mithilfe der **Koinzidenztechnik** zum Studium der Einzel- oder Elementarprozesse atomarer Stoßvorgänge erzielt. Es hat sich in der Tat herausgestellt, dass aus der Analyse spezieller Koinzidenzexperimente maximale Information über den Elementarprozess erhalten werden kann. In solchen Fällen spricht man – wie bereits in Abschn. 1.10.1 erläutert – von **vollständigen Experimenten**, was bedeutet, dass die Information ein Maximum dessen darstellt, was mit experimentellen Untersuchungsmethoden überhaupt erzielt werden kann.

Koinzidenzexperimente wurden zuerst Ende der dreißiger Jahre von Bothe in der Kernphysik eingeführt. Die Ausdrücke Koinzidenzen, Koinzidenzsignale oder Koinzidenz-Counts bedeuten physikalisch, dass gleichzeitige oder zeitlich fest korrelierte Impulssignale als Paare oder Gruppen von Nachweissignalen des Streuprozesses registriert werden. Wir erläutern ein typisches Koinzidenzexperiment in Verbindung mit der Anregung eines höheren atomaren Zustands durch Elektronenstoß, das wir durch die Reaktionsgleichung

$$\mathrm{e}(E_0) + \mathrm{A} \;\to\; \mathrm{A}^* + \mathrm{e}(E_0 - E_{\mathrm{thr}})$$
$$\hookrightarrow \mathrm{A} + h\nu$$

darstellen. Die angeregten Atome A* zerfallen nach einer typischen Zeit von ca. $10^{-9} - 10^{-7}$ s unter der Emission von Photonen der Energie $h\nu$, während die gestreuten Elektronen, die das Atom angeregt haben, die Schwellenanregungsenergie $E_{\mathrm{sch}}$ verloren haben. Die beiden Teilchen, das Photon und das gestreute Elektron, die vom gleichen Anregungsprozess stammen, d. h. das gleiche Atom nach der Anregung verlassen, sind zeitlich korreliert und können mit einer Koinzidenzelektronik koinzident nachgewiesen werden: Die Elektronen lösen am Elektronendetektor einen Nachweisimpuls (Elektronenimpuls $I_1(t)$) aus, während die Photonen am Photodetektor einen Photonenimpuls $I_2(t)$ erzeugen. Beide Typen von Impulsen entstehen jedoch zu verschiedenen Zeiten ($t_1, t_2$), denn Photonen und Elektronen haben verschiedene Laufzeiten ($t_1, t_2$) bis zu ihren Detektoren. Nun ist zu erwarten, dass *echte* Koinzidenzen zwischen den beiden Detektorimpulsen $I_1(t_1)$ und $I_2(t_2)$ aufgrund ihrer konstanten Nachweiszeitdifferenz $\Delta t = t_1 - t_2$ von unechten, *zufälligen oder statistischen* Koinzidenzen voneinander abgetrennt werden können. Statistische oder zufällige Koinzidenzen sind solche Paare von Nachweisimpulsen, deren Ursprung nicht im gleichen Elementarprozess liegt, d. h. in unserem Beispiel, wenn der Photonen-

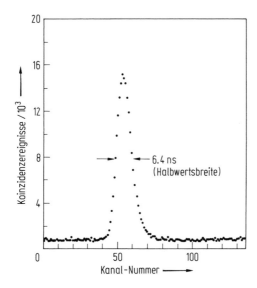

**Abb. 1.206** Elektron-Photon-Koinzidenzsignal der Anregung und Abregung $1^1S_0 \to 2^1P_1 \to 1^1S_0$ des Heliums bei einer Energie der einfallenden Elektronen von $E_0 = 80$ eV und Beobachtung der Elektronen ($\theta_e = 16°$) und 58.4-nm-Photonen ($\theta_\gamma = 126°$) in der Streuebene; Messzeit 12 Stunden; Definition von $\theta_e$ und $\theta_\gamma$ folgt aus Abb. 1.207 (nach Eminyan et al. [165]).

impuls von *einem* Atom kommt und der Impuls des gestreuten inelastischen Elektrons von einem *anderen* Atom. Der Trick des Nachweises echter Koinzidenzen besteht im Folgenden: Ein elektronischer Zeit-Impulshöhen-Konverter {engl. *time-to-amplitude converter*, Abk. TAC) transformiert die Zeitdifferenz $\Delta t$ der beiden Impulse in einen elektronischen Impuls, dessen Größe $\Delta H$ proportional zu $\Delta t$ ist, der Zeitdifferenz zwischen den beiden Nachweisimpulsen. Da die echten Koinzidenzen ein konstantes $\Delta t$, die statistischen Koinzidenzen jedoch ein variables, statistisch verteiltes $\Delta t$ haben, wird die Impulshöhenverteilung der echten Koinzidenzen einen ausgeprägten Peak auf einem gleichförmigen Untergrund der Impulshöhenverteilung der statistischen Koinzidenzen (Abb. 1.206) aufweisen. Die Impulshöhenverteilung wird normalerweise mithilfe eines Vielkanalanalysators registriert und sichtbar gemacht.

Eine weitere Charakteristik der Koinzidenztechnik ist in Abb. 1.207 erläutert. Die Geometrie für den koinzidenten Nachweis des Elektrons und des Photons ist durch die Streuebene bestimmt, die durch die Richtungen des einfallenden und des gestreuten Elektrons definiert ist. Die Funktion, die die Winkelkorrelation der (echten) Elektron-Photon-Koinzidenzzählrate beschreibt, hängt von den Winkelkoordinaten der beobachteten Elektronen ($\theta_e, \Phi_e$) und Photonen ($\theta_\gamma, \Phi_\gamma$) ab. Die Streuebene ist gleichzeitig eine Symmetrieebene für Winkelkorrelationen und alle übrigen physikalischen Größen, die aus den Koinzidenzmessungen erhalten werden. In den oben beschriebenen Elektronenstoßexperimenten ohne Koinzidenzmessungen liegt normalerweise Zylindersymmetrie vor, die durch die Richtung der einfallenden Elektronen bestimmt ist.

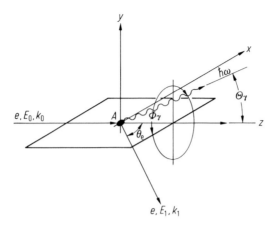

**Abb. 1.207** Geometrie der Winkelkorrelation zwischen dem inelastisch gestreuten Elektron $(e, E_1, k_1)$ und dem Photon $\hbar\omega$. Das Atom ist im Zentrum des Koordinatensystems, die einfallenden Elektronen $(e, E_0, k_0)$ fliegen parallel zur $z$-Achse.

Das Verhältnis von echten zu zufälligen Koinzidenzen lässt sich wie folgt ermitteln. Die echte reelle Koinzidenzrate, d. h. die Zahl $\Delta N_{\text{reell}}$ der Koinzidenzsignale pro Zeitintervall, hängt von mehreren Parametern ab, die wir voneinander abtrennen können:

$$\Delta N_{\text{real}} = f_{\gamma e}(\theta_\gamma, \phi_\gamma, \theta_e, \phi_e) \, N_0 \eta_e \eta_\gamma \Delta\Omega_\gamma \Delta\Omega_e;$$

hierbei bedeuten $N_0$ die Gesamtrate der unter Emission der Photonen zerfallenden angeregten Atome, $\eta_e$ bzw. $\eta_\gamma$ die Nachweisempfindlichkeiten des Elektronen- und Photonendetektors, $\Omega_e$ und $\Omega_\gamma$ deren Raumwinkel und $f_{\gamma e}(\theta_\gamma, \ldots)$ die Winkelkorrelationsfunktion für den koinzidenten Nachweis der beiden Teilchen. Die zufällige statistische Koinzidenzrate $\Delta N_{\text{stat}}$ ergibt sich wie folgt:

$$\Delta N_{\text{stat}} = f_e(\theta_e, \phi_e) \, \eta_e N_0 \Delta\Omega_e f_\gamma(\theta_\gamma, \phi_\gamma) \, \eta_\gamma N_0 \Delta\Omega_\gamma \Delta t$$

oder mit

$$N_e = N_0 f_e \eta_e \Delta\Omega_e \quad \text{und} \quad N_\gamma = N_0 f_\gamma \eta_\gamma \Delta\Omega_\gamma:$$
$$\Delta N_{\text{stat}} = N_e N_\gamma \Delta t,$$

wobei $N_e$ bzw. $N_\gamma$ die Zählraten der an den Detektoren nachgewiesenen Elektronen und Photonen darstellen (d. h. die Einzelzählraten für die beiden Teilchen), $f_e$ und $f_\gamma$ die Winkelverteilungsfunktionen der inelastisch gestreuten Elektronen und der Photonenemission sind, deren Produkt $f_e f_\gamma = f_{e\gamma}$ die kombinierte Winkelkorrelationsfunktion und $\Delta t$ die zeitliche Auflösung der Koinzidenzapparatur ist; die Bedeutung der zeitlichen Auflösung $\Delta t$ liegt darin, dass z. B. zwei koinzidente Ereignisse, die innerhalb des Zeitintervalls $\Delta t$ vor sich gehen, nicht getrennt nachgewiesen werden können. Je geringer $\Delta t$ ist, desto höher ist die zeitliche Auflösung; typische Werte für $\Delta t$ in gegenwärtigen Koinzidenzapparaturen liegen in der Größenordnung von $\Delta t \approx 10^{-9}$ s. Mit den obigen Beziehungen erhalten wir für das Verhältnis von echten zu zufälligen Koinzidenzzählraten:

$$\frac{\Delta N_{\text{real}}}{\Delta N_{\text{stat}}} = \frac{1}{N_0 \Delta t} = \kappa. \tag{1.315}$$

Das Verhältnis dieser Koinzidenzzählraten nimmt mit abnehmender Zeitauflösung $\Delta t$ zu und mit zunehmender Zerfallsrate $N_0$ ab. Diese $(1/N_0)$-Abhängigkeit rührt daher, dass die zufälligen Koinzidenzen proportional zu $N_0^2$ sind, während die echten Koinzidenzen proportional zu $N_0$ zunehmen. Eine Steigerung von $N_0$ ist daher nur sinnvoll, wenn das Verhältnis $\kappa$ groß genug für eine realistische Koinzidenzmessung bleibt. Die $(1/N_0)$-Abhängigkeit bezüglich der Messstatistik einer physikalischen Zählungsmessgröße ist ungewöhnlich; in der überwiegenden Mehrheit physikalischer Prozesse verbessert sich die Messstatistik mit zunehmendem Wert der physikalischen Messgröße. Die Beziehung (1.315) gilt natürlich nur, wenn keine weiteren instrumentellen oder unerwünschten Nebenprozesse die Koinzidenzraten beeinflussen.

Abb. 1.208 zeigt das Schema einer typischen Elektron-Photon-Koinzidenzapparatur mit den elektrischen Geräten zur Verstärkung und Registrierung der Koinzidenzsignale. Die von einem 127°-Monochromator herrührenden einfallenden Elektronen werden inelastisch gestreut; die gestreuten Elektronen passieren den Elektronenanalysator nur dann, wenn er auf eine vorgegebene Energie abgestimmt ist. Für einen bestimmten Anregungsprozess eines Atoms stellen wir den Elektronenanalysator auf einen spezifischen Energieverlust $(E_0 - E_{\text{sch}})$ ein, der der Schwellenenergie $E_{\text{sch}}$ entspricht. Abb. 1.209 gibt ein typisches Energieverlustspektrum der Elektronen wieder, die die Energiezustände des Heliums angeregt haben. In einem Elektron-Photon-Koinzidenzexperiment wird der Elektronenanalysator auf einen scharfen

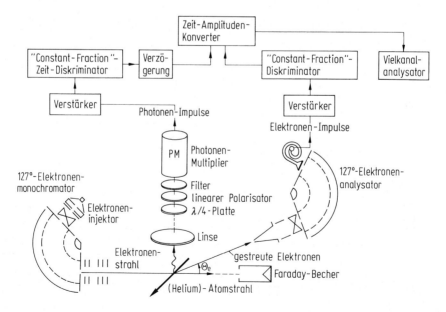

**Abb. 1.208** Schema einer typischen Elektron-Photon-Koinzidenzapparatur bei Beobachtung der polarisierten Photonen senkrecht zur Streuebene der Elektronen (nach Standage und Kleinpoppen [166]).

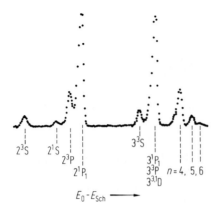

**Abb. 1.209** Energieverlustspektrum von Elektronen, die Zustände des Heliums mit $n = 2$, 3, 4, 5 und 6 angeregt haben. Die einfallenden Elektronen haben die Energie $E_0$, während die Durchgangsenergie (der inelastisch gestreuten Elektronen mit der Schwellenenergie $E_{Sch}$ der angeregten Zustände) des Analysators variiert wird (nach Kleinpoppen und McGregor [167]).

Energieverlust eingestellt, der zur Anregung der Photonenmission führt. Als Beispiel diskutieren wir den Anregungsprozess des $2^1P_1$-Zustandes des Heliumatoms, für den der Elektronenanalysator auf den Energieverlust-Peak $2^1P_1$ von Abb. 1.209 eingestellt ist, während der Photonendetektor die Photonen der Wellenlänge $\lambda = 58.4$ nm nachweist. Die theoretische Analyse der Elektron-Photon-Winkelkorrelation dieses Anregungsprozesses basiert auf den folgenden Überlegungen: Die Anregung lässt sich mithilfe eines quantenmechanischen Zustandsvektors

$$|\psi(^1P_1)\rangle = f_0\psi_0 + f_1\psi_{+1} + f_{-1}\psi_{-1} = \sum_m f_m\psi_m \qquad (1.316)$$

beschreiben, wobei $f_0, f_1$ und $f_{-1}$ *komplexe Anregungsamplituden* für die Anregung der magnetischen Unterzustände des $^1P$-Zustandes mit den Quantenzahlen $m = 0$, $\pm 1$ und $\psi_0, \psi_{\pm 1}$ die zugehörigen Eigenfunktionen sind.

Bilden wir zunächst das Dirac'sche Bracket und berücksichtigen, dass aus Gründen der Symmetrie und Parität $f_1 = -f_{-1}$ ist, so erhalten wir

$$\langle\psi(^1P)|\psi(^1P)\rangle = |f_0|^2 + |f_{-1}|^2 + |f_1|^2 = |f_0|^2 + 2|f_1|^2.$$

Benutzen wir $|f_0|^2 = \sigma_0$ und $|f_1|^2 = \sigma_1$ als *partielle Wirkungsquerschnitte* für die Anregung der magnetischen Unterzustände $m_l = 0$ *und* $m_l = \pm 1$, dann wird der differentielle Wirkungsquerschnitt zu $\sigma(E, \theta_e) = \sigma_0 + 2\sigma_1$. Die Elektron-Photon-Winkelkorrelation bei Beobachtung der Photonen in der Streuebene ($\Phi_\gamma = 180°$) und festgehaltenem Elektronenstreuwinkel $\theta_e$ errechnet sich aus dem Dipolmatrixelement $<\psi(^1P_1)|er|\psi(^1S_0)>$ mit dem obigen Zustandsvektor zu

$$\left[\frac{dP(\theta_\gamma)}{d\Omega_\gamma}\right]_{\theta_e = \text{konst}} = \frac{8\pi}{3}N_{e,\gamma}$$

mit

$$N_{e,\gamma} = \lambda \sin^2\theta_\gamma + (1-\lambda)\cos^2\theta_\gamma - 2\{\lambda(1-\lambda)\}^{\frac{1}{2}}\cos\theta_\gamma \sin\theta_\gamma \cos\chi; \quad (1.316\text{a})$$

hierbei bedeutet $\lambda = \sigma_0/\sigma = |f_0|^2/\sigma$ und $\chi$ die Phasendifferenz $\chi = \chi_0 - \chi_1$ zwischen den beiden Anregungsamplituden $f_0$ und $f_1$. Die Gleichung für die Winkelkorrelationsfunktion $N_{e,\gamma}$ kann wie folgt umgeschrieben werden:

$$N_{e,\gamma} = (1/\sigma)|f_0\cos\theta - \sqrt{2}f_1\sin\theta|^2,$$

wobei $|f_0|/\sqrt{\sigma}$ als relative Amplitude eines Hertz'schen Oszillators parallel zur z-Achse und $\sqrt{2}f_1/\sqrt{\sigma}$ als relative Amplitude parallel zur x-Achse interpretiert werden kann, was aufgrund der kohärenten Darstellung des Zustandsvektors $|\psi(^1P_1)>$ nach Gl. (1.316) folgt. Beide Hertz'schen Oszillatoren überlagern sich kohärent mit der Phasenverschiebung $\chi$, d.h., die Interpretation der Messung der Winkelkorrelation ist äquivalent zur Analyse eines *quantenmechanischen Kohärenz- oder Interferenzeffektes im Elektronenstoß-Anregungsprozess*. Die elektrischen Amplituden und Intensitäten der elektromagnetischen Strahlung des Hertz'schen Oszillators sind entsprechend (bezogen auf die z- und x-Richtung von Abb. 1.207):

$$E_{z_0} \sim \frac{|f_0|}{\sqrt{\sigma}}, \quad |E_{z_0}|^2 \sim \lambda; \quad E_{x_0} \sim \frac{\sqrt{2}|f_1|}{\sqrt{\sigma}}, \quad |E_{x_0}|^2 \sim 1-\lambda.$$

Abb. 1.210 gibt typische Elektron-Photon-Winkelkorrelationen der $2^1P_1$-Anregung des Heliumatoms wieder. Wir sehen dort, wie die Born'sche Näherung bei kleinen Elektronenstreuwinkeln die Winkelkorrelation nahezu richtig vorausberechnet, jedoch bei größeren Streuwinkeln offensichtlich von den experimentellen Daten beträchtlich abweicht. Dies hat seinen Grund in der Tatsache, dass die Born'sche Näherung von dem Matrixelement $|<\psi|e^{(i/\hbar)\Delta\boldsymbol{p}\cdot\boldsymbol{r}}|\psi_0>$ abhängt, wobei $\psi_0$ und $\psi$ die Eigenfunktionen des Grund- und angeregten Zustandes sind und $\Delta\boldsymbol{p}$ die Impulsübertragung ist, die das Atom beim Elektronenstoß erfährt. Nur bei sehr kleinen Impulsübertragungen mit $e^{(i/\hbar)\Delta\boldsymbol{p}\cdot\boldsymbol{r}} = 1 + (i/\hbar)\Delta\boldsymbol{p}\cdot\boldsymbol{r} + \ldots \approx 1$ ist die Born'sche Näherung hinreichend gültig. Für unser obiges Beispiel bedeutet das, dass der $^1P_1$-Zustand parallel zur Impulsübertragung $\Delta\boldsymbol{p}$ angeregt wird, d.h. der Übergang $^1P_1 \rightarrow {}^1S_0$ geschieht aufgrund der Auswahlregel $\Delta m_l = 0$ bezogen auf die $\Delta\boldsymbol{p}$-Richtung als Quantisierungsrichtung. Die Elektron-Photon-Winkelkorrelation für eine feste Elektronenstreurichtung ist daher durch eine $(\sin^2\theta)$-Beziehung ($\theta$ ist der Winkel zwischen $\Delta\boldsymbol{p}$ und der Beobachtungsrichtung) eines elektromagnetischen Oszillators approximiert. In dieser Approximation, die lediglich die Impulsübertragung auf das Atom in Rechnung stellt, wird die beobachtete Elektron-Photon-Winkelkorrelation durch die oben erläuterte kohärente Überlagerung zweier Oszillationen parallel zur z- und x-Achse bestimmt.

Wir weisen in diesem Zusammenhang noch darauf hin, dass bei inkohärenter Anregung die Phasendifferenz $\chi$ alle beliebigen Werte zwischen 0° und 180° annehmen würde, was äquivalent mit $\cos\chi = 0$ ist. In diesem Fall verschwindet das Interferenzglied in Gl. (1.316a), und die optische Polarisationsellipse für $\boldsymbol{E} = \boldsymbol{E}_z + \boldsymbol{E}_x$ eines Hertz'schen Oszillators mit den Amplituden $\boldsymbol{E}_z$ und $\boldsymbol{E}_x$ läge mit ihren Hauptachsen parallel zu den z- und x-Koordinatenachsen; dasselbe würde für die Intensitätskurve $I = |\boldsymbol{E}_z + \boldsymbol{E}_x|^2 = |\boldsymbol{E}_z|^2 + |\boldsymbol{E}_x|^2$ der koinzidenten Photonen gelten. Da jedoch die Ex-

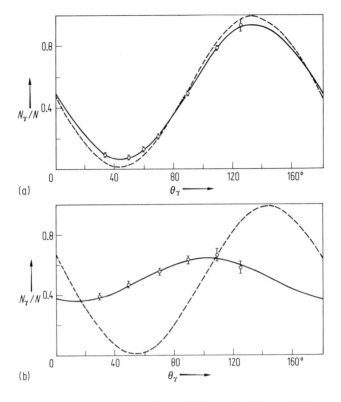

**Abb. 1.210** Elektron-Photon-Winkelkorrelationen der An- und Abregung $1^1S \to 2^1P \to 1^1S$ des Heliums durch Elektronenstoß bei 60 eV; die Ordinate gibt die Zahl $N_\gamma$ der in der Streuebene koinzident nachgewiesenen Photonen in willkürlichen Einheiten $N$ als Funktion des Beobachtungswinkels $\theta_\gamma$ an, wobei der Elektronenstreuwinkel $\theta_e$ konstant gehalten wird.
(a) Elektronenstreuwinkel $\theta_e = 16°$; (b) Elektronenstreuwinkel $\theta_e = 40°$. Die gestrichelten Kurven stellen die theoretischen Resultate der Born'schen Näherung dar; die vollen Kurven sind Anpassungen (least-square fits) der Kurvenform der Gleichung für $N_{e,\gamma}$ an die experimentellen Daten (nach Eminyan et al. [165]).

perimente eindeutig Elektron-Photon-Winkelkorrelationen erwiesen haben, deren Hauptachsen im Allgemeinen nicht parallel zu den $z$- und $x$-Achsen sind, dürfen wir annehmen, dass die Phase $\chi$ in dem obigen Anregungsprozess nicht statistisch fluktuiert. Nur eine Phasendifferenz von $\chi = \pi/2$ würde ebenfalls bei endlichem $\lambda$ das Interferenzglied von Gl. (1.316a) zum Verschwinden bringen.

Die gute Anpassung (fit) der experimentellen Koinzidenzraten an die obige Winkelkorrelationsfunktion $N_{e,\gamma}$ hat zu vielen experimentellen Untersuchungen geführt, um *vollständige Information über den Anregungsprozess der Atome durch Elektronenstoß* zu erhalten. Ein vollständiger Satz solcher Größen ist z. B. der differentielle Wirkungsquerschnitt $\sigma$, der Winkelkorrelationsparameter $\lambda = |f_0|^2/\sigma$ und die Phasendifferenz $\chi$ zwischen den beiden Anregungsamplituden $f_0$ und $f_1$. Abb. 1.212 zeigt ein Beispiel zur Anregung des He($2^1P$)-Zustandes bei einer Elektronenenergie von 24 eV, wobei gute Übereinstimmung zwischen den theoretischen und experimentellen

1.10 Atomare Stoßprozesse    319

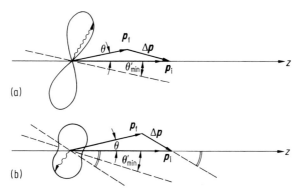

**Abb. 1.211** Beziehung zwischen der Elektron-Photon-Winkelkorrelation und der Impulsübertragung $\Delta p$ für den Helium An- und Abregungsprozess $1^1S \to 2^1P \to 1^1S$. Das Elektron mit dem Anfangsimpuls $p_i$ hat nach der Streuung den Impuls $p_f$; die Länge des Pfeils mit der gewellten Linie ist proportional zur korrelierten Photonenintensität in der Richtung der Beobachtung: (a) nach Born'scher Näherung gilt die Auswahlregel $\Delta m_l = 0$ für den Anregungsprozess bezogen auf $\Delta p$ und dem Hertz'schen Oszillator, der parallel zu $\Delta p$ schwingt; (b) nach experimenteller Beobachtung.

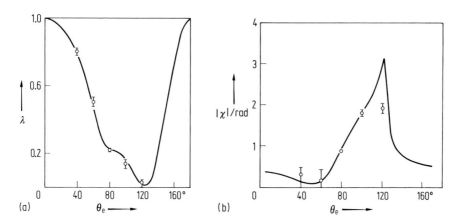

**Abb. 1.212** $\lambda$- und $|\chi|$-Daten der He($2^1P$)-Anregung durch Elektronenstoß in Abhängigkeit vom Elektronenstreuwinkel $\theta_e$ bei einer Elektronenstoßenergie von 24 eV; experimentelle Daten von Crowe et al. [168]); die ausgezogene theoretische Kurve stellt eine 5-Zustände-$R$-Matrix-Berechnung dieser Autoren dar.

Daten für $\lambda$ und $|\chi|$ besteht. Wir weisen jedoch bereits jetzt darauf hin, dass es bei bestimmten Elektronenstoßenergien bis heute noch keine zufriedenstellende Übereinstimmung zwischen den theoretischen und experimentellen Winkelkorrelationsparametern $\lambda$ und $|\chi|$ gibt. Solche Diskrepanzen weisen darauf hin, dass die $(\lambda, \chi)$-Parameter sehr empfindliche Testgrößen für Theorien atomarer Stoßprozesse sind. Wir verlassen jedoch diese Problematik und erklären stattdessen weitere physikalische Effekte, die aus den Daten der Elektron-Photon-Koinzidenzexperimente gewonnen werden können.

Die obige Beschreibung der Elektron-Photon-Winkelkorrelation beruht auf dem **Modell der kohärenten Anregung** der magnetischen Unterzustände des $^1P_1$-Zustandes. Die Richtigkeit dieser kohärenten Anregung lässt sich durch folgende Überlegung und experimentelle Prüfung bestätigen. Wenn in einem Koinzidenzexperiment das kohärent angeregte Atom durch Emission eines Photons zerfällt, kann durch Messung der Polarisation des koinzidenten Photons gezeigt werden, dass auch das Photon vollständig kohärent ist. Hierbei bedeutet vollständige Kohärenz des Photons, dass zwei orthogonal zueinander schwingende elektrische Vektoren der Photonenstrahlung eine konstante Phasendifferenz haben müssen. Dies konnte in der Tat experimentell für die $^1P$-Anregung des Heliums nachgewiesen werden, wobei die makroskopisch messbare *Phasendifferenz β zwischen den beiden senkrecht zueinander schwingenden Lichtvektoren der koinzidenten Photonen* sich als identisch mit der Phasendifferenz zwischen den beiden Anregungsamplituden $f_0$ und $f_1$ erwiesen hat, d. h. $\chi \equiv \beta$. Mit anderen Worten, wir haben hier ein Beispiel, in dem eine *makroskopisch beobachtete Phasendifferenz β direkt identisch mit einer atomaren Phasendifferenz χ* ist.

Weitere physikalische Größen, die aus der *Analyse der Elektron-Photon-Koinzidenzraten* gewonnen werden können, sind die Größen **Alignment** und **Orientation** (Ausrichtung und Orientierung). Diese Größen beschreiben den Zustand des angeregten Atoms anhand der Verteilung und Orientierung seiner Drehimpulskomponenten $m_L$ bezüglich einer vorgegebenen Quantisierungsachse. Abb. 1.213 gibt eine bildliche Darstellung und Erklärung dieser Größen wieder. Auf unser obiges Beispiel der Anregung des $2^1P$-Zustandes übertragen, lassen sich folgende Aussagen über die Größen Alignment und Orientation machen. Orientation bedeutet nach Abb. 1.213(c) Drehimpulsüberschuss $\Delta L$ bezüglich der z-Achse. Drehimpuls kann jedoch in einem Elektron-Photon-Koinzidenzexperiment mit definierter Streuebene nur senkrecht dazu, hingegen nicht in der Streuebene selbst übertragen werden, da das einfallende und das gestreute Elektron wegen der Erhaltung des Drehimpulses keine Drehimpulskomponenten in der Streuebene haben können. Mit anderen Worten, nur die Drehimpulskomponente $\Delta L_y$, senkrecht zur Streuebene (Abb. 1.207) kann endliche Werte haben, wohingegen die Komponenten $\Delta L_x$ und $\Delta L_z$ wegen der

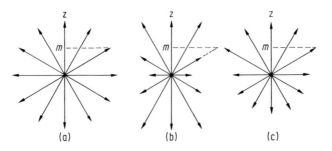

**Abb. 1.213** Bildliche Darstellung einer (a) isotropen, (b) axial ausgerichteten (engl. *aligned*) und (c) in einer Richtung orientierten (engl. *oriented*) Winkelverteilung von Drehimpulskomponenten $m$, wobei die Länge der Pfeile proportional zur relativen Besetzung der Drehimpulszustände mit den Komponenten $m$ ist (nach Blum [46]).

Erhaltung des Drehimpulses verschwinden müssen. Die Drehimpulsübertragung $\Delta L_y = \langle L_\perp \rangle$ senkrecht zur Streuebene lässt sich wie folgt direkt aus der Messung der zirkularen Polarisation der Photonen für den Übergang $^1P \to {}^1S$ des Heliums ableiten. Es seien $N(m = 1)$ bzw. $N(m = -1)$ die Anzahl der Atome in den beiden magnetischen Unterzuständen $m = \pm 1$, wobei die Normale (parallel zur $y$-Achse in Abb. 1.207) der Streuebene die Quantisierungsachse ist. Der Drehimpulsüberschuss der angeregten Atome – gemessen in Einheiten von $\hbar$ – „pflanzt sich sodann fort" beim $(^1P \to {}^1S)$-Übergang in den Überschuss der Photonen mit dem Spin parallel ($N^\uparrow$) und antiparallel ($N^\downarrow$) zur $y$-Achse; bezogen auf die Summe dieser Größen wird das Verhältnis identisch mit dem negativen Wert der zirkularen Polarisation $P_3 = P_{\text{zirk}} = [I(R) - I(L)]/[I(R) + I(L)]$, wobei $I(R)$ und $I(L)$ die Intensitätskomponenten für rechts- und linkszirkular polarisiertes Licht sind:

$$\langle L_\perp \rangle = \frac{N(m=1) - N(m=-1)}{N(m=1) + N(m=-1)} = \frac{N^\uparrow(h\nu) - N^\downarrow(h\nu)}{N^\uparrow(h\nu) + N^\downarrow(h\nu)} = -P_{\text{circ}}. \quad (1.317)$$

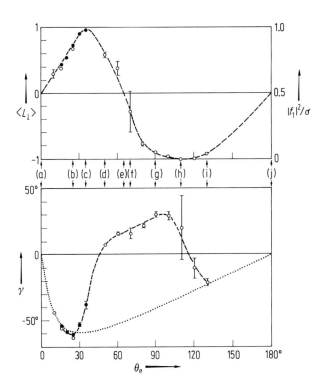

**Abb. 1.214** Oberes Diagramm: Drehimpulsübertragung $\langle L_\perp \rangle$ (in Einheiten von $\hbar$) vom He-Grundzustand $1^1S_0$ zum angeregten $2^1P$-Zustand durch Elektronenstoß bei einer Energie von 80 eV als Funktion des Streuwinkels der inelastisch gestreuten Elektronen. Die gestrichelte Kurve dient nur dazu, den Verlauf der experimentellen Daten besser erkenntlich zu machen. Unteres Diagramm: Orientierungswinkel $\gamma$ (in Grad) der Elektronenwolke (s. Abb. 1.215) unter den gleichen Anregungsbedingungen wie im oberen Diagramm [169].

Die Differenz im Vorzeichen von $\langle L_\perp \rangle$ und $P_{zirk}$ kommt von dem Unterschied in der Definition des Vorzeichens für zirkular polarisiertes Licht in der traditionellen Optik und des Vorzeichens für Drehimpulse und Spins in der Atom- und Elementarteilchenphysik (Helizität von Drehimpulsen). Abb. 1.214 zeigt experimentelle Daten für $\langle L_\perp \rangle$, die sich aus den Elektron-Photon-Koinzidenzmessungen der $2^1$P-Anregung des Heliums gewinnen lassen. Offenbar ist die Orientierung des angeregten $2^1$P-Zustandes optimal bei Elektronenstreuwinkeln $\theta_e = 35°$ (Maximum) und $\theta_e = 120°$ (Minimum). Das Verständnis der Stossdynamik für das Zustandekommen solcher Effekte der Drehimpulsübertragung ist ein sehr wichtiges Problem der Theorie atomarer Stoßprozesse.

Eine weitere interessante physikalische Größe, die sich aus den Elektron-Photon-Koinzidenzexperimenten extrahieren lässt, ist die Form und Orientierung der Elektronenladungsverteilung (kurz Elektronenwolke genannt) des angeregten $2^1$P-Zustandes. Aus der Kenntnis des obigen Zustandsvektors $\psi(^1P_1)\rangle$ (Gl. (1.316)) errechnet sich der Ladungsanteil $e\langle\psi(^1P_1)|\psi(^1P_1)\rangle\,d\tau$ der Elektronenwolke im Volumenelement $d\tau$ unter Bezug auf die Richtungen des einfallenden und gestreuten Elektrons. Aus den experimentellen Daten von $\lambda$ und $\chi$ wurde die Form der zugehörigen Elektronenwolke errechnet, die für ein bestimmtes Beispiel in Abb. 1.215 dargestellt ist. Es ist interessant, dass sich diese spezielle Struktur der Ladungsverteilung nur durch kohärente Überlagerung der Wellenfunktionen $\psi_0$ und $\psi_{\pm1}$ der magnetischen Unterzustände mit den Amplituden $f_0$ und $f_1$ und anschließender Bracket-Bildung ergibt. Wir können diese Formen nicht durch inkohärente Überlagerungen der Ladungsverteilungen von Abb. 1.215 erhalten. Das untere Teilbild von Abb. 1.214 zeigt die Abhängigkeit des in Abb. 1.215 definierten Orientierungswinkels der Elektronenwolke vom Streuwinkel.

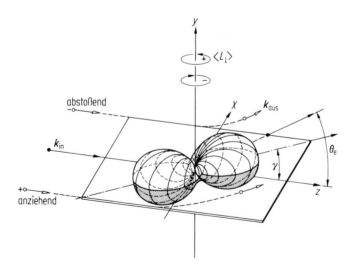

**Abb. 1.215** Typische Form der Elektronenwolke eines kohärent angeregten $2^1$P-Zustandes mit dem Orientierungswinkel $\gamma = 45°$ und $\langle L_\perp \rangle = 0.75\,\hbar$. Die einlaufenden Elektronen $\boldsymbol{k}_{in}$ werden unter dem Winkel $\theta_e$ gestreut ($\boldsymbol{k}_{aus}$), wobei entweder ein „abstoßendes" und/oder ein „anziehendes" Potential wirksam sein kann [169].

Die Beschreibungen der Elektronenstoß-Anregung eines $^1P_1$-Zustandes durch die Größen $(\sigma, \lambda, \chi)$ oder $(\sigma, \langle L_\perp \rangle, \gamma)$ sind äquivalent und ineinander umrechenbar.

Der *primäre Prozess ist allerdings die Kohärenz der Anregung der magnetischen Unterniveaus des $^1P_1$-Zustandes*, die sich als Interferenzeffekt kohärenter Oszillationen etwa wie beim Hanle-Effekt manifestiert (s. Gl. (1.316a)) und durch die Messung der interferierenden Amplituden der Anregung direkt nachgewiesen wird.

Wir weisen hier noch auf eine wichtige zum Elektron-Photon-Koinzidenzexperiment äquivalente Methode hin, die auf *optischem Pumpen und gleichzeitiger superelastischer Elektronenstreuung* beruht. Wie wir in Abschn. 1.7.4.3 gesehen haben, kann Laserstrahlung intensiv Übergänge zwischen atomaren Zuständen induzieren. Bei durch Laserstrahlung induzierten Resonanzübergängen kann sich in der Sättigung zwischen An- und Abregungsprozessen ein beträchtlicher Teil der Atome im Mittel im angeregten Zustand befinden. Elektronen, die an angeregten Atomen gestreut werden, können dann einen „superelastischen" Abregungsprozess des Atoms induzieren und dabei Energie gewinnen: $e(E_0) + A^* \to A + e(E_0 + \Delta E)$. Dieser superelastische Prozess liest sich in umgekehrter Richtung (sog. Zeitumkehr) wie ein oben beschriebener Anregungsprozess. Die Messung der Winkelverteilung der superelastisch gestreuten Elektronen ist dann äquivalent der Elektron-Photon-Winkelkorrelation, da alle Atome durch Laser-Photonen des gleichen Polarisationszustandes angeregt worden sind. Der *superelastische Streuprozess* wurde zuerst von Hertel und Stoll [170] mit dem ersten Resonanzübergang in Natrium (D-Linien) experimentell untersucht und lieferte entsprechende $\lambda$- und $\chi$-Parameter. Der Anwendungsbereich der superelastischen Elektronenstreuung war jedoch bis jetzt auf wenige Alkali- und Erdalkalimetallatome begrenzt, da der Spektralbereich der Farbstofflaser limitiert ist. Andererseits sind die Einzelzählraten der superelastisch gestreuten Elektronen größer als die entsprechenden Elektron-Photon-Koinzidenzzählraten.

Weitere wichtige Koinzidenzexperimente sind in Verbindung mit der Ionisation der Atome durch Elektronenstoß durchgeführt worden. In solchen Experimenten werden zwei Elektronen oder ein Elektron mit einem Ion in einem bestimmten Ladungszustand in Koinzidenz nachgewiesen. Als Reaktionsgleichungen lassen sich diese Koinzidenzprozesse wie folgt darstellen:

$$e(E_0) + A \to A^+ + 2e$$
$$e(E_0) + A \to A^{n+} + (n+1)e.$$

Die Experimente der ersten Reaktion werden **(e, 2e)-Prozesse**, die der zweiten **Multi-Ionisations-Prozesse** genannt. Der experimentelle Aufbau solcher Experimente ist ähnlich wie bei den Elektron-Photon-Koinzidenzexperimenten; anstelle des Photodetektors wird beim (e, 2e)-Prozess ein zweiter Elektronenanalysator verwendet, und beim Multi-Ionisations-Experiment ersetzt ein Ionendetektor den Photodetektor. Der Ionendetektor weist spezifisch ein Ion eines gegebenen Ladungszustandes $A^+$, $A^{++}$, $A^{3+}$, ..., $A^{n+}$, ... nach. Im Übrigen kann die gleiche Geometrie zur Beschreibung der Winkelkorrelationsmessung wie in Abb. 1.207 verwendet werden, wobei die Photonenkoordinaten durch die entsprechenden Elektronen- oder Ionenkoordinaten ersetzt sind.

In Abb. 1.216 ist eine *typische planare (e, 2e)-Winkelkorrelation* gezeigt; planar bedeutet dabei, dass beide auslaufenden Elektronen (d.h. das Elektron von der Io-

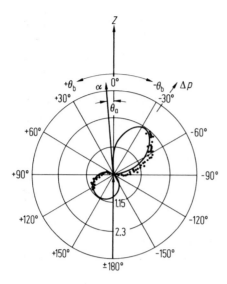

**Abb. 1.216** Polare Darstellung der (e, 2e)-Winkelkorrelation der Helium-Ionisation: Die primären Elektronen fallen parallel zur z-Achse auf die Heliumatome im Koordinatenursprung ein; Primärenergie $E_0 = 256.5$ eV, $E_a = 212$ eV, $E_b = 20$ eV. $\theta_a = 4°$ ist der Streuwinkel des Elektrons a, dessen Richtung konstant bleibt, während die Streurichtung des Elektrons b variiert wird. Die Koinzidenzzählrate ist proportional zur Länge des Radius vom Ursprung bis zu den Punkten, die experimentelle Daten darstellen (nach Ehrhardt et al. [171]). Die ausgezogene Kurve stellt die Born'sche Näherung mit ebenen auslaufenden Wellen der beiden Elektronen a und b dar.

nisation und das dabei gestreute Elektron) mit dem einlaufenden Elektron in einer Ebene sind. In der Darstellung der Abb. 1.216 wird der Elektronendetektor für das auslaufende Elektron a festgehalten, während das zweite Elektron b als Funktion seines Winkels $\theta_b$ zur Richtung der einfallenden Elektronen in Koinzidenz mit dem Elektron a nachgewiesen wird. Dabei können die Energien $E_a$ und $E_b$ der beiden auslaufenden Elektronen aufgrund der Beziehung für die Erhaltung der Energie $E_0 = E_{Ion} + E_a + E_b$ variiert werden ($E_0$ Energie der einfallenden Elektronen, $E_{Ion}$ Ionisationsenergie des Targetatoms). Indem wir für unser Beispiel $E_a > E_b$ voraussetzen, wird der Impulstransfer $\Delta \boldsymbol{p} = \hbar \Delta \boldsymbol{k}$ von dem einfallenden Elektron mit dem Impuls $\hbar \boldsymbol{k}_0$ auf das Ion und das Elektron b zu $\hbar(\boldsymbol{k}_0 - \boldsymbol{k}_a) = \hbar(\boldsymbol{k}_b + \boldsymbol{k}_{Ion}) = \hbar \Delta \boldsymbol{k}$. In Abb. 1.216 ist $\Delta \boldsymbol{p}$ eingezeichnet, wobei wir bemerken, dass der eine Koinzidenzpeak sein Maximum in der Richtung von $\Delta \boldsymbol{p}$ hat, während das Maximum des zweiten kleineren Koinzidenzpeaks in der entgegengesetzten Richtung liegt. Der erste Peak wird oft *binärer Peak*, der zweite *Rückstoß-Peak* genannt. Beim binären Peak kommt offensichtlich die Ionisationswechselwirkung direkt durch die Impulsübertragung des einfallenden Elektrons zustande, wohingegen beim Rückstoß-Peak das Elektron in der Richtung emittiert wird, in der das Atom den Rückstoß erfährt.

Die Winkelkorrelationen der Elektronen von Ionisationsprozessen spielen eine wichtige Rolle für unser Verständnis dynamischer Zwei-Elektronen-Korrelationen. Im Vordergrund des Interesses steht die Ionisation des Wasserstoffatoms als wichtigstes Testatom für theoretische Modelle. Selbst bei höheren Elektronenstoßenergien sind Born'sche Näherungen unzulängliche Berechnungsmethoden, wie es Abb. 1.217 zeigt, in der jedoch eine Coulomb-Korrelationsmethode gute Übereinstimmung mit den experimentellen (e, 2e)-Daten ergibt. In diesem Zusammenhang sei noch auf die Definition des *dreifach differentiellen Wirkungsquerschnittes* hingewiesen, der sich aus den obigen Koinzidenzmessungen für den (e, 2e)-Prozess ermitteln lässt, wenn die Koinzidenzzählrate absolut geeicht ist:

$$d^3Q(E_0, E_a, \theta_a, \theta_b, \Phi_b)/dE_b d\Omega_a d\Omega_b,$$

wobei $\Phi_b$ der azimutale Winkel ist (entsprechend $\gamma$ in Abb. 1.205) und $d\Omega_a$ und $d\Omega_b$ die Raumwinkelelemente für den Nachweis der beiden Elektronen sind. Lohmann und Weigold [172] erweiterten die (e, 2e)-Methode zur direkten Messung der Elektronenimpulsverteilung des Wasserstoff-Grundzustandes. Kürzlich wurden Spin-Asymmetrie-Effekte im dreifach differentiellen Wirkungsquerschnitt von (e, 2e)-Prozessen, z. B. in der Streuung spinpolarisierter Elektronen an spinpolarisierten Lithium-Atomen untersucht [173]. Die experimentell ermittelten Koinzidenzzählraten der beiden emittierten Elektronen $N^{\uparrow\downarrow}$ und $N^{\uparrow\uparrow}$ (Spins antiparallel und parallel zueinander) stehen wie folgt im Zusammenhang mit dem Spin-Asymmetrie-Faktor $A$ und den dreifach differentiellen spinabhängigen Wirkungsquerschnitten:

$$A = |P_a P_e|^{-1} \frac{N^{\uparrow\downarrow} - N^{\uparrow\uparrow}}{N^{\uparrow\downarrow} + N^{\uparrow\uparrow}} = \frac{\sigma^{\uparrow\downarrow} - \sigma^{\uparrow\uparrow}}{\sigma^{\uparrow\downarrow} + \sigma^{\uparrow\uparrow}},$$

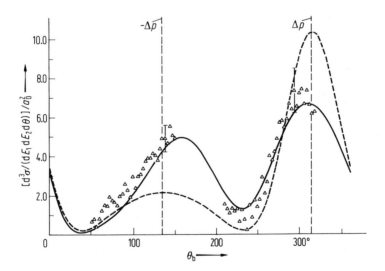

**Abb. 1.217** Dreifach differentieller Wirkungsquerschnitt für die (e, 2e)-Winkelkorrelation des Wasserstoffs in kartesischen Koordinaten; Primärenergie $E_0 = 150$ eV, $E_b = 5$ eV und $\theta_a = 4°$. Experimentelle Datenpunkte nach Klar et al. [174]; --- Born'sche Näherung, —— Coulomb-Korrelationsmethode von Jetzke et al. [175]. Der Winkel $\theta_b$ auf der Abszisse wird von der Richtung der einfallenden Elektronen aus von 0° bis 360° gemessen. Die gestrichelten vertikalen Linien zeigen die Winkel für die Orientierung parallel ($\Delta \boldsymbol{p}$) und antiparallel ($-\Delta \boldsymbol{p}$) zum Vektor der Impulsübertragung $\Delta \boldsymbol{p} = \hbar \Delta \boldsymbol{k}$.

wobei $P_a$ und $P_e$ die Polarisationen der Atome und der einfallenden Elektronen sind. Abb. 1.218 zeigt ein Beispiel für eine Energie der einfallenden Elektronen von 54.5 eV unter einer Verteilung der Energien der auslaufenden beiden Elektronen von $E_A = 34.8$ eV und $E_B = 14.2$ eV und einem festgehaltenen Winkel von $\theta_B = -35°$ bis $\theta_B = 85°$. Der Vergleich mit den Theorien der „Distorted Wave Born Approximation" und der „konvergenten Close Coupling Approximation" demonstriert vernünftige Übereinstimmungen.

Die Koinzidenz zwischen einem durch Elektronenstoß erzeugten Ion im Ladungszustand $n+$ und einem Elektron wird beschrieben durch einen $n$-fach doppelten differentiellen Wirkungsquerschnitt $d^2Q^{(n)}/dEd\Omega$, wobei $d\Omega$ das Raumwinkelelement und $dE$ die Energiebreite des mit dem Ion $A^{n+}$ koinzidenten Elektrons bedeuten. Abb. 1.219 zeigt das Schema der Koinzidenzapparatur zum Nachweis solcher Koinzidenzen. Abb. 1.220 demonstriert ein typisches Beispiel eines Elektron-Ion-Koinzidenzspektrums für den Elektronenstoß mit Xenon-Atomen. Für dieses spezielle Beispiel ist die Koinzidenzzählrate für $Xe^{2+}$ beträchtlich größer als für einfach geladenes $Xe^+$. Effekte dieser Art können zum Teil auf Auger-Prozesse (Abschn. 1.5.11) der Elektronen innerer Schalen zurückgeführt werden. Des Weiteren stellen wir fest, dass bis zu neunfach geladenes Xenon durch Elektronenstoß mit einer Energie von 6 keV erzeugt werden kann. Mithilfe von Hochenergie- und Synchrotronmethoden (s. Abschn. 1.7.4.5 und 1.7.4.6) können zwar beträchtlich höhere Ladungszustände erreicht werden, allerdings mit komplizierten Apparaturen und unter Einsatz hoher Geldmittel. Die Elektronenstoßmethode hingegen ist einfach und preisgünstig und wird z. B. zur Steuerung von Satelliten verwendet, indem die hochionisierten $Xe^+$-Ionen aus dem Satelliten hinausgeschossen werden und somit durch Rückstoß Kursänderungen oder -korrekturen erzielt werden können.

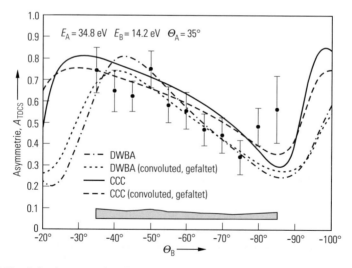

**Abb. 1.218** Spin-Asymmetrien des dreifach differentiellen Wirkungsquerschnittes als Funktion des Streuwinkels $\theta_B$ für die Streuung polarisierter Elektronen an polarisierten Lithium-Atomen und einem Energieverhältnis von $E_A/E_B = 2.4$. Die Daten mit „convolution" berücksichtigen die experimentellen Winkelauflösungen (nach Baum et al. [176]).

1.10 Atomare Stoßprozesse   327

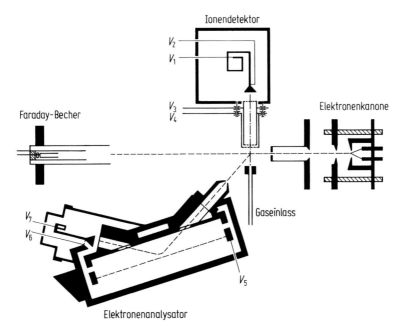

**Abb. 1.219** Experimentelles Schema einer Elektron-Ion-Koinzidenzapparatur mit einem Parallelplatten-Elektronenanalysator und einem Flugzeit-Ionenanalysator. Die Ionen werden durch die Spannungsdifferenz $V_3 - V_4$ beschleunigt und fallen je nach Ladungszustand zu verschiedenen Zeiten auf das Channeltron (nach Chaudhry et al. [177]). Die Elektronen einer selektierten Energie werden durch die negative Spannung $V_1$ auf das Channeltron ($V_2$) hin umgelenkt.

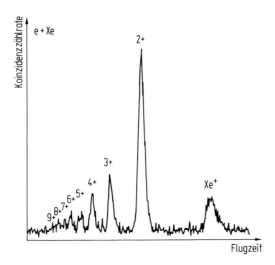

**Abb. 1.220** Mit der Koinzidenzapparatur nach vorstehender Abbildung registrierte Elektron-Ion-Koinzidenzzählrate für gestreute Elektronen und Xenon-Ionen mit Ladungszuständen von $Xe^+$ bis $Xe^{9+}$; Beobachtung der gestreuten 30-eV-Elektronen unter 90° zur Richtung der einfallenden 6-keV-Elektronen (nach Chaudhry et al. [177]).

## 1.10.4.4 Spineffekte in der Elektron-Atom-Streuung

Normalerweise sind die Spinrichtungen miteinander kollidierender Elektronen-, Ionen- und Atomstrahlen statistisch gleich verteilt. Man kann jedoch die Spins sowohl der Elektronen als auch der Ionen und Atome ausrichten (polarisieren) und aus der Analyse von Spineffekten nach der Kollision Kenntnisse über die Wechselwirkungen erhalten, die anders nicht gewonnen werden können. Die Untersuchungen solcher Spineffekte erfordern sehr komplizierte experimentelle Methoden, die wir nur kurz erwähnen wollen.

Wir definieren zunächst *Polarisationsgrade für Elektronen und Ein-Elektron-Atome und -Ionen*, deren Spinkomponenten (in Einheiten von $\hbar$) bezüglich einer Quantisierungsrichtung entweder $m_s = +1/2$ oder $m_s = -1/2$ sind. In einer Ansammlung von $N_e$ Elektronen oder $N_A$ Atomen (oder Ionen) möge eine ungleiche Verteilung der Zahl der mit den beiden Quantenzahlen $m_s$ assoziierten Elektronen oder Atomen existieren, was zur Definition der Polarisationsgrade der Elektronen bzw. Atome führt,

$$P_e = \frac{N_e(1/2) - N_e(-1/2)}{N_e(1/2) + N_e(-1/2)}, \quad P_A = \frac{N_A(1/2) - N_A(-1/2)}{N_A(1/2) + N_A(-1/2)},$$

mit $N_e = N_e(1/2) + N_e(-1/2)$, $N_A = N_A(1/2) + N_A(-1/2)$ und $N_e(\pm 1/2)$, $N_A(\pm 1/2)$ als Anzahl der Elektronen bzw. Atome mit $m_s = \pm 1/2$. Wir benutzen diese Definition zur Beschreibung der folgenden Spinexperimente.

Die quantenmechanische Beschreibung der beobachtbaren Größe „Polarisation" ist im Prinzip zur obigen makroskopischen Polarisation äquivalent. In der Quantenmechanik wird der Spin durch einen Operator dargestellt, der den charakteristischen Vertauschungsregeln für Drehimpulse genügt. Der quantenmechanische Erwartungswert für die Spinpolarisation $\langle \sigma \rangle$, der mit der obigen makroskopischen Polarisation identisch ist, ergibt sich aufgrund der Schrödinger-Gleichung mit dem (Pauli'schen) Spinoperator $\sigma$ und der Spineigenfunktion $\psi$: $\langle \sigma \rangle | = \langle \psi | \sigma | \psi \rangle = \boldsymbol{P}$. Die Polarisation $\boldsymbol{P}$ ist eine vektorielle Größe, d. h. $|\boldsymbol{P}| = \sqrt{|P_x|^2 + |P_y|^2 + |P_z|^2}$, wobei die obige makroskopische Definition auf jede kartesische Koordinate angewandt wird. Abb. 1.221 gibt eine geometrische Darstellung für vollständig in der $z$-Richtung

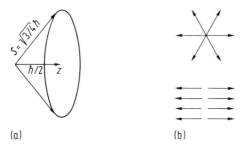

**Abb. 1.221**  (a) Elektronenspin, der in der $z$-Richtung vollständig polarisiert ist; (b) zwei Beispiele der Spinrichtungen unpolarisierter Elektronen.

polarisierte Elektronen ($m_s\hbar = 1/2\hbar$, $|S| = \sqrt{s(s+1)}\hbar = \sqrt{3/4}\hbar$ und unpolarisierte Elektronen wieder.

Die Experimente mit polarisierten Elektronen und polarisierten Atomen, die bislang durchgeführt wurden, lassen sich wie folgt klassifizieren: (1) Streuung partiell polarisierter Elektronen an partiell polarisierten Ein-Elektron-Atomen (H, Li, Na, K, ...); (2) Mott-Streuung unpolarisierter Elektronen an schweren Atomen und (3) Streuung partiell polarisierter Elektronen an unpolarisierten Atomen oder umgekehrt Streuung unpolarisierter Elektronen an polarisierten Atomen, verbunden mit Polarisationsmessungen an den auslaufenden Elektronen oder den Rückstoßatomen. Zum Verständnis solcher Experimente entwickeln wir zunächst einen Satz von Streuamplituden für das erste Beispiel [178]. Wir nehmen zunächst an, dass die Elektronen und Atome vollständig polarisiert sind, d. h. $|\boldsymbol{P}_e| = 1$ und $|\boldsymbol{P}_A| = 1$. Dann ergeben sich folgende „*Spinreaktionen*" zwischen den vollständig parallel oder antiparallel zu einer Quantisierungsrichtung polarisierten Elektronen mit den entsprechenden Bezeichnungen e($\uparrow$) oder e($\downarrow$) und den polarisierten Atomen mit analogen Bezeichnungen A($\uparrow$) oder A($\downarrow$):

| Streuprozess | | Amplituden | Wirkungsquerschnitte | |
|---|---|---|---|---|
| e($\uparrow$) + A($\downarrow$) | $\to$ A($\downarrow$) + e($\uparrow$), | $f$, | $|f|^2$ | (1) |
| | $\to$ A($\uparrow$) + e($\downarrow$), | $g$, | $|g|^2$ | (2) |
| e($\uparrow$) + A($\uparrow$) | $\to$ A($\uparrow$) + e($\uparrow$), | $f - g$, | $|f - g|^2$ | (3) |

In der ersten Reaktion findet eine *direkte Coulomb-Wechselwirkung* statt, in der die Spinrichtungen beider Teilchen erhalten bleiben, da das einfallende Elektron nicht mit dem Atomelektron ausgetauscht wird. Wir assoziieren mit dieser Wechselwirkung die *direkte Streuamplitude f* und deren differentiellen Wirkungsquerschnitt $\sigma_d = |f|^2$. In der zweiten Reaktion findet ein *Elektronenaustausch zwischen dem einfallenden Elektron und dem Atomelektron* statt; die zugehörige Amplitude ist die *Austauschamplitude g* und der differentielle Austauschwirkungsquerschnitt $\sigma_{ex} = |g|^2$ (ex für engl. *exchange*). In der dritten Reaktion haben wir es mit einer *kohärenten Überlagerung* zu tun, das heißt der *Interferenz von direkter und Austauschwechselwirkung*, die beide stattfinden und – im Gegensatz zu den vorhergehenden Reaktionen – nicht voneinander unterschieden werden können, d. h. $|f - g|^2$ als differentieller Wirkungsquerschnitt für die dritte Reaktion. (Das Minuszeichen zwischen $f$ und $g$ rührt von der Antisymmetrisierung der zugehörigen Wellenfunktion des Streuprozesses her.) Die Verbindung dieser spinabhängigen Wirkungsquerschnitte mit dem normalen differentiellen Wirkungsquerschnitt unpolarisierter Teilchen wird durch folgende Beziehung gegeben:

$$\sigma(\theta, E) = \frac{1}{2}\{|f|^2 + |g|^2 + |f - g|^2\}. \tag{1.318}$$

Mit $|f - g|^2 = |f|^2 + |g|^2 - 2|f||g|\cos\varphi$ und $\varphi$ als Phasendifferenz zwischen $f$ und $g$, wird

$$\begin{aligned}\sigma(\theta, E) &= |f|^2 + |g|^2 - |f||g|\cos\phi \\ &= \sigma_d + \sigma_{ex} - \sigma_{int};\end{aligned} \tag{1.319}$$

der Faktor 1/2 in Gl. (1.318) trägt dem Umstand Rechnung, dass zusätzlich zu den obigen Reaktionen die entsprechenden Reaktionen mit umgekehrten Spins in der Streuung unpolarisierter Elektronen und an unpolarisierten Atomen auftreten. Einfaches Umrechnen ergibt die weiteren geläufigen Beziehungen

$$\sigma(E,\theta) = |f|^2 + |g|^2 - \mathrm{Re}(f^*g) = \frac{3}{4}|f-g|^2 + \frac{1}{4}|f+g|^2$$

$$= \frac{3}{4}|T|^2 + \frac{1}{4}|S|^2 = \frac{3}{4}\sigma_T + \frac{1}{4}\sigma_S = \frac{1}{2}\sigma^{\uparrow\uparrow} + \frac{1}{2}\sigma^{\uparrow\downarrow}, \qquad (1.320)$$

wobei $T = f - g$ und $S = f + g$ die *Triplett- und Singulett-Streuamplituden*, $|T|^2 = \sigma_T$ und $|S|^2 = \sigma_S$ die differentiellen Triplett- und Singulett-Wirkungsquerschnitte, $\sigma^{\uparrow\uparrow} = \sigma_T = |f-g|^2$ und $\sigma^{\uparrow\downarrow} = |f|^2 + |g|^2 = 1/2\,\sigma_T + 1/2\,\sigma_S$ bedeuten; $\sigma^{\uparrow\uparrow}$ bezieht sich auf den letzten der drei obigen Spinreaktionsprozesse, $\sigma^{\uparrow\downarrow}$ auf die Summe der beiden ersten. Der eigentliche Interferenzterm $\sigma_{\mathrm{int}} = \mathrm{Re}(f^*g) = |f||g|\cos\varphi$ führt wie bei gewöhnlichen Interferenzphänomenen zu konstruktiven ($\varphi = 180°$) oder destruktiven ($\varphi = 0°$) Beiträgen im Wirkungsquerschnitt.

Die Bezeichnungen Triplett und Singulett sind natürlich den Standardbezeichnungen für spektroskopische, atomare Zustände entlehnt (wie zum Beispiel für das Heliumatom, Abschn. 1.5.4).

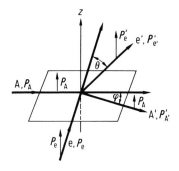

**Abb. 1.222** Geometrie für die Streuung polarisierter Elektronenstrahlen (e, $\boldsymbol{P}_e$) an polarisierten Atomstrahlen (A, $\boldsymbol{P}_A$). $\boldsymbol{P}'_e$, $\boldsymbol{P}'_A$ sind die vektoriellen Polarisationsgrade nach der Streuung.

In idealen, heute erst bedingt durchführbaren Spinexperimenten müsste im Prinzip die Polarisation der Elektronen und Atome *vor* (Bezeichnungen $P_e$ und $P_A$ für die Polarisationsgrade der Elektronen und Atome vor der Streuung) und *nach* der Streuung gemessen werden (Bezeichnungen $P'_e$ und $P'_A$ für die Polarisationsgrade nach der Streuung), um vollständige Information über die Amplituden $f$ und $g$ zu erhalten (Abb. 1.222). Aus Intensitätsgründen ist jedoch die Messung der Polarisationen $\boldsymbol{P}'_e$ und $\boldsymbol{P}'_A$ nach dem Stoß praktisch sehr schwierig. Stattdessen sind Kombinationen in Tabelle 1.15 aufgeführten Spinreaktionen im Bereich experimenteller Möglichkeiten [179]:

**Tab. 1.15** Information über elastische Streuprozesse von polarisierten Elektronen an polarisierte Ein-Elektron-Atome.

| Polarisation vor dem Stoß | Messgrößen nach dem Stoß | Information über den Streuprozess |
|---|---|---|
| (1) $P_A \neq 0$, $P_e = 0$ | $P'_e$, $\sigma(E, \theta)$ | $\|f\|^2 = \sigma(E, \theta)\{1 - P'_e/P_A\}$ |
| (2) $P_A \neq 0$, $P_e = 0$ | $P'_A$, $\sigma(E, \theta)$ | $\|g\|^2 = \sigma(E, \theta)\{1 - P'_A/P_A\}$ |
| (3) $P_A \neq 0$, $P_e \neq 0$ | $\sigma(E, \theta)$ | $\|f - g\|^2 = \sigma + (1 + P_e/P_A)(I - \sigma)$ |
|  | $\sigma(E, \theta) = I_e^\uparrow + I_e^\downarrow$ | $I(E, \theta) = \sigma(E, \theta) - P_e P_A \, Re(f^*g)$ |
|  | $= I_A^\uparrow + I_A^\downarrow$ | äquivalent zu $\cos\varphi$ (Gl. (1.319)) |

In den ersten beiden Experimenten sind nur polarisierte Atome erforderlich; sowohl die Polarisationen der Elektronen und Atome nach der Streuung als auch der differentielle Wirkungsquerschnitt müssen gemessen werden, um $|f|^2$ und $|g|^2$ zu erhalten. Im letzten Experiment wird der Wirkungsquerschnitt $I(E, \theta)$ für die Intensität der gestreuten polarisierten Elektronen (oder der Rückstoßatome) gemessen, wobei zur Bestimmung von $|f - g|^2$ (oder $\cos\varphi$) außerdem $P_e$, $P_A$ und der normale differentielle Wirkungsquerschnitt $\sigma(\theta, E)$ bekannt sein müssen.

Eine andere Messgröße, die häufig bestimmt wird, ist die *Spinasymmetrie*, die sich wie folgt definieren und mit den obigen Größen verknüpfen lässt:

$$A = \frac{1}{P_e P_A} \frac{\sigma^{\uparrow\downarrow} - \sigma^{\uparrow\uparrow}}{\sigma^{\uparrow\downarrow} + \sigma^{\uparrow\uparrow}} = \frac{\sigma_{int}}{\sigma}. \tag{1.321}$$

Dieselbe Gleichung gilt auch für den Fall, in dem die differentiellen Wirkungsquerschnitte $\sigma$, $\sigma^{\uparrow\downarrow}$, $\sigma^{\uparrow\uparrow}$ und $\sigma_{int}$ durch die entsprechenden totalen Wirkungsquerschnitte $Q$, $Q^{\uparrow\downarrow}$, $Q^{\uparrow\uparrow}$ und $Q_{int}$ ersetzt werden.

Die Pionierarbeiten zur Erzeugung polarisierter Strahlen von Elektronen beruhen auf der bereits in Abschn. 1.10.3.4 erläuterten Spin-Bahn-Wechselwirkung – d. h. der Mott-Streuung von Elektronen im reinen Coulomb-Feld des Atomkerns. Als erste haben die US-Amerikaner Shull, Chase und Myers [180] polarisierte Elektronen bei der Streuung hochenergetischer Elektronen (40 keV) an dünnen Gold-Folien nachgewiesen. Nach einer Theorie von Massey und Mohr [181] kann auch im niederenergetischen Bereich ($\leq 2$ keV) Elektronenspinpolarisation auftreten. Dieser Effekt beruht auf der Interferenz zwischen Elektronen, die im atomaren Feld direkt ohne Spinumklappung gestreut werden und denen, die mit Umklappung der Spinrichtung gestreut werden (siehe weiter unten im Zusammenhang mit den Amplituden $h$ und $k$ von Gl. (1.322)). Einem Vorschlag von Kollath [182] folgend, gelang es Deichsel [183] bei der Streuung niederenergetischer Elektronen an Quecksilber-Atomen Spinpolarisation nachzuweisen und zu vermessen. Eine Strahlstromstärke von $10^{-9}$ A und eine Spinpolarisation von 17 % wurden durch elastische Streuung von 300-eV-Elektronen an einem Hg-Atomstrahl von Steidl, Reichert und Deichsel [184] erzeugt.

Die gegenwärtig erfolgreichste Methode zur Erzeugung polarisierter Elektronen basiert auf der Photoemission spezieller Festkörperverbindungen, des Gallium-Arsenids (GaAs) oder des Gallium-Arsenid-Phosphids (GaArP). Diese Materialien dienen als Photokathode in einem Ultrahochvakuumgefäß mit einem Mindestvakuum von ca. $10^{-8}$ Pa. Die Oberflächen der photoemittierenden Kristalle werden mit Caesium und Sauerstoff behandelt, um eine negative Austrittsarbeit für die Elektronen aus dem Leitfähigkeitsband zu erhalten. Photoemission aus diesen Schichten mit zirkular polarisiertem Licht ergibt longitudinal polarisierte Elektronen, wenn sie parallel (d.h. entgegengesetzt) zur Einfallsrichtung des Lichtes extrahiert werden. *Longitudinale Spinpolarisation* ($P_e \lesssim 50\%$) bedeutet, dass die Zahl der Elektronen mit Spin in der Ausbreitungsrichtung verschieden von derjenigen mit Spin in entgegengesetzter Richtung ist. Ein elektrostatischer Umlenker, der die Elektronen um 90° in ihrer Ausbreitung umlenkt, die Spins in ihrer räumlichen Orientierung aber unverändert lässt, *wandelt die longitudinale in eine transversale Spinpolarisation um*. In diesem Fall bezieht sich die Spinpolarisation auf den zahlenmäßigen Unterschied der Elektronen mit Spin in einer zur Ausbreitungsrichtung senkrechten und der dazu entgegengesetzten Richtung. Ein elektrostatischer Umlenker besteht z. B. aus einem 90°-Zylinderkondensator, der auf einer Kreisbahn nach 90° den Elektronengeschwindigkeitsvektor um 90° umgelenkt hat. Gute Photokathoden mit den obigen Materialien ergeben Polarisationsgrade im Bereich von $P_e \approx 0.35 \ldots 0.45$ mit Strömen in der Größenordnung von 10 µA oder sogar noch höher, was hauptsächlich von der Intensität der einfallenden Laserstrahlung abhängt. Bei niederenergetischen Streuexperimenten können aber wegen Raumladungseffekten keine höheren Ströme verwendet werden.

Eine weitere wesentliche Erhöhung der Spinpolarisation der Elektronen ist durch folgendes Verfahren erzielt worden: Wenn eine GaAs-Schicht geeigneter Dicke auf eine $GaAs_{1-x}P_x$-Unterschicht ($x$ gibt den prozentualen Anteil an) aufgedampft wird, entsteht innerhalb der GaAs-Schicht ein verspanntes Kristallgitter (engl. „*strained lattice*"), das die Entartung von Energiezuständen im GaAs-$GaAs_{1-x}P_x$-System aufhebt und eine Elektronenpolarisation von maximal 100 % durch Einstrahlung von zirkularpolarisiertem monochromatischem Laserlicht ermöglicht; experimentelle Werte von ca. $P_e \approx 90\%$ sind gemessen worden [185].

*Polarisierte Atome* lassen sich mit folgenden Methoden erzeugen: (1) Räumliche Trennung der Atome in verschiedene Zeeman-Komponenten $m$ durch ein magnetisches Hexapolfeld; (2) Umverteilung der Zeeman-Komponenten $m$ der Atome durch optisches Pumpen und (3) Kombination der beiden Methoden (1) und (2). Während Stern-Gerlach- und Rabi-Magnete (siehe Abb. 1.121) Atome in verschiedenen magnetischen $m$-Zuständen räumlich divergierend voneinander trennen, fokussiert ein magnetischer Hexapol gewisse $m$-Zustände, während andere $m$-Zustände defokussiert werden (s. Abschn. 1.7.3.3). Die Erzeugung polarisierter Atome mit Hilfe von Magneten basiert auf der Existenz magnetischer Momente der Atome $\mu$, die in einem inhomogenen Feld die Kraft $\mu \dfrac{\partial B}{\partial r}$ erfahren, die für die Quantenzahlen $\pm m$ in entgegengesetzte Richtungen wirkt. In einem Hexapolmagneten ist die Feldinhomogenität $\partial B/\partial r$ proportional zum Abstand vom Zentrum; die eine Spinkomponente mit $m_s = +1/2$ wird zum Zentrum fokussiert, während die andere Komponente mit $m_s = -1/2$ defokussiert wird. Ein Ein-Elektron-Atom im $^2S_{1/2}$-Grundzustand ohne Kernspin (die es in der Natur leider nicht gibt!) könnten daher mittels eines Hexapols zu 100 % polarisiert werden: Die Spins der fokussierten Atome sind alle in Richtung auf das Zentrum des Hexapols orientiert, während die Spins der defokussierten Atome in entgegengesetzter Richtung, d.h. vom Zentrum weg gerichtet sind. Beim Austritt der fokussierten Atome mit $m_s = +1/2$ aus dem Hexapolmagneten orientieren sich die Spins adiabatisch in die vorgegebene Richtung eines äußeren magnetischen Führungsfeldes. Da in realistischen Streuexperimenten dieses Führungsfeld zur Vermeidung des Einflusses der Lorentz-Kraft auf Elektronen sehr niedrig gehalten werden muss, ergibt sich eine Reduzierung der Spinpolarisation durch die Existenz der mit dem Spin assoziierten magnetischen Momente des Wasserstoffatoms und der Alkalimetallatome. Da in niedrigen magnetischen Feldern der Kernspin $I$ und der Elektronenspin miteinander zum Gesamtspin $F$ koppeln, reduziert sich die Atompolarisation von 100% zu $P_A = 1/(2I+1)$, da neue Komponenten mit dem Elektronenspin in entgegengesetzter Richtung, d.h. $m_s = -1/2$ auftreten. Mit anderen Worten, die mit dem Hexapolfeld erzeugten Polarisationen sind für Wasserstoff ($I = 1/2$) 50%, für $^6$Li ($I = 1$) 33%, für Na ($I = 3/2$) 25%, aber für Cs ($I = 7/2$) nur 12.5%.

Bei der Anwendung der Methode des optischen Pumpens ergeben sich wesentlich höhere Polarisationsgrade für die obigen Atome. Pumpen mit zirkular polarisiertem Licht vom $[F = (I+1/2)]$-Grundzustand in den $[F' = F+1]$-angeregten $^2P_{3/2}$-Zustand hat zur Folge, dass der größte $m_F$-Zustand des $(I+1/2)$-Grundzustandes bevorzugt bevölkert wird. In diesem magnetischen Zustand ($m_F = I+1/2$) stehen Kern- und Elektronenspin in gleicher Richtung. Allerdings ist die Spinpolarisation des Elektrons nicht vollständig, da der $(I-1/2)$-Grundzustand durch diese Methode des optischen Pumpens in seiner $m_F$-Besetzung nicht verändert wird und dessen Spinkomponenten $m_s$ daher unpolarisiert sind. Die resultierende Spinpolarisation errechnet sich für optisches Pumpen dieser Art zu $P_A = (I+1)/(2I+1)$, d.h. $P_H = 75\%$, $P_{Li} = 66.7\%$ und $P_{Na} = 62.5\%$.

Zur weiteren Erhöhung der Polarisation sind beide Methoden, die Anwendung des Hexapolmagneten und des optischen Pumpens, miteinander kombiniert worden: Die Atome fliegen zunächst durch einen Hexapolmagneten und dann durch ein Laserstrahlungsfeld zum optischen Pumpen. Der Hexapolmagnet eliminiert die $(I-1/2)$-Zustände des Grundzustandes, so dass das optische Pumpen von den $(I+1/2)$-Zuständen des Grundzustandes über die angeregten P-Zustände mit $F' = F+1$ zur vollständigen Elektronenspinpolarisation im $(m_F = +F)$-Zustand führt. Mit dieser Technik wurde eine Polarisation der Natrium-Atome von nahezu 90% erreicht [178]. Gleichzeitiges optisches Pumpen mit zirkular polarisiertem Licht aus den beiden Grundzuständen mit $I \pm 1/2$ bevölkert ebenfalls den ($F = I+1/2$, $m_F = F$)-Zustand zu einem hohen Prozentsatz, wobei die Anwendung zweier getrennter Laser (z.B. zweier GaAs-Laserdioden für Cs [186]) mit jener Methode vergleichbar ist, in der ein Laser durch elektroakustische oder elektrooptische Kopplung gleichzeitig die gewünschte zweite erforderliche Laserfrequenz erzeugt. Im letzteren Fall kann aber kohärente Kopplung der beteiligten Zustände auftreten und Depolarisation hervorrufen. Solche Depolarisationseffekte konnten jedoch für den Fall des optischen Pumpens der Natrium-Resonanzlinie mit einem elektrooptisch modulierten Farbstofflaser sehr klein gehalten werden, so dass nahezu eine 100%ige Spinpolarisation im Grundzustand des Natriums erzielt werden konnte (z.B. 98% nach [187] und, bei niedrigen Atomstrahldichten, 99% nach [188]). Mit durch zwei Laserdioden optisch gepumptes Caesium ergab ebenfalls solch hohe Spinpolarisationen bei niedrigen Dichten des Caesium-Atomstrahls [186]. Wir erwähnen außerdem noch, dass es kürzlich mithilfe eines Hexapolmagneten gelang, einen metastabilen Helium-$2^3S_1$-Atomstrahl bezüglich der $(m_J = \pm 1)$-Zeeman-Komponente zu 90% zu polarisieren [189, 190].

Als Beispiel ist das Schema einer modernen Apparatur zur Streuung polarisierter Elektronen an polarisierten Atomen in Abb. 1.223 gezeigt, dessen Kompliziertheit für sich selbst spricht. Neben der Untersuchung elastischer und inelastischer Streuprozesse kann mit solch einer Apparatur auch die Ionenasymmetrie gemessen werden. Die Ionenasymmetrie $A_{\text{Ion}}$ ergibt sich in Analogie zur Gl. (1.321) aus der Differenz der Zahl $N(I)$ der in dem Stoßprozess erzeugten Ionen, wobei die Pfeile sich auf anfänglich parallele bzw. antiparallele Spins von Elektron und Atom beziehen:

$$A_{\text{ion}} = \frac{N^{\uparrow\uparrow}(I) - N^{\uparrow\downarrow}(I)}{N^{\uparrow\uparrow}(I) + N^{\uparrow\downarrow}(I)}.$$

Aus der inzwischen beträchtlichen Zahl von Untersuchungen mit polarisierten Elektronen und Atomen greifen wir als Beispiele Messungen einer Ionenasymmetrie und der in der Tabelle 1.15 enthaltenen Größe $|f|^2/\sigma$ für Alkalimetallatome heraus (Abb. 1.224 und 1.225). Gemessene Ionenasymmetrien waren historisch die ersten erfolgreichen Experimente der Streuung mit polarisierten Elektronen und polarisierten Atomen [194] in der zweiten Hälfte der siebziger Jahre. Die Beobachtung einer erstaunlich hohen Ionenasymmetrie (Abb. 1.224), die als integraler Effekt im totalen Wirkungsquerschnitt der Ionisation auftritt, war ein überraschender großer Effekt in der Physik der Elektronenstoßionisation.

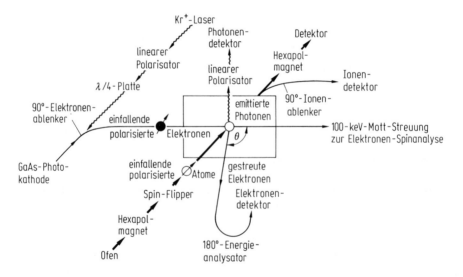

**Abb. 1.223** Schema einer Universalapparatur zur Untersuchung der elastischen und inelastischen Streuung und der Ionisation bei Stößen zwischen polarisierten Elektronen und polarisierten Atomen. Der Photonendetektor dient zum Nachweis der Asymmetrien inelastischer Anregungsprozesse (nach Raith [191]).

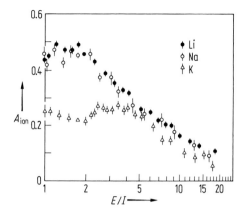

**Abb. 1.224** Ionenasymmetrien $A_{\text{Ion}} = [N^{\uparrow\uparrow}(I) - N^{\uparrow\downarrow}(I)]/[N^{\uparrow\uparrow}(I) + N^{\uparrow\downarrow}(I)]$ der leichten Alkalimetallatome. $E/I$ ist das Verhältnis der Energie der einfallenden Elektronen zu der Ionisationsenergie des betreffenden Atoms (nach Baum et al. [192]).

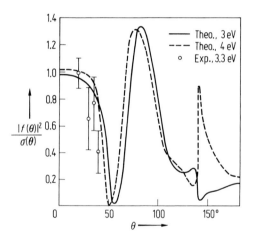

**Abb. 1.225** Experimentelle (○) und theoretische Daten für die Quadrate der relativen, direkten, elastischen Elektronenstreuamplituden $f$ als Funktion des Streuwinkels $\theta$ mit Kalium als Target. Die experimentellen Daten folgen aus der Messung der Polarisation der an polarisierten Kaliumatomen ($P_A = 20\%$) gestreuten, unpolarisierten Elektronen (Messprozess (1) der Tab. 1.15; nach Hils et al. [193]).

Als Beispiel für einen Spineffekt in der elastischen Streuung zeigt Abb. 1.225 die ausgeprägte Beugungsstruktur in der Intensität der Elektronenstreuung an Kalium, die sich in der „direkten" Coulomb-Wechselwirkung (Amplitude $f$) manifestiert. Das zugrundeliegende Experiment besteht in der Messung der Polarisation der gestreuten Elektronen, die – zu Anfang unpolarisiert – an polarisierten Kalium-Atomen gestreut wurden (s. Reaktion (1) in Tab. 1.15).

Geht man nun zu schweren Ein-Elektron-Atomen wie Rubidium oder Caesium über, tritt zusätzlich zur direkten Coulomb- und Austauschwechselwirkung eine Spin-Bahn-Wechselwirkung zwischen dem Projektilelektron und dem Targetatom auf. Diese Situation ist ähnlich wie zuvor bei der Beschreibung der normalen Feinstruktur angeregter Atome oder wie bei der Photoionisation schwerer Alkalimetallatome, deren Spin-Bahn-Wechselwirkungen mit zunehmender Masse der Atome stärker in Erscheinung treten. Für den Fall der elastischen Elektronenstreuung an den schweren Alkalimetallatomen sind sechs Amplituden zur Beschreibung erforderlich, was bedeutet, dass 11 unabhängige Größen, d.h. sechs Beträge und fünf Phasendifferenzen der Amplituden, zur vollständigen Analyse dieses Streuprozesses bestimmt werden müssen [162b]. Diese Komplikation durch die vielen Streuamplituden reduziert sich bei der Anwendung von Atomen ohne resultierenden Elektronenspin ("spinlose" Atome) wie z.B. den Edelgasatomen oder den Zwei-Elektronen-Atomen. Zwei Spin-Reaktionsprozesse lassen sich für die Streuung von polarisierten Elektronen an spinlosen Atomen definieren:

(1) $\quad e(\uparrow) + A \rightarrow A + e(\uparrow), \quad h, \quad |h|^2,$

(2) $\quad e(\uparrow) + A \rightarrow A + e(\downarrow), \quad k, \quad |k|^2.$

Den ersten Prozess bezeichnen wir wie zuvor als *direkten Prozess mit der Amplitude h* und den zweiten als *Spin-Flip-Prozess mit der Amplitude k*. Dieser direkte Prozess kann kohärent mit einem Elektronen-Austauschprozess überlagert sein, beide Prozesse können wegen ihrer Ununterscheidbarkeit nicht voneinander abgetrennt werden. Zur Messung der Amplituden $h$ und $k$ werden partiell polarisierte Elektronen verwendet; die Änderung der Polarisation der Elektronen nach der Streuung bestimmt die Beträge der Amplituden $h$ und $k$ und deren Phasendifferenz $\Delta\varphi = \gamma_1 - \gamma_2$ aufgrund der folgenden Beziehungen:

$$S = -\frac{2|h||k|\sin\Delta\varphi}{\sigma}, \quad T = \frac{|h|^2 - |k|^2}{\sigma}, \quad U = \frac{2|h||k|\cos\Delta\varphi}{\sigma} \quad (1.322)$$

mit $\sigma = |h|^2 + |k|^2$ als differentieller Wirkungsquerschnitt; die Größen $S$, $T$ und $U$ hängen wie folgt mit den Spinpolarisationskomponenten der gestreuten Elektronen zusammen (s. Abb. 1.226):

$$\boldsymbol{P}_e = S\boldsymbol{n} + T\boldsymbol{P}_e + U(\boldsymbol{n} \times \boldsymbol{P}_e). \quad (1.323)$$

Hierbei ist $\boldsymbol{P}_e$ die Vektorpolarisation der gestreuten Elektronen unter der Bedingung, dass die anfängliche Polarisation $\boldsymbol{P}_e$ der Elektronen in der Streuebene liegt. Die Größe $S\boldsymbol{n}$ gibt die Komponente der Spinpolarisation senkrecht zur Streuebene (d.h. in Richtung der Normalen) an, $T\boldsymbol{P}_e$ ist parallel oder antiparallel zu $\boldsymbol{P}_e$ und $U(\boldsymbol{n} \times \boldsymbol{P}_e)$ ist um 90° gegenüber $\boldsymbol{P}_e$ in der Streuebene gedreht. Abb. 1.226 zeigt das Schema einer Apparatur für solche Experimente, deren Teile zur Erzeugung polarisierter Elektronen, zur Spinumlenkung und zur Mott-Streuung uns bereits bekannt sind. Das *Wien-Filter* besitzt zueinander senkrechte elektrische (erzeugt durch einen Plattenkondensator) und magnetische Felder (erzeugt durch eine Spule) und wirkt wie folgt auf den Elektronenstrahl ein:

Elektronen einer festen Energie passieren das Wien-Filter nur, wenn die Lorentz-Kraft die Coulomb-Kraft des elektrischen Feldes kompensiert; in diesem Sinne wirkt

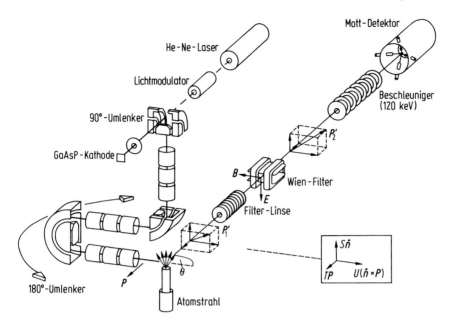

**Abb. 1.226** Schema der Apparatur zur Streuung partiell polarisierter Elektronen an spinlosen Atomen (nach Berger und Kessler [195]).

das *Wien-Filter als Energie- oder Geschwindigkeitsselektor*. Außerdem können die senkrecht zum Magnetfeld orientierten Spinkomponenten $T\boldsymbol{P}_e$ und $S\boldsymbol{n}$ Larmor-Präzessionen durchführen, d.h. diese Spinkomponenten lassen sich nach Vorgabe der Stärke des Magnetfeldes und der Flugzeit um 90° drehen. Damit gelingt es, die *longitudinale Spinkomponente in eine transversale umzuwandeln*, was zur Messung der Polarisation mit dem Mott-Detektor erforderlich ist. Aus der Messung der Größen $S$, $T$ und $U$ errechnen sich nach Gl. (1.322) die Amplituden und deren Phasendifferenz zu $|h| = [\sigma(1+T)]^{1/2}$, $|k| = [\sigma(1-T)/2]^{1/2}$ und $\gamma_1 - \gamma_2 = \tan^{-1}(-S/U)$. In Abb. 1.227 ist ein Beispiel dieser Größen für die elastische Elektron-Xenon-Streuung dargestellt. Wie man der Abbildung entnimmt, zeigt der Betrag der direkten Amplitude $|h|$ eine ausgeprägte Beugungsstruktur; diese Struktur rührt von der Überlagerung mehrerer Drehimpuls-Partialwellen her, die wie beim Ramsauer-Effekt durch die Dipol- und Austauschwechselwirkung bestimmt sind. Die Spin-Flip-Amplitude $|k|$, die durch die Spin-Bahn-Wechselwirkung hervorgerufen wird, ist beträchtlich kleiner als die direkte Amplitude $|h|$; die Spin-Flip-Amplitude wird im Wesentlichen nur durch die ($l = 1$)-Partialwelle bestimmt, weshalb eine Beugungsstruktur praktisch kaum erkennbar ist.

Es sei noch bemerkt, dass die *Messung der komplexen Amplituden h und k ein „vollständiges Experiment"* in dem Sinne darstellt, wie wir es im Abschn. 1.10.1 definiert haben. „Vollständig" bedeutet hier eine Messung innerhalb der Grenzen der physikalisch anwendbaren Methode, die zwar erlaubt, $h$ und $k$ zu bestimmen, aber infolge kohärenter Überlagerung es nicht ermöglicht, die Amplituden der direkten Coulomb-, der Austausch- und der Spin-Bahn-Wechselwirkung getrennt zu bestimmen.

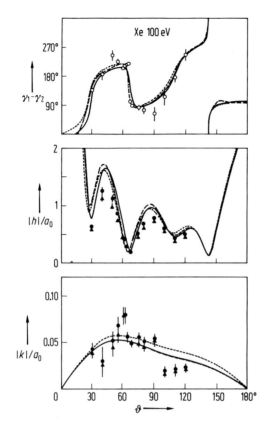

**Abb. 1.227** Amplitudenbeträge $|h|$ und $|k|$ und Phasendifferenzen $\gamma_1 - \gamma_2$ zwischen den beiden Amplituden für die elastische Streuung polarisierter Elektronen an Xenon bei einer Energie von 100 eV. Experimentelle Datenpunkte nach Berger und Kessler [195]. Die punktierten, gestrichelten und durchgezogenen Kurven stellen verschiedene theoretische Voraussagen dar: – – – nach Haberland et al. [196], ··· nach McEachran und Stauffer [197], —— nach Awe et al. [198]). Die Daten für $|h|$ und $|k|$ sind in Einheiten des Bohr-Radius $a_0$ dargestellt und an dem gemessenen differentiellen Wirkungsquerschnitt $\sigma = |h|^2 + |k|$ geeicht worden; $\vartheta$ ist der Streuwinkel ($= \theta$ in Abb. 1.226).

Es sei hier noch angemerkt, dass in der Forschungsliteratur die beiden obigen Amplituden für den direkten Prozess und den Spin-Flip-Prozess durch die Buchstaben $f$ und $g$ angegeben werden. Dies führt allerdings zu einer Konfusion mit den Amplituden $f$ und $g$ zur Beschreibung der direkten ($f$) und der Austauschwechselwirkung ($g$) in der Elektronenstreuung an Wasserstoff und leichten Alkalimetallatomen (Gl. (1.318)).

Eine weitere, bedeutende Anwendung von Streuexperimenten polarisierter Elektronen an polarisierten Atomen ist die Streuung polarisierter Elektronen an polarisierten Caesium-Atomen [199]. Basierend auf der Theorie von Burke und Mitchell [200] kann der differentielle Wirkungsquerschnitt für die Streuung polarisierter Elektronen an polarisierten Caesium-Atomen wie folgt dargestellt werden:

$$\sigma = \sigma_0 \{ 1 + A_1 (\mathbf{P}_a \cdot \hat{n}) + A_2 (\mathbf{P}_e \cdot \hat{n}) + A_{nn} (\mathbf{P}_a \cdot \hat{n})(\mathbf{P}_e \cdot \hat{n}) \}.$$

$\sigma_0$ ist der differentielle Wirkungsquerschnitt für die Streuung unpolarisierter Strahlen, $A_1$ und $A_2$ entsprechen den „spin-up-spin-down"-Asymmetrien (mit Bezug auf die Reaktionsebene, die durch die Richtungen der einlaufenden und gestreuten Elektronen definiert ist) im differentiellen Wirkungsquerschnitt für die Streuung unpolarisierter Elektronen an polarisierten Atomen ($A_1$) und polarisierter Elektronen an unpolarisierten Atomen ($A_2$); $A_2$ ist mit der Sherman-Funktion (s. Abschn. 1.10.3.3) identisch; diese Asymmetriegröße $A_2$ beschreibt die Links-Rechts-Differenz im differentiellen Wirkungsquerschnitt für die Streuung polarisierter Elektronen an unpolarisierten Atomen ($\hat{n}$ ist der Einheitsvektor der Streuebene). Wie Farago [201] gezeigt hat, erfordern nichtverschwindende $A_1$-Werte die gleichzeitige Anwesenheit von Spin-Bahn- und Austauschwechselwirkungen, weshalb die Kombination dieser Wechselwirkungen auch oft durch eine Interferenzasymmetrie beschrieben wird. $A_{nn}$ stellt eine antiparallel-parallele Asymmetrie dar, die auch Austauschasymmetrie genannt wird und nur bei schweren Alkaliatomen wie z.B. bei Caesium zu erwarten ist. Experimentell haben Baum et al. [199] diese Asymmetrien $A_1$, $A_2$ und $A_{nn}$ durch geeignete Kombinationen der Projektil- und Target-Spinpolarisationen bestimmt. Die Elektronenpolarisation von $P_e = 0.65$ ist durch Elektronenphotoemission eines komprimierten GaAs-Kristalls bei einer Wellenlänge von 830 nm erzeugt worden. Die Polarisation der Caesium-Atome des Atomstrahls wurde durch Pumpen mit zwei Laserdioden in „single-made operation" für die Resonanzübergänge zwischen den beiden Hyperfeinstruktur-Grundzuständen erzeugt. Die Polarisation des Caesium-Atoms konnte mittels eines Stern-Gerlach-Magneten zu $P_a = 0.9$ gemessen werden.

Abb. 1.228 zeigt Resultate des differentiellen Wirkungsquerschnittes und der obigen Asymmetrien für Caesium bei einer Elektronenenergie von 3 eV. Der differentielle Wirkungsquerschnitt (Teilbild a) wurde bei einem Streuwinkel von 90° an die Breit-Pauli-$R$-Matrix-Theorie (BP8, volle Kurve) angepasst (bei einer Winkelauflösung von $\Delta\theta = 8.5°$). Dirac8 bedeutet die 8-Zustände-$R$-Matrix-Theorie und CCC die konvergente Close-Coupling-Theorie. Wie ersichtlich besteht eine sehr befriedigende Übereinstimmung zwischen den experimentellen und den theoretischen Daten des differentiellen Wirkungsquerschnittes für die Abhängigkeit vom Streuwinkel, ausgenommen sind Voraussagen der Dirac-Theorie für das erste Minimum bei kleinem Winkel und die etwas zu großen Werte bei etwas größeren Winkeln im Vergleich zu den experimentellen und anderen theoretischen Daten. Empfindlichere Tests der Theorien sind mit den experimentellen Asymmetrien $A_1$, $A_2$ und $A_{nn}$ möglich. Gute Übereinstimmung zwischen dem Experiment und der Theorie existiert für $A_{nn}$ im Winkelbereich von $\theta = 55°$ bis $\theta = 125°$. CCC und BP8 zeigen vernünftige Übereinstimmungen, während die Dirac-Resultate kleine, aber signifikante Abweichungen von den anderen Theorien und Experimenten aufweisen. Nahe der Minima ($\theta = 55°$ und $\theta = 130°$) der Wirkungsquerschnitte sagen die Theorien Strukturen voraus, die das Experiment nicht zeigen. Abgesehen von den zwei größten Streuwinkeln existiert nahezu perfekte Übereinstimmung zwischen der Breit-Pauli-Theorie und dem Experiment für die $A_2$-Spinasymmetrie. Die nichtrelativistischen Theorien einschließlich der CCC-Theorie ergeben verschwindende Werte für $A_2$ und $A_1$ nahe dem Streuwinkel 0°. Die Spinasymmetrie $A_1$ erscheint als empfindlichster Pa-

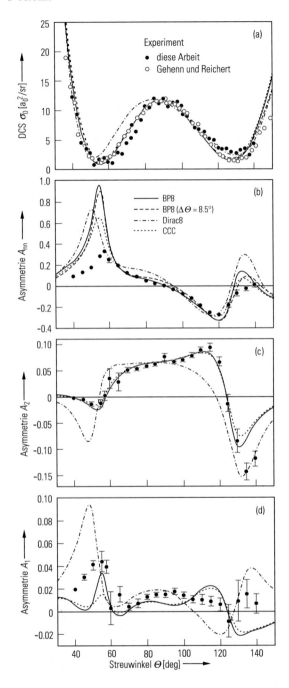

**Abb. 1.228** Differentielle Wirkungsquerschnitte $\sigma$ (Teilbild a) der experimentellen Arbeiten von Baum et al. [199] und Gehenn und Reichert.[202] Spinasymmetrie $A_{nn}$ (Teilbild b), $A_2$ (Teilbild c) und $A_1$ (Teilbild d). Experimentelle Daten [199, 203] sind verglichen worden mit verschiedenen theoretischen Voraussagen, die im Text erläutert sind.

rameter, da er sowohl durch Austausch- als auch durch relativistische Effekte beeinflusst wird. Die theoretischen Resultate sind im Streubereich von 60° bis 105° zwar nahezu identisch, sind allerdings unterhalb und oberhalb von diesem Bereich deutlich voneinander verschieden. Die experimentellen Daten nahe der Vorwärtsstreuung liegen auffällig höher im Vergleich zur konvoluten Breit-Pauli-Theorie. Zusammenfassend lässt sich sagen, dass die Messungen der Spinasymmetrien präzise Daten für mehrere Spinasymmetrien bei einer statistischen Unsicherheit von $\delta A <$ 0.005 für die meisten Streuwinkel von 40°–140° und einer Energie der einfallenden Elektronen von 3 eV ergeben haben.

### 1.10.5 Ion-Atom- und Atom-Atom-Stoßprozesse

Das einzige Atom(Ion)-Atom-Stoßproblem, das sich in seiner „Einfachheit" dem zuvor beschriebenen Elektron-Atom-Stoßprozess annähert, ist die Streuung von Protonen an Wasserstoff. Schon die Streuung von Wasserstoffatomen an atomarem Wasserstoff ist ein viel komplizierterer Prozess, da er zwischen zwei *„zusammengesetzten"* Teilchen stattfindet. Außerdem ist die Vielzahl der Atom(Ion)-Atom-Stoßprozesse fast ohne erkennbare Grenzen, wenn man bedenkt, dass heutzutage höhere Ladungszustände von Ionen mit hinreichender Intensität dem Experimentator zur Verfügung stehen und dass (bei Einbeziehung der Isotope) die Anzahl der hinreichend langlebigen Nuklide in der Größenordnung von 1000 liegt. Zu guter Letzt tritt noch eine weitere Komplikation dadurch auf, dass die kollidierenden Ionen oder Atome mit den Targetatomen kurzzeitig eine molekulare Bindung (*Bildung sog. Quasi-Moleküle*) eingehen können. Es können natürlich auch stabile Moleküle aufgrund chemischer Reaktionen gebildet werden; solche Prozesse gehören jedoch in den Bereich der Chemie. Aus all diesen Gründen bleibt die Darstellung dieses Abschnitts in viel stärkerem Maße fragmentarisch und selektiv als die des vorangehenden.

#### 1.10.5.1 Stoßparameter-Darstellung in klassischer Näherung

Da die de-Broglie-Wellenlänge $\lambda = h/p$ atomarer Teilchen im Bereich der üblichen Stoßenergien (eV-MeV-Bereich) sehr klein im Vergleich zu den Abmessungen der

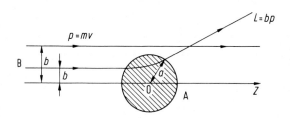

**Abb. 1.229** Stoßparameter $b$ für die Streuung eines Teilchens B an einem Teilchen A, dessen Streupotential die begrenzte Reichweite $a$ besitzt.

Atome und der Streupotentiale ist, wird in der Beschreibung atomarer Stoßprozesse oft der klassisch definierte *Stoßparameter* verwendet. Dies steht im Gegensatz zur Elektronenstreuung an Atomen, in der z. B. die de-Broglie-Wellenlänge für 150 eV ca. $\lambda = 0.1$ nm ist, während sie für Protonen der gleichen Energie wegen der $(1/\sqrt{m})$-Abhängigkeit zu = 23 pm reduziert ist. In diesem Fall bewegt sich das Wellenpaket des Protons – und anderer schwerer Teilchen – angenähert auf einer klassischen Bahn. Der Zusammenhang zwischen der Ausdehnung des Atoms $a$ oder seines Streupotentials, dem Stoßparameter $b$ und dem Drehimpuls $L$ eines Projektils ist in Abb. 1.229 dargestellt. Nach dieser Abbildung findet Streuung nur für $b < a$, hingegen nicht für $b > a$ statt. Mit dem Drehimpuls $L = pb$ folgt nach klassischer Mechanik, dass Teilchen mit $L > pa$ nicht gestreut werden. In semiklassischer quantenmechanischer Näherung schreiben wir $L = l\hbar$ und $p = \hbar k$ ($k = 2\pi/\lambda$), so dass die Ungleichung zu $l > ka$ wird. In dieser Approximation finden Streuprozesse mit Drehimpulsen $l > ka$ nur mit sehr geringer Wahrscheinlichkeit statt. Aus der Kenntnis der Ablenkkraft $F = -\partial V/\partial r$ bzw. des Potentials $V(r)$ errechnet sich für jeden Stoßparameter $b$ ein zugeordneter Streuwinkel $\theta$ und somit ein differentieller Wirkungsquerschnitt. Sind umgekehrt das Potential und der differentielle Wirkungsquerschnitt bekannt, kann der Stoßparameter berechnet werden. Allerdings sind nur wenige Potentiale zur analytischen Lösung von $b$ geeignet; in den meisten Anwendungen sind daher nur numerische Näherungen zur Bestimmung des Stoßparameters möglich.

### 1.10.5.2 Quasi-Molekülbildung

Bei Stößen zwischen Atomen oder zwischen Ionen und Atomen können sich die Elektronenwolken beider Teilchen gegenseitig durchdringen und kurzzeitig eine molekulare Bindung eingehen (sog. *Quasi-Moleküle*). Abb. 1.230 demonstriert, wie ein Proton in der Kollision mit einem Wasserstoffatom dessen Elektronenhülle graduell verzehrt und am Ende Teile der Elektronenhülle an sich reißt. Falls das einfallende Proton die gesamte Elektronenwolke (d. h. das Elektron des Targetatoms) am Ende des Stoßprozesses mit sich nimmt, haben wir es mit einem Elektroneneinfangprozess zu tun, den wir in der Form einer Reaktionsgleichung darstellen: p + H → H + p. Die Beschreibung dieses Prozesses basiert auf dem Modell der Quasi-Molekülbildung bei der Annäherung des Protons an das Wasserstoffatom (Abb. 1.231). Diese Abbildung stellt ein **Korrelationsdiagramm** – auch **Fano-Lichten-Diagramm** genannt – dar, in dem Wasserstoffzustände für den Fall angedeutet sind, dass der Abstand $R$ zwischen dem Projektilproton und dem Wasserstoffatom unendlich groß ist. Bei der Annäherung von Proton und Wasserstoff im Stoßprozess bilden sich molekulare Bindungszustände aus, wobei 1s$\sigma$, 2p$\sigma$, 2p$\pi$, usw. die Konfiguration des Elektrons im $H_2^+$-Quasi-Molekül darstellen und die griechischen Buchstaben $\sigma$ und $\pi$ die magnetischen Quantenzahlen $m_l = 0$ und $m_l = \pm 1$ des Bahndrehimpulses $l = 1$ bezüglich der Verbindungsachse der beiden Protonen bezeichnen.

Wird der Abstand zwischen Proton und Wasserstoffatom im Grenzfall gleich null, so haben wir ein $He^+$-Ion (ein *vereinigtes Atom*) gebildet, dessen Energiezustände 1s, 2s und 2p für $R = 0$ dargestellt sind (wegen $Z = 2$ liegen sie niedriger als beim Wasserstoff!).

1.10 Atomare Stoßprozesse    343

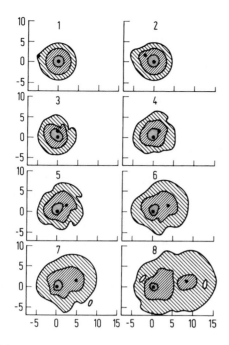

**Abb. 1.230** Schraffierte Ladungsverteilung des Elektrons im Wasserstoff bei der Annäherung eines 40-keV-Protons als kleiner Punkt links im Teilbild 1. Die Intensität der Schraffierung stellt die Ladungsdichte der Elektronen dar. Die Teilbilder 2 bis 8 folgen zeitlich aufeinander (theoretische Berechnung von Shakeshaft [204]).

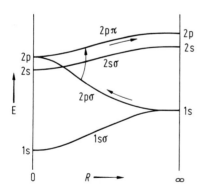

**Abb. 1.231** Korrelationsdiagramm für das Kollisionssystem p + H ($R$ = Abstand, $E$ = relative Energie).

Vereinigte Atome sind Themen sehr aktueller Forschungsprojekte in der Hochenergie-Schwerionenphysik, wie sie u.a. am Darmstädter Beschleuniger der GSI (Gesellschaft für Schwerionenforschung) durchgeführt werden. Durch Beschuss eines Uran-Targets ($Z = 92$) mit (hochgeladenen) Uran-Ionen kann kurzzeitig ein (stark ionisiertes) vereinigtes Atom mit $Z' = 184$ gebildet werden, mit dem man, zumindest bezüglich der inneren Elektronenschalen, Atomphysik an einem superschweren Kern studieren kann. Das ist sehr wichtig zur Erforschung der Grenzen der relativistischen Atomphysik in Verbindung mit der Dirac-Theorie, die nur für $Z \cdot \alpha < 1$ (also $Z < 137$) Gültigkeit beanspruchen kann.

Im Zwischenbereich des Korrelationsdiagramms von $R = 0$ bis $R = \infty$ *interferieren die beiden Zustände* $1s\sigma$ *und* $2p\pi$ *miteinander*, und der gemittelte Energieabstand $E(1s\sigma) - E(2p\sigma) = h\nu$ steht mit der Frequenz $\nu$ in Beziehung, mit der das Elektron zwischen den beiden Protonen oszilliert. Wenn das Projektilproton den Targetbereich verlässt, hat es entweder ein Elektron eingefangen oder nicht. Das oszillatorische Verhalten des Ladungseinfanges kann durch Messung des differentiellen Wirkungsquerschnittes nachgewiesen werden. Die dazu erforderliche experimentelle Apparatur ist in Abb. 1.232 dargestellt. Protonen fliegen durch ein Target atomaren Wasserstoffs. Die gestreuten Teilchen – entweder Protonen oder Wasserstoffatome vom Ladungseinfang – passieren sodann einen elektrischen Energieanalysator. Die unabgelenkten neutralen Wasserstoffatome fliegen zum Nachweis auf einen offenen Sekundärelektronenvervielfacher, wobei sie eine Elektronenemission an der Oberfläche auslösen. Abb. 1.233 demonstriert die oszillatorische Struktur der Energieabhängigkeit für den Ladungseinfang des Protons in atomarem Wasserstoff. Ähnliche Interferenzeffekte zwischen direkten Prozessen und Ladungsaustauschprozessen zeigen sich in auffallender Weise auch in totalen Wirkungsquerschnitten. Als Beispiel hierfür beschreiben wir den Stoßprozess

$$Na^+ + Ne \longrightarrow \begin{array}{l} Na^+ + Ne^*(3P) \\ Na^*(3P) + Ne^+ \end{array};$$

die erste Reaktion ist ein *„direkter"* *Anregungsprozess*, die zweite ein *Ladungsaustauschprozess mit gleichzeitiger Anregung*. Beide Prozesse interferieren miteinander, was aus der Beobachtung der Oszillationen der Linienintensitäten von den angeregten 3P-Zuständen (Na-D-Linien und NeI-622.6-nm-Linie) der beiden neutralen

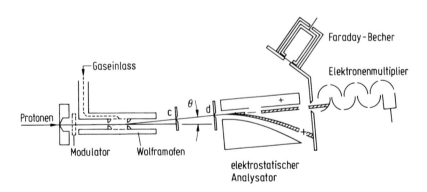

**Abb. 1.232** Schema der Apparatur zum Nachweis des $(p + H \rightarrow H + p)$-Ladungseinfanges als Funktion des Streuwinkels $\theta$. Der Wolfram-Ofen ist auf einer Temperatur von $T = 2400°$K, wobei der molekulare Wasserstoff mit hohem Dissoziationsgrad ($\approx 95\%$) zu atomarem Wasserstoff dissoziiert ist (nach Lockwood und Everhart [205]).

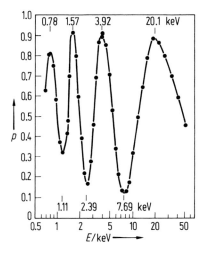

**Abb. 1.233** Elektronen-Einfangwahrscheinlichkeit $p$ für die Reaktion $p + H \to H + p$ als Funktion der Energie der einfallenden Protonen; die gebildeten Wasserstoffatome wurden unter einem Winkel von 3° registriert (nach Lockwood und Everhart [205]).

Atome folgt (Abb. 1.234). Ein *quasi-molekulares Interferenzmodell nach Foley, Rosenthal* [207] *und Bobashev* [208] sagt für solche Prozesse die beobachtete *Antikoinzidenz zwischen den Maxima und Minima in Abb. 1.234 richtig voraus*.

Ein weiteres wichtiges Beispiel für die Anwendung kurzzeitiger quasi-molekularer Bindungen in atomaren Stößen ist mit der Erzeugung von Elektronenlöchern innerer Schalen verbunden. Wir illustrieren diesen Prozess am Beispiel des Ne$^+$-Ne-Stoß-

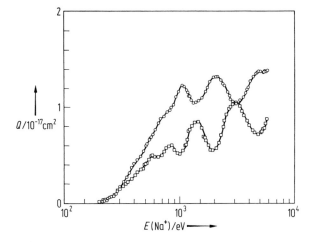

**Abb. 1.234** Absolute, totale Wirkungsquerschnitte $Q$ für die Anregung der Ne(3P)-Zustände (□) und der Na(3P)-Zustände (○) bei Stößen zwischen Na$^+$-Ionen der Energie $E$(Na$^+$) und Neon-Atomen (nach Tolk et al. [206]).

prozesses, der zur Emission einer K-Linie oder eines entsprechenden KLL-Auger-Elektrons führen möge (s. Abb. 1.61). Wir betrachten hierzu das entsprechende Korrelationsdiagramm in Abb. 1.235 des $Ne^+$-Ne-Systems. Bei verschwindend kleinem Abstand zwischen dem $Ne^+$-Ion und dem Ne-Atom entsteht ein Calcium-Atomkern mit den gemeinsamen Elektronen des kollidierenden Ions und Atoms (*vereinigtes Atom* oder besser *vereinigtes Ion*). Zwei der vier ursprünglichen 1s-Ektronen der beiden Ne-Teilchen füllen das 1s-Niveau des vereinigten Atoms. Das *Pauli-Prinzip* verhindert, dass weitere Elektronen in diesen 1s-Zustand gelangen, stattdessen gehen die beiden übrigen Elektronen in den molekularen $2p\sigma$-Zustand über; sie werden in den 2p-Zustand des vereinigten Atoms (Ions) *promoviert*. Natürlich wird der Zustand des vereinigten Atoms wegen der Abstoßung der Atomkerne praktisch nicht erreicht; wenn z. B. das Projektil-Ion eine Energie von > 50 keV besitzt, wird der Minimumabstand zwischen dem Ion und dem Atom beim zentralen Stoß kleiner als der K-Schalen-Radius des Neons, der $5 \cdot 10^{-10}$ cm beträgt; in diesem Fall wird der energetische Abstand zwischen den $2p\sigma$- und $2p\pi$-Molekülzuständen sehr klein.

Nehmen wir z. B. an, dass ein Elektronenloch direkt in der 2p-Unterschale beim $Ne^+$-Ne-Stoß erzeugt wird, so kann diese Leerstelle nach dem Korrelationsdiagramm von Abb. 1.235 zwischen den Zuständen $2p\pi$ und $3d\sigma$ „geteilt" werden. Da bei weiterer Annäherung der Stoßpartner ein Übergang $2p\pi \rightarrow 2p\sigma$ stattfinden kann, entsteht für große Abstände durch den Übergang $2p\pi \rightarrow 1s\sigma$ eine Leerstelle im 1s-Zustand des getrennten Atoms. Mit anderen Worten, ein ursprüngliches Elektronenloch in der 2p-Unterschale ist durch die Dynamik des Stoßprozesses und die Bildung quasimolekularer Zustände in ein Loch der 1s-Schale überführt worden.

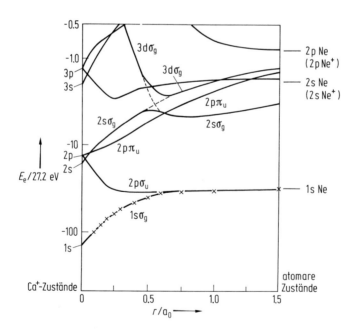

**Abb. 1.235** Korrelationsdiagramm des symmetrischen $Ne^+$-Ne-Stoßprozesses; $E_e$ = Elektronenenergie; $r$ = internuklearer Abstand, $a_0$ = erster Bohr-Radius (nach Larkins [209]).

Es lässt sich theoretisch zeigen, dass die Schrödinger-Gleichung zur Beschreibung der Bewegung der Atomkerne in einen Satz gekoppelter Gleichungen überführt werden kann, die dynamische Kopplungsterme enthalten und die Übergangswahrscheinlichkeiten zwischen den quasi-molekularen Zuständen bestimmen. In semiklassischer Näherung reduzieren sich diese Kopplungsterme zu den Ausdrücken $v_r \langle i | P_r | j \rangle$ und $\Omega \langle i | L_z | j \rangle$, wobei $v_r = \partial r / \partial t$ die relative Geschwindigkeit, $P_r$ der relative Impuls und $\Omega$ der Rotationsdrehimpuls der Kernbewegung sind; $|i\rangle$ und $|j\rangle$ sind die Eigenvektoren der quasi-molekularen Zustände und $L_z$ der Drehimpuls senkrecht zur Streuebene. Der erste der beiden obigen Terme wird *radialer Kopplungsterm* genannt; dieser Term induziert Übergänge zwischen Zuständen gleicher Rotationssymmetrie bezüglich der Kernverbindungsrichtung; z. B. liegt *gerade Symmetrie* vor, wenn bei einer 180°-Drehung das Vorzeichen der Eigenfunktion des quasi-molekularen Zustandes ungeändert bleibt (Bezeichnung der Zustände mit dem Symbol g); *ungerade Symmetrie* (Symbol u) tritt auf, wenn sich das Vorzeichen bei dieser Operation ändert. So können zum Beispiel unter dem Einfluss dieses radialen Kopplungstermes Übergänge zwischen den quasi-molekularen Zuständen $2s\sigma_g$ und $3d\sigma_g$ induziert werden, wenn sich die beiden Teilchen auf $R = 0.5$ atomare Einheiten nähern. Das *Matrixelement $\Omega \langle i | L_z | j \rangle$ der Rotationskopplung* verbindet Zustände verschiedener Winkelsymmetrie miteinander, wie z. B. die quasi-molekularen Zustände $2p\sigma_u$ und $2p\pi_u$; die endliche Übergangswahrscheinlichkeit zwischen diesen Zuständen, die aus dieser Rotationskopplung folgt, ist der dominierende Prozess für die Erzeugung des 1s-Elektronenloches in dem $Ne^+$-Ne-Stoß. Abb. 1.236(b) zeigt als Beispiel die Messergebnisse für die Wahrscheinlichkeit der Erzeugung des K-Schalen-Elektro-

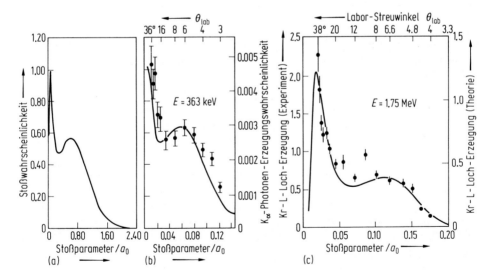

**Abb. 1.236** Stoßparameter-Abhängigkeit (a) der Lyman-α-Anregung im $H^+$-H-Stoßsystem (nach Bates und Williams [211], (b) der K-Elektronenlocherzeugung beim 363-keV-$Ne^+$-Ne-Stoß (experimentelle Datenpunkte und theoretische Kurve nach Sackmann et al. [212]) und (c) der L-Elektronenloch-Erzeugung beim 1.75-MeV-($Kr^+$-Kr)-Stoß (nach Shanker et al. [213]).

nenloches im Ne$^+$-Ne-Stoßprozess. In dem Experiment Shanker et al. [213] werden die K$_\alpha$-Röntgenphotonen in Koinzidenz mit den gestreuten Ne$^+$-Ionen nachgewiesen. Die Wahrscheinlichkeit $P(b)$ als Funktion des Stoßparameters $b$ folgt aus dem Verhältnis $N/I_0 = nQL$ mit $N$ als Zahl der erzeugten K$_\alpha$-Photonen, $I_0$ als Zahl der auf das Target der Anzahldichte $n$ und der Länge $L$ auftreffenden Ionen und dem totalen Wirkungsquerschnitt $Q$ (wobei die Fluoreszenzausbeute und die Nachweisempfindlichkeiten von Röntgen- und Ionendetektor in Rechnung gestellt werden). Das kinetische Maximum der Wahrscheinlichkeit $P(b)$ bei sehr kleinen Stoßparametern wird der obigen (2p$\sigma$–2p$\pi$)-Rotationskopplung, d. h. der schnellen Rotation der internuklearen Achse der beiden Stoßpartner zugeschrieben. Das bei größeren Stoßparametern auftretende niedrigere adiabatische Nebenmaximum lässt sich mit Hilfe des adiabatischen **Massey-Kriteriums** [210] erklären: Das Massey-Kriterium folgt aus der Heisenberg'schen Unschärferelation $\Delta E \Delta t \geq \hbar$; die Wechselwirkungszeit $\Delta t = d_w/v$ zwischen den beiden Stoßpartnern Ne und Ne$^+$ ergibt sich aus deren Relativgeschwindigkeit $v$ und dem räumlichen Wechselwirkungsbereich der Ausdehnung $d_w$; mit diesen Größen folgt das Massey-Kriterium aus der Unschärferelation zu $\Delta E d_w/\hbar v \geq 1$. Eine signifikante Übergangswahrscheinlichkeit zwischen zwei quasi-molekularen Zuständen ergibt sich nur für solche Abstände zwischen den beiden Stoßpartnern, deren Energiedifferenz innerhalb des durch das Massey-Kriterium bestimmten Intervalls $\Delta E$ liegt. Übergänge zwischen Zuständen, deren Energiedifferenz größer als das Energieintervall nach dem Massey-Kriterium ist, sind jedoch sehr unwahrscheinlich. In solchen Fällen verringert sich die Anzahl der koppelnden, quasi-molekularen Zustände, die zur Anregung innerer Schalen beitragen können.

Diese *doppelte Struktur in der Wahrscheinlichkeit* der Erzeugung von Elektronenlöchern innerer Schalen – *das Hauptmaximum aufgrund der* (2p$\sigma$–2p$\pi$)-*Rotationskopplung* und das *Nebenmaximum aufgrund des Massey'schen Adiabasie-Kriteriums* – wurde experimentell in vielen Beispielen der Anregung innerer Schalen beobachtet. Rotationskopplungen der Art 2p$\sigma$-$\pi$ wurden zuerst von Bates und Williams [211] in Verbindung mit der H(2P)-Anregung im Proton-Wasserstoff-Stoßprozess postuliert. Die qualitativ gute Übereinstimmung in der Doppelstruktur der Anregungswahrscheinlichkeiten der Lyman-$\alpha$-Strahlung (Abb. 1.236a) weist auf das Auftreten der obigen Rotationskopplung und eines adiabatischen Prozesses hin, die die Übergänge zwischen den quasi-molekularen Zuständen induzieren.

### 1.10.5.3 Potentialstreuung und quantenmechanische Struktureffekte

Bei der Streuung neutraler Atome untereinander können eine Reihe von Struktureffekten in den Wirkungsquerschnitten auftreten. Bei der gegenseitigen Annäherung zweier Atome werden deren Elektronenhüllen deformiert, wobei in erster Näherung kurzzeitig zwei elektrische Dipole induziert werden; die potentielle Energie zwischen den beiden Dipolen ist proportional zu $(-1/r^6)$ und resultiert daher in einer anziehenden Kraft, der *van-der-Waals-Kraft* zwischen den beiden Atomen (mit $r$ als Abstand zwischen den beiden Atomen). Bei sehr geringem Abstand stoßen sich die beiden Atome jedoch ab, und es ergibt sich ein Gesamtpotential der Form $V(r) = A/r^n - C/r^6$, wobei der typische Fall mit $n = 12$ das *Lennard-Jones-Potential* darstellt. Die Besonderheit solcher Potentiale führt zu einer Reihe von *Regenbogen- und Glo-*

*rienstrukturen*, die als Interferenzeffekte in den Wirkungsquerschnitten niederenergetischer Stöße interpretiert werden. Die zur Untersuchung solcher Effekte erforderlichen Apparaturen sind in Abb. 1.237 schematisch illustriert. Zur Geschwindigkeits- bzw. Energieselektion der einfallenden Atome werden rotierende Zahnradscheiben verwendet, deren Schlitze und Rotationsgeschwindigkeiten miteinander derart korreliert sind, dass nur Atome einer bestimmten Energie das Target erreichen.

Als Beispiel der obigen Struktureffekte verweisen wir auf Abb. 1.238. *Glorieneffekte* sind in Abb. 1.238 für die Stöße zwischen Natrium- und Quecksilber-Atomen dargestellt. In diesen Experimenten passieren die Natrium-Atome vor der Kollision zunächst den Geschwindigkeitsselektor. Die Maxima bei Winkelverteilungsmessungen werden *in Analogie zur Regenbogenstreuung der Sonnenstrahlung als Regenbogenmaxima interpretiert*. Aufgrund der Daten für Stöße zwischen Na- und Hg-Atomen gelang es Buck und Pauly [216], die folgenden Parameter und die Form der Potentialkurve (Abb. 1.239) zu bestimmen:

$$r_m = (4.72 \pm 0.02) 10^{-8} \text{cm}, \quad \varepsilon = -(5.49 \pm 0.17) 10^{-2} \text{eV}.$$

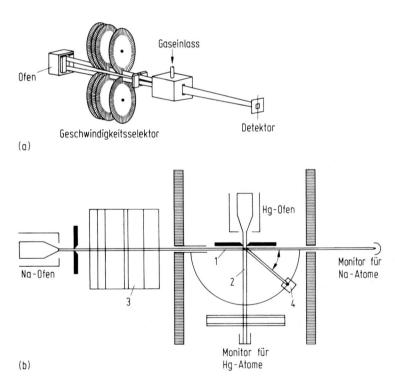

**Abb. 1.237** (a) Apparatur zur Messung von totalen Wirkungsquerschnitten mit einem Geschwindigkeitsselektor (nach von Busch [214]); (b) gekreuzte Atomstrahlen (1, 2) mit einem Geschwindigkeitsselektor (3) für die Energieselektion des primären Strahls und einem Atomstrahldetektor (4) zur Messung des differentiellen Wirkungsquerschnittes (nach Buck und Pauly [215]).

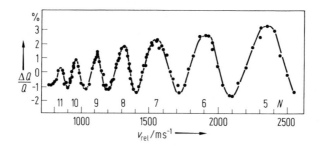

**Abb. 1.238** Relative Variation $\Delta Q/Q$ des gemittelten, totalen Wirkungsquerschnittes $Q$ für die (Na + Hg)-Streuung als Funktion der relativen Geschwindigkeit $v_{rel}$ zwischen den kollidierenden Atomen (nach Buck und Pauly [216]).

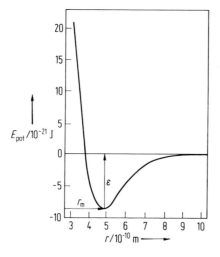

**Abb. 1.239** Typische Form der potentiellen Wechselwirkungsenergie $E_{pot}(r)$ für Stöße zwischen Na- und Hg-Atomen (nach Buck und Pauly [216]).

Ein interessanter Interferenzeffekt tritt bei der Streuung gleichartiger Atome auf. Ein Atom A möge an einem atomaren Target mit den gleichen Atomen A unter einem Winkel elastisch gestreut werden. Wegen der Erhaltung des Impulses und der Energie erfährt das Targetatom einen Rückstoß unter 90° gegenüber der Richtung des gestreuten Atoms, d.h. der Streuwinkel des Rückstoßatoms ist $(\pi/2) - \theta$. Die Streuamplituden für das gestreute und das Rückstoßatom seien $f(\theta)$ bzw. $f(\pi/2 - \theta)$; beide Amplituden interferieren wegen der Ununterscheidbarkeit des gestreuten und des Rückstoßatoms kohärent miteinander, so dass der differentielle Wirkungsquerschnitt $\sigma(E, \theta) = |f(\theta) + f(\pi/2 - \theta)|^2$ wird, da beide Amplituden eine Phasendifferenz besitzen. Dieser Symmetrie-Interferenzeffekt wurde in der Tat in der ($^4$He-$^4$He)-Streuung beobachtet (Abb. 1.240), nicht jedoch in der Streuung mit verschiedenen Helium-Isotopen wie $^4$He-$^3$He.

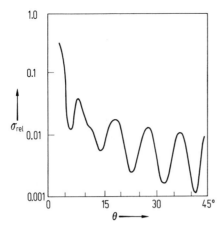

**Abb. 1.240** Relativer differentieller Wirkungsquerschnitt $\sigma_{rel}$ für die Streuung von $^4$He- an $^4$He-Atomen in Abhängigkeit vom Streuwinkel $\theta$ für eine Stoßenergie von $E = 1.01 \cdot 10^{-20}$ J = 0.63 eV (nach Siska et al. [217]).

Die Existenz dieses quantenmechanischen Interferenzeffektes aufgrund der Ununterscheidbarkeit des gestreuten und Rückstoßteilchens wurde zuerst von Mott 1928 erkannt und vorausgesagt. Chadwick wies diesen Effekt ein Jahr später in der Streuung von α-Teilchen (He$^{++}$-Ionen) an He-Atomkernen nach. Erst 40 Jahre später gelang es Pauly und Mitarbeitern, diesen Interferenzeffekt in der niederenergetischen Streuung atomarer Teilchen zu verifizieren.

### 1.10.5.4 Koinzidenz- und Spinexperimente

Wir haben in Abschn. 1.10.4.3 und 1.10.4.4 erläutert, wie die Anwendung von *Koinzidenz- und Spin-Methoden im Idealfall zu vollständigen Experimenten in der Elektron-Atom-Streuung führt. Auch im Bereich der Ionen- und Atomstreuung an Atomen sind Koinzidenz- und Spinmethoden seit kurzem erfolgreich benutzt worden.* In Experimenten, die unter Anwendung solcher Methoden durchgeführt werden, werden sowohl Koinzidenzen zwischen Photonen, Elektronen und Ionen oder Atomen als auch Spineffekte in Kollisionen zwischen spinpolarisierten Ionen oder Atomen untersucht. Während Koinzidenzexperimente bereits vielseitige Anwendungen erfahren haben, sind Spinexperimente erst am Anfang der Entwicklung.

Als erstes Beispiel greifen wir die Anregung der Lyman-α-Strahlung durch einen *Ladungstransferprozess* heraus:

$$p + He \rightarrow H(2P) + He^+$$
$$\hookrightarrow L_\alpha + H(1S).$$

In dem betreffenden Experiment von Hippler et al. [218] werden die Lyman-α-Photonen und die Wasserstoffatome im Grundzustand in Koinzidenz nachgewiesen; die angeregten H(2P) zerfallen auf ihrem Weg vom Target bis zum Detektor. Die

352   1 Atome

Einfallsrichtung der Protonen und die Richtung der nachgewiesenen Wasserstoffatome definieren die planare Reaktionsebene des obigen Prozesses. Die Analyse der Zählraten für den koinzidenten Nachweis der $L_\alpha$-Photonen und der Wasserstoffatome erfolgt wie bei den Elektron-Photon-Koinzidenzen der Elektronenstoßanregung der P-Zustände (Abschn. 1.10.4.3) mithilfe der Anregungsamplituden $f_0$ und $f_1$ für die magnetischen Unterzustände $m_l = 0$ und $m_l = \pm 1$. Die Feinstruktur-Aufspaltung $2\,^2P_{1/2,3/2}$ führt zu einer Depolarisation der $L_\alpha$-Emission, die in Rechnung gestellt werden kann. Die Beschreibung der kohärenten Anregung des H(2P)-Zustandes durch Ladungsaustausch erfordert daher lediglich drei Größen, z. B. $\sigma$ (differentieller Wirkungsquerschnitt), $\lambda \,(= |f_0|^2/\sigma)$ und $\chi$ (Phasendifferenz zwischen $f_0$ und $f_1$), wie bei der Elektronenstoßanregung. Außerdem können die Drehimpulsübertragung $\langle L_\perp \rangle$ und der Ausrichtungswinkel $\gamma$ der Ladungsverteilung des angeregten Zustandes anstelle von $\gamma$ und $\chi$ zur Interpretation der Koinzidenzen verwendet werden. Abb. 1.241 und 1.242 geben Beispiele für die Messung der Winkelkorrelationsparameter $\lambda$ und $\chi$ wieder. Die Abhängigkeit dieser Größen vom Stoßparameter $b$ lässt sich mittels des in Abb. 1.243 dargestellten Korrelationsdiagramms und geeigneter theoretischer Näherungsmethoden verständlich machen. Die quasi-molekularen Zustände 1s$\sigma$ und 2p$\sigma$ sind mit den H(1S)- und He(1S)-Zuständen korreliert, wenn sich die beiden Stoßpartner gegenseitig annähern. Ladungsaustauschanregung in den H(2P)-Zustand findet in zwei Stufen statt: Die erste Stufe findet bei einem relativ großen internuklearen Abstand (gerader Pfeil in Abb. 1.243) von einigen atomaren Längeneinheiten $a_0$ statt, bei dem sich der quasi-molekulare Grundzustand 1s$\sigma$ an den nächst höheren Zustand 2p$\sigma$ radial ankoppelt. Bei der gegenseitigen weiteren Annäherung der beiden Teilchen wechselwirkt der 2p$\sigma$-Zustand radial mit den 2s$\sigma$- oder 3p$\sigma$-Zuständen und gelangt durch die (2p$\sigma$-2p$\pi$)-Rotationskopplung

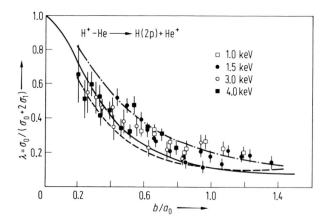

**Abb. 1.241** $\lambda$-Parameter für die relative Besetzung des H(2P, $m = 0$)-Zustandes als Funktion des Stoßparameters $b$ (in atomaren Einheiten) für den Ladungsaustauschprozess $H^+ + He \rightarrow H(2P) + He^+$ bei verschiedenen Energien; experimentelle Daten mit Fehlerbalken nach Hippler et al. [218], theoretische Voraussagen von Macek und Wang ([219] und Klar und Kleinpoppen [220]; volle, ausgezogene Kurve) und Fritsch (private Mitteilung, für die beiden anderen Kurven: 1 keV für die gestrichelte und 4 keV für die punktiert-gestrichelte Kurve).

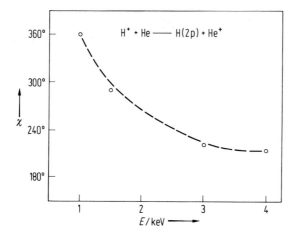

**Abb. 1.242** Relative Phase $\chi$ zwischen den Amplituden $f_0$ und $f_1$ als Funktion der Energie für den gleichen Prozess wie in Abb. 1.241 und einen Stoßparameter $b \cong 0.7\,a_0$.

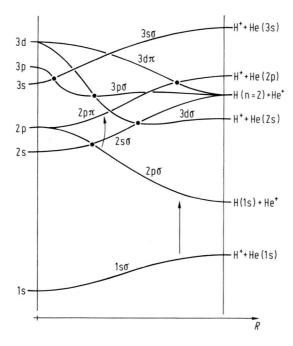

**Abb. 1.243** Schematisches Korrelationsdiagramm für den Stoßprozess $H^+ + He \to H + He^+$ ($R$ = internuklearer Abstand).

354   1 Atome

in den H(2P)-Zustand. Offensichtlich findet nach den Daten von Abb. 1.241 die Anregung des magnetischen Unterzustandes $m_l = 0$ des H(2P)-Niveaus vorwiegend unterhalb des Wertes $b = 0.3$ atomare Einheiten für den Stoßparameter statt, was in guter Übereinstimmung mit den theoretischen Voraussagen ist.

Atom-Photon-Koinzidenzmessungen in Experimenten mit Atom-Atom-Stoßanregungen ergeben ebenfalls detaillierte Informationen, wie die $\lambda$- und $\chi$-Parameter, Alignment, Orientierung und die Form der Ladungsverteilung angeregter Zustände. Monoenergetische Projektilatome werden in solchen Experimenten entweder durch Ladungsaustausch von Ionen beim Passieren eines Gastargets (s. Abb. 1.232) oder durch Neutralisation an einer Metalloberfläche erzeugt. Die gestreuten Atome können durch Oberflächenionisation nachgewiesen werden. In modernen Experimenten dieser Art werden positionsempfindliche Oberflächendetektoren verwendet. Die gestreuten, schnellen Atome werden durch eine Chevron-Anordnung zweier Mikro-„Channelplates" nachgewiesen: Die schnellen, neutralen Atome lösen auf der Vorderseite der ersten Mikroplatte Sekundärelektronen aus; in Abhängigkeit von dem Ort der auftreffenden, neutralen Atome wird die resultierende Elektronenlawine durch eine der separierten Anoden hinter der zweiten Platte nachgewiesen. Die resultierenden Impulse werden verstärkt und stoppen einen Zeit-Amplituden-Konverter, der durch ein Photon gestartet wurde, das vom Zerfall des angeregten Zustandes des Atoms herrührt. Mit einem Vielkanalanalysator werden die Flugzeitspektren der Koinzidenzereignisse für jeden Streuwinkel registriert. Ein geeigneter Code ist für die Unterscheidung der Koinzidenzen verschiedener Streuwinkel erforderlich. Hermann et al. [221] haben mit dieser Technik die Stoßanregung der ersten Resonanzlinien der Alkalimetallatome in Kollisionen mit Edelgasatomen untersucht, wovon Abb. 1.244 ein Beispiel mit den in Abschn. 1.10.4.3 definierten Parametern $\lambda$ und $\chi$ gibt.

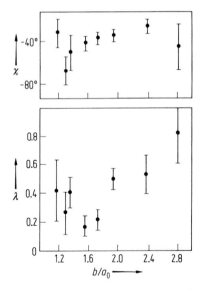

**Abb. 1.244** Experimentelle $\lambda$- und $\chi$-Daten für die Anregung der ersten Resonanzlinie von Lithium-Atomen beim Stoß mit Xenon-Atomen (nach Menner et al. [222]).

Wir haben zu Anfang dieser Abschnitte bereits darauf hingewiesen, dass Spinexperimente zwischen Ionen (oder Atomen) und Atomen erst am Anfang der Entwicklung dieses Forschungszweiges stehen. Der Grund hierfür liegt hauptsächlich darin, dass spinpolarisierte Ionen z. B. nicht mittels eines Hexapolmagneten separiert und fokussiert werden können, da die Lorentz-Kraft zusätzlich auf die Ionen einwirkt und daher die räumliche Abtrennung und Fokussierung eines selektiven Spinzustandes völlig zunichte macht; selbst bei Anwendung winziger Aperturen für den Strahlengang der Ionen kommt wegen des Heisenberg'schen Ungenauigkeitsprinzips keine Spinselektion zustande. Allerdings sollte künftig optisches Pumpen der Ionen mit intensiver Laserstrahlung die Erzeugung hinreichender Spinpolarisation der Ionen ermöglichen. Es sind bereits erfolgreich Stoßexperimente zwischen unpolarisierten Ionen und polarisierten Atomen durchgeführt worden. Ein solches experimentelles Schema kann wie folgt erläutert werden (Abb. 1.245): Edelgas-Ionen oder Protonen kreuzen einen Na-Atomstrahl, der mittels eines Hexapolmagneten partiell polarisiert worden ist. Die Anregung der Natrium-D-Linien wird parallel zur Polarisationsrichtung der Spins des Natrium-Atoms beobachtet und bezüglich ihrer linearen und zirkularen Polarisation analysiert. Von besonderem Interesse hierbei ist der Nachweis einer zirkularen Polarisation der D-Linien, die, bei Spinerhaltung während des Anregungsprozesses, wie folgt zu erklären ist: Die fokussierte Spinkomponente $m_s = +1/2$ im Grundzustand $3\,^2S_{1/2}$ des Na-Atoms wird in die $(m_j + m_s)$-Komponenten der $3\,^2P_{1/2,3/2}$-Zustände transferiert, wobei die $m_j$-Komponenten mit positivem Vorzeichen stärker bevölkert werden als die mit negativem, was zu intensiveren $\sigma^+$- als $\sigma^-$-Übergängen und damit zu zirkularer Polarisation der beobachteten D-Linien führt. In dem quasi-molekularen ($Ne^+$-Na)-System kann jedoch ein Elektronenaustausch zwischen dem polarisierten Elektron des Na-Atoms und den

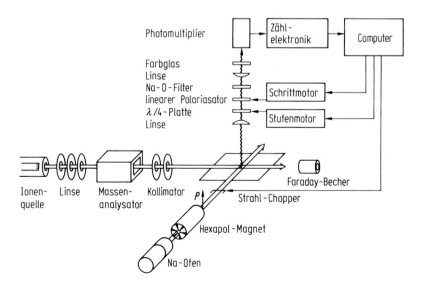

**Abb. 1.245** Schema zur Anregung der Na-D-Linienstrahlung durch $H^+$-, $He^+$- und $Ne^+$-Ionen, die auf partiell polarisierte Na-Atome treffen (nach Osimitsch et al. [223]).

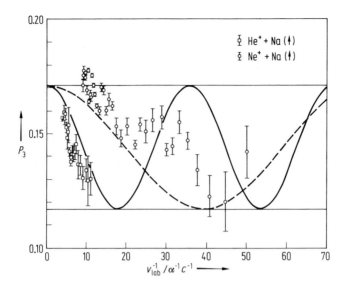

**Abb. 1.246** Gemessene und berechnete zirkulare Polarisation $P_3$ der Na-D-Linienstrahlung als Funktion der inversen Geschwindigkeit $1/v_{lab}$ der He$^+$- und Ne$^+$-Ionen [223, 224], die mit polarisierten Natrium-Atomen kollidieren. Die obere horizontale Linie entspricht der Situation der Spinerhaltung, die untere derjenigen für maximale Depolarisation durch Elektronenaustausch; ($\alpha$ = Sommerfeld-Feinstrukturkonstante, $c$ = Lichtgeschwindigkeit). Die theoretischen Kurven wurden nach einem einfachen Modell der Phasenverschiebung zwischen Singulett- und Triplettzuständen unter Annahme einer gradlinigen Kernbewegung für kleine Stoßparameter berechnet; gestrichelte Kurve für Ne$^+$, ausgezogene Kurve für He$^+$.

angeregten Ne$^+$ ($2p^5\, 3s$)- oder Ne$^+$($2p^5\, 3p$)-Ionen auftreten, der dann zu einer Depolarisation der zirkularen D-Linienpolarisation führt. Die beobachtete zirkulare Polarisation der D-Linien in Abb. 1.246 stimmt für hohe Ne$^+$-Energien (5 keV) mit dem Grenzwert ($P_{zirk} = 17.7\%$) überein, der sich aus der Kenntnis der Polarisation des Na-Atomstrahls ($P_{Na} = 20.5\%$) und aufgrund der Spinerhaltung während des Stoßprozesses ergibt. Die durch die oben beschriebene Elektronenaustauschwechselwirkung verursachte maximale Depolarisation führt zu einem unteren Grenzwert der zirkularen Polarisation von $P_{zirk} = 11.7\%$. Die experimentellen Daten in Abb. 1.246 oszillieren zwischen diesen beiden Grenzwerten für die zirkulare Polarisation. Qualitativ interpretiert, kann der Elektronenaustausch zeitlich nicht in Aktion treten, wenn die primäre Energie der Ne$^+$-Ionen sehr groß ist; bei hinreichend geringer Energie steht genügend Zeit für den Elektronenaustausch zur Verfügung, der die Depolarisation bewirkt.

### 1.10.5.5 Antiproton-Atom-Stoßprozesse

In hochenergetischen Wechselwirkungen von Protonen mit Materie entstehen Antiprotonen als Antiteilchen zum Proton (Abschn. 1.8). In Genf bei der Europäischen Organisation für Kernforschung (CERN = Centre Européen de Recherches Nucléaires, OERN = Organisation Européenne pour la Recherche Nucléaire als offizieller, aktueller Name für CERN) werden z. B. primär Antiprotonen mit Energien zwischen 5.9 MeV und 1.3 GeV und einer Intensität von $10^5$ bis $10^6\,\mathrm{s}^{-1}$ bei 10 MeV erzeugt. Antiprotonen niedrigerer Energien werden durch Abbremsen in dünnen Folien erhalten.

Streuexperimente mit Protonen (p) und Antiprotonen (p̄) als Projektile ergaben interessante Resultate für einfache ($Q^+$)- und multiple ($Q^{n+}$)-Ionisation von Atomen. Wir greifen als Beispiel solcher Experimente die Ionisation des Heliums heraus. Für die einfache Ionisation gemäß den Reaktionen $p + \mathrm{He} \to \mathrm{He}^+ + p + e^-$ und $\bar{p} + \mathrm{He} \to \mathrm{He}^+ + \bar{p} + e^-$ konnte experimentell nachgewiesen werden, dass die Wirkungsquerschnitte für Protonen und Antiprotonen innerhalb der Fehlergrenzen von einigen Prozenten miteinander übereinstimmen. Im Gegensatz hierzu sind die Wirkungsquerschnitte für die zweifache Ionisation ($Q^{++}$) gemäß der Reaktion $p(\bar{p}) + \mathrm{He} \to \mathrm{He}^{++} + p(\bar{p}) + 2e^-$ für Protonen und Antiprotonen verschieden, wie Abb. 1.247 für die Verhältnisse $Q^{++}/Q^+$ zeigt. Dieser überraschende $Q^{++}/Q^+$-*Effekt* wird auf einen Interferenzeffekt zwischen den folgenden Prozessen zurückgeführt: Der eine Prozess ist ein *Shake-off-Prozess*, der dadurch zustande kommt, dass die elektronische Abschirmung des Atomkernes geändert wird, wenn das erste Elektron herausgeschlagen wird. Beim zweiten Prozess wechselwirken die beiden Elektronen nacheinander mit verschiedener Wahrscheinlichkeit mit dem Projektil (*Zweistufenprozess*). Beide Prozesse und deren Interferenzterme zur Erzeugung der He$^{++}$-Ionen

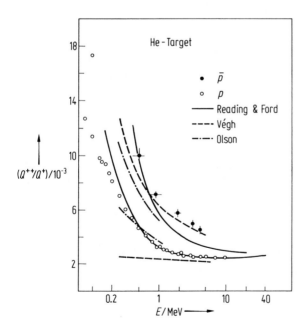

**Abb. 1.247** Experimentelle (○, ●) und theoretische (——, – – –, ·–·–) Daten des $Q^{++}/Q^+$-Verhältnisses zwischen doppelter und einfacher Ionisation des He-Atoms durch Protonen- und Antiprotonenstoß (nach Elsner [225]).

sind verschieden für Protonen und Antiprotonen als Projektile. Die Einzelheiten einer einwandfreien Theorie dieses $Q^{++}/Q^+$-Effektes sind allerdings noch nicht vollständig geklärt.

Für hohe Energien ist experimentell gefunden worden (Abb. 1.248), dass das Verhältnis $Q^{++}/Q^+ = R_{p^-}$ für Antiprotonen dasselbe wie für Elektronen ($R_{e^+}$) und für Protonen ($R_{p^+}$) dasselbe wie für Positronen ($R_{e^+}$) ist. Es handelt sich also in diesem Energiebereich um einen Effekt, der vom Vorzeichen der Projektilladung, aber nicht von der Projektilmasse abhängt, wie es von McGuire [227] vorausgesagt wurde. Erst durch Stoßexperimente mit Antiteilchen konnte dieser Effekt nachgewiesen werden. Die Erklärung für das Auseinanderlaufen der $(Q^{++}/Q^+)$-Verhältnisse bei niedrigeren Geschwindigkeiten liegt wahrscheinlich darin, dass bei gleichen Geschwindigkeiten die leichten Elektronen und Positronen zu geringe Energien im Vergleich zu den schweren Protonen und Antiprotonen haben.

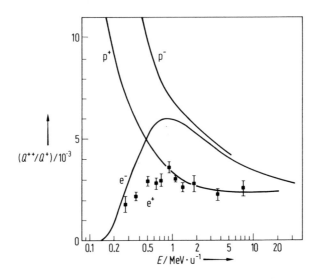

**Abb. 1.248** $Q^{++}/Q^+$-Daten für Helium als Target und die angegebenen Teilchen und Antiteilchen als Projektile. Die Kurven stellen experimentelle Daten für Elektronen (e$^-$), Protonen (p$^+$) und Antiprotonen (p$^-$) dar, während die Datenpunkte (■) die Positronen-Verhältnisse $R_{e^+} = Q^{++}/Q^+$ nach Messungen von Charlton et al. [226] darstellen. [1 u = $1/12\,m(^{12}C)$].

**Tab. 1.16** Atomare Einheiten und ihre Beziehungen zu den SI-Einheiten. Atomare Einheiten (a. u. = atomic units) wurden von Hartree [228] eingeführt und sind aus verschiedenen Kombinationen der Elektronenladung $e$, der Elektronenmasse $m_e$, der Planck-Konstante $h$ (oder $h/2\pi = \hbar$) und der dimensionslosen Sommerfeld-Feinstruktur-Konstante $\alpha$ zusammengesetzt.

| Physikal. Größe | Atomare Einheit | Physikal. Bedeutung | Wert in SI-Einheiten |
|---|---|---|---|
| Elektr. Ladung | $e$ | Absoluter Wert der Ladung des Elektrons | $1.60217733(49) \cdot 10^{-19}$ C |
| Masse | $m_e$ | Masse des Elektrons | $9.1093897(54) \cdot 10^{+31}$ kg |
| Drehimpuls | $\hbar$ | Planck-Konstante dividiert durch $2\pi$ | $1.05457266(63) \cdot 10^{-34}$ J s |
| Länge | $a_0$ | erster Bohr-Radius für Wasserstoffatome (mit unendlich großer Kernmasse) | $5.29177249(24) \cdot 10^{-11}$ m |
| Geschwindigkeit | $v_0 = \alpha c$ | Geschwindigkeit des Elektrons auf der ersten Bohr'schen Umlaufbahn | $2.18769 \cdot 10^{6}$ m s$^{-1}$ |
| Linearer Impuls | $p_0 = m v_0$ | Impuls des Elektrons auf der ersten Bohr'schen Umlaufbahn | $1.99288 \cdot 10^{-24}$ kg m s$^{-1}$ |
| Zeit | $t_0 = \dfrac{a_0}{v_0}$ | Zeit, die ein Elektron auf der ersten Bohr'schen Umlaufbahn braucht, um die Länge $a_0$ zu durchlaufen | $2.41889 \cdot 10^{-17}$ s |
| Frequenz | $v_0 = \dfrac{v_0}{2\pi a_0}$ | Umlauffrequenz des Elektrons auf der ersten Bohr'schen Umlaufbahn | $6.57968 \cdot 10^{15}$ s$^{-1}$ |
| Energie | $E_0 = \dfrac{e^2}{4\pi\varepsilon_0 a_0} = \alpha^2 m c^2$ | Zweifache Ionisationsenergie des Wasserstoffatoms (mit unendlich großer Kernmasse) | $4.35981 \cdot 10^{-18}$ J $= 27.2116$ eV |
| Wellenzahl | $\tilde{v}_0 = \dfrac{\alpha}{2\pi a_0} = 2 R_\infty$ | Zweifache Rydberg-Konstante (mit unendlich großer Kernmasse) | $2.19474 \cdot 10^{7}$ m$^{-1}$ |

## Literatur

*Weiterführende Literatur*

Abschnitt 1.1

Dirac, P.A.M., The Principles of Quantum Mechanics, Clarendon, Oxford, 1981
Heisenberg, W., Physikalische Prinzipien der Quantentheorie, Hochschultaschenbücher, Mannheim, 1958
Krach, H., Quantum Generations, A History of Physics in the Twentieth Century, Princeton Univ. Press, Princeton, 1999
Thomson, Sir George, The Atom, Oxford University Press, 1962
Weizsäcker, C.F., Zum Weltbild der Physik, Hirzel, Stuttgart, 1957, Kap. Die Atomlehre der modernen Physik

Abschnitt 1.2

Born, M., Atomic Physics, VII. Aufl., Hafner, New York, 1961
Herzberg, G., Atomic Spectra and Atomic Structure, Dover, New York, 1944
Shpol'skii, E.V., Atomic Physics, Iliffe Books, London, 1963
Sommerfeld, A., Atombau und Spektrallinien, Bd. 1, Vieweg, Braunschweig, 1951
Weissbluth, M., Atoms and Molecules, Academic Press, New York, 1978
Willmott, J.C., Atomic Physics, Wiley, New York, 1975

Abschnitt 1.3

Baumann, K., Sexl, R.U., Die Deutungen der Quantentheorie, Vieweg, Braunschweig, 1984
Döring, W., Atomphysik und Quantenmechanik, Bd. 1–3, de Gruyter, Berlin, New York, 1979
Feynman, R.P., Leighton, R.G., Sands, M., The Feynman Lectures on Physics, Quantum Mechanics, Bd. III, Addison-Wesley Reading, 1965
Messiah, A., Quantenmechanik Bd. 1 und 2, de Gruyter, Berlin, New York, 1976
Schommers, W., (Hrsg.), Quantum Theory and Pictures of Reality, Springer-Verlag, Berlin, 1989
Nakajima, S., Murayama, Y., Tonomura, A., Foundations of Quantum Mechanics, World Scientific, Singapore, 1996
Schwabl, F., Quantum Mechanics, 2. Aufl., Springer, Berlin, Heidelberg, 1992
Sposito, G., An Introduction to Quantum Physics, Wiley, New York, 1970

Abschnitt 1.4

Baym, G., Lectures on Quantum Mechanics, Benjamin, New York, 1969
Bethe, H.A., Intermediate Quantum Mechanics, Benjamin, Reading, 1968
Bethe, H.A., Jackiw, R., Intermediated Quantum Mechanics, Benjamin, Reading, 1968
Bethe, H.A., Salpeter, E.E., Quantum Mechanics of One- and Two-Electron Atoms, Springer, Berlin, Heidelberg, New York, 1957
Blum, K., Density Matrix Theory and Applications, Plenum, New York, 1981 und 2. Aufl. 1996
Friedrich, H., Theoretische Atomphysik, Springer, Berlin, Heidelberg, New York, 2. Aufl. 1998
Schiff, L.I., Quantum Mechanics, McGraw-Hill, New York, 1968

Abschnitt 1.5

Chomet, S., Massey, H.S.W. (Hrsg.), Negative Ions, McGraw-Hill, London, 1982
Crasemann, B. (Hrsg.), Atomic Inner Shell Physics, Plenum, New York, 1985
Cowan, R.D., The Theory of Atomic Structure and Spectra, University of Califomia Press, Berkeley, 1981

Dyson, N. A., X-rays in Atomic and Nuclear Physics, Longman, London, 1973
Kuhn, H. G., Atomic Spectra, Longman, London, 1969
Massey, H. S. W., Negative Ions, Cambridge University Press, 1976
White, H. E., Introduction to Atomic Spectra, McGraw-Hill, New York, 1934
Woodgate, G. K., Elementary Atomic Structure, Clarendon Press, Oxford, 1980

Abschnitt 1.6

Paul, H., Photonen, Teubner Studienbücher, 2. Auf., Leipzig, 1999
Ryde, N., Atoms and Molecules in Electric Fields, Almquist, Wiksell, Stockholm, 1976

Abschnitt 1.7

Armstrong Jr., L., Theory of the Hyperfine Structure of Free Atoms, Wiley, New York, 1971
Bashkin, S., Beam-Foil Spectroscopy, Bd. 1 und 2, Gordon Breach, New York, 1968
Bemheim, R. A., Optical Pumping: An Introduction, Benjamin, New York, 1965
Beyer, H. J., Kleinpoppen, H. (Hrsg.), Progress in Atomic Spectroscopy, Plenum, New York, Teil C, 1984, und Teil D, 1987
Casimir, H. B. G., On the Interaction between Atomic Nuclei and Electrons, Freeman, San Francisco, London, 1963
Condon, E. U., Shortley, G. H., The Theory of Atomic Spectra, Cambridge University Press, 1979
Comey, A., Atomic and Laser Spectroscopy, Clarendon, Oxford, 1977
Demtröder, W., Laser Spectroscopy – Basic Concepts and Instrumentation, Springer, Berlin, Heidelberg, New York, 1981 and 1998
Hanle, W., Kleinpoppen, H., Progress in Atomic Spectroscopy, Teil A und B, Plenum, New York, 1979
Heckmann, P. H., Träbert, E., Einführung in die Spektroskopie der Atomhülle, Vieweg, Braunschweig, 1980
Judd, B. R., Operator Techniques in Atomic Spectroscopy, McGraw-Hill, London, 1963
King, W. H., Isotope Shifts in Atomic Spectra, Plenum New York, 1984
Kopfermann, H., Kernmomente, Akademische Verlagsgesellschaft, Frankfurt (Main), 1956
Kuhn, H. G., Atomic Spectra, Longman, London, 1964
Mitchell, A. C. G., Zemansky, M. W., Resonance Radiation and Excited Atoms, Cambridge University Press, 1961
Moruzzi, G., Strumia, F., The Hanle Effect and Level-Crossing Spectroscopy, Plenum, New York, 1991
Ramsey, N. F., Molecular Beams, Clarendon Press, Oxford, 1963
Selleri, F., Die Debatte um die Quantentheorie, Vieweg, 1983, und Quantum Mechanics Versus Local Realism, Plenum, New York, 1988
Series, G. W., Spectrum of Atomic Hydrogen, Oxford University Press, 1957
Series, G. W., The Spectrum of Atomic Hydrogen-Advances, World Scientific, Singapur, 1988
Shore, B. W., Menzel, D. H., Principles of Atomic Spectra, Wiley, New York, 1968
Svanberg, S. Atomic and Molecular Spectroscopy, Springer, 2001
Townes, C. H., Schalow, A. L., Microwave Spectroscopy, Dover, New York, 1975

Abschnitt 1.8

Badertscher, A., Hughes, V. W., Lǔ, D. C., Ritter, M. W., Woodle, K. A., Gladisch, M., Orth, H., zu Putlitz, W. G., Eckhause, M., Kane, J., Marian, F. G., The Lamb-Shift in Myonium, Atomic Physics **9**, 83, 1984
Baur, G. et al., Production of Antihydrogen, Physics Lett. **B 368**, 251, 1996
Egan, P. O., Myonic Helium, Atomic Physics **7**, 373, 1981

Gidley, D.W., Rich, A., Tests of Quantum Electrodynamics Using Hydrogen, Myonium and Positronium, Atomic Physics **7**, 313, 1981

Mills Jr., A.P., Chu, S., Excitation of the Positronium $1^3S-2^3S$ Two Photon Transition, Atomic Physics **8**, 83, 1983

Oram, U.J., Measurement of the Lamb-Shift in Myonium, Atomic Physics **9**, 75, 1984

Ponomarev, L.I., Mesic Atomic and Mesic Molecular Processes in the Hydrogen Isope Mixtures, Atomic Physics **6**, 182, 1978

Abschnitt 1.10

Anderson, N., Bartschat, K., Pollarization, Alignment in Atomic Collisions, Springer-Verlag, New York, 2001

Baleshov, V.V., Grum-Grzhimailo, A.N., Kabashnik, N.M., Polarization and Correlation Phenomena in Atomic Collisions, Kluwer Academic/Plenum Publishers, New York, 2001

Becker, U., Shirley, D.A. (Hrsg.), VUV and Soft X-Ray Photoionization, Plenum Press, New York, 1996

Becker, U., Crowe, A., Complete Scattering Experiments, Kluwer Academic/Plenum Publishers, New York, 2001

Bell, K.L., Berrington, K.A., Crothers, D.S.F., Hibbert, A., Taylor, K.T. (Hrsg.), Supercomputing, Collision Processes and Applications, Kluwer Academic/Plenum Publishers, New York, 1999

Berkowitz, J., Photoabsorption, Photoionization and Photoelectron Spectroscopy, Academic Press, New York, 1979

Beyer, H.J., Blum, K., Hippler, R. (Hrsg.), Coherence in Atomic Collision Physics, Plenum, New York, 1988

Bransden, B.H., Atomic Collision Theory, Benjamin, New York, 1983

Briggs, J.S., Kleinpoppen, H., Lutz, H.O., Fundamental Processes of Atomic Dynamics, Plenum, New York, 1988

Burke, P.G., Joachain, C.J.J., Theory of Electron-Atom Collisions, Plenum Press, New York, 1995

Drukarev, C.F., Collisions of Electrons with Atoms and Molecules, Plenum Press, New York, 1987

Eland, J.H.D., Photoelectron Spectroscopy, Butterworths, London, 2. Aufl., 1984

Faisal, F.H., Theory of Multiphoton Processes, Plenum, New York, 1987

Fano, U., Rau, A.R.P., Atomic Collisions and Spectra, Academic Press, New York, 1986

Geltman, S., Topics in Atomic Collision Theory, Academic Press, New York, 1969

Hinze, J., Electron-Atom and Electron-Molecule Collisions, Plenum, New York, 1983

Joachain, C.J., Quantum Collision Theory, North-Holland, Amsterdam, 1975

Johnson, R.E., Introduction to Atomic and Molecular Collisions, Plenum, New York, 1982

Kessler, J., Polarisierte Elektronen, 2. Aufl., Springer, Berlin, Heidelberg, New York, 1985

Marr, G.V., Photoionization Processes in Gases, Academic Press, New York, 1967

Massey, H.S.W., Atomic and Molecular Collisions, Taylor Francis, London, 1979

Massey, H.S.W, Burhop, E.H., Electronic and Ionic Impact Phenomena, Bd. 1 und 2, Oxford University Press, 1969

Massey, H.S.W., Burhop, E.H., Gilbody, H.B., Electronic and Ionic Impact Phenomena, Bd. 3 und 6, Oxford University Press, 1974

McDaniel, E.W., Atomic Collisions – Electron and Photon Projectiles, Wiley, New York, 1989

McCarthy, I.E., Weigold, E., Electron-Atom Collisions, Cambridge Monographs, 1995

Mott, N.F., Massey, H.S.W., The Theory of Atomic Collisions, Clarendon Press, Oxford, 1965

Neuert, N., Atomare Stoßprozesse, Teubner, Stuttgart, 1984

Pierce, D.T., Theory and Design of Electron Beams, van Nostranol inc., Princeton, 1954

Smith, K., The Calculation of Atomic Collision Processes, Wiley, New York, 1971

Sobelman, I. I., Vainshtein, L. A., Yukov, E. A., Excitation of Atoms and Broadening of Spectral Lines, Springer, Berlin, Heidelberg, New York, 1981

Taylor, K. T., Nayfeh, M. H., Clark, M. H., Atomic Spectra and Collisions in External Fields, Plenum Press, New York, 1988

Weigold, E., McCarthy, I. E., Electron Momentum Spectroscopy, Kluwer Academic/Plenum Publishers, New York, 1999

*Zitierte Publikationen*

[1] Hertz, H., Wiener Annalen **31**, 983, 1987
[2] Mezger, P. G., Physics of One- and Two-Electron Atoms, North-Holland, Amsterdam, (Bopp, F., Kleinpoppen, H., Hrsg.), 1969, S. 813
[3] White, H. E., Introduction to Atomic Spectra, McGraw-Hill, New York, 1934
[4] White, H. E., Phys. Rev. **37**, 1416, 1931
[5] Kuhn, H. G., Ramsden, S. A., Proc. Roy. Soc. **A237**, 485, 1956
[6] Bransden, B. H., Joachain, C. J., Physics of Atoms and Molecules, Longman, London, New York, 1983
[7] Edlén, B., in Progress in Atomic Spectroscopy, Teil D (Beyer, H. J., Kleinpoppen, H., Hrsg.), Plenum, New York, 1987
[8] Hotop, H., Lineberger, W. C., J. Phys. Chem. Reference Data **14**, 731, 1985
[9] Urey, C. T., Phys. Rev. **11**, 401, 1918
[10] Breinig, M., Chen, M. H., Ice, G. E., Parente, F., Crasemann, B., Brown, G. S., Phys. Rev. **A22**, 520, 1980
[11] Gräf, D., Fink, W., J. Phys. **B13**, 989, 1980
[12] Aksela, H., Aksela, S., J. Phys. **B16**, 1532, 1983
[13] Bambynek, W., Crasemann, B., Fink, R. W., Freund, H. U., Mark, H., Swift, C. D., Price, R. E., Rao, P. V., Rev. Mod. Phys. **44**, 716, 1972
[14] Aydinol, M., Hippler, R., McGregor, I., J. Phys. **B13**, 989, 1980
[15] Kuhlenkamp, H., Z. Phys. **157**, 282, 1959
[16] Tseng, H. K., Pratt, R. H., Lee, C. M., Phys. Rev. **A19**, 187, 1979
[17] Dyson, A., X-rays in Atomic and Nuclear Physics, Longman, London, 1973
[18] Kuhlenkampf, H., Schmidt, L., Ann. Phys. **43**, 494, 1943
[19] Hippler, R., Saeed, K., McGregor, I., Kleinpoppen, H., Phys. Rev. Lett. **46**, 1622, 1981
Hertz, H., Wiener Annalen **31**, 983, 1987
[20] Pratt, R. H., Tseng, H. K., Lee, C. M., Kissel, L., McCallum, C., Riley, M., Atomic Data Nucl. Data Tables **20**, 175, 1977
[21] Nakel, W., Electron-Photon Correlations in Bremsstrahlung Processes, in Coherence and Correlation in Atomic Collisions, (Kleinpoppen, H., Williams, J. F., Hrsg.), Plenum, New York, 1980, S. 187
Heinzmann, U., in Fundamental Processes in Atomic Collision Physics (Kleinpoppen, H., Briggs, J. S., Lutz, H. O., Hrsg.), Plenum, New York, 1985, S. 269
[22] Kopfermann, H., Kernmomente, Akad. Verlagsgesellsch., Frankfurt (Main), 1956
[23] Breit, G., Rabi, I., Phys. Rev. **93**, 95, 1954
[24] Garton, W. R. S., Tomkin, F. S., Astrophys. J. **158**, 839, 1969
[25] Holle, A., Dissertation, Univ. Bielefeld, 1986
[26] Wintgen, D., Dissertation, München, 1985
Hanne, G. F., Am. J. Phys. **56(8)**, 696, 1988
[27] Wintgen, D., Holle, A., Wiebusch, G., Main, J., Friedrich, H., Welge, K. H., J. Phys. **B19**, L557, 1986
[28] Main, J., Diplomarbeit, Univ. Bielefeld, 1986
[29] Wunner, G., Ruder, H., Astron. Astrophys. **173**, L15, 1987
[30] Wunner, G., Ruder, H., Physica Scripta **36**, 291, 1987

[31] Angel, J.P.R., Liebert, J., Stockman, H.S., Astrophys. J. **292**, 260, 1985
[32] Bethe, A., Salpeter, E., Quantum Mechanics of One- and Two-Electron Atoms, Springer, Berlin, Heidelberg, New York, 1957, S. 232
[33] Mark, H., Wiert, R., Z. Phys. **57**, 494, 1928
[34] Lanczos, C.L., Z. Phys. **62**, 518, 1930, und **68**, 204, 1931
[35] Rausch von Traubenberg, H., Naturwissenschaften **18**, 417, 193o
[36] Lüders, G., Ann. Phys. **8**, 301, 1951
[37] Rottke, H., Dissertation, Univ. Bielefeld, 1986
[38] Rottke, H., Welge, K.H., Phys. Rev. **33**, 301, 1986
[39] Freeman, R.R., Economou, N.P., Bjorklund, G.C., Phys. Rev. Lett. **41**, 1463, 1978
[40] Glab, W.L., Ng, K., Yao, D., Mitt. Nayfeh, Phys. Rev. **31**, 3677, 1985
Parrat, L.G., Phys. Rev. **49**, 132, 1936
[41] Hallwacs, W., Ann. der Phys. u. Chem. **33**, 301 (1888)
Knudson, A.R., Hill, K.W., Burkhalter, P.G., Nagel, D.J., Phys. Rev. Lett. **37**, 679, 1976
[42] Planck, M., Verhl. d. deutsch. Phys. Gesellschaft **2**, 202 u. 237 (1900)
[43] Einstein, A., Ann. d. Phys. **79**, 361 (1926)
[44] De Broglie, L, Thése Paris (1924) Ann. d. Phys. **10**, 22 (1925)
[45] Schrödinger, E., Ann. d. Phys. **79**, 361 (1926)
[46] Blum K., „The density matrix theory and applications", Plenum Press, London, New York, 1996
[47] Beth, R.A., Phys. Rev. **50**, 115 (1936)
[48] Velegrakis, M., Dissertation, Univ. Bielefeld, 1987
[49] Paul, W., Steinwedel, H., Z. Naturforsch. **8a**, 448, 1953
[50] Paul, W., Osberghaus, O., Fischer, E., Forschungsber. Wirtsch. Verkehrsminist. Nordrhein-Westfalen No. 415, 1958
[51] Kleinpoppen, H., Schumann, J.D., Z. Angew. Phys. **22**, 153, 1967
[52] Walther, H., Adv. in Atomic, Molecular and Optical Physics **32**, 379, 1994
[53] Frisch, O.P.R., Z. Phys. **86**, 42, 1933
[54] Bose, S.N., Z. Phys. **26**, 179, 1924
[55] Einstein, A., Sitzungsberichte, Kgl. Preuss. Acad. Wiss., **261**, 1924
[56] Cohen-Tannoudji, C., in Physics of the One- and Two-Electrons Atoms (Bopp F. and Kleinpoppen H. (Hrsg.), North-Holland, 326, 1969
[57] Cohen-Tannoudji, C., Phys. Bl. **51**, 91, 1995
[58] Petrich, W., Phys. Bl. **52**, 345, 1996
[59] Dalfovo et al., Rev. Mod. Phys. **71**, 463, 1999
[60] Ketterle, W., Physics Today, 30 Dec. 1999
[61] Anderson, M.H., Ensher, M.R., Matthews, C.E., Wiemann, C.E., Cornell, E.A., Science **269**, 198, 1995
[62] Burnett, K., Edwards, M., Clark, C.W., Physics Today, 37, Dec. 1999
[63] Holland, M., Cooper, J., Phys. Rev. **A53**, R1954, 1996
[64] Seidel, J., private Mitteilung und Z. Naturforsch. **32a**, 1207, 1977
[65] Rabi, I., Millman, S., Kusch, P., Zacharius, J., Phys. Rev. **55**, 526, 1939
[66] Ramsey, N.F., Phys. Rev. **76**, 996, 1949
[67] Ramsey, N.F., Molecular Beams, Oxford Press, 1956
[68] Kusch, P., Millman, S., Rabi, I.I., Phys. Rev. **57**, 765, 1940
[69] Friedburg, H., Diplomarbeit, Univ. Göttingen, 1948
[70] Boshier, M.G., Baird, P.E.G., Foot, C.J., Hinds, E.A., Plimmer, M.D., Stacey, D.N., Beausoleil, R.G., Hänsch, T.W., Phys. Rev. Lett. **54**, 1913, 1985 Swan, J.B., Tate, D.A., Warrington, D.M., Woodgate, G.K., Nature **330**, 463, 1987B
[71] Zhao, P., Lichten, P., Layer, H.P., Bergquist, J.C., Phys. Rev. **A34**, 5138, 1986 und Phys. Rev. Lett. **58**, 1293, 1987

[72]   Foot, C.J., Couilland, Zhao, P., Lichten, P., Layer, H.P., Bergquist, J.C., Phys. Rev. **A34**, 5138, 1986 und Phys. Rev. Lett. **58**, 1293, 1987
[73]   Hänsch, T.W., Toschek, P., J. Quant. Electron. **4**, 467, 1968
[74]   Bouchiat, M.A., Bouchiat, G., Phys. Lett. **48B**, 111, 1974
[75]   Sandars, P.G.H., Atomic Physics **9**, 225, 1984
[76]   Commins, E.D., Atomic Physics **7**, 121, 1981
[77]   Barkov, L.M., Zolotorev, M.S., Atomic Physics **6**, 648, 1978; Baird, P.E.G., Atomic Physics **6**, 653, 1978
[78]   Emmons, T.P., Fortson, E.N., Progress in Atomic Spectroscopy, Teil D, **237**, 1987
[79]   Hinds, E.A., Atomic Physics **11**, 151, 1989
[80]   Wieman, C.E., Gilbert, S.L., Noecker, M.G., Atomic Physics **10**, 65, 1987
[81]   Schlumpf, N., Telegdi, V.L., Weis, A., Zevgdis, D., Zhab, L., Hoffnagle, J., J. Phys. **B24**, 2687, 1991
[82]   Kibble, B.P., Rowley, W.R.C., Shawyer, R.E., Series, G.W., J. Phys. **B6**, 1079, 1973
[83]   Hänsch, T.W., Shahin, I.S., Schawlow, A.L., Nature (London) **235**, 63, 1972
[84]   Lundeen, S.R., Pipkin, F.M., Metrologia **22**, 9, 1986
[85]   Brossel, J., Kastler, A., Compt. Rend. hebd. Sanc. Acad. Sci. (Paris), **229**, 1213, 1949
[86]   Brossel, J., Bitter, F., Phys. Rev. **86**, 308, 1952
[87]   Todd, J.N., Sandle, W.J., Zissermann, D., Proc. Phys. Soc. London **92**, 497, 1967
[88]   Cagnac, B., Ann. Phys. (Paris) **6**, 467, 1961
[89]   Colegrove, F.D., Franken, P.A., Lewis, R.R., Sands, R.H., Phys. Rev. Lett. **3**, 420, 1959, und Franken, P., Phys. Rev. **121**, 508, 1961
[90]   Kollath, K., Dissertation, Stirling Univ., 1974
[91]   Kollath, K., Kleinpoppen, H., Phys. Rev. **10**, 1519, 1974
[92]   Beyer, H.J., Dissertation, Stirling Univ., 1973
[93]   Wieder, H., Eck, T.G., Phys. Rev. **153**, 103, 1967
[94]   Beyer, H.J., Kleinpoppen, H., Woolsey, J.M., J. Phys. **B6**, 1849, 1973
[95]   Andrä, H.J., in Progress in Atomic Spectroscopy, Teil B (Hanle, W., Kleinpoppen, H., Hrsg.), Plenum, New York, 1979, S. 829
[96]   Halin, R., Lindkog, A., Marelius, A., J. Phil. Sjödin, J., Phil., R., Phys. Scr. **8**, 209, 1973
[97]   Heckenkamp, H.C., Schäfers, F., Schönhense, G., Heinzmann, U., Phys. Rev. Lett. **52**, 421, 1984
[98a]  Madden, R.P., Codling, K., Astrophys. J. **141**, 364, 1965
[98b]  Duncan, A.J., Kleinpoppen, H., Scully, M.O., Adv. At. Mol. Optic. Phys. **45**, 99, 2001
[99]   Beutler, H., Z. Phys. **93**, 177, 1935, und **91**, 202, 1934
[100]  Fano, U., Phys. Rev. **124**, 1866, 1961
[101]  Beyon, J.D.E., Cairns, R.B., Proc. Phys. Soc. **86**, 532, 1963
[101a] Beyon, J.D.E., Proc. Phys. Soc. **89**, 59, 1966
[101b] Palenius, H.P., Kohl, J.L., Parkinson, W.H., Phys. Rev. **A13**, 1805, 1976
[102]  Perrie, W., Duncan, A.J., Beyer, H.J., Kleinpoppen, H., Phys. Rev. Lett. **54**, 1790, 1985
[103]  Einstein, A., Podolsky, B., Rosen, N., Phys. Rev. **47**, 777, 1935
       Chang, T.N., J. Phys. **B15**, L81, 1982
[104]  Harbich, W., Hippler, R., Kleinpoppen, H., Lutz, H.O., Phys. Rev. **A39**, 3388, 1989
[105]  Harbich, W., Dissertation, Univ. Bielefeld, 1988
       Luke, T.M., J. Phys. **B15**, 1217, 1982
[106]  van Wijngaarden, A., Goh, E., Drake, G.W.F., Farago, P.S., J. Phys. **B9**, 2017, 1976
[107]  van Wijngaarden, A., Kwela, J., Drake, G.W.F., Phys. Rev. **A43**, 3325, 1991
[108]  Deutsch, M., Phys. Rev. **82**, 455, 1951; **83**, 866, 1951
[109]  Leventhal, M., MacCallum, C.J., Barthelmy, S., Gehreis, B.B., Teegarden, B.J., Tueller, J., Letter in Nature **339**, 36, 1989
[110]  Beyer, H.J., Kollath, K., J. Phys. **11**, 979, 1978

[111] Tonuma, T., Yagishita, A., Shibita, H., Koizumi, T., Matsuo, T., Shima, K., Mukoyama, T., Tawara, T., J. Phys. **B20**, L31, 1987
[112] l'Huiller, A., Lampre, L. A., Mainfray, G., Manus, G., Phys. Rev. **A27**, 2503, 1983
[113] Watson, W. S., Stewart, D. S., J. Phys. **B7**, L 466, 1974
[114] Humpert, H. J., Schwier, H., Hippler, R., Lutz, H. O., Fundamental Processes in Atomic Collision Physics, Plenum, New York, **134**, 649, 1985
[115] Beynon, J. D. E., Proc. Phys. Soc. **89**, 59, 1966
[116] Palenius, H. P., Kohl, J. L., Parkinson, W.H., Phys. Rev. **A13**, 1805, 1976
[117] Garton, W. R. S., J. Sci. Instrum. **36**, 11, 1959
[118] Samson, J. A. R., J. Opt. Soc. Am. **54**, 876,1964
[119] Lowry, T. F., Tomboulian, D.H., Ederer, D.L., Phys. Rev. **137**, A1054, 1965
[120] Stewart, A. L., Webb. T.G., Proc. Phys. Soc. **86**, 532, 1963
[121] Cooper, J. W., Phys. Rev. **128**, 681, 1962
[122] Samson, J. A. R., in Handbuch der Physik (Mehlhorn, W., Hrsg.), Bd. 31, 123, 1982
[123] Chang, T. N., J. Phys. **B8**, 743, 1972
[124] Fano, U., Phys. Rev. **178**, 131, 1969 und **184**, 250, 1969
[125] Heinzmann, U., Kessler, J., Lorenz, J., Z. Phys. **240**, 42, 1970
[126] Plotzke, O., Prümper, G., Zimmermann, B., Becker, U., Kleinpoppen H., Phys. Rev. Lett. **77**, 2624, 1996
[127] Prümper, G., Dissertation, TU Berlin, 1998
[128] Starace, A. F., Manson, S. T., Kennedy, D. J., Phys. Rev. **A9**, 2453, 1974
[129] van der Meulen, M. O., Krause, M. O., de Lange, C. A., Phys. Rev. **A23**, 5997, 1991
[130] Baum, G., Lubell, M. S., Raith, W., Phys. Rev. **A5**, 1073, 1972
[131] Klar, H., Kleinpoppen, H., J. Phys. **B15**, 933, 1982
[132] Becker, U., Langer, B., Physics Scripts T**18**, 13, 1998
[133] Kleinpoppen, H., Becker, U., Phil. Trans. Roy. Soc., London **357**, 1229, 1999
[134] Sonntag, B., Zimmermann, P., Physik. Blät. **51**, 279, 1995
[135] Cherepkov, N. A., Proceed. Int. Workshop on Photoionization, Berlin, 1992, Ams Press, Inc. New York (Becker, U., Heinzmann, U. Hrsg. 1993)
[136] Siegel, A., Ganz, J., Bußert, W., Hotop, H., J. Phys. **B16**, 2945, 1983
[137] Schwarzkopf, O., Krässig, J., Elminger, J., Schmidt, V., Phys. Rev. Lett. **70**, 3008,1993
[138] Viefhaus, J., Avaldi, L., Snell, G., Wiedenhöft, M., Hentges, R., Püdel, A., Schäfer, S., Menke, D., Heinzmann, U., Engels, A., Berakdar, J., Klar, H., Becker, U., Phys. Rev. **77**, 3975, 1996
[139] Cvejanović, S., Viefhaus, J., Becker, U., Wiedenhöft, M., Berrah, N., Poster Nr. 2, BESSY-Nutzertreffen Dez. 2001, Berlin-Adlershof, und BESSY Annual Report 2001 (wird veröffentlicht)
[140] Cvejanović, S., Reddish, J., J. Phys. **B33**, 4691, 2000
[141] Lenard, P. Ann. Phys. **12**, 714, 1903
[142] Franck, J., Hertz, H., Verhandl. Deutsch. Phys. Gesellsch. **15**, S. 34, 373, 613, 929 (1913); **16**, S. 12, 457, 512 (1914); **18**, 213 (1916)
[143] Hanne, G. F., Am. J. Phys. **56(8)**, 696, 1988
[144] Kauppila, W. E., Stein, T. S., Canadian J. Phys. **60**, 461, 1982
[145] Jost, K., Bisling, P. G. F., Eschen, E., Felsmann. M., Walter, L., 13th Int. Conf. Electronic Atomic Collisions, Berlin, 1983, S. 11
[146] Ferch, J., Simon, F., Strakeljahn, G., 15th Int. Conf. Electronic Atomic Collisions, Brighton, 1987, S. 132
Beck, D., Loesch, H.J., Z. Phys. **195**, 444, 1966
[147] McEachran, R.P., Stauffer, A.D., J. Phys. **B17**, 2507, 1984
Buck, U., Köhler, K. A., Pauly, H., Z. Phys. **244**, 180, 1971
[148] McEachran, R.P., Stauffer, A. D., J. Phys. **B20**, 3483, 1987

[149]  Bullard, E.C., Massey, H.S.W., Proc. Roy. Soc. **A130**, 579, 1931
[150]  Massey, H.S.W., Burhop, E.H.S., Electronic and Ionic Impact Phenomena, Bd. 1, Clarendon Press, Oxford, 1969
[151]  Fano, U., Cooper, J.W., Phys. Rev. **137**, A1364, 1964
[152]  Schulz, G.J., Phys. Rev. Lett. **10**, 103, 1963
[153]  Pavlovic, Z.M., Boness, J.W., Herzenberg, A., Schulz, G.J., Phys. Rev. **A6**, 676, 1972
[154]  Kleinpoppen, H., Raible, V., Phys. Lett. **18**, 24, 1965
[155]  Sanche, L., Burrow, P.D., Phys. Rev. Lett. **29**, 1639, 1972
[156]  Williams, J.F., J. Phys. **B8**, 1683, 1975
[157]  Burke, P.G., Ormonde, S., Whitaker, W., Proc. Phys. Soc. **92**, 319, 1967
[158]  Taylor, A.J., Burke, P.G., Proc. Phys. Soc. **92**, 336, 1967
[159]  Geltman, S., Burke, P.G., J. Phys. **B3**, 1062, 1970
[160]  Koschmieder, H., Raible, V., Kleinpoppen, H., Phys. Rev. **A8**, 1365, 1975
[161]  Oed, A., Phys. Lett, **A34**, 435, 1971
[162a] Ottley, T.W., Kleinpoppen, H., J. Phys. **B8**, 621, 1975
[162b] Khalid, S.M., Kleinpoppen, H., Phys. Rev. **A27**, 236, 1983
[163]  Al-Shamma, S.H., Kleinpoppen, H., Proceedings 10th Internat. Conf. ICPEAC, Paris, 1978, S. 518
[164]  Wolcke, A., Bartschat, K., Blum, K., Borgmann, H., Hanne, G.F., Kessler, J., J. Phys. **B16**, 639, 1983
[165]  Eminyan, M., MacAdam, K.B., Slevin, J., Kleinpoppen, H., J. Phys. Rev. Lett. **31**, 576, 1973 und J. Phys. **B7**, 1519, 1974
[166]  Standage, M.C., Kleinpoppen, H., Phys. Rev. Lett. **36**, 577, 1975
       Baum, G., Raith, W., Steidl, H., Z., Phys. **D10**, 171, 1988
[167]  Kleinpoppen, H., McGregor, I.M., in Coherence and Correlation in Atomic Collisions, Plenum Press, New York, London, 1980, S. 109
[168]  Crowe, A., Nogueira, J.C., Liew, Y.C., J. Phys. **B16**, 481, 1983
[169]  Andersen, N., Hertel, I., Kleinpoppen H., J. Phys. **B17**, L901, 1984
[170]  Hertel, I.V., Stoll, W., J. Phys. **87**, 570 und 583, 1974
[171]  Ehrhardt, H., Jung, K., Schubert, E.E., in Coherence and Correlations in Atomic Collisions, Plenum Press, New York, London, 1980, S. 41
[172]  Lohmann, B., Weigold, E., Phys. Lett. **A86**, 139, 1981
[173]  Streun, M., Baum, G., Blask, W., Rasch, J., Bray, I., Fursa, D.V., Jones, S., Madison, D.H., Walters, H.R.J., Whelan, C.T., J. Phys. At. Mol. Opt. Physics **31**, 4401, 1998
[174]  Klar, H., Roy, A.C., Schlemmer, P., Jung, K. Erhard, H., J. Phys. **B20**, 821, 1987
       Mott, N.F., Proceedings of Royal Society **124**, 425, 1929; **135**, 429, 1932
[175]  Jetzke, S., Zarmba, J., Faisal, F.H.M., Z. Phys. **D11**, 63, 1989
[176]  Baum, G., Raith, W., Roth, B., Tondera, M., Bartschat, K., Bray, I., Ait-Tahar, S., Grant, I.P., Norrington, P.H., Phys. Rev. Lett. **82**, 1128, 1999
[177]  Chaudhry, M.A., Duncan, A.J., Hippler, R., Kleinpoppen, H., Phys. Rev. Lett. **59**, 2036, 1987
[178]  Hils, D., Jitschin, W., Kleinpoppen, H., Appl. Phys. **25**, 39, 1981
[179]  Kleinpoppen, H., Phys. Rev. **A3**, 2015, 1971
[180]  Shull, C.G., Chase, C.T., Myers, F.E., Phys. Rev. **63**, 29, 1943
[181]  Massey, H.S.W., Mohr, C.B.O., Pro. Roy. Soc. **A177**, 341, 1941
[182]  Kollath, R., Physikalische Blätter, Fünfter Jahrgang, 66, 1949
[183]  Deichsel, H., Z. Phys. **164**, 156, 1961
[184]  Steidl, H., Reichert, E., Deichsel, H., Phys. Lett. **17**, 31, 1965
[185]  Kerling, C., Böwering, N., Heinzmann, U., J. Phys. **B23**, L629, 1990
[186]  Baum, G., Freienstein, P., Frost, L., Granitza, B., Raith, W., Steidl, H., in Proceedings Internat. Symposium of Correlation and Polarization in Electronic and Atomic Col-

lisions, National Institute of Standards and Technology, Special Publication No. 789, 121 (Neill, P.A., Becker, K., Kelley, M.H., Hrsg.), 1990
[187] Reich, H., Diplomarbeit, Max-Planck-Inst. f. Kernphysik, Heidelberg, 1987
[188] Beckord, K., Diplomarbeit, Fakultät f. Physik, Univ. Bielefeld, 1989
[189] Baum, G., Fink, M., Raith, W., Steidl, H., Taborski, J., Phys. Rev. **A40**, 6734, 1989
[190] Spicher, G., Olsson, B., Raith, W., Sinapius, G., Sperber, W., Phys. Rev. Lett. **64**, 1019, 1990
[191] Raith, W., Fundamental Processes of Atomic Dynamics, (Briggs, J.S., Kleinpoppen, H., Lutz, H.O., Hrsg.), Plenum Press, New York, 1988, S. 229
[192] Baum, G., Moede, M., Raith, W., Schröder, W., J. Phys. **B18**, 531, 1985
[193] Hils, D., McCusker, V., Kleinpoppen, H., Smith, S.J., Phys. Rev. Lett. **29**, 398, 1972
[194] Alguard, M.J., Hughes, V.W., Lubell, M.S., Wainwright, P.F., Phys. Rev. Lett. **39**, 3134, 1977, und Hils, D., Kleinpoppen, H., J. Phys. **B11**, L283, 1978
[195] Berger, O., Kessler, J., J. Phys. **B19**, 3539, 1986
[196] Haberland, R., Fritsche, L., Noffke, J., Phys. Rev. **A33**, 2305, 1986
[197] McEachran, R.P., Stauffer, A.D., J. Phys. **B19**, 3523, 1986
[198] Awe, B., Kemper, F., Rosicky, F., Feder, R., J. Phys. **B16**, 603, 1983
[199] Baum et al., Phys. Rev. Lett. **59**, 2631, 1987
[200] Burke, P.G., Mitchell, J.F.B., J. Phys. **B7**, 214, 1974, Hess, H.F., Phys. Rev. **B34**, 3476, 1986
[201] Farago, P.S., J. Phys. **B7**, L28, 1974
[202] Gehenn, W., Reichert, E., J. Phys. **B10**, 3105, 1977
[203] Baum, G., Blask, W., Streun, M., J. Phys. IV France **9**, 219, 1999
[204] Shakeshaft, A., Phys. Rev. **18**, 1930, 1978
[205] Lockwood, G.J., Everhart, E., Phys. Rev. **125**, 567, 1962
[206] Tolk, N.H., Tulley, J.C., White, C.W., Krauss, A.A., Simms, D.L., Robbins, M.F., Phys. Rev. **A13**, 969, 1967
[207] Rosenthal, H., Foley, H.M., Phys. Rev. Lett. **23**, 1480, 1969
[208] Bobashev, S.V. JETP Lett. **II**, 206, 1970
[209] Larkins, F.P., Inner Shell Ionization Phenomena, Oak Ridge, 1972, S. 1543
[210] Anderson, N., in Fundamental Processes in Atomic Dynamics (Briggs, J.S., Kleinpoppen, H., Lutz, H.O., Hrsg.), Plenum, New York, 1988
[211] Bates, D.R., Williams, D.A., Proc. Phys. Soc. (London) **83**, 425, 1965
[212] Sackmann, S., Lutz, H.O., Briggs, J., Phys. Rev. Lett. **12**, 805, 1974
[213] Shanker, R., Wille, U., Bilau, R., Hippler, R., McMurray, W.R., Lutz, H.O., J. Phys. **B17**, 1353, 1984
[214] von Busch, F., Strunck, H.J., Schlier, C., Z. Phys. **199**, 518, 1967
Pierce, D.T., Experimental Methods in the Physical Sciences, **29A**, 1, 1995
[215] Buck, U., Pauly, H., Z. Naturforsch. **23a**, 475, 1968
[216] Buck, U., Pauly, H., J. Chem. Phys. **54**, 1929, 1971
[217] Siska, Parson Schafer, Lee in H.S.W. Massey Atomic and Molecular Collisions, Taylor u. Francis, London, 1979
[218] Hippler, R., Faust, M., Wolf, R., Kleinpoppen, H., Lutz, H.O., Phys. Rev. **A36**, 4644, 1987
[219] Macek, J., Wang, C., Phys. Rev. **A34**, 1787, 1986
[220] Klar, H., Kleinpoppen, H., J. Phys. **B15**, 2015, 1982
[221] Hermann, J., Menner, B., Reisacher, E., Zehnle, L., Kempter, V., J. Phys. **B13**, L165, 1980
[222] Menner, B., Hall, T., Zehnle, L., Kempter, V., J. Phys. **B14**, 3693, 1981
[223] Osimitisch, S., Jitschin, W., Reihl, H., Kleinpoppen, H., Lutz, H.O., Mo, O., Riera, A., Phys. Rev. **A40**, 2958, 1989

[224] Osimitisch, S., Dissertation, Univ. Bielefeld, 1989
[225] Elsener, K., Com. At. Molec. Physics, XXII, 263, 1989
[226] Charlton, M., Anderson, L.H., Brun-Nielsen, L., Deutsch, B.I., Hvelplund, P., Jacobsen, F.M., Knudsen, H., Laricchia, G., Poulsen, M.R., Pederson, J.O., J. Phys. **B21**, L545, 1988
[227] McGuire, J.H., Phys. Rev. LeH. **49**, 1153, 1982; J. Phys. **B17**, L779, 1984
[228] Hartree, D.R., Proc. Cambridge Phil. Soc. **24**, 89, 1928

# Einführende Bemerkungen zu den Kapiteln 2 und 3: Moleküle

Moleküle sind die Bausteine der meisten Dinge, die uns umgeben, einschließlich unseres eigenen Körpers. Sie zu verstehen, zu beschreiben und sie somit zu kontrollieren und neu zusammenzusetzen, ist ein Bestreben seit vielen Jahrhunderten. Es gibt nur etwa hundert Elemente, aber die Anzahl der unterscheidbaren Moleküle hat praktisch keine Grenze.

Zu den in der Natur vorkommenden Molekülen kommen ständig neue, im Laboratorium hergestellte Moleküle hinzu. Um die physikalischen Eigenschaften von Molekülen erforschen zu können, benötigt man hinreichende Substanzmengen von höchster Reinheit, die nur teilweise von der chemischen Industrie bezogen werden können. Kenntnisse über das chemische Verhalten dieser Substanzen sind für die experimentelle Arbeit unerlässlich. Deshalb wird in Kapitel 2 zunächst eine Einführung in die Chemie der Moleküle gegeben, die kurz und exemplarisch ein Verständnis für grundlegende chemische Fragestellungen vermitteln und den Zugang zur weiterführenden chemischen Literatur und zum folgenden Kapitel 3 erleichtern soll. Dort wird die Physik der Moleküle ausführlich dargestellt.

Mit Einschränkungen kann man die Physik der Moleküle als eine Anwendung und Erweiterung der Atomphysik betrachten. Schließlich ist ein Molekül nichts anderes als eine Ansammlung von Atomen, für die es energetisch von Vorteil ist, zusammenzubleiben. In der Tat finden alle Quantenphänomene, die in Atomen auftreten, auch bei den Molekülen ihre Anwendung. Nur darf man dabei nicht vergessen, dass die Komplexität um ein Vielfaches gestiegen ist, dass die Dichte der gebundenen Zustände extrem hoch ist und dass ein Molekül durch die Existenz von Bindungen oft bevorzugte Richtungen aufweist, so dass viele Entartungen entfallen. Ein natürlicher Bezugspunkt, wie der Kern im Falle des Atoms, fehlt im Molekül ebenfalls. Für die Lösungen der Schrödinger-Gleichung heißt das, dass die schon in der Atomphysik schwierigen Vielkörperprobleme hier noch wesentlich ausgeprägter sind und man oft bei der Beschreibung mit bescheideneren Näherungen zufrieden sein muss. Dem steht die Tatsache gegenüber, dass Moleküle rotieren und schwingen; dies gibt dem Experimentator die Möglichkeit, diese zusätzlichen Freiheitsgrade zu studieren. In Flüssigkeiten und Festkörpern liegen die Energiezustände so dicht beieinander, dass sie überlagern und Energiebänder bilden, die meist als kollektive Phänomene interpretiert werden. Deshalb sind im Kapitel 3 alle Diskussionen, bis auf einige besonders erwähnte Ausnahmen, auf die Gasphase beschränkt, wobei oft der Dampfdruck als so niedrig angenommen wird, dass die Moleküle als frei, isoliert und ungestört betrachtet werden können. Dies ist eine Grundvoraussetzung, die immer erfüllt sein sollte, wenn man Messergebnisse mit quantenmechanischen Rechnungen vergleicht.

Da ein Lehrbuch sich vorwiegend mit dem bereits Erarbeiteten und Verstandenen beschäftigen muss, soll wenigstens in der Einleitung kurz angedeutet werden, wo die großen Stoßrichtungen der Molekülphysik heute liegen. Das ist ein riskantes Unterfangen, da eine solche Liste erstens subjektiv, zweitens unvollständig und drittens schnell veraltet ist. Aber der Blick nach vorne ist notwendig, um die Dynamik und die Erwartungen dieses Teilgebietes der Physik aufzuzeigen. Nur dadurch wird das Studium des bereits Bekannten sinnvoll. Auch wird dadurch dem Vorwurf vorgebeugt, dass Atom-, Molekül- und Festkörperphysik nur Teilgebiete der angewandten Physik sind. Es ist zwar formal richtig zu behaupten, dass diese Gebiete im Prinzip vollständig bestimmt sind durch die bekannte Schrödinger-Gleichung, das Coulomb-Potential als Wechselwirkungsmechanismus, das Pauli-Prinzip und die jeweiligen Randbedingungen. Insofern sind hier also keine neuen fundamentalen Erkenntnisse zu erwarten. Dem ist jedoch gegenüberzustellen, dass die Existenz einer Gleichung nicht gleichbedeutend ist mit dem Verständnis bzw. der Fähigkeit zur Voraussage individueller Ereignisse. Ferner ist es auch gelungen, durch diese detaillierten Einsichten ungeahnte Messpräzision zu erreichen, so dass fast alle anderen Kräfte (stark, schwach und Gravitation) als kleinste Störungen studiert werden können und nahezu alle Fundamentalkonstanten wesentlich verbessert wurden. Gerade die Molekülphysik ist besonders reizvoll, da neue theoretische und experimentelle Erkenntnisse, oft innerhalb derselben Arbeitsgruppe, mit hoher Zuwachsrate gewonnen werden und sich gegenseitig stark beeinflussen und befruchten.

Neue Ergebnisse können nach Meinung der Autoren in den nächsten zehn Jahren auf folgenden Gebieten erwartet werden:

1. Zustandsspezifische molekulare Reaktionen über angeregte Zustände (quantenkontrollierte Reaktionen),
2. Energieabhängigkeit einfacher chemischer Reaktionen bei extremen Temperaturen,
3. Dynamik und Reaktionen von individuellen biologischen Molekülen,
4. Strukturen und Dynamik von adsorbierten Molekülen, Katalyse,
5. Entstehung und Verteilung von Molekülen im Kosmos,
6. Spineigenschaften von Molekülen und deren Einsatz in Speicherelementen und Supraleitern,
7. Moleküle als Kleinstelemente in der Mikroelektronik,
8. Theorie des Quasikontinuums und der lokalisierten Zustände in Bezug auf das Verständnis des Quanten-Chaos.

Selbst Teilerfolge in diesen Bereichen werden unser tägliches Leben, in wesentlichen Aspekten, beeinflussen. Diese Aussichten machen das Studium der Molekülphysik wertvoll und das Forschen aufregend.

# 2 Moleküle – Bindungen und Reaktionen

*Nikolaus Risch*

## 2.1 Chemische Bindungen

### 2.1.1 Chemische Formeln

Die moderne Sprache der molekularen Physik und ganz allgemein der Naturwissenschaften basiert auf Symbolen, die im Laufe von Jahrhunderten entwickelt wurden. Bereits in der *Alchemie* des Mittelalters wurden derartige Symbole für chemische und pharmazeutische Arbeitstechniken verwendet. Diese dienten jedoch meist dazu, den Zugang zu der Geheimwissenschaft *Alchemie* zu erschweren. Die heute verwendete Symbolik strebt das Gegenteil an, nämlich die komplexen Strukturen der Natur möglichst einfach und unabhängig von Sprachbarrieren verständlich und zugleich exakt darzustellen. Richtlinien hierzu werden von Chemikern in der International Union of Pure and Applied Chemistry (IUPAC [1]) entwickelt – dem Pendant zur IUPAP. Grundlegendes Element einer chemischen Formel ist die Tatsache, dass Buchstaben (für jedes Element ein eigenes Buchstabensymbol: C für Kohlenstoff, H für Wasserstoff, O für Sauerstoff usw.), die z. B. durch Striche miteinander verbunden sind, eine Aussage über die Substanz mit all ihren beobachtbaren Eigenschaften macht bzw. machen soll.

Abhängig von der Zielsetzung werden für ein Molekül, wie beispielsweise das Ethanol (Ethylalkohol), z. T. deutlich unterschiedliche Darstellungsarten von For-

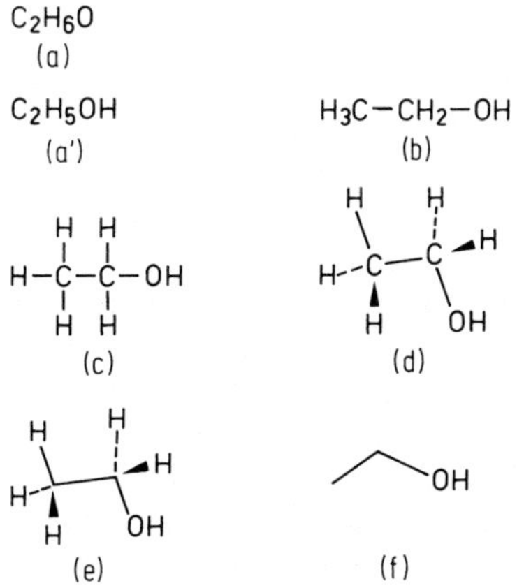

**Abb. 2.1** Unterschiedliche Möglichkeiten für die Wiedergabe der Struktur des Ethanols.

meln verwendet (Abb. 2.1; a–f). So berücksichtigen a und a' die elementare Zusammensetzung (a' zusätzlich die Funktionalität der OH-Gruppe), b und c auch die Konstitution und d und e darüber hinaus den dreidimensionalen (sterischen) Aufbau der Moleküle. Als vereinfachte Schreibweise wird wegen der besseren Übersichtlichkeit in der modernen Organischen Chemie der Kohlenstoff nur noch als Eck- bzw. Endpunkt des Linienzuges verstanden, der das Kohlenstoffgerüst verbindet (e und f). Darüber hinaus verzichtet man gern auf die Abbildung der Wasserstoffatome, die an den Kohlenstoff gebunden sind (f). Da der Kohlenstoff vierbindig ist (tetraedische Umgebung), füllt man dann gedanklich jede Kohlenstoffposition mit derjenigen Anzahl an Wasserstoffatomen auf, die eine Vierbindigkeit gewährleistet (gilt entsprechend auch bei Mehrfachbindungen des Kohlenstoffs).

## 2.1.2 Die Periodizität chemischer Eigenschaften

Die meisten Eigenschaften der Elemente wechseln in periodischer Weise, die dadurch deutlich wird, indem man sie nach ihrer Ordnungszahl (Anzahl der Protonen) anordnet. Diese entscheidende Beobachtung eröffnete die ungemein wichtige Möglichkeit gezielter Forschung auf der Grundlage vorhersagbarer Charakteristika.

Wie sieht diese Welt der Chemie aus und wie hat sie sich entwickelt? Schon relativ früh lernte man zwischen Metallen und Nichtmetallen zu unterscheiden. Die Entwicklung zu den *Döbereiner'schen Triaden* (Tab. 2.1) ließ weitere Zusammenhänge deutlich werden und führte schließlich über *Newlands Oktavengesetz* (kannte keine Edelgase) zum immer noch modernen und aktuellen **Periodensystem der Elemente** (PSE), das in den entscheidenden Punkten 1869 unabhängig voneinander durch Mendelejeff bzw. Meyer aufgestellt wurde.

Die anfängliche Anordnung nach relativen Atommassen ließ jedoch bald einige Unstimmigkeiten erkennen. Moseley konnte dann belegen, dass die Ordnungszahl (Kernladung) das geeignete Kriterium für die Erklärung des chemischen Verhaltens und damit der Einordnung in das PSE ist. Er zeigte, dass die nach Bestrahlung mit energiereichen Elektronen von den Elementen emittierte Röntgenstrahlung mit ihrer Ladung korreliert und Informationen über die Energieniveaus der Elektronen in dem betreffenden Atom enthält.

Ordnet man die Elemente nach ihrer Ordnungszahl, dann wiederholen sich bestimmte chemische und physikalische Eigenschaften in charakteristischen Intervallen, und man erhält das PSE in seiner heute bekannten Form (s. hinterer Einbanddeckel). Die Elemente werden in sieben Perioden angeordnet, so dass chemisch ähnliche Elemente in senkrechten Spalten untereinander stehen (2 Elemente in der ersten Periode, 8 in der zweiten und dritten, 18 in der vierten und fünften und 32 in der sechsten). Auf diese Weise ergibt sich beispielsweise in der ersten Spalte die Gruppe der Alkalimetalle (Li, Na, K, Rb, Cs und Fr), die alle im Zuge ihrer ausgeprägten Reaktivität (niedere Ionisationsenergie) dazu neigen, einfach positiv geladene Ionen zu bilden. Die chemisch weitgehend inerten Edelgase (He, Ne, Ar, Kr, Xe, Rn) stehen hingegen jeweils am Ende einer Periode. Das PSE bietet einfache und schnelle Unterscheidungsmöglichkeiten zwischen Metallen und Nichtmetallen an und erlaubt relative Voraussagen zur Elektronegativität, zum Atomradius und zu weiteren wichtigen Eigenschaften.

**Tab. 2.1** Beschreibung der Döbereiner'schen Triaden.

| Triaden-Elemente und relative Atommassen | Elementare Form | Hauptverbindungen | Spezielle Eigenschaften |
|---|---|---|---|
| Cl, Br, I<br>35.5, 80, 127 | Farbige, zweiatomige Moleküle;<br>$Cl_2$ (gelbgrün)<br>$Br_2$ (braun)<br>$I_2$ (violett) | Bilden einfache Salze, die (−1)-Ionen enthalten: $Cl^-$, $Br^-$, $I^-$. Bilden mit Sauerstoff komplexe Ionen der Ladung (−1), die ein bis vier Sauerstoffatome enthalten;<br>$ClO_4^-$, $ClO_3^-$, $ClO^-$, $BrO_3^-$, $IO_3^-$, $IO_4^-$.<br>Wasserstoffverbindungen sind: HCl, HBr, HI. | Die freien Elemente reagieren heftig mit Elektronendonatoren unter Bildung negativer Ionen: $Cl^-$, $Br^-$, $I^-$:<br>$2Na + Cl_2 \rightarrow 2Na^+ + 2Cl^-$<br>$I_2 + S^{2-} \rightarrow 2I^- + S$<br>Salze (wie NaCl) lösen sich sehr gut in Wasser. Halogenide von Li, Na und K ergeben neutrale Lösungen. Wasserstoffverbindungen sind starke Säuren und dissoziieren in Wasser vollständig:<br>$HBr + H_2O \rightleftarrows H_3O^+ + Br^-$ |
| Ca, Sr, Ba<br>40, 88, 137 | Reaktionsfreudige Metalle | Bilden Salze, die (+2)-Ionen enthalten: $Ca^{2+}$, $Sr^{2+}$, $Ba^{2+}$ in $BaSO_4$, $CaCO_3$, $SrCl_2$ usw. | Salze geben in der Flamme kräftige Farben: Ca (orange), Sr (rot), Ba (grün). Sulfate und Carbonate sind unlöslich. Die Metalle verdrängen langsam Wasserstoff aus Wasser. |
| Li, Na, K<br>7, 23, 39 | Sehr reaktionsfreudige Metalle | Bilden Salze, die (+1)-Ionen enthalten: $Li^+$, $Na^+$, $K^+$ in NaCl, $Li_2CO_3$, $K_3PO_4$ usw. | Fast alle Salze sind löslich; Metalle und Salze ergeben kräftig gefärbte Flammen: Li (rot), Na (gelb), K (purpur). Die Metalle reagieren heftig mit Wasser unter Bildung von Wasserstoff und löslichen ionischen Hydroxiden, die basisch reagieren:<br>$2Na + 2H_2O$<br>$\rightleftarrows H_2 + 2Na^+ + 2OH^-$ |

In der kompakten Darstellung (Abb. 2.2) bietet das PSE eine deutliche und übersichtliche Einteilung in drei Kategorien:

a) Hauptgruppenelemente mit z. T. extrem unterschiedlichen Eigenschaften: Hier unterscheiden sich die Elemente einer Zeile durch die Zahl der s- und p-Elektronen in der äußeren Schale (Valenzelektronen).
b) Nebengruppenelemente (Übergangsmetalle) mit durchaus ähnlichen, aber deutlich unterscheidbaren Eigenschaften: Hier werden die d-Elektronen der nächstinneren Schale aufgefüllt, deren Orbitale dichter am Kern liegen als die der äußersten s- und p-Elektronen.

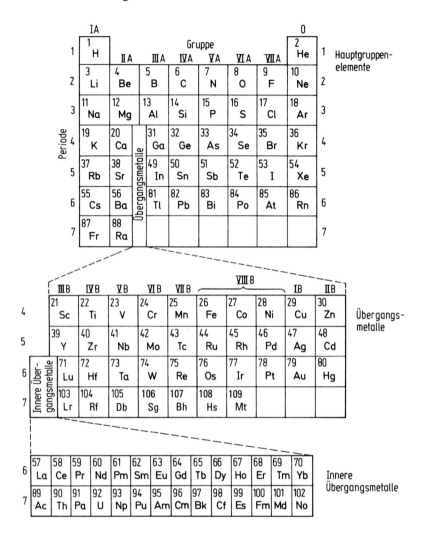

**Abb. 2.2** Diese kompakte Form des Periodensystems betont die natürliche Einteilung der Elemente in drei Kategorien: Die extrem unterschiedlichen Hauptgruppenelemente, die sich stärker ähnelnden Übergangsmetalle und die einander ganz ähnlichen inneren Übergangsmetalle. Die Elemente mit Z > 109 sind noch nicht abschließend benannt worden. Das Periodensystem auf der Innenseite des Rückumschlags deckt die neueste Version ab.

c) Innere Übergangsmetalle (Lanthanoide, Actinoide) mit nahezu gleichen Eigenschaften: Hier werden die f-Elektronen in einer noch weiter innen liegenden Schale aufgefüllt, was jedoch das chemische Verhalten kaum beeinflusst.

## 2.1.3 Metalle

Atome gleichartiger und verschiedener Elemente können untereinander Bindungen eingehen. Diese werden bestimmt durch das Gleichgewicht der Coulomb'schen Kräfte der Elektronen und Protonen (Neutronen sind weitgehend „chemische Zuschauer") unter Berücksichtigung des Pauli-Prinzips. Es kommt so zu gröberen Verbänden, Molekülen, Kristallen etc. Aber keineswegs jede denkbare Kombination von Atomen ergibt eine stabile Verbindung. Die entscheidende Voraussetzung zum Verständnis der zunächst empirischen Regeln, welche Kombinationen von Atomen zu mehr oder weniger stabilen Produkten führen, vermittelt die Theorie der *chemischen Bindung*.

Die Mehrzahl aller Elemente zählt man zu den Metallen. Wie erklären sich nun die allgemein bekannten Charakteristika von Metallen, wie metallischer Glanz, hohe elektrische Leitfähigkeit und Wärmeleitfähigkeit, gute Verformbarkeit (Schmiedekunst), relativ hohe Dichte, hoher Schmelzpunkt etc.? Metalle kristallisieren in der Regel in dichtest gepackten Strukturen und bestehen aus praktisch unendlichen Anordnungen von aneinander gebundenen Atomen, wobei jedes Atom – im Gegensatz zu den Nichtmetallen – eine hohe Koordinationszahl (häufig 8 oder 12) besitzt. Sie weisen stets viel mehr atomare Valenzorbitale auf, als sie Valenzelektronen zur Besetzung dieser Orbitale zur Verfügung haben. Metallkristalle verhalten sich so, als ob sich ihre Valenzelektronen relativ frei innerhalb des Kristallgitters bewegen könnten. Man vergleicht die Elektronen hier gern mit einem See von negativen Ladungen, der die Atome in dieser Metallbindung fest zusammenhält.

Ein detailliertes Modell für die metallische Bindung liefert die Betrachtungsweise, in der ein Metallstück insgesamt als ein Riesenmolekül angesehen wird und delo-

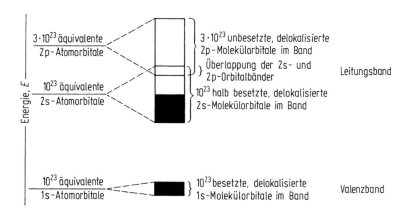

**Abb. 2.3** Delokalisierte Metallorbitalbänder im Lithium. Die ursprünglichen 2s- und 2p-Atomorbitale liegen energetisch so dicht beieinander, dass sich die aus ihnen resultierenden Molekül- oder Metallorbitalbänder überlappen. Lithium besitzt ein Elektron für jedes 2s-Atomorbital und weist somit nur halb so viele Elektronen auf, wie in den 2s-Atomorbitalen bzw. deren delokalisierten 2s-Molekülorbitalband untergebracht werden können. Es ist somit nur eine infinitesimal kleine Energie erforderlich, um ein Elektron anzuregen, in den nächsthöheren (unbesetzten) Energiezustand überzugehen. Lithium ist demnach ein Elektrizitätsleiter.

kalisierte Molekülorbitale sich über das gesamte Metallvolumen erstrecken. In der Orbitaltheorie (vgl. Abschn. 2.1.5) ergeben sich dann aus eng benachbarten Energieniveaus sogenannte Elektronenbänder, die teilweise besetzt sind und bei der Leitung des elektrischen Stroms genutzt werden (Abb. 2.3.).

Metalle kommen in der Natur selten gediegen vor (abgesehen von Edelmetallen), sondern z. B. in Form oxidischer bzw. sulfidischer Verbindungen, den Erzen. Reduktive Behandlung der Erze setzt häufig die begehrten Metalle frei: Typisches Beispiel ist die Gewinnung von Eisen bzw. Stahl aus oxidischen Eisenerzen mit Kohle als Reduktionsmittel (Hochofenprozess).

## 2.1.4 Ionenbindung

Neben der metallischen Bindung diskutiert man in der Chemie zwei weitere Haupttypen der chemischen Bindung. Es handelt sich um die heteropolare Ionenbindung und die homöopolare kovalente Bindung, wobei die Realität mehr oder weniger stark von diesen idealisierten Bindungstypen abweicht und es zu Mischformen kommt.

Metalle stehen im Periodensystem links und unten, und ihre Atome weisen nur wenige Valenzelektronen auf. Innerhalb einer Periode nimmt der metallische Charakter nach rechts stark ab, gleichzeitig steigt beim Übergang zu den typischen Nichtmetallen (oben rechts im PSE) die Elektronegativität (ungemein nützliche, empirisch ermittelte Größe, welche die Tendenz angibt, eine Bindung durch Elektronentransfer zu begünstigen). Die Ionenbindung ist das Resultat der elektrostatischen Anziehung von entgegengesetzt geladenen Teilchen, den Ionen.

Als einfache Regel kann man sich merken: Elemente, die im PSE weit voneinander entfernt sind (Elektronegativitätsunterschiede > 1.6), neigen zur Ionenbindung (Redoxprozesse, Abschn. 2.2.4), wobei es das Oktettprinzip ist, das die Natur der auftretenden Ionen bestimmt: Die klassischen Theorien der chemischen Bindung beruhen auf dem Bestreben der Atome, sich mit acht Valenzelektronen (8 Elektronen auf der äußeren Schale bzw. zwei Elektronen im Fall der Heliumkonfiguration) zu umgeben. Diese Elektronenkonfiguration ist besonders stabil und wird als Edelgaskonfiguration bezeichnet. Die besondere Stabilität äußert sich beispielsweise in der Tatsache, dass die Polarisierbarkeit bei den Edelgasen ein deutliches Minimum zeigt, so dass diese Elektronenkonfigurationen keine besondere Neigung zeigen, sich auf einen äußeren Einfluss von Feldern einzustellen und durch Bindungsbildung ein tieferes Potentialminimum zu bilden. Spektroskopisch sind diese Edelgaskonfigurationen dadurch charakterisiert, dass der erste angeregte elektronische Zustand bei hohen Energien liegt.

Die Oktettregel verlangt das „Auffüllen bzw. Entleeren der äußeren Schale". Das bedeutet für die Elemente der ersten Langperiode (Li, Be, B, C, N, O, F), dass sie jeweils so viele Valenzelektronen abgeben müssen, bis sie die Elektronenkonfiguration des He ($1s^2$) erreicht haben, bzw. Elektronen aufnehmen mussten, bis sie die des Ne ($2s^2p^6$, äußere Schale) bilden. So erreicht das Lithiumatom durch Abgabe und das Fluoratom durch Aufnahme je eines Elektrons die Elektronenkonfiguration des Heliums bzw. des Neons:

$$\text{Li}\cdot + \cdot\overline{\underline{F}}| \rightarrow \text{Li}^+ + |\overline{\underline{F}}|^-.$$

Die Ionenbindung beruht auf der elektrostatischen Anziehung entgegengesetzt geladener Ionen, die nach dem oben genannten Prinzip aus den Atomen entstehen. Zur Bildung der positiv geladenen Kationen neigen insbesondere Elemente mit geringer Zahl an Valenzelektronen (z. B. Metalle). Die negativ geladenen Anionen werden insbesondere von den Elementen der VI. und VII. Hauptgruppe des PSE erzeugt, die eine vergleichsweise hohe Elektronenaffinität (Elektronegativität) aufweisen. Bei *komplexen Ionen* können Metalle und Nichtmetalle als Zentralatome auftreten:

$$SO_4^{2-}, MnO_4^-, NH_4^+, [Cu(NH_3)_4]^{2+}.$$

Da die Wechselwirkungskräfte der Ionen isotrop sind, ist die Ionenbindung nicht gerichtet. Daraus resultieren hohe Koordinationszahlen, die im festen Zustand die Ausbildung von „riesigen" Strukturen aus Anionen und Kationen ermöglichen, den Ionenkristall. Die Anordnung der Ionen erfolgt hier in der Weise, dass die Gesamtwechselwirkungsenergie einen minimalen Wert annimmt. Koordinationszahlen und Abstand der Ionen im Gitter (*Gittertyp*) werden vor allem durch die Größe und Ladung der Ionen bestimmt, wobei die Wechselwirkung der kugelförmigen Ionen in guter Näherung durch das Coulomb-Gesetz beschrieben werden kann.

## 2.1.5 Kovalente Bindung

Viele charakteristische chemische und physikalische Eigenarten von Molekülen (z. B. ausgeprägt unterschiedliche Reaktionsgeschwindigkeiten) benötigen zum Verständnis die Beschreibung durch andere Formen der chemischen Bindung. Dies wird insbesondere bei den Nichtmetallen deutlich; dazu gehört die Chemie der Kohlenstoffverbindungen (Organische Chemie, Biochemie).

Man kann die **kovalente Bindung** als Folge der bei der Annäherung zweier Atome (oder Moleküle) eintretenden Verringerung der Gesamtenergie des Systems verstehen, wobei die überschüssige Energie durch einen dritten Stoßpartner abgeführt werden muss. Die Bindungsenergie des Moleküls $Cl_2$ beträgt z. B. 242 kJ/mol. Für die Verbindung zur Physik der Einzelteilchen ist folgende Beziehung wichtig:

$$100 \text{ kJ/mol} = 1.0364 \text{ eV/Molekül}.$$

Das bedeutet, dass ein $Cl_2$-Molekül um 2.5 eV stabiler ist als zwei getrennte Chloratome. Die kovalente Bindung kann verstanden und beschrieben werden durch ein Elektronenpaar, das zwei Atomen gemeinsam angehört.

Einfacher: Jewils zwei Atome nutzen ein oder mehrere Elektronenpaare gemeinsam, um das angestrebte Elektronenoktett zu erreichen. Die Anzahl der gemeinsamen Elektronenpaare entspricht der Anzahl der kovalenten Bindungen, die von einem Atom ausgehen ($CH_4$, 4). Werden zwei Partner in solchen Atombindungen durch zwei oder drei gemeinsame Elektronenpaare verknüpft, entstehen Doppelbindungen bzw. Dreifachbindungen (zeichnerische Darstellung der Valenzelektronen durch Punkte bzw. der gemeinsamen Elektronenpaare durch Striche zwischen den Atomen).

$$|\overline{\underline{Cl}}\cdot + \cdot\overline{\underline{Cl}}| \rightarrow |\overline{\underline{Cl}}{-}\overline{\underline{Cl}}|; \qquad |\dot{N}\cdot + \cdot\dot{N}| \rightarrow |N{\equiv}N|$$

Einfachbindung  Dreifachbindung

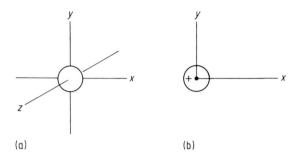

**Abb. 2.4** Darstellung eines 1s-Orbitals in (a) dreidimensionaler bzw. (b) zweidimensionaler Form. Das Pluszeichen beschreibt das *Vorzeichen der Wellenfunktion*.

Die Entwicklung der Quantentheorie zu Beginn des 20. Jahrhunderts führte auch zu einem neuen Verständnis in der Molekülbildung. Wie bereits in Kap. 1 ausführlich erläutert wurde, kann man nur Aussagen zu den Aufenthaltswahrscheinlichkeiten der Elektronen machen, wie es die **Schrödinger-Gleichung** vorführt. Lösungen dieser Gleichung (Wellenfunktionen) für Atome oder Ionen bezeichnet man auch als Atomorbitale, deren Quadrate die Wahrscheinlichkeit beschreiben, im zeitlichen Mittel ein Elektron an einem bestimmten Punkt zu finden (vgl. Kap. 1). In der stark vereinfachenden graphischen Darstellung der Wellenfunktionen erhält man kugel- oder hantelförmige Gebilde mit positiven und negativen Amplituden und Knoten, in denen sich das Vorzeichen der Funktion ändert.

Für die exemplarische mathematische Behandlung dieser Problematik hat sich das Wasserstoffatom (ein Proton, ein Elektron) bewährt. Die Wellenfunktion mit der niedrigsten Energie ist das 1s-Orbital (Hauptquantenzahl 1). Dieses Orbital ist kugelsymmetrisch (Abb. 2.4) und hat keine Knotenebenen. Graphisch stellt man es als diffuse Wolke oder einfach als Kugel bzw. in der Zeichenebene als Kreis dar (90 % Aufenthaltswahrscheinlichkeit des Elektrons innerhalb des Kugelvolumens).

Für das nächsthöhere Energieniveau erhält man als Lösung das ebenfalls kugelsymmetrische 2s-Orbital, das aufgrund des höheren Energiezustands ein größeres Volumen umfasst.

Im nächsthöheren Fall ergeben sich für das Wasserstoffelektron drei energetisch äquivalente (entartete) Lösungen, bei denen die zylindersymmetrischen, hantelförmigen 2p-Orbitale (siehe Abb. 2.5) bezüglich eines kartesischen Koordinatensystems drei charakteristische räumliche Orientierungen einnehmen können (Knotenebene steht senkrecht auf der Orbitalachse).

Bei der mathematischen Behandlung der Wellengleichung für Atome mit mehr als einem Elektron wird eine genaue Beschreibung sehr schnell außerordentlich aufwendig, da die Wechselwirkungen aller Elektronen untereinander berücksichtigt werden müssten. Erfreulicherweise sind die Form und Knotenebenen der Atomorbitale aller Atome denen des Wasserstoffatoms ähnlich. Die steigende Kernladung lässt jedoch die Größe der Orbitale innerhalb einer Periode nach rechts abnehmen (die besetzten Niveaus mit der kleinsten Ionisationsenergie sind maßgebend für die chemische Bindung; highest occupied molecular orbital, HOMO).

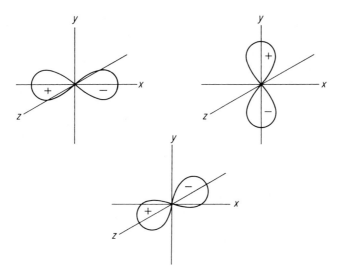

**Abb. 2.5** Zweidimensionale Darstellung von 2p-Orbitalen.

Mittels eines Energieniveauschemas können wir nun die Elektronen eines jeden Elements auf die Atomorbitale verteilen (Abb. 2.6). Bei diesem Aufbauprinzip müssen einige Regeln beachtet werden (*Pauli-Prinzip, Hund'sche Regel* etc.). Das Ergebnis führt dann zu Elektronenkonfigurationen, welche beispielsweise erkennen lassen, warum Elektronenoktetts besonders stabile Konfigurationen darstellen. Kovalente Bindungen können besonders anschaulich durch die Überlappung von Atomorbitalen dargestellt werden.

Die Verteilung von Elektronen auf vorhandene Atomorbitale wird durch eine empirische Beobachtung beherrscht. Die *Hund'sche Regel* stellt fest, dass ein Atom in seinem Grundzustand die Konfiguration einnimmt, die die größte Zahl ungepaarter Elektronen aufweist. Diese Regel hat seinen tieferen Ursprung in den Eigenschaften der Spinkorrelation. Elektronen mit parallelen Spins versuchen für sich zu

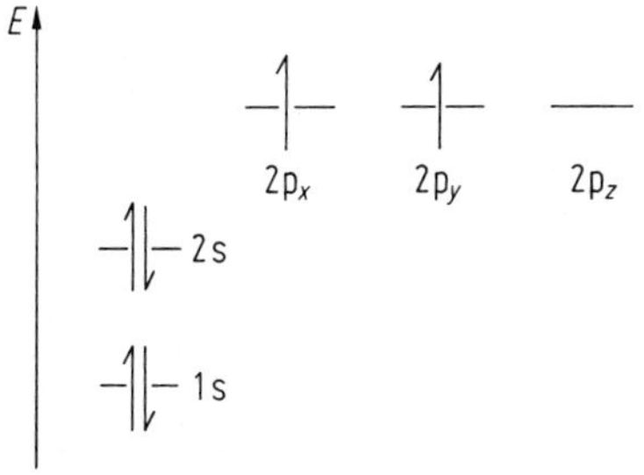

**Abb. 2.6** Stabilste Elektronenkonfiguration von atomarem Kohlenstoff, $(1s)^2(2s)^2(2p)^2$ [Grundzustand]. Die jeweils einfache Besetzung zweier p-Orbitale entspricht der Hund'schen Regel, die gepaarten Spins im aufgefüllten 1s- und 2s-Orbital sind in Übereinstimmung mit dem Pauli-Prinzip und der Hund'schen Regel.

382   2 Moleküle – Bindungen und Reaktionen

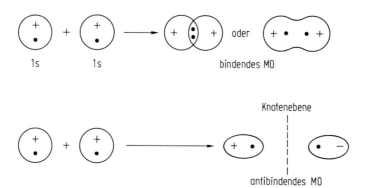

**Abb. 2.7** Bindende und antibindende Kombination der Wasserstoff-Atomorbitale zu Wasserstoff-Molekülorbitalen.

bleiben und erfahren somit eine geringere Coulomb-Abstoßung. Dies erniedrigt die Gesamtenergie des Atoms und ergibt somit das bevorzugte Besetzungsschema.

Der wiederum einfachste Fall ist die Bindung zwischen zwei Wasserstoffatomen im $H_2$ (Abb. 2.7). Wir hatten gelernt, dass Atomorbitale Lösungen der Wellengleichung im Zentralpotential sind. Wie bei Wellen findet bei der Überlagerung in Bereichen der Wellenfunktion mit gleichem Vorzeichen eine Verstärkung statt. In dieser bindenden Kombination ist die Elektronendichte zwischen den Kernen hoch und führt zur kovalenten Bindung. Die Überlappung der beteiligten Orbitale mit gleichem Vorzeichen führt zum **bindenden Molekülorbital,** während im antibindenden **Molekülorbital** (ungleiche Vorzeichen, destabilisierende Wechselwirkung) dort eine Knotenebene erzeugt wird, in der sich die Amplituden der Wellenfunktion zu null addieren.

Die Überlagerung der beiden 1s-Orbitale zweier Wasserstoffatome ergibt demnach zwei Molekülorbitale (MO). Da das System insgesamt nur zwei Elektronen enthält, besetzen beide das bindende MO mit der niedrigeren Energie (maximal 2 Elektronen pro Orbital mit antiparallelem Spin, Pauli-Prinzip), was gegenüber den isolierten H-Atomen einen deutlichen Energiegewinn ergibt (Abb. 2.8).

So kann man leicht verstehen, warum Wasserstoff als $H_2$-Molekül auftritt, Helium jedoch in atomarer Form. Zwei He-Atome müssten nämlich mit ihren insgesamt vier Elektronen im analogen Energieniveauschema sowohl das bindende als auch das antibindende MO vollständig auffüllen, was energetisch nicht günstig ist, da der Energieaufwand zur Bildung des antibindenden MOs den Gewinn des bindenden Orbitals weit übertrifft.

Die eben beschriebene Aufspaltung von Energieniveaus bei der Kombination von Atomorbitalen lässt sich auf alle Orbitale anwenden. Die Absenkung der Energie des bindenden Molekülorbitals ist hierbei von vielerlei Faktoren abhängig. Beispielsweise spielen geometrische (sterische) Faktoren eine wichtige Rolle. Dies erkennt man sogleich bei der Einbeziehung der p-Orbitale, die ja nicht kugelsymmetrisch sind. Grundsätzlich sind mehrere Typen von Bindungen möglich. Befindet sich der maximale Ladungszuwachs der Elektronendichte relativ zu den Atomen zylindersymmetrisch auf der Verbindungsachse zwischen den Kernen, so spricht man von

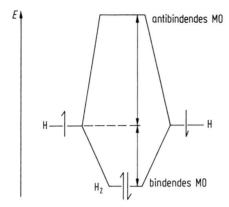

**Abb. 2.8** Schematische Darstellung der Kombination der beiden einfach besetzten Wasserstoff-Atomorbitale zu zwei Molekülorbitalen.

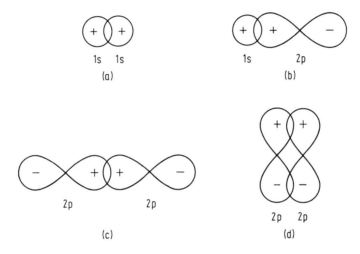

**Abb. 2.9** Bindung zwischen Atomorbitalen: (a) 1s und 1s; (b) 1s und 2p; (c) 2p und 2p (entlang der Kernverbindungsachse, σ-Bindung; (d) 2p und 2p (senkrecht auf der Kernverbindungsachse, π-Bindung).

einer **σ-Bindung**, befindet er sich ober- und unterhalb dieser Achse (wie Abb. 2.9 d zeigt), so handelt es sich um eine **π-Bindung** (Abb. 2.9). Alle Kohlenstoff-Kohlenstoff-Einfachbindungen sind σ-Bindungen, ihre Mehrfachbindungen enthalten immer zusätzlich π-Bindungsanteile.

Bei Molekülen aus mehr als zwei Atomen reichen diese Beschreibungen nicht mehr aus. Um die Bindung und auch die Geometrie größerer Moleküle richtig beschreiben zu können, muss man durch eine sinnvolle mathematische Kombination von atomaren Orbitalen neue **Hybridorbitale** bilden. So entstehen beispielsweise durch geeignete Mischung eines s- und eines p-Orbitals zwei lineare sp-Hybride. Ein s- und zwei p-Orbitale liefern drei trigonale $sp^2$-Hybridorbitale und ein s- und drei p-Orbitale vier tetraedrisch angeordnete $sp^3$-Orbitale (Abb. 2.10).

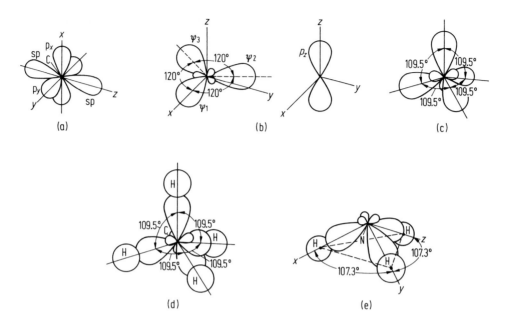

**Abb. 2.10** Wellenfunktionen bei (a) sp-Hybridisierung, (b) sp$^2$-Hybridisierung und (c) sp$^3$-Hybridisierung. (d) Die Hybridisierung im Kohlenstoffatom zu vier sp$^3$-Hybridorbitalen führt zur tetraedrischen Geometrie des Methanmoleküls (CH$_4$). (e) Bindungsverhältnisse im Ammoniakmolekül NH$_3$.

Die Kombination von atomaren Orbitalen höherer Symmetrien zu Bindungsniveaus sind sehr komplex und werden von der Gruppentheorie dominiert. Dem Leser wird das Studium von Abschn. 3.4.3 und der ausführlichen Literatur dieses Spezialgebiets empfohlen.

Diese aufgrund quantenmechanischer Erkenntnisse vertieften Erfahrungen liefern wesentliche Grundlagen für das Verständnis der strukturellen Eigenarten aller Moleküle und eröffnen die Ära der modernen Chemie. Betrachtungen dieser Art erlauben Vorhersagen von Bindungsenergien und -längen, der Molekülsymmetrie und anderer wichtiger Eigenschaften. So ergibt sich beispielsweise als Resultat der energetisch günstigsten Anordnung der Hybridorbitale die tetraedrische Koordination der C-Atome in gesättigten Kohlenstoffverbindungen mit allen ihren stereochemischen Konsequenzen (vgl. Abschn. 2.3.2).

## 2.2 Reaktionsdynamik

### 2.2.1 Chemisches Gleichgewicht

*Welche Atome und Moleküle reagieren miteinander und wann?* Dies ist eine der grundsätzlichen Fragen an die physikalische Chemie. Die Antwort ist im Einzelfall meist nicht leicht zu verstehen, wenngleich aus Erfahrung, gepaart mit dem Wissen um die Prinzipien der Thermodynamik – also das, was wir in diesem Kapitel kurz vermitteln wollen – in der Regel korrekte Voraussagen möglich sind. Es stellt sich die Frage nach der Spontanität einer Reaktion, d. h. nach ihrer Neigung, von selbst abzulaufen, wobei wir die Geschwindigkeit zunächst unberücksichtigt lassen wollen.

Die Entwicklung von Computerprogrammen auf der Grundlage umfassender Datenbanken wird immer erfolgreicher betrieben und hilft nicht nur in chemischen Großbetrieben in vielen Fällen bereits bei der Entwicklung von optimalen Reaktionswegen zu einem gewünschten Endprodukt. So werden z. B. die Möglichkeiten zur Minimierung von Nebenprodukten etc. genutzt und so auch die Bedingungen zur Verbesserung des Umweltschutzes entwickelt.

*Beispiel:* Die Erzeugung von chemisch interessanten Verbindungen, ausgehend von Stickstoff $N_2$ und Sauerstoff $O_2$ (Luft!), ist nicht nur aus industrieller Sicht von großem Interesse. In Gegenwart eines Katalysators (vgl. Abschn. 2.2.2) oder bei hohen Temperaturen ist folgende Reaktion möglich (dies geschieht z. B. auch beim Autofahren):

$$N_2 + O_2 \underset{k_2}{\overset{k_1}{\rightleftarrows}} 2\,NO + \Delta G.$$

Bei genügend hohen Temperaturen werden sich zu Beginn relativ rasch NO-Moleküle bilden, da die Anzahl bzw. die Konzentration der benötigten Reaktionspartner $N_2$ und $O_2$ noch hoch ist. Die Reaktionsrate $R$ ist gegeben durch $R_1 = k_1\, c(N_2)\, c(O_2)$; $c(A)$ ist die Stoffmengenkonzentration oder einfach Konzentration eines Stoffes A (in der Chemie ist hierfür international noch weitgehend die Abkürzung [A] üblich). Der Verbrauch an Edukten (Ausgangsstoffen, die in die Reaktion eingesetzt werden) wird diese Hinreaktion jedoch verlangsamen. Andererseits können bereits gebildete NO-Moleküle wieder in die Ausgangsstoffe zerfallen, d. h. die sogenannte Rückreaktion mit der Reaktionsrate $R_2$ ist ebenfalls möglich ($R_2 = k_2\, c^2(NO)$). Je mehr NO vorhanden ist, desto ausgeprägter wird diese Rückreaktion sein. Irgendwann wird schließlich ein Punkt erreicht werden, bei dem die Raten der Hin- und Rückreaktion gleich sind ($R_1 = R_2$).

Dies ist die Bedingung für das sogenannte *chemische Gleichgewicht*. Die makroskopische Zusammensetzung der Reaktionsmischung hat damit einen dynamischen Gleichgewichtszustand erreicht, d. h. die Hin- und Rückreaktion laufen weiterhin ab, die relativen Konzentrationen der beteiligten Reaktionspartner bleiben jedoch im Mittel konstant. Für die Beschreibung dieses Gleichgewichts hat sich folgende Schreibweise als außerordentlich nützlich erwiesen:

$$\frac{c^2(NO)}{c(N_2)\, c(O_2)} = \frac{k_1}{k_2} = K.$$

Dieser Ausdruck charakterisiert die Gleichgewichtskonstante $K$, die das Verhältnis der Konzentrationen der Produkte zu dem der Edukte wiedergibt und als **Massenwirkungsgesetz** bezeichnet wird.

$$\underset{\text{Edukte}}{A + B} \rightleftarrows \underset{\text{Produkte}}{C + D}; \quad K = \frac{c(C)\, c(D)}{c(A)\, c(B)}$$

Spontane Reaktionen sind in ihrer Mehrzahl exotherm, d. h. es wird Wärme freigesetzt ($\Delta G < 0$). Es gibt jedoch auch spontan ablaufende endotherme Reaktionen. Dieses Phänomen berücksichtigt die *freie Enthalpie* (Gibbs-Funktion) $G$:

$$G = H - TS.$$

Die freie Enthalpie $G$ ist durch zwei **Zustandsfunktionen** definiert, sie haben folgende Interpretationen:

Die *Enthalpie H* ist ein Maß für die Reaktionswärme bei konstantem Druck; die *Entropie S* eines Systems von chemischen Stoffen berücksichtigt z. B. die Zunahme an Ordnung beim Kristallisieren bzw. die Zunahme an Unordnung beim Auflösen eines Kristalls. Aus der Thermodynamik haben wir gelernt, dass bei jeder spontanen Reaktion unter konstantem Druck und bei konstanter Temperatur die freie Enthalpie $G$ unabhängig von der Wärmetönung einer Reaktion stets abnehmen muss. Im Gleichgewicht ist $\Delta G = 0$.

Die Kenntnis der Gleichgewichtskonstanten $K$ ermöglicht es vorauszusagen, ob und in welcher Richtung eine Reaktion ablaufen wird und (!) wie groß die Anteile der Reaktionspartner sein werden. Die Lage des Gleichgewichts ist unabhängig von der Verwendung eines Katalysators, aber abhängig von Druck und Temperatur. Diese Tatsache ist von außerordentlich praktischer Bedeutung und wird in Industrie und Labor intensiv genutzt, wenn es darum geht, eine Reaktion zur Optimierung der Ausbeute möglichst vollständig in einer Richtung ablaufen zu lassen. Gelingt es darüber hinaus, Anteile des Produkts durch Ausfällen (Löslichkeit), Abdestillieren etc. dem Gleichgewicht zu entziehen, kann das System ständig in einem Ungleichgewicht gehalten werden und sogar bei ungünstigen Gleichgewichtskonstanten $K$ eine praktisch quantitative Umsetzung in der gewünschten Richtung erfolgen.

Beispiel: Bei der Umsetzung der Feststoffe Calciumoxid (gebrannter Kalk) und Kohlenstoff in einem elektrischen Ofen wird bei 2000–3000 °C Calciumcarbid und Kohlenmonoxid gebildet.

$$CaO + 3C \rightarrow CaC_2 + CO \uparrow.$$

Durch kontinuierliches Entfernen des CO-Gases wird die Reaktion letztlich vollständig in Richtung auf die Calciumcarbidbildung gedrängt.

Spontan ablaufende Reaktionen (fern vom Gleichgewicht) sind oft irreversibel. Gleichgewichtsreaktionen sind reversibel.

## 2.2.2 Kinetik, Katalyse

Das Wissen um die Lage eines Gleichgewichts bzw. die Kenntnis der thermodynamischen Stabilität der beteiligten Reaktionspartner sagt zunächst noch nichts darüber aus, wie schnell sich dieses Gleichgewicht einstellen wird.

Reaktionen zwischen Ionen in Lösung ohne Änderung der Oxidationsstufe (Abschn. 2.2.4) sind außerordentlich schnell. Beispielsweise wird die Geschwindigkeit der Neutralisation einer Säure mit einer Base (Abschn. 2.2.3) praktisch ausschließlich durch die Zeit begrenzt, die zur Durchmischung beider Lösungen benötigt wird. Hier führt nahezu jeder Stoß zwischen den Protonen und den Hydroxid-Ionen zur Bildung von Reaktionswasser; die Reaktion ist diffusionskontrolliert.

Die Ausbildung eines Niederschlags, z. B. beim Ausfällen von Silberchlorid, erfordert hingegen einige Sekunden:

$$Ag^+ + Cl^- \rightarrow AgCl \downarrow.$$

Relativ langsam verlaufen auch einige Redoxreaktionen (Abschn. 2.2.4), da nicht jeder Stoß zum Übertragen von Elektronen führt.

$$2\,Fe^{3+} + Sn^{2+} \rightarrow 2\,Fe^{2+} + Sn^{4+}.$$

Eine bei Raumtemperatur extrem langsame Reaktion ist hingegen die unter bestimmten anderen Bedingungen explosionsartig verlaufende Knallgasreaktion.

$$2\,H_2 + O_2 \rightarrow 2\,H_2O.$$

Die Reaktionsgeschwindigkeit hängt eben nicht nur von der Zusammensetzung der reagierenden Substanzen ab, sondern auch von deren physikalischem Zustand, von der Güte der Vermischung und von Druck, Temperatur und Konzentration. Entscheidend können auch besondere physikalische Bedingungen wie Bestrahlung mit Licht bestimmter Wellenlänge oder die Gegenwart anderer Substanzen (Katalysatoren) sein, die die Reaktionen ganz erheblich beeinflussen können.

Hier hilft das Wissen um die Prinzipien der chemischen Kinetik. Die Reaktionsrate wird um so größer sein, je höher die Wahrscheinlichkeit eines Zusammenstoßes der Partner ist. Das bedeutet, dass größere Teilchenzahlen pro Volumen (Konzentration) und höhere Temperaturen im Allgemeinen den Umsatz erhöhen, wobei die Reaktionswahrscheinlichkeit über alle räumlichen Orientierungen der Stoßpartner gemittelt wird. Man unterscheidet zwischen Reaktionen 1. und höherer Ordnung, je nachdem, ob die Reaktionsgeschwindigkeit nur von der Konzentration eines Reaktionspartners ($c_A$) abhängt, oder ob die Konzentrationen mehrerer bzw. aller beteiligten Reaktionspartner ($c_A$, $c_B$, $c_C$ ...) entscheidend sind.

*Zeit-Gesetz für Reaktionen 1. Ordnung* (z. B. radioaktiver Zerfall):

$$\frac{dc_A}{dt} = -k c_A \quad \text{und} \quad c_A = c_0\, e^{-kt}.$$

Aber nicht jeder Zusammenstoß zwischen den Reaktionspartnern führt zur Reaktion, d. h. nicht alle Teilchen einer Substanz sind jederzeit reaktionsbereit. Es reagieren nur solche miteinander, deren Gesamtenergie einen gewissen Minimalbetrag überschreitet. Diese Mindestenergie zur Überwindung der vorliegenden Potentialschwellen wird als *Arrhenius'sche Aktivierungsenergie* bezeichnet und bestimmt letztlich die tatsächliche Reaktionsgeschwindigkeit (Abb. 2.11) (die *freie Enthalpie G* ist nur ein Maß für die „Triebkraft" einer Reaktion).

Ein Katalysator wirkt sich nicht auf die freie Enthalpie aus, kann aber die Aktivierungsbarriere durch einen veränderten (modifizierten) Reaktionsmechanismus entscheidend senken und die Reaktionen damit erheblich beschleunigen.

Wird die katalytische Wirkung dadurch hervorgerufen, dass die Reaktionspartner an die Oberfläche einer festen Phase gebunden sind, spricht man von *heterogener Katalyse* (vgl. Band 6, Kap. 3). Sie spielt bei vielen technischen Prozessen eine entscheidende Rolle und ist im Zusammenhang mit der Entgiftung von Abgasen (z. B. „Katalysator-Auto") allgemein bekannt geworden. Dort werden Edelmetallpartikel z. B. aus Platin oder Palladium verwendet, die in keramische Oberflächen eingebettet sind.

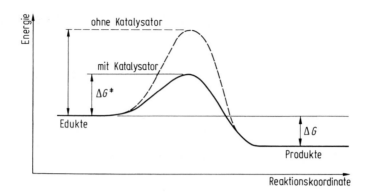

**Abb. 2.11** Ein Katalysator beschleunigt eine ohnehin spontane Reaktion, indem er einen alternativen Reaktionsweg mit niedrigerer Aktivierungsenergie $\Delta G$ ermöglicht.

**Tab. 2.2** Einige Beispiele für den Einsatz heterogener Katalysatoren bei bedeutenden industriellen Verfahren.

| Verfahren | Katalysator |
|---|---|
| Ammoniaksynthese (Haber-Bosch-Verfahren) | $Fe/Al_2O_3/K_2O$ |
| Oxidation von Schwefeldioxid zu Schwefelsäure (Kontaktverfahren) | $V_2O_5/SiO_2$ |
| Oxidation von Ammoniak zu Stickoxiden zur Herstellung von Salpetersäure | Pt/Rh |
| Fischer-Tropsch-Synthese | $Fe, Co/ThO_2/MgO$ |
| Synthese von Methanol: | |
| – Hochdruckverfahren | $ZnO/Cr_2O_3$ |
| – Niederdruckverfahren | $CuO/Cr_2O_3$ |
| Konvertierung von Kohlenstoffmonoxid: | |
| – Hochtemperaturkonvertierung | $Fe_2O_3/Cr_2O_3$ |
| – Tieftemperaturkonvertierung | $ZnO/CuO/Cr_2O_3$ |
| Dampfreformieren von Kohlenwasserstoffen | $Ni/CaCO_3$ |
| Katalytisches Cracken von Kohlenwasserstoffen | $Al_2O_3/SiO_2$ (Zeolithe) |
| Hydrospalten von Kohlenwasserstoffen | $Ni/Pd/Al_2O_3/SiO_2$ (Zeolithe) |
| Reformieren von Schwerbenzin | $Pt/\gamma\text{-}Al_2O_3$ |
| Isomerisierung der $C_8$-Aromaten | $Pt/Al_2O_3/SiO_2$ (Zeolithe) |
| Hydroraffination | $NiS/WS_2/Al_2O_3$ oder $CoS/MoS_2/Al_2O_3$ |
| Selektivhydrierung von Phenol zu Cyclohexanon | $Pd/Al_2O_3$ |
| Dehydrierung von Ethylbenzol zu Styrol | $Fe_3O_4/Cr_2O_3/K_2O$ |
| Oxidation von Ethylen zu Ethylenoxid | $Ag/\alpha\text{-}Al_2O_3$ |
| Oxidation von Benzol zu Maleinsäureanhydrid sowie von o-Xylol zu Phthalsäureanhydrid | $V_2O_5/SiO_2$ |
| Abgasnachverbrennung (Autokatalysator) | Pt oder Pd auf $Al_2O_3$ |

Preisgünstige Verfahren, die zugleich Umweltbelastungen reduzieren helfen, sind häufig abhängig von der Entwicklung und dem Einsatz geeigneter (in der Regel heterogener) Katalysatoren (Tab. 2.2). Sie ermöglichen, bei möglichst niedrigen Temperaturen und Drücken (Herabsetzen der Aktivierungsenergie; Energieeinsparung) und mit leicht verfügbaren Reagenzien (z. B. Luftsauerstoff statt teurer und möglicherweise schwer zu entsorgender Oxidationsmittel) arbeiten zu können. Im Labormaßstab hingegen lohnt sich für kleine Mengen nur in Spezialfällen eine aufwendige Katalysatorsuche bzw. -entwicklung.

### 2.2.3 Säure-Base-Reaktionen

Das Wort *Säure* ist sicher nicht erst seit der Diskussion um den sauren Regen der im allgemeinen Sprachgebrauch am weitesten verbreitete Begriff aus dem Bereich der Chemie. Erste Assoziation sind der saure Geschmack, die Magensäure und das ätzende („zerstörende") bzw. korrosionsfördernde Verhalten. Der Begriff Säure umfasst so viel, dass es (auch historisch bedingt) verschiedene Definitionen gibt. Für die meisten Fälle ist folgende Beschreibung ausreichend: Eine Säure ist eine Substanz, die beim Auflösen in Wasser in einfach positiv geladene Wasserstoffionen ($H^+$) und ein entsprechendes Anion ($A^-$) zerfällt (dissoziiert) und somit einen *Protonendonator* darstellt. Das Gegenstück ist eine Base, die ganz analog in ein Kation ($B^+$) und einfach negativ geladene Hydroxid-Ionen ($OH^-$) zerfällt bzw. über $OH^- + H^+ \rightleftarrows H_2O$ als Protonenakzeptor wirkt:

$$HA \rightleftarrows H^+ + A^-$$
$$BOH \rightleftarrows B^+ + OH^-.$$

Ein wichtiges Maß für die Säurestärke ist der *Dissoziationsgrad*. Während starke Mineralsäuren wie Salzsäure (HCl) oder Schwefelsäure ($H_2SO_4$) praktisch vollständig dissoziiert sind, ist dies bei einer schwachen Säure wie Essigsäure ($CH_3COOH$) nicht der Fall. Sie liegt auch in wässriger Lösung zu einem Großteil in der undissoziierten Form vor:

$$CH_3COOH \rightleftarrows CH_3COO^- + H^+.$$

Wasser selbst kann als Säure und auch als Base fungieren (amphoteres Verhalten), denn die Eigendissoziation des Wassers liefert folgendes Gleichgewichtssystem:

$$H_2O \rightleftarrows H^+ + OH^-.$$

Den *Dissoziationsgrad* kann man z. B. mit Hilfe der elektrischen Leitfähigkeit ermitteln. Er ist temperaturabhängig und im Fall von Wasser sehr klein. Die Konzentration an $H^+$-Ionen (Protonen) in reinstem Wasser beträgt bei Raumtemperatur $10^{-7}$ mol/l. Da je nach Verbindung die Konzentration an $H^+$-Ionen in wässriger Lösung sehr variieren kann, hat man als praktikablere Einheit die pH-Skala eingeführt, die inzwischen auch allgemeinere Popularität erlangt hat. Der pH-Wert einer Lösung ist definiert als der negative dekadische Logarithmus der Wasserstoffionen-Konzentration und zwar in mol/l.

$$pH = -\lg c_{H^+}.$$

Reines Wasser weist somit einen pH-Wert von 7 auf, der als *neutral* eingestuft wird. Bei einem pH-Wert < 7 reagiert die Lösung *sauer*, einen pH-Wert > 7 erhält man bei *basischen* Lösungen. Speziell biologische Systeme reagieren sehr empfindlich auf Änderungen des pH-Wertes. Einfache Messungen des pH-Wertes gelingen mit Hilfe von Indikatoren (organische Farbstoffe), die bei bestimmten pH-Werten einen charakteristischen Farbumschlag zeigen (verbunden mit einer Änderung ihrer chemischen Struktur). Es existiert eine Palette preiswerter Indikatoren, die den gesamten Bereich abdecken und mit denen es einfach gelingt, den pH-Wert einer wässrigen Lösung zu bestimmen (Teststäbchen).

Eine absolut elementare chemische Reaktion ist die *Neutralisation* einer Säure mit einer Base (Vorsicht! Derartige Reaktionen verlaufen stark exotherm und sollten nur mit verdünnten Lösungen durchgeführt werden). Hier reagieren gemäß der Gleichung zum Gleichgewicht des Wassers $H^+$-Ionen mit $OH^-$-Ionen unter Bildung von Wasser, während die entsprechenden Gegenionen nach dem Abdampfen des Wassers als Salz isoliert werden können. Auf diese Art und Weise erhält man beispielsweise aus Salzsäure (HCl) und Natronlauge (NaOH) schließlich Wasser ($H_2O$) und Kochsalz (NaCl).

$$HCl + NaOH \rightarrow NaCl + H_2O.$$

## 2.2.4 Redoxreaktionen

Eine Vielzahl chemischer Prozesse findet unter Übertragung von Elektronen von einem Reaktionspartner auf einen anderen statt. Dies kann an einer stationären Elektrode (fest) ablaufen, oder auch in homogener Phase. Direkt hiermit verknüpft sind elementare Experimente der Physik und der Chemie, mit denen Begriffe wie *Elektrolyse* (Band 2, Abschn. 12.1), *Spannungsreihe* (Band 2, Abschn. 12.2.4) etc. vermittelt werden. Die chemischen Bausteine, die hier im Normalfall benötigt werden, müssen demnach in der Lage sein, relativ leicht Elektronen aufzunehmen bzw. abzugeben.

Wir wollen uns zunächst der Elektrolysereaktion zuwenden, bei der unter dem Einfluss einer externen Spannungsquelle mit Hilfe zweier Elektroden Elektronentransporte stattfinden: Natriumchlorid (NaCl) schmilzt oberhalb von 801 °C. Taucht man in eine solche Salzschmelze zwei an eine Spannungsquelle angeschlossene Kohleelektroden, so scheidet sich an der Kathode metallisches Natrium ab. Die in der Schmelze vorliegenden $Na^+$-Ionen werden an der Elektrode entladen. Da die Kathode Elektronen liefert, und die Aufnahme von Elektronen als Reduktion bezeichnet wird, werden bei diesem Teilprozess $Na^+$-Ionen zu Na-Metall reduziert. Die entsprechende Oxidation ist die Abgabe von Elektronen, die zeitgleich an der Anode abläuft. Hier entwickelt sich Chlorgas durch anodische Oxidation von $2 Cl^-$ zu $Cl_2$. (In wässriger Lösung beobachtet man bei der Elektrolyse von NaCl Folgereaktionen der Primärprodukte mit Wasser.) Die Elektrolyse von $H_2O$ liefert $H_2$ und $O_2$, und wird durch Protonen ($H^+$-Ionen) katalysiert.

Im Fall einer wiederaufladbaren Batterie (z. B. Bleiakkumulator) regeneriert die Elektrolysereaktion mit Hilfe einer Spannungsquelle den chemischen Energiespeicher (Ladevorgang). Danach kann die Rückreaktion der Elektrolyse ablaufen. Der im thermodynamischen Sinne spontane Redoxprozess liefert jetzt selbst Energie und dient bei Anschluss eines Verbrauchers seinerseits als „Elektronenpumpe". Nach Abschluss dieser spontanen chemischen Reaktion (Entladung) liegen dann erneut die Ausgangsstoffe für die Elektrolyse vor, mit der der Kreislauf fortgesetzt werden kann (Voraussetzungen: reversibler Prozess, abgeschlossenes System etc.).

Das *chemische Potential* (Gleichgewichtskriterium für die Betrachtung thermodynamischer Prozesse; Definition siehe Band 1, Abschn. 37.1) einer spontanen Reaktion wird in der Praxis intensiv für gewünschte Stoffumwandlungen genutzt. So ist metallisches Natrium ein effizientes Reduktionsmittel, d. h. es gibt Elektronen ab und wird selbst im Sinne der Teilreaktion $Na \rightarrow Na^+ + e^-$ oxidiert. Der Partner kann z. B. Wasser sein, das bei gleichzeitiger Bildung von $OH^-$-Ionen zu $H_2$-Gas reduziert wird (Vorsicht! Die Reaktion ist heftig und kann sogar zur Explosion führen). Ein sehr preiswertes Reduktionsmittel steht mit der Kohle zur Verfügung. Elementarer Kohlenstoff reduziert beispielsweise Eisenoxide (Eisenerz) bei hohen Temperaturen unter Abgabe von Elektronen zu metallischem Eisen und wird selbst zu CO und/oder $CO_2$ oxidiert. Gut bekannte Oxidationsmittel sind der Luftsauerstoff und das Permanganat-Ion $MnO_4^-$.

Diese Betrachtungsweise ist von der Praxis geprägt und darf nicht absolut gesehen werden. Bei der Analyse der **Spannungsreihe** erkennt man nämlich sofort, dass es die elektrochemischen Standardpotentiale sind, die den Reaktionsverlauf festlegen. Die Frage, ob es sich bei einem bestimmten Stoff um ein Reduktions- oder Oxidationsmittel handelt, wird demnach vom jeweiligen Reaktionspartner bestimmt: Während Eisen(II)-Ionen ($Fe^{2+}$) gegenüber Zink (Zn) als Oxidationsmittel auftreten, wird Eisen (Fe) selbst durch Kupfer-Ionen ($Cu^{2+}$) oxidiert.

$$Zn + Fe^{2+} \rightarrow Zn^{2+} + Fe$$
$$Cu^{2+} + Fe \rightarrow Cu + Fe^{2+}.$$

Der allgegenwärtige Prozess der Korrosion soll als wichtiger, wenn auch in der Regel unerwünschter Redoxvorgang aus der Praxis genannt werden. Es bilden sich durch Berühren zweier unterschiedlich edler Metalle (Redoxpotentiale) sogenannte „Lokalelemente", die in Gegenwart von Wasser ($H_2O$; Luftfeuchtigkeit) zur $H_2$-Bildung (Reduktionsschritt) und „Auflösen" des unedleren Metalls durch Oxidation zum Kation führen (Salz- bzw. Oxidbildung; „Rosten" von Eisen ergibt hydratisierte Eisenoxide).

$$2\,Fe \xrightarrow{H_2O\,(Cu)} 3\,H_2\uparrow + Fe_2O_3 \cdot n\,H_2O.$$
$$\text{„Rost"}$$

## 2.3 Synthese

Dieser Abschnitt befasst sich vornehmlich mit *Kohlenstoffverbindungen* und beleuchtet beispielhaft neben wenigen grundlegenden auch einige moderne Aspekte der Organischen Chemie.

## 2.3.1 Reaktionsmöglichkeiten und Mechanismen

Obwohl nur relativ wenige Elemente neben Kohlenstoff am Aufbau organischer Produkte beteiligt sind, kennt man doch mit ca. 5 Millionen gegenüber etwa 100 000 erheblich mehr charakterisierte organische als anorganische Verbindungen. Eindrucksvoll katalogisiert sind sie im Beilstein bzw. Gmelin. Einen schnellen und sehr aktuellen Zugriff mittels elektronischer Medien erlauben die *Chemical Abstracts* (CA) bzw. die CA-Datenbank und inzwischen viele weitere z. T. sehr diversifizierte Datenbanken.

Die Vielfalt und Sonderstellung der Kohlenstoffverbindungen (pro Jahr kommen ca. 100 000 hinzu) ist insbesondere durch die Eigenschaft des Kohlenstoffs begründet, mit sich und anderen Elementen kovalente Einfach- und Mehrfachbindungen zu relativ beständigen Ketten, Ringen und dreidimensionalen Netzen ausbilden zu können (Voraussetzung: besondere Stellung im Periodensystem: IV. Hauptgruppe, 1. Langperiode). Der relativ kleine Atomradius begünstigt eine optimale Überlappung der bindenden Atomorbitale und ermöglicht sehr stabile Bindungen. Eine analoge Siliciumchemie ist wegen des wesentlich größeren Bindungsabstands und der damit deutlich geschwächten Si−Si-Bindung weitaus weniger ausgeprägt; dort dominiert die Chemie der Si−O-Bindung.

Wie kann man nun Verbindungen mit einer gewünschten Struktur aufbauen? Es existieren viele empirische und semiempirische Regeln und Rezepte. Im Prinzip ist eine Lösung auf der Basis der Quantenmechanik sogar berechenbar, aber die Vielzahl der zu beachtenden Parameter zwingt zu Vereinfachungen, die bei komplexeren Aufgaben eindeutige Entscheidungen zwischen den unübersehbar vielen Reaktionsmöglichkeiten nicht mehr zulassen. An dieser Stelle ist ein Molekülarchitekt gefragt, der theoretisch und praktisch (präparativ) geschult und mit den wesentlichen analytischen Verfahren vertraut, Reaktionswege entwickeln muss.

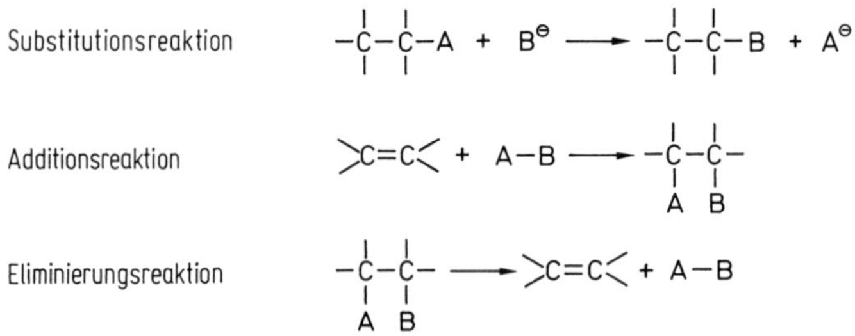

Substitutionsreaktion $\quad -\overset{|}{\underset{|}{C}}-\overset{|}{\underset{|}{C}}-A + B^{\ominus} \longrightarrow -\overset{|}{\underset{|}{C}}-\overset{|}{\underset{|}{C}}-B + A^{\ominus}$

Additionsreaktion $\quad >C=C< + A-B \longrightarrow -\overset{|}{\underset{A}{C}}-\overset{|}{\underset{B}{C}}-$

Eliminierungsreaktion $\quad -\overset{|}{\underset{A}{C}}-\overset{|}{\underset{B}{C}}- \longrightarrow >C=C< + A-B$

**Abb. 2.12** Grundlegende Reaktionstypen der Organischen Chemie.

Man unterscheidet z. B. zwischen *Substitutions-, Additions-* und *Eliminierungsreaktionen* (Abb. 2.12). Weiterhin werden zur genaueren Charakterisierung die Begriffe nukleophil (elektronenreich; es werden Positionen mit Elektronenmangel angegriffen), elektrophil (elektronenarm) oder radikalisch hinzugefügt.

Im Allgemeinen spielen sogenannte funktionelle Gruppen eine zentrale Rolle. So wird durch Einbau eines Heteroatoms (X) als Folge der Elektronegativitätsunterschiede die C-X-Bindung der kovalenten Bindungspartner polarisiert und ein entsprechendes, weitgehend vorhersagbares Reaktionspotential (nukleophil, elektrophil, radikalisch; Redoxverhalten) erzeugt (Abb. 2.13). Dazu kommen mehrere andere Kriterien, welche beispielsweise den Verlauf elektrocyclischer Reaktionen bestimmen [2].

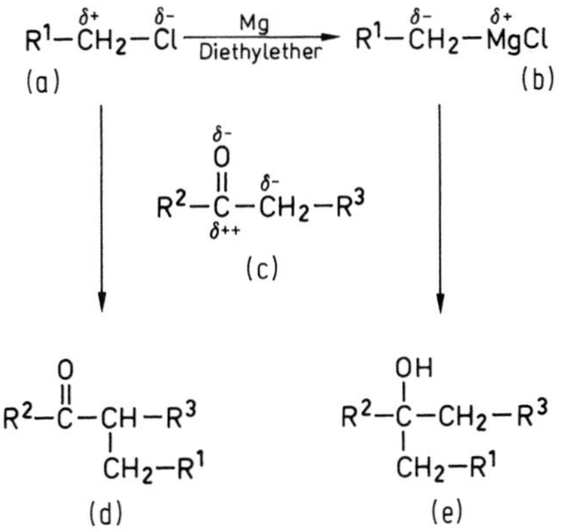

$$R^1-\overset{\delta+}{C}H_2-\overset{\delta-}{C}l \xrightarrow[\text{Diethylether}]{Mg} R^1-\overset{\delta-}{C}H_2-\overset{\delta+}{M}gCl$$
(a) \hspace{5cm} (b)

$$R^2-\underset{\delta++}{\overset{\overset{\delta-}{O}}{C}}-\overset{\delta-}{C}H_2-R^3$$
(c)

$$R^2-\overset{O}{\overset{\|}{C}}-\underset{CH_2-R^1}{CH-R^3} \hspace{2cm} R^2-\underset{CH_2-R^1}{\overset{OH}{\underset{|}{C}}-CH_2-R^3}$$
(d) \hspace{4cm} (e)

**Abb. 2.13** Funktionelle Gruppen können eine Polarisierung von Bindungen bewirken und ein entsprechendes Reaktionspotential erzeugen: Das Alkylhalogenid (a) reagiert unter geeigneten Bedingungen mit dem Keton (c) gemäß der angegebenen Polarisierung als Elektrophil zum C-alkylierten Produkt (d). Die „Umpolung" der Reaktivität von (a) gelingt durch Umsetzen mit Magnesium zur metallorganischen (Grignard-)Verbindung (b). Der jetzt nukleophile Angriff findet am Carbonylkohlenstoff des Ketons (c) statt und liefert nach Hydrolyse den Alkohol (e). (Nur die Hauptprodukte werden im Reaktionsschema diskutiert).

In der Regel kollidieren bei organischen Reaktionen zwei Moleküle, wobei eine oder mehrere Bindungen gebrochen und entsprechend neue Bindungen gebildet werden. Hierbei werden zumeist eine oder mehrere Zwischenstufen (*reaction intermediates*) durchlaufen (Abb. 2.14).

Für sämtliche hier beschriebenen Reaktionstypen gelten die in Abschn. 2.2 ausgeführten Gesetzmäßigkeiten der Energetik und des chemischen Gleichgewichts. Kennt man den genauen Reaktionsablauf – die Aufeinanderfolge von Reaktions-

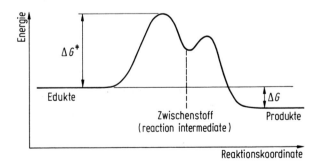

**Abb. 2.14** Energiediagramm einer Reaktion.

schritten, den Bindungsbruch, die neue Bindungsbildung, die Einzelheiten der Elektronenverschiebung, den Zeitverlauf und die Reaktionskinetik – dann kann der Reaktionsmechanismus einer Reaktion angegeben werden. Aufgrund vergleichender Überlegungen werden verwandte Mechanismen und Korrelationen gefunden, für die sich im Laufe der Zeit quasi als Gedächtnisstütze nach dem Erfinder sogenannte Namensreaktionen (Wittig[1]-Reaktion, Michael-Addition etc.) etabliert haben; so wird häufig die große Fülle von experimentellen Erfahrungen und Erkenntnissen in den Naturwissenschaften geordnet.

Eine echte Alternative bietet das Ordnen der oben kurz erwähnten und in der Praxis unglaublich vielfältigen funktionellen Gruppen in verschiedene Substanzklassen (Tab. 2.3; es gibt natürlich auch entsprechende polyfunktionelle Verbindungen).

**Tab. 2.3** Wichtige Substanzklassen in der Organischen Chemie.

| Substanzklasse | Funktionelle Gruppe | Beispiel | Struktur |
|---|---|---|---|
| Alkene | $>C=C<$ | Ethen | $H_2C=CH_2$ |
| Alkine | $-C\equiv C-$ | Acetylen | $H-C\equiv C-H$ |
| Alkohole | $-OH$ | Ethanol | $H_3C-CH_2-OH$ |
| Halogenide | $-X$ | Methylchlorid | $H_3C-Cl$ |
| Amine (prim.) | $-NH_2$ | Methylamin | $H_3C-NH_2$ |
| Nitro-Verbindungen | $-NO_2$ | Nitromethan | $H_3C-NO_2$ |
| Aldehyde | $-\overset{O}{\underset{\|}{C}}-H$ | Acetaldehyd | $H_3C-\overset{O}{\underset{\|}{C}}-H$ |
| Ketone | $-\overset{O}{\underset{\|}{C}}-$ | Aceton | $H_3C-\overset{O}{\underset{\|}{C}}-CH_3$ |
| Carbonsäuren | $-\overset{O}{\underset{\|}{C}}-OH$ | Essigsäure | $H_3C-\overset{O}{\underset{\|}{C}}-OH$ |
| Ester | $-\overset{O}{\underset{\|}{C}}-O-$ | Essigsäure-ethylester | $H_3C-\overset{O}{\underset{\|}{C}}-O-CH_2-CH_3$ |
| Amide | $-\overset{O}{\underset{\|}{C}}-NH_2$ | Essigsäure-amid | $H_3C-\overset{O}{\underset{\|}{C}}-NH_2$ |
| Nitrile | $-C\equiv N$ | Acetonitril | $H_3C-C\equiv N$ |

[1] Georg Wittig, Deutscher Nobelpreisträger für Chemie (1979)

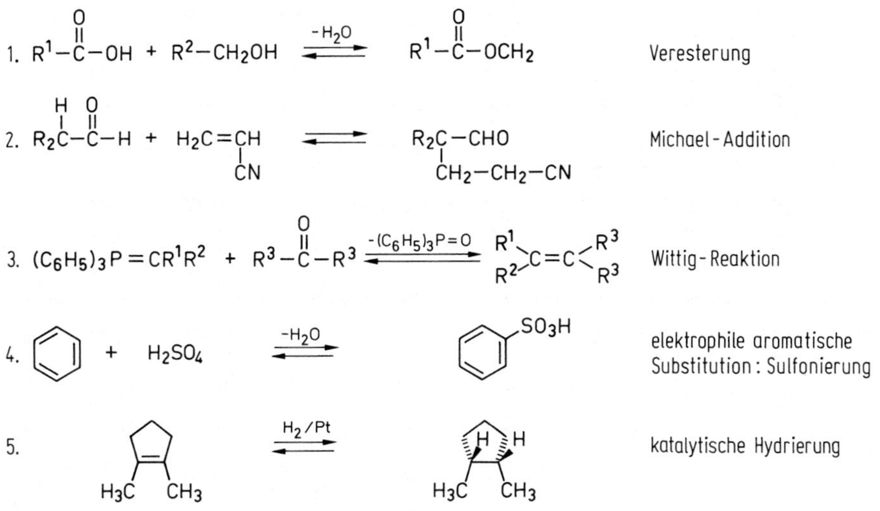

1. $R^1-\overset{\overset{O}{\|}}{C}-OH + R^2-CH_2OH \underset{}{\overset{-H_2O}{\rightleftarrows}} R^1-\overset{\overset{O}{\|}}{C}-OCH_2$   Veresterung

2. $R_2\overset{\overset{H}{|}}{C}-\overset{\overset{O}{\|}}{C}-H + H_2C=\underset{\underset{CN}{|}}{CH} \rightleftarrows R_2\overset{|}{C}-CHO \atop CH_2-CH_2-CN$   Michael-Addition

3. $(C_6H_5)_3P=CR^1R^2 + R^3-\overset{\overset{O}{\|}}{C}-R^3 \underset{}{\overset{-(C_6H_5)_3P=O}{\rightleftarrows}} {R^1 \atop R^2}C=C{R^3 \atop R^3}$   Wittig-Reaktion

4. [Benzol] + $H_2SO_4 \underset{}{\overset{-H_2O}{\rightleftarrows}}$ [Benzol]–$SO_3H$   elektrophile aromatische Substitution: Sulfonierung

5. [1,2-Dimethylcyclopenten] $\overset{H_2/Pt}{\rightleftarrows}$ [cis-1,2-Dimethylcyclopentan]   katalytische Hydrierung

**Abb. 2.15** Einige ausgewählte Synthesewege (1–5).

Das Wissen um deren Darstellungsmöglichkeiten und deren spezifisches Synthesepotential gehört zum absoluten Grundwissen eines präparativ arbeitenden Wissenschaftlers, denn hiermit hat er das notwendige, fein abgestufte Arsenal an Reaktionspartnern zur Verfügung, das er dann gezielt für sein spezielles Problem einsetzen kann, so z. B. auch zur Synthese von Makromolekülen. Abb. 2.15 zeigt einige ausgewählte, häufig beschrittene Reaktionswege.

Am Beispiel des Benzols soll eine speziell in der Chemie organischer Verbindungen wichtige Struktur-Reaktivitäts-Beziehung verdeutlicht werden. Benzol ist ungewöhnlich reaktionsträge (stabil) und geht nicht die für typische Alkene üblichen Additionsreaktionen ein (Abb. 2.12). Alle sechs Kohlenstoffatome sind sp²-hybridi-

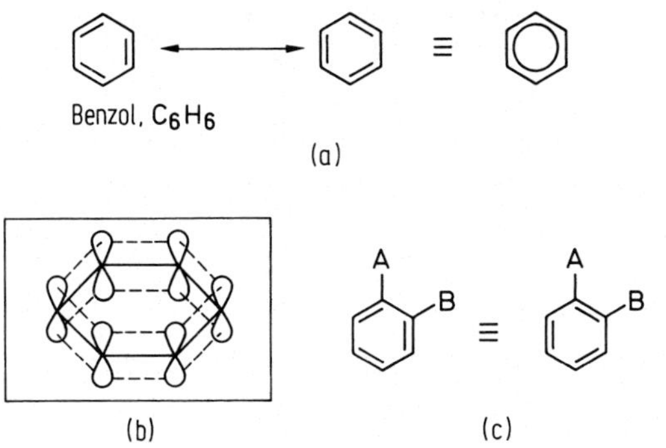

Benzol, $C_6H_6$

(a)

(b)    (c)

**Abb. 2.16** Benzol, die strukturelle Basis der aromatischen Verbindungen: (a) Mesomere Grenzstrukturen (Resonanz) des Benzols. (b) Schematische Darstellung des delokalisierten Elektronensystems bzw. der π-Wolke oberhalb und unterhalb der Ringebene. (c) Ein Beispiel mesomerer Grenzstrukturen (Resonanz) eines Benzolderivates.

siert und jedes p-Orbital überlappt gleichmäßig mit seinen beiden Nachbarn. Die auf diese Weise „delokalisierten" Elektronen bilden eine π-Elektronenwolke oberhalb und unterhalb der Ringebene (Abb. 2.16b).

Tatsächlich zeigen experimentelle Untersuchungen, dass keine alternierenden Einfach- bzw. Doppelbindungen vorliegen, wie man es für ein „Cyclohexatrien" erwarten müsste. Beim Vergleich der Hydrierwärmen (bei der katalytischen Hydrierung der Doppelbindungen freiwerdende Energie) zeigt sich Benzol um 124 kJ/mol stabiler als das hypothetische Cyclohexatrien (berechneter Wert bei lokalisierten Doppelbindungen). Diese Stabilisierung wird durch die Delokalisierung der sechs π-Elektronen erreicht und auch als Resonanzenergie des Benzols bezeichnet. Das zugrundeliegende allgemeine Phänomen heißt aus historischen Gründen *Aromatizität*. Das Benzolmolekül bildet ein reguläres Sechseck, bei dem die Längen der aromatischen C−C-Bindungen zwischen denen einer Einfach- und einer Doppelbindung liegen. Man kann diese Struktur durch zwei gleichwertige Grenzstrukturen von Cyclohexatrien wiedergeben (Abb. 2.16a, c; Mesomerie). Diese Phänomene erzeugen erhebliche Konsequenzen für die chemischen und spektroskopischen Eigenschaften dieses Strukturtyps und somit für die große Zahl aller aromatischen Verbindungen.

### 2.3.2 Stereochemie

Die Konstitution einer Verbindung mit der allgemeinen Summenformel $C_nH_{2n+2}$ (Beispiel: Kohlenwasserstoff) wird durch die Art und Aufeinanderfolge der Bindungen der beteiligten Atome festgelegt. Die Mitglieder einer solchen Gruppe von Molekülen nennt man Isomere. Sie sind in ihren Eigenschaften häufig ähnlich, können aber auch recht unterschiedliche chemische und physikalische Merkmale aufweisen. Die Zahl der theoretisch möglichen Konstitutionsisomeren wird mit steigender Kohlenstoffzahl ungeheuer groß. $C_{20}H_{42}$, ein einfacher Kohlenwasserstoff, erlaubt bereits 366 319 Isomere. Der höchste Kohlenwasserstoff, von dem alle Konstitutionsisomere dargestellt wurden, ist $C_9H_{20}$ mit 35 nichtäquivalenten Konstitutionen. Man unterscheidet zum Beispiel Stellungsisomere, Tautomere, E/Z-Isomere u. a. (Abb. 2.17).

In der Organischen Chemie wird neben Konstitution insbesondere der Begriff „Struktur" benutzt, den wir, wie in der Biochemie und Röntgenstrukturanalyse üblich, gleichbedeutend mit der dreidimensionalen Anordnung der Atome (Konfiguration, Konformation) verstehen wollen: *Konformationsisomere* besitzen die glei-

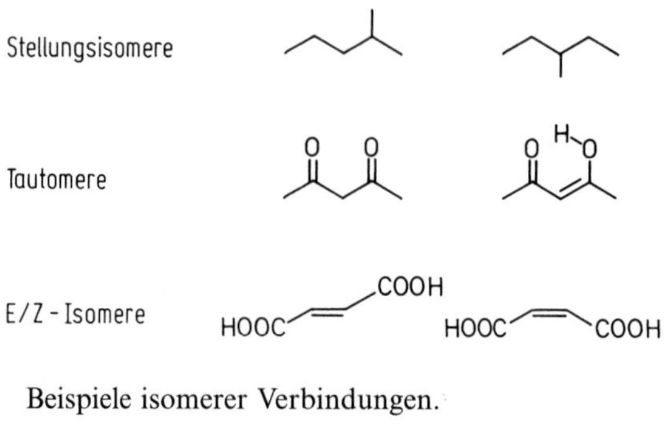

**Abb. 2.17** Beispiele isomerer Verbindungen.

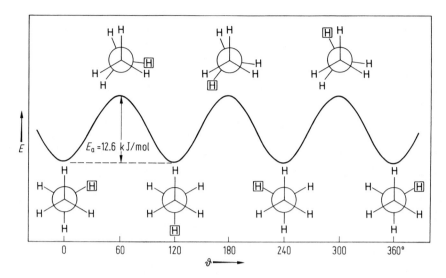

**Abb. 2.18** Konformationsänderung als Resultat der Rotation um die Kohlenstoff-Kohlenstoff-Bindung: Torsionspotentialprofil des Ethans ($C_2H_6$; Projektion, die vordere $CH_3$-Gruppe behält ihre Position) als Funktion des Drehwinkels $\vartheta$.

che Konfiguration, d. h. eine identische räumliche Verknüpfung aller Bindungspartner. Sie sind durch Drehung um Einfachbindungen (ca. 12 kJ/mol) ineinander überführbar. Abb. 2.18 zeigt die möglichen Anordnungen von Ethan anhand des Potentialverlaufs als Funktion der Drehung um die zentrale C−C-Einfachbindung. Die stabilen Konformationen besetzen die jeweiligen Minima des Potentialverlaufs.

Die Stereochemie erläutert insbesondere den dreidimensionalen Aufbau von Verbindungen und ist bei der Beschreibung und Analytik eng mit Betrachtungen zur Symmetrie verknüpft.

Die rasante Entwicklung der organischen Stereochemie hat in den letzten Jahren viele neue Begriffe entstehen lassen, die sämtliche beobachteten und zu erläuternden

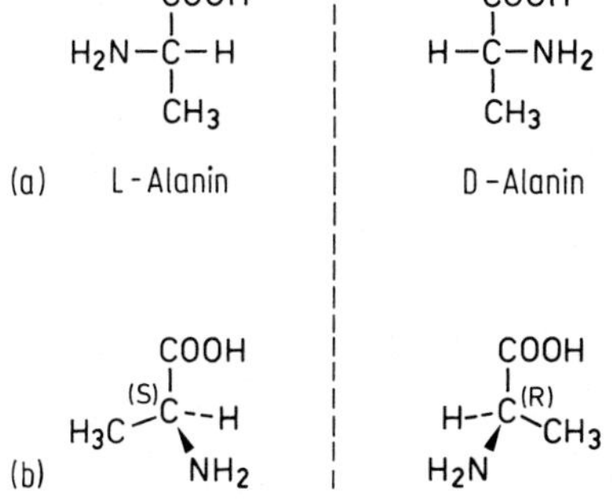

**Abb. 2.19** Chiralität: Enantiomere α-Aminosäuren (Alanin). (a) Zweidimensionale Fischer-Projektion; D,L-Nomenklatur. (b) Dreidimensionale Darstellung; R/S-Nomenklatur (beim abgebildeten Alanin sind jeweils die D- und (R)-Form bzw. die L- und (S)-Form identisch).

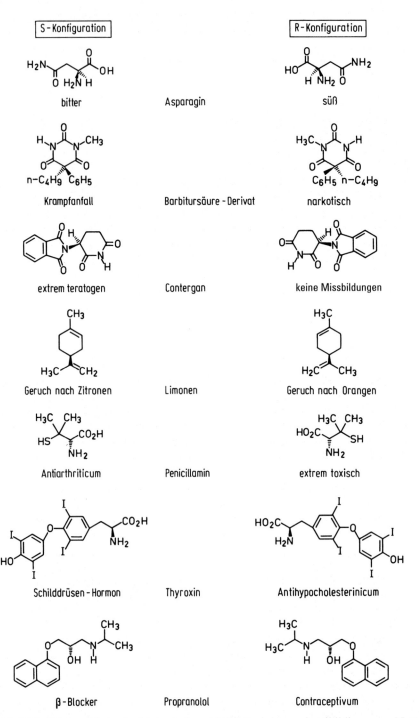

Abb. 2.20 Unterschiede der biologischen Aktivität einiger spiegelbildisomerer Natur- bzw. Wirkstoffe.

Phänomene wissenschaftlich möglichst eindeutig und einheitlich beschreiben sollen. Besonders wichtig ist der Begriff der *Chiralität*, denn es ist lange bekannt, dass es weitgehend chirale Moleküle sind, auf denen die komplexe Chemie des Lebens beruht. Chirale Moleküle können in zwei nicht identischen stereoisomeren Formen – den Enantiomeren – auftreten, die sich wie Bild und Spiegelbild verhalten (Konfigurationsisomere; R/S- bzw. D/L-Nomenklatur; vgl. Abb. 2.19). Aber: In der Natur kommt in der Regel nur eine enantiomere Form vor. Bei den α-Aminosäuren sind es die L-Aminosäuren, die insbesondere zum Aufbau der Proteine dienen.

Da Enantiomere mit einer chiralen Umgebung jeweils unterschiedlich in Wechselwirkung treten, ist verständlicherweise auch die biologische Aktivität der beiden Enantiomere von Natur- und Wirkstoffen in der Regel verschieden. Die Abb. 2.20 zeigt einige dafür eindrucksvolle Beispiele. So wirkt beim Thalidomid (Contergan®), das als Gemisch aus gleichen Mengen beider Enantiomere (Racemat) verwendet wurde, nur ein Antipode extrem teratogen, während das Spiegelbild keinerlei Missbildungen hervorruft!

Da es schon immer ein Hauptziel war, es dem großen Vorbild Natur gleichzutun, hat sich die Methode der sogenannten asymmetrischen Synthese entwickelt. Aber erst in den letzten Jahren haben wir es gelernt, gewünschte asymmetrische Reaktionen tatsächlich gezielt unter hoher Stereokontrolle durchzuführen, d. h. die Herstellung möglichst enantiomerenreiner Verbindungen, wie Arzneimittel, Geschmacks- und Riechstoffe, Insektizide, Pheromone etc. in vitro zu erreichen [3].

Wie Abb. 2.21 am Beispiel der Addition einer magnesiumorganischen Verbindung an die prochirale Carbonylgruppe eines Aldehyds lehrt, mussten Differenzen für die Aktivierungsenergien der zu den beiden Spiegelbildern führenden Konkurrenzreaktionen von $\Delta\Delta G > 10$ kJ/mol erreicht werden, um nahezu enantiomerenreine Produkte (hier: S-Konfiguration) zu erhalten. Dies wurde insbesondere durch die Nutzung preiswerter Naturstoffe (*chiral pool*) als enantiomerenreine Hilfsreagenzien (∗ in Abb. 2.21: Chiral pool-Verbindungen wie Weinsäure, Kohlenhydrate, Alkaloide etc. übertragen als Katalysatoren chirale Information) in Verbindung mit metallorganischen Präparaten und Reaktionsführung bei tiefstmöglichen Temperaturen erreicht, wobei sich als Metalle u. a. Mg, Ti, Li, B, Al, Zr und Sn bewährt haben. Diese neuen Verfahren haben viel zum Verständnis mechanistischer Abläufe beigetragen und man kann von ihnen speziell bei komplexen Naturstoffsynthesen auf dem Wirkstoffsektor (Pharma) noch einiges erwarten. Die entscheidende Analysenmethode ist sehr oft die Kernresonanzspektroskopie (NMR, vgl. Abschn. 3.2.1).

Die vielen Chiralitätszentren (∗) des Erythronolid B (Abb. 2.22), die unter hoher Stereokontrolle u. a. von der Arbeitsgruppe des Nobelpreisträgers Woodward aufgebaut werden konnten, sollen als eindrucksvolles Beispiel für die Leistungsfähigkeit der stereokontrollierten Synthese dienen [4].

Neuere Entwicklungen befassen sich weiterhin mit der gezielten Synthese von (Makro-)Molekülen, die Hohlräume mit definierter Geometrie aufweisen. Diese Arbeiten wurden 1987 mit dem Nobelpreis für Chemie ausgezeichnet [5]. Grundlegende Methodenentwicklungen zur asymmetrischen Synthese wurden im Jahr 2001 mit dem Nobelpreis für Chemie ausgezeichnet[2].

---

[2] William S. Knowles, Ryoji Noyori, Barry Sharpless, Nobelpreisträger für Chemie (2001)

| $\Delta\Delta G^*$ [kJ·mol$^{-1}$] | 0 | 3.22 | 5.15 | 7.57 | 10.79 |
|---|---|---|---|---|---|
| S:R | 50:50 | 80:20 | 90:10 | 96:4 | 99:1 |
| $T = 20\,°C$ | | | | | |

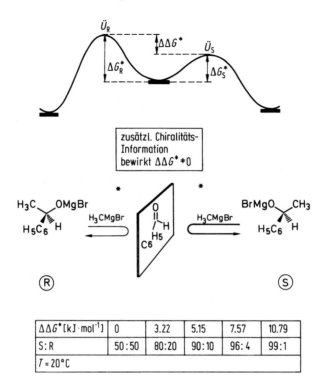

**Abb. 2.21** Erzeugung eines neuen Chiralitätszentrums durch Addition einer magnesiumorganischen (Grignard-)Verbindung ($CH_3MgBr$) an einen prochiralen Aldehyd ($C_6H_5CHO$) in Gegenwart einer zusätzlichen Chiralitätsinformation∗. Der Zusammenhang des erreichbaren Überschusses eines Enantiomeren (R oder S) ist in Abhängigkeit von $\Delta\Delta G$ angegeben.

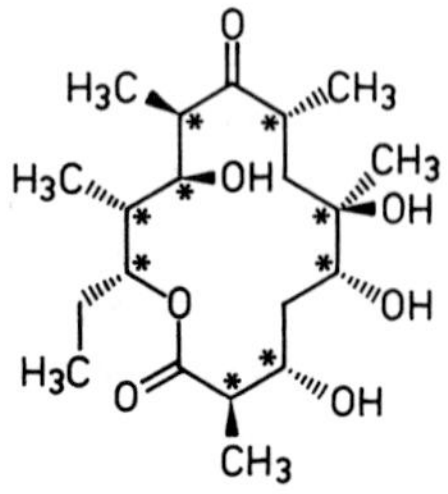

**Abb. 2.22** Struktur des Macrolid-Antibiotikums Erythronolid B, das trotz der stereochemischen Komplexität mit modernen präparativen Methoden synthetisiert werden konnte (die Chiralitätszentren sind mit ∗ markiert).

## 2.3.3 Strukturaufklärung

Der Begriff Struktur beinhaltet zugleich das Wissen um die Konstitution, die Konfiguration und die Konformation der untersuchten Verbindung. Das Hantieren mit Strukturen gehört für den Chemiker und Molekülphysiker zum alltäglichen Denken und Arbeiten. So versteht er die Fragen nach dem „Aufbau der Materie" letztlich vor allem auch als das Erkennen der molekularen Struktur (natürlich auch Suprastrukturen [5]). Erst auf der Basis des Wissens um die Struktur kann moderne (auch industrielle) Chemie als gezielte chemische Umsetzung geplant werden. Hier hilft insbesondere die moderne instrumentelle Analytik.

Ein weiteres vorrangiges Problem der Analytik besteht in der Frage nach der Reinheit (Einheitlichkeit) der zu untersuchenden Probe. Häufig müssen der Strukturaufklärung z.T. extrem aufwendige Auftrennungs- und Reinigungsverfahren vorangestellt werden wie Gaschromatographie (GC), Flüssigkeitschromatographie (HPLC), Ionenchromatographie, Elektrophorese etc. In vielen Fällen gelingt eine eindeutige Charakterisierung aber auch im Gemisch.

Viele sehr erfolgreiche klassische chemische Verfahren zur Strukturermittlung sind bekannt, die das spezifische Verhalten bei chemischen Reaktionen beschreiben (Brennbarkeit, Verhalten gegenüber Säuren, Basen, Reduktions-, Oxidationsmitteln etc.). Oder man nutzt charakteristische physikalische Eigenschaften von Verbindungen wie Schmelzpunkt, Siedepunkt, Brechzahl, Löslichkeit, Härte, Leitfähigkeit etc., die sich messen oder beobachten lassen, ohne zu stofflichen Veränderungen zu führen. Die enorme Entwicklung im Apparatebau und speziell in der Datenerfassung und -verarbeitung hat allerdings den Aufschwung der instrumentellen Analytik ermöglicht und dominiert heute ganz eindeutig die Strukturaufklärung. Zu nennen sind die praktisch ausschließlich von Physikern [6][3] entwickelten Methoden und modernen instrumentellen Techniken (vgl. Abschn. 3.2) wie NMR-, IR-, UV- und EPR-Spektroskopie, Massenspektrometrie, Elektronenstreuung, Röntgenbeugung etc.; vor allem die Kernresonanzspektroskopie (z.B. $^1$H-, $^{19}$F-, $^{31}$P-NMR) hat von dieser Entwicklung profitiert und den Nachteil der relativ geringen Empfindlichkeit inzwischen sogar bei der Untersuchung von „problematischen" Kernen ($^{13}$C, $^{15}$N, $^{18}$O, $^{23}$Na etc.) weitgehend überwunden (siehe Abb. 5.1–5.5). Man nutzt bei dieser Technik die magnetischen Eigenschaften derjenigen Kerne, die einen Drehimpuls aufweisen. Nach der Anregung durch Bestrahlen mit Energie im Radiofrequenzbereich in einem möglichst homogenen Magnetfeld (Supraleiter ermöglichen die für leistungsfähige Verfahren notwendigen Magnetfeldstärken von 10 T und mehr) erhält man durch Beobachtung der induzierten Magnetisierung und des Relaxationsverhaltens Aussagen über die chemische Verschiebung und zu den Spinsystemen gekoppelter Kerne und damit entscheidende Informationen zur Strukturermittlung.

Moderne NMR-Experimente [7] ermöglichen mittels komplexer Pulsfolgen sogenannte mehrdimensionale NMR-Experimente, die z.B. eine einfache und übersichtliche Korrelation von Kopplungspartnern erlauben und damit präzise Aussagen über Nachbarschaften und stereochemische Anordnungen auch in komplexen Molekülen zulassen (vgl. Abschn. 2.3.2).

---

[3] Richard R. Ernst, Nobelpreisträger für Chemie (1991)

Anwendungen haben sich in den letzten Jahren auch im Bereich der medizinischen Diagnostik durch den Bau von NMR-Tomographen ergeben. In vielen Fällen kann jetzt auf die zwar preiswertere aber mit ionisierender Strahlung verbundene Röntgentomographie verzichtet werden. Die NMR-Tomographie erzeugt meistens gleichwertige und häufig sogar zusätzliche Ergebnisse. So liefern selbst stark wasserhaltige Gewebe differenzierte Bilder (siehe Abschn. 3.2.1.6).

Abschließend muss darauf hingewiesen werden, dass der anschauliche Begriff der Struktur heute teilweise in Frage gestellt wird. Durch Anregungen der Moleküle in hohe Vibrationszustände ist es möglich, Anordnungen der Atome im Molekül zu erreichen, die den einfachen Oktettregeln nicht mehr entsprechen. Durch „Tunneln" kann das Molekül resonanzartig mehrere Anordnungen der Atome erreichen und die geometrische Struktur als eindeutige Beschreibung ad absurdum führen.

## 2.3.4 Beispiele interessanter Strukturen

Neben der von direkten Anwendungsaspekten geleiteten Forschung und Entwicklung spielt nach wie vor die reine Grundlagenforschung eine auch von der Industrie geschätzte, weitgehend gleichberechtigte Rolle. Zu den wichtigsten Themen gehört neben der durch „*modelling*" mittels leistungsfähiger Computer gestützten Suche nach neuen, grundlegenden Leitstrukturen für die Wirkstoffchemie (neue Antibiotika, Aids-Therapeutika, Mittel gegen Krebs, Blutdrucksenker, Schmerzmittel, Alzheimer-Krankheit, Bekämpfung von Prionkrankheiten etc.) die Synthese attraktiver bzw. ungewöhnlicher Strukturen. Das Ungewöhnliche kann sowohl durch die Komplexität der Struktur als auch durch die Neuartigkeit begründet sein – oder aber durch die Tatsache, dass man diese Struktur vorher für sehr instabil gehalten hat, jetzt aber durch spezielle Synthesemethoden (-tricks) erzeugen und durch geeignete Substituenten stabilisieren bzw. durch ausgefeilte Isolations-(Matrix) oder Abfangverfahren belegen kann.

Hierzu existieren viele heute bereits klassische Beispiele (Verbindungen von Edelgasen, Borhydride, Metallcarbonyle...), sowie moderne neue Beispiele (Dodecahedran, Fullerene, Hexaazakekulen, „baumartige" Dendrimere etc.; Abb. 2.23. Diese Auflistung versteht sich als subjektive Auswahl ohne Bewertung der Qualität und ohne Anspruch auf Vollständigkeit.).

Auf diesen zunächst ausschließlich von der Grundlagenforschung geprägten Forschungsgebieten entwickeln sich immer wieder neue, innovative und ausgefallene Ideen und Strategien, die manchmal sogar zu praxisnahen Anwendungen führen – aber ohne zuvor in dieses häufig (u. a. wegen der Finanzierung) vorgegebene Korsett gezwängt worden zu sein. Kreativität ist hier ganz besonders gefordert, ein enormer Lerneffekt häufig der Lohn!

Die Suche nach physiologisch wirksamen Stoffen (*bioactive compounds*) stellt oft ein Bindeglied zwischen dieser Form der Grundlagenforschung und möglichen Anwendungen dar (s. Abb. 2.23).

Hier sind z. B. Leitstrukturen gefragt, an denen man sich orientieren kann. Diese findet man sehr häufig in altbekannten und -bewährten Naturstoffklassen oder auch neuartigen Naturstoffen aus pflanzlichen und tierischen Organismen und aus Pilzen, die Total- bzw. Partialsynthesen dieser Stoffe stimulieren. Ein neuentdeckter, in sei-

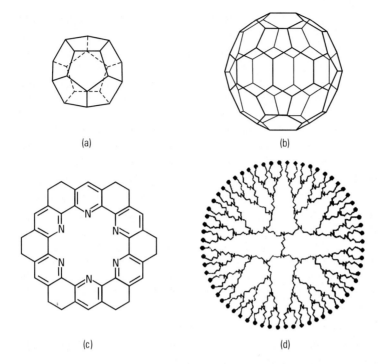

**Abb. 2.23** Vier Beispiele attraktiver bzw. ungewöhnlicher Strukturen: (a) Dodecahedran, (b) Fulleren $C_{60}$, (c) Dodecahydrohexaazakekulen, (d) Dendrimer (allgem. Beispiel).

ner Struktur attraktiver Naturstoff löst in der Regel einen Wettlauf der besten Syntheselabors dieser Welt aus, einen möglichst eleganten und selektiven synthetischen Zugang zu entwickeln. Aber auch in völlig neuartigen und vielleicht ungewöhnlichen Verbindungsklassen, die sich in gar keiner Weise an Produkte der Natur anlehnen, finden sich Leitstrukturen für wichtige Anwendungen.

Neben der Entwicklung neuer und vor allem effizienter präparativer Methoden (Kaskaden- bzw. Dominoreaktionen) werden insbesondere die ungemein vielfältigen Formen der Stereochemie zum Hauptthema. Dies hat in den vergangenen 15 Jahren die Kontrolle der Stereochemie im Zuge einer chemischen Reaktion zu einem der wichtigsten Forschungsgebiete gemacht.

Auch in vielen anderen Bereichen der Chemie haben sich ungewöhnliche Entwicklungen vollzogen. Während früher die Suche nach Anwendungen für vorhandene Produkte die Forschung und Entwicklung prägte, steht heute und in Zukunft immer mehr das Entwerfen *maßgeschneiderter Stoffe* nach Bedürfnissen und Vorstellungen der Verbraucher im Vordergrund. Schlagzeilen machen neben den keramischen Supraleitern und den Flüssigkristallen (Displaytechnik) insbesondere neue Materialien für optoelektronische Anwendungen (NLO-Materialien, LEDs, OLEDs etc.) und auch neuartige Polymere. Als wesentliche Vorzüge von polymeren Kunststoffen galt bislang, dass sie preiswert, haltbar, leicht und vielseitig anwendbar sind. Ihre ausgezeichneten Isolatoreigenschaften sind lange bekannt. Moderne Polymere wie mit

Iod dotiertes Polyacetylen, Polypyrrol oder Polyanilin leiten den elektrischen Strom aber schon in einer ähnlichen Größenordnung wie Metalle [8]. Trotz einiger Kinderkrankheiten eröffnen sich neue Einsatzmöglichkeiten für diese Vielzweckwerkstoffe (Polymerakkumulator, Elektronik, Kleb- und Beschichtungsstoffe etc.). Sehr große Hoffnungen setzt man derzeit auf die Chemie und die Anwendung nanostrukturierter Systeme, die in scheinbar so entfernten Gebieten wie der Medizintechnik und beispielsweise der Optoelektronik neue Dimensionen erschließen sollen.

## Literatur

*Weiterführende Literatur*

Atkins, P.W., Kurzlehrbuch Physikalische Chemie, Wiley-VCH, Weinheim, 2001
Beyer, H., Walter, W., Lehrbuch der Organischen Chemie, Hirzel, Stuttgart, 1988
Buddrus, J., Grundlagen der Organischen Chemie, de Gruyter, Berlin, New York, 1990
Dickerson, R.E., Gray, H.B., Darensbourg, M.Y., Darensbourg, D.J., Prinzipien der Chemie, de Gruyter, Berlin, New York, 1988
Hesse, M., Meier, H., Zeeh, B., Organic Spectroscopy: Methods and Applications, Thieme, Stuttgart, New York, 1996
Haiduc, I., Zuckerman, J.J., Basic Organometallic Chemistry, de Gruyter, Berlin, New York, 1985
Holleman, A.F., Wiberg, N., Lehrbuch der Anorganischen Chemie, de Gruyter, Berlin, New York, 1995
Weissermel, K., Arpe, H.J., Industrielle Organische Chemie, Wiley-VCH, Weinheim, 1998

*Zitierte Publikationen*

[1] International Union of Pure and Applied Chemistry, Nomenclature of Organic Chemistry, Sections A, B, C, D, E, F und H, 1979 Edition, Pergamon Press
[2] Woodward, R.B., Hoffmann, R., Die Erhaltung der Orbitalsymmetrie, Angew. Chem. 81, 797–870, 1969
[3] Kolb, H.C., Finn, M.G., Sharpless, K.B., Click-Chemie: diverse chemische Funktionalität mit einer Handvoll guter Reaktionen, Angew. Chem. 2001, 113, 2056–2075
[4] Woodward, R.B. et al., Asymmetric Total Synthesis of Erythromycin, J. Am. Chem. Soc. 103, 3215–3217, 1981
[5] Cram, D.J., Von molekularen Wirten und Gästen sowie ihren Komplexen, Angew. Chem. 1988, 100, 1041–1056
[6] Aue, W.P., Bartholdi, E., Ernst, R.R., Two-Dimensional Spectroscopy, Application to Nuclear Magnetic Resonance, J. Chem. Phys. 64, 2229–2246, 1976
[7] Benn, R., Günther, H., Moderne Pulsfolgen in der hochauflösenden NMR-Spektroskopie, Angew. Chem. 1983, 95, 381–411
[8] McDiarmid, A.G., Synthetische Metalle, Angew. Chem. 2001, 113, 2649–2659

# 3 Moleküle – Spektroskopie und Strukturen
*Manfred Fink*

## 3.1 Einleitung

Dieses Kapitel befasst sich mit freien Molekülen und wie diese mit Photonen im Frequenzbereich von $10^9$ bis $10^{19}$ Hz und Teilchen mit Energien von $10^{-5}$ eV bis $10^8$ eV wechselwirken. Die Moleküle können sowohl im Grundzustand als auch in einem wohldefinierten angeregten Zustand sein. Die Motivation für diese Studien sind die statischen Eigenschaften der Moleküle, geometrische Strukturen, Elektronendichteverteilungen, aktive Gruppen und elektrostatische Potentiale und das dynamische Verhalten in Wechselwirkungsprozessen, insbesondere während chemischer Reaktionen.

Da die Schrödinger-Gleichung heute unbestritten die Grundlage der mathematischen Beschreibung der Moleküle ist, werden in der Praxis die meisten Messungen von detaillierten quantenchemischen Berechnungen begleitet. In Kapitel 3 werden jedoch vor allem die Messmethoden, Apparaturen und Verarbeitung der Messdaten beschrieben. In einigen Abschnitten werden Verfahren und Näherungen quantenmechanischer Rechnungen vorgestellt und theoretische Ergebnisse mit den experimentellen Methoden und Daten kritisch verglichen, um so unser Verständnis von Molekülen weiter zu vertiefen.

Viele analytische Methoden wurden entwickelt, um in Molekülen die geometrischen Anordnungen der Atome (Strukturen), die Eigenzustände und ihre Entartungsgrade sowie die Reaktionsdynamik mit weiteren Molekülen zu erforschen. Mit dem Einsatz von extrem monochromatischen, abstimmbaren Lasern hat die Datenfülle ein Ausmaß erreicht, dass es fast unmöglich ist, die neuen Erkenntnisse routinemäßig in das Standardwissen einzubauen. Diese präzisen Photonen (in Zeit und Energie) werden nicht nur benutzt, um die Moleküle spektroskopisch abzutasten, sondern es ist auch damit möglich, alle Moleküle im Strahlungsfeld in den gleichen Quantenzustand zu pumpen. So werden ideale Bedingungen geschaffen für das Studium von Reaktionen mit angeregten Teilchen, deren Dynamik und dominierende Wechselwirkungen. Zum Beispiel erlaubt der Zugang zu individuell ausgewählten hohen Schwingungszuständen Untersuchungen von Molekülen unter exotischen „Bewegungsabläufen", analog zu den Studien von Atomen in hohen Rydberg-Zuständen.

Es ist im Prinzip möglich, die gesamte molekulare Welt theoretisch zu erfassen, da wir alle Beiträge im „Hamiltonian" (dem Hamilton-Operator), der in die Dirac-Gleichung eingeht, kennen. Somit kann man Lösungen erwarten, welche alle Quantenzustände mittels antisymmetrischer Wellenfunktionen korrekt beschreiben, und somit ermöglichen, jedes nur denkbare Molekül individuell auf seine Eigenschaften abzufragen.

Am Wasserstoffatom wurden die Vorteile einer exakten Wellenfunktion bereits demonstriert. Mit dieser können leicht alle Erwartungswerte wie Dipolmoment, Polarisierbarkeit, Suszeptibilität, Quadrupolmoment, Streuamplituden und andere, für die es analytische Operatoren gibt, berechnet werden. Messergebnisse werden dann nur noch als Bestätigung der Rechnungen benötigt. Leider ist es bis heute nicht möglich, Moleküle durch die Theorie exakt zu beschreiben. Die vollständige Dirac-Gleichung kann nicht einmal für zwei gebundene Elektronen analytisch gelöst werden, bereits hier muss man mit Näherungen zufrieden sein. Dieses Problem ist schon aus der Atomphysik bekannt, aber die molekulare Situation ist um ein Vielfaches komplexer, da der natürliche Koordinatenursprung, den der Atomkern darstellt, wegfällt. Es muss mit Reihenentwicklungen gearbeitet werden, und um die hohen Ladungsdichten in Kernnähe (cusps) wiederzugeben, benötigt man sehr viele Glieder. Die molekularen Potentiale werden durch das Zusammenwirken aller Elektronen und Kerne formiert, deshalb muss die Dirac-Gleichung für viele gekoppelte Teilchen gelöst werden. Dies ist heute nur in numerischer Form möglich und nur mit den besten Rechnern.

Die Experimente haben hier ganz neue Aufgaben zu lösen. Auf der einen Seite müssen die Gültigkeitsbereiche der Näherungen, die Lösungen der vereinfachten Dirac-Gleichung erlauben, etabliert werden, und auf der anderen Seite müssen neue Regelmäßigkeiten in Molekülfamilien gefunden werden, um neue Ansätze für geeignete Näherungen aufzuzeigen.

Die anschließenden Abschnitte wurden nach folgenden Gesichtspunkten gegliedert. Einleitend wird versucht in der Fülle von Akronymen, wie LEED, LASER, NMR und vielen anderen, etwas Ordnung zu schaffen. Mit dem zweiten Abschnitt beginnen die detaillierten Ausführungen verschiedener Teilbereiche der experimentellen Molekülphysik. Ausgehend von einer Messmethode werden erst die Grundlagen beschrieben sowie die Theorien, die zum Verständnis der Messmöglichkeiten und der Datenauswertungen benötigt werden.

Wenn man vor dem Problem steht, ein neues Molekül zu untersuchen, dann bieten sich eine Vielzahl experimenteller Verfahren an. Viele davon beruhen auf spektroskopischen Messungen, deshalb gibt Tab. 3.1 das elektromagnetische Spektrum wieder, grob aufgeteilt in die Bereiche, für die spezielle Messmethoden entwickelt worden sind. Parallel zur Wellenlängenskala $\lambda$ wird die entsprechende Energieskala angegeben, sowie die charakteristischen Prozesse, die in einem bestimmten Energiebereich stattfinden können. Zum Beispiel werden nur 3 meV ($= 10^9$ Hz) benötigt, um magnetisch ausgerichtete Kernspins in einem Molekül zur Absorption resonanter Photonenenergie und damit zu Übergängen zu veranlassen (NMR-Spektroskopie, NMR = **n**uclear **m**agnetic **r**esonance). Mit Mikrowellenquanten und im infraroten Energiebereich werden Anregungen von Rotationen und Schwingungen eines Moleküles möglich. Mit sichtbarem Licht und mit weichem Röntgenlicht können gebundene Elektronen in energetisch höhere Orbitale befördert werden. Aufgrund der neuen Dichteverteilungen stellen sich häufig neue molekulare Strukturen ein. Oft entstehen dadurch Eigenzustände, die sich kreuzen, und das Molekül kann dissoziieren. Bei kürzeren Wellenlängen tritt Ionisation auf begleitet von Fragmentation. Erst werden nur die Elektronen in den äußeren Schalen (Valenzelektronen) erfasst. Harte Röntgenstrahlung regt auch Elektronen in inneren Schalen an, die durch Fluoreszenzstrahlung oder Auger-Prozesse in ionische Zustände relaxieren. Endlich

**Tab. 3.1** Spektrale Bereiche der elektromagnetischen Strahlung. Zusammengehörigkeit der wichtigsten spektroskopischen Messmethoden mit der Wellenlänge $\lambda$, der Energie $h\nu$ und der Frequenz $\nu$.

| | $\gamma$-Strahlen | harte Röntgen-strahlen | weiche Röntgen-strahlen | Vakuum-UV | nahes UV | sichtbares Licht blau/rot | nahes IR | mittleres IR | fernes IR | mm-MW | MW | Radio-wellen | |
|---|---|---|---|---|---|---|---|---|---|---|---|---|---|
| | $10^{-2}$ nm | 0.5 nm | 10 nm | 200 nm | 400 nm | 700 nm | 2.5 µm | 25 µm | 0.1 mm | 1 mm | 1 cm | 10 cm | $\lambda$ |
| | $10^9$ | $2 \cdot 10^7$ | $10^6$ | $5 \cdot 10^4$ | $2.5 \cdot 10^4$ | $1.4 \cdot 10^4$ | 4000 | 400 | 100 | 10 | 1 | 0.1 | $\lambda^{-1}$ (cm$^{-1}$) |
| | $1.2 \cdot 10^{10}$ | $2.4 \cdot 10^8$ | $1.2 \cdot 10^7$ | $6 \cdot 10^5$ | $3 \cdot 10^5$ | $1.7 \cdot 10^5$ | $4.8 \cdot 10^4$ | $5 \cdot 10^3$ | $1.2 \cdot 10^3$ | 120 | 12 | 1.2 | $h\nu$ (J/mol) |
| | $1.2 \cdot 10^5$ | $2.4 \cdot 10^3$ | 120 | 6 | 3 | 1.7 | 0.5 | $5 \cdot 10^{-2}$ | $1 \cdot 10^{-2}$ | $1 \cdot 10^{-3}$ | $1 \cdot 10^{-4}$ | $1 \cdot 10^{-5}$ | $h\nu$ (eV) |
| | $3 \cdot 10^{19}$ | $6 \cdot 10^{17}$ | $3 \cdot 10^{16}$ | $1.5 \cdot 10^{15}$ | $7.5 \cdot 10^{14}$ | $4 \cdot 10^{14}$ | $1.2 \cdot 10^{14}$ | $1.2 \cdot 10^{13}$ | $3 \cdot 10^{12}$ | $3 \cdot 10^{11}$ | $3 \cdot 10^{10}$ | $3 \cdot 10^9$ | $\nu$ (Hz) |

|————— elektronische Anregung —————|————— Vibration —————|————— Rotation —————|
| XRF | UPS | | | | | molekulare Energien | | | ESR | | NMR |
| GED   XPS | | | | | | | | | | Spinenergien | |
| Kernenergien | | Bindungsenergien | | | | | | | | | |

Die Abkürzungen für die spektroskopischen Methoden sind in Tab. 3.2 erläutert.

408   3 Moleküle – Spektroskopie und Strukturen

kann man die Strahlungsenergie so hoch treiben, dass elastische Prozesse von dominierender Bedeutung sind. Das Molekül wird jetzt nicht gestört, sondern stellt nur noch ein Beugungsgitter für die einfallenden Wellen dar. Die Interferenzbilder geben direkten Aufschluss über die Positionen der Kerne relativ zueinander, und legen somit die geometrische Struktur des Moleküls fest. Jede hier angedeutete Messmethode wird später in einem Abschnitt ausführlich erläutert.

Die in Tab. 3.1 angegebenen Messmethoden erscheinen nur in ihren Abkürzungen. In neuerer Zeit wird es immer populärer, griffige Abkürzungen für eine entwickelte Messmethode zu erfinden, so dass bereits eine unübersichtliche Mannigfaltigkeit entstanden ist. In Tab 3.2 sind die für die Molekülphysik zur Zeit wesentlichen Akronyme aufgeführt, zusammen mit einer kurzen Beschreibung und der wesent-

**Tab. 3.2** Zusammenfassung der häufigsten spektroskopischen und strukturellen Messmethoden.

| Technik | Beschreibung | Anwendung | Literatur/ Abschnitt |
|---|---|---|---|
| AAS Atomic Absorption Spectroscopy | Elektronische Spektren von Atomen in Kohlebögen | Elementaranalyse | [1] |
| AES Auger-Electron Spectroscopy | Energiespektren von sekundären Elektronen nach Absorption von hochenergetischer Strahlung | Identifikation von Atomen und Informationen über ihre lokale Umgebung | [2] |
| BEC Bose-Einstein Condensation | Schwach wechselwirkendes, ultrakaltes Gas | Die de Broglie-Wellenlänge ist größer als der mittlere Teilchenabstand | [3] |
| CARS Coherent Anti-Stokes Raman Spectroscopy | Nichtlinearer Vierphotonenprozess, der intensive Raman-Spektren liefert. Auswahlregeln und Intensitäten verschieden von spontaner Raman-Streuung | Hohe Empfindlichkeit, Studien in Flammen und biologischen Systemen. Rotations und Rovibrationsspekten werden gemessen | 3.2.5.5 |
| CD Circular Dichroism | Unterschied der Adsorptionskoeffizienten für rechts- und linkszirkular polarisiertes Licht | Optisch aktive Substanzen, besonders von Übergangsmetallverbindungen | [4] |
| CIDEP/CIDNP Chemically-Induced Dynamic Electron/Nuclear Polarization | Erzeugung von ESR- und NMR-Signalen in chemischen oder photochemischen Reaktionen mit Nichtgleichgewichtsverteilungen von Elektronen- und Kernspins | Studium von kurzlebigen Reaktionszwischenprodukten | [5] |

**Tab. 3.2** (Fortsetzung)

| Technik | Beschreibung | Anwendung | Literatur/Abschnitt |
|---|---|---|---|
| COSY Correlation Spectroscopy | Zweidimensionale NMR-Technik | Information über die Kopplung von Kernspins | 3.1.5.6 |
| CE Coulomb Explosion | Räumliche Verteilung von Fragmenten von Ionen, erzeugt durch mehrfache Ionisation von Molekülen | Geometrien von molekularen Ionen, basiert auf der Energie und Winkelverteilung der Fragmente | [6] |
| CP-MAS(S) Cross-Polarization Magic Angle (Sample) Spinning | Methode zur Erzeugung scharfer Linien in NMR, nützlich bei geringen natürlichen Häufigkeiten | Wichtig bei $^{13}$C-NMR-Spekten in Festkörpern. Nützlich auch für andere Kerne | [7] |
| DANTE Delays Alternating with Nutations for Tailored Excitation | Technik in der NMR, um Resonanzen an einem bestimmten chemisch äquivalenten Kern zu erreichen | Vereinfachung komplexer Spektren | 3.1.4.4 |
| DEPT Distortionless Enhancement by Polarization Transfer | Erhöht die Intensität in NMR-Spektren. Angewandt, um solche Resonanzen auszuwählen, die mit drei, zwei, einem oder keinem Proton gekoppelt sind | Unterscheidet $^{13}$C Resonanzen in $CH_3$-, $CH_2$-, CH-Gruppen etc. | 3.1.5.5 |
| 2-D NMR 2-Dimensional NMR Spectroscopy | Erweiterung der NMR. Darstellung von Resonanzen als Funktion von zwei Frequenzparametern | Gute Hilfe, um komplizierte NMR-Spektren zu analysieren | 3.1.5.6 |
| ED Electron Diffraction | Beugung von Elektronen an Molekülen | Bestimmung von molekularen Bindungsabständen | 3.8.1 |
| EDX Energy Dispersive X-ray Spectroscopy | Röntgenfluoreszenz, erzeugt durch Elektronenbeschuss | Benutzt in der Elektronenmikroskopie (zusammen mit EELS) als Analysenhilfe | 3.3.1 |
| EELS Electron energy-Loss Spectroscopy | Inelastische Elektronenstreuung an Molekülen und Oberflächen | Elektronische Spektren und Schwingungsspektren von Gasen und Adsorbaten | 3.3.2.4 |
| ELDOR Electron-Electron Double Resonance | ESR zweifach Resonanzexperiment | Messung der Hyperfeinstrukturaufspaltung in komplexen Spektren | 3.2.2.2 |

**Tab. 3.2** (Fortsetzung)

| Technik | Beschreibung | Anwendung | Literatur/ Abschnitt |
|---|---|---|---|
| ES Electronic Spectroscopy | Absorption und Emission von Licht, im sichtbaren oder UV, mit Änderung aller Zustände | Elektronische Spektren mit Informationen über die Schwingungswellenfunktionen der oberen und unteren Zustände | 3.4.2 |
| EM Electron Microscopy SEM (Scanning) TEM (Transmission) STEM (SEM + TEM) HREM (High Resolution) | Elektronenmikroskopie Raster-EM (REM) Transmission-EM hochauflösende EM | Studien mit hochauflösender Elektronenmikroskopie von atomaren Anordnungen in dünnen Filmen | [8] |
| ENDOR Electron-Nuclear Double Resonance | Beobachtung von ESR-Spektren bei Einstrahlung von mehreren Kernresonanzenergien | Wesentliche Vereinfachung in der Interpretation komplexer Spektren | 3.2.2.4 |
| EPR Electron Paramagnetic Resonance | ESR angewandt auf freie Radikale | siehe ESR | 3.2.2 |
| ESCA Electron Spectroscopy for Chemical Analysis | identisch mit XPS | siehe XPS | [9] |
| ESR Electron Spin Resonance | Übergänge zwischen Energieniveaus, erzeugt durch ungepaarte Elektronen im Magnetfeld | Spektren von Substanzen mit ungepaartem Spin | 3.2.2 |
| EXAFS Extended X-ray Absorption Fine Structure | Röntgenabsorption als Funktion der Wellenlänge an der K-Kante eines ausgewählten Elementes | Verteilung von Abständen von einem bestimmten Element zu seinen Nachbarn | 3.3.4 |
| FIS Far Infrared Spectroscopy | IR-Spektroskopie unter 200 cm$^{-1}$ | Studien der Biege- und Streckschwingungen in großen Molekülen mit schweren Atomen | 3.2.4 |
| FAB Fast Atom Bombardment Mass Spectroscopy | Ionisation in Massenspektrometern mit schnellen Edelgasatomen | Ionisation mit minimaler Fragmentation | [10] |

**Tab. 3.2** (Fortsetzung)

| Technik | Beschreibung | Anwendung | Literatur/Abschnitt |
|---|---|---|---|
| FS<br>Fluorescence Spectroscopy | Analyse der Fluoreszenz nach Bestrahlung der Probe mit sichtbarem oder UV-Licht | Spektroskopischer Nachweis von geringsten Mengen | 3.4.2 |
| FTIR<br>Fourier-Transform Infrared Spectroscopy | Infrarot-Spektroskopie mit Fourier-Transform-Spektrometern | Analyse von kleinen Probenmengen bei schnellem Durchgang | 3.2.4 |
| ICR<br>Ion Cyclotron Resonance Spectroscopy | Massenanalyse durch Zyklotron-Resonanzen des Ions im Magnetfeld, sehr empfindlich | Vorbereitung reinster Ionenproben für Ion-Molekül-Reaktionen | [11] |
| LEED<br>Low Energy Electron Diffraction | Streuung niederenergetischer Elektronen von Gasen und Oberflächen | Strukturanalyse von Oberflächen und Absorbaten | [12] |
| LIF<br>Laser-Induced Fluorescence | Fluoreszenz von Laser-angeregten Teilchen | Nachweis von Molekülen in angeregten Zuständen | 3.4.3 |
| LMR/LZS<br>Laser Magnetic Resonance or Laser Zeeman Spectroscopy | Magnetfeld als Abstimmelement des Energieniveaus freier Radikale zur Erzeugung von Resonanzbedingungen | Nachweis und Identifikation sowie Spektroskopie an freien Radikalen | [13] |
| MS<br>Mass Spectroscopy | Analyse von Masse und Ladung von Molekülionen und ihren Fragmenten. Vorgestellte Buchstaben zeigen die Ionisationstechnik an | Molekülfragmentverteilung, kann zur Bestimmung von Strukturen dienen. Ionisationsenergie (appearance potential) | 3.3.5 |
| MIS<br>Matrix Isolation Spectroscopy | Einfrieren der Probe in eine Matrix, meist Edelgase, mit anschließender Analyse mit IR-, Raman- ESR oder elektronischer Spektroskopie | Studien an sehr reaktiven, metastabilen und kurzlebigen Substanzen. Spektren von Molekülen mit geringen Verzerrungen durch Nachbarn | 3.2.5.3 |
| MCD<br>Magnetic Circular Dichroism | Unterschied im Absorptionskoeffizienten von rechts- und linkszirkular polarisiertem Licht, Probe im Magnetfeld | Aufschlüsse über elektrische und magnetische Eigenschaften des Grundzustandes und des angeregten Zustandes | [14] |

**Tab. 3.2** (Fortsetzung)

| Technik | Beschreibung | Anwendung | Literatur/Abschnitt |
|---|---|---|---|
| MWS Microwave Spectroscopy | Absorptionsspektroskopie zwischen 3 und 60 GHz | Reine Rotationsübergänge gasförmiger Moleküle in niedriger J-Quantenzahl | 3.3 |
| MIKES Mass-analyzed Ion Kinetic Energy Spectroscopy | Massenspektrometrie mit besonderer Berücksichtigung aller Tochterionen | Detaillierte Analyse des Fragmentationsprozesses | [15] |
| MIWS Millimeter Wave Spectroscopy | Absorptionspektroskopie in der 60- bis 600-GHz Region ($\lambda = 5{-}0.5$ mm) | Reine Rotationsspektren von gasförmigen Molekülen in hohen J-Quantenzahlen | 3.2.3 |
| MODR Microwave Optical Double Resonance | Bestrahlung der Probe mit Mikrowellen und infraroten Photonen. Intensitäten in einem Frequenzband erlaubt die Bestimmung der Zustände im anderen | Detaillierte Analyse von Rotationsspektren in schwingungsangeregten Niveaus kleiner Moleküle | [16] |
| MSP Mössbauer Spectroscopy | Rückstoßfreie Absorption von $\gamma$-Strahlen in Kernen | Informationen über die chemische Umgebung des Kerns | [17] |
| MPI/(REMPI) Multiphoton Ionization Spectroscopy (Resonance Enhanced) | Bildung von Ionen durch Absorption von mehreren Photonen, mit einer oder zwei Anregungsfrequenzen, eine ist auf Resonanz abgestimmt | Nachweis von ausgewählten Zuständen, molekülspezifischer Ionisationsprozess | 3.3 |
| MS/MS Multi Stage Mass Spectrometry | Zwei Massenspektrometer in Tandemanordnung, um ein spezifisches Ion auszusortieren, um es weiter anzuregen und die Zerfallsprodukte zu messen | Hochauflösendes Massenspektrometer, um Ionen-Molekül-Reaktionen zu studieren | 3.3.5 |
| MIFS Multiphoton Induced Fluorescence Spectroscopy | Fluoreszenz von hochenergetischen angeregten Zuständen nach Mehrphotonen-Absorption | Charakterisierung von hochenergetischen Niveaus | [13] |
| ND Neutron Diffraction | Beugung von Neutronen, vorwiegend an Kristallen | Aufklärung von Kristallstrukturen, besondere Empfindlichkeit für Wasserstoffatome | [18] |

**Tab. 3.2** (Fortsetzung)

| Technik | Beschreibung | Anwendung | Literatur/ Abschnitt |
|---|---|---|---|
| NMDR Nuclear Magnetic Double Resonance | Wie NMR, nur werden zwei resonante Wellen eingestrahlt | sehr vielseitig, Vereinfachung komplexer Spektren | 3.2.1 |
| NMR Nuclear Magnetic Resonance | Beobachtung von Übergängen zwischen Energieniveaus von Kernspins im magnetischen Feld | Identifizierung von bekannten und unbekannten Verbindungen | 3.2.1 |
| NOE(SY) Nuclear Overhauser Spectroscopy | Ein- und zweidimensionale NMR-Technik | Informationen über Protonengruppen, die räumlich nahe zusammenliegen | 3.2.1.5 |
| NQR Nuclear Quadrupole Resonance | Übergänge zwischen Energieniveaus von Quadrupolen der Kerne mit Spin 1 oder höher | Informationen über die Umgebung von Kernen mit Quadrupolmomenten | [19] |
| ODR Optical Double Resonance | Änderungen der Absorption oder Emission im IR-, sichtbaren oder UV-Spektrum, während eine starke zweite Frequenz durchgestimmt wird | Identifikation von Rotationsniveaus von Zuständen, die elektronisch oder schwingungsangeregt wurden | [13] |
| ORD Optical Rotary Dispersion | Änderung der Drehung des elektrischen Vektors von linear polarisiertem Licht als Funktion von $\lambda$ | Studium von optisch aktiven Molekülen und ihren elektronischen Zuständen | [4] |
| PE/PES Photo-Electron Spectroscopy | Energieverteilung von Elektronen, die durch Photonen von der Probe losgelöst wurden | Energieniveaus von besetzten elektronischen Zuständen. Identifikation und Studium der Umgebung von charakteristischen Atomen | 3.4.4 |
| RSS Raman Spectroscopy (Spontaneous) | Spektrum der emittierten Strahlung von einer Probe, die mit intensivem monochromatischem Licht im sichtbaren oder UV-Bereich beleuchtet wird | Rotations- und Schwingungsniveaus in Molekülen mit Auswahlregeln, die sich von der IR-Absorption/ Emission unterscheiden | 3.2.5 |
| RIKES Raman-Induced Kerr-Effect Spectroscopy | Kohärentes Zweifarben-Raman-Experiment, Drehung des E-Vektors eines Strahls, als Funktion von $\lambda$ des anderen Strahls | Stark erhöhte Empfindlichkeit verglichen mit spontaner Raman-Spektroskopie | [20] |

**Tab. 3.2** (Fortsetzung)

| Technik | Beschreibung | Anwendung | Literatur/ Abschnitt |
|---|---|---|---|
| RS Rotational Spectroscopy | Studium der Übergänge zwischen Rotationsniveaus von Molekülen unter dem Einfluss von Licht | Trägheitsmomente in Bezug auf die Hauptachsen und Strukturen der Moleküle | 3.2.3 |
| RRS Resonance Raman Spectroscopy | Wie RS, nur ist das primäre Licht resonant mit einem optischen Übergang | Stark erhöhte Signale, Vereinfachung der Spektren durch Einschränkung der Auswahlregeln | 3.2.5.4 |
| SECSY Spin-Echo Correlation Spectroscopy | Eine andere Form von Korrelationsspektroskopie | Vereinfachung von Spektren | [7] |
| SERS Surface Enhanced Raman Spectroscopy | Raman-Spektroskopie von Adsorbaten an Metalloberflächen | Verhalten von Molekülen unter dem Einfluss der Leitungselektronen beim Lichteinfall | [21] |
| SEXAFS Surface Extended X-ray Absorption Fine Structure | Dasselbe wie EXAFS, nur an Oberflächen, erreicht durch Kleinstwinkelgeometrie | Strukuren von Oberflächen | 3.3.4 |
| SIMS Secondary-Ion Mass Spectroscopy | Massenspektrometrie von Ionen, ausgelöst durch schnelle Atome oder Ionen | Messung von Fremdatomen in Halbleitern | [10] |
| SRS Stimulated Raman Spectroscopy | Streuung vom Licht eines starken Laser-Pulses | Winkelverteilung des Raman-Lichtes stark verändert verglichen mit RSS | [22] |
| TRRR/TR$^3$ Triplet Resonance Raman Radiation | Resonanz-Raman-Streuung von Laser-angeregten höheren elektronischen Zuständen, vor allem Tripletts | Schwingungsniveaus von angeregten Triplettzuständen, vorwiegend in Chromophoren | [23] |
| UVPE oder VPS UV PhotoElectron Spectroscopy | Energieverteilung von Photoelektronen, ausgelöst von UV-Strahlung | Analyse von besetzten Zuständen; Energien der freien Elektronen werden bestimmt durch die chemische Umgebung | 3.4.5 |
| UVS Ultra-Violet Spectroscopy | Absorption und Emission von UV-Strahlung | Energien von elektronischen Zuständen mit Rotations- und Schwingungsbeiträgen | 3.4.2 |

**Tab. 3.2** (Fortsetzung)

| Technik | Beschreibung | Anwendung | Literatur/ Abschnitt |
|---|---|---|---|
| XANES X-ray Absorption Near Edge Structure | Dasselbe wie EXAFS | siehe EXAFS | 3.3.4 |
| XRD X-Ray Diffraction | Streuung von Röntgenphotonen an Molekülen und Kristallen | Genaue Bestimmung von Strukturparametern, einschließlich Schwingungsamplituden | 3.3.3 |
| XRDS X-Ray Diffuse Scattering | Streuung von Röntgenstrahlung an amorphen und ungeordneten Proben | Strukturen der Nahordnung, schwierige Interpretation | [18] |
| XRF X-Ray Fluorescence Spectroscopy | Emission von charakteristischer Röntgenstrahlung nach Elektronenbeschuss | Nachweis und Bestimmung der atomaren Zusammensetzung der Probe | [9] |
| XPS X-ray Photoelectron Spectroscopy | Energieanalyse von Elektronen, ausgelöst durch harte Röntgenstrahlung | Energien von Zuständen in tiefliegenden Schalen, Lienenverschiebungen erlauben Rückschlüsse auf die atomare Umgebung | 3.4.5 |

lichsten Anwendung. Die letzte Spalte enthält entweder eine Literaturstelle für das weitere Studium oder die Stelle im Kapitel, an welcher diese Messtechnik ausführlicher diskutiert wird.

## 3.2 Spektroskopie an Molekülen im elektronischen Grundzustand

Ein freies, ungestörtes Molekül hat im Prinzip vier verschiedene Möglichkeiten, elektromagnetische Strahlung zu absorbieren und zu emittieren ohne seinen elektronischen Grundzustand zu verlassen. Diese Anregungen erlauben folgende Einteilung: Die kleinsten Energiequanten ändern die Besetzungsverteilungen der *Kernspinzustände* (NMR). Etwas mehr Photonenenergie wird nötig, um die *Elektronenspin*-Niveaus umzubesetzen (ESR). Mit Mikrowellenstrahlung werden die *Rotationsübergänge* erzeugt (MWS). Mehr Energie, nämlich infrarote Strahlung, ist nötig, um *Schwingungen* in einem Molekül anzuregen (IR und RSS). In allen Fällen muss berücksichtigt werden, dass der Gesamtdrehimpuls von Lichtquant und Molekül immer erhalten bleibt. Deshalb können nur ganz bestimmte Übergänge induziert werden. Dies ist der physikalische Hintergrund für die Auswahlregeln, die später benutzt werden, um die oft komplexen Spektren zu interpretieren.

Selbstverständlich kann sich die Besetzungsverteilung der Energieniveaus eines Moleküls auch durch Stöße mit anderen Partnern ändern, dann müssen die Erhaltungsregeln auf das Stoßpaar erweitert werden.

Im Folgenden werden wir uns ausführlich mit den Methoden auseinandersetzen, die uns erlauben, Energieniveaus im elektronischen Grundzustand zu messen. Viel Erfahrung und Geduld ist nötig, um Spektren zu identifizieren und dann von den Linienpositionen und Profilen auf die Wechselwirkungen der Kern- und Elektronenpotentiale unter Berücksichtigung des Pauli-Prinzips zurückzuschließen. Oft beeinflussen benachbarte Moleküle die Spektren, so dass daraus neue Einsichten in die intermolekularen Kräfte gewonnen werden können. Erst müssen jedoch die Spektren gemessen und charakterisiert werden.

### 3.2.1 Kernparamagnetische Resonanz (NMR)

#### 3.2.1.1 Einleitung

In Kapitel 1 dieses Bandes wurde ausführlich erklärt, wie entartete atomare Spinniveaus unter dem Einfluss von magnetischen Feldern aufgespalten werden. Für kleine Störungen der Zustände ist diese Aufhebung der Entartung als Zeeman-Effekt bekannt. Wenn Übergänge zwischen diesen Kernzuständen durch resonante elektromagnetische Strahlung stattfinden, wird dieser Prozess kernmagnetische Resonanz (**N**uclear **M**agnetic **R**esonance oder NMR) genannt. Klassisch kann man leicht die Bewegung des Kernspins $I$ mit seinem magnetischen Moment $\boldsymbol{\mu}_I$ in einem Magnetfeld $\boldsymbol{B}_0$ erklären. Das Moment führt eine Präzessionsbewegung aus, wie sie in Abb. 3.1 dargestellt ist. Je nach Richtung der Drehbewegung wird die Gesamtenergie erhöht oder erniedrigt, die Niveaus werden linear zu höheren oder niedrigeren Energien verschoben. Der Energieunterschied $\Delta E$ ergibt sich aus der potentiellen Energie des magnetischen Moments $\boldsymbol{\mu}_I$ im Feld $\boldsymbol{B}_0$, und dem Winkel zwischen $\boldsymbol{\mu}_I$ und $\boldsymbol{B}_0$.

$$\Delta E = -\boldsymbol{\mu}_I \boldsymbol{B}_0 \cos(\boldsymbol{\mu}_I, \boldsymbol{B}_0) . \tag{3.1}$$

Die Einheit für $\mu_I$ ist das *Kernmagneton* $\mu_N$

$$\mu_N = \frac{e_0}{m_p} \cdot \frac{\hbar}{2} = 5.05 \cdot 10^{-27} \,\text{J/T}$$

mit $m_p$ = Protonenmasse (vgl. auch Tabelle der Fundamentalkonstanten am Ende des Buches).

Die Präzessionsfrequenz, auch *Larmor-Frequenz* genannt, ist unabhängig vom Präzessionswinkel und bestimmt durch

$$\omega_I = \frac{\mu_I}{I\hbar} \boldsymbol{B}_0 = \gamma B_0 = 2\pi \nu_L . \tag{3.2}$$

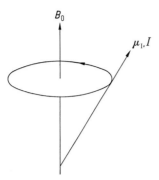

**Abb. 3.1** Präzession eines magnetischen Moments in einem angelegten Magnetfeld $B_0$.

Das *gyromagnetische* (oder *magnetogyrische*) *Verhältnis* liegt normalerweise im Bereich von 10 bis 40 MHz/T. Klassisch sind alle Winkeleinstellungen zwischen $I$ und $B_0$ erlaubt. Ihre Verteilung ist isotrop.

Wie für die meisten mikroskopischen Objekte muss auch hier der Quantenmechanik Rechnung getragen werden. Durch Quantisierung des Drehimpulses $I$ ergibt sich der Betrag

$$|I| = [I(I+1)]^{1/2} \cdot \hbar, \qquad (3.3)$$

wobei $I$ die Kerndrehimpuls-Quantenzahl ist, die meist *Kernspin* genannt wird. Die Projektion von $I$ auf $B_0$, die die $z$-Achse eines Koordinatensystems definiert, ist ebenfalls quantisiert: $m_I \hbar$, mit den Quantenzahlen $m_I$, die in Schritten von $\hbar$ von $I$ bis $-I$ reichen.

Da die NMR-Spektroskopie sich vorwiegend mit ($I = 1/2$)-Kernen wie $^1$H, $^{13}$C, $^{19}$F, $^{31}$P beschäftigt und diese eine Aufspaltung in nur 2 Spinniveaus erzeugen, beschränken sich die folgenden Überlegungen auf diesen einfachen Fall, der auch als der „normale" Zeeman-Effekt bezeichnet wird. Mehrfache Aufspaltungen bringen nur zusätzliche Algebra in die Beschreibung. Später werden wir jedoch sehen, dass in ausgesuchten Fällen bei der Interpretation von Spektren auch eine Vielfalt von Zuständen hilfreich sein kann.

Wie erwähnt, sind Übergänge zwischen Spinzuständen in der Regel mit elektromagnetischer Strahlung verbunden. Da das Photon, welches absorbiert oder emittiert wird, in Einheiten von $\hbar = h/2\pi$ von einen Drehimpuls von $\pm 1$ (minus für rechtshändige zirkulare Polarisation und plus entsprechend für linkspolarisiertes Licht[1]) mitführt, sind die Übergänge bei schwacher Bestrahlungsintensität auf $\Delta m_I = \pm 1$ beschränkt. Bei intensiver Bestrahlung ist es auch möglich, dass mehrere Photonen gleichzeitig einen Übergang erzwingen. Die Wahrscheinlichkeit dafür ist allerdings sehr klein und solche Multiphotonenübergänge werden nur bei extrem hohen Strahlungsdichten erzeugt. Festzuhalten ist auf jeden Fall, dass bei allen Absorptions- und Emissionsprozessen der Gesamtdrehimpuls immer erhalten bleiben muss.

---

[1] Das ist die in der Optik gültige Konvention (Abschn. 1.6.3); in der Kern- und Elementarteilchenphysik wird die entgegengesetzte Konvention verwendet (vgl. z. B. drittes Bild in Abb. 4.92a).

### 3.2.1.2 Absorption und Emission

Die Übergangswahrscheinlichkeit zwischen zwei benachbarten Niveaus hängt vor allem von zwei Kenngrößen ab: erstens von der Frequenz der einfallenden Strahlung und zweitens von der relativen Besetzung der beiden Niveaus. Wenn die Photonenenergie gleich der Energie der Termaufspaltung ist, d.h. resonante Anregung vorliegt, ist der Wirkungsquerschnitt gegeben durch

$$\sigma = \frac{\lambda^2}{4\pi}. \tag{3.4}$$

Diese Resonanzbedingung setzt voraus, dass die Linienbreite der Strahlung wesentlich kleiner ist als die natürliche Linienbreite des Übergangs. Dieses ist wiederum durch die Heisenberg'sche Unschärferelation mit der Lebensdauer der beteiligten Niveaus gekoppelt. Für freie, ungestörte Moleküle ist die Lebensdauer eines angeregten Spinniveaus extrem lang (d.h. größer als Sekunden) und die Linienbreiten sind demzufolge sehr klein. Diese einfache Tatsache ist von grundlegender Bedeutung für das gesamte Gebiet der NMR-Spektroskopie. Selbst die kleinste Störung der Niveaus hat eine Verschiebung oder Verbreiterung der Linien außerhalb der natürlichen Profilbreite zur Folge, und diese Einflüsse können experimentell nachgewiesen werden. Deshalb muss das angelegte Magnetfeld über das gesamte Probenvolumen extrem homogen sein. Ferner muss die einfallende Strahlung auf besser als ein Hertz monochromatisiert sein.

Was die Polarisation der Strahlung betrifft, so ist keine besondere Sorgfalt geboten. Die Auswahlregel $\Delta m_I = \pm 1$ zwingt die Kernspins, nur die zirkulare Komponente in der elektromagnetischen Welle zu absorbieren, die den Gesamtdrehimpuls erhält. Wie im nächsten Abschnitt erklärt wird, sind zum Messprozess nur sehr kleine Photonendichten nötig, so dass immer eine ausreichende Intensität der passenden Strahlung vorhanden ist.

Die zweite wichtige Bedingung für ein gutes Absorptionssignal ist die Besetzungsverteilung der Terme, die durch die Photonen angeregt werden. Wenn thermodynamisches Gleichgewicht in der Probe herrscht, liegt eine Boltzmann-Verteilung in der Besetzung der Spinniveaus vor. Für Protonen gilt:

$$\frac{n_{m+1}}{n_n} = \exp[-2\mu_I B_0/(kT)], \tag{3.5}$$

wobei $2B_0$ die Termaufspaltung, $T$ die Temperatur der Probe und $k$ die Boltzmann-Konstante sind. Diese Verteilung stellt sich ein, bevor die Strahlung einfällt. Das Kernmoment $\mu_I$ wird bestimmt durch den g-Faktor $g_I = (\mu_I/\mu_N)(I/\hbar)$. Für das Proton ist $I(H) = 1/2$ und $g = 5.5857$. Wenn man typische Werte in die obige Gleichung einsetzt ($B_0 = 0.3$ T, $T = 298$ K), ergibt sich eine Abweichung von der Gleichverteilung von nur $1 : 10^6$. Dieser geringe Unterschied würde NMR-Spektroskopie unmöglich machen, wenn die Gleichgewichtsverteilung nur mittels spontaner Übergänge wieder hergestellt wird. Die einfallende Strahlung zwingt in kürzester Zeit beide Niveaus zur gleichen Besetzung, und keine weitere Absorption wäre möglich, da Absorption und stimulierte Emission gleich wahrscheinlich werden. Bei der stimulierten Emission haben die neu gewonnenen Photonen nicht nur genau die gleiche

## 3.2 Spektroskopie an Molekülen im elektronischen Grundzustand

Energie, sondern werden auch phasenrichtig und in die Richtung des anregenden Lichtes emittiert und sind somit von den Quellenphotonen nicht mehr zu unterscheiden. Diese Relaxation steht im direkten Gegensatz zu spontan emittierten Photonen, deren Richtungen und Phasen willkürlich sind.

Tatsächlich müssen zwei Prozesse berücksichtigt werden, die den angeregten Spins erlauben, ihre Energie abzugeben, und somit einen Besetzungsunterschied der Niveaus wieder herzustellen (*Chaos-enhanced relaxation*). In der flüssigen oder festen Phase sind die Moleküle von einem thermischen Phononenbad umgeben, das gelegentlich in einer geeigneten Konfiguration vorliegt, um resonant die Spinenergie abzuführen. Diese Spin-Gitter-Wechselwirkung wird durch die *Relaxationszeit* $T_1$ charakterisiert. Ebenso effektiv kann die Spinenergie abgeführt werden durch intra- und intermolekulare *Spin-Spin-Wechselwirkungen*. Dieser Relaxationsprozess wird durch die *Relaxationszeit* $T_2$ charakterisiert. Mit geeigneter Messtechnik können beide Zeitkonstanten getrennt gemessen werden.

Während des Pumpprozesses laufen drei elementare Prozesse gleichzeitig ab: Erstens werden durch Photonenabsorption die unteren Spinniveaus entvölkert und die oberen mit der Wahrscheinlichkeit $W_1$ aufgefüllt. Außerdem werden die oberen Niveaus durch stimulierte Emission und durch die Spin-Gitter-Wechselwirkung mit der Summenwahrscheinlichkeit $W_2$ abgeregt. Für ein $I = 1/2$-System ist die Gesamtzahl der Kerne $n_0 = n_m + n_{m+1}$. Folgende Ratengleichungen beschreiben diese Vorgänge:

$$\frac{dn_{m+1}}{dt} = n_m W_1 - n_{m+1} W_2$$

$$\frac{dn_m}{dt} = n_{m+1} W_2 - n_m W_1$$

Wenn der Besetzungsunterschied $n = n_m - n_{m+1}$ ist, gilt:

$$\frac{dn}{dt} = \frac{dn_{m+1}}{dt} - \frac{dn_m}{dt}$$

$$= 2n_m W_1 - 2n_{m+1} W_2 = (n_0 + n) W_1 - (n_0 - n) W_2.$$

Die letzte Gleichung lässt sich auf folgende Form bringen:

$$-\frac{dn}{dt} = \frac{N - n}{T_1}, \tag{3.6}$$

wobei

$$N = n_0 (W_2 - W_1) T_1$$

sowie

$$T_1 = (W_1 + W_2)^{-1}.$$

Im Gleichgewicht ist $dn_{m+1}/dt = dn_m/dt = 0$ und $N$ der Besetzungsunterschied.

Mit den Anfangsbedingungen $t = 0$, $n = 0$, d.h. $n_m = n_{m+1}$, hat die Differentialgleichung folgende Lösung:

$$n = n_0 [1 - \exp(-t/T_1)]. \tag{3.7}$$

Gl. (3.6) kann auch makroskopisch interpretiert werden. Da die Kernspins sich im Magnetfeld ausrichten, wird die Probe in der $z$-Richtung magnetisiert. Die Magnetisierung $M_z$ ist proportional zum Besetzungsüberschuss, man kann daher die Differentialgleichung (3.6) auch in folgender Form schreiben:

$$\frac{dM_z}{dt} = -\frac{M_z - M_0}{T_1}, \tag{3.8}$$

wobei $M_z = \Sigma \mu_1 B$ und $M_0 = M_z(t = 0)$ ist.

Es ist erwähnenswert, dass die Spin-Gitter-Relaxation die Phasen der präzedierenden Kernspins mischt und jede Kohärenz der Spins in $z$-Richtung zerstört.

Die andere charakteristische Relaxationszeit ist $T_2$. Sie ist verbunden mit der Kopplung eines Spins mit den Kernspins der Umgebung. Diese benachbarten Kernspins produzieren ein lokales magnetisches Feld $B_1$, das mit dem angelegten Feld $B_0$ überlagert ist:

$$B = B_0 + B_1.$$

Durch die Änderung des Magnetfeldes werden auch die Energieniveaus und die damit verbundenen Übergangsfrequenzen verschoben. Da das lokale Feld von Ort zu Ort verschieden ist, entsteht ein Spektrum von Frequenzen, die sich um $\omega_1$ (Gl.(3.2)) gruppieren. Die Linienverbreiterung kommt einer Verkürzung der Lebensdauer des angeregten Zustandes gleich und hilft so eine schnelle Sättigung zu verhindern. Dieser Relaxationsmechanismus ist ungewöhnlich, er ist nicht verbunden mit der Kopplung an ein „chaotisches" Energiereservoir. Vielmehr laufen die magnetischen Momente langsam aus ihrer ursprünglichen Richtung $z$ mit verschiedenen Geschwindigkeiten auseinander, ohne in der $x$- und $y$-Richtung ihre internen Phasen zu verlieren. (Klassisch: Der präzedierende magnetische Kreisel schwebt ein wenig hin und her). Es geht keine Energie verloren, sondern sie wird von Molekül zu Molekül resonant übertragen. Ähnliche Effekte werden in der Infrarotspektroskopie bei hohen Laserleistungen gefunden. Angewandt wird dieses Verhalten in einer Messtechnik, die unter dem Begriff „*Ramsey fringes*" bekannt ist. Es ist dieser kohärente Ablauf des Relaxationsprozesses, der erlaubt, $T_2$ unabhängig von $T_1$ zu messen. Die Kopplung der Spinterme betrifft sowohl die $M_z$-Komponente der Magnetisierung als auch die $M_x$- und $M_y$-Komponenten. Die Spin-Spin-Relaxation bezüglich $M_z$ ist bereits in $T_1$ einbezogen, bezüglich $M_x$ und $M_y$ ist es dagegen der einzige Relaxationsprozess, so dass zu Gl. (3.8) noch zwei weitere Ratengleichungen hinzukommen:

$$\frac{dM_x}{dt} = -\frac{M_x}{T_2}$$

und

$$\frac{dM_y}{dt} = -\frac{M_y}{T_2}. \tag{3.9}$$

Da keine Energie in der Spin-Spin-Wechselwirkung ausgetauscht wird, wird auch die Resonanzfrequenz nicht verschoben, wenn der Messprozess über viele Rotationen der Präzession mittelt.

### 3.2.1.3 Die Bloch'schen Gleichungen

Die Differentialgleichungen (3.8) und (3.9) sind entsprechend zu modifizieren, wenn die Kerne von äußeren Feldern beeinflusst werden. Dies führt zu den Bloch'schen Gleichungen, die zweckmäßigerweise in einem rotierenden Koordinatensystem gelöst werden. Ein schwaches, oszillierendes Magnetfeld $2B_1 \cos \omega t$ wird in $x$-Richtung auf die Probe eingestrahlt. Die lineare Polarisation dieses Feldes kann in zwei gegenläufige zirkulare Felder zerlegt werden, von denen eines in der $x$-$y$-Ebene eine rotierende Magnetisierung hervorruft. Das $B$-Feld, das an der Probe aktiv wird, ist

$$\boldsymbol{B} = \boldsymbol{i} B_1 \cos \omega t - \boldsymbol{j} B_1 \sin \omega t + \boldsymbol{k} B_0 , \tag{3.10}$$

wobei $\boldsymbol{i}$, $\boldsymbol{j}$ und $\boldsymbol{k}$ die Einheitsvektoren in $x$-, $y$- und $z$-Richtung sind. Wenn das gesamte Feld in die Ratengleichungen für die makroskopische Magnetisierung eingeführt wird, erhält man

$$\frac{dM_z}{dt} = -\gamma (B_1 M_y \cos \omega t - B_1 M_x \sin \omega t) - \frac{M_z - M_0}{T_1} ,$$

$$\frac{dM_y}{dt} = -\gamma (B_0 M_x - B_1 M_z \cos \omega t) - \frac{M_y}{T_2} ,$$

$$\frac{dM_x}{dt} = \gamma (B_1 M_z \sin \omega t + B_0 M_y) - \frac{M_x}{T_2} . \tag{3.11}$$

Diese Ratengleichungen sind als *Bloch'sche Gleichungen* bekannt. Sie werden wesentlich einfacher, wenn ein rotierendes Koordinatensystem mit der $z$-Koordinate als Drehachse eingeführt wird. Die neuen Koordinaten sind $x'$, $y'$ und $z$. Sie drehen sich mit der Larmorfrequenz $-\omega$. Die neuen Magnetisierungsrichtungen werden mit $r$ und $s$ bezeichnet, wobei $r$ die phasenrichtige Komponente in der Richtung von $B_1$ ist, also parallel zu $x'$, und $s$ die Gegenphase in Richtung $y'$ darstellt.

$$r = M_x \cos \omega t - M_y \sin \omega t$$
$$s = M_x \sin \omega t + M_y \cos \omega t . \tag{3.12}$$

Mit den neuen Koordinaten lauten die Bloch'schen Gleichungen:

$$\frac{dM_z}{dt} = -\gamma B_1 s - \frac{M_z - M_0}{T_1}$$

$$\frac{dr}{dt} = (\omega_i - \omega) s - \frac{r}{T_2}$$

$$\frac{ds}{dt} = -(\omega_i - \omega) r + \gamma B_1 M_z - \frac{s}{T_2} , \tag{3.13}$$

wobei $\omega_i = \gamma B_0$ ist.

Im rotierenden Koordinatensystem ist sowohl $B_0$ als auch $B_1$ konstant. Die Präzession erscheint um $(\omega_i - \omega)$ reduziert. Das effektive Feld ist nur

$$(\omega_i - \omega)/\gamma = B_0 (1 - \omega/\omega_i).$$

In Abb. 3.2 ist ein Vektordiagramm mit den magnetischen Feldern so dargestellt, wie sie im rotierenden System erscheinen. Damit kann ein effektives Magnetfeld $B_{\text{eff}}$ definiert werden, das den Unterschied zwischen der Frequenz des eingestrahlten HF-Feldes und der Larmorfrequenz $(\omega_1 - \omega)$ widerspiegelt. Je näher $\omega$ der Resonanz $\omega_i$ kommt, desto mehr neigt sich $B_{\text{eff}}$ zu $B_1$, um schließlich bei $\omega = \omega_i$ mit ihm ganz zusammenzufallen. Die Präzession im rotierenden System liegt in der $zy'$-Ebene.

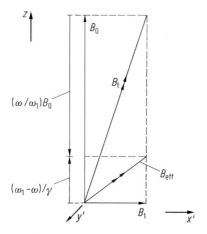

**Abb. 3.2** Magnetische Felder im rotierenden Koordinatensystem $(x', y', z)$.

Wenn $\omega$ so langsam geändert wird, dass das Spinsystem immer stationäre Zustände erreicht, d. h. wenn $\omega \ll T_1^{-1}, T_2^{-1}$, und wenn $M$ im rotierenden Koordinatensystem immer zur Ruhe kommt, dann lauten die Lösungen der Bloch'schen Gleichungen wie folgt:

$$M_z = \frac{M_0[1 + T_2^2(\omega_i - \omega)^2]}{T_2^2(\omega_i - \omega)^2 + 1 + T_1 T_2 \gamma^2 B_1^2}$$

$$r = \frac{M_0 \gamma B_1 T_2^2 (\omega_i - \omega)}{T_2^2(\omega_i - \omega)^2 + 1 + T_1 T_2 \gamma^2 B_1^2}$$

$$s = \frac{M_0 \gamma B_1 T_2}{T_2^2(\omega_i - \omega)^2 + 1 + T_1 T_2 \gamma^2 B_1^2} \qquad (3.14)$$

Abb. 3.3 zeigt $r$ und $s$ als Funktion der Frequenz $\omega$. Die Magnetisierung in Richtung $r$ liegt 90° hinter der Phase von $\omega$ und ergibt ein Dispersionssignal, während $s$ in Phase ist und die Absorption darstellt. Es wurde angenommen, dass $T_2 \gg \gamma^2 B_1^2$, was gewährleistet ist, wenn sich der ursprüngliche Besetzungsunterschied der Kernni-

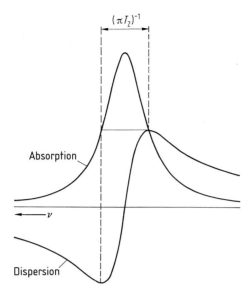

**Abb. 3.3** Lorentz-Profil (Absorption) und Dispersionslinie (Phasenverschiebung) [24].

veaus beim Einstrahlen von $\omega$ nicht stark ändert. Das Absorptionslinienprofil ist gegeben durch:

$$g(\omega) = \frac{2T_2}{1 + T_2^2(\omega_i - \omega)^2}. \tag{3.15}$$

Eine besondere Pulstechnik wird häufig angewandt um $T_1$ und $T_2$ zu messen. Die elektromagnetische Anregung $B_1$ wird dabei nur für eine kurze Zeit aktiviert und $B_0$ konstant gehalten. Danach wird der ungestörte Relaxationsprozess beobachtet (**F**ree **I**nduction **D**ecay, FID). Bevor auf die Einzelheiten der gepulsten NMR-Spektroskopie eingegangen wird, sollen erst die Grundzüge einer NMR-Messapparatur vorgestellt werden.

### 3.2.1.4 Das NMR-Messverfahren

**Das Spektrometer.** Abb. 3.4 zeigt einen schematischen Querschnitt eines modernen NMR-Spekrometers. Der meiste Raum wird zur Erzeugung des magnetischen Feldes $B_0$ beansprucht. Supraleitende Polschuhe erzeugen ein Magnetfeld von bis zu 14 T und hoher Homogenität. Dafür wird flüssiges Helium benötigt; dieses wird mit flüssigem Stickstoff von der Umgebung abgeschirmt. Die Kühlfallen sitzen in einem Vakuumgehäuse, um den Wärmeverlust in Grenzen zu halten. Ein guter Kryostat wird nur einmal pro Monat mit Helium nachgefüllt. Die Probe wird in das Zentrum des Magneten eingeführt, meist als Lösung (wegen der niedrigen Empfindlichkeit mindestens 1%ig) oder als Festkörperprobe. Der Probenhalter ist ein Zylinder mit einem nutzbaren Volumen von etwa 3 cm³ bei einem Querschnitt von etwa 5 mm

424    3 Moleküle – Spektroskopie und Strukturen

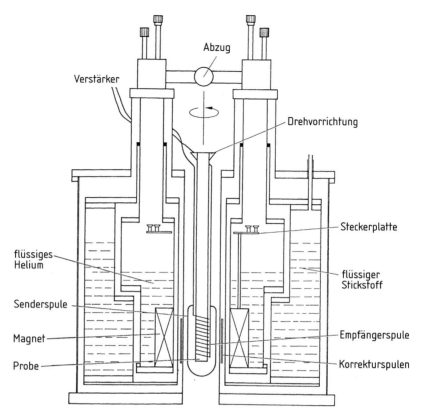

**Abb. 3.4**    NMR-Spektrometer mit supraleitenden Magnetspulen.

und einer Länge von ca. 5 cm. Das Probengefäß ist aus Pyrex-Glas, da dieses nur ein sehr kleines Signal für $^{29}$Si zeigt, sonst aber frei von störenden Resonanzlinien ist. Die notwendige Homogenität des $B_0$-Feldes wird mit kleinen Korrekturspulen gewährleistet. Sie werden so justiert, dass für eine Eichsubstanz (normalerweise TMS, Trimethylsilan) optimale Spektren aufgezeichnet werden. Um den Einfluss der verbleibenden Feldgradienten von $B_0$ zu eliminieren, rotiert das Probenrohr mit etwa 15 Hz. Die Spektren werden meist in ppm (parts per million) relativ zur ungestörten Resonanzfrequenz des jeweiligen Kerns angegeben. In Tab. 3.3 sind für eine Reihe wichtiger Isotope deren natürliche Häufigkeit, das gyromagnetische Verhältnis und die NMR-Frequenzen (relativ zu 100 MHz für den $^1$H-Kern) angegeben.

Zur Aufzeichnung eines Spektrums im „langsamen Durchgang" müssen nun die Frequenzen gefunden werden, bei denen die zu untersuchende Substanz Leistung absorbiert. Dies kann entweder direkt an der Hochfrequenzquelle beobachtet werden, oder es wird – im Transformerverfahren – an einer Empfängerspule die Änderung der Magnetisierung des Transformerkerns (hier des Probenrohrs mit der Messsubstanz) gemessen. Das Spektrum wird aufgezeichnet, indem entweder direkt die Radiofrequenz der Senderspule oder aber die magnetische Feldstärke variiert wird (CW-Verfahren).

**Tab. 3.3** NMR-relevante Daten für einige wichtige Isotope.

| Isotop | Spin | natürliche Häufigkeit $C/\%$ | magnetisches Moment $\mu/\mu_N$ | gyromagnetisches Verhältnis $\gamma/(10^7$ rad s$^{-1}$ T$^{-1}$) | NMR-Frequenz $\Xi$/MHz | Referenz[a] |
|---|---|---|---|---|---|---|
| Elektron | $\frac{1}{2}$ | – | $-3.18392 \cdot 10^3$ | $-1.76084 \cdot 10^4$ | $[6.582 \cdot 10^4]$ | – |
| Neutron | $\frac{1}{2}$ | – | $-3.31362$ | $-18.3257$ | [68.50] | – |
| $^1$H | $\frac{1}{2}$ | 99.985 | 4.83724 | 26.7519 | 100.000000 | Me$_4$Si |
| $^2$H | 1 | 0.015 | 1.2126 | 4.1066 | 15.351 | Me$_4$Si-d |
| $^7$Li | $\frac{3}{2}$ | 92.58 | 4.20394 | 10.3975 | 38.866 | Li$^+$(aq) |
| $^{11}$B | $\frac{3}{2}$ | 80.42 | 3.4708 | 8.5843 | 32.089 | Et$_2$O BF$_3$ |
| $^{13}$C | $\frac{1}{2}$ | 1.108 | 1.2166 | 6.7283 | 25.145004 | Me$_4$Si |
| $^{14}$N | 1 | 99.63 | 0.57099 | 1.9338 | 7.228 | MeNO$_2$ oder |
| $^{15}$N | $\frac{1}{2}$ | 0.37 | $-0.4903$ | $-2.712$ | 10.136783 | [NO$_3$]$^-$ |
| $^{17}$O | $\frac{5}{2}$ | 0.037 | $-2.2407$ | $-3.6279$ | 13.561 | H$_2$O |
| $^{19}$F | $\frac{1}{2}$ | 100 | 4.5532 | 25.181 | 94.094003 | CCl$_3$F |
| $^{23}$Na | $\frac{3}{2}$ | 100 | 2.86265 | 7.08013 | 26.466 | Na$^+$aq |
| $^{27}$Al | $\frac{5}{2}$ | 100 | 4.3084 | 6.9760 | 26.077 | [Al(H$_2$O)$_6$]$^{3+}$ |
| $^{29}$Si | $\frac{1}{2}$ | 4.70 | $-0.96174$ | $-5.3188$ | 19.867184 | Me$_4$Si |
| $^{31}$P | $\frac{1}{2}$ | 100 | 1.9602 | 10.841 | 40.480737 | 85% H$_3$PO$_4$ |
| $^{59}$Co | $\frac{7}{2}$ | 100 | 5.234 | 6.317 | 23.61 | [Co(CN)$_6$]$^{3-}$ |
| $^{77}$Se | $\frac{1}{2}$ | 7.58 | 0.925 | 5.12 | 19.071523 | Me$_2$Se |
| $^{113}$Cd | $\frac{1}{2}$ | 12.26 | $-1.0768$ | $-5.9550$ | 22.193173 | CdMe$_2$ |
| $^{119}$Sn | $\frac{1}{2}$ | 8.58 | $-1.8119$ | $-10.021$ | 37.290662 | Me$_4$Sn |
| $^{193}$Pt | $\frac{1}{2}$ | 33.8 | 1.043 | 5.768 | 21.414376 | [Pt(CN)$_6$]$^{2-}$ |

[a] Me = Methyl, Et = Ethyl

**Fourier-Transformations-NMR.** Die modernen NMR-Spektrometer werden immer häufiger im Pulsverfahren betrieben. Dieses bringt zwei bedeutende Vorteile: Erstens kann man durch ausgewählte Pulsfolgen individuelle Strukturen hervorheben bei gleichzeitiger Reduktion des Rauschens, und zweitens kann das gesamte Spektrum auf einmal durch Fourier-Transformationsspektroskopie aufgezeichnet werden. Im Folgenden sollen diese Prozesse etwas ausführlicher erklärt werden. Die Messsubstanz wird der Strahlung nur für ein Zeitinterval ausgesetzt (normalerweise zwischen 1 und 50 μs), dieses ist kurz im Vergleich zu $T_1$ und $T_2$. Die Pumpfrequenz $\omega = 2\pi\nu$ muss im Bereich der Larmorfrequenzen $\omega_i = 2\pi\nu_i$ der zu untersuchenden Kerne liegen. Die Pumpstrahlung ist eine zerhackte Sinuswelle. Ihre Frequenzverteilung ist gegeben durch eine Fourier-Transformation als

$$f(\nu) = \int \sin\omega t \exp(i\omega_i t)\,dt = \frac{\sin[\pi(\nu-\nu_i)\tau_p]}{\tau_p(\nu-\nu_i)}. \tag{3.16}$$

*Beispiel:* Ein Puls, der 10 μs lang ist, hat eine Bandbreite in der Größenordnung von $10^5$ Hz. Dies reicht aus, alle Protonen in einer Probe anzuregen, gleichgültig welche störende Wechselwirkung die Energieniveaus der Kernspins modifiziert hat. Es ist natürlich besser, mit einer flacheren Verteilungsfunktion anzuregen; und deshalb versucht man, nur den inneren Teil des Spektrums zu benutzen und die Bandbreite $\tau_p$ eine oder gar zwei Größenordnungen größer zu machen als das auszumessende Spektrum.

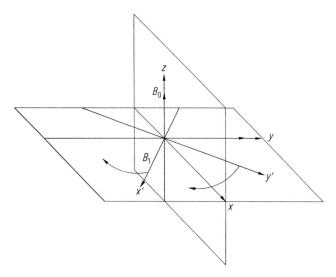

**Abb. 3.5** Rotierendes Koordinatensystem $x'$, $y'$, $z$, in dem die Bloch'schen Gleichungen gelöst werden.

Während der Pulsdauer $\tau_p$ präzediert $M$ um die $z$-Achse mit der Frequenz $-\gamma B_1$. Wenn $\tau_p = \pi/2\gamma B_1$ gewählt wurde, hat sich $M$ gerade um 90° gedreht und fällt mit der $y'$-Achse zusammen. Wenn $\tau_p = \pi/\gamma B_1$, ist der Drehwinkel 180° und $M$ ist parallel zu $-z$. Die Änderung von $M$ sind in Abb. 3.5 noch einmal bildlich dargestellt. Man spricht von 90°- und 180°-Pulsen. Mit dieser Technik kann man $M$ in jede beliebige Richtung drehen (immer vorausgesetzt, dass $\tau_p \ll T_1$ und $T_2$). Wenn ein 90°-Puls die Kernspins in die $y'$-Richtung gedreht hat, wird die Spin-Spin-Wechselwirkung mit der Zeitkonstanten $T_2$ die ursprüngliche Magnetisierung wiederherstellen; man nennt das *freier Induktionszerfall* (FID für **F**ree **I**nduction **D**ecay). Graphisch ergibt sich die gemessene Entmagnetisierung als ein exponentiall abklingendes Signal, wenn die Pulsfrequenz auf Resonanz eingestellt war und alle Spins äquivalent sind. Wenn man von $\omega$ abweicht, gibt es Schwebungen im FID-Signal. Als Beispiel zeigt Abb. 3.6 das FID für die $^{13}$C-Spins in $C_6H_6$. Die hochfrequente Modulation wird durch die Schwebung ($\omega_1 - \omega$) zwischen den Resonanzfrequenzen der $^{13}$C-Spins $\omega_1$ und der einfallenden Strahlung $\omega$ erzeugt. Die langwellige Modulation kommt von der Kopplung der $^{13}$C-Spins mit den Protonen der C–H Gruppe. Wenn die Probe viele verschiedene Spinsysteme besitzt, ergibt sich ein reich strukturiertes Signal. Abb. 3.7 zeigt das FID-Signal für $^{13}$C in $C_6H_5C_2H_5$ (in einer Lösung von $CDCl_3$), wobei die Protonen bereits durch einen starken Puls in Sättigung getrieben wurden (Breitband-Entkopplung) und dadurch am NMR-Signal nicht teilnehmen.

## 3.2 Spektroskopie an Molekülen im elektronischen Grundzustand

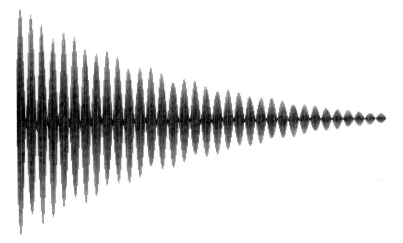

**Abb. 3.6** Freies Induktionssignal für $C_6H_6$.

**Abb. 3.7** Freies Induktionssignal für $C_6H_5C_2H_5$ (Ethylbenzol) in einer Lösung von $CDCl_3$.

Für viele Experimente ist es nötig, $B_1$ zu eichen. Die magnetische Feldstärke wird oft angegeben in Einheiten der Zeit, die benötigt wird, um die beste Intensität für einen 90°-Puls zu erhalten. Man erwartet, dass die Signalstärke als Funktion von $\tau_p$ einer Sinuskurve folgt. Dies ist in Abb. 3.8 demonstriert, wo die Pulsfolge um je 5 μs verlängert wurde und die Resonanz für $^{33}S$ eingestellt war. Der erste Nulldurchgang bei 65 μs entspricht der Dauer eines 180°-Pulses. Abweichungen von einer Sinuskurve deuten auf Inhomogenitäten des HF-Signals im Probenvolumen hin, welche die Relaxationszeitmessungen leicht verfälschen können.

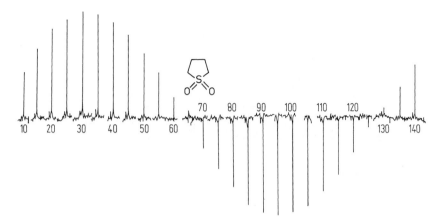

**Abb. 3.8** Zeitliches Verhalten der Magnetisierung $M_z$ als Funktion der Amplitude von $B_1$. Nach 65 μs hat $B_1$ die Magnetisierung nach $-M_z$ gedreht (180°-Puls) [24].

**Messung von $T_1$.** Nachdem die Probe nach mehreren Relaxationsdauern $T_1$ und $T_2$ im $B_0$-Feld ins Gleichgewicht gekommen ist, präzedieren die Kerne mit konstanter Energie und addieren sich zu einer makroskopischen Magnetisierung $M_z$ (wobei $M_x$ und $M_y$ gleich null bleiben). Wenn nun das mit $\omega_1$ oszillierende $B_1$-Feld für die Dauer eines 180°-Pulses eingeschaltet wird, dreht sich $M_z$ adiabatisch um 180° und geht in $-M_z$ über. Quantenmechanisch bedeutet das, dass sich die Besetzungszahlen invertiert haben und eine Überbesetzung des oberen Niveaus vorliegt. Dieses thermodynamische Ungleichgewicht wird nun durch die Spin-Gitter-Wechselwirkung mit der Ratenkonstanten $T_1$ abgebaut, so dass sich $-M_z$ exponentiell in $M_z$ verwandelt. Oder

$$M_z(t) = M_z(t=0) \exp(-t/T_1). \tag{3.17}$$

Die zeitliche Entwicklung von $M_z(t)$ wird gemessen, indem man nach einer variablen Zeit $\tau_n$ einen 90°-Puls einschaltet, der die verbliebene Magnetisierung $M_z$ in $M_{y'}$ überführt und es ermöglicht, im FID-Verfahren, das Verschwinden von $M_{y'}$ zu verfolgen. Die Pulsfolge ist somit

$$180° - \tau_n - 90°\,(\text{FID}) - T_d,$$

wobei $\tau_n$ die Zeit ist, nach der der Relaxationsprozess unterbrochen wurde; sie wird von Messung zu Messung schrittweise verlängert. Der Abstand der individuellen Messreihen $T_d$ muss viel länger sein als $T_1$, um die Boltzmann-Verteilung unter den Spinniveaus wiederherzustellen.

Abb. 3.9 gibt ein Beispiel für die Spektren von Chlorbenzol ($C_6H_5Cl$) für alle $^{13}$C-Kerne. Die Zeitabstände der 90°-Pulse, mit denen so die Relaxation von $-M_z$ gemessen wird, sind auf der rechten Seite angegeben. Jedes Spektrum ist eine Fourier-Transformation einer FID-Messung. Für kurze Zeiten $\tau_n$ ist $M_z$ noch negativ, und die Spektrallinien erscheinen negativ. Für lange Zeiten $\tau_n$ zeigt sich ein völlig relaxiertes Kernspin-Ensemble. $T_1$ für $C_1$ ist etwa 40 Sekunden, während es für $C_{3,5}$ und

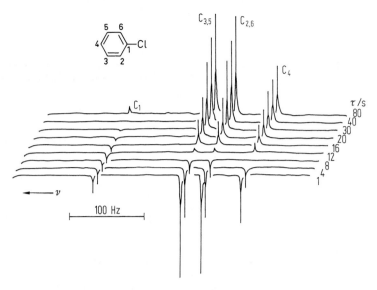

**Abb. 3.9** Wiederherstellung der Besetzungsverteilung in $C_6H_5Cl$ nach einem 180°-Puls. Der Messparameter $\tau$ gibt die Zeit an, bei der der Relaxationsprozess unterbrochen und der 90°-Messpuls angelegt wurde [24].

$C_{2,6}$ bei 11 Sekunden liegt, $C_4$ relaxiert in 4 Sekunden. Dieses Beispiel zeigt die Messmöglichkeiten dieser Pulsfolge, sowie die Größenordnung für $T_1$. Außerdem zeigt es, wie verschieden die $^{13}$C-Kerne in diesem Molekül mit der Umgebung wechselwirken.

**$T_2$ und Spin-Echo-Messungen.** Wie bereits früher angedeutet, gibt es einen zweiten wichtigen Relaxationsprozess, der durch die Spin-Spin-Wechselwirkungen hervorgerufen wird. Er ist nur bei den Magnetisierungen $M_{x'}$ und $M_{y'}$ aktiv. Die Kernspins können leicht mit einem 90°-Puls in diese Richtungen gelenkt werden. Da die Spins der Umgebung lokale magnetische Felder erzeugen, verursachen sie langwellige Ondulationen, die sich der Larmor-Präzession überlagern. Die Größenordnung des Magnetfeldes eines Nachbarspins am Ort des Testspins kann leicht abgeschätzt werden. Mit der Annahme, dass es sich um ein Kernmagneton handelt, das 1 nm entfernt ist, ergibt sich ein lokales Feld von 0.05 mT. Dieses Feld neigt die Magnetisierungsachse ein wenig, so dass mit der Zeit die Magnetisierungen $M_{y'}$ auseinanderlaufen wie in Abb. 3.10b angedeutet ist. Je nach Stärke und Richtungen der lokalen Felder werden die Präzessionsfrequenzen verlangsamt (Drehung von $M_{y'}$ im Uhrzeigersinn) oder beschleunigt (Gegenuhrzeigersinn). Wenn nach einer Zeit $\tau_D$ ein 180°-Puls eingestrahlt wird (Spiegelung von $M_{y'}$ an der $zy'$-Ebene), dreht sich der Bewegungsablauf um, und die Spins kommen wieder zusammen, wie in Abb. 3.10c und d gezeigt wird. Es gibt eine gewisse Zeit $2\tau_D$, in der $M_{y'}$ wieder ein Maximum erreicht (Abb. 3.10e). Dieses ist etwas kleiner als $M_{y'}(0)$, da dem gesamten Prozess die thermodynamische Relaxation mit $T_1$ überlagert ist, welche durch den 180°-Puls nicht restauriert wird. Diese Pulsfolge wird *Spin-Echo-Methode* genannt. Immer wieder

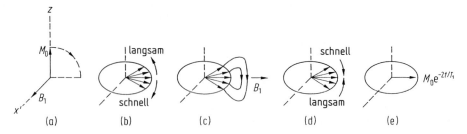

**Abb. 3.10**  Erzeugung eines Spin-Echos durch das Einstrahlen eines 180°-Pulses bei (c).

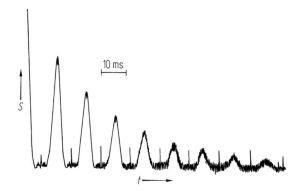

**Abb. 3.11**  Messung der Spin-Spin-Relaxationszeit $T_2$ durch sukzessive Anlegung von 180°-Pulsen [24].

kann der 180°-Puls eingeschaltet werden, und die Spins fächern auf und schließen sich um die $M_{y'}$-Richtung. Die Signale, wie sie in Abb. 3.11 gezeigt werden, werden markanter, wenn das Spin-Echo-Signal geformt wird. Die scharfen Linien werden von den 180°-Pulsen verursacht, während jede breite Linie eine Fächerbewegung mit dem Nulldurchgang am Maximum darstellt.

Die Relaxation der Kernspin-Besetzungsverteilungen ist viel langsamer als Änderungen in den Niveaus der Schwingungen und Rotationen. Das heißt, ein Molekül durchläuft komplizierte Bewegungen, während die Spins starr im Raum stehen bleiben. Als Beispiel kann man sich ein Gyroskop vorstellen, das mit hoher Drehzahl rotiert und sich weigert, seine Rotationsachse zu bewegen, selbst wenn die Aufhängung bewegt wird. Die Wechselwirkung mit den Spins kann nur über magnetische Felder erfolgen, und diese sind in gewöhnlichen Substanzen meistens sehr schwach, die ausgerichteten Kernspins entkoppeln von der Umgebung und ihre Achse bleibt erhalten.

Die Variationen von Impulsfolgen um das Zeitverhalten der Kernspins zu studieren, sind fast unerschöpflich. Die bisherigen Beispiele sind nur die bekanntesten Anwendungen. Später werden sehr viel kompliziertere Messfolgen vorgestellt, die es erlauben, immer detailliertere Einsichten in die elektromagnetischen Wechselwirkungen in Flüssigkeiten und Festkörpern zu gewinnen.

### 3.2.1.5 Molekulare Strukturen und NMR

**Abschirmung der atomaren Kernspins.** Bisher wurde nur erklärt, wie Kernspinniveaus im Magnetfeld aufgespalten werden, welche Übergänge zwischen diesen Niveaus möglich sind, und wie die globale Umgebung die induzierte Magnetisierung beeinflusst. Solche Messungen sind zwar von Interesse für das Studium von kondensierter Materie, aber es ist sehr schwierig, spezifische chemische Fragestellungen damit zu beantworten. Wenn man eine Substanz wie $B_{10}H_{14}$ in einem NMR-Spektrometer untersucht, findet man für die $^{11}$B-Kerne nicht nur eine Resonanzlinie, sondern gleich vier. Aus dem Spektrum, welches in Abb. 3.12 dargestellt ist, sieht man, dass vier $^{11}$B-Atome äquivalent sind, und außerdem drei Paare von unterscheidbaren Atomgruppen im Molekül existieren. Der gleiche Effekt war bereits in Abb. 3.9 sichtbar, als die Relaxationszeiten $T_1$ von den verschiedenen $^{13}$C-Atomkernen in $C_6H_5Cl$ gemessen wurden. Die Aufspaltungen der Resonanzlinien ist eine Konsequenz der Ladungsdichten und deren Reaktionen auf das starke Magnetfeld $B_0$.

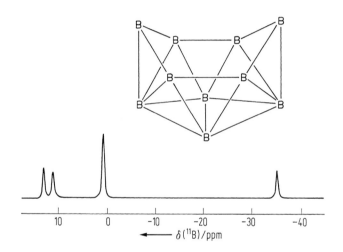

**Abb. 3.12** Chemische Verschiebungen der Resonanzlinien der $^{11}$B-Kerne in $B_{10}H_{14}$ [25].

Bereits für freie Atome ist bekannt, dass die Elektronenhülle die Kerne abschirmt und somit ein angelegtes Magnetfeld lokal modifiziert. Meistens werden Kompensationsströme (im Sinne der Lenz'schen Regel) induziert, die der Störung entgegenwirken und diese, zumindest teilweise, kompensieren, so dass

$$B = B_0(1 - \sigma) . \tag{3.17a}$$

Die Resonanzfrequenz des i-ten Atomkerns wird verschoben und ist gegeben durch

$$v_i = \frac{\gamma}{2\pi} B_0 (1 - \sigma_i) ;$$

$\sigma$ kann sowohl klassisch als auch quantenmechanisch hergeleitet werden, und führt zur gleichen Formel, die auch als *Lamb'sche Formel* bekannt ist. Sie lautet

$$\sigma_d = \frac{\mu_B c^2}{8\pi m_p} \int_0^\infty r\varrho_e \, dr, \qquad (3.18)$$

wobei $\mu_B$ das Bohr Magneton ist und $\sigma$ den Index „d" trägt, um es als diamagnetischen Beitrag zum Magnetfeld zu charakterisieren. Wenn man Gl. (3.18) für verschiedene Atome ausrechnet, stellt man fest, dass $\sigma_d$ extrem klein ist und die Resonanzfrequenzen um nur Bruchteile von $10^{-6}$ (ppm) verschoben werden. In Tab. 3.4 sind die $\sigma_d$-Beiträge für mehrere Atome aufgeführt. Da diese Werte sehr schwer zu messen sind, wurden sie der Theorie entnommen.

**Tab. 3.4** Atomare Abschirmung.

| Atom | H | Li | C | N | O | F | Si | P |
|---|---|---|---|---|---|---|---|---|
| $\sigma_d$/ppm | 17.8 | 101.5 | 260.7 | 325.5 | 395.1 | 470.7 | 874.1 | 961.1 |
| Atom | Mn | Co | Se | Mo | Xe | Pt | Tl | Pb |
| $\sigma_d$/ppm | 1942.1 | 2166.4 | 2998.4 | 4000.6 | 5642.3 | 9395.6 | 9894.2 | 10060.9 |

**Abschirmung der Kernspins in Molekülen.** In Molekülen werden die Elektronendichteverteilungen der individuellen Atome durch die molekulare Bindung modifiziert. Dies erfordert eine völlig neue Berechnung von $\sigma$. Da die molekularen Einflüsse die atomare Abschirmung verändern, werden sie meist unabhängig bestimmt und mit $\sigma_p$ charakterisiert, wobei „p" für paramagnetisch steht, und

$$\sigma = \sigma_p + \sigma_d.$$

Während die $\sigma_d$-Beiträge noch einigermaßen genau mit atomaren Wellenfunktionen berechnet werden können, ist $\sigma_p$ nur für Moleküle mit wenigen Elektronen theoretisch erfassbar (z. B. $H_2$, LiH). Durch die Formation der molekularen Bindung werden die atomaren Orbitale polarisiert und längs oder senkrecht zu Bindung orientiert. Diese Deformationen der atomaren Elektronenverteilungen entsprechen einer teilweisen Anregung von höheren elektronischen Zuständen. Das Ausmaß der Ladungsverschiebungen hängt von der Polarisierbarkeit der Elektronenschalen ab. Sie ist meist klein für s-Elektronen (besonders bei Wasserstoff) und wird immer größer für schwere, elektronenreiche Atome, da deren elektronischer Energieabstand zwischen dem Grundzustand und dem ersten angeregten Zustand oft kleiner wird. Die durch die Bindung neu geformten Zustände reagieren ebenfalls auf das starke Magnetfeld und erzeugen ihrerseits lokale magnetische Felder. Diese induzierten Felder verursachen am Zentralatom einen diamagnetischen Effekt. Bei den umliegenden Atomen jedoch dreht sich die Feldrichtung um, und führt zu einer Feldverstärkung, die dem Paramagnetismus ähnelt und deshalb *paramagnetische Abschirmung* genannt wird. Besonders ungepaarte Elektronen erzeugen starke lokale Störfelder und schieben die Resonanzfrequenzen oft über die diamagnetischen Beiträge hinaus. Die Variationen der lokalen Magnetfelder als Funktion der chemischen Umgebung (z. B. der Elektronegativität der gebundenen Liganden) spalten eine Resonanzlinie in so viele Komponenten auf, wie es chemisch nichtäquivalente Atome gibt. Diese Aufspaltungen sind besonders hilfreich, da die Linienstärke (= Intensität) proportional zur Anzahl der Atome in einer Gruppe ist. Dies erlaubt die Interpretation der Spektren in Abb. 3.9 und 3.12 und die Identifikation der Atome. Wenn man die molekularen Orbitale (MO) als lineare Kombination von atomaren Orbitalen beschreibt und sich auf s- und p-Zustände beschränkt, kann man $\sigma_p$ an einem Atom A, das mit mehreren Atomen B gebunden ist, wie folgt berechnen:

$$\sigma_p(\text{local, A}) = \frac{\mu_B e^2 h^2}{6\pi m^2} \langle r^{-3} \rangle_p^n \sum_j \sum_k (U_k - U_j)^{-1}$$
$$\cdot \sum_{l,m} (c_{lA_j} c_{mA_k} - c_{mA_j} c_{lA_k}) \cdot \sum_B (c_{lB_j} c_{mB_k} - c_{mB_j} c_{lB_k}), \quad (3.19)$$

wobei $\langle r^{-3} \rangle_{np}$ der inverse mittlere kubische Abstand des p-ten Valenzelektrons des Atoms A ist, und $l, m$ die zyklische Vertauschung der kartesischen Koordinaten bedeutet. Ferner repräsentieren die Indizes $j$ und $k$ die besetzten und leeren molekularen Zustände. Die $c_{lA_j}$ sind die LCAO-Koeffizienten (**L**inear **C**ombination of **A**tomic **O**rbitals) des $p_l$-ten Orbitals des Atoms A im $j$-ten MO. Weiterhin beinhaltet die Summation über B auch A. Die $U_{k,l}$ sind die Ionisierungsenergien der jeweiligen Orbitale. Die Güte von Gl. (3.19) kann durch einen Vergleich der berechneten und gemessenen Abschirmungskonstanten $\sigma_p$ für $^{13}$C in Tab. 3.5 beurteilt werden. Hier sind die $\sigma_p$ für verschiedene kleine Kohlenwasserstoffe in Einheiten von ppm, bezogen auf Benzol, aufgeführt. Für die meisten Atome der ersten Reihe des Periodensystems werden zufriedenstellende Übereinstimmungen gefunden. Im Allgemeinen ist $\sigma_p$ für reine s-Zustände null oder sehr klein, für p- und d-Elektronen am Ort des resonanten Kerns dagegen groß. Weiterhin wird $\sigma$ durch seinen $\sigma_p$-Anteil anisotrop und hängt von der Lage des Moleküls relativ zum angelegten Magnetfeld ab. In Flüssigkeiten und amorphen Substanzen mittelt sich die Anisotropie heraus. In Kristallen jedoch und besonders in Matrizen, die aus flüssigen Kristallen bestehen, können beide Teile von $\sigma$ separiert und deshalb zusätzliche molekulare Informationen gewonnen werden. Da $\sigma_p$ von der Elektronendichteverteilung im gesamten Molekül bestimmt und diese über die Vibrationen der Kerne gemittelt wird, ist $\sigma_p$ temperaturabhängig, wie man es von einer paramagnetischen Substanz erwartet.

**Tab. 3.5** Berechnete und gemessene Abschirmungskonstanten einiger Moleküle (in ppm, bezogen auf Benzol).

| Molekül | CH$_3^{13}$CN | $^{13}$CH$_3$CN | HC≡CH | CH$_3^{13}$CHO | $^{13}$CH$_3$CHO |
|---|---|---|---|---|---|
| Berechnet | 89.91 | 132.64 | 116.82 | 38.71 | 134.77 |
| Gemessen | 76 ± 10 | 193 ± 14 | 120 ± 10 | −6 ± 10 | 162 ± 10 |

**Abschirmung der Kernspins in großen Molekülen.** Für große Moleküle kann man von der Theorie keine Hilfe bezüglich $\sigma_d$ und $\sigma_p$ erwarten; besonders deshalb, weil beide Abschirmungen etwa gleich groß sind, aber entgegengesetzte Vorzeichen besitzen, so dass $\sigma$ klein werden kann. Tab. 3.6 zeigt einige Werte für $\sigma_d$ (lokal) und $\sigma_p$ (lokal) in ppm für C, N und O in einigen kleinen Molekülen. Die Werte in den

**Tab. 3.6** Beiträge zur Abschirmung.

| Molekül | Kern | $\sigma_d$ (lokal) | $\sigma_d$ (nicht lokal) | $\sigma_p$ (lokal) | $\sigma_p$ (nicht lokal) |
|---|---|---|---|---|---|
| CO | C | 259.36 | 0.03 | −206.24 | −4.92 |
| | O | 395.39 | 0.64 | −367.39 | −7.25 |
| H$_2$CO | C | 257.77 | −0.10 | −208.24 | 5.61 |
| | O | 397.80 | 0.10 | −651.47 | 1.85 |
| HCN | C | 259.08 | 0.11 | −157.53 | −6.10 |
| | N | 326.70 | 0.06 | −301.30 | −5.04 |

Spalten „nicht lokal" fassen weitere Störeffekte zusammen, die ebenfalls die Resonanzfrequenzen beeinflussen. Zu diesen nicht lokalen Beiträgen gehören $\sigma_N$, erzeugt durch die Anisotropie der Nachbarmoleküle; $\sigma_R$, das seinen Ursprung in Ringströmen in aromatischen Verbindungen hat; $\sigma_e$, bedingt durch elektrische Felder und endlich $\sigma_L$, das den Einfluss der Lösungsmittel berücksichtigt, so dass

$$\sigma = \sigma_p \text{ (lokal)} + \sigma_d \text{ (lokal)} + \sigma_N + \sigma_R + \sigma_e + \sigma_L.$$

Es ist anzumerken, dass die molekularen $\sigma_p$ nicht notwendigerweise mit den atomaren übereinstimmen; sie sind jedoch meist nicht wesentlich verschieden, wie ein Vergleich von Tab. 3.4 und Tab. 3.5 zeigt. Der Einfluss von $\sigma$ ist besonders sichtbar, wenn ein Kern verschiedenen chemischen Umgebungen ausgesetzt ist. Tab. 3.7 zeigt die Verschiebung von $\delta$ in ppm für $^{129}$Xe und seine möglichen Oxidationszustände.

**Tab. 3.7** Einfluss des Oxidationszustandes auf die Abschirmung.

| Verbindung | Xe | XeF$_2$ | XeF$_4$ | XeOF$_4$ | [XeO$_6$]$^{4-}$ |
|---|---|---|---|---|---|
| Oxidationsstufe | 0 | +2 | +4 | +6 | +8 |
| $\delta_{Xe}$/ppm | −5331 | −1750 | +253 | 0 | +2077 |

Da Schwingungen die Ladungsdichten etwas ändern, verschieben sich auch die Resonanzlinien. Deshalb erwartet man in den NMR-Spektren auch einen Isotopeneffekt. Dieser ist besonders ausgeprägt, wenn Wasserstoff durch Deuterium substituiert wird. Das schwerere Deuterium hat geringere Schwingungsamplituden, die den Mittelungsprozess und somit die Spektren beeinflussen. Mit diesem Hilfsmittel kann man Isotopenaustausch-Reaktionen in Molekülen recht einfach als Funktion der Zeit verfolgen, solange sie wesentlich langsamer als die Relaxationszeiten $T_1$ und $T_2$ sind. Dabei ist nicht zu übersehen, dass die Resonanzfrequenzen für die zwei Isotope Wasserstoff und Deuterium nach Tab. 3.3 um fast einen Faktor 7 verschieden sind. Dies führt bei gleicher Verschiebung in ppm und bei gleichem Magnetfeld zu verschiedenen absoluten Verschiebungsbeträgen.

Die Anwendung der Berechnung der paramagnetischen Abschirmung auf große Moleküle ist weiterhin für Kohlenwasserstoffe möglich. Die Werte für $\sigma_p$ werden

**Tab. 3.8** Paramagnetische Abschirmung in Cobaltkomplexen, bezogen auf $K_3[Co(CN)_6]$.

| Verbindung | gemessen $\Delta\sigma$/ppm | berechnet $\Delta\sigma$/ppm | $h^{-1}c^{-1}\Delta U/\text{cm}^{-1}$ |
|---|---|---|---|
| $Co(NH_3)_3(NO_2)_3$ | − 6940 | − 6000 | 23210 |
| $[Co(en)_3]Cl_3$ | − 7010 | − 7700 | 21400 |
| $Na_3[Co(NO_2)_6]$ | − 7350 | − 8500 | 20670 |
| $[Co(NH_3)_5NO_2]Cl_2$ | − 7460 | − 7300 | 21840 |
| $[Co(NH_3)_6]Cl_3$ | − 8080 | − 8200 | 21000 |
| $[Co(NH_3)_5Cl]Cl_2$ | − 9070 | − 11100 | 18720 |
| $Co(acac)_3$ | − 12300 | − 14000 | 16900 |

en = ethylenediamine; acac = acetylacetonate ion

besonders groß für metallorganische Verbindungen, die ein Übergangsmetallatom enthalten (z. B. Cr, Mo, Ni, Fe u. a.). Dies ist zu erwarten, da die ersten angeregten Zustände sehr niedrig liegen. Tab. 3.8 wurde für Cobaltverbindungen zusammengestellt, wobei $K_3[Co(CN)_6]$ als Referenzsubstanz gewählt wurde und alle Komplexe $d^6$-Symmetrie haben.

Auch in großen Molekülen bleibt die Resonanzlinien-Verschiebung für $^1$H klein (meistens um 20 ppm). Das hat zwei wesentliche Gründe: Erstens ist die Ladungsdichte am terminalen Wasserstoff relativ klein, und zweitens ist die Anregungsenergie zum niedersten p-Zustand sehr groß, was den Faktor $(U_k - U_i)$ groß und den Koeffizienten in der LCAO-Entwicklung für den nicht besetzten p-Term klein macht.

Bisher wurde nur der Einfluss der Elektronen in unmittelbarer Nachbarschaft des Kerns auf die Resonanzfrequenz berücksichtigt. Aber auch weiter entfernt induzierte Ströme müssen beachtet werden, vor allem, wenn sie leicht von dem angelegten Magnetfeld erzeugt werden können. Je nachdem, wo die Störfelder lokalisiert sind, können sie positive oder negative Beiträge $\sigma_N$ zu $s$ liefern. Abb. 3.13 illustriert zwei charakteristische Anordnungen von Messkern, Störfeld und ange-

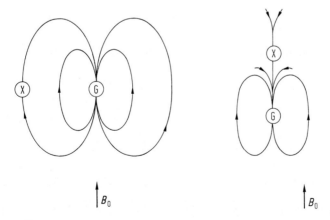

**Abb. 3.13** Überlagerung von benachbarten magnetischen Kernspinfeldern mit $\boldsymbol{B}_0$.

legtem Magnetfeld. Wenn man einfachheitshalber annimmt, dass die Störfelder vorwiegend Dipolverteilungen haben, kann $\sigma_N$ wie folgt berechnet werden:

$$\sigma_N = \frac{1}{3r^3} \sum_{l=x,y,z} \frac{\chi_l(1-3\cos^2\theta_l)}{4\pi}, \qquad (3.20)$$

wobei $r$ der Abstand zwischen den Schwerpunkten der aktiven Elemente ist. Die $\chi_l$ beschreiben die lokale magnetische Suszeptibilität in rechtwinkligen Koordinaten, deren $z$-Achse meist mit $r$ zusammenfällt, und $\theta_l$ sind die Euler-Winkel von $r$. Diese Gleichung kann bedeutend vereinfacht werden, wenn die zu untersuchenden Moleküle Symmetrieachsen besitzen. Für die meisten Einfach- und Dreifachbindungen gilt:

$$\sigma_N = \frac{1}{3r^3} \frac{(\chi_\parallel - \chi^\perp)(1-3\cos^2\theta)}{4\pi}, \qquad (3.21)$$

wobei $\theta$ der Winkel zwischen $r$ und der Verbindung zum gemessenen Kern ist. Da die Komponenten der Suszeptibilitäten nicht direkt messbar sind, herrscht in der Literatur keine Einigkeit über ihre Werte. Trotzdem gibt Tab. 3.9 einen groben Überblick über die Größenordnung von $\sigma_N$ für einige oft benutzte Molekülgruppen. In Abb. 3.14 sind die Abschirmungsverteilungen skizziert, die Tab. 3.9 zugrunde liegen, wobei zu bemerken ist, dass der kritische Winkel, bei dem $\sigma_N$ gleich null ist, überall mit $54°44'$ angenommen wurde, was nur bei Zylindersymmetrie genau gilt.

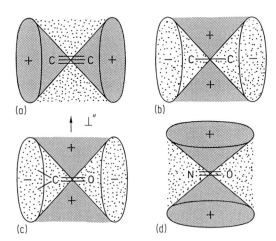

**Abb. 3.14** Die durch die Anisotropie der Bindungssuszeptibilität erzeugten Abschirmkegel für (a) die Dreifachbindung und (b) die Einfachbindung, (c) die Carbonylgruppe und (d) die Nitrosogruppe [24].

Wenn die Valenzelektronen in einem Molekül delokalisiert sind, wie man es meist in zyklischen Verbindungen antrifft, dann spielt die *diamagnetische Abschirmung* eine besondere Rolle und wird durch $\sigma_R$ beschrieben. Die induzierten Ströme umschließen größere Flächen, das induzierte Feld kann deshalb besonders groß sein. So erzeugen die $\pi$-Elektronen in Ringverbindungen ein lokales Magnetfeld, das senk-

## 3.2 Spektroskopie an Molekülen im elektronischen Grundzustand 437

**Tab. 3.9** Anisotropien der magnetischen Bindungssuszeptibilitäten und die damit verbundenen Abschirmungseffekte.

|  | C—H | C—C | C=C | C=O | N=O | C≡C |
|---|---|---|---|---|---|---|
| $\Delta\chi_{\parallel\perp'}$ | 90 | 140 | 150 | 280 | 370 | −340 |
| $\Delta\chi_{\parallel\perp''}$ | 90 | 140 | 150 | 420 | 1300 | −340 |
| $\Delta\sigma_{\parallel}$ | −15 | −22 | −24 | −55 | −130 | 54 |
| $\Delta\sigma_{\perp'}$ | 7.5 | 11 | 12 | 11 | −44 | 27 |
| $\Delta\sigma_{\perp''}$ | 7.5 | 11 | 12 | 44 | 175 | −27 |

recht auf der Molekülebene steht und dem angelegten Feld entgegenwirkt, jedoch $B_0$ am Ort der Liganden verstärkt. So haben die Protonen in Benzol eine positive Verschiebung ($\delta = 7.27$ ppm), während in größeren Ringen, wie den Porphyrinen und Phthalocyaninen, Protonen im Inneren der Ringe gebunden werden können und deren Verschiebungen sind negativ ($\delta = -1.8$ ppm). Die Werte von $\delta$ hängen empfindlich davon ab, wie das Molekül relativ zum Magnetfeld orientiert ist; dies führt zu anisotropen Ringabschirmungen. Dies war die Basis für die Untersuchungen der Molekülstrukturen von *trans*- und *cis*-Stilben, welche in Abb. 3.15 wiedergegeben sind. Für das planare *trans*-Stilben ergab sich ein $\delta$ von 6.99 ppm, während in der *cis*-Verbindung $\delta$ auf 6.49 ppm zurückfällt, da die Ringe angewinkelt sind (Abb. 3.15).

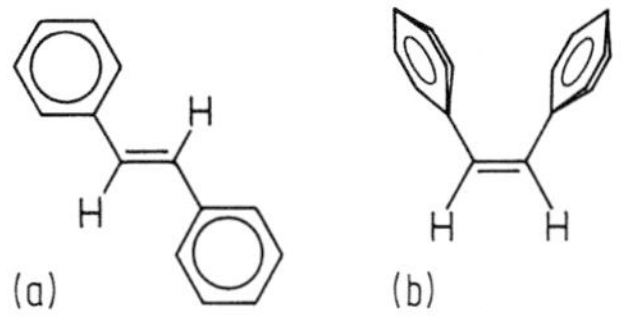

**Abb. 3.15** Strukturen von (a) *trans*- und (b) *cis*-Stilben.

Die größten Verschiebungen von Protonenresonanzen werden gefunden, wenn ausgeprägte Wasserstoffbrücken im Molekül vorliegen. Sie können intra- oder intermolekular gebildet werden. Durch diese Brücken werden nicht nur die Ladungsdichteverteilungen am Proton stark modifiziert, sondern es entstehen schwache Ringströme, die das lokale Magnetfeld weiter verändern. Dies soll nur ein Beispiel sein, wie Lösungsmitteleffekte stets die Interpretation der Spektren mit beeinflussen, und Konzentrationsvariationen beim Messen immer eingeplant werden müssen.

**Spin-Spin-Kopplung.** Die chemische Umgebung spaltet die Resonanzfrequenzen auf und verschiebt sie. Bei hoher Auflösung findet man meist jede Spektrallinie nochmal in verschiedene Multipletts aufgeteilt. Diese Feinstrukturen werden durch die Spin-Spin-Wechselwirkungen innerhalb eines Moleküls hervorgerufen. Wenn z.B. zwei Kernspins $I_1$ und $I_2$ vorliegen, so spaltet $I_2$ die Kernniveaus $I_1$ in $2I_2 + 1$ Unterstrukturen auf und umgekehrt. Zwei Protonen erzeugen so nicht nur zwei Spektrallinien, deren Abstand durch $\sigma$ gegeben ist, sondern jede Linie besteht aus einem Dublett. Abb. 3.16 zeigt das Protonenspektrum von 1,1,1,2,3,3-Hexachlorpropan bei einer

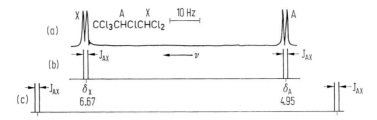

**Abb. 3.16** Aufspaltung der Protonenresonanzen in 1,1,1,2,3,3-Hexachlorpropan durch die Spin-Spin Kopplung $J_{AX}$ (a) gemessen bei 40 MHz und (b) berechnet für 60 MHz [24].

Pumpfrequenz von 40 MHz. Die chemischen Verschiebungen sind 6.67 ppm und 4.95 ppm und die Feinstrukturlinien haben einen Abstand von 1.4 Hz. Dieser Wert wird von dem Spin-Spin-Kopplungskoeffizienten $J_{AX}$ bestimmt. Er ist unabhängig von der Resonanz und kann somit in Hz angegeben werden.

Wenn ein Molekül mehrere Kernspins enthält, spaltet jedes Spinpaar sukzessiv auf; wenn z. B. drei Kerne mit Spin 1/2 vorliegen (A, M und X), dann wird die Resonanzentartung von A sowohl von M als auch von X aufgehoben, aber mit verschiedener Stärke. Angenommen, dass $J_{AM} > J_{AX}$ ist, dann wird die A-Linie in zwei Komponenten aufgespalten durch die Kopplung von A mit M. Das AM-Paar zerfällt weiter wegen X und ein Quartett von Linien wird gemessen. Der Schwerpunkt des Feinstrukturspektrums verharrt ungestört bei der entarteten Resonanzfrequenz.

Natürlich kann man die Aufspaltungen mit einem Termschema verdeutlichen. Dies ist in Abb. 3.17 gezeigt. Der entartete Spin $m_I = \pm 1/2$ ($\alpha$, $\beta$) wird erst durch das $B_0$-Feld um den Betrag $V_A$ aufgespalten ($m_I = 1/2$ und $m_I = -1/2$). Wenn nun ein zweiter Spin einkoppelt, ergeben sich vier energetisch verschiedene Spinniveaus: $m_I = +1/2, +1/2; +1/2, -1/2; -1/2, +1/2; -1/2, -1/2$. Ihre Aufspaltung wird

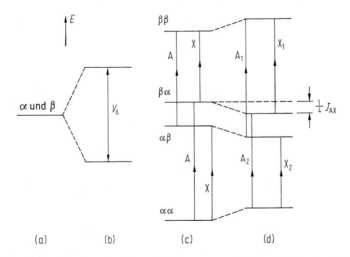

**Abb. 3.17** Aufspaltungen der Kernspinniveaus $\alpha$ und $\beta$ durch die chemische Verschiebung $V_A$ und die Spin-Spin-Kopplung $J_{AX}$.

durch die chemische Umgebung bestimmt. Die Spin-Spin-Kopplung verschiebt jedes Energieniveau um $J_{AX}/4$, wobei die Aufspaltung der oberen zwei Terme größer wird, und die der unteren Niveaus kleiner. Übergänge zwischen den vier Niveaus sind nur dann erlaubt, wenn $\Delta m = \pm 1$ ist. Für die A-Linien gilt $\Delta m_A = \pm 1$ und $\Delta m_X = 0$, während das X Spektrum durch $\Delta m_A = 0$ und $\Delta m_X = \pm 1$ entsteht. Damit ist das Spektrum in Abb. 3.16 quantenmechanisch erklärt. Da alle Zustände fast gleich besetzt sind, haben die vier Linien die gleichen Intensitäten. Die Spin-Spin-Kopplung ist als positiv definiert, wenn sie die antiparallelen Spins stabilisiert. Diese Definition ist relativ willkürlich, da die Spektren nur vom Absolutbetrag von $J$ abhängen. Es bedarf Messungen mit Doppelresonanzen, um das Vorzeichen von $J$ zu bestimmen.

Abb.3.18 gibt als Beispiel eines Dreispinsystems das Spektrum von Vinylacetat (gelöst in $CCl_4$) wieder. Die Protonen der Methylgruppe sind zu weit entfernt, um in die Kopplung eingreifen zu können. Ohne Spin-Spin-Kopplungen werden drei Linien erwartet bei $V_A$, $V_M$ und $V_X$. Die Störung $J_{AM}$ spaltet die M- und A-Linien in Dubletts, diese werden noch einmal verdoppelt durch $J_{AX}$ und $J_{MX}$. Die drei identifizierten Protonen erzeugen deshalb je ein Quartett, dessen Struktur durch die Spin-Spin-Kopplungskonstanten $J_{AB}$ gegeben ist. Der Wert von $J_{AB}$ hängt im Wesentlichen von der Überlagerung der Orbitale ab. Für aliphatische Ketten ist dies die Zahl der Bindungen, die man durchlaufen muss, um vom Kern A zum Kern B zu gelangen. Wie man am Beispiel in Abb. 3.18 sieht, werden die $J$ schnell klein, wenn A und B durch mehrere Bindungen getrennt sind. Deshalb werden die Auswertungen der Spektren meist auf benachbarte und nächstbenachbarte Kerne beschränkt. Im Prinzip kann diese Analyse auf beliebig viele koppelnde Kerne ausgedehnt werden, die Spektren werden dann jedoch so kompliziert, dass nur in besonders geeigneten Fällen brauchbare Informationen extrahiert werden können.

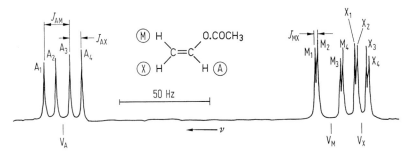

**Abb. 3.18** 60-MHz-Protonenspektrum von Vinylacetat [24].

Einige Anordnungen von Spins, die öfters in der organischen Chemie angetroffen werden, verdienen besondere Erwähnung, da sie in den Spektren charakteristische Liniengruppen erzeugen und somit leicht als Fingerabdrücke zu identifizieren sind. Dabei spielt die Symmetrie im Molekül eine wichtige Rolle. Durch die Symmetrien werden die Kerne oft *chemisch äquivalent*, was bedeutet, dass sie chemisch nicht individuell reagieren können. Diese Kerne zeigen die gleiche Verschiebung, erzeugen jedoch eine proportional stärkere Spektrallinie. In der NMR-Spektroskopie muss

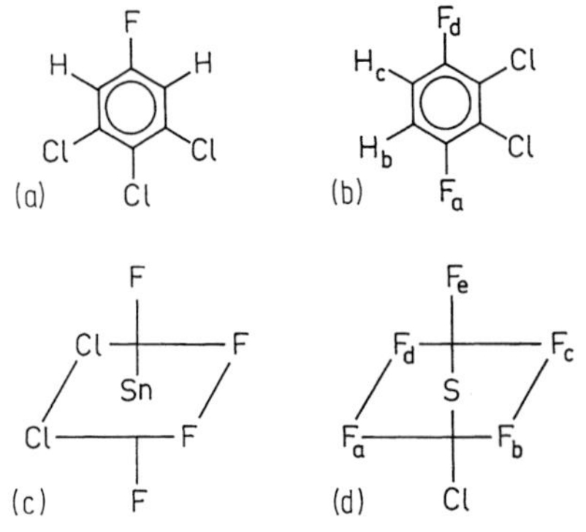

**Abb. 3.19** Beispiele für chemisch und magnetisch äquivalente Atome [25].

man zwei Fälle unterscheiden: Entweder sind diese Kerne auch *magnetisch äquivalent*, d.h. alle ihre Spin-Spin-Kopplungen sind gleich oder die Kopplungen sind – wegen unterschiedlicher „magnetischen Umgebungen" – verschieden. Wenn alle Kerne chemisch äquivalent sind, dann sind sie auch magnetisch äquivalent (Beispiele: $C_6H_6$, $CH_4$, $CH_3I$). In Abb. 3.19 sind vier Molekülstrukturen aufgezeichnet, die alle chemisch äquivalente Atompaare haben, die aber in zwei Fällen magnetisch zu unterscheiden sind. In die erste Kategorie gehören die Fälle a und c (nur die H- und F-Atome tragen zum NMR-Signal bei). Im Molekül b koppelt der Fluorkern $F_a$ mit dem benachbarten Wasserstoff $H_b$ anders als mit $H_c$, da hier vier Bindungen dazwischen liegen. Im Fall d sind die äquatorialen Fluoratome chemisch, jedoch nicht magnetisch äquivalent, da die Kopplung zwischen den benachbarten Atomen (trans-Kopplung) verschieden ist von denen, die diagonal gegenüber liegen (cis- Kopplung).

Wenn magnetisch äquivalente Atompaare in einem Molekül vorliegen, dann vereinfacht sich das Spektrum, da alle Spin-Spin-Kopplungskonstanten gleich sind und die Linien der Feinstruktur sich überlagern. Für $l$ magnetisch äquivalente Kerne findet man $l + 1$ diskrete Linien, deren Intensitäten gleich den Binomialkoeffizienten sind. Diese Regel führt zum Pascal'schen Dreieck, das in Tab. 3.10 für die ersten $l$ Werte reproduziert ist. Abb. 3.20 zeigt das NMR-Spektrum von Ethylalkohol. Die $CH_3$-Gruppe besteht aus drei äquivalenten Wasserstoffatompaaren, die durch die chemisch und magnetisch äquivalenten Protonen der $CH_2$-Gruppe gestört werden,

**Tab. 3.10** Pascal'sches Dreieck.

|   | relative Intensitäten (Binominalkoeffizienten) |
|---|---|
| 1 | 1 : 1 |
| 2 | 1 : 2 : 1 |
| 3 | 1 : 3 : 3 : 1 |
| 4 | 1 : 4 : 6 : 4 : 1 |
| 5 | 1 : 5 : 10 : 10 : 5 : 1 |
| 6 | 1 : 6 : 15 : 20 : 15 : 6 : 1 |

3.2 Spektroskopie an Molekülen im elektronischen Grundzustand 441

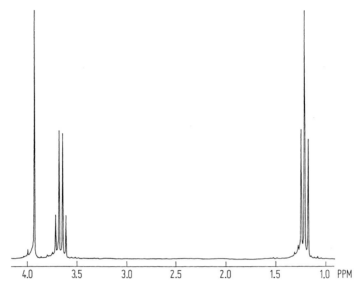

**Abb. 3.20** Protonenspektrum von Ethylalkohol.

so dass ein Triplettspektrum entsteht. Die CH$_2$-Gruppe hat ein Atompaar, das von den drei Wasserstoffen der Methylgruppe gestört wird, und somit entsteht ein Quartett mit der Intensitätsverteilung 1 : 3 : 3 : 1. Der Hydroxidwasserstoff erscheint als Einzellinie, weil die Kopplung zum Carbinolwasserstoff wegen schneller Austauschprozesse nicht sichbar wird; der Sauerstoff bewirkt die große chemische Verschiebung.

**Spin-Entkopplung.** Während auf der einen Seite die Spin-Spin-Kopplung den Informationsgehalt des NMR-Spektrums wesentlich erhöht, muss man auf der anderen Seite viel mehr über das zu untersuchende Molekül wissen, um die vielen Linien richtig zu identifizieren. Deshalb ist es oft hilfreich, wenn man eine Kopplung einfach aufheben kann, um dann viel weniger Spektrallinien mit viel höherer Intensität zu registrieren. Dies ist möglich, wenn man mit zwei Photonenquellen arbeitet. Eine HF-Spule wird benutzt, um wie bisher das Signal von einem Kern abzufragen, eine andere strahlt ein starkes Signal bei der Resonanz des zu entkoppelnden Kerns ein. Abb. 3.21 zeigt noch einmal das Spektrum von Vinylacetat mit den drei Protonen-Liniengruppen $V_A$, $V_M$ und $V_X$ und ihre Aufspaltungen. Wenn der Wasserstoff in der *trans*-Position zur Acetatgruppe entkoppelt werden soll, muss man eine starke Störfrequenz $V_X$ einstrahlen und es entsteht das obere Spektrum in Abb. 3.21. Die $V_X$-Linien sind verschwunden, da die hohe Photonendichte Gleichbesetzung erzwungen hat. Die übrigen Wasserstoffe werden nicht mehr von X beeinflusst, was effektiv $J_{AX}$ und $J_{MX}$ auf null reduziert, und die Feinstrukturen im Spektrum verschwinden. Die Anzahl der Atome A und M, die am Messprozess teilnehmen, bleibt gleich, deshalb werden die Linien im entkoppelten Fall viel intensiver. Meist werden die Spektren, die von den $^{13}$C-Atomen herrühren, von allen Protonen entkoppelt aufgenommen, da diese das Spektrum so detailliert aufspalten, dass die individuellen

442  3 Moleküle – Spektroskopie und Strukturen

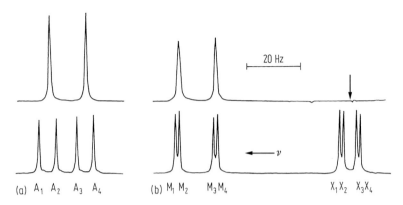

**Abb. 3.21**  Entkopplung im Protonenspektrum von Vinylacetat für (a) die $CH_3$-Protonen und (b) die $CH_2$-Protonen, wenn die Sättigung für den mit dem Pfeil angezeigten Wasserstoff erzwungen wird. (Position A in Abb. 3.18) [24].

Linien nicht mehr im Rauschen zu erkennen sind. Abb. 3.22 zeigt ein Schulbeispiel für die Fähigkeit des Entkopplungsprozesses. Es wurde gemessen für Chinolin bei 25 MHz, gelöst in $CDCl_3$. Beide Spektren sind mit der gleichen Intensität und Empfindlichkeit aufgenommen, (a) mit allen Wasserstoff-Kopplungen und (b) ohne. Natürlich enthält das Spektrum (a) alle Feinstrukturlinien, die man ggf. mit vielen Messdurchgängen aus dem Untergrund herausfiltern kann.

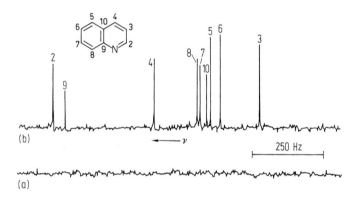

**Abb. 3.22**  $^{13}$C-Spektrum von Chinolin (a) mit allen Wasserstoffen und (b) entkoppelt [24].

Oft ist die Feinstrukturaufspaltung zu groß, um mit einer Störfrequenz die totale Entkopplung zu erreichen; die eingestrahlte Leistung wird dann so groß, dass sich die Probe erwärmt und sogar zum Kochen gebracht werden kann. Aber schon schwache Störintensitäten können hilfreiche Informationen liefern. Bei geringer Leistung werden die Besetzungsverteilungen im Termschema etwas geändert, was zur Folge hat, dass manche Linien an Intensität zunehmen (progressiv) und andere etwas schwächer werden (regressiv). Diese Technik ist bekannt als *„Inter Nuclear Double*

3.2 Spektroskopie an Molekülen im elektronischen Grundzustand      443

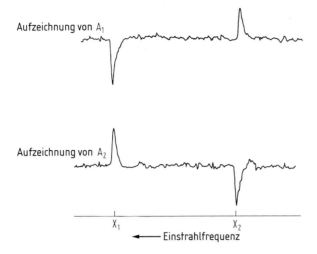

**Abb. 3.23** Modifikation der NMR-Spektren durch Umbesetzung von einem Zweispinsystem AX durch Doppelresonanzen (INDOR) [24].

*Resonance*" (INDOR). So ist es möglich, Informationen über das Spektrum eines Kerns zu gewinnen, indem man einen anderen Kern anregt. Abb. 3.23 zeigt, wie das Feinstrukturspektrum des Kerns A modifiziert wird, wenn Radiowellen an der Resonanzfrequenz von $X_1$ oder $X_2$ eingestrahlt werden, wobei die Aufspaltung von A ursprünglich durch X erzeugt wurde. Dies kann man auch mit Hilfe von Abb. 3.17 erklären. $X_2$ erzwingt Besetzungsgleichheit zwischen $\alpha\alpha$ und $\alpha\beta$. Somit wird $A_1$ intensitätsreicher während $A_2$ an Intensität verliert. Mit $X_1$ als Störfrequenz werden $\beta\alpha$ und $\beta\beta$ gesättigt, und $A_1$ und $A_2$ zeigen umgekehrtes Verhalten. Die Messmöglichkeiten werden noch einmal erweitert, wenn man die Störfrequenz nicht kontinuierlich einstrahlt, sondern mit 90°- und 180°-Pulsen arbeitet. Dabei muss man jedoch beachten, dass $T_1$ die maßgebende Zeitkonstante ist, mit der die Besetzungsdichten neu eingestellt werden.

Wenn die Leistung der Störfrequenz $\omega_2$ am Kern X erhöht wird, so dass $\gamma_X B_2 \approx \pi I$, dann erreicht man, dass zwei rotierende Koordinatensysteme an den Kernen aktiv werden. Außerdem sind $\omega_1$ und $\omega_2$ kohärent und können über die Magnetfelder als Summen- und Differenzfrequenzen die Übergänge modifizieren, deshalb werden die Feinstrukturen verschoben, und zwar $\omega_{12}$ zu größeren und $\omega_{21}$ zu kleineren Energien. Diese Verschiebung wird durch die Spin-Wechselwirkung auch auf die gekoppelten Kerne übertragen und spaltet deren Feinstrukturlinien in Dubletts auf. Abb. 3.24 zeigt ein AMX-Beispiel an $CCl_3CH_AClCH_MH_XCl$ für einfache und doppelte Resonanzen, wobei die Störfrequenz auf $X_4$ (die niedrigste Frequenz des X-Systems) angesetzt wurde. Die Intensitäten der gespaltenen Linien sind kleiner geworden, da die überlagerten Frequenzen nicht mehr genau in Resonanz sind. Dieser Messvorgang wird auch „*tickling*" (kitzeln) der Spins genannt. Bei weiterem Erhöhen der Leistung von $\omega_2$ verschwinden endlich die Feinstrukturen völlig. Die Entkopplung von Drehmomenten ist bereits bekannt vom Paschen-Back-Effekt bei Atomen. Da die Spin-Spin-Kopplungskonstanten relativ klein sind (im Vergleich zur LS-Kopp-

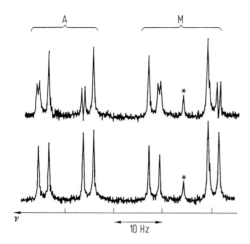

**Abb. 3.24** Spinumverteilung (spin tickling) im Dreispin-System AMX eines Pentachlorpropans $CCl_3CH_ACICH_MH_XCl$. Die Spektrallinie, welche mit einem Stern markiert ist, hat ihren Ursprung in einer Verunreinigung [24].

lung in Atomen), wird die Entkopplungsbedingung $\gamma B_2 \gg (\omega_X - \omega_A)$ schnell erreicht und stark vereinfachte Spektren können aufgezeichnet werden.

**2D- und Korrelations-Spektroskopie.** Bisher wurden die Spektren im FID-Verfahren gemessen, was zu einer eindimensionalen Darstellung der Frequenzen der kreiselnden Kernspins führte, analog zu der Evolution der Magnetisierung zum thermodynamischen Gleichgewicht. Die zweite Spule an der Probe wurde nur benutzt, um Störfelder $B_2$ aufzubauen, um die Kopplungen zwischen den Kernen zu beeinflussen. Nun ist es auch möglich, mit der zweiten Spule wohldefinierte Pulsfolgen einzustrahlen und damit die gekoppelten Kerne nach dem Ablauf verschiedener Zeitspannen abzufragen, in welcher Phase des Relaxationsprozesses das Spinensemble sich befindet. Diese Abfragesequenz kann in vielen kleinen Zeitschritten erfolgen, was selbst wieder zu einem Spektrum führt und eine zweidimensionale Betrachtung der Kernfrequenzen erlaubt. In seiner einfachsten Form, wurde dieses Messverfahren bereits mit nur einer Spule angewandt, um die Serie der Spektren in Abb. 3.9 aufzuzeichnen.

Wenn zwei Kerne AX, die nicht äquivalent sind und deren Spins mit $J_{AX}$ gekoppelt sind, ins Magnetfeld $B_0$ gebracht werden, dann spaltet die Magnetisierung von A auf in $M_A^{X\alpha}$ und $M_A^{X\beta}$, wobei $\alpha$ und $\beta$ die Spins des Kerns X sind. Ein 90°-Puls bringt beide M-Komponenten in die $y'$-Richtung. Mit der Zeit laufen die M's auseinander mit der Rate $J_{AX}$. Durch einen 180°-Puls werden sie an der $y'$-Achse gespiegelt, ihre Ordnung wird vertauscht und nach einer Zeit $\tau$ vereinen sich beide Komponenten wieder. Das Spin-Echo-Verhalten wird so durch die Spin-Kopplung nicht beeinträchtigt. Das Verhalten des Kerns X bleibt unbekannt, da seine Resonanzfrequenz nie eingestrahlt wurde. Wenn jedoch A und X äquivalent sind, haben sie die gleiche Resonanz, und d.h. beim 180°-Puls werden nicht nur die $M_A^{X\alpha}$ und $M_A^{X\beta}$ gespiegelt, sondern die Spins $\alpha$ und $\beta$ werden vertauscht, so dass kein Zusammenlaufen der

## 3.2 Spektroskopie an Molekülen im elektronischen Grundzustand 445

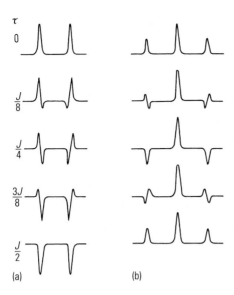

**Abb. 3.25** Spin-Echo-Modulation eines Kerns A in (a) AX und (b) AX$_2$ für äquivalente Kerne als Funktion der Laufzeit $\tau$ [24].

$M$'s gefunden wird, sondern sich mit der Zeit $\tau$ ein Phasenunterschied $\theta$ aufbaut, der im FID sofort sichtbar wird, wobei

$$\theta = 4\pi J_{AX}\tau.$$

Abb. 3.25 zeigt den Effekt der Echo-Modulation des Kerns A in AX (a) und AX$_2$ (b) für äquivalente Kerne als Funktion der Evolutionszeit $\tau$. Diese Messmethode wird mit *J-aufgelöste-Spektroskopie* bezeichnet.

Die Zeit $\tau$ ist praktisch eine freie Variable, so dass eine zweidimensionale Verteilung der Spektren aufgenommen werden kann. Wenn die Resonanzfrequenzen der beiden Kerne sehr verschieden sind, kann man eine weitere Vereinfachung erreichen, indem man zum geeigneten Zeitpunkt einen Entkopplungspuls einstrahlt und somit im FID Verfahren nur noch die Magnetisierung einer Kerngruppe verfolgt. Abb. 3.26 zeigt das schon öfters zitierte Molekül Vinylacetat, jetzt in zwei Dimensionen. Die Projektion auf die $f_1$-Achse gibt das bereits bekannte eindimensionale Spektrum dieses Moleküls wieder.

Das zweidimensionale Messverfahren findet seine häufigste Anwendung in einer Variante, mit der es möglich ist, zu erkennen, welches Atom (z. B. $^{13}$C) mit welchem Nachbarn (z. B. $^1$H) gebunden ist. Diese Modifikation der Multipulstechnik ist auch als *Korrelationsspektroskopie* bekannt (COSY). Die Pulsfolge, welche die $^1$H- und $^{13}$C-Magnetisierungen steuert, ist in Abb. 3.27 wiedergegeben. Das Experiment startet mit der Präparation von $^1$H durch einen 90°-Puls. Durch die Spin- Kopplung werden auch die $^{13}$C-Kerne in Rotation gebracht. Nach der Zeit 1/2 $t_1$ werden die $^{13}$C-Bewegungen umgekehrt, so dass zur Zeit $t_1$ diese Spins wieder fokussiert sind. Nach $t_1$ wird die Probe einer weiteren Pulsfolge $\tau_{1,2}$ ausgesetzt, die folgende Bedingungen erfüllt: Wenn $(t_1 + \tau_1)^{-1} = 2\,J_{CH}$ (av) ist, sind $M_H^{C\alpha}$ und $M_H^{C\beta}$ gerade 180° außer Phase.

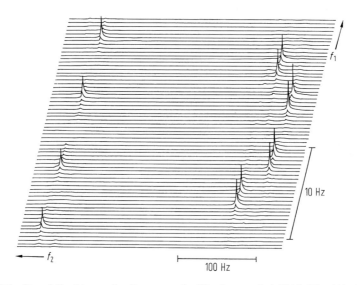

**Abb. 3.26** Das J-Spektrum der Protonen in Vinylacetat bei 100 MHz. Die Projektion auf die $f_1$-Achse entspricht Abb. 3.18, diejenige auf die Diagonale (45° zu $f_2$) entspricht Abb. 3.21 (a + b) [24].

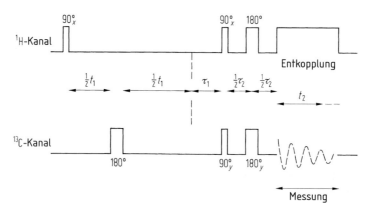

**Abb. 3.27** Pulsfolge für die Aufnahme von 2D-NMR-Spektren [24].

Ein 90°-Puls zu diesem Zeitpunkt für ¹H, dessen Frequenz der chemischen Verschiebung entspricht, erreicht eine Umverteilung der Besetzungsniveaus. Da die Besetzungswahrscheinlichkeiten im Feinstruktursystem fast gleich sind, werden durch den letzten 90°-Puls die viel größeren Unterschiede der chemischen Verschiebungen auf die Kopplungsniveaus übertragen, was zu einer Signalverstärkung von $\gamma_H/\gamma_C$ führt. Dieser Trick der Erhöhung der Signalstärke wird auch „Cross Polarization" genannt. Der 90°-Puls für die ¹³C-Kerne dreht sie in die $y'$-Richtung (um sie von $T_1$ zu trennen und die Signalverstärkung zu erhalten). Nach der Zeit $\tau_2 = [2J_{CH}(av)]^{-1}$ werden die $M_C^{H\alpha}$ und $M_C^{H\beta}$ wieder fokussiert und nach einem Entkopplungspuls am Wasserstoff kann ungestört der FID der $M_C^H$ gemessen werden.

Um ein zweidimensionales Korrelationsdiagramm aufzunehmen, werden $\tau_1$ und $\tau_2$ als Variablen behandelt. Nur wenn die Pulszeiten mit den Kreiselbewegungen der Kerne übereinstimmen, wird ein FID-Signal gemessen und somit ist es einfach zu erkennen, welches C-Atom an welches Proton gebunden ist. Abb. 3.28 a–d zeigt die verschiedenen Möglichkeiten, zweidimensionale Spektren aufzunehmen. Das zu untersuchende Molekül ist s-Butylcrotonat (eine Verbindung aus der Carbonsäuregruppe). Die Spektren sind als Konturkarten aufgezeichnet. Die Kerne, die am Messprozess teilnehmen, sind mit den Buchstaben A-H gekennzeichnet.

**Matrizen-NMR-Spektroskopie.** Bisher waren die Substanzen in einem Lösungsmittel verdünnt, und die Anisotropien wurden durch den amorphen Zustand der Flüssigkeit herausgemittelt. In den letzten Jahren konnte die NMR-Spektroskopie auf direkte Strukturbestimmungen von Molekülen ausgeweitet werden, indem flüssige Kristalle (liquid crystals) als Matrizenmaterial und Lösungsmittel eingesetzt wurden. In der chaotischen Umgebung der Flüssigkeit werden die Kopplungen $J$ durch die polarisierbaren Elektronen übertragen. Wenn Moleküle ausgerichtet sind, bilden sich direkte Kopplungen. Ihre Größen hängen vor allem von den geometrischen Strukturen ab. Flüssige Kristalle sind Verbindungen oder Gemische, die mehrere Phasen zwischen flüssig und fest haben. In diesen Gemischen können sich langgestreckte Moleküle unter dem Einfluss eines elektrischen Feldes ausrichten und die Substanz wird stark anisotrop. Da die Reibung zwischen den einzelnen Molekülen gering ist, behält das neuartige Lösungsmittel seinen flüssigen Charakter. Wenn die Matrix ausgerichtet wird, zwingt sie auch die gelösten Moleküle, sich wenigstens teilweise in die neue Richtung einzustellen, und die dipolaren Kopplungen $D_{ij}$ der Kerne im Raum werden im NMR-Spektrum sichtbar. Dieser Effekt ist dramatisch, wie man in Abb. 3.29 für $PF_2{}^{15}NH_2$ leicht erkennen kann. Das Spektrum (a) wurde mit dem üblichen, isotropen Messverfahren aufgenommen, das Spektrum (b) wurde in einer nematischen Phase registriert. Die Kopplungskonstante ist jetzt viel größer, da $J_{AX}$ durch $J_{AX} + 2D_{AX}$ ersetzt werden muss. Aufspaltungen von 100 bis 1000 Hz sind nicht ungewöhnlich. Auch die Unterschiede zwischen chemisch und magnetisch äquivalenten Atomen entfallen. Deshalb sind alle $^{19}$F-Spektrallinien in Abb. 3.29 in Dubletts aufgespalten, mit dem Linienabstand $3D_{FF}$.

Wenn die Dipolkopplungskonstanten bekannt sind, kann man Aussagen über die molekulare Struktur machen, denn folgende Verknüpfung zwischen den Strukturparametern und $D$ kann aufgestellt werden:

$$D_{ij} = \frac{-\gamma_i \gamma_j h}{4\pi^2 r_{ij}^3} (S_{xx} \cos^2\theta_{ijx} + S_{yy} \cos^2\theta_{ijy} + S_{zz} \cos^2\theta_{ijx}$$
$$+ 2S_{xz} \cos\theta_{ijx} \cos\theta_{ijz} + 2S_{yz} \cos\theta_{ijy} \cos\theta_{ijz}$$
$$+ 2S_{xy} \cos\theta_{ijx} \cos\theta_{ijy}) . \tag{3.22}$$

In dieser Gleichung ist $\theta_{ijx}$ der Winkel zwischen dem Vektor, der Atom $i$ mit Atom $j$ verbindet und der $x$-Achse (definiert durch das angelegte Feld); $r$ ist der Abstand zwischen den beiden Atomen. Von den sechs $S$-Werten kann einer eliminiert werden, da $S_{xx} + S_{yy} + S_{zz} = 0$. Die Größen $S$ sind die Orientierungsparameter, welche die mittlere Einstellung der Moleküle relativ zum angelegten Magnetfeld $B_0$ beschreiben. Wenn das Molekül selbst symmetrisch ist, sind die Größen $S$ redundant und können

448  3 Moleküle – Spektroskopie und Strukturen

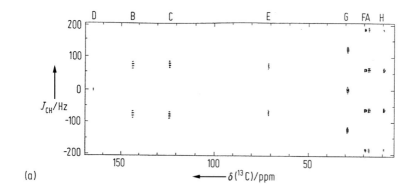

(a)

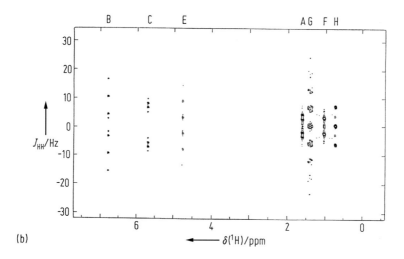

(b)

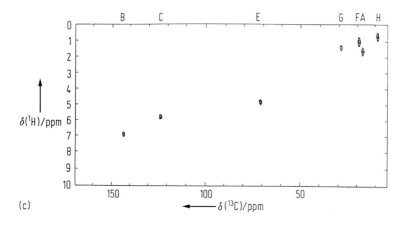

(c)

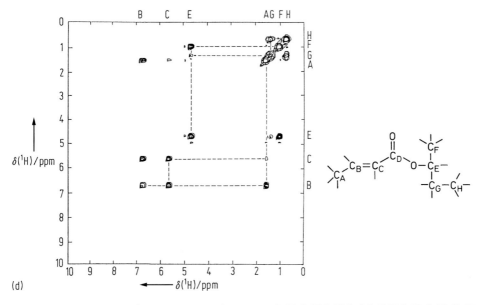

**Abb. 3.28** 2D-NMR-Spektren von s-Butylcrotonat $C_AH_3C_BHC_CHC_DOOC_EHC_FH_3C_GH_2C_HH_3$ für (a) die $^{13}$C-Kerne und (b) die Protonen; (c) die $^{13}$C/H-Korrelationen und (d) COSY für H [25].

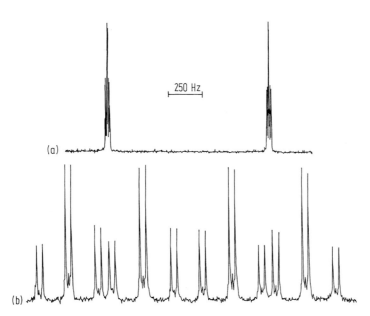

**Abb. 3.29** $^{19}$F-Spektrum von $PF_2{}^{15}NH_2$ (a) in einem isotropen Medium und (b) in einer nematischen Flüssigkeit [25].

**Tab. 3.11** Orientierungsparameter für symmetrische Moleküle.

| Symmetrie | Anzahl der Orientierungsparameter |
|---|---|
| $C_1$, $C_i$ | 5 |
| $C_2$, $C_{2h}$, $C_s$ | 3 |
| $C_{2v}$, $D_2$, $D_{2h}$ | 2 |
| alle symmetrischen Kreisel | 1 |
| alle sphärischen Kreisel | 0 |

reduziert werden. Tab. 3.11 gibt die Zahl der freien Orientierungsparameter für verschiedene Punktsymmetrien wieder. So ist z. B. für symmetrische Kreisel nur ein Wert für $S$ zu erwarten. Deshalb ist es z. B. möglich, in $PH_3$ das Verhältnis der Abstände P–H und H–H zu messen und daraus den Winkel HPH zu berechnen. Die absoluten Abstände müssen jedoch durch andere Messmethoden bestimmt werden.

Für komplizierte Moleküle ist es weiterhin trotz der vielen unbekannten Orientierungsparameter $S$ möglich, wertvolle Informationen über die geometrische Strukturen zu erarbeiten. Zum Beispiel kann man für $PF_2HSe$, das $C_s$-Symmetrie hat, vier Dipolkopplungskonstanten direkt bestimmen: $D_{PF}$, $D_{PH}$, $D_{FF}$ und $D_{FH}$, und wenn man das Isotop $^{77}Se$ anreichert, dann sind noch $D_{SeP}$, $D_{SeF}$ und $D_{SeH}$ messbar. Drei dieser Messgrößen werden gebraucht, um $S$ zu bestimmen, so können immer noch vier Strukturparameterverhältnisse berechnet werden. Für $PF_2HSe$ braucht man jedoch drei Bindungsabstände und drei Winkel, um das Molekül vollständig zu beschreiben. In diesem Fall waren die fehlenden Informationen aus Elektronenstreuexperimenten (siehe Abschn. 3.3.1) bekannt und die molekulare Struktur dieses Moleküls war damit bestimmt.

Wie so oft hat auch diese Messmethode ihre Nachteile. So muss man sich im Klaren sein, dass die Matrix das Molekül verzerren kann. Die Kombination von NMR-Ergebnissen mit Daten, die auf anderen Techniken beruhen, können zu präzisen, aber falschen Ergebnissen führen. Ferner sind Korrekturen durchzuführen, die die molekularen Schwingungen berücksichtigen. Auch die indirekten Kopplungen $J$ können besonders bei schweren Atomen zusätzliche Schwierigkeiten bereiten. Belastet mit so vielen Problemen erscheint Matrix-NMR nicht attraktiv. Ein Überblick über alle Strukturmessmethoden zeigt jedoch, dass fast alle große Schwierigkeiten haben, die Positionen von Wasserstoffatomen zu bestimmen. Die NMR-Methode hat aber gerade hier ihre höchste Empfindlichkeit. Deshalb sollte das Molekülskelett der schweren Atome durch andere Techniken so genau wie möglich festgelegt und dann mit der NMR-Spektroskopie die Positionen der Protonen ausgemessen werden.

### 3.2.1.6 NMR-Spektroskopie in der Medizin

Im folgenden Abschnitt soll die Anwendung der NMR-Spektroskopie auf Lebewesen erklärt werden [26]. Da diese Methode bei der Diagnose von internen Krankheiten eine immer größere Bedeutung gewinnt, ist man leicht dazu verleitet, die vorhergehenden Ausführungen über NMR zu überspringen, um direkten Aufschluss über die physikalischen Vorgänge im Gewebe und die Messtechnik in den medizinischen Apparaturen zu gewinnen. Dies ist leider kaum möglich. Die Verteilungen von Kernspins und deren Relaxation im Körper sind durch ihre dreidimensionale Verteilung nur zu erfassen, indem man das gesamte Instrumentarium der bisher beschriebenen Messtechniken ausschöpft. Der Kontrast in den Bildern, welcher mit Hilfe von Computern erhöht wird, basiert meist auf den Unterschieden der Protonendichte in den verschiedenen Geweben des Körpers. Die Ortsbestimmung wird erreicht durch geschicktes Zuschalten von magnetischen Feldgradienten in allen drei Raumkoordinaten während der Einstrahlung der für einen bestimmten Zweck gewählten Pulsfolgen (90° und 180°). Das kontinuierliche Einstrahlen von Wasserstoffresonanzstrahlung reicht nicht aus, detaillierte Bilder zu erstellen, deshalb werden die Empfindlichkeiten von $T_1$ und $T_2$ auf die Umgebung sorgfältig ausgenutzt, um kleine Unterschiede im Gewebe hervorzuheben. Die Anwendung der NMR-Spektroskopie auf Menschen ist insofern eine besondere Anwendung, als kleine Inhomogenitäten in $B_0$ nicht durch Rotieren der Probe kompensiert werden können. Dies ist von besonderer Bedeutung, wenn $T_2$-Selektion benutzt wird. Um dynamische Entwicklungen im Gewebe zu verfolgen werden oft spezielle Isotope eingeführt.

Drei Messmethoden werden angewandt, um die $^1$H-Dichte zu messen. Für diese Diskussion ist es am einfachsten, den Messpunkt im Körper dadurch festzulegen, indem man für alle drei Raumkoordinaten ein Gradientenfeld anlegt, so dass nur in einem Punkt genaue Resonanz vorliegt. Die erste Methode beruht auf der Wiederherstellung der Magnetisierung in der $B_0$-Richtung. Ein 90°-Puls dreht $M_z$ in $M_{y'}$, und nach einiger Zeit relaxiert das System wegen $T_1$ zurück zu $M_z$. Diese Relaxation wird mit einem zweiten 90°-Puls gemessen. Für feste Stoffe ist die Spin-Gitter-Relaxation durch die Gitterstrukturen unterdrückt und $T_1$ kann Werte bis zu Stunden annehmen, während in Flüssigkeiten die $M_z$-Komponente nach einem 90°-Puls in etwa einer Sekunde regeneriert. In diesem Messablauf ist $T_2$ völlig unbedeutend. Im Bild wird schnell relaxierender Wasserstoff ($T_1$ klein) hell abgebildet. Besondere Beachtung verdienen Blutgefäße, da die relaxierenden Moleküle im Blut durch neue, spingesättigte Moleküle ersetzt werden und so als besonders hell aufleuchtende Flecke im Bild zu erkennen sind.

Eine andere Messmethode beginnt mit einem 180°-Puls, so dass $M_z$ in $-M_z$ übergeht; mit der Zeit wird die ehemalige Magnetisierung wiederhergestellt. Diese wird verfolgt mit 90°-Pulsen, da nur der zeitliche Verlauf von $M_{y'}$ im FID-Verfahren zugänglich ist. Durch das Anlegen eines Magnetfeldgradienten in der $y$-Richtung werden nur solche Spins mit dem 90°-Impuls abgefragt, deren Resonanz in einer Ebene liegt, die senkrecht auf der $z$-Achse steht. Durch Variation des Gradientenfeldes kann man so gleichzeitig die Messebene durch den Körper schieben und $T_1$ und die dazugehörige integrale Protonendichte messen. Wieder wird $T_2$ im Messprozess umgangen.

Auch die Spin-Echo-Methode findet ihre Anwendungen im medizinischen Bereich. Die Amplitude des Echos wird nur von $T_2$ bestimmt, die Magnetfeldinhomogenitäten werden im Fokussierungsprozess kompensiert und sie beeinflussen nur die Linienbreite. Diese Halbwertsbreite wird kleiner, je inhomogener das Feld ist, deshalb braucht das angelegte $B_0$-Feld durch Korrekturspulen nicht verbessert zu werden. Während der Bildung des Echos ist auch $T_1$ aktiv und $M_z$ wird größer, so dass nach dem Echo ein weiterer 90°-Puls eingestrahlt werden kann; dies erlaubt sowohl $T_1$- als auch $T_2$-Selektion in der Bildformation.

Die Konzentration des Messprozesses auf einen Punkt im Körper kann durch zwei Messmethoden erreicht werden. Zum einen ist es möglich, durch drei orthogonale Spulenpaare Feldgradienten aufzubauen, so dass nur in einem kleinen Volumen Resonanzbedingungen vorliegen. Zum anderen kann man Wechselströme durch dieselben Spulen schicken. Dann wird das Feld überall modifiziert, nur nicht in einer Ebene zwischen den Spulen, wo die Wechselfelder sich kompensieren. Diese Null-Ebene wird durch die synchrone Änderung der Amplituden der Wechselspannungen hin- und hergeschoben. Der größte Nachteil beider Methoden ist die Zeit, die notwendig ist, ein brauchbares Bild zusammenzustellen.

Die neuesten Messmethoden sind im Prinzip Modifikationen der etwas älteren Röntgen-Tomographie. Im Linien-Messverfahren wird dem $B_0$-Feld ein Gradient in $z$ überlagert, so dass ein 90°-Puls nur die Protonenspins in einer Scheibe umlenkt. Diese hat eine Ausdehnung in Richtung der $z$-Achse, die durch die Halbwertsbreite der Frequenzverteilung des 90°-Pulses gegeben ist. Wenn ein 180°-Puls eingestrahlt wird, um die Formation eines Echos einzuleiten, wird gleichzeitig ein Magnetfeld mit einem Gradient in $y$-Richtung eingeschaltet, so dass nur die Kernspins dem Puls folgen, die in einer Säule liegen, die parallel zu der $x$-Achse ist. Diese Säule kann durch die Probe geschoben werden, indem die Frequenz des 90°- und/oder des 180°-Pulses variiert wird. Eine Frequenzanalyse des FID erlaubt eine Festlegung des Signalursprungs. Die Amplitude des Signals gibt die $^1$H-Dichte wieder. Je nachdem, ob Spin-Echo-Pulsserien oder die Sättigung-Erholungstechnik gewählt wurde, ergeben sich $T_1$- oder $T_2$-gewichtete Verteilungen. Die Bildqualität hängt von der Auflösung der Fourier-Transformation und der Spektralbreite der Pulsfrequenzen ab. Die Fülle der auszuwertenden Daten ist so groß (1 Gigabyte pro Bild), dass dies nur durch schnelle, speicherreiche Rechenmaschinen zu erreichen ist. Besonders, wenn man zusätzlich den $y$-Gradienten um die $z$-Achse rotiert, um eine Datenmatrix zu erfassen. Diese Messmethode erhielt den Namen **Zeugmatographie**.

Die Auswertung oder das Lesen von NMR-Bildern benötigt gewisse Erfahrung und Eichbilder. In Abb. 3.30 sind die charakteristischen Werte für $T_1$ und $T_2$ für verschiedene Gewebe einer lebenden Ratte aufgetragen. Mit Korrelationsdiagrammen dieser Art entscheidet der Diagnostiker, welche Pulsfolgen zu wählen sind, um die gewünschten Sektionen besonders sichtbar zu machen. Als Erstes werden die Frequenzen so eingestellt, dass nur die Wasserstoffatome in Wasser sichtbar werden. Ferner kann die chemische Verschiebung ausgenutzt werden, um besonders Fette oder Proteine hervorzuheben. Letztlich ist es möglich, durch Einspritzen von paramagnetischen Ionen (z. B. Gd) die Relaxationszeiten zu verändern. So wird weiterer Kontrast geschaffen und der biologische Prozess der Ionenanreicherung oder -verdünnung kann studiert werden. Neue Erkenntnisse über die Reaktionsdynamik in Muskeln wurden möglich, indem das Verhalten der $^{31}$P-Dichte unter verschiedenen Belastungsabläufen gemessen werden konnte. Man erwartet davon Frühdiagnosen von Herzmuskulaturschwächen und deren Behebung lange vor einem potentiellen Herzinfarkt. In der neuesten Entwicklung werden Farben und Überlagerungen benutzt, um den Kontrast zu erhöhen.

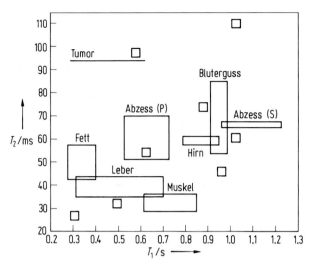

**Abb. 3.30** $T_1, T_2$-Korrelationen im Gewebe einer lebenden Ratte [27].

### 3.2.2 Elektronen-Spin-Resonanz-Spektroskopie (ESR)

#### 3.2.2.1 Definition und Messverfahren

Wenn die zu untersuchenden Moleküle ungepaarte Elektronenspins haben, werden deren Energieniveaus in einem magnetischen Feld gespalten und es können, ähnlich wie bei NMR, Übergänge induziert werden. Da das magnetische Moment des Elektrons ($\mu_e = \mu_B = 0.927 \cdot 10^{-24}\,\text{JT}^{-1}$) wesentlich größer ist als das des Kerns ($\mu_N = 5.05 \cdot 10^{-27}\,\text{JT}^{-1}$), ist die Aufspaltung der Spinniveaus selbst bei moderaten Feldern groß und es bedarf Mikrowellenphotonen, um Übergänge zu induzieren. Die Anzahl der Substanzen, die hier in Betracht kommen, ist beachtlich; dazu gehören freie Radikale, Biradikale, Moleküle im Triplettzustand und die meisten Verbindungen der Übergangselemente.

Im einfachsten Fall ist die Resonanzenergie gegeben durch

$$E = g\mu_B B_0 M_s, \tag{3.23}$$

wobei $M_s$ die Elektronenspinquantenzahl ($\pm 1/2$) und $g$ der Landé-Faktor (auch g-Faktor) ist. Der g-Faktor ist 2.00232 für ein freies Elektron und nahe 2 für die meisten freien Radikale. Für die Übergangselemente kann $g$, wegen der starken Spin-Bahn-Kopplung und der Nullfeld-Aufspaltung, wesentlich größer als 2 werden. Wenn $g$ unabhängig von der Richtung von $B_0$ ist, handelt es sich um isotrope ESR-Effekte. Sie werden vorwiegend in Gasen, Lösungen und Festkörpern mit kubischer Symmetrie gefunden [28].

### 3.2.2.2 Hyperfeinstruktur-Kopplungen

Wenn ein benachbarter Kern einen von null verschiedenen Spin hat, koppeln Elektronen und Kernspin, und die Energiniveaus haben folgenden Abstand:

$$E = g\mu_B B_0 M_s + A M_s m_I,$$

wobei $m_I$ der Spin des Kerns und $A$ die Hyperfeinstruktur-Kopplungskonstante ist. Das heißt, jeder Elektronenspin-Term zerfällt in $(2I + 1)$ Unterniveaus. Die gleichen Regeln, wie sie im Abschnitt über NMR ausgeführt wurden, gelten auch hier. So geben $n$ äquivalente Kerne mit $I = 1/2$ ein Spektrum von $(n + 1)$ Linien, deren relative Intensität durch das Pascal'sche Dreieck gegeben ist. Als Beispiel ist in Abb. 3.31 das ESR-Spektrum des Benzol-Radikal-Anions wiedergegeben. Die sechs

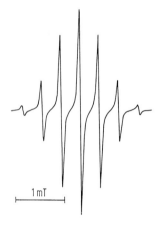

**Abb. 3.31** ESR-Spektrum von $C_6H_6^-$ [25].

äquivalenten Wasserstoffelektronen sind vollkommen delokalisiert über die sechs Kohlenstoffatome. Ein weiteres Beispiel gibt Abb. 3.32. Es zeigt das Aufspaltungsschema, die Pascal'schen Intensitäten und das gemessene Spektrum des Naphthalin-Anions. Das Zeeman-Niveau wird in fünf Terme aufgespalten, wegen der Kopplung des ungepaarten Elektrons mit vier äquivalenten Protonen. Jeder Term wird noch einmal um einen kleineren Betrag aufgespalten, so dass das endgültige Spektrum aus 25 Linien besteht, deren Intensitäten durch das Produkt zweier Binomialkoeffizienten (Pascal'sches Dreieck) bestimmt sind. Das gemessene Spektrum bestätigt das erwartete Aufspaltungsschema. Mit den Aufspaltungen der Resonanzfrequenz der Zentrallinie und dem angelegten magnetischen Feld kann $g$ berechnet werden, denn

$$g = h\nu_0/\mu_e B_0 = 2.0012.$$

Diese einfache Rechnung ist möglich, weil der Schwerpunkt der Ladungsdichteverteilung des siebten Elektrons mit der Symmetrieachse zusammenfällt; das ist ein Hinweis, dass in dieser Verbindung entweder kein oder nur ein sehr kleines lokales Feld am Ort des Elektrons existiert. Der Abstand zwischen den einzelnen Linien

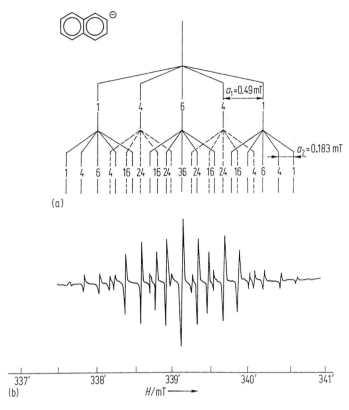

**Abb. 3.32** ESR-Spektrum des Naphtalin-Anions mit zwei aufeinanderfolgenden Vierspin-Kopplungen [29].

heißt Hyperfeinaufspaltung und wird normalerweise in Tesla angegeben, es entspricht dem $B$-Feld, welches nötig ist, um zwei benachbarte Linien genau zu überlagern. Das Spektrum ist im Wesentlichen bestimmt durch den Anteil an s-Charakter in den Wellenfunktionen des ungepaarten Elektrons am Ort des angekoppelten Kernspins. Es ist üblich, den ungepaarten Elektronen p-Orbitale zuzuschreiben und sie über das ganze Kohlenstoffnetz zu „verschmieren" (delokalisieren). Diese Beschreibung ist für hochaufgelöste Spektren zu grob und s- und p-MOs müssen gemischt werden; oft können angeregte Zustände nicht vernachlässigt werden. Deshalb liegt der größte Nutzen der ESR-Spektren im Vergleichen mit berechneten Wellenfunktionen, um so zuverlässige Ladungsdichten und Multipolmomente zu bestimmen.

NMR-Messungen in Matrizen führen zu äußerst komplizierten Spektren und neuen Möglichkeiten in Bezug auf die Struktur der Moleküle. Das Gleiche gilt für ESR-Spektren. Neue Antworten können für spezielle Probleme gefunden werden. Im Allgemeinen jedoch enthalten die Spektren eine solche Informationsfülle, dass ihre Interpretation nur wenigen Experten möglich ist.

Bisher waren die Betrachtungen auf ein ungepaartes Elektron beschränkt. Für Moleküle im Triplettzustand sind zusätzliche Überlegungen nötig, denn nun liegen zwei ungepaarte Elektronen ($S = 1$), mit dreifacher Entartungsmöglichkeit vor, welche aber durch die Spin-Spin-Kopplung, selbst ohne äußeres magnetisches Feld, aufgehoben wird und zu einer Nullfeldaufspaltung führt. Es ist zu beachten, dass diese Aufspaltung in isotropen Medien herausgemittelt wird. In Übergangsmetallionen ($S = 3/2$) kann der Nullfeldeffekt so groß sein, dass Mikrowellenphotonen nicht energetisch genug sind, um alle möglichen Übergänge anzuregen, und nur die zwischen den Niveaus $M_s = 1/2$ und $M_s = -1/2$ gemessen werden.

### 3.2.2.3 ESR in Übergangsmetallverbindungen

Die Übergangsmetalle und ihre Verbindungen gehören zu den technisch wichtigsten Substanzen, die aber wegen ihrer komplexen Spektren oft stiefmütterlich behandelt werden. Die Orbitale sind oft nahezu entartetet und von mehreren ungepaarten Elektronen besetzt. Die hohe Bahnquantenzahl der äußeren Elektronen ($l = 3$) dominiert den Landé-Faktor $g$ und führt im Molekül zu großen Anisotropien in $\mu$. In den freien Metallionen sind die 5 d-Orbitale entartet, aber in einer Verbindung wechselwirken sie unterschiedlich mit den Liganden und spalten in zwei oder mehr Gruppen auf, je nach der Symmetrie des Moleküls. Selbst wenn man sich auf die erste Periode dieser Metalle beschränkt (Sc–Cu), deren $LS$-Kopplung nicht zu groß ist, muss man bis zu 10 d-Elektronen in Kauf nehmen. In den Hochspin-Komplexen gibt es bis zu fünf ungepaarte Elektronen, in den Niederspin-Verbindungen bis zu drei. Weiterhin muss berücksichtigt werden, dass diese Verbindungen oft angeregte Zustände haben, die vom Grundzustand nicht sehr weit entfernt sind. Dies führt zu hoher Polarisierbarkeit und zu kurzen Spin-Gitter-Relaxationszeiten. Dadurch werden die Spektrallinien stark verbreitert und brauchbare Ergebnisse können nur mit stark gekühlten Molekülen gewonnen werden.

Diese etwas allgemeinen Betrachtungen sollen mit den folgenden Beispielen verdeutlicht werden. Das freie Cr(III)-Ion hat drei d-Elektronen, die einen entarteten $^4$F-Grundzustand bilden. Im Molekül mit oktaedrischer Symmetrie spaltet sich der $^4$F-Zustand in drei Gruppen auf: $^4A_2$, $^4T_2$ und $^4T_1$, wobei die Elektronen die niedrigen $t_{2g}$-Orbitale besetzen. (Die Bedeutung der Termniveau-Symbole von Molekülen in elektrischen Feldern wird in Abschn. 3.4 ausführlich erklärt.) Ist die Ligandensymmetrie tetragonal, wird die Entartung nur teilweise aufgehoben, und ein $^4B_1$-Grundzustand bildet sich mit einer kleinen Nullfeldaufspaltung. Abb. 3.33 zeigt wie diese Zustände im einem Magnetfeld aufspalten. Die Übergänge sind gegeben durch $\Delta m = \pm 1$. Abb. 3.34 zeigt das gemessene Spektrum von $[Cr(C_5H_5N)_4Cl_2]^+$ gelöst in $DMF/H_2O/CH_3OH$ und stark gekühlt, um eine glasartige Substanz zu bilden. Dies reduziert die Spin-Gitter-Wechselwirkung so weit, dass scharfe Linien in den Messungen erscheinen. Die Auswertung eines solchen Spektrums führt zur Bestimmung des $g$-Tensors und der Nullfeldaufspaltung. Damit werden sowohl das Kopplungsverhalten der ungepaarten Elektronen, als auch die lokalen Symmetrien festgelegt.

Als zweites Beispiel soll das Cu(II)-Ion dienen. Es ist ein $^9$d-System mit einem $^2$D-Grundzustand. Im oktaedrischen Ligandenfeld formieren sich zwei Zustände, $^2$E (*low spin*) und $^2T_2$ (*high spin*). $^2$E wird durch die Wechselwirkung naheliegender Zustände weiter aufgespalten in $^2$A und $^2$B (*Jahn-Teller-Verzerrung*). Diese zwei Niveaus stören sich nur wenig. Das führt zu geringer Relaxation und scharfen Linien im

3.2 Spektroskopie an Molekülen im elektronischen Grundzustand   457

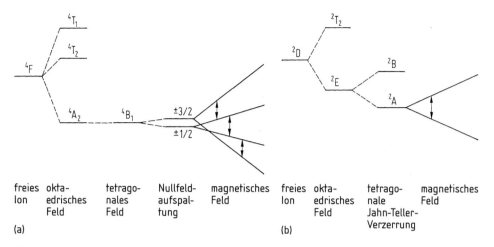

**Abb. 3.33** Elektronenspin-Aufspaltung im Magnetfeld von (a) Cr(III) und (b) Cr(II) bei verschiedenen Symmetrien der Ligandenfelder [25].

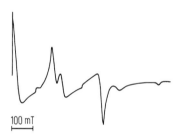

**Abb. 3.34** ESR-Spektrum von [Cr(pyridin)$_4$Cl$_2$]$^+$ in gefrorener Lösung von DMF/H$_2$O/Methanol [25].

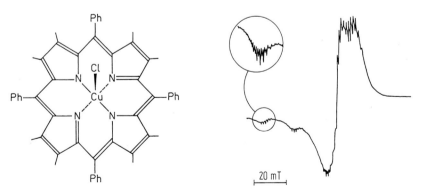

**Abb. 3.35** ESR-Spektrum von Kupfer(II)-tetraphenylporphyrinchlorid, eingefroren in Chloroform [30].

458   3 Moleküle – Spektroskopie und Strukturen

ESR-Spektrum. In Abb. 3.35 ist das ESR-Spektrum und die Struktur vom Kupfer(II)-tetraphenylporphyrin-chlorid eingefroren in Chloroform, reproduziert. Das Molekül ist planar, die tetragonale Verzerrung führt zu zwei Resonanzen, wobei $g_\parallel < g_\perp$. Cu hat zwei stabile Isotope ($^{63}$Cu und $^{65}$Cu) mit 70% und 30% Häufigkeit und beide haben einen Kernspin von 3/2, so dass vier parallele Resonanzen im Spektrum erscheinen. Jeder Übergang zeigt durch die Hyperfein-Kopplung mit den benachbarten $^{14}$N-Kernen eine Feinstruktur. Die senkrechten Resonanzen sind wesentlich stärker, aber ihre Feinstruktur kann nicht aufgelöst werden.

Diese Beispiele sollen zeigen, dass die ESR-Spektren wertvolle Informationen über die Spinkopplungen und die Symmetrie der Kopplungen der umgebenden Atome beinhalten. Ihre Auswertung ist jedoch trickreich. Auch muss stets in Betracht gezogen werden, dass die Matrizen die Spektren durch die lokalen Symmetrien und die Ladungsdichteverteilungen beeinflussen, und ausgeprägte Anisotropien in den p- und d-Orbitalen erzeugen. Trotzdem ist ESR eine der wertvollsten Messmethoden, den Grundzustand der oft großen Übergangsmetallmoleküle zu studieren.

### 3.2.2.4 ENDOR

Das Studium eines bestimmten Hyperfeinniveaus kann durch Mehrphotonen-Anregungen wesentlich vertieft werden. Dies wurde bereits ausführlich für NMR erklärt und soll hier nur kurz auf die ESR angewandt werden. Diese Messmethode ist als *Electron Nuclear Double Resonance* oder ENDOR bekannt. Hier soll ein besonders

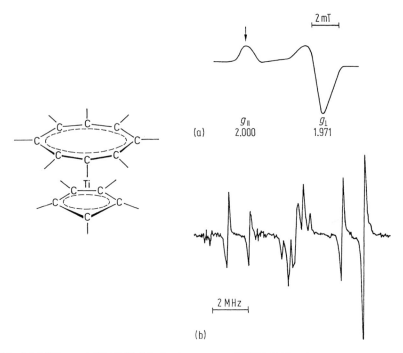

**Abb. 3.36** (a) ESR- und (b) ENDOR-Spektrum von Ti($C_8H_8$)($C_5H_5$) [31].

markantes Beispiel ausführlicher erläutert werden [30]. Das ausgewählte Molekül ist Ti($C_8H_8$)($C_5H_5$), ein „*sandwich compound*", gelöst und eingefroren in Toluol ($C_6H_5CH_3$). Die geometrische Struktur, die ESR- und Proton-ENDOR Spektren sind in Abb. 3.36 wiedergegeben. Die chemisch und magnetisch äquivalenten Protonen ($I = \pm 1/2$) koppeln mit dem ungepaarten Elektron des Ti ($M_s = \pm 1/2$). Da die Kohlenstoffringe frei rotieren können, hat die Verbindung eine zeitgemittelte Rotationssymmetrieachse. Das ENDOR-Spektrum ist eine NMR-Messung an den Protonen, wobei der Übergang des gekoppelten Elektron-Kernspin-Terms gesättigt wurde (Pfeil im ESR-Spektrum). Das Differentialspektrum zeigt drei Dubletts. Die äußeren scharfen Linien werden durch die Ringprotonen und ihre Kreuzrelaxationen erzeugt, während das etwas breitere, mittlere Dublett vom Toluol erzeugt wird. Ein ähnliches Spektrum entsteht, wenn die Sättigung auf die $g_\perp$-Linie angesetzt wird. Von den Linienfrequenzen und -profilen kann man sowohl die parallelen und senkrechten Komponenten des Kopplungstensors als auch die Ladungsdichte an Ti-Kern berechnen.

Das gezielte Stören von Kernspin- und Elektronenspin-Besetzungsverteilungen erlaubt ein differenziertes Abfragen der Kopplungen der Spins, ihrer Relaxationszeiten und der örtlichen Ladungsdichteverteilung. Man muss jedoch einen umfassenden Erfahrungsschatz besitzen, um solche hochaufgelösten Spektren optimal auszuwerten, trotz der relativ einfachen und durchsichtigen Messmethoden.

### 3.2.3 Mikrowellen-Spektroskopie

#### 3.2.3.1 Einleitung und Definitionen

Freie, isolierte Moleküle, wie man sie in der verdünnten Gasphase antrifft, können oft als starre Körper angesehen werden, die sich im feldfreien Raum um ihre Trägheitsachsen drehen. Diese fundamentale Vereinfachung eröffnet die Möglichkeit, die Bewegungsabläufe mit klassischer Mechanik zu beschreiben. Diese klassischen Modelle und Erklärungen werden dann mit der Quantisierung der Energie und der Drehmomente erweitert, um Theorie und Messung in Einklang zu bringen. Rotationsspektroskopie wird so zu einer der überzeugendsten Methoden für das Studium der klassischen Dynamik ausgedehnter Körper. Die zentrale Größe in allen Betrachtungen ist das Trägheitsmoment $I$. Es ist gegeben durch

$$I = mr^2,$$

wobei $m$ ein Massenpunkt im senkrechten Abstand $r$ von der Drehachse ist. Unter allen möglichen kartesischen Koordinatensystemen ist dasjenige ausgezeichnet, das die Trägheitsmomentenmatrix diagonalisiert; d.h. nur $I_{xx}$, $I_{yy}$ und $I_{zz}$ sind, im allgemeinen Fall, von null verschieden. Diese Koordinaten werden als Hauptachsen $a$, $b$, $c$ bezeichnet. Die Gesamtenergie der Rotation ist dann gegeben durch

oder
$$E_{\text{rot}} = \frac{1}{2} I\omega^2 = \frac{(I\omega)^2}{2I} = \frac{L^2}{2I} \tag{3.24}$$

$$E_{\text{rot}} = \frac{L_a^2}{2I_a} + \frac{L_b^2}{2I_b} + \frac{L_c^2}{2I_c}, \tag{3.24}$$

wobei $\omega$ die Winkelgeschwindigkeit und $L$ den Drehimpuls darstellen. Der Gesamtdrehimpuls $L$ ist

$$L^2 = L_a^2 + L_b^2 + L_c^2. \tag{3.26}$$

Diese allgemein gültigen Gleichungen können wesentlich vereinfacht werden, wenn man die molekularen Symmetrien [32] mit berücksichtigt. Bereits hier muss darauf hingewiesen werden, dass die meisten Symmetrien nur für ein schwingungsfreies Molekül gelten, das in der Natur nicht vorkommt, und dass besonders diese Näherung bei höher angeregten Schwingungsniveaus kritisch beurteilt werden muss. Weiterhin ist erwähnenswert, dass bei dieser Beschreibung die Born-Oppenheimer-Näherung als voll gültig angenommen wird. In dieser Approximation wird erwartet, dass die Elektronen im Molekül den Kernpositionen immer adiabatisch folgen und deshalb in der Schrödinger-Gleichung separiert und getrennt beschrieben werden können. Die Erfahrung zeigt, dass dies für alle Atome mit der Ausnahme von Wasserstoff möglich ist. Selbst für H sind nur kleine Korrekturen notwendig. Die Gültigkeitsgrenzen für die Born-Oppenheimer-Näherung werden in Abschn. 3.4.1 hergeleitet.

### 3.2.3.2 Lineare Moleküle

In der klassischen Mechanik und in der Quantenmechanik werden die Bewegungen der Atome im Molekül, Rotationen und Schwingungen, in einem Potential beschrieben, das durch die Coulomb-Felder der Kerne und Elektronen, unter konstanter Erfüllung des Pauli-Prinzips, erzeugt wird. Für ein Atompaar hat das Potential die Form, wie sie Abb. 3.37 zeigt. Dieses Potential $U(r)$ erfährt ein Atom, wenn es sich einem zweiten nähert, das im Koordinatenursprung sitzt. In großem Abstand dominiert die induzierte Dipol-Dipol-Anziehung ($\propto r^{-6}$). Wenn die Kerne einander zu

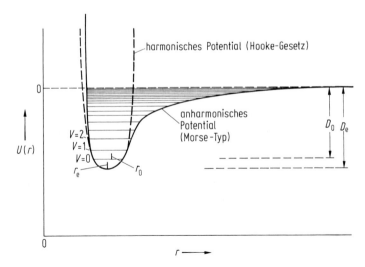

**Abb. 3.37** Morse-Potential und Schwingungsniveaus in einem zweiatomigen Molekül.

nahe kommen, werden sie sowohl vom gegenseitigen Coulomb-Feld als auch vom Pauli-Prinzip, das den Elektronen verbietet, unter diesen Bedingungen stabile Orbitale zu bilden, abgestoßen. In der Mitte bildet sich ein Minimum, das mit $r_e$ ausgezeichnet ist und das klassisch die stabile Gleichgewichtsposition festlegt.

Das Potential um $r_e$ ist in erster Näherung parabolisch und Bewegungsabläufe können mittels harmonischer Oszillatorfunktionen beschrieben werden. In diesem Potentialtopf, der für mehratomige Moleküle höhere Dimensionen hat, können Rotationen und Schwingungen ausgeführt werden. Erste Versuche dieses Potential zu beschreiben, gehen auf Morse zurück, der folgende analytische Form vorschlug (*Morse-Potential*):

$$U(r) = D_e[1 - e^{-a(r-r_e)}]^2. \tag{3.27}$$

In der Umgebung von $r_e$ kann $U(r)$ in eine Taylor-Reihe entwickelt werden mit dem Ergebnis

$$U(r) = \frac{1}{2} D_e \cdot a \cdot (r - r_e)^2 \quad \text{und} \quad a = v_e \left(\frac{2\pi^2 \mu}{cD_e h}\right)^{1/2}. \tag{3.27a}$$

In diesem harmonischen Potential sind die Energieniveaus gegeben durch

$$E_{\text{rot}} = \left(v + \frac{1}{2}\right)hv_e + \frac{J(J+1)h^2}{8\pi^2 I_e}. \tag{3.28}$$

In diesen Gleichungen bedeuten $D_e$ die spektroskopische Dissoziationsenergie, $I_e$ das Trägheitsmoment in der Gleichgewichtslage $r_e$ und $\mu$ die reduzierte Masse. Im Morse-Potential erniedrigt der zentrifugale Deformationsanteil etwas die Energie. Er ist gegeben durch:

$$E_d = -\frac{J^2(J+1)^2 h^4}{128\pi^6 v_e^2 I_e^3} = -J^2(J+1)^2 \cdot P. \tag{3.29}$$

Meist wird noch eine Konstante $B_e$ zur Vereinfachung eingeführt:

$$B_e = \frac{h^2}{8\pi^2 I_e} \quad \text{oder} \quad B_0 = \frac{h^2}{8\pi^2 I_e c}.$$

Diese Gleichungen beschreiben für jeden Vibrationszustand eine Termfolge von Rotationszuständen.

Übergänge zwischen den Energieniveaus erfolgen nur, wenn drei wesentliche Bedingungen erfüllt sind: (1) Ein Übergang erfolgt mittels einer Dipolveränderung, dies ermöglicht die Energieabsorption. Deshalb haben Moleküle ohne Dipolmoment ($H_2$, $CH_4$, $SF_6$) auch keine Mikrowellenspektren. (2) Da bei der Absorption oder Emission das Photon einen Drehimpuls von einem $\hbar$ im Prozess überträgt, und der Gesamtdrehimpuls erhalten bleibt, sind nur Übergänge mit $\Delta J = \pm 1$ erlaubt. (3) Die Rotationszustände müssen im Potential auch existieren. Auf den ersten Blick erscheint es überraschend, dass $D_2$ ($I = 1$) keinen Rotationszustand für $J = 0$ hat, und alle geraden $J$-Niveaus fehlen, im krassen Gegensatz zu $H_2$ mit $I = 1/2$, wo alle ungeraden $J$ verboten sind. Diese Auswahlregel wird durch die Punktsymmetrie des monoatomaren Moleküls erzwungen. Die gesamte Wellenfunktion des Moleküls

$$\psi = \psi_e \psi_v \psi_{\text{rot}} \psi_I$$

muss symmetrisch bei der Vertauschung der Kerne sein; dies ist für $I = 0$ und ungerades $J$ nicht möglich (mehr Details in Abschn. 3.4.2).

Das Rotationsspektrum eines zweiatomigen Moleküls ist eine Serie von Linien, die gleichen Abstand haben, wenn das Potential harmonisch ist, und etwas zusammenrücken, wenn der zentrifugale Verzerrungsbeitrag

$$\Delta E_{\text{rot}} = 2 B_e (J+1) - 4 P \cdot (J+1)^3. \tag{3.30}$$

berücksichtigt wird.

Ein Beispiel soll demonstrieren, wie einfach ein Mikrowellenspektrum für ein zweiatomiges Molekül wiedergegeben werden kann. Wenn man $\Delta E_{\text{rot}}$ in der harmonischen Näherung für ICl ($r_e = 0.232$ nm) ausrechnet, findet man für den Übergang von $J = 0$ nach $J = 1$ ein $\Delta E$ von 6.480 GHz, während für $J = 1$ nach $J = 2$ schon 12.960 GHz sind und für $J = 2$ nach $J = 3$ 19.440 GHz benötigt werden, dabei hat das Trägheitsmoment $I_e$ einen Wert von $26.8 \cdot 10^{-39}$ g cm². Da es üblich ist, Linien mit Hz-Auflösung zu studieren, sind diese Spektralinien über solch weite Frequenzbereiche dünne Striche. Der Spektroskopiker schreitet einfach von Linie zu Linie, um dessen Profil mit höchster Präzision auszumessen.

Der Formalismus der rotierenden zweiatomigen Körper kann direkt auf polyatomare lineare Moleküle angewandt werden. Die Berechnung des Trägheitsmoments ist gegeben durch

$$I_e = \frac{\sum m_i m_j r_{ij}^2}{\sum m_i}. \tag{3.31}$$

Für ein Molekül wie $D - C \equiv C - F$ braucht man drei $B_e$-Konstanten, um daraus drei Trägheitsmomente zu berechnen, welche zu den drei Bindungsabständen führen. Die Messungen werden an drei isotopensubstituierten Molekülen durchgeführt. Diese Prozedur ändert zwar $r_0$ (s. Abb. 3.37), aber nicht $r_e$, so dass kleine Korrekturen nötig sind, um $r_0$ in $r_e$ zu überführen. Dies ist besonders leicht möglich, wenn $B$ als Funktion der Schwingungszustände gemessen wird, und das Potential bekannt ist.

### 3.2.3.3 Nichtlineare Moleküle

Aus der Sicht der Mikrowellenspektroskopie gibt es vier Klassen von Molekülen, geordnet nach den Symmetrien ihrer Trägheitsmomente [33]:

(1) Lineare Ketten            $I_a, I_b = I_c = 0,$    z. B. $C_3O_2$
(2) Kugelkreisel              $I_a = I_b = I_c$    z. B. $ClCl_4$
(3) Symmetrische Kreisel   a) $I_a < I_b = I_c$    z. B. $CH_3J$
                                   b) $I_a = I_b < I_c$    z. B. $NH_3$
(4) Unsymmetrische Kreisel   $I_a < I_b < I_c$    z. B. $SO_2$

Moleküle der Kategorie 3a haben die Form einer Pflaume (prolater oder gestreckter Kreisel) und solche der Kategorie 3b entsprechen einem Diskus (oblater oder abgeflachter Kreisel).

In Abb. 3.38 sind die häufigsten Kreiselmoleküle skizziert; die dazugehörigen Formeln für die Trägheitsmomenten $I_i$ sind in Tab. 3.12 aufgeführt. Mit diesen Werten

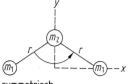
symmetrisch

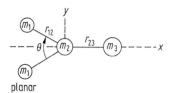
planar

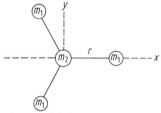
plansymmetrisch

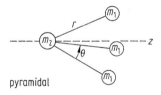
pyramidal

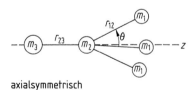
axialsymmetrisch

**Abb. 3.38** Trägheitsmomente einiger symmetrischer Moleküle [25].

können die Energieeigenwerte berechnet werden, weil

$$E_{\text{rot}} = \frac{L_a^2}{2I_a} + \frac{L_b^2}{2I_b} + \frac{L_c^2}{2I_c}, \tag{3.32}$$

ist, und

$$L^2 = J(J+1)\frac{h^2}{4\pi^2} = L_a^2 + L_b^2 + L_c^2$$

**Tab. 3.12** Formeln zur Berechnung der Trägheitsmomente einiger symmetrischer Moleküle [33].

Symmetrisch

a) $I_y = \dfrac{2m_1 m_2}{2m_1 + m_2} r^2 \cos^2 \dfrac{\theta}{2}$

$I_x = 2m^1 r^2 \sin^2 \dfrac{\theta}{2}$

$I_z = I_x + I_y$

Planar

b) $I_x = 2m_1 r_{12}^2 \sin^2 \theta$

$I_y = \dfrac{1}{2m_1 + m_2 + m_3} \Big[ m_3 (2m_1 + m_2)$
$+ 2m_1(m_2 + m_3) r_{12}^2 \cos^2 \dfrac{\theta}{2}$
$+ 4m_1 m_3 r_{23}^2 r_{12}^2 \cos \dfrac{\theta}{2} \Big]$

$I_z = I_x + I_y$

Plansymmetrisch[a]

c) $I_z = 2m_1 r^2$

$I_x = I_y = \tfrac{3}{2} m_1 r^2$

$I_z = I_x + I_y$

Pyramidal[b]

d) $I_z = 2m_1 r^2 (1 - \cos \theta)$

$I_x = I_y = m_1 r^2 (1 - \cos \theta)$

$+ \dfrac{m_1 m_2 r^2}{3m_1 + m_2} (1 + 2 \cos \theta)$

$I_z = 4 m_1 r_{12}^2 \sin^2 \dfrac{\theta}{2}$

Axialsymmetrisch[b]

e) $I_x = I_y = 2 m_1 r_{12}^2 \sin^2 \dfrac{\theta}{2}$

$+ \dfrac{3 m_1}{3 m_1 + m_2 + m_3} (m_2 + m_3) r_{12}^2$

$\times \left( 1 - \dfrac{4}{3} \sin^2 \dfrac{\theta}{2} \right)$

$+ \dfrac{m_3 r_{23}}{3 m_1 + m_2 + m_3} \Big[ (3 m_1 + m_2) r_{23}$

$+ 6 m_1 r_{12} \left( 1 - \dfrac{4}{3} \sin^2 \dfrac{\theta}{2} \right) \Big]^{\tfrac{1}{2}}$

[a] Für planare Moleküle gilt: $I_z = I_x + I_y$
[b] $C_3$ als Symmetrieachse

das Quadrat des Gesamtdrehimpulses $L$ und $L_i$ dessen Komponenten längs der Hauptachsen sind. Angewandt auf die symmetrischen Kreisel für die prolate Form ergibt sich

$$E_{\text{rot}} = \frac{J(J+1) h^2}{8 \pi^2 I_b} + \left( \frac{Kh}{2\pi} \right)^2 \left( \frac{1}{2 I_a} - \frac{1}{2 I_b} \right), \quad (3.33)$$

wobei $K = (2 \pi L_a / h)$ eine neue Quantenzahl darstellt. Sie ist die Projektion von $J$ auf die Achse, die durch das Dipolmoment definiert wird. $K$ läuft ganzzahlig von $-J$ bis $+J$. Analog gilt für die oblate Form

$$E_{\text{rot}} = \frac{J(J+1) h^2}{8 \pi^2 I_b} + \left( \frac{Kh}{2\pi} \right)^2 \left( \frac{1}{2 I_c} - \frac{1}{2 I_b} \right). \quad (3.34)$$

Die Rotationsenergie hängt nur von $K^2$ ab. $K$ kann aber jeden Wert zwischen $+J$ und $-J$ annehmen, weshalb alle Energiewerte doppelt entartet sind. Abb. 3.39 zeigt die Energieschemata für (a) gestreckte und (b) abgeflachte Kreisel, sowie (c) das berechnete harmonische Spektrum und (d) den Einfluss der zentrifugalen Verzerrung $\Delta E_d$, die durch folgenden Ausdruck berücksichtigt wird:

$$\Delta E_d = -2 P_{KJ} (J+1) K^2. \quad (3.34\text{a})$$

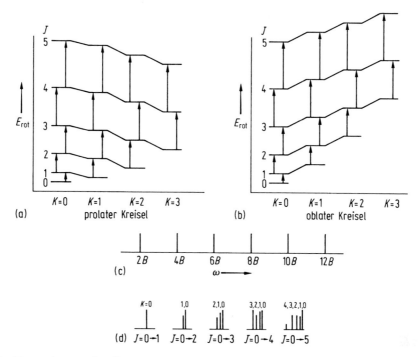

**Abb. 3.39** Termschemata für die Rotationsniveaus symmetrischer Kreisel (a, b), deren harmonisches Spektrum (c) sowie die $K$-Aufspaltung für die niedrigen $J$-Übergänge (d). Die $K$-Aufspaltung ist sehr viel kleiner als die Linienabstände in (c) [34, 35].

Dieser Energiebeitrag muss Gl. (3.28) hinzugefügt werden. Wie bereits in den Ausführungen für lineare Moleküle erläutert wurde, werden durch das gemessene Spektrum die Trägheitsmomente $I$ und durch diese die Struktur des Moleküls festgelegt. Um $N$ unbekannte Bindungsabstände und $M$ Winkel zu bestimmen, braucht man mindestens $(N + M)/3$ verschiedene isotopensubstituierte Verbindungen von einem Molekül, da jedes Spektrum drei Trägheitsmomente und deshalb drei Strukturparameter liefert.

Für einen unsymmetrischen Kreisel ist es nicht möglich, eine geschlossene Form für die Energie als Funktion von $J$ und $K$ anzugeben. $J$ und $M_J$ bleiben gute Quantenzahlen und die $K$-Entartung ist aufgehoben [35]. Daher sind die Mikrowellenspektren meist sehr komplex. Für die niedrigen $J$-Zustände kann man das Energieproblem wenigstens näherungsweise lösen, indem man annimmt, dass der zu untersuchende Kreisel eine Asymmetrie hat, die nahe der oblaten oder prolaten Form ist. Einen Anhaltspunkt für die Gültigkeit dieser Annahme ist der Asymmetrieparameter $\kappa$. Er ist gegeben durch

$$\kappa = \frac{2 B_0 - A_0 - C_0}{A_0 - C_0}, \tag{3.34b}$$

wobei $A$, $B$, $C$ gleich $h/(8 \pi^2 I_{a,b,c})$ ist.

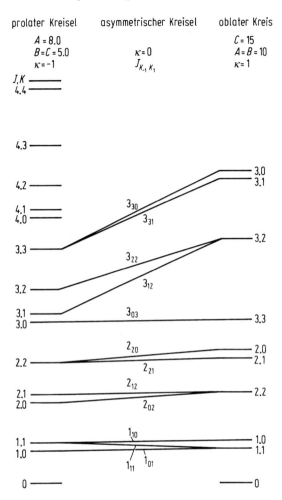

**Abb. 3.40** Variation der Rotationsenergie als Funktion des Asymmetrieparameters $\kappa$ (schematisch).

Der Wert von $\kappa$ ist $-1$ für den gestreckten ($B_0 = C_0$) und 1 für den abgeflachten Kreisel ($A_0 = B_0$); im unglücklichsten Fall ist $\kappa = 0$. In Abb. 3.40 wird schematisch der Übergang zwischen den verschiedenen Asymmetrieformen skizziert. Die eingezeichneten Geraden sind nur eine grobe Näherung, aber die Aufhebung der $K$-Entartung in prolaten Kreiseln und ihre Einmündung in oblate Kreisel ist klar zu erkennen. Es ist darauf hinzuweisen, dass weder $\kappa$ noch $K$ Quantenzahlen für den allgemeinen Kreisel sind.

Die Intensitäten aller Mikrowellenresonanzlinien hängen von zwei wesentlichen Merkmalen ab. Erstens, wie stark die in Frage kommenden Energieniveaus (im thermodynamischen Gleichgewicht) besetzt sind, und zweitens, wie groß der Gewichtsfaktor der Zustände ist. Die erste Antwort wird durch die Boltzmann-Verteilung festgelegt, die zweite durch den Entartungsgrad $(2J + 1)$. Für einen charak-

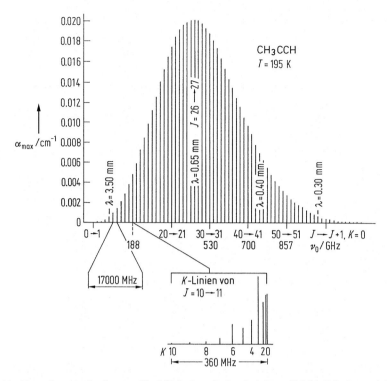

**Abb. 3.41** Berechnetes Spektrum für Methylacethylen bei $T = 195$ K. Die Intensitäten sind als maximale Absorptionsstärke $\alpha_{max}$ angegeben. (Die $K$-Übergänge haben $\Delta K = 0$) [36].

teristischen $B_0$-Wert von etwa 3 GHz ($= 0.1\,\text{cm}^{-1}$) ist die der Zimmertemperatur äquivalente Energie $kT$ bei $J$-Werten von 40–50 erreicht. Wegen der geringen Entartung und dem schwachen Besetzungsunterschied zwischen den benachbarten Niveaus sind die Mikrowellenintensitäten bei kleinen $J$-Werten schwach. Die Linien werden wieder schwach bei sehr großen $J$'s wegen der Boltzmann-Verteilung. Abb. 3.41 zeigt ein berechnetes Spektrum für den symmetrischen Kreisel Methylacethylen ($B_0 = 8545.877$ MHz, $D_J = 2.96$ kHz, $P_{JK} = 162.9$ kHz) in Absorption, für die ($K = 0$)-Übergänge sowie die $K$-Aufspaltungen für $J = 10 \to 11$. Die Rechnung wurde für eine Gastemperatur von 195 K durchgeführt.

Die Intensitäten der Rotationslinien, wie sie in Abb. 3.41 wiedergegeben sind, werden bestimmt durch die Boltzmann-Verteilung; unter gleichzeitigen Berücksichtigung der $(2J+1)$-Entartung sind sie gegeben durch:

$$N_J = C(2J+1)\exp\left[-hcJ(J+1)B_e/kT\right],$$

wobei $\sum N_J\,dJ = 1$ ist, und dadurch ist die Normalisierungskonstante $C$ gegeben:

$$C = (kT/hcB_e)^{-1}.$$

Die Intensitätsverteilung ist somit:

$$N_J = hc(2J+1)(B_e/kT)\exp\left[(-hcJ(J+1)B_e/kT\right].$$

Diese Funktion hat ihr Maximum bei

$$J_{max} = \sqrt{kT/2hcB_e} - \frac{1}{2},$$

und die Energie des Rotationszustandes mit der höchsten Besetzung wird gegeben durch

$$E_{J_{max}}(J_{max}+1)J_{max}hcB_e = \frac{1}{2}kT - \frac{1}{4}hcB_e.$$

Bei nicht allzu niedrigen Temperaturen ist

$$\frac{1}{2}kT \gg hkcB_e \quad \text{und} \quad E_{J_{max}} = \frac{1}{2}kT.$$

### 3.2.3.4 Die Mikrowellen-Messmethode

Reine Rotationsspektren werden mittels der Absorption von Mikrowellenstrahlung (1 – 1000 GHz) gemessen [36]. Abb. 3.42 zeigt die schematische Darstellung einer käuflichen Apparatur. Die in einem Klystron, Magnetron, Carcinotron oder anderem Mikrowellengenerator erzeugte elektromagnetische Strahlung wird über einen Hohlleiter in eine lange (bis zu 3 m) mit Gas gefüllte Absorptionszelle geleitet. Ein Kristalldetektor misst die austretende Strahlungsleistung und zeigt den durch Absorption hervorgerufenen Leistungsverlust an. Da die Intensitätsunterschiede sehr klein sind ($10^{-6}$), wird die Absorption mit Hilfe des Stark-Effektes moduliert. Die Moleküle werden einem elektrischen Wechselfeld (10–100 kHz) ausgesetzt. Nun kann das modulierte Absorptionssignal im Lock-in-Verfahren schmalbandig, vom starken Trägersignal abgekoppelt, verstärkt registriert werden. Um in den kurzwel-

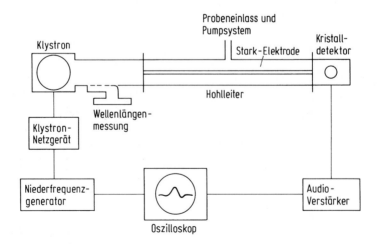

**Abb. 3.42** Schema einer Mikrowellenapparatur.

ligen Bereich vorzustoßen, muss man oft mit den Oberwellen der Klystronstrahlung arbeiten. Die abstimmbare Energiebandbreite wird meistens durch die charakteristischen Eigenfrequenzen der Hohlleiter bestimmt. Der große Erfolg von Mikrowellenspektroskopie beruht auf der Fähigkeit, die Absorptionsfrequenzen auf $1:10^{11}$ zu messen. Das war für viele Jahre eine einmalige Präzision, die aber in neuerer Zeit von der Laserspektroskopie um mehrere Zehnerpotenzen überboten wird.

Wenn das elektrische Wechselfeld in der Absorptionszelle nicht zu stark ist, kann die Stark-Aufspaltung in erster Ordnung berechnet werden. Der molekulare Dipol $\mu$, der mit dem $K$-Vektor zusammenfällt, wird auf die Drehmomentachse projiziert, die mit $J$ übereinstimmt. Die Dipolkomponente ist $\mu_J$. Im feldfreien Raum präzediert $K$ um $J$ (s. Abschn. 3.4.2), dieser Kegel wiederum präzediert um das elektrische Feld $E$, dessen Richtung mit der $z$-Koordinate übereinstimmt. Der Öffnungswinkel zwischen $J$ und $E$ ist $\theta$, und die Energie, die das Molekül vom Feld aufnimmt, ist

$$E_S = -\mu_J E \cos\theta.$$

Da

$$\cos\theta = M_J/(J(J+1))^{1/2},$$

erhält man für die Stark-Energien

$$E_s^{(1)} = -\frac{\mu K M_J E}{J(J+1)}. \tag{3.35}$$

Für lineare Moleküle und für alle Kreisel mit $K=0$ gibt es keinen linearen Stark-Effekt. In Abb. 3.43 sind die Aufspaltungen und Verschiebungen des Stark-Effektes erster und zweiter Ordnung, sowie die zu erwartenden Spektren aufgezeichnet. In zweiter Näherung ergeben sich die Energieniveaus in Anwesenheit eines elektrischen Feldes zu

$$E_s^{(2)} = \frac{\mu^2 E^2}{2hB_e}\left(\frac{(J^2-K^2)(J^2-M_J^2)}{J^3(2J-1)(2J+1)}\right.$$
$$\left. - \frac{[(J+1)^2-K^2][(J+1)^2-M_J^2]}{(J+1)^3(2J+1)(2J+3)}\right). \tag{3.36}$$

Für $K=0$ und $J=0$ (womit automatisch $M_J=0$ festgelegt ist) verschiebt sich der Grundzustand um

$$E_s^{(2)} = -\frac{\mu^2 E^2}{6hB_e}.$$

Diese Verschiebung ist ebenfalls im Termschema in Abb. 3.43 zu erkennen, sowohl für $K=J=0$ als auch für die anderen Rotationszustände. Der Stark-Effekt zweiter Ordnung hilft in doppelter Hinsicht bei der Identifikation eines Mikrowellenspektrums. Die Anzahl der neu entstandenen Linien lässt auf $J$ und $K$ zurückschließen. Diese Analyse kann überprüft werden, indem man die asymmetrische Verschiebung der Linienaufspaltung von $M_J$ ausnutzt.

470   3 Moleküle – Spektroskopie und Strukturen

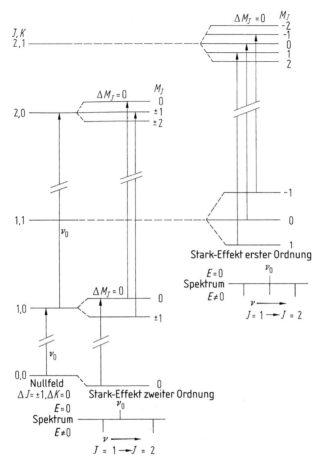

**Abb. 3.43** Stark-Effekt erster Ordnung (linearer Stark-Effekt) und zweiter Ordnung für einen symmetrischen Kreisel [36].

Neben der Charakterisierung der Spektren und der Ableitung der molekularen Strukturen können die Messungen weiterhin benutzt werden, um die Dipolmomente in den Richtungen der Hauptachsen zu bestimmen. Meistens werden sehr sorgfältige Linienprofilmessungen im Hinblick auf Energieübertrag und Relaxation durch Stoßprozesse ausgewertet. Die Lebensdauer ungestörter Rotationsübergänge ist extrem lang (deshalb die sehr scharfen Linienprofile). Die $T_1$- und $T_2$- Mechanismen der NMR fehlen hier, so dass nur Stöße mit der Wand oder mit Gasmolekülen (arteigene oder fremde) den thermodynamischen Zustand wieder herstellen. Durch die Mikrowellendaten gewinnt man einen sehr detaillierten Einblick in die Dynamik und das Verhalten des Dipolmoments, da die Verschiebung im Stark-Effekt durch

$$\Delta v = f_v(J, I, F, M_F)\mu^2 E^2, \tag{3.37}$$

gegeben ist, wobei hier auch die Kopplung des Kernspins $I$ zum Gesamtdrehimpuls $F$ und dessen Projektion auf die elektrische Feldrichtung berücksichtigt werden müssen. Durch die Funktion $f$ wird das Dipolmoment von allen Quantenzahlen abhängig und daher ist es möglich, z. B. die Veränderung der Ladungsdichte im Molekül als Funktion der Schwingungen oder der Zentrifugaldeformation zu studieren.

### 3.2.3.5 Anwendungen der Mikrowellenspektroskopie

Die einfachste Anwendung von Mikrowellenspektren ist die Identifikation von Molekülen. Umfangreiche Datenbänke existieren, mit denen bekannte mit gemessenen Molekülspektren verglichen werden können. Dies ist wiederum meist eindeutig möglich, dank der extrem hohen Auflösungen, die experimentell erreicht werden können. Oft genügen zwei bis drei Linien, um eine Identifikation zu erreichen, vorausgesetzt, dass das Molekül genügend Dampfdruck hat und ein Dipolmoment besitzt. In den letzten Jahren haben die Astronomen regen Gebrauch von diesen Datenbänken gemacht. Interstellare Wolken enthalten eine unerwartet reiche Anzahl von relativ großen Molekülen. Durch die Intensitätsverteilungen der Spektrallinien ist es möglich, die Temperaturen in diesen Wolken zu bestimmen. Abb. 3.44 zeigt einen Teil

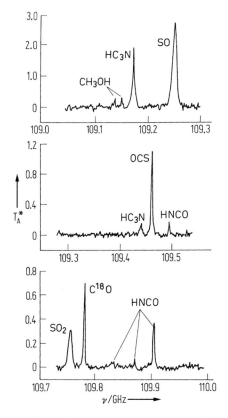

**Abb. 3.44** Mikrowellenspektrum des Orion-Nebels von 109.0–110.0 GHz [37].

des Emissionsspektrums vom Orion-Nebel im Frequenzbereich von 109–110 GHz.

Die bisher häufigste Anwendung von Mikrowellenspektroskopie ist die Bestimmung von Rotationskonstanten ($A$, $B$, $C$) und deren weitere Auswertung über die Trägheitsmomente zu den molekularen Strukturen. Für zweiatomige Moleküle ist das sehr einfach, da eine Rotationskonstante einen Bindungsabstand bestimmt. Auf diese Weise sind z. B. die Bindungsabstände der Alkalimetallhalogenide sowie deren Dipolmomente sehr genau bestimmt worden.

Durch die hohe Präzision der Mikrowellenspektren können auch kleine Einflüsse leicht beobachtet und bei der Auswertung der Daten berücksichtigt werden. So wurde bereits erwähnt, dass nicht der Gleichgewichtsabstand $r_e$ gemessen wird, sondern Werte, die wegen der Anharmonizität in den Vibrationen im Molekül leicht verschoben sind. Dieser Effekt verdient besondere Beachtung, da mehrere isotopensubstituierte Moleküle auszuwerten sind, um für die Bestimmung einer geometrischen Struktur genügend Informationen zusammenzutragen. Aber nur die $r_e$-Werte sind unabhängig von den Isotopenverschiebungen. Wenn z. B. die $B_v$ für mehrere Schwingungen einer Serie bekannt sind, kann $B_e$ folgendermaßen berechnet werden:

$$B_v = B_e - \sum_i \alpha_i^\beta (v_i + 1/2), \tag{3.38}$$

wobei $\alpha_i^\beta$ die Rotationsschwingungskonstante ist, die durch die Differenz zweier benachbarter Rotationskonstanten gegeben ist, z. B.

$$\alpha_i^\beta = B_i - B_{i-1}.$$

Da die Anzahl der Schwingungsfreiheitsgrade mit ($3N - 6$) wächst, wobei $N$ die Zahl der Atome im Molekül beschreibt, muss sehr viel Arbeit investiert werden, um alle isotopensubstituierten Verbindungen in mindestens zwei Schwingungsniveaus von allen Normalmoden auszumessen. Dazu zwei Beispiele: Das Molekül $COCl_2$ hat drei Trägheitsmomente ($A$, $B$, $C$), die für die sechs Schwingungsmoden im Grundzustand und den ersten angeregten Zustand mittels 21 verschiedener Spektren bestimmt wurden. Daraus ergaben sich $A_e$, $B_e$, und $C_e$. So konnte bewiesen werden, dass dieses Molekül planar ist, weil $I_C = I_A + I_B$. Aber dies verhinderte die Bestimmung der Struktur, da nun nur zwei Messgrößen vorlagen und drei Parameter (die CO- und CCl-Abstände und ein Winkel) notwendig sind, um dieses Molekül völlig zu beschreiben. Das zweite Beispiel soll sich mit $B_2H_6$ befassen bei dem vier Parameter für die Festlegung seiner Struktur benötigt werden, wozu mindestens eine Isotopensubstitution erfolgen muss. Um alle Trägheitsmomente im Gleichgewichtszustand festzulegen, müssen alle 18 Schwingungsfreiheitsgrade korrigiert werden. Um diese Herkules-Arbeit zu vermeiden, werden oft „isotopengemischte" Trägheitsmomente zur Auswertung mit herangezogen. Abb. 3.45 zeigt die so erarbeiteten Strukturen für $^{10}B_2H_6$, $^{11}B_2H_6$, $^{10}B_2D_6$ und $^{11}B_2D_6$. Diese Methode führt jedoch zu Strukturwerten, die schwer mit anderen Ergebnissen verglichen werden können. Mehr Erfolg bringt es, einige Bindungsabstände als bekannt anzunehmen, und mit der kleinsten Fehlermethode die restlichen zu bestimmen, wobei das Spektrum selbst modellartig berechnet wird und beste Übereinstimmung zwischen Modell und Messung erreicht werden soll.

Die populärste Methode, die Mittelungen über die molekularen Schwingungen zu erfassen, beruht auf der Berechnung von $\alpha_i$. Wenn das Potential des Moleküls

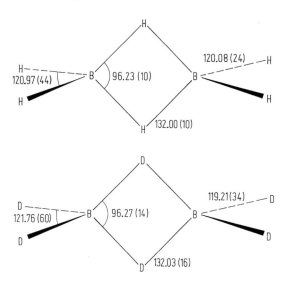

**Abb. 3.45** Molekülstrukturen von $B_2H_6$ und $B_2D_6$ (Winkel in Grad, Bindungslängen in pm) [38].

bekannt ist, können diese Rechnungen mit analytisch angepassten Funktionen durchgeführt werden. Jedoch sind diese Potentiale nur in der harmonischen Näherung zugänglich. Trotzdem ist es erstrebenswert, wenigstens mit dieser Approximation zu arbeiten und somit eine $r_z$-Struktur abzuleiten. Der große Vorteil dieser Methode liegt in der Möglichkeit, Mikrowellenergebnisse mit denen, die auf Elektronenstreudaten basieren, zu vergleichen, wenn auch diese harmonisch korrigiert wurden. Die besten Strukturparameter von nicht-trivialen Molekülen beruhen auf einer kombinierten Analyse von Daten, die aus beiden Messmethoden hervorgehen.

Eine Gruppe von intramolekularen Bewegungen ist besonders zu erwähnen. Dort kommt es zu Rotationen eines Molekülteils gegenüber einem anderen. Diese werden *Torsionsschwingungen* oder *behinderte Rotationen* genannt. Das rücktreibende Drehmoment kommt durch den Widerstand der Bindung der beiden Molekülteile gegenüber der Torsion zustande. (Beispiel: $CH_3$—$CH_3$ oder $CH_3$—O—$CH_3$). Wenn eine Gruppe ($I_1$), gebunden durch eine einfache Bindung gegenüber der zweiten ($I_2$) rotieren möchte, spürt sie ein Potential, das gegeben ist durch

$$V(\varphi) = \frac{1}{2} V_0 (1 - \cos n\varphi), \tag{3.39}$$

wobei $n$ die Symmetrie des Potentials beschreibt; $n$ ist 2 für Ethen (Ethylen) und 3 für Ethan und $V_0$ ist das Maximum der Torsionsbarriere. In Abb. 3.46 ist dieses Potential für Hexachlorethan aufgetragen. Für hochangeregte Moleküle ($E_{\text{rot}} \gg V_0$) mittelt sich der Cosinus-Term heraus und freie Rotation ist möglich, deren Energieniveaus der bekannten Formel

$$E_{\text{rot}} = \frac{h^2 n^2 J^2}{8\pi^2 I_r}, \tag{3.40}$$

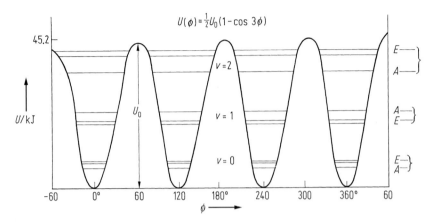

**Abb. 3.46** Potential von Hexachlorethan als Funktion des Torsionswinkels $\phi$ [33].

folgen. Hier ist $I_r$ das reduzierte Trägheitsmoment, das gegeben ist durch

$$I_r = \frac{I_1 I_2}{I_1 + I_2}.$$

Wenn die Potentialmaxima sehr hoch sind, kann das Potential im Minimum entwickelt werden. Das erste Glied ergibt in der harmonischen Näherung

$$V(\varphi) = V_0 (n\varphi)^2/4$$

mit den Torsionsniveaus

$$E = \frac{hn}{2\pi} \left( \frac{V_0}{2I_r} \right)^{1/2}. \tag{3.41}$$

Beide Fälle können mittels der Mikrowellenspektroskopie ausgemessen und die Potentialparameter $V_0$ und $n$ bestimmt werden.

Während in der klassischen Beschreibung die molekulare Bewegung in einem Potential bleiben muss, bis genug kinetische Energie vorhanden ist, $V_0$ zu überwinden, hat das wahre Molekül dank seiner quantenmechanischen Natur die Möglichkeit den Potentialtopf zu durchtunneln. Die schwache Anwesenheit der Wellenfunktion der Torsionsschwingung im benachbarten Teil führt zu einer Aufhebung der Entartung und $n$ neue Zustände entstehen, deren energetische Abstände durch die Höhe und Breite des Potentialberges bestimmt sind.

Auch für den allgemeinen Fall kann die Schrödinger-Gleichung für Rotationen in Potentialen dieser Art gelöst werden. Sie führt zu einer Differentialgleichung vom Mathieu-Typ, für die wiederum Lösungen bekannt sind, die den Randbedingungen und Periodizitäten des Potentials gerecht werden.

## 3.2.4 Infrarotspektroskopie

### 3.2.4.1 Einleitung

Infrarotspektroskopie ist eine weitverbreitete Methode, die es ermöglicht, die Energien der Schwingungsfreiheitsgrade in einem Molekül zu messen und aus den Daten das intramolekulare Potential zu bestimmen. Die Möglichkeiten wurden in den letzten Jahren noch einmal stark durch den Einsatz von Infrarotlasern erweitert. Viele Probleme, die früher als unlösbar galten, können heute mit kommerziellen Geräten studiert werden. Die Entwicklung der Multiphotonen-Spektroskopie läuft zur Zeit auf vollen Touren.

Es gibt zwei bewährte Methoden, um molekulare Schwingungen zu messen: Zum einen kann die Absorption und Emission von Photonen studiert werden, deren Energien den Niveauunterschieden entsprechen; zum anderen kann ein Molekül ein optisches Photon für kurze Zeit absorbieren und wieder emittieren, wobei die Energie um ein Schwingungsquantum geändert werden kann. Letzteres ist die Raman-Streuung. Da das Messverfahren, die Auswahlregeln und die Auflösung für die beiden Methoden sehr verschieden sind, wird jeder Technik ein eigener Abschnitt gewidmet.

Das Potential, mit dem bereits die Rotationseigenzustände eines Moleküls erklärt wurden, bestimmt auch den Schwingungsablauf. Im Minimum bewährt sich die harmonische Näherung oft ausgezeichnet. Die Energieniveaus des harmonischen Oszillators sind quantisiert, mit den Quantenzahlen $v$, so dass

$$E_v = \left(v + \frac{1}{2}\right)\omega_e \hbar, \tag{3.42}$$

wobei $\omega_e$ die Resonanzfrequenz ist, gegeben durch

$$\omega_e = \frac{1}{2\pi}\left(\frac{k}{\mu_m}\right)^{1/2};$$

$\mu_m = m_1 m_2/(m_1 + m_2)$ ist die reduzierte Masse und $k$ die Kraftkonstante, die durch die parabolische Form des Potentials in der Umgebung von $r_e$ bestimmt wird. Die Quantisierung der Schwingungen macht es dem Molekül unmöglich, in der Position $r_e$ zur Ruhe zu kommen, denn selbst bei $T = 0$ K schwingt es in seinem Grundzustand mit $(1/2)\hbar\omega_e$, der Nullpunktenergie. Die Rotation dagegen kann völlig zur Ruhe kommen und trägt nichts zur Nullpunktenergie bei.

Wie bereits bei den Rotationsübergängen muss ein Molekül ein Dipolmoment entweder im Grundzustand oder im angeregten Zustand besitzen, um mit der elektromagnetischen Strahlung wechselwirken und Energie austauschen zu können. Erschwerend kommt bei der Infrarotspektroskopie hinzu, dass das Molekül sein Dipolmoment mit dem Bindungsabstand ändern muss, d.h. $d\mu/dr_e \neq 0$. Natürlich bleibt auch hier wieder das Gesamtdrehmoment erhalten, d.h. es sind nur solche Übergänge möglich, bei denen das Molekül sein Drehmoment um $\hbar$ ändert, um dem Drehimpuls des Photons Rechnung zu tragen.

Das harmonische Potential ist eine Näherung, sie erhält eine fragwürdige Bedeutung, wenn komplexe Schwingungen polyatomarer Moleküle in Normalschwingungen zerlegt werden sollen. Reale Potentiale sind anharmonisch, wodurch die Energieniveaus, zwar wenig in der Nähe des Minimums, an der Dissoziationsgrenze aber dramatisch verschoben werden. Die Anharmonizität wird berücksichtigt, indem das Potential in eine Reihe um $r_e$ entwickelt wird:

$$U(r) = k(r - r_e)^2 - b(r - r_e)^3 + c(r - r_e)^4 - \cdots,$$

$b$ und $c$ sind die anharmonischen Kraftkonstanten. Die Energieniveaus können für ein zweiatomiges Molekül berechnet werden. Sie sind

$$E_v = \hbar\omega_e\left[\left(v + \frac{1}{2}\right) - X_e\left(v + \frac{1}{2}\right)^2 + Y_e\left(v + \frac{1}{2}\right)^3\right]. \quad (3.43)$$

Die Glieder mit $X_e$ und $Y_e$ lassen die Energieniveaus enger zusammenrücken lassen, besonders bei hohen Schwingungsniveaus. Da das Dipolmoment eine Funktion von $r$ ist, muss es im anharmonischen Potential auch in Glieder höherer Ordnung entwickelt werden. Während in der harmonischen Näherung nur Übergänge mit $\Delta v = \pm 1$ möglich sind, erlaubt die Anharmonizität auch $\Delta v = \pm 2, \pm 3 \ldots$ Diese Übergänge haben mit wachsenden $\Delta v$ kleiner werdende Intensitäten. Sie sind

**Tab. 3.13** Kraftkonstanten für einige Atompaare.

| Bindung | Molekül | $k$ in $10^2$ N/m |
|---|---|---|
| H—F | HF | 9.67 |
| H—Cl | HCl | 5.15 |
| H—Br | HBr | 4.11 |
| H—I | HI | 3.16 |
| H—O | $H_2O$ | 7.8 |
| H—S | $H_2S$ | 4.3 |
| H—Se | $H_2Se$ | 3.3 |
| H—N | $NH_3$ | 6.5 |
| H—C | $CH_3X$ | 4.7 |
| H—C | $C_2H_4$ | 5.1 |
| H—C | $C_6H_6$ | 5.1 |
| F—C | $CH_3F$ | 5.6 |
| Cl—C | $CH_3Cl$ | 3.4 |
| Br—C | $CH_3Br$ | 2.8 |
| C=C | $C_2H_4$ | 7.62 |
| C—C | ... | 4.5–5.6 |
| C=C | ... | 9.5–9.9 |
| C≡C | ... | 15.6–17.0 |
| N—N | ... | 3.5–5.5 |
| N=N | ... | 13.0–13.5 |
| N≡N | $N_2$ | 22.9 |
| O—O | ... | 3.5–5.0 |
| C—N | ... | 4.9–5.6 |
| C=N | ... | 10–11 |
| C≡N | ... | 16.2–18.2 |
| C—O | ... | 5.0–5.8 |
| C=O | ... | 11.8–13.4 |

jedoch in den Spektren oft zu erkennen und werden als Obertöne bezeichnet. Typische Werte für $(X_e \omega_e)$ liegen zwischen 1 und 10 cm$^{-1}$, können aber auch 100 cm$^{-1}$ erreichen. Für das Morse-Potential können die Konstanten $k$ und $X_e$ als Funktion von $D_e$ und $a$ berechnet werden:

$$k = D_e a^2 \quad \text{und} \quad X_e = \hbar \omega_e / 4 D_e. \tag{3.43a}$$

In der harmonischen Näherung haben alle Terme mit $\Delta v = \pm 1$ denselben energetischen Abstand weshalb im Spektrum nur eine gemeinsame Linie erscheint. Die Anharmonizität des Potentials fächert das Spektrum auf und eine Serie von Linien erscheint, die mit höherer Quantenzahl zu niedrigeren Energien verschoben sind und immer enger zusammenrücken.

Aus den gemessenen Übergangsfrequenzen von $v = 0$ nach $v = 1$ können die harmonischen Kraftkonstanten berechnet werden. Diese Werte sind oft charakteristisch für ein gebundenes Atompaar und sie können von Molekül zu Molekül übertragen werden. Dies muss mit Vorsicht geschehen, da dabei angenommen wird, dass gemäß der harmonischen Näherung verschiedene Schwingungsfreiheitsgrade unabhängig bleiben und Kopplungen durch die Anharmonizitäten des Potentials sehr schwach sind. Typische Kraftkonstanten für einige Atompaare sind in Tab. 3.13 aufgeführt.

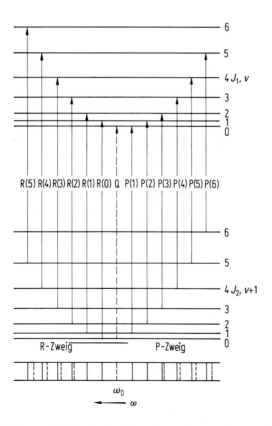

**Abb. 3.47** R- und P-Zweig des Rotationsspektrum eines zweiatomigen Moleküls [33].

Mit Übergängen zwischen Schwingungsniveaus sind meist Änderungen in der Rotationsquantenzahl verbunden. Diese sind nicht beliebig, sondern werden durch die Erhaltung des Gesamtdrehimpulses bestimmt. Wenn Rotation und Schwingung nicht koppeln, kann die Übergangsenergie wie folgt berechnet werden:

$$E = \hbar\omega_e \left(v + \frac{1}{2}\right) + \hbar J(J+1)B_v. \tag{3.43b}$$

$B_v$ ist in Gl. 3.38 definiert.

Der Energieunterschied zwischen den Niveaus $J_1, v$ und $J_2, v+1$ ist:

$$\Delta E = \hbar\omega_0 - \hbar J_1(J_1+1)B_1 + \hbar J_2(J_2+1)B_2, \tag{3.44}$$

wobei $\hbar\omega_0$ den Übergang von $J_1 = 0$ nach $J_2 = 0$ darstellt.

Die Vibrationsspektren werden je nach Änderung von $J$ in drei Gruppen eingeteilt. Mit $\Delta J = 0$ entsteht der Q-Zweig, mit $\Delta J = +1$ der R-Zweig und $\Delta J = -1$ erzeugt den P-Zweig. Abb. 3.47 zeigt ein Termschema für ein zweiatomiges Molekül. Im R-Zweig werden die Linienabstände immer kleiner, wenn die Rotationskonstante $B$ im niedrigeren Zustand größer ist als im angeregten Zustand. Im Extremfall entsteht eine obere Grenze im Spektrum, die man als Bandkante (band head) bezeichnet. Im P-Zweig rücken die Linien immer weiter auseinander. Abb. 3.48 zeigt das Rotations-Vibrationsspektrum von HCl bei 500 Pa und 300 K. Die Dubletts werden durch die Isotope des Chlors (75 % $^{35}$Cl und 25 % $^{37}$Cl) erzeugt. Die Linienabstände variieren wie oben erklärt. Die Intensitäten spiegeln die Boltzmann-Verteilung der Rotationszustände wieder.

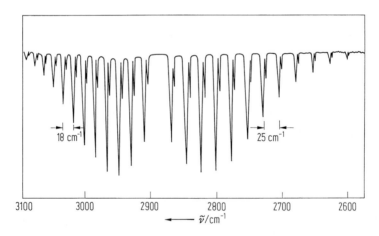

**Abb. 3.48** Gemessenes Rotationsspektrum von HCl. Aufspaltung der Linien durch $^{35}$Cl und $^{37}$Cl [33].

### 3.2.4.2 Symmetrien in polyatomaren Molekülen

Ein Molekül, das aus $N$ Atomen besteht, hat im Allgemeinen $3N$-6 Schwingungsfreiheitsgrade (jedes Atom hat drei Koordinaten oder 3 Freiheitsgrade; für ein Molekül mit $N$ Atomen sind das $3N$-6 Schwingungen, 3 Rotationen und 3 Translationen). Es gibt unendlich viele Möglichkeiten, die Bewegungen der Atome in sehr kleine Schritte zu zerlegen und ihnen Freiheitsgrade zuzuschreiben. Wenn jedoch das Ziel ist, die Schrödinger-Gleichung zu lösen, dann ist es wichtig, die potentielle und kinetische Energie so geschickt zu verteilen, dass die Kopplungen der Freiheitsgraden minimalisiert werden. Dies wird erreicht, indem man infinitesimale Bewegungen um die Gleichgewichtslage ($r_e$) einführt und alle Kerne in Phase schwingen lässt. Das heißt, alle Kerne durchlaufen ihren $r_e$-Wert zur gleichen Zeit. Diese Schwingungen heißen *Normalschwingungen* oder *Fundamentalschwingungen*. Die Anzahl der Freiheitsgrade, deren Schwingungen unterschiedliche Energie haben, hängt im Wesentlichen von den molekularen Symmetrien ab. Das heißt, die Zahl der Freiheitsgrade ist nicht reduziert, sondern manche (hoffentlich möglichst viele) sind entartet.

Es ist nicht möglich, hier ausführlich alle Möglichkeiten von Symmetrie-Operationen an Molekülen zu erläutern, dafür gibt es ausgezeichnete Lehrbücher [z. B. 32, 34], die sich ausschließlich diesem Thema widmen. Aber es ist notwendig, wenigstens die Grundbegriffe und die einfacheren Operationen einzuführen um sie auf die Infrarotspektroskopie anzuwenden.

Es gibt vier fundamentale *Symmetrieoperationen*: die triviale *Identität* E, die *Spiegelung* an einer *Spiegelebene* $\sigma$, die *Inversion* an einem Punkt I (dem *Inversionszentrum*) und die *Drehung* um eine n-zählige *Drehachse* ($C_n$). Ein Molekül wird nun dadurch charakterisiert, wie viele Symmetrieoperationen man durchführen muss, um zum Ausgangspunkt zurückzukehren. Dabei wird nicht nur die Geometrie der atomaren Positionen berücksichtigt, sondern auch das Verhalten kleiner Auslenkungen aus der Gleichgewichtslage. Verschiedene, besonders häufige Symmetrieoperationen werden mit einem Symbol gekennzeichnet. So wird die gleichzeitige Drehung um eine Symmetrieachse und die Spiegelung an einer Ebene, die senkrecht auf der Achse steht, als *Drehspiegelung* an einer *Drehspiegelachse* $S_n$ bezeichnet.

Lineare Moleküle haben eine $\infty$-zählige Drehachse $C_\infty$ und außerdem unendlich viele Symmetrieebenen, die vertikal zu dieser Achse stehen. Ihre Symmetrien werden mit $C_{\infty v}$ bezeichnet, wenn sie keine weiteren Symmetrieelemente enthalten (z. B. HCN). Lineare Moleküle wie $CO_2$, die zusätzlich noch ein Inversionszentrum haben, erhalten das Symbol $D_{\infty h}$. Die Symmetrie eines Tetraeders erhält die Bezeichnung $T_d$ (24 Symmetrieoperationen sind möglich); ein Oktaeder ist charakterisiert durch $O_h$ (48 Symmetrieoperationen). Die doppelte Rotation $C_n$ und $C_2$ wird durch $D_n$ erfasst (wobei $C_n \perp C_2$). Um alle Symmetrieoperationen an symmetrischen Molekülen auszuschöpfen, sollte die Literatur konsultiert werden, die sich ausschließlich mit diesem Thema beschäftigt. Hier sollen nur an einem Beispiel die Operationen mit Symmetrieelementen und ihre Konsequenzen für die Nomenklatur der Schwingungsmoden erläutert werden. Das ausgewählte Molekül ist $NH_4^+$, es gehört zur Punktgruppe $C_{4v}$ und hat die Form einer Pyramide. Die Multiplikationstafel für alle Symmetrieoperationen ist in Tab. 3.14 aufgeführt. Die Elemente $E_1$, $C_4$, $C_4^3$, $C_2$, $\sigma_v$, $\sigma_v'$, $\sigma_d$ und $\sigma_d'$ stellen einen nicht weiter reduzierbaren Satz aller Symmetrieoperationen dar. $C_4$ ist die Drehung um 90°, $C_4^3$ die Drehung um 270° im Uhrzeigersinn und $C_4^2 \equiv C_2$. Da die Tabelle in Bezug auf die Diagonale der Identität nicht symmetrisch ist, stellen die binären Produkte eine nicht-abelsche Gruppe dar, womit die Kommutativität verloren geht. Zum Beispiel gilt:

$$\sigma_d' \sigma_v = C_4 \neq C_4^3 = \sigma_v' \sigma_d$$

oder

$$\sigma_d' C_4 = \sigma_v' \neq \sigma_v = C_4 \sigma_d'.$$

Die Notwendigkeit, sich mit der mathematischen Materie der Symmetrieoperationen und deren Punktgruppen eingehender zu beschäftigen, ergibt sich aus der Tatsache, dass die Eigenschaften molekularer Schwingungen davon beherrscht werden. Es gilt zu verfolgen, wie sich molekulare Eigenschaften verhalten, wenn eine Symmetrieoperation R, charakterisiert durch eine Zahl $\chi_v(R)$, angewandt wird. Eine Gruppe von $\chi$'s einer Klasse von Symmetrieoperationen stellt eine Darstellung (Repräsentation) $\Gamma_v$ dar. Die molekularen Eigenschaften reichen von der trivalen Verschiebung entlang einer Koordinatenachse bis zu Tensoren, wie z.B. für die molekulare Polarisierbarkeit. Zu den wichtigen Eigenschaften, die durch Symmetrien beeinflusst werden, gehören die Komponenten des Dipolmoments, die Verschiebung von Atomen entlang molekularer Bindungen (Streckung der Bindung) oder – verallgemeinert in $3N$ Dimensionen – die Verschiebung aller $N$ Atome im Molekül. Selbst die Eigenschaften von Wellenfunktionen und deren Orbitalen werden von Symmetrieoperationen bestimmt. Für die Analyse von molekularen Schwingungen ist das dreidimensionale Symmetrieverhalten wichtig.

**Tab. 3.14** Multiplikationstafel für die Punktgruppe $C_{4v}$ [34].

|  | E | $C_4$ | $C_4^3$ | $C_2$ | $\sigma_v$ | $\sigma_v'$ | $\sigma_d$ | $\sigma_d'$ |
|---|---|---|---|---|---|---|---|---|
| E | E | $C_4$ | $C_4^3$ | $C_2$ | $\sigma_v$ | $\sigma_v'$ | $\sigma_d$ | $\sigma_d'$ |
| $C_4$ | $C_4$ | $C_2$ | E | $C_4^3$ | $\sigma_d$ | $\sigma_{dd}'$ | $\sigma_v'$ | $\sigma_v$ |
| $C_4^3$ | $C_4^3$ | E | $C_4^2$ | $C_4$ | $\sigma_d'$ | $\sigma_d$ | $\sigma_v$ | $\sigma_v'$ |
| $C_2$ | $C_2$ | $C_4^3$ | $C_4$ | E | $\sigma_v'$ | $\sigma_v$ | $\sigma_d'$ | $\sigma_d$ |
| $\sigma_v$ | $\sigma_v$ | $\sigma_d'$ | $\sigma_d$ | $\sigma_v'$ | E | $C_2$ | $C_4^3$ | $C_4$ |
| $\sigma_v'$ | $\sigma_v'$ | $\sigma_d$ | $\sigma_d'$ | $\sigma_v$ | $C_2$ | E | $C_4$ | $C_4^3$ |
| $\sigma_d$ | $\sigma_d$ | $\sigma_v$ | $\sigma_v'$ | $\sigma_d'$ | $C_4$ | $C_4^3$ | E | $C_2$ |
| $\sigma_d'$ | $\sigma_d'$ | $\sigma_v'$ | $\sigma_v$ | $\sigma_d$ | $C_4^3$ | $C_4$ | $C_2$ | E |

Das Ensemble von $\chi_v(R)$ stellt eine Matrix dar, ähnlich wie Tab. 3.14, auf die Transformationen $T$ angewandt werden, durch die der ursprüngliche Vektor $v$ in einen neuen $v'$ umgewandelt wird.

$$v' = R(v) = T_v.$$

Wenn $T$ den Vektor in Richtung und Betrag unverändert lässt, ist sein Wert $+1$, wenn er den Vektor um $180°$ dreht, ist $T = -1$, bei einer Drehung um $90°$ ist $T = 0$. Dies war nur der eindimensionale Fall, in $N$ Dimensionen wird $T$ zur Matrix und alle Komponenten müssen individuell verfolgt werden. In drei Dimensionen gilt z. B. für eine Drehung $C_{2z}$ um die $z$-Achse:

$$\begin{pmatrix} x' \\ y' \\ z' \end{pmatrix} = C_{2z} \begin{pmatrix} x \\ y \\ z \end{pmatrix} = \begin{pmatrix} -1 & 0 & 0 \\ 0 & -1 & 0 \\ 0 & 0 & 1 \end{pmatrix} \begin{pmatrix} x \\ y \\ z \end{pmatrix} \qquad (3.45)$$

Der Charakter von $\chi_v(R)$ ist einfach die Spur der Transformationsmatrix, sie ist hier = −1. Ähnlich kann $T$ für alle Symmetrieoperationen berechnet werden. Wenn nur Schwingungen berücksichtigt werden, muss der molekulare Schwerpunkt in Ruhe bleiben, d.h. wenn eine Symmetrie eine Koordinate verschiebt, ist ihr Beitrag zu $T$ gleich null. Tab. 3.15 zeigt die irreduzible Gruppe $C_{4h}$ und ihre $\chi_i(R)$. Die erste Spalte gibt die Typen der in Frage kommenden Bewegungsabläufe an. Abb. 3.49 zeigt als Beispiel $NH_4^+$ und seine Streckschwingungen. Der $A_1$-Typ ist symmetrisch bei allen Symmetrieoperationen, $A_2$ ändert die Bewegungsrichtung bei einer Spiegelung ($\sigma_v$ und $\sigma_v'$). Der $B_1$-Typ zeigt eine Vorzeichenumkehr für die Rotation ($C_4$ (z)) und eine Spiegelung ($\sigma_v$), während $B_2$ bei der zweiten Spiegelung ($\sigma_{v'}$) eine Vor-

**Tab. 3.15** Charaktertafel für die Punktgruppe $C_{4v}$.

| $C_{4v}$ | E | $2C_4(z)$ | $C_2$ | $2\sigma_v$ | $2\sigma_v'$ | $(h=8)$ | ($x$-Achse in der $\sigma_v$-Ebene) |
|---|---|---|---|---|---|---|---|
| $A_1$ | +1 | +1 | +1 | +1 | +1 | $z$ | $x^2+y^2, z^2$ |
| $A_2$ | +1 | +1 | +1 | −1 | −1 | $R_z$ | |
| $B_1$ | +1 | −1 | +1 | +1 | −1 | | $x^2-y^2$ |
| $B_2$ | +1 | −1 | +1 | −1 | +1 | | $xy$ |
| E | +2 | 0 | −2 | 0 | 0 | $(x,y)(R_x, R_y)$ | $(xz, yz)$ |

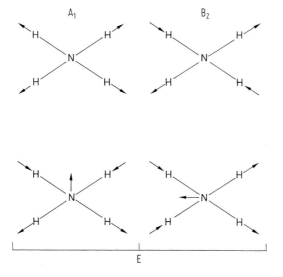

**Abb. 3.49** Streckschwingungen ($A_1$, $B_2$, E) von $NH_4^+$.

zeichenumkehr zeigt. E berücksichtigt die gleichzeitige Auslenkung von Wasserstoff- und Stickstoffatomen (symmetrisch mit $E_1$ und antisymmetrisch mit $E_2$). Die fünf Reihen der Matrix geben jeweils die Darstellungen $\Gamma_v$ der entsprechenden Schwingungen an, und $h$ ist die Anzahl aller möglichen irreduziblen Symmetrien. In der vorletzten Spalte sind die molekularen Eigenschaften angegeben, die durch die Bewegungsabläufe beeinflusst werden. $x$, $y$, $z$ stellen die Dipolmomentkomponenten und $R_{xyz}$ die Rotationen dar. Die letzte Spalte enthält die Tensoren zweiter Ordnung, welche die Polarisierbarkeiten angeben, die später in der Raman-Streuung eine maßgebende Rolle spielen. Aus den Symmetriematrizen ist ersichtlich, welche Schwingungen infrarot-aktiv und welche Raman-aktiv sind. Es gibt auch viele Fälle, in denen die Spektren mit beiden Methoden ausgemessen werden können, sowie die Möglichkeit, dass beide Techniken keine Energieabsorption für eine Schwingungsanregung erlauben. Gelegentlich werden die Schwingungen durch ihr Verhalten gegenüber der Inversion charakterisiert. So wird eine symmetrische Schwingung, die bei der Inversion nicht geändert wird, $A_g$ (g für gerade) genannt. Ist $I = -1$, so heißt diese Schwingung $A_u$ (u für ungerade). Analoges gilt für $B_g$ und $B_u$. Wenn Rotationsachsen höherer Symmetrie existieren (z. B. $C_4$), dann kann $\sigma_v(E)$ auch höhere Werte annehmen ($\chi_{xy}(E) = 2$ für $C_4$ aber $\chi_{xy}(C_4) = 0$). Dies wird in der Nomenklatur durch einen Index vor g und u angegeben (z. B. $B_{2g}$).

Die Gruppierung aller möglichen Schwingungsabläufe in Symmetrieklassen findet seine Rechtfertigung in den Auswahlregeln bei Übergängen. Zum einem muss sich mindestens eine Dipolmomentkomponente beim Übergang ändern. Dies ist in den Multiplikationstafeln auf einen Blick ersichtlich. Bei $NH_4^+$ ($D_{4v}$) sind z. B. nur die $A_1$- und die E- Schwingungen infrarotaktiv. Zum anderen sind nur Übergänge innerhalb einer Symmetrieklasse möglich. Es ist also sinnlos zu versuchen, eine symmetrische Streckschwingung mittels elektromagnetischer Strahlung in eine antisymmetrische zu verwandeln. Es sei jedoch bereits hier darauf hingewiesen, dass die Auswahlregeln im Atom-Molekül-Stoß berücksichtigen müssen, dass das Atom die Symmetrien während des Stoßprozesses stark verändert. Auch der Einbau von Molekülen in kristalline Matrizen führt zur Störung von Symmetrien und verursacht weitreichende Änderungen in den IR-Spektren. Für Elektronenstoßanregung gelten dagegen die optischen Auswahlregeln ziemlich streng.

### 3.2.4.3 Infrarotspektrometer

Seit den 30er Jahren ist Infrarotspektroskopie eine der ergiebigsten Quellen für Daten zur Bestimmung der molekularen Strukturen, der molekularen Kraftfelder und der Natur der chemischen Bindung. Alle modernen Laboratorien in Chemie und Physikalischer Chemie haben kommerziell erhältliche Spektrometer. In Abb. 3.50 ist das Diagramm eines *Zweistrahl-Instruments* wiedergegeben. Die drei wesentlichen Bauelemente sind eine intensitätsreiche, breitbandige *Quelle* (ein Graphitstab bei etwa 700 °C), ein *Monochromator*, um ein schmales Frequenzband nachzuweisen (konkaves Gitter oder Prisma), und ein empfindlicher *Detektor* (Bolometer). Um das Rauschen der Quelle zu unterdrücken, wird der einfallende Strahl durch einen Drehspiegel (M-6) wechselweise in einen oberen (Referenzstrahl) und einen unteren (Objektstrahl) Strahl umdirigiert. Beide Strahlen werden nach dem Durchlaufen

3.2 Spektroskopie an Molekülen im elektronischen Grundzustand   483

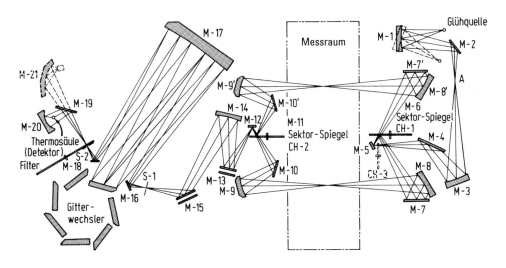

**Abb. 3.50**   Zweistrahl-Infrarotspektrometer (Erläuterungen s. Text).

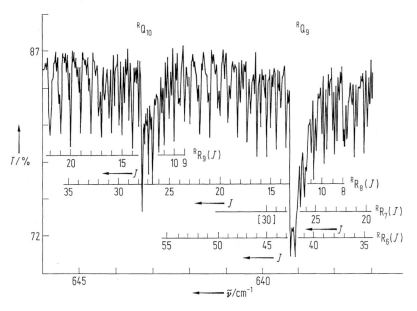

**Abb. 3.51**   Infrarotspektrum von $^{74}$Ge$^{35}$ClH$_3$-Gas ($\tilde{\nu}$ = Wellenzahl in cm$^{-1}$, $T$ = Transmissionsgrad) [33].

des Probenraums ein zweites Mal moduliert (M-11), damit sie sich von der in den Proben erzeugten IR-Strahlung unterscheiden. Da nur die Drehspiegelfrequenz im Detektorsignal verstärkt wird, sind die größten Störquellen unterdrückt. Um den vollen Frequenzbereich zu überstreichen (4000 – 180 cm$^{-1}$), werden fünf verschiedene Gitter benötigt, die auf einem Gitterwechsler angeordnet sind. Um in den

484   3 Moleküle – Spektroskopie und Strukturen

langwelligen Bereich (30 cm$^{-1}$) vorzudringen, werden meist alternative Quellen und Detektoren angeboten. Ein typisches Beispiel für ein Infrarotspektrum ist in Abb. 3.51 wiedergegeben. Die Messung wurde an gasförmigem $^{74}$Ge$^{35}$ClH$_3$ in einer Messzelle mit mehrfach gefaltetem Strahlengang aufgenommen (White cell). Über die Identifikation des Spektrums wird später noch ausführlich berichtet.

Wie bei der NMR-Spektroskopie, hat auch im Infraroten die *Fourier-Transformationstechnik* weitere Fortschritte möglich gemacht. Im Gegensatz zu der normalen Spektroskopie wird dabei kein Dispersionselement eingesetzt, sondern es wird ein Interferogramm registriert, das in einem Computer sofort ausgewertet werden kann. Mit einem Michelson-Interferometer wird durch einen beweglichen Spiegel die Strahlung der Quelle sinusartig moduliert, wobei jede Frequenz eine charakteristische Variation erfährt:

$$I(x) = B(v) \cos(\omega x),$$

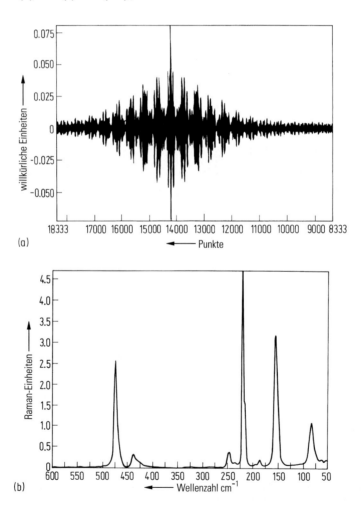

**Abb. 3.52** (a) Interferogramm von festem Schwefel; (b) Das Fourier-Spektrum von (a).

dabei ist $B(v)$ die Amplitude von $\omega$ und $x$ die Position des Spiegels. Die gemessene Intensität ist die Summe aller Frequenzen, die die Quelle emittiert:

$$B(v) = \int_{-\infty}^{+\infty} I(x) \cos(\omega x) dx \,. \tag{3.46}$$

Durch eine Fourier-Transformation wird dann die Funktion $I(x)$ zurückgewonnen, die durch die Absorption in der Messzelle die spektrale Information beinhaltet. Abb. 3.52 zeigt ein Interferogramm (direkt gemessen) und das Fourier-Spektrum von festem Schwefel. Die Linie bei 475 cm$^{-1}$ ist die Streckfrequenz von S-S. Die niederfrequenten Linien reflektieren das Phononenspektrum. Da das gesamte Spektrum auf einmal registriert wird, erzielt man eine wesentliche Verbesserung des Signal-Rausch-Verhältnisses ($\approx 100:1$), was mit einem großen Zeitgewinn verbunden ist.

### 3.2.4.4 Auswertung der Infrarotspektren

Zu den bereits erwähnten Voraussetzungen für die inelastische Wechselwirkung von elektromagnetischer Strahlung mit einem Molekül kommen durch die Erhaltung des Drehimpulses und der Symmetrie eine Reihe von Auswahlregeln. Diese werden von der Gleichung abgeleitet, die die Übergangswahrscheinlichkeit $I$ zwischen den Zuständen $m$ und $k$ durch den Dipoloperator $\mu$ beschreibt:

$$I = \langle m | \mu | k \rangle \,, \tag{3.47a}$$

wobei $\mu$ in drei Schwingungs- und drei Rotationskomponenten zu zerlegen ist. Die Wellenfunktionen sind das Produkt der Schwingungs- und Rotationsfunktionen. Die herkömmlichen Auswahlregeln beruhen auf orthogonalen Wellenfunktionen und Störungsrechnung erster Ordnung bei der Berechnung der Integrale, die zu $I$ führen. Die Erhaltung des Drehimpulses wird in Gl. (3.47a) durch die Orthogonalität der azimutalen und polaren Komponenten der Wellenfunktionen der Zustände $m$ und $k$ erzwungen.

Bevor alle Auswahlregeln aufgeführt werden können, muss noch eine Übereinkunft erklärt werden. Lineare und Kugelkreisel-Moleküle haben nur eine Dipolkomponente, welche mit der z-Achse zusammenfällt. Anregungen, bei denen $d\mu_z/dQ \neq 0$ ist und $\mu_x$ und $\mu_y$ gleich null bleiben, werden parallele ($\parallel$) Übergänge genannt. Wenn $d\mu_x/dQ$ oder $d\mu_y/dQ$ von null verschieden sind, spricht man von senkrechten ($\perp$) Übergängen. Die Auswahlregeln für Übergänge zwischen Rotations- und Schwingungsniveaus für polyatomare Moleküle lauten wie folgt:

| Lineare Moleküle | $\parallel$ | $\Delta J = \pm 1; \Delta v = \pm 1$ |
|---|---|---|
| | $\perp$ | $\Delta J = \pm 1, 0; \Delta v = \pm 1$ |
| Kugelkreisel | | $\Delta J = 0, \pm 1; \Delta v = \pm 1$ |
| | | $\Delta J = 0, \pm 1; \Delta K = 0$ |
| | $\parallel$ | wenn $K \neq 0; \Delta v = \pm 1$ |
| | | $\Delta J = \pm 1; \Delta K = 0$ |
| | | wenn $K = 0; \Delta v = \pm 1$ |

486  3 Moleküle – Spektroskopie und Strukturen

Symmetrische Kreisel  $\Delta J = \pm 1, 0;\ \Delta K = \pm 1$
$\perp\ \Delta v = \pm 1$

Asymmetrische Kreisel  $\Delta J = 0, \pm 1;\ \Delta K = \pm 1$
$\Delta v = \pm 1.$  (3.47b)

Damit ist Handwerkszeug gegeben, um ein Spektrum zu verstehen, wie es in Abb. 3.53 abgebildet ist. Es handelt sich um ein symmetrisch gestrecktes Kreiselmolekül wie $NH_3$ oder $PH_3$. Die Intensitäten sind durch die Boltzmann-Verteilung der Besetzung der Niveaus und dem Entartungsgrad der Zustände festgelegt. Die Teilspektren sind leicht zu rekonstruieren, indem man sich ein Rotationstermschema, wie es in Abb. 3.39 gezeigt ist, für $v = 0$ und $v = 1$ aufzeichnet und Übergänge stu-

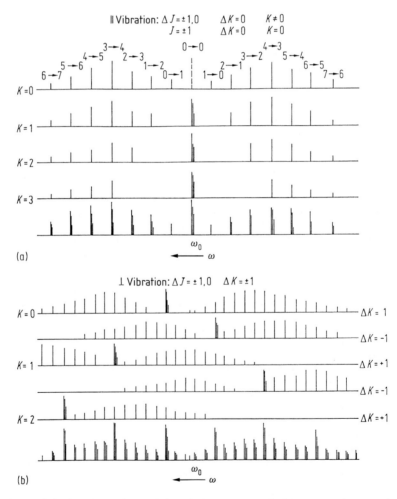

Abb. 3.53 IR-Schwingungsspektren (schem.) eines symmetrischen, gestreckten Kreiselmoleküls für $\Delta J = 0, \pm 1;\ \Delta K \neq 0$ und (a) parallele und (b) senkrechte Polarisation [35].

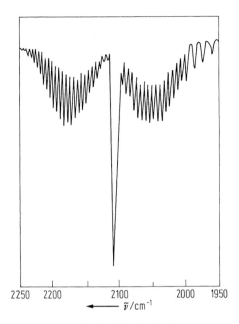

**Abb. 3.54** Antisymmetrische Streckschwingung von GeH$_4$ [39].

diert, die den oben aufgeführten Auswahlregeln genügen. Die drei Zweige (R, Q, P) sind leicht zu erkennen. Da die Auswahlregeln der parallelen Übergänge der symmetrischen Kreisel denen der Kugelkreisel sehr ähnlich sind, haben die Spektren auch große Ähnlichkeit. Abb. 3.54 zeigt ein gemessenes Spektrum von GeH$_4$ für die dreifach entartete antisymmetrische Streckschwingung.

Da die Schwingungsspektren meist mit Rotationsübergängen verbunden sind, müssen alle ihre Besonderheiten hier wieder in Erscheinung treten. So findet man für lineare Moleküle die alternierenden Intensitäten in den Rotationslinien wegen der Kernspinsymmetrien. Auch das Verschwinden von geraden oder ungeraden $J$-Zuständen, zur Sicherstellung der Antisymmetrie der gesamten Wellenfunktion, wird in Vibrations-Rotationsspektren registriert. Lineare Moleküle haben zwei entartete Biegeschwingungen, die im angeregten Zustand durch $l$-Verdopplung aufgehoben werden. Deshalb trägt die Biegeschwingungsquantenzahl den zusätzlichen Index 0 oder 1. Beispiel: Der Grundzustand von $CO_2$ ist $\Sigma_g^+$ für die elektronische Konfiguration und $(0.0^0,0)$ für die drei Schwingungen. Der erste angeregte Biegezustand ist entweder $(0.1^0,0)$ oder $(0.1^1,0)$. Ist die erste symmetrische Streckschwingung ebenfalls angeregt, so ist die Notation $(1.1^{0,1},0)$ usw.

Weiterhin darf nicht vergessen werden, dass die Trägheitsmomente $A$, $B$ und $C$ nicht nur von $J$ abhängig sind, sondern sich auch ändern, wenn $v$ variiert. Dies bedeutet auf der einen Seite weitere Komplikationen in der Analyse hochaufgelöster Spektren, bietet jedoch andererseits eine zusätzliche Informationsquelle für das Studium molekularer Potentiale.

Mit den bisher diskutierten Auswahlregeln können die Mehrzahl der Linien im IR-Spektrum einfacher (hoch symmetrischer) Moleküle charakterisiert werden. Die verbleibenden Linien haben ihren Ursprung in drei Quellen: (1) Der Grundzustand ist nicht $v = 0$; diese Linienserien werden *heiße Bänder* (hot bands) genannt, da sie vorwiegend bei höheren Temperaturen auftreten. (2) Der Quantensprung ist $\Delta v = 2$ oder mehr. Diese Übergänge sind möglich, wenn die harmonische Näherung nicht mehr streng erfüllt ist. Linien dieser Art heißen *Obertöne*. (3) Die Anharmonizität kann auch zur Folge haben, dass Schwingungen koppeln und Linien mit den Summen- und Differenzfrequenzen auftreten. Diese werden *Kombinationslinien* genannt.

Die Wechselwirkung zweier Schwingungsniveaus aufgrund der Anharmonizität (in der harmonischen Näherung gibt es keine Kommunikation zwischen Zuständen) ist besonders gravierend, wenn der Energieunterschied sehr klein ist. Zum Beispiel ist für $CO_2$ $E(2v_2) = 1335$ cm$^{-1}$, nahezu koinzident mit $E(v_1) = 1333$ cm$^{-1}$. Fermi erkannte als erster, dass in einer solchen Situation die Zustände mischen und zwei neue bilden, die wesentlich weiter auseinander liegen. Es entstehen zwei Linien bei 1285.4 cm$^{-1}$ und 1388.5 cm$^{-1}$, welche eine kohärente Mischung aus $2v_2$ und $v_1$ darstellen. Das Auftauchen zufälliger Entartungen im Rotations-Vibrationsschema wird heute mit *Fermi-Resonanz* bezeichnet. Es sei hier angemerkt, dass wahre Entartungen in der Natur extrem selten sind und meist durch unzureichende Auflösung im Experiment vorgetäuscht werden. In der Theorie führen zu grobe Näherungen zu solchen Fehlinterpretationen.

Die Spektren einfacher Moleküle geben die Grundlage, um Moleküle ohne hohe Symmetrien zu verstehen. Oft können durch die kleinen Energieabstände im Rotationssystem die einzelnen Niveaus nicht mehr aufgelöst werden und IR-Banden entstehen, deren Einhüllende die Summe aller energetisch möglichen, erlaubten

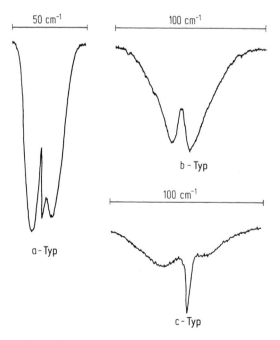

**Abb. 3.55** Allgemeine Form der Infrarotspektrallinien größerer Moleküle [25].

Übergänge darstellt. Somit werden meist Aussagen über die Struktur des Moleküls von den allgemeinen Formen der Banden gewonnen. In Abb. 3.55 werden drei für größere Moleküle typische Banden gezeigt. Diese Moleküle haben 3 Trägheitsmomente und ihre Dipole werden in drei kartesische Komponenten zerlegt. Für Moleküle mit $D_{2v}$-, $D_2$- und $D_{2h}$-Symmetrie fallen die Trägheitsachsen mit dem Koordinatensystem zusammen. Die drei Spektren in Abb. 3.55 kann man als Änderungen der Dipolmomente längs der Hauptachse verstehen. Die Intensitäten hängen im Wesentlichen von den Trägheitsmomenten ab. Die Zuordnung von Spektrallinien zu Schwingungsmoden ist eine Kunst, die viel Übung in Gruppentheorie und einen beträchtlichen Erfahrungsschatz erfordert. Deshalb ist es oft so, dass ein IR-Spektrum zwar schnell aufzuzeichnen ist, dann aber lange über die Zuordnung nachgedacht werden muss.

Allerdings kann man durch einen Trick weitere Informationen gewinnen. Wie in der Mikrowellenspektroskopie, wo isotopensubstituierte Moleküle durch die Änderung der reduzierten Masse weiterhelfen, kann auch im Infraroten diese Technik durch Linienverschiebung eine wesentliche Hilfe sein. Dies ist besonders hilfreich, wenn schwere Atome substituiert werden. Die Spektrallinien der Schwingungen der Isotopen verschieben sich im Idealfall um die Wurzel des Verhältnisses der Massen (harmonische Näherung). Aus der Reaktion der umgebenden Atome und deren Schwingungen kann man weitere Rückschlüsse auf die anharmonischen Kopplungen ziehen. Bei Atomen mit mehreren stabilen Isotopen großer Häufigkeit kann dieser Segen auch zum Fluch werden und zu komplexeren Spektren führen, was die Auswertung erschweren kann.

### 3.2.4.5 Der $CO_2$-Laser

Laserbetrieb setzt voraus, dass zwischen zwei Niveaus eine Inversion der Besetzungszahlen existiert d.h. das energetisch höhere Niveau muss stärker besetzt sein als das niedrigere, das nach den Auswahlregeln zugänglich ist. Die zwei Niveaus würden sehr schnell durch Emission von Photonen ins thermodynamische Gleichgewicht zurückkehren. Deshalb muss diese Besetzungsinversion durch einen Pumpprozess erzeugt und über die aktive Zeit des Lasers aufrechterhalten werden. Der bis heute erfolgreichste Laser basiert auf dem Schwingungstermschema des $CO_2$-Moleküls. In Abb. 3.56 sind die relevanten Energieniveaus aufgetragen. In einer Gasentladung in einer Mischung von $N_2$, He und $CO_2$ werden die Moleküle durch Elektronenstöße und Rekombinationen in angeregte Zustände gebracht. Der $\Sigma_u^+$ (0,0°,1)-Zustand in $CO_2$ wird durch zwei Kanäle besonders angereichert: erstens durch die Relaxation von $CO_2$-Molekülen aus energiereichen elektronischen Zuständen, und zweitens durch den resonanten Energieaustausch mit $N_2$ ($v = 1$). Je nach Wahl der Resonanzspiegel am Ende der Entladungsröhre kann das Gasgemisch bei 10.6 µm oder 9.6 µm zum „Lasen" gebracht werden. Die Endzustände der Laserübergänge müssen schnell zerstört werden, was durch Stöße in den Gasen geschieht, anderenfalls würde buchstäblich dem Laser der Hals zugedreht (bottle necking). Die zwei Laserendzustände sind die durch die Fermi-Resonanz aufgespaltenen Schwingungsniveaus (0.2°,0) und (1.0°,0). Der 10,6 µm-Übergang ist noch einmal im Detail in Abb. 3.56 b gezeigt. Von den drei möglichen Übergängen P(2), Q(1) und R(0) entfällt der Q-

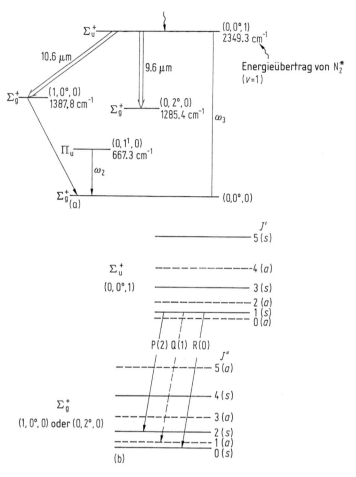

**Abb. 3.56** Energieniveauschema für den $CO_2$-Laser; (a) Schwingungsterme und (b) Rotationsterme (s = symmetrisch, a = antisymmetrisch) [33].

Zweig, da er von einem symmetrischen zu einem asymmetrischen Zustand führen würde. Insgesamt gibt es etwa 60 Spektrallinien in den P- und R-Zweigen im Spektrum, die mittels eines Gitters durchgestimmt werden können. Da die Laserfrequenz nicht kontinuierlich verändert werden kann, wurde der $CO_2$-Laser als Spektroskopiequelle nie populär und wird heute durch Laserdioden ersetzt. Wegen des hohen Wirkungsgrades (30 %) und der einfachen Handhabung hat dieser Laser jedoch als ideale Wärmequelle in Industrie und Forschung weitere Anwendung gefunden [39].

### 3.2.4.6 Infrarote Laserspektroskopie

Die traditionelle Methode zur Messung von Infrarotspektren wird im kommenden Jahrzehnt durch die Halbleiter-Laserdioden-Absorption abgelöst. Diese Technik be-

## 3.2 Spektroskopie an Molekülen im elektronischen Grundzustand

eindruckt durch ihre Einfachheit. Ein sehr monochromatischer Laserstrahl ($10^{-6}$ cm$^{-1}$) wird durch die Messzelle geschickt und die Absorption als Funktion der Laserfrequenz registriert. Diese wird in der Laserdiode durch die Variation des Anregungsstromes oder der Diodentemperatur erreicht. Um einen weiten Spektralbereich zu überstreichen, werden mehrere Dioden benötigt. Abb. 3.57 zeigt eine mögliche experimentelle Anordnung. Die auf 10 K gekühlte Diode sendet einen Laserstrahl durch ein Spektrometer in eine Absorptionszelle, und die durchgelassene Intensität wird mit einem InSb-Infrarotdetektor nachgewiesen. Die Frequenz des Lichtes wird mit einem Fabry-Perot-Interferometer bestimmt, wobei für Linienprofilmessungen nur die relative Frequenz bekannt sein muss. Das Spektrometer stellt sicher, dass die Laserdichte keinen Modensprung durchläuft. Für Spektraldaten ist es üblich, das Diodenlicht auf eine bekannte Linie des $CO_2$-Lasers zu normieren. Damit sind auch schon die wichtigsten Anwendungen der Laserspektroskopie aufgeführt. Die Linienbreite des Lasers ist klein genug, um die natürlichen Übergangszeiten der Moleküle zu messen. Ziel der Messungen ist es meist, die Verbreiterung der Linienprofile durch Fremdeinflüsse zu studieren. Abb. 3.56 zeigt einen kleinen Teil des Absorptionsspektrums von $SF_6$. Dies ist ein markantes Beispiel dafür, dass in der IR-Spektroskopie von größeren Molekülen ein solcher Informationsreichtum angeboten wird, dass es kaum möglich ist, eine vollständige Analyse durchzuführen. Die hohe Auflösung des Diodenlasers erlaubt es, kleine Konzentrationen einer Substanz in z.B. Luft zu erkennen. So kann der $CO_2$-Gehalt in Flammen, oder im Kolben eines Automotors nach der Zündung des Treibstoffes zeitlich verfolgt werden. Auch die Medizin macht davon Gebrauch in dem der $^{13}CO_2$ Anteil in Atem benutzt wird um spezifische Krankheiterreger zu identifizieren.

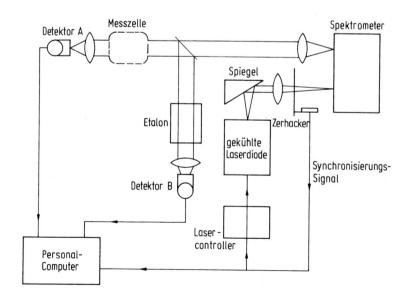

**Abb. 3.57** Schema eines Laserdiodenspektrometers.

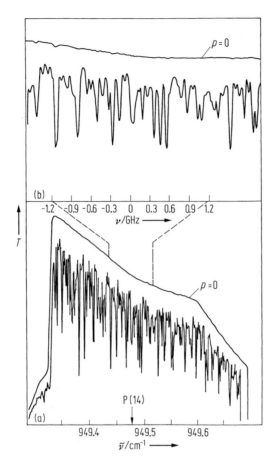

**Abb. 3.58** (a) Absorptionsspektrum von $SF_6$ in einer 10 cm langen Zelle bei 10 Pa Fülldruck; (b) ein vergrößerter Ausschnitt des Spektrums; $p = 0$ repräsentiert den unabgeschwächten Laserstrahl [41].

### 3.2.5 Raman-Spektroskopie

#### 3.2.5.1 Einleitung

Die wichtigste Voraussetzung für die Existenz des Infrarotspektrums eines Moleküls ist das Vorhandensein eines permanenten Dipols und dessen Änderung mit der Anregung. Elektromagnetische Strahlung ist auch fähig, ein Molekül zu polarisieren, und dadurch Dipolmomente und höhere Momente zu induzieren. Dann können diese wiederum zu weiteren Wechselwirkungen (elastisch und unelastisch) mit der Strahlung führen und Streuung verursachen. Das induzierte Dipolmoment $\boldsymbol{P}$ ist in erster Näherung proportional zu der einfallenden elektrischen Amplitude $\boldsymbol{E}$ und der Polarisierbarkeit $\boldsymbol{\alpha}$ des Moleküls:

$$\boldsymbol{P} = \boldsymbol{\alpha}\boldsymbol{E}. \tag{3.48}$$

## 3.2 Spektroskopie an Molekülen im elektronischen Grundzustand

Da für die meisten Moleküle $\boldsymbol{\alpha}$ anisotrop ist, muss diese Gleichung in Matrizenform betrachtet werden. Ausgeschrieben lautet sie:

$$\begin{pmatrix} P_x \\ P_y \\ P_z \end{pmatrix} = \begin{pmatrix} \alpha_{xx} & \alpha_{xy} & \alpha_{xz} \\ \alpha_{yx} & \alpha_{yy} & \alpha_{yz} \\ \alpha_{zx} & \alpha_{zy} & \alpha_{zz} \end{pmatrix} \begin{pmatrix} E_x \\ E_y \\ E_z \end{pmatrix}. \tag{3.49}$$

Die Polarisationskomponenten bilden zusammen ein Ellipsoid, das durch folgende Gleichung beschrieben wird:

$$\alpha_{xx}x^2 + \alpha_{yy}y^2 + \alpha_{zz}z^2 + 2\alpha_{xy}xy + 2\alpha_{xz}xz + 2\alpha_{yz}yz = 1. \tag{3.50}$$

Wenn das willkürlich gewählte kartesische Koordinatensystem so gedreht wird, dass es mit den Hauptachsen im Molekül zusammenfällt, wird die Matrix diagonalisiert und das Ellipsoid reduziert sich zu

$$\alpha_{xx}X^2 + \alpha_{yy}Y^2 + \alpha_{zz}Z^2 = 1. \tag{3.51}$$

Es gibt jedoch zwei Kerngrößen der Polarisationsmatrix (Tensor 2. Stufe), die bei der Rotation invariant bleiben, die Spur $a$

$$a = \frac{1}{3}(\alpha_{xx} + \alpha_{yy} + \alpha_{zz}) \tag{3.52}$$

und die Anisotropie $\gamma$:

$$\gamma^2 = \frac{1}{2}[(\alpha_{xx} - \alpha_{yy})^2 + (\alpha_{yy} - \alpha_{zz})^2 \\ + (\alpha_{zz} - \alpha_{xx})^2 + 6(\alpha_{xy}^2 + \alpha_{xz}^2 + \alpha_{yz}^2)]. \tag{3.53}$$

Die $\boldsymbol{\alpha}$-Matrix kann als Summe zweier Matrizen interpretiert werden:

$$\boldsymbol{\alpha} = \boldsymbol{\alpha}_{\text{iso}} + \boldsymbol{\alpha}_{\text{aniso}} = \begin{pmatrix} a & 0 & 0 \\ 0 & a & 0 \\ 0 & 0 & a \end{pmatrix} + \begin{pmatrix} (\alpha_{xx} - a) & \alpha_{xy} & \alpha_{xz} \\ \alpha_{yx} & (\alpha_{yy} - a) & \alpha_{yz} \\ \alpha_{zx} & \alpha_{zy} & (\alpha_{zz} - a) \end{pmatrix}. \tag{3.54}$$

Wenn elektromagnetische Strahlung der Frequenz $v_0$ auf ein vibrierendes Molekül trifft, muss in der harmonischen Näherung nicht nur die Polarisierbarkeit beim Gleichgewichtsabstand, sondern auch ihre Änderung mit den Koordinaten berücksichtigt werden, d. h.

$$\boldsymbol{\alpha}_k = \boldsymbol{\alpha}_0 + \boldsymbol{\alpha}'_k Q_k, \tag{3.55}$$

wobei die Komponenten von $\alpha'_k$ gegeben sind durch

$$(\alpha'_{ij})_k = (d\alpha_{ij}/dQ_k)_0$$

und $Q_k$ die Normalkoordinate der Schwingung mit der Frequenz $v_k$ ist (die Matrix $\boldsymbol{\alpha}'_k$ ist verschieden von $\boldsymbol{\alpha}_k$). Die Strahlung wirkt sowohl auf $\boldsymbol{\alpha}_k$ als auch auf $\boldsymbol{\alpha}'_k$ und erzeugt drei Streufrequenzen. Bereits eine klassische Berechnung zeigt, dass die Wechselwirkung mit $\boldsymbol{\alpha}_k$ nicht zwangsläufig zu einer Änderung der Energie des Photons und der Polarisation führt. Die Intensität dieser elastischen Streukomponente, auch Rayleigh-Streuung genannt, ist gegeben durch

$${}^{\|}I_{\|}(\theta) = k_i v_0^4 [(\alpha_{zx})_0^2 \sin^2\theta + (\alpha_{xx})_0^2 \cos^2\theta] \cdot S, \tag{3.56a}$$

wenn die einfallende Strahlung parallel zur Streuebene polarisiert ist ($^{\|}I$) und die Streustrahlungskomponente parallel zur Streuebene registriert wird ($I_{\|}$). Ganz ähnlich beschreibt

$$^{\|}I_{\perp}(\theta) = k_i v_0^4 (\alpha_{yx})_0^2 \cdot S \qquad (3.56\text{b})$$

die senkrechte Polarisationskomponente. Die Intensität des einfallenden Lichtes ist gegeben durch den *Poynting-Vektor* $S$, $\theta$ ist der Streuwinkel. Die Konstante $k_i$ ist 1/16 in SI-Einheiten. Für unpolarisierte Strahlung ($E_x^2 = E_y^2 \neq 0$, $E_z = 0$) ist die elastische Streuintensität $^n I$ gegeben durch

$$^n I_{\|}(\theta) = k_i v_0^4 \left\{ \left[ (\alpha_{zx})_0^2 + (\alpha_{zy})_0^2 \right] \sin^2\theta + \left[ (\alpha_{xx})_0^2 + (\alpha_{xy})_0^2 \right] \cos^2\theta \right\} \cdot \frac{S}{2} \qquad (3.57)$$

und

$$^n I_{\perp}(\theta) = k_i v_0^4 \left[ (\alpha_{yx})_0^2 + (\alpha_{yy})_0^2 \right] \cdot \frac{S}{2}. \qquad (3.58)$$

Die Streustrahlung enthält Beiträge, deren Frequenzen um $\pm v_k$ verschoben sind. Sie werden durch die Mischung der Trägerfrequenz $v_0$ mit den Frequenzen $v_k$ der molekularen Rotationen und Schwingungen erzeugt und können als Schwebungen verstanden werden. Diese Beiträge zur Streuung sind als Raman-Intensitäten bekannt. Sie können klassisch mit den gleichen Ausdrücken, wie sie für die elastische Streuung abgeleitet wurden, berechnet werden, wenn $v_0$ durch $v_0 \pm v_k$ ersetzt wird. Weiterhin müssen alle Gleichungen mit dem Amplitudenfaktor $Q_k^2$ erweitert und die Polarisationskomponenten $\alpha_{ij}$ durch ihre Ableitungen $\alpha'_{ij}$ ersetzt werden. Die mit ($v_0 - v_k$) assoziierten Spektrallinien heißen *Stokes-Linien*, während die Komponenten mit ($v_0 + v_k$) als *Anti-Stokes-Linien* bekannt sind.

In Gasen und Flüssigkeiten können die vibrierenden Moleküle jede beliebige Richtung relativ zu der Polarisationsachse des einfallenden Lichtes einnehmen. Deshalb müssen die **α**- und **α'**-Matrizen über alle Raumrichtungen gemittelt werden. Dieses geschieht am einfachsten mittels der Invarianten $a$ und $\gamma$. Es gelten folgende Relationen:

$$\overline{\alpha_{xx}^2} = \overline{\alpha_{yy}^2} = \overline{\alpha_{zz}^2} = \frac{45 a^2 + 4 \gamma^2}{45}$$

$$\overline{\alpha_{yx}^2} = \overline{\alpha_{yz}^2} = \overline{\alpha_{zx}^2} = \frac{\gamma^2}{15}$$

$$\overline{\alpha_{xx}\alpha_{yy}} = \overline{\alpha_{yy}\alpha_{zz}} = \overline{\alpha_{zz}\alpha_{xx}} = \frac{45 a^2 - 2\gamma^2}{45}; \qquad (3.59)$$

alle anderen Matrixelemente (z. B. $\alpha_{yy}\alpha_{zy}$) sind null.

Wenn man die statistischen Gewichte und Boltzmann-Faktoren kennt, können damit alle Intensitäten und Polarisationen der Streustrahlung als Funktion der einfallenden Frequenz und den molekularen Eigenschaften berechnet werden. Um ein schönes Beispiel zu geben: Wenn beim Streuprozess nur eine Schwingung angeregt wird (Q-Zweig), dann ist die Raman-Linie polarisiert; wenn jedoch gleichzeitig eine Rotation angeregt wird (O, P, R, S-Zweige), dann ist die Streustrahlung unpolarisiert. Dies ist eine gute Hilfe, um bei überlappenden Spektren die Spektrallinien zu trennen und zu identifizieren. Die Gültigkeit der Gleichungen ist für die Rayleigh-Streuung auf verdünnte Gase beschränkt. Wenn die Dichte zu hoch wird oder Nahordnungen vorliegen, dann kann sich die Streustrahlung kohärent überlagern und die Intensitätsverteilung ändern. Bereits Rayleigh war sich dessen bewusst, als er versuchte, das Blau des Himmels zu erklären. Aufgrund der obigen Gleichungen wäre die Streuung der blauen Wellenlängen (bevorzugt durch $v^4$) schwächer als beobachtet. Erst die Dichteschwankungen in der oberen Atmosphäre und die kohärente Addition der Streuamplituden aus den dichteren Zellen klärte dieses Paradoxon. Auch die blaue Farbe vieler wässriger Flüssigkeiten findet damit ihre Erklärung. Die Raman-Streuung ist frei von diesen Effekten, da die Streuamplituden eine Phasenverschiebung erfahren, die es erlaubt, die Intensitäten zu addieren. Dieser Mangel an Kohärenz heißt natürlich nicht, dass die Raman-Streustrahlung nicht polarisiert sein kann. Ganz im Gegenteil, je nach den Beiträgen der verschiedenen $\alpha_{ij}$ liegt der E-Vektor in bevorzugten Richtungen oder nicht.

Bereits die klassische Ableitung zeigt, dass ein Molekül nur dann Raman-aktiv ist, wenn wenigstens eine Komponente von **α'** von null verschieden ist. Unpolare Moleküle haben kein Dipolmoment und deshalb kein Infrarotspektrum, können jedoch Raman-aktiv sein. Die Symmetriematrizen, die im Abschnitt über Infrarotspektroskopie ausführlich erklärt wurden, zeigen direkt, welche Schwingungstypen durch Raman-Spektroskopie erfasst werden können. Die letzte Spalte von Tab. 3.15 zeigt, welche Moleküleigenschaften sich bei einer Symmetrieoperation ändern. Wenn Produkte der Koordinaten erscheinen, bedeutet das, dass das Polarisationsellipsoid sich in dieser Richtung ändert und Raman-Aktivität zu erwarten ist [40].

Wie bei der Infrarotspektroskopie, so sind auch in der Raman-Streuung Obertöne und Interkombinationslinien zu erwarten (durch die anharmonischen Beiträge zum molekularen Potential). Diese Linien sind jedoch meist sehr schwach, verglichen mit den Fundamentalschwingungen. Dies vereinfacht die Interpretationen der Spektren ganz wesentlich. Wenn jedoch die Fundamentalschwingung eines Moleküls nicht Raman-aktiv ist, treten auch deren Obertöne oder Beiträge zu den Kombinationen nicht auf (*mechanische Anharmonizität*). Das einfallende Licht kann jedoch Glieder höherer Ordnung in den induzierten Multipolen erzeugen, d.h. **α''**. Diese können wiederum selbst dann Obertöne und Interkombinationslinien hervorrufen, wenn die auf **α'** basierende Fundamentalschwingung nicht auftritt (*elektrische Anharmonizität*).

Die klassische Beschreibung muss modifiziert werden, wenn die Quantenmechanik für die Berechnung der Raman-Intensitäten zugrunde gelegt wird. Die Polarisationstensoren werden zu Erwartungswerten gemäß

$$[\alpha_{xy}]_{fi} = \langle \Phi_f \Theta_f | \alpha_{xy} | \Phi_i \Theta_i \rangle, \qquad (3.60)$$

wobei $\Phi_i$ die Wellenfunktion des Anfangsschwingungszustandes und $\Phi_f$ diejenige des durch den Übergang (erzwungen durch $\alpha_{xy}$) erreichten Endzustandes ist. Analoges gilt für die Rotationszustände $\Theta_i$ und $\Theta_f$; $\alpha_{xy}$ ist eine Funktion der Koordinaten und kann in eine Taylor-Reihe entwickelt werden. In der elektrischen harmonischen Näherung gilt dann für die Schwingungen:

$$[\alpha_{xy}]_{v_f,v_i} = (\alpha_{xy})_0 \langle \Phi_{v_f} | \Phi_{v_i} \rangle + \sum \left(\frac{d\alpha_{xy}}{dQ_k}\right)_0 \langle \Phi_{v_f} | Q_k | \Phi_{v_i} \rangle. \qquad (3.61)$$

In der mechanischen Näherung ist

$$\langle \Phi_{v_f} | \Phi_{v_i} \rangle = \begin{cases} 0 & \text{für } v_f \neq v_i \\ 1 & \text{für } v_f = v_i \end{cases}$$

und

$$\langle \Phi_{v_f} | Q_k | \Phi_{v_i} \rangle = \begin{cases} 0 & \text{für } v_f = v_i \\ (v_i + 1)^{1/2} b_v & \text{für } v_f = v_i + 1 \\ v_i^{1/2} b_v & \text{für } v_f = v_i - 1 \end{cases}$$

wobei $b_v^2 = \dfrac{h}{8\pi^2 v_i}$ ist und $Q_k$ die Amplitude in den klassischen Ausdrücken ersetzt.

Für ein Ensemble von Molekülen muss bei der Intensitätsberechnung weiterhin berücksichtigt werden, wie oft der Zustand $v_i$ besetzt ist. Im thermodynamischen Gleichgewicht wird die Besetzungsverteilung durch die Planck'sche Strahlungsformel gegeben, so dass z. B. für eine einfallende Strahlung, welche linear polarisiert ist, $E_x = E_z = 0$ und $E_y \neq 0$ und bei senkrechter Beobachtung folgendes gilt:

$$^\perp I(\pi/2) = {}^\perp I_\parallel(\pi/2) = \frac{k_i N h (v_0 \pm v_i)^4 (45 a_i^2 + 7\gamma_i^2) \cdot S}{8\pi^2 c v_i [1 - \exp(-hcv_i/(kT))] \cdot 45}. \tag{3.62}$$

Ein Vergleich von klassischer und quantenmechanischer Berechnung von $^\perp I$ zeigt, dass es einfach ist, die obigen Formeln quantenmechanisch herzuleiten [13].

Bisher wurde nur der Schwingungsanteil in Gl. (3.60) berücksichtigt. Zwar wird das Polarisationsellipsoid während der Rotation nicht verändert, aber seine Orientierung zum einfallenden $E$-Vektor muss ebenso berücksichtigt werden, sowie die Tatsache, dass die Normalkoordinaten $x'$, $y'$, $z'$ nicht mit den Trägheitshauptachsen $x$, $y$, $z$ zusammenfallen. Deshalb lautet Gl. (3.60) in detaillierter Form folgendermaßen:

$$[\alpha_{xy}]_{fi} = \sum [\alpha_{x'y'}]_{v_f v_i} \langle \Theta_f | \cos(x'x) \cos(y'y) | \Theta_i \rangle. \tag{3.63}$$

Für reine Rotationsübergänge ($\Delta v = 0$) ist

$$[\alpha_{x'y'}]_{v_f v_i} = [\alpha_{x'y'}]_0.$$

Wenn sich eine Schwingungsquantenzahl $v_k$ um eins erhöht (alle anderen $v$ bleiben konstant), dann wird $[\alpha_{x'y'}]_k = 0$ und

$$[\alpha_{x'y'}]_{fi} = (v_{ki} + 1)^{1/2} b_{v_k} \sum [(\alpha'_{x'y'})_k \langle \Theta_f | \cos(x'x) \cos(y'y) | \Theta_i \rangle]. \tag{3.64}$$

Für die Anti-Stokes-Linien wird $v_k$ um eins erniedrigt, in Gl. (3.64) muss $(v + 1)$ durch $v$ ersetzt werden. Um diese Gleichungen auszuwerten, benötigt man alle Wellenfunktionen. Dies ist kompliziert und umfangreich. Es braucht nur daran erinnert zu werden, wieviel Gruppentheorie nötig war, um $\Theta$ für symmetrische Moleküle zu bestimmen, und dass die Rotationswellenfunktionen für asymmetrische Kreisel im Allgemeinen bis heute in analytischer Form unbekannt sind.

Um wenigstens etwas Licht auf die Raman-Rotationsschwingungsspektroskopie zu werfen, sollen die zweiatomigen Moleküle in der harmonischen Näherung ausführlicher behandelt werden. In diesem Fall ist $\alpha_{xx'} = \alpha_{yy'} \neq \alpha_{zz'}$ und die zwei Koordinatensysteme sind identisch. Für $\Delta v = 0$ und linear polarisiertes Licht ($E_z \neq 0$) gilt

$$[\alpha_{zz}]_{fi} = \langle \Theta_f | \alpha_{xx'} \cos^2(x'_z) + \alpha_{yy'} \cos^2(y'_z) + \alpha_{z'z'} \cos^2(z'_z) | \Theta_i \rangle, \tag{3.65}$$

3.2 Spektroskopie an Molekülen im elektronischen Grundzustand   497

wobei $z'_z$ der Winkel $\theta$ zwischen der molekularen Achse und der z-Koordinate ist. Gl. (3.65) kann vereinfacht werden, weil

$$\cos^2 x'_z + \cos^2 y'_z + \cos^2 z'_z = 1.$$

Mit Hilfe der Gleichungen (3.52) und (3.53) reduziert sich Gl. (3.65) zu

$$[\alpha_{zz}]_{fi} = a \langle \Theta_f | \Theta_i \rangle + \gamma \langle \Theta_f | \cos^2 \theta - 1/3 | \Theta_i \rangle. \tag{3.66}$$

Da die Rotationswellenfunktion für ein zweiatomiges Molekül gegeben ist durch

$$\Theta_{i,f} = N_R P_J^{|M|} \cos \theta \, e^{iM\Theta},$$

ist $[\alpha_{zz}]$ nur für zwei Fälle von null verschieden, (1) wenn $(J, M)_f = (J, M)_i$, dies stellt die elastische oder Rayleigh-Streuung dar, und (2) wenn $(J \pm 2, M)_f = (J, M)_i$, d.h. $\Delta J = \pm 2$. Der Zweig für $\Delta J = +2$ wird auch oft mit S gekennzeichnet, während der für $\Delta J = -2$ mit dem Buchstaben O charakterisiert wird. Bemerkenswert ist hier, dass reine Rotationsspektren nur dann auftreten, wenn $\gamma \neq 0$ ist (d.h. sie sind unpolarisiert). Für die anderen Tensoren ergibt sich weiterhin $\Delta M = 0, \pm 1$. Diese Analyse kann auf $\Delta v = \pm 1$ erweitert werden und führt zu den gleichen Auswahlregeln. Im Spektrum erwartet man deshalb eine starke Rayleigh-Linie, die auf beiden Seiten von reinen Rotationsübergängen flankiert ist. Von einer entsprechenden unpolarisierten Satellitenstruktur ist auch jede polarisierte Vibrationslinie umgeben (Stokes- oder Anti-Stokes). Die Rotationsstrukturen sind nicht gleich, da die B-Konstanten von $v$ abhängen und deshalb die Rotationsspektren verändern. Abb. 3.59 zeigt ein Termschema der Rotationen und Schwingungen für ein anhar-

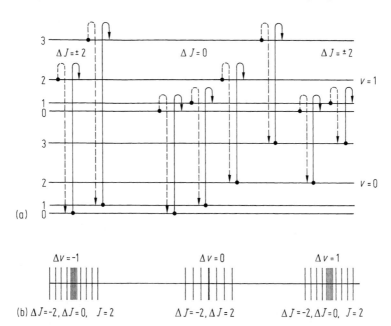

**Abb. 3.59** (a) Raman-aktive Übergänge für ein zweiatomiges Molekül $\Delta v = 0, \pm 1$ und $\Delta J = 0, \pm 2$. (b) Schematisches Spektrum für ein zweiatomiges Molekül für $\Delta v = 0, \pm 1$ und $\Delta J = 0, \pm 2$. (Die Übergänge mit $\Delta v = 0$ sind in (a) nicht aufgeführt.)

monisches zweiatomiges Molekül, sowie die erlaubten Raman-Übergänge und das resultierende Spektrum. Die Intensitäten der Linien ergeben sich aus den reinen Schwingungsintensitäten (Gl. (3.62)), multipliziert mit den Besetzungsdichten der Rotations- und Schwingungsniveaus. Dabei darf der Entartungsgrad der Rotationsniveaus nicht vergessen werden. Die Rotationsübergänge beeinflussen die Polarisation des Streulichtes nicht und alle $A_1$-Übergänge bleiben somit 100 % polarisiert.

Wenn polyatomare Moleküle untersucht werden, kommt die volle Komplexität der Rotationsspektroskopie zum Tragen. Es müssen $K$ Quantenzahlen eingeführt werden, welche nun auch Übergänge mit $\Delta J = \pm 1$ möglich machen, mit der Ausnahme von $K = 0$.

Wie schon in der Infrarotspektroskopie, werden auch bei der Raman-Streuung die Auswahlregeln von den Symmetrieoperationen dominiert. Man beachte jedoch, dass diese Regeln keine Aussage über die Streuintensitäten machen. Sie hängen von den numerischen Werten von $a$ und $\gamma$ ab, die wiederum Eigenschaften der elektronischen Wellenfunktionen sind. So ist es möglich, dass eine Schwingung laut Gruppentheorie Raman-aktiv sein kann, die Linie jedoch im Spektrum fehlt, weil die Polarisationstensorkomponenten sehr klein sind. Beide spektroskopischen Methoden teilen auch die Mühsal, Spektren zu interpretieren. Die Isotopensubstitution ist eine große, jedoch aufwendige Unterstützung in beiden Fällen. Bei den Raman-Formeln ist die reduzierte Masse in den Normalkoordinaten versteckt, da diese immer als massengewichtet angenommen werden. Es gibt jedoch drei Punkte, die der Raman-Streuung einen gewissen Vorteil geben. (1) Die einfallende Strahlung ist weit entfernt von jeder resonanten Absorption, die Linienintensitäten sind unverfälscht und mit den Lasern stehen extrem starke Quellen zur Verfügung. Diese sind so intensitätsstark, dass sie die wesentlich kleineren Raman-Wirkungsquerschnitte leicht überkompensieren (mehr darüber im experimentellen Teil). (2) Die Obertöne und Kombinationslinien sind sehr schwach und werden selten mit den Fundamentalschwingungen verwechselt. (3) Alle Linien, die auf total symmetrischen Schwingungen beruhen ($A_1$) sind polarisiert, da sie nur Beiträge durch die $\alpha_{ii}$-Komponenten enthalten und diese den Symmetriecharakter $(I)^2$ haben. Deshalb kann ein Polarisationsfilter vor dem Spektrometer eine große Hilfe für die Auswertung des Spektrums sein. Depolarisationsmessungen erlauben gewöhnlich, den isotropen Anteil von $\alpha$ abzutrennen und so weitere Informationen über die elektronische Wellenfunktionen der Moleküle zu erhalten [13].

Abschließend soll eine weitverbreitete, unglückliche Erklärung des Raman-Prozesses beseitigt werden. Wenn ein einfallendes Photon das Molekül polarisiert und dabei absorbiert wird, so spricht man oft von einem „virtuellen" Zustand des Moleküls, der angeregt wurde, da die Energie des Photons nicht mit einem Quantenzustand des Systems zusammenfällt. Hier soll der „virtuelle" Zustand zu Grabe getragen werden. Es gibt ihn nicht. Wellenfunktionen sind keine Deltafunktionen, sondern haben meistens Lorentz-Profile, die sich weit in die sogenannten verbotenen Energiezonen ausdehnen. Deshalb wird das Photon in die Überlagerung aller Wellenfunktionen an der Stelle absorbiert, wo die Energie gleich $h\nu_0$ ist. Die Polarisierbarkeit des Moleküls beschreibt gerade die Zusammensetzung der nahezu unendlich vielen Ausläufer aller Wellenfunktionen, wobei der naheliegende, optisch erlaubte Zustand dominiert. Damit wird auch sofort verständlich, dass die Lebensdauer dieses zusammengesetzten Zustandes sehr kurz und theoretisch sehr schwer zu erfassen

3.2 Spektroskopie an Molekülen im elektronischen Grundzustand    499

ist. Daher ist die Raman-Streuung besonders gut geeignet, sehr schnell ablaufende Prozesse zu studieren (wie z.B. Stöße). Die Linienbreite im Spektrum ist entweder durch das anregende Licht oder durch die Doppler-Verbreiterung gegeben. Bei hohen Drücken dominiert dann die Stoßverbreiterung.

### 3.2.5.2 Raman-Spektrometer

Ein typisches Raman-Spektrometer besteht aus drei wesentlichen Bauteilen: einer Lichtquelle, einer Messzelle und einem Dispersionselement mit einem Detektor. Einen möglichen Aufbau zeigt Abb. 3.60. In den meisten modernen Spektrometern besteht die Lichtquelle aus einem Laser, der im Extremfall Leistungen bis zu $10^7$ W/cm² im Streuvolumen erzeugt. Die Laserintensität kann noch einmal durch einen gefalteten Strahlengang nahezu 100fach erhöht werden. Weiterhin ist es üblich, das Streulicht bei einem Streuwinkel von 90° zu analysieren. Wegen der geringen Streuintensität muss eine lichtstarke Optik (L2 mit $f = 1$) das Streuvolumen auf den Eintrittsspalt des Spektrometers abbilden, wobei L3 den $f$-Wert der Spektrometer anpasst. Wegen des starken Rayleigh-Lichtes ist oft ein einfaches Spektrometer nicht ausreichend, den Untergrund, der von der elastischen Streuung erzeugt wird, soweit zu reduzieren, dass die Raman-Linien mit kleiner Frequenzverschiebung aufgelöst werden können. In Gasen kann die Rayleigh-Intensität $10^4$mal intensiver sein als das integrierte Raman-Signal. Dafür werden oft mehrere Spektrometer mit mäßiger Auflösung hintereinander geschaltet. Abb. 3.61 zeigt die Anordnung eines kommer-

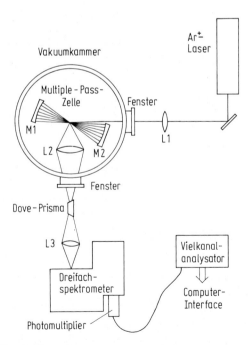

**Abb. 3.60** Aufbau eines Raman-Spektrometers mit gefaltetem Strahlengang in der Messzelle.

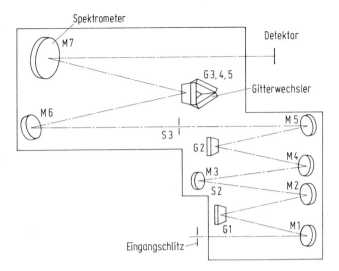

**Abb. 3.61** Optisches Dreifachspektrometer mit subtrahierender Dispersion.

ziellen Dreifachspektrometers. Die ersten zwei Einheiten arbeiten mit subtrahierender Dispersion. Das heißt, während G1 ein Spektrum nach einer Seite auf den Schlitz S2 wirft, wird der durchgelassene Teil durch das Gitter G2 auf der anderen Seite wieder gesammelt. Das dritte Spektrometer bestimmt die Auflösung und ist meist mit einem holographischen Gitter ausgerüstet. Der Hohlspiegel M3 ist toroidal, womit erreicht wird, dass das Endspektrum in der Detektorebene nur 1 cm hoch ist, um so einen optischen Vielkanalanalysator als Detektor einsetzen zu können. Durch diese Anordnung kann das Spektrum auf einmal registriert werden und die Messzeit wird wesentlich verkürzt und/oder eine bessere Statistik erreicht. Die vielen optischen Elemente haben jedoch ihren Preis, die Transmission des gesamten Systems ist nur 5%. Die Multipasszelle ist der Intrakavitätsverstärkung eines Etalons dadurch überlegen, dass es wesentlich vibrationsunempfindlicher ist und deshalb erlaubt, den Laser und das Raman-Spektrometer auf getrennten Tischen aufzubauen. Die Erhöhung der Laserleistung erreicht ihre Grenze, wenn die Feldstärke so hoch ist, dass die Moleküle durch Vielphotonenabsorption dissoziert oder ionisiert werden. Dies ist leicht erreicht mit einem eng fokussierten YAG-Laser. Wenn das Probenmaterial in fester oder gelöster Form vorliegt, muss auch die Erwärmung der Moleküle beachtet werden, weil die Besetzungswahrscheinlichkeiten sich ändern und somit das Spektrum modifiziert wird.

Es gibt mehrere Situationen, in denen es nicht möglich ist, bei einem Streuwinkel von 90° das Ramanlicht zu analysieren; z.B. wenn die Probe unter hohem Druck untersucht werden soll. Es ist üblich, dafür Diamantzellen zu benutzen. Dabei wird eine Metallscheibe komprimiert, so wird das Zellenvolumen reduziert, abdichtet und extrem hohe Drücke erzeugt. Die primäre Strahlung muss durch Abbildungstricks unterdrückt werden. Abb. 3.62 zeigt einen experimentellen Aufbau, der in diesem Fall benutzt wird.

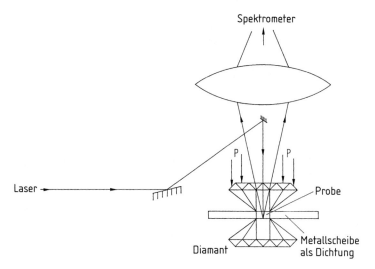

**Abb. 3.62** Hochdruckzelle für spektroskopische Untersuchungen.

Im Allgemeinen ist es sehr schwierig, besonders bei optischen Messungen, absolute Wirkungsquerschnitte zu bestimmen. In der Raman-Streuung berechnet die Theorie Wasserstoff jedoch so gut, dass die Wirkungsquerschnitte als Standard dienen können, entweder als Zumischung oder als reines Eichgas. In diesen Messungen ist zu beachten, dass die Raman-Streuung teilweise polarisiert ist; die Transmissionsfunktion der Spektrometer ist abhängig von der Orientierung des $E$-Vektors des gestreuten Lichtes relativ zu den Linien des Gitters. Um diesen Effekt zu neutralisieren, ist es üblich, direkt vor dem Eintrittsschlitz des ersten Spektrometers einen Quarzkeil einzusetzen, der die Polarisationsphase genügend schiebt, um alle Werte zwischen $-\pi/2$ und $\pi/2$ zu erzeugen.

### 3.2.5.3 Raman-Spektren

Die einfachsten und am besten untersuchten Moleküle, für die die Raman-Streuung eine wertvolle Messtechnik darstellt, sind die homonuklearen zweiatomigen Moleküle. Sie haben kein Dipolmoment und sind deshalb der Mikrowellen- und Infrarotspektroskopie nicht zugänglich. Abb. 3.63 zeigt den zentralen Teil des Rotationsspektrums von $^{14}N_2$. Das Spektrometer hat eine Auflösung von 0.15 cm$^{-1}$, der Gasdruck ist $10^5$ Pa bei 300 K. Die Belichtungszeit erstreckt sich über 20 Stunden. Die drei erlaubten Zweige (O, Q und S) sind markiert. Die Intensitäten variieren durch den Einfluss des Kernspins, der für $^{14}N$ gleich 1 ist. Der Abstand zwischen den O- und S-Linien ist $4\,B_0$, mit Ausnahme der $J = 0$-Linie, welche $6B_0$-Einheiten von der Rayleigh-Frequenz entfernt ist. Die Messungen sind mit einem CO-Spektrum, das von Infrarotdaten genauestens bekannt ist, geeicht worden. Das $N_2$-Spektrum wurde für mehrere Isotope aufgenommen und führte zu den in Tab. 3.16 aufgeführten Strukturparametern.

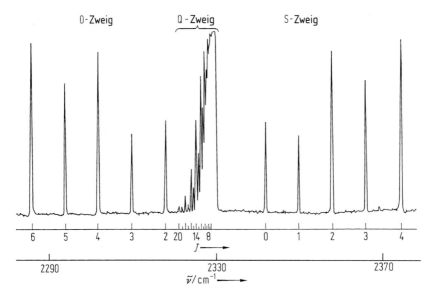

**Abb. 3.63** Raman-Spektrum von $N_2$ mit O-, Q- und S-Zweig. Die Variationen der Intensitäten in den Zweigen werden stark vom Kernspin $I$ (hier gleich 1) beeinflusst [40].

**Tab. 3.16** Molekülparameter von Stickstoffmolekülen.

| | $B_0$/cm$^{-1}$ | $D_0$/cm$^{-1}$ | $v_0$/cm$^{-1}$ | $\alpha$/cm$^{-1}$ | $r_e$/pm |
|---|---|---|---|---|---|
| $^{14}N_2$ | 1.989574(12) | 5.76(3) · 10$^{-6}$ | 2329.917 | 0.017292(3) | 109.7700(7) |
| $^{14}N^{15}N$ | 1.923596( 9) | 5.38(3) · 10$^{-6}$ | 2291.332 | 0.016416(2) | 109.7702(4) |
| $^{15}N_2$ | 1.857624(16) | 5.08(5) · 10$^{-6}$ | 2252.125 | 0.015575(2) | 109.7700(8) |

In die gleiche Klasse wie $N_2$ gehören alle Moleküle der Symmetriegruppe $D_{\infty h}$ (lineare Moleküle). Abb. 3.64 zeigt für $CO_2$ das durch die *Fermi-Resonanz* aufgespaltene Paar $v_1$ und $2v_2$, gemessen mit dem in Abb. 3.60 gezeigten Instrument und der 488-nm-Linie eines Ar$^+$-Ionen-Lasers. Der Zelldruck war 1 Pa bei 300 K. Die Messzeit betrug nur 10 Minuten. Das Spektrum von $C_3O_2$, welches bei 5000 Pa aufgenommen wurde und 41 Stunden Messzeit benötigte, ist in Abb. 3.65 wiedergegeben. Durch die Zellentemperatur von 300 K werden viele Biegeschwingungen ($v_7 = 18$ cm$^{-1}$) angeregt, was zu starken heißen Bändern führt, die in Abb. 3.65 klar zu erkennen sind und eine Kombinationsserie, welche mit $v_2 + 2v_7$ ausgezeichnet ist. Der niedrigere Zelldruck ist nötig, um die Polymerisation der Moleküle zu verhindern. Es ist meist sehr schwer, die heißen Bänder zu erkennen; als Beispiel soll $C_2N_2$ dienen, dessen Spektrum in Abb. 3.66 wiedergegeben ist. Es sieht symmetrisch und hochaufgelöst aus, eine direkte Auswertung jedoch führt zu molekularen Daten, die von den Infrarotergebnissen sehr verschieden sind. Erst eine weitere Studie, bei noch höherer Auflösung, zeigt, daß die $v_1^5$-Schwingung (233 cm$^{-1}$) Obertöne erzeugt, welche wesentlich zum Spektrum beitragen und mit berücksichtigt

3.2 Spektroskopie an Molekülen im elektronischen Grundzustand    503

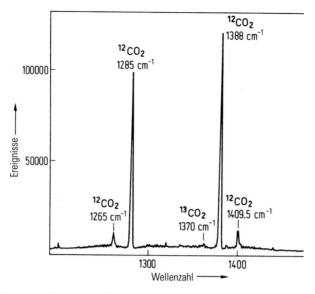

**Abb. 3.64** Fermi-Resonanz der gemischten Streck- und Biegeschwingungen im Raman-Spektrum von $CO_2$.

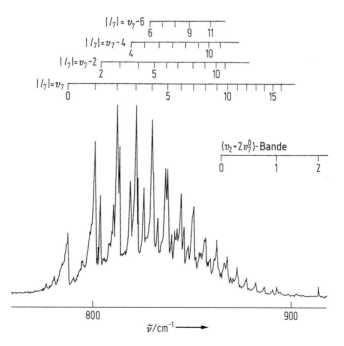

**Abb. 3.65** Hochaufgelöstes Raman-Spektrum von $C_2O_3$ mit Grundschwingungen und Kombinationslinien [41].

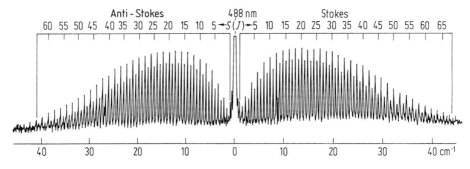

**Abb. 3.66** Stokes- und Anti-Stokes-Linien des Raman-Spektrums von $C_2N_2$ [41].

**Tab. 3.17** Molekulare Konstanten einiger Moleküle.

| Molkül | $B_0/\text{cm}^{-1}$ | $D_0/\text{cm}^{-1}$ |
|---|---|---|
| $CO_2$ | | |
| $(00^00)$ | $0.3902634 \pm 0.0000044$ | $(1.270 \pm 0.035) \cdot 10^{-7}$ |
| $(01^10)$ | $0.3906398 \pm 0.0000082$ | $(1.419 \pm 0.048) \cdot 10^{-7}$ |
| $CS_2$ | | |
| $(00^00)$ | $0.1091200 \pm 0.0000024$ | $(1.057 \pm 0.075) \cdot 10^{-8}$ |
| $(01^10)$ | $0.1093639 \pm 0.0000086$ | $(1.783 \pm 0.121) \cdot 10^{-8}$ |
| HCN | $1.478277 \pm 0.000029$ | $(2.97 \pm 0.04) \cdot 10^{-6}$ |
| DCN | $1.207986 \pm 0.000023$ | $(2.31 \pm 0.04) \cdot 10^{-6}$ |
| $XeF_2$ | $0.11327 \pm 0.00001$ | $(2.1 \pm 0.2) \cdot 10^{-8}$ |
| $^{12}C_2H_2$ | $1.176628 \pm 0.000016$ | $(1.59 \pm 0.02) \cdot 10^{-6}$ |
| $C_2HI$ | $[0.10622 \pm 0.00010]^a$ | $[(3.9 \pm 1.0) \cdot 10^{-8}]$ |
| $C_4H_2$ | $[0.14689 \pm 0.00004]^a$ | $[(3.2 \pm 0.6) \cdot 10^{-8}]$ |
| $C_4D_2$ | $[0.12767 \pm 0.00005]^a$ | $[(2.3 \pm 0.8) \cdot 10^{-8}]$ |

werden müssen. Die molekularen Konstanten in Tab. 3.17 basieren auf mehrfach ausgewerteten Spektren.

An der Komplexität der hochaufgelösten Rotationsspektren ist leicht zu erkennen, dass es immer schwieriger wird, molekulare Konstanten abzuleiten. Auch wird die spektrale Dichte der Rotationslinien immer höher, je schwerer die Moleküle sind, so dass man sich mit den reinen Vibrationsspektren begnügen muss.

Eine technisch immer attraktivere Molekülgruppe ist die der Chalkogenide. Ihr bekanntestes Beispiel ist Galliumarsenid. Die molekulare Struktur dieser Verbindung in der Gasphase ist bis heute umstritten. Abb. 3.67 zeigt vier Raman-Spektren, die bei 660 K aufgenommen wurden für verschiedene Mischungen von $P_4$ und $As_4$. Der Vergleich mit reinem $P_4$ und $As_4$ zeigt, dass mindestens die folgenden drei Moleküle

3.2 Spektroskopie an Molekülen im elektronischen Grundzustand 505

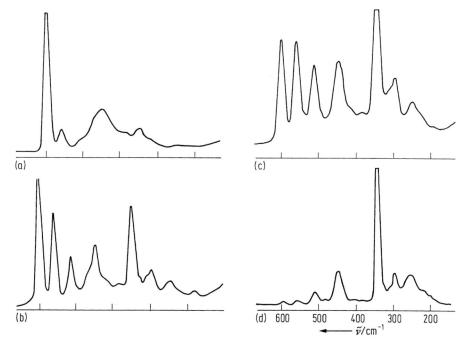

**Abb. 3.67** Raman-Spektren von Phosphor-Arsen-Gemischen bei 660 K. Die Stoffmengenverhältnisse P:As betrugen: (a) 10:1, (b) 3:2, (c) 2:3 und (d) 1:10 [13].

in der Gasphase existieren: $P_3As$, $P_2As_2$ und $PAs_3$. Durch Polarisationsmessungen konnten die symmetrischen Vibrationstypen sofort identifiziert werden, Obertöne sind sehr temperaturabhängig und somit leicht zu erkennen. Durch diese Spektren konnte nicht nur die Anwesenheit dieser Moleküle festgestellt werden, sondern sie konnten in ihre jeweiligen Symmetriegruppen eingeordnet werden und durch die Frequenzmessungen war es möglich, in der harmonischen Näherung die Kraftkonstanten zu berechnen.

Das nächste Beispiel ist ausnahmsweise ein Raman-Spektrum von einem Festkörper. Es zeigt besonders anschaulich, wie molekular eine Einheitszelle sein kann, wie hilfreich Isotopensubstitution ist und welche neuen Probleme auftreten, wenn keine freien Moleküle zur Verfügung stehen. Abb. 3.68 zeigt das Raman-Spektrum von $^{15}NH_4ReO_4$ bei 10 K. Es ist unterteilt in einen hoch- und einen niederfrequenten Abschnitt. Die höheren Wellenzahlen zeigen die Eigenschwingungen des freien $^{15}NH_4^+$-Ions. Tab. 3.18 gibt die Frequenzen und Identifikationen der Linien für $^{15}NH_4^+$ und $^{14}NH_4^+$. Während für $v_3$ und $v_4$ eine starke Isotopenverschiebung zu erwarten ist, sollte sie für $v_1$ und $v_2$ gleich null sein. Die gemessenen 4 cm$^{-1}$ sind entweder einem neuen Festkörpereffekt zuzuordnen oder sind durch Fermi-Resonanzen entstanden. Bei den niedrigeren Frequenzen werden die Gitterschwingungsmoden (Phononen) registriert, welche die Molekülbausteine $^{15}NH_4^+$ und $ReO_4^-$ im Festkörper ausführen können. Da die Linien bei 276.2, 275.4, 210 und 188.2 cm$^{-1}$ einen Isotopeneffekt zeigen, werden sie der $NH_4^+$-Gruppe zugeordnet. Die verbleibenden

506    3 Moleküle – Spektroskopie und Strukturen

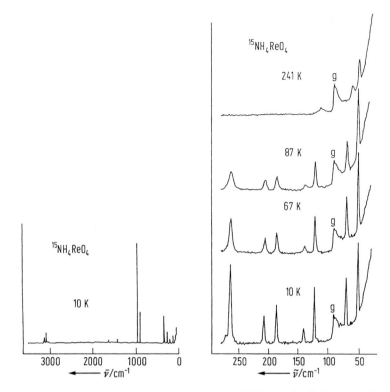

**Abb. 3.68** Raman-Spektren der Phononen eines Molekülkristalls, $^{15}NH_4ReO_4$, bei verschiedenen Temperaturen (g = Geisterlinie).

**Tab. 3.18** Frequenzen (in cm$^{-1}$) und Zuordnung der Eigenschwingungen des $NH_4^+$-Ions in festem $^{15}NH_4ReO_4$ [42].

| Mode | Symmetriecharakter | | $^{14}NH_4^+$ | $^{15}NH_4^+$ |
|---|---|---|---|---|
| | freies Ion | Elementarzelle | | |
| $\nu_1$ | $A_1$ | $A_g$ | 3130 | 3126 |
| $\nu_2$ | E | $A_g$ | 1658 | 1654 |
| | | $B_g$ | – | – |
| $\nu_3$ | $F_2$ | $B_g$ | 3182 | 3171 |
| | | $E_g$ | – | – |
| $\nu_4$ | $F_2$ | $B_g$ | 1440 | 1434 |
| | | $E_g$ | 1433 | 1426 |

Strukturen bei 141.4, 122.8, 70.5 und 51.5 cm$^{-1}$ werden durch das $ReO_4^-$ erzeugt. (Die mit g markierte Linie ist eine Geisterlinie des Gitters.) Wenn das polykristalline Material erwärmt wird, verschwinden die $NH_4^+$-Linien völlig und die $ReO_4^-$-Linien zeigen eine Verschiebung. Dies wird mit einem Phasenübergang erklärt, der bei 180 K

3.2 Spektroskopie an Molekülen im elektronischen Grundzustand    507

stattfindet und bei dem sich die $NH_4^+$-Gruppe abkoppelt und freie Rotationen ausführt. Dieses Beispiel zeigt, dass im Festkörper oder in einer Matrix ganz neue spektrale Strukturen auftreten können und dass für die Interpretation der Spektren Isotopensubstitution unumgänglich ist.

Trotz der Schwierigkeiten in der Interpretation von Raman-Spektren kristalliner Substanzen ist es für viele große organische Moleküle die einzige Möglichkeit, ihre Schwingungen zu studieren, da sie thermisch nicht stabil genug sind, um verdampft zu werden. Die Festkörpereffekte werden minimalisiert, indem die Studien auf den hochfrequenten Teil des Spektrums beschränkt werden. Zwei wesentliche zusätzliche Quellen werden meist zur Auswertung hinzugezogen: (1) das äquivalente Infrarotspektrum und (2) ausführliche Datenbanken, in denen die Frequenzen der häufigsten Molekülgruppen zusammengetragen worden sind. Als Beispiel soll hier das Molekül 2-Acetoxypropionitril dienen. Abb. 3.69 zeigt die Strukturformel, sowie die Infrarot- und Raman-Spektren. Normalerweise ist die C≡N-Gruppe stark infrarotaktiv bei $2300 - 2100$ cm$^{-1}$. Dieses Spektrum zeigt jedoch keine Linie in diesem Frequenzbereich. Das Raman-Spektrum hat eine ausgeprägte Linie bei 2250 cm$^{-1}$, welche wiederum laut Datenbank die Gruppe C≡N identifiziert. Das Verschwinden der Struktur im Infraroten kann erklärt werden, wenn man berücksichtigt, dass die hohe Elektronegativität der Acetoxygruppe das Dipolmoment von C≡N so stark reduziert, dass es zu schwach wird, um im Infraroten beobachtet zu werden. In diesem Beispiel und vielen anderen wird die gesamte Interpretation an dem Verhalten einer einzigen Linie aufgebaut.

Eine andere Analysemethode besteht auf der Zuordnung bestimmter Linien. Zum Beispiel hat das Raman-Spektrum eine starke Linie bei 1600 cm$^{-1}$, ist sie zu dem

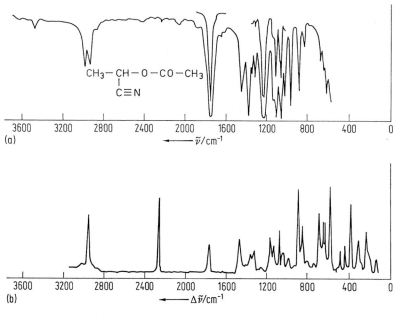

**Abb. 3.69** (a) Infrarot- und (b) Raman-Spektrum von Acetoxypropionnitril [13].

depolarisiert und infrarotaktiv, so ist das ein starker Hinweis auf die Anwesenheit eines Benzolrings. Enthält das Spektrum eine weitere polarisierte Linie bei 610 cm$^{-1}$, so liegt ein einfach substituierter Benzolring vor, wenn das Infrarotspektrum außerdem zwei starke Linien bei 700 und 750 cm$^{-1}$ zeigt. Fehlt die 1000-cm$^{-1}$-Linie im Raman-Spektrum, existiert aber eine polarisierte Linie zwischen 1015 und 1055 cm$^{-1}$, dann enthält das Molekül einen zweifach substituierten Benzolring in der 1,2-Position, so fern im Infraroten eine Absorption bei 735 − 700 cm$^{-1}$ liegt. Wenn statt der 1015 − 1055 cm$^{-1}$-Linie eine depolarisierte mittelstarke Linie bei 620 − 660 cm$^{-1}$ gefunden wird, dann ist der Benzolring in der Position 1,3 substituiert. Dieses Verfahren „wenn hier dann dort" – mit grober Angabe der Intensität und der Polarisation – kann auf alle substituierten Benzolringe ausgedehnt werden. Dabei ist es immer notwendig, gleichzeitig das Infrarotspektrum zu Rate zu ziehen. Wenn die Spektren zu einem Festkörper aufgenommen wurden, ist es ratsam, von den niedrigeren Frequenzen ($< 300$ cm$^{-1}$) Abstand zu nehmen, da sie meist von Phononen erzeugt oder stark beeinflusst werden.

Alle bisher gezeigten Raman-Spektren wurden analysiert in Bezug auf die Frequenzen der Spektrallinien und ihre Polarisation. Besondere Sorgfalt wird bei den Messungen dem Druck in der Messzelle gewidmet, um sicherzustellen, dass die Linienprofile nur von den natürlichen Linienbreiten, der Dopplerverbreiterung und der Auflösung der Spektrometer abhängen. Bei höheren Drücken wird die Stoßverbreiterung immer wichtiger, bis die Linien anfangen zu überlappen, und schließlich nur noch breite Bänder übrigbleiben. Neue Erkenntnisse über die intermolekularen Kräfte können gewonnen werden, wenn die Aufmerksamkeit auf die Linienprofile gerichtet wird. Da die meisten Linien teilweise polarisiert sind, werden sie durch $a$ und $\gamma$ beschrieben. Da beide Größen verschieden auf äußere Einflüsse reagieren, bestehen zwei Möglichkeiten, die Linienverbreiterung auszunutzen, um diese intermolekularen Kräfte zu studieren. Im Rahmen der linearen Reaktionstheorie (linear response regime) ist das Linienprofil die Fourier-Transformation der Korrelationsfunktion der Polarisierbarkeit

$$I(\omega) = \frac{1}{\pi} \cdot Re \int_0^{+\infty} dt \exp i\omega t \cdot C(t), \tag{3.67}$$

wobei

$$C(t) = Tr(\varrho \alpha(0)\alpha(t)) \tag{3.68}$$

und $\varrho$ die normierte Besetzungsverteilung ist. Die alles beschreibende Korrelationsfunktion bedeutet physikalisch die Entwicklung von $\alpha$, beginnend beim Zeitpunkt $t = 0$, bis zur Zeit $t$, in der viele Stoßprozesse stattgefunden haben. Das heißt, das Linienprofil bei kleinen $\Delta\omega$ beschreibt den Polarisationsablauf von großer Dauer und großen Stoßparametern; die Linienflanken sind gegeben durch die kurzen Zeiten oder auch durch die kleinen Stossparameter. Diese Interpretation der Korrelationsfunktion steht der Heisenberg'schen Interpretation eines Überganges sehr nahe, wenn der Polarisationstensor durch den Dipoloperator ersetzt wird. Da die Korrelationsfunktion den Abbau der Information $\alpha(0)$ oder $\mu(0)$ mit der Zeit beschreibt, muss $C(t)$ asymptotisch für große $t$ immer nach null gehen, um den thermodynamischen Endzustand zu beschreiben. Wenn das Molekül während der Zeit $t$ seine Quantenzahlen nicht ändert, beschreibt $C(t)$ die Rayleigh-Streuung. Die Analyse quantenmechanischer Prozesse durch Korrelationsfunktionen erlaubt einen Einblick in den zeitlichen Ablauf des Zerfalls des ursprünglich präparierten Zustandes.

Gl. (3.67) lautet umgeformt

$$C(t) = \langle \alpha(0)\alpha(t) \rangle = \int e^{i\omega t} I(\omega) \, d\omega, \tag{3.69}$$

wobei das Linienprofil so normiert wurde, dass

$$\langle \alpha^2(0) \rangle = \int d\omega \, I(\omega)$$

gilt. Die Exponentialfunktion in Gl. (3.69) kann in eine Reihe entwickelt werden, und nach der Vertauschung von Summierung und Integration gilt

$$C(t) = \sum (it)^n/n! \int \omega^n I(\omega) \, d\omega; \tag{3.70}$$

wobei die Integrale als die Momente des Linienprofils zu erkennen sind. Für ein lineares Molekül ($D_{\infty h}$-Symmetrie) ist

$$M(2) = \int \omega^2 I(\omega) \, d\omega = \frac{3kT}{I}$$

oder

$$M(4) = \int \omega^4 I(\omega) \, d\omega = \frac{1}{3}\left(\frac{kT}{I}\right)^2 + \frac{1}{24} I^2 \cdot \langle (OV)^2 \rangle, \tag{3.70a}$$

wobei $I$ das Trägheitsmoment des Moleküls darstellt und $OV$ das Drehmoment ist, das die Umgebung auf das Molekül ausübt. Die Mittelung über alle Orientierungen des Moleküls relativ zu den Stoßpartnern wird durch $\langle \rangle$ angedeutet, und sie beinhaltet die Temperaturabhängigkeit der Messung. Die ungeraden Momente sind wegen der Inversionssymmetrie null.

Die Erwartungswerte $M(n)$ konnten für kleine Moleküle durch umfangreiche Quantenberechnungen bestimmt und mit den auf Linienprofilanalysen basierenden Werten verglichen werden, um so einen besseren Einblick in die immer noch notwendigen Näherungen zu bekommen. Diese Rechnungen haben in den letzten Jahren besondere Bedeutung gewonnen, da erkannt wurde, dass die optischen Eigenschaften der Planetatmosphären von den stoßinduzierten Absorptionsprozessen dominiert werden. Die Spektren der Voyager-Satellitenmissionen haben diese Erkenntnis voll zum Tragen gebracht und die neuesten Berechnungen haben ganz wesentlich zum Verständnis der Planeten beigetragen (siehe Abschn. 3.5.3.4). Für größere Moleküle (größer als $H_2$) sind nur semiquantenmechanische Berechnungen mit Modellpotentialen und Zweikörperstößen in einem störenden mittleren Feld möglich. Da der Streuoperator $S$ komplex ist, kann der Einfluss von Realteil und Imaginärteil auf $I(\omega)$ getrennt untersucht und der isotrope und anisotrope Beitrag von $\alpha(\omega)$ isoliert werden. Diese Rechnungen werden heute vorwiegend auf Flüssigkeiten und hochkomprimierte Gase angewandt.

Hand in Hand mit den Linienprofilmessungen gehen die integrierten Intensitäten, die durch die Wirkungsquerschnitte (WQ) bestimmt werden. Im Allgemeinen ist die totale gestreute Intensität gegeben durch

$$I(v)_{m \leftarrow l} = \sigma(v)_{m \leftarrow l} \cdot G_s \cdot N(T) \cdot I_0, \tag{3.71}$$

wobei $\sigma$ der totale WQ, $I_0$ die einfallende Intensität (W/cm$^2$) und $G_S$ ein Zustandsgewichtsfaktor ist. Die normierte Besetzungsverteilung ist eine Boltzmann-Verteilung, welche gegeben ist durch

$$N(T) = N \cdot \frac{G_s(2J+1)\exp(-E_l/kT)}{\sum_{v,J,n} G_s(2J+1)\exp(-E(v,J,n)/kT)}.$$

Hier ist $N$ die Targetdichte, $G_s$ der Entartungsgrad des Zustands $J$, und alle übrigen Quantenzahlen sind durch den Buchstaben $n$ charakterisiert. Der Wirkungsquerschnitt für die Schwingungsübergänge berechnet sich folgendermaßen:

$$\sigma(v)_v^{v'} = \frac{2^7 \pi^5}{9}(v_0 + v_v^{v'})^4 \sum_{r,s}|(\alpha_{r,s})_v^{v'}|^2; \tag{3.72}$$

$r, s$ repräsentieren die kartesischen Koordinaten $x, y, z$. Der Wirkungsquerschnitt ist unabhängig von der Anregung von Rotationsübergängen und bestimmt durch einen Mittelwert über allen möglichen Orientierungen für ein raumfestes, nichtrotierendes Molekül. (Die Abhängigkeit von $v_v^{v'}$ von $J$ wurde dabei vernachlässigt.) Der Wirkungsquerschnitt in Gl. (3.72) kann auch gegeben werden als Funktion von $a'$ und $\gamma'$. Er lautet dann

$$\sigma(v_i) = \frac{2^4 \pi^3}{9c} \frac{(v_0 - v_i)^4 G_i h}{v_i[1 - \exp(-hv_i c/kT)]}\left[3(a_i')^2 + \frac{2}{3}(\gamma_i')^2\right], \tag{3.73}$$

wobei $G_i$ der Entartungsgrad des Schwingungszustandes $v_i$ ist. Gl. (3.73) beschreibt den totalen Wirkungsquerschnitt. Der differentielle Wirkungsquerschnitt ist gegeben durch

$$\frac{d\sigma}{d\Omega}(v_0, \theta) = \frac{2\pi^2}{45c} \frac{(v_0 - v_i)^4 G_i h}{v_i[1 - \exp(-hv_i c/kT)]}$$

$$\cdot (45(a_i')^2 + 7(\gamma_i')^2) \frac{2\varrho_i + (1-\varrho_i)\sin^2\theta}{1+\varrho_i}, \tag{3.74}$$

dabei ist $\theta$ der Winkel zwischen der Beobachtungsrichtung (ohne Polarisationsfilter) und dem Polarisationsvektor der linear polarisierten einfallenden Strahlung und

$$\varrho_i = \frac{3(\gamma_i')^2}{45(a_i')^2 + 4(\gamma_i')^2} \tag{3.75}$$

der Polarisationsgrad der $v_i$-ten Raman-Spektrallinie [13].

Die gemessenen relativen Wirkungsquerschnitte werden, wie bereits erwähnt, entweder an H$_2$- oder N$_2$-Daten angepasst, wobei die H$_2$-Werte auf berechneten Wirkungsquerschnitten beruhen und die N$_2$-Werte mittels schwarzer Körperstrahlung bestimmt wurden. Meist wird H$_2$ bevorzugt, da die Theorie die Frequenzabhängigkeit des Wirkungsquerschnittes zu berechnen erlaubt. Tab. 3.19 gibt eine Serie von Wirkungsquerschnitten für eine Auswahl von Molekülen wieder, bezogen auf den Wirkungsquerschnitt von $\sigma(N_2) = 1$. Der derzeitig akzeptierte Querschnitt für N$_2$ ($v_i = 2331$ cm$^{-1}$) ist $5.05(8) \cdot 10^{-48}$ [cm$^6$/sr] für einfallendes Licht der Wellenlänge 488 nm (ohne Gewichtsfaktor $(v_0 - v_i)^4$).

**Tab. 3.19** Absolute Raman-Wirkungsquerschnitte, bezogen auf $\sigma$ ($N_2$) = 1 [43].

| Molekül | 488 nm | Molekül | 488 nm |
|---|---|---|---|
| $N_2$ | 1 | $SO_2$ | $4.0_4$ |
| $O_2$ | $1.0_9$ | $C_2N_2^2$ | 11.9 |
| $H_2$ | $3.6_4$ | $NH_3$ | $6.2_7$ |
| $F_2$ | $0.3_2$ | $ND_3$ | $3.0_6$ |
| $Cl_2$ | 2.1 | $C_2H_3Cl$ | $1.5_5$ |
| $Br_2$ | 4 | $C_2H_6$ | $1.2_4$ |
| $I_2$ | 200 | $C_2H_5I$ | 1.9 |
| HF | $1.3_0$ | $CH_4$ | 6.8 |
| HCl | $2.8_2$ | $CD_4$ | 3.9 |
| HBr | $4.4_2$ | $CCl_4$ | 6.1 |
| HI | $5.8_7$ | $CH_2Cl_2$ | 4.0 |
| CO | $0.9_6$ | $CHCl_3$ | 1.8 |
| NO | $0.4_0$ | $SF_6$ | $3.7_6$ |
| $CO_2$ | $0.7_1$ | $UF_6$ | 12.6 |
| $N_2O$ | $1.7_6$ | $(CH_3)_2CO$ | 2.4 |
| ONF | $0.6_6$ | $C_6H_{12}$ | 3.6 |
| $H_2O$ | $2.5_6$ | | |
| $H_2S$ | $6.8_1$ | | |

Bisher wurde immer vorausgesetzt, dass $v_0$ von einem Eigenzustand der Moleküle weit entfernt ist. Um sicherzustellen, dass diese Voraussetzung erfüllt ist, müssen die Messungen bei mehreren Frequenzen durchgeführt werden, um die charakteristische $(v_0-v_i)^4$-Abhängigkeit zu garantieren.

### 3.2.5.4 Resonanz-Raman-Spektroskopie

Die Raman-Spektren, welche mit nicht-resonanten Photonen aufgenommen wurden, ergaben nur Eigenschaften des elektronischen Grundzustandes. Der kurzzeitig geschaffene Zwischenzustand tritt nur bei der Berechnung der Polarisationstensoren und ihrer Ableitungen in Erscheinung. Diese Interpretation verkehrt sich ins Gegenteil, wenn Resonanzbedingungen vorliegen. Dann dominieren die Eigenschaften des angeregten Zustandes das Raman-Spektrum. Der Übergang von nichtresonanter (spontaner) Raman-Streuung zu resonanter ist kontinuierlich und beide können mit dem gleichen mathematischen Formalismus berechnet werden. Mit Störungsrechnung zweiter Ordnung ergibt sich der Polarisationstensor folgendermaßen:

$$(\alpha_{rs}) = \frac{1}{\hbar} \sum_I \left( \frac{\langle F|r_r|I\rangle\langle I|r_s|F\rangle}{\omega_i - \omega_0 - i\Gamma_I} + \frac{\langle I|r_r|G\rangle\langle F|r_s|I\rangle}{\omega_i + \omega_0 - i\Gamma_I} \right), \quad (3.76)$$

wobei $r$ und $s$ die Polarisationsrichtungen des einfallenden und gestreuten Lichtes sind, $\omega_i$ die Schwingungsfrequenz eines resonanten Zwischenzustandes $I$ mit der Energie $h\nu_0$, $\omega_0$ die anregende Frequenz, $G$ der Grundzustand, $F$ der Endzustand und $\Gamma_I$ ein Dämpfungsterm, der die natürliche Lebensdauer aller Zustände $I$ be-

512    3 Moleküle – Spektroskopie und Strukturen

schreibt. Wenn $\omega_0$ keinem Eigenwert von $I$ nahe kommt, kann man den ersten Summanden in Gl. (3.76) über alle $I$ summieren und Gl. (3.76) ergibt die Rayleigh-Streuung. Wenn der resonante Fall berechnet werden soll, muss Gl. (3.76) weiter entwickelt werden. In der Born-Oppenheimer-Näherung kann die molekulare Wellenfunktion in ihre elektronischen und nuklearen Anteile, $\theta_i(r, R)$ und $\Phi_{ik}(R)$, aufgespalten werden, d. h.

$$\psi_{ik}(r, R) = \Theta_i(r, R) \Phi_{ik}(R) \,. \tag{3.77}$$

Für polyatomare Moleküle repräsentiert $k$ die Summe aller notwendigen Quantenzahlen. Wenn Gl. (3.77) in Gl. (3.76) eingesetzt wird, treten folgende Terme auf

$$\langle F | r_r | I \rangle = \langle \Phi_{gv}(R) \Theta_g(r, R) | r_r | \Theta_{ik}(r, R) \cdot \Phi_i(R) \rangle \,.$$

wobei $k$ und $v$ die Schwingungszustände in den elektronischen Zuständen $i$ und $g$ sind. Die Integration über die elektronischen Koordinaten kann in diesem Fall ausgeführt werden. Sie führt zu dem $R$-abhängigen elektronischen Dipolmatrixelement $M_{ij}(R)$, welches gegeben ist durch

$$M_{ij}(R) = \int \Theta_g^*(r, R) r_r \Theta_i(r, R) \, dr \,. \tag{3.78}$$

$M_{ij}$ ist normalerweise nur schwach abhängig von $R$ und kann deshalb in eine Taylor-Reihe um $R_0$ entwickelt werden:

$$M_{ij}(R) = M_{ij}(R_0) + M_{ij}'(R_0) R_v \,.$$

Mit diesen neuen Größen ergibt sich Gl. (3.76) zu

$$(\alpha_{rs})_{u,v} = |M_{ij}(R_0)|^2 \sum_k \frac{\langle u | k \rangle \langle k | v \rangle}{\omega_v - \omega_0 - i\Gamma_k}$$
$$+ M_{ij}(R_0) \cdot M_{ij}'(R_0) \sum_k \frac{\langle u | R_v | k \rangle \langle k | v \rangle + \langle u | k \rangle \langle k | R_v | v \rangle}{\omega_v + \omega_0 - i\Gamma_k} \,, \tag{3.79}$$

wobei $u$ die Anfangs- und $v$ die End-Schwingungszustände im elektronischen Grundzustand und $k$ Schwingungszustände im Zwischenzustand $I$ sind. Nur der erste Term in Gl. (3.76) muss berücksichtigt werden, wenn $\omega_v$ annähernd gleich $\omega_0$ ist, da wegen des kleinen Nenners der erste Summand dominiert.

Die erste Summe in Gl. (3.79) stellt die Überlagerung der Vibrationswellenfunktionen dar und die Summanden sind bekannt als *Franck-Condon-Faktoren*. Die zweite Summe berücksichtigt die Ortsabhängigkeit des elektrischen Moments und kann als eine *Herzberg-Teller-Störung* interpretiert werden. Wenn die Übergangswahrscheinlichkeit groß und der angeregte Zustand vom Grundzustand sehr verschieden ist, dominiert die Franck-Condon-Streuung. Dann gibt es keine Auswahlregel mehr für $v$ und Progressionen (Obertöne und Kombinationen) treten im Spektrum auf, deren Intensitäten durch $\langle u | k \rangle$ gegeben sind. Die Überlagerung ist nur dann von null verschieden, wenn alle Schwingungen derselben Symmetriegruppe angehören. Wenn eine total symmetrische Schwingung im Grundzustand vorliegt (A), dann koppelt sie nur mit einer total symmetrischen Schwingung im angeregten Zustand und endet wieder mit einem total symmetrischen System, allerdings mit einer anderen Quantenzahl.

## 3.2 Spektroskopie an Molekülen im elektronischen Grundzustand 513

```
Acetyl-Gly-Asp-Val-Glu-Lys-Gly-Lys-Lys-Ileu-Phe-Val-GluN-Lys-

    -Cy-Ala-GluN-Cy-His-Thr-Val-Glu-Lys-Gly-Gly-Lys-His-Lys-
      |            |
      S            S
       \          /
        \   Häm  /

-Thr-Gly-Pro-AspN-Leu-His-Gly-Leu-Phe-Gly-Arg-Lys-Thr-

  -Gly-GluN-Ala-Pro-Gly-Phe-Thr-Tyr-Thr-Asp-Ala-AspN-Lys-

    -AspN-Lys-Gly-Ileu-Thr-Try-Lys-Glu-Glu-Thr-Leu-Met-Glu-

      -Tyr-Leu-Glu-AspN-Pro-Lys-Lys-Tyr-Ileu-Pro-Gly-Thr-Lys-

        -Met-Ileu-Phe-Ala-Gly-Ileu-Lys-Lys-Lys-Thr-Glu-Arg-Glu-

          -Asp-Leu-Ileu-Ala-Tyr-Leu-Lys-Lys-Ala-Thr-AspN-GluCOOH
```

**Abb. 3.70** Aminosäuresequenz von Cytochrom C. Die Aminosäuren Gly, Asp, Val, Gul, Lys, Ileu, Phe, GluN, Cy, Ala, His, Thr, Pro, AspN, Leu, Arg, Thyr, Met, sind die Bausteine für die meisten Proteine.

Es gibt zwei Situationen, in denen die Herzberg-Teller-Streuung wichtig ist: (1) Wenn der angeregte Zustand eine kleine Übergangswahrscheinlichkeit hat, aber ein naheliegender Zustand sehr stark angeregt werden kann, tritt eine Kopplung der Zustände ein und $|M_{ig}(R_0)|^2 \gg M_{ig}(R_0) \cdot M_{ij}(R_0)$, wobei $M_{ij}$ das elektrische Moment des starken Zustandes $j$ in der Nachbarschaft von dem angeregten Zustand $i$ ist. Nun können die asymmetrischen Schwingungen ebenfalls resonant verstärkt werden. (2) Wenn das Potential des angeregten Zustandes dem Grundzustand sehr ähnlich ist, sind die Schwingungswellenfunktionen orthogonal; der erste Summand in Gl. (3.79) führt vorwiegend zu Rayleigh-Streuung, und das Raman-Spektrum wird wieder von dem Herzberg-Teller-Term beherrscht.

Im Folgenden sollen zwei typische Beispiele präsentiert werden, die die Vorteile der resonanten Raman-Streuung klar machen. Das erste Molekül ist Ferrocytochrom C. Es ist ein biologisches Molekül, das in der Muskulatur vieler Warmblüter enthalten ist. Es ist ein kleines Protein ($M = 13000$), dessen Aminosäuresequenz schematisch in Abb. 3.70 gezeigt ist. Es erhält seine charakteristische rote Farbe durch den Porphyrin-Eisen-Komplex der Häm-Gruppe. Verwandte Komplexe liegen auch im Hämoglobin und im Chlorophyll vor. Auf den ersten Blick erscheint es aussichtslos, das Raman-Spektrum einer solchen Verbindung zu interpretieren. Aber mit der resonanten Raman-Streuung kann man selektiv nur die Schwingungen anregen, die mit dem angeregten Zustand des Chromophors (hier $Fe^{2+}$) und dessen Symmetrie gekoppelt sind. Ferner erleichtert die hohe Symmetrie des Häm-Moleküls (annähernd $D_{4h}$) die Interpretation. Da der Zentralring konjugiert ist (wie Benzol), reduziert sich damit der elektronische Grundzustand auf $\pi$-Orbitale, die ein Elektron für die leeren $\pi^*$-Orbitale zur Verfügung stellen. Das Zentrum des Rings kann fast alle Metallionen aufnehmen, deshalb ergeben systematische Analysen der Messdaten die Lebensdauer des angeregten Zustandes, seine Symmetrie, die elektronische Entartung und die Kopplung der Schwingungsmoden zum elektronischen Zustand. Abb. 3.71 zeigt einen Teil des Anregungsspektrums und sechs resonante Raman-Spektren, welche bei den durch die Strichmarkierungen angedeuteten Frequenzen aufgenommen wurden. Die Linie mit dem Stern ist ein Gittergeist und die 3100-cm$^{-1}$-Linie wurde von Eis ($H_2O$) erzeugt. Sie repräsentiert den spontanen Raman-Effekt. Um sicher zu sein, dass nur der Grundzustand der Schwingungen besetzt ist, wurde die Probe auf 6 K abgekühlt und schnell rotiert, um Lasererwärmung zu vermeiden. Da keines der Spektren Obertonfolgen zeigt, handelt es sich hier um Herzberg-Teller-

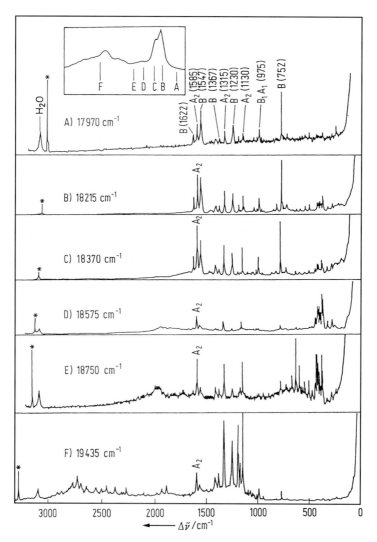

**Abb. 3.71** Resonanz-Raman-Spektrum von Ferrocytochrom C bei 6 K für verschiedene Anregungsfrequenzen A–F. Diese sind im optischen Spektrum im oberen Bildeinsatz angedeutet [43].

Streuung. Die $\pi^*$-Elektronen des Superrings sind zweifach entartet; die elektronische Korrelation hebt diese Entartung auf und erzeugt die starke Linie (B) und die wesentlich schwächere Q-Linie (F), welche im Einschub in Abb. 3.71 gezeigt wird. Die Strukturen im elektronischen Übergang entstehen folgendermaßen: Das Maximum bei B wird durch Übergänge vom Grundzustand und angeregtem Zustand erzeugt mit $\Delta v = 0$. Das Maximum bei F ist eine Umhüllende vieler Schwingungsniveaus im Q-Zustand. Das A-Spektrum ist nur schwach resonant und ist in der Intensität vergleichbar mit der Wasserlinie. Die Spektren B und C sind wesentlich intensiver. Es ist einfach, die A-Schwingungen zu identifizieren, da sie 100% polarisiert sind. Wenn Resonanz mit der F-Linie hergestellt wird, werden andere Schwingungen mit dem elektronischen Zustand gekoppelt und erscheinen verstärkt. Im Allgemeinen haben alle Raman-Spektren, auch die spontanen, eine gewisse resonante Beimischung, welche die Intensitäten der Spektrallinien mitbeeinflusst.

Das zweite Beispiel ist charakteristisch für einen Franck-Condon-Übergang. In einem $K_4(Ru_2OCl_{10})$-Kristall, der auf 80 K abgekühlt wurde, wird der Brückensauerstoff in der $D_{4h}$-Symmetrie des Anions angeregt. Alle vier symmetrischen Schwingungen erscheinen im Spektrum, das in Abb. 3.72 gezeigt ist, bei 400 cm$^{-1}$. Das restliche Spektrum wird von den Kombinationsreihen (Progressionen) und Obertönen beherrscht. Da in allen Kopplungen $v_1$ beteiligt ist, deutet das darauf hin, dass der Bindungsabstand Ru—O—Ru in angeregtem Zustand sich vom Grundzustand unterscheidet und dass das angeregte Elektron wesentlich zur Brückenbildung beiträgt.

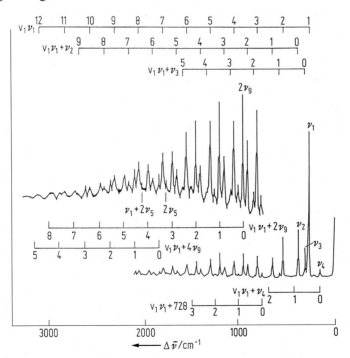

**Abb. 3.72** Obertöne und Kombinationsreihe im Resonanz-Raman-Spektrum von $K_4(Ru_2OCl_{10})$ bei 80 K [44].

Mit dem resonanten Raman-Effekt kann man das Schwingungsspektrum dramatisch vereinfachen. Die Spektren geben weiterhin wesentliche Hinweise auf den Charakter des Anregungszustandes. Schließlich erlauben es die großen Wirkungsquerschnitte, auch bei kleinsten Konzentrationen Messungen durchzuführen.

### 3.2.5.5 Kohärente Anti-Stokes-Raman-Spektroskopie (CARS)

In den bisherigen Ausführungen zum Raman-Effekt war stets lineares Verhalten der Moleküle bei einer Störung durch das Licht vorausgesetzt. Mit fokussierten Laserstrahlen kann man jedoch Leistungsdichten erzielen, die nichtlineare Beiträge zur Polarisierbarkeit und Suszeptibilität erzeugen und die den Streuprozess ganz wesentlich modifizieren. Die Polarisation $P$ kann in eine Reihe entwickelt werden:

$$P(r,i) = P^{(1)}(r,i) + P^{(2)}(r,i) + P^{(3)}(r,i) + \ldots, \tag{3.80}$$

wobei

$$P^n(r,i) = \chi^{(n)}(\omega_1, \omega_2, \ldots, \omega_n) E(r,1) \cdot E(r,2) \ldots \cdot E(r,n) \tag{3.81}$$

ist und $i$ die Frequenzen der eingestrahlten elektrischen Felder repräsentieren, die am Ort des Moleküls aktiv sind; $\chi^{(n)}$ ist der Suszeptibilitätstensor der Stufe $(n+1)$.

Für Materialien mit Inversionssymmetrie verschwinden alle geraden Glieder in (Gl. 3.80), so dass nur $\chi^{(1)}$ und $\chi^{(3)}$ weiter berücksichtigt werden müssen. In CARS (**C**oherent **A**nti-Stokes **R**aman **S**pectroscopy) werden zwei Laserfrequenzen eingesetzt, $\omega_1$ und $\omega_2$. In Abb. 3.73 ist das Energieniveaudiagramm für die kohärente Mischung im Raman-Prozess gezeigt. Durch ein Photon der starken Pumpfrequenz $\omega_1$ wird ein Molekül in einen kurzlebigen, elektronischen Zwischenzustand angeregt, den die zweite Frequenz resonant durch stimulierte Emission zum Zerfallen zwingt; $\omega_2$ ist so gewählt, dass das Molekül in einem angeregten Schwingungszustand endet. Nun bringt der Pumplaser das Molekül erneut in einen etwas höheren Zwischenzustand, der schließlich mit $\omega_3$ zerfällt und das Molekül in den ursprünglichen Ausgangszustand zurückführt. Diese Folge von Absorption und Emission ist in

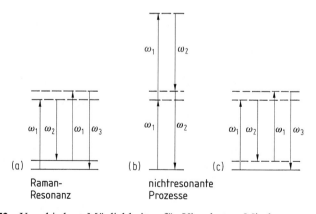

**Abb. 3.73** Verschiedene Möglichkeiten für Vierphoton-Mischprozesse.

Abb. 3.73a gezeigt. Abb. 3.73b und c zeigen andere Möglichkeiten, die das Molekül besitzt, um Photonen in Zwischenzustände zu absorbieren und zu emittieren und zum Schluss in den Anfangszustand zurückzuführen. Diese Prozesse sind besonders wichtig, wenn $2\omega_1$ in der Nähe eines Eigenzustands liegt (Abb. 3.73b) oder wenn der Schwingungszustand durch eine Fermi-Resonanz stark beeinflusst wird. Der Untergrund in CARS-Spektren wird meist durch diese Beiträge erzeugt. Sie können so stark werden, dass die Interpretation der Spektren unmöglich wird. Gl. (3.81) bedeutet für $n = 3$ die Mischung von drei Frequenzen, um eine vierte zu erzeugen. Mathematisch ausgedrückt heißt das, basierend auf Gl. (3.48):

$$P_{(3)}(r, 4) = \chi_{(3)} \alpha_{x_i}(\omega_i) E_{x_i}(r, j),$$

wobei $x_i$ für $x$, $y$ und $z$ stehen und $j$ die drei Frequenzen repräsentiert. Dieser Ausdruck kann wesentlich vereinfacht werden, wenn zwei Frequenzen übereinstimmen und wenn das Medium isotrop ist. Er lautet dann:

$$P_{(3)}(r, 3) = \chi_{\text{CARS}} \hat{e}_{\text{CARS}} \cdot E^2(1) E(2)^* \cdot \exp[i(2k_1 - k_2) \cdot r], \tag{3.82}$$

wobei für $\hat{e}_1 \parallel \hat{e}_2$

$$\chi_{\text{CARS}} = 3 \chi_{ii}^{(3)}(\omega_1, \omega_1, -\omega_2) \quad \text{und} \quad \hat{e}_{\text{CARS}} = \hat{e}_1$$

ist, und für $\hat{e}_1 \perp \hat{e}_2$

$$\chi_{\text{CARS}} = 3 \chi_{ij}^{(3)}(\omega_1, \omega_1 - \omega_2) \quad \text{und} \quad \hat{e}_{\text{CARS}} = \hat{e}_2.$$

Die Indizes $i$ und $j$ repräsentieren die kartesischen Koordinaten. Die elektrischen Felder $E_1$, $E_2$ und $E_3$ sind verknüpft durch die Wellengleichung. Damit läßt sich die Streuintensität der Anti-Stokes-Linie berechnen. Sie ist gegeben durch

$$I_3(\Delta k) = \frac{2^8 \pi^4 \omega_3^2}{n_1^2 n_2 c^4} |\chi_{\text{CARS}}|^2 I_1^2 I_2 l^2 \left(\frac{\sin(\Delta k l/2)}{\Delta k l/2}\right)^2, \tag{3.83}$$

wobei

$$\Delta k = 2k_1 - k_2 - k.$$

den Phasenunterschied zwischen den drei Wellen darstellt und $l$ die Länge der Messzelle ist. $I_3$ hat ein Maximum, wenn $\Delta k = 0$ ist. Dies wird dann erreicht, wenn die drei Wellenvektoren $k$ ein Dreieck bilden. Es ist experimentell von großem Vorteil, die Pumplaser unter einem kleinen Winkel in der Zelle zu kreuzen, denn dann wird die erwünschte Anti-Stokes-Linie $\omega_3$ räumlich getrennt von den starken Pumpintensitäten ausgestrahlt. Gl. (3.83) basiert auf relativ groben Näherungen und darf deshalb nur qualitativ interpretiert werden. Vor allem ist es unrealistisch, die einfallenden Laserstrahlen mit ebenen Wellen zu beschreiben. Im Experiment haben die Laserintensitäten Gauss-Verteilungen und dies modifiziert Gl. (3.83) und reduziert $I_3$ um etwa 50%.

Alle Größen in Gl. (3.83) außer $\chi^{(3)}$ sind entweder bekannt oder messbar. In Abwesenheit von elektronischen Resonanzen kann $\chi^{(3)}$ für die Sequenz $n \to k \to n$ folgendermaßen ausgedrückt werden:

$$\chi^{(3)}(\omega_1, \omega_1, -\omega_2) = \chi_{\text{NR}} + N_n [24\hbar(\omega_{kn} - \omega_n + \omega_2 - i\Gamma_{kn})]^{-1}$$
$$\cdot [\langle n|\alpha^A \alpha_{x1}|k\rangle\langle k|\alpha_{x2,x3}^S|n\rangle$$
$$+ \langle n|\alpha^A \alpha_{x3}^3|k\rangle\langle k|\alpha_{x2,x3}^S|n\rangle], \tag{3.84}$$

wobei $N_n$ der Besetzungsunterschied zwischen dem Grundzustand $n$ und dem Zwischenzustand $k$ ist, und $\omega_{kn}$ der Energieunterschied zwischen den Zuständen. S bezeichnet die Stokes-Komponente und A den Anti-Stokes-Anteil. Wenn eine Frequenz mit einem Minuszeichen erscheint, dann deutet dies darauf hin, dass diese Strahlung emittiert wird. Die Erwartungswerte wiederum errechnen sich mit

$$h\langle n|\alpha^A\alpha_{x1}|k\rangle = \sum_r \frac{(M_\alpha)_{nr}(M_{x1})_{rk}}{\omega_r - \omega_3} + \sum_r \frac{(M_{x1})_{nr}(M_\alpha)_{rk}}{\omega_r - \omega_1}$$

und

$$h\langle k|\alpha^S_{x2,x3}|n\rangle = \sum_r \frac{(M_{x2})_{kr}(M_{x3})_{rn}}{\omega_r - \omega_2} + \sum_r \frac{(M_{x3})_{kr}(M_{x2})_{rn}}{\omega_r - \omega_1}. \quad (3.85)$$

Dabei bedeuten

$$(M_\alpha)_{nr} = \langle n|M_\alpha|r\rangle$$

die Übergangswahrscheinlichkeiten, eingeleitet durch $M_\alpha$, welche in Gl. (3.78) gegeben sind. $\chi_{NR}$ in Gl. (3.84) ist die nichtresonante Suszeptibilität, deren Herkunft in Abb. 3.73b und c angedeutet ist. Sie produziert einen relativ glatten Untergrund, über dem das CARS-Spektrum liegt. Da die resonanten und nichtresonanten Prozesse kohärent sind, können sie interferieren und das Spektrum bis zur Unkenntlichkeit verändern. $\Gamma_{kn}$ beschreibt die Dämpfung, welche von der jeweiligen Lebensdauer der Zwischenzustände $k$ abhängt und implizit voraussetzt, dass die Raman-Linien Lorentz-Profile haben. Der CARS-Prozess ist die kohärente Mischung der vier Frequenzen $(\omega_1, \omega_1, -\omega_2, -\omega_3)$; dieses kann auch in einer anderen Reihenfolge ablaufen, z. B. $(\omega_1, -\omega_1, \omega_2, -\omega_3)$. Dabei wird $\omega_3$ zur Stokes-Frequenz, und es ergibt sich ein kohärentes Stokes-Raman-Signal. Seine Intensität berechnet sich analog zu Gl. (3.84), wobei $\chi^{(3)}$ jetzt gegeben ist durch

$$\chi^{(3)}(\omega_2, \omega_1 - \omega_1) = \chi_{NR} + \frac{N_n}{24}[(\omega_{nk} - \omega_1 + \omega_2 + i\Gamma_{kn})\hbar]^{-1}$$
$$\cdot \langle n|\alpha^S\alpha_{x1}|k\rangle\langle k|\alpha^S_{x2x3}|n\rangle . \quad (3.86)$$

Wenn keine elektronischen Zustände in der Nachbarschaft von $\omega_1$, $\omega_2$ und $\omega_3$ liegen, ist die Frequenzabhängigkeit von $\alpha$ klein, und $\alpha^S = \alpha^A$ und $\chi_{NR}$ ist vernachlässigbar; dann können die Maxima der CARS-Linien mit denen von Raman-Linien verglichen und kann folgende Relation abgeleitet werden:

$$\chi^{(3)}(\omega_1, \omega_1 - \omega_2) = \frac{-2(N_n - N_k)}{N_n} \cdot \chi^{(3)}(\omega_1, \omega_2 - \omega_1), \quad (3.87)$$

Die Suszeptibilität kann direkt mit einem Wirkungsquerschnitt verknüpft werden. Wenn ein isotropes Material untersucht wird und über alle Richtungen gemittelt werden kann, gilt

$$\chi_{CARS} = 3\chi^{(3)}(\omega_1, \omega_1, -\omega_2)$$
$$= (N_n - N_k)n_1 c^4 \frac{d\sigma}{d\Omega} \cdot [2\hbar n_2 \omega_k^4(\omega_{kn} - \omega_1 + \omega_2 - i\Gamma_{kn})]^{-1},$$

und

$$\frac{d\sigma}{d\Omega} = 4\hbar n_2 \omega_k^4 I_m \chi^{(1)}/n, \pi c^4 N_n, \quad (3.88)$$

wenn $n_1$ und $n_2$ die Brechungsindizes von $\omega_1$ und $\omega_2$ sind. Da bei der Raman-Streuung für $\chi^{(3)}$ ähnliches gilt, ermöglicht dies einen Vergleich zwischen Raman- und CARS-Intensitäten. Das Verhältnis ist

$$\frac{I_{\text{CARS}}}{I_{\text{RAM}}} \approx 10^{-5} \cdot \frac{p_1}{\text{W}} \cdot \frac{p_2}{\text{W}} \cdot \frac{P}{\text{hPa}}$$

für $(d\sigma/d\Omega) = 10^{-30}\,\text{cm}^{-2}$, $\Gamma = 0.1\,\text{cm}^{-1}/2\pi c$, $\Delta\omega = 2000\,\text{cm}^{-1}$, $\omega_1 \approx \omega_2 = 532\,\text{nm}$, wenn $p_1$ und $p_2$ die eingestrahlten Laserleistungen (in Watt) sind. Da das Produkt $p_1 p_2$ leicht $10^{10}\,\text{W}^2$ erreichen kann, dominiert das CARS-Signal selbst bei 100 Pa das Spektrum. Die wichtigste Charakteristik von CARS ist jedoch die Bündelung des gesamten Streusignals in einen Strahl, der leicht von aller Untergrund- und Fluoreszensstrahlung abgetrennt werden kann. Deshalb hat die CARS-Technologie die weiteste Anwendung im Studium von Flammen, Explosionen und anderen schnell ablaufenden strahlenden Prozessen gefunden. Im Folgenden sollen zwei Beispiele die Anwendung der vorher skizzierten Ideen illustrieren.

Abb. 3.74 zeigt die einfachste Anordnung, mit der es möglich ist, CARS-Spektren aufzunehmen. Die beiden Laser werden durch die Linse $L_2$ auf wenige Mikrometer Durchmesser in die Zelle fokussiert und überlagert (was nicht immer einfach ist). Der Winkel $2\alpha$ beträgt nur wenige Grad. Er wird so eingestellt, dass Phasen kohärent

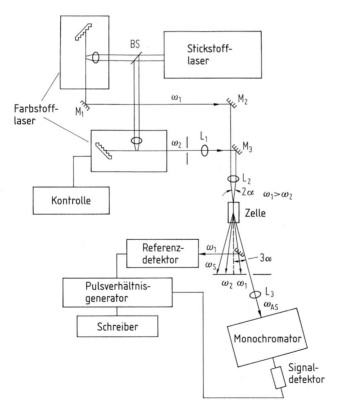

**Abb. 3.74** Experimenteller Aufbau eines CARS-Spektrometers.

520  3 Moleküle – Spektroskopie und Strukturen

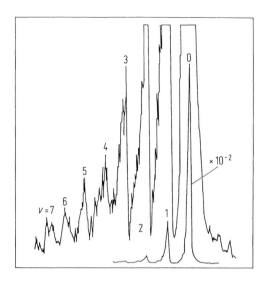

**Abb. 3.75** CARS-Spektrum von $N_2$ in einer Gasentladung bei 1000 Pa [43].

sind ($\Delta k = 0$). Sollten sich der CARS-Strahl und ein Pumpstrahl zu nahe kommen, genügt oft ein einfaches Prisma, um sie zu trennen. Das Spektrum wird aufgezeichnet, indem die Frequenz des Farbstofflasers variiert wird. In Abb. 3.75 ist das CARS-Spektrum von $N_2$ in einer elektrischen Entladung wiedergegeben. Der Druck in der Entladungszelle beträgt 1000 Pa. Das Spektrum zeigt $v = 7$, ein Hinweis auf die hohe Temperatur im Gas. Die Intensitätsverteilung weicht jedoch bedeutend von einer Boltzmann-Verteilung ab. Es ist die effektive Erhitzung von $N_2$ in einer Gasentladung, die dem $CO_2$-Laser zu seinem hohen Leistungsgrad verhilft. Die Linienbreite des CARS-Signals wird vorwiegend von den Lasern bestimmt. Es ist möglich, in Farbstoff-Ringlasern die Bandbreite dauerhaft auf 1 MHz einzustellen (locking), was einer Energieunschärfe von $3 \cdot 10^{-5}$ cm$^{-1}$ entspricht. Es ist deshalb möglich, CARS mit extrem hoher Auflösung zu betreiben. Unter diesen experimentellen Bedingungen herrscht ein steter Wettbewerb zwischen Doppler-, Stoß- und Instrument-Verbreiterung.

Das zweite Beispiel beschäftigt sich mit der Anwendung der CARS-Methode auf die Erzeugung neuer Laserstrahlen. Wie mehrfach erwähnt, wird der CARS-Strahl kohärent und stark gebündelt abgestrahlt. Wenn man einen starken Pumplaserpuls in eine Zelle mit komprimiertem Wasserstoff sendet, erzeugt man am Ausgang der Zelle eine Vielfalt von Laserstrahlen, alle kolinear, deren Intensitäten von der Länge der Zelle und der optischen Qualität des Pumplasers abhängen. Abb. 3.76 zeigt das Vibrationstermschema von $H_2$ und die Absorptions- und Emissionsprozesse. Am Anfang der Zelle wird ein Anti-Stokes-Strahl erzeugt, der dann die Rolle von $\omega_2$ übernimmt. In dem Maße, wie die Laserstrahlen die Zelle durchqueren, werden immer höhere Schwingungsniveaus angeregt, die dann zum Ausgangspunkt eines weiteren CARS-Prozesses werden. Auf diese Weise ist es möglich, bis zu 50 % der Pumpleistung in die CARS-Strahlen überzuführen. Da die Abstände der Schwingungsniveaus in $H_2$ sehr groß sind, bedeutet jeder CARS-Schritt eine große Ver-

3.2 Spektroskopie an Molekülen im elektronischen Grundzustand     521

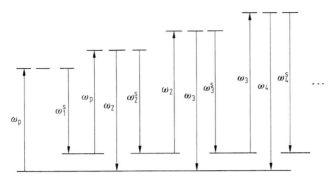

**Abb. 3.76** Mehrstufenprozess mit dem Laserphotonen durch eine Sequenz von Raman-Prozessen zu höheren Energien verschoben werden können.

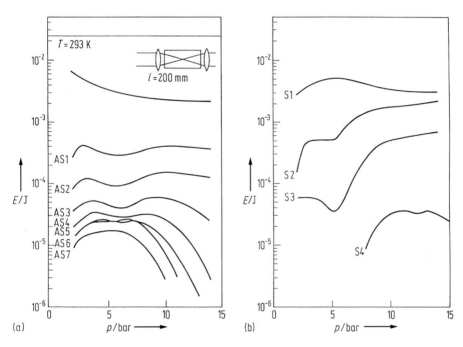

**Abb. 3.77** Intensitätsverteilung der verschiedenen (a) Anti-Stokes- und (b) Stokes-Linien als Funktion des $H_2$-Zellendruckes [43].

schiebung ins Ultraviolett. Abb. 3.77 zeigt die Intensitätsverteilung der Stokes- und Anti-Stokes-Linien als Funktion des Zellendruckes. Wenn die Frequenz des Farbstofflasers variiert wird, ändert sich auch die Energie der Stokes- und Anti-Stokes-Photonen, so dass in diesem Prozess die Abstimmbarkeit der Endfrequenz nicht verloren geht.

CARS ist eine gut verstandene, hoch selektive Messmethode, die in der Zukunft in Forschung und Technik viele bedeutende Anwendungen finden wird.

## 3.2.6 Multiphotonen-IR-Anregungen

### 3.2.6.1 Einleitung

Die bisher beschriebenen spektroskopischen Messungen beschränkten sich vorwiegend auf die Absorption eines einzelnen Photons, was auch für die Anregung von Obertönen und Kombinationslinien gilt. Wie bereits beim Raman-Effekt ausgeführt wurde, ist es jedoch möglich, ein Molekül zu zwingen, kurzzeitig in einen Zwischenzustand überzugehen, der entweder schnell zerfällt oder als Ausgangspunkt für eine weitere Absorption dienen kann. Auf diese Weise ist es möglich, auch im nichtresonanten Fall, dass ein Molekül mehrere Photonen absorbiert und die Anregung von höheren Rotations- und Schwingungszuständen bewirkt. Da die Übergangswahrscheinlichkeit in Zwischenzustände klein ist, muss das Molekül hohen Strahlungsdichten ausgesetzt werden, die in fokussierten $CO_2$- oder YAG-Laserstrahlen experimentell erreichbar sind.

Wie bereits in Abb. 3.37 angedeutet wurde, wächst die Zustandsdichte in einem Morse-Potential durch seine Anharmonizität extrem stark an. Zum Beispiel hat Benzol 2 eV über dem Schwingungsgrundzustand ungefähr $10^8$ Zustände pro $cm^{-1}$ (etwa $10^{-4}$ eV). Diese hohe Dichte führt zu einer starken Mischung der Zustände sodass ein Quasikontinuum entsteht und die Mehrphotonenabsorption erleichtert, da die Zwischenzustände den Eigenzuständen immer näher kommen und die Übergangswahrscheinlichkeiten wachsen. Eingebettet in den „Zustandssee" liegen diskrete Obertöne von Frequenzen, die aus Gründen der Symmetrie und Lokalisierung sehr wenig mit dem Rest der Schwingungen gemeinsam haben. So zum Beispiel bleiben die C–H-Streckschwingungen von $C_6H_6$ in der Vielfalt der Biege- und Torsionsschwingungen des Benzolgerüstes erhalten.

Wenn ein Molekül in einen lokalen, isolierten Zustand angeregt wird, ergeben sich interessante Fragen: Wie lange dauert es, bis die Energie in den umgebenden See von Quantenzuständen (analog zu einem Wärmebad) abfließt? Ist es möglich, gezielt so anzuregen, dass definierte Bindungen dissoziieren? Um diese Fragen zu beantworten, werden Laser in der präparativen Chemie und der Isotopentrennung eingesetzt um chemische Prozesse „heißer" (angeregter) Moleküle einzuleiten. Die Reaktionen laserangeregter Moleküle verlaufen oft anders als die Reaktionen thermisch angeregter Systeme. Bei Letzteren wird stets die schwächste Bindung gebrochen, da viele Stoßprozesse die Gleichverteilung der Energie auf alle Freiheitsgrade bewirken. Spezifische Bindungsbrüche werden nur dann möglich, wenn die Laserenergie wesentlich schneller eingestrahlt wird, als das Quantenbad die Energie der lokal angeregten Zuständen über die Wechselwirkungen mit dem Quasikontinuum abführt.

Im Prinzip sind von den detaillierten Studien in der Mikrowellen-, Infrarot- und Raman-Spektroskopie alle Elemente, die hier zusammenkommen, bekannt: d.h. man kennt den exakten Hamilton-Operator, das Potential und seine Eigenzustände. Die Herausforderung bleibt jedoch, dynamische Lösungen für die entsprechende zeitabhängige Schrödinger-Gleichung zu finden. Selbst der einfachste Fall, die Kopplung von zwei anharmonischen Oszillatoren, kann nur mit Rechenmethoden der klassischen Mechanik numerisch ausgewertet werden. Mithilfe des Korrespondenzprinzip müssen dann unterschwellige quantenmechanische Tendenzen erraten wer-

## 3.2 Spektroskopie an Molekülen im elektronischen Grundzustand

den. Dabei ergeben sich viele Fragen in Bezug auf stationäre Lösungen und deren periodische, quasiperiodische und chaotische Bewegungsabläufe.

### 3.2.6.2 Messungen im Quasikontinuum

Alle neueren Messungen, die das Quasikontinuum spektroskopisch ausloten, starten mit den zu untersuchenden Molekülen im Rotations- und Vibrationsgrundzustand, um alle Strukturen im Absorptionsspektrum als Konsequenz der Anregung zu interpretieren. Dies wird entweder durch das Abkühlen von Molekülkristallen oder durch die Expansion eines dotierten Trägergases durch eine Laval-Düse in ein Vakuumgefäß erreicht. Der adiabatische Vorgang zwingt die Gase, ihre radiale kinetische Energie in axiale zu verwandeln; dadurch entstehen gut gebündelte Gasstrahlen. Die Rotationsenergie stellt sich nach wenigen Stößen auf die kinetische Energie des Schwerpunktsystems ein und kann bis auf 0.5 K abfallen. Die Schwingungstemperatur dagegen benötigt Tausende von Stößen, um ins Gleichgewicht zu kommen und unterschreitet selten 25 K. Beigemischte Moleküle werden im Trägerstrom mitgerissen, kühlen ab und bevölkern den Grundzustand. Die Existenz von (räumlich und/oder zeitlich) lokalisierten Eigenzuständen von Schwingungsmoden im Quasikontinuum führt zu einem zweiatomigen Verhalten. Abb. 3.78 zeigt die Progression der Obertöne der C–H-Streckschwingungen in Naphthalin. Der Bildeinsatz zeigt die Anharmonizität des Potentials durch die lineare Verschiebung von $\Delta E$ als Funktion von $v$. Die Linienbreite der Spektrallinien gibt weiterhin Hinweise auf die Kopplung dieser Resonanzen mit dem Quasikontinuum, da eine kurze Lebensdauer eine große Halbwertsbreite im Spektrum zur Folge hätte.

Die Existenz isolierter Schwingungsmoden im Quasikontinuum großer Moleküle eröffnet die Möglichkeit, Isotope durch optische Anregungen zu trennen. Ein Infrarotlaser wird dabei resonant auf den Übergang von $v = 0$ nach $v = 1$ für ein Isotopenpaar eingestellt. Weitere Photonen werden absorbiert, bis das Molekül zerfällt; die Reaktionsprodukte sind isotopenangereichert. So konnten für $^{13}$C und $^{15}$N

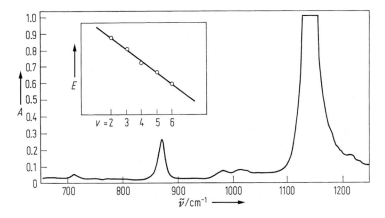

**Abb. 3.78** Obertonfolge der C–H-Streckschwingung in Naphthalin. Der Bildeinsatz zeigt die Verschiebung der Spektrallinien durch die Anharmonizität des Potentials [45].

durch Photodissoziation von Tetrazinmolekülen in einem Kristall, der auf 1.6 K abgekühlt war, Anreicherungen bis zu $10^4$ erreicht werden. Bei diesem Experiment war die eingestrahlte Photonendichte so hoch, dass die Zerfallsreaktion über elektronisch angeregte Zustände ablief und die Messungen mehr auf die molekulare Isotopenselektivität empfindlich waren als auf einen gezielten Bindungsbruch. Wirtschaftlich sind diese Prozesse noch nicht, da die Photonen viel zu teuer sind.

Wenn Cyclopropan, $(CH_2)_3$, mit 3.22- oder 9.5-μm-Photonen angeregt wird, wird der Ring gesprengt, und es entsteht Propen, so fern die Photonendichte hoch genug ist um diskrete Zustände im Quasikontinuum anzuregen. Die Energie zur molekularen Umgruppierung ist dann ausreichend, das Molekül zu fragmentieren. Das Verzweigungsverhältnis von Zerfall zu Strukturänderung ist von der Wellenlänge abhängig. Bei niedrigem Zellendruck führen die energiereichen Photonen (3100 cm$^{-1}$) ausschließlich zur Reaktion, während die 1050-cm$^{-1}$-Energiequanten gleich viele Zerfälle wie Bindungsbrüche erzeugen. Die Endprodukte sind von denen, die bei thermischer Energiezufuhr gefunden werden, nicht unterscheidbar, jedoch zeigen die Intensitäten, dass das Verzweigungsverhalten auf nichtadiabatischen Verteilungen im angeregten Zustand beruht.

### 3.2.6.3 Modellrechnungen von Vielquantenanregungen

Die theoretische Herausforderung besteht darin, Moleküle zu beschreiben, die in einem starken elektromagnetischen Feld Energie absorbieren und diese durch intramolekulare Wechselwirkungen so umverteilen, dass alle Freiheitsgrade gleich bevölkert werden. Das erste Problem wird meist phänomenologisch mit semiklassischer, nichtlinearer Theorie aus der Optik beschrieben, wobei das Feld als klassisch und das Molekül als Quantensystem mit empirisch bekannten Energieniveaus angenommen wird. Die Beschreibung der zeitlichen Entwicklung der Energieumverteilung ist extrem schwierig, weil im Quasikontinuum viele Schwingungsfreiheitsgrade durch die Anharmonizität des Potentials gekoppelt sind. Das Ausmaß der Schwierigkeiten kann daran erkannt werden, dass es nur möglich ist, klassisch die Trajektorien zweier gekoppelter Teilchen in einem mathematisch bequemen, praktisch nicht realisierbaren Potential zu berechnen. Unter den periodischen Bahnen werden die als sinnvoll erachtet, die dem Ritz'schen Korrespondenzprinzip

$$\int p\,dq = \left(n + \frac{1}{2}\right)h$$

genügen.

Diese Bahnkurven können weiter ausgewertet werden, um spektrale Eigenschaften ausgewählter Lösungen zu berechnen. Die Eigenlösungen für die $z$-Koordinate ergibt die Spektrallinie $I(\omega)$ für Absorption mittels der Fourier-Transformation der Autokorrelationsfunktion. In analytischer Form heißt das:

$$I(\omega) = \frac{1}{2\pi} \int_{-\infty}^{+\infty} \langle z(0) z(t) \rangle \mathrm{e}^{-i\omega t}\,dt.$$

Für Infrarotspektren muss $z(t)$ durch das Dipolmoment $\mu(t)$ ersetzt werden.

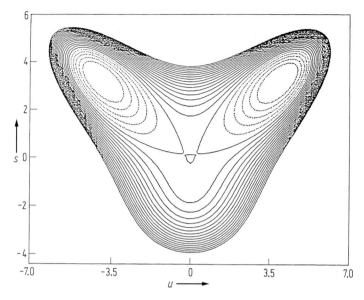

**Abb. 3.79** Höhenliniendarstellung eines anharmonischen Potentials vom Barbanis-Typ. Die analytische Form ist im Text gegeben [45].

Als Beispiel sollen die klassischen und quantenmechanischen Lösungen des folgenden Potentials (Barbanis-Typ) dienen:

$$V(s, u) = \frac{1}{2} \omega_u^2 u^2 + \frac{1}{2} \omega_s^2 s^2 + \lambda u^2 s + \mu (u^4 + s^4) \,.$$

Das Potential ist in Abb. 3.79 in der Höhenliniendarstellung aufgetragen für $E = 80.0$ bis $E = -25.0$ in Schritten von fünf Energieeinheiten mit $\omega_u = 1.1$, $\omega_s = 1$, $\lambda = -3.24$ und $\mu = 0.324$. Die Eigenzustände in diesem Potential werden näherungsweise berechnet. Abb. 3.80 zeigt vier aufeinanderfolgende Eigenfunktionen in der Umgebung von $E = 40$. Die Wellenfunktion im unteren rechten Bild ist den klassischen Bahnen beeindruckend ähnlich, die im gleichen Energieintervall gefunden werden und in Abb. 3.81 wiedergegeben sind. Andere Fälle existieren, in denen die klassischen Bahnen den gesamten Raum gleichmäßig dicht ausfüllen. Diese werden als „Chaos" identifiziert. Die quantenmechanische Interpretation in Form eines *Quantenchaos* stößt jedoch auf viele Schwierigkeiten. So verhindern Tunneleffekte und die Grobkörnigkeit (coarse graining) der Eigenzustände das homogene Ausleuchten des gesamten Potentials [46]. Quantenchaos ist ein schönes Wort ohne Definition oder Realität, bestenfalls kann man davon sprechen, dass ein System chaotische Merkmale zeigt, wenn es möglich wäre, die Planck-Konstante auf null zu reduzieren. In den letzten Jahren wurde der größte experimentelle Fortschritt auf diesem Gebiet durch Messungen mit Systemen im angeregten Zustand gemacht. Durch einen kurzen Pumppuls wird das Quasikontinuum eines elektronischen Zustandes erreicht, die zeitliche und spektrale Analyse erlaubt es, den Energiefluss zu verfolgen. In Abschn. 3.4 werden diese Ergebnisse detaillierter diskutiert.

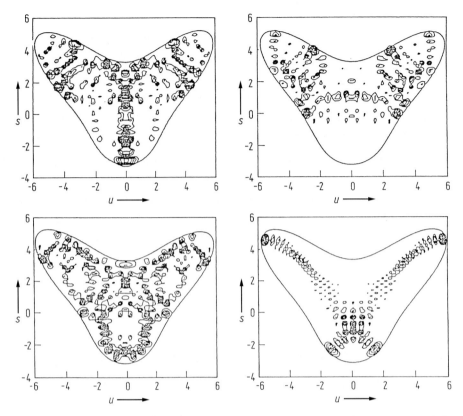

**Abb. 3.80** Vier aufeinanderfolgende Wellenfunktionen in der Nähe von $E = 40.0$ für das Potential, welches in Abb. 3.79 dargestellt ist [45].

Abschließend kann man feststellen, dass selbst die stark vereinfachenden Theorien, die sich mit den Grundbegriffen des Quasikontinuums und seiner Dynamik befassen, viele interessante Fragen aufwerfen. Die Aussicht jedoch, dass die Theorie voraussagend oder richtungsweisend in dieses Arbeitsgebiet eindringen kann, liegt noch in weiter Ferne, zumal im Moment noch die Trial-and-Error-Technik dominiert, geleitet von den Intuitionen und Erfahrungen der Wissenschaftler.

## 3.3 Strukturen von Molekülen im elektronischen Grundzustand

Ein wesentliches Ziel der Analyse elektromagnetischer Spektren im langwelligeren Bereich ist die Bestimmung der potentiellen Energie der Atomkerne als Funktion ihrer Abstände miteinander. Besondere Aufmerksamkeit gilt dabei sowohl dem Minimum des Potentialtopfes, der den Gleichgewichtsabstand $r_e$ festlegt, als auch den Kraftkonstanten in der Umgebung von $r_e$. Bei zwei- und dreiatomigen Molekülen ist diese Analyse noch relativ einfach, doch der Schwierigkeitsgrad wächst drama-

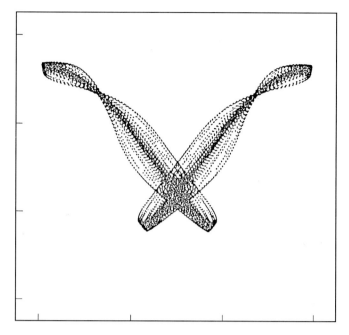

**Abb. 3.81** Klassische Trajektorien, dargestellt als Wahrscheinlichkeitsdichten in $s$ und $u$ in der Nähe von $E = 40.0$ [45].

tisch mit der Anzahl der Atome im Molekül, bis eine eindeutige Zuordnung der Spektren und damit deren Interpretation unmöglich wird.

Bis heute gelang es nicht, einzelne Moleküle durch eine optische Abbildung auf einem Bildschirm sichtbar zu machen (wie es mit Bakterien leicht möglich ist); das liegt an der Wellenlänge des Lichtes verglichen mit den viel kleineren atomaren Dimensionen. Da die Wellenoptik ein sehr gut verstandenes Gebiet der Physik ist, hat man im Laufe der Jahre immer wieder versucht, molekulare Abbildungen mit Hilfe von kurzwelligen Röntgenstrahlen zu erzeugen. Man steht jedoch vor zwei großen Schwierigkeiten: Erstens gibt es keine gut korrigierten optischen Elemente, um ein Röntgenmikroskop zusammenzustellen, das eine Abbildung mit Röntgenlicht ermöglicht. Zweitens zeigen die Moleküle in der Gasphase statistisch gleich verteilte Orientierungen relativ zum einfallenden Strahl, so dass nur ein über alle Richtungen gemitteltes Abbild möglich ist. Bereits Hans Bethe hat 1930 erkannt, dass dieser Mittelungsprozess nicht alle Informationen zum Verschwinden bringt, sondern dass es immer noch möglich ist, die Kernabstände und die Schwingungsamplituden der Kerne zu ermitteln, wenn präzise genug gemessen wird [47]. Allerdings sind die optischen Schwierigkeiten mit den Röntgenstrahlen bis heute noch nicht gelöst. Jedoch werden dank der Mikrolithographie vielversprechende Fortschritte gemacht, so werden Fresnel-Linsen im Mikrometer-Bereich bereits hergestellt, und dadurch werden eines Tages hochwertige Röntgenlinsen erhältlich [48].

Auf Bethe geht auch der Vorschlag zurück, Elektronen zur Belichtung zu benutzen und dann mit korrigierten elektronenoptischen Linsen abzubilden. Doch ist auch nach 60 Jahren intensiver Entwicklungsarbeiten in der Elektronenmikroskopie es heute gerade möglich, einzelne Atome größerer Kernladungszahl sichtbar zu machen. Zudem sind Moleküle bisher immer nur als Adsorbate oder Einlagerungen (negative stains) gemessen worden [49]. Das hat zwar den Vorteil, dass die Moleküle ausgerichtet sind, aber die Deformationen durch die Umgebung sind oft sehr störend. Insgesamt bleibt auch die Auflösung bis heute immer noch hundertmal schlechter als die Beugung auf Grund der de Broglie-Wellenlänge (diffraction limit) es erlauben würde (etwa 0.001 nm). Von der Spektroskopie ist jedoch bekannt, dass es wünschenswert ist, die Kernabstände auf $10^{-4}$ nm zu bestimmen, da sie sich erst in dieser Größenordnung ändern, wenn verschiedene Liganden substituiert werden. Um von den Aberrationen der Optik loszukommen, hat sich heute die Fourier-Methode durchgesetzt, wobei nicht mehr abgebildet, sondern nur noch gebeugt wird. Die gemessene elastische Streuverteilung stellt das orientierungsgemittelte Potential im Impulsraum dar. Mit Computer wird anschließend eine zweite Transformation durchgeführt, um das Streupotential zu rekonstruieren. In diesem Abschnitt soll diese Messmethode ausführlich erklärt werden. Die Ergebnisse werden später vereint mit Daten basierend auf den bisher erläuterten spektroskopischen Messmethoden wie Mikrowellen- und IR-Spektroskopie, sowie mit den neuesten Interpretationen von NMR-Spektren, bei denen flüssige Kristalle als Lösungsmittel eingesetzt werden.

### 3.3.1 Hochenergetische Elektronenbeugung

Die einfachste Einführung in die Elektronenbeugung von Molekülen beruht auf der Analogie zu optischen Interferenzen eines Gitters. Im Allgemeinen gilt dort, dass die Streufunktion, gemessen in großem Abstand vom Beugungsobjekt (Fraunhofer'sche Näherung), das Quadrat der Fourier-Transformation der Durchlässigkeit bzw. des Reflexionsvermögens eines Objekts ist. Dabei wird angenommen, dass die einfallende Strahlung durch eine ebene Welle beschrieben werden kann und die Wellenlänge kleiner ist als die beugenden Strukturen. Im Fall der Elektronen bedeutet das Messen bei relativ hohen Energien. Meist werden 40 kV Spannung benutzt, was einer de Broglie-Wellenlänge $\lambda$ von $6 \cdot 10^{-3}$ nm entspricht. Die Streufunktion ist das elektrostatische Potential $V(r)$ der Moleküle. Die Streuintensität ist gegeben durch

$$d\sigma = |\int V(\boldsymbol{r}) e^{i\boldsymbol{s}\cdot\boldsymbol{r}} d\boldsymbol{r}|^2 d\Omega , \qquad (3.89)$$

wobei $s$ der übertragene Impuls im Streuprozess ist und $d\Omega$ der erfasste Raumwinkel. Bei elastischer Streuung wird nur die Richtung des einfallenden Wellenvektors $\boldsymbol{k}_0$ um den Streuwinkel $\theta$ gedreht. Eine einfache geometrische Überlegung zeigt, dass

$$s = 2\boldsymbol{k}_0 \sin(\theta/2) = (4\pi/\lambda) \cdot \sin(\theta/2)$$

ist. Gl. (3.89) ist gültig für Elektronenstreuung, wenn das einfallende Elektron nur eine unbedeutende Störung im Streupotential darstellt und der Streuprozess durch einen einzigen Knick in der Ebene senkrecht zu $\boldsymbol{k}_0$ und durch den Kern beschrieben werden kann (single kink). Diese Näherung ist als *erste Born'sche Näherung* bekannt. Sie ist relativ einfach experimentell zu bestätigen, da $d\sigma$ nach Gl. (3.89) unabhängig von der Energie des einfallenden Teilchens ist. Wenn $d\sigma$ für mehrere Energien ge-

## 3.3 Strukturen von Molekülen im elektronischen Grundzustand

messen wird und im reduzierten Maßstab $s$ alle Messungen durch eine gemeinsame Kurve beschrieben werden, dann ist die erste Born'sche Näherung innerhalb der Messfehler gültig. Erfahrungswerte zeigen eine konservative untere Grenze bei dem Zehnfachen der K-Schalen-Ionisationsenergie.

Gl. (3.89) kann weiter aufgespalten werden. Wenn man $V(r)$ durch die Summe der atomaren Potentiale $V_i(r_i)$ ersetzt (IAM = independent atom model) und der Vektor $r$ zerlegt wird in einen Vektor $r_0$, der zum Kern zeigt, und $r_i$, der die Elektronenwolke innerhalb eines Atoms erfasst, dann erweitert sich Gl. (3.89) zu

$$\frac{d\sigma}{d\Omega} = \langle \int |\sum_i^N \int V_i(r_i) e^{is\cdot(r_0-r_i)} dr_i|^2 d\Omega_s \rangle_{\text{vib}}. \tag{3.90}$$

Dabei ist die Integration über die $N$ Atome zu einer Summe reduziert und die Orientierungsintegration $d\Omega_s$ als auch die Mittelung über alle Schwingungen, $\langle \ \rangle_{\text{vib}}$, formal durchgeführt.

Im optischen Fall bestimmt die Beugung am Einzelschlitz eines Gitters die Einhüllenden der Intensitätsverteilung, so auch beim Molekül, wobei die Atome diese Rolle des Einzelschlitz übernehmen. Die atomare Streufunktion ist gegeben durch die Streuamplitude $f_i$ mit folgender Fourier Transformation

$$f_i(\theta) = -\int V(r_i) e^{is\cdot r_i} dr_i. \tag{3.91}$$

Wird Gl. (3.91) in Gl. (3.90) eingesetzt und das Quadrat ausgeführt, ergibt sich

$$\frac{d\sigma}{d\Omega} = \sum_{i=1}^N f_i^2 + \langle \int \sum_{i\neq}^N \sum_{j=1}^N f_i f_j e^{is\cdot r_{ij}} d\Omega_s \rangle_{\text{vib}}, \tag{3.92}$$

wobei $r_{ij}$ nur noch der Abstand des Kern $i$ vom Kern $j$ bedeutet. Das Interferenzverhalten entsteht durch den exponentiellen Faktor, der einfach den geometrischen Wegunterschied der einlaufenden Welle zu den verschiedenen Kernen berücksichtigt. Die Richtungsmittelung kann analytisch ausgeführt werden, da $s \cdot r_{ij} = s \cdot r_{ij} \cos \theta_{ij}$ und $d\Omega_s = d\phi_{ij} \sin \theta_{ij} d\theta_{ij}$ ist, wird Gl. (3.92) zu

$$\frac{d\sigma}{d\Omega} = \sum_{i=1}^N f_i^2 + \left\langle \sum_{i\neq}^N \sum_{j=1}^N f_i f_j \frac{\sin s r_{ij}}{s r_{ij}} \right\rangle_{\text{vib}}. \tag{3.93}$$

Die Streuung von Elektronen an einem noch so komplizierten Molekül ist damit reduziert worden auf die kohärente Summe von Doppelschlitz-Interferenzen mit dem Abstand $r_{ij}$ und der Streustärke $f_i f_j$ [50]. Es ist üblich, die Streuamplituden der Atome mit viel höherer Genauigkeit zu berechnen, als es die Born'sche Näherung (Gl. (3.91)) erlaubt. Dazu wird die *Partialwellen-Methode* [51] benutzt, wobei bis zu 1000 Partialwellen summiert werden müssen. Diese Amplituden sind publiziert für alle Atome des Periodensystems und für Strahlenergien von 25 eV bis 90 keV [52]. Durch diese Berechnungen der atomaren Streuamplituden kann die erste Born'sche Näherung auch auf Moleküle, die Elemente mit hohen Ordnungszahlen enthalten, angewandt werden. Gl. (3.93) muss jedoch modifiziert werden. Die neuen Amplituden $f_i$ sind komplex und beinhalten eine Streuphase $\eta_i$. Diese verschieben das Interferenzbild und müssen mit berücksichtigt werden. Schomaker und Glauber

[53] haben dies mit einem neuen Faktor, $\cos(\eta_i - \eta_j)$, erreicht, so dass Gl. (3.93) erweitert wird zu

$$\frac{d\sigma}{d\Omega} = \sum_{i=1}^{n} f_i^2 + \left\langle \sum_{i \neq}^{N} \sum_{j=1}^{N} f_i f_j \frac{\sin(sr_{ij})}{sr_{ij}} \cos(\eta_i - \eta_j) \right\rangle_{\text{vib}}. \tag{3.94}$$

Die Mittelungen, erzeugt durch die Schwingungen, machen das einfache Bild der Zerlegung des Moleküls in Atompaare wieder kompliziert. Die molekularen Potentiale sind meist unharmonisch, und das bedeutet, dass die Eigenschwingungen miteinander koppeln. Die Bewegungen der Atompaare werden dadurch korreliert. Für kleine Schwingungsamplituden in der Nähe des Potentialminimums wird der Hauptbeitrag zur Schwingungsmittelung durch das erste Glied einer Taylor-Entwicklung getragen, und in dieser Näherung kann Gl. (3.94) vereinfacht werden. Für den harmonischen Oszillator im Schwingungsgrundzustand $v$ ist die atomare Ortsverteilungsfunktion ($\psi \psi_v^*$) eine Gauß-Funktion und in Gl. (3.95) wird der Mittelung durch den Faktor $e^{-l^2 s^2/2}$ Rechnung getragen. Es ergibt sich eine erweiterte Streuformel:

$$\frac{d\sigma}{d\Omega} = \sum_{l=1}^{N} f_i^2 + \sum_{i \neq}^{N} \sum_{j=1}^{N} f_i f_j \frac{\sin(sr_{ij})}{sr_{ij}} \cos(\eta_i - \eta_j) \cdot e^{-l_{ij}^2 s^2/2}, \tag{3.95}$$

wobei $l_{ij}$ das mittlere Schwingungsquadrat des Atompaares $i,j$ darstellt. Wenn das Molekül durch höhere Temperaturen höhere Schwingungszustände besetzt, aber weiterhin harmonisch bleibt, gilt Gl. (3.95) ebenfalls [54]. Das mittlere Schwingungsquadrat ist dann gegeben durch

$$l^2 = \frac{h}{8\pi^2 \mu \nu} \coth \frac{h\nu}{2kT} \tag{3.96}$$

und

$$f = 4\pi^2 c^2 \omega^2 \mu, \tag{3.97}$$

wobei $\mu$ die reduzierte Masse des Atompaares ist, $\omega$ dessen Schwingungsfrequenz, und $f$ die harmonische Kraftkonstante.

Die Strukturparameter kleinerer Moleküle, die auf Mikrowellen- und Infrarotspektren basieren, besitzen meist Ungenauigkeiten von nur $10^{-5}$ nm. Durch fortwährende Verbesserungen im Streuexperiment wurden zwischen den spektroskopisch bestimmten und den nach Gl. (3.95) berechneten Strukturparametern kleine, aber konsistente Unterschiede gefunden. Diese Unterschiede sind real und werden heute genutzt, um die Abweichung der Potentialfunktionen von der harmonischen Näherung zu bestimmen. Diese Studien führten zu verbesserten Schwingungswellenfunktionen – und deshalb auch zu neuen Verteilungsfunktionen. Zuerst basierten die Berechnungen auf einem Morse-Potential und schließlich wurde ein Polynom höherer Ordnung für das Potential des Atompaares verwendet. Der analytische Ausdruck für die Beschreibung der Streuverteilung von Elektronen, der heute in der Standardanalyse nach dem kleinsten Fehlerquadrat gebraucht wird, lautet:

$$\frac{d\sigma}{d\Omega} = \sum_{i=1}^{N} f_i^2 + \sum_{i \neq}^{N} \sum_{j=1}^{N} f_i f_j [\exp(-l_{ij}^2 s^2/2)]$$

$$\cdot \frac{\sin[s(r_g(1) + \varphi(s))]}{sr_g} \cdot \cos(\eta_i - \eta_j) + S_i(s). \tag{3.98}$$

## 3.3 Strukturen von Molekülen im elektronischen Grundzustand

Diese Formel beruht auf einer atomaren Paarverteilung von

$$P(x) = A \left(\frac{\alpha}{\pi}\right)^{1/2} \left(1 + \sum_{n=1} c_n x^n \exp(-\alpha x^2)\right)$$

mit

$$\alpha = \frac{4u\mu v_e}{h} = \frac{1}{2l^2}$$

und

$$A = 1 + \sum_m \left[\frac{c_{2m}(2\alpha)^{-m}(2m-1)!}{2^{m-1}(m-1)!}\right]^{-1}.$$

Die Koeffizienten $c_n$ in der Entwicklung von $P(x)$ können für das Morse-Potential (Gl. (3.27)) berechnet werden. Die ersten Glieder sind

$$c_1 = a, \quad c_2 = \frac{a^2}{2}, \quad c_3 = \frac{a\alpha}{3} + \frac{a^3}{6}.$$

Die Größen $r_g(1)$ und $\varphi(s)$ in Gl. (3.98) sind Anpassungsparameter zur Beschreibung der Streuverteilung in der IAM-Näherung. Für ein Modellpotential wie das Morse-Potential können diese Größen auf die Fundamentalkonstanten des Potentials reduziert werden [55]. Sie sind gegeben durch:

$$r_g(1) = r_g(0) - \frac{l^2}{r} - \left(\frac{3a^2}{2r_e} - \frac{5a}{2r_e^2} + \frac{2}{r_e^3}\right)l^4$$

$$r_g(0) = r_e + \frac{3}{2}al^2 + \frac{13}{12}a^3l^4$$

und

$$\varphi(s) = \frac{al^4 s^2}{6}.$$

Diese Berechnungsmethode der Schwingungsmittelung hat sich für benachbarte bzw. gebundene Abstände als erfolgreich erwiesen. Für Abstände zwischen nicht gebundenen Atomen muss man $P(x)$ von Fall zu Fall berechnen, basierend auf Normalkoordinatenanalyse und infraroten Schwingungsspektren. Das ist für eine Reihe von dreiatomigen Molekülen durchgeführt worden [56]. Um die höheren Anregungsstufen mit ins Spiel zu bringen, wurden auch die Verteilungsfunktionen und Streuintensitäten für höhere Temperaturen ausgerechnet. Die theoretischen Ergebnisse stimmen exzellent mit den Strukturparametern überein, die auf gemessenen Streuverteilungen beruhen [57], [58].

Wie alle Messmethoden so hat auch die hochenergetische Elektronenstreuung erwähnenswerte Nachteile: Da die Atome im Molekül schwingen, ist es oft nicht möglich, Abstände aufzulösen, deren Differenz kleiner ist als die Summe der Schwingungsquadrate. In größeren, sehr symmetrischen Molekülen kann man diese Schwierigkeit gelegentlich umgehen, indem man geometrische Konsistenz und Gruppensymmetrien während der numerischen Bestimmung der Strukturparameter mittels Gl. (3.98) aufrecht erhält. Wenn das nicht möglich ist, kann auch die kombinierte Analyse von Streudaten und Trägheitsmomenten, welche die Mikrowellenspektren

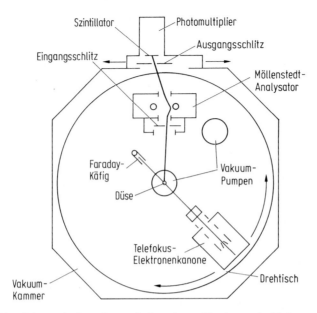

**Abb. 3.82** Schematischer Querschnitt einer Hochenergie-Elektronenstreuapparatur mit einem Möllenstedt-Elektronenenergie-Analysator.

liefern, weiterhelfen. Eine weitere Schwierigkeit ist die niedrige Empfindlichkeit des Streuprozesses für Wasserstoff (die $f_H$ sind sehr klein). Hilfe kommt in jüngster Zeit durch eine neue Methode, die besonders die Wasserstoffatome findet. Diese Messtechnik basiert auf NMR-Spektren von Molekülen, die in einer Matrix von flüssigen Kristallen ausgerichtet wurden. Sie wurde in Abschn. 3.2.1.5 ausführlich erklärt.

Das Messen von Streuintensitäten ist relativ einfach. Die gebräuchlichen Apparaturen wurden im Detail in der Literatur beschrieben [50]. Abb. 3.82 zeigt eine mittelgroße Vakuumkammer ($10^{-6}$ Torr), in der ein Elektronenstrahl von 40 keV und 10 µA, einen Gasstrahl der zu bestimmenden Moleküle senkrecht kreuzt (Streuvolumen $100 \times 100 \times 1000$ µm$^3$). Der Elektronenstrahl wird in einem gebogenen Faraday-Käfig sorgfältig eingefangen, um die Untergrundzählrate von vagabundierenden Elektronen praktisch auf null zu reduzieren. Die gestreuten Elektronen werden von einem Szintillator-Photomultiplier-System in einer Zählelektronik registriert. Um gute Justierung sicherzustellen, wird die Streuintensität auf beiden Seiten des Primärstrahls gemessen. Da die Schwingungsamplituden $l$ meist $4 \cdot 10^{-3}$ nm oder größer sind, kann man leicht nachrechnen, dass der oszillierende Teil der Streufunktion beim Impulsübertrag von mehr als 500 nm$^{-1}$ (in Einheiten von $\hbar$) sehr klein wird, verglichen mit der atomaren Streuung. Bei 40 keV entspricht dies einem Streuwinkel von etwa 500 mrad oder etwa 30°. Die temporäre und stationäre Konstanz des Elektronenstrahls und des Gasstrahls werden durch einen ortsfesten Monitor gemessen. Da die Gasmoleküle nicht kondensieren, sondern einfach abgepumpt werden, erhöht der Gasstrahl den Vakuumuntergrund, der zum Streusignal beiträgt. Dies wird in Rechnung gestellt, indem die Streuverteilung ein zweites Mal gemessen wird, wobei der Gasstrahl versetzt wird und nur das Untergrundgas streut.

## 3.3 Strukturen von Molekülen im elektronischen Grundzustand    533

Es ist üblich, die Streuverteilung bei den größeren Streuwinkeln auf die Theorie mit geschätzten Abständen und Amplituden zu normieren und dann durch die Summe von elastischer und unelastischer atomarer Streuung zu dividieren. Diese reduzierte und normierte Streuverteilung, $M(s)$, ist der Ausgangspunkt für die Analyse nach der Methode der kleinsten Fehlerquadrate. Dass die Messpunkte dabei unkorreliert sind, ist Voraussetzung für eine Gauß'sche Fehleranalyse [59], [60]. Abb. 3.83 (a–d) zeigt eine gemessene Streuverteilung für $CO_2$ (a), die gleiche Messkurve normiert auf den Rutherford-Wirkungsquerschnitt (b), die $M(s)$-Kurve (c) und die Fourier-Transformation der Messdaten (d). Die reduzierten Wirkungsquerschnitte für $CO_2$ zeigen bereits auf einen Blick, dass zwei verschiedene Bindungsabstände die $M(s)$-Kurve erzeugen, (1) der gebundene Bindungsabstand C–O (doppelt gewichtet), der für die langwellige Sinusfunktion verantwortlich ist, und (2) der ungebundene Abstand O–O, der die höherfrequente Komponente erzeugt. Diese Zuordnung wird durch die Fourier-Transformation bestätigt, sie zeigt zwei Linien in der atomaren Verteilungsfunktion $F(R)$, welche den zwei Abständen in $CO_2$ entsprechen. (Die hochfrequenten Oszillationen in $F(R)$ werden durch den begrenzten $s$-Bereich im Experiment verursacht. Dieser Effekt wird in der Analyse voll mit berücksichtigt.) Die Dämpfung der $M(s)$-Kurve wird durch die molekularen Schwingungen erzeugt, sie sind gegeben durch $l$ und erzeugen die Halbwertsbreite der Linien in $F(R)$. Wenn das molekulare Potential stark unharmonisch ist, weichen die Linien außerdem messbar von einem Gauß-Profil ab. Eine genauere Analyse der Streudaten ergibt einen Abstand von 0.11642(3) nm für C–O und für O–O einen Wert von 0.2276(1) nm.

Auf den ersten Blick überrascht es, dass der Abstand O–O nicht genau doppelt so groß ist wie der Abstand C–O. Wieder sind es die Schwingungen, welche die Komplikationen verursachen. Die Biegeschwingungen der Sauerstoffatome bedeuten, dass der Kohlenstoff in der Mitte des Moleküls im Mittel nicht mit den Sauerstoffatomen auf einer Achse liegt. Der Abstand C–O ist deshalb größer als der halbe Wert für O–O. Da das Experiment über die Schwingungsamplituden mittelt, können die Gleichgewichtsgeometrien nicht direkt extrahiert werden. Dieses Phänomen tritt bei allen mehratomigen Molekülen auf und ist unter dem Namen „*Morino-Bastiansen-Schrumpfeffekt*" (shrinkage) bekannt [61]. Wenn größere Moleküle studiert werden, muss dieser Effekt vorher – meist in der harmonischen Näherung – berechnet und in die Strukturanalyse mit eingebaut werden, sonst gibt es solch eigenartige Effekte wie aromatische Ringe, die sich nicht schließen, und Symmetrien, die verzerrt erscheinen. Zu bemerken wäre außerdem, dass nicht $r_g(1)$, sondern nur $r_g(0)$ und $r_e$ geometrisch konsistent sind.

Während Messungen an kleinen Molekülen vorwiegend den Mittelungsprozess durch die Schwingungen und Potentialfunktionen bestimmen sollen, geht es bei der Strukturanalyse von größeren Molekülen vorwiegend um die Bindungsabstände selbst. Entweder liegen für diese Moleküle Strukturdaten von Röntgenmessungen am Einkristall vor und es ist der Einfluss der Kristallumgebung auf das Molekül von Interesse oder, die Substanz hat öligen Charakter und lässt sich nicht kristallisieren. Deshalb soll hier als erstes ein Molekül diskutiert werden, für das gute Kristalldaten vorlagen und bei dem die Elektronenstreudaten die Strukturparameter so ergaben wie erwartet: Anthracen ($C_{14}H_{10}$) [62]. Abb. 3.84 zeigt die $M(s)$-Kurve (a) und ein Strukturskelett (b) für dieses Molekül. Die Bindungsabstände basierend

534   3 Moleküle – Spektroskopie und Strukturen

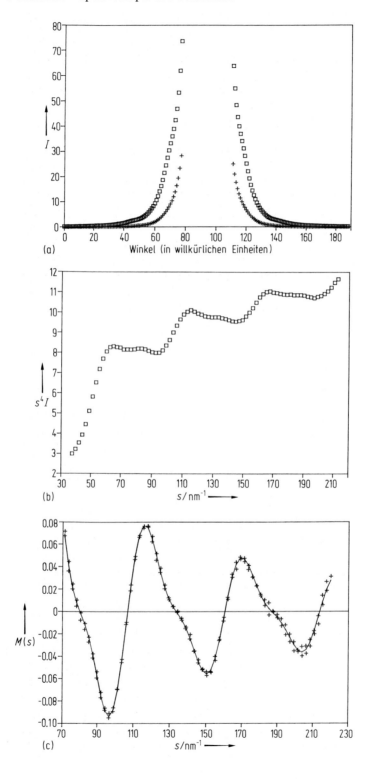

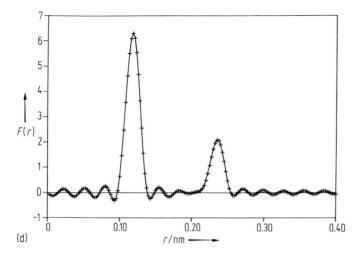

**Abb. 3.83** (a) Gemessene Streuverteilung von $CO_2$ und 42-keV-Elektronen. Die Plus-Symbole zeigen den Beitrag des Untergrundgases. (b) Der Wirkungsquerschnitt, normiert auf den Rutherford-Querschnitt. (c) Molekulare Interferenzfunktion $M(s)$ von $CO_2$. Die durchgezogene Linie beruht auf einer IAM-Rechnung, die Plus-Symbole sind wieder die experimentellen Werte. (d) Gemessene (+ + +) und berechnete (———) radiale Abstandsverteilungsfunktion; (Fourier-Transformation der Daten in (c)).

auf Elektronenstreuung (erkenntlich an den Werten in Klammern, welche die Unsicherheit der gemessenen Werte angeben), und die der Röntgenstreuung sind eingetragen. Alle Symmetrien des Moleküls wurden bei der Anpassung der Parameter des analytischen Ausdrucks (Gl. (3.10)) an die experimentellen Daten aufrechterhalten. Die C–C Abstände zeigen die typischen Werte für eine Kohlenstoff-Doppelbindung in aromatischer Umgebung von etwa 0.14 nm (die Einfachbindung hat meist einen Wert von 0.15 nm, während die Dreifachbindung bei 0.12 nm liegt). Solche Kenngrößen sind für die häufigsten Bindungsabstände bekannt, und sie setzen den Maßstab für normale und unerwartete Werte von chemischen Bindungen. In Abschnitt 3.5.2.2, der sich mit der metallischen Vierfachbindung der Übergangsmetalle beschäftigt, wird ein Fall diskutiert, bei dem die Diskrepanz zwischen Intuition und Messungen eine jahrelange, heftige Diskussion ausgelöst hat, die durch die Strukturbestimmung mittels Elektronenstreuung beendet werden konnte (zugunsten der Intuition). Wenn man Strukturdaten mit Ergebnissen der Röntgenbeugung vergleicht, muss man bedenken, dass bei Röntgenmessungen die Schwerpunkte der Verteilungen der Elektronen bestimmt werden und nicht die Kernabstände. Das ist bei schweren Atomen kein Problem, aber bei den leichteren und ganz besonders bei Wasserstoff können erhebliche Unterschiede auftreten. Der Vergleich der beiden Messmethoden für Anthracen zeigt, dass das Molekül im Festkörper völlig unverzerrt bleibt. Das war zu erwarten, da diese Moleküle sich wie Fischschuppen im Kristall anordnen und der Abstand zwischen den Molekülen groß ist, so dass der Kristall vorwiegend durch Wasserstoffbrücken zusammengehalten wird [63].

Das nächste Beispiel ist symptomatisch für die unerwarteten Möglichkeiten, die einer gut entwickelten Messmethode gelegentlich abgewonnen werden können. Das

536   3 Moleküle – Spektroskopie und Strukturen

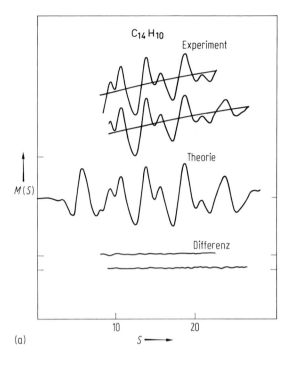

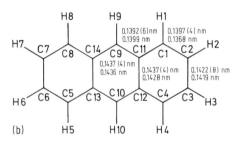

**Abb. 3.84** (a) Molekulare Interferenzfunktion $M(s)$ von Anthracen. (b) Strukturformel von Anthracen $C_{14}H_{10}$ mit den C–C-Bindungslängen in der Gasphase (mit Fehlerangabe) und im Festkörper.

zusammengefasste Wissen für die ionische Bindung füllt gerade ein Buch [64]. Die meisten Verbindungen dieser Art sind Salze; sie haben einen sehr niedrigen Dampfdruck bei Zimmertemperatur. Bei hohen Temperaturen sind die Schmelzen und der Dampf vor allem der Fluoride sehr reaktionsfreudig. Alle diese Eigenschaften machen das Arbeiten mit den Substanzen in der Gasphase unbequem. Durch Untersuchungen der Alkalimetallhalogenide mit Mikrowellen wurde eine Serie von Bindungsabständen und Schwingungsfrequenzen erstellt, welche die Grundlage des Verständnisses der ionischen Bindungen darstellen. Aufgrund dieser Daten und der Kristallparameter wurden semiempirisch Modelle für die polymeren Moleküle (Cluster) [64] vorgeschlagen. Von der Massenspektrometrie ist bekannt, dass die

**Tab. 3.20** Bindungsabstände in Alkalimetallhalogeniden.

|  | Monomere | Dimere [65] | Kristall |
|---|---|---|---|
| NaF | 1.944(2) | 2.081(10) | 2.31 |
| KF | 2.189(4) | 2.347(28) | 2.66 |
| RbF | 2.294(8) | 2.448(76) | 2.82 |
| CsF | 2.366(10) | 2.696(82) | 3.00 |
| NaCl | 2.388(8) | 2.584(34) | 2.81 |
| KCl | 2.685(12) | 2.956(74) | 3.14 |
| RbCl | 2.817(4) | 3.008(22) | 3.28 |
| CsCl | 3.940(12) | 3.017(32) | 3.56 |
| NaBr | 2.537(12) | 2.740(34) | 2.98 |
| KBr | 2.865(4) | 3.202(22) | 3.29 |
| RbBr | 2.974(3) | 3.181(30) | 3.42 |
| CsBr | 3.099(4) | 3.356(28) | 3.71 |
| NaI | 2.769(16) | 2.998(92) | 3.23 |
| KI | 3.089(6) | 3.503(34) | 3.53 |
| RbI | 3.199(4) | 3.463(70) | 3.66 |
| CsI | 3.350(6) | 3.57(17) | 3.95 |

Alkalimetallhalogenide eine starke Tendenz zur Polymerisation zeigen, jedoch gab es keine Anhaltspunkte in Bezug auf die Strukturen der Polymere und deren Häufigkeit als Funktion der Temperatur. Die Mikrowellenspektroskopie ist blind für diese Cluster, da sie kein permanentes Dipolmoment besitzen. Infrarotspektroskopie ist schwierig durch die Anwesenheit der schwarzen Strahlung bei hohen Temperaturen, und Matrizen-Isolationsspektroskopie zeigt starke Wechselwirkungen zwischen den relativ flexiblen Molekülen und den Edelgasmatrizen. Durch Elektronenstreuung ist es gelungen, die Strukturen aller Dimere der Alkalimetallhalogenide zu bestimmen, sowie deren Konzentrationen in der Gasphase. Tab. 3.20 zeigt die Tendenzen der gebundenen Abstände von Monomeren über Dimere zu den Kristallwerten. Abb. 3.85 zeigt am Beispiel von KBr, wie sich die Konzentrationsverhältnisse zwischen Monomeren und Dimeren als Funktion der Temperatur verändern [65], [66]. Mehrere Modelle sind bekannt, die dieses thermodynamische Verhalten voraussagen. Für das Beispiel KBr kommen drei Modelle dem Messpunkt nahe, eine Theorie kann scheinbar verworfen werden. Jedoch beschreibt letztgenannte für andere Moleküle gerade den Verlauf richtig, und die sogenannten guten Theorien haben Schwierigkeiten [67]. Es ist ein Charakteristikum für empirische Modelle, dass sie erfolgreich alle bekannten Messdaten beinhalten und relativ kühne Voraussagen erlauben. Aber mit der Zeit stehen immer mehr neue Ergebnisse zur Verfügung, die meistens durch geschickte Modifikationen in die Theorie eingebaut werden und dadurch erneut Übereinstimmung erzwingen. So wird ein ausgefeiltes, aber immer noch transparentes Modell geschaffen, und richtige Voraussagen werden immer häufiger. Mit dieser Arbeitsmethode wurde das Periodensystem aufgebaut, bevor die Quantenmechanik ihm später eine fundiertere Grundlage stellte.

Wenn man bedenkt, wie viele Moleküle bereits existieren – und täglich werden neue synthetisiert –, so ist verständlich, dass es unmöglich ist, alle ihre Strukturen

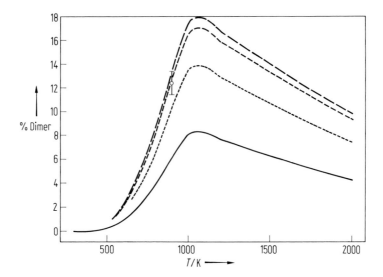

**Abb. 3.85** Zusammensetzung der Gasphase von KBr als Funktion der Temperatur. Die Linien zeigen Modellberechnungen basierend auf unterschiedlichen thermodynamischen Kenngrößen; ein Messpunkt ist ebenfalls angegeben [66].

zu bestimmen, weder experimentell noch rechnerisch. Um trotzdem einen guten Überblick über alle Systeme zu behalten, werden die Moleküle in Gruppen zusammengefasst mit dem Ziel, empirische Gesetzmäßigkeiten aufzuzeigen. Als Beispiel zeigt Abb. 3.86 den Einfluss der Liganden auf den Bindungsabstand von C–C und C–H als Funktion der Anzahl der benachbarten Atome. Die rein empirisch gefundenen linearen Abhängigkeiten dieser Bindungslängen erlauben nun den Theoretikern, die quantenmechanischen Gründe dafür aufzudecken, und den Synthetikern, die Abstände in vielen Molekülen ohne Messungen vorauszusagen. Dies ist besonders wichtig für Moleküle, die sehr schwierig im Labor zu handhaben sind oder schnell zerfallen. Für die meisten Kohlenstoffverbindungen wurden Korrelationsdiagramme entwickelt, wie sie Abb. 3.86 zeigt; sie bilden einen empirischen Zugang für das Verständnis der molekularen Bindung. Meist können diese Abhängigkeiten mit sterischen Argumenten (ionic radii) oder Ladungswolkenpolarisation durch die Elektronegativität der Liganden plausibel gemacht werden. Für den Experimentator sind diese Regelmäßigkeiten insofern hilfreich, als er auf einen Blick sieht, ob seine Ergebnisse den Erwartungen entsprechen oder ob er auf einen unerwarteten Fall gestoßen ist. Ähnliche Regelmäßigkeiten wurden auch zwischen den Bindungsabständen und den Kraftkonstanten der Potentiale gefunden [68].

Die meisten Strukturbestimmungen sind heute interessant durch die großen Fortschritte in der theoretischen Quantenchemie. Mit den modernen Großrechnern ist es jetzt schon möglich, pharmazeutisch und biologisch bedeutsame Moleküle in guter Näherung zu berechnen, besonders ihre elektronischen Anregungsniveaus, die Ionisationsenergien und die geometrischen Strukturen. Für kleine Moleküle konnte die Theorie unter Berücksichtigung von Korrelationseffekten noch weiter verbessert werden. Hier soll nur angemerkt werden, dass z. B. parallel mit den Messungen an

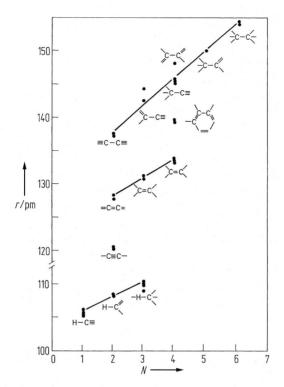

**Abb. 3.86** Korrelationsdiagramm von Bindungsabständen $r$ und der Anzahl $N$ von benachbarten Atomen [68].

Alkalimetallhalogeniden eine angepasste Hartree-Fock-Rechnung durchgeführt wurde und im Moment, wenigstens für NaCl, ausgezeichnete Übereinstimmung zwischen Experiment und Theorie existiert [69]. Diese aufwendigen und komplizierten Rechnungen haben den Nachteil, dass es schwer ist, ihnen direkt ein modellartiges Verständnis der Ergebnisse abzugewinnen, so zur Intuition beizutragen und damit neue Stoßrichtungen festzulegen.

Bisher wurde nur die elastische Komponente der Elektronenstreuung in die Betrachtung einbezogen. Die unelastische Streuung bei hohen Energien hat bis heute noch keine wesentlichen neuen Erkenntnisse zum Verständnis von Molekülen beigetragen. Selbst mit der besten Auflösung, die mit Elektronenspektrometern erreicht wurde (1 meV) [70], können nur die Vibrationsspektren kleiner Moleküle (z. B. $N_2$) aufgelöst werden. Die Möglichkeit, genaue Compton-Profile auszumessen, ist nur wenig genutzt worden. Was die Strukturmessungen betrifft, so ist die unelastische Streuung inkohärent, liefert also nur einen glatten Untergrund zur Streuverteilung. Dieser kann entweder durch die totale unelastische Röntgenstreuung $S(s)$ in Rechnung gestellt oder aber durch ein Polynom 3. oder 4. Ordnung zusammen mit dem Untergrund angepasst und subtrahiert werden. Die unelastische Elektronenstreuung hat mehrere Vorzüge im Vergleich zu den optischen Methoden, aber um sie voll auszuschöpfen, genügt es, niedrigere Elektronenenergien einzusetzen.

### 3.3.2 Niederenergetische Elektronenstreuung

#### 3.3.2.1 Einleitung

Der erfolgreiche Einsatz von hochenergetischen Elektronen zum Studium von molekularen Strukturen und Kraftkonstanten erweckt den Eindruck, dass es nicht nötig ist, detaillierte Messungen mit niederenergetischen Elektronen durchzuführen. Insbesondere die Interpretation der Wirkungsquerschnitte mit Hilfe der Fourier-Analyse ist bei niedrigeren Energien nicht mehr möglich, weil der Gültigkeitsbereich der ersten Born'schen Näherung weit unterschritten ist. Trotzdem gibt es zahlreiche niederenergetische Wirkungsquerschnitte für Elektronen in der Literatur. Dies hat mehrere Gründe: (1) Viele Prozesse werden in der Natur von niederenergetischen Elektronen entscheidend beeinflusst; dazu gehören unter anderem die Plasmen der oberen Atmosphäre der Erde, Gaslaser oder Fusionsplasmen. (2) Beiträge zum Streuprozess werden bedeutend, die bisher entfielen; dazu zählen Ladungswolkenpolarisation und Elektronenaustausch. (3) Die Wirkungsquerschnitte sind im Allgemeinen sehr groß bei kleinen Primärenergien, so dass sehr niedrige Teilchendichten ausreichen, um ein gutes Streusignal zu erzielen. Dies ist wichtig für Messungen an orientierten Molekülen, Ionen oder Oberflächen von Einkristallen mit und ohne Adsorbate [71]. Der Wirkungsquerschnitt ändert sich gelegentlich sehr stark innerhalb kleiner Energieintervalle, man spricht dann von Resonanzen. (4) Die Auswahlregeln für die Anregungen eines Moleküls können bei der Elektronenstreuung von denen für Photonen verschieden sein, und dies erlaubt das Studium von verbotenen Übergängen vom fernen Infraroten über das Ultraviolett bis zu den Röntgenwellenlängen.

Wie bereits bei hohen Einschussenergien, so ist es auch bei niedrigeren sehr schwierig, präzise absolute Wirkungsquerschnitte zu messen [72]. Deshalb ist es wieder notwendig, den Vergleich mit der Theorie auf den relativen Verlauf der Ergebnisse als Funktion von Energie, Streuwinkeln oder Energieverlust zu beschränken. Gelegentlich ist es möglich, Bereiche im Parameterraum zu finden, in denen es erlaubt ist, Theorie zur Anpassung heranzuziehen, besonders dann, wenn die Streuung in große Winkel betrachtet wird. Zum Beispiel bei 100 eV oder mehr muss das Projektil tief in die Ladungswolke eindringen, um durch das starke Coulomb-Feld eines Kernes eine große Ablenkung zu erfahren. Unter diesen Bedingungen spielt die äußere polarisierte Ladungsverteilung nur eine untergeordnete Rolle, das Molekül kann durch die Überlagerung von ungestörten Atomen approximiert werden (independent atom model, IAM) und Messungen und Rechnungen stimmen meist überein. Der Winkelbereich, in dem dieses Verfahren erfolgreich ist, hängt im Wesentlichen von der Elektronenenergie und der Polarisierbarkeit des Moleküls ab.

#### 3.3.2.2 Elastische Elektronenstreuung an orientierten Molekülen

Es ist ein weit verbreitetes Dilemma in der Molekülphysik, dass die theoretisch erreichbaren Probleme experimentell meistens nur mit großen Schwierigkeiten realisierbar sind. In diese Kategorie gehört auch die elastische Streuung von niederenergetischen Elektronen an orientierten Molekülen. In den herkömmlichen Experimenten treffen die Elektronen auf Moleküle mit allen möglichen Orientierungen ihrer Bindungen relativ zu $k_0$, der Richtung der einfallenden Elektronen. Dadurch wird der Wirkungsquerschnitt gemittelt, und wertvolle Informationen können nur gewonnen werden, wenn sehr hohe Genauigkeiten der Messungen erreicht werden. Wie groß der Informationsverlust ist, sollen die folgenden Ausführungen zeigen. Bei einer solchen grundsätzlichen Analyse brauchen Austausch und Ladungswolkenpolarisation nicht berücksichtigt werden und die Beschränkung auf das IAM ist möglich. In dieser Näherung ist der differentielle Wirkungsquerschnitt durch die Dirac-Gleichung gegeben durch

$$\frac{d\sigma}{d\Omega} = \sum_{i=1}^{N} (|f_i|^2 + |g_i|^2) + \sum_{i=1}^{N} \sum_{\substack{j=1 \\ j \neq i}}^{N} (f_i f_j^* + g_i g_j^*) \cdot \exp(-l_{ij}^2 s^2/2) \cdot \exp(is \cdot r_{ij}),$$
(3.99)

analog zu Gl. (3.92). Neu sind hier die Spinflip-Amplituden $g_i$ mit ihren Phasen $\eta_i^g$. Der exponentielle Faktor in Gl. (3.99) enthält die Information der Ausrichtung zwischen der molekularen Achse $r_{ij}$ und dem übertragenen Impuls $s = k_0 - k_0'$. Für einen spezifischen Fall ist dieser geometrische Faktor gegeben durch

$$s \cdot r_{ij} = s r_{ij} \cdot \sin(\Omega + \theta/2) \cdot \cos\phi.$$

Die geometrische Bedeutung der Größen $r_{ij}$, $\Omega$, $\phi$, $k_0$ und $k_0'$ kann in Abb. 3.87 direkt abgelesen werden. Der azimutale Winkel $\phi$ ist relativ zur einfallenden Richtung null für Streuprozesse zur rechten und 180° zur linken Seite. $\Omega$ ist der Winkel zwischen $k_0$ und $r_{ij}$. Zwei besondere Fälle sind $\Omega = \pi/2$ und $\Omega = 0$. Für sie vereinfacht sich die Phasenfunktion in Gl. (3.99) zu:

$$\Omega = \frac{\pi}{2}: \quad Re(\exp(i(s \cdot r_{ij} + \eta_i^f - \eta_j^f))) = \cos(kr_{ij} \sin\theta \cos\phi + \eta_i^f - \eta_j^f)$$

$$\Omega = 0: \quad Re(\exp(i(s \cdot r_{ij} + \eta_i^f - \eta_j^f))) = \cos(kr_{ij}(\cos\theta - 1) + \eta_i^f - \eta_j^f).$$

Die komplexen Streuamplituden $f_i$ und $g_i$ sind für alle Atome und Energien zwischen 25 eV und 90 keV tabelliert [52]. Die Abb. 3.88a–e zeigt die Ergebnisse einer nu-

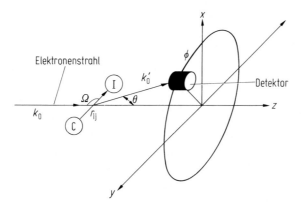

**Abb. 3.87** Definitionen der Parameter, welche den Stoßprozess an einem orientierten Molekül (CI) beschreiben [73].

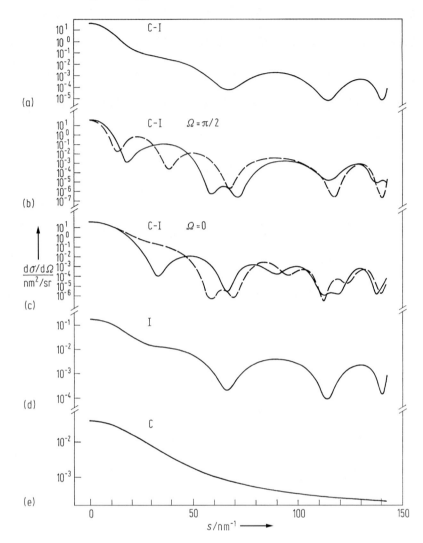

**Abb. 3.88** Elastische differentielle Wirkungsquerschnitte für 200-eV-Elektronen und (a) statistisch, (b) parallel, (c) senkrecht zum einfallenden $k_0$-Vektor orientierte CI-Moleküle sowie die Atome (d) I und (e) C [73].

merischen Auswertung von Gl. (3.99) für das Modellmolekül CI und 200 eV Elektronenenergie ($r_{ij} = 0.212$ nm und $l_{ij} = 0.0051$ nm). Der Bildausschnitt (a) zeigt die Streufunktion für statistisch orientierte Moleküle, wie sie durch Gl. (3.99) beschrieben wird. Ausschnitt (b) gibt $d\sigma/d\Omega$ wieder für den Fall, dass $k_0$ und $r_{ij}$ senkrecht aufeinander stehen. Zwei Situationen müssen berücksichtigt werden, da das Streuproblem keine axiale Symmetrie mehr besitzt; das bedeutet, dass die Streuverteilung rechts vom Primärstrahl (durchgezogene Linie) von derjenigen links vom Primärstrahl (gestrichelte Linie) verschieden ist. Abb. 3.88c zeigt die Streuverteilungen, wenn $r_{ij}$ und $k_0$ parallel sind. Die zylindrische Symmetrie ist wieder hergestellt und

## 3.3 Strukturen von Molekülen im elektronischen Grundzustand

die Streuintensitäten sind symmetrisch. Eine bedeutende Änderung tritt jedoch ein, wenn das Molekül um 180° gedreht wird. Für die Vorwärtsrichtung ($s = 0$) ergeben alle drei Fälle ($\Omega = 0$, $\Omega = \frac{\pi}{2}$ und $\Omega$ statistisch) den gleichen differentiellen Wirkungsquerschnitt, da der geometrische Phasenunterschied entfällt und die atomaren $\eta_i$ im Argument des Kosinus unabhängig von ihrer Ordnung sind. Ferner zeigt der Vergleich der drei Rechenergebnisse, dass die molekulare Information für orientierte Streuer ungefähr zehnmal ausgeprägter erscheint als bei statistischer Verteilung der Orientierungen.

Da die atomaren Wirkungsquerschnitte ein sehr ungewöhnliches Verhalten für schwere Atome zeigen, sind sie in Abb. 3.88d (für Iod) und Abb. 3.88e (für Kohlenstoff) aufgetragen.

Die Spin-flip-Wirkungsquerschnitte, welche durch die Streuamplituden $g_i$ beschrieben werden, sind sowohl molekular als auch atomar sehr klein und tragen zum Streusignal nur dann etwas bei, wenn die $f_i$ ein tiefes Minimum zeigen. Die $g_i$-Amplituden hingegen spielen eine sehr bedeutende Rolle, wenn nicht die Streuintensitäten, sondern der Elektronenspinpolarisation der gestreuten Elektronen gemessen wird. Wenn ein unpolarisierter Primärstrahl das Streuvolumen trifft, addieren sich die Streuamplituden $f_i$ und $g_i$ kohärent zu

$$F = \sum_{i=1}^{N} f_i e^{i s \cdot r_i} \quad \text{und} \quad G = \sum_{i=1}^{N} g_i e^{i s \cdot r_i}.$$

Die Spinpolarisation $P$ ist definiert als

$$P = -i \frac{FG^* - GF^*}{(|F|^2 + |G|^2)}. \tag{3.100}$$

Wenn man $F$ und $G$ in Gl. (3.100) einsetzt, ergibt sich

$$P_{\text{mol}} = -\frac{2}{d\sigma/d\Omega} \left[ \sum_{i=1}^{N} |f_i||g_i| \sin(\eta_i^f - \eta_i^g) \right.$$
$$+ \sum_{i=1}^{N} \sum_{j=1}^{N} (|f_i||g_j| \sin(s \cdot r_{ij} + \eta_i^f - \eta_j^g)$$
$$\left. - |g_i||f_j| \sin(s \cdot r_{ij} + \eta_i^g - \eta_j^f)) \exp(-l_{ij}^2 s^2/2) \right]. \tag{3.101}$$

Wieder ist das Wechselspiel von geometrischen und atomaren Phasen die Informationsquelle für die Änderung der Summe der atomaren zur molekularen Polarisation. Bemerkenswert in Gl. (3.101) ist, dass $P_{mol}$ gleich $P_{at}$ ist, wenn das Molekül aus nur einer Sorte von Atomen besteht, z.B. $S_8$ oder $As_4$. Molekulare Beiträge zur Spinpolarisation erscheinen nur wenn intramolekulare Mehrfachstreuung vorliegt. Diese Erkenntnis wird mit gutem Erfolg an Festkörpern ausgenutzt [71]. Für Moleküle liegen keine weiteren Ergebnisse vor, die über die Bestätigung, dass die Einfachstreuung dominiert, hinausgehen. Abb. 3.89 zeigt die Spinpolarisation für das Modellmolekül CI, statistisch orientiert (a), senkrechte Ausrichtung zwischen $r_{ij}$ und $k_0$ (b), und parallele Anordnung (c), sowie die atomaren Polarisationen (d) und (e) als Funktion des übertragenen Impulses $s$; die Elektronenenergie ist 200 eV. Wie

544    3 Moleküle – Spektroskopie und Strukturen

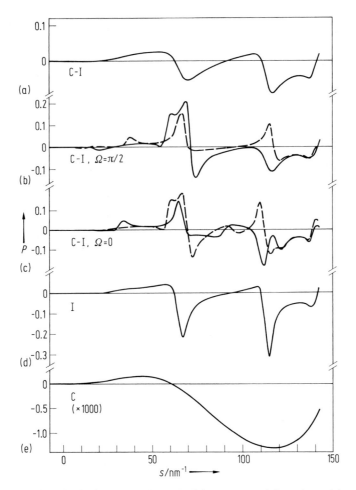

**Abb. 3.89** Spinpolarisation $P$ von 200-eV-Elektronen, nachdem sie an (a) statistisch, (b) parallel und (c) senkrecht zum $k_0$-Vektor orientierten CI-Molekülen oder an den Atomen (d) I und (e) C gestreut wurden [73].

bereits die Intensitäten, so zeigen auch die Polarisationsergebnisse starke molekulare Abhängigkeiten; in Anbetracht der Schwierigkeiten bei der Messung der Spinpolarisationen ist jedoch zu erwarten, dass neue molekulare Größen durch diese Messmethode nur mit größter Mühe gewonnen werden können.

Die bisherigen Überlegungen basierten auf der Annahme, dass die Moleküle im Gasstrahl eine starre, wohl definierte Richtung zwischen den Molekülachsen und den einfallenden Elektronen einnehmen. Leider lässt die Quantenmechanik diese streng klassische Betrachtungsweise nicht zu und die Orientierungen nehmen Verteilungsfunktionen an. Ein symmetrisches Kreiselmolekül, dessen drei Rotationsquantenzahlen (J, K, M) den Zustand (0,0,0) annehmen, ist von einem statistisch verteilten Ensemble ununterscheidbar, weil es in beiden Fällen keine ausgezeichnete Richtung gibt. Für jeden anderen Quantenzustand wird die Orientierungsverteilung

3.3 Strukturen von Molekülen im elektronischen Grundzustand   545

durch das Quadrat der Rotationswellenfunktion $D_{JKM}$ beschrieben, welche gegeben ist durch

$$|D_{JKM}|^2 = \left(J + \frac{1}{2}\right) \sum_{n=0}^{2J} C_{JKMn} P_n(\cos\theta_{rot}),$$

wobei $C_{JKMn}$ die Clebsch-Gordan-Koeffizienten sind.

Die Integration des Streuoperators $\exp(i\mathbf{s}\cdot\mathbf{r})$ über $\Theta_{rot}$ und die Schwingungen kann analytisch durchgeführt werden und führt zur folgenden Verteilungsfunktion:

$$F_{ijn}(s) = 2(2\pi)^2 i P_n(E_z) \Omega_v P_n(\cos\beta) j'_n(kr),$$

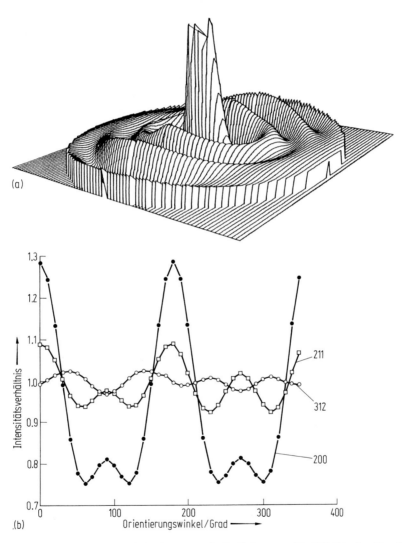

**Abb. 3.90** (a) Streuverteilungsverhältnisse von 5-keV-Elektronen für $CH_3F$ in den Zuständen $(0,0,0)$ und $(2,1,1)$ als Funktion von $\theta$ und $\varphi$ und (b) Verhältnisse der polaren ($\phi$) Anisotropie der Streuintensität für 5-keV-Elektronen und $CH_3F$ für den Streuwinkel 39 nm$^{-1}$ [74].

wobei $\Omega_v$ die Mittelung über die Schwingung $v$ darstellt, $E_z$ die Richtung eines Führungsfeldes oder die Polarisationsrichtung eines Laserstrahles und

$$\cos\beta = z_{ij}/r_{ij}$$

die Projektion des Bindungsabstandes $r_{ij}$ auf die z-Richtung ist. Damit kann die Streuverteilung eines symmetrischen Kreisels mit definierten Quantenzahlen in jeder Einstellung zur Orientierungsachse ausgerechnet werden. Abb. 3.90a zeigt als Beispiel die normalisierte Streuverteilung von Methylfluorid im Rotationszustand (2,1,1) und 5000-eV-Elektronen, die unter 90° relativ zur Hauptachse einfallen. Um den molekularen Einfluss besonders zu unterstreichen, zeigt Abb. 3.90a das Verhältnis von $I_{JKM}$ und $I_{Atom}$. Der Streuwinkelbereich erstreckt sich nur bis 160 nm$^{-1}$. Für größere Winkelbereiche wird der Orientierungseffekt durch die breiten Verteilungsfunktionen, die solche niedrigen Quantenzustände überstreichen, weggemittelt.

Abb. 3.90b zeigt die Variation der relativen Streuintensität am Umfang eines Streukegels für $CH_3F$ in drei verschiedenen Quantenzuständen und für $s = 39$ nm$^{-1}$. Diese Rechnungen [74] zeigen besonders schön, wie einfach Quantenzustände von den Streuverteilungen in nur einem Streukegel identifiziert werden können. Elektronenstreuung ist ein besonders geeigneter Quantenzustandsdetektor für Systeme, die der Laserspektroskopie nicht leicht zugänglich sind. Seine wahren Möglichkeiten bestehen jedoch im Studium von Molekülen in sehr hohen Schwingungsquantenzahlen. Unter diesen Umständen verlieren die traditionellen Strukturvorstellungen ihre Bedeutung und entziehen sich bis heute jeder Interpretation. Mit Streumessungen und Modellberechnungen erhofft man, die ersten Einblicke in diese exotische Welt zu gewinnen.

Es gibt eine bewährte und eine neue, viel versprechende Methode, Moleküle gemäß ihren Rotationsquantenzahlen in einem Gasstrahl entweder zu sortieren [75] oder durch optische Pumpmethoden [76] einen bestimmten Zustand zu bevölkern. Beide sollen kurz erklärt werden. Die mehrfach bewährte Methode beruht auf der Auswahl von Rotationsquantenzuständen durch Fokussierung im Hexapolfeld [75]. Ein elektrisches Feld erzeugt einen Stark-Effekt im Molekül, welcher eine Kraft $F$ auf das molekulare Dipolmoment ausübt

$$F = -\text{grad}\, W_{Stark},$$

wobei

$$W_{Stark} = -\mu E \langle\cos\theta\rangle$$

und

$$\langle\cos\theta\rangle = M_J \cdot \frac{K}{J(J+1)}.$$

Diese Kraft wirkt fokussierend im Hexapolfeld auf die Kombination $M_J \cdot K$, wenn diese negativ ist. Die erwünschten Zustände werden auf eine kleine Austrittsblende abgebildet durch geeignete Spannungen an den Stäben. Dabei muss die Komponente 0,0,0 durch einen Zentralstop abgetrennt werden, da $W_{Stark} = 0$. Abb. 3.91 zeigt eine Apparatur, mit der erfolgreich $CH_3I$-Moleküle orientiert wurden, sowie das notwendige Entkopplungsfeld, welches die molekularen Dipolmomente adiabatisch in die Führungsfeldrichtung einstellt [77].

3.3 Strukturen von Molekülen im elektronischen Grundzustand    547

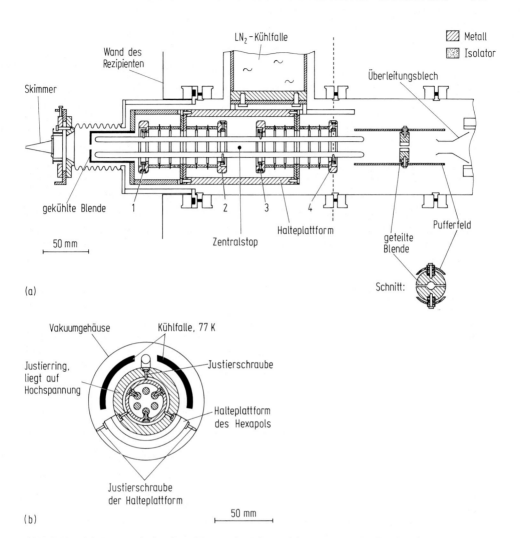

**Abb. 3.91** (a) Längsschnitt eines Hexapols. Die positiven Hexapolstäbe sind bei (1) und (3) verankert, die negativen bei (2) und (4) (oder umgekehrt). Das Pufferfeld, die geteilte Blende und die Überleitungsbleche sind gegenüber der normalen Anordnung um 90° verdreht gezeichnet. (b) Querschnitt eines Hexapols längs der gestrichelten Linie in (a) [77].

Die neueste Methode, Moleküle zustandsselekiv zu sortieren, beruht auf einer optischen Methode. Aufbauend auf SEP (**S**timulated **E**mission **P**umping), wobei ein Laser ein Molekül in einen angeregten Zustand bringt und ein zweiter resonant die Energie wieder entfernt und das Molekül in einem angeregten Schwingungszustand zurücklässt, wurde STIRAP entwickelt [76]. Mit **S**timulated **T**ransfer **I**nduced **R**aman **A**diabatic **P**assage ist es gelungen, die Laser so einzustellen, dass durch einen kohärenten Prozess alle bestrahlten Moleküle in ein gewünschtes Schwingungsniveau gepumpt werden, während bei SEP nur maximal 30 % Umlagerungen erreicht werden können. Diese Pumpmethoden wurden in enger Anlehnung an die Verfahren entwickelt, die bei der paramagnetischen Resonanz ausführlich besprochen wurden. So konnten 100 % aller $Na_2$-Moleküle von $J = 5$, $v = 0$ in $J = 7$, $v = 5$ gepumpt werden. Damit steht der Weg offen, mit zustandsselektierten Molekülen die Chemie neu zu entdecken und quantenmechanisch zu verstehen.

### 3.3.2.3 Elastische Elektronenstreuung an statistisch orientierten Molekülen

Die Berechnungen und Messungen von Wirkungsquerschnitten für niederenergetische Elektronen und nichtorientierte Moleküle sind völlig analog zu den Methoden, die in Abschn. 3.3.2.2 beschrieben wurden. Interpretationen mit Hilfe der Fourier-Transformation werden jedoch immer fragwürdiger, je niedriger die Primärenergie ist. Ein Ausweichen auf die Partialwellenmethode, die für die Streuung an Atomen so erfolgreich ist, bereitet große Schwierigkeiten, weil die Schrödinger-Gleichung zur Zeit nur für ein Zentralpotential gelöst werden kann. Die Asymmetrie des Moleküls führt zu fünf gekoppelten Differentialgleichungen, für die bis heute noch keine allgemeinen numerischen Lösungen bekannt sind. Weitere Probleme bei der Berechnung der Streuverteilung für niedrige Energien bereitet die Deformation der molekularen Ladungswolken durch das Coulomb-Feld des einfallenden Elektrons. Bei sehr niedrigen Energien (weniger als 25 eV) ist der Polarisationsprozess so langsam, dass er der Störung voll, also adiabatisch folgt. Doch bei höheren Energien können die gebundenen Elektronen der Störung nur noch teilweise folgen und der Prozess wird dynamisch. Bei hohen Primärenergien sind die Elektronen zu schnell, um den Polarisationsprozess einzuleiten und bis heute wurde kein Effekt gemessen.

Ähnliche Argumente gelten für den Austausch von gebundenen Elektronen mit den einfallenden Elektronen. Der adiabatische Fall wird durch die Resonanzbedingung ersetzt, bei der die Impulse der Molekülelektronen ähnliche Werte haben, wie die Primärelektronen.

Diese Effekte treten auch bei der Streuung an Atomen auf. Bei Molekülen muss ein weiterer Prozess besonders berücksichtigt werden, nämlich der intramolekularen Mehrfachstreuung. Er tritt als eine Korrektur auf, wenn die Streuung in der Born'schen-IAM-Näherung beschrieben wird, da hier angenommen wird, dass ein Elektron nur einmal eine Richtungsablenkung erfährt. Bei hohen Energien ist die intramolekulare Mehrfachstreuung nur in ganz besonderen Fällen zu berücksichtigen, da die Wirkungsquerschnitte selbst meist sehr klein sind. Bei niedrigeren Energien können die molekularen Interferenzen jedoch bis zu 50 % verfälscht werden. Es gibt allerdings eine Theorie, die – zumindest im Prinzip – alle Effekte schon im Ansatz erfasst. Sie ist bekannt als „Multichannel close coupling theory". Ihr ist, nach der Diskussion der Messergebnisse, ein besonderer Abschnitt gewidmet.

Als Maßstab für alle niederenergetischen elastischen differentiellen Wirkungsquerschnitte gelten die Messungen von Bromberg [72]. Seine Ergebnisse für $N_2$ und CO mit 500-eV-Elektronen sind absolut und haben Messfehler von weniger als 3 %. Die Messanordnung ist in Abb. 3.92 skizziert. Die Targetdichte war bekannt, da die ganze Streukammer mit Gas gefüllt war. Die Variation des Streuvolumens als Funktion des Streuwinkels wurde durch eine Sinuskorrektur (Silverstein-Korrektur) berücksichtigt. Die Abschwächung des Primärstrahls $I_0$ auf dem Weg zum

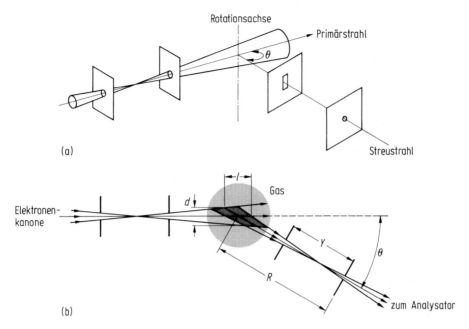

**Abb. 3.92** Streugeometrie in Niederenergie-Streuexperimenten; (a) Seitenansicht, (b) Sicht von oben.

Streuvolumen und der gestreuten Elektronen $I$ auf dem Weg zum Detektor wird mittels Änderung des Kammerdrucks $p$ gemessen. Durch Extrapolation von $\ln(I/I_0 p)$ nach $p = 0$ wird die Extinktion eliminiert. Dieser Messvorgang musste für jeden Streuwinkel durchgeführt werden. Die Apparatur wurde mit Helium geeicht. Die meisten Streuexperimente in diesem Arbeitsgebiet beschränken sich auf relative Messungen. Der Vergleich mit der statischen IAM-Theorie zeigt dann den Einfluss der Raumladungswolkenpolarisation bei kleineren Streuwinkeln und der Austauscheffekte, die meist bei großen Winkeln besonders beachtet werden müssen.

Abb. 3.93 zeigt Wirkungsquerschnitte für $N_2$ und für mehrere Energien, wobei in (a) der atomare Untergrund durch Verhältnisbildung entfernt wurde [78]. Die molekularen Interferenzen sind klar sichtbar, jedoch nicht genau genug für eine präzise Molekülstrukturbestimmung. Wenn das Verhältnis der Daten zum gesamten (elastischen und inelastischen) IAM-Wirkungsquerschnitt gebildet wird, zeigt sich besonders der Einfluss der Raumladungsdeformation. Bei 100 eV ergibt sich eine Erhöhung des Wirkungsquerschnitts um einen Faktor 5, der sich für 500-eV-Elektronen auf 1.7 reduziert und für 1000-eV-Elektronen nur noch 1.5 erreicht. Abb. 3.94a zeigt die Wirkungsquerschnitte für fünf Energien und $H_2$ im reduzierten Maßstab des übertragenen Impulses $s$. Die Abwesenheit einer Primärenergieabhängigkeit bei größeren Winkeln deutet auf die Gültigkeit der ersten Born'schen Näherung hin. Diese ist auch bei niedrigen Energien möglich, da die K-Schalen-Ionisationsenergie von $H_2$ besonders klein ist. Bei kleinen $s$-Werten (kleine Winkel) spalten sich die Wirkungsquerschnitte entsprechend ihrer Energie auf (Abb. 3.94b). Dafür kann nicht die erste Born'sche Näherung verantwortlich gemacht werden, da man gerade

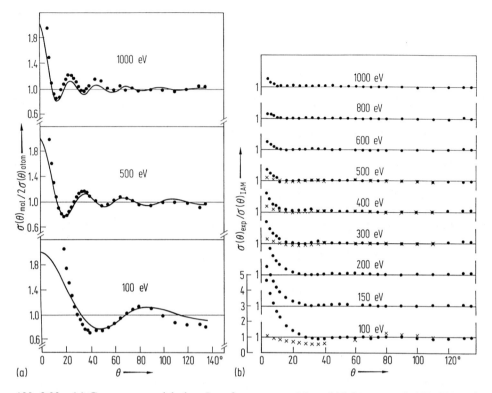

**Abb. 3.93** (a) Gemessene molekulare Interferenzen von $N_2$ und Elektronen mit 100, 500 und 1000 eV. Die ausgezogene Linie ist eine Berechnung mit dem IAM-Modell. (b) Verhältnis der gemessenen und der mit (x) und ohne (•) Berücksichtigung der Ladungswolkenpolarisation berechneten Wirkungsquerschnitte [78].

hier wegen der großen Stoßparameter und des schwachen Streupotentials ihre Gültigkeit erwartet. Die Energieabhängigkeit wird vielmehr von den Ladungswolkendeformationen erzeugt. Da auch bei den kleineren Energien noch keine Konvergenz zu einem gemeinsamen Wirkungsquerschnitt sichtbar ist, kann man daraus schließen, dass selbst bei 100 eV die adiabatische Grenze noch nicht erreicht ist.

Alle Messungen der Wirkungsquerschnitte unter 1000 eV zeigen bei kleinen Winkeln eine logarithmische Abhängigkeit vom übertragenen Impuls. In der Born'schen Näherung gehört zu einem exponentiellen Wirkungsquerschnitt folgendes Streupotential:

$$V(r) = \frac{\alpha}{(r^2 + b^2)^2}.$$

Im adiabatischen Grenzfall wird $\alpha$ zur statischen Polarisierbarkeit und $b$ zum effektiven Streuradius des Moleküls. Diese Interpretation setzt die Gültigkeit der Fourier-Methode voraus, was bei $H_2$ und He, nicht aber z. B. bei Hg zu erwarten ist; trotzdem zeigen Moleküle auch mit schweren Atomen weiterhin die logarithmische Abhängigkeit. Diese weitverbreitete experimentelle Tatsache lässt eine bisher noch

### 3.3 Strukturen von Molekülen im elektronischen Grundzustand

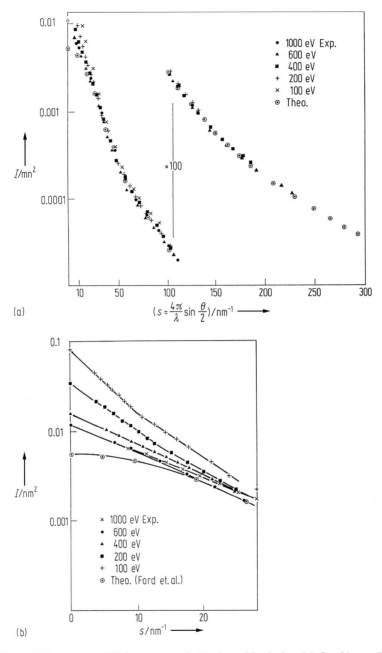

**Abb. 3.94** (a) Gemessener Wirkungsquerschnitt (logarithmischer Maßstab) von $H_2$, aufgetragen als Funktion des übertragenen Impulses $s$; (b) Kleinwinkelstreuung für $H_2$ und mehrere Energien. Die Linien sind nur zur optischen Hilfe eingezeichnet [78].

unentdeckte allgemeine Regelmäßigkeit in der Streutheorie erwarten. Zu ähnlichen Ergebnissen führten die Messungen der elastischen differentiellen Wirkungsquerschnitte für $C_2H_2$, $C_2H_4$ und $C_2H_6$. Die extrapolierten Streuintensitäten in Vorwärtsrichtung ändern sich von Molekül zu Molekül proportional zu deren statischen Polarisierbarkeiten, wenn man die 100-eV-Ergebnisse auswertet. Bei höheren Energien wird $\alpha$ kleiner [78] und der elastische Wirkungsquerschnitt wird von der diamagnetischen Suszeptibilität bestimmt [50].

Die Wirkungsquerschnitte bei niedrigen Energien werden mehr und mehr von den Partialwellen mit kleinem Drehimpuls beherrscht. Dies ist leicht zu verstehen. Die Partialwellensumme ist eine Reihe von sphärischen Bessel-Funktionen vom Argument $kr$; $j_l(kr)$ ist aber vernachlässigbar, wenn $kr$ wesentlich kleiner als $l$ ist. Das bedeutet, dass $r$ entsprechend groß sein muss für kleine $k$, so dass die $l$-te Partialwelle

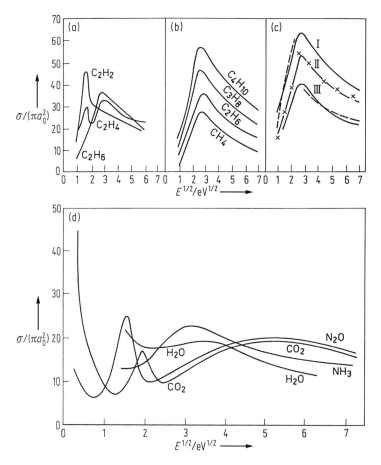

**Abb. 3.95** Totaler Streuquerschnitt $\sigma$ für langsame Elektronen als Funktion der Elektronenenergie $E_e$ (a) $C_2H_2$; (b) $CH_4$, $C_2H_6$, $C_3H_8$ und $C_4H_{10}$; (c) Pentan ($C_5H_{12}$) und Isopentan (gestrichelt), Kurven I; Butan und Isobutan (Kreuze), Kurven II; Methylether $(CH_3)_2O$ und Ethylalkohol $C_2H_5OH$ (gestrichelt), Kurven III; sowie (d) $H_2O$, $NH_3$, $CO_2$ und $N_2O$ [79].

nennenswert zur Streuamplitude beitragen kann. Für die meisten Moleküle ist das Potential auf höchstens ein paar nm beschränkt. Wenn $l$ auf wenige Werte begrenzt bleibt, ist der differentielle Wirkungsquerschnitt stark strukturiert, wie man in Abb. 3.88 erkennen kann. Wird der Wirkungsquerschnitt nur noch von einer Partialwelle dominiert, dann gibt es zwei besondere Fälle. Bei sehr kleinen Energien dominiert die S-Welle ($l = 0$). Das führt zu einem isotropen differentiellen Wirkungsquerschnitt. Wenn außerdem die Phasenverschiebung von $l = 0$ ein ganzzahliges Vielfaches von $\pi$ ist, verschwindet der totale Wirkungsquerschnitt und man spricht von einem Ramsauer-Townsend-Minimum. Abb. 3.95 zeigt die Energieabhängigkeit der totalen elastischen Wirkungsquerschnitte für mehrere Moleküle mit Minima bei 1–2 eV Primärenergie [79]. Man kann keine detaillierten Informationen über das Molekül erwarten, da bei diesen kleinen Energien die de-Broglie-Wellenlänge der Elektronen größer ist als die Dimensionen der meisten Moleküle. Die Phasenverschiebung der S-Partialwelle wird vom gesamten Potential erzeugt, jedoch besitzt das induzierte Dipolfeld in großen Abständen einen überwiegenden Einfluss und deshalb werden die Ramsauer-Townsend-Minima ganz wesentlich durch $\alpha$ bestimmt. Es soll daran erinnert werden, dass der Imaginärteil der Vorwärtsstreuamplitude über das optische Theorem mit dem totalen Wirkungsquerschnitt verknüpft ist.

Berechnungen des Streuprozesses zeigen jedoch, dass außerdem der Austauscheffekt mit in Rechnung gestellt werden muss, um die Minima einigermaßen richtig vorhersagen zu können. Abb. 3.95b und c zeigt, dass es charakteristische Familien gibt, die mit langsamen Elektronen sehr ähnlich wechselwirken. Es ist bis heute nicht gelungen, die Messkurven, wie sie Abb. 3.95d zeigt, theoretisch zu erfassen und daraus weitere Voraussagen abzuleiten, wie z. B. $d\sigma/d\Omega$ in Vorwärtsrichtung.

Auch der differentielle Wirkungsquerschnitt hilft in einfacher Weise nicht weiter. Abb. 3.96 zeigt die Messergebnisse von mehreren Molekülen für 12 eV sowie von He und Ne für 10-eV-Elektronen. Die grobe Struktur mit Maxima bei 0° und 180° und einem Minimum bei 90° ist ein Charakteristikum der Partialwellen $l = 0$ und $l = 1$. Bei schwereren Atomen oder stark polarisierbaren Molekülen tragen mehrere Partialwellen zum Wirkungsquerschnitt bei und reichere Strukturen erscheinen. Auf keinen Fall darf man diese Strukturen als Reflexionen der Ladungsdichten im Atom oder Molekül auffassen, da dies die Gültigkeit der Fourier-Analyse und kleine de-Broglie-Wellenlängen voraussetzt. Beides ist hier nicht erfüllt. Die Abhängigkeit der differentiellen Wirkungsquerschnitte von den Partialwellen ist für $N_2$ noch einmal in Abb. 3.97 demonstriert. Die dreidimensionale Repräsentation zeigt, dass bei sehr kleinen Energien die S-Welle vorherrscht und der Wirkungsquerschnitt nahezu isotrop ist. Bei 3.4 eV geschieht etwas Außergewöhnliches, das den Wirkungsquerschnitt um Zehnerpotenzen erhöht. Es ist eine Resonanz, die im nächsten Absatz erklärt wird. Bei höheren Energien steigt vor allem der Wirkungsquerschnitt bei kleinen Winkeln, was den Einfluss der höheren $l$-Partialwellen im Zusammenspiel mit der Ladungswolkenpolarisation widerspiegelt.

Bei 3.41 eV Primärenergie kann das einfallende Elektron im Streupotential, das aus dem Coulomb-Potential und der Zentrifugalbarriere zusammengesetzt ist, eingefangen werden und ein kurzlebiges negatives Ion bilden. Die Resonanzenergie ist durch die Eigenzustände der Summe der zwei Potentiale festgelegt. Diese Resonanzen werden Shape-Resonanzen genannt; sie liegen energetisch etwas oberhalb eines angeregten Zustandes des neutralen Moleküls. Es gibt außerdem Feshbach-Reso-

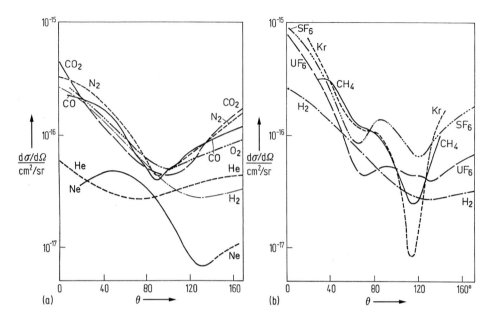

**Abb. 3.96** (a) Differentieller Wirkungsquerschnitt $d\sigma/d\Omega$ als Funktion des Streuwinkels für 12-eV-Elektronen an He, Ne und für 10-eV-Elektronen an $H_2$, $CO_2$, CO und $O_2$. (b) Differentieller Wirkungsquerschnitt für 10-eV-Elektronen an $H_2$, Kr, $CH_4$, $SF_6$ und $UF_6$ [80].

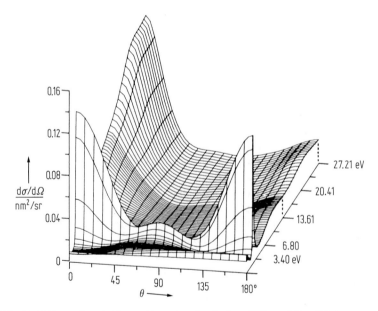

**Abb. 3.97** Dreidimensionale Darstellung des elastischen differentiellen Wirkungsquerschnitts $d\sigma/d\Omega$ für $N_2$ als Funktion des Streuwinkels $\theta$ und der Primärenergie [80].

3.3 Strukturen von Molekülen im elektronischen Grundzustand 555

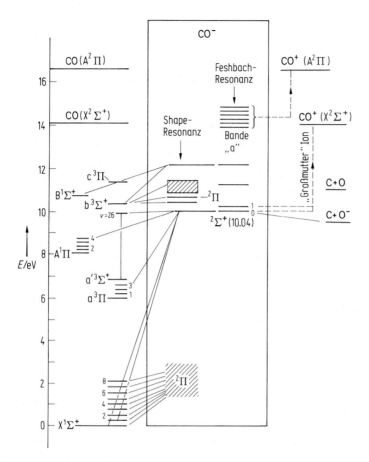

**Abb. 3.98** Ausschnitt aus dem Termdiagramm von CO, CO$^-$ und CO$^+$. Die Pfeile zeigen die Zerfallsmöglichkeiten der Resonanzzustände [81].

nanzen. Sie entstehen, wenn das Wechselwirkungspotential zwischen dem einfallenden Elektron und einem angeregten Zustand des Moleküls so stark ist, dass ein gebundener Ionenzustand erzeugt werden kann. Diese Zustände liegen meist 0–0.5 eV unterhalb eines angeregten Niveaus des neutralen Teilchens. In Molekülen treten beide Resonanzen nebeneinander auf [81]. Sie geben direkten Zugang zu den Rotationsschwingungszuständen der negativen Ionen. Die Analyse der Streudaten ist sehr komplex und muss individuell für jedes Molekül vorgenommen werden. Als Beispiel ist hier CO gewählt. Abb. 3.98 zeigt das Termdiagramm von CO$^+$, dem „Großmutter-Ion", von CO, dem „Muttermolekül", und von CO$^-$, dem Resonanz-„Tochter-Ion". Abb. 3.99 zeigt den Anteil des Primärstromes, der eine Zelle ungestreut verlässt. Das Messverfahren liefert die erste Ableitung dieses Stromes. Die Resonanzen 1–4 sind verknüpft mit den Zuständen b$^3\Sigma^+$ und B$^1\Sigma^+$ des CO-Moleküls einschließlich ihrer Rydberg-Serien. Die Bande „a" am hochenergetischen Ende des Spektrums besteht aus Feshbach-Resonanzen für verschiedene Schwingungszustände des A$^2\Pi$-Zustandes von CO$^+$. Die Pfeile in Abb. 3.98 zeigen die Zer-

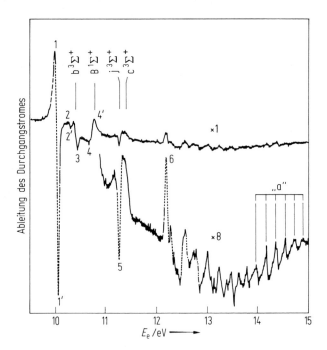

**Abb. 3.99** Ableitung des Durchgangsstromes für CO als Funktion der Elektronenenergie $E_e$. Die Resonanzen sind durch Zahlenfolgen angedeutet. Die „a"-Bande zeigt eine Serie von Feshbach-Resonanzen, die dissoziativ zerfallen [81].

fallsmöglichkeiten der kurzlebigen Ionen an. Auswahlregeln und Übergangswahrscheinlichkeiten sowie Verzweigungsmöglichkeiten bestimmen die Lebensdauer und damit die Breite der Resonanzlinien. Der CO$^-$-Zustand kann nicht nur durch Elektronenemission in die niedrigen elektronischen Zustände von CO übergehen, sondern es ist auch energetisch möglich, dass das Ion zerfällt und sich als C und O$^-$ stabilisiert (dissociative attachment). Dieser Zerfallszweig ist z. B. in N$_2$ nicht vorhanden, womit erklärt wird, warum die $^2\Sigma^+$-Resonanz in N$_2$ nur 0.6 meV breit ist, während für CO 40 meV gemessen wurden. Die Zuordnung der Resonanz zu den elektronischen Zuständen erfolgt am einfachsten durch den differentiellen Wirkungsquerschnitt. In Abb. 3.100 werden links die Streuintensitäten als Funktion der Primärelektronenenergie für drei verschiedene Winkel gezeigt. Die rechten Bilder zeigen die Winkelabhängigkeit einiger Resonanzlinien.

Die nach oben orientierten Pfeile zeigen die Feshbach-Resonanzen an und die nach unten ausgerichteten Pfeile markieren die Shape-Resonanzen. Die isotrope Verteilung der 10.39-eV-Resonanz zeigt die Dominanz der ($l=0$)- oder S-Streuphase und erlaubt sofort deren Zuordnung zum $^2\Sigma^+$-Zustand des CO$^-$-Moleküls. Der p-Charakter der 10.7-eV-Resonanz zeigt die Kopplung des Elektrons zum A$^2\Pi$-Zustand. Da A$^2\Pi$ oberhalb von b$^3\Sigma$ liegt, wird diese Resonanz der Shape-Kategorie zugeordnet.

3.3 Strukturen von Molekülen im elektronischen Grundzustand    557

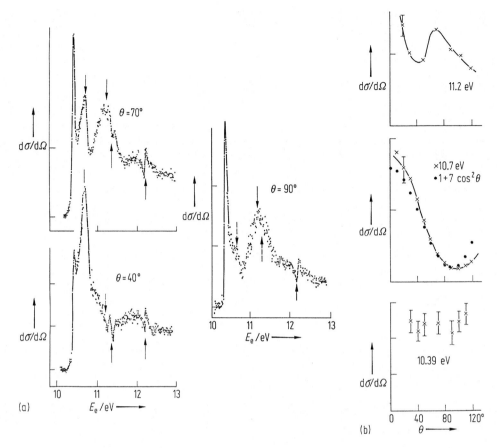

**Abb. 3.100** (a) Differentieller Wirkungsquerschnitt $d\sigma/d\Omega$ von CO in Abhängigkeit von der Elektronenenergie $E_e$ bei verschiedenen Stoßwinkeln $\theta$. (b) Winkelabhängigkeit einiger Resonanzlinien [81].

Bisher wurde die Betrachtung auf rein elastische Streuung beschränkt, d. h. das CO-Molekül hatte im Anfangs- und Endzustand $v = 0$. Die Strukturen in den Wirkungsquerschnitten können sich nochmals entscheidend ändern, wenn $\Delta v = 1$ beobachtet wird. Messungen dieser Art liefern nicht nur Aufschlüsse über die elektronischen Zustände des negativen Molekülions, sondern auch über deren Schwingungszustände und somit über deren intramolekularen Potentiale.

Das Studium der Wechselwirkungen von niederenergetischen Elektronen mit Molekülen ist nicht nur wichtig wegen der Strukturen und Symmetrien angeregter molekularer Ionen, sondern die Abläufe der meisten Reaktionsprozesse in Moleküllasern (Eximern), in Gasentladungen, in der oberen Atmosphäre der Erde sowie der Planeten und ihrer Monde, in interstellaren Wolken, in Funkenbögen, Plasmen und Ionisationskammern benötigen die genauen Kenntnisse der Wirkungsquerschnitte, um alle relevanten Prozesse zu modellieren und zu verstehen. Eine besondere Rolle spielen dabei die $H_2$-Moleküle am Rand von Fusionsplasmen und in der Astrophysik sowie O$_2$ und N$_2$ in der oberen Erdatmosphäre. Sie sind bis heute die am sorgfältigsten und am häufigsten untersuchten Moleküle.

### 3.3.2.4 Inelastische Elektronenstreuung innerhalb des elektronischen Grundzustandes

Für alle Messungen, die in den Abschnitten 3.3.2.2 und 3.3.2.3 beschrieben wurden, waren die Analysatoren in den Apparaturen (in Abb. 3.82 schematisch dargestellt) so eingestellt, dass nur die elastisch gestreuten Elektronen den Detektor erreichen konnten. Im strengen Sinne des Wortes bedeutet elastisch, dass während des Streuprozesses im Molekül kein interner Freiheitsgrad angeregt wird. Der Energieübertrag durch den Stoßprozess auf die Translationsfreiheitsgrade wird wegen des großen Massenverhältnisses von Molekül und Elektron meist vernachlässigt. Die Bedingung für reine elastische Streuung ist nur für wenige Moleküle aufrecht zu erhalten. Die Rotationsniveaus für schwerere Moleküle liegen so nahe zusammen, dass die besten Analysatoren nicht mehr ausreichen, um die Rotationsanregungen aufzulösen. Bei höheren Energien kann man über alle Rotationsanregungen integrieren und durch das Vollständigkeitsprinzip eliminieren (closure argument). Die Anregungswahrscheinlichkeit im Rahmen von *Fermis Goldener Regel* ist dann gegeben durch

$$\frac{d\sigma}{d\Omega dE} = \text{const.} \cdot \sum_R \sum_V G_R(T) G_V(T) |\langle \psi_{R,M} \psi_V \psi_E | \lambda | \psi_{R',M} \psi_{V'} \psi_G \rangle|^2 ,$$

wobei $\lambda$ den Streuoperator $\exp(i s \cdot r)$ darstellt. Der Index $R$ charakterisiert den Rotationszustand, $M$ dessen Entartungsgrad, $V$ den Schwingungszustand und $E$, $G$ die elektronischen Zustände. Da die Freiheitsgrade als unabhängig voneinander angenommen werden, können die Faktoren individuell ausgerechnet werden, d.h.

$$\frac{d\sigma}{d\Omega} = \text{const.} \cdot |\langle \psi_E^* | \lambda_E | \psi_G \rangle|^2 \cdot \sum_{R'} G_R(T) \cdot |\langle \psi_R^* | \lambda | \psi_{R'} \rangle \langle \psi_{R'} | \lambda^* | \psi_R^* \rangle| \cdot$$

$$\cdot \sum_{V'} G_V(T) \cdot |\langle \psi_V^* | \lambda | \psi_{V'} \rangle \langle \psi_{V'} | \lambda^* | \psi_V^* \rangle| .$$

In den beiden letzten Faktoren kann die Integration $\langle \ \rangle$ mit der Summation vertauscht werden. Die innere Summe ist

$$\sum |\psi_{R'}\rangle\langle\psi_{R'}| = 1 .$$

Die Besetzungswahrscheinlichkeiten $G_i(T)$ führen zu Normierungskonstanten, die in der Eichung des Experiments mit berücksichtigt werden, und der Wirkungsquerschnitt hängt nur noch vom elektronischen Zustand ab. Die Integration während des Messprozesses muss alle möglichen Rotations- und Vibrationszustände einschließen, um das Vollständigkeitsprinzip anwenden zu können; deshalb ist eine ausreichend hohe Primärenergie erforderlich. Streuprozesse dieser Art werden oft *quasielastisch* genannt. Abb. 3.101 zeigt die gemessenen totalen Wirkungsquerschnitte für mehrere molekulare Gruppen als Funktion der Anregungsenergie. Für CsF, CsCl und KI sind sowohl die quasi-elastischen Wirkungsquerschnitte aufgetragen als auch die Daten, bei denen über alle Übergänge integriert wurde. Für HCN wurden die

3.3 Strukturen von Molekülen im elektronischen Grundzustand    559

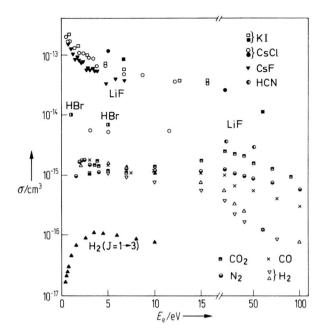

**Abb. 3.101** Totaler Streuquerschnitt $\sigma$ für die Streuung von Elektronen der Energie $E_e$ an mehreren Molekülen. Die Integration wurde für CsF (▼) CsCl (○) und KI (■) für alle Übergänge ausgeführt. KI (■), LiF (✧) und CsCl (●) enthalten alle Rotations- und Vibrationsanregungen. HCN (◐) integriert über alle Rotationen und die ($v_2 = 0 \to 1$)-Schwingung. HBr (■), CO (✕), $CO_2$ (■), $N_2$ (●) und $H_2$ (▽) sind schwingungselastisch. $H_2$ (△) ist rein elastisch und $H_2$ (▲) ist der Wirkungsquerschnitt für die Rotationsanregung $J = 1 \to 3$ [82].

Wirkungsquerschnitte über die Anregungen $\Delta v_2 = 0 \to 1$ summiert. Die Wirkungsquerschnitte für HBr, CO, $CO_2$, $N_2$ und $H_2$ sind über alle Rotationsanregungen integriert, aber ohne Schwingungsanregungen. Für $H_2$ war es möglich, die rein-elastische Streuung $\Delta J = 0$ und die erste Rotationsanregung $J = 1 \to 3$ getrennt zu messen. Abb. 3.102 zeigt die empirische Abhängigkeit der Wirkungsquerschnitte einiger Moleküle vom Dipolmoment für drei verschiedene Energien. Die durchgezogenen Linien zeigen die Steigung für eine quadratische Relation. Ein besonders schönes Beispiel für die verschiedenen Möglichkeiten, die ein einfallendes Elektron hat, um mit einem Molekül in zu wechselwirken, wenn die Primärenergie variiert wird, zeigt Abb. 3.103.

Der Wirkungsquerschnitt von $N_2$ bei 90° und $v = 0 \to 1$ ist bei niedrigen Energien von den Resonanzen des $N_2^+$ und dessen Schwingungsniveaus dominiert. Bei steigenden Energien fällt der Wirkungsquerschnitt, bis er bei 11.4 und 11.7 eV erneut Resonanzen zeigt, die mit einem elektronisch angeregten Niveau des Ions $N_2^-$ verbunden sind.

Bei noch höheren Energien bildet sich ein breites Maximum, das durch das Wechselspiel der Partialwellen erzeugt wird. Selbst bei höheren Anregungsenergien können in der quasi-elastischen Streuung Resonanzen gefunden werden. Das präzise

560   3 Moleküle – Spektroskopie und Strukturen

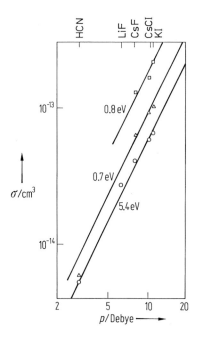

**Abb. 3.102** Korrelationsdiagramm für die totalen schwingungselastischen Wirkungsquerschnitte $\sigma$ und die molekularen Dipolmomente $p$ der Alkalimetallhalogenide bei drei verschiedenen Primärenergien. Die Geraden haben eine Steigung von 2 und dienen nur zur Orientierung [82].

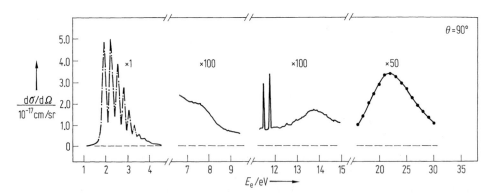

**Abb. 3.103** Differentieller Wirkungsquerschnitt $d\sigma/d\Omega$ von $N_2$ für 90° und Elektronen der Energie $E_e$ von 1–30 eV [82].

Ausmessen des Wirkungsquerschnitts von $N_2$ im Energiebereich zwischen 397 und 404 eV führte zu ausgeprägten Strukturen, welche in Abb. 3.104a reproduziert sind [83]. Bei diesen speziellen Energien deutet der differentielle Wirkungsquerschnitt, wie Abb. 3.104b zeigt, auf eine d-Wellen-Resonanz hin. Diese Interpretation wird unterstützt von der Tatsache, dass ein K-Schalen-Elektron in $N_2$ gerade diese Energie

3.3 Strukturen von Molekülen im elektronischen Grundzustand    561

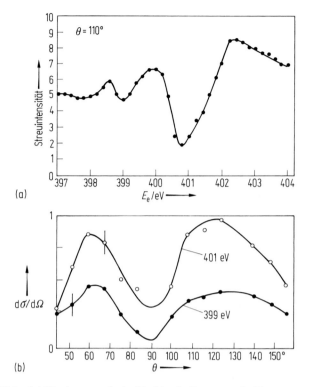

**Abb. 3.104** (a) Hochenergetische Feshbach-Resonanz in $N_2$, gemessen durch die Streuintensität bei 110° als Funktion der Primärenergie $E_e$; (b) differentieller Wirkungsquerschnitt $d\sigma/d\Omega$ für 401 eV und 399 eV in Abhängigkeit vom Streuwinkel $\theta$ [83].

benötigt, um einen angeregten Zustand zu bilden und um das Primärelektron kurzzeitig in einer Feshbach-Resonanz festzuhalten.

Meistens ist es experimentell sehr schwierig, kleine Vibrationsverluste in größeren Molekülen in direkter Nachbarschaft zu einer starken elastischen Streuintensität aufzulösen. Abb. 3.105 zeigt das Energieverlustspektrum für Formaldehyd und 10.1-eV-Elektronen. Die reinen Schwingungsanregungen sind gerade noch zu erkennen, während die ausgeprägten Strukturen durch die Anregungen von höheren elektronischen Niveaus erzeugt werden. In diesem Zusammenhang liefert die inelastische Elektronenstreuung bedeutende Beiträge zum Verständnis von Molekülen. Mehr Einzelheiten darüber werden in Abschn. 3.4.4 diskutiert.

### 3.3.2.5 Theorie zur Elektron-Molekül-Streuung

Die Beschreibung der Wechselwirkung von Elektronen mit freien Molekülen kann in drei Gruppen eingeteilt werden. Bei sehr hohen Energien wird der elastische und inelastische Streuprozess sehr gut durch die IAM-Näherung erfasst. Diese kann bis zu mittleren Energien ausgedehnt werden, wenn die atomaren Streuwahrscheinlich-

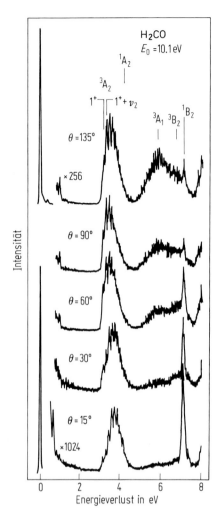

**Abb. 3.105** Energieverlustspektrum für Formaldehyd und 10.1-eV-Elektronen. Die elastische Linie gehört zu $\theta = 15°$ und $135°$ [80].

keiten mit komplexen Streuamplituden beschrieben werden, welche auf Partialwellenberechnungen beruhen. Diese Theorie vernachlässigt Elektronenaustausch, Raumladungswolkenpolarisation und intramolekulare Mehrfachstreuung.

Im Prinzip können alle diese Effekte exakt berücksichtigt werden, denn sowohl die Schrödinger-Gleichung

$$(H_{el} - E)\psi = \left(-\frac{1}{2}V^2 + H_i + V - E\right)\psi = 0 \qquad (3.102)$$

als auch das Wechselwirkungspotential

## 3.3 Strukturen von Molekülen im elektronischen Grundzustand

$$V(r_1 \ldots r_N, R) = \sum_{i=1}^{N} \frac{1}{|r-r_i|} - \sum_{j=1}^{M} \frac{Z_j}{|r-r_j|}$$

sind bekannt. In diesen Gleichungen ist $V^2$ der Operator der kinetischen Energie des Primärelektrons, $H_i$ der Hamilton-Operator des Targetmoleküls und $r_i$ der Ortsvektor aller Elektronen. $R$ soll darauf hinweisen, dass das Molekül starr ist und der Koordinatenursprung im Schwerpunkt liegt (body fixed frame). Mit den berechneten Wellenfunktionen ist es einfach, den Wirkungsquerschnitt zu berechnen, da

$$\lim \psi \xrightarrow{r \to \infty} e^{ikz} + f(\theta, \varphi) \cdot \frac{1}{r} e^{ikr}$$

und

$$\frac{d\sigma}{d\Omega} = |f(\theta, \varphi)|^2$$

ist. Die Wellenfunktion in Gl. (3.102) kann für eine bestimmte momentane nukleare Konfiguration folgendermaßen entwickelt werden:

$$\psi = A \sum_{i=1}^{N} \varphi_i(r_1 \ldots r_N) \cdot F_i(N+1) + \sum_{i=1}^{N+1} a_i \xi_i(r_1 \ldots r_{N+1}),$$

wobei $\varphi_i$ die Eigenfunktionen des ungestörten Moleküls sind, $F_i$ beschreibt das Streuelektron (einschließlich seines Spins), $A$ ist der Antisymmetrieoperator, der den Elektronenaustausch in Rechnung stellt, und $\xi_i$ sind $L^2$ integrale Korrelationsfunktionen mit den Gewichtsfaktoren $a_i$. Diese Entwicklung der Wellenfunktion zeigt bereits die Schwierigkeiten, welche für eine praktische Lösung zu erwarten sind. Erstens müssen die molekularen Wellenfunktionen bekannt sein, und zwar nicht nur für den Grundzustand, sondern auch für möglichst viele angeregte Zustände, einschließlich dem Kontinuum des Ions. Zweitens ist der $A$-Operator nicht lokal und kann deshalb nicht als effektives ortsabhängiges Streupotential beschrieben werden, vielmehr führt $A$ zu einem Satz gekoppelter Integrodifferentialgleichungen. Drittens sind die Korrelationsfunktionen mit langsam konvergierenden Reihen verbunden, die beim Einsatz von Computern die Rechenzeit gewaltig in die Höhe treiben.

Für leichte Atome und niedrige Primärenergien kann man die molekularen Spins mit dem Spin des Streuelektrons koppeln und Eigenzustände der $S^2$- und $S_z$-Operatoren mit den Eigenwerten $S$ und $M_S$ bilden, welche während des Streuprozesses Konstanten der Bewegung sind. In diesem neuen Vektorraum können die Eigenfunktionen in sphärische Kugelfunktionen $Y_l^m$ entwickelt werden, wobei die Symmetrieeigenschaften des Moleküls in den Entwicklungskoeffizienten berücksichtigt werden:

$$\chi_{ipl}^{p}(r) = \sum b_{ihlm}^{p\mu} Y_l^m(r);$$

$p$ beschreibt die geeigneten irreduziblen Quantenparameter, die den molekularen Vektorraum aufspannen, $h$ sind die Quantenzahlen in diesem Raum und $\mu$ sind

Projektionen von $h$, die zum gleichen $l$-Wert gehören. Die totalen Wellenfunktionen lauten in diesem neuen Raum

$$\psi^{p\mu SMs} = \sum_{i=1}^{N+1} \sum_{hl} \Phi_{ihl}^{p\mu SMs}(r_1 \ldots r_{N+1}, \sigma_{N+1}) \cdot r_{N+1}^{-1} f_{ihl}^{p\mu s}(r_{N+1})$$

$$+ \sum_{i=1}^{N+1} \xi_i^{p\mu SMs}(r_1 \ldots r_{N+1}) a_i^{p\mu s},$$

wobei $\sigma_{N+1}$ die Spinkoordinaten des freien Elektrons sind. Die $\Phi$-Funktionen sind die Streukanäle, in denen der Ablauf des Streuprozesses beschrieben wird. Sie lauten

$$\Phi_{ihl}^{p\mu SMs} = \sum_{i=1}^{N} \Phi_i^{p_i\mu_i S_i Ms_i}(r_1 \ldots r_N) \chi_{lh}^{p\mu}(r_{N+1})$$

$$\cdot \eta^{ms_i}(r_{N+1}) \left( S_i M_{Si} \frac{1}{2} m_{Si} | S_i \frac{1}{2} SM_S \right).$$

Hier sind $\eta$ die Streuelektronen-Spinfunktionen, multipliziert mit den entsprechenden Clebsch-Gordan-Koeffizienten, und $\Phi_i$ sind molekulare Eigenfunktionen. Die Hauptachse des Moleküls definiert die Richtung von $M_{Si}$. Wenn die Wellenfunktionen $\Psi$ in Gl. (3.102) eingesetzt und die Kanäle $\Phi$ herausprojiziert werden (d. h. man multipliziert Gl. (3.102) mit $\Psi^*$ und integriert über alle Variablen), dann ergibt sich für jede nukleare Konfiguration $R$ folgender Satz von Integralgleichungen:

$$\left( \frac{d^2}{dr^2} - \frac{l(l+1)}{r^2} k_i^2 \right) f_{ihl}^{p\mu S}(r)$$

$$= \sum_{i=1}^{n} \sum_{h'l'=1}^{\infty} \left[ V_{ihli'l'h'}^{p\mu S}(r) + W_{ihli'h'l'}^{p\mu S}(r) + \Theta_{ihli'h'l'}^{p\mu S}(r) \right] \cdot f_{i'h'l'}^{p\mu S}(r) \quad (3.103)$$

Die Größen $V$, $W$ und $\Theta$ erlauben folgende physikalische Interpretationen: Das direkte Streupotential $V_{ihli'h'l'}$ wird in zwei Komponenten zerlegt. Es ist gegeben durch:

$$V_{ihli'l'}^{p\mu S}(r_{N+1}) = \langle \Phi_{ihl}^{p\mu SMs}(r_1 \ldots r_{N+1}, \sigma_{N+1})$$

$$| V(r_1 \ldots r_{N+1}; R) | \Phi_{i'h'l'}^{p\mu SMs}(r_1 \ldots r_{N+1}, \sigma_{N+1}) \rangle. \quad (3.104)$$

Die Integration muss über alle Koordinaten $r_1$ bis $r_N$ durchgeführt werden. In dieser Matrix entsprechen die Diagonalelemente den ungestörten Potentialen der verschiedenen elektronischen Zustände. In den meisten Fällen ist der Grundzustand dominierend, dessen direktes Potential gegeben ist durch:

$$V_{GS}(r_{N+1}) = \langle \Phi_{GS}(r_1 \ldots r_N) | V(r_1 \ldots r_{N+1}; R) | \Phi_{GS}(r_1 \ldots r_N) \rangle.$$

Die molekularen Wellenfunktionen $\Phi_{GS}$ sind meist lineare Kombinationen von atomaren Funktionen, so dass schließlich das Potential gegeben ist durch

$$V_{GS}(r_{N+1}) = \sum_{hl} V_{hl}^A \chi_{hl}^A(r_{N+1}).$$

Abb. 3.106 zeigt die Unterschiede zwischen den Wirkungsquerschnitten, die mit verschiedenen molekularen Hartree-Fock-Wellenfunktion berechnet wurden und den IAM-Werten für Ethen ($C_2H_4$). Den molekularen Berechnungen lagen sechs verschiedene atomare Basissätze zugrunde, und die erste Born'sche Näherung wurde für

3.3 Strukturen von Molekülen im elektronischen Grundzustand 565

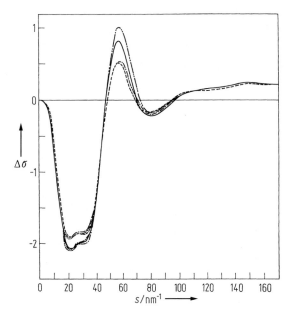

**Abb. 3.106** Unterschiede $\Delta\sigma$ (in atomaren Einheiten) in den Wirkungsquerschnitten von Ethen, berechnet mit den Basisfunktionen 6.3111 G**(—), 6.311 G**(—·), 6.31 G*(—··), 6.31 G(— —), 6.311 G(····), 6.3111 G(— — —) und der IAM-Näherung [84].

die Auswertung der Wirkungsquerschnitte benutzt [84]. In der Differenz der Wirkungsquerschnitte entfällt der atomare Coulomb-Anteil und Abb. 3.106 zeigt im Impulsraum $s$ nur die Deformation der atomaren Elektronenwolken durch die Bindung. Diese Ergebnisse beruhen auf einer Mittelung von vierzig verschiedenen Einstellungen von Molekülachse und Richtung der einfallenden Elektronen.

Die Matrix (3.104) enthält auch nichtdiagonale Elemente. Sie beschreiben in der adiabatischen Näherung die Deformation der Ladungswolke durch das einfallende Elektron und erzeugen das Potential, das als *Polarisationspotential* bekannt ist. (Sie sind in den Berechnungen für Abb. 3.106 nicht berücksichtigt.) Die wichtigsten Beiträge kommen von den Zuständen, welche durch optische Dipolübergänge miteinander gekoppelt sind. Höhere Multipolübergänge tragen sehr viel weniger zum Polarisationspotential bei. Die asymptotische Form des größten Gliedes ist $r^{-2}$ mit einem Koeffizienten, der proportional zur Oszillatorstärke des ersten erlaubten Übergangs ist. Das Potential ist dann proportional zu $r^{-4}$. Für sehr niedrige Elektronenenergien wird der Koeffizient zur statischen Polarisierbarkeit $\alpha$. Zum Beispiel wird für ein zweiatomiges Molekül die Ladungswolkenpolarisation erfasst durch

$$V_p(r;R) = -\frac{\alpha_0(R)}{2r^4} - \frac{\alpha_2(R)}{2r^4} \cdot P_2(r,R),$$

wobei $\alpha_0(R)$ und $\alpha_2(R)$ die Polarisierbarkeiten parallel und senkrecht zur Molekülachse sind. Bei höheren Energien tragen alle Zustände einschließlich des Kontinuums zu $V_p$ bei, wobei stets die Orthogonalität aller Wellenfunktionen sichergestellt sein muss. Es gibt zur Zeit noch keine allgemeine Lösung für dieses Vielkanal-Problem.

Das zweite Glied auf der rechten Seite von Gl. (3.103) $W^{p\mu S}_{ihli'k'l'}$ wird durch den Antisymmetrieoperator $A$ erzeugt. Die strikte Orthogonalität aller Wellenfunktionen ist notwendig, um den Austausch von Strahlelektronen mit gebundenen Elektronen zu beschreiben. Er wird berechnet durch eine zusätzliche Integration über die radiale Funktion $f^{p\mu S}_{i'k'l'}(r)$, so dass

$$W^{p\mu S}_{i,h,l,i'k'l'}(r) \cdot f^{p\mu S}_{i'k'l'}(r) = \sum_n \int K^{p\mu S}_{ihli'k'l'}(r,r') f^{p\mu S}_{i'k'l'}(r') \mathrm{d}r \, .$$

Die $K$-Funktion ist bekannt als das *Austausch-Kernel*. Sie ist gegeben durch die Entwicklung der molekularen Orbitale in sphärischen Kugelfunktionen, analog zu $\chi(r)$, wobei die Koeffizienten $b^{p\mu}_{i,h,l,m}$ zur $l$-ten Partialwelle zuzuordnen sind. Die integrale Darstellung der Austauschkräfte zeigt, dass ihre Effekte sich über den ganzen Raum erstrecken und sich nicht durch eine lokale Größe repräsentieren lassen. Diese Eigenart von $W$ macht sowohl die Berechnung als auch das intuitive Verständnis dessen Beitrag zum Streuprozess extrem schwierig.

Die gebräuchlichste Näherung für die Berücksichtigung der Austauscheffekte beruht auf der Ladungsdichteverteilung $\varrho(r)$ eines freien Elektronengases. Mit diesem Modell kann das Austauschintegral analytisch gelöst werden und führt zu folgendem Potential:

$$V_{\mathrm{ex}}(r) = \frac{4}{3} \varrho^{1/3}(r) \, .$$

Obwohl man die Nachteile dieser Formel leicht erkennen kann – sie ist lokal und divergiert für große $r$-Werte, wenn $\varrho(r)$ nach null geht – so hat ihre Anwendung in vielen Fällen gute Ergebnisse erzielt. Mehrere Methoden existieren, die Bereichsparameter einführen, welche $V_{\mathrm{ex}}$ ohne Diskontinuität bei großen $r$-Werten asymptotisch klein werden lassen. Diese Approximationen finden häufig Anwendung – und zwar nicht nur bei Elektronenstreuung, sondern auch bei großen Molekülen, bei Verbindungen mit schweren Atomen, sowie bei der Berechnung von Erwartungswerten für dünne Filme und Festkörper. Diese Näherungen sind bekannt unter dem Namen „**d**ensity **f**unctional **t**heory (DFT)" [85]. Ein bedeutender Nachteil der Methode ist der Verlust der Orthogonalität der Wellenfunktionen der gebundenen Elektronen und des einfallenden Elektrons. Es wäre die Aufgabe von $\Theta^{p\mu S}_{ihli'k'l'}$ diese sicherzustellen. Im Rahmen des freien Elektronengases konnte $\Theta$ um den Preis längerer Computerzeit berücksichtigt werden. Diese analytischen Näherungen konnten nun auf Resonanzen und Ramsauer-Townsend-Effekte erweitert werden. Abb. 3.107 zeigt den gemessenen und berechneten Wirkungsquerschnitt für HCl bei den Streuwinkeln $\Theta = 20°$ und $100°$ als Funktion der Energie. Die Messungen sind vibrationselastisch. Die Theorie basiert auf Gl. (3.103) mit der freien Elektronengas-Näherung $\langle \mathrm{SME} \rangle$ und der Berücksichtigung der Ladungswolkenpolarisation $\langle \mathrm{SMEP} \rangle$. Bei niedrigen Energien ist dies möglich, da die Berechnung auf wenige Kanäle beschränkt werden kann und die adiabatische Lösung erlaubt ist. Bei sehr hohen Energien stimmen Berechnungen mit der ersten Born'schen Näherung und mit Hartree-Fock-Potentialen bis zur 0.1 %-Fehlergrenze mit den experimentellen Ergebnissen überein. Um 200 eV herrscht noch immer große Unsicherheit; weder gute dynamische Modelle noch vollständige *ab-initio*-Berechnungen liegen vor.

3.3 Strukturen von Molekülen im elektronischen Grundzustand    567

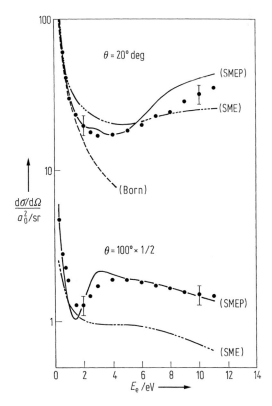

**Abb. 3.107** Abhängigkeit des vibrationselastischen Wirkungsquerschnitts $d\sigma/d\Omega$ für HCl von der Elektronenenergie $E_e$ für die Streuwinkel 20° und 100°. Die punktierte Linie ist das Ergebnis einer Vielkanalkopplungsrechnung mit statischem und freiem Elektronengasaustauschpotential $\langle SME \rangle$ und mit statischem Austausch und Polarisationsmodellpotential $\langle SMEP \rangle$. Die spitzen Klammern deuten die Mittelung über die thermische Verteilung der Rotationsbesetzungen bei 300 K an [80], die Wirkungsquerschnitte bei 100° wurden halbiert.

### 3.3.3 Röntgenstreuung von Molekülen in der Gasphase

#### 3.3.3.1 Einleitung

Es ist naheliegend zu versuchen, Experimente aufzubauen, welche die Elektronenladungsdichten $\varrho(r)$ und $P(r)$ in Molekülen direkt bestimmen, indem man die Tatsache ausnutzt dass die Streufaktoren von Röntgenstrahlen die Fourier-Transformation von $\varrho(r)$ und $P(r)$ sind. Die Verteilungsfunktion $\varrho(r)$ ist die Elektron-Kern- und $P(r)$ ist die Elektron-Elektron-Dichteverteilung. Die Röntgen-Formfaktoren sind gegeben durch

$$F_x(s) = \frac{1}{2}\pi \int \varrho(\mathbf{r}) e^{i\mathbf{s}\cdot\mathbf{r}} d\mathbf{r}.$$

$\varrho(r)$ ist ein Erwartungswert erster Ordnung der molekularen Wellenfunktion. Oft wird die integrierte Verteilung $D(r) = 4\pi r^2 \varrho(r)$ benutzt. Die elastische Röntgenstreuintensität ist gegeben durch

$$I_x^{el} = |F_x(s)|^2$$

Andere Erwartungswerte erster Ordnung sind die Gesamtenergie und alle Multipolmomente. Es ist zu erwarten, dass Hartree-Fock-Rechnungen diese Werte gut beschreiben, da die Gesamtenergie durch das Variationsprinzip den Rechnungen zugrunde liegt. Dieses Argument ist nicht mehr anwendbar für Erwartungswerte zweiter Ordnung, welche mit der Elektron-Elektron-Verteilungsfunktion $P(r_{ij})$ verknüpft sind. Das bekannteste Beispiel ist die totale (elastische plus inelastische) Röntgenstreuintensität, welche gegeben ist durch

$$I_x^{tot} = \sigma_{ee} + \sum_{i=1}^{N} Z_i = \int P(r_{ij}) e^{is \cdot r_{ij}} dr_{ij} + \sum_{i=1}^{N} Z_i.$$

wobei $r_{ij}$ der Elektron-Elektron-Abstand ist und $Z_i$ die Kernladungszahl des $i$-ten Atoms. Abb. 3.108 zeigt für Helium die sphärisch gemittelten Elektron-Kern- und Elektron-Elektron-Dichteverteilungsfunktionen $D(r)$ und $P(r)$. Die Ergebnisse einer Hartree-Fock- (B) oder einer korrelierten Wellenfunktion (A) sind für die $D(r)$-Kurven ununterscheidbar. Ein Vergleich der zwei $P(r)$-Funktionen zeigt, wie die Korrelationseffekte die Elektronenabstoßung erhöhen.

Die Streuintensitäten $I_x^{el}$ und $I_x^{tot}$ sind meist normiert auf den Thompson-Wirkungsquerschnitt $(d\sigma/d\Omega)_{Th}$, der die Streuung einer elektromagnetischen Welle an einem freien Elektron beschreibt und gegeben ist durch

$$\left(\frac{d\sigma}{d\Omega}\right)_{Th} = \left(\frac{e^2}{mc^2}\right)^2 \cdot K,$$

wobei $e$ und $m$ Ladung und Masse des freien Elektrons sind und $K$ die Polarisation der Welle berücksichtigt. Da der Thompson-Wirkungsquerschnitt, verglichen mit dem Rutherford-Wirkungsquerschnitt der Elektronenstreuung, sehr klein ist, sind

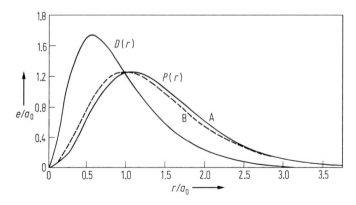

**Abb. 3.108** Berechnete radiale Elektron-Kern- und Elektron-Elektron-Dichteverteilungsfunktionen $D(r)$ und $P(r)$ für He. Die Kurve B basiert auf einer Hartree-Fock-Wellenfunktion, A beinhaltet Korrelationseffekte. Für $D(r)$ sind B und A ununterscheidbar [86].

3.3 Strukturen von Molekülen im elektronischen Grundzustand   569

Messungen von Röntgenstrahlen an Gasen extrem schwierig. Diese Schwierigkeit kann nur durch hohe Teilchendichte im Streugas, sehr empfindliche Detektoren und mit sehr starken Quellen überwunden werden, wie sie heute mit den Synchrotrons zur Verfügung stehen.

### 3.3.3.2 Messmethode und Ergebnisse

Abb. 3.109 zeigt die schematische Anordnung eines Röntgenexperiments. Breitbandige, gut kollimierte Röntgenstrahlung von einer Antikathode oder einem Synchrotron fällt durch eine dünne Folie aus Beryllium, Kohlenstoff oder Kohlenwasserstoffen in eine Gaszelle. Ein Streukegel wird durch zwei Austrittsblenden definiert, so dass die Eintrittsfolie selbst im Halbschatten nicht sichtbar ist. Die gestreute Strahlung wird mit einem Festkörperzähler nachgewiesen, wobei die Impulshöhen proportional zur Energie der Photonen sind. Gute Zähler erreichen eine Auflösung von 180 eV bei 10 keV einfallender Energie. Durch einen Vielkanalanalysator wird das gesamte Spektrum registriert. Die Variation der Intensitäten bei verschiedenen Gasdrücken für jeden Streuwinkel erlaubt es, den „totalen" Wirkungsquerschnitt mittels des Beer'schen Gesetzes zu bestimmen. Die Energieverteilung des Primärstrahles kann entweder durch stark reduzierte direkte Einstrahlung oder durch Extrapolation von Streudaten bei kleinen Winkeln von einem bekannten Gas wie Neon gemessen werden.

Abb. 3.110 zeigt die Polarisation $\pi$ der Strahlung einer Wolfram-Röntgenröhre als Funktion von $E/T$, wobei $E$ die Photonenenergie und $T$ die Spannung an der Röntgenröhre ist. Dies kann mit Synchrotronstrahlung verglichen werden. Sie ist in der Ebene des Speicherrings immer 100% linear polarisiert und wird rechts- oder linkshändig polarisiert, wenn der Eintrittsschlitz aus der Speicherebene bewegt wird,

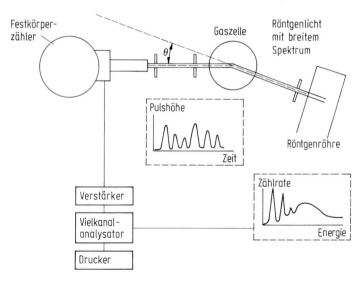

**Abb. 3.109** Schematischer Aufbau einer Röntgenstreuapparatur für energiedispersive Messungen.

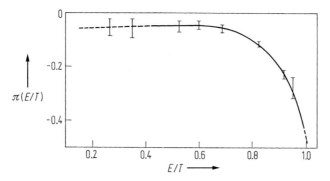

**Abb. 3.110** Polarisation $\pi$ des Primärstrahles einer Wolfram-Röntgenröhre als Funktion des Verhältnisses von Photonenergie $E$ und der (mit $e$ multiplizierten) angelegten Spannung $T$ [87].

oder wenn geeignete Ondulatoren zur Verfügung stehen [130]. Wenn die auf den Zellendruck null extrapolierten Wirkungsquerschnitte für die Polarisationseffekte korrigiert sind, dann ist durch die Messung bei einem Streuwinkel sofort ein Teil des differentiellen Wirkungsquerschnitts bekannt, da die Streuintensitäten nur von $s$, dem übertragenen Impuls, und nicht vom Winkel und der Energie getrennt abhängen. Diese Messmethode wird *energiedispersiv* genannt.

Im Folgenden sollen zwei gemessene Ergebnisse etwas ausführlicher beschrieben werden [61]. Abbildung 3.111 zeigt die totale Röntgenstreuintensität für $CCl_4$ als Funktion von $s$. Die Messzelle wurde auf 120 °C erhitzt, um einen Zellendruck von $10^5$ Pa zu erreichen. Die Streuwinkel waren 6, 10, 20, 40 und 90°. Die ausge-

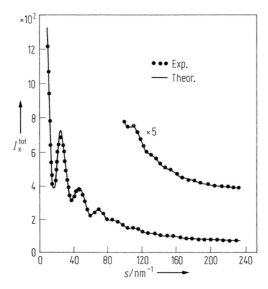

**Abb. 3.111** Totale (elastische plus inelastische) Röntgenstreuintensität (willkürliche Einheiten) für $CCl_4$ bei 393 K. Die durchgezogene Linie stellt das Ergebnis einer IAM-Berechnung dar [61].

## 3.3 Strukturen von Molekülen im elektronischen Grundzustand

zogene Linie in Abb. 3.111 basiert auf dem IAM mit den Strukturparametern $r(C-Cl) = 0.1765$ nm und $r(Cl-Cl) = 0.2886$ nm und den Schwingungsamplituden $l(C-Cl) = 0.00558$ nm und $l(Cl-Cl) = 0.00779$ nm. Kleine Abweichungen der Theorie von den Messungen sind ein Zeichen für die Vernachlässigung der Bindungseffekte in der IAM-Näherung.

Im zweiten Beispiel wird der kleine Unterschied zwischen dem IAM und den Messdaten zum eigentlichen Ziel des Experiments. Wie bereits erwähnt, beschreibt der totale Röntgenstreuquerschnitt die Elektron-Elektron-Verteilung in einem Molekül während der elastische Elektronen-Wirkungsquerschnitt mit der Elektron-Kern-Dichteverteilung verknüpft ist. Ein Vergleich mit IAM-Verteilungen (ungebundene Atome auf molekularen Positionen) zeigt die Deformation der Ladungswolken, welche stattfand, um die chemische Bindung zu bilden. Dieser Vergleich kann mittels der Fourier-Transformation in den Streuraum übertragen werden, wobei die Dichteunterschiede in Abweichungen der gemessenen von den berechneten Wirkungsquerschnitten umgewandelt werden. Abb. 3.112 zeigt diese Wirkungsquerschnitt-Ergebnisse für $CO_2$. Die Deformationen der Elektron-Elektron-Verteilungen, charakterisiert durch $\Delta\sigma_{ee}$, wurden durch energiedispersive Röntgenstreuung bestimmt. Die Hartree-Fock-Berechnungen können zwar den groben Verlauf reproduzieren, der Einfluss der Korrelationseffekte ist jedoch klar ersichtlich. Die Elektron-Kern-Verteilung konnte nur durch eine gemeinsame Analyse von Elektronenstreudaten, gegeben durch $\Delta\sigma_{T,\exp}^{ED} = \sigma_{ee} + \sigma_{ne}$, und Röntgenergebnisse bestimmt werden. Die Kombination der zwei unabhängigen Messungen führte zu einer erfreulichen Übereinstimmung mit den Hartree-Fock-Ergebnissen, welche mit $\Delta\sigma_{ne,HF}$ ausgezeichnet sind. Leider ist dieser Erfolg nicht auf alle gemessenen Moleküle übertragbar. Unerwartete Diskrepanzen existieren bis heute z. B. für $N_2$. Messungen dieser Art werden neue Maßstäbe für die Quantenchemie setzen.

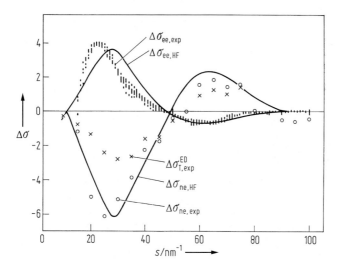

**Abb. 3.112** Vergleich von experimentellen $\Delta\sigma_{ee}$-Daten (willkürliche Einheiten) für $CO_2$ mit Werten, die mit einer molekularen Hartree-Fock-Wellenfunktion berechnet wurden. Weiterhin sind $\Delta\sigma_{ne}$ (Punkte) eingetragen, welche von $\Delta\sigma_{ee}$ und $\Delta\sigma_{T}^{ED}$ (Kreuze) abgeleitet wurden. $\Delta\sigma_{ne}$ sind mit berechneten Hartree-Fock-Ergebnissen verglichen worden [88].

### 3.3.4 Holographie an Molekülen

In der optischen Holographie wird ein kohärenter Lichtstrahl in einen Objektstrahl und einen Referenzstrahl aufgeteilt. Der erste trifft das zu untersuchende Objekt, und in einem bestimmten Raumwinkel überlagert sich die Streustrahlung mit dem Referenzstrahl. Eine photographische Platte registriert die Interferenzen im Überlagerungsgebiet und friert somit die Phasenunterschiede, die durch die Weglängenunterschiede geschaffen werden, ein. Das Hologramm wird erneut einem kohärenten Lichtstrahl ausgesetzt, der keineswegs die gleiche Frequenz wie das ursprüngliche Licht haben muss. Das Licht wird am Hologramm gebeugt und zwei Bilder entstehen, ein virtuelles, meist in Rückwärtsstreuung, und ein reelles, welches auf einem Schirm abgebildet werden kann. Aus mathematischer Sicht ist das Hologramm die Fourier-Transformation des Reflexionskoeffizienten des Objektes und die Bilderzeugung ist eine weitere Fourier-Transformation, welche das Reflexionsverhalten des Objektes reproduziert. Diese linsenfreie Aufzeichnung wurde von Bartell auf die Elektronenstreuung übertragen [89], indem er die Streuformel neu interpretierte. In der ersten Born'schen Näherung gilt die Relation

$$\frac{d\sigma}{d\Omega} = \text{const.} \cdot \frac{(Z - F_x)^2}{s^4},$$

wobei $Z^2/s^4$ die Rutherford-Streuung am Kernpotential beschreibt und $F_x^2/s^4$ die Elektronenstreuung an der Elektronenwolke mit der Dichte $\varrho(r)$. Das gemischte Glied $2ZF_x/s^4$ ist die kohärente Überlagerung der beiden Streusignale. Im Hinblick auf die Holographie stellt die Rutherford-Streuung den Referenzstrahl und $F_x$ den Objektstrahl dar. *Der gemessene Wirkungsquerschnitt ist dann das Hologramm der Ladungsdichte.* Es gibt zwei Wege, um das Hologramm zu reproduzieren. Wenn der Wirkungsquerschnitt digital aufgenommen wird, kann die zweite Transformation im Computer stattfinden und die Ladungsdichteverteilung wird numerisch ausgewertet. Vorteil dieses Verfahrens ist die Möglichkeit, die Effekte des begrenzten Impulsraumes bei der Analyse zu berücksichtigen. Die zweite Methode folgt dem optischen Analogon: Der Wirkungsquerschnitt wird mit einer photographischen Platte registriert, die entwickelte Aufnahme dient als Beugungsgitter für einen expandierten Laserstrahl, und die Ladungsdichte wird auf einen Bildschirm projiziert. Die zweite Methode erscheint attraktiv, da das Bild mit einer Vergrößerung im Verhältnis der Wellenlängen erzeugt werden kann. Dieses Verhältnis ist von der Größenordnung $10^5$. Der Nachteil dieser Methode ist der starke Gradient im Referenzstrahl, der mit $s^{-4}$ abfällt. Experimentell kann dieser Abfall durch einen rotierenden Sektor, der eine $s^4$-Öffnung hat, kompensiert werden. Ferner produzieren die endlichen Dimensionen im Hologramm parasitäre Airy-Ringe, die vom Originalbild abzuziehen sind. Beide Auswertungsmethoden haben im Moment nur didaktischen Wert, da die gemessenen Ladungsdichten über alle Richtungen zwischen dem einfallenden Elektronenstrahl und den Molekülachsen gemittelt sind. Abb. 3.113 zeigt die Hologramme von $AsF_5$, $SF_5Cl$ und $CF_3OOCF_3$. Die Ringe entsprechen den Strukturen in der Radialverteilung der Fourier-transformierten Streudaten, wie sie z. B. in Abb. 3.83d für $CO_2$ wiedergegeben sind.

Es ist nicht zu erwarten, dass die optische Methode jemals die Präzision der Computerergebnisse erreichen wird. Jedoch haben z. Zt. diese linsenfreien Bilder immer

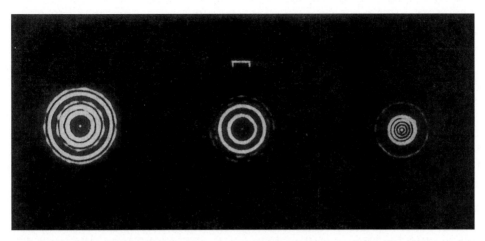

**Abb. 3.113** Photographien von AsF$_5$, SF$_5$Cl und CF$_3$OOCF$_3$ reproduziert von Wirkungsquerschnitten durch holographische Optik. Die Moleküle sind über alle Orientierungen gemittelt [90].

noch eine etwa zehnmal höhere Auflösung als die von kommerziellen Elektronenmikroskopen. Diese neue Interpretation der Wirkungsquerschnitte brachte einen neuen Blickwinkel in die Diskussion der Streuprozesse und trug somit zu einem tieferen Verständnis von Streuung und physikalischer Optik bei.

## 3.4 Moleküle im angeregten elektronischen Zustand

### 3.4.1 Das Born-Oppenheimer-Theorem

Die potentielle Energie $V(R_i, r_j)$ eines Moleküles ist die Summe der elektrostatischen Wechselwirkungen aller geladenen Partikel und hängt von den gegenseitigen Abständen der Elektronen und Kerne ab. Wenn die Positionen der Kerne mit der Masse $M_i$ durch die Ortsvektoren $R_i$, und die der Elektronen (Masse $m$) durch $r_j$ beschrieben werden, gilt für ein zweiatomiges Molekül mit zwei Elektronen

$$V(R_i, r_i) = \frac{1}{|R_1 - R_2|} + \frac{1}{|r_1 - r_2|} - \frac{1}{|R_1 - r_1|} - \frac{1}{|R_1 - r_2|} - \frac{1}{|R_2 - r_1|} - \frac{1}{|R_2 - r_2|}. \tag{3.105}$$

Die zeitunabhängige Schrödinger-Gleichung lautet im Allgemeinen so auch für ein Molekül

$$\left[ -\sum_i \frac{1}{2M_i} \Delta_i - \frac{1}{2m} \sum_j \Delta_j + V(R_i, r_j) \right] \Psi(R_i, r_j) = E \Psi(R_i, r_j). \tag{3.106}$$

$\Delta_i$ ist der Laplace-Operator, angewandt auf die Koordinaten des Kernes $i$, und $\Delta_j$ der entsprechende Operator, angewandt auf die Koordinaten des Elektrons $j$. $E$ ist die Gesamtenergie.

Die erste Näherung, die Born und Oppenheimer einführten, bestand darin, in der exakten Schrödinger-Gleichung den Operator der kinetischen Energie der Kerne $\Delta_i$ wegzulassen. Physikalisch heißt das, die Schrödinger-Gleichung wird für Elektronen gelöst, die sich im Feld ortsfester Kerne bewegen. Die vereinfachte Schrödinger-Gleichung lautet jetzt:

$$\left[ -\frac{1}{2m} \sum_j \Delta_j + V(R_i, r_j) \right] \Psi_{el}(R_i, r_j) = E_{el}(R_i) \Psi_{el}(R_i, r_j) . \tag{3.107}$$

Die „Elektronenwellenfunktion" $\Psi_{el}(R_i, r_j)$ hängt von der Lage der Kerne als Parametern ab, ebenso die „Elektronenenergie" $E_{el}(R_i)$. $\Psi_{el}(R_i, r_j)$ und $\Psi(R_i, r_j)$ sind verschiedene Funktionen, weil sie Lösungen zweier verschiedener Differentialgleichungen sind.

Bei einem zweiatomigen Molekül hängen die Elektroneneigenwerte $E_{el}$ nur vom Abstand der beiden Kerne, nicht von der Orientierung der Kerne im Raum ab. Daher kann bei zweiatomigen Molekülen $E_{el}(R)$ statt $E_{el}(R_i)$ geschrieben werden. Born und Oppenheimer benutzten jetzt die von den relativen Kernlagen abhängigen Elektronenenergien $E_{el}(R_i)$ als potentielle Energie für die Kernbewegung. Damit reduziert sich Gl. (3.107) zu

$$\left[ -\sum_i \frac{1}{2M_i} \Delta_i + E_{el}(R_i) \right] \Psi_{Kern}(R_i) = E \Psi_{Kern}(R_i) . \tag{3.108}$$

Die Wellenfunktion $\Psi_{Kern}(R_i)$ hängt nur von den Kernkoordinaten ab. Die Energie $E$ ist nun von keinem Parameter mehr abhängig.

Wenn nun die beiden Differentialgleichungen, eine für die Elektronenbewegung und eine für die Kernbewegung, gelöst worden sind, besagt das Born-Oppenheimer-Theorem, dass $E$ in Gl. (3.108) eine gute Näherung für die exakte Schrödinger-Gleichung ist, und dass man die Wellenfunktion $\Psi(R_i, r_j)$ als Produkt

$$\Psi(R_i, r_j) = \Psi_{el}(R_i, r_j) \Psi_{Kern}(R_i) \tag{3.109}$$

schreiben kann.

Zur Prüfung des Born-Oppenheimer-Theorems gehen wir davon aus, dass wir geeignete Funktionen $\Psi_{el}(R_i, r_j)$ und $E\Psi_{Kern}(R_i)$ gefunden haben. Den Produktansatz setzen wir in die exakte Schrödinger-Gleichung (3.106) ein. Der Einfachheit halber wird die Rechnung nur eindimensional durchgeführt. Die ursprüngliche Schrödinger-Gleichung lautet dann ($R_i = X_i$ und $r_j = x_j$)

$$-\frac{1}{2M_i} \frac{\partial^2}{\partial X_i^2} \Psi_{el}(X_i, x_j) \Psi_{Kern}(X_i) - \frac{1}{2m} \frac{\partial^2}{\partial x_j^2} \Psi_{el}(X_i, x_j) \Psi_{Kern}(X_i)$$
$$+ V(X_i, x_j) \Psi_{el}(X_i, x_j) \Psi_{Kern}(X_i) = E \Psi_{el}(X_i, x_j) \Psi_{Kern}(X_i) . \tag{3.110}$$

## 3.4 Moleküle im angeregten elektronischen Zustand

Die Kerneigenfunktion $\Psi_{\text{Kern}}$ hängt von den Elektronenkoordinaten $x_j$ nicht ab, Gl. (3.110) kann also geschrieben werden:

$$-\frac{1}{2M_i}\left\{\Psi_{\text{Kern}}\frac{\partial^2}{\partial X_i^2}\Psi_{\text{el}} + \Psi_{\text{el}}\frac{\partial^2}{\partial X_i^2}\Psi_{\text{Kern}} + 2\frac{\partial}{\partial X_i}\Psi_{\text{Kern}}\frac{\partial}{\partial X_i}\Psi_{\text{el}}\right\}$$

$$+ \Psi_{\text{Kern}}\left\{-\frac{1}{2m}\frac{\partial^2}{\partial x_j^2}\Psi_{\text{el}} + V_{\text{el}}\Psi_{\text{el}}\right\} = E\Psi_{\text{el}}\Psi_{\text{Kern}}. \tag{3.111}$$

Die Elektroneneigenfunktion $\Psi_{\text{el}}(X_i, x_j)$ erfüllt aber die Differentialgleichung (3.107), so dass Gl. (3.111) geschrieben werden kann

$$-\frac{1}{2M_i}\left\{\Psi_{\text{Kern}}\frac{\partial^2}{\partial X_i^2}\Psi_{\text{el}} + 2\frac{\partial}{\partial X_i}\Psi_{\text{Kern}}\frac{\partial}{\partial X_i}\Psi_{\text{el}}\right\}$$

$$-\frac{1}{2M_i}\Psi_{\text{el}}\frac{\partial^2}{\partial X_i^2}\Psi_{\text{Kern}} + \Psi_{\text{Kern}}E_{\text{el}}\Psi_{\text{el}} = E\Psi_{\text{el}}\Psi_{\text{Kern}}. \tag{3.112}$$

Für die Kerneigenfunktion $\Psi_{\text{Kern}}$ soll Differentialgleichung (3.108) gelten

$$-\frac{1}{2M_i}\frac{\partial^2}{\partial X_i^2}\Psi_{\text{Kern}} + E_{\text{el}}\Psi_{\text{Kern}} = E\Psi_{\text{Kern}}. \tag{3.113}$$

Durch Vergleich der letzten beiden Gleichungen (3.112) und (3.113) erkennt man, dass der Produktansatz Gl. (3.109) nach Born und Oppenheimer die exakte Differentialgleichung (3.111) für ein Molekül nur dann erfüllt, wenn der Term

$$-\frac{1}{2M_i}\left\{\Psi_{\text{Kern}}\frac{\partial^2}{\partial X_i^2}\Psi_{\text{el}} + 2\frac{\partial}{\partial X_i}\Psi_{\text{Kern}}\frac{\partial}{\partial X_i}\Psi_{\text{el}}\right\} \tag{3.114}$$

vernachlässigbar klein ist. Auf den ersten Blick kann man sagen, dass der Term (3.114) sicher klein sein wird, wenn $(\partial^2/\partial X_i^2)\Psi_{\text{el}}$ und $(\partial/\partial X_i)\Psi_{\text{el}}$ klein sind, wenn also die Funktion $\Psi_{\text{el}}(X_i, x_j)$ nur wenig mit den Kernkoordinaten $X_i$ variiert.

Die Kernbewegung kann oft in zwei Gruppen von Freiheitsgraden aufgeteilt werden: Schwingung und Rotation. Wenn sie nicht gekoppelt sind, gilt:

$$\Psi_{\text{Kern}}(R, \theta, \varphi) = \frac{1}{R}\Psi_{\text{vibr}}(R)\Psi_{\text{rot}}(\theta, \varphi). \tag{3.115}$$

Man kann nun die Anwendbarkeit der Born-Oppenheimer-Näherung bei einem zweiatomigen Molekül vereinfacht so ausdrücken: Eine Zerlegung von Kernbewegung und Elektronenbewegung ist um so besser möglich, je schwächer die Abhängigkeit der Elektroneneigenfunktion $\Psi_{\text{el}}(R, r_j)$ vom Kernabstand $R$ verglichen mit der Abhängigkeit der Schwingungseigenfunktion $\Psi_{\text{vibr}}(R)$ vom Kernabstand $R$ ist. Nur im Rahmen der Born-Oppenheimer-Näherung ist es gerechtfertigt, die kinetische und potentielle Elektronenenergie $E$ als Potentialfunktion $E(R)$ für die Kernschwingung zu verwenden. Für den Zusammenhalt des Moleküls, für die Bindung, ist der Verlauf der Energie der Elektronenhülle $E(R)$ maßgebend. Abb. 3.114 zeigt einen Ausschnitt aus den Potentialen für $N_2$, $N_2^+$ und $N_2^-$ - für deren Grundzustände und die elektronisch angeregten Zustände. Die Namensgebung der Potentiale wird

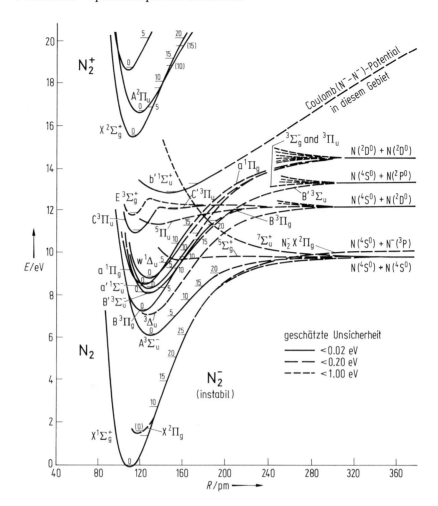

**Abb. 3114** Potentialkurven von Grundzuständen und angeregten Zuständen von $N_2$, $N_2^+$ und $N_2^-$ [91].

im nächsten Abschnitt erklärt. In der asymptotischen Grenze für große $r$ nähern sich die Kurven den atomaren Zuständen. Die bekannten Schwingungszustände sind durch kleine Markierungen angezeigt.

### 3.4.2 Klassifikation und Termsymbole von elektronisch angeregten Molekülzuständen

Wie im Atom existiert auch im Molekül ein elektronischer Drehimpuls $L$, jedoch führt die Anwesenheit der Molekülachse eine bevorzugte Richtung ein (analog zum atomaren Stark-Effekt) und nur die Projektionen von $L$ auf die Achse sind quantisiert. Sie werden identifiziert mit $\Lambda$ und nehmen die Werte von $L$ bis $-L$ an. $\Lambda$

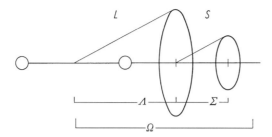

**Abb. 3.115** Vektordiagramm und Kopplung von $\Lambda$ und $\Sigma$, welche den Gesamtdrehimpuls $\Omega$ bilden.

ist eine Konstante der Bewegung mit den Eigenwerten $\hbar\Lambda$. Analoges gilt für $S$ und seine Projektionen $\Sigma$, wobei $\Lambda$ und $\Sigma$ koppeln, um $\Omega$ zu bilden, wie in Abb. 3.115 angedeutet ist. Die Namensgebung der Zustände folgt eng ihrem atomaren Analogon:

| Atom | | Molekül | |
|---|---|---|---|
| $L$ | $= 0\ 1\ 2\ 3\ 4$ | $\Lambda =$ | $0\ 1\ 2\ 3\ 4$ |
| Term | S P D F G | | $\Sigma\ \Pi\ \Delta\ \Phi\ \Gamma$ |

Da sich die Spins im Magnetfeld des Drehmoments orientieren, entfällt die axiale Quantisierung der $S$-Vektoren, wenn $\Lambda = 0$ ist. Die Anzahl der $\Omega$-Zustände ist $(2S + 1)$ unabhängig von $\Lambda$, welches die Multiplizität der Termfolgen festlegt. So ergibt sich zum Beispiel für $\Lambda = 1$ und $S = 1$ ($\Sigma = 1, 0, -1$) ein Triplett mit den Komponenten $\Lambda + 1$, $\Lambda$ und $\Lambda - 1$, welche durch die Spin-Bahn-Kopplungskonstante aufgespalten sind. Die allgemeine Termbezeichnung ist

$$^{2S+1}\Lambda_{\Omega}.$$

Unser Beispiel führt zu $^3\Pi_0$, $^3\Pi_1$ und $^3\Pi_2$. Die Aufspaltung ist $\xi_{\Lambda\Sigma}\Lambda\Sigma$, wobei $\xi$ positiv oder negativ sein kann. Alle Zustände sind doppelt entartet, da $+\Lambda$ und $-\Lambda$ ununterscheidbar sind. Wie bei schweren Atomen bricht auch in Molekülen die $LS$-Kopplung zusammen und nur $\Omega$ bleibt als gute Quantenzahl erhalten.

In einem Molekül kann die Rotation der Kerne, charakterisiert durch den Eigenwert $N$, mit $L$, $\Lambda$ und $S$, $\Sigma$ koppeln, um den Gesamtdrehimpuls $J$ zu bilden. Für zweiatomige Moleküle sind fünf mögliche Kopplungen unter dem Namen Hund-Fall (a)–(e) bekannt. Sie sind in Abb. 3.116 a–e dargestellt. Die meisten Moleküle fallen in die Kategorien (a) und (b). Im Fall (a) addieren sich $\Lambda$ und $\Sigma$ zu $\Omega$. Dieses koppelt schwächer mit $N$, welches immer senkrecht auf der Molekülachse steht, und bildet $J$. Starke Kopplungen bedeuten hohe Präzessionsfrequenzen und umgekehrt. Die Rotationsenergie ist gegeben durch

$$E_v(J) = B_v[J(J + 1) - \Omega^2],$$

wobei $J$ stets größer gleich $\Omega$ ist. Abb. 3.117 zeigt zwei Beispiele für diesen Kopplungsfall. Für $\Lambda = 1$ und $S = \Sigma = 1/2$ ergibt sich das Dublett $^2\Pi_{1/2, 3/2}$, dessen Rotationszustände $J$ in Abb. 3.117a aufgetragen sind. Das zweite Beispiel ist $\Lambda = 2$, $S = 1$ ($\Sigma = 1, 0, -1$). Abb. 3.117b zeigt die $J$-Terme für $^3\Delta_1$, $^3\Delta_2$ und $^3\Delta_3$.

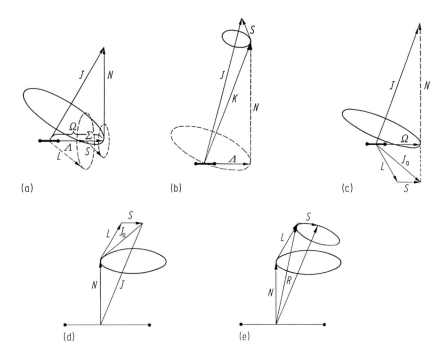

**Abb. 3.116** Vektordiagramme für die Kopplungsschemata der Hund-Fälle (a) bis (e) [35].

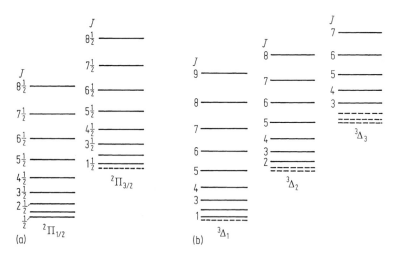

**Abb. 3.117** Rotationsniveaus eines 2Π-Zustands (a) und eines 3Δ-Zustands (b) im Hund-Fall (a) [35].

Im Hund-Fall (b) ist die *LS*-Kopplung aufgehoben. Die Projektion von *L* auf die Molekülachse *L* bildet zusammen mit der Kernrotation *N* einen neuen Drehimpuls *K*, welcher schwach mit *S* koppelt, um *J* zu bilden. Diese Vektoraddition ist in Abb. 3.116c dargestellt. *K* ist immer größer oder gleich *Λ* und spaltet in $2S+1$

eng zusammenliegende $J$-Niveaus auf. Abb. 3.118 zeigt als Beispiel die Rotationsniveaus für $^2\Sigma$ und $^3\Sigma$, wobei die $S$-Aufspaltung stark übertrieben ist. Für das Dublett ist die Aufspaltung gegeben durch

$$F\left(J = K + \frac{1}{2}\right) = B_v K(K+1) + \gamma \frac{K}{2}$$

$$F\left(J = K - \frac{1}{2}\right) = B_v K(K+1) - \gamma \frac{K+1}{2},$$

wobei die Kopplungskonstante $\gamma$ für $KS$ sowohl (normalerweise) positiv als auch negativ sein kann. Die Triplettaufspaltung ist näherungsweise gegeben durch

$$F(J = K+1) = B_v K(K+1) - 2\lambda \frac{K+1}{2K+3} + \gamma(K+1)$$

$$F(J = K) = B_v K(K+1)$$

$$F(J = K-1) = B_v K(K+1) + \lambda \frac{K}{K-1} - \gamma K.$$

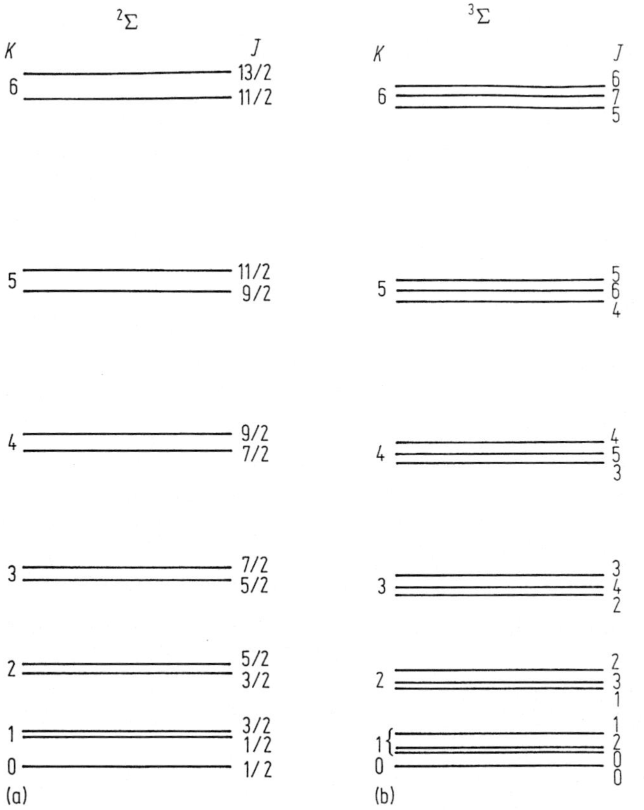

**Abb. 3.118** Rotationsniveaus eines $^2\Sigma$-Zustands (a) und eines $^3\Sigma$-Zustands (b) für den Hund-Fall (b). Die Ordnung der $J$-Niveaus wird bestimmt durch die relativen Größen der $KS$-Kopplungskonstanten [35].

Abbildung 3.118 basiert auf den Werten für $O_2$, welche von spektroskopischen Daten wie folgt entnommen wurden: $\lambda = 1.984\,\text{cm}^{-1}$, $\gamma = 0.0081\,\text{cm}^{-1}$ und $B_0 = 1.43777\,\text{cm}^{-1}$. Für Singulettzustände ist $S = 0$, $\Omega = \Lambda$, $K = J$, und die Hund-Fälle (a) und (b) sind identisch. Beide Fälle haben weiterhin gemeinsam, dass der elektronische Drehimpuls $L$ direkt mit $N$ koppeln kann und so die $\Lambda$-Entartung aufhebt. Dies führt zu einer sehr geringen Aufspaltung aller Spektrallinien und ist als $\Lambda$-Verdopplung bekannt. Die $\Lambda$-Entartung wird nicht erzeugt durch die Richtungsänderung von $\Lambda$, sondern $L$ hat eine rechts- und eine linkshändige Komponente, deren Linearkombination die Eigenwerte des $L$-Operators bildet. Es ist der kleine Unterschied in der Wechselwirkung von $L$ mit $N$, welche über die Helizität die Aufhebung der $L$-Entartung veranlasst.

Eine etwas seltenere Kombination von Drehimpulskopplung beschreibt der Hund-Fall (c). Er tritt meistens in größeren Molekülen auf, seine Definition beruht jedoch auf zweiatomigen Molekülen. In diesem Fall ist die atomare $LS$-Kopplung so stark, dass ein Drehimpuls $J_a$ auf die Molekülachse projiziert und so den quantisierten $\Omega$-Vektor bildet. Dieser koppelt mit $N$, um wieder $J$ zu bilden. Abb. 3.116c zeigt diese Kombination der Vektoraddition. Abb. 3.119 gibt ein Beispiel für das Termschema im Hund-Fall (b), der für einen $^2\Sigma$-Zustand in Fall (c) übergeht.

Eine weitere Drehimpulskopplungsvariante zeigt Abb. 3.116d, welche den Hund-Fall (d) darstellt. Hier koppeln $N$ und $L$ stark, um $K$ zu bilden. Die Addition mit $S$ ist meist so schwach, dass sie vernachlässigt wird und $K = J$ wird. In Abb. 3.120 ist dargestellt, wie ein Hund-Fall (b) in (d) übergeht. Die $\Lambda$-Verdopplung kann als erster Schritt im Übergang von (a) oder (b) nach (d) betrachtet werden.

Der letzte Hund-Fall trägt den Buchstaben (e). Hier koppeln $L$ und $S$ stark und bilden $J_a$ analog zu Fall (c), aber alle drei wechselwirken schwach mit der Molekülachse, so dass $N$ direkt mit $J_a$ den Gesamtdrehimpuls $J$ bildet. Diese Kopplung fand ihre erste und bis jetzt einzige Realisierung in HI, nachdem das Molekül in einen hohen Rydberg-Zustand gebracht wurde. Die Energiedifferenzen zwischen den Rotationsquanten sind jetzt vergleichbar mit denen der hohen elektronischen Niveaus, und der Drehimpuls $J_a = L + S$ koppelt nur schwach mit $N$. Diese Vektoraddition bestimmt entscheidend das Dissoziationsverhalten des angeregten Moleküls, welches in $HI^+$ und ein Elektron zerfällt, wobei das Elektron oft spinpolarisiert ist. Abb. 3.116 zeigt das Vektordiagramm.

Bereits in den atomaren Kopplungsschemata waren die $LS$- und $jj$-Fälle nur asymptotische Lösungen, und die realen Fälle lagen dazwischen. Das gleiche gilt für die fünf Hund'schen Fälle. In einem Molekül bedarf es jedoch keines äußeren Einflusses, um die Drehimpulsvektoren verschieden zu addieren. Die molekularen Kopplungen ändern sich empfindlich mit dem Kernabstand und deshalb können die Fälle (a) oder (b) für hohe $v$-Werte in (c) oder (d) übergehen. Auch während chemischer Reaktionen, die durch Wärme oder Photonenabsorption eingeleitet werden, ändern sich die Kopplungen auf dem Reaktionsweg zum stabilen Endprodukt. Analoges gilt für die Dissoziation und Fragmentation.

Viele Moleküleigenschaften hängen kritisch von den Symmetrien der Moleküle ab. Ihre Bedeutung trat bereits bei den Schwingungsspektren zu Tage. In Bezug auf die elektronischen Zustände hat sich folgende Nomenklatur eingebürgert: Wenn eine molekulare Wellenfunktion $\Psi$ bei einer Spiegelung am Koordinatenursprung (Inversion) für alle Elektronen und Kerne invariant bleibt, wird sie mit einem Plus-

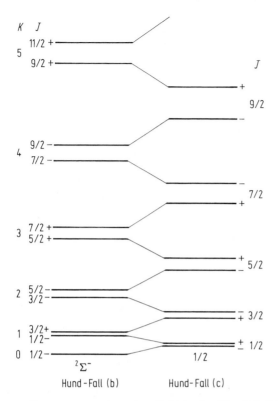

**Abb. 3.119** Übergang vom Hund-Fall (b) in den Hund-Fall (c) durch immer stärkere Spinentkopplung [35].

Zeichen ausgezeichnet; wenn sich das Vorzeichen ändert, bekommt $\Psi$ ein Minus-Zeichen.

Wenn die Elektronen- und Kernbewegungen voneinander unabhängig sind (Born-Oppenheimer-Näherung), ist die Gesamteigenfunktion

$$\Psi = \Psi_{el} \Psi_{vibr} \Psi_{rot}.$$

Dann kann man über den Symmetriecharakter der Eigenfunktion bei einem zweiatomigen Molekül Folgendes aussagen: Die Schwingungseigenfunktion hängt nur vom Betrag des Kernabstandes ab, sie ändert sich bei Inversion also nicht. Der Elektronenzustand soll zunächst keinen Drehimpuls besitzen, wir betrachten also Σ-Zustände, die Drehimpulskomponente der Elektronen längs der Kernverbindungsachse ist dann ebenfalls null, der Fall eines einfachen Rotators liegt vor. Die Symmetrieeigenschaft der Gesamteigenfunktion, „positiv" bzw. „negativ", hängt nur von der *Symmetrie* der Elektroneneigenfunktion und der Rotationseigenfunktion ab. Die Eigenfunktionen des Rotators sind die Kugelflächenfunktionen, ihre Symmetrien in Abhängigkeit von der Rotationsquantenzahl sind bekannt. Wie verhält sich nun die Elektroneneigenfunktion bei der Inversion des Moleküls? Jedes zwei-

582    3 Moleküle – Spektroskopie und Strukturen

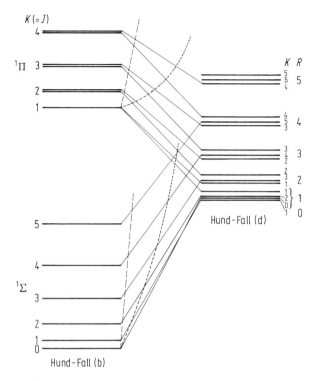

**Abb. 3.120** Übergang vom Hund-Fall (b) in den Hund-Fall (d) durch verstärkte Entkopplung des Drehimpulses $J_a$ vom Drehmoment der Atome [35].

atomige (heteronukleare oder homonukleare) Molekül ist zylindersymmetrisch und jede Ebene durch die Kernverbindungsachse ist eine Symmetrieebene. Je nach dem, ob die Eigenfunktion eines Σ-Zustandes bei der Spiegelung der Elektronen an dieser Ebene ihr Vorzeichen ändert oder nicht, wird der Zustand mit $\Sigma^-$- oder $\Sigma^+$ bezeichnet.

Eine Inversion des Moleküls ist einer 180°-Drehung um eine Achse senkrecht zur Kernverbindung und einer anschließenden Spiegelung an einer Symmetrieebene mit er Kernachse äquivalent. Die Drehoperation hat keinen Einfluss auf die Elektroneneigenfunktion, da diese nur von den Elektronenkoordinaten relativ zu den Kernen abhängt; aber die Spiegelung lässt die Elektroneneigenfunktion bei einem $\Sigma^+$-Zustand unverändert und bei einem $\Sigma^-$-Zustand nicht. Bleibt das Vorzeichen der Elektroneneigenfunktion $\Psi_{el}$ bei Spiegelung erhalten ($\Sigma^+$-Zustand), sind alle Rotationszustände mit geradem $J$ positive Zustände. Ändert sich das Vorzeichen von $\Psi_{el}$ bei der Spiegelung ($\Sigma^-$-Zustand), sind alle Rotationszustände mit geradem $J$ negative Zustände (Abb. 3.121a).

Für $\Lambda \neq 0$ können wir das Modell des symmetrischen Kreisels heranziehen. Jedes Rotationsniveau ist zweifach entartet, weil die Energie der Zustände unabhängig von der Richtung von $\Lambda$ ist. Für jeden Wert der Rotationsquantenzahl $J$ gibt es je einen positiven und einen negativen Rotationszustand mit gleicher Energie.

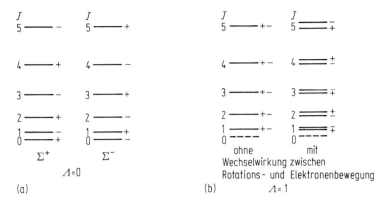

**Abb. 3.121** (a) Symmetrie der Rotationsterme für einen $(\Lambda = 0)$-Zustand. (b) Symmetrie der Rotationsterme für $\Lambda = 1$ mit und ohne Wechselwirkung zwischen Rotations- und Elektronenbewegung (s = symmetrisch, a = antisymmetrisch).

Mit zunehmender Rotation wird der Bahndrehimpuls der Elektronen immer weniger stark an die Molekülachse gebunden und stellt sich mehr und mehr im Magnetfeld der Kernrotation ein. Wegen der beiden Helizitäten ergibt sich eine mit $J$ zunehmende Aufspaltung der Rotationsniveaus, die $\Lambda$-Verdopplung (Abb. 3.121b; Übergang vom Hund'schen Kopplungsfall (a, b) nach (d)).

Bei zweiatomigen Molekülen mit gleichen, aber unterscheidbaren Kernen, z. B. Moleküle mit verschiedenen Isotopen des gleichen Elements, hat das von den Kernen erzeugte elektrische Feld ein Symmetriezentrum. Die Elektronenzustände werden jetzt zusätzlich nach ihrem Verhalten bezüglich Inversion (Spiegelung der Elektronen am Molekülmittelpunkt) klassifiziert. Ein Elektronenterm heißt gerade (g), wenn die zugehörige Eigenfunktion bei Inversion der Elektronen das Vorzeichen behält, oder ungerade (u), wenn sie es wechselt. Können Elektronen- und Kernbewegung voneinander separiert werden, so ergeben sich die Zustände $\Sigma_g^+$, $\Sigma_u^+$ und $\Sigma_g^-$, $\Sigma_u^-$.

Bei zweiatomigen Molekülen mit gleichen, ununterscheidbaren Kernen muss noch das Symmetrieverhalten beim Vertauschen der Kerne berücksichtigt werden. Denn wenn die Kerne ununterscheidbar sind, darf sich auch $\Psi$ bei Vertausch der Kerne nicht ändern, es kann lediglich ein Vorzeichenwechsel stattfinden. Ein Term heißt symmetrisch, wenn die zugehörige Eigenfunktion bei Vertauschung der Kerne das Vorzeichen beibehält, und antisymmetrisch, wenn sie es wechselt. Eine Vertauschung der Kerne kann durch Inversion aller Teilchen am Koordinatenursprung und einer zusätzlichen Inversion der Elektronen allein ersetzt werden. Bei der ersten Symmetrieoperation bleibt die Eigenfunktion unverändert für positive Rotationszustände und wechselt das Vorzeichen bei negativen Rotationszuständen. Bei der zweiten Symmetrieoperation bleibt die Eigenfunktion bei geraden Elektronenzuständen unverändert und wechselt das Vorzeichen bei ungeraden. Symmetrisch sind also die positiven Rotationszustände eines geraden Elektronenzustandes und die negativen Rotationszustände eines ungeraden Elektronenzustandes, also $J = 0, 2, 4$ von $^1\Sigma_g^+$ und $^1\Sigma_u^-$; antisymmetrisch sind die positiven Rotationszustände eines ungeraden Elektronenzustandes und die negativen eines geraden Elektronenzustandes. Die Zu-

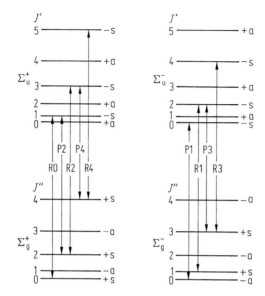

**Abb. 3.122** Symmetrie der Rotationsterme eines homonuklearen zweiatomigen Moleküls sowie die erlaubten Übergänge.

ordnung symmetrisch (s) und antisymmetrisch (a) zu den Rotationszuständen eines $\Sigma_g^+$- und eines $\Sigma_u^-$-Zustandes zeigt Abb. 3.122.

### 3.4.3 Orbitale für zweiatomige Moleküle

#### 3.4.3.1 Homonuklearer Fall

Die molekularen Zustände werden durch Quantenzahlen in enger Analogie zu den Atomen in schwachen oder starken elektrischen Feldern (Stark-Effekt) charakterisiert. Diese werden von den Kernladungen erzeugt und durch die Elektronendichteverteilung modifiziert. Dadurch wird die Molekülachse zur ausgezeichneten Richtung, die mit dem Dipol zusammenfällt.

Die Elektronenzustände werden durch die Komponente des Bahndrehimpulses der Elektronen längs der Kernverbindungsachse charakterisiert. Kleingeschriebene Buchstaben verwendet man wie schon bei den Atomen üblich, wenn man den Zustand eines einzelnen Elektrons beschreiben will, große Buchstaben für den Gesamtzustand, der mehrere Elektronen enthalten kann.

Alle Zustände $\lambda \neq 0$ sind zweifach entartet. Wenn zusätzlich der Spin berücksichtigt wird, füllen zwei Elektronen einen $\sigma$-Zustand und die $\pi$-, $\delta$-, $\varphi$-... Zustände können vier Elektronen aufnehmen. Es gibt asymptotische Näherungen, in denen die Symmetrie der Zustände und ihre Besetzungen mit Elektronen leicht erkennbar sind. Für Moleküle mit großem Bindungsabstand gibt die Annahme getrennter Atome in einem schwachen elektrischen Feld einen guten Ansatz, um die Aufspaltung der Niveaus und ihre Charakterisierung durchzuführen.

3.4 Moleküle im angeregten elektronischen Zustand    585

**Tab. 3.21** Bezeichnung der Elektronenzustände $\lambda nl$.

| Symbol | $\lambda$ | Entartung ohne Spin |
|---|---|---|
| $\sigma$ | 0 | 1-fach |
| $\pi$ | 1 | 2-fach |
| $\delta$ | 2 | 2-fach |
| $\varphi$ | 3 | 2-fach |

Dies ist in Abb. 3.123 auf der rechten Seite zu erkennen. Wenn ein Niveau mit kleiner werdendem Abstand absinkt, so bildet sich ein bindender Zustand, und wenn es ansteigt, wirkt er bindungslockernd. Der zweite Grenzfall liegt bei sehr kurzen Bindungen. Hier startet man von verschmolzenen Kernen (Abb. 3.123, links) und betrachtet den Stark-Fall im extrem starken Feld. Bemerkenswert ist hier, dass alle geraden Zustände mit geraden atomaren Drehimpulsen $l$ verknüpft sind und umgekehrt. Man kann einem Einelektronzustand sofort ansehen, mit welcher Näherung $l$ charakterisiert wurde. In der Vereinigte-Kerne-Näherung wird die Hauptquanten-

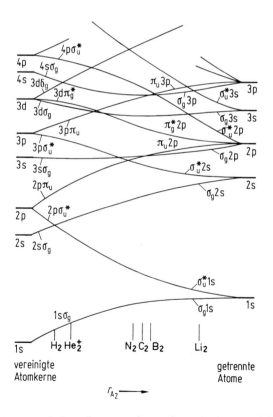

**Abb. 3.123** Korrelationsdiagramm für zweiatomige homonukleare Moleküle (für den heteronuklearen Fall siehe Abb. 3.127).

zahl zuerst angeführt, während in der Getrennte-Kerne-Näherung die Projektion des *l*-Wertes an erster Stelle steht. Beide Näherungen werden wahllos durcheinander gewürfelt auf Moleküle angewandt. Es ist die Nomenklatur, die den Leser zur richtigen Basis führt. Nach Abb. 3.123 sind folgende Orbitale bindend:

In der Getrennte-Atome-Näherung, geordnet nach zunehmender Energie:

$$\sigma_g 1s, \sigma_g 2s, \sigma_g 2p, \pi_u 2p, \sigma_g 3s, \sigma_g 3p, \pi_u 3p, \sigma_g 3d, \pi_u 3d, \delta_g 3d \ldots$$

In der Vereinigte-Kerne-Näherung:

$$1s\sigma_g, 2s\sigma_g, 2p\pi_u, 3s\sigma_g, 3p\pi_u, 3d\delta_g, 4s\sigma_g.$$

Abb. 3.123 zeigt außerdem, dass für alle Abstände die Symmetrie der Elektronenwolke (g, u) erhalten bleibt, jedoch ändern sich die Hauptquantenzahlen und die atomaren Elektronendrehimpulse (s, p, d). Ferner kommt es zu dramatischen Umordnungen der Energieniveaus, besonders für die höheren Quantenzahlen. Korrelationsdiagramme, wie sie Abb. 3.123 zeigt, sind nur qualitativ und müssen durch quantenchemische Berechnungen bestätigt werden.

Die LCAO-MO-Näherung für das Wasserstoffmolekül lautet

$$\Psi(1,2) = \Psi(\sigma_g 1s/1)\,\Psi(\sigma_g 1s/2)$$
$$= N'_g [\Psi_A(1s/1) + \Psi_B(1s/2)][\Psi_A(1s/2) + \Psi_B(1s/1)]$$

mit

$$\Psi_A(1s/1) \sim e^{-\frac{\alpha r_{A1}}{a_0}} \quad \text{und} \quad \Psi_B(1s/1) \sim e^{-\frac{\alpha r_{B1}}{a_0}}, \tag{3.116}$$

$r_{A1}$ ist der Abstand zwischen Kern A und Elektron 1; die übrigen Größen folgen sinngemäß.

Beim Wasserstoffmolekül können nach dem Pauli-Prinzip 2 Elektronen mit entgegengesetztem Spin den $\sigma_g 1s$-Zustand besetzen, womit sich eine Konfiguration $(\sigma_g 1s)^2$ ergibt. Beide Elektronen sind in einem bindenden Zustand, es ergibt sich ein stabiles Molekül.

Wenn beide Elektronen parallelen Spin haben, kann ein Elektron im bindenden Zustand $\sigma_g 1s$ bleiben und das andere besetzen einen bindungslockernden Zustand zum Beispiel $\sigma_u 1s$. Ein abstoßender Zustand ist die Folge (Abb. 3.124).

Man kann nun dieses Verfahren fortsetzen und die LCAO-MO-Methode auf komplizierte zweiatomige Moleküle anwenden, wobei die Stabilität der Moleküle davon abhängt, wie viele bindende und bindungslockernde Elektronenorbitale besetzt

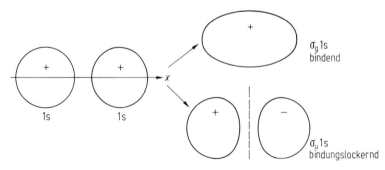

**Abb. 3.124** Überlagerung von s-Orbitalen zu einer $\sigma$-Bindung.

sind. Nach dem Pauli-Prinzip können höchstens zwei Elektronen das gleiche Orbital einnehmen. Ein 3-Elektronen-Molekül wäre das Heliummolekülion $He_2^+$ mit der Konfiguration $(1s\sigma_g)^2(2p\sigma_u^*)$ und zwei bindenden und einem bindungslockerndem Elektron. Danach sollte ein stabiles Molekül zu erwarten sein. Das Molekül ist tatsächlich beobachtet worden, seine Dissoziationsenergie beträgt 3.0 eV.

Zwei Heliumatome im Grundzustand ergeben die Konfiguration $(\sigma_g 1s)^2 (2p\sigma_u^*)^2$, also ein Paar bindender Elektronen und ein Paar bindungslockernder Elektronen. Das $He_2$-Molekül ist entweder nicht stabil oder sehr schwach gebunden (tatsächlich ist es schwach gebunden mit einer Bindungsenergie im μeV-Bereich s. Abschn. 3.5.3.1). Befindet sich aber eines der Heliumatome, bevor es die Molekülbindung eingeht, in einem angeregten Zustand, z. B. im 1s2s-Zustand, dann kann die stabile Konfiguration $(\sigma_g 1s)^2 (\sigma_u^* 1s) (\sigma_g 2s)$ entstehen. Jetzt sind drei bindende Elektronen und ein bindungslockerndes Elektron vorhanden. Dieses Molekül findet man experimentell in einer Gasentladung und es wurde anhand des Emissionsspektrums nachgewiesen.

Die nächst energetischen Atomorbitale sind die atomaren 2s-Elektronen. Sie verhalten sich nicht anders als die 1s-Orbitale. Aus zwei Lithiumatomen mit je drei Elektronen wird das $Li_2$-Molekül gebildet:

$$Li(1s^2 2s) + Li(1s^2 2s) \rightarrow Li_2[(\sigma_g 1s)^2 (\sigma_u^* 1s)^2 (\sigma_g 2s)^2] \equiv Li_2[KK(\sigma_g 2s)^2].$$

Nur die äußeren Elektronen sind für die Stabilität eines Moleküls entscheidend. Die K-Elektronen tragen zur Bindung sehr wenig bei, sie sind durch „KK" symbolisiert. Das $(\sigma_g 2s)$-Orbital ist bindend, wir erwarten und finden ein stabiles Molekül mit dem Grundzustand $^1\Sigma_g$.

Das $Be_2$-Molekül existiert nicht, seine Konfiguration $[KK(\sigma_g 2s)^2(\sigma_u^* 2s)^2]$ besitzt keinen Überschuss an Bindungselektronen.

Als nächstes in der Energieskala kommen die atomaren 2p-Orbitale. Auch hier können im Rahmen der LCAO-Näherung zwei Atome mit den Atomorbitalen $\Psi_A(2p)$ und $\Psi_B(2p)$ linear kombinieren,

$$\Psi = \Psi_A(2p) \pm \Psi_B(2p)$$

und man erhält wieder je ein Molekülorbital mit gerader und ungerader Symmetrie bei Spiegelung der Elektroneneigenfunktion am Molekülmittelpunkt. Die stärkste Bindung bzw. Bindungslockerung erhält man, wenn die p-Orbitale längs der Kernverbindungsachse, in Abb. 3.125 parallel zur $x$-Achse, liegen. Die Molekülorbitale sind dann (Abb. 3.125 oben):

$$\Psi(\sigma_g, 2p) = \Psi_A(2p_x) + \Psi_B(2p_x)$$
$$\Psi(\sigma_u, 2p) = \Psi_A(2p_x) - \Psi_B(2p_x).$$

Diese Molekülorbitale sind rotationssymmetrisch bezüglich der Kernverbindungsachse. Sie haben keinen Bahndrehimpuls um die Achse, das heißt $\lambda = 0$; sie sind also σ-Orbitale. Für Molekülorbitale, die aus $p_y$- und $p_z$-Atomorbitalen gebildet werden, gilt dies nicht mehr (Abb. 3.125, unten). Wenn die beiden $2p_y$- (oder $2p_z$-) Orbitale zusammengebracht werden, verschmelzen beide Seiten der Orbitale und ergeben oberhalb und unterhalb der Kernverbindungsachse charakteristische wurstförmige Bereiche. Die resultierenden Molekülorbitale sind jetzt nicht mehr rotationssymmetrisch in Bezug auf die Kernverbindungsachse. Sie besitzen daher eine Bahn-

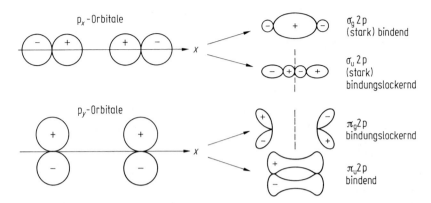

**Abb. 3.125** Überlagerung von p-Orbitalen zu einer σ-Bindung (oben) oder π-Bindung (unten).

drehimpulskomponente längs der Kernverbindungsachse. Die zugehörige Quantenzahl ist $\lambda = 1$, und π-Orbitale liegen vor.

Beim Stickstoffmolekül bilden sich sechs bindende Elektronen $(\sigma_g 2p)^2 (\pi_u 2p)^4$,

$$N[1s^2 2s^2 2p^3] + N[1s^2 2s^2 2p^3]$$
$$\rightarrow N_2[KK(\sigma_g 2s)^2 (\sigma_u^* 2s)^2 (\sigma_g 2p)^2 (\pi_u 2p)^4],$$

so dass eine Dreifachbindung vorliegt. Eine der Bindungen ist eine σ-Bindung, die anderen beiden sind π-Bindungen. Auch der erste angeregte Zustand bildet eine Dreifachbindung.

Das Sauerstoffmolekül ist ein besonderer Fall. Formal kann man schreiben

$$O[1s^2 2s^2 2p^4] + O[1s^2 2s^2 2p^4]$$
$$\rightarrow O_2[KK(\sigma_g 2s)^2 (\sigma_u^* 2s)^2 (\sigma_g 2p)^2 (\pi_u 2p)^4 (\pi_g^* 2p)^2],$$

Hier sind vier Bindungselektronen vorhanden: also eine Doppelbindung, bestehend aus σ- und π-Bindung. Im Sauerstoffmolekül ist das $\pi_u^* 2p$-Orbital, das vier Elektronen aufnehmen kann, nur halb gefüllt. Nach der Hund'schen Regel (nicht Hund'sche Kopplung) werden die beiden Elektronen je ein Unterniveau ($\pi_g^* 2p_x$) und $\pi_g^* 2p_y$) besetzen und parallelen Spin haben. Der resultierende Gesamtspin des Sauerstoffmoleküls ist daher $S = 1$. Die Multiplizität ist $2S + 1 = 3$, der Grundzustand ist $^3\Sigma$. Das Molekül ist wegen der ungepaarten Elektronen paramagnetisch. Bilder der Konturen von Molekülorbitalen einer Reihe zweiatomiger Moleküle zeigt Abb. 3.126. Dargestellt sind die numerisch ermittelten totalen Elektronendichten sowie die Dichten der besetzten Unterschalen.

### 3.4.3.2 Molekülorbitale zweiatomiger, heteronuklearer Moleküle

In heteronuklearen Molekülen ist der Anteil der Wechselwirkung jedes Kernes mit den Elektronen verschieden. Das Molekül besitzt kein Symmetriezentrum mehr, so

3.4 Moleküle im angeregten elektronischen Zustand        589

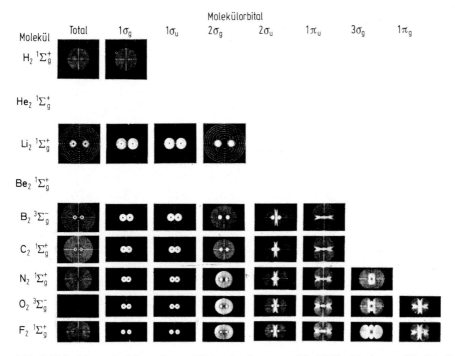

**Abb. 3.126** Numerisch berechnete Bilder der besetzten Molekülorbitale von $H_2$, $Li_2$, $B_2$, $C_2$, $N_2$, $O_2$ und $F_2$ [92].

dass nicht mehr zwischen g- und u-Termen unterschieden werden kann. Die LCAO-Näherung führt für ein Molekülorbital zu

$$\Psi = \Psi_A + \tau \Psi_B,$$

im Allgemeinen ist $\tau \neq \pm 1$. Wie bei homonuklearen Molekülen können Korrelationsdiagramme konstruiert werden (Abb. 3.127), welche die Elektronenterme für sehr große Kernabstände (getrennte Atome) und für ein Atom mit vereinigten Kernen miteinander verbindet. Der wesentliche Unterschied ist, abgesehen vom Fehlen der g-, u-Symmetrie, dass bei den getrennten Atomen die Terme gleicher Konfiguration verschiedene Energie besitzen.

Die Größe $\tau$ beschreibt die Polarität des Orbitals und hängt deshalb mit dem Dipolmoment des Moleküls zusammen. Wenn z. B. $|\tau| > 1$ ist, spielt $\Psi_B$ im Molekülorbital eine größere Rolle als $\Psi_A$. Die Elektronendichte am Kern B ist größer als am Kern A. Man kann daher der Größe $\tau$ grob die folgende Interpretation geben: Der Anteil der Elektronenladung am Kern A ist durch $(1 + \tau^2)^{-1}$ und der am Kern B durch $\tau^2(1 + \tau^2)^{-1}$ gegeben. Nimmt man an, dass die Ladungsverteilungen ihre Mittelpunkte bei A und B haben, ergibt sich für das aus den positiven Kernladungen und den Ladungsverteilungen der Elektronen erzeugte Dipolmoment $\mu$

$$\mu = \frac{(\tau^2 - 1) e r_e}{1 + \tau^2}.$$

590  3 Moleküle – Spektroskopie und Strukturen

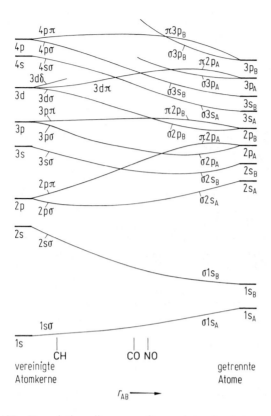

**Abb. 3.127** Korrelationsdiagramm für zweiatomige heteronukleare Moleküle.

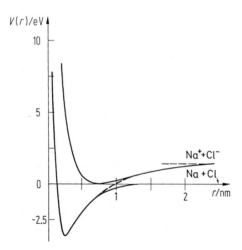

**Abb. 3.128** Potentialkurven des NaCl-Moleküls als Beispiel für ein Molekül mit vorwiegend ionischer Bindung.

Zum Beispiel das NaCl-Molekül hat die Elektronenwolke zum Chlorkern hin verschoben; das Ergebnis ist ein Molekül mit ungleicher Ladungsverteilung, es ist polarisiert. Ein Maß für die Größe der Polarisation ist das Verhältnis $\beta = \mu/er_e$, wobei $\mu$ das beobachtete Dipolmoment, $e$ die Elementarladung und $r_e$ der Kernabstand sind. $\beta = 1$ bedeutet, dass ein ganzes Elektron zu einem benachbarten Kern verschoben wurde. Beim NaCl-Molekül wird $\beta = 0.75$ gefunden. 75 % des Valenzelektrons befinden sich also beim Chlorkern. In diesem Molekül dominiert die Coulomb-Kraft der zwei Ionen, deshalb Na$^+$Cl$^-$. Dieser Bindungstyp heißt Ionenbindung (vgl. Abschn. 3.2.1.4), während die Bindung bei homonuklearen Molekülen kovalent (vgl. Abschn. 3.2.1.5) genannt wird.

Die Potentialkurve im Grundzustand eines Moleküls mit ionischer Bindung zeigt Abb. 3.128 für NaCl. Bei großen Kernabständen ist die Wechselwirkung zwischen dem Natrium- und dem Chloratom sehr klein. Erst bei einem Abstand, der um 1 nm liegt, beginnt sich die eben besprochene Ladungsverschiebung auszuwirken und bei einer weiteren Verringerung des Kernabstandes verläuft die Potentialkurve ähnlich wie beim anziehenden Coulomb-Potential zwischen Na$^+$ und Cl$^-$, nämlich $E \sim -e^2/r$. Bei sehr kleinen Kernabständen, wenn die beiden Elektronenwolken ineinander eindringen, werden Abweichungen vom Coulomb-Potential durch das Pauli-Prinzip bemerkbar. Diese Abweichung bewirkt eine Abstoßung der Kerne.

### 3.4.4 Auswahlregeln und Intensitäten

#### 3.4.4.1 Der elektronische Beitrag

Die Übergangswahrscheinlichkeit zwischen zwei elektronischen Molekülzuständen und damit die Intensität der Absorption und Emission von Licht ist proportional zum Quadrat des Übergangsmoments $\boldsymbol{R}$, welches definiert ist durch

$$\boldsymbol{R} = \int \Psi'^* (\sum er_n) \Psi'' \mathrm{d}\tau \, .$$

$\Psi'$ und $\Psi''$ sind die Eigenfunktionen, welche die Anfangs- und Endzustände des Moleküls beschreiben und $r_n$ die Ortsvektoren der Elektronen und Kerne; $\mathrm{d}\tau$ ist das Volumenelement aller Koordinaten. Im Folgenden werden die Ausführungen auf zweiatomige Moleküle beschränkt, jedoch können alle Ergebnisse direkt auf vielatomige Systeme übertragen werden, wobei aber die Möglichkeit entfällt, anschauliche Potentialkurven anzubieten, da dies Hyperflächen sind, die sich einer graphischen Darstellung entziehen. Im Rahmen der Born-Oppenheimer-Näherung gilt

$$\Psi = \Psi_{el}(r_{AB}, r_j) \cdot \Psi_{vib}(r_{AB}) \cdot \Psi_{rot}(r_{AB});$$

$\boldsymbol{R}$ ist dann gegeben durch ($r_{AB} = r$).

$$\begin{aligned}\boldsymbol{R} = \iint & \Psi_{el}'^*(r, r_j) \Psi_v'^*(r) \Psi_{rot}'^*(r) \left(\sum_j er_j\right) \\ & \cdot \Psi_{el}''(r, r_j) \Psi_v''(r) \Psi_{rot}''(r) \mathrm{d}r_j \mathrm{d}r + \iint \Psi_{el}'^*(r, r_j) \Psi_v'^*(r) \Psi_{rot}'^*(r)(er) \\ & \cdot \Psi_{el}''(r, r_j) \Psi_v''(r) \Psi_{rot}''(r) \mathrm{d}r_j \mathrm{d}r \, . \end{aligned} \quad (3.117)$$

Für den zweiten Term kann man schreiben:

$$\int \Psi_v'^*(r)\, \Psi_{rot}'^*(r)\,(er)\, \Psi_v''(r)\, \Psi_{rot}''(r)\, dr \int \Psi_{el}'^* \Psi_{el}''(r, r_j)\, dr_j\, .$$

Dieses Integral ist null wegen der Orthogonalität der elektronischen Wellenfunktionen. Es verbleibt also das Integral über die Elektronenkoordinaten $r_j$

$$\begin{aligned}
\boldsymbol{R} &= \int \Psi_v'^*(r)\, \Psi_v''(r)\, \Psi_{rot}'^*(r)\, \Psi_{rot}''(r)\, dr \cdot \int \Psi_{el}'^*(r, r_j) \left(\sum_j er_j\right) \Psi_{el}''(r, r_j)\, dr_j \\
&= \left(\int \Psi_v'^*(r)\, \Psi_v''(r)\, \Psi_{rot}'^*(r)\, \Psi_{rot}''(r)\, dr\right) \cdot \boldsymbol{R}_{el}(r)\, .
\end{aligned} \qquad (3.118)$$

Es liefert das elektronische Übergangsmoment $\boldsymbol{R}_{el}$, welches vom Kernabstand abhängt. Für kleine Abweichungen von $r_e$ kann dieses Moment als konstant angenommen werden und $\boldsymbol{R}$ hängt nur noch von den Rotations- und Schwingungszuständen ab.

Nicht immer ist die Annahme erfüllt, dass $\boldsymbol{R}_{el}$ nicht oder nur sehr schwach vom Kernabstand $r$ abhängt. Besonders gut sind in dieser Hinsicht die Lyman-Banden des Wasserstoffmoleküls erforscht. Abb. 3.129 zeigt die Abhängigkeit von $\boldsymbol{R}_{el}$ von $r$. In der Nähe von $r_e = 0.075$ nm, ist die Abhängigkeit $\boldsymbol{R}_{el}(r)$ sehr stark und erreicht bei $r = 0.16$ nm ein Maximum.

In den meisten Fällen sind die Eigenfunktionen $\Psi_{el}'^*(r, r_j)$ und $\Psi_{el}''(r, r_j)$ analytisch nicht bekannt, so dass $\boldsymbol{R}_{el}$ nicht berechnet werden kann. Es ist aber möglich, aus der Symmetrie der Wellenfunktionen bezüglich der Inversion zu entscheiden, ob ein Übergang erlaubt oder verboten ist. Dies ist ein Grund, warum die Symmetrie der Wellenfunktionen immer beachtet werden muss.

Für jedes Quantensystem ist die Auswahlregel für Dipolübergänge in Bezug auf die Gesamtdrehimpulsquantenzahl $J$

$$\Delta J = 0,\ \pm 1$$

mit der Ausnahme von $J = 0 \rightarrow J = 0$. Die ($\Delta J = 0$)-Übergänge sind mit linear polarisiertem Licht verbunden, während $\Delta J = \pm 1$ zirkulare Polarisation des Lichtes

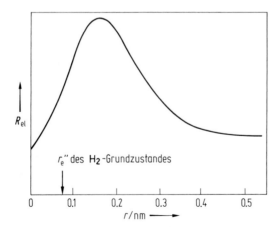

**Abb. 3.129** Abhängigkeit des Elektronenübergangmoments $\boldsymbol{R}_{el}$ vom Kernabstand $r$ für die Lyman-Banden des $H_2$-Moleküls [93].

benötigt. Weiterhin muss die gesamte Wellenfunktion ihre Symmetrie beim Übergang wechseln, d. h.

g ⇔ n, n ⇔ g, aber auf keinen Fall g ⇔ g.

Da die Kernspins sich bei elektronischen Anregungen nicht umklappen, gilt für Moleküle mit identischen Kernen

s ⇔ s, a ⇔ a, aber dieses Mal ist s ⇔ a verboten.

Diese allgemein gültigen Auswahlregeln müssen für die fünf Hund-Fälle erweitert und modifiziert werden, da durch die verschiedenen Kopplungsmechanismen Drehvektoren erzeugt werden, die ihre individuellen Energieniveaugruppen bilden und dadurch die Auswahlregeln mitbestimmen. Prinzipiell muss immer sichergestellt werden, dass der Drehimpuls des Photons im Molekül erhalten wird und dass die Elektronen- und Kernspins an der Änderung des Drehimpulses nicht teilnehmen; d.h. auch für Moleküle sind Kombinationsübergänge zwischen Termniveaus verschiedener Multiplizität verboten. Dies ist sofort klar, wenn man sich erinnert, dass die Spinmomente nur auf magnetische Kräfte reagieren, und diese in einer elektromagnetischen Welle mit $c^{-1}$ unterdrückt sind.

Als Beispiel zeigt Tab. 3.22 die erlaubten elektronischen Übergänge für ein zweiatomiges Molekül, in dem die Drehimpulse gemäß dem Hund-Fall (a) miteinander koppeln um $J$ zu bilden.

**Tab. 3.22** Die erlaubten elektronischen Übergänge für zweiatomige Moleküle mit Drehimpulskopplung gemäß dem Hund-Fall (a).

| Verschiedenartige Kerne | Gleichartige Kerne |
|---|---|
| $\Sigma^+ \leftrightarrow \Sigma^+$ | $\Sigma_g^+ \leftrightarrow \Sigma_u^+$ |
| $\Sigma^- \leftrightarrow \Sigma^-$ | $\Sigma_g^- \leftrightarrow \Sigma_u^-$ |
| $\Pi \leftrightarrow \Sigma^+$ | $\Pi_g \leftrightarrow \Sigma_u^+, \Pi_u \leftrightarrow \Sigma_g^+$ |
| $\Pi \leftrightarrow \Sigma^-$ | $\Pi_g \leftrightarrow \Sigma_u^-, \Pi_u \leftrightarrow \Sigma_g^-$ |
| $\Pi \leftrightarrow \Pi$ | $\Pi_g \leftrightarrow \Pi_u$ |
| $\Pi \leftrightarrow \Delta$ | $\Pi_g \leftrightarrow \Delta_u, \Pi_u \leftrightarrow \Delta_g$ |
| $\Delta \leftrightarrow \Delta$ | $\Delta_g \leftrightarrow \Delta_u$ |

### 3.4.4.2 Schwingungsstruktur eines elektronischen Zustandes

Jeder elektronische Zustand besitzt seine eigene, für ihn charakteristische Potentialkurve, deren Form und Lage von der Besetzung der Molekülorbitale abhängt. Diese Potentiale bestimmen die Schwingungsniveaus. Abb. 3.130 zeigt drei mögliche relative Lagen der Potentiale vom Grundzustand und einem angeregtem Zustand. Wenn ein Elektron angeregt wird, das nicht an der Bindung teilnimmt oder seinen Bindungscharakter beibehält, dann ändert sich $r_e$ nur sehr wenig und der Fall (a) liegt vor. Wenn ein bindendes Elektron in ein nicht bindendes Orbital befördert wird, dann wird das angeregte Potential zu größeren internuklearen Abständen hin

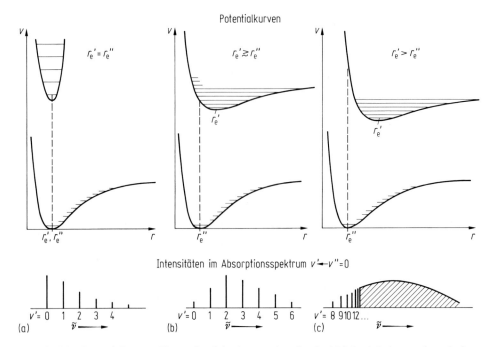

**Abb. 3.130** Intensitäten und Lage der Schwingungsbanden in Abhängigkeit von der relativen Lage der Potentialkurven der beiden Elektronenzustände (Erläuterung s. Text).

verschoben, und Fall (b) ist realisiert. Wenn der angeregte Zustand zur Bindungslockerung beiträgt, kann die Verschiebung der Minima so weit fortschreiten, dass der Schwingungsgrundzustand bei senkrechtem Übergang mit freien Zuständen koppelt, wie Fall (c) in Abb. 3.130 zeigt. Im Allgemeinen geschieht die Absorption des Photons wesentlich schneller als die Kernbewegung, d.h. die $r$-Koordinate ändert sich nicht und der Übergang erfolgt entlang der gestrichelten Linien in Abb. 3.130. Diese Annahme ist als *Franck-Condon-Prinzip* bekannt. Die Intensität der Absorptionslinien ist gemäß Gl. (3.118) gegeben durch

$$R^2 = |R_{el} \cdot q_{v'v''}|^2 = |\int \Psi_{v'}(r)\, \Psi_{v''}(r)\, dr|^2 \cdot R_{el}^2,$$

wobei die Rotationswellenfunktion konstant bleibt. Die Intensität der Spektrallinien wird durch die Lage der beiden Wellenfunktionen $\Psi_v(r)$ und das Ausmaß ihrer Überlagerung bestimmt. Dieser Überlagerungsbetrag kann für den einfachen Fall des harmonischen Oszillators berechnet werden, wenn $r'_e$ und $r''_e$ bekannt sind. Für das Morse-Potential sind nur numerische Auswertungen des Integrals möglich. In der Praxis ist oft ein Zusammenspiel zwischen Messergebnissen und einem Modellpotential notwendig, in dem die Potentialkonstanten iterativ solange geändert werden, bis optimale Übereinstimmung erreicht wird. Tab. 3.23 zeigt die Franck-Condon-Faktoren $q_{v'v''}$ für $J = 0$ des B-X-Systems von $Na_2$. Diese Rechenergebnisse können mit Fluoreszenzmessungen verglichen werden, Abb. 3.131 zeigt diese für $v' = 5$. Für $J = 0$ lagen keine Messungen vor. Die Spektren für $J = 37$ sowie 88 und 124 zeigen gute Übereinstimmung von Theorie und Experiment und verdeutlichen zugleich,

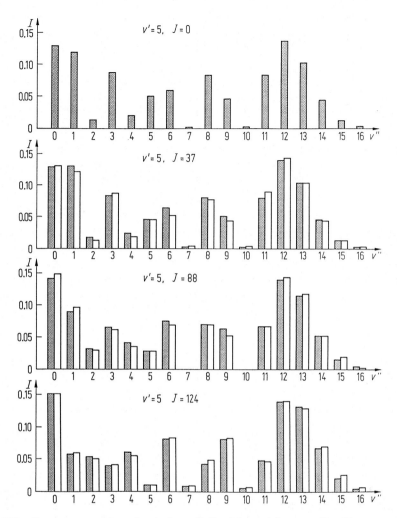

**Abb. 3.131** Gemessene und berechnete (leere Balken) Intensitäten von $Na_2$-Fluoreszenzserien für gleiches $v'$ und verschiedene $J$ [94].

wie wenig in diesem Fall die Intensitäten von den Rotationsquantenzahlen abhängen. Des Weiteren kann man Tab. 3.23 entnehmen, dass die Intensitäten stark variieren, wenn Übergänge zwischen verschiedenen $v''$ und $v'$ gemessen werden. Dieses Verhalten wird durch die Überlagerung der Schwingungswellenfunktionen hervorgerufen, welche ausgeprägte Maxima in der Nähe des Potentialrandes haben (klassisch zu verstehen mit der langen Aufenthaltswahrscheinlichkeit am Umkehrpunkt einer Pendelbewegung). Die Verbindungslinie aller Intensitätsmaxima ist eine Parabel, die als *Condon-Parabel* bezeichnet wird. Dieses regelmässige Verhalten der Intensitäten im elektronischen Schwingungsspektrum wird stark modifiziert, wenn sich die Potentiale zweier Zustände kreuzen. Wenn sie die gleiche Symmetrie besitzen, wird die Überschneidung vermieden (*avoided crossing*) und die elektronischen Zu-

**Tab. 3.23** Berechnete Franck-Condon-Faktoren (multipliziert mit 1000) für den (B $^1\Pi_u$ → $X^1\Sigma_g^+$)-Übergang im Na$_2$-Molekül und Condon-Parabel (nach [94]) markiert durch fette Zahlen.

| $v''$ \ $v'$ | 0 | 1 | 2 | 3 | 4 | 5 | 6 | 7 | 8 | 9 | 10 | 11 | 12 | 13 | 14 | 15 |
|---|---|---|---|---|---|---|---|---|---|---|---|---|---|---|---|---|
| 0 | **59** | 153 | 209 | 203 | 156 | 102 | 59 | 31 | 15 | 7 | 3 | 1 | 1 | | | |
| 1 | 182 | **195** | 64 | | 39 | 99 | 123 | 110 | 80 | 50 | 29 | 15 | 8 | 4 | 2 | 1 |
| 2 | 263 | 50 | **24** | 110 | 80 | 12 | 7 | 49 | 87 | 95 | 81 | 58 | 37 | 22 | 12 | 6 |
| 3 | 239 | 10 | 128 | **34** | 12 | 77 | 72 | 19 | | 27 | 62 | 79 | 76 | 60 | 42 | 27 |
| 4 | 152 | 122 | 53 | 30 | **92** | 19 | 11 | 63 | 62 | 21 | | 15 | 45 | 65 | 68 | 59 |
| 5 | 71 | 193 | 5 | 108 | 6 | **47** | 68 | 9 | 13 | 55 | 54 | 21 | | 9 | 33 | 53 |
| 6 | 25 | 155 | 104 | 30 | 56 | 59 | **1** | 56 | 48 | 3 | 15 | 49 | 47 | 19 | 1 | 5 |
| 7 | 7 | 81 | 174 | 15 | 87 | 3 | 74 | **19** | 13 | 56 | 32 | | 17 | 44 | 42 | 19 |
| 8 | 2 | 30 | 139 | 120 | 6 | 84 | 15 | 35 | **55** | 2 | 25 | 50 | 20 | | 18 | 40 |
| 9 | | 8 | 69 | 166 | 45 | 50 | 36 | 54 | 2 | **54** | 28 | 1 | 34 | 42 | 13 | |
| 10 | | 2 | 24 | 115 | 145 | 3 | 85 | 2 | 66 | 10 | **22** | 49 | 9 | 7 | 37 | 34 |
| 11 | | | 6 | 50 | 149 | 92 | 10 | 76 | 10 | 40 | 39 | | 39 | 33 | 1 | 14 |
| 12 | | | 1 | 15 | 85 | 158 | 36 | 47 | 39 | 42 | 8 | 53 | **9** | 13 | 41 | 18 |
| 13 | | | | 3 | 31 | 120 | 137 | 3 | 77 | 6 | 62 | 1 | 37 | **33** | | 26 |
| 14 | | | | | 8 | 54 | 147 | 95 | 5 | 79 | 2 | 52 | 20 | 11 | **43** | 11 |
| 15 | | | | | 1 | 16 | 83 | 156 | 47 | 32 | 54 | 24 | 24 | 43 | | **31** |
| 16 | | | | | | 3 | 29 | 113 | 145 | 12 | 63 | 21 | 49 | 3 | 47 | 12 |
| 17 | | | | | | | 7 | 47 | 138 | 114 | | 79 | 1 | 58 | 3 | 30 |
| 18 | | | | | | | 1 | 13 | 70 | 154 | 74 | 12 | 71 | 5 | 44 | 22 |
| 19 | | | | | | | | 2 | 22 | 96 | 156 | 35 | 39 | 46 | 27 | 20 |

stände mischen sich, wobei auch die Schwingungsniveaus völlig verändert werden. Selbst wenn unterschiedliche Symmetrien die Kreuzung der Potentiale zulassen, werden die Eigenzustände der Schwingungen gemischt und geändert. Dies gilt ganz besonders, wenn das angeregte Niveau im Kontinuum eines anderen Zustands liegt; dann kann das Molekül dissoziieren (Prädissoziation) und diffuse Molekülspektren entstehen. Damit wird Molekülspektroskopie zu einer präzisen Methode, um die Zerfallswärme zu messen. Es ist üblich, die Potentialfunktionen für $J = 0$ aufzutragen, wie sie auch in Abb. 3.130 gezeigt sind. Für höhere Rotationszustände jedoch muss der Beitrag der Zentrifugalkraft mit berücksichtigt werden. Abb. 3.132 zeigt eine Folge von Potentialen für wachsende Rotationsquantenzahlen $K$ für das Molekül HgH, das zur Gruppe des Hund-Falles (b) gehört. Die Dissoziationsgrenze liegt etwas über $v = 4$, jedoch werden wegen des Zentrifugalmaximums, das bei der Addition der Potentiale entsteht, scharfe Spektrallinien über $K = 30$ gemessen. Abb. 3.133 zeigt die gemessenen Rotationszustände für die verschiedenen Schwingungen des $^2\Sigma$-Grundzustandes von HgH.

**Abb. 3.133** Gemessene Rotationsniveaus von HgH für die verschiedenen Schwingungsniveaus des $^2\Sigma$-Grundzustandes. Die gestrichelte Linie zeigt die Dissoziationsenergie [84].

3.4 Moleküle im angeregten elektronischen Zustand   597

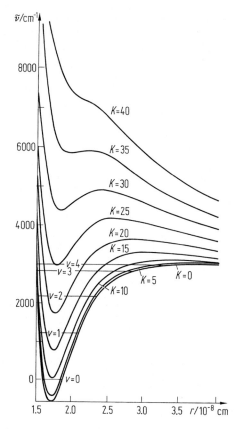

**Abb. 3.132**   Effektive Potentialkurven von HgH im Grundzustand [84].

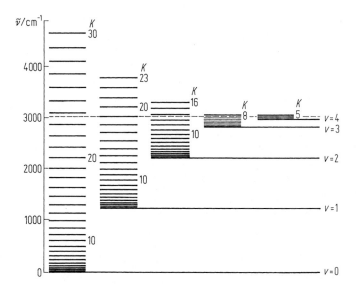

598   3 Moleküle – Spektroskopie und Strukturen

**Franck-Condon-Faktoren als Interferenzen im Phasenraum** [95]. Im Phasenraum sind die Energien der Zustände eines harmonischen Oszillators durch konzentrische Ellipsen bestimmt, deren Flächen $nh$ betragen. Es ist jedoch von Vorteil, den Zustand als ein Band um eine entsprechende ellipsenförmige Phasenraumbahn zu beschreiben (siehe Abb. 3.135c). Die Bänder, welche die Schwingungszustände $n$ und $m$ durch

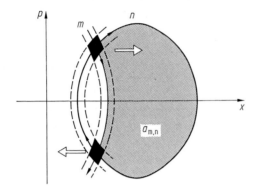

**Abb. 3.134** Schwingungsellipsen im Phasenraum $(x, p)$ für die Zustände $m$ (Grundzustand) und $n$ (angeregter Zustand). Die Fläche $a_{m,n}$ gibt die relative Phase zwischen den eingeschwärzten Überlagerungsrauten [95].

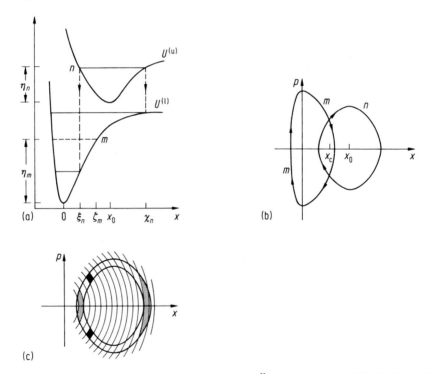

**Abb. 3.135** Potentialkurven (a), Phasenbahnen (b) und Überlagerungsbereiche für feste ($n$) und laufende ($m$) Quantenzahlen (c) [95].

ihre elektronischen Potentiale definieren, sind im Phasenraum meist etwas verschoben (siehe Abb. 3.134). Die Übergangswahrscheinlichkeit ist gegeben durch die Überlagerung der zwei Ellipsenstreifen $n$ und $m$, die den Grundzustand und den angeregten Zustand kennzeichnen. Abb. 3.135 zeigt ein Beispiel von zwei Potentialen sowie eine Vielfalt von aufeinanderfolgenden angeregten Zuständen, wie sie den $n$-ten Ellipsenstreifen (dessen Fläche $h$ ist) überdecken. Im Allgemeinen ist die Übergangswahrscheinlichkeit durch die zwei schwarz markierten, rautenförmigen Flächen in Abb. 3.134 gegeben. Diese sind besonders groß für die dünn punktierten Überlagerungsbereiche (Abb. 3.135), womit die Condon-Parabel erklärt werden kann. Der elektronische Übergang findet in zwei unterscheidbaren Bereichen des Phasenraumes statt, in der oberen schwarzen Raute von Abb. 3.134 ist der Impuls der beiden Oszillatoren positiv – beide laufen nach rechts –, in der unteren Raute ist er negativ – beide laufen nach links. Ähnlich dem Doppelspaltexperiment der Quantenmechanik treten daher Interferenzeffekte auf, die Amplituden der Übergangswahrscheinlichkeiten sind zu addieren. Um diese Kohärenzeffekte zu berücksichtigen, muss die relative Phase $a_{m,n}$ zwischen den zwei Bereichen berechnet werden. Sie ist durch das Flächenintegral gegeben, das in Abb. 3.134 gerastert wurde. Diese Interferenz kann konstruktiv oder destruktiv sein, was die starken Intensitätsschwankungen in Abb. 3.131 erklärt. Somit werden die Frank-Condon-Faktoren als Interferenzen im Phasenraum interpretiert.

### 3.4.4.3 Rotationsstruktur eines elektronischen Zustandes

In Abschn. 3.4.4.2 wurde der Beitrag der Rotationsenergie zu den absorbierten oder emittierten Frequenzen vernachlässigt. Dies soll nun nachgeholt werden. Für einen Übergang mit Rotationsveränderungen ergeben sich folgende energetische Beiträge:

$$v = v_e + v_{vib} + v_{rot}.$$

Für einen festen Wert $v_0 = v_e + v_{vib}$ werden alle Rotationslinien zu einer Bande zusammengefasst, so dass

$$v = v_0 + F'_v(J') - F''_v(J'')$$

ist, wobei die $F_v$ die Rotationsniveaus des angeregten (') und des Grundzustandes ('') beschreiben. $v_0$ wird der Bandenursprung genannt. Im Allgemeinen ist $F$ gegeben durch:

$$F_v(J) = B_v J(J+1) - D_v J^2(J+1)^2 + \ldots.$$

Im Folgenden werden die Zentrifugaldeformationen $D_v$ für beide Zustände vernachlässigt, da sie meist klein sind. Bei hochaufgelöster Laserabsorptionsspektroskopie ist das oft nicht möglich, da die $D'$ von den $D''$ verschieden sein können. Um den Gesamtdrehimpuls im Anregungsprozess zu erhalten, muss folgende Auswahlregel erfüllt werden, wenn für wenigstens einen elektronischen Zustand $\Lambda \neq 0$ ist:

$$\Delta J = J' - J'' = 0, \pm 1.$$

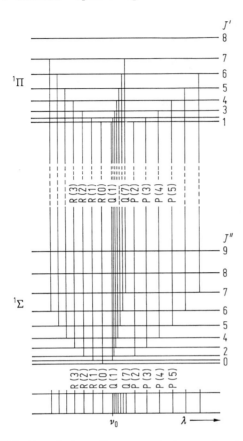

**Abb. 3.136** Energieniveaudiagramm für eine Bande mit P-, Q- und R-Zweigen. Die Abstände der Q-Linien sind übertrieben groß dargestellt (1) [35].

Wenn für beide Zustände $\Lambda = 0$ gilt, ist $\Delta J = 0$ verboten. Deshalb werden im Allgemeinen drei Serien von Frequenzen gemessen (R-, Q- oder P-Zweige genannt):

$$\begin{aligned}
\Delta J &= \phantom{-}1: & R(J) &= 2B'_v + (3B'_v - B''_v)J + (B'_v - B''_v)J^2 \\
\Delta J &= \phantom{-}0: & Q(J) &= (B'_v - B''_v)J + (B'_v - B''_v)J^2 \\
\Delta J &= -1: & P(J) &= (B'_v + B''_v)J + (B'_v - B''_v)J^2.
\end{aligned} \qquad (3.119)$$

$B'_v = h^2/(8\pi^2 cI')$ ist die Rotationskonstante der Schwingung im oberen Elektronenzustand ($I'$ das dazugehörige Trägheitsmoment). Abb. 3.136 zeigt ein Energieniveaudiagramm für eine Bande mit P-, Q- und R-Zweigen. Die Abstände zwischen den Q-Linien sind übertrieben dargestellt, um sie unterscheiden zu können. Die Anordnung der Spektrallinien der drei Zweige kann sehr verschiedene Formen annehmen, je nachdem, ob $B'_v$ größer, gleich oder kleiner als $B''_v$ ist. Abb. 3.137 zeigt die verschiedenen Zweige der Rotationsstruktur in einer Elektronenbande, das sog. *Fortrat-Diagramm*. Die parabolische Form der Zweige wird durch den Summanden vor $J^2$ in Gl. (3.119) erzeugt.

3.4 Moleküle im angeregten elektronischen Zustand    601

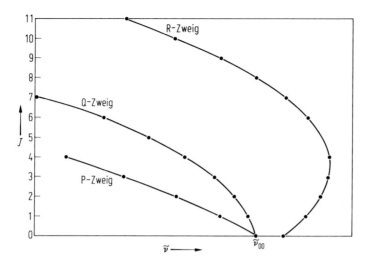

**Abb. 3.137** Fortrat-Diagramm für einen Σ-Π-Übergang [35].

Die Verteilung der Spektrallinien als Funktion ihrer Frequenzen wird etwas komplizierter (aber auch interessanter), wenn die Rotationsverzerrung mit berücksichtigt wird. Dann gilt für den $R$-Zweig ($m = J + 1$) und den $P$-Zweig ($m = J - 1$):

$$\nu = \nu_0 + (B'_v + B''_v)m + (B'_v - B''_v - D'_v + D''_v)m^2 \\ - (D'_v + D''_v)m^3 - (D'_v - D''_v)m^4 ,$$

und für den Q-Zweig ergibt sich

$$\nu = \nu_0 + (B'_v - B''_v)J(J+1) - (D'_v - D''_v)J^2(J+1)^2 .$$

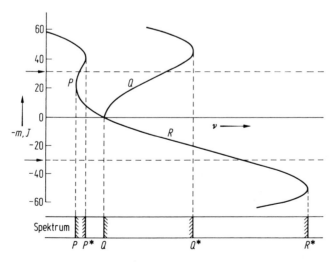

**Abb. 3.138** Fortrat-Diagramm mit Zweigen, welche Schattierungsumkehrung bei hohen $J$-Werten zeigen [35].

Abb. 3.138 zeigt ein Fortrat-Diagramm, in dem die Beiträge der $D$ so groß werden, dass bei hohen $J$-Werten neue Bandkanten auftreten. Solange nur $J$-Werte zwischen den zwei kleinen Pfeilen berücksichtigt werden, misst man das normale Verhalten der P- und Q-Kanten, bei höheren $J$-Werten entstehen die P*-, Q*- und R*-Kanten mit umgekehrter Schattierung.

**Intensitätsverteilung in den Rotationsspektren.** Da der Entartungsgrad von Rotationszuständen $J(J+1)$ ist, weicht die Verteilungsfunktion dramatisch von einer Boltzmann-Verteilung ab. Abb. 3.139 zeigt die relative thermische Verteilung der Besetzungsverteilung von HCl ($B = 10.44$ cm$^{-1}$) bei 300 K. Die Normierungskonstante ist $kT/hcB$. (Für Abb. 3.139 ist der Wert 20.36.) Die relative Intensitätsverteilung in den Rotationsspektren wird von zwei weiteren Faktoren beeinflusst, der Linienstärke $S$ und $R_{el}$. Die Linienstärke ist in Tab. 3.24 für $\Delta\Lambda = 0, \pm 1$ und die drei möglichen Zweige gegeben. $R_{el}$ ist proportional zum Einstein-Koeffizienten $A$ oder indirekt proportional zu den Lebensdauern der angeregten Zustände.

**Tab. 3.24** Linienstärke $S$ in Rotationsspektren für $\Delta\Lambda = 0, \pm 1$.

$\Delta\Lambda = 0$

$$S_J^R = \frac{(J''+1+\Lambda'')(J''+1-\Lambda'')}{J''+1} = \frac{(J'+\Lambda')(J'-\Lambda')}{J'}$$

$$S_J^Q = \frac{(2J''+1)\Lambda''^2}{J''(J''+1)} = \frac{(2J'+1)\Lambda'^2}{J'(J'+1)}$$

$$S_J^P = \frac{(J''+\Lambda'')(J''-\Lambda'')}{J''} = \frac{(J'+1+\Lambda')(J'+1-\Lambda')}{J'+1},$$

$\Delta\Lambda = +1$

$$S_J^R = \frac{(J''+2+\Lambda'')(J''+1+\Lambda'')}{4(J''+1)} = \frac{(J'+\Lambda')(J'-1+\Lambda')}{4J'}$$

$$S_J^Q = \frac{(J''+1+\Lambda'')(J''-\Lambda'')(2J''+1)}{4J''(J''+1)} = \frac{(J'+\Lambda')(J'+1-\Lambda')(2J'+1)}{4J'(J'+1)}$$

$$S_J^P = \frac{(J''-1-\Lambda'')(J''-\Lambda'')}{4J''} = \frac{(J'+1-\Lambda')(J'+2-\Lambda')}{4(J'+1)},$$

$\Delta\Lambda = -1$

$$S_J^R = \frac{(J''+2-\Lambda'')(J''+1-\Lambda'')}{4(J''+1)} = \frac{(J'-\Lambda')(J'-1-\Lambda')}{4J'}$$

$$S_J^Q = \frac{(J''+1-\Lambda'')(J''+\Lambda'')(2J''+1)}{4J''(J''+1)} = \frac{(J'-\Lambda')(J'+1+\Lambda')(2J'+1)}{4J'(J'+1)}$$

$$S_J^P = \frac{(J''-1+\Lambda'')(J''+\Lambda'')}{4J''} = \frac{(J'+1+\Lambda')(J'+2+\Lambda')}{4(J'+1)}$$

3.4 Moleküle im angeregten elektronischen Zustand    603

Abb. 3.140 zeigt die Intensitätsverteilungen für einen $^1\Pi$-$^1\Sigma$-Übergang (a) und einen $^1\Pi$-$^1\Pi$-Übergang (b) als Funktion von $m$ (für den Q-Zweig wurde $m = J$ gesetzt und $B/T = 0.015$).

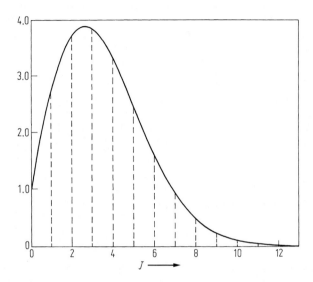

**Abb. 3.139** Relative Verteilungsfunktion der Besetzung von Rotationszuständen in HCl ($B = 10.44\,\mathrm{cm}^{-1}$) bei Zimmertemperatur ($T = 300$ K).

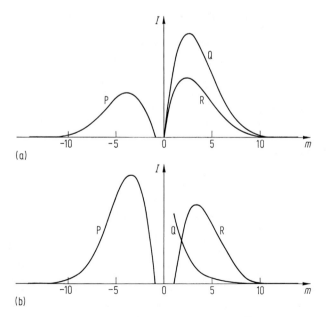

**Abb. 3.140** Intensitätsverteilungen für (a) einen $^1\Pi$-$^1\Sigma$-Übergang und (b) einen $^1\Pi$-$^1\Pi$-Übergang als Funktion von $m$, wobei für den R-Zweig $m = J+1$, für den Q-Zweig $m = J$ und für den P-Zweig $m = J-1$ ist [35].

## 3.4.5 Unelastische Elektronenstreuung

### 3.4.5.1 Vergleich von optischer Anregung und Elektronenstoßanregung

Die spektakulären Erfolge der Laserspektroskopie, kombiniert mit nichtlinearen Wechselwirkungen der Photonen mit Molekülen, könnten den Eindruck erwecken, dass alle anderen Methoden der Spektroskopie und somit auch die Elektronenstoßanregung überflüssig geworden sind. Im Folgenden sollen zusammenfassend die Vor- und Nachteile dieser beiden Messmethoden gegenübergestellt werden, um zu erkennen, welche künftigen Fragestellungen mit welcher Messmethode optimal bearbeitet werden können. Anhand eines solchen Vergleiches kann dann auch der Fortschritt im jeweiligen Arbeitsgebiet angemessen gewürdigt werden. Bereits die traditionelle optische Spektroskopie konnte Auflösungen erzielen, welche heute in der Elektronenoptik nicht erreicht werden. Einige Millielektronvolt ist bis heute noch die Grenze für die meisten Elektronenspektrometer, während Laser bereits auf ein Hundertstel Hertz stabilisiert werden, was einer Energieauflösung von $4 \cdot 10^{-17}$ eV entspricht. Weitere Fortschritte in der Spektroskopie werden durch die natürliche Linienbreite, selbst von metastabilen Zuständen, begrenzt. Eine große Hilfe für die Identifikation und den Nachweis eines angeregten Molekülzustandes sind Mehrphotonenprozesse. Dabei wird ein Laser resonant auf einen elektronischen Zustand eingestellt, der nach den Auswahlregeln zugänglich ist. Gleichzeitig regt ein zweiter Laser wieder resonant einen weiteren Zustand an. Die Fluoreszenzen in einem dritten Zustand werden zum Nachweissignal (LIF = **L**aser **I**nduced **F**luorescence). Sehr hohe Empfindlichkeiten werden erreicht, wenn die Energie des zweiten Photons genügt, um das Molekül zu ionisieren und das Ion oder Elektron zum Nachweis herangezogen werden kann (REMPI = **R**esonance **E**nhanced **M**ultiphoton **I**onization). Weitere Aufschlüsse über die angepumpten elektronischen Zwischenzustände können gewonnen werden, wenn die extrem hohe Frequenzempfindlichkeit durch Zeeman- oder Stark-Modulationsmessungen ausgenutzt wird.

Diesen Erfolgen stellt die Elektronenstoßspektroskopie folgende Eigenschaften gegenüber: Während die optischen Messungen auf einen engen Frequenzbereich beschränkt sind, ist es möglich, mit einem einzigen Elektronenspektrometer ein Molekülspektrum vom Infraroten bis zum Röntgenbereich mit konstanter Auflösung und Nachweisempfindlichkeit zu messen. Da die anregende Elektronenenergie nicht resonant auf ein Eigenniveau des Moleküls eingestellt ist, bleibt das Target optisch dünn und Sättigungseffekte werden vermieden, d. h. die Linienstärken können zur weiteren Analyse herangezogen werden, zur Zuordnung von Banden und Progressionen. Wie später analytisch gezeigt wird, stimmen die Elektronenverlustspektren in Vorwärtsrichtung (Kleinwinkelstreuung) mit den optischen Spektren überein. Bei den anderen Streuwinkeln werden durch die Austauschmöglichkeit zwischen Target- und Strahlelektronen optisch verbotene Übergänge möglich. Am differentiellen Wirkungsquerschnitt kann man dann erkennen, ob es sich um Spinumklappeffekte oder um Übergänge handelt, die auf höheren Multipolmomenten beruhen: Spektrallinien von optisch verbotenen Übergängen werden intensiver mit größer werdenden Streuwinkeln, während die Intensitäten der Multipolübergänge im gleichen Messprozess sehr schnell kleiner werden. Im Röntgenwellenlängenbereich muss man der Elektronenspektroskopie die Photoionisation mit Synchrotronstrahlung gegenüber-

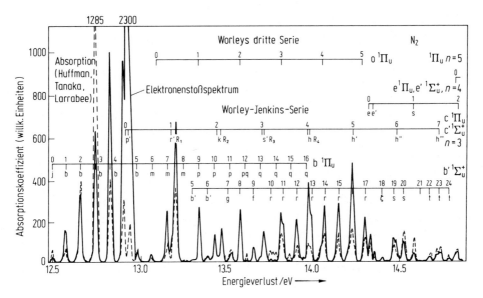

**Abb. 3.141** Energieverlustspektrum von $N_2$ mit 25-keV-Elektronen (der Streuwinkel ist kleiner als $10^{-4}$ rad). Die punktierte Linie ist das Absorptionsspektrum [70].

stellen. Auch dieser Vergleich fällt oft zugunsten der Elektronenstreuung aus, besonders wenn man den Anschaffungspreis der Grundausstattung mit berücksichtigt [71]. Auf der einen Seite bringt der große Wirkungsquerschnitt für die Elektronenstoßanregungen den Vorteil der hohen Empfindlichkeit, andererseits wird die gleiche Tatsache zum Nachteil, weil Mehrfachstreuprozesse die Messungen nur an dünnen Gastargets erlauben und stets gute Vakuumbedingungen benötigen. Abb. 3.141 zeigt einen direkten Vergleich von optischen und Elektronenstoß-Spektren. Besonders zu beachten sind die Intensitätsunterschiede bei 12.9 eV, welche den Einfluss der Sättigung klar sichtbar machen. Es war das Elektronenstoß-Spektrum, welches über die Franck-Condon-Faktoren die volle Charakterisierung der angeregten Zustände von $N_2$ möglich machte.

### 3.4.5.2 Oszillatorenstärken, Bethe-Oberflächen und Summenregeln

Der Wirkungsquerschnitt für die unelastische Streuung von Elektronen ist in der nichtrelativistischen Born'schen Näherung unter Vernachlässigung von Austauscheffekten gegeben durch

$$\frac{d\sigma^2}{d\Omega dE} = \begin{cases} \dfrac{4k_n f(K, E_n)}{kK^2 E_n} & \text{für gebundene Zustände} \\ \dfrac{4k_n (df(K, E)/dE)}{kK^2 E} & \text{für Ionisationen,} \end{cases} \quad (3.120)$$

wobei $k$ der Impuls des einfallenden und $k_n$ derjenige des gestreuten Elektrons ist.

Weiterhin ist $K = k - k_n$. $f(E)$ wird verallgemeinerte Oszillatorstärke (GOS, generalized oszillator strength) genannt, sie ist gegeben durch

$$f(K, E_n) = \frac{E_n}{K^2} |\langle \Psi_0| \sum_{j=1}^{N} \exp(iK \cdot r_j)|\Psi_n\rangle|^2 \quad \text{für gebundene Zustände}$$

$$\frac{df(K, E)}{dE} = \sum_{n} E_n |\langle \Psi_0| \sum_{j=1}^{N} \exp(iK \cdot r_j)|\Psi_n\rangle|^2 \cdot \frac{\delta(E_n - E)}{K^2} \quad \text{für Ionisationen,}$$

dabei ist $E$ der Energieverlust des Strahlelektrons, $\Psi_0$ und $\Psi_n$ beschreiben die elektronischen Wellenfunktionen vor und nach dem Anregungsprozess, $r_j$ ist der Ortsvektor des $j$-ten Elektrons gemessen vom Schwerpunkt des Moleküls und die Dirac'sche Delta-Funktion beschränkt die Integration auf die Zustände im Kontinuum des Ions, welche durch die Primärenergie erreicht werden können. Wenn $K$ den Grenzwert null erreicht, reduzieren sich die GOS zu

$$\lim_{K \to 0} f(K, E_n) = E_n |\langle \Psi_0| \sum_{i=1}^{N} z_i |\Psi_n\rangle|^2 = f_n$$

und

$$\lim_{K \to 0} \frac{df(K, E)}{dE} = \sum_{n} E_n |\langle \Psi_0| \sum_{j=1}^{N} z_i |\Psi_n\rangle|^2 \cdot \delta(E_n - E) = \frac{df}{dE},$$

wobei $f_n$ und $df/dE$ die optischen Oszillatorstärken sind. Damit ist die Verbindung zwischen Elektronenstoßanregung und Photonenabsorption hergestellt. Diesen Zusammenhang kann man auch intuitiv erfassen. Bei der Streuung in kleinste Winkel durchqueren die Elektronen das Molekül in großen Stoßabständen. Die Ladungsdichte sieht nur das sich zeitlich verändernde Coulomb-Feld, unter dessen Einfluss, wie beim Photon, der Energieübertrag zur Anregung führt.

Zwei besondere Eigenschaften der GOS zeigen die zentrale Position, welche ihre Messungen einnehmen. Die erste ist das nullte Moment, es ist gegeben durch

$$\sum_{n} f_n(K, E_n) + \int dE \frac{df(K, E)}{dE} = N;$$

bekannt ist es als *Bethe'sche Summenregel*. Sie gilt für alle konstanten $K$ (nicht Winkel) und bietet eine gute Möglichkeit, relative Messungen auf eine absolute Skala zu normieren.

Das zweite Moment erlaubt, folgende Relationen auszunutzen:

$$\sum_{n} \frac{f_n(K, E_n)}{E_n} + \int dE (f(K, E)/dE = \frac{S(K)}{K^2},$$

wobei $S(K)$ die inkohärenten Röntgenstreufaktoren sind, welche definiert sind durch

$$S(K) = N - \int dr \varrho(r) \int dr' \varrho(r') J_0(|K \cdot (r - r')|) + \sum \int dr P(r) j_0(Kr);$$

$P(r)$ ist die Elektronenpaarkorrelationsfunktion.

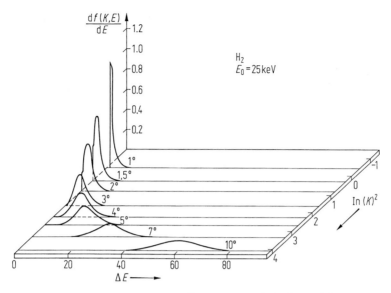

**Abb. 3.142** Bethe-Oberfläche für Wasserstoff, gemessen mit 25-keV-Elektronen. Der Energieverlust $\Delta E$ ist in atomaren Einheiten aufgetragen [50].

Wenn der inelastische Wirkungsquerschnitt über alle Winkel integriert wird, entsteht die Bethe-Oberfläche, wie sie in Abb. 3.142 gezeigt ist. Die Wahl der Darstellung wird klar, wenn folgende Relationen beachtet werden

$$\frac{d\sigma}{dE_n} = \int \frac{d^2\sigma}{dE_n d\Omega} = \frac{4k_n}{k} \int \frac{d\Omega f(K, E_n)}{K^2 E_n} = \frac{4\pi}{k^2 E_n} \int_{K_{\min}}^{K_{\max}} d(\lg K^2) f(K, E_n).$$

Mit der Kenntnis der Bethe-Oberfläche ist die Wellenfunktion des Grundzustandes im Impulsraum und damit jeder nichtdifferentielle Erwartungswert bestimmt. Für große Streuwinkel wird das Energieverlustspektrum proportional zum Röntgen-Compton-Profil, welches durch folgende Gleichungen definiert ist

$$\frac{d^2\sigma}{d\Omega dE_n} = \frac{2k_n}{kK^5} \cdot J(q)$$

mit

$$J(q) = 2\pi \int_q^\infty dp \cdot p \varrho(p)$$

und

$$q = \frac{E_n - K^2}{2K}.$$

Mehrere Methoden wurden in den letzten zehn Jahren vorgeschlagen, welche den Gültigkeitsbereich dieser Analyse über die erste Born'sche Näherung auszudehnen erlauben. Für große $q$-Werte werden die Austauscheffekte bemerkbar, weshalb weitere Modifikationen zur einfachen Theorie nötig sind.

Wenn nicht nur das ionisierende Primärelektron nach dem Stoßprozess energieaufgelöst nachgewiesen wird, sondern auch noch das ionisierte Elektron als Funktion von Energie und Winkel in Koinzidenz, dann wird ein vierfachdifferentieller Wirkungsquerschnitt gemessen, der mit folgender Gleichung berechnet werden kann:

$$\frac{d^4\sigma}{d\Omega_s dE_s d\Omega_{ej} dE_{ej}} = \frac{2k_s k_{ej}}{kK^4} \cdot \sum_n |\langle \varphi_n^{\text{ion}} \exp(i\mathbf{k}_{ej}\mathbf{r})| \sum_{k=1}^N \exp(i\mathbf{K} \cdot \mathbf{r}_k)|\psi_0\rangle|^2$$
$$\cdot \delta(E_0 + k_i^2 - k_s^2 - k_{ej}^2 - E_n^{\text{ion}}), \quad (3.121)$$

wobei beide Elektronen ($i$, $ej$) als ebene Wellen behandelt wurden. Wenn das Ion und der Grundzustand mit Hartree-Fock-Wellenfunktionen beschrieben werden, bleibt von der Summe über $k$ nur noch ein Glied übrig, das die orbitale Wellenfunktion des Grundzustandes mit derjenigen des erlaubten angeregten Zustandes des Ions verknüpft, so dass Gl. (3.121) sich, wie folgt, vereinfacht:

$$\frac{d^4\sigma}{d\Omega_s dE_s d\Omega_{ej} dE_{ej}} = \frac{2k_s k_{ej}}{kK^4} \cdot \sum_n |\langle \varphi_l | \varphi_n^{\text{ion}} \rangle|^2 |\Psi_l(q)|^2$$
$$\cdot \delta(E_0 - E_{nl}^{\text{ion}} + k_i^2 - k_{ej}^2 - k_s^2), \quad (3.122)$$

wobei $q = k_s + k_{ej} - k_i$ ist. Der Faktor $\langle \varphi_l | \varphi_n^{\text{ion}} \rangle$ wird oft *spektroskopischer Faktor* genannt; er bestimmt die Wahrscheinlichkeit, dass ein Elektron, das zu Beginn in einer Bahn $l$ ist, nach dem Stoß in einem angeregten ionischen Endzustand $n$ endet. $\Psi_l(q)$ beschreibt die Impulsverteilung der Elektronen mit Drehimpuls $l$ und die deshalb ein bestimmtes Orbital besetzen.

### 3.4.5.3 Experimentelle unelastische Wirkungsquerschnitte

Abb. 3.143 zeigt einen Vergleich von optischen und Elektronenstoß-Messungen der Oszillatorstärken von Methanol im Energiebereich von 6–16 eV. Die durchgezogene Linie repräsentiert die Stoßergebnisse, welche sehr gut mit den optischen Messungen

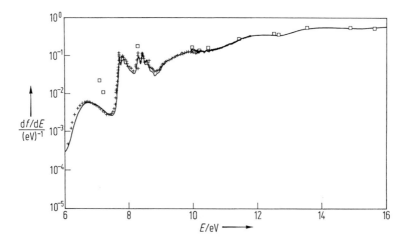

**Abb. 3.143** Vergleich von optischen und Elektronenstoß-Oszillatorstärken von Methanol. Die Elektronenstoßergebnisse sind durch die ausgezogene Linie dargestellt. Quadrate, Kreuze und volle Kreise geben die optischen Ergebnisse wieder [71].

3.4 Moleküle im angeregten elektronischen Zustand    609

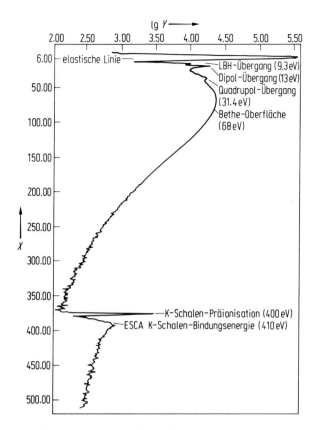

**Abb. 3.144** Elektronenverlustspektrum für $N_2$ mit 25-keV-Elektronen bei einem Streuwinkel von 3° (die Energieauflösung war 1.5 eV). $X$ ist eine Kanalnummer, welche den Energieverlust darstellt [71].

(Kreuze, Quadrate) übereinstimmen. Die etwas älteren optischen Messungen (Quadrate) hatten Schwierigkeiten bei den niedrigeren Energien. Ähnlich gute Übereinstimmung wurde für sehr viele Moleküle gefunden [68, 71].

Abb. 3.144 zeigt das Elektronenstoß-Verlustspektrum von $N_2$ über einen weiten Energiebereich. Bei kleinen Energieverlusten zeigen sich die gebundenen Zustände, gefolgt von der Bethe-Oberfläche der L-Elektronen. Bei 410 eV setzt die K-Schalenionisation ein, welche durch mehrere Präionisationslinien angekündigt wird. Abb. 3.145 zeigt einen Ausschnitt des $N_2$-Spektrums um 415 eV. Drei Bereiche sind nötig, um die physikalischen Prozesse zu ordnen. Im *Präionisationsgebiet* (I) wird ein K-Schalenelektron in einen angeregten Zustand des $N_2$-Moleküls gehoben. Diese Niveaus haben große Ähnlichkeit mit den Valenzzuständen von NO, da das K-Schalenloch kurzzeitig für die äußeren Elektronen wie die Addition einer Ladung zum Kern erscheint (siehe Abb. 3.145). Dieses Modell ist nur dann gültig, wenn beide Moleküle in ihren Strukturen sehr ähnlich sind. Der zweite Bereich (II) beginnt mit der ersten Ionisationsenergie $E_{i1}$ und erstreckt sich bis zu 30 eV (*Kössel-Region*). Die Strukturen im Spektrum können meist leicht mit Doppelanregungen (eine in

610    3 Moleküle – Spektroskopie und Strukturen

der K-Schale und eine der Valenzelektronen) erklärt werden. Diese Messungen sind von besonderem Interesse, da sie in reiner Form die Korrelationseffekte im Streuprozess demonstrieren. Der dritte Bereich heißt *Krönig-Region*. In diesem Energieband von etwa 500 eV Breite wurde eine Reihe von breiten Ondulationen gefunden,

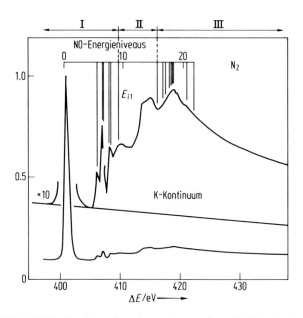

**Abb. 3.145** K-Schalen-Energieverlustspektrum (in rel. Einheiten) von $N_2$. Die analogen NO-Niveaus sind oben angedeutet. $E_{i1}$ ist die erste Ionisationsenergie [96].

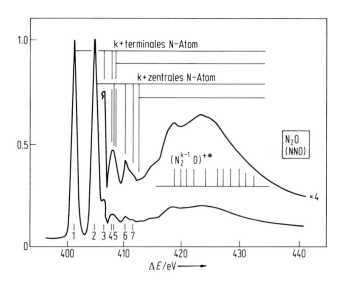

**Abb. 3.146** K-Schalen-Energieverlustspektrum von $N_2O$ (in rel. Einheiten) [97].

welche im nächsten Abschnitt ausführlicher erklärt werden sollen. Abb. 3.146 zeigt eine besonders interessante Anwendung der Anregung von tief liegenden Energieniveaus an dem Molekül $N_2O$.

Je nachdem von welchem N-Atom das K-Schalenelektron entfernt wird, bilden sich wegen der unterschiedlichen chemischen Umgebung der zwei N-Atome verschiedene Valenzniveaus. Die Verschiebung der Präionisationslinien ist groß und kann gemessen werden, und sie kann über Vergleichstabellen zur Analyse herangezogen werden. Diese Spektren sind meist einfach zu interpretieren, da sowohl der Anfangs- als auch der Endzustand bekannt sind (ESCA = **E**lectron **S**pectroscopy for **C**hemical **A**nalysis).

Als letztes Beispiel sollen Ergebnisse eines unelastischen Streuexperiments beschrieben werden, in dem nach einem Ionisationsprozess beide Elektronen energie- und winkelaufgelöst nachgewiesen wurden. Durch die Deltafunktion in Gl. (3.122) wird sichergestellt, dass nur Elektronen aus einer bestimmten Schale nachgewiesen werden. Abb. 3.147 zeigt gemessene und berechnete Impulsverteilungen der Valenzelektronen von $Cl_2$ [98]. Die drei theoretischen Ergebnisse unterscheiden sich im Anteil der Polarisationsfunktionen, die in den Hartree-Fock-Berechnungen berücksichtigt wurden. Alle Messungen sind an die Theorien bei 0.53 atomaren Einheiten für den übertragenen Impuls und den $2\pi_n$-Ergebnissen angepasst.

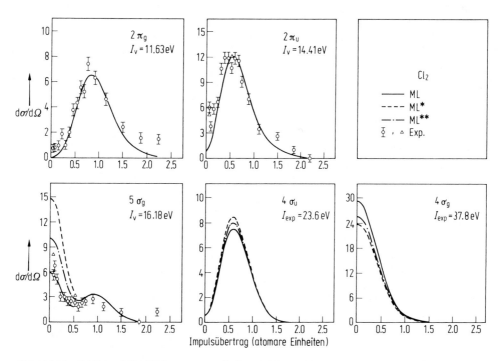

**Abb. 3.147** Differentielle Wirkungsquerschnitte $d\sigma/d\Omega$ (willkürliche Einheiten) von $Cl_2$. Elektronenschalenselektion wurden durch Koinzidenzen der zwei energieaufgelösten Elektronen erreicht. ML, ML* und ML** sind theoretische Ergebnisse mit unterschiedlicher Erfassung der Landungswolkenpolarisation [98].

### 3.4.5.4 EXAFS (Extended X-Ray Absorption Fine Structure)

Im Krönig-Bereich des unelastischen Elektronenspektrums und im Absorptionsspektrum von Röntgenphotonen an der K-Kante wurden für viele Moleküle langwellige Ondulationen gefunden. Diese Strukturen sind einfach zu erklären und ihre Analyse erweist sich als eine einmalige Gelegenheit, die chemische Umgebung eines spezifischen Atoms isoliert zu untersuchen. Wenn die Anregungsenergie die Ionisationsgrenze einer charakteristischen Schale etwas überschreitet, dann wird ein Elektron mit sehr kleiner kinetischer Energie in der Umgebung des Kernes freigesetzt. In vielen Fällen präsentiert sich die unmittelbare Umgebung als ein Potentialkäfig, in dem das Elektron einen Eigenzustand finden muss, aus dem es später in das Material diffundiert. Ist die Resonanzbedingung nicht erfüllt, kehrt das Elektron in das K-Schalenloch zurück und gibt ein Photon kohärent an den Strahl zurück. Die Strukturen nach der Ionisationskante reflektieren somit das Termniveauspektrum, welches in der Nachbarschaft des zu ionisierenden Atoms existiert [99]. Die Strukturen sind umso ausgeprägter, je höher der Symmetriegrad der Umgebung ist. Um den Zusammenhang zwischen den Eigenzuständen des Potentialtopfes und der geometrischen Anordnung zu verstehen, muss man beachten, dass diese Zustände stehenden Wellen der niederenergetischen Elektronen entsprechen. Die Resonanzen sind nicht einfach zu berechnen, da die Elektronenwelle beim Rückstreuprozess eine Phasenverschiebung erfährt. Von der Röntgenstreuung an Kristallen weiß man, dass eine Bragg-Reflektion gebildet wird, wenn der Impulsübertrag mit den Bloch-Wellen resonant ist. Diese werden als Fourier-Komponenten in den Streuraum übertragen. Analoges gilt hier, wobei die Absorptionskoeffizienten $\chi(x)$ durch

$$\chi(x) = -\frac{1}{x} \sum_i \frac{f_i(x) \exp(-\sigma_i^2 x^2 - 2\mu r_i)}{r_i^2} \cdot \sin[2xr_i + \alpha_i(x)] \qquad (3.123)$$

mit $x = (ZmE)^{1/2}/h$ gegeben sind; $E$ und $m$ sind die Energie und Masse des Photoelektrons [100]. Die Summe erstreckt sich über alle benachbarten Atome, wobei die Anzahl der Nachbarn direkt der totalen Intensität entnommen werden kann. $f_i(x)$ ist die Rückstreuwahrscheinlichkeit vom Atom $i$ mit dem Abstand $r_i$. $\sigma_i^2$ berücksichtigt die relative Bewegung zwischen dem Zentralatom und dem Nachbarn $i$, während $\mu$ die unelastischen Streuprozesse beschreibt. Die Sinus-Funktion ergibt sich aus der kohärenten Überlagerung aller Streuamplituden. Analog zur Elektronenstreuung bei höheren Energien werden die freien Parameter $r_i$, $\alpha_i$, $\sigma_i$ durch die Methode der kleinsten Fehlerquadrate zwischen den Daten und Gl. (3.123) bestimmt [101, 102]. Obwohl die EXAFS-Ergebnisse nicht ganz die Präzision der anderen Strukturmethoden erreicht haben, ist diese Methode durch ihre Fähigkeit, die Analyse auf ein bestimmtes Atom zu konzentrieren, einmalig. Für viele große metallorganische Verbindungen oder für Katalysatoren und Legierungen ist EXAFS die beste Methode, relativ schnell die Umgebung eines charakteristischen Atoms zu bestimmen. Um EXAFS mit Elektronenstreuung durchzuführen, muss das Molekül in der Gasphase vorliegen, da Mehrfachstreuprozesse in einer Folie alle Strukturen stark verfälschen würden. Die Messmethode soll beispielhaft an dem Molekül demonstriert werden, dessen Strukturformel in Abb. 3.148a dargestellt ist. Das Röntgenabsorptionsspektrum des Kristalls ist in Abb. 3.148b wiedergegeben. Der atomare Beitrag wurde herausdividiert und der mit $x^3$ multiplizierte Quotient ist in Abb. 3.148c gezeigt. Es ist üblich, das störende Rauschen durch Hochfrequenzfilter zu eliminieren, um eine glatte Kurve für die Fourier-Analyse zu erhalten. Abb. 3.148d zeigt als Endprodukt die nukleare Paarverteilungsfunktion, von der die inneratomaren Abstände direkt abgelesen werden können. Ferner repräsentiert die Fläche unter einer Linie die Anzahl der Nachbaratome. Die Halbwertsbreite gibt Hinweise auf die Phononenbewegung. Die gemessenen Werte für die Abstände Co–C, Co–P und Co–Co stimmen sehr gut mit früheren Röntgenergebnissen überein (auf ± 0.0015 nm). In Ref. [101] werden die Änderungen der Abstände in dieser Verbindung angegeben, die entstehen, wenn das Molekül in einer Lösung oxidiert wird

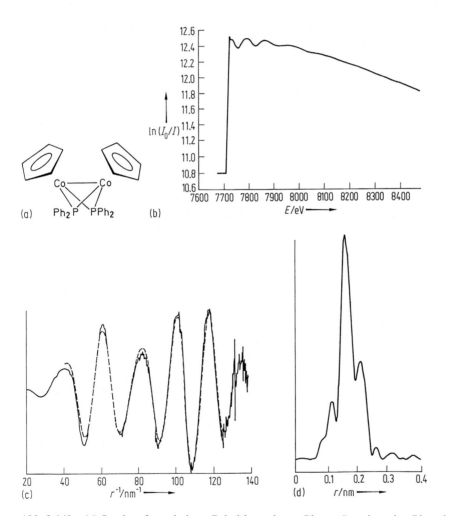

**Abb. 3.148** (a) Strukturformel eines Cobaltkomplexes, Ph repräsentiert eine Phenylgruppe. (b) Absorptionsspektrum (Co-K-Kante), (c) EXAFS-Signal $x^3 \cdot \chi(x)$; die gestrichelte Linie repräsentiert eine geglättete Messkurve. (d) Fourier-transformierte Daten zur Ermittlung der Kernabstände [101].

und als Kation vorliegt. Vergleiche mit anderen Strukturmethoden sind nun nicht mehr möglich. In solchen Messreihen können die Phasenfaktoren von Molekül zu Molekül übertragen werden und die Korrelationen von Strukturparametern können deshalb mit viel höherer Genauigkeit ermittelt werden.

Die EXAFS-Messmethode bietet viele interessante Möglichkeiten. Bisher wurden nur Absorptionsspektren in Vorwärtsrichtung ausgewertet. Wesentlich mehr Informationen sind zu erwarten, wenn die Winkelverteilungen und die Strukturen der verschiedenen Kanten in schwereren Atomen ausgewertet werden können. Dies gilt ganz besonders, wenn anisotrope Medien, wie Kristalle, untersucht werden.

## 3.5 Moleküle von physikalischem Interesse – Beispiele

### 3.5.1 Myonische Moleküle: $(dt\mu)de_2$

#### 3.5.1.1 Myonischer Wasserstoff

Das Bohr'sche Modell und die Quantenmechanik ergeben für die Elektronenbahn des Wasserstoffs im Grundzustand ($n = 1$) einen Radius

$$r = \frac{n^2 h^2}{4\pi^2 k e^2 m} \cdot Z = 0.0529 \text{ nm},$$

für $h = 6.63 \cdot 10^{-34}$ Js, $k = 9 \cdot 10^9$ Nm²/C², $e = 1.6 \cdot 10^{-19}$ C und $m = 9.11 \cdot 10^{-31}$ kg. Die gleiche Formel ergibt $r = 0.00026$ nm, wenn das Elektron durch ein Myon ersetzt wird, dessen Masse 206.8-mal größer ist als die Elektronenmasse und dieselbe Ladung besitzt. Das starke Coulomb-Feld in der Nähe des Kernes führt zur starken Erhöhung der Bindungsenergie. Im Elektronenwasserstoff ist die Bindungsenergie 13.6 eV; sie erhöht sich für die myonischen Wasserstoffisotope zu den Werten, welche in Tab. 3.25 (dritte Spalte) angegeben sind.

Auch die Hyperfeinstrukturaufspaltung $\Delta E^{hfs}$ nimmt ungewöhnlich hohe Werte an, wie man aus der Tabelle entnehmen kann. Der Grund, warum man diese Substanzen nicht kaufen kann, liegt in der Lebensdauer des Myons. Sie ist nur $2.20 \cdot 10^{-6}$ s (im Schwerpunktsystem). Das Myon zerfällt nach

$$\mu = e + \bar{v}_e + v_\mu.$$

Wenn ein Myonenwasserstoff mit einem Elektronenwasserstoff zusammenstößt, wird ein myonisches Molekülion gebildet, dessen Bindungsenergie 253.0 eV ist, nach-

**Tab. 3.25** Bindungsenergien eines myonischen Wasserstoffs M$\mu$ [103].

| $M$ | $M/m_e$ | $-E_{1s}$/eV | $\Delta E$/eV | $\Delta E^{hfs}$ eV |
|---|---|---|---|---|
| $\mu$ | 206.769 | | | |
| p | 1836.152 | 2528.437 | $\Delta E_{pd} = 134.705$ | 0.183 |
| d | 3670.481 | 2663.142 | $\Delta E_{pt} = 182.745$ | 0.049 |
| t | 5496.918 | 2711.182 | $\Delta E_{dt} = 48.040$ | 0.241 |

## 3.5 Moleküle von physikalischem Interesse – Beispiele

**Tab. 3.26** Bindungsenergien in eV für die stabilen Schwingungs- und Rotationszustände der Molekülionen, die mit p, d, t und μ gebildet werden können [104].

| Rotationsquantenzahl | $J=0$ | | $J=1$ | | $J=2$ | $J=3$ |
|---|---|---|---|---|---|---|
| Vibrationszustand | $v=0$ | $v=1$ | $v=0$ | $v=1$ | $v=0$ | $v=0$ |
| ppμ | 253.0 | – | 105.6 | – | – | – |
| pdμ | 221.5 | – | 96.3 | – | – | – |
| ptμ | 213.3 | – | 97.5 | – | – | – |
| ddμ | 325.0 | 35.6 | 226.3 | 2.0 | 85.6 | – |
| dtμ | 319.1 | 34.7 | 232.2 | 0.9 | 102.3 | – |
| ttμ | 362.9 | 83.7 | 288.9 | 44.9 | 172.0 | 47.7 |

dem ein Elektron durch einen Auger-Prozess abgestoßen wurde und die überschüssige Energie entfernt hat. Der kleine Bohr'sche Radius des gebundenen Myons bewirkt eine hohe Abschirmung des Coulomb-Feldes des Protons. Daher kann ein myonisches Molekül gebildet werden, dessen molekularer Abstand nur $0.0776/207 = 3.75 \cdot 10^{-4}$ nm beträgt. Diese Dimension kann mit den Kernradien des Protons und Deuteriums verglichen werden. Die starke Lokalisierung des Myons hat einige ungewöhnliche Konsequenzen. Tab. 3.26 gibt *alle* Schwingungs- und Rotationszustände für die Molekülionen an, welche mit p, d, t und μ gebildet werden können und stabil sind.

Im Hinblick auf die myonenkatalysierte Fusion ist es wichtig zu erkennen, dass diese Moleküle zwei relativ schwach gebundene Zustände haben, die resonant mit Elektronenwasserstoff-Molekülen wechselwirken können. Diese Zustände gehen durch erlaubte Übergänge innerhalb von nur $10^{-10}$ Sekunden in ihre jeweiligen Grundzustände über. Da keine freien Atome zur Verfügung stehen, bildet sich das neue Molekül dtμ innerhalb eines $D_2$- (oder $H_2$-) Moleküls. Abb. 3.149 zeigt die Formation des Moleküls $(dt\mu)de_2$ gemäß

$$t\mu + d_2 e_2 \rightarrow [(dt\mu)de_2]^* .$$

(Der * deutet an, dass dieses Molekül sich in einem angeregten Zustand befindet.)

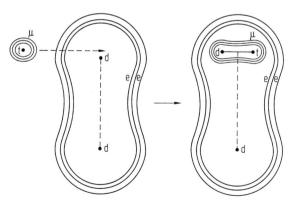

**Abb. 3.149** Bildung des myonischen Moleküls [(dtμ) de$_2$] [105].

Dieses exotische Molekül existiert auch, wenn t durch d oder p ersetzt wird. Der angeregte Zustand des myonischen Moleküls kann für die Kombinationen dtμ und ddμ wegen der Energieanpassung nur im Zustand $J = 1, v = 1$ sein. Die berechneten und gemessenen Reaktionsraten $\lambda$ (Tab. 3.27) für mehrere myonische Moleküle stimmen gut überein.

Die hohe Reaktionsrate für die Bildung des dtμ-Ions hat die Möglichkeit eröffnet, myonenkatalisierte Fusion technisch zu realisieren. Wenn die Wellenfunktionen der Kerne überlappen, können die nuklearen Teilchen tunneln und eine Fusion einleiten. Während die Tunnelrate $10^{-73}\,\text{s}^{-1}$ für ein Deuteriummolekül ist, würde sie auf $10^{-22}\,\text{s}^{-1}$ erhöht werden, wenn man den Bindungsabstand um einen Faktor drei verkleinern könnte. Bei den extrem kurzen Abständen von dtμ wird die Tunnelrate auf $10^{12}\,\text{s}^{-1}$ getrieben. Die Fusionsreaktionen und die freigesetzte Energie sowie die Rückstoßenergien für mehrere Kombinationen von p, d und t sind in Tab. 3.28 aufgeführt.

**Tab. 3.27** Reaktionsraten $\lambda$ für die Bildung von myonischen Molekülen.

| Partner | $\lambda/\text{s}$ |
|---|---|
| ppμ | $22 \cdot 10^6$ |
| pdμ | $5.9 \cdot 10^6$ |
| ddμ | $3 \cdot 10^6$ |
| ttμ | $3 \cdot 10^6$ |
| dtμ | $2.8 \cdot 10^8$ |

**Tab. 3.28** Erzeugte Energie und Rückstoßenergie bei Fusionsreaktionen.

| Fusionsreaktionen | | $E$ | Rückstoßenergie |
|---|---|---|---|
| $p + p \to d + e^+ + \nu$ | | 2.2 MeV | – |
| $p + d \to {}^3\text{He} + \gamma$ | | 5.4 MeV | – |
| | t + p (50 %) | 4 MeV | – |
| $d + d \to {}^3\text{He} + n$ (50 %) | | 3.3 MeV | $0.27\,\text{MeV}\,\left(\dfrac{1}{12}E\right)$ |
| | ${}^4\text{He} + \gamma\,(\approx 0\,\%)$ | 24 MeV | – |
| $d + t \to {}^4\text{He} + n$ | | 17.6 MeV | $0.88\,\text{MeV}\,\left(\dfrac{1}{20}E\right)$ |
| $p + t \to {}^4\text{He} + \gamma$ | | 20 MeV | – |
| $t + t \to {}^4\text{He} + n + n$ | | 10 MeV | – |

### 3.5.1.2 Myonenkatalisierte Fusion

In Abb. 3.150 ist der Ablauf aller möglichen Reaktionen dargestellt, die sich ereignen, wenn Myonen in einer Mischung von $D_2$ und $T_2$ bei hohem Druck oder in flüssiger Form thermalisiert werden; $c_i$ sind die Konzentrationen der anwesenden Atome $i$,

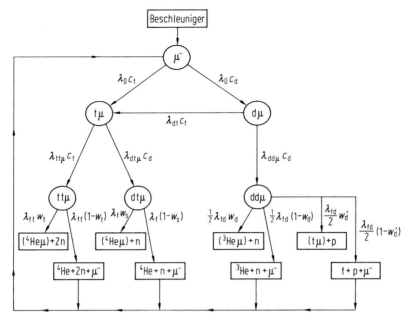

**Abb. 3.150** Reaktionswege und Reaktionsraten von energetischen Myonen während ihrer Thermalisierung in einer Mischung von $D_2$ und $T_2$.

$\lambda_i$ sind die Raten, mit denen die Prozesse ablaufen und $\omega_i$ beschreibt für ein Myon die Wahrscheinlichkeit, aus dem Zyklus auszuscheiden. Analog gibt $1 - \omega_i$ den Wert für einen neuen Prozess zur Verfügung zu stehen. Ein Myon geht verloren, wenn es entweder zerfällt oder von einem He-Ion gebunden wird. Diese Serie von Reaktionen ist dadurch besonders interessant geworden, weil Neutronen mit hoher kinetischer Energie durch die Kernfusion erzeugt werden. Wenn alle Reaktionsraten hoch genug sind, um diesen Zyklus mehrere tausendmal während der natürlichen Lebensdauer des freien Myons zu durchlaufen, dann ist die Summe aller frei gewordenen Energien größer als die für die Erzeugung der Myonen sowie die Herstellung und Aufrechterhaltung des Targets aufgewandte Energie. Damit ist die Bedingung für den profitablen Betrieb eines Kraftwerkes erfüllt. Im Folgenden sollen die kritischen Prozesse besonders diskutiert und ein Überblick über den derzeitigen Stand dieser Forschung gegeben werden [104].

Negative Myonen werden beim Zerfall von $\pi^-$-Mesonen gebildet, welche selbst durch Kern-Kern-Stöße erzeugt werden. Die höchste Ausbeute für Myonen wird erreicht, wenn 5 GeV pro $\pi^-$-Meson zur Verfügung stehen. Jede dt-Fusion erzeugt ein Neutron mit 17.6 MeV, so dass etwa 300 Prozesse nötig sind, um die Energiebedingung (break even) zu erfüllen. Die Myonen werden in einem flüssigen Target (Dichte $n = 4.25 \cdot 10^{22}\,\mathrm{cm^{-3}}$) thermalisiert und von den d- oder t-Kernen innerhalb von $4 \cdot 10^{-12}\,\mathrm{s}$ eingefangen. Wenn ein dµ-Atom mit t zusammenstößt, wird d frei und tµ bildet sich, da dessen Bindungsenergie um 48 eV größer ist. Diese Reaktionsrate ist $2 \cdot 10^{-8}\,\mathrm{s^{-1}}$. Sowohl dµ als auch tµ bilden ein myonisches Molekül, wie Abb. 3.149 zeigt, bei Stößen mit $d_2$, $t_2$ oder dt. Die Rate für die Bildung eines ho-

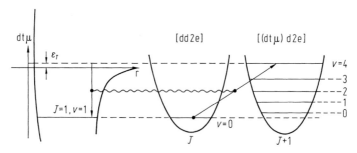

**Abb. 3.151** Resonanzmodell für die Bildung des myonischen Moleküls [(dtμ) de$_2$] [106].

monuklearen myonischen Moleküls ist etwa $3 \cdot 10^{-6} \, \text{s}^{-1}$, während die Rate für [(dtμ)de$_2$] größer als $10^{-8} \, \text{s}^{-1}$ ist. Die myonische Fusion hängt kritisch von der Größe dieses Wertes ab. Dieser entsteht durch eine Resonanzbedingung, welche sich zufällig ergibt, wenn ein tμ-Atom in ein d$_2$ eindringt und mit einem Deuteriumkern reagiert und das dtμ-Molekül im Zustand $J = 1, v = 1$ bildet (Abb. 3.149). Die freiwerdende Energie von 0.9 eV plus die thermische Stoßenergie $\varepsilon_T$ sind gerade gleich dem Energieunterschied von d$_2$ mit $v = 0$ und $J$ und [(dtμ)de$_2$] mit $v = 4$ und $J + 1$. Dieser resonante Energieübertrag ist in Abb. 3.151 gezeigt. Die Gültigkeit der Resonanz und ihr Einfluss auf die Rate der Bildung des myonischen Moleküls wurde durch die zu erwartende Temperaturabhängigkeit experimentell bestätigt. Diese Resonanz existiert nicht für ttμ. Neutronenflussmessungen aber zeigen ein kurzzeitiges Maximum, welches auf einen zweiten Kanal für die Bildung des myonischen Moleküls hindeutet. Wenn man annimmt, dass das tμ-Atom während des Thermalisierungsprozesses in einem von mehreren angeregten Zuständen (insbesondere $n = 3$ und 4) verweilt, dann kann durch einen p-Wellen-Streuprozess das tμ direkt in das d$_2$-Molekül eingebaut werden. Näherungsrechnungen können nicht nur das Neutronenmaximum reproduzieren, sondern sie machen den direkten Ein-

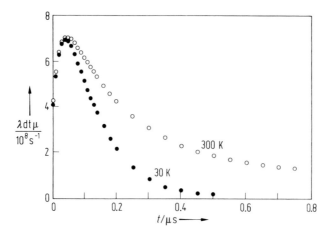

**Abb. 3.152** Zeit- und Temperaturabhängigkeit des Neutronenflusses in d$_2$/t$_2$ [104].

fang zum dominierenden Mechanismus zur Bildung von (dtμ)de$_2$, ohne die Notwendigkeit eines Dipolübergangs in dtμ und der Absorption des Photons für einen Rotationsübergang im myonischen Molekül. Da auch im direkten Prozess die Energie resonant sein muss, bleibt die starke Temperaturabhängigkeit der Myonenzyklen erhalten (Abb. 3.152).

Wenn das dtμ-Molekül, eingebettet in [(dtμ)de$_2$], seinen Grundzustand erreicht, kommen die zwei Kerne so nahe zusammen, dass ihre Kernwellenfunktionen in den Flanken überlagern und den Coulomb-Wall durchtunneln. Die mittlere Fusionszeit beträgt $10^{-12}$ s. Dabei wird ein α-Teilchen, ein Neutron (17.6 MeV) und das Myon frei, welches erneut einen Fusionszyklus einleiten kann. Abb. 3.153 gibt einen schematischen Überblick über den Reaktionsablauf und die charakteristischen Zeiten.

Für viele Jahre wurde der myonischen Fusion nur akademisches Interesse entgegengebracht, da Rechnungen zeigten, dass das α-Teilchen schnell ein freies Myon einfängt und das myonische He-Ion $(\alpha\mu)^+$ bildet. Dieser Verlust wäre zu groß, um tausend Zyklen pro Myon zu ermöglichen. Neuere Messungen zeigen jedoch, dass die Energieabhängigkeit des Myoneneinfangs falsch eingeschätzt wurde und die Chancen des Myons, katalytisch weiter zu reagieren, wesentlich größer sind. Abb. 3.154 zeigt zwei Messreihen für 50/50 % d$_2$/t$_2$ (Punkte) und 70/30 % (Dreiecke) für den Myoneneinfang als Funktion der Targetdichte, welche durch die Temperatur kontrolliert wurde. Die 50/50 % Messungen führten zu den in Abb. 3.155 aufgetragenen mittleren Fusionen pro eingeschossenem Myon. Auch die 1981 von der Theorie hervorgesagten Werte sind in Abb. 3.155 eingezeichnet.

Um den myonenkatalisierten Fusionsprozess technisch ausnutzen zu können, müssen mindestens tausend Fusionszyklen pro Myon erreicht werden. Die Steigerung der Ausbeute in Abb. 3.155 zeigt, dass höhere Dichten erzeugt werden müssen; dies berechtigt zur Fortsetzung dieser Forschung. In Anbetracht der Radioaktivität

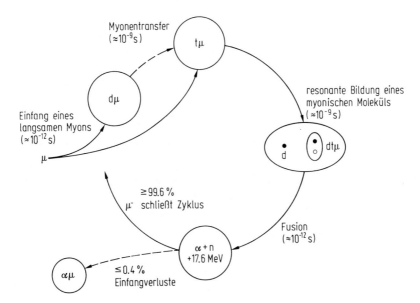

**Abb. 3.153** Der myonische Fusionszyklus.

620    3 Moleküle – Spektroskopie und Strukturen

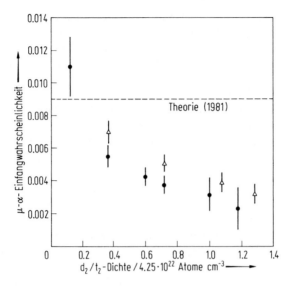

**Abb. 3.154** Einfangwahrscheinlichkeit eines Myons durch $He^{++}$ in einer Mischung aus flüssigem $d_2$ und $t_2$ als Funktion der $d_2/t_2$-Teilchendichte. Punkte stellen die Ergebnisse einer 50/50%-Mischung von $D_2/T_2$ dar, die Dreiecke beziehen sich auf eine 70/30%-Mischung [106].

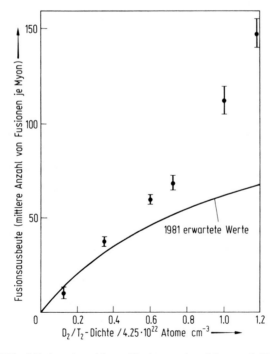

**Abb. 3.155** Mittlere Anzahl von Fusionen eines Myons als Funktion der Targetdichte [106].

von T$_2$ werden solche Experimente mit größter Sorgfalt durchgeführt. Zur Zeit gibt es nur zwei Laboratorien in der Welt, welche für diese Untersuchungen finanziell unterstützt werden. Dieser radioaktive, myonische Reaktionsprozess wird in letzter Zeit in den Hintergrund gedrängt durch die direkte Fusion zweier Deuterium-Kerne in Plasmen von Deuterium-Clustern [107], bestrahlt mit Femtosekunden-Laserpulsen höchster Energiedichte. Aber es ist auch möglich, dass gerade diese Plasmen dazu dienen können, als „wake field accelerators" Pionen und somit Myonen billiger herzustellen [108].

### 3.5.2 Die metallische Mehrfachbindung von Übergangsmetallen

#### 3.5.2.1 Einleitung und Überblick

Zwischen 1963 und 1965 wurde durch eine Reihe von genauen Röntgenstrukturanalysen ein neuer Zweig der Chemie eröffnet, mit der Metall-Metall-Bindung als zentralem Thema. Heute ist unbestritten, dass in vielen dieser Moleküle bis zu vierfache Bindungen zwischen den Atomen der Übergangsmetalle gebildet werden. Diese Entwicklung ist bemerkenswert, da heute rückblickend anerkannt werden muss, dass das erste Molekül mit einer vierfachen Bindung bereits 1844 von Peligot hergestellt wurde. Nur durch die stetige Verbesserung der Röntgenkristallographie und der Massenspektroskopie war es möglich, die Strukturen dieser komplexen Moleküle

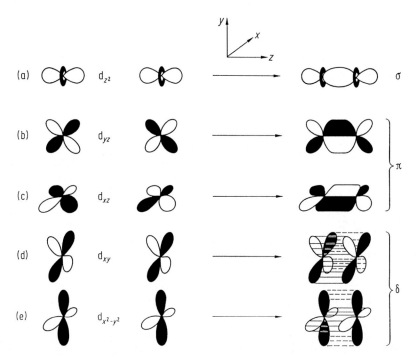

**Abb. 3.156** Fünf Überlappungsmöglichkeiten zwischen zwei d-Orbitalen von Übergangsmetallatomen [109].

zu entschlüsseln. Diese Entwicklung ist besonders bedeutend für das Verständnis der Bindung von Metallionen in biologisch aktiven Molekülen sowie für die spektralen Eigenschaften vieler Farbstoffe und den Ablauf katalytischer Prozesse.

Dieser neue Zweig der Vielzentrenmetallchemie verdankt seine Existenz auch den dramatischen Verbesserungen der physikalischen Messmethoden wie NMR-, RRS-, PES- und IR-Spektroskopie. Nachdem diese Techniken allgemein zur Verfügung standen, konnten die Präparationsmethoden systematisch verbessert werden, bis ausreichende Mengen ultrareinen Materials zur Züchtung von Kristallen synthetisiert werden konnten, die groß genug waren, um auch bei der Neutronenbeugung eingesetzt zu werden. Selbst die besten Messergebnisse waren jedoch nicht ausreichend, ein kohärentes Bild von dieser Molekülfamilie zu entwerfen. Vielmehr bedurfte es kreativer chemischer Intuition, bis die Rolle der Bindungselektronen aufgeklärt war. Bei den Übergangsmetallen machen vor allem die d-Elektronen ungewohnte Schwierigkeiten. Abb. 3.156 zeigt fünf mögliche Anordnungen zweier d-Orbitale, deren Überlagerung von null verschieden ist.

Die Besetzung dieser Orbitale wird dann durch NMR-, PES- und RRS-, sowie Suszeptibilitätsmessungen erforscht. Die positive Überlagerung der zwei $d_{z^2}$-Orbitale führt zu einem stark bindenden $\sigma$-Zustand, während die negative Kombination zu einem bindungslockernden $\sigma^*$-Term führt. Die $d_{xy}$- und $d_{xz}$-Orbitale bilden zwei äquivalente, aber orthogonale $\pi$-Bindungen. Auch sie können phasenverschoben zwei bindungslockernde $\pi^*$-Zustände herstellen. Schließlich gibt es ein zweites bindendes Zustandspaar, das die $\delta$-Orbitale erzeugt, nämlich die positiv überlagernden Terme $d_{xy}$ und $d_{x^2-y^2}$. Auch hier ist die Bildung von $\delta^*$-Zuständen möglich. Da die Energie der Orbitale grob proportional zum Überlappungsintegral ist, kann folgende Hierarchie der Stabilität erwartet werden:

$$\sigma < \pi \ll \delta < \delta^* \ll \pi^* < \sigma^*.$$

Die Entartung für die Zustände $\pi$, $\pi^*$ und $\delta$, $\delta^*$ existiert nur für zweiatomige Moleküle. Wenn die $D_{\infty h}$-Symmetrie durch Liganden erniedrigt wird, verschwinden die Entartungen entweder teilweise (z. B. für $D_{4h}$) oder ganz. Der Unterschied zwischen den Orbitalen $d_{x^2-y^2}$ und $d_{xy}$ liegt nur in ihrer Orientierung. Die ersten sind direkt mit den Liganden gebunden und liegen deshalb in der Bindungsrichtung, die $d_{xy}$-Terme dagegen beschreiben die Elektronendichteverteilungen zwischen den Ligandenatomen. Das bedeutet, dass die $d_{xy}$-Orbitale vorwiegend mit den Ligandenelektronen $\sigma$-Bindungen bilden und an der Metall-Metall-Bindung nicht teilnehmen. Für eine Verbindung wie $[Re_2Cl_8]^{2-}$ (s. Abb. 3.157) hat das Rhenium-Atom sieben d-Elektronen, davon sind drei durch Oxydation verloren gegangen. So hat jedes der beiden Re(III)-Ionen vier Elektronen, die zur Bindung beitragen. Von diesen acht Elektronen gehen zwei in den tief liegenden $\sigma$-Zustand, vier in das doppelt entartete $\pi$-Niveau und die letzten zwei Elektronen füllen einen $\delta$-Term. Die gesamte Konfiguration ist $\sigma^2\pi^4\delta^2$. Alle vier Paare sind bindungsstärkende Kombinationen. Der Bindungsgrad ist nach der MO(molecular orbital)-Theorie gegeben durch

$$n = (n_b - n_a)/2,$$

wobei $n_a$ die Anzahl der Elektronen in den besetzten bindungslockernden Orbitalen ist und $n_b$ diejenige in bindenden Zuständen. Für $[Re_2Cl_8]^{2-}$ ist $n = 4$, es liegt also eine Vierfachbindung vor. Diese Zahl gibt uns einen sehr groben Maßstab für die

3.5 Moleküle von physikalischem Interesse – Beispiele    623

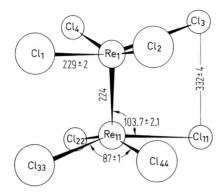

**Abb. 3.157** Struktur von $[Re_2Cl_8]^{2-}$-(Bindungslängen in pm, Winkel in Grad).

Bindungsenergie, da die drei Orbitale σ, π und δ sehr unterschiedlich dazu beitragen. Um den Bindungsgrad von vier auf drei zu reduzieren, braucht man nur zwei Elektronen zu entfernen (d. h. die δ-Orbitale bleiben leer) oder zwei Elektronen hinzu zu fügen (d. h. der Beitrag des δ-Orbitals wird von einem besetzten δ*-Orbital kompensiert). Mit der Reduktion der Bindungsenergie verlängert sich der Metall-Metall-Abstand. Die vierfache Bindung zeichnet sich gerade durch extrem kurze Abstände zwischen den Metallionen aus. Ferner bevorzugt die δ-Dichteverteilung eine deckungsgleiche Ausrichtung der Cl-Atome in den zwei Ebenen, um das Überlappungsintegral zu optimieren, wie in Abb. 3.158a für $[Re_2Cl_8]^{2-}$ gezeigt wird. Wenn die Liganden perfekt versetzt wären, würde der Beitrag der δ-Orbitale verschwinden und die abstoßende Energie der nichtgebundenen Substituenten die Ausrichtung bestimmen (Abb. 3.158b). Experimentell wird eine leichte Drehung der Cl-Kreuze gegeneinander gefunden, verursacht durch die Kombination der zwei opponierenden Kräfte. Abb. 3.158a,b zeigt die zwei reinen Orientierungen der Cl-Atome, sowie die Anordnungen der zwei $d_{xy}$-Orbitale. In Tab. 3.29 sind alle Übergangsmetalle

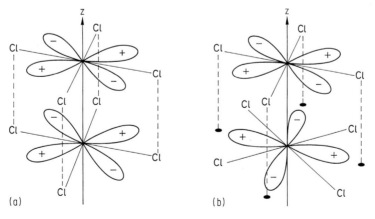

**Abb. 3.158** (a) Deckungsgleiche und (b) versetzte Orientierung der beiden $Cl_4$-Gruppen in $[Re_2Cl_8]^{2-}$ sowie die Anordnung der zwei $d_{xy}$-Orbitale der Re-Atome [109].

624   3 Moleküle – Spektroskopie und Strukturen

**Tab. 3.29** Bindungsmultiplizität $n$ von Übergangsmetalle, für die Metall-Metall-Mehrfachbindungen gefunden wurden.

| V | Cr | | | | |
|---|---|---|---|---|---|
| 3 | 4 | | | | |
| | Mo | Tc | Ru | Rh | |
| | 3, 3.5, 4 | 3.5*, 4 | 2*, 2.5*, 3* | 1* | |
| | W | Re | Os | | Pt |
| | 3, 3.5, 4 | 3, 3*, 3.5*, 4 | 3* | | 1* |

\* gemittelt über bindungslockernde Orbitale

aufgeführt, für die Mehrfachbindungen gefunden wurden, sowie deren Bindungsmultiplizität $n$. Die Zahlen mit Stern deuten an, dass die Bindungsenergie durch die Besetzung von bindungslockernden Orbitalen reduziert wurde.

Die meisten Metallvielfachverbindungen werden durch vier doppelt verankerte Brückenliganden (*dichelated ligands*, zweizähnige Liganden) erreicht. Abb. 3.159a zeigt ein charakteristisches Beispiel. Die Acetoxygruppe kann durch viele ähnliche Verbindungen ersetzt werden; die am meisten benutzten sind in Abb. 3.159b aufgeführt. R, R' sind Substituenten von H bis zu großen aromatischen Kohlenwasserstoffbrücken.

### 3.5.2.2 Der ultrakurze Cr–Cr-Abstand

Die Cr–Cr-Vielfachbindung hat die chemische Intuition, welche auf Hunderten von Metallkomplexen aufgebaut war, für viele Jahre in Frage gestellt. Nach den Röntgenstrukturanalysen von vielen Verbindungen, wie sie Abb. 3.159 zeigt, werden

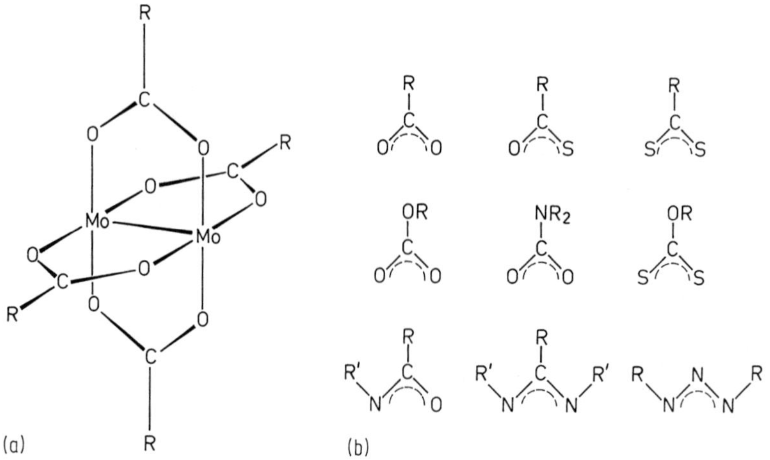

**Abb. 3.159** (a) Ein zweikerniger Molybdänkomplex mit vier Acetylgruppe als zweizähnige Liganden. (b) Zur Synthese von Metallkomplexen häufig benutzte zweizähnige Liganden (R, R¹ = H oder organischer Rest) [109].

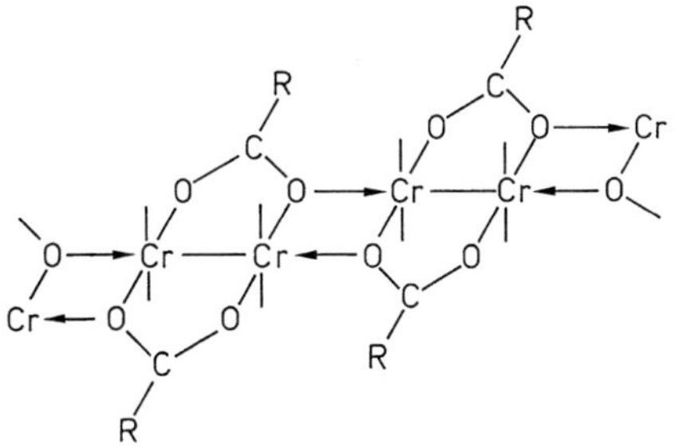

**Abb. 3.160** Anordnung der $[Cr_2(O_2CR)_4]$-Moleküle in einem Einkristall [110].

Cr–Cr-Abstände gefunden, welche von 0.2288 nm bis zu 0.2384 nm reichen. Diese Werte waren völlig unerwartet, da die analogen Mo-Moleküle im Mittel einen Abstand von nur 0.209 nm haben. Dieser große Cr–Cr-Abstand hieß, die δ-Orbitale und damit die postulierte Vierfachbindung in Frage zu stellen. Die Suche nach der Ursache führte zur Entdeckung einer ungewöhnlichen Anordnung der Moleküle im Einkristall. Sie ist in Abb. 3.160 wiedergegeben. Der Abstand zwischen den Cr-Atomen benachbarter Moleküle ist nur 0.35 nm. Der große Bereich von gemessenen intramolekularen Cr-Abständen ließ auf eine flache Potentialkurve schließen, die von äußeren Einflüssen leicht zu modifizieren war. Diese Hypothese wurde von theoretischen Ergebnissen unterstützt. In der Hartree-Fock-Näherung ist Cr nicht einmal gebunden. Wenn jedoch Korrelationeffekte in die Rechnung eingebaut werden, bildet sich ein flaches Minimum bei etwa 0.23 nm selbst in erster Näherung. Auch Versuche, Raman- oder Infrarotspektren der Kristalle aufzuzeichnen, waren im krassen Gegensatz zu den Mo-Verbindungen erfolglos. Zwar reproduzierten alle Messungen die lange Cr–Cr-Bindung, jedoch mangelte es am intuitiven Verständnis. So wurde die Vermutung laut, dass es sich hier um einen massiven Festkörpereffekt handelt, der durch die hohe Packung der Moleküle hervorgerufen wird. Die präparative Antwort war die Addition von sehr großen Liganden, welche stereochemisch die axiale Cr-Bindung beschützten und somit Nachbareinflüsse unterbanden. In der Tat, die Substitution von biphenyl-ähnlichen Liganden brachte mit 0.1847 nm den kürzesten Cr–Cr-Wert, der je registriert wurde. Jedoch war die Substitution verbunden mit starken Änderungen der Brückenatome, durch die die Ladungsdichte zwischen den Metallatomen genügend geändert wurde, um ähnliche Effekte auszulösen. Die endgültige Lösung des Problems brachten Strukturanalysen mittels hochenergetischer Elektronenbeugung in der Gasphase. Die Fourier-Transformation der kohärenten Streuverteilung ergab einen Cr–Cr-Abstand von 0.1966 nm, etwas länger als erwartet, aber kurz genug, um auch in den Cr-Komplexen die Vierfachbindung sicherzustellen und der chemischen Intuition zum Sieg zu helfen. Erste Versuche, das Cr-Molekül in eine Argonmatrix einzubauen und das Raman-Spektrum aufzuzeichnen, waren erfolgreich. Die Identifikation der Spektrallinien kann ebenfalls mittels eines Vergleiches mit den Streudaten erfolgen, letzte Klarheit sollen jedoch Isotopensubstitutionen bringen. Abschließend soll darauf hingewiesen werden, dass diesem scheinbaren Zusammenbruch der Intuition mehr als achtzig Verbindungen und über hundert Veröffentlichungen gewidmet wurden.

### 3.5.2.3 Die Photoelektronenspektren von Molekülen mit Metallvielfachbindungen

Alle auf geometrischen Strukturen basierenden Argumente sind nur indirekte Hinweise auf die Eigenzustände und deren Besetzung in solch großen Molekülen. Die atomare Näherung, die Kombinationen der Orbitale und die Besetzungsverteilungen berücksichtigen nur die Ausgangsposition und die Symmetrien im Molekül. Einen besseren Einblick in die elektronischen Strukturen und die Bildung von Bindungen gewinnt man durch ein Wechselspiel von numerischen Lösungen der Schrödinger-Gleichung mit immer raffinierteren Computeralgorithmen und Photoelektronenspektren mit guter Auflösung und gasförmigen Targets.

Erst zur Theorie: Es ist bis heute nicht möglich, für solch große Moleküle wie $Cr_2(O_2CH)_4$ Genauigkeiten für die Energieniveaus oder auch die Strukturen zu erzielen, wie sie für $H_2$, $N_2$ oder $CH_4$ erreicht werden. Wesentlich bescheidenere Lösungsansätze müssen hingenommen werden. Nur in ganz seltenen Fällen sind Hartree-Fock-Berechnungen durchgeführt worden, populär waren für eine Weile Lösungen, die mit der *SCF-Xα-SW-Methode* erzielt wurden. In dieser Methode wird ein Molekül in sphärische Atome zerlegt. Durch die Vielzentrenbeschreibung entsteht eine Streuwelle (SW), die sich im Molekül aufbaut. Xα beschreibt die Berechnung der Austauschenergie in der „freien Elektronengas"-Näherung. Nach der Wahl eines atomaren Orbitalsatzes werden die Eigenzustände im *selfconsistent field* (SCF) berechnet. Die notwendigen Programme sind leicht zu erhalten und können bereits mit einem Tischrechner ausgeführt werden. In der atomaren Beschreibung war der Grundzustand gegeben durch $\sigma^2\pi^4\delta^2$ für $Mo_2$(II) und $Cr_2$(II). Tab. 3.30 zeigt, wie die verschiedenen atomaren Orbitale zum Grundzustand beitragen, wenn eine massive SCF-HF-CI-Rechnung durchgeführt wird.

**Tab. 3.30** Atomare Orbitale für die Zusammensetzung des elektronischen Grundzustandes für $Mo_2$ und $Cr_2$ (SCF–HF–CI)* [109].

| Configuration | $Mo_2(O_2CH)_4$ | $Cr_2(O_2CH)_4$ |
|---|---|---|
| $\sigma^2\pi^4\delta^2$ | 0.817 (67%) | 0.398 (16%) |
| $\sigma^*\pi^4\delta^2$ | −0.185 (3%) | −0.223 (5%) |
| $\sigma^2\pi^2\pi^{*2}\delta^2$ | −0.235 (6%) | −0.318 (10%) |
| $\sigma^2\pi^4\delta^{*2}$ | −0.382 (15%) | −0.354 (13%) |
| $\sigma^{*2}\pi^{*2}\pi^2\delta^2$ | 0.053 | 0.178 (3%) |
| $\sigma^{*2}\pi^4\delta^{*2}$ | 0.087 (1%) | 0.199 (4%) |
| $\sigma^2\pi^{*4}\delta^2$ | 0.067 | 0.253 (6%) |
| $\sigma^2\pi^2\pi^{*2}\delta^{*2}$ | 0.110 (1%) | 0.283 (8%) |
| $\sigma^{*2}\pi^{*2}\pi^2\delta^{*2}$ | −0.025 | −0.159 (3%) |
| $\sigma^2\pi^{*4}\delta^{*2}$ | −0.032 | −0.226 (5%) |
| $\sigma^{*2}\pi^4\delta^2$ | −0.015 | −0.142 (2%) |
| $\sigma^{*2}\pi^{*4}\delta^{*2}$ | 0.007 | 0.127 (2%) |

* (SCF–HF–CI)* = self consistent field – Hartree-Fock – mit limited configuration interaction.

3.5 Moleküle von physikalischem Interesse – Beispiele    627

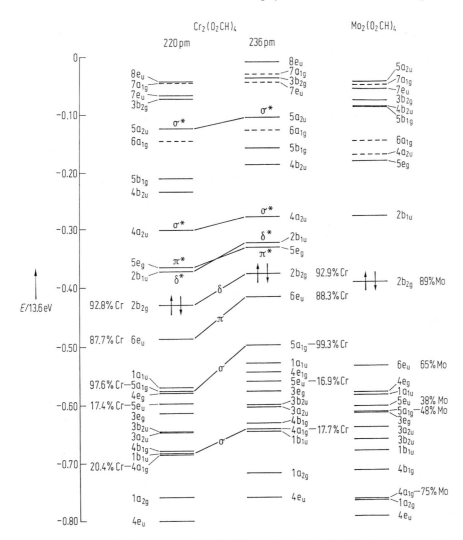

**Abb. 3.161** Energieschemata von $Cr_2(O_2CH)_4$ und von $Mo_2(O_2CH)_4$, berechnet mit der SCF-Xα-SW-Methode [109].

Aber auch diese Ergebnisse sind nur qualitativ richtig. Abb. 3.161 zeigt in der Xα-Näherung, wie stark die Energieniveaus von der Struktur der Moleküle abhängen. Leider sind jedoch die Röntgendaten, die bisher allen Berechnungen zugrunde lagen, nicht anwendbar, da ein freies, isoliertes Molekül berechnet wurde. In Abb. 3.161 sind nur die Zustände benannt, die direkt zur Vielfachbindung der Metalle beitragen. Alle anderen sind mit den Liganden selbst oder mit der Liganden-Metall-Bindung verknüpft. Die höchstbesetzten Zustände (HOMO = **H**ighest **O**ccupied **M**olecular **O**rbital) sind mit Pfeilpaaren angedeutet. Für die spektralen Charakteristiken sind die ersten leeren Orbitale verantwortlich (LUMO = **L**owest **U**noccupied **M**olecular **O**rbital). Ihre Symmetrien und Kopplungen zum Schwingungssystem des Molekülgerüstes werden meist mit RRS-Spektren erforscht. Die Bezeichnungen a, b und e charakterisieren die Symmetrien der Wellenfunktion und ihr Verhalten zu Spiegelungen (g, u), analog zu der früher eingeführten Nomenklatur der Schwingungsniveaus.

Unter idealen Bedingungen sollte es möglich sein, diese Energieniveaus durch Photoelektronenspektroskopie auszumessen. Ein Vergleich von Theorie und Messergebnissen ist besonders erfolgversprechend, da die Spektren den Unterschied zwischen Grundzustand und Eigenzustand des Ions messen. Wenn dieselbe Theorie für die Berechnung beider Eigenniveaus benutzt wird, heben sich bei der Differenzbildung viele Einflüsse der Näherungen heraus und die Charakteristiken des Übergangs erscheinen ausgeprägter. Leider scheuen viele Wissenschaftler davor zurück, die Theorie zweimal am Computer auszuwerten. Deshalb muss man ein Photon wählen, dessen Energie so hoch ist, dass der hochenergetische, strukturlose Endzustand des Ions erreicht wird. Dazu wird entweder Synchrotronstrahlung eingesetzt oder die VUV-Linien von He(I) (= 21.22 eV) und von He(II) (= 40.81 eV). Beide Linien sind notwendig, um sicherzustellen, dass keine Eigenschaften des Kontinuums des Ions die Intensitäten der Spektren verzerren. Abb. 3.162 zeigt das Spektrum von $Cr_2(O_2CCH_3)_4$ für beide He-Linien in der Gasphase. Das Maximum A wird der kombinierten Anregung von δ- und π-Zuständen zugeschrieben (aufgrund von SCF-Xα-SW-Berechnungen). Es ist sehr umstritten, ob die Struktur bei C nur die π-Ionisation oder auch Beiträge von den Liganden enthalten.

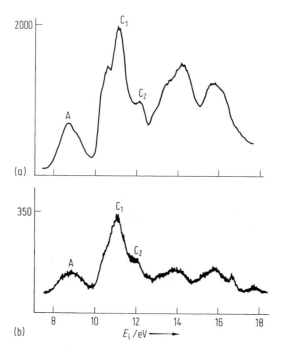

**Abb. 3.162** Photoelektronenspektrum von gasförmigem $Cr_2(O_2CCH_3)_4$, erzeugt mit der He(I)-Spektrallinie (a) und der He(II)-Linie (b). $E_i$ = Ionisationsenergie [109].

Es soll darauf hingewiesen werden, dass (e, 2e)-Messungen, wie sie im Abschnitt über unelastische Wirkungsquerschnitte beschrieben wurden, für solche Fragestellungen sehr viel geeigneter wären. Abb. 3.163 zeigt winkelaufgelöste Wirkungsquerschnitte für verschiedene Übergänge in einfachen Kohlenwasserstoffen; es ist leicht, den $\sigma$- und $\pi$-Charakter der angeregten Zustände zu erkennen. Am Wert des Wirkungsquerschnittes für $\Delta k = 0$ kann man außerdem die Beimischung von $\sigma$-Charakter zu den $\pi$-Orbitalen erkennen. Ähnliche Messungen an den Übergangsmetallverbindungen würden bedeutende neue Einsichten in die Vielfachbindung liefern.

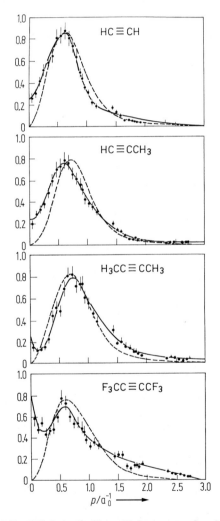

**Abb. 3.163** Winkelaufgelöste Elektronenstoßspektra (e, 2e) des äußersten $\pi$-Elektrons für $C_2H_2$, $HCCCH_3$, $H_3CCCCH_3$, und $F_3CCCCF_3$. Die durchgezogenen Linien sind an die Messwerte angepasste Kurven, die gestrichelten sind mit einem HF-Programm und einer 4-31G-Basis berechnet [111].

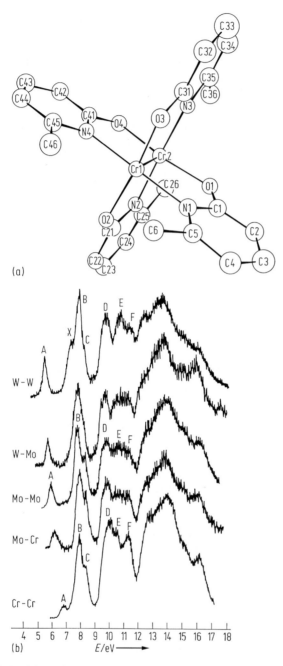

**Abb. 3.164** (a) Struktur des zweizähnigen Metallkomplexes $Cr_2$-[MM′(mhp)$_4$] und (b) He(I)-Photoelektronenspektren der strukturgleichen Komplexe [MM′(mhp)$_4$] mit M, M′ = Cr, Mo, W (mhp = 2-**h**ydroxy-6-**m**ethyl**p**yridin) [112].

Selbst ohne detaillierte Analyse ist es möglich, mittels theoretischer Ergebnisse den Photoelektronenspektren neue Erkenntnisse zu entnehmen, wenn sie für eine Serie von verwandten Molekülen vorliegen. Abb. 3.164a zeigt eine Messfolge von zweizähnigen Metallkomplexen [MM'(mhp)] (mhp steht für 2-hydroxy-6-methylpyridin). Die Messdaten sind in Abb. 3.164b wiedergegeben. M und M' stehen für verschiedene Metallionen. Von solchen Messreihen kann man folgende Schlussfolgerungen ziehen: Die Spektrallinie A verschiebt sich zu niedrigeren Energien und nimmt an Intensität zu, wenn die Zentralmetallionen schwerer werden. Beides sind Hinweise auf ein weitgehend reines $\delta$-Orbital. Die B-Linie liegt unverändert bei 7.7 eV für alle Verbindungen, so dass der angeregte Zustand völlig dem mhp-Liganden zugerechnet werden muss. Unter der Einhüllenden von BC liegt der $\pi$-Ionisationsbeitrag der M−M'-Bindung. Diese Erkenntnis kann nur der Theorie entnommen werden. Die X-Schulter für den W-W-Komplex könnte ein Beitrag dieser $\pi$-Ionisation sein, welche durch eine starke *LS*-Aufspaltung sichtbar wird. Das Maximum E zeigt, wenn auch schwächer, das gleiche Verhalten wie A und wird wieder einem Metallorbital zugerechnet; da $\delta$ und $\pi$ schon vergeben sind, bleibt nur noch der $\sigma$-Zustand.

In den gut dreißig Jahren seit der Postulierung der Metall-Metall-Vielfachbindung haben detaillierte Analysen von ausgezeichneten Messungen diese Hypothesen so weit bestätigt, dass heute allgemeine Übereinstimmung über den Bindungscharakter dieser Komplexe existiert. Die Messmethoden erforderten gleichzeitig die Präparation vieler neuer Substanzen. In groben Zügen ist das physikalisch-chemische Verhalten dieser Übergangsmetallverbindungen erforscht und verstanden.

### 3.5.3 Van-der-Waals-Moleküle

#### 3.5.3.1 Herstellung und Nachweis

Wenn ein Atom oder Molekül in die Nähe eines zweiten gerät, fühlen sie gegenseitig die Fluktuationen ihrer Elektronenwolken im elektronischen Grundzustand. Diese momentanen, zeitlich veränderlichen Multipolfelder verursachen die Induktion von Ladungswolkendeformationen, deren Ausmaß von der Polarisierbarkeit $\alpha$ der Partner abhängt. Die induzierten Multipole erzeugen ein Potential, das in erster Näherung proportional zu $-\alpha/r^6$ ist. Das Streupotential für die zwei Stoßpartner (und für eine s-Welle) hat ein flaches Minimum, das oft tief genug ist, um eine Serie von Rotations- und Vibrationszuständen zu ermöglichen (s. Abb. 3.165). Durch die Anwesenheit eines dritten Stoßpartners kann ein Molekül stabilisiert werden, dessen Bindungsenergie nur ein paar Millivolt beträgt und das einen Bindungsabstand von 0.5–1.0 nm hat. Fast alle Atome und Moleküle bilden van-der-Waals-Moleküle. Im thermodynamischen Gleichgewicht hängt ihre Konzentration in einem Vorratsgefäß nur von der Temperatur und der Tiefe des induzierten Potentialminimums ab. Die spektralen Messmethoden, welche für stabile Moleküle entwickelt wurden, sind auch geeignet für van-der-Waals-Moleküle, wenn man ihre geringen Konzentrationen und die Notwendigkeit höchster Auflösung berücksichtigt. Abb. 3.166 zeigt das infrarote Spektrum einer Mischung von $N_2$ und Ar bei $10^5$ Pa und 87 K in der Nähe der ersten Fundamentalfrequenz von $N_2$. Die Absorption wurde mit

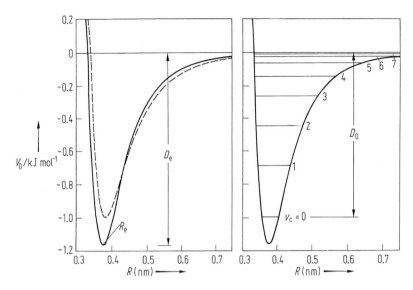

**Abb. 3.165** Internukleares Potential und Schwingungsniveaus von $Ar_2$. Links ist das Lenard-Jones-(12,6)-Potential gezeigt (— — —) sowie ein Morse-Spline-van-der-Waals-Potential (MSV-Potential), das aus Streudaten bestimmt wurde, und rechts das MSV-Potential mit seinen Schwingungsniveaus [113].

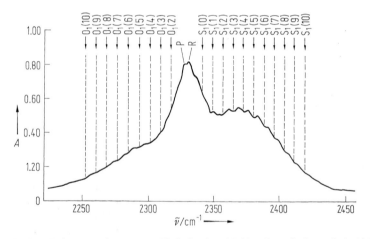

**Abb. 3.166** Das Infrarotspektrum von $N_2Ar$ in einer $N_2$/Ar-Gasmischung bei $10^5$ Pa und 87 K (A = Absorptionsgrad) [113].

einem 122 m langen, gefalteten Strahlengang gemessen. Reines Ar oder $N_2$ zeigen keine Infrarotabsorption, da kein Dipolmoment vorhanden ist, das mit der elektromagnetischen Welle wechselwirken kann. Das van-der-Waals-Molekül $N_2Ar$ jedoch hat ein kleines Dipolmoment, welches auf der langen Absorptionsstrecke das gezeigte Spektrum verursacht. Das zentrale Maximum wird durch die nicht aufgelösten Rotationsspektren mit ihren P- und R-Zweigen erzeugt. Der Untergrund beruht auf der Absorption der kurzzeitig ($10^{-12}$ s) existierenden Stoßmoleküle, in denen frei-frei-Übergänge induziert werden.

Isolierte und ungestörte van-der-Waals-Moleküle können erzeugt werden, indem man ein Gas oder Gasgemisch durch eine kleine Düse mit hohem Druckgradienten in eine Vakuumkammer expandieren lässt. Im Düsenhals und kurz dahinter wird die Rotationstemperatur und die transversale kinetische Energie stark reduziert und durch viele Stöße eine Vielzahl von van-der-Waals-Molekülen erzeugt. So war es möglich, ein CARS-Spektrum von $(CO_2)_2$-Molekülen zu registrieren und daraus deren Struktur zu bestimmen. Die Ergebnisse haben jedoch den Unsicherheitsfaktor, dass man nicht sicher ist, welche Komplexgröße die Clusterverteilung dominiert.

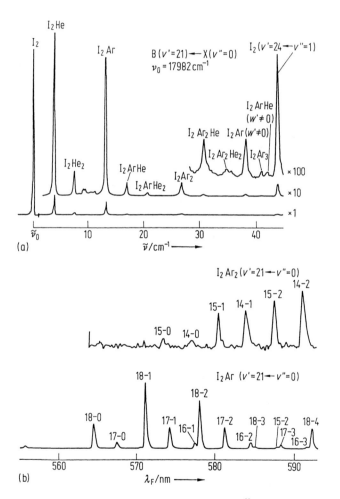

**Abb. 3.167** (a) Fluoreszenzanregungsspektrum eines Überschallstrahls aus Ar, He und $I_2$. Die Photonenenergie ist groß genug, dass das angeregte van-der-Waals-Molekül zerfällt und die Fluoreszenz vom $I_2^*$ abgestrahlt wird. (b) Spektral aufgelöste Fluoreszenzstrahlung von $I_2Ar$ und $I_2Ar_2$. Beide Moleküle wurden in den Zustand $v' = 21$ angeregt [114].

634   3 Moleküle – Spektroskopie und Strukturen

Experimente in Gaszellen haben dagegen den Vorteil, dass die Druckabhängigkeit eines van-der-Waals-Molekülspektrums leicht vorauszusagen und nachzuprüfen ist.

Für van-der-Waals-Moleküle ist Laserresonanz-Fluoreszenzspektroskopie eine gute Messmethode, die Existenz der Moleküle nachzuweisen und ihre Rotations- und Schwingungsspektren zu bestimmen, um daraus die molekularen Strukturparameter abzuleiten. Dies ist besonders attraktiv, wenn ein Partner im van-der-Waals-Molekül wie z. B. $I_2$ oder $NO_x$ bereits in dem Spektralbereich stark absorbiert, der durch Farbstofflaser erreicht werden kann. Abb. 3.167a, b zeigt Anregungsspektren von mehreren van-der-Waals-Molekülen, welche bei der Expansion eines Gases aus $I_2$ (6 ppm), He (97 %) und Ar (3 %) entstehen. Dieses Beispiel soll die Vielfalt der möglichen van-der-Waals-Moleküle demonstrieren. Die Molekül-Strukturen der meisten Komplexe sind bis heute noch nicht aufgeklärt. Das Anregungsspektrum wurde aufgenommen, indem die Frequenz des Farbstofflasers durchgestimmt und alle emittierte Strahlung integral registriert wurde. Abb. 3.167b ist die spektral aufgelöste Fluoreszenzstrahlung für die Linien von $I_2$Ar und $I_2$Ar$_2$, wenn die Anregungsfrequenz mit dem B-Zustand des Moleküls resonant und $v' = 21$ ist. Die Schwingungsenergie des angeregten Zustandes ist wesentlich höher als die Bindungsenergie des van-der-Waals-Moleküls. Es zerfällt in etwa 50 ps in $I_2^*$; deshalb ist das

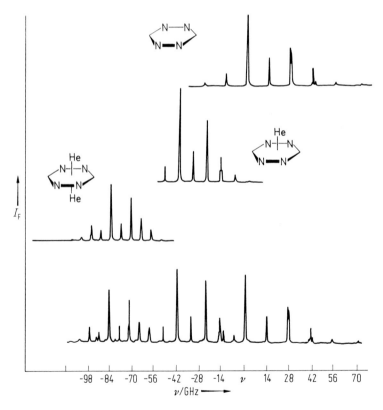

**Abb. 3.168** Fluoreszenzanregungsspektrum von Tetrazin und den van-der-Waals-Komplexen He- und He$_2$-Tetrazin ($I_F$ = Fluoreszenzintensität) [115].

Spektrum durch die Verteilungsfunktion der Schwingungszustände des Moleküls im elektronischen Grundzustand gegeben. Da die Anregungsenergie den Zustand $v' = 21$ bevölkert, das Fluoreszenzspektrum aber bei $v' = 18$ beginnt, sind drei Schwingungsquanten nötig, um die Bindung dieses van-der-Waals-Moleküls zu brechen. Für größere Komplexe wie $I_2Ar_2$ bedarf es noch mehr Quanten zur Dissoziation.

Besondere Aufmerksamkeit wird den van-der-Waals-Komplexen von Ringmolekülen gewidmet. Abb. 3.168 zeigt das Fluoreszenzspektrum von Tetrazin und dessen einfachsten Komplexen mit He. Die Anregung dieses Moleküls von X nach A ändert die Molekülstruktur nicht, so dass die Übergänge $v' = 0 \to v = 0$ sehr ausgeprägt sind und die Rotationsspektren aufgelöst werden können ohne Interferenzen mit den Prädissoziationen, welche die $I_2X$-Spektren beherrschen. Die einfache Verschiebung der Spektren der drei Verbindungen bedeutet, dass das He-Atom zentral über bzw. unter dem Ring liegt. Die Analyse der Drehmomente ergibt sowohl für den angeregten als auch für den Grundzustand einen Bindungsabstand von 0.33 nm. Von der (1–0)-Bande kann weiterhin die harmonische Kraftkonstante für die Streckschwingung des angeregten van-der-Waals-Komplexes bestimmt werden: sie beträgt 38 cm$^{-1}$.

Alle Moleküle, die durch Laval-Düsen abgekühlt wurden, sind nicht nur kalt was die Rotation angeht sondern auch in der Geschwindigkeitsverteilung im Schwerpunktsystem. Aus der Sicht der Materiewellen ist der molekulare Strahl monochromatisch und parallel genug, um Beugung zu erzeugen. Natürlich muss die Beugungsgitterkonstante entsprechend klein sein. Durch Photolithographie ist es heute möglich, solche Gitter aus SiN herzustellen. Ein Aufsehen erregendes Beispiel soll hier diskutiert werden.

Die Existenz des van-der-Waals-Moleküls He$_2$ war sehr stark umstritten. Es ist von besonderer Bedeutung für die Astrophysik, da es im Universum sehr kalt ist

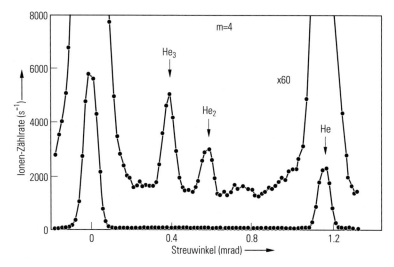

**Abb. 3.169** Beugungsbild eines sehr kalten He-Überschallstrahls an einem 200 nm SiN-Gitter. Das Beugungsbild zeigt das Erscheinen von He$_2$ und He$_3$ als Funktion des Düsendrucks [116].

und He nach H das zweithäufigste Element darstellt. Wegen der geringen Polarisierbarkeit des He-Atoms war es ungewiss, ob das induzierte Potential wenigstens einen Rotationszustand hat. Nun ist es gelungen, $He_2$ in einem Ultraschallstrahl herzustellen und durch Beugung an einem ultrafeinen Gitter (Gitterkonstante 200 nm) klar zu erkennen. Das Beugungsbild ist in Abb. 3.169 wiedergegeben. Dieses Ergebnis ist nicht nur wegen des Nachweises dieses wichtigen van-der-Waals-Moleküls bemerkenswert, sondern zeigt auch überzeugend, dass in diesem Messprozess dem beugenden Teilchen keine Energie zugeführt oder entnommen wird. Das Beugungsbild wird nur durch einen Impulsübertrag erzeugt.

### 3.5.3.2 Eigenschaften von van-der-Waals-Molekülen

In den letzten zwanzig Jahren wurde eine beachtliche Menge spektroskopischer Daten erstellt, um die mikroskopischen Eigenschaften von van-der-Waals-Molekülen abzuleiten. Von besonderem Interesse sind die Strukturen und Potentiale der Komplexe sowie die Lebensdauer der angeregten Zustände. Um diese Fragestellungen im Detail zu bearbeiten, ist ein aufgelöstes Rotationsspektrum der beste Ausgangspunkt. Diese Spektren sind jedoch im Allgemeinen nur für zwei- und dreiatomige Molekülkomplexe vorhanden, auf die wir uns hier beschränken wollen.

Die Potentialfläche, welche die Energieniveaus für die Schwingungs- und Rotationsmoden sowie die Gleichgewichtsstruktur des van-der-Waals-Moleküls definiert, besteht aus einem isotropen und einem anisotropen Anteil. Das Potential eines Komplexes, der aus einem chemisch gebundenen zweiatomigen Molekül und einem Atom aufgebaut ist, kann folgendermaßen entwickelt werden:

$$V(R,\theta) = \sum_{k=0}^{\infty} V_k(R)\, P_k(\cos\theta), \tag{3.124}$$

wobei $V_0(R)$ der isotrope Anteil ist und $P_k$ die Legendre-Polynome sind. Die Definitionen der geometrischen Parameter sowie die Quantenzahlen für Vibration und Rotation sind in Abb. 3.170 für den Fall $X_2Y$ illustriert.

Der isotrope Beitrag $V_0(R)$ ist aus der Abstoßung gefüllter Elektronenschalen und der Anziehung der induzierten Multipole zusammengesetzt, deren radiale Form

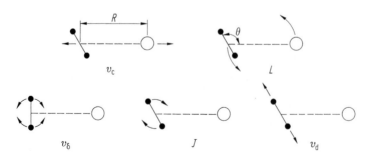

**Abb. 3.170** Definitionen der Strukturparameter und Quantenzahlen in einem van-der-Waals-Molekül vom Typ $X_2Y$.

$R^{-n}$ ($n = 6, 8, 10$) ist. Die Summe dieser beiden Beiträge führt zum bekannten *Lennard-Jones-(LJ)-12,6-Potential*

$$V_0(R) = D_e \left[ \left( \frac{R_e}{R} \right)^{12} - 2 \left( \frac{R_e}{R} \right)^6 \right].$$

Die Dissoziationsenergie $D_e$ und der Gleichgewichtsabstand $R_e$ sind in Abb. 3.165 eingezeichnet. Die Form des Potentials ist nur grob richtig und wurde deshalb erweitert durch einen Morse-Anteil in der Gegend von $R_e$. Abb. 3.165 zeigt das MSV-(Morse-Spline-van-der-Waals)-Potential, welches das Spektrum der Streckschwingungen zweier Ar-Atome am besten wiedergibt. Für alle Edelgasdimere sind die MSV-Potentiale bestimmt worden. Für andere van-der-Waals-Moleküle muss man sich meistens auf die LJ-(12,6)-Potentiale beschränken. Gute Erfahrungen bei Edelgasmischmolekülen (Übereinstimmung von Messung und Modell ist besser als 20 %) hat man mit einfachen Kombinationsregeln gemacht:

$$(D_e)_{ij} = [(D_e)_{ii} \cdot (D_e)_{jj}]^{1/2}$$

und

$$(R_e)_{ij} = \frac{(R_e)_{ii} + (R_e)_{jj}}{2},$$

wobei z.B. $ij$ für HeNe steht und $ii$ und $jj$ für $He_2$ und $Ne_2$.

Für vielatomige van-der-Waals-Moleküle reicht das isotrope Potential nicht mehr aus, um die Freiheitsgrade des Systems zu beschreiben. Da die Komplexität des Kraftfeldes mit der Zahl der Atome rasch zunimmt, liegen nur gute Ergebnisse für dreiatomige Moleküle vom Typ $X_2Y$ vor. Aus Symmetriegründen entfällt in Gl. (3.124) der Term mit $k = 1$, und $V_2$ wird zum führenden Term, um die Anisotropie zu berücksichtigen. Alle bisher ausgewerteten Daten konnten mit $V_0(R)$ und $V_2(R, \theta)$ $P_2(\cos \theta)$ angepasst werden. Je nach Vorzeichen von $V_2$ hat das Potential wegen $P_2$ zwei Minima/Maxima bei 0 und 180° entlang der chemischen Achse von $X_2$ und ein Maximum/Minimum bei 90°. Wenn $V_2$ positiv ist, entsteht ein lineares Molekül ($H_2Ar$), andernfalls findet man eine T-förmige Anordnung ($O_2Ar$, $N_2Ar$).

Wenn das Potentialminimum sehr tief ist, kann das $X_2$-Molekül nur eine Art Wackelbewegung (libration) ausführen, die in Abb. 3.170 durch die Quantenzahl $v_\delta$ charakterisiert ist. Für hohe Rotationsanregungen kann sich $X_2$ frei drehen, und $J$ ist eine gute Quantenzahl. Die Drehung des gesamten Komplexes wird durch $L$ beschrieben. Für die Energien an der Schwelle der Potentialbarriere koppeln $L$ und $J$. Diese Kopplung hebt die Entartung der $L$-Niveaus durch eine kleine Störung auf. Abb. 3.171 zeigt das Potential für das van-der-Waals-Molekül $H_2Ar$, wobei $H_2$ im ersten angeregten Schwingungszustand ($v_\delta = 1$) und im Zustand $J = 2$ ist. Die $L$-Zustände 0 bis 6 sind gebunden, während sie für $L \geq 7$ metastabil sind, da sie über der Dissoziationsgrenze liegen, aber unterhalb ihrer Zentrifugalbarrieren. Der Zustand $L = 0$ liegt relativ hoch über dem Potentialminimum. Das ist eine Konsequenz der Heisenberg-Unschärferelation, da die de-Broglie-Wellenlänge des $H_2$ (Ar ist im reduzierten Massensystem vernachlässigbar) relativ groß ist und mindestens eine halbe Wellenlänge in den Topf passen muss. Für $D_2Ar$ ist die Nullpunktenergie nur halb so groß. Die $L$-Niveaus sind aufgespalten in $j = L + J$ Terme, wobei $j$ die Rotation des Komplexes etwas moduliert.

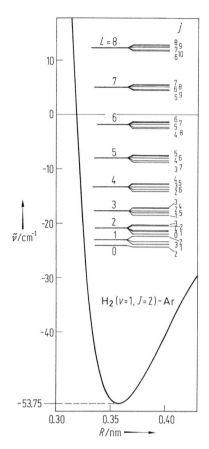

**Abb. 3.171** Aufhebung der L-Entartung durch die Anisotropie des $H_2$-Potentials in der Nachbarschaft von Ar. Die Zustände $L = 7$ und 8 sind prädissoziierend [117].

Wenn XYZ-Moleküle untersucht werden, muss auch $V_1(R, \theta)$ in Gl. (3.124) mit berücksichtigt werden. Damit wird die Topologie der Potentialfläche geändert und ein absolutes Minimum sowie mehrere Seitenminima entstehen. Das System Ar-HCl wurde besonders gründlich untersucht mit isotopensubstituierten Daten. Abb. 3.172 zeigt einen Schnitt durch die Potentialhyperfläche als Funktion des Abstandes $R$ der zwei schweren Atome und des Winkels $\theta$ zwischen Salzsäuremolekül und Komplexachse. Eine lineare Konfiguration ist leicht bevorzugt, aber das Molekül braucht nicht viel Energie, um andere strukturelle Anordnungen zu erreichen. Die gestrichelten Linien zeigen den klassischen Umkehrpunkt für $H^{35}Cl$ und $D^{35}Cl$. Die Energien sind in kJ/mol angegeben (1 kJ/mol = 239 kal/mol = 0.01 eV je Molekül = $kT$ für eine Temperatur von 120 K = $hc\lambda^{-1}$ für eine Wellenzahl von 83.6 cm$^{-1}$). In Tab. 3.31 sind einige Kenngrößen für van-der-Waals-Moleküle angegeben, sowie die Messmethoden, mit deren Daten die Größen abgeleitet wurden, und die Phasen, in denen die Moleküle während der Messungen vorlagen.

3.5 Moleküle von physikalischem Interesse – Beispiele 639

**Tab. 3.31** Eigenschaften von van-der-Waals-Molekülen, die mit verschiedenen Messmethoden abgeleitet wurden [113].

| Molekül | Symmetrie | $D_e$/kJ mol$^{-1}$ | $R_e$/nm | Methode* |
|---|---|---|---|---|
| Mg$_2$ | $D_{\infty h}$ | 5.09 | 0.389 | $h\nu$ |
| Ca$_2$ | | 13.0 | 0.428 | $h\nu$ |
| Ne$_2$ | | 0.350 | 0.3102 | [d$\sigma$/d$\omega$, S] |
| Ar$_2$ | | 1.185 | 0.3761 | [d$\sigma$/d$\omega$, S, L, G] |
| Kr$_2$ | | 1.684 | 0.4007 | [d$\sigma$/d$\omega$, G, S, $h\nu$] |
| Xe$_2$ | | 2.344 | 0.4362 | [d$\sigma$/d$\omega$, G, S, $h\nu$] |
| NeH$_2$ | $C_{\infty v}$ | 0.329 | 0.344 | SLR |
| ArH$_2$ | $C_{\infty v}$ | 0.691 | 0.361 | $h\nu$ |
| KrH$_2$ | $C_{\infty v}$ | 0.823 | 0.374 | $h\nu$ |
| XeH$_2$ | $C_{\infty v}$ | 0.918 | 0.393 | $h\nu$ |
| ArN$_2$ | $C_{2v}$ | $\gtrsim$ 1.14 | 0.39 | d$\sigma$/d$\omega$, $h\nu$ |
| ArO$_2$ | $C_{2v}$ | $\gtrsim$ 1.23 | 0.35 | d$\sigma$/d$\omega$, $h\nu$ |
| ArHF | $C_{\infty v}$ | 1.4 | 0.35 | MBER |
| ArHCl | $C_{\infty v}$ | 1.5 | 0.39 | MBER |
| ArClF | $C_{\infty v}$ | 2.7 | 0.33 | MBER |
| KrClF | $C_{\infty v}$ | 3.5 | 0.34 | MBER |
| ArOCS | $C_s$ | | $\gtrsim$ 0.35 | MBER |
| (H$_2$)$_2$ | ? | $\gtrsim$ 0.29 | 0.349 | d$\sigma$/d$\omega$ |
| (N$_2$)$_2$ | $C_{2v}$ | 0.79 | 0.37 | $h\nu$, G |
| (NO)$_2$ | $C_{2v}$ | > 6.7 | $\gtrsim$ 0.18 | $h\nu$ |
| (O$_2$)$_2$ | $D_{2h}$ | 1.04 | 0.35 | $h\nu$, G |
| H$_2$N$_2$ | ? | 0.54 | 0.34 | $\sigma(v)$ |
| (CO$_2$)$_2$ | $C_{2v}$ | 1.6 | $\gtrsim$ 0.41 | $h\nu$, G |

\* G = gasförmig, L = flüssig, S = fest

Verglichen mit chemisch gebundenen Molekülen ist die Bindungsenergie grob zwei Zehnerpotenzen kleiner für van-der-Waals-Komplexe und vergleichbar mit $kT$ bei Zimmertemperatur. Die meisten van-der-Waals-Moleküle werden deshalb bei Stößen zerstört und ihre Lebensdauer ist somit auf die gaskinetische Stoßzeit beschränkt, welche bei 300 K und $10^5$ Pa etwa $10^{-10}$ s beträgt; daher rührt die geringe Konzentration dieser Moleküle und die Schwierigkeit, sie zu untersuchen.

Wie in Abb. 3.171 bereits zu erkennen war, besitzen van-der-Waals-Moleküle prädissoziierende Zustände, welche durch Rotationsbarrieren ermöglicht werden. Da sich ein metastabiler Komplex ohne Anwesenheit eines dritten Partners bilden kann, wird die Bildungsrate von van-der-Waals-Molekülen stark erhöht und die Möglichkeit zur Relaxation und Bindung wesentlich größer. Dies ist mit der Wahrscheinlichkeit zu vergleichen, dass in einem Dreierstoß ein Molekül direkt gebildet wird.

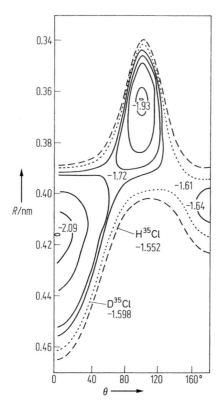

**Abb. 3.172** Potentialhöhenlinien von ArHCl. Die Minima und Sattelpunkte sind in kJ/mol angegeben. Die gestrichelten Linien zeigen die klassischen Umkehrpunkte für $H^{35}Cl$ und $D^{35}C$. $\theta = 0°$ bedeutet lineare und $\theta = 90°$ T-förmige Anordnung [113].

### 3.5.3.3 Strukturen und Molekülorbitale

Die zweiatomigen van-der-Waals-Moleküle sind am besten untersucht. Ihre Potentiale können direkt von elastischen Streudaten abgeleitet werden. Aber auch die genaue Analyse von Linienprofilen der stoßinduzierten Lichtstreuung und quantenmechanischen Rechnungen geben zuverlässige Potentialfunktionen und somit die Abstände $R_e$, die Dissoziationsenergien $D_e$ und die Rotations- und Schwingungseigenzustände im elektronischen Grundzustand. Die meisten van-der-Waals-Moleküle bilden chemische Bindungen, wenn eines ihrer Elektronen angeregt wird. Ohne größeren Aufwand erlaubt dies, die Besetzungsdichte der elektronischen Niveaus umzukehren und somit ideale Voraussetzungen zu schaffen, um Laser zu bauen, die mit hohem Wirkungsgrad im UV-Bereich arbeiten. Alle Edelgas- und Excimer-Laser beruhen auf chemisch gebundenen, angeregten Molekülen, deren Grundzustand entweder vom van-der-Waals-Typ oder monoton abstoßend ist.

Für van-der-Waals-Moleküle vom Typ $X_2Y$ sind spektroskopische Daten die Hauptquelle zur Bestimmung von Strukturparametern. Vor allem die $H_2X$-Gruppe zeigt Rotationsstrukturen, die Aufschlüsse über die geometrische Anordnung der Atome geben. Diese Moleküle sind entweder linear oder haben eine T-Anordnung, je nach der Größe von $V_2(R, \theta)$. Alle Moleküle haben große Schwingungsamplituden.

Die experimentellen Schwierigkeiten wachsen mit der Komplexität der van-der-Waals-Moleküle; für FCl-Ar sind bei 100 K bereits $10^4$ Niveaus bevölkert, weshalb man so weit wie möglich abkühlen oder Überschallgasstrahlen benutzen muss. So konnten die Mikrowellenspektren von $F^{35}ClAr$ und $F^{37}ClAr$ gemessen und die Trägheitsmomente und die schwingungsgemittelten Abstände abgeleitet werden. Die hohe Anharmonizität des Potentials erlaubt keine harmonischen Korrekturen. Deshalb benötigt man zusätzliche Daten, um die Gleichgewichtsabstände zu ermitteln. Diese Anharmonizität des Potentials ist besonders ausgeprägt für $(H_2)_2$, dessen Gleichgewichtsabstand 0.349 nm ist, während sein gemittelter Wert aber mit 0.44 nm festgestellt wurde. Wie im Festkörper rotiert das $H_2$-Molekül auch im van-der-Waals-Komplex frei. Bei den größeren van-der-Waals-Aggregaten kann nur noch die Einhüllende der Spektrallinien gemessen werden, um die Existenz eines Dipolmomentes zu etablieren.

Als nächstes soll die Bindung zwischen Systemen mit geschlossenen Elektronenschalen mit Hilfe der molekularen Orbitalmethode erklärt werden. Wie bereits im Abschnitt über Orbitale ausgeführt wurde, bilden zwei s-Elektronen je einen $\sigma$- und einen $\sigma^*$-Zustand, die symmetrisch unter bzw. über den Niveaus der freien Systeme liegen. Wenn die Elektronenwolken etwas überlappen, werden beide molekularen Terme zu höheren Energien angehoben ($E_{ex}$). Da dieser Effekt in $He_2$ dominiert, müsste es instabil sein, weil die zwei Elektronen in $\sigma$-Zustand schwächer gebunden werden, als die zwei im $\sigma^*$-Zustand abstoßend wirken. Die Nettoabstoßung wird durch das Pauli-Prinzip erzwungen und mit dem Ausdruck *Austauschabstoßung* charakterisiert. Die gleichen Kräfteverhältnisse machen den Triplettzustand von $H_2$ instabil.

Das klassische Bild der gegenseitig induzierten Dipole wird quantenmechanisch durch die partielle Anregung von elektronischen Zuständen erfasst. Wenn dies überwiegend in nur einem Partner geschieht, spricht man von *Induktionsenergie* ($E_{in}$). Wenn beide Systeme zu den Ladungswolkendeformationen beitragen, beschrieben durch die Anregung höherer Zustände, wird dies einer *Dispersionsenergie* zugeordnet ($E_{dis}$). Es ist auch möglich, dass Ladungsaustausch stattfindet und positive bzw. negative Ionen vorliegen. Dadurch kann die Energie (charge transfer energy = $E_{ct}$) erniedrigt werden und so ganz wesentlich zum Gleichgewicht im van-der-Waals-Molekül beitragen. Die Bindungsenergie wird dann gegeben durch

$$E_b = E_{ex} + E_{ct} + E_{in} + E_{dis}.$$

Abb. 3.173 zeigt für den Triplettzustand von $H_2$ die Abhängigkeit der einzelnen Komponenten der Energie vom Abstand der Atome. Da $H_2$ eine sehr leichte Masse hat, ist die de-Broglie-Wellenlänge sehr groß und das resultierende Minimum bei 0.50 nm zu flach, um auch nur einen gebundenen Zustand zu enthalten.

Wenn ein van-der-Waals-Komplex aus Molekülen zusammengesetzt ist und diese permanente Multipole besitzen, muss deren gegenseitige Wechselwirkung ebenfalls bei der Berechnung der Bindungsenergie berücksichtigt werden. Die Energie ist stark orientierungsabhängig und die Gleichgewichtsanordnungen in den van-der-Waals-Molekülen werden von den Multipolkräften bestimmt. Abb. 3.174 zeigt die Hie-

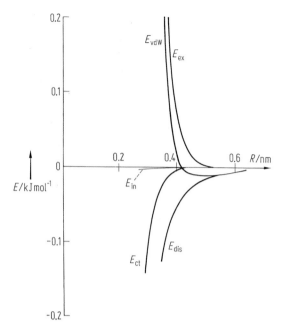

**Abb. 3.173** Intermolekulare potentielle Energie des Triplettzustands von $H_2$. Die Beiträge zur van-der-Waals-Energie sind im Text erklärt [118].

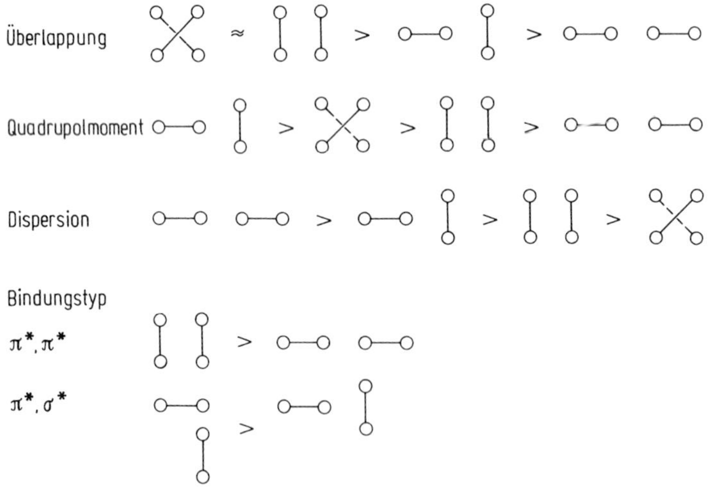

**Abb. 3.174** Stabilitätshierarchie von van-der-Waals-Molekülen des Typs $(X_2)_2$ [113].

rarchie der Stabilität für die geometrische Anordnung zweier homonuklearer Moleküle $(X_2)_2$, wenn eine Kraftkomponente dominiert. So wird für $(N_2)_2$ eine T-Konfiguration ermittelt, welche durch die starken Quadrupole von $N_2$ stabilisiert wird. Da das Quadrupolmoment von $O_2$ sehr klein ist, spielt es bei der Anordnung der

O$_2$-Moleküle im van-der-Waals-Molekül keine Rolle, und eine rechtwinklige Anordnung wird realisiert, welche auch in der Kristallphase erhalten bleibt (α-Phase). Wenn das Molekül ein freies Radikal ist, wie z. B. NO, und das HOMO π\*-Charakter hat, führt die beste Überlappungsanordnung direkt zur rechtwinkligen Geometrie. In Cl$_2$ ist das HOMO auch vom π\*-Typ, die elektronisch angeregten Zustände liegen aber sehr tief, so dass die LUMO's mit σ\*-Charakter relativ stark am Bindungsprozess teilnehmen. Die π\*σ\*-Wechselwirkung bevorzugt eine L-Anordnung, die auch für alle anderen schweren Halogendimere gefunden wird.

Diese qualitativen und anschaulichen Argumente beim Vergleich der Kräfte helfen auch bei weniger symmetrischen, aber kleinen van-der-Waals-Komplexen. In H$_2$Ar versucht die Austauschkraft, dass Ar so weit wie möglich Abstand hält von H$_2$ und möchte somit eine T-Anordnung erzwingen. Die Dispersionskraft auf der anderen Seite ist entlang der H$_2$-Verbindungsachse besonders groß, weil die Elektronenwolke in dieser Richtung wesentlich leichter zu polarisieren ist. Im Gleichgewicht gewinnt die Dispersion und H$_2$Ar ist ein lineares Molekül. Auch der Ladungsaustausch darf nicht vergessen werden. Er dominiert alle Moleküle, welche niedrige angeregte Zustände haben, in die ein Elektron vom HOMO-Zustand des neutralen Teilkomplexes in den LUMO-Zustand eines Ions transferiert werden kann. Dies ist der Fall für FClAr. Ein Elektron des Ar-Atoms besetzt den niedrigsten σ\*-Zustand von FCl und bildet ein negatives Ion. Das Elektronenloch erscheint als p$_z$-Orbital in Ar$^+$ und ein lineares van-der-Waals-Molekül FCl$^-$Ar$^+$ stabilisiert sich. Die Signifikanz des Ladungsaustausches und der Dispersion hängt direkt vom energetischen Abstand von HOMO zu LUMO ab. Diese qualitativen Argumente bedürfen natürlich der Unterstützung durch detaillierte, quantenmechanische Rechnungen. Weitere Messdaten, kombiniert mit den neuesten Computerprogrammen, lassen hoffen, dass bald das gleiche Verständnis für die van-der-Waals-Bindung vorliegt, wie es bereits für die chemische Bindung vorhanden ist.

### 3.5.3.4 Die Rolle der van-der-Waals-Moleküle in der Gasphase

Die Atmosphären der großen Planeten und der Sonne bestehen vorwiegend aus H$_2$ und He. Beide Gase absorbieren und emittieren nicht im Infraroten und somit sollte die Beschaffenheit der Oberfläche dieser Planeten direkt sichtbar sein. Bereits frühe spektroskopische Messungen von der Erde aus zeigten jedoch strukturreiche Emissionscharakteristiken. Dies wurde durch die Satellitenmessungen der Voyager-Mission mit wesentlich höherer Auflösung und unvergleichlich besserem Signal-Rausch-Verhältnis bestätigt. Abb. 3.175a zeigt das Absorptionsspektrum von Jupiter, aufgenommen von IRIS im nördlichen Äquatorgürtel (gemittelt über 43 Spektren). Diese Messungen bestätigen, dass Jupiter auf der Oberfläche, teils durch Selbsterhitzung und teils durch Sonnenenergie, wärmer ist als die umgebende Atmosphäre. Die Schwarzkörperstrahlung wird in den tieferen Lagen absorbiert und zeigt Spektren vom Frauenhofer-Typ. Die Feinstrukturen bei 200–250 cm$^{-1}$ gehen auf eine geringe Beimischung von Ammoniak zurück. Das breite Maximum wird durch die *stoßinduzierte Absorption* der rotierenden Wasserstoffmoleküle erzeugt [119]. Es ist eine $S_0(0)$-Bande von Übergängen von $J = 0$ nach $J = 2$. Das Verhältnis von Minima zu Maxima ist eine empfindliche Funktion des Verhältnisses von H$_2$ zu He. Der

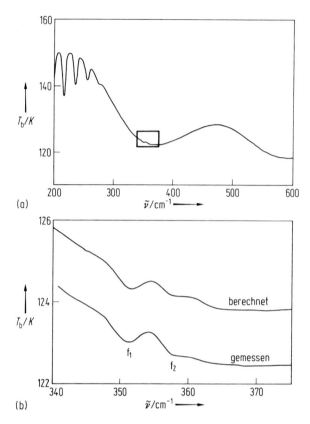

**Abb. 3.175** (a) IRIS-Spektren (gemittelt über 43 individuelle Messungen) vom nördlichen Äquatorgürtel des Jupiters. (b) Vergrößerter Ausschnitt des Gebietes um 365 cm$^{-1}$ zur Demonstration der Absorptionslinien $f_1$ und $f_2$, welche von $(H_2)_2$ in der $S_0(0)$-Bande hervorgerufen werden ($T_b$ = Strahltemperatur) [117].

eingerahmte Teilbereich in Abb. 3.175a ist vergrößert in Abb. 3.175b dargestellt. Die fast als Rauschen verworfenen kleinen Strukturen wurden als schwache Übergänge in $(H_2)_2$ identifiziert. Das van-der-Waals-Molekül $(H_2)_2$ besitzt nur einen Schwingungszustand und zwei ($l = 0, 1$) gebundene Rotationszustände, mit den $H_2$-Rotationsquantenzahlen $J = 0, 1$ oder $2$. Die Zustände $l = 2$ und $3$ sind prädissoziierend und werden wegen der Rotationsbarriere kurzzeitig besetzt. Bei den niedrigen Temperaturen auf den entfernten Planeten liegt der Wasserstoff vorwiegend in Para-Form vor, wie die starke $S_0(0)$-Bande zeigt. Der Übergang $\Delta J = 2$ in $H_2$, eingebettet in $(H_2)_2$, wird durch das Quadrupolmoment des Nachbarn moduliert und $l$ und $L$ (die Projektion von $J$ auf die Molekülachse) koppeln schwach. Die Übergänge $J = 0$ nach 2 mit $l = 0$ nach 3 und $l = 3$ nach 0 erscheinen als breite ($\Delta v = 6$ cm$^{-1}$) Strukturen, die im steilen Untergrund der frei-frei-Übergänge kaum sichtbar sind. Die kurze Lebensdauer des Zustandes $l = 3$ ist für die Linienbreite verantwortlich. Die Übergänge $J = 0$ nach 2 mit $l = 1$ nach 2 und $l = 2$ nach 1 erzeugen die zwei Strukturen $f_1$ und $f_2$ mit nur 0.6 cm$^{-1}$ Halbwertsbreite. Aber die

Auflösungsgrenze des IRIS von 4.3 cm$^{-1}$ bestimmt die gemessenen Strukturen in Abb. 3.175b. Um diese Spektralstrukturen zu berechnen, müssen folgende Eigenschaften des Jupiters parametrisch festgelegt werden: Temperaturprofil der Planetenatmosphäre, Verhältnis von $H_2$ zu He und Verhältnis von Para-$H_2$ zu Ortho-$H_2$. Das berechnete Absorptionsprofil beruht auf einer mittleren Temperatur von 120 K und einem Massenverhältnis von $H_2$ zu He von 0.18. Das Verhältnis von Para-$H_2$ zu Ortho-$H_2$ ist etwa 12 % in Folge des thermodynamischen Gleichgewichts (etabliert durch Konvektion und Klimadynamik in der Jupiter-Atmosphäre). In diesen Studien wurde das dimere van-der-Waals-Molekül $(H_2)_2$ zur Messprobe der Planetenatmosphäre. Dies ist jedoch nur ein bescheidener Anfang. Neue Spektren mit höherer Auflösung und Empfindlichkeit und gezielte Messungen im Labor werden detaillierte Analysen der Planetenatmosphären möglich machen und so helfen, die Theorien über den Ursprung unseres Planetensystems weiter zu entwickeln [120].

Wie schon van der Waals selbst erkannte, hängen die thermodynamischen Daten dichter Gase von der schwachen Bindung zwischen Molekülen ab. So ist das Verhalten der meisten Gase bei niedrigen Temperaturen u. a. von der Bildung der van-der-Waals-Molekülen bestimmt, was durch den zweiten Virialkoeffizienten berücksichtigt wird. Auch die Viskosität und andere Transportgrößen sind davon abhängig, ob van-der-Waals-Komplexe gebildet werden und wie stark ihre Bindungsenergien sind. Die Beschreibung von Gasen bei großen Dichten oder bei niedrigen Temperaturen kann ohne Berücksichtigung von stabilen und prädissoziierenden van-der-Waals-Molekülen und von Dreierstößen nicht erfolgen. Dies ist bis heute nur sehr unvollkommen gelungen.

Es ist wahrscheinlich, dass van-der-Waals-Moleküle die Reaktionskanäle in der Gasphase kontrollieren. Dies ist ein neues Konzept und daher liegen nur sehr bescheidene erste Ergebnisse von Experimenten vor, die diese Fragestellung untersuchen. Wenn $Cl_2$ mit $Br_2$ reagiert, entsteht BrCl. Die Druckabhängigkeit der Reaktionsrate zeigt in doppeltlogarithmischer Darstellung eine Steigung von 3. Das heißt, die Reaktion läuft wie folgt ab:

$$(Cl_2)_2 + Br_2 \rightarrow Cl_2 + 2\,BrCl\,.$$

Diese Hypothese wurde durch ein Experiment bestätigt, in dem ein Überschallgasstrahl von $(Cl_2)_2$ auf $Br_2$ gerichtet wird. Die Reaktionsprodukte und ihre Winkelverteilung zeigen nicht nur die direkte Teilnahme von $(Cl_2)_2$ an der Reaktion, sondern auch die weitere Bildung eines sechsgliedrigen Ringes von $(Cl_2)_2Br_2$ als Zwischenprodukt. Die meisten Halogene zeigen Reaktionsmechanismen mit van-der-Waals-Komplexen. Ähnliche Abläufe werden von den Reaktionen mit NO erwartet, das leicht die van-der-Waals-Moleküle $(NO)_2$ und $(NO)_x$ bildet.

Der bekannteste Prozess, in dem van-der-Waals-Kräfte eine wichtige Rolle spielen, ist die Keimbildung in Gasen, wenn diese zu Flüssigkeiten oder Feststoffen kondensieren. Im Fall von homogener Keimbildung läuft eine Serie von Reaktionen ab, die schematisch gegeben ist durch

$$A + A_n \rightarrow A_{n+1}\,.$$

Die Keimbildung beginnt mit der Bildung von Dimeren und führt über Cluster bis zu Tröpfchen oder Mikrokristallen. Die ersten Schritte in den Reaktionsketten werden von van-der-Waals-Molekülen dominiert. In Ar wird der erste Schritt durch

$$Ar_2 + Ar_2 \rightarrow Ar_3 + Ar$$

kontrolliert und ist somit von den Charakteristiken des van-der-Waals-Moleküls Ar$_2$ abhängig. Alle höheren Komplexe bilden sich über Zweikörperreaktionen. Über die Struktur und Spektroskopie dieser Anlagerungskomplexe ist jedoch sehr wenig bekannt.

Es ist anzunehmen, dass die van-der-Waals-Moleküle in allen Bereichen der Gasphase vorhanden sind. Ihre kleine Bindungsenergie führt zu leichter Bindung, aber auch zu schnellem Zerfall. Bei Synthesen in der Gasphase, insbesondere bei Kondensation und Sublimation, üben diese Moleküle einen wichtigen Einfluss auf die bevorzugten Reaktionsmechanismen aus. Noch ist es sehr schwierig, reine van-der-Waals-Molekülstrahlen herzustellen, jedoch zeigen Flugzeitanalysen von Überschallgasstrahlen hoffnungsvolle Ergebnisse. Es ist zu erwarten, dass diese besondere Familie von Molekülen den Wissenschaftlern noch viele interessante Aufgaben präsentieren wird.

### 3.5.4 Buckminsterfullerene

#### 3.5.4.1 Historische Einleitung

Obwohl jedes Jahr etwa 20 000 neue Moleküle synthetisiert werden, erreichen einige besondere Aufmerksamkeit und laden zu intensiver, weitreichender Forschung ein. Ein interessantes Beispiel aus den letzten Jahren ist das Molekül Buckminsterfulleren, auch Buckyball genannt, mit der chemischen Formel $C_{60}$. Kohlenwasserstoffe haben in der Chemie schon immer eine besondere Rolle gespielt und sind der Fokus der organischen Chemie. Deshalb war es sehr überraschend, dass diese neue Familie von Verbindungen erst 1985 entdeckt wurde [121]. Die treibenden Kräfte kamen dabei aus der Astrophysik und der physikalischen Chemie. Die Astronomen suchten nach Identifikationen der „anormalen diffusen Banden", und die Clusterphysik studierte die Zusammensetzungen vieler Gase, die aus Laserplasmen entweichen. In beiden Gebieten waren die PAH's (polyaromatic hydrocarbons) bekannt, aber durch die neuesten Ergebnisse wurde klar, dass Coranulen ($C_{20}H_{12}$) weiter wachsen kann und eine symmetrische, geschlossene Verbindung ermöglicht. $C_{60}$ ist kugelförmig, bindet keine Wasserstoffe mehr und die Kohlenstoffatome sind in 12 Fünfecke und 20 Sechsecke angeordnet. Diese Symmetrie $I_h$ hat den Gruppennamen „Gekapptes Ikosaeder" (truncated icosahedron) und entspricht dem Muster eines überall bekannten Fußballs. Abb. 3.176 zeigt die zwei Moleküle Coranulen und Buckminsterfulleren.

Es ist auch möglich, größere Käfigmoleküle herzustellen, die alle auf einer bestimmten Kombination von Fünf- und Sechsecken beruhen. Nach $C_{60}$ wurde bald darauf $C_{70}$ gefunden. Verallgemeinert sollte jeder $C_{n_C}$-Komplex für ganzzahlige Paare $n$, $m$ ein Ikosaeder bilden, wenn

$$n_C = 20(n^2 + nm + m^2)$$

erfüllt ist (für $C_{60}$ ist $n = 1$ und $m = 1$). Damit ist auch der Durchmesser $d_i$ bestimmt durch

$$d_i = 5(3n_C)^{1/2} a_{C-C}/\pi,$$

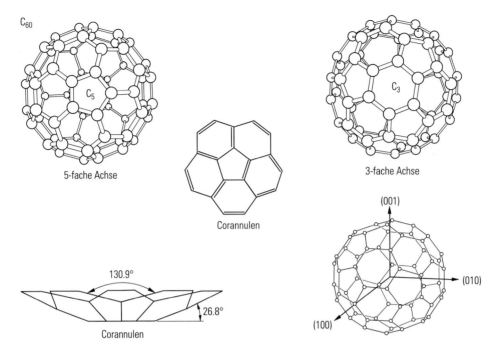

**Abb. 3.176** Die molekularen Strukturen von Coranulen und Buckminsterfulleren aus verschiedenen Beobachtungsrichtungen.

wenn $a_{C-C}$ der mittlere Abstand zweier benachbarter (d. h. gebundener) Kohlenstoffatome ist [122].

Heute erkennen wir diese käfigartigen Strukturen in vielen biologischen Verbindungen. Wegen der hohen Stabilität dieser Anordnung von Bauelementen hat auch die Architektur die Nützlichkeit und Schönheit dieser Geometrie entdeckt und angewandt. (Buckminster Fuller war ein Architekt, der anlässlich der Weltausstellung in Montreal 1967 mehrere Gebäude mit dieser Symmetrie errichtet hat.) Da man die Fullerene relativ einfach rein und in größeren Mengen herstellen kann, sind sie auch mit allen Messtechniken untersucht worden, die in den vorhergegangenen Abschnitten beschrieben wurden. Sie werden als Prototypen betrachtet, für die sowohl atomare als auch Festkörper-Effekte wichtig sind. Damit eröffnet sich die Möglichkeit zu studieren, wie die Regelmäßigkeiten in diesen zwei Welten ineinander übergehen.

### 3.5.4.2 Herstellung von Fullerenen

Während das Molekül $C_{60}$ wahrscheinlich bereits im Rauch der Lagerfeuer unserer Urahnen zum Himmel stieg, wurde es doch erst in Fragmenten gefunden, die beim Beschuss von Graphit mit intensiver Laserstrahlung freigesetzt werden [121]. Diese Methode wurde von Smalley und seinen Mitarbeitern zuerst auf Metalle angewandt und dann auf viele andere Substanzen erweitert. Die Gase wurden schnell mit He-Gas abgekühlt, um das Wachstum größerer Cluster zu unterbinden. Die freigesetzten Molekülionen wurden in einem Flugzeit-Massenspektrometer analysiert. Für Graphit erschienen die stabilen Fullerene als die stärksten Linien in den Spektren. Während viele der besonderen Eigenschaften dieser Moleküle mit dieser Apparatur erforscht wurden, war sie nicht geeignet, größere Mengen herzustellen. Dies gelang erst etwa fünf Jahre später Krätschmer und seinen Mitarbeitern [123] durch eine Kohlebogenentladung in He bei einem Druck von 20 kPa. Die Moleküle wachsen in der heißen Entladung, werden im He-Gas schnell abgekühlt und kondensieren an den wassergekühlten Wänden des Vakuumgefäßes. In dem Niederschlag sind etwa 6% Fullerene, die extrahiert werden können. Ein Graphitstab von 6 mm Durchmesser verbrennt üblicherweise 1 g Material in zehn Minuten bei einem Strom von 120 Ampere. Der Niederschlag wird von dem Wänden entfernt und in dem Strumpf eines Soxhlet-Extrahierers gefüllt. Durch kontinuierliches Durchlaufen von rezirkulierendem Lösungsmittel werden die Fullerene herausgelöst und können dann weiter getrennt werden. Ein oft benutztes Lösungsmittel ist Tetrahydrofuran. Die Trennung der Fullerene mit verschiedenen $n_C$ erfolgt durch Sublimation in einem Quarzrohr in einem Hochtemperaturofen mit definiertem Temperaturgradienten. Moleküle mit verschiedenem Molekulargewicht kondensieren in Ringen in der kälteren Zone. Um höchste Reinheit zu erreichen, werden die kondensierten Komponenten noch einmal in einem Gaschromatographen sortiert.

Dieses Herstellungs- und Reinigungsverfahren ist nur möglich, weil Käfigmoleküle extrem stabil auch bei hohen Temperaturen sind. Inzwischen ist auch die Herstellung von Fullerenen gelungen, die innerhalb des Kohlenstoffgerüstes ein anderes Atom beherbergen. Nicht nur Kohlenstoff und Alkaliatome, sondern auch Atome aus der Seltenen-Erde-Gruppe konnten eingebaut werden [124]. Weiterhin war es möglich, Mischfullerene wie zum Beispiel $M_8C_{12}$ oder $M_{14}C_{21}$ (das Symbol M steht für mehrere Metalle) herzustellen. In diesen Verbindungen werden die Käfigwände durch symmetrisches Anordnen der atomaren Komponenten erreicht. Diese Moleküle werden in der Literatur unter dem Namen *Met-Cars* geführt.

### 3.5.4.3 Spektren der Fullerene im Grundzustand

Die erste Bestätigung für die geschlossene und symmetrische Form von $C_{60}$ lieferte die NMR-Spektroskopie [125]. Bei der Herstellung der Fullerene ist Graphit das Edukt, es enthält $^{13}C$ als natürliche Beimischung (1.108%). Dieses Atom hat einen Kernspin und ist deshalb NMR-aktiv. Die Messungen zeigen nur eine Linie, d.h. jedes C-Atom ist von der gleichen Anordnung von Partnern umgeben. Jedes Atom hat drei Bindungen, zwei gehören zum Sechseck (C–C, $d = 0.1455$ nm) und eine zum Fünfeck (C = C, $d = 0.1391$ nm) [126].

Rotationsspektren kann man an diesem Molekül nicht messen, da es kein Dipolmoment besitzt: ein weiterer Beweis für die hohe Symmetrie des Buckyballs.

Wie alle Moleküle hat auch $C_{60}$ ($3N-6$) Schwingungsfreiheitsgrade. Viele davon sind entartet, manche (10) sind Raman- und andere (4) IR-aktiv. Man sollte nicht vergessen, dass jede dieser 174 Moden $1\,kT$ Schwingungsenergie enthält und somit sind insgesamt bei Zimmertemperatur fast 44 eV gespeichert; mehr als genug, um das Molekül zu zerstören, wenn alle Energie in nur einer Mode konzentriert wären.

Obwohl man in der Literatur lesen kann, dass die aktiven Moden gemessen wurden, muss darauf hingewiesen werden, dass alle Daten entweder an absorbierten Molekülen oder am Festkörper aufgenommen wurden. Dies gilt auch für die hier gezeigten Spektren.

Das freie $C_{60}$-Molekül hat 174 Schwingungsmoden. Jedoch ist dieser Komplex so symmetrisch, dass nur 46 individuelle Schwingungsgruppen nötig sind, um den Ablauf der atomaren Bewegungen zu beschreiben. Bezogen auf den Rotationsmittelpunkt gibt es gerade und ungerade Gruppen, und mit den harmonischen Basisfunktionen können alle Schwingungen in einer Formel zusammengefasst werden:

$$\Gamma_{mol} = 2\,A_g(1) + 3\,F_{1g}(3) + 4\,F_{2g}(3) + 6\,G_g(4) + 8\,H_g(5)$$
$$+ A_u(1) + 4\,F_{1u}(3) + 5\,F_{2u}(3) + 6\,G_u(4) + 7\,H_u(5)\,.$$

Die Ziffern in den Klammern bezeichnen den Entartungsgrad der jeweiligen Moden und der Vorfaktor gibt an, wie viele Frequenzen im Schwingungsspektrum zu erwarten sind. Zum Beispiel: Es muss acht Schwingungen mit $H_g$-Charakter geben, wobei jede fünffach entartet ist und die Wellenfunktion gerade Symmetrie hat, wohingegen $H_u(7)$ sieben Moden mit fünffacher Entartung und ungerader Symmetrie repräsentiert.

Aus der Gruppentheorie und der irreduziblen Darstellung der Gruppe $I_h$ kann man erkennen, dass zehn Moden Raman-aktiv sind und vier im Infraroten absorbieren. Damit verbleiben 32 optisch inaktive Schwingungsmoden. Die inaktiven können jedoch durch Raman- und IR-Prozesse zweiter Art experimentell erfasst werden. Daneben eröffnet Elektronenstoßanregung den Zugang zu diesen Moden, wenn auch mit geringerer Auflösung als im optischen Bereich üblich ist. Da die Moleküle auf Oberflächen oder kristallin vorliegen, ist es wichtig, die Phononenanregungen der Unterlage zu identifizieren. Abb. 3.177 zeigt ein Raman-Spektrum mit den $(\|, \|)$- und $(\|, \perp)$-Polarisations-Einstellungen. Die ersten geben die $A_g$- und $H_g$-Anregungen, die letzten die $H_g$'s alleine [127]. Tab. 3.32 bietet eine Zusammenfassung aller gemessenen Schwingungsmoden.

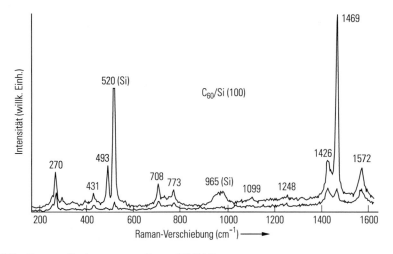

**Abb. 3.177** Raman-Spektrum von $C_{60}$ auf Si(100).

**Tab. 3.32** Frequenzen und Zuordnung aller Schwingungsbanden von $C_{60}$ [127].

| $\omega$ | Gerade Parität Frequenzen (cm$^{-1}$) | $\omega$ | Ungerade Parität Frequenzen (cm$^{-1}$) |
|---|---|---|---|
| $\omega_1(A_g)$ | 492[b], 496[c], 497.5[d,e] | $\omega_1(A^u)$ | 1143[d,e] |
| $\omega_2(A_g)$ | 1467[f], 1470[c,d,e] | | |
| | | $\omega_1(F^{1u})$ | 525[f], 526.5[d,e,g,h], 527[i], 528[g] |
| $\omega_1(F^{1g})$ | 502[d,e,h] | $\omega_2(F^{1u})$ | 578.8[d,e], 577[g,i], 581[l] |
| $\omega_2(F^{1g})$ | 960[k,l], 970[b], 975.5[d,e,h] | $\omega_3(F^{1u})$ | 1182.9[d,e,g,i], 1186[f] |
| $\omega_3(F^{1g})$ | 1355[k], 1357.5[d,e], 1363[b] | $\omega_4(F^{1u})$ | 1428[l], 1429.2[d,e,h] |
| $\omega_1(F^{2g})$ | 566[f], 566.6[d,e,h], 573[k], 581[l] | $\omega_1(F^{2u})$ | 347[l], 355[b,j], 355.5[d,e,h] |
| $\omega_2(F^{2g})$ | 865[d,e], 879[k] | $\omega_2(F^{2u})$ | 678[b], 680[d,e] |
| $\omega_3(F^{2g})$ | 914[d,e], 920[k] | $\omega_3(F^{2u})$ | 1026[d,e,h] |
| $\omega_4(F^{2g})$ | 1360[d,e] | $\omega_4(F^{2u})$ | 1201[d,e,h], 1202[k] |
| | | $\omega_5(F^{2u})$ | 1576.5[d,e,h] |
| $\omega_1(G^g)$ | 483[f], 484[k], 486[d,e], 488[h] | | |
| $\omega_2(G^g)$ | 621[d,e,k] | $\omega_1(G^u)$ | 399.5[d,e], 400[f], 403[b,k], 404[h] |
| $\omega_3(G^g)$ | 806[d,e] | $\omega_2(G^u)$ | 758[j,l], 760[d,e], 761[f], 765[h] |
| $\omega_4(G^g)$ | 1065[k], 1073[l], 1075.5[d,e], 1077[f] | $\omega_3(G^u)$ | 924[d,e] |
| $\omega_5(G^g)$ | 1355[k], 1356[d,e], 1360[h] | $\omega_4(G^u)$ | 960[l], 968[j], 970[d,e], 971[h] |
| $\omega_6(G^g)$ | 1520[h], 1524[f], 1525[d,e] | $\omega_5(G^u)$ | 1309[f], 1310[d,e] |
| | | $\omega_6(G^u)$ | 1436[l], 1446[d,e], 1448[h], 1452[j] |
| $\omega_1(H^g)$ | 266[k], 271[h], 273[c,d,e], 274[b,j,l] | | |
| $\omega_2(H^g)$ | 428[f], 432.5[d,e,h], 436[b,k,l], 436.5[c], 444[j] | $\omega_1(G^u)$ | 342.5[d,e], 344[h], 347[k,l] |
| $\omega_3(H^g)$ | 708[f], 710[c,k], 711[d,e] | $\omega_2(G^u)$ | 563[d,e,h], 565[b], 566[f], 581[l] |
| $\omega_4(H^g)$ | 771[f], 774[c,k], 775[d,e] | $\omega_3(G^u)$ | 686[j], 696[d,e] |
| $\omega_5(H^g)$ | 1097[f,j,k,l], 1099[c], 1101[d,e] | $\omega_4(G^u)$ | 801[d,e] |
| $\omega_6(H^g)$ | 1248[f], 1250[c], 1251[d,e], 1258[j], 1274[b,l] | $\omega_5(G^u)$ | 1117[d,e], 1121[k] |
| $\omega_7(H^g)$ | 1426.5[d,e], 1247[f], 1428[c], 1436[l] | $\omega_6(G^u)$ | 1385[d,e] |
| $\omega_8(H^g)$ | 1570[c], 1577.5[d,e], 1581[k] | $\omega_7(G^u)$ | 1557[l], 1559[d,e], 1565[j] |

Die Notierungen bedeuten: [b, h, k] Inelastische Neutronenstreuung, [c] Raman-Streuung (erste Ordnung), [d] Infrarot (alle Ordnungen), [e] Raman-Streuung (alle Ordnungen), [f] Photolumineszenz, [g] Infrarot (erste Ordnung), [i] Infrarot Absorptionsspektroskopie, [j, l] hochaufgelöste inelastische Elektronenstreuung.

Den komplizierten Bewegungsablauf der acht $H_g$-Moden zeigt Abb. 3.178 [128]. Die berechneten Schwingungswellenfunktionen ergeben im Quadrat die Auslenkung eines jeden Kohlenstoffatoms im Gerüst des Käfigmoleküls. Zu beachten ist, dass jede dieser koordinierten Bewegungen fünffach entartet ist. Rechnungen haben außerdem ergeben, dass Auslenkungen senkrecht zur Oberfläche meist niederenergetisch sind, während Auslenkungen parallel zur Oberfläche mit höheren Anregungsenergien verknüpft sind.

Alle Symmetriebetrachtungen basierten auf der Annahme, dass isotopenreine Moleküle vorlagen. Dann sind alle Rotationsachsen gleichwertig und alle Projektionen der Rotationsquantenzahlen gleich und hochgradig entartet. Da Kohlenstoff den Kernspin 0 hat, ist $C_{60}$ ein Boson und daher darf die Wellenfunktion bei Vertauschung

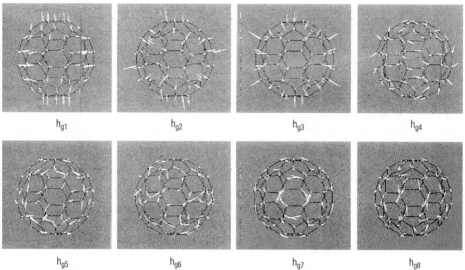

**Abb. 3.178** Berechnete Auslenkungen der individuellen C-Atome in $C_{60}$ für die acht $H_g$-Moden [128].

von individuellen Elementen im Molekül das Vorzeichen nicht ändern. Daraus folgt, dass nach $J = 0$ die nächste erlaubte Rotationsquantenzahl $J = 6$ ist, gefolgt von $J = 10, 12, 16...$ Diese Beschränkungen konnten aus mehreren Gründen bis heute nicht experimentell bestätigt werden. Das Trägheitsmoment von $C_{60}$ ist sehr groß ($I = 1.0 \cdot 10^{-43}$ kg m$^2$ und $B = 4.4 \cdot 10^{-2}$ cm$^{-1}$) und die Rotationsniveaus liegen sehr eng zusammen. Messungen an $C_{60}$ bei Zimmertemperatur lassen von den Spektren nur noch die Einhüllende erkennen, weshalb sich dieses Molekül erst bei etwa 5 K quantenmechanisch verhält. Außerdem beginnt erst bei diesen niedrigen Temperaturen die Entvölkerung der heißen Banden. Das Spektrum muss mit einem sehr isotopenreinen Material gemessen werden, da die natürliche Häufigkeit des Isotopes $^{13}$C von 1 % genügt, um die Hälfte der $C_{60}$ Moleküle mit wenigstens einem $^{13}$C-Atom auszustatten. Ein $^{13}$C pro Molekül hat jedoch katastrophale spektroskopische Konsequenzen. Erst wenn 99.99 % reines $^{12}$C vorliegt, ergibt dies 99.4 % reines $^{12}C_{60}$.

Das Vorhandensein eines einzigen $^{13}$C-Atoms im Buckyball zerstört die hohe Symmetrie des Moleküls und die meisten Entartungen der Rotationsniveaus werden aufgehoben. Die bosonische Natur geht verloren und alle $J$-Werte sind nun erlaubt. Da es unmöglich ist, ein bestimmtes Kohlenstoffisotop an einem bestimmten Platz einzubauen, müssen alle Permutationen $S_{60}$ für $C_{60}$ berücksichtigt werden und für alle 60 Elemente gibt es 60! oder $8.32 \cdot 10^{81}$ Konfigurationen. Es ist bereits erfolgreich gelungen, alle $^{12}$C-Atome durch $^{13}$C zu ersetzen. Trotzdem bleibt die Spinstatistik extrem kompliziert, da die 60 Kerne $2^{60}$ ($= 1.2 \cdot 10^{18}$) Spinzustände ermöglichen. Jeder Rotationszustand hat nun 31 Kernspinquantenzahlen von $I = 0$ bis $I = 30$. Darüber hinaus gibt es weiterhin die 174 Schwingungsmoden. Ein wahres Paradies für den beherzten Experimentalisten!

## 3.5.4.4 Die elektronischen Zustände

Fullerene unterscheiden sich wesentlich von den weit verbreiteten Kohlenwasserstoffen durch die ungewöhnliche Hybridisierung der atomaren s- und p-Zustände. In Diamant ergibt die $sp^3$-Überlagerung einen Bindungswinkel von 109.5° und vier äquivalente Bindungen. Das führt zu einem großen energetischen Abstand der bindenden und antibindenden Zustände (5.5 eV), weshalb Diamant ein sehr guter Isolator ist. In Graphit liegt $sp^2$-Hybridisierung vor und nur drei äquivalente Bindungen mit einen Winkel von 120° werden gebildet. Das vierte Orbital hat π-Charakter, steht senkrecht zur Ebene und bildet schwache Bindungen zur benachbarten Netzebene. Im Vergleich dazu sind die Fullerene insofern verschieden, als sie weder rein $sp^3$- oder $sp^2$-hybridisieren, vielmehr stellen sie eine Mischung dieser zwei Möglichkeiten dar, weshalb sie einen Winkel von 11.6° an den Ecken zwischen zwei Sechsecken ($sp^3$) und einem Fünfeck ($sp^2$) bilden. Diese Konfiguration hat etwas weniger Bindungsenergie und die Orbitale sind radial nach außen gerichtet, erzeugen aber keine Ladungsdichte im Zentrum des Käfigs. Wenn diese Moleküle einen Festkörper bilden, werden die Orbitale kaum verbreitert, was zu einem molekularen Kristall mit sehr schmalen Valenz- und Leitungsbändern sowie einem kleinen Energieabstand zwischen dem höchsten besetzten Zustand (HOMO) und dem niedrigsten unbesetzten Zustand (LUMO) führt.

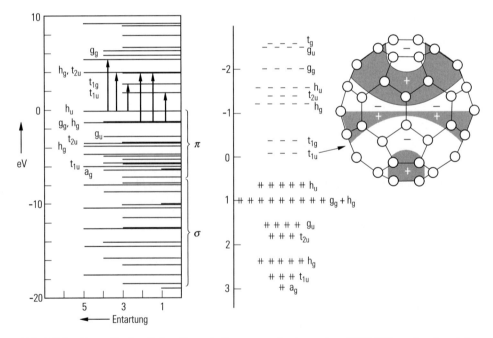

**Abb. 3.179** Erste Spalte, links: Energiediagramm der besetzten (HOMO) und unbesetzten (LUMO) Zustände von $C_{60}$ und die erlaubten Übergänge. Zweite Spalte, Mitte: die zugehörigen Schwingungszustände und ihre Besetzungsverteilungen. Dritte Spalte, rechts: die Wellenfunktion des dreifach entarteten Leitungsband-$t_{1u}$-Zustands mit drei Nulldurchgängen und ungerader Parität [122].

3.5 Moleküle von physikalischem Interesse – Beispiele    653

Die 60 π-Elektronen besetzen 30 molekulare Orbitale (zwei Spins pro Zustand). Diese molekularen Konfigurationen kann man nicht mehr erraten, sondern es bedarf detaillierter quantenchemischer Rechnungen, um die energetische Reihenfolge zu bestimmen. Diese Ergebnisse können dann durch winkelaufgelöste Photoelektronenspektroskopie überprüft werden. Abb. 3.179 zeigt die derzeitig akzeptierte Verteilung der 180 σ- und der 60 π-Orbitale sowie die Besetzung der π-Zustände, der letzten 60 Elektronen. Ferner sind eine Reihe von leeren Zuständen dargestellt, welche für Anregungen zur Verfügung stehen. Die π-Orbitale liegen alle auf der Oberfläche des Käfigs und müssen deshalb einer globalen sphärischen Quantenzahl $L$ zugeordnet werden. Diese Zahl muss bei den Auswahlregeln mit berücksichtigt werden. Die Theorie macht folgende Zuordnung: $a_g$ und $L = 0$; $t_{1u}$ und $L = 1$; $h_g$ und $L = 2$; $t_{g2}$, $g_u$ und $L = 3$; $g_h + h_g$, $h_u$ und $L = 4$.

Die in Abb. 3.179 eingezeichneten Übergänge müssten als scharfe Spektrallinien messbar sein. Da jedoch die Schwingungseigenzustände sehr stark mit den elektronischen Eigenfunktionen koppeln, erzeugen sie ein sehr komplexes System von vibronischen Wellenfunktionen und sie sind der Ausgangspunkt für die zu messenden Spektrallinien. Es gibt viele Möglichkeiten, die elektronischen und Vibrationszustände zu koppeln. Durch die Kombinationen von geraden und ungeraden Wellenfunktionen werden viele verbotene Übergänge, wenn auch schwach, möglich. Dieser Kopplungsmechanismus wurde in Abschn. 3.2.5.4 als Herzberg-Teller-Störung erklärt. Für $C_{60}$ ist der Effekt besonders bedeutend, da der Energieunterschied zwischen den elektronischen Zuständen nur 10-mal größer ist als die der koppelnden Schwin-

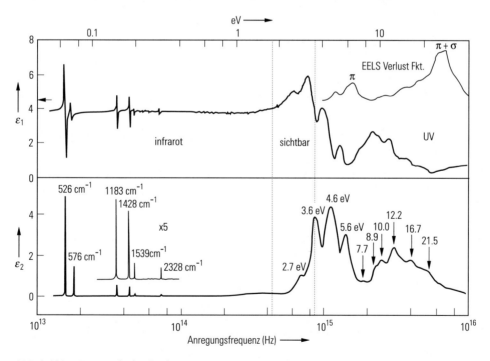

**Abb. 3.180** Das optische Spektrum von $C_{60}$, zerlegt in die realen und imaginären Anteile. Die Messmethode ist im Text erklärt.

gungen. Das integrierte elektromagnetische Spektrum bestimmt die dielektrischen Konstanten mit ihrem Real- und Imaginärteil. Abb. 3.180 zeigt die Absorption vom niedrigen Infraroten bis zum tiefen UV.

Normalerweise wird die Dielektrizitätskonstante $\varepsilon = \varepsilon_1(\omega) + i\varepsilon_2(\omega)$ mit einem Festkörper in Verbindung gebracht. In der Tat wurde Abb. 3.180 an einem 600 nm dicken $C_{60}$-Film aufgenommen. Diese Daten sind nur wenig verschieden von denjenigen der freien Moleküle, da die intermolekulare Bindungsenergie sehr klein ist und die Ladungsdichten kaum verändert werden. Es soll daran erinnert werden, dass die optischen Eigenschaften durch $\varepsilon(\omega)$ für einen großen Frequenzbereich wie folgt dargestellt werden:

$$\varepsilon = \varepsilon_1(\omega) + i\varepsilon_2(\omega) = [n(\omega) + ik(\omega)]^2;$$

$n(\omega)$ ist die Brechzahl und $k(\omega)$ der Absorptionskoeffizient. Mit den Daten in Abb. 3.180 kann man mit Hilfe der Clausius-Mossotti-Beziehung sofort die molekulare Polarisation $\alpha_M(\omega)$ bestimmen, wenn man die Dichte der $C_{60}$-Moleküle mit $4/a^3$ ansetzt (mit der Gitterkonstanten $a = 1.417$ nm).

### 3.5.4.5 Winkelaufgelöste Photoelektronenspektren

Einen direkten Zugang zu den Symmetrien der elektronischen Wellenfunktionen eines Moleküls geben (e,2e)-Messungen, wie sie bereits in Abschn. 3.4.5.3 ausführlich besprochen wurden. Hochaufgelöste Photoemissionsspektren können nur im Vergleich mit Ergebnissen von Rechnungen interpretiert werden. Sehr interessante Erkenntnisse kann man aber auch aus winkelaufgelösten Photoelektronenspektren gewinnen, besonders für symmetrische Cluster wie $C_{60}$. Die von den Photonen ausgelösten Elektronen kommen vorwiegend von den relativ scharfen Randzonen der Moleküle, da sich die inneren Elektronen wie ein freies Elektronengas verhalten. Letztere können deshalb kein Photon absorbieren, da im Zweier-Stoß (Photon/Elektron) Energie- und Impulserhaltungssatz nicht gleichzeitig erfüllt werden können. Am Rand ist die Kopplung zum Kerngerüst stark genug, um den Rückstoß auszutauschen und das Elektron kann ins Kontinuum entweichen [129].

Die Streutheorie macht folgende Voraussagen für diese Situation. Wenn $R$ der Radius des emittierenden $C_{60}$-Moleküls ist und die emittierten Elektronen aus dieser Zone entweichen, berechnet sich der Wirkungsquerschnitt zu:

$$\sigma_{if} \propto |\Psi_f(R)\Psi_i(R)|^2 \propto 1 + \cos(2kR - 2\eta),$$

wobei $k = (h\nu + E_i)^{1/2}$ ist. $E_i$, die Bindungsenergie, ist wesentlich kleiner als $h\nu$. Daher kann man das Elektron im Kontinuum mit sphärischen Bessel-Funktionen beschreiben, wobei die Phasenverschiebung $\eta$ durch das Zentrifugalpotential verursacht wird und den Wert $\eta_l = l\pi/2$ hat. Das Zentrifugalpotential bestimmt $l$. Damit ist zu erwarten, dass der Wirkungsquerschnitt als Funktion des übertragenen Impulses $k$ mit der Frequenz $2R$ oszilliert. Wenn die Kante abgerundet ist, wird die Oszillation mit $\exp(-ak)$ gedämpft, wobei $a$ die Abrundung beschreibt. (Die Dämpfung eines reinen Kastenpotentials ist proportional zu $k^{-7}$.)

Wie man in Abb. 3.181 sieht, sind laut Theorie die 60-mal vier Valenzelektronen nicht homogen über den $C_{60}$-Käfig verteilt, sondern haben eine ausgeprägte Scha-

3.5 Moleküle von physikalischem Interesse – Beispiele   655

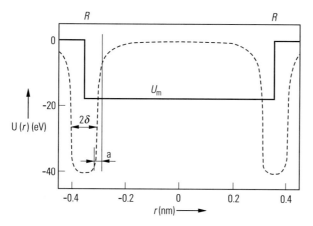

**Abb. 3.181** Kastenpotential $U(r)$ mit der Tiefe $U_m$ und das Schalenpotential von $C_{60}$ mit der Wanddicke $2\delta$ und der Abrundung $a$ [130].

**Abb. 3.182** Konturdarstellung der Elektronendichte der HOMO-Zustände von $C_{60}$ in einem Kristall [122].

lenverteilung. Dies ändert das Potential in der Theorie: Indem man zwei Kanten einführt, $R_<$ und $R_>$, entstehen zwei oszillierende Funktionen, die interferieren und somit Schwebungen erzeugen können [130]. Abb. 3.182 zeigt ein solches Potential. Alle diese Phänomene wurden experimentell gefunden, und Größe und Dicke des von den Valenzelektronen hervorgerufenen Schalenpotentials konnten bestimmt werden. Es war sogar möglich, nicht nur die Photoelektronen aus dem HOMO-Zustand sondern auch diejenigen aus dem nächsttiefsten (HOMO-1) zu analysieren. Die HOMO-Elektronen vom $h_u$ Zustand haben $l = 5$ und besetzen die $l = 6$- und $l = 4$-Kontinuums-Drehmomente nach der Ionisation. Diese haben je eine Phasen-

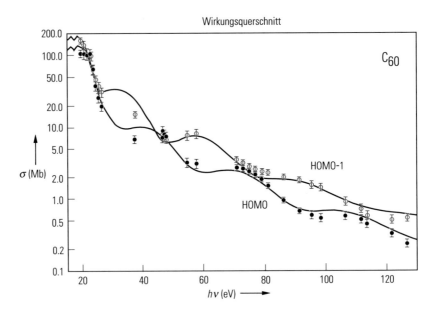

**Abb. 3.183** Photoelektronenspektrum von weicher Synchrotronstrahlung an $C_{60}$ in der Gasphase. Das Elektronenspektrometer war erst für die Anregung des HOMO-Zustandes und dann für die des HOMO-1-Zustandes eingestellt [129].

verschiebung von $2\pi$, so dass beide Partialwellen in Phase laufen. Die HOMO-1 Elektronen besitzen $l = 4$ und im Kontinuum $l = 3$ und $l = 5$, wieder mit Phasengleichheit. Werden aber die HOMO- mit den HOMO-1-Elektronen verglichen, ergibt sich ein $\Delta l = 1$ und eine Phasenverschiebung um $\pi$, wie die gemessenen Wirkungsquerschnitte (Abb. 3.183) und Theorie schön zeigen [129, 130]. Die tiefer liegenden Zustände können bis heute noch nicht aufgelöst werden, und die Interferenzen mitteln sich heraus.

### 3.5.4.6 Endohedrale Fullerene

Bis jetzt waren alle Betrachtungen auf $C_{60}$-Moleküle beschränkt, in denen das Käfiginnere von den Valenzelektronen beherrscht wurde. Es wurde aber sehr früh erkannt, dass man gezielt ein einzelnes Atom oder mehrere in das Innere der Kohlenstoffschale einschließen kann. Diese Gruppe von Verbindungen erhielt den Namen „*endohedral*". Die Möglichkeit, bestimmte Atome gezielt an einer Reaktionsstelle zur Verfügung zu stellen, führte zu vielen Vorschlägen einer „dosierten" Chemie. Die erste Erzeugung dieser Verbindungen gelang durch das Dotieren des Graphit-Targets, welches vom Laserstrahl beschossen wird, um $C_{60}$ herzustellen. Damit war es möglich, in die Schalenstruktur des Kohlenstoffgerüsts ein anderes Atom einzubauen. $C_{60}$ kann auch als Substrat benutzt und seine Oberfläche mit verschiedenen Adsorbaten bedampft werden. Wenn man die letztgenannten Verbindungen kristallisiert, entstehen dotierte Festkörper mit bemerkenswerten Eigenschaften. Da es bis heute nur in wenigen Fällen gelungen ist, wägbare Mengen dieser ausgefallenen Substanzen herzustellen, ist es messtechnisch schwierig festzustellen, wie viele Atome das $C_{60}$ eingelagert hat und wo. Für die La-Verbindungen war ESR-Spektroskopie sehr erfolgreich [132]. Es war auch möglich, $LaC_{60}$ mit einem starken Laser zu bestrahlen und sukzessive $C_2$-Fragmente zu entfernen, wobei bis $C_{44}$ die Kohlenstoffschale erhalten blieb. Diese Stabilität kommt daher, dass die 5d-Elektronen des La mit den 2p-LUMO-Zuständen hybridisieren und somit die Geometrie der Schale nicht ändern. Rechnungen zeigten sogar, dass, wenn das La etwas aus der Mitte rückt, sich der neue Mischzustand erniedrigt und Platz geschaffen wird, ein weiteres La-Atom aufzunehmen. Bis zu drei La-Atome können eingebaut werden. Diese Substitutionen verändern die Zustandsdichteverteilung zwischen HOMO und LUMO sehr stark. Bis heute ist es gelungen, folgende Atome einfach und mehrfach sowie gemischt einzubauen: Ca, Co, Cs, Fe, K, Li, Ne, Rb, Y und Myonium.

In die Schale des $C_{60}$-Moleküls konnte bis jetzt nur B eingebaut werden, da die meisten Atome entweder abweichende ionischen Radien oder verschiedene Bindungsmechanismen haben. Die größte Vielfalt gibt es bei den angelagerten Verbindungen. Hier haben die schwereren Alkaliatome Na, Rb und Cs Aufmerksamkeit erregt, da ihre Kristalle supraleitend sind. Die Alkaliionen sitzen in den Ebenen zwischen den $C_{60}$-Molekülen und treiben die elektronische Zustandsdichte so hoch, dass die Elektron-Phonon-Wechselwirkung stark genug ist, Supraleitung herzustellen. Es gibt zwei charakteristische Plätze für die Einlagerungen: tetraedrische (kleine) und oktaedrische (große). Wenn man die tetraedrischen Öffnungen mit Rb und die oktaedrischen mit Cs besetzt, dann ergibt sich die Konfiguration $Cs_2RbC_{60}$, die eine kritische Temperatur von 33 K besitzt [133]. Dies ist der beste Supraleiter, welcher der Bardeen-Cooper-Schrieffer-Theorie gehorcht. Da diese Theorie oft bestätigt wurde, weiß man im Prinzip genau, was man ändern muss, um $T_C$ weiter zu erhöhen. Das ist zur Zeit ein interessantes Forschungsprojekt.

Die Fullerene sind ein besonders schönes Beispiel, wie alle Facetten der Molekülphysik zusammenkommen müssen, um neue Verbindungen zu erzeugen. Und wie man dann alle hier beschriebenen Messmethoden einsetzen muss, um die neuen Verbindungen zu verstehen. Das Ziel ist, sie gezielt zu modifizieren, um gewünschte Eigenschaften zu erreichen.

## Literatur

[1] Thompson, K.C., Reynolds, R.J., Atomic Absorption, Fluorescence and Flame Emission Spectroscopy, Griffin, London, 1978
[2] Tompkins, F.C., Chemisorptions of Gases on Metals, Academic Press, New York, 1978
[3] Ketterle, W., Physica B **280**, 11, 2000
[4] Gillard, R.D., in: Physical Methods in Advanced Inorganic Chemistry (Eds. Hill, H.A.O., Day, P.), Interscience, London, 1968, S. 167
[5] Wan, J.K.S., Adv. Photochem. **12**, 283, 1980
[6] Gemmell, D.S., Chem. Rev. **79**, 233, 1979
[7] Harris, R.K., Nuclear Magnetic Resonance Spectroscopy, Pitman, London, 1983

[8] Watt, L.M., The Principles and Practice of Electron Microscopy, Cambridge University Press, 1985
[9] Botin, E.R., Introduction to X-ray Spectrometric Analysis, Plenum Press, New York, 1978
[10] Chapman, J.R., Practical Organic Mass Spectrometry, Wiley, New York, 1985
[11] Marshall, A.G., Int. J. Mass. Spectrom. **200**, 331, 2000
[12] Karrer, R., Neff, H.J., Hengsberger, M., Gerber, T., Osterwalder. J., Rev. Sci. Instr. **72**, 4404, 2001
[13] Hollas, J.M., High Resolution Spectroscopy, Butterworths, London, 1982
Long D.A., Raman Spectroscopy, McGraw Hill, New York, 1977
[14] Goering, E., Fuss, A., Weber, W., Will, J., Schulz, G.J., Appl. Phys. **88**, 5920, 2000
[15] Dawson, P.H. (Ed.), Quadrupole Mass Spectrometry and its Applications, Elsevier, Amsterdam, 1976
[16] Stephen, P.J., Ann. Rev. Phys. Chem. **25**, 201, 1974
[17] Gibbs, T.C., Principles of Mössbauer Spectroscopy, Chapman and Hall, London, 1976
[18] Brill, R., Mason, R. (Eds.), Advances in Structure Research by Diffraction Methods, Vol. 2, Vieweg/Interscience, 1966
[19] Hore, P.J., Nuclear Magnetic Resonance, Oxford University Press, Oxford, 1995
[20] Borysow. J., Taylor, R.H., Ketto, J.W., Optics Commun. **68**, 80, 1988; Schrötter, H.W., NATO Adv. Study Inst. Ser., C, **93**, 603, 1982
[21] Chang, R.K., Furtak, T.E. (Eds.), Surface Enhanced Raman Scattering, Plenum Press, New York, 1982
[22] du Burck, F., Laser Physics **11**, 1073, 2001
[23] Bradley, P.G., Kress, N., Hornberger, B.A., Dallinger, R.F., Woodruff, W.H., J. Am. Chem. Soc. **103**, 7441, 1981
[24] Harris, R.K., Nuclear Magnetic Resonance Spectroscopy, A Physicochemical View, Pitman, Marshfield, 1983
[25] Ebsworth, E.A.V., Rankin, D.W.H., Cradock, S., Structural Methods in Inorganic Chemistry, Blackwell, Scientific Publications, Oxford, 1987
[26] Kaufman, L., Crooks, L.E., Margulis, A.D., Nuclear Magnetic Resonance in Medicine, Igaku-Shoin, Tokyo, 1981
[27] Martin, M.L., Martin, G.J., Delpunch, J.J., Practical NMR Spectroscopy, Heyden, London, 1980
[28] Symous, M.C.R., Chemical and Biochemical Aspects of Electron Spin Resonance Spectroscopy, Van Nostrand Reinhold, New York, 1978
[29] Kwan, L., Kispert, L.D., Electron Spin Double Resonance Spectroscopy, Wiley, New York, 1976
[30] Assour, J.M., J. Chem. Phys. **43**, 2477, 1965
[31] Labrauze, G., Raynor, J.R., Samuel, E.J., Chem. Soc. Dalton Trans. **2425**, 1980
[32] Cotton, F.A., Chemical Applications of Group Theory, Wiley, New York, 1971
[33] Guillory, W.A., Introduction to Molecular Structure and Spectroscopy, Allyn and Bacon, Boston, 1977
[34] Salthouse, J.A., Ware, M.J., Point Group Character Tables and Related Data, Cambridge University Press, London, 1972
[35] Herzberg, G., Molecular Spectra and Molecular Structure, Vol. 1 and 11, Van Nostrand Reinhold, New York, 1945
[36] Gordy, W., Cook, R.L., Microwave Molecular Spectra, Wiley, New York, 1970
[37] Goldsmith, P.F., Snell, R.L., Deguchi, S., Krotov, R., Linke, R.R., Astrophys. J. **260**, 147, 1982
[38] Duncan, J.L., Harper, J., Mol. Phys. **51**, 371, 1984
[39] Ross, S.D., Inorganic Infrared and Raman Spectra, McGraw Hill, London, 1971

[40] Wilson, E. B. Jr., Decius, J. C., Cross, R. C., Molecular Vibrations; the Theory of Infrared and Raman Vibrational Spectra, McGraw Hill, New York, 1955
[41] Walther, H. (Ed.), Laser Spectroscopy of Atoms and Molecules, Springer, Berlin, 1976
[42] Hänsch, T. W., Shen, Y. R. (Eds.), Laser Spectroscopy VII, Springer, Berlin, 1985
[43] Weber, A. (Ed.), Raman Spectroscopy of Gases and Liquids, Springer, Berlin, 1979
[44] Campbell, J. R., Clarke, R. J. H., Mol. Phys. **36**, 1133, 1978
[45] Faraday Discussions of the Chemical Society on Intramolecular Kinetics 75, Fletcher, London, 1985
[46] Zewail, A. H., Physics Today **33** (11), 27, 1980
[47] Bethe, H., Ann. Phys. **5**, 325, 1930
[48] Pēpin, H. et al., J. Vac. Sci. Techn. **B5**, 27, 1987
[49] Cowley, J. M., Acta Cryst. **A32**, 88, 1976
[50] Bonham, R. A., Fink, M., High Energy Electron Scattering, Van Nostrand Reinhold, New York, 1974
[51] Faxen, H., Holtzmark, J., J. Phys. **45**, 307, 1927
[52] Ross, A., Fink, M., Hildebrandt, T., International Tables for Crystallography, Vol. C, Kluwer Acad. Press, 1992
[53] Schomaker, V., Glauber, R., Phys. Rev. 89, 667, 1953
[54] Bartell, L. S., J. Chem. Phys. **23**, 1219, 1955
[55] Kuchitsu, K., Bartell, L. S., J. Chem. Phys. **35**, 1945, 1961
[56] Kohl, D. A., Hilderbrandt, R. L., J. Mol. Struct., Theo. Chem. **85**, 325, 1981
[57] Mawhorter, R. J., Fink, M., J. Chem. Phys. **79**, 3292, 1983
[58] Miller, B. R., Fink, M., J. Chem. Phys. **83**, 939, 1985
[59] Holder, C. H., Gregory, D., Fink, M., J. Chem. Phys. **75**, 5318, 1981
[60] Hamilton, W. C., Statistics in Physical Science, Ronald Press Co., New York, 1964
[61] Hargittai, I. und M. (Eds.), Stereochemical Applications of Gas-Phase Electron Diffraction, VCH publishers, Weinheim, 1988
[62] Ketkar, S. N., Kelley, M., Fink, M., Ivey, R. C., J. Mol. Struct. **77**, 27, 1981
[63] Cruickshank, D. W. J., Sparks, R. A., Proc. R. Soc. Ser. **A258**, 270, 1960
[64] Blander, M., Davidovits, R., McFadden, D. L. (Eds.), Alkali Halide Vapors, Academic Press, New York, 1979
[65] Mawhorter, R. J., Fink, M., Hartley, J. G., J. Chem. Phys. **83**, 4418, 1985
[66] Hartley, J. G., Fink, M., J. Chem. Phys. **89**, 6053, 1988
[67] Brumer, P., Karplus, M., J. Chem. Phys. **64**, 5165, 1976
[68] Costain, C. C., Stoicheff, B. R., J. Chem. Phys. **30**, 777, 1959
[69] Galli, G., Andreoni, W., Tosi, M. R., Phys. Rev. **A34**, 3580, 1986
[70] Geiger, J., Schröder, B., J. Chem. Phys. **50**, 7, 1969
[71] Brundle, C. R., Baker, A. D., (Eds.), Electron Spectroscopy: Theory, Techniques and Applications, Vol. 3, Academic Press, London, 1979
[72] Bromberg, J. P., J. Chem. Phys. **61**, 963, 1974
[73] Fink, M., Ross, A. W., Fink, R. S., Z. Phys. D **11**, 231, 1989
[74] Kohl, D. A., Shipsey, E. J., Z. Phys. D **24**, 33, 1992 und **24**, 39, 1992
[75] Stolte, S., Ber. Bunsenges. Chem. **86**, 413, 1982
[76] Gaubatz, U., Rudecki, R., Schiemann, S., Bergmann, K., J. Chem. Phys. **92**, 5363, 1990
[77] Kaesdorf, S., Schönhense, G., Heinzmann, U., Phys. Rev. Lett. **64**, 885, 1985
[78] Jost, K., Herrmann, D., Kessler, J., Fink, M., J. Chem. Phys. **64**, 1, 1976 und Jost, K., Herrmann, D., Kessler, J., Fink, M., J. Chem. Phys. **63**, 1985, 1975
[79] Massey, H. S. W., Burhop, E. H. S., Electronic and Ionic Impact Phenomena, Vol. 1 and 2, Clarendon Press, Oxford, 1969
[80] Christophorou, L. G., Electron-Molecule Interactions and Their Applications, Vol. I, Academic Press, New York, 1984

[81] Schulz, G.J., Rev. Mod. Phys. **45**, 378, 1973
[82] Shimamura, I., Takayanagi, K., Electron-Molecule Collisions, Plenum Press, N.Y., 1984
[83] Mathur, D., Roy, A., Krishna Kumar, S.V., Rajgara, F.A., Phys. Rev. **A31**, 2709, 1985
[84] Shang-de, X., Fink, M., Kohl, D.A., J. Chem. Phys. **81**, 1940, 1984
[85] Helgaker, T., Jorgensen, P., Olsen, J., Molecular Electronic-Structure Theory, Chichester, 2000
[86] Bartell, L.S., Gavin, R.M. Jr., J. Am Chem. Soc. **86**, 3493, 1964
[87] Olsen, J.S., Buras, B., Jensen, T., Acta Crystallogr. **A34**, 84, 1978
[88] Mitsuhashi, T., Ijima, T., Chem. Phys. Lett. **109**, 195, 1984
[89] Bartell, L.S., Gignac, W.J., J. Chem. Phys. **70**, 3952, 3958, 1979
[90] Bartell, L.S., Johnson, R.B., Nature **268**, 707, 1977
[91] Gilmore, F.R., J. Quant. Spec. And Rad. Trans. **5**, 540, 1965
[92] Wahl, Ch., Science **151**, 961, 1966
[93] Browne, J., Wolniewicy, K., J. Chem. Phys. **51**, 5002, 1969
[94] Demtröder, W., Stock, M., Stetzenbach, W., Witt, J., J. Mol. Spectrosc. **61**, 382, 1976
[95] Schleich, W., Wheeler, J.A., Ann. Phys. 1991
[96] Wright, G.R., Brion, C.E., Van der Wiel, M.J., J. Electron. Spectrosc. **1**, 457, 1972/73
[97] Wright, G.R., Brion, C.E., J. Electron. Spectrosc. **3**, 191, 1974
[98] Frost, L., Grisogono, A.M., McCarthy, I.E., Weigold, E., Brion, C.E., J. Chem. Phys. **113**, 1, 1987
[99] Cramer, S.R., Hodgson, K.O., Progr. Inorg. Chem. **25**, 1, 1979
[100] Teo, B.K., Eisenberger, P., Kincaid, B.M., J. Am. Chem. Soc. **100**, 1735, 1978
[101] Teo, B.K., Joy, D.C. (Eds.), EXAFS Spectroscopy, Techniques and Application, Plenum Press, New York, 1981
[102] Stern, E.A., Scientific American **234**, 96, 1976
[103] Crowe, K., Duclos, J., Fiorentini, G., Torelli, G. (Eds.), Exotic Atoms '79: Fundamental Interactions and Structure of Matter, Plenum Press, New York, 1980
[104] Ponomarev, L.I., Faifman, M.R., Sov, Phys. JETP **44**, 886, 1976
[105] Cohen, J.S., Leon, M., Phys. Rev. Lett. **55**, 52, 1985
[106] Jones, S.E., Nature **321**, 127, 1986
[107] Ditmire, T., Zweiback, J., Yanovsky, V.P., Cowan, T.E., Hays, G., Wharton, K.B., Nature **398**, 4898, 1999
[108] Le Blanc, S.L., Sauerbrey, R., Rae, S.C., Burnett, K., J. Opt. Soc. Am. **B10**, 1801, 1993
[109] Cotton, F.A., Walton, R.A., Multiple Bonds between Metal Atoms, Wiley, New York, 1982
[110] Cotton, F.A., Koch, S.A., Millar, M., Inorg. Chem. **17**, 2087, 1978
[111] Goruganthu, R.R., Coplan, M.A., Moore, J.H., Tossel, J.A., J. Chem. Phys. **89**, 25, 1988
[112] Cowley, A.H., Progr. Inorg. Chem. **26**, 45, 1979
[113] Blaney, B.L., Ewing, G.E., Ann. Rev. Phys. Chem. **27**, 553, 1976
[114] Levy, D.H., Ann. Rev. Phys. Chem. **31**, 197, 1980
[115] Levy, D.H., Wharton, L., Smalley, R.E., Chemical and Biochemical Applications of Lasers, Vol. 2, Moore, C.B. (Ed.), Academic Press, New York, 1977
[116] Schöllkopf, W., Toennies, J.P., Science **266**, 1345, 1994
[117] Frommhold, L., Collision Induced Absorption in Gases, Cambridge University Press, New York, 1994
[118] Le Roy, R.J., Van Kranendonk, J., Chem. Phys. **61**, 4750, 1974
[119] Donath, W.E., Pitzer, K.S., J. Am. Chem. Soc. **78**, 4562, 1956
[120] Frommhold, L., Samuelson, R., Birnbaum, G., Astrophys. J. **283**, L79, 1984
[121] Kroto, H.W., Heath, J.R., O'Brien, S.C., Curl, R.F., Smalley, R.E., Nature **318**, 162, 1985

[122] Dresselhaus, M.S., Dresselhaus, G., Eklund, P.C., Science of Fullerenes and Carbon Nanotubes, Academic Press, London, 1995
[123] Krätschmer, W., Fostiropoulos, K., Huffman, D.R., Chem. Phys. Lett. **170**, 167, 1990
[124] Smalley, R.E., Material Science and Engineering **B19**, 1, 1993
[125] Taylor, R., Hare, J.P., Abdul-Sada, K.A., Kroto, H.W., J. Chem. Soc. Chem. Comm., **20**, 1423, 1990
[126] Hedberg, K., Hedberg, L., Buhl, M., Bethune, D.S., Brown, C.A., Johnson, R.D., J. Am. Chem. Soc. **119**, 5314, 1997
[127] Eklund, P.C., Zhou, P., Wang, K.A., Dresselhaus, G., Dresselhaus, M.S., J. Phys. Chem. Solids **53**, 1391, 1992
[128] Schlüter, M., Lannoo, M., Needels, M., Baraff, G.A., Tomanek, D., J. Phys. Chem. Solids 53, 1473, 1992. In dieser Referenz wurde das Normalmoden-Model von M. Grabow erstellt.
[129] Becker, U., Gessner, O., Rüdel, A., J. Electron. Spectrosc. Relat. Phenom. **108**, 189, 2000
[130] Frank, O., Rost, J., Chem. Phys. Lett. 271, 367, 1997
[131] Attwood, D., Soft X-ray and Extreme Ultraviolet Radiation, Cambridge University Press, Cambridge, 1999
[132] Oshiyama, A., Saito, S., Hamada, N., Miyamoto, Y., J. Phys.Chem. Solids **53**, 1457, 1992
[133] Schön, W., Kloc, Ch., Barogg, B., Science **293**, 1570, 2001

# 4 Atomkerne*

*Klaus-Peter Lieb*

## 4.1 Einleitung

### 4.1.1 Wovon handelt die Kernphysik?

Aus vielen Gründen ist der Atomkern ein faszinierendes Forschungsobjekt. Von der instrumentellen Seite her liegen seine Dimension (einige $10^{-15}$ m, fm) und die Energien der von ihm ausgesandten Strahlungen (typisch Megaelektronvolt, MeV) außerhalb des unseren Sinnen zugänglichen Erfahrungsbereiches. Ausgeklügelte und meist aufwendige Nachweisgeräte sind daher zu seiner Untersuchung erforderlich, und die Geschichte der Kernphysik ist reich an genial ausgedachten Instrumenten. Faszinierend sind Atomkerne aber vor allem deswegen, weil sie uns neuartige Kräfte zeigen, die sich von den uns vertrauten klassischen Kräften der Gravitation und des Elektromagnetismus wesensmäßig unterscheiden.

**Neuartige Kräfte.** Für die Existenz, Größe und Form der Kerne, ihren Aufbau aus Protonen und Neutronen und den Ablauf von Kernreaktionen ausschlaggebend ist die sogenannte **starke Wechselwirkung**. Die Aufklärung ihrer Eigenschaften bildet nach wie vor ein wesentliches Ziel der Kernphysik. Im Gegensatz zur Massenanziehung, die ja zwischen allen massebehafteten Körpern herrscht, und der Coulombkraft, der alle geladenen Körper unterliegen, ist die starke Wechselwirkung auf jene Teilchen beschränkt, die wir mit dem Namen Hadronen bezeichnen; Protonen, Neutronen, Pionen usw. sind Hadronen. Dagegen erfahren z. B. Elektronen oder Myonen (Teilchen, die bis auf ihre 207mal größere Masse mit dem Elektron in allen Eigenschaften übereinstimmen) keine starke Wechselwirkung; man nennt diese leichten Teilchen Leptonen. Ein wichtiger Unterschied zwischen den klassischen Kräften, die mit dem reziproken Abstandsquadrat abfallend bis ins Unendliche reichen, und den Kernkräften ist die sehr kurze Reichweite der letzteren, die in der Größenordnung des Kerndurchmessers liegt.

Eine andere neuartige Kraft, **schwache Wechselwirkung** genannt, zeigt sich in allen Prozessen des β-Zerfalls. Die Tatsache, dass ein freies Neutron nicht stabil ist, sondern in ein Proton (und Leptonen) zerfällt, ist beispielsweise eine Konsequenz der schwachen Wechselwirkung. Während vieler Jahrzehnte waren Atomkerne die einzigen dem Experimentator zugänglichen Objekte, in denen er diese beiden neuartigen Krafttypen untersuchen konnte. Erst mit der Entwicklung hochenergetischer Teilchenbeschleuniger und empfindlicher Detektoren (vor allem für Neutrinos) gelang

---

* Meinen Gymnasial-Lehrern Hans Kirner, Willi Lieb und Julius Merkel gewidmet.

es, Systeme zu untersuchen, in denen starke und schwache Wechselwirkung unabhängig voneinander zu beobachten sind.

Man könnte vermuten, dass die gegenüber der starken Wechselwirkung um viele Größenordnungen geringeren elektromagnetischen und schwachen Kräfte, die in der modernen Feldtheorie unter dem Terminus *elektro-schwache Kräfte* zusammengefasst werden, im Kern generell vernachlässigbar seien. Dies ist jedoch nicht der Fall, da in einem mikroskopischen System neben der Stärke der Kräfte stets auch andere Eigenschaften zu berücksichtigen sind. Bei einem mit der klassischen bzw. Atomphysik vertrauten Leser orientieren sich die Begriffe Kraft und Wechselwirkung an der potentiellen Energie eines Systems und der durch sie vorgegebenen räumlichen Symmetrie. Man denke z. B. an das zentralsymmetrische elektrostatische $1/r$-Potential im Wasserstoffatom. Im Bereich der starken und schwachen Wechselwirkung spielen jedoch auch andere, zum Teil nicht-räumliche Symmetrien eine Rolle, die z. B. Prozesse verbieten oder behindern können, die energetisch möglich wären. Die Hinzunahme der elektroschwachen Wechselwirkung zwischen den Nukleonen erschwert zwar die mathematische Behandlung des Problems. Man muss sich jedoch vergegenwärtigen, dass die elektro-schwachen Kräfte bekannt und somit berechenbar sind, so dass ihr Zusammenwirken mit den starken Kräften häufig deren Effekte sichtbar macht. Dies wird in Abschn. 4.5 an einigen Beispielen gezeigt. Die Existenz und das Zusammenspiel aller drei in der mikroskopischen Physik wichtigen Kräfte in demselben Objekt, eben dem Atomkern, üben seit Beginn der Kernphysik einen besonderen intellektuellen Anreiz aus.

**Der Kern als quantenmechanisches Vielteilchensystem.** Sowohl Proton als auch Neutron besitzen einen halbzahligen intrinsischen Spin 1/2 (in Einheiten der Planck-Konstante $\hbar = h/2\pi$), sind also Fermionen. Die in der Natur vorkommenden Kerne sind aus bis zu 92 Protonen und 146 Neutronen aufgebaut. Die quantenmechanische Behandlung eines solchen **Vielfermionensystems** ist angesichts der Komplexität der Wechselwirkungen zwischen den Nukleonen ausgesprochen schwierig. Vergleicht man den Kern mit einem Atom, dessen Elektronen ja ebenfalls Fermionen sind, so liegen doch recht unterschiedliche Situationen vor: im Atom erzeugt der schwere Atomkern ein attraktives, langreichweitiges, zentrales Coulomb-Feld, das durch die elektrostatische Abstoßung der Elektronen untereinander (und andere Effekte) modifiziert wird. Im Kern liegt kein solcher ordnender Zentralkörper vor, sondern jedes Nukleon steht mit jedem anderen Nukleon in Wechselwirkung. Umso erstaunlicher war daher die Erfahrung, dass viele Kerneigenschaften durch recht einfache Modelle beschrieben werden, von denen einige in Abschn. 4.3 vorgestellt werden.

Wir wissen heute, dass die ursprünglich angenommenen Bestandteile der Kerne, also die Nukleonen und Pionen, nicht im wirklichen Sinne elementar sind, sondern ihrerseits aus Bausteinen aufgebaut sind, den **Quarks**. Man wird im Rahmen einer einheitlichen Beschreibung aller Wechselwirkungen versuchen, die Kernkräfte auf die (auch noch weithin ungeklärten) Kräfte zwischen den Quarks zurückzuführen. Allerdings müssen wir bisher davon ausgehen, dass es prinzipiell unmöglich ist, mit freien Quarks in der gleichen Weise zu experimentieren, wie wir das mit Protonen, Neutronen, Pionen und Kernen zu tun gewohnt sind; jedenfalls ist die Erzeugung freier Quarks noch nicht gelungen. Außerdem steht dem Wunsch, alle Phänomene der mikroskopischen Physik aus den Eigenschaften der elementarsten Bausteine zu erklären, in der Kernphysik die Schwierigkeit entgegen, dass bisher alle experimentellen Fakten in Kernen mit mehr als vier Nukleonen ohne den expliziten Rückgriff auf Quarks beschrieben werden können. Notwendigkeit und Nutzen der **Quantenchromodynamik** im Bereich der Kernphysik werden derzeit intensiv diskutiert. Aus dem Gesagten wird klar, dass das Verständnis der Atomkerne und ihrer Wechselwirkung untereinander und auf andere Teilchen ein schwieriges und interessantes Unterfangen ist, das sich theoretisch auf verschiedenen Ebenen abspielt und umfangreiches und detailliertes experimentelles Material erfordert. Im Abschn. 4.4 wird der Versuch unternommen, einige Beziehungen zwischen der Nukleon-Nukleon-Wechselwirkung und den Kräften und Eigenschaften von Quarks qualitativ zu diskutieren.

**Anwendungen der Kernphysik.** Abgesehen von der Untersuchung der Kerne und ihrer Zerfälle und Reaktionen zur Erforschung der starken Wechselwirkung, bietet die Kernphysik eine Reihe wichtiger Anwendungen auf anderen Gebieten der Physik und in vielen anderen Wissenschaften. Obwohl einige Anwendungen später an entsprechender Stelle erläutert werden, soll die folgende sehr unvollständige Zusammenstellung dem Leser vor Augen führen, wie vielfältig und fruchtbar sich der Austausch mit den Nachbarwissenschaften gestaltet. Innerhalb der Physik sind es vor allem die Astrophysik, die Festkörperphysik und die Materialwissenschaften, für die die Kernphysik wichtige Messmethoden und Ergebnisse bereitstellt. Die Astrophysik beschäftigt sich u. a. mit der Entstehung der Elemente und Isotope während der Sternentwicklung und mit der Energieerzeugung in Sternen. Der Elementaufbau vollzieht sich in langen Reaktionszyklen oder -ketten, die von einer großen Zahl im Labor messbarer Eigenschaften von Kernen und Reaktionen abhängen. Einige dieser Reaktionen sind sehr empfindlich gegenüber stellaren Größen wie Temperatur und Druck und ermöglichen daher sensitive Tests astrophysikalischer Szenarien. Erinnert sei auch an die langlebigen radioaktiven Überbleibsel aus der stellaren Elemententstehung, die zu Datierungszwecken nützlich sind; von ihnen wird in Abschn. 4.5.6 kurz die Rede sein.

Als Anwendungen auf den Gebieten der Festkörperphysik und Materialwissenschaften seien genannt die Methoden der Neutronenbeugung (zur Strukturaufklärung von Festkörpern, Polymeren, Flüssigkeiten und auch biologischen Substanzen), der Hyperfeinphysik (zur Untersuchung von Festkörperreaktionen, Bestrahlungseffekten, magnetischen Eigenschaften) und der Elementanalyse von Proben (mittels Neutronenaktivierung oder anderer Kernreaktionen sowie Rutherford-Streuung). In jüngster Zeit werden vermehrt auch die bei Kernzerfällen oder -reaktionen entstehenden exotischen Teilchen wie Positronen und Myonen auf festkörperphysikalische Probleme angewandt. Gehen wir zur Chemie, Biologie oder Medizin, so erweitert sich dort das Spektrum durch die Verwendung radioaktiver Isotope zur Markierung von Makromolekülen und zur medizinischen Diagnose (PET = Positron Electron Tomography). Aber auch stabile Isotope finden Verwendung, z. B. bei der Methode der magnetischen Kernresonanz (in der Chemie) bzw. der Kernspintomographie (in der Medizin); Radiochemie und Nuklearmedizin stellen wichtige Disziplinen dar. Als wichtigste technische Anwendung sind sowohl die verschiedenen Typen der Spaltreaktoren zur Stromerzeugung zu nennen als auch Fusionsreaktoren.

**Hinweise zu diesem Artikel.** Am Ende dieses Abschnitts seien einige kurze Bemerkungen zu Stil und Umfang dieser Einführung in die Kernphysik erlaubt. *Der Schwerpunkt der Abhandlung liegt auf den kernspektroskopischen Messmethoden und Ergebnissen, die den Kern in der Nähe des Grundzustands beleuchten.* Hier sind im letzten Jahrzehnt mehrere wichtige „elementare" Anregungsmethoden entdeckt worden, die in diesem Kapitel kurz erläutert werden. Das weite Gebiet der Kernreaktionen und der in den letzten Jahren sich stürmisch entwickelnde Bereich der Mittelenergie-Kernphysik (Reaktionen bis zu etwa 1 GeV Projektilenergie) werden nur am Rande gestreift. Eine Reihe von Lehrbüchern und Monographien, die sich an Studierende der mittleren und höheren Semester wenden, ist im Literaturverzeichnis zusammengestellt. Der Verzicht auf eine geschlossene Darstellung der Kernreaktionen wird dadurch entschärft, dass sie an entsprechender Stelle im Text erläutert werden, ein Hinweis darauf, dass moderne Kernphysik ohne Beschleuniger und Kernreaktoren undenkbar ist. Einige auch in der Kernphysik häufig benutzte Detektortypen sind in Abschn. 4.2 bzw. Kap. 5 vorgestellt.

### 4.1.2 Kurzer Abriss der historischen Entwicklung

**Die vier Phasen der Kernphysik.** In der Entwicklung der Kernphysik während der vergangenen neunzig Jahre lassen sich vier Phasen unterscheiden. Der erste Abschnitt (1896–1932) ist gekennzeichnet durch die Entdeckung der Bestandteile des Atomkerns (Proton, Neutron) und der hauptsächlich radioaktiven Zerfallsarten. Die Befruchtung durch und das Wechselspiel mit der Atomphysik und Quantenmechanik sind in dieser Phase unverkennbar. Der zweite Abschnitt umfasst etwa die Jahre 1930–1953. In ihn fallen wesentliche theoretische Arbeiten über die Natur der Kernkräfte und die Entwicklung einfacher Kernmodelle (Tröpfchenmodell, Schalenmodell, Kollektivmodell). Viele Eigenschaften von Kernen im Grundzustand wie deren Masse, Spin, magnetisches Moment und Zerfälle wurden systematisch erforscht. Die Entdeckung der Kernspaltung und ihre ersten technischen Anwendungen verhalfen der Kernphysik zu großer Popularität, ebenso wie der Bau und Einsatz der ersten Spalt- und Wasserstoffbomben eminente politische Bedeutung erlangten.

In der darauf folgenden dritten Phase, in der wir uns noch befinden, werden diese Ideen verfeinert, präzisiert und mit einer Fülle experimenteller Ergebnisse mittels Kernreaktionen und -spektroskopie untermauert. Der Schwerpunkt liegt auf den niederenergetischen „elementaren Anregungen" (bis ca. 50 MeV Anregungsenergie) und deren quantenmechanischer Behandlung. Kennzeichen dieser Phase sind auch die Entwicklung vieler leistungsfähiger Beschleuniger und Detektorsysteme und der Einsatz der Datenverarbeitung. Seit etwa 20 Jahren hat sich das Gebiet der Mittelenergie-Kernphysik (Reaktionen mit bis zu ca. 1 GeV/Nukleon) etabliert, die vor allem die Strukturen der leichtesten Nukleonen- und Mesonenzustände thematisiert. Parallel dazu hat sich eine vierte Phase angebahnt, in der (wieder) verstärkt Fragen der Teilchenphysik und Kosmologie aufgegriffen werden. Vereinfachend ausgedrückt geht es einerseits um die Rückführung der Kernkräfte auf die Wechselwirkung der fundamentalen Bausteine, der Quarks, andererseits um die Rolle der Kernkräfte bei der Entwicklung des Weltalls und einzelner Sterntypen (Neutronensterne, Supernovae, Neutrinophysik, Nukleosynthese). Diese erneute Öffnung zur Teilchenphysik wird auch gespeist durch die Hoffnung auf eine Vereinheitlichung der starken mit der elektroschwachen Wechselwirkung.

**Entdeckung der nuklearen Grundbausteine.** Die Entdeckung der natürlichen **Radioaktivität** von Uran durch Becquerel [1] und die erste chemische Trennung der radioaktiven Elemente Polonium (Po) und Radium (Ra) durch Pierre und Marie Curie [2] geschahen kurz vor der Wende zum zwanzigsten Jahrhundert. Allen drei Elementen gemeinsam ist die Emission von Strahlung(en), die entweder photographische Platten zu schwärzen oder die Luft eines Elektrometers zu ionisieren vermochten, was sich in der Entladung des Elektrometers anzeigte. Diese Strahlung enthält zwei Materie durchdringende Komponenten, nämlich schnelle Elektronen (β-Strahlung) bzw. kurzwellige elektromagnetische Strahlung (γ-Strahlung), und eine Komponente mit geringer Reichweite (α-Strahlung). Rutherford und Mitarbeiter führten den Nachweis, dass α-Teilchen doppelt geladene Helium-Ionen sind. Dies geschah durch direkte Messung der Ladung von α-Teilchen [3] bzw. durch Beobachtung des optischen Spektrums des neutralisierten Heliums in einer Gasentladung [4]. Der chemischen Identifizierung folgten dann 1911–13 durch Rutherford, Geiger und Marsden die ersten Streuexperimente mit einem kollimierten Strahl von α-Teilchen an dünnen Goldfolien [5]. Sie erbrachten das Ergebnis, dass die Streurate mit dem Streuwinkel $\vartheta$ wie $\sin^{-4}\vartheta/2$ abnimmt. Diese Gesetzmäßigkeit ist vereinbar mit der damals überraschenden Vorstellung, dass die α-Teilchen im Coulomb-Feld nahezu punktförmiger Streuzentren gestreut werden, den Goldkernen, in denen fast die gesamte Masse des Atoms vereinigt ist. Damit war die Existenz von **Atomkernen** nachgewiesen und eine wesentliche Grundlage für das Bohr'sche Atommodell gelegt. Abb. 4.1

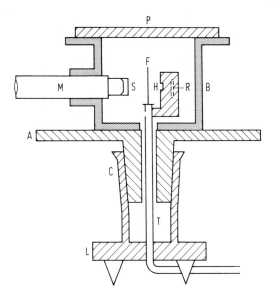

**Abb. 4.1** Historische Apparatur zum Nachweis der Rutherford-Streuformel für α-Teilchen. Die Quelle (Radiumemanation R), das Target (die Goldfolie F) und der Detektor (Szintillatorschirm S und Mikroskop M) befinden sich in einer Vakuumkammer, die über T evakuiert wird.

zeigt die von Geiger und Marsden verwendete Anordnung: die α-Quelle (Radiumemanation R) befindet sich in einem Bleiklotz; die durch den Kanal H kollimierten α-Teilchen werden in der Goldfolie F gestreut und nach der Streuung auf dem Szintillator S mittels eines Mikroskops M beobachtet. Szintillator und Mikroskop können um die Folie geschwenkt werden, sodass die Winkelabhängigkeit der Streurate messbar wird.

An die Entdeckung der natürlichen Radioaktivität der schweren Elemente Th, U, Po und Ra schlossen sich umfangreiche Untersuchungen der natürlichen radioaktiven Zerfallsketten sowie die ersten Kernreaktionen zur künstlichen Herstellung instabiler Isotope an [6–8]. Die Entdeckung des zweiten, 1920 von Rutherford vorausgesagten neutralen Bausteins der Atomkerne, des **Neutrons**, war ein weiterer wichtiger Schritt. Bei der Bestrahlung leichter Elemente wie Lithium, Beryllium, Bor usw. mit α-Strahlen hatten Bothe und Becker 1930 eine durchdringende Strahlung festgestellt [7], die sie zunächst als harte γ-Strahlung deuteten. Mit der in Abb. 4.2 skizzierten Apparatur gelang Chadwick 1932 der Nachweis, dass die Strahlung aus neutralen Teilchen besteht, deren Masse nahe bei der Protonenmasse liegt [9]. In der Kernreaktion zwischen einem Be-Kern und einem α-Teilchen wird ein Neutron erzeugt und gelangt in die Ionisationskammer. In ihr wird das Neutron als ungeladenes Teilchen zwar nicht selbst registriert, da es das Füllgas nicht ionisieren kann. Jedoch gibt es bei einem elastischen Kernstoß mit einem Atom oder Molekül des Füllgases (Wasserstoff, Stickstoff, Argon) einen Teil seiner kinetischen Energie an dieses ab. Dieser Rückstoß führt zur Ionisierung des Gases und zu einem elektrischen Signal, dessen Höhe gerade die im Stoß erhaltene Rückstoßenergie misst. Auf diese Weise konnte Chadwick mit den Gesetzen des elastischen Stoßes erstmals die Masse des Neutrons bestimmen.

Die Entdeckung des dritten, für das Verständnis der starken Wechselwirkung wesentlichen Teilchens, des **Pions** π, gelang 1947 Lattes und Mitarbeitern [10]. Die Existenz eines solchen Teilchens war bereits 1935 von Yukawa [11] vermutet worden, um die extrem kurze Reichweite der Kernkräfte von einigen fm zu erklären. Aufgrund allgemeiner feldtheoretischer Überlegungen kann man sich die Wechselwir-

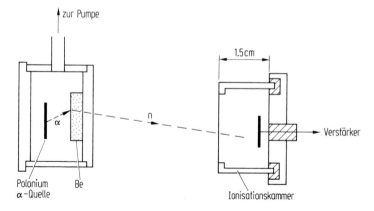

**Abb. 4.2** Nachweis der in der Reaktion $^9$Be$(\alpha, n)^{12}$C erzeugten Neutronen in einer Ionisationskammer [9]. Die Neutronen vollführen elastische Stöße mit den Gasatomen in der Kammer, die dadurch ionisiert werden und an den Elektroden der Kammer einen Ladungsimpuls erzeugen.

kung zwischen zwei Fermionen durch den Austausch eines Bosons, also eines Teilchens mit ganzzahligem Spin, vorstellen. Bildlich gesprochen überbringt dieses „Feldboson" die Botschaft von der Existenz des ersten Fermions an das andere. Zwischen der Reichweite $\Lambda$ der Kraft und der Masse $m_B$ des Bosons besteht die allgemeine Beziehung $\Lambda m_B \approx \hbar/c$, wobei die Länge $\Lambda = \hbar/m_B c$ auch Compton-Wellenlänge genannt wird. Aus der nuklearen Reichweite von ca. 1.5 fm sagte Yukawa eine Bosonenmasse von der Größenordnung $m_B = \hbar/c\Lambda \approx 130 \text{ MeV}/c^2$ voraus ($\hbar c = 197$ MeV fm) und postulierte damit die Existenz eines mittelschweren Teilchens (**Mesons**), das rund 260-mal schwerer als ein Elektron und etwa siebenmal leichter als ein Nukleon sein sollte.

Ein erster Kandidat wurde bereits 1937 von Anderson und Neddermeyer [12] in der Höhenstrahlung gefunden: das Myon μ. Seine Masse $m_\mu = 106 \text{ MeV}/c^2$ passte gut zu jener des geforderten „Botschafters", jedoch stellten nachfolgende Untersuchungen fest, dass das Myon für die starke Wechselwirkung „blind" und kein Boson, sondern wie das Elektron ein Fermion ist. Dagegen besaß das von Lattes et al. [10] gefundene etwas schwerere Pion ($m_\pi = 140 \text{ MeV}/c^2$) alle Eigenschaften eines die Kernkraft vermittelnden Teilchens. Wir kommen auf seine Rolle in Abschn. 4.4 zurück. (Beide Massenangaben beziehen sich auf die geladenen Teilchen. $\mu^\pm$ bzw. $\pi^\pm$, die eine positive bzw. negative Elementarladung tragen. Zusätzlich existiert noch ein neutrales Pion mit der Masse $m_{\pi^0} = 134 \text{ MeV}/c^2$, $\pi^0$ genannt.)

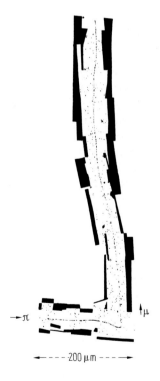

**Abb. 4.3** Nachweis des Zerfalls eines geladenen Pions π aus der kosmischen Strahlung in ein Myon μ, beobachtet mittels der Spuren beider Teilchen in einer Kernemulsion [14].

Die Identifizierung des Myons und Pions und die ersten Bestimmungen ihrer Massen geschahen in sehr ähnlichen Experimenten beim Studium der Höhenstrahlung [13]. Bei ihr handelt es sich vorwiegend um aus dem Kosmos kommende, hochenergetische Protonen. Sie erzeugen beim Eindringen in die Atmosphäre eine Menge kurzlebiger Sekundärprodukte, die wegen ihrer relativistischen Geschwindigkeiten teilweise bis zur Erdoberfläche gelangen, unter ihnen Myonen und Pionen. Durchfliegt ein solches Teilchen eine Nebelkammer oder eine photographische Schicht, so erzeugt es entlang seiner Flugbahn durch Stöße mit dem Füllgas der Kammer oder mit der Photoemulsion Ionen und schnelle Elektronen, die als Spur sichtbar gemacht werden können. Befindet sich die Kammer außerdem in einem äußeren Magnetfeld $B$, so kann man aus dem Krümmungsradius $\varrho$ der Bahn und der Ionendichte der Spur Energie, Masse und Ladung des Teilchens bestimmen. Dabei nutzt man aus, dass der Impuls des Teilchens dem Produkt $B\varrho$ proportional ist. Eine der ersten Aufnahmen des Pion-Zerfalls in einer photographischen Emulsion zeigt Abb. 4.3 [14]. Pion und Myon sind keine „stabilen" Teilchen; ihre mittleren Lebensdauern im Ruhesystem betragen $\tau(\mu^\pm) = 2.2 \, 10^{-6}$ s bzw. $\tau(\pi^\pm) = 2.6 \, 10^{-8}$ s. Ihr Zerfall hängt, wie jener des Neutrons, von den Gesetzen der schwachen Wechselwirkung ab (vgl. Abschn. 4.5.5 und Kap. 5).

## 4.2 Allgemeine Eigenschaften von Atomkernen

Auf einer atomaren Längenskala ($\approx 1$ nm) erscheint der Atomkern als nahezu punktförmige positive Ladung $Ze$, in der mehr als 99.9 % der Masse des Atoms vereinigt sind. Abweichungen in den atomaren Spektren, die auf die endliche Kernausdehnung zurückzuführen sind (Hyperfeinstruktur), liegen im Bereich $10^{-6}$–$10^{-5}$ der Grobstruktur, erfordern also zu ihrer Messung höchstauflösende Spektrometer (vgl. Kap. 1). Betrachtet man den Kern jedoch auf einer Längenskala von 1–10 fm, so begegnet er uns mit einer Vielfalt charakteristischer Eigenschaften, mit denen der Leser im folgenden Kapitel vertraut gemacht werden soll. Bei der Schilderung dieser spektroskopischen Eigenschaften wie Energien, Masse, Verteilung der Ladungen und Ströme, denken wir zunächst an stabile Kerne im Grundzustand, für die die behandelten Messmethoden entwickelt wurden. Jedoch gelten die meisten Ergebnisse auch für nichtstabile und für angeregte Kerne.

**Definitionen.** Jeder Atomkern wird durch die Anzahl seiner $Z$ Protonen und $N$ Neutronen bzw. seine Massenzahl (Nukleonenzahl) $A = N + Z$ gekennzeichnet. Atome eines *Nuklids* haben Kerne mit gleichem $Z$ und gleichem $N$.

Kerne mit gleichem $Z$, aber unterschiedlicher Neutronenzahl heißen *Isotope*, jene mit gleichem $A$ *Isobare*, solche mit gleichem $N$ und unterschiedlichem $Z$ *Isotone*. Als Schreibweise verwendet man heute vorzugsweise das Elementsymbol mit links hochgestellter Massenzahl $A$. So bezeichnet $^{12}$C einen Kohlenstoffkern ($Z = 6$) mit 6 Neutronen; entsprechend trägt der Kohlenstoffkern mit 8 Neutronen das Symbol $^{14}$C. Gelegentlich werden $Z$ und $N$ als untere Indizes hinzugefügt: $^{14}_6$C$_8$.

Für **Reaktionen** zwischen Kernen hat sich die Schreibweise X(a, bc)Y eingebürgert. Dabei bezeichnet X das Target und a das Projektil; b, c sind die Ejektile, also die „leichten" Reaktionsprodukte, häufig ein oder mehrere Protonen (p), Neutronen (n), α-Teilchen (α), usw., und Y bezeichnet den Restkern, das „schwere" Reaktionsprodukt. So wird man z. B. den instabilen Kern $^{14}$C aus dem stabilen Isotop $^{13}$C mittels der Reaktion $^{13}$C (d, p) $^{14}$C erzeugen können, indem man ein $^{13}$C-Target (eine dünne Schicht mit Atomen des Kohlenstoffisotops $^{13}$C) mit einem Deuteronenstrahl d (= Kerne des schweren Wasserstoffs bestehend aus einem Proton und einem Neutron) beschießt, sodass pro Reaktion ein Proton und ein $^{14}$C-Kern entstehen. Heute wird in der Kernphysik häufig mit schweren Ionen experimentiert; das sind Projektile aus mehr oder minder hochionisierten Ionen der Elemente $3 \leq Z \leq 92$ ($Z = 3$: Lithium; $Z = 92$: Uran). Beschießt man zum Beispiel das Isotop $^{40}$Ca ($Z = N = 20$) mit $^{40}$Ca-Projektilen bei 120 MeV kinetischer Energie, so fusionieren die beiden Ca-Kerne zu einem hochangeregten $^{80}$Zr-Kern ($Z = N = 40$), der dann mehrere Protonen, α-Teilchen oder Neutronen emittiert. Unter der großen Zahl von Endkanälen findet man besonders häufig das Isotop $^{77}$Rb ($Z = 37$, $N = 40$) und drei Protonen: $^{40}$Ca ($^{40}$Ca, 3p) $^{77}$Rb. Mit dieser Art von *Fusionsreaktionen mit schweren Ionen* oder auch α-Teilchen erzeugt man i. Allg. instabile Kerne, die gegenüber den stabilen Isotopen weniger Neutronen besitzen. Bei Projektilenergien von einigen hundert MeV fusionieren Target und Projektil nicht mehr, sondern zerplatzen in eine Vielzahl von Fragmenten, unter denen sich ebenfalls viele instabile Kerne mit Neutronenüber- oder -unterschuss befinden (*Spallationsreaktionen*).

Bei allen Kernreaktionen erfordern Ladungs- und Baryonenzahlerhaltung, dass sowohl die Summe der Target- und Projektilladungen ($Z_X + Z_a$) als auch die Summe aus Nukleonen von Projektil und Target ($A_X + A_a$) erhalten bleiben. Falls Projektil und Target weder die Ordnungs- oder Massenzahlen bei der Reaktion verändern, spricht man von einem *Streuprozess*, und zwar von *elastischer* Streuung, wenn beide Partner nach dem Prozess im Grundzustand vorliegen, und *inelastischer* Streuung, wenn einer oder beide der Partner angeregt werden.

### 4.2.1 Die Kernladung

Die Methoden zur Messung der Kernladungszahl $Z$ unterscheiden sich danach, ob makroskopische Mengen des Elements vorliegen (typisch $10^{16}$ Atome oder mehr) oder ob es sich um den Nachweis geringerer Mengen handelt, wie sie z. B. als Produkte von Kernreaktionen entstehen ($\leq 10^{10}$/s). Im ersten Fall sind die beiden klassischen Methoden der Röntgenfluoreszenz-Analyse und der Rutherford-Streuung am bekanntesten. Andererseits bietet die Resonanzfluoreszenz mit Lasern im optischen oder UV-Bereich seit einigen Jahren eine sehr interessante Alternative gerade zum Nachweis kleinster Atommengen, z. B. von seltenen Fragmenten aus Kernreaktionen.

Bei der **Röntgenfluoreszenz**-Methode [15] misst man das charakteristische Röntgenspektrum der Probe, nachdem die Atome der Probe durch Beschuss mit Elektronen oder Ionen in einer der inneren Schalen (meist der K- oder L-Schale) ionisiert wurden. Aus den Frequenzen und Intensitäten der Röntgenübergänge lässt sich die Elementzusammensetzung der Probe bestimmen. Diese Methode basiert auf den bekannten Röntgenenergien [16] und Fluoreszenzausbeuten und der Kenntnis der Ionisationswahrscheinlichkeiten der inneren Schalen [17], die von der Ladung, Masse und Energie des Projektils abhängen. In Kernreaktionen werden gelegentlich die schweren Restkerne über die Messung der für ihre Kernladungszahl Z charakteristischen Röntgenstrahlung identifiziert, wenn die Reaktion mit einer Ionisation einer inneren Schale verbunden ist (z. B. infolge von Innerer Konversion oder Elektronen-Einfang, s. Abschn. 4.5.4.5). Insbesondere lassen sich auch Folgereaktionen des Restkerns beobachten, dessen Ordnungszahl sich durch Emission eines α-Teilchens, durch β-Zerfall oder Spaltung ändert. Abb. 4.4a zeigt ein Röntgenspektrum, das beim Beschuss von $^{181}$Ta($Z = 73$) mit 22.5-MeV-α-Teilchen mit einem Halbleiterdetektor aufgenommen wurde: man erkennt die charakteristische $K_\alpha$- und $K_\beta$-Röntgenstrahlung des Targets ($K_{\alpha 1}$: 56.26 keV, $K_{\alpha 2}$: 57.52 keV, $K_{\beta 1}$: 65.16 keV, $K_{\beta 2}$: 67.02 keV), aber auch jene der Reaktionsprodukte $^{183,184}$Re($Z = 75$), die mittels der Reaktionen $^{181}$Ta(α, 2n) und $^{181}$Ta(α, n) erzeugt werden [18]. Ganz ähnliche Röntgenspektren ergeben sich beim Beschuss anderer schwerer Kerne mit α-Teilchen, wie z. B. in Abb. 4.4b für den Fall $^{209}$Bi + α gezeigt ist: hier werden die Astatin-Isotope $^{211,212}$At($Z = 85$) mittels ihrer Röntgenlinien sichtbar gemacht.

**Rutherford-Streuung** (auch Coulomb-Streuung genannt) ist die elastische Streuung von Projektilkernen der Ladungszahl $Z_1$ und Massenzahl $A_1$ an (punktförmig gedachten) Targetkernen der Ladungszahl $Z_2$ und Massenzahl $A_2$. Das wechselseitige, abstoßende Coulomb-Potential $V_c(r) = Z_1 Z_2 e^2/(4\pi\varepsilon_0 r)$ ist für den Streuvorgang verantwortlich. Die Teilchen seien als spinlos angenommen und die bei atomaren Abständen vorhandenen Abschirmeffekte durch die Elektronen von Projektil und Target seien vernachlässigt. Eine weitere numerische Vereinfachung ergibt sich, wenn

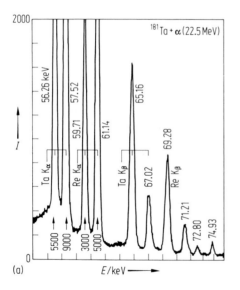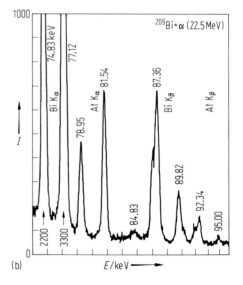

**Abb. 4.4** Spektren der charakteristischen Röntgenstrahlung, die man beim Beschuss einer Tantalfolie (a) bzw. Wismutfolie (b) mit 22.5-MeV-α-Teilchen beobachtet [18]. Markiert sind die $K_\alpha$- und $K_\beta$-Linien der Targetatome und der in den Reaktionen (α, n) und (α, 2n) erzeugten Endprodukte Rhenium (Re) und Astatin (At); *I* ist die Anzahl der registrierten Ereignisse.

4.2 Allgemeine Eigenschaften von Atomkernen 673

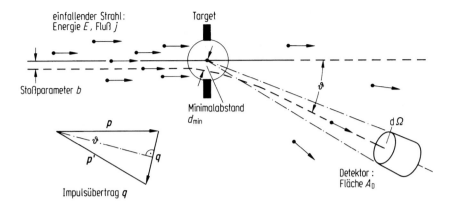

**Abb. 4.5** Prinzipskizze zur elastischen Streuung von α-Teilchen. Eine Rutherford-Trajektorie mit Stoßparameter $b$, Minimalabstand $d_{min}$, Streuwinkel $\vartheta$, Impulsübertrag $q$ und Detektor-Raumwinkel $d\Omega$ ist eingezeichnet.

wir $A_1 \ll A_2$ annehmen, sodass Schwerpunkt- und Laborsystem zusammenfallen. Dies ist für die Streuung von α-Teilchen an Goldkernen ($^{197}$Au) im ursprünglichen Rutherford-Experiment [5] gut erfüllt, in vielen Anwendungen mit schweren Projektilen oder leichteren Targetkernen jedoch nicht!

Die Geometrie des Streuprozesses ist in Abb. 4.5 skizziert: ein kollimierter Teilchenstrahl der kinetischen Energie $E$ mit Teilchenfluss $j$ treffe auf die Streuzentren, die mit einer bestimmten Flächendichte im Target angeordnet sind. Beobachtet wird die pro Sekunde unter dem Streuwinkel $\vartheta$ in das Raumwinkelelement $d\Omega$ gestreute Teilchenzahl $N(\vartheta)$. Der Raumwinkel $d\Omega$ ist z. B. durch die Fläche $A_D$ des Detektors und seinen Abstand $R_D$ zum Streuer mit $d\Omega = A_D/(4\pi R_D^2)$ gegeben. Der differentielle Streuquerschnitt ist dann durch die Beziehung $d\sigma(\vartheta)/d\Omega = N(\vartheta)/j$ definiert; seine Einheit in der Kernphysik ist als $10^{-24}$ cm$^2$/Steradian = 1 Barn/Steradian = 1 b/sr definiert. Der Streu- oder Wirkungsquerschnitt kann als eine jedem Targetkern zugeordnete Fläche verstanden werden, sodass ein auf diese Fläche auftreffendes, als punktförmig gedachtes Projektil den Streuprozess auslöst. Der über den vollen Raumwinkel integrierte totale Wirkungsquerschnitt ist dann $\sigma = \int (d\sigma/d\Omega)d\Omega$.

Im Falle der Coulomb-Streuung in der klassischen Mechanik folgt aus Energie-, Drehimpuls und Impulserhaltung beim Stoß, dass zu festem $E$ und $\vartheta$ eine um die Strahlachse zylindersymmetrische Schar von Trajektorien mit eindeutigem asymptotischem Stoßparameter $b$ gehört; für ihn gilt

$$b = \frac{Z_1 Z_2 e^2}{8\pi\varepsilon_0 E} \cot \vartheta/2. \tag{4.1}$$

Der kleinste Abstand der beiden Stoßpartner entlang der Trajektorie beträgt

$$d_{min}(E, \vartheta) = \frac{Z_1 Z_2 e^2}{8\pi\varepsilon_0 E}\left(1 + \frac{1}{\sin \vartheta/2}\right); \tag{4.2}$$

er erreicht seinen Minimalwert beim zentralen Stoß ($\vartheta = \pi$). Die Trajektorien, die zu dem Stoßparameter-Intervall zwischen $b$ und $b + \mathrm{d}b$ gehören, bedecken die Ringfläche $\mathrm{d}\sigma = 2\pi b\,\mathrm{d}b$ und führen mittels Gl. (4.1) zur Streuung in das Winkelelement zwischen $\vartheta$ und $\vartheta + \mathrm{d}\vartheta$. Beachten wir ferner die Beziehungen $\mathrm{d}\Omega = 2\pi \sin\vartheta\,\mathrm{d}\vartheta$ und $\int \mathrm{d}\Omega = 2\pi \int \sin\vartheta\,\mathrm{d}\vartheta = 4\pi =$ Oberfläche der Einheitskugel, so erhalten wir

$$\frac{\mathrm{d}\sigma(\vartheta)}{\mathrm{d}\Omega} = \frac{b}{\sin\vartheta}\left|\frac{\mathrm{d}b}{\mathrm{d}\vartheta}\right| \qquad (4.3)$$

und mit Gl. (4.1) die berühmte **Rutherford-Streuformel**

$$\left(\frac{\mathrm{d}\sigma}{\mathrm{d}\Omega}\right)_\mathrm{R} = \left(\frac{Z_1 Z_2 e^2}{16\pi\varepsilon_0 E}\right)^2 \frac{1}{\sin^4 \vartheta/2}. \qquad (4.4)$$

In Gl. (4.3) wird der Betrag von $\mathrm{d}b/\mathrm{d}\vartheta$ genommen, da $\mathrm{d}\sigma/\mathrm{d}\Omega$ als Fläche positiv sein soll und $\vartheta$ auf das Intervall $0 \leq \vartheta \leq \pi$ beschränkt ist. Diese wichtige Gleichung gilt allgemein für alle zentralsymmetrischen Streupotentiale (abgeschirmtes Coulomb-Potential, Kastenpotential, ...), sofern die Streuung an den einzelnen Zentren stochastisch unabhängig voneinander verläuft und die Vorstellung klassischer Trajektorien sich quantenmechanisch rechtfertigen lässt [19, 20]. Gemäß Gl. (4.4) hängt $(\mathrm{d}\sigma/\mathrm{d}\Omega)_\mathrm{R}$ sehr sensitiv von $E$ und $\sin\vartheta/2$ ab. Diese beiden Parameter fasst man häufig im *Impulsübertrag* $q$ zusammen, der beim Streuprozess auf den Targetkern übergeht. Mit $\boldsymbol{q} = \boldsymbol{p}' - \boldsymbol{p}$ und $|\boldsymbol{p}'| = |\boldsymbol{p}|$ (wegen $A_1 \ll A_2$) ergibt sich für den Betrag von $\boldsymbol{q}$

$$q = 2p \sin\vartheta/2 = (8 M_1 E)^{\frac{1}{2}} \sin\vartheta/2. \qquad (4.5)$$

In der Ableitung von Gl. (4.4), die sich übrigens auch bei quantenmechanischer Behandlung ergibt [20], ist das $1/r$-Potential zweier Punktladungen vorausgesetzt worden. Haben beide Stoßpartner aber endliche Radien $R_1$ und $R_2$, die gleichzeitig die Wirkzone der Kernkraft angeben, so erwartet man Abweichungen des gemessenen Streuquerschnitts von Gl. (4.4), sobald bei vorgegebenem Stoßparameter der Minimalabstand $d_\mathrm{min}(E, \vartheta)$ von der Größenordnung $R_1 + R_2$ ist. Die dazugehörige kinetische Energie im Schwerpunktssystem, die sog. **Coulomb-Barriere**, ist durch den Ausdruck $V_\mathrm{c}(R_1 + R_2) = Z_1 Z_2 e^2 / [4\pi\varepsilon_0 (R_1 + R_2)]$ gegeben. Aus Abschn. 4.2.2 entnehmen wir, dass der Kernradius $R$ wie $R \approx 1.2\,A^{\frac{1}{3}}$ fm zunimmt, sodass die Coulomb-Barriere im Schwerpunktssystem mit $V_\mathrm{c}(R_1 + R_2) \approx Z_1 Z_2 / (A_1^{1/3} + A_2^{1/3})$ abgeschätzt werden kann ($e^2/4\pi\varepsilon_0 = 1.44$ MeV fm).

Wegen der Kleinheit des Streuquerschnitts entfällt die Coulomb-Streuung als Nachweismethode zur Identifizierung der Kernladungszahlen von Reaktionsfragmenten. Breite Anwendung gefunden hat diese Methode jedoch in der Festkörperphysik zur Elementanalyse dünner Schichten; sie wird dort Rutherford-Backscattering-Methode (RBS) genannt. Wir wollen die Anwendungen dieser Methode an einem konkreten Beispiel illustrieren. Die elastische Streuung eines Strahls geladener Teilchen im Coulombfeld von Targetkernen wird auch dazu verwandt, die Elementzusammensetzung des Targets zu bestimmen. Diese elegante, ionenstrahlanalytische Technik, genannt Rutherford-Rückstreu-Methode (*Rutherford Backscattering Spectroscopy = RBS*), ist ein einfaches und häufig angewandtes Hilfsmittel in der Analyse dünner Festkörperschichten [21] im Bereich von einigen nm bis μm. Anhand eines auch materialwissenschaftlich interessanten Problems soll die RBS-Methode nun skizziert werden.

Im Bereich der Optoelektronik und Solartechnologie zielen viele Anstrengungen auf die Entwicklung optischer Sensoren im sichtbaren und infraroten Spektralbereich. Aus verschiedenen Gründen, wie z. B. hoher Photoeffizienz, guter Ankopplung an die Siliziumtechnologie und sehr guter Umweltverträglichkeit und Haltbarkeit, gilt der Verbindungshalbleiter β-FeSi$_2$ als besonders zukunftsträchtiger Werkstoff. Kürzlich gelang seine Herstellung, indem dünne Fe-Schichten auf Si-Wafern unter geeigneten Bedingungen mit schweren Ionen bestrahlt wurden [22]. Wie in einem atomaren Billiard stoßen die schweren Ionen Fe-Atome von ihren Gitterplätzen, die ihrerseits weitere Fe-Atome über die Fe/Si-Grenzfläche hinweg katapultieren; auf diese Weise vermischen sich Fe und Si in der Grenzschicht. Führt man dieses Ionenmischen bei erhöhter Probentemperatur durch, so bildet sich stöchiometrisch die Verbindung β-FeSi$_2$, wie u. a. mit Hilfe von RBS nachgewiesen wurde.

Abb. 4.6 zeigt zwei Spektren eines unter 165° rückgestreuten Strahls von α-Teilchen mit 0.9 MeV Anfangsenergie vor bzw. nach der Bestrahlung einer Fe/Si-Doppelschicht mit 200 keV Xe-Ionen. In dem Spektrum der unbestrahlten Probe kann man, energetisch klar getrennt, die an Fe bzw. Si-Kernen rückgestreuten α-Teilchen unterscheiden. Aufgrund der sehr unterschiedlichen Massen dieser beiden Elemente (Si: 28.1 amu, Fe: 55.8 amu) verlieren die α-Teilchen eine höhere Energie beim Stoß mit einem (leichten) Si-Kern als mit einem (schwereren) Fe-Kern. Findet der Stoß

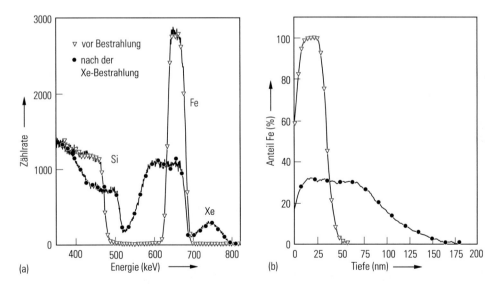

**Abb. 4.6** RBS-Analyse einer Fe (30 nm)/Si-Doppelschicht vor und nach der Bestrahlung mit 200 keV Xe-Ionen bei einer Teilchendichte von $2 \times 10^{16}$ Ionen/cm$^2$. Die Probentemperatur betrug 600 °C. Vor und nach der Bestrahlung wurde ein Rückstreuspektrum mit 900 keV α-Teilchen bei einem Streuwinkel von 165° aufgenommen (a). Die RBS-Analyse beweist, dass sich das Verhältnis von Fe- und Si-Atomen auf den Wert 1 : 2 in der gemischten Schicht bis zu einer Tiefe von ca. 70 nm einstellt (b). Die Xe-Ionen initiieren einen Ionenmisch-Prozess, der die Doppelschicht in neue Phase β-FeSi$_2$ überführt [22].

nicht an der Oberfläche der Probe statt, so werden die α-Teilchen auf ihrem Weg von der Oberfläche zum Targetkern und zurück zum Detektor ein wenig abgebremst, sodass auch die Entfernung des Targetkerns von der Oberfläche bestimmt werden kann. In der Tat führt die Analyse des in Abb. 4.6(a) gezeigten Spektrums zu der Aussage, dass (abgesehen von einer beim Aufdampfen der Fe-Schicht durch thermische Diffusion erzeugten Grenzschicht von ca. 2 nm) eine 30 nm dünne Fe-Schicht auf dem Si-Wafer aufliegt. Im Gegensatz dazu zeigt das RBS-Spektrum der mit Xe-Ionen gemischten Schicht (in Abb. 4.6(b)) eine völlig andere Zusammensetzung, die der Stöchiometrie von $FeSi_2$ entspricht: in einer ca. 70 nm dicken Oberflächenschicht ist der Fe-Gehalt auf 33 % gesunken, während der Si-Gehalt in der gemischten Zone auf 67 % angewachsen ist, wobei er natürlich im hinteren Teil der Probe auf 100 % ansteigt. Die relativen Anteile von Fe und Si in der gemischten Schicht sind in der Abbildung ebenfalls angegeben. Das Spektrum 4.6(b) zeigt außerdem die Verteilung des implantierten Xenons in der Probe.

Bei der RBS-Methode nutzt man aus, dass die α-Teilchen entlang ihres Weges in der Festkörpermatrix kontinuierlich abgebremst werden. Trifft nun ein α-Teilchen auf einen (schweren) Fe-Kern, so verliert es bei einem nahezu zentralen Stoß nach den Gesetzen des elastischen Stoßes weniger kinetische Energie als bei einem Stoß mit einem viel leichteren Si-Kern. Beide Effekte zusammen, die Abbremsung und die Stoßkinematik, erlauben es, das Rückstreuspektrum in ein Konzentrationsprofil umzurechnen. Die Tiefenauflösung dieser Methode liegt bei 10–30 nm; wegen der schnellen Abbremsung der α-Teilchen in Materie eignet sie sich zur Untersuchung von Schichten bis zu 1 μm Tiefe und erlaubt es auch, Änderungen des Profils infolge von Diffusion oder anderen Festkörperreaktionen zu ermitteln.

### 4.2.2 Kernmassen und Bindungsenergien

#### 4.2.2.1 Definitionen

Neben der Kernladungszahl (Protonenzahl, Ordnungszahl) $Z$ sind die Nukleonenzahl (Massenzahl) $A$ und die gesamte Masse $M_A$ wichtige Bestimmungsgrößen eines Kerns. Aus messtechnischen Gründen, d. h. da Kerne ja im Allgemeinen im atomaren Verband mit ihren Elektronen vorkommen, wurde als *atomare Masseneinheit* $m_u$ ein Zwölftel der Masse des neutralen Kohlenstoffatoms $^{12}C$ definiert:

$$m_u \equiv 1\,\text{u} = 1.6605402 \cdot 10^{-27}\,\text{kg} = 931.50\,\text{MeV}/c^2. \tag{4.6}$$

Die *relative Atommasse* $A_r$ („Atomgewicht") eines neutralen Atoms der Masse $m_A$ ist dann durch $A_r = m_A/m_u$ gegeben.

Unter der **Bindungsenergie** $B$ eines Kerns versteht man die Energie, die aufgebracht werden muss, um ihn in seine $Z$ Protonen und $N$ Neutronen zu zerlegen. Diese Größe ist mit den obigen Atommassen über die Beziehung

$$B = (Zm_H + Nm_n - m_A)c^2 \tag{4.7}$$

verbunden, wobei $m_H$ die Masse des Wasserstoffatoms und $m_n$ die des Neutrons ist. Dass die Bindungsenergie sich eigentlich auf den Kern bezieht, bringt die Beziehung $\Delta M_A \approx Zm_p + Nm_n - M_A$, die die Bindungsenergien der Elektronen nicht berücksichtigt, besser zum Ausdruck. Die Größe $\Delta M_A$ nennt man auch **Massendefekt**. Die gesamte Elektronenbindungsenergie eines Atoms ist näherungsweise durch $15.7\,Z^{\frac{7}{3}}$ eV gegeben. Sie ist in Atomen mit hohem $Z$ durchaus nicht vernachlässigbar; in U($Z = 92$) erreicht sie immerhin 0.60 MeV. Da ihre Berechnung nach dem Thomas-Fermi-Modell mit Unsicherheiten behaftet ist, die häufig größer sind als die Messfehler der Atommassen $m_A$, ergeben sich dann für die Massen $M_A$ schwerer Kerne entsprechend größere Unsicherheiten. Allerdings führt die durch Gl. (4.7) suggerierte Vorstellung, die Bindungsenergie werde durch die Zerlegung des Kerns in seine Bestandteile bestimmt, nicht zu einem brauchbaren Messverfahren. Wir werden jedoch Methoden kennen lernen, mit denen die Massen benachbarter Kerne/Atome präzise vermessen werden können. Zu diesem Zweck wurde der Begriff **Separationsenergie** eingeführt, der für ein Proton bzw. Neutron durch

$$S_p = [m_{A-1}(Z-1, N) + m_H - m_A(Z, N)]c^2$$
$$S_n = [m_{A-1}(Z, N-1) + m_n - m_A(Z, N)]c^2 \qquad (4.8)$$

definiert ist. Eine weitere wichtige, den Kernmassen zugeordnete Größe ist der **Q-Wert** einer Kernreaktion. Für die Reaktion X(a, b) Y mit nur zwei Reaktionsprodukten Y und b (beide im Grundzustand) ist er definiert als $Q = (m_X + m_Y - m_b)c^2$. In einer Reaktion mit positivem $Q$-Wert übertrifft also die Gesamtmasse im Eingangskanal jene im Ausgangskanal. Eine entsprechende Definition des $Q$-Wertes gilt natürlich auch für Reaktionen mit mehr als zwei Fragmenten im Ausgangskanal.

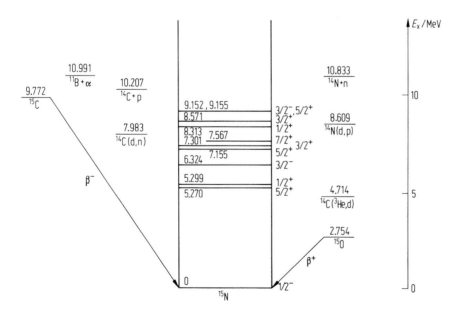

**Abb. 4.7** Termschema des Kerns $^{15}$N mit den Energien, Spins und Paritäten der Zustände unterhalb von 9.2 MeV Anregungsenergie. Die $Q$-Werte einiger Reaktionen, die zu $^{15}$N führen, sowie die Separationsenergien für ein Proton ($^{14}$C + p), ein Neutron ($^{14}$N + n) und ein α-Teilchen ($^{11}$B + a) sind ebenfalls eingezeichnet.

Im Allgemeinen liegen die stabilen Kerne im Grundzustand vor. Als Folge natürlicher oder künstlicher radioaktiver Zerfälle oder durch Reaktionen werden Kerne auch in angeregten Zuständen erzeugt, deren Eigenschaften wir in Abschn. 4.3 und 4.5 behandeln werden. Diese angeregten Zustände sind, quantenmechanisch gesprochen, Eigenzustände des für den gesamten Kern gültigen Hamilton-Operators. Wie Abb. 4.7 am Beispiel des Kern $^{15}$N zeigt [23], werden die untersten diskreten Eigenzustände durch ihre Energieeigenwerte relativ zum Grundzustand, eben die **Anregungsenergien** gekennzeichnet. Der atomphysikalischen Nomenklatur folgend entspricht jede waagrechte Linie des Termschemas (Niveauschemas) einem Zustand. Ebenfalls eingezeichnet sind die Separationsenergien $S_n$ und $S_\alpha$ eines Neutrons bzw. α-Teilchens und die Q-Werte einiger Reaktionen, die zu $^{15}$N als Endkern führen. Termschemata dieser Art illustrieren sehr anschaulich die energetischen Verhältnisse nuklearer Prozesse und Strukturen.

### 4.2.2.2 Massenspektrometer und Massenseparatoren

Bei der Messung von Atom- bzw. Kernmassen unterscheidet man einerseits Methoden, die sehr präzise Massenwerte von stabilen oder langlebigen instabilen Isotopen zum Ziele haben, für die im Allgemeinen makroskopische Mengen vorliegen. Hierzu verwendet man **Massenspektrometer** im eigentlichen Sinne. Auf der anderen Seite stellt sich dem Kernphysiker häufig das Problem, zunächst einmal die Art der meist instabilen Fragmente einer Kernreaktion, also ihr $A$ und $Z$, zu identifizieren. Erst in einem zweiten Schritt werden dann auch die Massen dieser zum Teil sehr kurzlebigen Fragmentkerne zu bestimmen sein. Auf einige der Methoden, die bei der Suche nach neuen Elementen und Isotopen eine Rolle spielen, gehen wir später ein.

Massenspektrographen und Massenspektrometer verwenden das bereits von Thomson (1912) und Aston (1919) benutzte Prinzip der Impuls- und Energieselektion von Ionen in einem statischen magnetischen bzw. elektrischen Feld [24]. Aus dem Impuls $p = m_A v$ und der kinetischen Energie $E_k = m_A v^2/2$ ist die Masse des Ions zu $m_A = p^2/(2E)$ gegeben. Die Messung der Energie erfolgt zunächst einmal dadurch, dass das Ion der Ladung $Z'e$ in einem elektrischen Feld der Spannung $U$ beschleunigt wird: $E_k = Z'eU$, und dann einen Zylinderkondensator der Feldstärke $E$ auf einem Kreissektor mit dem Radius $\varrho_e$ durchläuft. Dann gilt

$$\frac{m_A v^2}{\varrho_e} = Z'eE, \quad E_k = \frac{Z'eE\varrho_e}{2}. \tag{4.9a}$$

Der Zylinderkondensator mit entsprechenden Blenden definiert die Ionenbahn sehr gut und vermeidet Unsicherheiten der Energiebestimmung durch die Ionenerzeugung und Strahlenextraktion aus der Ionenquelle. Der Betrag des Impulses $p$ wird in einem homogenen Magnetfeld $B$ mit Hilfe der Lorentz-Kraft $\boldsymbol{F} = Z'e\boldsymbol{v} \times \boldsymbol{B}$ gemessen, die das Ion mit der Ladung $Z'e$ auf eine Kreisbahn mit dem Krümmungsradius $\varrho$ zwingt. Aus der Beziehung

$$\frac{m_A v^2}{\varrho} = Z'evB \tag{4.9b}$$

folgt dann $p = Z'eB\varrho$. Die Verwendung beider Felder ergibt das Verhältnis

$$\frac{m_A}{Z'e} = (\varrho B)^2 (\varrho_e E)^{-1}. \tag{4.9c}$$

Eine bewährte, auf Mattauch und Herzog [25] zurückgehende Geometrie eines Massenspektrographen ist in Abb. 4.8 dargestellt. Sie zeigt die Ionenquelle, die hintereinander angeordneten gekreuzten elektrischen und magnetischen Felder und den Ionendetektor in der Fokalebene des Magneten. Bei einem Massenspektrometer verwendet man im Allgemeinen einen Sekundärelektronenvervielfacher, der jedes durch einen Spalt fliegende Ion als elektrisches Signal registriert. Um ein ganzes Massenspektrum bei fester Detektorposition aufzunehmen, muss man hier also die Felder durchstimmen. Umgekehrt erlaubt eine in der Fokalebene montierte photographische Platte oder ein ortsauflösender Ionendetektor (d. h. ein Detektor, der die Position des eintreffenden Ions in der Fokalebene elektronisch registriert) bei fester Einstellung der Felder die gleichzeitige Aufnahme eines ganzen Spektrums; man spricht dann von einem Massenspektrographen. Wie bei jedem Spektrometer liegt auch bei diesem Gerät die Aufgabe des Konstrukteurs darin, gleichzeitig das Auflösungsvermögen und die Transmission zu optimieren, d. h. einen möglichst großen Teil der in der Ionenquelle erzeugten Ionen gleicher Masse auf einen möglichst engen Bereich der Fokalebene zu sammeln. Unvermeidliche Schwankungen in Betrag und Richtung der Anfangsgeschwindigkeit müssen kompensiert werden. Der in Abb. 4.8 gezeigte doppelt-fokussierende Spektrograph schöpft die ionenoptischen Eigenschaften elektrischer und magnetischer Sektorfelder besonders gut aus. Er erlaubt es, ein relativ weit geöffnetes Ionenbündel mit unterschiedlichen Anfangsgeschwindigkeiten zu einem scharfen Bild in der Fokalebene zu fokussieren. Dies gilt für alle Massen, wenn die Sektorenwinkel $\Phi_m$ und $\Phi_e$ über die Beziehung

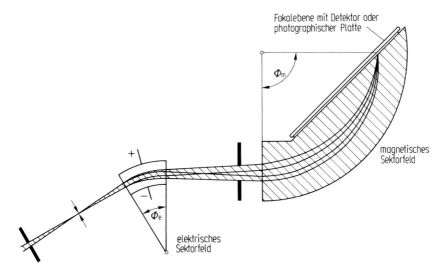

**Abb. 4.8** Massenspektrograph nach Mattauch mit gekreuztem elektrischen und magnetischen Sektorfeld ($\Phi_e = 31°$, $\Phi_m = 90°$).

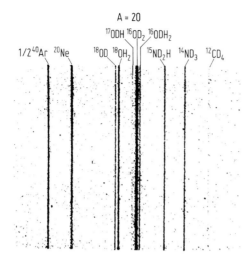

**Abb. 4.9** Massenspektrum der relativen Masse $A_r = 20$, aufgenommen mit einem modernen Massenspektrographen. Die Bezeichnung $\frac{1}{2}\,^{40}$Ar bezieht sich auf doppelt geladene $^{40}$Ar-Ionen, alle anderen Ionen sind einfach geladen [27].

$\sin\Phi_m = \sqrt{2}\sin(\sqrt{2}\,\Phi_e)$ verknüpft sind; im Fall $\Phi_m = 90°$ ergibt dies gerade $\Phi_e = 31.82°$ [26].

Hochauflösende moderne Massenspektrometer haben eine Massenauflösung $\Delta m_A/m_A$ von der Größenordnung $1:10^5$. Bei Messungen höchster Präzision arbeitet man mit sog. Massenmultipletts. Das sind unterschiedliche Molekül-Ionen mit gleichem Wert von $A_r$. Als Beispiel zeigt Abb. 4.9 ein Massenspektrum für $A_r = 20$ [27]. Man erkennt neben den $^{20}$Ne$^+$- und $^{40}$Ar$^{++}$-Ionen (letztere doppelt geladen) Wasserstoffverbindungen der verschiedenen stabilen Kohlenstoff-, Stickstoff- und Sauerstoffisotope, die alle die Gesamtmasse $A_r = 20$ besitzen. Die relative Genauigkeit solcher Massenbestimmungen erreicht heute $10^{-7}$–$10^{-8}$. (Der Einsatz dieser Geräte zur Massenbestimmung von Makromolekülen in der organischen Chemie, Biologie, Polymerphysik usw. liegt auf der Hand.)

Während die Atommassen fast aller stabilen und langlebigen Elemente und Isotope heute sehr genau bekannt sind, konzentrieren sich die kernphysikalischen Massenmessungen jetzt vor allem auf kurzlebige, instabile Kerne. Zunächst geht es häufig darum, die gewünschte Kernsorte nach ihrer Produktion von den anderen Fragmenten zu isolieren. Dies geschieht mit sog. **On-line-Massenseparatoren**, die auf hohe Ausbeute und zeitlich schnelle Transmission optimiert sind, jedoch zur genauen Massenbestimmung nicht geeignet sind. Abb. 4.10 zeigt einen an dem Schwerionenbeschleuniger UNILAC/Darmstadt betriebenen Separator [28]. Der hochenergetische Schwerionenstrahl trifft auf das Target und produziert dort eine bezüglich $N$ und $Z$ sehr breite Verteilung kurzlebiger Fragmentkerne, die infolge ihres hohen Rückstoßes in die Kathode der Ionenquelle implantiert werden. Dort diffundieren sie schnell zur Oberfläche, die in Kontakt mit einem heißen Plasma steht, wo die Fragmente ionisiert und durch ein elektrisches Feld in den Massenseparator „ab-

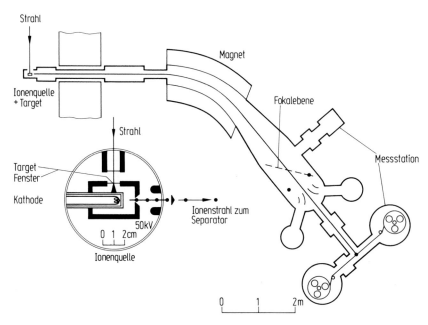

**Abb. 4.10 a** On-line-Massenseparator am Schwerionen-Beschleuniger UNILAC der GSI, Darmstadt. Die Konstruktion der Ionenquelle ist vergrößert angegeben [28].

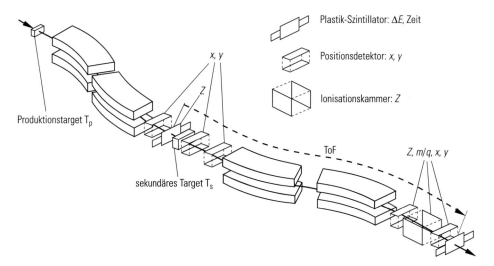

**Abb. 4.10 b** Aufbau des Rückstoß-Fragment-Separators (FRS) an der GSI/Darmstadt. Der gepulste, relativistische Schwerionenstrahl trifft auf das Produktionstarget $T_p$. Innerhalb von ca. 100 ns werden die in Strahlrichtung emittierten Reaktionsprodukte bezüglich ihrer Elementzahl $Z_F$ und Massenzahl $A_F$ mittels der beiden Magnetweichen $D_1$ und $D_2$, des dispersiven Elements K, der verschiedenen „ray tracking" Detektoren und einer Anordnung zur Messung der Flugzeit eindeutig nachgewiesen. Indem man zwischen $D_1$ und $D_2$ ein (stabiles) Sekundärtarget $T_S$ anbringt, hat man die Möglichkeit, auch Reaktionen mit kurzlebigen radioaktiven Projektil-Kernen zu studieren [29].

gesaugt" werden. Erst dort beginnen die eigentliche Massentrennung und der Transport zu den Messstellen, an denen die Zerfallsprodukte der Fragmente registriert werden. Es ist offensichtlich, dass vor allem die Konstruktion von Target und Ionenquelle über die intensitätsmäßige und zeitliche Nachweisgrenze der Fragmente, häufig neuer Isotope, entscheiden.

Aus Gründen, die in Abschn. 4.5 detaillierter dargelegt werden sollen, sinken die Lebensdauern instabiler Kerne i. Allg. mit der Zahl der überschüssigen oder fehlenden Neutronen, je weiter man sich vom Stabilitätstal entfernt. Daher sind ISOL-Massenseparatoren wie der soeben beschriebene für den Nachweis und die Spektroskopie extrem kurzlebiger Isotope fernab der Stabilitätslinie wenig geeignet, insbesondere wenn sie in Kernreaktionen mit hochenergetischen schweren Ionen erzeugt werden und somit eine hohe Rückstoßgeschwindigkeit besitzen. Unter diesen Bedingungen finden sog. **Fragmentseparatoren** Anwendung, wie am Beispiel des ebenfalls an der GSI/Darmstadt entwickelten Fragment-Rückstoß-Separators (FRS) gezeigt werden soll [29].

Abb. 4.10b skizziert Aufbau und Wirkungsweise des FRS. Der relativistische Schwerionenstrahl (typische Energie 0.2–1.5 GeV/Nukleon) erzeugt in dem Produktionstarget $T_p$ kurzlebige instabile Kerne, die aufgrund der hohen Schwerpunktgeschwindigkeit in einen kleinen Raumwinkel um die Strahlachse emittiert werden. Sie durchlaufen zwei Magnetweichen $D_1$ und $D_2$, die durch ein „dispersives" Element, nämlich einen Keil K (z. B. aus Aluminium) getrennt sind. Der Energieverlust der Reaktionsprodukte in diesem Keil ist ein Maß für ihre Kernladungszahlen $Z_F$. Entlang der Ionenbahn befinden sich mehrere ortssensitive und/oder zeitmarkierende Detektoren (Ionisationskammern, Plastikszintillatoren, vgl. Abschn. 5.2.4.4), die es erlauben, für jedes Fragment seine genaue Flugbahn und -dauer zu vermessen. Man nennt dieses aus der Hochenergiephysik übernommene Verfahren *ray tracking*. Nach Durchlaufen der Magnetweichen und Tracking-Detektoren wird am Ende des Spektrometers die kinetische Energie des Fragments bestimmt. Die Kenntnis des Impulses (Ablenkung im Magnetfeld), der Flugzeit und der Energie ergibt die Massenzahl $M_F$ des Fragments, das somit im FRS eindeutig, mit hoher Effizienz und innerhalb von weniger als 100 ns nachgewiesen werden kann. Die starke Fokussierung der Reaktionsprodukte erlaubt es sogar, Sekundärstrahlen radioaktiver Kerne herzustellen, die dann ihrerseits Kernreaktionen mit einem (stabilen) Sekundärtarget $T_S$ auszulösen vermögen, das in Abb. 4.10b ebenfalls eingezeichnet ist. Solche Reaktionen mit radioaktiven Strahlen werden wir bei der Diskussion der sog. Halokerne kennen lernen.

### 4.2.2.3 Messung von Separationsenergien und $Q$-Werten – Die Masse des Neutrons

Massenbestimmungen an instabilen Kernen sind mit den oben beschriebenen Spektrometern nur möglich, wenn die Zerfallszeiten der betreffenden Kerne genügend lang sind und es gelingt, sie in ausreichender Menge herzustellen. Daher sollen nun zwei Präzisionsmethoden vorgestellt werden, die auf der Messung von Separationsenergien oder $Q$-Werten beruhen und auch für sehr kurzlebige und in geringer Anzahl erzeugte Endkerne anwendbar sind. Ein in einen stabilen Kern eingebautes zusätz-

## 4.2 Allgemeine Eigenschaften von Atomkernen

liches Nukleon trägt mit einer Separationsenergie von einigen MeV zur Bindung bei. Lassen wir z. B. den Kern $^{A}Z$ ein Neutron einfangen, so entsteht daraus das Isotop $^{A+1}Z$, und die Neutronenseparationsenergie $S_n$ wird in Form von γ-Strahlung frei. Oft hat diese „Einfangreaktion" $^{A}Z(n,\gamma)^{A+1}Z$ für thermische Neutronen einen besonders hohen Reaktionsquerschnitt. Da die mittlere thermische Energie ($kT \approx 26$ meV bei 300 K) gegenüber $S_n$ vernachlässigbar klein ist, kann die Masse des Isotops $^{A+1}Z$ direkt aus den Massen des Targets und des Neutrons und der Energie der γ-Strahlung bestimmt werden:

$$m_{A+1} = M_A + m_n - \frac{E_\gamma}{c^2} - \frac{E_r}{c^2}. \tag{4.10}$$

Dabei ist $E_r = E_\gamma^2/(2m_{A+1}c^2)$ die sehr kleine Rückstoßenergie, die das γ-Quant aus Gründen der Impulserhaltung bei seiner Emission auf den Endkern überträgt; $E_\gamma/c$ ist der Photonenimpuls (vgl. Abschn. 4.5.4). In Gl. (4.10) wurde angenommen, dass das γ-Quant direkt vom Einfangzustand im Kern $A+1$ zu seinem Grundzustand führt.

Mit diesem Verfahren ist es am deutsch-französischen Hochflussreaktor des Institut Laue-Langevin in Grenoble gelungen, die Masse des Neutrons über die Einfangreaktion $^1\text{H}(n,\gamma)^2\text{H}$ mit einer Genauigkeit von $10^{-6}$ zu bestimmen. Die Messanordnung ist in Abb. 4.11 skizziert; eine Schemaskizze des Reaktors findet sich in Abb. 4.79. Das wasserstoffhaltige Target befindet sich in der Nähe des Reaktorkerns in einem Neutronenfluss von $5 \cdot 10^{14}$ cm$^{-2}$s$^{-1}$. Die beim Einfang des thermischen Neutrons freiwerdende γ-Strahlung von 2.23 MeV wird in einer Entfernung von ca. 15 m mit einem Doppel-Kristallspektrometer [30] gemessen. Seine hohe relative Energiegenauigkeit von $1:10^{-6}$ beruht auf der sukzessiven Beugung des γ-Strahls an zwei hintereinander angeordneten perfekten Silicium-Einkristallen, die ähnlich einem Doppel-Gitterspektrographen ein Wellenlängen-Filter extrem hoher Auflösung darstellen. Aus der Einfang-γ-Strahlung $E_\gamma$ bestimmt man zunächst die Bindungsenergie des Deuterons

$$S_n(^2\text{H}) = [m(^1\text{H}) + m_n - m(^2\text{H})]c^2, \tag{4.11a}$$

und mithilfe eines Massenspektrometers misst man die Differenz $2m(^1\text{H}) - m(^2\text{H})$. Berücksichtigt man ferner, dass sich die Masse des Wasserstoffatoms aus den Ruhemassen des Protons $m_p$ und des Elektrons $m_e$ und der elektronischen Bindungsenergie $B_e = (1/2)\alpha^2 m_e c^2$ zusammensetzt:

$$m(^1\text{H}) = m_p\left[1 + \left(\frac{m_e}{m_p}\right)\left(1 - \frac{1}{2}\alpha^2\right)\right], \tag{4.11b}$$

so kann man schließlich mit den Präzisionswerten von $m_p$, $m_e/m_p$ und der Feinstrukturkonstanten $\alpha$ die Neutronenmasse bestimmen [31]. Dieses Experiment ist möglich, da Anfangs- und Endkern stabil sind. Sobald die Neutronenmasse bekannt ist, kann das Verfahren mittels Gl. (4.10) auch auf stabile Endkerne angewandt werden. Die Genauigkeit in der Bestimmung von $E_\gamma$ liegt heute bei $(1-10) \cdot 10^{-6}$ und jene der Atommassen bei $(20-500) \cdot 10^{-6}$.

Der Einfang eines oder, unter günstigen Umständen, zweier Neutronen führt bestenfalls zu den unmittelbaren instabilen Nachbarisotopen des schwersten, stabilen

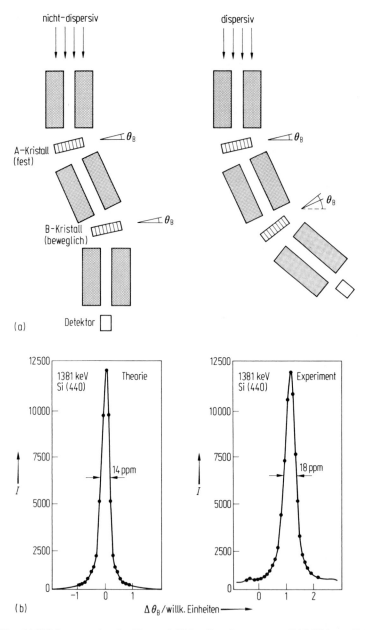

**Abb. 4.11** (a) Wirkungsweise des Doppel-Kristallspektrometers GAMS4 zur Präzisionsmessung von Gammaenergien nach thermischem Neutronen-Einfang am Institut Laue-Langevin. Das Gammaspektrum wird mittels zweifacher Bragg-Reflexion an Silicium-Kristallen zerlegt und danach in einem Ge-Detektor nachgewiesen. Die symmetrische Anordnung der Kristalle (links) erzeugt ein nichtdispersives Spektrum, die doppelte Reflexion (rechts) ein dispersives Spektrum. (b) Theoretische und experimentelle Linienform ($I$ = Impulszahl) der 1381-keV-Linie in $^{49}$Ti aus der Reaktion $^{48}$Ti(n, $\gamma$), gemessen mit GAMS4 in nicht-dispersiver Reflexion an den (440)-Gitterebenen zweier Si-Kristalle [30].

Targetisotops. Massenbestimmungen an Kernen, die weiter entfernt vom Ort der stabilen Kerne, der Stabilitätslinie, liegen, sind z. B. möglich mit Reaktionen des Typs X(a, b)Y, wenn die Massen $m_X$, $m_a$ und $m_b$ bekannt sind. In einer solchen Zweikörper-Reaktion legen Energie- und Impulssatz die Kinematik völlig fest. Das heißt, dass bei festgehaltener, genau definierter Projektilenergie $E_a$ die kinetische Energie $E_b$ des Ejektils eine bekannte Funktion der Massen aller Teilchen, des $Q$-Wertes und des Winkels zwischen der Strahlrichtung und der Emissionsrichtung von $b$ ist. Bei dieser Methode kommt es darauf an, $E_b$ bei festem Winkel $\vartheta_b$ genau zu vermessen. Dies geschieht vorzugsweise mit einem Magnetspektrometer, das aus Gründen großer Transmission und guter Fokussierung aus einer Reihe von Dipol- und Quadrupolmagneten besteht. Abb. 4.12 zeigt Teilchentrajektorien durch einen Q3D-Spektrographen; er besteht aus einem Quadrupol(Q)- und drei Dipolmagneten (DI–III) und besitzt in der Fokalebene eine Impulsauflösung von $\Delta p/p \leq 10^{-4}$. Je nach Masse des Ejektils, der Energieschärfe des Projektilstrahls und anderer Parameter (z. B. Targetdicke) erreicht man mit dieser Methode eine Genauigkeit von 1–20 keV für den $Q$-Wert der Reaktion oder die Masse $m_Y$ des Restkerns.

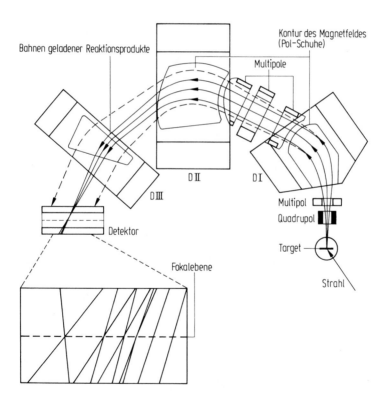

**Abb. 4.12** Q3D-Magnetspektrometer. Einige Teilchentrajektorien durch das Spektrometer und in der Fokalebene sind eingezeichnet [32].

## 4.2.2.4 Systematik der Bindungsenergien

Aus der Betrachtung der Bindungsenergien gewinnen wir bereits einige wesentliche Einsichten in die Natur der Kernkräfte. Abb. 4.13 zeigt eine Zusammenfassung der Werte von $B/A$ für die stabilen bzw. langlebigen Kerne bis $A \approx 240$. Abgesehen von den kleinen Werten für die sehr schwach gebundenen Wasserstoffisotope $^2$H (Deuterium; $B/A = 1.19\,\text{MeV}$) und $^3$H (Tritium; 2.83 MeV) bewegt sich $B/A$ im Bereich zwischen 5 und 9 MeV. Bei den leichten Kernen fällt auf, dass solche mit geraden $Z = N$ besonders gut gebunden sind, beginnend mit $^4$He ($B/A = 7.07\,\text{MeV}$), $^8$Be (7.06 MeV), $^{12}$C (7.68 MeV), $^{16}$O (7.98 MeV) usw. Schon hier deutet sich an, dass die „Paarung" je zweier Protonen und Neutronen eine stabilisierende Wirkung hat. Auch Kerne mit $N$ oder $Z = 20, 28, 50, 82$ und 126 zeigen eine deutlich stärkere Bindung als ihre Nachbarn. Diese sog. *magischen Zahlen* hängen mit dem Auftreten von Schalenabschlüssen im Kern zusammen (s. Abschn. 4.3.3).

Oberhalb von $A = 30$ steigt $B/A$ bis auf ca. 8.8 MeV bei $A \approx 56$ an und sinkt dann ziemlich monoton auf 7.6 MeV bei $A \approx 240$. Zunächst ist die geringe Variation

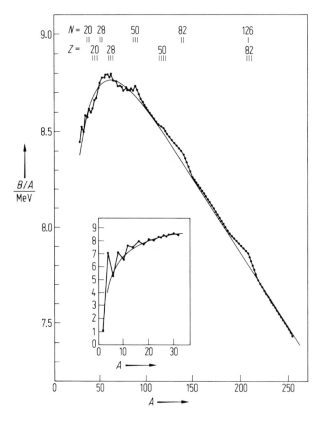

**Abb. 4.13** Bindungsenergie pro Nukleon, $B/A$, der stabilen und langlebigen Isotope als Funktion der Massenzahl $A$. Die durchgezogene Linie entspricht einer Parametrisierung nach dem Tröpfchenmodell (vgl. Abschn. 4.3.1).

von $B/A$ bemerkenswert. Im Mittel trägt jedes Nukleon mit einem konstanten Betrag von ca. 8 MeV zur Bindung bei; das entspricht etwas weniger als 1 % seiner Massenenergie. Insbesondere wächst die Bindungsenergie nicht mit der Anzahl $A(A-1)/2$ der möglichen Zweikörperbindungen an; diesen Sachverhalt nennt man *Sättigung der Kernkräfte*. Wie wir in Abschn. 4.3.1 anhand des Tröpfchenmodells sehen werden, sind Anstieg und Abfall der Bindungsenergie pro Nukleon oberhalb von $A = 30$ auf den relativen Einfluss der Oberfläche des Kerns bzw. die zunehmende Coulomb-Abstoßung der Protonen zurückzuführen. Neben dem Tröpfchenmodell ist eine ganze Reihe halbempirischer Massenformeln vorgeschlagen worden, mit denen die bekannten Massen parametrisiert und Voraussagen für die Massen neuer Isotope und Elemente gemacht werden können [33–37].

### 4.2.3 Kernradien, Verteilung der Nukleonen im Kern

#### 4.2.3.1 Die Nukleonenverteilung im Kern

Bei der Ableitung der Rutherford-Streuformel (4.4) konnten Target und Projektile als Punktladungen behandelt werden, solange die kinetische Energie weit unterhalb der Coulomb-Schwelle lag. Abweichungen des Streuquerschnitts von reiner Coulomb-Streuung erwartet man, sobald der Minimalabstand der Trajektorie die Größenordnung der Summe der Kernradien erreicht. Dies kann gemäß Gl. (4.2) durch Vergrößerung der Projektilenergie $E$ oder des Streuwinkels $\vartheta$ erzielt werden. Bereits Rutherford hat diesen Tatbestand bei der Streuung von α-Teilchen an leichten Kernen beobachtet und folgendermaßen zusammengefasst [38]: „Für Stoßparameter, die einen gewissen Grenzwert unterschreiten, gelangen die α-Teilchen in ein Gebiet, in dem die resultierende Kraft anziehend ist. Es ist anzunehmen, dass solche Teilchen entweder wieder aus dem Kern in ungeordneter Richtung emittiert werden oder von ihm eingefangen werden und Anlass sein können für die bei verschiedenen Kernen beobachteten Atomzertrümmerungen." Rutherfords Annahmen haben sich in der Folgezeit bestätigt, insbesondere, was die Absorption der α-Teilchen, ihre nachfolgende Reemission in den elastischen Kanal und das Einsetzen von Kernreaktionen betrifft.

Abb. 4.14 zeigt gemessene differentielle Streuquerschnitte von 20- und 40.2-MeV-α-Teilchen an Ag, Ta, Pb und Th als Funktion des Streuwinkels $\vartheta$ [39]. Die gestrichelten Linien geben die Voraussagen reiner Coulomb-Streuung an. Während die experimentellen Werte für die beiden schwersten Targets Pb und Th unterhalb $\vartheta \approx 35°$ noch mit reiner Coulomb-Streuung übereinstimmen, weichen sie bei großen Streuwinkeln um mehr als zwei Zehnerpotenzen ab und dokumentieren damit sehr anschaulich, dass bei diesen kleinen Stoßparametern nahezu alle α-Teilchen von Targetkernen absorbiert werden. Aus dem kritischen Winkel $\vartheta \approx 35°$, bei dem Absorption einsetzt, erhalten wir mittels Gl. (4.2) einen Minimalabstand $d_{min}(\text{Pb} + \alpha) \approx 12.7$ fm bzw. $d_{min}(\text{Th} + \alpha) \approx 13.9$ fm und damit eine erste Abschätzung von Kernradien.

Das Einsetzen der Kernkräfte bei Abständen von einigen fm ist natürlich nicht auf die Streuung mit α-Teilchen beschränkt, sondern gilt für alle stark wechselwirkenden Teilchen, insbesondere auch für neutrale Hadronen (n, $\pi°$). Mit dem Ziel,

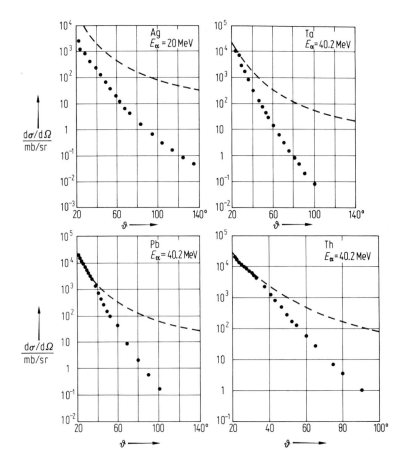

**Abb. 4.14** Differentielle Streuquerschnitte für α-Teilchen an den Targets Ag, Ta, Pb und Th. Man beachte die teilweise sehr großen Abweichungen von der Rutherford-Streuung (gestrichelte Kurven) infolge von Kernabsorption [39].

die Verteilung der Nukleonen im Kern zu messen, ist daher in den letzten Jahrzehnten die elastische Streuung von Protonen, Neutronen, α-Teilchen, schweren Ionen und Pionen systematisch als Funktion der Einschussenergie an vielen Kernen des Periodensystems untersucht worden [40]. Es lassen sich drei wichtige gemeinsame Gesichtspunkte festhalten:

1. Nach dem Welle-Korpuskel-Dualismus muss die Vorstellung klassischer Trajektorien, auf denen sich die als „ausgedehnte Kügelchen" gedachten Stoßpartner bewegen, aufgegeben werden zugunsten von Wellen, deren Wellenlänge $\bar{\lambda} = \lambda/2\pi$ durch die de-Broglie-Beziehung $\bar{\lambda} = \hbar/p$ mit dem Impuls $p$ des Teilchens verknüpft ist. Sobald $\bar{\lambda}$ von der Größenordnung des Streuobjekts ist, wird sich der Wellencharakter im Auftreten von Beugungserscheinungen sichtbar machen. Analog zur Beugung von Lichtstrahlen oder Elektronen können wir die verschiedenen

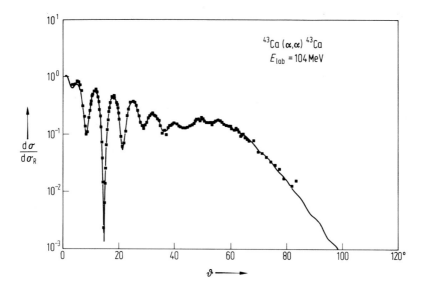

**Abb. 4.15** Differentieller Streuquerschnitt $d\sigma/d\sigma_R$ im Verhältnis zum Rutherford-Streuquerschnitt für die Streuung von 104-MeV α-Teilchen an $^{43}$Ca in Abhängigkeit vom Streuwinkel $\vartheta$ [41].

Bereiche des Streuobjekts, also hier des ausgedehnten Atomkerns, als Quellen von Elementarwellen betrachten, die sich kohärent überlagern und zu Beugungsmaxima und -minima im Streuquerschnitt führen. Auf diesen Aspekt werden wir ausführlicher in Abschn. 4.2.3.2 eingehen. Abb. 4.15 zeigt Daten für die Streuung von α-Teilchen an $^{43}$Ca bei 104 MeV Einschussenergie [41] und illustriert überzeugend das regelmäßige Auftreten von Beugungsextrema. Die de-Broglie-Wellenlänge beträgt in diesem Beispiel $\lambda = 0.074$ fm.

2. Wie schon Rutherford vermutet hat und die in Abb. 4.14 und 4.15 gezeigten Streudaten beweisen, werden α-Teilchen bei kleinen Stoßparametern völlig absorbiert, wenn sie in den Bereich der nuklearen Attraktion gelangen. In Analogie zur Optik könnte man sich den Targetkern als „schwarze" (also vollständig undurchlässige) Kreisscheibe mit Radius $R$ vorstellen und die durch seinen scharfen „Rand" erzeugte Beugungsfigur berechnen. Da Strahlungsquelle und Beobachter im Unendlichen liegen, haben wir es mit Fraunhofer-Beugung zu tun. Die Intensitätsverteilung der Beugungsfigur, ein System konzentrischer Ringe, ist gegeben durch den Ausdruck [42]

$$\frac{d\sigma}{d\Omega} = \left(\frac{R}{\lambda}\right)^2 \left[\frac{J_1(q)}{q}\right]^2 \quad \text{mit} \quad q = \left(\frac{2R}{\lambda}\right)\sin\vartheta/2; \tag{4.12}$$

$J_1(q)$ ist die Bessel-Funktion erster Ordnung. Abb. 4.16 zeigt Winkelverteilungen der elastischen Streuung von 21-MeV-Deuteronen, 28-MeV-α-Teilchen und 41-MeV-α-Teilchen an $^{24}$Mg, aufgetragen gegen den Impulsübertrag $q$. Man erkennt die Ähnlichkeit der Beugungsbilder bei verschiedenen Projektilmassen und -ener-

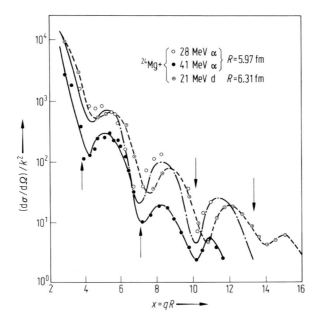

**Abb. 4.16** Winkelverteilungen für die Streuung von 21-MeV-Deuteronen sowie 28- und 41-MeV-α-Teilchen an $^{24}$Mg, aufgetragen über dem Impulsübertrag $q$. Die Beugungsminima treten auf bei den Nullstellen der Bessel-Funktion erster Ordnung $J_1(q)$ und sind durch Pfeile gekennzeichnet. Aus den Nullstellen bzw. Interferenzminima gewinnt man gemäß Gl. (4.12) den Kernradius R des $^{24}$Mg-Kerns.

gien. Die Minima im Streuquerschnitt fallen mit den ersten Nullstellen von $J_1(q)$ zusammen, die bei $q = 3.83, 7.02, 10.17, \ldots, (n + 1/4)\,\pi$ liegen, und vermitteln eine Abschätzung für den Radius der Scheibe zu $R = 6.0 \ldots 6.3$ fm.

3. Der Grenzfall der Beugung an einer schwarzen Scheibe liefert immer dann recht brauchbare Ergebnisse, wenn das Projektil eine sehr kleine freie Weglänge im Kern hat. Das trifft für α-Teilchen und schwere Ionen in der Nähe der Coulombschwelle zu. Eine allgemeiner gültige Beschreibung der hadronischen Streuung gewinnt man durch die Einführung eines komplexen nuklearen Streupotentials, dem man häufig die **Woods-Saxon-Form** [43]

$$V(r) = -(V_0 + \mathrm{i}W)\left[1 + \exp\left(\frac{r - R}{a}\right)\right]^{-1} \quad (4.13)$$

gibt. Der Radius $R$, bei dem das Potential auf die Hälfte seines Wertes bei $r = 0$ abgefallen ist, und die Oberflächenbreite $a$ beschreiben die räumliche Form des Potentials, während $V_0$ und $W$ die Tiefe des Real- bzw. Imaginärteils des Potentials angeben. Diese Potentialform orientiert sich an der Nukleonendichte am Kernrand, die nicht abrupt abbricht (wie der scharfe Rand einer Scheibe), sondern über eine ca. 2.4 fm dicke Randzone von 90 % auf 10 % der zentralen Dichte abnimmt (s. Abb. 4.20). Die Einführung eines komplexen Potentials geschieht

4.2 Allgemeine Eigenschaften von Atomkernen   691

analog zur Wahl einer komplexen Brechzahl in der optischen Dispersion und erlaubt es, Streu- und Absorptionsprozesse gleichermaßen zu beschreiben.

### 4.2.3.2 Die Ladungsverteilung im Kern

Wegen der beträchtlichen Absorption ist die Streuung von Hadronen (Nukleonen, Mesonen, Kerne) grundsätzlich nicht geeignet, detaillierte Kenntnis über die Nukleonenverteilung im Kerninnern zu vermitteln. Hinzu kommt, dass Proton und Neutron bezüglich ihrer starken Wechselwirkung nahezu identische Teilchen sind (vgl. Abschn. 4.4.3), sodass aus der hadronischen Streuung mögliche Unterschiede in ihren Verteilungen nicht erkannt werden. In dieser Situation stammen die genauesten Aussagen über die Verteilung der Protonen im Kern aus ihrer Wechselwirkung mit geladenen Leptonen, also vor allem Elektronen und Myonen. Als wichtigste Messmethoden sind hier die Elektronenstreuung, die Röntgenspektren myonischer Atome und die elektronische Isotopieverschiebung zu nennen. Die genannten Verfahren gründen sich darauf, dass die Leptonen, nach allem, was wir heute wissen,

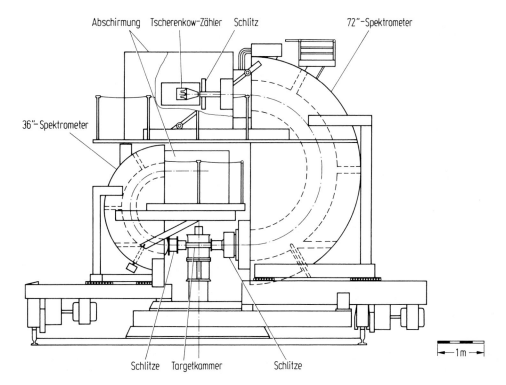

**Abb. 4.17** Die beiden historischen Magnetspektrometer (genannt 36″- und 72″-Spektrometer) der Stanford University zur Messung der elastischen Elektronenstreuung. Das Target befindet sich im Zentrum der Targetkammer, in die der Elektronenstrahl waagrecht einfällt. Nach Ausblendung durch Schlitze werden die gestreuten Elektronen in Tscherenkow-Detektoren registriert [44].

**Elektronenstreuung.** Seit den bahnbrechenden Arbeiten von Hofstadter und Mitarbeitern [44] in Stanford Mitte der Fünfzigerjahre hat sich die elastische Streuung hochenergetischer Elektronen zu einer Präzisionsmethode entwickelt. Das liegt grundsätzlich an der „passenden" de-Broglie-Wellenlänge von Elektronen und an der vergleichsweise einfachen Messvorrichtung. Da Elektronen mit einigen 100 MeV schon hochrelativistisch sind, ergibt sich ihre Wellenlänge zu $\lambda = \hbar/p \approx \hbar c/E = 197/E$ fm, d.h. $\lambda = 1$ fm für 200-MeV-Elektronen. Den grundsätzlichen Versuchsaufbau zeigt Abb. 4.17. Der monochromatische Elektronenstrahl trifft auf ein Target und wird dort elastisch (oder inelastisch) gestreut. Die gestreuten Elektronen werden mittels eines Magnetspektrometers unter einem variablen Winkel $\vartheta$ impuls-selektiert (und damit wegen $E = pc$ auch energie-selektiert) gemessen. Aus dem Verhältnis zwischen dem in der Fokalebene registrierten Elektronenstrom und dem einfallenden Elektronenstrom wird der differentielle Streuquerschnitt extrahiert. Dessen Werte können gerade bei hohen Energien und großen Streuwinkeln sehr klein werden (d$\sigma$/d$\Omega \leq 1$ μb, s. Abb. 4.18a). Daher sind wesentliche experimentelle Verbesserungen erzielt worden durch den Bau leistungsfähiger Elektronenbeschleuniger mit zeitlich konstantem Strom hoher Energieschärfe (sog. Dauerstrichbeschleuniger) und die Konstruktion von Spektrometern mit großem Raumwinkel und hoher Impulsauflösung. Letztere ist erforderlich, um die elastische Streuung von den Ereignissen

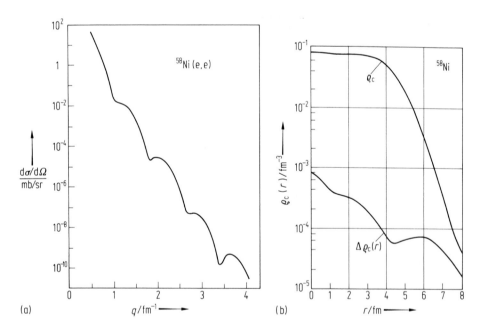

**Abb. 4.18** (a) Elastischer Streuquerschnitt d$\sigma$/d$\Omega$ von Elektronen an $^{58}$Ni als Funktion des Impulsübertrags $q$. (b) Ladungsdichte $\varrho_c(r)$ und experimentelle Genauigkeit $\Delta\varrho_c(r)$ der Ladungsdichte in $^{58}$Ni [45].

inelastischer Streuung zu separieren, bei denen der Kern zu tief liegenden Zuständen angeregt wird.

Eine typische „Winkelverteilung" von am Isotop $^{58}$Ni gestreuten Elektronen ist in Abb. 4.18a dargestellt. Man erkennt, dass der differentielle Streuquerschnitt über 12 Zehnerpotenzen abnimmt. Die Abszisse ist nicht direkt der Streuwinkel $\vartheta$, sondern der Betrag des Impulsübertrags $q$. Berücksichtigt man wieder $E = pc$ und vernachlässigt die auf den Kern abgegebene Energie, so gilt $q = (2E/c) \sin \vartheta/2$. Eine Variation von $q$ kann also durch Veränderung des Streuwinkels $\vartheta$ oder der Einschussenergie $E$ geschehen. Daher ist es auch üblich, alle Streudaten in der in Abb. 4.18 gewählten Weise darzustellen.

Die Streuung relativistischer Elektronen, die ja Teilchen mit Spin 1/2 sind, an einer (spinlosen) Punktladung $Ze$ wird durch den *Mott-Streuquerschnitt* beschrieben:

$$\left(\frac{d\sigma}{d\Omega}\right)_{\text{Mott}} = \left(\frac{2EZe^2}{4\pi\varepsilon_0 q^2 c^2}\right)^2 \left[1 - \left(\frac{v}{c}\right)^2 \sin^2 \vartheta/2\right]. \tag{4.14}$$

Der letzte Term $(v/c)^2 \sin^2 \vartheta/2$ stammt von der Wechselwirkung des magnetischen Spinmoments des Elektrons mit dem Magnetfeld des Targetkerns her, das die im Ruhesystem des Elektrons vorbeifliegende Ladung $Ze$ erzeugt. Im Grenzfall $v \to c$ hat dieser Term die gleiche Größenordnung wie der rein elektrische; er verschwindet für $v \to 0$, $E \to m_e c^2$, wo die Mott-Formel in die Rutherford-Streuformel übergeht. Bei der Ableitung dieser Formel wurde außerdem die Annahme gemacht, dass die Streuung durch die 1. Born'sche Näherung beschrieben werden kann, bei der die einlaufende und auslaufende Welle durch ebene Wellen ersetzt werden und die Verzerrungen der Wellenfronten durch die Ladung des Targetkerns vernachlässigbar sind. Diese Näherung gilt umso besser, je besser $Ze^2/\hbar c \ll 1$, also $Z \ll 137$, erfüllt ist. Korrekturen durch den endlichen Impulsübertrag auf das Target und durch Verwendung der Born'schen Näherung führen im Wesentlichen zu sehr ähnlichen Ergebnissen.

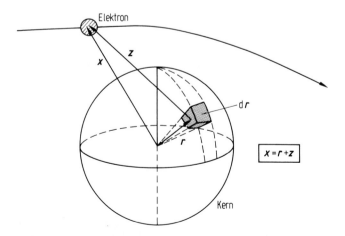

**Abb. 4.19** Zur Berechnung des Formfaktors bei der Elektronenstreuung.

Durch die endliche Ausdehnung des Targetkerns ändert sich der Streuquerschnitt gegenüber Gl. (4.14) und wird mithilfe eines sog. **Formfaktors $F(q^2)$** parametrisiert:

$$\frac{d\sigma}{d\Omega} = \left(\frac{d\sigma}{d\Omega}\right)_{\text{Mott}} |F(q^2)|^2. \tag{4.15}$$

Das Zustandekommen des Formfaktors ist in Abb. 4.19 erläutert. Wir zerlegen das streuende Objekt in Teilvolumina d$r$, von denen Elementarwellen ausgehen, die phasenrichtig addiert die gestreute ebene Welle ergeben. Jedes Teilvolumen d$r$ enthält die Ladung $Ze\varrho_c(r)\,dr$ und liefert einen Beitrag

$$dV_c(x) = -\frac{Ze^2}{4\pi\varepsilon_0 z}\varrho_c(r)\,dr \tag{4.16}$$

zum elektrostatischen Gesamtpotential. Für die Ladungsdichte $\varrho_c(r)$ gilt die Normierung $\int \varrho_c(r)\,dr = 1$. Ferner berücksichtigt man die Beziehung zwischen der Streuamplitude $f(q)$ und dem Streuquerschnitt, $d\sigma/d\Omega = |f(q)|^2$, und dass $f(q)$ in 1. Born'scher Näherung die Fourier-Transformierte des Streupotentials ist,

$$f(q) = -\frac{m}{2\pi\hbar^2}\int dx\, V_c(x)\exp(i\boldsymbol{q}\boldsymbol{x}/\hbar). \tag{4.17}$$

Dann ergibt sich der Formfaktor zu

$$F(q) = \int_{\text{Kern}} dr\varrho_c(r)\exp(i\boldsymbol{q}\boldsymbol{r}/\hbar) \tag{4.18}$$

als Fourier-Transformierte der Ladungsverteilung $\varrho_c(r)$. Wegen der hier angenommenen Radialsymmetrie von $\varrho_c(r)$ hängt der Formfaktor nur vom Betrag von $\boldsymbol{q}$ ab und kann deshalb als $F(q^2)$ geschrieben werden. An dem Exponentialfaktor in Gl. (4.17) und Gl. (4.18) erkennt man die Verwendung der Born'schen Näherung; er ist gerade das Produkt aus der einlaufenden ebenen Welle $\exp(-i\boldsymbol{p}\boldsymbol{x}/\hbar)$ und auslaufenden ebenen Welle $\exp(i\boldsymbol{p}'\boldsymbol{x}/\hbar)$. In Tab. 4.1 sind die Formfaktoren einiger Ladungsverteilungen zusammengestellt. Entwickelt man Gl. (4.18) nach $qr$, so erhält man für $qR \ll 1$

$$F(q^2) = 1 - \frac{\langle r^2 \rangle q^2}{6\hbar^2} + \ldots \tag{4.19}$$

mit dem mittleren quadratischen Ladungsradius

$$\langle r^2 \rangle = \int_{\text{Kern}} dr\, r^2 \varrho_c(r). \tag{4.20}$$

**Tab. 4.1** Modell-Ladungsverteilungen und Formfaktoren.

| Ladungsverteilung | Formfaktor | Beispiel |
|---|---|---|
| $\delta(r)$ | 1 | Punktladung, Quark |
| $\exp(-r/b)$ | $(1 + b^2 q^2/\hbar^2)^{-1}$ | Nukleon |
| $\exp(-r^2/b^2)$ | $\exp(-b^2 q^2/4\hbar^2)$ | Proton-Proton-Streuung |
| $\varrho_c(r) = \begin{cases} \varrho_0 & r \leq R \\ 0 & r \end{cases}$ | $3(\sin x - x\cos x)/x^2$ mit $x \equiv qR/\hbar$ | homogen geladene Kugel |

4.2 Allgemeine Eigenschaften von Atomkernen    695

Für die homogen geladene Kugel mit Radius $R$ gilt

$$\langle r^2 \rangle = 0.6\, R^2 = 0.6\, r_0^2 A^{\frac{2}{3}}. \tag{4.21}$$

Der Formfaktor ist die entscheidende Verbindung zwischen dem gemessenen Streuquerschnitt und der modellmäßig angenommenen oder vorausgesagten Ladungsverteilung im Kern. Hätten wir eine exakte quantenmechanische Beschreibung des Geschehens im Atomkern, so wäre das Betragsquadrat der Wellenfunktion der Protonen ja genau die gesuchte Dichtefunktion $\varrho_c(r)$. Dieser Sachverhalt demonstriert, wie wichtig die Elektronenstreuung zum Test von Kernmodellen ist. Aus den in Abb. 4.18a gezeigten Daten wurde die Protonendichte $\varrho_c(r)$ in $^{58}$Ni extrahiert, die in Abb. 4.18b dargestellt ist; $\Delta\varrho_c(r)$ bedeutet die Ungenauigkeit der Dichte aufgrund der (sehr kleinen) Messfehler der Streuquerschnitte und der Unsicherheiten der Auswertung. Die Ladungsdichten in den sphärischen Kernen $^{40}$Ca, $^{48}$Ca $^{116}$Sn und $^{208}$Pb sind in Abb. 4.20 in einem linearen Maßstab miteinander verglichen. Abgesehen von den kleinen Variationen im Zentrum können die Ladungsverteilungen der meisten Kerne durch eine *Fermi-Funktion*

$$\varrho_c(r) = \varrho_c(0) \frac{1}{1 + \exp[(r - R)/a]} \tag{4.22}$$

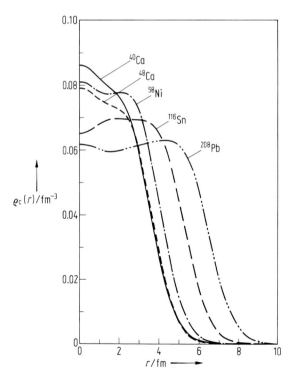

**Abb. 4.20** Vergleich der Ladungsdichten $\varrho_c(r)$ in den Kernen $^{40}$Ca, $^{48}$Ca, $^{58}$Ni, $^{116}$Sn und $^{208}$Pb gemessen mittels elastischer Elektronenstreuung.

recht gut wiedergegeben werden. Eine globale Analyse der Elektronenstreudaten ergibt die Parameter:

$$R = 1.18\,A^{\frac{1}{3}} - 0.48\,\text{fm}$$
$$\langle r^2 \rangle^{\frac{1}{2}} = 0.94\,A^{\frac{1}{3}},$$
$$a = 0.55\,\text{fm},$$
$$\varrho_c(0) \approx 0.07\,\text{fm}^{-3}. \qquad (4.23)$$

Das bedeutet, dass das Kernvolumen im Mittel proportional zu $A$ anwächst und dass die Protonendichte keinen scharfen Rand hat, sondern über eine 2.4 fm dicke Oberflächenschicht von 90 % auf 10 % des Wertes $\varrho_c(0)$ im Zentrum abfällt. Die Nukleonendichte im Zentrum des Kerns beträgt $\varrho_m(0) \approx 0.17\,\text{fm}^{-3}$. Allerdings zeigt Abb. 4.20 auch, dass die Dichte im Innern nicht konstant ist, sondern von $r$ abhängt und auch für $r = 0$ mit der Massenzahl variiert.

Die Präzision und Systematik der Daten erlauben es heute aber bereits, Abweichungen von der globalen Ladungsdichte Gl. (4.21) anzugeben. Das soll hier am Beispiel eines seit langem aktuellen Problems diskutiert werden, das erst kürzlich

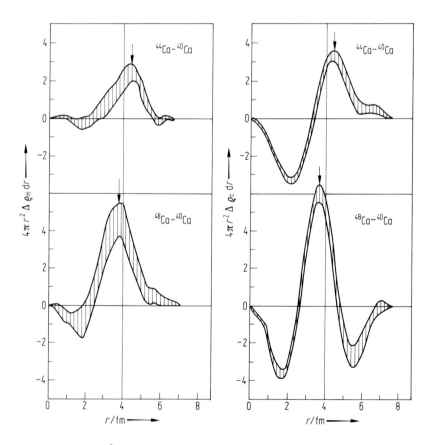

**Abb. 4.21** Differenzen $4\pi r^2 \Delta \varrho\, dr$ der Massenbelegungen (links) bzw. Ladungsbelegungen (rechts) für die Isotopenpaare $^{44}$Ca–$^{40}$Ca und $^{48}$Ca–$^{40}$Ca.

durch Präzisionsmessungen an den Ca-Isotopen gelöst werden konnte. Die Frage könnte man folgendermaßen formulieren: Wenn innerhalb einer Isotopenreihe mehr und mehr Neutronen eingebaut werden, lagern sie sich dann einfach am Kernrand an oder wird die gesamte Neutronendichte erhöht? Und führt das Hinzufügen von Neutronen zu einer „Neutronenhaut" oder gleichen sich Massen- und Ladungsverteilung in den Kernen einer Isotopenkette aus?

Dazu vergleichen wir die Streuung von 104-MeV-$\alpha$-Teilchen und 200-MeV-Elektronen an den Kernen $^{40}$Ca, $^{44}$Ca und $^{48}$Ca, die uns nach dem Gesagten Auskunft über die Massen- und Ladungsdichten geben [41, 45, 46]. In Abb. 4.21 aufgetragen sind die Unterschiede in der Massendichte $4\pi r^2 \Delta\varrho_m(r)$ bzw. Ladungsdichte $4\pi r^2 \Delta\varrho_c(r)$ für die Paare $^{44}$Ca–$^{40}$Ca und $^{48}$Ca–$^{40}$Ca. Die Größe $4\pi r^2 \Delta\varrho(r)$ ist gerade die in einer Kugelschale zwischen den Radien $r$ und $r + \Delta r$ auftretende Massen- bzw. Ladungsdifferenz zwischen den betrachteten Isotopen. Beim Vergleich von $^{44}$Ca und $^{40}$Ca stellt man fest, dass sich die vier zusätzlichen Neutronen an der Kernoberfläche bei $R \approx 4$ fm anlagern: Man beobachtet dort nämlich einen Zuwachs von $\Delta\varrho_m$. Gleichzeitig findet eine Verlagerung der Protonendichte nach außen statt. Da die Gesamtprotonenzahl sich nicht geändert hat, bedeutet das einen negativen Wert von $\Delta\varrho_c$ im Kerninnern und einen entsprechenden positiven Beitrag am Rand. Dieser Trend setzt sich jedoch nicht fort, wenn wir vier weitere Neutronen einbauen und zu $^{48}$Ca gehen: Der Massenzuwachs konzentriert sich etwas weiter innen, ebenso wächst die Ladungsdichte bei etwa 3.5 fm auf Kosten der Dichten bei ca. 2.0 und 5.5 fm. (Der hier diskutierte Effekt hängt mit der Existenz geschlossener Schalen in $^{40}$Ca und $^{48}$Ca zusammen.)

Die recht kleinen Unterschiede zwischen den Ladungs- und Masseverteilungen in Kernen, wie wir sie für die Ca-Isotope dargelegt haben, sind durchaus typisch für die meisten Gebiete der Isotopenkarte. Dramatische Ausnahmen sind in einigen sehr neutronenreichen leichten Elementen gefunden worden, die man **Halokerne** [47–49] nennt. Man versteht darunter Nuklide, die einen inneren Rumpf mit normalen, gleichen Dichten für Protonen und Neutronen besitzen, an den ein oder zwei Neutronen sehr schwach gebunden sind. Aus der Quantenmechanik wissen wir, dass ein solch schwach gebundenes System eine relativ große Ausdehnung besitzt: Schon aus der Heisenberg'schen Unschärferelation folgt, dass ein Teilchen mit geringer Bindungsenergie geringe Impulse und somit auch eine geringe Impulsunschärfe hat und dass daher seine Wellenfunktion eine entsprechend große Ortsunschärfe besitzt. Insofern sollte es experimentell möglich sein, solche ungewöhnlichen Isotope durch Messung ihrer Bindungsenergien und Kerngrößen und der Impulsunschärfen der schwach gebundenen Neutronen zu identifizieren.

Der am besten untersuchte und verstandene Halokern ist das Isotop $^{11}$Li; es ist aus drei Protonen und acht Neutronen aufgebaut und zerfällt mit einer Halbwertszeit von 8.2 ms durch $\beta$-Zerfall zu $^{11}$Be. Es handelt sich um ein sog. Borromäisches System, bestehend aus einem $^9$Li-Rumpf und zwei schwach gebundenen Neutronen. Das bedeutet, dass keines der Einzelsysteme, also weder $^{10}$Li = $^9$Li + n noch die beiden Haloneutronen eine Bindung eingehen, während $^{11}$Li relativ zu $^9$Li + 2n mit 295 keV schwach gebunden ist. Wie bestimmt man nun die Größe solch kurzlebiger Kerne, die man natürlich unmöglich als Targets für Streuexperimente herstellen kann? Das wesentliche Hilfsmittel ist die Herstellung eines Strahls aus instabilen $^{11}$Li-Kernen. Man erzeugt z. B. über die Reaktion zwischen einem $^{12}$C-Strahl bei

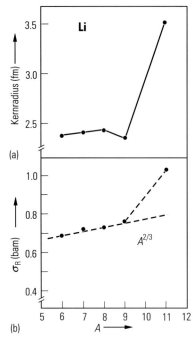
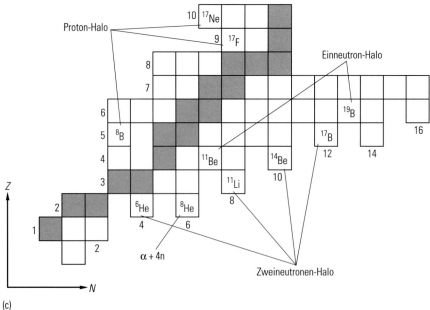

**Abb. 4.22** Aufgetragen sind (a) der Kernradius $R_F$ und (b) der Reaktionsquerschnitt $\sigma_R$ der Lithium-Isotope $^6$Li–$^{11}$Li. Man erkennt die dramatische Zunahme beider Größen beim Übergang von $^9$Li nach $^{11}$Li, die von der Halostruktur der beiden letzten, schwach gebundenen Neutronen in $^{11}$Li herrührt. (c) Übersicht über die bisher gefundenen leichten Halokerne mit einem bzw. zwei Haloneutronen oder einem Proton-Halo.

1.5 GeV/Nukleon und einem Produktions-Target einen Strahl relativistischer $^{11}$Li-Kerne mit der Intensität $I_0$ und lenkt ihn mithilfe des in Abschnitt 4.2.2.2 beschriebenen Fragmentseparators FRS auf ein sekundäres (stabiles) Target. Aus dem Bruchteil der im sekundären Target (Dicke $x_T$, Dichte $\varrho$) durch Kernreaktionen entfernten $^{11}$Li-Projektile gewinnt man den Reaktionsquerschnitt $\sigma_R$,

$$I(x_T)/I_0 = \exp(-\sigma_R \varrho x_T),$$

und daraus gemäß der Beziehung $\sigma_R \approx \pi[R_F + R_T]^2$ den Wechselwirkungsradius $R_F + R_T$. Dabei bedeuten $R_F$ und $R_T$ die Radien des Fragments ($^{11}$Li) bzw. des Sekundärtargetkerns. Abb. 4.22a illustriert die dramatische Zunahme von $\sigma_R$ und $R_F$ zwischen $^9$Li und $^{11}$Li, im Vergleich zu den nahezu konstanten bzw. langsam anwachsenden Werten beider Größen zwischen $^6$Li und $^9$Li (das Isotop $^{10}$Li ist, wie gesagt, nicht existent und fehlt daher in der Graphik). In einem ähnlichen Experiment wurde auch die Impulsunschärfe der schwach gebundenen Neutronen bestimmt. Wieder wurde ein hochenergetischer $^{11}$Li-Strahl auf ein Kohlenstofftarget gelenkt und die bei der Aufbruchreaktion $^{11}$Li + $^{12}$C → $^9$Li + n + X entstehenden Reaktionsprodukte ($^9$Li, X = restliche Fragmente) bezüglich ihrer Impulse und Energien nachgewiesen. Aufgrund des Impulssatzes lässt die Impulsverteilung der Fragmente Rückschlüsse auf die Impulsverteilung der beiden Haloneutronen zu. Die totale Breite dieser Verteilung ist deutlich kleiner als jene der Nukleonen in einem normal gebundenen Zustand und beweist aufgrund der Heisenberg-Relation die geringere räumliche Lokalisierung der Haloneutronen [47–49].

Das Studium instabiler Halokerne hat sich im letzten Jahrzehnt zu einem besonders intensiven und erfolgreichen Forschungsfeld der Kernphysik entwickelt. Es verbindet die neuartige Experimentierkunst mit radioaktiven Strahlen mit dem theoretisch hochinteressanten Thema, welche Eigenschaften Systeme weniger Nukleonen besitzen. Außerdem haben leichte und mittelschwere „exotische" Kerne weitab von der Stabilitätslinie große Wichtigkeit für die Elemententstehung in Sternen. Abb. 4.22c gibt einen Überblick über jene leichten Isotope, die heute als Halokerne mit einem oder zwei Neutronen bzw. einem Proton angesehen werden.

Der Bau leistungsfähiger Beschleuniger und Detektoren, auch bei höheren Energien, hat es erlaubt, neben der elastischen Elektronenstreuung auch die *inelastische Streuung* zu einer großen Zahl angeregter Kernniveaus zu untersuchen [50, 51]. Besonders interessant sind vor allem jene Kerne, deren Ladungsverteilung nicht kugelsymmetrisch ist, sondern die elektrische (oder magnetische) Multipolmomente besitzen. Auf diesen Aspekt kommen wir später zurück. Eine weitere fundamentale Fragestellung betrifft die **Ausdehnung von Proton und Neutron** selbst und die Verteilung der Ladungen und Ströme in diesen Kernbausteinen. Dass das Proton kein Punktteilchen wie das Elektron ist, hatten schon Stern und Mitarbeiter [52] in den Dreißigerjahren anhand des anomalen magnetischen Moments des Protons erkannt (siehe Abschnitt 4.2.4). Und wie könnte man das große magnetische Moment des Neutrons mit der Vorstellung eines punktförmigen neutralen Teilchens vereinbaren? Aus diesen Gründen wurde die Elektronenstreuung an normalem Wasserstoff ($^1$H) und Deuterium ($^2$H) sehr sorgfältig untersucht; aus dem Vergleich von $^2$H mit $^1$H erhält man Auskunft über die Eigenschaften des Neutrons. Diese Experimente haben zu folgenden wichtigen Ergebnissen geführt [53, 54]:

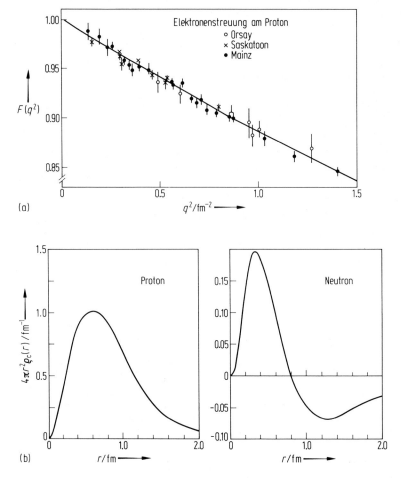

**Abb. 4.23** (a) Elektrischer Formfaktor $F(q^2)$ des Protons als Funktion des quadrierten Impulsübertrags $q^2$. (b) Ladungsdichten $4\pi r^2 \varrho_c(r)\,dr$ von Proton und Neutron [54].

1. Nukleonen sind in der Tat ausgedehnte Objekte. Das zeigt sich schon daran, dass der Ladungsformfaktor des Protons nicht konstant $F(\boldsymbol{q}^2) = 1$ ist, sondern in guter Näherung durch den Ausdruck

$$F(\boldsymbol{q}^2) = \frac{1}{1 + |\boldsymbol{q}^2|/q_N^2} \tag{4.24}$$

mit $q_N^2 = 0.71\ (\text{GeV}/c)^2$ beschrieben wird, wie in Abb. 4.22a zu sehen ist.

2. Die Ladungsverteilung des Protons ergibt sich dann als Fourier-Transformierte approximativ zu

$$\varrho_c(r) = \varrho_c(0) \exp(-r/a) \tag{4.25}$$

mit $a = \hbar/q_N = 0.23$ fm. Der mittlere quadratische Radius des Protons ist dann $\langle r_e^2 \rangle_p^{1/2} = 0.86(1)$ fm. Protonen haben also ebenso wenig wie Kerne einen scharfen Rand. Dagegen liegt der mittlere quadratische Radius des Neutrons sehr nahe bei null: $\langle r_e^2 \rangle_n = 0.119(4)$ fm². Die Ladungsverteilungen $4\pi r^2 \varrho_c(r)$ von Proton und Neutron sind in Abb. 4.23 b wiedergegeben.

3. Relativistische Elektronen wechselwirken auch mit den Strömen innerhalb des Nukleons, die das magnetische Moment erzeugen. Die Streudaten ergeben, dass die radiale Verteilung des magnetischen Moments von Proton und Neutron ebenfalls einem exponentiellen Abfall nach Gl. (4.25) folgt und dass die mittleren quadratischen Radien $\langle r_m^2 \rangle_p^{1/2} \approx \langle r_m^2 \rangle_n^{1/2} = 0.86(6)$ fm² betragen. Das Neutron besteht also, grob gesprochen, nur aus Magnetismus.

**Myonische Atome.** In einem myonischen Atom [55] wurde ein Hüllenelektron durch ein negativ geladenes Myon ($\mu^-$) ersetzt. Wie schon erwähnt, verhält sich das $\mu^-$ bis auf seine 207-mal größere Masse und seine endliche Lebensdauer von 2.2 µs (die aber sehr lang ist im Vergleich zu den unten beschriebenen Prozessen) wie ein schweres Elektron. Da es nicht der starken Wechselwirkung unterliegt, stellt es eine ideale elektromagnetische Sonde dar. Die sehr viel größere Masse sorgt dafür, dass die Radien der Bohr'schen Bahnen im Verhältnis $m_e/m_{\mu r}$ verkleinert sind, wobei $m_{\mu r} = m_\mu M_A/(m_\mu + M_A)$ die reduzierte Masse des Myons ist:

$$a_n^\mu = a_0 \frac{n^2}{Z} \frac{m_e}{m_{\mu r}} \quad \text{mit} \quad a_0 = 0.053 \text{ nm}. \tag{4.26}$$

Danach wäre der Bohr-Radius der K-Schale eines myonischen Bleiatoms ($Z = 82$) nur $a_1^\mu = 3.1$ fm und somit etwa halb so groß wie der Radius eines ²⁰⁶Pb-Kerns ($R \approx 7.4$ fm). Das bedeutet zunächst, dass die $Z-1$ Elektronen sehr weit außen liegen und für das Myon die *Einelektronennäherung* gilt. Aber noch wichtiger ist der Umstand, dass sich das Myon mit großer Wahrscheinlichkeit innerhalb des Blei-

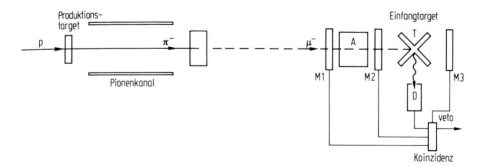

**Abb. 4.24** Apparatur zum Studium myonischer Atome. Die $\mu^-$ entstehen durch den Zerfall der $\pi^-$, die beim Beschuss des Produktionstargets mit einem intensiven, hochenergetischen Protonenstrahl erzeugt werden. Die in A abgebremsten Myonen werden in Atomen des Targets T eingefangen und erzeugen myonische Röntgenkaskaden, die im Ge-Detektor D spektroskopiert werden. Die Wirkungsweise der Monitore M1, M2 und M3 ist im Text erklärt.

kerns aufhält. Folglich weichen die myonischen Energieeigenwerte $E_n^\mu$ und Röntgenübergänge von den Voraussagen des Punktmodells

$$E_n^\mu = Ry \frac{Z^2}{n^2} \frac{m_{\mu r}}{m_e},$$

$$\left(Ry = \frac{1}{2}\alpha^2 m_e c^2 = 13.65 \text{ eV}\right) \tag{4.27}$$

stark ab. Skaliert man nämlich die beobachteten elektronischen $K_\alpha$-Energien in Pb mit dem Massenverhältnis ($m_{\mu r}/m_e$), so lägen die myonischen (2p → 1s)-Röntgenübergänge bei 15 MeV. In Wirklichkeit wurden für die myonischen $K_\alpha$-Energien $\Delta E(2p\frac{1}{2} \to 1s\frac{1}{2}) = 5787$ keV und $\Delta E(2p\frac{3}{2} \to 1s\frac{1}{2}) = 5972$ keV gemessen [56]. Diese beiden Zahlen illustrieren sehr deutlich, dass das $\mu^-$ nur einen Teil der Kernladung „sieht", außerdem veranschaulichen sie die große atomare Feinstrukturaufspaltung des myonischen 2p-Niveaus (185 keV).

Abb. 4.24 skizziert einen typischen experimentellen Aufbau zur Messung myonischer Röntgenstrahlung: Der $\mu^-$-Strahl (der beim β-Zerfall von $\pi^-$ entsteht, die wiederum beim Beschuss des Produktionstargets mit 600-MeV-Protonen erzeugt werden,) gelangt auf das Target T, nachdem es in einem Kupferblock A abgebremst wurde. Die Röntgenstrahlung nach dem Einfang wird in dem Halbleiterdetektor D gemessen. Durch eine Koinzidenzschaltung wird sichergestellt, dass das schnelle $\mu^-$ den Monitordetektor M1 und nach der Abbremsung den zweiten Monitor M2 passiert hat und dass der Monitor M3 nicht anspricht (da ja das Myon in T eingefangen wurde und dort mit einer Halbwertszeit von 2.2 μs zerfällt). Den Einfangprozess kann man sich so vorstellen, dass das $\mu^-$ unter dem Einfluss des Coulomb-Potentials des Kerns zunächst in äußere Bohr-Bahnen gelangt und unter Emission

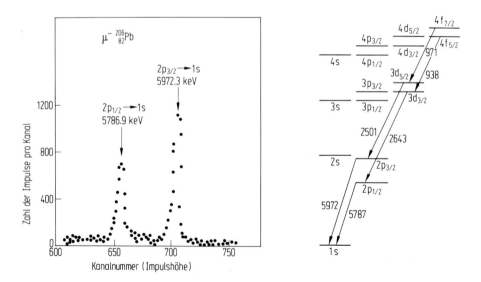

**Abb. 4.25** Myonisches Röntgenspektrum ($K_{\alpha 1}$-, $K_{\alpha 2}$-Linien) nach $\mu^-$-Einfang in $^{206}$Pb (links) und Termschema des $\mu^-$-$^{206}$Pb-Atoms (rechts).

## 4.2 Allgemeine Eigenschaften von Atomkernen

einer Röntgenkaskade in das 1s-Niveau fällt, wo es bis zu seinem Zerfall verbleibt. Die letzten Übergänge der Kaskade in $^{206}$Pb sind in Abb. 4.25b eingezeichnet, während Abb. 4.25a das Spektrum der beiden myonischen $K_\alpha$-Linien zeigt. Die mittleren quadratischen Ladungsradien, die man aus der Analyse der myonischen Röntgenübergänge gewinnt, bestätigen die Elektronenstreudaten sehr gut.

Statt eines $\mu^-$ kann natürlich auch jedes andere negativ geladene Teilchen auf Bohr-Bahnen eingefangen werden, sofern es den Abbremsprozess „überlebt". Solche **exotischen Atome** sind mit $\pi^-$, $\Sigma^-$-Hyperonen, Antiprotonen etc. erzeugt worden. Der Unterschied gegenüber den myonischen Atomen liegt in der hadronischen Natur dieser Teilchen: Sobald ihre Bahn in den Bereich auch nur geringster Nukleonendichte gelangt, werden sie vom Kern infolge starker Wechselwirkung eingefangen. Man erkennt dies daran, dass die Röntgenkaskaden nicht bis zum 1s-Niveau reichen, sondern bei einer größeren Hauptquantenzahl $n_c > 1$ abbrechen. Außerdem erzeugt der „letzte" Übergang der Kaskade oft eine gegenüber der elektromagnetischen Linienbreite vergrößerte Linienverbreiterung $\Delta E$, die gemäß $\Delta E = \hbar/\tau_c$ auf die durch die Absorption verkürzte Lebensdauer $\tau_c$ des Einfangzustandes hindeutet. Somit hängen diese Röntgenspektren sensitiv von den Ausläufern der Nukleonenverteilung $\varrho_m(r)$ ab [57].

**Isotopieverschiebung.** Trotz der sehr kleinen Aufenthaltswahrscheinlichkeit auch der innersten Elektronen am Kernort erzeugt die endliche Ausdehnung des Kerns im Vergleich zu einer Punktladung $Ze$ messbare Verschiebungen der Spektrallinien im optischen und UV-Spektralbereich. Denken wir uns zur Vereinfachung die Ladung der Protonen homogen auf eine Kugel mit dem Radius $R$ verteilt und sei $\varrho_{el}(0)$ die Ladungsdichte der Elektronen am Kernort für den betrachteten elektronischen Zustand; sie sei ebenfalls als radialsymmetrisch und über das Kernvolumen konstant angenommen. Die Kernausdehnung führt zu einer Modifikation des elektrostatischen Potentials $\delta\Phi = \Phi_P - \Phi_K$, wobei $\Phi_P = Ze/4\pi\varepsilon_0 r$ das Potential der Punktladung und $\Phi_K$ jenes im Innern des ausgedehnten Kerns ist. Die Energieverschiebung des elektronischen Zustands ist dann [58]

$$\begin{aligned}\Delta E_{el} &= \int_{\text{Kern}} dr\, \varrho_{el}(0)\,\delta\Phi(r) \\ &= 4\pi \varrho_{el}(0) \int^R \delta\Phi(r)\, r^2\, dr \\ &= \frac{2\pi}{3} \varrho_{el}(0) Z e^2 \langle r^2 \rangle.\end{aligned} \qquad (4.28)$$

Wegen $\delta\Phi = 0$ für $r > R$ erfolgt in Gl. (4.28) die Integration nur über das Kernvolumen. Je nach dem Wert $\varrho_{el}(0)$ erfahren Anfangs- und Endzustand des ausgewählten elektronischen Übergangs unterschiedliche Energieverschiebungen $\Delta E_{el}$. Zur Messung von $\langle r^2 \rangle$ in einem vorgegebenen Kern wäre folglich die genaue Kenntnis der Elektronendichte am Kernort in beiden Zuständen erforderlich; das ist in Atomen und Ionen mit vielen Elektronen meist nicht der Fall. Andererseits vermittelt die Variation der Energie der Spektrallinie entlang einer Isotopenreihe Auskunft über die relative Änderung von $\langle r^2 \rangle$, da sich hier die Elektronendichte $\varrho_{el}(0)$ nicht ändert. Die Differenzierung von Gl. (4.28) nach $A$ ergibt nämlich

$$\frac{\delta \langle r^2 \rangle}{\delta A} = \frac{2}{3} \frac{\langle r^2 \rangle}{A} \sim A^{\frac{1}{3}}. \qquad (4.29)$$

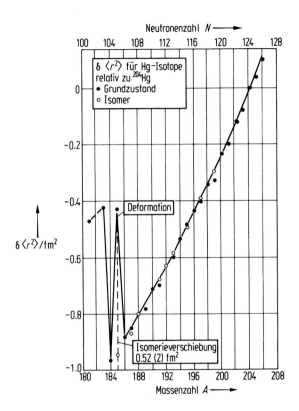

**Abb. 4.26** Isotopieverschiebungen $\delta\langle r^2\rangle$ der Quecksilberisotope relativ zu $^{204}$Hg ($N=124$). Man beachte das plötzliche Auftreten starker Quadrupoldeformation in $^{181,183,185}$Hg und die auf Koexistenz beruhende Isomerieverschiebung in $^{185}$Hg [59].

Da sich $A^{\frac{1}{3}}$ längs einer Isotopenkette kaum ändert, erwartet man näherungsweise eine lineare Beziehung zwischen $\delta\langle r^2\rangle$ und $\delta A$. Abb. 4.26 zeigt die experimentellen Isotopieverschiebungen entlang der besonders gut untersuchten Kette der Quecksilberisotope ($Z=80$) [59]. Eingezeichnet sind die Werte von $\delta\langle r^2\rangle$ relativ zum Isotop $^{204}$Hg ($N=124$), und zwar sowohl für die Kerne im Grundzustand als auch, für einige Kerne mit $A\leq 199$, in langlebigen angeregten Kernzuständen (Isomeren). Man erkennt über den Massenbereich $184\leq A\leq 206$ den erwarteten, fast linearen Zusammenhang zwischen $\delta\langle r^2\rangle$ und $A$. Allerdings treten bei den Isotopen $^{185,183,181}$Hg große Sprünge auf, die nicht mit einem stetigen Schrumpfen eines kugelförmigen Kerns bei Wegnahme weniger Neutronen vereinbar sind, sondern auf eine andere Ursache hinweisen: Die Ladungsverteilung in diesen Kernen weicht stark von der Kugelsymmetrie ab und zeigt große Quadrupolmomente (s. Abschn. 4.2.3.3). Man beachte auch den großen Unterschied $\delta\langle r^2\rangle = 0.52$ fm$^2$ zwischen dem Grundzustand und dem isomeren Zustand in ein und demselben Kern ($^{185}$Hg); diesen Effekt nennt man Isomerieverschiebung. Sie kann hier aus der Tatsache erklärt werden, dass der Grundzustand von $^{185}$Hg stark deformiert ist, während der angeregte, isomere Zu-

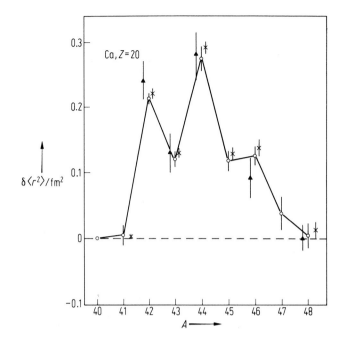

**Abb. 4.27** Isotopieverschiebungen der Calciumisotope $^{41-48}$Ca relativ zu $^{40}$Ca, gemessen mit Laserspektroskopie (○ = Heidelberg, × = Karlsruhe) und konventioneller optischer Spektroskopie (▲ = Hannover) [60].

stand nahezu sphärisch geblieben ist. Diese „Koexistenz" verschiedener Kernformen wurde in den letzten Jahren auch in anderen Kernen beobachtet und ausführlich untersucht [61, 62].

Da wir bei der Diskussion der Elektronen- und α-Streuung die Ladungs- und Massenverteilungen in den Ca-Isotopen behandelt hatten, sollen hier abschließend auch die Isotopieverschiebungen dieser Kerne miteinander verglichen werden. Abb. 4.27 zeigt die mit Laser- und optischer Spektroskopie gemessenen Werte von $\delta \langle r^2 \rangle$ für die Isotopenreihe $^{40}$Ca–$^{48}$Ca [60]. Es fällt zunächst auf, dass die $\delta \langle r^2 \rangle$-Werte keineswegs proportional zu $A$ sind, insbesondere sind die Ladungsradien von $^{40}$Ca, $^{41}$Ca und $^{48}$Ca gleich. Große Zuwächse von $\langle r^2 \rangle$ erhält man für die geraden Isotope $^{42,44,46}$Ca, während die ungeraden Isotope $^{43,45,47}$Ca deutlich kleinere Änderungen in $\langle r^2 \rangle$ zeigen. Dieses anomale Verhalten hängt wieder mit der Tatsache zusammen, dass $^{40}$Ca ($Z = N = 20$) und $^{48}$Ca ($N = 28$) doppeltmagische Kerne mit abgeschlossenen Protonen- und Neutronenschalen sind, sodass das Auffüllen der äußersten Schale durch „Valenzneutronen" zu individuellen Änderungen der Nukleonendichten führt, die nicht einer globalen Beschreibung folgen.

### 4.2.3.3 Elektrische Quadrupolmomente

Die Existenz von Kernquadrupolmomenten wurde erstmals 1935 von Schmidt und Schüler in den optischen Spektren von $^{151,163}$Eu nachgewiesen [62]. Große Quadrupolmomente wurden später auch in anderen Seltenerdmetallen ($150 < A < 190$), den Aktiniden ($A > 220$), bei $A \approx 24$ und kürzlich in den instabilen, sehr neutronenarmen Kernen mit $A \approx 80$ und $A \approx 130$ nachgewiesen. Klassisch gibt das Quadrupolmoment die Abweichung der Ladungsverteilung $\varrho_c(r)$ von der Radialsymmetrie an. Für ein axialsymmetrisches Ellipsoid, dessen Rand durch den Ausdruck

$$R(\Theta) = R_0[1 + (5/16\pi)^{\frac{1}{2}}\beta_2(3\cos^2\Theta - 1)] \tag{4.30a}$$

gegeben ist, gilt

$$Q = (Z/2) \int_{\text{Kern}} dr\, r^2 \varrho_c(r)(3\cos^2\Theta - 1); \tag{4.30b}$$

für komplizierter geformte Körper, z.B. dreiachsige Ellipsoide, ist $Q$ ein Tensor zweiter Stufe. Positive Werte des Quadrupolmoments entsprechen einer Zigarrenform (prolat), negative Werte einer Diskusform (oblat); $Q$ hat die Dimension einer Fläche und wird meist in Barn (b) angegeben. Ist das Ellipsoid homogen geladen, so führt das Integral in Gl. (4.30b) zu einer einfachen Beziehung zwischen $Q$ und der Deformation $\beta_2$:

$$Q = (9/5\pi)^{\frac{1}{2}} Z R_0^2 \beta_2 [1 + O(\beta_2^2)]; \tag{4.31}$$

für kleine Deformationen misst also das reduzierte Quadrupolmoment $Q/(ZR_0^2)$ gerade den Deformationsparameter $\beta_2$. Eine quantenmechanische Behandlung des Quadrupolmomentes und der von ihm erzeugten Hyperfeineffekte findet sich in [63].

Abb. 4.28 illustriert einige experimentelle Werte von $Q/(ZR_0^2)$ für die Grundzustände von ug-Kernen (Nuklide mit ungerader Massenzahl) als Funktion der Zahl der ungeraden Nukleonen. Man erkennt sowohl große positive Quadrupolmomente für $^{25}$Mg, $^{75,79}$Se, $^{163}$Er usw. als auch kleine negative $Q$-Werte in der Nähe der magischen Zahlen 8, 20, 28, 50, 82 und 126. Die heute bekannten Gebiete großer Deformation sind auf der Nuklidkarte in Abb. 4.29 zusammengefasst [35]; sie gruppieren sich alle bei nicht-magischen Protonen- und Neutronenzahlen. Bis auf wenige Ausnahmen (z.B. einige stabile Pt- und Os-Isotope sowie einige wenige neutronenarme, instabile Se- und Kr-Isotope) wurden für die stark deformierten Kerne stets prolate Formen gefunden. Sie lassen sich nicht durch die Bewegung eines oder weniger Valenznukleonen auf peripheren Einteilchenbahnen erklären, sondern erfordern eine Deformation des Gesamtkerns, wie sie in Gl. (4.31) ihren Ausdruck findet. Im Rahmen des Kollektivmodells werden wir strukturelle Konsequenzen solcher Deformationen behandeln (vgl. Abschn. 4.3.2).

### 4.2.4 Kernspin und magnetisches Moment

Unter dem Spin $I$ eines Kernzustands versteht man seinen Gesamtdrehimpuls. Da Protonen und Neutronen Fermionen sind, setzt sich $I$ vektoriell aus den (intrin-

4.2 Allgemeine Eigenschaften von Atomkernen    707

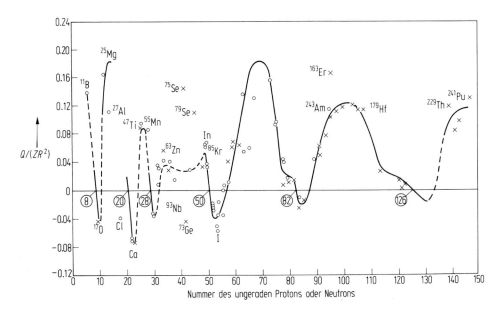

**Abb. 4.28** Reduziertes Quadrupolmoment $Q/(ZR^2)$ in Kernen mit ungerader Protonen- oder Neutronenzahl ($\circ$ = ungerades $Z$, $\times$ = ungerades $N$).

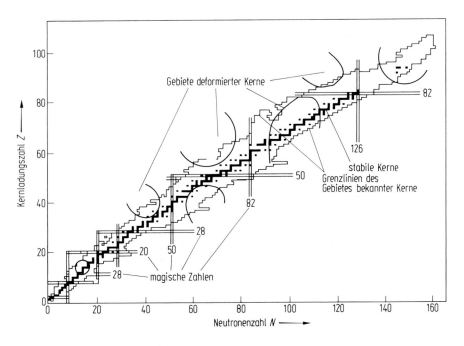

**Abb. 4.29** Gebiete der Nuklidkarte mit großer Quadrupoldeformation. Ebenfalls eingezeichnet sind die magischen Zahlen.

sischen) Spins $s_i(s_i = \frac{1}{2}\hbar)$ und den Bahndrehimpulsen $l_i$ sämtlicher Nukleonen zusammen:

$$I = \sum_{i=1}^{A} (l_i + s_i). \qquad (4.32)$$

Häufig werden $l_i$ und $s_i$ des i-ten Nukleons vektoriell zu seinem Einteilchendrehimpuls $j_i = l_i + s_i$ zusammengefasst. Trotz der im Prinzip für einen Kern mit vielen Nukleonen komplexen Summe (4.32) wurden für die Spinwerte empirisch einige einfache Regeln gefunden:

1. Da Bahndrehimpulse stets ganzzahlige Werte haben (in Einheiten von $\hbar$), besitzen alle Kerne mit gerader Massenzahl $A$ auch ganzzahlige Spins, solche mit ungerader Massenzahl $A$ halbzahlige Spins.
2. Für die Grundzustände der Kerne mit gerader Protonen- und Neutronenzahl wurde ausnahmslos $I = 0$ gefunden.
3. Kerne mit ungerader Nukleonenzahl (ug-Kerne) bzw. ungerader Protonen- und Neutronenzahl (uu-Kerne) zeigen im Allgemeinen viel kleinere Spinwerte als die nach Gl. (4.32) möglichen Maximalwerte erwarten lassen, die sich aus der Parallelstellung vieler Einteilchendrehimpulse $j_i$ ergäben.

Regel 2 und 3 hängen zunächst einmal mit dem Pauli-Prinzip zusammen. Es verbietet, dass je zwei Protonen oder Neutronen in allen Quantenzahlen übereinstimmen, also auch in den magnetischen Quantenzahlen $m_{ji}$ bei gleichen Einteilchendrehimpulsen $j_i$. Zum Pauli-Prinzip hinzu kommt aber noch eine spezielle Eigenschaft der Kernkräfte, *Paarkraft* genannt. Sie sorgt dafür, dass sich die Drehimpulse je zweier Protonen (bzw. Neutronen) möglichst paarweise zu null koppeln. Das heißt: jedes Proton mit Drehimpuls $j$ und magnetischer Quantenzahl $m_j$ findet einen Partner mit $(j, -m_j)$. Wir kommen auf diese wichtige Eigenschaft bei der Diskussion des Schalenmodells und der Nukleon-Nukleon-Kraft zurück.

Jedem nicht verschwindenden Spin $I$ ist ein magnetisches Dipolmoment

$$\mu_I = g_I I \mu_N / \hbar \qquad (4.33)$$

zugeordnet. Entsprechend zum Bohr-Magneton $\mu_B$ des Elektrons wird die Größe $\mu_N = e\hbar/(2m_p c) = 3.152 \cdot 10^{-8}$ eV/T *Kernmagneton* genannt. Wegen der 1836-mal größeren Protonenmasse ist der Wert von $\mu_N$ entsprechend kleiner. Er ergäbe sich klassisch für ein mit dem Bahndrehimpuls $l = 1\,\hbar$ umlaufendes Proton oder quantenmechanisch für ein punktförmiges Proton mit Spin $s = \frac{1}{2}\hbar$ (aber $l = 0$). Die Größe $g_I$ in Gl. (4.33) wird *nuklearer g-Faktor* genannt. Er ist, wie auch der Gesamtspin $I$, von der Drehimpulskopplung der Nukleonen, also von den Kräften zwischen den Nukleonen, abhängig und somit eine wichtige Messgröße zum Test von Kernmodellen.

Von den Elektronstreuexperimenten an den Wasserstoffisotopen $^1$H und $^2$H wissen wir bereits, dass Proton und Neutron keine punktförmigen Fermionen sind. Daher ist es auch nicht überraschend, dass ihre magnetischen Spinmomente nicht jene von Punktteilchen wie Elektron oder Myon sind, also $g_s^p \neq 2$, $g_s^n \neq 0$. Die erste Messung des magnetischen Moments des Protons führten Frisch, Stern und Mitarbeiter 1933 mittels der Stern-Gerlach-Methode durch [52], d.h. durch Ablenkung eines Wasserstoff-Molekularstrahls in einem transversalen inhomogenen Magnetfeld. Für $\mu_s^p$ bzw. $g_s^p$ findet man die Werte $\mu_s^p = +2.79285\,\mu_N$ bzw. $g_s^p = +5.59$. Entsprechende Messungen an freien Neutronen wurden erstmals in den Jahren 1937–40 von Bloch und Alvarez [64] durchgeführt. Das magnetische Spinmoment des Neutrons, $\mu_s^n = -1.91404\,\mu_N$, und sein g-Faktor, $g_s^n = -3.83$, sind negativ. Beide anomalen Spinmomente blieben jahrzehntelang unverstanden, bis das Quarkmodell eine (wenn auch noch nicht vollständige) Erklärung anbot.

In Kap. 1 und 3 ist die Anwendung des Kern-Zeeman-Effekts (*NMR = Nuclear Magnetic Resonance, Kernresonanz-Methode*) mit stabilen Isotopen in der Atom- und Molekülspektroskopie ausführlich dargelegt worden. Für den Kernspektroskopiker wichtig ist die Bestimmung und modellmäßige Erklärung der g-Faktoren $g_I = \mu_I \hbar/(I\mu_N)$ im Grundzustand und in den angeregten Zuständen eines Isotops. In den letzten Jahrzehnten konzentriert sich das Interesse vor allem auf die Messung an instabilen Zuständen, seien es in Kernreaktionen neu hergestellte Isotope oder kurzlebige angeregte Zustände. Dazu benötigt man ein bekanntes magnetisches Feld am Ort des Kerns, $B(0)$, in dem das magnetische Moment mit der Larmorfrequenz $\omega_L = g_I \mu_N B(0)/\hbar$ präzediert (Kern-Zeeman-Effekt). Wenn sämtliche magnetischen Momente der Elektronen verschwinden, kann man ein äußeres Magnetfeld verwenden, zweifellos der einfachste Fall des Kern-Zeeman-Effekts. In Atomen oder Ionen wird $B(0)$ häufig durch ungepaarte Elektronen erzeugt, und das reiche Arsenal der hochauflösenden Atomspektroskopie kann auf diese Weise zum Einsatz kommen. Im Bereich der optischen und UV-Laser-Spektroskopie werden dann die in geringer Zahl mittels einer Kernreaktion hergestellten instabilen Kerne in eine Ionen- oder Atomfalle gebracht und resonant angeregt. Wenn der Kern allerdings so kurz lebt, dass dies nicht möglich ist, kann man die Kerne in oder durch ferromagnetische Folien schießen und die dort vorhandenen sehr hohen Hyperfeinfelder ausnützen, die durch spin-polarisierte Elektronen erzeugt werden. Auf diese Weise ist es gelungen, magnetische Momente von Kernzuständen mit Lebensdauern bis hinunter zu $10^{-13}$ s zu messen.

## 4.3 Kernmodelle

In der Einleitung ist auf die Tatsache hingewiesen worden, dass Kerne komplexe Vielfermionensysteme sind. Dennoch haben die in Abschn. 4.2 erarbeiteten allgemeinen Eigenschaften bezüglich ihrer Bindungsenergien, Ausdehnungen und elektromagnetischen Momente zu recht einfachen phänomenologischen Kernmodellen geführt, die Teilaspekte sehr gut beschreiben und die wir nun eingehender behandeln wollen. Die erste Klasse von Modellen, zu denen das Tröpfchenmodell und das Kollektivmodell gehören, hebt auf kollektive Eigenschaften ab und verzichtet auf die explizite Einführung einzelner Nukleonen. In der zweiten Klasse (Fermigas-Modell, Schalenmodell) steht dann gerade die unabhängige Bewegung von Nukleonen im Vordergrund. Von ihrem logischen Ansatz her schließen sich diese beiden Typen aus, und ihre Berechtigung leitet sich zunächst nur aus dem Umstand ab, dass die berechneten Energiespektren und andere Eigenschaften in vielen Fällen Experimente gut beschreiben. Man spricht in diesem Fall auch von **elementaren Anregungen**. In Abschn. 4.3.5 werden wir uns dann mit Modellen beschäftigen, bei denen kollektive und Einteilchenaspekte kombiniert werden. Sie können eine beeindruckende Vielfalt von Phänomenen beschreiben. Offen bleibt in diesem Stadium die Frage, wie die verschiedenen Modelle mikroskopisch aus der Nukleon-Nukleon-Kraft hergeleitet werden können.

### 4.3.1 Das Tröpfchenmodell

Unter den wesentlichen Ergebnissen aus Abschn. 4.2.2.4 und 4.2.3.2 hatten wir festgehalten, dass die mittlere Nukleonendichte im Kern und die Bindungsenergie je Nukleon $B/A$ nahezu unabhängig von $A$ sind. Diese Eigenschaften legen eine Analogie zwischen Atomkernen und geladenen Flüssigkeitstropfen nahe und sind die Basis für das Tröpfchenmodell. Die Abhängigkeit von $B/A$ von der Massenzahl wurde erstmals von Weizsäcker [65] und Bethe [66] mit diesem Modell gedeutet [67].

Die durchgezogene Kurve, angepasst an die experimentellen, in Abb. 4.13 dargestellten Werte von $B/A$ entspricht der Funktion

$$\frac{B}{A} = b_\text{v} - b_\text{S}\frac{1}{A^{1/3}} - b_\text{C}\frac{Z^2}{A^{4/3}} - b_\text{sym}\frac{(N-Z)^2}{A^2} + \frac{\delta}{A} \qquad (4.34)$$

mit den Koeffizienten $b_\text{v} = 15.56$ MeV, $b_\text{S} = 17.23$ MeV, $b_\text{C} = 0.70$ MeV und $b_\text{sym} = 23.28$ MeV [67]. Die ersten drei Terme in Gl. (4.34) entsprechen gerade der potentiellen Energiedichte eines homogen geladenen, kugelförmigen Tropfens, dessen Volumen und Oberfläche proportional zu $A$ bzw. $A^{\frac{2}{3}}$ anwachsen. Die Nukleonen in der Oberfläche sorgen wegen der geringeren Zahl von Nachbarn für eine Verringerung der Bindung, verglichen mit den „inneren" Nukleonen. Auf diesen Oberflächeneffekt ist das Anwachsen von $B/A$ zwischen $A \approx 20$ und $A \approx 55$ zurückzuführen. Umgekehrt erzeugt die wachsende Kernladung $Ze$ die stetige Abnahme von $B/A$ oberhalb von $A = 60$. Wir können die elektrostatische Energie des Kerns durch jene einer homogen geladenen Kugel mit Radius $R_\text{C} = 1.24$ fm $\cdot A^{\frac{1}{3}}$ abschätzen:

$$V_\text{C} = 0.6\, Z^2 e^2 / (4\pi\varepsilon_0 R_\text{C}); \qquad (4.35)$$

dieser Term verringert die Bindung.

So beschreiben also die ersten drei Glieder in Gl. (4.34) die globale Abhängigkeit der Bindungsenergie von $A$ und $Z$. Die beiden letzten Terme, *Symmetrie-* und *Paarungsenergie* genannt, bewirken lokale Variationen der Bindungsenergie innerhalb einer Isobarenkette ($A = $ const.) oder für benachbarte Isotope. Die Paarungsenergie erhöht die Bindung in gg-Kernen mit einer geraden Anzahl von Protonen und Neutronen und verringert sie entsprechend in uu-Kernen. Die Paarungsenergie kommt dadurch zustande, dass die Drehimpulse je eines Protonen- oder Neutronenpaares sich zum Gesamtdrehimpuls null koppeln, ein Effekt, der sich im Rahmen des Tröpfchenmodells nicht beschreiben lässt (vgl. Abschn. 4.3.3). Empirisch findet man

$$\delta = \begin{cases} +\Delta & \text{in gg-Kernen,} \\ 0 & \text{in ug-Kernen} \\ -\Delta & \text{in uu-Kernen,} \end{cases} \qquad (4.36)$$

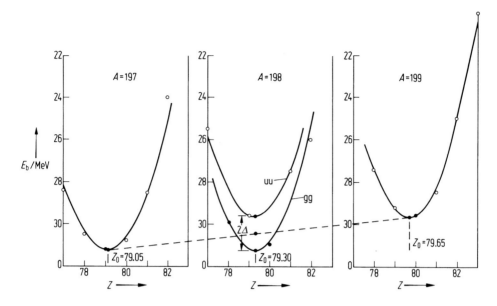

**Abb. 4.30** Bindungsenergien $E_b$ der Isobarenreihen mit $A = 197$, 198 und 199, aufgetragen gegen die Kernladungszahl $Z$. Die stabilen Isotope $^{197}$Au$(Z = 79)$, $^{198}$Pt$(Z = 78)$, $^{198}$Hg $(Z = 80)$ und $^{199}$Hg$(Z = 80)$ sind durch ausgefüllte Punkte markiert, die β-instabilen Nuklide durch offene Kreise. $Z_0$ bezeichnet die Scheitel der Massenparabeln, $\Delta$ die Paarungsenergie für $A = 198$.

wobei $\Delta \approx 12\, A^{-\frac{1}{2}}$ schwach von $A$ abhängt. Eine einleuchtende Erklärung des Symmetrieterms liefert das Fermigas-Modell (s. Abschn. 4.3.4). Das Zusammenwirken von Symmetrie- und Paarungsenergie ist in Abb. 4.30 für die Isobarenmultipletts $A = 197$, 198 und 199 veranschaulicht. Trägt man innerhalb eines Isobarenmultipletts die Bindungsenergie gegen $Z$ auf, so entsteht bei den ungeraden Massenzahlen $A = 197$ und 199 wegen $\Delta = 0$ jeweils eine Parabel. Stabile Isotope findet man im Scheitel jeder Parabel, z. B. $^{197}$Au $(Z = 79)$ und $^{199}$Hg $(Z = 80)$; die anderen Kerne des Multipletts zerfallen durch β-Zerfälle dorthin. Die Situation der Isobaren mit $A = 198$ ist dagegen durch zwei Parabeln gekennzeichnet, die um die doppelte Paarungsenergie $2\Delta = 1.7$ MeV gegeneinander verschoben sind. Der Scheitel der gg-Parabel liegt beim Isotop $^{198}$Hg $(Z = 80)$, das damit erwartungsgemäß stabil ist. Aber auch der Kern $^{198}$Pt $(Z = 78)$ ist stabil: Weil er wegen der Paarungsenergie energetisch tiefer liegt als sein uu-Nachbar $^{198}$Au, kann er nicht dorthin zerfallen, und ein doppelter β-Zerfall von $^{198}$Pt zu $^{198}$Hg ist verboten (vgl. Abschn. 4.5.5). Andererseits enthält die uu-Parabel mit $A = 198$ kein einziges stabiles Isotop, da selbst der Scheitelkern $^{198}$Au weniger stark gebunden ist als seine gg-Nachbarn und sich somit ebenfalls durch einen β-Zerfall zu $^{198}$Hg umwandelt. Symmetrie- und Paarungsenergie erklären also die Tatsache, dass die Isotopenkarte viele stabile gg-Kerne aufweist, aber nahezu keine stabilen uu-Kerne (mit Ausnahme von $^2$H, $^6$Li, $^{10}$B, $^{14}$N) und nur einige langlebige uu-Isotope wie $^{40}$K, $^{50}$V, $^{92,94}$Nb usw. Zu ungeradem $A$ existiert meist nur ein einziges stabiles Isotop.

Der Ort der stabilen Isotope $Z_\text{stab}$, die das *Stabilitätstal* bilden, kann aus der Gesamtenergie $m_A c^2 = (Z m_H + N m_n) c^2 - B$ und der Bedingung

$$(\delta m_A / \delta Z)_{A=\text{const}} = 0 \tag{4.37}$$

bestimmt werden. Mithilfe von Gl. (4.34) erhält man

$$Z_\text{stab} = \frac{m_n - m_H + b_\text{sym}}{2 b_\text{sym}/A + b_C/A^{1/3}}$$

$$= \frac{A}{1.98 + 0.015\, A^{2/3}}. \tag{4.38}$$

Mit fünf Termen und Parametern stellt die semi-empirische Massenformel (4.34) eine sehr einfache und zugleich intuitive Parametrisierung der Bindungsenergie von Kernen in der Nähe des Stabilitätstals dar. Allerdings zeigt Abb. 4.13 auch, dass die durchgezogene Kurve für $A \geq 60$ um bis zu 70 keV/$A$ von den Experimenten abweicht, das entspricht bei $A \approx 200$ einer Abweichung um mehr als 10 MeV. Extrapolationen der Kernmassen zu instabilen Isotopen weit weg von der Stabilitätslinie sind daher mit großen Unsicherheiten verbunden. Jedoch sind in der Folgezeit Massenformeln entwickelt worden, die diesen lokalen Abweichungen besser gerecht werden und zuverlässigere Vorhersagen gestatten. Genaueres findet der Leser in [68].

### 4.3.2 Das Kollektivmodell

Die Vorstellung eines kugelförmigen „Kerntropfens", die bei der Interpretation der nuklearen Bindungsenergien gute Dienste leistete, lässt sich auch auf nicht-sphärische Kernformen erweitern, wie sie z. B. die großen Quadrupolmomente nahelegen. Schon 1877 erforschte Lord Rayleigh [69] die Stabilität und Schwingungsmöglichkeiten elektrisch geladener Flüssigkeitstropfen, und 1936 zeigten N. Bohr und F. Kalckar [70], dass ein System sich anziehender Fermionen kollektive Schwingungen ausführen kann. Um 1950 entwickelten A. Bohr und B. R. Mottelson [71] Modelle zur Beschreibung kollektiver Bewegungen in Kernen. Dabei betrachteten sie einerseits harmonische Oberflächenschwingungen um eine kugelförmige Grundform, ähnlich den Oberflächenwellen auf Tropfen, andererseits permanent deformierte Kerne, die rotieren können und Rotationsbanden ähnlich jenen in Molekülen zeigen. In der Tat sind viele rotations- und vibrationsähnliche Kernspektren beobachtet worden, und man hat gerade in den letzten Jahrzehnten sehr viel über schnell rotierende Kerne gelernt.

#### 4.3.2.1 Das Vibrationsmodell

Nach Lord Rayleigh kann die Oberfläche eines jeden Körpers nach Kugelflächenfunktionen $Y_l^m(\theta, \varphi)$ entwickelt werden:

$$R(\theta, \varphi) = R_0 \left[ 1 + \sum_{l=0}^{\infty} \sum_{m=-l}^{l} \alpha_{lm} Y_l^m(\theta, \varphi) \right]. \tag{4.39}$$

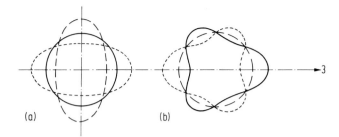

**Abb. 4.31** Oberflächenschwingungen vom elektrischen Quadrupoltyp (a) beziehungsweise Oktopoltyp (b).

Dabei sind $\theta$ und $\varphi$ Polarwinkel in Bezug auf eine beliebige Achse durch den Schwerpunkt des Körpers und $\alpha_{lm}$ die Entwicklungskoeffizienten. Sind letztere zeitunabhängig, so beschreibt Gl. (4.39) einen permanent deformierten Kern. Für einen axialsymmetrisch quadrupol-deformierten Sphäroiden ($l = 2$, $m = 0$; Abb. 4.31 a) gilt

$$R(\theta) = R_0[1 + (5/16\pi)^{\frac{1}{2}} \alpha_{20}(3\cos^2\theta - 1)]; \qquad (4.40)$$

$\alpha_{20}$ ist identisch mit dem in Gl. (4.31) eingeführten Deformationsparameter $\beta_2$. Der Winkel $\theta$ bezieht sich nun auf ein körperfestes Koordinatensystem, in dem das Sphäroid Axialsymmetrie um die 3-Achse besitzt. Häufig wird auch der Parameter

$$\delta = [R(\theta = 0) - R(\theta = \pi/2)]/R_0 = (45/16\pi)^{\frac{1}{2}} \beta_2 = 0.946 \beta_2 \qquad (4.41)$$

verwendet. Oszillieren dagegen die $\alpha_{lm}$ periodisch um Null, so haben wir es mit Oberflächenschwingungen eines kugelförmigen Kerns zu tun. Da der Term mit $l = 1$ einer Translation des gesamten Kerns entspricht, die nicht mit einer rücktreibenden Kraft verbunden ist, beginnt die Reihenentwicklung (4.39) mit dem Term $l = 2$.

Der Hamilton-Operator einer **harmonischen Quadrupolschwingung** mit kleinen Amplituden wird in den fünf Koeffizienten $\alpha_{2m}$ und deren zeitlichen Ableitungen $\dot\alpha_{2m}$ als Summe aus kinetischer und potentieller Energie geschrieben:

$$H_{\text{vib}} = \frac{B_2}{2} \sum_{m=-2}^{2} |\dot\alpha_{2m}|^2 + \frac{C_2}{2} \sum_{m=-2}^{2} |\alpha_{2m}|^2. \qquad (4.42)$$

Hier entspricht $B_2$ der schwingenden Masse und $C_2$ der „Steifigkeit" des Kerns gegen Verformung. Solange die fünf Variablen $\alpha_{2m}$ als unabhängig voneinander betrachtet werden, beschreibt $H_{\text{vib}}$ einen fünfdimensionalen Oszillator mit den Eigenwerten

$$E_N = \left(N + \frac{5}{2}\right)\hbar\omega, \quad N = 0, 1, 2, \ldots, \quad \hbar\omega = \left(\frac{C_2}{B_2}\right)^{\frac{1}{2}}. \qquad (4.43)$$

Die Winkelabhängigkeit der Eigenfunktionen von $H_{\text{vib}}$ ist gerade durch die $Y_l^m(\theta, \varphi)$ gegeben. Letztere sind gleichzeitig Eigenfunktionen des Gesamtdrehimpulsoperators mit der Quantenzahl $l = 2$ und der magnetischen Quantenzahl $m$. In Analogie zur Festkörperphysik spricht man von *Phononen* mit dem Drehimpuls (= Spin) 2. In

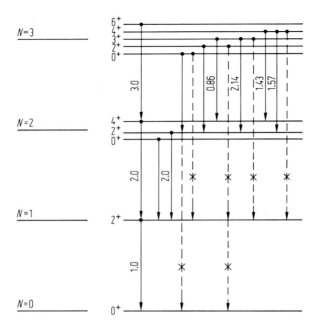

**Abb. 4.32** Energie-Eigenwerte des harmonischen Quadrupol-Vibrators. Die erlaubten und verbotenen (×) Quadrupolübergänge sind ebenfalls eingezeichnet.

Abb. 4.32 ist das Anregungsspektrum eines harmonischen Vibrators dargestellt: Der Grundzustand mit Spin $0^+$ ($N = 0$) und der Einphonon-Zustand ($N = 1$) mit $I = 2^+$ sind gefolgt von einem charakteristischen Triplett bei der Energie $E_{N=2} = 2\hbar\omega$ mit den Spins $I = 0^+, 2^+, 4^+$. Die Drehimpulse des Zweiphonon-Tripletts ergeben sich aus der Vektorkopplung zweier Drehimpulse mit $l = 2\hbar$. Da die Gesamtwellenfunktion zweier identischer Bosonen (Phononen) bei Vertauschung symmetrisch sein muss, entfallen die ungeraden Werte $I = 1, 3$. Das ($N = 3$)-Multiplett mit den Spins $I = 0^+, 2^+, 3^+, 4^+, 6^+$ sollte dann bei $E_{N=3} = 3\hbar\omega$ liegen. Alle Zustände haben positive Parität $\pi = +1$.

Zum Vergleich ist in Abb. 4.33 das vibrationsähnliche Anregungsspektrum des Kerns $^{106}$Pd wiedergegeben [72]. Man erkennt leicht das ($N = 2$)-Triplett bei ca. 1.2 MeV. Allerdings bilden die Zustände mit $N = 3$ oberhalb von 1.5 MeV kein energetisch entartetes Multiplett mehr, und es treten dort auch Zustände mit anderer Struktur auf. Selbst für die ($N = 2$)-Zustände ist die harmonische Näherung nicht völlig erfüllt: Das Verhältnis $E_{N=2}/E_{N=1} = 2.2\ldots 2.4$ weicht vom Sollwert 2.0 um bis zu 20 % ab. Effekte dieser Art können in der Hamilton-Funktion (4.42) meist durch anharmonische Terme berücksichtigt werden.

Die „richtige" Folge von Spins und Anregungsenergien ist ein wichtiger Hinweis für das Auftreten von Vibrationsspektren. Ein weiteres nützliches Kriterium sind die Multipolaritäten und Wahrscheinlichkeiten der $\gamma$-Übergänge zwischen diesen Zuständen. Da es sich um Quadrupolschwingungen handelt, muss die emittierte elektromagnetische Strahlung ebenfalls Quadrupolcharakter (E2) haben (vgl.

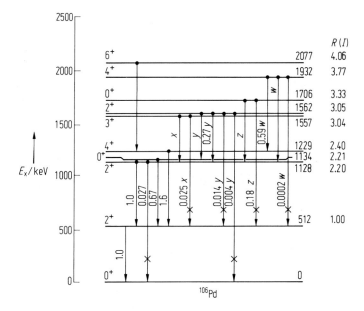

**Abb. 4.33** Angeregte Zustände und Gammazerfälle des Kerns $^{106}$Pd, klassifiziert im Modell harmonischer Quadrupolphononen. Neben den Energien, Spins und Paritäten sind auch die Oszillatorquantenzahlen $N$ und die Energieverhältnisse $R(I) \equiv E(I)/E(2^+)$ angegeben. Die durchgekreuzten Gammaübergänge sind im Grenzfall harmonischer Phononen verboten; ihre $B(E2)$-Werte sind im Vergleich zu denen der erlaubten Übergänge sehr klein. (Die $B(E2)$-Werte der Übergänge aus dem Zwei-Phonon-Triplett sind relativ zu $B(E2, 2_1^+ \to 0^+)$ angegeben, jene der Übergänge von den oberen fünf Niveaus relativ zum stärksten Übergang aus dem jeweiligen Niveau.) [72]

Abschn. 4.5.4). Da jedes γ-Quant nur ein Phonon „wegtragen" kann, darf sich die Quantenzahl $N$ um maximal $\Delta N = 1$ ändern. So verbietet das Vibrationsmodell insbesondere Übergänge mit $\Delta N \geq 2$. Dies wiederum bedeutet, dass die höheren $2^+$-Zustände mit $N \geq 2$ *nicht* zum Grundzustand ($N = 0$) zerfallen dürfen. Wir haben in dem theoretischen Spektrum in Abb. 4.32 die E2-Übergangsstärken, die sog. $B(E2)$-Werte, sowohl der erlaubten als auch der verbotenen E2-Übergänge (mit einem Kreuz gekennzeichnet) angegeben; die $B(E2)$-Werte der erlaubten Übergänge sind auf die Stärke des untersten $(2^+ \to 0^+)$-Übergangs, $B(E2) \sim Z^2 R_0^2 (B_2 C_2)^{-\frac{1}{2}}$, normiert [71]. (Bzgl. der Definition der $B(E2)$-Werte sei der Leser auf Abschn. 4.5.4 verwiesen.) Mit der gleichen Normierung sind die experimentellen E2-Übergänge in $^{106}$Pd in Abb. 4.33 eingezeichnet. Sie lassen erkennen, dass in der Tat die „verbotenen" Übergänge, wenn sie auch nicht völlig verschwinden, doch um etwa zwei Größenordnungen gegenüber den im Vibrationsmodell erlaubten Übergängen reduziert sind.

Oberflächenschwingungen wie die in Abb. 4.31a gezeigte E2-Mode konnten in vielen Kernen in der Nähe abgeschlossener Schalen beobachtet werden, da sie energetisch am tiefsten liegen. Auch triaxiale Kernformen sind gefunden und von

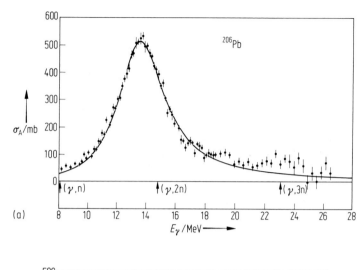

(a)

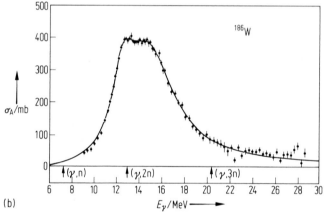

(b)

**Abb. 4.34** Absorptionsquerschnitt $\sigma_A$ für Gammastrahlung der Energie $E_\gamma$ in den Kernen $^{206}$Pb (a) und $^{186}$W (b). Die resonanzartige Struktur bei $E_\gamma \approx 14$ MeV ist die elektrische Dipolriesenresonanz [76].

**Tab. 4.2** Resonanzenergien und -breiten von Riesenresonanzen.

| Typ | $E_R$/MeV | $\Gamma$/MeV |
|---|---|---|
| E1, isovektoriell | $31.2\,A^{-1/3} + 20.6\,A^{-1/6}$ | $\Gamma = 4 - 8$ MeV |
|  | $48\,A^{-1/4.3}$ |  |
| E2, isovektoriell | $120\,A^{-1/3}$ | $\Gamma \approx 73\,A^{-1/2}$ |
| E2, isoskalar | $63\,A^{-1/3}$ | $\Gamma \approx 8$ MeV ($A = 20$) |
|  |  | $\Gamma \approx 3$ MeV ($A = 200$) |

Davydov und Mitarbeitern [DA 63] erstmals theoretisch untersucht worden. In Analogie zu den Schwingungsmoden des Tropfens sind jedoch auch andere Formen vorstellbar. So entspricht der ($l = 3$)-Term in der Reihenentwicklung (4.39) einer **Oktopol-Oberflächenschwingung**; ihre Form („Birne") ist in Abb. 4.31b dargestellt, und ihre Energie liegt in schweren Kernen bei $\hbar\omega = 2.6 \ldots 3.5$ MeV [73, 74].

Bei der Diskussion der E2- und E3-Oberflächenschwingungen haben wir nicht nach Protonen und Neutronen unterschieden; sie schwingen in Phase. Betrachtet man jedoch getrennte kollektive Schwingungen von Protonen und Neutronen, so eröffnen sich viele zusätzliche Möglichkeiten. Am bekanntesten sind elektrische Dipolschwingungen, **E1-Riesenresonanzen** genannt [75]. Dieser Name rührt daher, dass der Wirkungsquerschnitt für photoinduzierte Reaktionen an fast allen Kernen als Funktion der Photonenenergie eine starke resonanzartige Struktur aufweist. Abb. 4.34 zeigt den Absorptionsquerschnitt $\sigma_A$ von $\gamma$-Strahlung an $^{206}$Pb und $^{186}$W-Kernen [76]: Für $^{206}$Pb liegt die Resonanzenergie bei $E_R = 13.59$ MeV und die Resonanzbreite beträgt $\Gamma \approx 3.9$ MeV; in $^{186}$W beobachtet man eine Doppelresonanz bei 12.6 und 14.9 MeV Photonenenergie. Goldhaber und Teller [77] deuten diese Resonanzen als Dipolmode, bei der das elektrische Feld des Photons die Protonen gegen die Neutronen (um den gemeinsamen Massenschwerpunkt) schwingen lässt. Die Rückstellkraft nahmen sie als proportional zur Symmetrie-Energie in der Massenformel (4.34) an. Steinwedel und Jensen [78] andererseits betrachteten die Oberflächenspannung als rücktreibende Kraft. Anhand der E1-Resonanzen lässt sich also die elektrische Polarisierbarkeit von Kernen untersuchen. Auch nach anderen elektrischen und magnetischen Riesenresonanzen ist im letzten Jahrzehnt intensiv gesucht worden, besonders nach solchen, bei denen – bildlich gesprochen – eine teilweise Entmischung der Neutronen und Protonen eintritt. Da sich diese Resonanzen überlappen, ist die Separation verschiedener Moden manchmal schwierig, und ein detailliertes Verständnis erfordert noch viele Experimente. Tab. 4.2 fasst einige bekannte Resonanzenergien und -breiten zusammen, wobei wir zwischen *gegenphasigen* (sog. *isovektoriellen*) und *gleichphasigen* (isoskalaren) *Moden* unterscheiden [76, 79, 80].

### 4.3.2.2 Rotationsbanden in gg-Kernen

Falls die Entwicklungskoeffizienten in der Summe (4.39) zeitunabhängig sind, der Kern also permanent deformiert ist, kann er auch kollektive Rotationen um eine Achse durch den Schwerpunkt ausführen. Wieder ist der Fall der Quadrupoldeformation am besten bekannt. Zur Vereinfachung nehmen wir eine axialsymmetrische Gestalt um die 3-Achse an, wobei wir ein kartesisches *intrinsisches* ( = mit dem Kern fixiertes) Koordinatensystem mit den Achsen 1, 2 und 3 zugrunde legen (Abb. 4.35). Quantenmechanisch ist nur eine Rotation um eine Richtung senkrecht zur Symmetrieachse möglich, d.h. der kollektive Drehimpuls $\boldsymbol{R}$ steht in der 1,2-Ebene. Dies lässt sich folgendermaßen erklären: Wenn $\varphi$ der Polarwinkel um die 3-Achse ist, muss die Wellenfunktion $\Psi$ unabhängig von $\varphi$ sein: $\partial\Psi/\partial\varphi = 0$. Da der Operator der Drehimpulskomponente $R_3$ durch $R_3 = -i\hbar\,(\partial/\partial\varphi)$ gegeben ist, gilt $R_3\Psi = 0$, d.h. die Drehimpulskomponente entlang der 3-Achse verschwindet (für axialsymmetrische gg-Kerne). In diesem Fall ist der Hamilton-Operator der Rotation gegeben durch

$$H_{\text{rot}} = \frac{R_1^2 + R_2^2}{2J}, \tag{4.44}$$

wobei $I$ das Trägheitsmoment um die 1-Achse ist. Das Spektrum der Eigenwerte lautet dann

$$E_I = I(I+1)\frac{\hbar^2}{2J}, \quad I^\pi = 0^+, 2^+, 4^+, \ldots \tag{4.45}$$

und die Eigenfunktionen sind wieder die Kugelflächenfunktionen $Y_l^m(\theta, \varphi)$ mit $l \equiv I \equiv R$. Wegen der Spiegelungssymmetrie um die 1,2-Achsen entfallen die Terme mit ungeradem $l$. Ihre Parität wäre wegen $\pi = (-)^l$ negativ, und ihre Eigenfunktionen würden bei der Spiegelung das Vorzeichen ändern. Mit Gl. (4.45) und der Beziehung $I\hbar = J\omega$ kann die Drehfrequenz $\omega(I) \approx [E_{I+1} - E_{I-1}]/2\hbar$ aus den Energie-Eigenwerten bestimmt werden. Das nahezu quadratische Anwachsen der Energie mit dem Drehimpuls $I$ wurde in vielen stark deformierten Kernen beobachtet. Abb. 4.36a zeigt die tiefste Rotationsbande in $^{238}$U [81], beginnend mit dem $0^+$-Grundzustand (sog. *Grundzustandsbande*). Der Zusammenhang zwischen Spin und Drehfrequenz dieser Bande ist in Abb. 4.36b dargestellt. Der Anstieg der $I(\omega)$-Kurve ist gerade das Trägheitsmoment $J$. Man sieht, dass es als Funktion von $\omega$ stetig zunimmt. Ganz allgemein stellt sich heraus, dass die Trägheitsmomente der Grundzustandsbanden nur etwa halb so groß sind, wie man für einen starr rotierenden, homogenen Sphäroiden der entsprechenden Deformation $\beta_2$ erwartet. Dessen Wert ist durch

$$J_{\text{rig}} = 0.4\, M_A R_0^2 \left[1 + (5/16\pi)^{\frac{1}{2}} \beta_2 + O(\beta_2^2)\right] \tag{4.46}$$

gegeben. Dies bedeutet, dass nur ein Teil der Nukleonen an der kollektiven Rotation beteiligt ist. Jedoch nehmen im Allgemeinen die Trägheitsmomente für steigende Drehfrequenz $\omega$ zu. Wie früher mehrfach erwähnt wurde, ist das Quadrupolmoment $Q$ ein weiterer kollektiver Parameter. Unter bestimmten Annahmen (vgl. Abschn. 4.5.4) kann man aus den gemessenen $B(E2)$-Werten der elektrischen Quadrupolübergänge innerhalb der Banden den Absolutwert von $Q$ bestimmen. Das

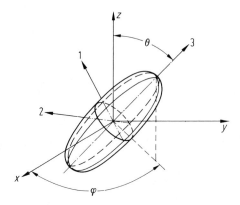

**Abb. 4.35** Zur Definition des körperfesten Achsensystems (1, 2, 3) eines Ellipsoids relativ zum Laborsystem $(x, y, z)$.

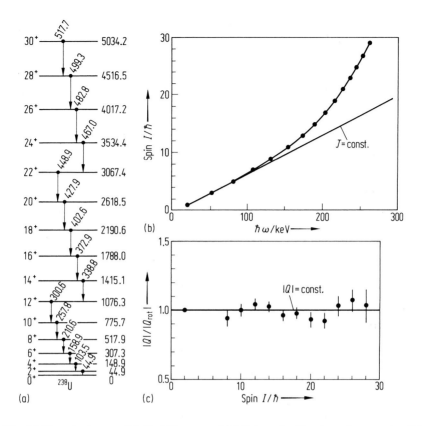

**Abb. 4.36** (a) Energieniveaus, (b) $I(\omega)$-Kurve und (c) Betrag des Quadrupolmomentes $Q$ der Grundzustandsbande in $^{238}$U [81]. Man beachte den Anstieg des Trägheitsmomentes (in b) bei gleichzeitiger Konstanz von $|Q|$ (in c).

Ergebnis von Messungen in $^{238}$U ist in Abb. 4.36c gezeigt. Man erkennt, dass das Quadrupolmoment dieser Bande und damit der Deformationsparameter $|\beta_2|$ *nicht* von $\omega$ abhängen. Bildlich gesprochen ändert sich die Form des Kerns nicht, wohl aber der Anteil der Nukleonen, die an der kollektiven Bewegung teilnehmen. Solch unterschiedliches Verhalten von $J$ und $Q$ als Funktion der Drehfrequenz ist in vielen Kernen beobachtet worden [82–84].

Vor kurzem wurden in einigen Kernen sog. **superdeformierte** Banden bis zu sehr hohen Drehimpulsen ($I \approx 60\,\hbar$) entdeckt [85]. Es handelt sich um sehr schnell und starr rotierende Kerne mit ungewöhnlich großer Deformation ($\beta_2 \approx 0.6$). In Abb. 4.37 sind die Rotationsbanden in $^{152}$Dy zusammengestellt. Dieser Kern ist in der Nähe des Grundzustands nur schwach deformiert ($\beta_2 \approx 0{,}2$, $I \leq 8\,\hbar$), lässt für $I \geq 20\,\hbar$ jedoch zwei Banden erkennen: eine mit $J/\hbar^2 \approx 60\,\text{MeV}^{-1}$ und die superdeformierte Bande mit $J/\hbar^2 = 85\,\text{MeV}^{-1}$. Man beachte die gute Proportionalität zwischen $I$ und $\omega$, die auf eine Konstanz des Trägheitsmomentes innerhalb von 5 % hindeutet.

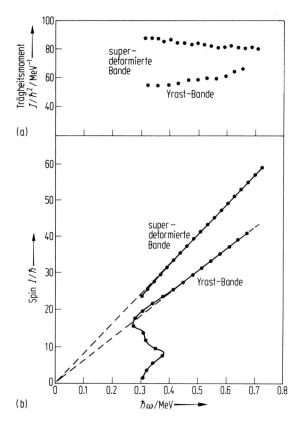

**Abb. 4.37** Superdeformierte Bande und Yrast-Bande in $^{152}$Dy [85].

Das Phänomen der superdeformierten Rotationsbanden (SD) in einigen Regionen der Isotopenkarte, vor allem bei den Massenzahlen A ≈ 80, 130, 150 und 190, ist während des letzten Jahrzehnts experimentell und theoretisch sehr ausführlich untersucht worden [86]. Wie bei vielen Studien zum Verhalten von Kernen bei sehr hohen Drehimpulsen verwendet man auf der experimentellen Seite i. Allg. Schwerionenfusionsreaktionen, bei denen durch die Verschmelzung von Target- und Projektilkern ein sehr schnell rotierender Compoundkern entsteht. Dieser gibt durch Verdampfung einiger leichter Teilchen, also Nukleonen und α-Teilchen, den größten Teil seiner Anregungsenergie, jedoch wenig Drehimpuls ab. Somit erzeugt man „kalte", schnell rotierende Kerne, die ihren Spin und die restliche Anregungsenergie durch die Emission langer Gammakaskaden verlieren. Abb. 4.38a skizziert den Reaktionstyp. Der koinzidente Nachweis dieser γ-Quanten in sog. Arrays aus vielen Germanium-Detektoren mit hoher Energieauflösung erlaubt es, den komplexen Zerfall der Hochspinzustände zu verfolgen, darunter auch die superdeformierten Banden. Eines der modernsten Arrays, der sog. EUROBALL mit 240 einzelnen Germanium-Detektoren, ist in Abb. 4.38b gezeigt. Er überdeckt fast den gesamten

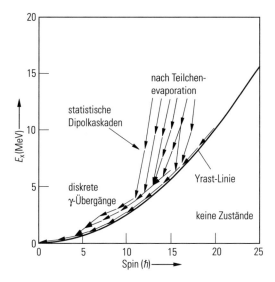

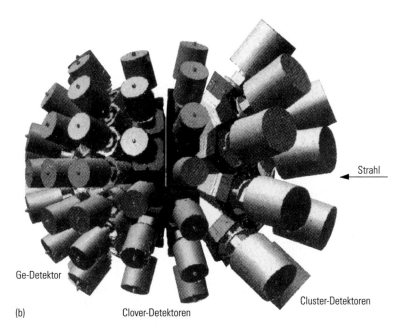

**Abb. 4.38** (a) Ablauf einer Schwerionenfusions-Reaktion dargestellt in einem Zustandsdiagramm Anregungsenergie $E_x$ gegen Spin. Der Ort der Eingangszustände in den Endkern nach Abschluss der Teilchenevaporation ist eingezeichnet, von wo die statistischen Kaskaden beginnen und in die diskreten Übergänge entlang der Yrast-Linie münden. Die Yrast-Linie bezeichnet den energetisch tiefsten Zustand für vorgegebenen Spin $I$. (b) Ansicht und Schnitt des EUROBALL-Array. Einzelne Germanium-Detektoren sind zu sog. Clustern (7 Ge) oder Clover (4 Ge) zusammengefügt.

Raumwinkel um das im Zentrum gelegene Target, auf das der Schwerionen-Strahl auftrifft, der die Reaktionen auslöst.

Wie bereits gesagt, sind die großen und nahezu konstanten Trägheits- und elektrischen Quadrupolmomente das herausragende Merkmal der SD. Damit stehen sie in Gegensatz zu den normal deformierten Rotationsbanden in der Nähe des Grundzustands. Deren Massen- und Ladungsmomente können sich mit wachsendem Spin $I$, aber auch als Funktion der Protonen- oder Neutronenzahl, sehr schnell verändern. Man weiß, dass die speziellen Paarungskräfte im Kern, die je zwei Nukleonendrehimpulse antiparallel zum Paarspin null zu koppeln versuchen, einen großen Einfluss auf die Eigenschaften der tief liegenden Kernzustände haben, jedoch einen deutlich geringeren auf die SD.

Das sorgfältige Studium der SD hat eine Reihe weiterer Überraschungen erbracht, die für unser grundsätzliches Verständnis der Kernkräfte und der Eigenschaften von Wenig-Fermionen-Systemen wichtig sind:

a) Viele Kerne besitzen nicht nur eine einzige (energetisch tiefst liegende) superdeformierte Bande SD(1), sondern bei geringfügig höheren Energien weitere SD(n), n = 2, 3, ..., die in etwa parallel zur untersten SD(1) verlaufen, wenn man die Niveau-Energien $E_I$ gegen $I(I+1)$ aufträgt.

b) In manchen benachbarten Kernen wurden SD mit nahezu identischen Gammaenergien gefunden, deren Trägheitsmomente innerhalb weniger Promille übereinstimmen. Abb. 4.39 zeigt als Beispiel Ausschnitte aus einigen SD in den Kernen $^{151,152,153}$Dy und $^{151}$Tb [87]. Angegeben sind die Energien der Gammaübergänge

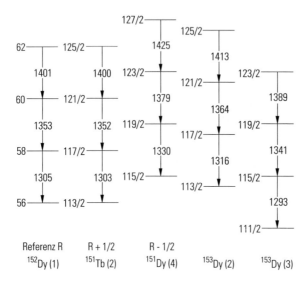

**Abb. 4.39** Ausschnitte aus superdeformierten Banden in $^{151,152,153}$Dy und $^{151}$Tb, die wegen der Ähnlichkeit ihrer Gammaenergien als identische Banden bezeichnet werden [87]. Links steht jeweils der Spin des Zustands, während die Energien der Gammaübergänge an den Pfeilen notiert sind. Die SD-Bande in $^{152}$Dy wird als Referenzbande R betrachtet.

und die Spins der beteiligten Niveaus. Man erkennt die nahezu vollständige Übereinstimmung einiger Energien. Bemerkenswert ist die Ähnlichkeit der Trägheitsmomente in diesen sog. *identischen Banden* auch deshalb, weil schon die Massenänderung eine Veränderung des Trägheitsmomentes um ca. 1% ausmachen würde, falls $\beta_2$ konstant bleibt (siehe Gl. 4.46).

c) Ein weitgehend ungelöstes Problem der SD stellt ihre *Verbindung mit den tiefer liegenden Zuständen normaler Deformation* dar [88]. Bei der Behandlung elektromagnetischer Übergänge im Vibrationsmodell (Abschn. 4.3.2.1) und im Einteilchenmodell (Abschn. 4.5.4) stellt sich heraus, dass Gammaübergänge immer dann besonders rasch ablaufen, wenn sich die innere Struktur des Kerns nicht ändert, d. h. wenn die Ladungs- und Stromverteilungen des Kerns im Anfangs- und Endzustand relativ ähnlich sind. Ein Sprung der Quadrupoldeformation von $\beta_2 = 0.6$ (SD) nach $\beta_2 = 0.2$ stellt jedoch eine dramatische Änderung der Struktur dar und führt zu einer starken Behinderung der möglichen Gammazerfälle. Diese Behinderung ist auch der Grund dafür, dass die Übergänge zunächst entlang der SD verlaufen und nicht, energetisch hochfavorisiert, zu den normalen Zuständen.

### 4.3.3 Das Einteilchen-Schalenmodell

#### 4.3.3.1 Magische Zahlen

Kerne mit 2, 8, 20, 28, 50, 82 und 126 Protonen und/oder Neutronen spielen eine Sonderrolle, die sich in vielen Eigenschaften dokumentiert. Zum Beispiel haben wir in Abb. 4.13 gesehen, dass die Bindungsenergien solcher Isotope etwas größer sind als die ihrer Nachbarn. Diese Differenzen sieht man noch deutlicher anhand der *Separationsenergien $S_{2n}$ zweier Neutronen*, die in Abb. 4.40 für $54 \leq N \leq 154$ als Funktion von $Z$ aufgetragen sind. Zur Illustrierung verwenden wir die Separationsenergien zweier Neutronen, um von den Effekten der Paarungs- und Coulomb-Energie (s. Gl. 4.34) unabhängig zu sein. In Abb. 4.40 erkennt man einen Sprung von $S_{2n}$ bei den magischen Neutronenzahlen $N = 50$ und $N = 82$. Man muss also rund 3.5 MeV mehr Energie aufbringen, um zwei Neutronen aus einem Kern mit 82 Neutronen als aus einem mit 84 Neutronen loszulösen. Die Sprünge in den $S_{2n}$-Werten haben eine gewisse Ähnlichkeit mit jenen in der Ionisierungsenergie von Atomen in der Nähe abgeschlossener Elektronenschalen.

Auch die natürliche *relative Häufigkeit* von Elementen und Isotopen [90] auf der Erde und in unserem Sonnensystem (Abb. 4.41a) zeigt ausgeprägte Maxima bei $N \approx 28, 50, 82$ und $126$. Die Doppelstruktur dieser Maxima hängt mit den Prozessen der Nukleosynthese zusammen, die durch Neutroneneinfang und nachfolgende β-Zerfälle abläuft. Näheres dazu in [91].

Als letzten Indikator magischer Zahlen erwähnen wir die *Anregungsenergien $E(2^+)$ der tiefsten $2^+$-Zustände* in gg-Kernen. Abb. 4.41b gibt einen Überblick im Bereich $Z = 28 \ldots 62$ und $N = 28 \ldots 92$ [92]. Man erkennt die hoch liegenden $2^+$-Zustände der Ni- ($Z = 28$) und Sn-Isotope ($Z = 50$) und ebenso der Isotone mit 28 und 50 Neutronen. Besonders heben sich die $2^+$-Zustände der instabilen doppelt-magischen Kerne $^{56}$Ni ($Z = N = 28$) und $^{132}$Sn ($Z = 50, N = 82$) hervor. Würde man diese Zustände im Kollektivmodell interpretieren, was nur sehr schlecht gelingt, bräuchte

724  4 Atomkerne

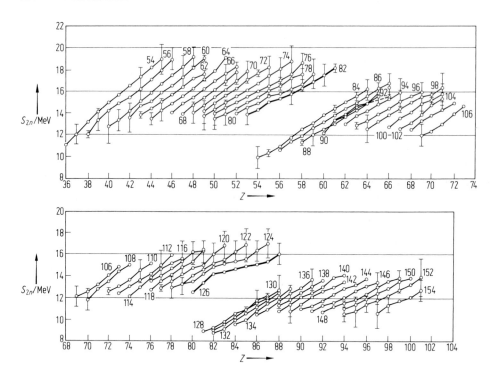

**Abb. 4.40** Separationsenergien $S_{2n}$ für zwei Neutronen in der Nähe der Schalenabschlüsse mit $N = 50$ und $N = 82$ [89].

man eine sehr hohe Steifigkeit gegen Verformungen bzw. sehr kleine Trägheitsmomente und Deformationen.

### 4.3.3.2 Das Schalenmodell

Bekanntlich kommen Schalenabschlüsse in Atomen durch das anziehende Coulomb-Potential und den Fermionencharakter der Elektronen zustande. Einen entsprechenden Ansatz macht das Schalenmodell für die Nukleonen im Kern. Nehmen wir an, dass das $i$-te Nukleon mit allen anderen $(A-1)$ Nukleonen über Zweikörperkräfte $V_{ij}$ $(i \neq j)$ wechselwirkt. Dann lässt sich der Hamilton-Operator des gesamten Kerns schreiben als

$$H = \sum_{i=1}^{A} T_i + \sum_{\substack{i,j=1 \\ i<j}}^{A} V_{ij}, \qquad (4.47)$$

wobei $T_i = -\hbar^2 \Delta_i / 2m_i$ den Operator für die kinetische Energie des $i$-ten Nukleons darstellt. Die allgemeine Lösung dieses Vielteilchenproblems ist noch schwieriger

4.3 Kernmodelle 725

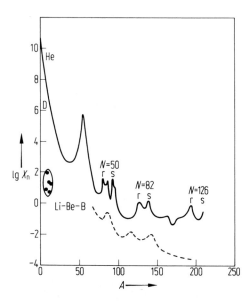

**Abb. 4.41a** Logarithmus der natürlichen relativen Häufigkeit $X_n$ der stabilen Isobare.

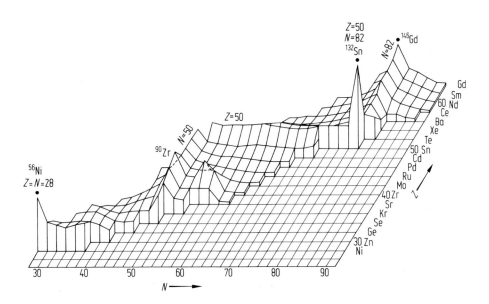

**Abb. 4.41b** Energien der untersten $2^+$-Zustände der gg-Kerne mit $30 \leq N \leq 90$, $28 \leq Z \leq 64$. Man beachte die hoch liegenden $2^+$-Zustände in Nukliden mit magischen Protonen- oder Neutronenzahlen $Z$, $N = 28$, 50 und 82.

als in der Atomphysik, (wo sie approximativ mit dem Hartree-Fock-Verfahren gefunden werden kann), da die Nukleon-Nukleon-Wechselwirkung ihrerseits sehr komplex ist (s. Abschn. 4.4). Wie in der Atomphysik versucht man nun, den Vielteilchen-Hamilton-Operator $H$ auf ein Einteilchenproblem zu reduzieren. Das geschieht formal durch Einführung eines Einteilchen-Potentials $V_i$, sodass $H$ aufgespalten wird in

$$H = H_0 + H' \tag{4.48}$$

mit

$$H_0 = \sum (T_i + V_i) = \sum h_i,$$

$$H' = \sum_{i<j} V_{ij} - \sum_i V_i. \tag{4.49}$$

In dem Maße, wie die **Restwechselwirkung** $H'$ vernachlässigbar gegenüber $H_0$ wird, lässt sich $H$ durch die Summe der Einteilchenoperatoren $h_i$ approximieren. Dann ergibt sich die Gesamtenergie des Systems als Summe der Einteilchenenergien $\varepsilon_i$: $E = \sum_i \varepsilon_i$. Man ersetzt also für jedes Nukleon $i$ die Summe sämtlicher an ihm angreifenden Zweikörperkräfte $V_{ij}$ durch die mittlere potentielle Energie $V_i$. Die theoretische Rechtfertigung und der Erfolg dieser Näherung hängen natürlich von den Eigenschaften von $V_i$ ab. Als es Goeppert-Mayer sowie Haxel, Jensen und Suess [93–95] 1949 gelang, mit einem „richtigen" Ansatz des Einteilchenpotentials $V_i$ die magischen Schalen zu erklären, war man jedenfalls von einer theoretischen Begründung des Schalenmodells weit entfernt. Sie gelang erst Jahrzehnte später durch die numerische Lösung des Vielteilchenproblems.

Der einfachste erfolgreiche Ansatz für $V_i$ geht von einem *attraktiven Zentralpotential* $V_z(r_i)$ und einem *Spin-Bahn-Term* aus:

$$V_i = V_z(r_i) + V_{ls}(r_i) \mathbf{l}_i \mathbf{s}_i \tag{4.50}$$

(Im Folgenden werden wir den Index $i$ weglassen, da wir stets ein einzelnes Valenznukleon betrachten.) Für die Radialabhängigkeit des Zentralterms $V_z(r)$ wurde zunächst aus rechentechnischen Gründen ein Kastenpotential oder ein dreidimensionaler harmonischer Oszillator mit der potentiellen Energie $V_z(r) = m\omega_0^2 r^2/2$ verwendet. Das äquidistante Energiespektrum des Oszillators

$$E_N = \left(N + \frac{3}{2}\right)\hbar\omega_0,$$

$$N = 2n + l - 2, \quad n = 1, 2, 3, \ldots, \quad l = 0, 1, 2, \ldots \tag{4.51}$$

ist in Abb. 4.42 zu sehen. Wieder bezeichnet $l$ die Bahndrehimpuls-Quantenzahl. Zu vorgegebenem $N$ ist $l$ entweder gerade ($N = 0, 2, \ldots$) oder ungerade ($N = 1, 3, \ldots$); entsprechend haben die Schalen positive oder negative Parität $\pi = (-)^l$. Da der Kernradius proportional zu $A^{\frac{1}{3}}$ wächst, hängt auch die Oszillatorfrequenz leicht von $A$ ab: $\hbar\omega_0 \approx 40\, A^{-\frac{1}{3}}$ MeV. Eine realistischere Radialabhängigkeit des Potentials $V_z(r)$ gewinnt man mit dem in Abschn. 4.2.3.1 eingeführten Woods-Saxon-Potential,

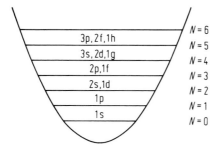

**Abb. 4.42** Energie-Eigenwerte und Quantenzahlen eines Nukleons in einem dreidimensionalen harmonischen Oszillator-Potential.

das ja näherungsweise auch der Verteilung der Nukleonen folgt, die das mittlere Potential erzeugen. Eine häufig verwandte Parametrisierung von $V_z(r)$ ergibt sich zu

$$V_z(r) = V_0 \frac{1}{1 + \exp[(r-R)/a]} \tag{4.52}$$

mit $V_0 = -51 + 33(N-Z)/A$ MeV, $R = 1.27\, A^{\frac{1}{3}}$ fm und $a = 0.67$ fm.

Das bisher diskutierte Einteilchenmodell mit reinem Zentralpotential $V_z(r)$ erklärt zwar die Schalenabschlüsse bei 2, 8 und 20, versagt aber bei den höheren magischen Zahlen. Zu ihrer Erklärung benötigt man gerade den **Spin-Bahn-Term**. Er hängt von der relativen Einstellung des Nukleonenspins $s$ zum Bahndrehimpuls $l$ ab. Mit $j = l + s$ ist der Erwartungswert des Operators $ls$ gegeben durch

$$\langle ls \rangle = \frac{1}{2}[\langle j^2 \rangle - \langle l^2 \rangle - \langle s^2 \rangle] = \frac{1}{2}\left[j(j+1) - l(l+1) - \frac{3}{4}\right]$$

$$= \begin{cases} +\dfrac{l}{2} & \text{für } j = l + \dfrac{1}{2} \\ -\dfrac{l+1}{2} & \text{für } j = l - \dfrac{1}{2} \end{cases}. \tag{4.53}$$

In Abb. 4.43 ist die so berechnete Folge von Einteilchenenergien dargestellt [95]. Die richtigen Schalenabschlüsse, sichtbar als Energielücken im Einteilchenspektrum, erhält man nur, wenn das Spin-Bahn-Potential $V_{ls}(r)$ attraktiv ist, sodass der Zustand mit $j = l + 1/2$ gegenüber dem Zustand mit $j = l - 1/2$ energetisch abgesenkt ist ($V_{ls}(r) < 0$). Da die durch den Spin-Bahn-Term eingeführte Aufspaltung der Einteilchenenergien proportional zu $l$ ist, ist sein Effekt für Bahnen mit großem $l$ am stärksten. So führt die Absenkung des Zustands mit $(nlj) = 1\,f_{7/2}$ zu der neuen magischen Zahl 28. Ebenso markieren die Einteilchenzustände $(nlj) = (1\,g_{9/2})$, $(1\,h_{11/2})$ und $(1\,i_{13/2})$ die Schalenabschlüsse bei 50, 82 und 126. Da diese Orbitale eigentlich zur nächsten Oszillatorschale gehören, nennt man sie *Intruder* (Eindringlinge); ihre Parität ist derjenigen der übrigen Orbitale der Schale entgegengesetzt. Wir haben

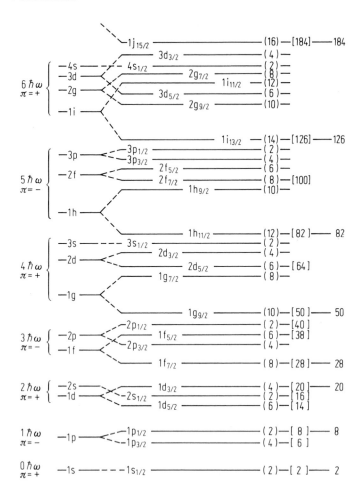

**Abb. 4.43** Einteilchen-Energien nach dem Schalenmodell ohne Spin-Bahn-Kopplung (links) bzw. mit Spin-Bahn-Kopplung (rechts) [95].

bisher nichts über die Radialabhängigkeit des Spin-Bahn-Potentials $V_{ls}(r)$ gesagt. In Analogie zur Feinstrukturaufspaltung elektronischer Zustände, die der Ableitung des elektrostatischen Potentials proportional sind, wählt man gewöhnlich

$$V_{ls}(r) \approx -\frac{0.7}{r}\frac{dV_z}{dr}, \tag{4.54}$$

also ein Potential, das sein Maximum an der Kernoberfläche hat.

### 4.3.3.3 Konsequenzen des Schalenmodells – Restwechselwirkungen

Wegen (oder trotz) seiner Einfachheit hat sich das Schalenmodell als ausgesprochen erfolgreich und nützlich für jede „mikroskopische" Deutung von Kerneigenschaften erwiesen. Dies soll nun anhand einiger Beispiele illustriert werden. Gleichzeitig wird angedeutet, in welcher Weise sich die vernachlässigte Restwechselwirkung $H'$ bemerkbar macht [96].

Von seiner Konzeption als Einteilchenmodell her wird man erwarten, dass es die Spektren von Kernen in unmittelbarer Nähe der Schalenabschlüsse besonders gut beschreibt. Die Natur liefert uns fünf stabile, doppelt-magische Kerne, nämlich $^4$He, $^{16}$O, $^{40}$Ca, $^{48}$Ca und $^{208}$Pb. Als Beispiel zeigen wir in Abb. 4.44 die *Anregungsspektren der vier Nachbarkerne von* $^{208}$Pb, die wir uns durch Hinzufügen bzw. Hinwegnahme eines Neutrons ($^{209}$Pb, $^{207}$Pb) oder Protons ($^{209}$Bi, $^{207}$Tl) entstanden denken können. Zunächst fällt an diesen Spektren die unregelmäßige Folge von Energien, Spins und Paritäten der Zustände auf, die im Gegensatz zu den Regelmäßigkeiten von Vibrations- und Rotationsspektren steht. Der erste unbesetzte Einteilchenzustand eines Neutrons oberhalb der Lücke $N = 126$ hat die Quantenzahlen $(nlj) = (2\,g_{9/2})$. In der Tat besitzt der Grundzustand von $^{209}$Pb den Spin $I = 9/2$ und positive Parität. Die nächsten Einteilchenzustände mit $(1\,i_{11/2})$, $(1\,j_{15/2})$ und $(3\,d_{5/2})$ entsprechen gerade den beobachteten Zuständen bei 0.77 MeV ($11/2^+$), 1.41 MeV ($15/2^-$) und 1.56 MeV ($5/2^+$). Das tief liegende Anregungsspektrum von $^{209}$Pb spiegelt also direkt die Folge der Einteilchenzustände des Schalenmodells wider. Entsprechendes gilt für die Zustände in $^{209}$Bi: hier sagt das Schalenmodell oberhalb von $Z = 82$ eine Folge von Einteilchenzuständen mit den Quantenzahlen $(nlj) = (1\,h_{9/2})$, $(2\,f_{7/2})$, $(1\,i_{13/2})$, $(2\,f_{5/2})$ usw. voraus, die wir den untersten vier Zuständen von $^{209}$Bi zuordnen können.

Aufgrund des Pauli-Prinzips kann der Einteilchenzustand $(nlj)$ von $2j + 1$ gleichartigen Fermionen mit unterschiedlichen magnetischen Quantenzahlen $m_j$ besetzt werden. Aus der Theorie der Atomspektren weiß man, dass die Wellenfunktion von $2j$ Fermionen in einer fast gefüllten Schale (bis auf eine Phase) mit der Wellenfunktion eines einzelnen Teilchens mit den Quantenzahlen $(nlj)$ übereinstimmt. Ein sol-

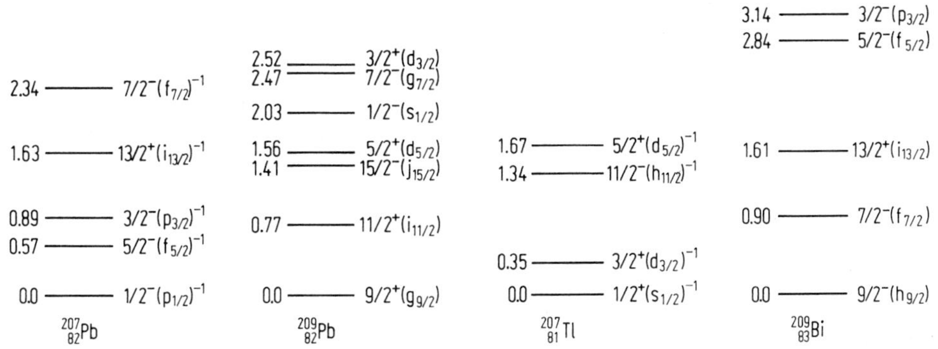

**Abb. 4.44** Die untersten Zustände in den Kernen mit einem Teilchen bzw. Loch relativ zum doppelt-magischen Nuklid $^{208}$Pb. Die entsprechenden Einteilchen- bzw. Einloch-Konfigurationen $(nlj)$ sind angegeben.

ches zum Auffüllen der Schale fehlendes Teilchen, ein sog. *Loch*, hat also ganz ähnliche Eigenschaften wie ein einzelnes Teilchen in der Schale. Die in Abb. 4.44 gezeigten Spektren von $^{207}$Pb und $^{207}$Tl sind gerade solche Lochspektren. Sie spiegeln die Einteilchenstruktur unterhalb der Schalenabschlüsse bei $N = 126$ bzw. $Z = 82$ wider. So entsprechen die ersten vier Zustände in $^{207}$Pb einem Loch in den Schalen mit den Quantenzahlen $(nlj) = (3\,p_{1/2})$, $(2\,f_{5/2})$, $(3\,p_{3/2})$ und $(1\,i_{13/2})$. Eine entsprechende Interpretation gilt für das Protonen-Loch-Spektrum von $^{207}$Tl ($Z = 81$). Wir haben die Zustände dieser vier Kerne nicht nur deshalb so ausführlich diskutiert, weil hier die Voraussetzungen des Einteilchen-Bildes besonders gut erfüllt sind, sondern auch, damit der Leser sich mit dieser neuen Form „elementarer Anregungen" vertraut machen kann. Sie bilden die Basis für eine Vielfalt komplexer Konfigurationen, die durch die Kopplung mehrerer Valenzteilchen oder -löcher entstehen kann.

Eine weitere Konsequenz des Einteilchenmodells sind Voraussagen für die *magnetischen Momente von Einteilchenzuständen*. Mit der Beziehung

$$\boldsymbol{\mu}_j = g_j \mu_N \frac{\boldsymbol{j}}{\hbar} = \mu_N \frac{g_l \boldsymbol{l} + g_s \boldsymbol{s}}{\hbar} \tag{4.55a}$$

findet man

$$g_j = g_l \pm \frac{g_s - g_l}{2l + 1}, \quad j = l \pm \frac{1}{2}. \tag{4.55b}$$

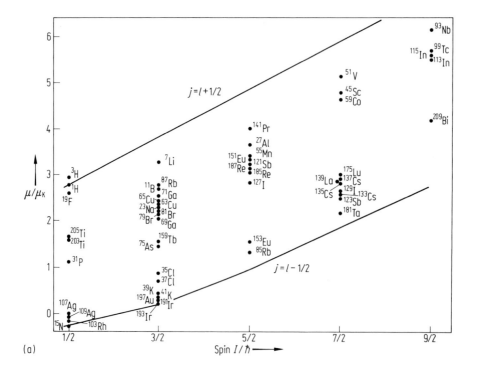

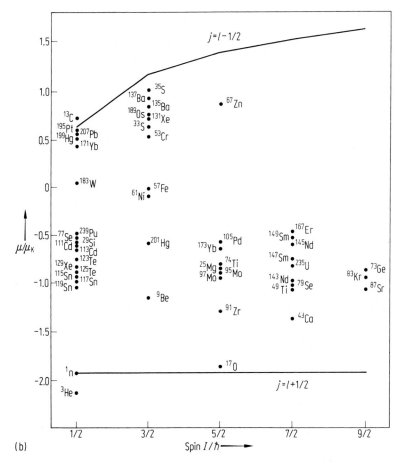

**Abb. 4.45** Vergleich der magnetischen Momente $\mu$ von Kernen mit ungerader Protonenzahl (a) oder Neutronenzahl (b) mit den Voraussagen des Einteilchen-Modells (Schmidt-Linien).

Verwendet man für $g_l$ und $g_s$ die $g$-Faktoren von Bahn und Spin eines freien Nukleons ($g_l^p = 1$, $g_l^n = 0$, $g_s^p = +5.59$, $g_s^n = -3.83$), so erhält man aus Gl. (4.55) die sog. **Schmidt-Linien** [97]. In Abb. 4.45 sind die magnetischen Momente der Grundzustände einiger ug-Kerne mit den Voraussagen dieses extremen Einteilchenmodells verglichen; Tab. 4.3 ergänzt dies durch einen Vergleich der $g$-Faktoren von doppeltmagischen Kernen mit einem zusätzlichen Teilchen oder Loch. In vielen Fällen, vor allem bei leichten Kernen, ist die Übereinstimmung gut. Selbst die magnetischen Momente der nicht-magischen Kerne liegen oft erstaunlich nahe bei den Schmidt-Linien. Dies kann man als Hinweis darauf verstehen, dass sich jeweils alle Protonen und Neutronen bis auf das ungerade Nukleon infolge der Paarkraft zum Drehimpuls null, also zu einem verschwindenden magnetischen Moment, koppeln, sodass das letzte ungepaarte Nukleon im Wesentlichen den $g$-Faktor bestimmt.

Andererseits enthalten gerade bei den einfachsten Einteilchenkonfigurationen die Abweichungen von den Schmidt-Werten wesentliche Informationen über die Begren-

**Tab. 4.3** $g$-Faktoren doppelt-magischer Kerne mit einem zusätzlichen Valenzteilchen.

| Kern | Konfiguration ($nlj$) | $g_{exp}$ | $g_{Schmidt}$ |
|---|---|---|---|
| $^{15}$N | $\pi(1p_{1/2})^{-1}$ | −0.56 | −0.50 |
| $^{15}$O | $\nu(1p_{1/2})^{-1}$ | +1.42 | +1.28 |
| $^{17}$O | $\nu(1d_{5/2})$ | −0.76 | −0.77 |
| $^{17}$F | $\pi(1d_{5/2})$ | +1.89 | +1.92 |
| $^{39}$K | $\pi(1d_{3/2})^{-1}$ | +0.68 | +0.77 |
| $^{39}$Ca | $\nu(1d_{3/2})^{-1}$ | +0.26 | +0.08 |
| $^{41}$Ca | $\nu(1f_{7/2})$ | −0.45 | −0.55 |
| $^{41}$Sc | $\pi(1f_{7/2})$ | +1.55 | +1.66 |
| $^{207}$Pb | $\nu(3p_{1/2})^{-1}$ | +1.18 | +1.28 |
| $^{209}$Bi | $\pi(1h_{9/2})$ | +0.91 | +0.58 |

Das Symbol $\pi$ bzw. $\nu$ steht für ein Proton bzw. Neutron; der Exponent −1 bezeichnet ein Loch.

zung des Einteilchenmodells. Die Zerlegung des Kerns in einen sphärischen, unmagnetischen „Rumpf" und ein, abgesehen von $V_i$, freies Valenznukleon ist sicher eine recht grobe Vereinfachung. Als wichtige Korrektur wird man zunächst die Polarisation des Rumpfes durch das Teilchen betrachten müssen [98]. Weiter ist zu berücksichtigen, dass die Kernkraft durch den Austausch von Mesonen zustande kommt, die, sofern sie geladen sind, ebenfalls zum magnetischen Moment beitragen können. **Rumpfpolarisation** und **mesonische Effekte** führen zu einer Verkleinerung von $g_l$ und $g_s$ um ca. 30–50%. Polarisationseffekte beobachtet man nicht nur bei den magnetischen Momenten von Kernzuständen, das Problem tritt bei allen Einteilchenoperatoren, wie z. B. bei elektrischen Momenten und elektromagnetischen Übergängen zwischen Einteilchenzuständen auf (Abschn. 4.5.4 und 4.5.5). Die Rumpfpolarisation durch ein einzelnes Valenznukleon lässt sich anhand der Ladungsverteilung besonders gut veranschaulichen, wie schon 1951 Rainwater [99] zeigte. Ein Kern mit einem sphärischen Rumpf und einem Valenzneutron hat ein identisch verschwindendes Quadrupolmoment. Die attraktive Wechselwirkung zwischen Teilchen und Rumpf sorgt jedoch für eine oblate Rumpf-Deformation in der Ebene der Einteilchenbewegung und induziert damit ein kleines negatives Quadrupolmoment (z. B. in $^{17}$O, $^{41}$Ca, $^{209}$Pb). In der Sprechweise des sphärischen Schalenmodells erhält damit das Valenzneutron eine nicht-verschwindende effektive Ladung. Durch die Einführung *effektiver Ladungen und magnetischer Momente* rettet man so das Einteilchenbild.

Ein besseres Verständnis der *Restwechselwirkung* $H'$ in Gl. (4.49) gewinnen wir anhand von Kernen mit zwei Valenznukleonen außerhalb eines doppelt-magischen Rumpfes. Als Beispiel betrachten wir die Isobaren $^{42}$Ca ($Z = 20$, $N = 22$), $^{42}$Sc ($Z = N = 21$) und $^{42}$Ti ($Z = 22$, $N = 20$). Gemäß Gl. (4.48) lässt hier das Schalenmodell bei abgeschlossener ($Z = N = 20$)-Schale zwei Nukleonen in der $(1f_{7/2})$-Schale erwarten. Diese beiden Nukleonen koppeln ihre Drehimpulse $\boldsymbol{j}_1$ und $\boldsymbol{j}_2$ zum Gesamtspin $\boldsymbol{I} = \boldsymbol{j}_1 + \boldsymbol{j}_2$; wegen $j = 7/2$ liegt $I$ im Bereich $I = 0 \ldots 7$. In $^{42}$Sc findet man

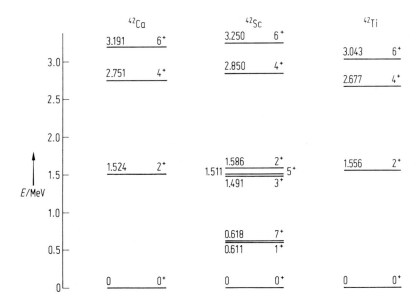

**Abb. 4.46** Spektren mit zwei Valenznukleonen in der $f_{7/2}$-Schale. Man erkennt insbesondere die ähnlichen Anregungsenergien $E$ der Zustände mit geraden Spins.

in der Tat acht tief liegende Zustände mit diesen Spinwerten. In $^{42}$Ca und $^{42}$Ti ist die Situation unterschiedlich, da die beiden Valenzteilchen gleich sind (beides Neutronen bzw. Protonen) und wir daher auf die Erfüllung des Pauli-Prinzips achten müssen. Man kann zeigen, dass nur die geraden Spinwerte $I = 0, 2, 4$ und 6 in Frage kommen. Dass der maximale Spin $I_{max}$ einer $j^2$-Konfiguration gerade $I_{max} = 2j - 1$ und nicht etwa $2j$ ist, kann man leicht einsehen: Allgemein ist der Drehimpuls $I$ gleich der maximalen magnetischen Quantenzahl $M \leq \text{Max}(m_{j1} + m_{j2})$. Wenn nun das erste Teilchen $m_{j1} = j$ hat, kann das zweite Teilchen wegen des Pauli-Prinzips höchstens noch $m_{j2} = j - 1$ haben. Damit folgt $M \leq I \leq 2j - 1$.

In der extremen Einteilchennäherung, bei der jede Wechselwirkung zwischen den Valenznukleonen vernachlässigt wird, sind alle diese Zustände energetisch entartet. Abb. 4.46 zeigt die gemessenen Spektren in $^{42}$Ca und $^{42}$Ti (mit der Spinfolge $0^+$, $2^+$, $4^+$ und $6^+$) und in $^{42}$Sc. Die Unterschiede und Ähnlichkeiten zwischen diesen Spektren sind auffallend: Statt energetisch entarteter Multipletts beobachtet man in allen Kernen Aufspaltungen bis zu über 3 MeV für die Zustände mit geraden Spins. Außerdem sind die Aufspaltungen gerade dieser Zustände in allen drei Isobaren sehr ähnlich. Dies lässt vermuten, dass die Restwechselwirkung $H'$ nur wenig von der Natur der Valenzteilchen (Proton oder Neutron) abhängt, solange sie sich nur in der gleichen Schale befinden. Auf diese Symmetrie kommen wir bei der Behandlung des Isospins zurück (Abschn. 4.4.3). Besonders hervorzuheben ist die starke Absenkung der $0^+$-Grundzustände, die erneut den Effekt der Paarkraft dokumentiert. Demgegenüber liegen die Zustände mit ungeraden Spins in $^{42}$Sc viel dichter beieinander, die Aufspaltung beträgt hier nur etwa 0.9 MeV.

Ähnliche Resultate haben sich in vielen Kernen mit zwei Valenzteilchen in der gleichen Oszillatorschale ergeben. Sie haben es gestattet, die Restwechselwirkung $H'$ auf recht einfache Weise zu parametrisieren [100, 101]. Ein besonders erfolgreicher Ansatz ist die sog. *Surface-Delta-Wechselwirkung* [101]

$$V_{ij} = -4\pi V_0 \delta(r_i - r_j). \tag{4.56}$$

Die δ-Funktion wirkt immer dann, wenn sich die Wellenfunktionen der beiden Nukleonen $i$ und $j$ räumlich völlig überlagern. Die Überlappung ist optimal, wenn beide Nukleonen sich in der gleichen Schale befinden und entgegengesetzte magnetische Quantenzahlen $m$ und $-m$ besitzen. In diesem Ansatz erkennt man den Effekt der Paarkraft wieder. Auch wurden in den beiden letzten Jahrzehnten umfangreiche mathematische Methoden entwickelt, mit denen die Eigenschaften von Kernen mit *mehr* als zwei Valenzteilchen auf jene mit einem oder zwei Teilchen zurückgeführt werden können. Als besonderer Erfolg dieser Multi-Konfigurations-Rechnungen gilt, dass es auch gelungen ist, kollektive Kernzustände, wie Riesenresonanzen oder Rotationszustände, „mikroskopisch" zu deuten [102, 103]. Diese für die modellmäßige Beschreibung von Kernen sehr wichtigen Ergebnisse sind z. B. in den Lehrbüchern von Ring und Schuck [RS80], Lawson [LA80], Brussard und Glaudemans [BG77] sowie Casten [CA90] ausführlich dargestellt.

### 4.3.4 Das Fermigas-Modell

Dieses Modell ist eine besonders stark vereinfachte Version des Einteilchenmodells. In ihm werden sämtliche Wechselwirkungen zwischen den Nukleonen durch ein gemeinsames radialsymmetrisches Rechteckpotential mit unendlich hohen Potentialwänden ersetzt. Abgesehen von dem dadurch bedingten Einschluss der Teilchen auf ein kugelförmiges Volumen $V = 4\pi R^3/3$ bewegen sie sich völlig frei. Obwohl dieses Modell also keinerlei Korrelationen der Nukleonenbewegungen kennt und somit die individuellen Eigenschaften tief liegender Kernzustände schlecht beschreibt, vermittelt es einige sehr wichtige Abschätzungen über die Dichte und Besetzung der Einteilchenzustände in Kernen und erlaubt insbesondere eine thermodynamische Behandlung.

Die quantenmechanische Behandlung eines Fermi-Gases findet sich z. B. in [104]. Die Einteilchen-Zustandsdichte $dn/dp$, also die Zahl der Einteilchenzustände im Impulsintervall $p$ bis $p + dp$, errechnet sich aus der Bedingung, dass der gesamte Phasenraum $4\pi p^2 V dp$ in Zellen von der Größe $h^3$ eingeteilt wird: $dn/dp = 4\pi V p^2/h^3$. Mit $p^2 = 2mE$ wird daraus

$$\frac{dn}{dE} = \frac{4\pi V(2m^3 E)^{\frac{1}{2}}}{h^3}, \tag{4.57}$$

also eine zu $\sqrt{E}$ proportionale Zustandsdichte $dn/dE$. Wir verteilen nun die $A$ Nukleonen des Kerns vollständig auf die tiefst möglichen Zustände, so dass jede Phasenraumzelle mit zwei Protonen und Neutronen mit entgegengesetzt gerichteten Spins besetzt wird. Integration von Gl. (4.57) liefert eine Beziehung zwischen $A$ und der **Fermi-Energie** $E_F$, bis zu der die Einteilchenzustände besetzt sind:

$$A = 4 \int_0^{E_F} \frac{dn}{dE} dE = (2m)^{\frac{3}{2}} \frac{1}{3\pi^2 \hbar^3} V E_F^{3/2}.  \tag{4.58}$$

Mit $R = r_0 A^{\frac{1}{3}}$ findet man

$$E_F = \frac{3\hbar^2}{8mr_0^2} \left(\frac{3\pi^2}{2}\right)^{\frac{1}{3}}.  \tag{4.59}$$

Dieses Ergebnis ist aus mehreren Gründen bemerkenswert: Zunächst gestattet uns die bekannte Größe der Kerne eine Abschätzung von $E_F$. Mit $r_0 = 1.1$ fm wird die Fermi-Energie $E_F \approx 39$ MeV und der Fermi-Impuls $p_F = (2mE_F)^{\frac{1}{2}} \approx 270$ MeV/$c$; die Größen von $E_F$ und $p_F$ hängen nicht von der Massenzahl ab. Addiert man zur Fermi-Energie die mittlere Bindungsenergie eines Nukleons, $B/A \approx 8$ MeV, so gewinnt man eine recht realistische Abschätzung des Kernpotentials zu $V_0 \approx -50$ MeV (vgl. Gl. (4.52)). Da $E_F$ sehr klein gegenüber der Massenenergie eines Nukleons ist, sind Geschwindigkeiten im Kern nicht relativistisch.

Bei der Ableitung von Gl. (4.58) hatten wir nicht nach Protonen und Neutronen unterschieden und somit stillschweigend $Z = N = A/2$ vorausgesetzt. Der Neutronenüberschuss in schweren Kernen, der zur Kompensierung der Coulomb-Abstoßung der Protonen erforderlich ist, erzeugt eine Verschiebung des Potentialtopfes der Neutronen gegenüber jenem der Protonen, bis die beiden Fermi-Energien $E_F^p$ und $E_F^n$ ausgeglichen sind. Wäre dies nicht der Fall, so würden sich die überschüssigen Protonen durch β-Zerfälle so lange in Neutronen verwandeln, bis dieser Ausgleich erreicht ist. Abb. 4.47 illustriert diesen Zusammenhang. Die getrennten Fermi-Energien für Protonen und Neutronen ergeben sich aus der Integration von Gl. (4.57) mit den Bedingungen

$$N = 2 \int_0^{E_F^n} \frac{dn}{dE} dE, \quad Z = 2 \int_0^{E_F^p} \frac{dn}{dE} dE  \tag{4.60}$$

zu

$$E_F^n = c'(N/A)^{\frac{2}{3}} \approx 37 \text{ MeV}, \quad E_F^p = c'(Z/A)^{\frac{2}{3}} \approx 43 \text{ MeV}$$

mit

$$c' = (3\pi^2/2)^{\frac{1}{3}} (3\hbar^2/4mr_0^2).$$

Schließlich kann auch die totale Energie $E_T$ dieses Systems berechnet werden zu

$$E_T = \int_0^{E_F^p} E \frac{dn}{dE} dE + \int_0^{E_F^n} E \frac{dn}{dE} dE \sim \frac{1}{A^{2/3}} (Z^{\frac{5}{3}} + N^{\frac{5}{3}}).  \tag{4.61}$$

Im Folgenden wollen wir den Symmetrieterm in der Weizsäcker-Massenformel (4.34) mit dem Fermigas-Modell abschätzen. Dazu berechnen wir den Unterschied $\Delta B$ in der Bindungsenergie zwischen dem Kern $(Z, A)$ und einem hypothetischen Kern mit $Z = N = A/2$, wobei wir den Unterschied in der Coulomb-Energie der beiden Kerne vernachlässigen. Nach Gl. (4.61) ist dann

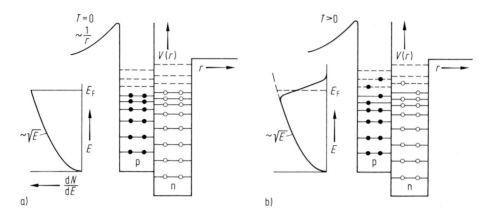

**Abb. 4.47** Besetzung der Zustände des Fermi-Gases für Protonen und Neutronen für die Kern-Temperatur $T = 0$ (a) und $T > 0$ (b). Die Bedeutung der Kerntemperatur wird weiter unten erläutert.

$$\Delta B = E_T\left(Z = N = \frac{A}{2}\right) - E_T(Z, A)$$

$$\sim \frac{1}{A^{2/3}}\left[2\left(\frac{A}{2}\right)^{\frac{5}{3}} - Z^{\frac{5}{3}} - N^{\frac{5}{3}}\right]. \tag{4.62}$$

Mit Einführung der Größe $T_3 \equiv (Z-N)/2$ wird $Z = A/2 + T_3$ und $N = A/2 - T_3$. Bei einer Entwicklung von $\Delta B$ in eine Taylor-Reihe nach $T_3/A \ll 1$ bleibt nur der quadratische Term $\Delta B \sim -(N-Z)^2/A$ übrig, der gerade die parabolische Form der Bindungsenergie innerhalb des Massenmultipletts ergibt (vgl. Abb. 4.30).

Die bisher diskutierten phänomenologischen Kernmodelle wie Vibrations-, Rotations- und Schalenmodell beschreiben wesentliche Eigenschaften von Kernzuständen in der Nähe des Grundzustandes bis zu einigen MeV Anregungsenergie. Empirisch findet man nun, dass die Anzahl der Zustände als Funktion der Anregungsenergie stark anwächst. Es ist daher sinnvoll, eine **Niveaudichte** $\varrho(E)$ einzuführen, so dass die Zahl der Zustände im Energie-Intervall $E$ bis $E + dE$ durch $\varrho(E)dE$ gegeben ist. Im Rahmen des Fermigas-Modells können wir diese Zustände dadurch zu erklären versuchen, dass eine wachsende Zahl von Nukleonen aus Einteilchenzuständen unterhalb der Fermi-Energie in Zustände oberhalb von $E_F$ verteilt wird. Die Kombinatorik solcher Vielteilchen-Loch-Anregungen führt zu einem analytischen Ausdruck für $\varrho(E)$, der erstmals von Bethe abgeleitet wurde [105]:

$$\varrho(E) \sim \exp[(4aE)^{\frac{1}{2}}] a^{-\frac{1}{4}} E^{-\frac{5}{4}}. \tag{4.63}$$

Der Parameter $a = \pi^2 g_0/6$ hängt mit der Dichte der Einteilchenzustände $g_0$ bei der Fermi-Energie zusammen, die durch $g_0 = 1.5 A/E_F$ abgeschätzt werden kann.

Der dominierende Faktor in Gl. (4.63) ist der Exponent $(aE)^{\frac{1}{2}}$, der die zur Verfügung stehende Energie $E$ mit dem mittleren Energieabstand $g_0^{-1}$ der Einteilchen-

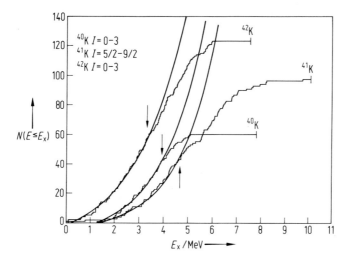

**Abb. 4.48** Gesamtzahl $N(E \leq E_x)$ der Niveaus mit $E \leq E_x$ in den Kernen $^{40-42}$K, beobachtet nach thermischem Neutroneneinfang in $^{39-41}$K. Die Pfeile deuten die Anregungsenergien $E_x$ an, bis zu denen alle Zustände in den angegebenen Spinfenstern identifiziert wurden [106].

zustände vergleicht. Eine gewisse Schwierigkeit ergibt sich bei der Definition des Energienullpunktes. Wir wissen ja, dass die Paarungskorrelationen die zu Spin null gekoppelten Nukleonensorten energetisch absenken. Diesem Effekt, den das Fermi-Gas nicht explizit berücksichtigt, trägt man in der Niveaudichte Rechnung, indem man einen *fiktiven* Nullpunkt $E_1$ einführt, bezüglich dessen die Anregungsenergie gerechnet wird: $E \equiv E_x - E_1$; $E_x$ ist die Anregungsenergie bezogen auf den echten Grundzustand.

Abb. 4.48 zeigt die Gesamtzahl $N(E_x) = \int^{E_x} \varrho(E) \mathrm{d}E$ von Niveaus in den Kernen $^{40,41,42}$K, die man bei der Integration der experimentell bestimmten Niveaudichten bis zur Anregungsenergie $E_x$ erhält. Diese Daten wurden aus einer sehr sorgfältigen Analyse von thermischen Neutroneinfang-Reaktionen gewonnen. Die durchgezogenen Linien entsprechen einer Anpassung mittels Gl. (4.63) mit den freien Parametern $a$ und $E_1$. Ihre Werte sind in Tab. 4.4 wiedergegeben. Man findet, dass die Niveauschemata bis zu 3.5 – 4.5 MeV „vollständig" sind, und zwar in dem Spinbereich, der sich bei Einfang eines Neutrons mit Bahndrehimpuls $l = 0$ ergibt. Auf-

**Tab. 4.4** Niveaudichteparameter der Isotope $^{40,41,42}$K nach der Bethe-Formel und Gl. (4.64).

| Kern | Spinbereich | $a/\mathrm{MeV}^{-1}$ | $E_0/\mathrm{MeV}$ | $k_B T/\mathrm{MeV}$ |
|---|---|---|---|---|
| $^{40}$K | 0 – 3 | 4.52 (10) | −1.5 (3) | 1.77 (8) |
| $^{41}$K | 5/2 – 9/2 | 4.10 (7) | −0.9 (1) | 1.52 (8) |
| $^{42}$K | 0 – 3 | 4.54 (10) | −2.6 (3) | 1.78 (8) |

grund experimenteller Beschränkungen klaffen bei höherer Energie die gemessenen und berechneten $N(E)$-Werte auseinander.

In Analogie zu anderen Fermigas-Systemen, z. B. Elektronen in einem Metall, führt man eine **Kern-Temperatur** ein, die das Intervall charakterisiert, über das sich die Einteilchenanregung erstreckt. Sie wird mit der Beziehung

$$k_\mathrm{B} T = \varrho(E) \frac{\mathrm{d}E}{\mathrm{d}\varrho} \qquad (4.64)$$

definiert. (Häufig lässt man die Boltzmann-Konstante $k_\mathrm{B}$ weg und gibt $T$ direkt in MeV an). Die mittlere Zahl $n_x$ der bei der Temperatur $T$ angeregten Teilchen hängt mit der Dichte der Einteilchenzustände $g_0$ über die Beziehung

$$n_x \approx 1.4\, g_0 k_\mathrm{B} T \approx (g_0 E)^{\frac{1}{2}} \qquad (4.65)$$

zusammen. Die für die drei genannten Kaliumisotope ermittelten Temperaturen sind ebenfalls in Tab. 4.4 angegeben. Für diese leichten Kerne mit $A = 40$ und $k_\mathrm{B} T \approx 1.7$ MeV erhält man $g_0 \approx 1.6$ MeV$^{-1}$, $n_x \approx 4$ und eine totale Niveaudichte von $\varrho(8\text{ MeV}) \approx 10^2$ MeV$^{-1}$ bei 8 MeV Anregungsenergie. Eine entsprechende Abschätzung für einen schweren Kern mit $A = 200$ ergibt $n_x \approx 8.5$ und $\varrho(8\text{ MeV}) \approx 10^7$ MeV$^{-1}$! An diesem Vergleich erkennt man die starke Zunahme der Niveaudichte mit der Massenzahl (bei gleicher Anregungsenergie).

Auf den ersten Blick erscheint es erstaunlich, dass ein Modell, das außer der kurzen Reichweite der Kernkräfte (Einschluss der Nukleonen auf das Kernvolumen $V$) keine weiteren Details der Nukleonenwechselwirkung berücksichtigt, doch recht erfolgreich die Niveaudichte in Kernen beschreibt, die nur um wenige MeV angeregt sind. Der Erfolg des Fermigas-Modells zeigt, dass sich der Übergang von korrelierter Nukleonenbewegung (Abschn. 4.3.2–4.3.4) zu statistischem Verhalten sehr schnell vollzieht. Die richtige Beschreibung dieses Übergangs und, ganz allgemein, der Zusammenhang zwischen Anregungsenergie, Temperatur und Nukleonendichte sind sehr wichtige Forschungsgebiete der modernen Kernphysik. Ein wesentlicher Grund dafür ist, dass man heute bei relativistischen Kernstößen Temperaturen und Dichten erreichen kann, die beträchtlich von denen abweichen, die Kerne in der Nähe des Grundzustands besitzen. So hofft man, die **Zustandsgleichung von Kernmaterie** auch außerhalb des Gleichgewichts experimentell bestimmen zu können [107–109].

### 4.3.5 Kopplung von kollektiver und Einteilchen-Bewegung

Wir haben die typischen „elementaren Anregungen" an einigen ausgewählten Kernen illustriert und wollen nun der Frage nachgehen, was die **Kopplung elementarer Moden** in der Kernphysik ergibt. Die drei Ansätze von Vibration, Rotation und Einteilchenanregung orientieren sich offensichtlich an der Molekülspektroskopie (s. Kap. 2). Als Ordnungsprinzip dient dort die Born-Oppenheimer-Näherung. Sie basiert darauf, dass die Vibrationsfrequenzen groß gegenüber den Rotationsfrequenzen, aber klein gegenüber den Frequenzen elektronischer Anregungen sind. Daraus folgt die teilweise Entkopplung der Bewegungen, d. h. die schnelle elektronische Bewegung folgt adiabatisch der langsameren Vibrations- oder Rotationsbewegung

(Franck-Condon-Prinzip). Ein Blick auf typische nukleare Einteilchen-Spektren ($^{209}$Pb, Abb. 4.44), Vibrationsspektren ($^{106}$Pd, Abb. 4.33) und Rotationsspektren ($^{238}$U, Abb. 4.36) zeigt sofort, dass die Energieabstände in allen drei Fällen vergleichbar sind. Wir können also in Kernen die Entkopplung a priori nicht erwarten. Trotz dieser Einschränkung haben sich empirisch einige Grenzfälle herauskristallisiert, bei denen die Kopplung von kollektiven und Einteilchen-Freiheitsgraden in relativ einfacher Weise zu richtigen Ergebnissen führt.

### 4.3.5.1 Schwache Kopplung

Das Zusammenspiel von kollektiver und Einteilchen-Bewegung können wir uns dann besonders gut vorstellen, wenn das System aus einem harmonisch schwingenden Oszillator (dem „Rumpf" mit gerader Protonen- und Neutronenzahl) und einem einzelnen Nukleon in einem Einteilchenzustand ($nlj$) besteht. Die Hamilton-Funktion schreiben wir dann als $H = H_{vib} + h_j + V'$, wobei $H_{vib}$ und $h_j$ in Gl. (4.43) bzw. Gl. (4.49) definiert wurden. Das *Kopplungspotential* $V'$ berücksichtigt die Tatsache, dass das Einteilchenpotential zeitlich nicht sphärisch ist, sondern die Oberflächenschwingung des Rumpfes mitvollzieht. Formal koppelt der Drehimpuls $I_c$ des Phononzustands mit dem Einteilchendrehimpuls $j$ zum Gesamtspin $I = I_c + j$ mit den Werten $|I_c - j| \leq I \leq I_c + j$. Bei kleiner Teilchen-Rumpf-Wechselwirkung $V'$ erwartet man ein Multiplett von Zuständen mit diesen Spinwerten und der Parität $\pi = \pi_c (-1)^l$.

Abb. 4.49 zeigt ein solches Multiplett in $^{209}$Bi bei 2.6 MeV; es besteht aus sieben Zuständen positiver Parität mit den Spins $I = 3/2 - 15/2$. Aus der Diskussion der Einteilchenzustände in diesem Kern wissen wir, dass der Grundzustand durch ein Proton im ($1h_{9/2}$) Orbital ($l = 5$) außerhalb des doppelt-magischen Kerns $^{208}$Pb charakterisiert wird. Die kollektive Ein-Phononen-Oktopolschwingung in $^{208}$Pb

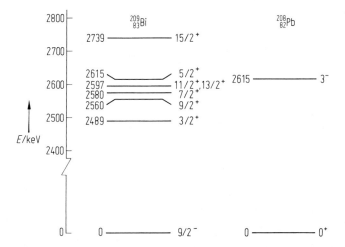

**Abb. 4.49** Oktupolphonon in $^{208}$Pb (rechts) und Teilchen-Phonon-Multiplett in $^{209}$Bi (links), wobei das Teilchen die Quantenzahlen $1h_{9/2}$ besitzt ($E$ = Anregungsenergie).

($I_c = l_c = 3$) liegt bei $\hbar\omega_c = 2615$ keV. Es bietet sich an, die Zustände in $^{209}$Bi durch die Kopplung des $(1\,h_{9/2})$-Protons an die Oktopolmode zu deuten. Diese Vorstellung erklärt sowohl die positive Parität $\pi = (-)^3(-)^5 = +1$ als auch den Spinbereich des Multipletts. Der Energieabstand zwischen den am meisten entfernten Zuständen bei 2489 und 2739 keV beträgt nur 250 keV. Das ist weniger als 10 % der Phononenenergie $\hbar\omega_c$ und unterstreicht, dass die Teilchen-Rumpf-Kopplung in der Tat gering ist. Außerdem ist es sehr auffällig, dass der „Energieschwerpunkt" des Multipletts, definiert durch

$$E(l_c j) \equiv \sum_I E(l_c j) \frac{2I+1}{(2j+1)(2l_c+1)} = 2618 \text{ keV},$$

sehr gut mit der Oszillatorenergie $\hbar\omega_c$ übereinstimmt [LA80].

### 4.3.5.2 Das Nilsson-Modell

Die Sequenz der Einteilchenzustände für ein radialsymmetrisches Einteilchenpotential wurde in Abb. 4.42 vorgestellt. Wir wollen uns nun der Frage zuwenden, wie diese Zustände sich verändern, wenn die Nukleonenverteilung, die ja das Potential

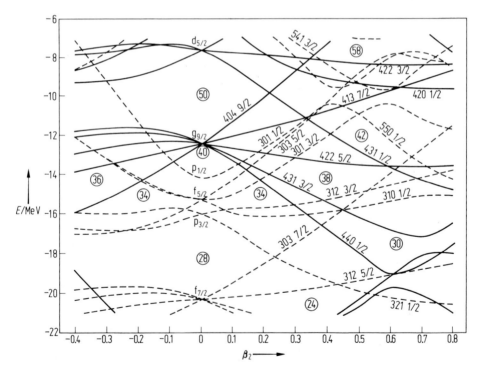

**Abb. 4.50** Einteilchenenergien $E$ als Funktion des Deformationsparameters $\beta_2$ im Bereich $-0.4 \leq \beta_2 \leq 0.8$. Neben den „sphärischen" Schalenabschlüssen bei 28, 40, 50 erkennt man deformierte Schalenabschlüsse (Lücken im Spektrum) bei den Zahlen 24, 30, 34, 38, 42 und 58 [111].

erzeugt, permanent deformiert ist. Aus Gründen der Einfachheit wählen wir wieder eine axialsymmetrische Quadrupoldeformation und passen das Oszillatorpotential dieser anisotropen Form an. In den körperfesten Koordinaten $x_1, x_2, x_3$ schreiben wir

$$V(r) = m\omega_1^2 \frac{x_1^2 + x_2^2}{2} + m\omega_3^2 \frac{x_3^2}{2} + V_{ls}\boldsymbol{ls} + D\boldsymbol{l}^2. \quad (4.66)$$

Die beiden letzten Terme stellen das Spin-Bahn-Potential und ein zu $\boldsymbol{l}^2$ proportionales Korrekturglied dar. Die Oszillatorfrequenzen $\omega_1$ und $\omega_3$ sind über die Beziehung $\omega_1^2 \omega_3 = \omega_0^3$ miteinander verknüpft, wobei $\omega_0$ die Frequenz des isotropen Oszillators ist. Mit dieser Beziehung wird der Inkompressibilität der Kernmaterie bei Oberflächenverformung Rechnung getragen. Für kleine Deformationen $\delta = 0.946\beta_2$ gilt näherungsweise $\omega_1 = \omega_0(1 + \delta/3)$ und $\omega_3 = \omega_0(1 - 2\delta/3)$. Die numerische Lösung der Schrödinger-Gleichung mit dem Potential (4.66), 1955 erstmals von Nilsson gefunden, führt zu den sog. **Nilsson-Diagrammen**. Sie bilden die Basis für die Interpretation ungerader deformierter Kerne [110].

Ein Ausschnitt eines Nilsson-Diagramms, für ein deformiertes Woods-Saxon-Potential berechnet, ist in Abb. 4.50 wiedergegeben [111]. Jeder Zustand ist mit

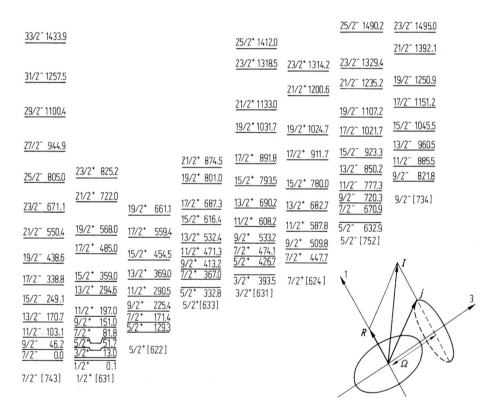

**Abb. 4.51** Rotationsbanden in $^{235}$U, aufbauend auf den angegebenen Nilsson-Zuständen des ungeraden Neutrons. Die Skizze illustriert die Kopplung des kollektiven Drehimpulses $\boldsymbol{R}$ und des Einteilchen-Drehimpulses $\boldsymbol{j}$ zum Gesamtspin $\boldsymbol{I} = \boldsymbol{R} + \boldsymbol{j}$ [112].

der Notation $[Nn_3 \Lambda \Omega^\pi]$ versehen; dabei bezeichnet $N$ die Nummer der Oszillatorschale, $\Omega = j_3$ die Projektion des Einteilchendrehimpulses $j$ auf die 3-Achse, $\pi = (-1)^l$ die Parität $\pi$ sowie $n_3$ und $\Lambda$ weitere Quantenzahlen. Jeder Nilsson-Zustand kann mit je zwei Protonen und Neutronen besetzt werden. Wegen der Anisotropie des Potentials ist der Betrag des Bahndrehimpulses $l$ keine gute Quantenzahl mehr. Besonders auffällig ist, dass für große Deformationen die Schalenabschlüsse verlorengehen: Die Energieaufspaltung der verschiedenen $\Omega$-Komponenten eines Einteilchenzustands wird vergleichbar mit den Abständen zwischen den sphärischen Oszillatorschalen. Dieser Effekt ist für die Orbitale mit hohen $j$ besonders groß. Dafür entstehen neue Lücken im Einteilchenspektrum, so bei 38 für $\beta_2 \approx +0.4$ oder bei 36 für $\beta_2 \approx -0.3$ (Abb. 4.50), die solche stark deformierten Kernformen stabilisieren. Auch führt die $\Omega$-Aufspaltung dazu, dass Zustände mit sehr unterschiedlichen $\Omega$-Werten energetisch benachbart liegen und zu Isomeren werden können (vgl. Abschn. 4.5). Betrachtet man Rotationsbanden in ug-Kernen, die auf solchen Nilsson-Zuständen aufbauen, so liegt es nahe, den Gesamtspin $I$ eines Rotations-Zustandes vektoriell aus dem kollektiven Drehimpuls $R$ und dem Einteilchendrehimpuls $j$ zusammenzusetzen: $I = R + j$. Wenn wir $R$ wieder senkrecht zur 3-Achse annehmen, dann gilt für die Projektion von $I$ auf die 3-Achse: $I_3 = j_3 = \Omega$ (Abb. 4.51). Auf jedem Nilsson-Zustand $\Omega$ baut eine Rotationsbande mit der Spinsequenz $I = \Omega$, $\Omega + 1, \Omega + 2, \ldots$ auf. Abb. 4.51 zeigt einige solcher Banden in $^{235}$U [112]. Wichtig ist, dass bei der vergleichsweise langsamen Rotation des Rumpfes die Präzession von $j$ um die körperfeste 3-Achse nicht verloren geht.

### 4.3.5.3 Coriolis-Entkopplung

Die Situation ändert sich grundlegend für große Einteilchenspins $j$ und hohe Drehfrequenzen $\omega$, also große Spinwerte $I$. Dann erfährt das Teilchen durch die Rotation seines Bezugssystems eine Coriolis-Kraft, die versucht, seinen Drehimpuls $j$ in die Richtung von $R$ zu drehen. In der Tat liegen diese „spinausgerichteten" Zustände mit $I = R + j$ bzw. $R + j - 1$ energetisch besonders tief. Man beobachtet dann zwei Coriolis-entkoppelte Banden mit der Spinfolge $I = j, j + 2, j + 4, \ldots$ bzw. $I = j - 1$, $j + 1, j + 3, \ldots$ Abb. 4.52 zeigt solche Banden in $^{77}$Rb mit den Spinsequenzen $I = 9/2$, $13/2, 17/2, \ldots$ bzw. $7/2, 11/2, 15/2, \ldots$ Man kann sie sich aus einem Proton in der $(1 g_{9/2})$-Schale entstanden denken, das an einen rotierenden $^{76}$Kr-Rumpf gekoppelt ist [113].

Die Stärke der Coriolis-Wechselwirkung lässt sich aus dem Hamilton-Operator $H$ des Systems abschätzen, den wir in einen Anteil für die Einteilchen-Bewegung $H_j$ und einen Anteil für die kollektive Rotation $H_{\rm rot} = (R_1^2 + R_2^2)/2J$ aufspalten. Mit $R = I - j$ und $R_3 = 0$ ergibt sich durch Umformung

$$H = H_j + H_{\rm rot} = H_j + \frac{I^2 + j^2}{2J} - \frac{I_3^2 + 2Ij}{2J}. \tag{4.67}$$

Die Energieeigenwerte von $H$ hängen, da die Erwartungswerte von $j^2$ und $I^2$ Konstanten der Bewegung sind, vor allem von dem Coriolis-Term $-Ij/J$ ab, der mit wachsendem $I$ und $j$ wichtiger wird als der Term $-I_3^2/2J$.

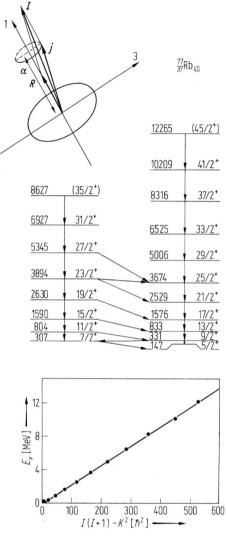

**Abb. 4.52** Beispiel einer Coriolis-entkoppelten Rotationsbande in $^{77}$Rb, mit Kopplungsschema zwischen dem kollektiven Drehimpuls $R$ und dem Einteilchendrehimpuls $j$ des Valenzprotons im 1 g$_{9/2}$ Orbital [113].

Die Ausrichtung von Einteilchendrehimpulsen entlang der kollektiven Drehimpulsachse unter dem Einfluss der Coriolis-Kraft ist nicht auf ungerade Kerne beschränkt. Sie tritt z. B. auch in deformierten uu-Kernen auf, wenn Proton und Neutron hohe $j$-Werte besitzen und Nilsson-Zustände mit kleinen $\Omega$-Werten besetzbar sind. In deformierten gg-Kernen ist die Situation schwieriger. Hier konkurrieren die Paarkraft, die die Einteilchendrehimpulse paarweise zu Spin 0 koppeln möchte, und die Coriolis-Kraft, die dieses gerade verhindern und die $j$ entlang $R$ ausrichten möchte. Das plötzliche Aufbrechen eines gekoppelten Paares zu seinem maximal möglichen Drehimpuls $2j - 1$ erzeugt eine Unregelmäßigkeit in den Energien der Rotationsbande, die Johnson, Ryde und Hjorth 1972 erstmals beobachtet haben [114]. Durch das Aufbrechen eines Paares mit großem Einteilchendrehimpuls $j$ gewinnt der Kern nämlich plötzlich Drehimpuls, obwohl die kollektive Rotationsfrequenz $\omega$ absinkt. Tragen wir den Spin $I$ gegen $\omega$ auf, wird die Abnahme von $\omega$ als **Backbending** sichtbar. Als Beispiel führen wir den früher diskutierten Kern $^{152}$Dy [85] an, dessen $I(\omega)$-Kurve in Abb. 4.37 gezeigt wurde. Deutlich erkennt man das Absinken von $\hbar\omega$ im Bereich $I = 10 \ldots 16\hbar$ infolge der Ausrichtung von Einteilchenspins. Man hat diesen Vorgang auch als Kreuzung zweier Rotationsbanden mit unterschiedlichen Trägheits- und Quadrupolmomenten gedeutet. In Analogie zur Supraleitung hat man versucht, die Bandenkreuzung als Phasenübergang zwischen einem supraleitenden und einem normalleitenden Zustand zu verstehen, der unter dem Einfluss der Coriolis-Kraft induziert wird [115]. Zusammenfassende Darstellungen des Wechselspiels zwischen kollektiver Rotation und Einzelteilchen-Bewegung findet der Leser in [82, 84, 116–120].

### 4.3.6 Elementare magnetische Anregungen

Die bisher skizzierten nuklearen Anregungen umfassen neben den Einteilchenanregungen vor allem kollektive elektrische Moden vom Dipol-, Quadrupol- oder Oktopoltyp und ihre Kopplung an Einteilchenfreiheitsgrade. Da nun die Nukleonen

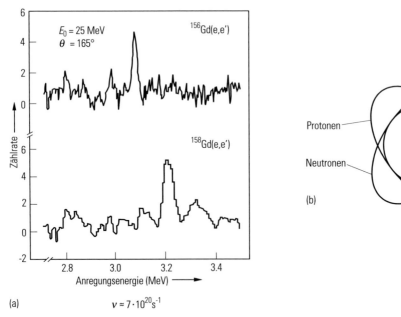

**Abb. 4.53** (a) Spektren der inelastischen Elektronenstreuung an $^{156}$Gd und $^{158}$Gd, aufgenommen mit 26 MeV Elektronenstrahlen bei einem Streuwinkel von 165°. Man sieht je eine starke Linie und mehrere schwächere Linien, die der Anregung von magnetischen Dipolzuständen entsprechen (*scissors mode*). (b) Interpretation der scissors mode als orbitale Drehschwingung der Neutronen gegen die Protonen. Beide Verteilungen haben die gleiche quadrupol-deformierte Form.

als Kernbausteine magnetische Momente der Bahn und des Spins besitzen, liegt die Frage nahe, ob Kerne auch „elementare" magnetische Anregungen zeigen und welche Anteile die Bahn- bzw. Spinmomente an ihnen haben. In der Tat sind in den letzten Jahren verschiedene magnetische Anregungen entdeckt und ausführlich untersucht worden. Hier sollen jene niederenergetischen Moden behandelt werden, die die Bezeichnungen *scissors mode*, *spin mode* und *magnetische Rotation* (*shears bands*) tragen und die unsere Kenntnis über das Wechselspiel zwischen Protonen und Neutronen in den letzten Jahren ungemein bereichert haben.

**Scissors mode.** In vielen quadrupol-deformierten gg-Kernen mit den Massenzahlen $A = 140-190$ wurden in der inelastischen Elektronen- und Protonenstreuung Zustände bei etwa 3 MeV Anregungsenergie beobachtet, die den Kernspin $I = 1$ und positive Parität haben [121]. Damit weisen sie sich als magnetische Dipolzustände aus. Als Beispiel sind in Abb. 4.53a die Spektren der inelastischen Elektronenstreuung bei 26 MeV Einschussenergie an den Isotopen $^{156}$Gd und $^{158}$Gd gezeigt. Die rückgestreuten Elektronen werden mit hoher Energieauflösung von 15–30 keV nachgewiesen, und man erkennt in beiden Spektren je eine starke Linie zum tiefsten $1_1^+$-Zustand und mehrere schwächere Linien zu etwas höher gelegenen Dipolzuständen. Generell trägt der am stärksten populierte Zustand ($1_1^+$) etwa die Hälfte der aufsummierten Stärke $\sum B(M1)\uparrow$ (zur Definition der Stärke $B(M1)$ vgl. Abschnitt 4.5.4.2). Eine systematische Untersuchung dieser Anregungen ergab, dass sowohl die Stärke $B(M1, 0^+ \to 1^+)$ zum ersten Dipolzustand als auch die Summe $\sum B(M1)\uparrow$ mit dem Quadrat der Quadrupoldeformation $\beta_2$ skalieren: $B(M1)\uparrow \propto B(E2, 0^+ \to 2^+) \propto A^{-1/3}\beta_2^2 \mu_N^2$. Dieser Sachverhalt ist in Abb. 4.54 für die bisher untersuchten Nd, Sm, Gd, Dy und Er-Kerne zusammengefasst [122].

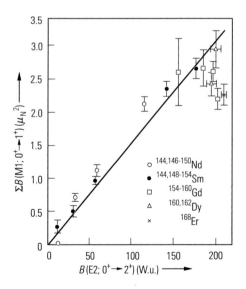

**Abb. 4.54** Zusammenhang zwischen der aufsummierten Dipolstärke, $\sum B(M1, 0^+ \to 1^+)$, und der Quadrupolstärke $B(E2, 0^+ \to 2^+)$ zum ersten $2^+$ Zustand in einigen deformierten Kernen der Massenzahl $A \approx 150$. (W.u. = Weisskopf unit)

Eine einfache Erklärung dieser Zustände als orbitale Drehschwingung der deformierten Protonen- gegen die Neutronenverteilung ist in Abb. 4.53 b skizziert [122]: Das Ellipsoid der Neutronen schwingt mit einer Frequenz von etwa $7 \cdot 10^{20}$ s$^{-1}$ gegen jenes der Protonen. Die Ähnlichkeit mit der Bewegung der Schneiden einer Schere hat zu dem Namen *scissors mode* geführt. Solche Drehschwingungen wurden auch in anderen Massengegenden beobachtet, wie dies Abb. 4.55 für die Kerne $^{56}$Fe, $^{156}$Gd und $^{238}$U zeigt. Die mittlere Anregungsenergie dieser Dipolzustände folgt empirisch der Abhängigkeit $< E(1^+) > \propto 60\, \beta_2\, A^{-1/3}$ [123].

**Spin mode.** In Abb. 4.55 ist eine weitere magnetische Dipolmode eingezeichnet, die man mit dem Namen *spin mode* bezeichnet. Diese Zustände haben ebenfalls Spin und Parität $I^\pi = 1^+$, liegen aber bei höheren Anregungsenergien von typisch 4–10 MeV. Der Schwerpunkt der Anregung $\langle E_\sigma \rangle$ nimmt mit der Massenzahl $A$ gemäß $\langle E_\sigma \rangle \approx 41\, A^{-1/3}$ ab. Da die Energien der individuellen $1^+$-Zustände teilweise über den Separationsenergien für die Emission eines Neutrons oder Protons liegen, zerfallen sie – wie die elektrischen Riesenresonanzen – vorwiegend über Nukleonenemission. Auch sind die Anregungsstärken $B(M1)$ dieser Mode energetisch viel breiter verteilt als für den orbitalen Schwingungstyp. Die Teilchenemission und die Breite der Verteilung machen es schwierig, die *spin mode* von den E1-Dipolriesenresonanzen, die in gg-Kernen ja negative Parität haben, zu trennen und die gesamten Anregungsstärken zu bestimmen.

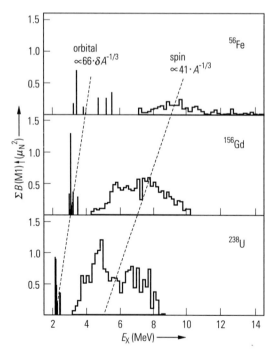

**Abb. 4.55** Die Abbildung zeigt einen Vergleich der relativen M1-Stärken $B(M1)\uparrow$ in den Kernen $^{56}$Fe, $^{156}$Gd und $^{238}$U, getrennt nach orbitalem Anteil (*orbital scissors mode*) und Spinanteil (*spin mode*).

4.3 Kernmodelle 747

**Magnetische Rotation.** Wie bei der *scissors mode* war auch für die mit dem Namen *magnetische Rotation* (*shears band*) belegten Anregungszustände die Analogie mit einer Schere ausschlaggebend. Solche Zustände werden in Kernen in der Nähe abgeschlossener Schalen bei sehr kleinen Quadrupoldeformationen gefunden, genauer dort, wo einige wenige Protonen und Neutronen sich in Orbitalen mit hohen Einteilchendrehimpulsen befinden. Durch entsprechende parallele Ausrichtung dieser wenigen Drehimpulse können hohe Spins erzeugt werden, ohne dass der Kern oder große Teile davon kollektiv rotieren oder schwingen müssten. Nehmen wir der Einfachheit halber an, dass wir Hochspin-Zustände im Kern $^{208}$Tl aus einem $h_{11/2}$-Protonenloch und einem $i_{13/2}$-Neutron (relativ zum doppelt-magischen Kern $^{208}$Pb) zusammensetzen möchten. Der Leser vergleiche dazu die in Abb. 4.42 gezeigten Einteilchenspektren von $^{207}$Tl und $^{209}$Pb, also in den Nachbarkernen des doppeltmagischen Kerns $^{208}$Pb. Da es sich um verschiedenartige Teilchen handelt, erlaubt das Pauli-Prinzip für die Teilchen-Loch-Zustände in $^{208}$Tl alle Kopplungen der beiden

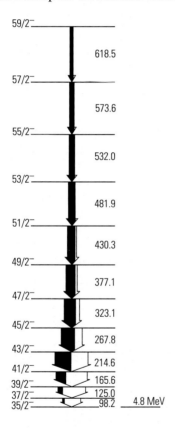

**Abb. 4.56** Zwei typische magnetische Rotationsbanden in $^{199}$Pb. Jede ist gekennzeichnet durch eine regelmäßige Anordnung von Zuständen, deren Spins jeweils um 1 $\hbar$ zunehmen und die durch starke magnetische Dipolübergänge miteinander verbunden sind. Die zwei Banden überstreichen die Spinbereiche $35/2^- - 45/2^-$ und $45/2^- - 59/2^-$. Die Konfiguration des tiefsten Zustands bei 4.8 MeV mit Spin $I = 35/2$ wird im Schalenmodell mit $\pi^2(h_{9/2}, i_{13/2}) \, \nu^{-1}(i_{13/2})$ angegeben [124].

Einteilchenspins $j_1$ und $j_2$ zum Gesamtspin $I = j_1 + j_2$ im Intervall $|j_1 - j_2| = 1 \leq I \leq I_{max} = j_1 + j_2 = 12$. Wir können uns die verschiedenen Zustände dieser Sequenz vorstellen, indem die Kopplung der Drehimpulsvektoren $j_1$ und $j_2$ wie die Schneiden einer Schere von einer antiparallelen Stellung (kleine Spinwerte $I \approx 1$, „geöffnete Schere") zu einer nahezu parallelen Stellung (große Spinwerte $I < I_{max}$, „geschlossene Schere") verläuft. Aus dieser Analogie stammt der Name Scherenmode = **shears mode** [124, 125].

In der Tat wurden in der Nachbarschaft von $^{208}$Pb, später aber auch in vielen anderen Gegenden der Isotopenkarte, Sequenzen von Hochspin-Zuständen beobachtet, die mit wachsender Anregungsenergie die Spinfolge $I$, $I+1$, $I+2$, etc. haben und die durch starke magnetische Dipolübergänge miteinander verbunden sind. Abb. 4.56 zeigt zwei solche magnetischen Banden im Kern $^{199}$Pb [124]. Sie überstreichen die Spinbereiche $35/2^+ - 45/2^+$ und $45/2^+ - 59/2^+$. Die Schalenmodell-Konfiguration des untersten Zustands mit Spin $I = 35/2^+$ wird mit $[\pi^2 (h_{9/2}, i_{13/2}) \nu^{-1}(i_{13/2})]$, also mit zwei Protonen und einem Neutronenloch in Einteilchenorbitalen mit hohen Drehimpulsen, angegeben.

## 4.4 Die Nukleon-Nukleon-Wechselwirkung

Bei der Behandlung der phänomenologischen Kernmodelle hatten wir darauf hingewiesen, dass sie mit erstaunlich einfachen Annahmen über die starke Wechselwirkung auskommen. In diesem Kapitel werden wir nun weitere Eigenschaften der Kernkraft herauszuarbeiten versuchen und dazu vor allem die Zweinukleonensysteme (sog. NN-Systeme) betrachten. Dabei verfolgen wir nicht in erster Linie das Ziel, einen geschlossenen Ausdruck für die „beste" Nukleon-Nukleon-Kraft zu finden, sondern Experimente und Gedankengänge vorzustellen, die uns die Natur der Kernkräfte näherbringen. Viele wesentliche Ansätze gehen auf die Zeit kurz nach der Entdeckung des Neutrons und auf die ersten Streuversuche von Protonen und Neutronen an Wasserstoff zurück und verbinden sich mit berühmten Namen wie Bethe, Breit, Fermi, Heisenberg, Lawrence, Majorana, Schwinger, Wigner, Yukawa und anderen. Ein tieferes Verständnis der Rolle, die Pionen und andere Mesonen und der erste Anregungszustand des Nukleons, die sog. *Deltaresonanz* $\Delta$ (1232), in der NN-Wechselwirkung spielen, hat sich allerdings erst in den letzten Jahren herausgeschält.

Tab. 4.5 Eigenschaften des Deuterons.

| | |
|---|---|
| Masse $m/u$ | 2.0141022(7) |
| Bindungsenergie $B$/MeV | 2.23 |
| Mittlerer quadratischer Radius $\langle r^2 \rangle^{1/2}$/fm | 3.8 |
| Spin $I/\hbar$ | 1 |
| Magnetisches Moment $\mu/\mu_N$ | 0.857393 |
| Elektrisches Quadrupolmoment $Q$/b | 0.00286 |
| Parität $\pi$ | +1 |

## 4.4.1 Das Deuteron

Der einzige gebundene Zustand zweier Nukleonen ist das Deuteron; es wurde 1932 durch Urey und Mitarbeiter [126] massenspektroskopisch in angereichertem Wasserstoff entdeckt. Seine Eigenschaften sind in Tab. 4.5 zusammengefasst. Die Bindungsenergie des Deuterons kann aus der bei der Einfangreaktion $^1$H$(n, \gamma)^2$H emittierten $\gamma$-Strahlung zu $B = 2.23$ MeV bestimmt werden, wie in Abschn. 4.2.2.4 dargelegt wurde. Auch die Umkehrreaktion $^2$H$(\gamma, n)^1$H, *Photospaltung des Deuterons* genannt, kann man dazu verwenden. Aus der Hyperfeinstruktur des Deuteriums ermittelte man den Kernspin $I = 1$, das magnetische Moment und ein sehr kleines elektrisches Quadrupolmoment ($Q = 2.86$ mb). Dass das Deuteron ein Quadrupolmoment besitzt, haben erstmals Kellogg, Rabi, Ramsey und Zacharias 1939/40 mit der Atomstrahlmethode nachgewiesen [127]. Der mittlere quadratische Radius wurde mittels Elektronenstreuung bestimmt.

Schon diese wenigen Messgrößen des Deuterons vermitteln einige wichtige Einsichten in die Kernkraft zwischen Proton und Neutron. Der Spin des Deuterons, $I = s_p + s_n + L$, setzt sich vektoriell aus den Spins von Proton und Neutron und dem relativen Bahndrehimpuls $L$ von Proton und Neutron zusammen (vgl. Abb. 4.57a). Die positive Parität des Deuterons schränkt $L$ auf gerade Werte ein. Wählt man $L = 0$ und koppelt $s_p$ und $s_n$ parallel zu $S = s_p + s_n = 1$, so hätte dieser Triplettzustand das magnetische Moment

$$\mu(^3S_1) = \frac{\mu_p + \mu_n}{2} \approx 0.5(5.59 - 3.83)\mu_N = 0.88\,\mu_N. \qquad (4.68)$$

(Wir verwenden in diesem Kapitel ausschließlich die Nomenklatur $|^{2S+1}L_I\rangle$ in *LS*-Kopplung.) Dieser Wert liegt in der Tat sehr nahe am gemessenen magnetischen Moment des Deuterons und zeigt, dass der $^3S_1$-Anteil den Hauptbeitrag der Wellenfunktion liefert. Allerdings entspricht eine Wellenfunktion mit $L = 0$ einer radialsymmetrischen Aufenthaltswahrscheinlichkeit des Protons und damit einem identisch verschwindenden elektrischen Quadrupolmoment. Die Existenz eines solchen, die gerade Parität $\pi$ und der Spin $I = 1$ erfordern einen Anteil mit Bahndrehimpuls $L = 2$ in der Wellenfunktion, die sog. *D-Beimischung*, und lassen auf das

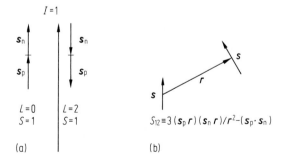

**Abb. 4.57** (a) Schematische Darstellung der Drehimpulskopplung der Spins $s_p$ und $s_n$ und des Bahndrehimpulses $L$ von Proton und Neutron beim Deuteron. (b) Zur Definition des Tensoroperators $S_{12}$.

Wirken einer *Tensorkraft* zwischen Proton und Neutron schließen. Tensorkräfte kennen wir zum Beispiel aus der Wechselwirkung zweier magnetischer oder elektrischer Dipole; sie hängen von der Orientierung der Dipole relativ zum Verbindungsvektor *r* ab (vgl. Abb. 4.57 b); wir kommen in Abschn. 4.4.4 auf sie zurück. Fasst man die bisherigen Punkte zusammen, so kann man für die Wellenfunktion des Deuterons den Ansatz machen

$$|^2H\rangle = (1 - \alpha_D)^{\frac{1}{2}}|^3S_1\rangle + \alpha_D|^3D_1\rangle, \qquad (4.69)$$

wobei wir die Koeffizienten so gewählt haben, dass die Wellenfunktion auf 1 normiert ist. Der Koeffizient $|\alpha_D|^2$ der D-Beimischung beträgt etwa 0.05.

Im Folgenden gehen wir der Frage nach, ob es ein Potential $V(r)$ gibt, das Größe und Bindungsenergie des Deuterons richtig wiedergibt. Dabei vernachlässigen wir den kleinen Anteil mit $L = 2$ in der Wellenfunktion und verwenden der Einfachheit halber ein Rechteckpotential der Form

$$\begin{aligned} V(r) &= -V_0 & r < R_0 \\ V(r) &= 0 & r \geq R_0. \end{aligned} \qquad (4.70)$$

Die zeitunabhängige Schrödinger-Gleichung $H\psi(r) = E\psi(r)$ wird im Fall eines radialsymmetrischen Potentials für den Drehimpuls $L = 0$ durch den Ansatz $\psi(r) = u(r)/r$ gelöst. Dabei ist $u(r)$ die Lösung der Differentialgleichung

$$\frac{d^2 u(r)}{dr^2} + \frac{2m_{red}}{\hbar^2}[E - V(r)]u(r) = 0; \qquad (4.71)$$

für die reduzierte Masse gilt $m_{red} = 1/(m_p^{-1} + m_n^{-1}) \approx m/2$. Einsetzen des Eigenwertes $E = -B$ und des Potentials (4.70) ergibt die Gleichungen

$$\begin{aligned} \frac{d^2 u(r)}{dr^2} + \frac{m}{\hbar^2}(V_0 - B)u(r) &= 0 & r < R_0 \\ \frac{d^2 u(r)}{dr^2} - \frac{mB}{\hbar^2}u(r) &= 0 & r \geq R_0. \end{aligned} \qquad (4.72a)$$

Die Eigenfunktion $u(r)$, die in Abb. 4.58 dargestellt ist, ist im Innern ($r < R_0$) eine periodische Funktion

$$u_i(r) = A_i \sin k_i r \quad \text{mit} \quad \hbar k_i = [m(V_0 - B)]^{\frac{1}{2}}, \qquad (4.72b)$$

während die Lösung $u_a(r)$ im Außenraum ($r \geq R_0$) durch eine Exponentialfunktion gegeben ist:

$$u_a(r) = A_a \exp(-r/r_a) \quad \text{mit} \quad r_a = \frac{\hbar}{(mB)^{1/2}}. \qquad (4.73)$$

Stetigkeit und stetige Differenzierbarkeit von $u_i(r)$ und $u_a(r)$ im Punkt $r = R_0$ führen zu der Bedingung

$$r_a k_i \cos k_i R_0 = -1, \qquad (4.74)$$

also letztlich zu einer Verknüpfung der Potentialtiefe $V_0$ mit der Bindungsenergie $B$ und der Reichweite $R_0$ des Potentials. Setzt man $r_a$ und $k_i$ aus Gl. (4.72) und Gl.

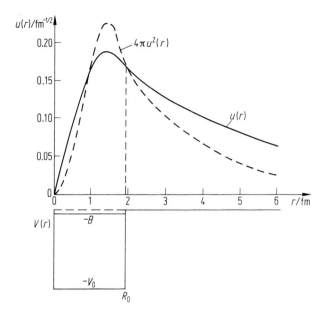

**Abb. 4.58** Kastenpotential $V(r)$, Wellenfunktion $u(r)$ und radiale Aufenthaltswahrscheinlichkeit $4\pi u^2(r)\,\mathrm{d}r$ des Deuterons.

(4.73) ein und berücksichtigt $B \ll V_0 \approx 50$ MeV, so lässt sich die Bedingung (4.74) nur für $k_\mathrm{i} R_0 \approx \pi/2$ erfüllen. Das wiederum ergibt eine Beziehung zwischen $V_0$ und $R_0$ der Art

$$V_0 R_0^2 \approx \frac{\hbar^2 \pi^2}{4m} \approx 100 \text{ MeV fm}^2. \tag{4.75}$$

Die geringe Bindungsenergie des Deuterons führt also dazu, dass wir aus ihr sehr wenig über die Radialabhängigkeit des pn-Potentials lernen. In der Tat ist die Wahrscheinlichkeit dafür, dass der Abstand von Proton und Neutron den Potentialradius $R_0$ überschreitet, größer als 50%, wie sich aus der in Abb. 4.58 gezeigten Wahrscheinlichkeitsdichte $4\pi u^2(r)\,\mathrm{d}r$ ablesen lässt. Das äußert sich auch darin, dass der mittlere quadratische Radius des Deuterons, $\langle r^2 \rangle^{\frac{1}{2}} = 3.8$ fm, etwa doppelt so groß wie der Potentialradius $R_0 \approx 2$ fm ist. Diese Situation verbessert sich auch nicht, wenn statt des Kastenpotentials ein realistischeres Woods-Saxon- oder Yukawa-Potential (vgl. Abschn. 4.4.4) verwendet wird.

### 4.4.2 Nukleon-Nukleon-Streuung

Mehr Information über die Orts- und Spinabhängigkeit der NN-Wechselwirkung erhalten wir aus der elastischen Streuung von Nukleonen aneinander, also vor allem aus der Streuung von Protonen und Neutronen an Wasserstoff. Streumessungen von Neutronen an freien Neutronen sind technisch bisher nicht möglich gewesen; statt dessen untersuchte man die Streuung von Neutronen an Deuterium und separierte den Anteil der np-Streuung ab. Diese Experimente, besonders jene zur pp-Streuung, wurden bis zu vielen GeV Einschussenergie durchgeführt. Besonders präzise Streudaten wurden im Bereich einiger hundert MeV mithilfe der intensiven Protonenströme an den sog. *Mesonenfabriken* PSI (Villigen bei Zürich, Schweiz), LAMPF (Los Alamos, USA) und TRIUMF (Vancouver, Kanada) gewonnen [128]. Ausgehend vom Deuteron als gebundenem pn-System, behandeln wir zunächst die pn-Streuung und vergleichen deren Ergebnisse mit jenen der pp-Streuung. Bezüglich des quantenmechanischen Formalismus des Streuproblems, insbesondere der Definition der Streuphasen $\delta_L$ und ihrer Beziehung zum Potential, sei der Leser auf [129] verwiesen.

### 4.4.2.1 Proton-Neutron-Streuung

Die Messungen der elastischen pn-Streuung litten lange Zeit an der Schwierigkeit, einen intensiven, monochromatischen Neutronenstrahl variabler Energie zu erzeugen. Kernreaktionen an leichten Targets, z. B. die Reaktionen $^2$H(d, n)$^3$He, $^3$H(d, n)$^4$He, $^7$Li(p, n)$^7$Be, $^9$Be(d, n)$^{10}$B, $^9$Be($\alpha$, n)$^{12}$C, erwiesen sich als brauchbar. Da es sich um Zweikörper-Reaktionen mit nur zwei Ejektilen handelt, haben die Neutronen, die unter dem Winkel $\vartheta_n$ zum Primärstrahl wegfliegen, bei vorgegebener Projektilenergie eine feste kinetische Energie $E(\vartheta_n)$. Ist der Primärstrahl außerdem in zeitlich scharf definierten „Teilchenpaketen" gepulst (typisch 1 ns Pulsbreite), so vermittelt die Flugzeit der Neutronen eine noch genauere Energiebestimmung.

Abb. 4.59 skizziert eine typische Vorrichtung zur Messung des totalen bzw. differentiellen pn-Streuquerschnitts. Die Neutronen werden hier mittels der Reaktion

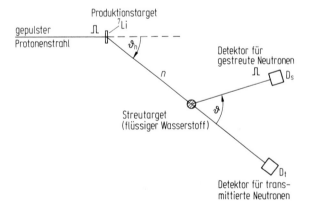

**Abb. 4.59** Messanordnung zur Bestimmung des totalen und differentiellen Streuquerschnitts von Neutronen an Wasserstoff. Die Neutronen werden mit einem gepulsten Protonenstrahl mittels der Reaktion $^7$Li(p, n) in dem Lithium-Produktionstarget erzeugt und nach Durchlaufen des Streutargets in den Detektoren $D_t$ bzw. $D_s$ nachgewiesen.

$^7$Li(p, n) in dem Produktionstarget erzeugt und gelangen zum Streutarget aus flüssigem Wasserstoff. Der Fluss der durch das Target ohne Streuung *transmittierten* Neutronen wird im Detektor D$_t$ gemessen, jener der unter dem Winkel $\vartheta$ *gestreuten* Neutronen im Detektor D$_s$. Durch ein scheibenförmiges Target der Dicke $x$ mit $N$ Wasserstoffkernen/cm$^3$ wird der Bruchteil $\exp(-N\sigma_{\text{tot}}x)$ durchgelassen, wobei $\sigma_{\text{tot}}$ den winkelintegrierten Streuquerschnitt bezeichnet und Mehrfachstreuung im Target vernachlässigt wurde. Zum Nachweis langsamer Neutronen verwendet man sog. $^3$He- und $^{10}$B-Detektoren, in denen die Neutronen die exothermen Kernreaktionen $^3$He(n, p)$^3$H bzw. $^{10}$B(n, $\alpha$)$^7$Li verursachen; dabei entstehen als geladene Endprodukte Protonen, Tritonen und $\alpha$-Teilchen, die dann aufgrund ihrer Ionisation nachgewiesen werden können. Auch Proton-Rückstoß-Spektrometer werden eingesetzt, in denen die Neutronen ihre kinetische Energie durch elastische Stöße an die Protonen abgeben, die dann ebenfalls als geladene, d.h. ionisierende Teilchen nachgewiesen werden können. Indem man zwischen Produktions- und Streutarget eine Paraffinplatte einschiebt und dort die Neutronen durch elastische Stöße mit dem Wasserstoff abbremst (moderiert), kann man den Streuquerschnitt auch bis zu kleinen Energien $E_n < 1$ eV bestimmen.

Winkelverteilungen des differentiellen Streuquerschnitts sind für einige ausgewählte Neutronenenergien zwischen 14 MeV und 580 MeV in Abb. 4.60 wiedergegeben. (Wegen $m_p \approx m_n$ ist der Streuwinkel $\vartheta_{\text{cm}}$ im Schwerpunktsystem gleich dem doppelten Streuwinkel im Laborsystem!) Die Winkelverteilungen sind bis zu etwa

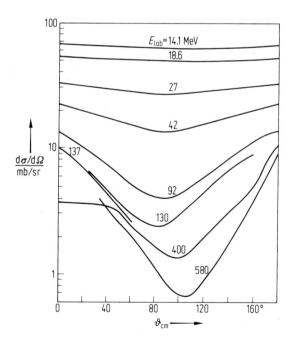

**Abb. 4.60** Winkelverteilungen der Neutron-Proton-Streuung zwischen 14.1 und 580 MeV Einschussenergie der Neutronen.

20 MeV isotrop. Bei höheren Neutronenenergien werden sie anisotrop, bleiben jedoch bis zu etwa 200 MeV symmetrisch um $\vartheta_{cm} = 90°$. Bei noch höheren Energien geht auch diese Symmetrie verloren und es bildet sich ein deutliches Maximum bei $\vartheta_{cm} = 180°$ aus. Die sich ändernde Form der Winkelverteilung erlaubt bereits einige qualitative Aussagen über den Streuprozess, besonders über die an der Streuung beteiligten Bahndrehimpulse [129]. Die Isotropie der Winkelverteilung zeigt an, dass nur S-Wellenstreuung ($L = 0$) stattfindet. Die zunehmende Anisotropie oberhalb von 20 MeV weist auf wachsende Beiträge mit höheren Bahndrehimpulsen $L > 0$ hin. Wie wir schon am Beispiel der Elektronen- und α-Streuung gesehen hatten

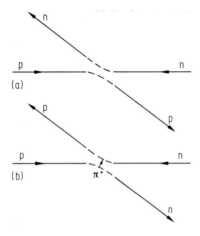

**Abb. 4.61 a** Zur Erklärung des Ein-Pion-Austausches bei der Proton-Neutron-Streuung; (a) ohne $\pi^+$-Austausch, (b) mit $\pi^+$-Austausch.

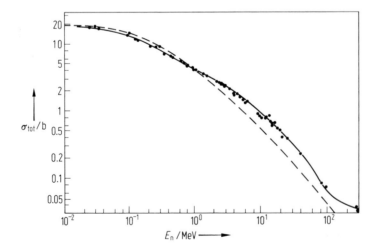

**Abb. 4.61 b** Totaler Streuquerschnitt $\sigma_{tot}$ der pn-Streuung. Die gestrichelte Linie ergäbe sich bei reiner S-Wellen-Streuung.

(vgl. Abb. 4.14 und 4.18), bildet sich bei fast allen Streuprozessen für wachsende Projektilenergie, d. h. kleiner werdende de-Broglie-Wellenlänge, ein Maximum bei $\vartheta_{cm} \approx 0°$ aus. Der stark ausgeprägte Rückwärtsanstieg des pn-Streuquerschnitts oberhalb von 200 MeV widerspricht also dem normalen Verhalten. Er lässt sich nur verstehen, wenn man annimmt, dass beim Streuprozess zwischen Proton und Neutron ein $\pi^+$ ausgetauscht wird. Wie in Abb. 4.61a gezeigt, verwandelt sich durch diesen Austausch des $\pi^+$ das Proton in ein Neutron und umgekehrt; daher entspricht der Streuwinkel $\vartheta_{cm}$ *vor* dem Austausch dem Winkel $180° - \vartheta_{cm}$ *nach* dem Austausch. Das Maximum des Streuquerschnitts bei Rückwärtswinkeln ist also in Wirklichkeit das Vorwärtsmaximum des verwandelten Streupartners. Dieser Effekt galt lange Zeit als experimenteller Beweis für die Anwesenheit von Pionen im Kern und für den **Austauschcharakter** der Kernkräfte.

In Abb. 4.61 b ist der totale pn-Streuquerschnitt $\sigma_{tot}$ im Bereich zwischen 10 keV und 300 MeV aufgetragen. Für sehr kleine Energien erreicht er $\sigma_0 = 20.36(10)$ b und nimmt bis 300 MeV monoton um fast drei Größenordnungen ab. Ein konsistentes pn-Potential, welches das Deuteron als Bindungszustand hat, muss auch diesen Streuquerschnitt erklären können. Wir wenden uns zunächst der S-Wellen-Streuung zu. Mithilfe der Streutheorie wird der totale pn-Streuquerschnitt $\sigma_{tot}$ für $L = 0$ mit der Streuamplitude $f_0$ parametrisiert: $\sigma_{tot} = 4\pi|f_0|^2$. Dabei ist $f_0$ mit der S-Wellen-Streuphase $\delta_0$ und dem asymptotischen Wellenvektor der Neutronen, $k = (mE)^{\frac{1}{2}}/\hbar$, über die Beziehung

$$f_0 = \exp(i\delta_0) \sin \delta_0 / k \tag{4.76}$$

verknüpft. Im Grenzfall $k \to 0$ definiert man die sogenannte **Streulänge** $a$ durch [130]

$$a = -\lim_{k \to 0} f_0 \tag{4.77}$$

und damit gilt $\sigma_{tot} \to 4\pi|a|^2$. Die Streulänge $a$ lässt sich besonders anschaulich für ein Kastenpotential interpretieren, wie es in Abb. 4.62 skizziert ist. Die radiale Eigenfunktion $u_a(r)$ im Außenraum $r > R_0$ ist für $E_n > 0$ durch den Ausdruck

$$u_a(r) \sim \sin(kr + \delta_0) \tag{4.78}$$

gegeben. Legt man im Grenzpunkt $r = R_0$ eine Tangente an $u_a(r)$, so ist die Streulänge $a$ gerade der Abstand, bei dem diese Tangente die $r$-Achse schneidet. Bei positiver Energie wird die Streulänge für ein attraktives Potential negativ (vgl. Abb. 4.62b); für ein repulsives Potential ist $a$ positiv und liegt zwischen 0 und $R_0$ (vgl. Abb. 4.62c). Im Falle des gebundenen Deuterons ist $a$ positiv und ergibt sich zu $a_t(pn) = R_0 + r_a \approx 5{,}5$ fm (vgl. Abb. 4.58 und 4.62a). Der Index t deutet darauf hin, dass es sich um einen Spintriplett-Zustand handelt. Mit diesem Wert von $a_t$ erhält man $\sigma_0 \approx 4$ b, also einen deutlich zu kleinen Streuquerschnitt im Vergleich zu dem gemessenen Wert $\sigma_0 = 20$ b. Wigner löste diese Diskrepanz durch die Annahme, dass Streuung von der relativen Einstellung der Spins von Proton und Neutron abhängt. Die Streuung kann ja mit parallelen Spins ($S = 1$) bzw. antiparallelen Spins ($S = 0$) erfolgen. Die anteiligen Streuquerschnitte stehen im Verhältnis 3 : 1 der möglichen magnetischen Quantenzahlen:

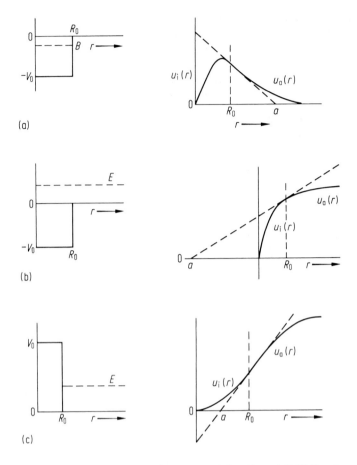

**Abb. 4.62** Zusammenhang zwischen Streupotential $V(r)$ und S-Wellen-Streulänge $a$ für (a) einen gebundenen Zustand ($a > R_0$); (b) Streuung an einem attraktiven Potential ($a < 0$); (c) Streuung an einem repulsiven Potential ($0 < a < R_0$).

$$\sigma_0 = \frac{\sigma_s + 3\sigma_t}{4}$$
$$= \pi(a_s^2 + 3a_t^2); \tag{4.79}$$

$a_s$ ist die Singulett-Streulänge ($S = 0$). Der große experimentelle Wert von $\sigma_0$ und die Tatsache, dass kein gebundener pn-Singulettzustand existiert, lassen auf $|a_s| > |a_t|$ schließen. Das wiederum bedeutet, dass das Potential im Singulett-Zustand weniger attraktiv ist als im Triplett-Zustand. In nachfolgenden Streuexperimenten an molekularem Wasserstoff wurde nachgewiesen, dass die Singulett-Streulänge $a_s$ negativ ist, woraus gemäß Abb. 4.62b auf die Attraktivität des pn-Singulett-Potentials geschlossen werden konnte.

### 4.4.2.2 Proton-Proton-Streuung

Seit etwa 50 Jahren werden pp-Streuexperimente durchgeführt, mit dem Bau immer leistungsfähigerer Beschleuniger und Detektoren zu immer höheren Projektilenergien. Da man über intensive (auch polarisierte) Protonenstrahlen variabler Energie verfügt, ist dieses Streusystem besonders genau und ausführlich vermessen worden. Gegenüber der pn-Streuung sind folgende Unterschiede bemerkenswert:

1. Bei Strahlenergien unterhalb einiger hundert keV wird der Streuprozess durch die Coulomb-Streuung dominiert. Für den differentiellen Wirkungsquerschnitt reiner Coulomb-Streuung zwischen gleichartigen Fermionen hat Mott erstmals 1930 einen geschlossenen Ausdruck abgeleitet [131]. Wegen der Ununterscheidbarkeit von Projektil und Target ist der Streuquerschnitt im Schwerpunktssystem stets symmetrisch um $\vartheta_{cm} = 90°$. Dies gilt unabhängig vom Streupotential.
2. Sobald der Stoßparameter in den Bereich der nuklearen Wechselwirkung gelangt, setzt Kernstreuung ein; Kern- und Coulomb-Streuung *interferieren* miteinander. Da die Coulomb-Streuung ein gut verstandener Prozess ist, stellt diese Interferenz

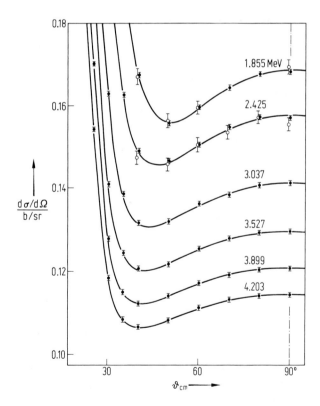

**Abb. 4.63** Winkelabhängigkeit des differentiellen Streuquerschnitts im Proton-Proton-System bei $E_{lab} = 1.85\ldots 4.20$ MeV Einschussenergie. Alle Kurven sind symmetrisch um den Streuwinkel $\vartheta_{cm} = 90°$. Der Anstieg von $d\sigma/d\Omega$ oberhalb von 40° ist auf die nukleare Anziehung zurückzuführen [132].

eine sehr empfindliche Methode dar, um auch vergleichsweise kleine Amplituden (oder Streuphasen) der nuklearen Streuung zu bestimmen. Abb. 4.63 illustriert diesen Effekt sehr anschaulich anhand des differentiellen Streuquerschnitts zwischen 1.8 und 4.2 MeV Einschussenergie. Das Interferenzminimum bei $\vartheta_{cm} = 40°$ und der Wiederanstieg des Streuquerschnitts bis 90° sind auf das attraktive pp-Kernpotential zurückzuführen. Bei reiner Coulomb-Streuung wäre z.B. für $E_{1ab} = 2.4$ MeV und $\vartheta_{cm} = 90°$ der Streuquerschnitt nur $d\sigma_R/d\Omega = 7.2$ mb/sr, also rund 20-mal kleiner als der gemessene Wert [132].

3. Wenn wir die Kernstreuung unterhalb von 100 MeV auf den Bahndrehimpuls $L = 0$ beschränken, befinden sich die beiden Protonen im Spinsingulett-Zustand ($S = 0$). Das Pauli-Prinzip verbietet nämlich S-Wellen-Streuung im Spintriplett-Zustand, denn dann wäre die Gesamtwellenfunktion bei Vertauschen der beiden Protonen symmetrisch in den Orts- *und* Spinkoordinaten.

Die langreichweitige Coulomb-Abstoßung macht die formale Beschreibung der pp-Streuung noch komplizierter, als es die pn-Streuung schon ist. Wir wollen daher nur qualitativ einige wichtige Ergebnisse der nuklearen pp-Wechselwirkung beleuchten. Zunächst erhalten wir jedoch einen quantitativen Vergleich mit dem pn-System anhand der nuklearen Singulett-Streulänge $a_s$ (pp). Gemäß Gl. (4.76) und Gl. (4.77) ist sie mit der S-Wellenstreuphase $\delta(^1S_0)$ im Grenzfall $E \to 0$ verknüpft. Die Daten ergeben, nach Korrektur auf das Coulomb-Feld, $a_s$ (pp) = $-17.3$ fm, was wieder auf ein attraktives Kernpotential hindeutet. Ein Vergleich sämtlicher Streulängen im NN-System bringt Tab. 4.6. Auch die aus der Neutronen-Streuung an Deuteronen gewonnene nn-Streulänge $a_s$ (nn) im Singulett-Zustand wurde hier aufgenommen. Die Gleichheit der Streulängen $a_s$ (pp) und $a_s$ (nn), **Ladungssymmetrie** der Kernkräfte genannt, deutet auf eine sehr wichtige Symmetrie zwischen Proton und Neutron hin, die wir im nächsten Abschnitt ausführlich erläutern werden.

**Tab. 4.6** Streulängen im NN-System.

| |
|---|
| $a_t$ (pn) = + 5.426 (4) fm |
| $a_s$ (pn) = − 23.715 (15) fm |
| $a_s$ (pp) = − 17.2 (1) fm |
| $a_s$ (nn) = − 17.3 (8) fm |

Die experimentell zugängliche Information der elastischen Streuung sind die (nuklearen) Streuphasen $\delta(^{2S+1}L_J)$ für die verschiedenen Partialwellen, die zur Kernstreuung beitragen. Abb. 4.64 fasst die wichtigsten Streuphasen der pp- und pn-Streuung für $L = 0$ und $L = 1$ im Bereich bis etwa 300 MeV Einschussenergie zusammen. Wieder wird in *LS*-Kopplung nach Singulett-Zuständen ($^1S_0$, $^1P_1$) und Triplett-Zuständen ($^3S_1$, $^3P_0$, $^3P_1$) unterschieden. Diese Streuphasen lassen sich folgendermaßen interpretieren [133, 134]:

Bis zu etwa 100 MeV Einschussenergie überwiegt S-Wellen-Streuung in der nuklearen Wechselwirkung, sowohl im $^1S_0$- als auch im $^3S_1$-Zustand. Wie schon gesagt, sind die S-Wellen-Streulängen negativ und somit die Streuphasen positiv, entsprechend dem attraktiven Charakter des NN-Potentials bei kleinen Energien. P- und D-Wellenstreuung setzen bei etwa 50 MeV ein und dominieren im Streuquerschnitt

4.4 Die Nukleon-Nukleon-Wechselwirkung 759

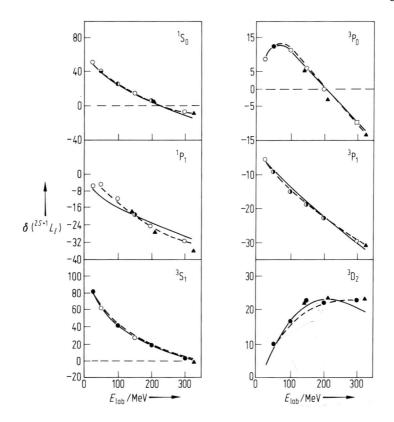

**Abb. 4.64** Energieabhängigkeit der Streuphasen $\delta(^{2s+1}L_I)$ im NN-System bis $E_{lab} = 320$ MeV Einschussenergie. Die durchgezogenen Kurven entsprechen zwei verschiedenen NN-Potentialen [134].

zwischen 200 und 300 MeV Einschussenergie. In diesem Energiebereich ändern die S-Wellen-Streuphasen ihr Vorzeichen. Die Umkehr des Vorzeichens wird darauf zurückgeführt, dass das Potential abstoßend wird. Geht man zu sehr viel höheren Projektilenergien über, so beobachtet man in der Tat einen sehr steilen Potentialanstieg bei etwa 0.5 fm Abstand, für den sich der Name **hard core** eingebürgert hat.

Selbst für gleiche Werte von $L$ und $S$ sind die Streuphasen davon abhängig, wie $L$ und $S$ zum Gesamtdrehimpuls $I = L + S$ zusammenkoppeln. Der Unterschied in den Streuphasen $\delta(^3P_0)$ und $\delta(^3P_1)$ bietet dafür ein gutes Beispiel. Dieser Tatbestand erinnert uns daran, dass die Kernkräfte einen *Spin-Bahn-Term* enthalten, wie wir ihn schon beim phänomenologischen Schalenmodell kennengelernt haben (vgl. Abschn. 4.3.3). Besonders eindrucksvoll kann man die Spin-Bahn-Kopplung anhand der elastischen Streuung spinpolarisierter Protonen an sphärischen, spinlosen Kernen (z. B. an $^{12}$C) nachweisen; der Targetkern fungiert dabei nur als radialsymmetrisches Streupotential. Abb. 4.65 skizziert einen Versuchsaufbau zum Nachweis des Effekts: Unter dem Winkel $\vartheta$ werden die Streuquerschnitte $d\sigma\downarrow(\vartheta)$ und $d\sigma\uparrow(\vartheta)$

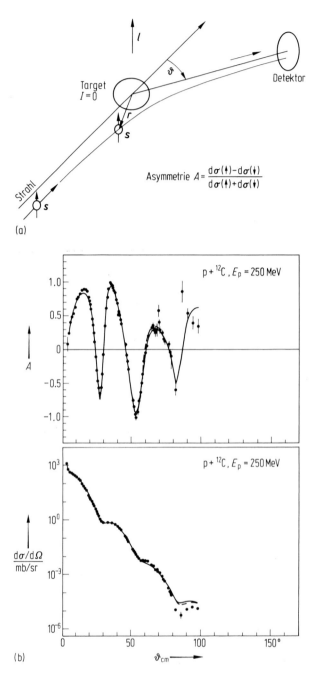

**Abb. 4.65** (a) Anordnung zur Messung der Spin-Bahn-Wechselwirkung der Nukleon-Kern-Streuung. Der polarisierte Protonenstrahl wird an einem ($I = 0$)-Target ($^{12}$C) gestreut; gemessen wird die Asymmetrie des Streuquerschnitts. (b) Asymmetrie $A(\vartheta_{cm})$ und differentieller Streuquerschnitt $d\sigma/d\Omega$ im System $^{12}$C $+p$ bei 250 MeV Einschussenergie in Abhängigkeit vom Streuwinkel $\vartheta_{cm}$ [135].

gemessen, wobei der Spin der Protonen entweder parallel (↓) oder antiparallel (↑) zur Normalen der Streuebene eingestellt wird. Die Spin-Bahn-Kopplung zeigt sich daran, dass die sog. Streuasymmetrie

$$A(\vartheta) \equiv \frac{\mathrm{d}\sigma\!\downarrow\!(\vartheta) - \mathrm{d}\sigma\!\uparrow\!(\vartheta)}{\mathrm{d}\sigma\!\downarrow\!(\vartheta) + \mathrm{d}\sigma\!\uparrow\!(\vartheta)} \tag{4.80}$$

nicht verschwindet. Abb. 4.65 b zeigt die gemessene Asymmetrie $A(\vartheta)$ für die Streuung von 250-MeV-Protonen an $^{12}$C wieder im Vergleich mit dem differentiellen Streuquerschnitt $\mathrm{d}\sigma/\mathrm{d}\Omega$ unpolarisierter Protonen [135]. Man erkennt leicht die Korrelation von $A(\vartheta)$ mit der Diffraktionsstruktur von $\mathrm{d}\sigma/\mathrm{d}\Omega$.

### 4.4.3 Der Isospin

Als ein wesentliches Ergebnis der NN-Streuung bei kleinen Energien hatten wir die Gleichheit der Streulängen $a_s$ (pp) und $a_s$ (nn) erkannt (Tab. 4.6); sie ist Ausdruck für die Ladungssymmetrie der Kernkräfte. Außerdem liegen $a_s$ (pp) und $a_s$ (nn) in der Nähe der pn-Streulänge $a_s$ (pn). Dies ist ein Hinweis auf eine noch allgemeinere Symmetrie der Kernkräfte, nämlich ihre **Ladungsunabhängigkeit**. Die Ähnlichkeit von Proton und Neutron erkennt man auch an ihrer fast identischen Ruhemasse: der relative Massenunterschied beträgt nur 0.13 %. Betrachtet man die beiden Teilchen auf einer der Ruhemasse zugeordneten Energieskala, so liegt es nahe, von einem energetisch fast entarteten „Ladungsdublett" *eines* Teilchens zu sprechen, das wir als Nukleon bezeichnen. Diese fundamentale Symmetrie von Hadronen bezüglich der starken Wechselwirkung findet man nicht nur bei Proton und Neutron, sondern auch bei vielen anderen Hadronen, zum Beispiel bei den Pionen $\pi^+$, $\pi^-$ und $\pi^0$. Die Pionen bilden ein „Ladungstriplett", dessen Massenaufspaltung $\Delta m_\pi = m(\pi^\pm) - m(\pi^0) = 4.59 \, \mathrm{MeV}/c^2$, also etwa 1 % der mittleren Pionenmasse beträgt.

Bei hohen Einschussenergien ($E_{\mathrm{lab}} \geq 2 \, \mathrm{GeV}$), wo die Coulomb-Wechselwirkung im pp-System keinen Einfluss mehr hat, zeigt sich die Ladungsunabhängigkeit auch darin, dass die totalen Wirkungsquerschnitte im pn- und pp-System gleich werden, wenn man neben der elastischen Streuung auch die inelastischen Prozesse (z. B. Mesonenerzeugung) berücksichtigt. Ein ähnlicher Tatbestand zeigte sich auch in der Gleichheit der totalen Wirkungsquerschnitte für die Systeme $\pi^+$p und $\pi^-$p oberhalb von 10 GeV Einschussenergie. Genaue Experimente führten zu dem Schluss, dass die Ladungssymmetrie der NN-Kraft um weniger als 1 % verletzt ist, die Ladungsunabhängigkeit um etwa 2 %.

Die nahezu vollständige Entartung des Nukleonendubletts und Pionentripletts, Ausdruck für die Ladungsunabhängigkeit der Kernkräfte, lässt sich formal durch die Einführung einer neuen Quantenzahl, des **Isospins**, beschreiben. Das Konzept wurde für das Nukleon schon 1932 von Heisenberg in Analogie zum Spin eines Fermions entwickelt [136], das mit den beiden magnetischen Komponenten $s_z = \pm 1/2$ vorkommt. Die Wellenfunktion des Nukleons hängt nicht mehr nur von seiner Orts- und Spinkoordinate ab, sondern von einer zusätzlichen Variablen, der *Isospinkoordinate t*. Sie hat nichts mit dem Ortsraum des Teilchens zu tun, sondern beruht auf einer formalen Ähnlichkeit von Spin und Isospin: die Komponenten des Isospinoperators $t = \tau/2 = (1/2)\,(\tau_1, \tau_2, \tau_3)$ sind die *Pauli-Matrizen*

$$\tau_1 = \begin{pmatrix} 0 & 1 \\ 1 & 0 \end{pmatrix}, \quad \tau_2 = \begin{pmatrix} 0 & -i \\ i & 0 \end{pmatrix}, \quad \tau_3 = \begin{pmatrix} 1 & 0 \\ 0 & -1 \end{pmatrix}. \tag{4.81}$$

Diese Wahl sorgt dafür, dass die Eigenwerte des (hermiteschen) Operators $t_3$ gerade $t_3 = \pm 1/2$ sind. In Übereinstimmung mit der Teilchenphysik ordnet man in der Kernphysik dem Proton den Eigenwert $t_3 = +1/2$ zu, dem Neutron $t_3 = -1/2$. Diese Konvention steht im Gegensatz zu früheren Arbeiten [WI69], in denen die Vorzeichen vertauscht waren. In der Teilchenphysik wird der Isospin gewöhnlich mit dem Buchstaben *I* abgekürzt.

Die Verbindung zwischen der Ladung $Q$ eines Hadrons und seinem Isospin regelt die berühmte **Gell-Mann-Nishijima-Beziehung**

$$\frac{Q}{e} = t_3 + \frac{B+S}{2}. \tag{4.82}$$

Dabei bezeichnet $B$ die *Baryonenzahl* und $S$ die *Strangeness* (Seltsamkeit, vgl. Kap. 5); die Summe aus $B$ und $S$ nennt man *Hyperladung* $Y = B + S$. In der klassischen Kernphysik mit nicht-seltsamen Teilchen ($S = 0$) gilt also $Q/e = t_3 + B/2$. Damit ergeben sich für das Nukleon, das $t = 1/2$ und $B = 1$ hat, die Ladungen $Q(\text{p}) = +e$ und $Q(\text{n}) = 0$, und entsprechend für das Pion mit $t = 1$ und $B = 0$ die Ladungen $Q(\pi^+, t_3 = 1) = +e$, $Q(\pi^0, t_3 = 0) = 0$ und $Q(\pi^-, t_3 = -1) = -e$. Da der Isospinoperator $t$ formal alle Eigenschaften des Spinoperators $s$ besitzt, erfüllt er auch alle Gleichungen, die uns von einem Drehimpulsoperator vertraut sind. Zu vorgegebenem Wert von $t$ liegen die Eigenwerte von $t_3$ bei $t_3 = -t, -t+1, \ldots, t$. Der Eigenwert von $t^2$ ist $t(t+1)$. Drehungen des Eigenvektors $|t_3\rangle$ im Isospinraum werden durch die *Leiteroperatoren* $t_\pm = t_1 \pm i t_2$ erzeugt. Auf das Nukleon angewandt bedeutet dies: $t_+\text{p} = 0$, $t_+\text{n} = \text{p}$, $t_-\text{p} = \text{n}$, $t_-\text{n} = 0$ [137].

Direkte Anwendungen in der Kernphysik findet der Isospin bei der Beschreibung von Systemen mit zwei oder mehr Nukleonen. In Analogie zur Kopplung mehrerer Drehimpulse [137] schreiben wir für den Isospin $T$ von $A$ Nukleonen und seine dritte Komponente $T_3$

$$T = \sum_{i=1}^{A} t(i), \tag{4.83a}$$

$$T_3 = \sum_{i=1}^{A} t_3(i) = \frac{Z-N}{2} = Z - \frac{A}{2}, \tag{4.83b}$$

wobei $T_3$ gerade die Hälfte des Protonenunterschusses ist.

Betrachten wir zunächst den Isospin im Nukleon-Nukleon-System: Dort ergibt die Summe (4.83) die vier Wertepaare $T = 0$, $T_3 = 0$ und $T = 1$, $T_3 = 0, \pm 1$. Diese vier Möglichkeiten sind in Abb. 4.66 schematisch dargestellt, wobei auch die jeweiligen Spinkomponenten der beiden Nukleonen angegeben sind. Die beiden „gestreckten" Fälle $T = 1$, $T_3 = \pm 1$ entsprechen dem Di-Proton bzw. Di-Neutron; dagegen kann das pn-System sowohl $T = 0$ als auch $T = 1$ haben. Die Gesamtwellenfunktion der beiden Nukleonen muss natürlich dem Pauli-Prinzip gehorchen und

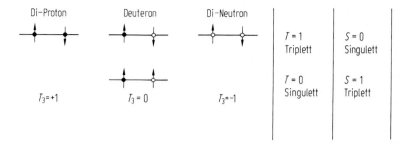

**Abb. 4.66** Mögliche Kombinationen von Spins und Isospins im NN-System zur Erzeugung antisymmetrischer Wellenfunktionen.

bezüglich der Vertauschung der beiden Teilchen antisymmetrisch sein. Falls wir uns wieder auf den Bahndrehimpuls $L = 0$ beschränken (symmetrische Ortswellenfunktion!), erfordert das Pauli-Prinzip ein antisymmetrisches Produkt aus Spin- und Isospin-Wellenfunktionen. Diese lassen sich nur realisieren, wenn die (bei Vertauschung symmetrische) Isospin-Triplett-Funktion mit der (antisymmetrischen) Spin-Singulett-Funktion verknüpft ist und umgekehrt. Ausgeschrieben lauten die Wellenfunktionen also

$$\begin{aligned}
|T=1, \quad T_3 = +1; \quad S=0\rangle &= p\downarrow(1)p\uparrow(2), \\
|T=1, \quad T_3 = \phantom{+}0; \quad S=0\rangle &= [p\downarrow(1)n\uparrow(2) + n\downarrow(1)p\uparrow(2) \\
&\quad - p\uparrow(1)n\downarrow(2) - n\uparrow(1)p\downarrow(2)]/2, \\
|T=1, \quad T_3 = -1; \quad S=0\rangle &= n\downarrow(1)n\uparrow(2), \\
|T=0, \quad T_3 = \phantom{+}0; \quad S=1\rangle &= [p\downarrow(1)n\downarrow(2) + n\downarrow(1)p\downarrow(2)]/\sqrt{2}. \quad (4.84)
\end{aligned}$$

Dabei bedeutet die Schreibweise $p\downarrow(1)p\uparrow(2)$, dass das erste Proton die Spinkomponente $s_z = -1/2$ besitzt, das zweite Proton die Spinkomponente $s_z = +1/2$; bei der letzten Zeile in Gl. (4.84) haben wir uns auf die totale Spinkomponente $S_z = -1$ beschränkt. Da das Deuteron mit $T=0$ und $S=1$ der einzige gebundene Zustand des pn-Systems ist, andererseits, wegen der Ladungsunabhängigkeit, die drei Zustände des ($T=1$)-Isospin-Tripletts (bis auf eine kleine Korrektur infolge der Coulomb-Energie im pp-System) gleiche Energien haben, können auch Di-Proton und Di-Neutron keine gebundenen Zustände sein, was der Beobachtung entspricht.

In Kernen mit mehr als zwei Nukleonen spielt der Isospin insofern eine große Rolle, als man in leichten Isobaren ($A = $ const.) Zustände mit gleichem $T$, aber unterschiedlichem $T_3$ gefunden hat, die große Ähnlichkeiten bezüglich ihrer Anregungsenergien und Zerfälle haben. Die Zustände eines solchen **Isospin-Multipletts** hätten bei Vernachlässigung der unterschiedlichen Coulomb-Wechselwirkung identische Wellenfunktionen im Orts- und Spinraum und wären also energetisch entartet. Abb. 4.67a zeigt als Beispiel das ($T=1$)-Triplett mit $A = 14$ in den Kernen $^{14}$C ($T_3 = -1$), $^{14}$N ($T_3 = 0$) und $^{14}$O ($T_3 = +1$) [138]. Gezeigt sind jeweils die Zustände bis 8.5 MeV Anregungsenergie, relativ zum untersten Zustand mit $I^\pi = 0^+$, $T=1$; in $^{14}$N sind außerdem die ($T=0$)-Zustände aufgeführt. Man beachte die große Ähnlichkeit in der Abfolge der ($T=1$)-Zustände. Abb. 4.67b illustriert den hohen Grad

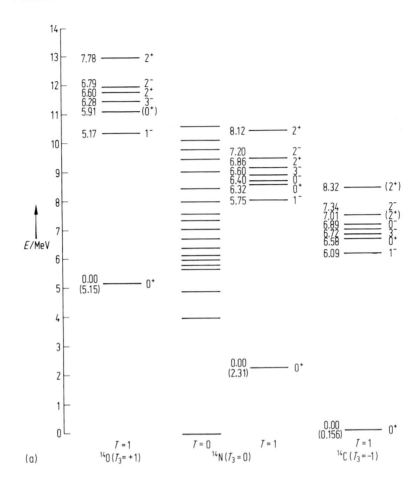

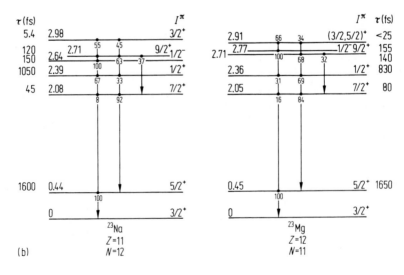

an Übereinstimmung in den untersten Zuständen (inkl. der Lebensdauern und γ-Zerfälle) des Isospin-Dubletts $^{23}$Na ($T_3 = -1/2$) und $^{23}$Mg ($T_3 = +1/2$). Diese beiden Kerne sind Spiegelkerne, d.h. ihre Protonen- und Neutronenzahlen unterscheiden sich gerade um 1. Das Niveauschema ist nahezu unabhängig davon, ob das zwölfte Nukleon ein Neutron oder Proton ist [139].

Physikalisch bedeutet die Hypothese der Ladungsunabhängigkeit, dass die Kernkräfte zwischen allen Paaren von Nukleonen (bei sonst gleichen Quantenzahlen) gleich sind. Das heißt, dass der hadronische Anteil $H_h$ des Hamilton-Operators, der den Kern beschreibt, nicht von den Isospinkoordinaten abhängt und somit nicht zwischen Protonen und Neutronen unterscheidet. Es gilt die Vertauschungsrelation $[H_h, T] = 0$. Da der elektromagnetische Anteil des Hamilton-Operators $H_{em}$ jedoch nicht mit $T$ vertauscht, ist $[H_h + H_{em}, T] \neq 0$. Eine ausführliche Diskussion des Isospins in Kernen findet sich in der Monographie von Wilkinson [WI69].

### 4.4.4 Phänomenologische Nukleon-Nukleon-Potentiale

Bevor wir nun einen geschlossenen Ausdruck für die NN-Wechselwirkung angeben, seien nochmals die wesentlichen Eigenschaften aufgezählt, denen eine solche Wechselwirkung Rechnung tragen muss. Dabei nehmen wir der Einfachheit halber an, dass alle wichtigen Eigenschaften durch ein Potential erfasst sind:

1. Das Potential hat eine kurze Reichweite; es ist anziehend, jedoch bei kurzen Abständen stark abstoßend.
2. Es ist wenigstens näherungsweise ladungsunabhängig und hat Austauschcharakter.
3. Das Potential hängt von den Spins der beiden Nukleonen ab und ist also im Triplett-Zustand und im Singulett-Zustand verschieden.
4. Die NN-Kraft ist keine reine Zentralkraft, sondern enthält sowohl Spin-Bahn-Anteile als auch einen Tensoranteil. Sie hängt also von der Einstellung der Spins relativ zum Bahndrehimpuls $L$ und zum Verbindungsvektor $r$ der beiden Nukleonen ab.
5. Neben all diesen Eigenschaften des Zweikörpersystems sollte die Wechselwirkung natürlich auch in der Lage sein, die Eigenschaften endlicher Kerne wiederzugeben, wie sie z.B. in der Massenformel von Weizsäcker ihren Ausdruck finden.

Wegen der komplizierten Abhängigkeit des Potentials von den Orts- und Spinkoordinaten ist es nicht gelungen, es direkt und vollständig aus den experimentellen Streuphasen $\delta(^{2S+1}L_J)$ zu synthetisieren. Vielmehr baut das Potential auf allgemeinen Ansätzen auf, die vor allem Heisenberg, Majorana, Wigner und Yukawa Mitte der Dreißigerjahre entwickelt haben. Eine ausführliche und anschauliche Beschreibung dieser Entwicklungen findet sich z.B. bei Brink [BR71].

◀ **Abb. 4.67** (a) Zustände des Isospin-Tripletts der ($A = 14$)-Isobare $^{14}$O ($T_3 = +1$), $^{14}$N ($T_3 = 0$) und $^{14}$C ($T_3 = -1$). Die Anregungsenergien sind jeweils auf den untersten $0^+$-Zustand bezogen, der in $^{14}$N nicht der Grundzustand ist [138]. (b) Zustände (mit ihren Lebensdauern und Gamma-Verzweigungsverhältnissen) im Isospin-Dublett $^{23}$Na und $^{23}$Mg [139].

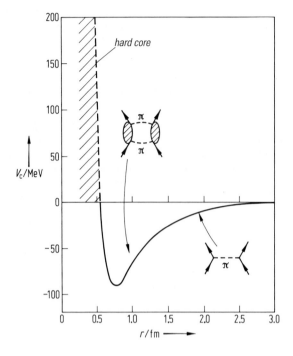

**Abb. 4.68** NN-Potentialenergie $V_c$ im $^1S_0$-Kanal (schematisch). Die Bereiche, in denen der Austausch eines bzw. zweier Pionen dominiert, sind angedeutet, ebenso der *hard core* für $r < 0.5$ fm [140].

Der einfachste Term des Potentials ist ein kurzreichweitiges Zentralpotential $V_c(r)$, das den Namen **Wigner-Kraft** führt. Seine Ortsabhängigkeit im $^1S_0$-Kanal ist in Abb. 4.68 skizziert [140]. Für $r \geq 1.3$ fm kommt es durch den Austausch eines Pions zustande (**One Pion Exchange Potential = OPEP**). Wie wir bereits erwähnten, ist die Reichweite der Kraft gemäß der Beziehung $\Lambda_B = \hbar/m_B c$ mit der Masse $m_B$ des die Wechselwirkung vermittelnden Teilchens (Bosons) verknüpft. Gemäß dem Vorschlag von Yukawa [11] wird das Zentralpotential durch $V_c(r) \sim \exp(-\mu r)/\mu r$ mit $\mu \equiv \Lambda_\pi^{-1} = m_\pi c/\hbar = 0.71$ fm$^{-1}$ parametrisiert. Der Austausch des Pions zwischen den beiden Nukleonen ist durch einen sog. *Feynman-Graphen* angedeutet (s. auch Kap. 5) [142]. Bei kleineren Abständen $0.5$ fm $\leq r \leq 1.3$ fm kommt das NN-Potential vor allem durch den Austausch eines schwereren Mesons zustande, z. B. eines $\varrho$-Mesons ($m_\varrho = 770$ MeV/$c^2$) oder eines $\omega$-Mesons ($m_\omega = 783$ MeV/$c^2$) [141], oder durch den simultanen Austausch zweier Pionen, wie in Abb. 4.68 durch einen weiteren Feynman-Graphen angedeutet ist. Unterhalb von $0.5$ fm wirkt dann der stark repulsive *hard core*. Da bei einer Nukleonendichte von $0.17$ Nukleonen/fm$^3$ im Kern der mittlere Abstand je zweier Nukleonen $1.8$ fm beträgt, erklärt sich, warum für niedrige Streuenergien und Kernzustände in der Nähe des Grundzustands der OPEP-Anteil dominiert und somit der Yukawa-Ansatz über Jahrzehnte hinweg so erfolgreich war.

Der nächste Term $V_\sigma = (r) P_\sigma$ berücksichtigt die Spinabhängigkeit des Potentials. Dabei ist $V_\sigma(r)$ ebenfalls eine radialsymmetrische Funktion und $P_\sigma = (1 + \boldsymbol{\sigma}_1 \boldsymbol{\sigma}_2)/2$ ein Projektionsoperator, der im Triplett-Zustand den Eigenwert $+1$, im Singulett-Zustand den Eigenwert $-1$ hat. Davon überzeugt man sich leicht, indem man die Gleichung $\boldsymbol{S} = (\boldsymbol{\sigma}_1 + \boldsymbol{\sigma}_2)/2$ quadriert und den Erwartungswert von $\boldsymbol{\sigma}_1 \boldsymbol{\sigma}_2 = 2\boldsymbol{S}^2 - (\boldsymbol{\sigma}_1^2/2) - (\boldsymbol{\sigma}_2^2/2)$ bildet: $\langle \boldsymbol{\sigma}_1 \boldsymbol{\sigma}_2 \rangle = 2S(S+1) - 3$. $P_\sigma$ wird als *Spinaustausch-Operator* bezeichnet, da er die Spinkomponenten der beiden beteiligten Nukleonen austauscht und dabei die Spinwellenfunktion im Triplett-Zustand (bzw. Singulett-Zustand) mit positivem (bzw. negativem) Vorzeichen reproduziert. Schließlich müssen wir noch die Spin-Bahn-Kraft $V_{LS}(r)\boldsymbol{LS}$ und die Tensorkraft $V_T(r)S_{12}$ berücksichtigen, wobei $S_{12}$ durch

$$S_{12} = 3 \frac{(\boldsymbol{\sigma}_1 \boldsymbol{r})(\boldsymbol{\sigma}_2 \boldsymbol{r})}{r^2} - (\boldsymbol{\sigma}_1 \boldsymbol{\sigma}_2) \tag{4.85}$$

gegeben ist. Nimmt man alle diese Terme zusammen, so ergibt sich für das NN-Potential ein Ausdruck der Art

$$V_{NN} = V_c + V_\sigma P_\sigma + V_T S_{12} + V_{LS} \boldsymbol{LS}. \tag{4.86}$$

Damit sich der Leser unter diesem Ausdruck etwas vorstellen kann, ist der OPEP-Anteil von $V_{NN}(r)$ ohne den Spin-Bahn-Anteil in der Form ausgeschrieben, die Hamada und Johnston 1962 vorgeschlagen haben [143]:

$$V_{NN}(r) = \frac{f^2}{4\pi} \frac{m_\pi c^2}{3} (\boldsymbol{\tau}_1 \boldsymbol{\tau}_2) \tag{4.87}$$

$$\left[ \boldsymbol{\sigma}_1 \boldsymbol{\sigma}_2 + S_{12} \left( 1 + \frac{3}{\mu r} + \frac{3}{\mu^2 r^2} \right) \right] \exp(-\mu r)/\mu r \quad r \geq 0.48 \text{ fm}$$

$$V_{NN}(r) = \infty \quad (\text{hard core}) \quad r < 0.48 \text{ fm}.$$

Das Produkt $(\boldsymbol{\tau}_1 \boldsymbol{\tau}_2)$ ist Teil des Isospinprojektions-Operators $\boldsymbol{P}_\tau = (1 + \boldsymbol{\tau}_1 \boldsymbol{\tau}_2)/2$, dessen Eigenwert im Isospin-Triplett $+1$ bzw. im Isospin-Singulett $-1$ ist. Dieser Term sorgt für die Antisymmetrisierung der Zweiteilchen-Wellenfunktion. Die Pion-Nukleon-Kopplungskonstante hat empirisch den Wert $(f^2/4\pi) = 0.08$. Die heute vorhandenen, präziseren NN-Streudaten bei mittleren und hohen Energien haben es erlaubt, den in Gl. (4.87) angegebenen Ausdruck weiter zu verbessern, und haben zu neuen Parametrisierungen des NN-Potentials geführt. In der Literatur verwendet man häufig die von Reid [144] und von Gruppen in Paris und Bonn [145] vorgeschlagenen Potentiale.

Vergleichen wir das in Abb. 4.68 dargestellte Potential mit solchen, die uns aus der Atomphysik geläufig sind, z. B. dem Coulomb-Potential, so fällt zunächst die Komplexität von $V_{NN}$ auf. Seine Abstandsabhängigkeit erinnert an interatomare Potentiale vom Van-der-Waals-Typ, die ja auch kurzreichweitig und, zumindest bei kurzen Abständen, stark repulsiv sind. In der Atomphysik ergeben sich die interatomaren Potentiale aus der Überlagerung der Coulomb-Kräfte der beteiligten Kerne und Elektronen unter Berücksichtigung des Pauli-Prinzips. Ausschlaggebend für die Attraktion bei mittleren atomaren Abständen, auf denen letztlich die molekulare Bindung beruht, ist die Austauschenergie der Elektronen (Kap. 3). In der Tat hatte

768    4 Atomkerne

Heisenberg einen ähnlichen Ansatz für die NN-Kraft gemacht, indem er (fälschlicherweise) das Neutron als aus Proton und Elektron zusammengesetzt betrachtete und den Austausch des Elektrons zwischen den beiden Protonen (ähnlich wie beim $H_2^+$-Molekül-Ion) für die Bindung des Deuterons verantwortlich machte.

4.4.5 Mesonen und/oder Quarks in Kernen?

Trotz unbestreitbarer Erfolge wurden Nukleon-Nukleon-Potentiale wie das oben skizzierte von vielen Kernphysikern lange Zeit als unbefriedigend angesehen, da die Struktur der Nukleonen selbst im Dunkeln blieb; auch der *hard core* bereitete Kopfzerbrechen. Erst die 1964 von Gell-Mann und unabhängig von Zweig [146] als einfachste Bausteine der Hadronen eingeführten **Quarks** haben, aufbauend vor allem auf Ideen von Fermi und Yang [147], zu einem tieferen Verständnis geführt. Wir wollen daher am Ende dieses Kapitels einige Überlegungen schildern, die den Leser an diese neueren Perspektiven heranführen mögen. Vorweg muss jedoch betont werden, dass das Forschungsgebiet noch sehr im Fluss ist und dass die explizite Ein-

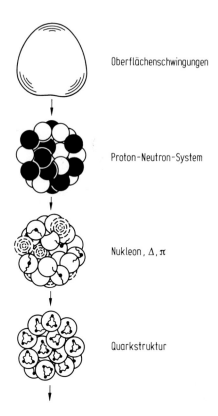

**Abb. 4.69** Illustration zur (möglichen) Verfeinerung der Kernmodelle von einer Oberflächenschwingung bis zur Quantenchromodynamik.

führung von Quark-Freiheitsgraden in Kernen sowohl begriffliche als auch mathematische Schwierigkeiten bereitet. Abb. 4.69 skizziert bildlich den Weg von den phänomenologischen Kernmodellen über die NN-Kraft zu den Kräften zwischen den Quarks, die vermutlich eines Tages die starke Wechselwirkung erklären werden.

### 4.4.5.1 Hadronenresonanzen

Die Untersuchung von Streuprozessen und Reaktionen zwischen Hadronen bei hohen Energien führte zur Entdeckung einer großen Zahl von Hadronenresonanzen (= Teilchen), von denen man inzwischen mehrere Hundert kennt und nach Masse, Spin, Parität, Isospin, Ladung, Seltsamkeit und anderen Quantenzahlen klassifiziert hat [141]. Diese Resonanzen denkt man sich als angeregte Zustände von stabilen Hadronen, die nicht über die starke, sondern nur infolge der schwachen oder elektromagnetischen Wechselwirkung zerfallen können und daher relativ langlebig sind. Ihre Lebensdauern liegen oberhalb von $10^{-17}$ s.

Den ersten angeregten Zustand des Nukleons, $\Delta(1232)$ genannt, kann man z.B. sehr gut in den Reaktionen zwischen geladenen Pionen und Protonen beobachten. Abb. 4.70 zeigt den gemessenen totalen Wirkungsquerschnitt in den Systemen $\pi^+ p$ und $\pi^- p$ für Pionenenergien zwischen 70 und 300 MeV [148]. Deutlich erkennt

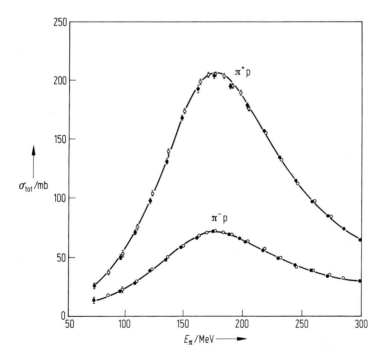

**Abb. 4.70** Totaler Wirkungsquerschnitt der Reaktionen positiver und negativer Pionen mit Protonen im Energiebereich zwischen 70 bis 300 MeV. Die breite Resonanz bei $E_\pi = 180$ MeV nennt man $\Delta$-Resonanz ($T = 3/2$, $I = 3/2$); sie ist der tiefste Anregungszustand des Nukleons.

**Tab. 4.7** Hadronenzustände und -resonanzen [141].

| Gruppe | Teilchen | $T(I^\pi)$ | Masse/ MeV $c^{-2}$ | Lebensdauer/s oder Breite[a]) | Zerfälle | |
|---|---|---|---|---|---|---|
| Mesonen | $\pi^\pm$ | 1 (0$^-$) | 139.5702 (4) | 2.6033 (5) 10$^{-8}$ | $\mu^\pm \nu$ | |
| | $\pi^0$ | 1 (0$^-$) | 134.9766 (6) | 0.84 (6) 10$^{-16}$ | $\gamma\gamma$ | (98.8%) |
| | $\eta$ | 0 (0$^-$) | 547.30 (12) | 1.18 (11) keV | $\gamma\gamma$ | (39.3%) |
| | | | | | $3\pi^0$ | (32.2%) |
| | | | | | $\pi^+\pi^-\pi^0$ | (23.0%) |
| Mesonen mit Seltsamkeit $S = \pm 1$ | $K^\pm$ | 1/2 (0$^-$) | 493.677 (16) | 1.2385 (24) 10$^{-8}$ | $\mu^\pm \nu$ | (63.5%) |
| | | | | | $\pi^\pm \pi^0$ | (21.2%) |
| | $K^0$ | 1/2 (0$^-$) | 497.672 (31) | | $K_S^0$ | (50%) |
| | $\bar{K}^0$ | | | | $K_L^0$ | (50%) |
| | $K_S^0$ | | | 0.8935 (8) 10$^{-10}$ | $\pi^+\pi^-$ | (68.6%) |
| | | | | | $2\pi^0$ | (31.4%) |
| | $K_L^0$ | | | 5.170 (4) 10$^{-8}$ | $3\pi^0$ | (21.5%) |
| | | | | | $\pi^+\pi^-\pi^0$ | (12.4%) |
| | | | | | $\pi^\pm \mu \nu$ | (27.1%) |
| | | | | | $\pi^\pm e \nu$ | (38.7%) |
| Mesonenresonanzen | $\varrho$ (770) | 1 (1$^-$) | 769.9 (8) | 150.2 (8) MeV | $2\pi$ | |
| | $\omega$ (783) | 0 (1$^-$) | 782.57 (12) | 8.44 (9) MeV | $\pi^+\pi^-\pi^0$ | (88.6%) |
| | | | | | $\pi^0 \gamma$ | (8.7%) |
| | $\eta'$ (958) | 0 (0$^-$) | 957.78 (14) | 0.202 (16) MeV | $\eta\pi\pi$ | (65.3%) |
| | | | | | $\varrho^0 \gamma$ | (29.5%) |
| | $\Phi$ (1020) | 0 (1$^-$) | 1019.417 (14) | 4.458 (32) MeV | $K^+ K^-$ | (49.4%) |
| | | | | | $K_L K_S$ | (33.6%) |
| | | | | | $\pi^+\pi^-\pi^0$ | (14.8%) |
| | $K^*$ (892) | 1/2 (1$^-$) | 891.66 (26) | 50.8 (9) MeV | $K\pi$ | ($\approx 100\%$) |
| Baryonen $S = 0$ | p | 1/2 (1/2$^+$) | 938.271998 (38) | stabil | | |
| | n | 1/2 (1/2$^+$) | 939.565330 (38) | 885.7 (8) | $pe^-\bar{\nu}$ | |
| Baryonen mit Seltsamkeit $S = -1$ | $\Lambda$ | 0 (1/2$^+$) | 1115.683 (6) | 2.632 (20) 10$^{-10}$ | $p\pi^-$ | (63.9%) |
| | | | | | $n\pi^0$ | (35.8%) |
| | $\Sigma^+$ | 1 (1/2$^+$) | 1189.37 (7) | 0.8018 (26) 10$^{10}$ | $p\pi^0$ | (51.6%) |
| | | | | | $n\pi^+$ | (48.4%) |
| | $\Sigma^0$ | 1 (1/2$^+$) | 1196.642 (24) | 7.4 (7) 10$^{-20}$ | $\Lambda\gamma$ | |
| | $\Sigma^-$ | 1 (1/2$^+$) | 1197.449 (30) | 1.479 (11) 10$^{-10}$ | $n\pi^0$ | |
| $S = -2$ | $\Xi^0$ | 1/2 (1/2$^+$) | 1314.83 (20) | 2.90 (9) 10$^{-10}$ | $\Lambda\pi^0$ | |
| | $\Xi^-$ | 1/2 (1/2$^+$) | 1321.32 (13) | 1.639 (16) 10$^{-10}$ | $\Lambda\pi^-$ | |
| $S = -3$ | $\Omega$ | 0 (3/2$^+$) | 1672.45 (32) | 0.821 (11) 10$^{-10}$ | $\Lambda K^-$ | (67.8%) |
| | | | | | $\Xi^0 \pi^-$ | (23.6%) |
| Nukleonenresonanzen | N (1440) | 1/2 (1/2$^+$) | 1400–1800 | 120–350 MeV | $N\pi, N\pi\pi, N\eta$ | |
| | N (1520) | 1/2 (1/2$^+$) | 1510–1530 | 100–140 MeV | $N\pi, N\pi\pi, N\eta$ | |
| Baryonenresonanzen | $\Delta$ (1232) | 3/2 (3/2$^+$) | 1230–1234 | 110–120 MeV | $N\pi$ | (99.4%) |
| | $\Delta$ (1620) | 3/2 (3/2$^-$) | 1600–1650 | 120–160 MeV | $N\pi$ | ($\approx 70\%$) |

[a]) Angaben in MeV oder keV beziehen sich auf die Zerfallsbreite $\Gamma = \hbar/\tau$.

man in beiden Systemen eine resonanzartige Struktur bei der Energie $E = 180$ MeV und mit einer totalen Halbwertsbreite von $\Gamma = 115$ MeV. Diese Baryonenresonanz entspricht einem „Teilchen" mit der Masse $m = 1232$ MeV/$c^2$ und der Lebensdauer $\tau = 5.7 \cdot 10^{-24}$ s. In weiteren Experimenten wurden auch der Spin und Isospin des Teilchens zu $I = 3/2$ und $T = 3/2$ bestimmt.

Die tiefsten Hadronenzustände und -resonanzen mit ihren Massen, Quantenzahlen und Zerfallsmoden sind in Tab. 4.7 aufgeführt, getrennt nach Mesonen (Baryonenzahl $B = 0$) und Baryonen ($B = 1$) [141]. Ein wichtiges Merkmal ist die Seltsamkeit $S$, die sowohl bei den Mesonen ($S = 0, \pm 1$) als auch bei den Baryonen ($S = 0$ bis $-3$) eine Rolle spielt. Das Spektrum dieser Resonanzen erinnert uns an die diskreten Quantenzustände angeregter Atome oder Kerne, die wir ja gerade aus den Eigenschaften ihrer Konstituenten (Elektronen, Kerne; Nukleonen) erklären wollen. Das im Folgenden skizzierte „naive" Quarkmodell stellt einen sehr erfolgreichen Weg dar, die vielen Hadronenzustände mit gruppentheoretischen Methoden zu ordnen. Auf diesem Modell gründet auch die Hoffnung, dass die Nukleon-Nukleon-Kraft auf die Eigenschaften der Quarks zurückgeführt werden kann.

### 4.4.5.2 Das naive Quarkmodell der Hadronen

Die von Gell-Mann und Zweig postulierten Quarks haben den Zoo der Hadronenresonanzen stark vereinfacht und erklären wenigstens teilweise ihre innere Struktur. Ohne dass hier die in Kap. 5 gegebene, umfassendere Darstellung vorweggenommen werden soll, wollen wir kurz die Eigenschaften jener Quarks diskutieren, die in der Kernphysik bis zu etwa 1 GeV von Bedeutung sind.

Es handelt sich um die drei Quarks mit den Bezeichnungen **up-Quark (u)**, **down-Quark (d)** und **strange Quark (s)**. Die drei schweren Quarks (*charm c*, *bottom b* und *top t*) mit Massen über 1 GeV/$c^2$ spielen in der Kernphysik keine Rolle.

Quarks haben folgende Eigenschaften:

1. Quarks sind Fermionen; nur so können aus ihnen Fermionen *und* Bosonen zusammengesetzt werden.
2. Zu jedem Quark q existiert auch sein Antiteilchen q̄.
3. Jedes Meson (mit ganzzahligem Spin = Boson) besteht aus einem Quark und einem Antiquark (qq̄). Andererseits bestehen alle Baryonen (= Fermionen) aus drei Quarks: (qqq).
4. Quarks haben die Baryonenzahl $B = 1/3$ und gebrochene Ladungen $Q$. Ihre Quantenzahlen sind in Tab. 4.8 zusammengestellt.

**Tab. 4.8** Eigenschaften der drei leichten Quarks [149].

|   | Masse/ MeV $c^{-2}$ | $I$ | $B$ | $S$ | $T$ | $T_3$ | $Q/e$ |
|---|---|---|---|---|---|---|---|
| u | 5.1 (15) | 1/2 | 1/3 | 0 | 1/2 | 1/2 | 2/3 |
| d | 8.9 (26) | 1/2 | 1/3 | 0 | 1/2 | $-1/2$ | $-1/3$ |
| s | $\approx 150$ | 1/2 | 1/3 | $-1$ | 0 | 0 | $-1/3$ |

5. Nach allem, was wir heute aus Elektronenstreuexperimenten bei sehr hohen Energien wissen, können wir uns die Quarks punktförmig vorstellen. Die Massen von u, d und s sind deutlich kleiner als diejenigen der tiefsten Hadronenzustände (Nukleon, Meson). Jedoch übertrifft die Masse des s-Quarks jene von u und d um ca. 140 MeV/$c^2$.
6. Unter dem Einfluss der starken Wechselwirkung sind Quarks stabil, können sich jedoch infolge schwacher Wechselwirkung in andere umwandeln.
7. Einzelne freie Quarks existieren nicht; sie sind immer zu mehreren zusammengeschlossen. Diesen merkwürdigen Sachverhalt nennt man Quarkeinschluss (**Confinement**) und das Volumen, innerhalb dessen die Quarks eingesperrt sind, den **Bag** („Tasche"). Die genauen Gründe für den Quarkeinschluss, die natürlich Ausdruck für die Kräfte zwischen den Quarks sind, versteht man noch nicht vollständig. Der Leser sei zu diesem wichtigen Punkt auf Kap. 5 und [OK87, MU88, CL79, PR99] verwiesen.

Wie haben wir uns nun den Aufbau der physikalisch frei beobachtbaren Teilchen aus den (einzelnen unsichtbaren) Quarks zu denken? Diese Frage zielt auf die Konstituenten und sieht zunächst von der Dynamik ab, die sich mit den Kräften und Reaktionen zwischen den Quarks bzw. ihren möglichen Umwandlungen beschäftigt. Wir wollen dieser Frage hier nur für die leichtesten Mesonen und Baryonen nachgehen, die in der Niederenergie-Kernphysik eine Rolle spielen, also vor allem den up- und down-Quarks. Natürlich besteht die Schönheit des Quarkmodells gerade darin, dass es die reiche Vielfalt aller Elementarteilchen konsistent beschreibt, wie im Kap. 5.4 ausgeführt wird. Insbesondere werden dort auch die vollständigen Teilchen-Familien dargestellt, die sich bei Betrachtung von Strangeness (und Charme, Bottomness und Topness) ergeben.

Aus der Tab. 4.7 entnehmen wir, dass insgesamt fünf Mesonen ($\pi^\pm$, $\pi^0$, $\eta$, $\eta'$) und zwei Baryonen (p, n) mit Strangeness $S = 0$ existieren. Dazu kommt noch die in Abb. 4.70 eingeführte $\Delta(1232)$-Resonanz, die ja in vier Ladungszuständen existiert. Die Mesonen $\pi^\pm$ sind sog. pseudoskalare Teilchen, sie haben den Spin 0 und ungerade Parität. Ihr Quarkinhalt ist $\pi^+ = u\bar{d}$ und $\pi^- = d\bar{u}$, und ihr Gesamtspin $I = 0$ kommt dadurch zustande, dass sich die Spins von q und $\bar{q}$ antiparallel bei relativem Bahndrehimpuls $L = 0$ einstellen. Die Quarkkonfigurationen der neutralen Mesonen $\pi^0$, $\eta$ und $\eta'$ bestehen aus den folgenden $u\bar{u}$-, $d\bar{d}$- und $s\bar{s}$-Anteilen, wobei wieder die Quarkspins antiparallel stehen und $L = 0$ ist:

$$\pi^0 = (u\bar{u} - d\bar{d})/\sqrt{2} \tag{4.88a}$$

$$\eta = (u\bar{u} + d\bar{d} - 2s\bar{s})/\sqrt{6} \tag{4.88b}$$

$$\eta' = (u\bar{u} + d\bar{d} + s\bar{s})/\sqrt{3}. \tag{4.88c}$$

Das Pionentriplett besteht also nur aus u- und d-Quarks und deren Antiteilchen, während die schwereren neutralen $\eta$- und $\eta'$-Mesonen auch $s\bar{s}$-Anteile haben.

Im nächsten Schritt wollen wir die Zusammensetzung von Proton und Neutron aus drei Quarks diskutieren. Das Proton besteht aus zwei u-Quarks und einem d-Quark (p = uud), die die Ladung $Q/e = +1$ und die Baryonenzahl $B = 1$ ergeben. Entsprechend führt der Quarkinhalt des Neutrons (n = ddu) zur Ladung $Q = 0$

und zur Baryonenzahl $B = 1$. Da das d-Quark etwas schwerer ist als das u-Quark, erscheint es zumindest plausibel, dass das Neutron geringfügig schwerer als das Proton ist und daher über einen β-Prozess zerfallen kann.

Baryonen, die neben u und d auch s-Quarks enthalten, heißen Hyperonen. Das leichteste unter ihnen ist das neutrale $\Lambda(1115) = $ uds mit einem s-Quark, also der Strangeness $S = -1$. Die energetisch tiefste Baryonen-Resonanz mit Strangeness $S = 0$ und Isospin $T = 3/2$ ist $\Delta(1232)$. Je nach der Ladung $Q/e = 2, 1, 0$ und $-1$ besteht dieses Isospinquartett aus den Quarks uuu, uud, udd und ddd. Im Quarkmodell können Bildung und Zerfall dieser Resonanzen über den Kanal $p + \pi \Leftrightarrow \Delta$ sehr einfach erklärt werden:

$$p + \pi^+ \to \Delta^{++} \quad \text{ist äquivalent zu} \quad uud + u\bar{d} \to uuu \tag{4.89a}$$

$$p + \pi^- \to \Delta^0 \qquad\qquad\qquad uud + d\bar{u} \to udd \tag{4.89b}$$

$$\Delta^0 \to n + \pi^0 \qquad\qquad\qquad udd \to udd + [(u\bar{u} + d\bar{d})/\sqrt{2}]. \tag{4.89c}$$

Das heißt, dass das d-Quark aus dem Proton sich mit dem $\bar{d}$-Quark aus dem $\pi^+$ weghebt (annihiliert). Wie in Abb. 4.70 zu sehen ist, entspricht die Halbwertsbreite dieser Resonanz, $\Gamma = 115$ MeV, einer extrem kurzen Lebensdauer von nur $\tau = 5.7 \cdot 10^{-24}$ s. Das sind 14 Größenordnungen weniger als die Lebensdauer des leichtesten Hyperons $\Lambda(1115)$, $\tau = 2.6 \cdot 10^{-10}$ s! Der enorme Unterschied liegt daran, dass bei der Bildung oder dem Zerfall der $\Delta$-Resonanz keiner der Quarkbausteine seine Identität verändern muss. Dagegen können weder das Neutron noch die Hyperonen infolge der starken Wechselwirkung zerfallen; dies erfordert Quarktransformationen der Art

$$d \to u, \, s \to u \quad \text{oder} \quad s \to d. \tag{4.90}$$

Diese Prozesse sind über die starke Wechselwirkung grundsätzlich nicht erlaubt, wohl aber mit entsprechend größeren Zeitkonstanten über die schwache und elektromagnetische Wechselwirkung. So entspricht der β-Zerfall des Neutrons der Umwandlung eines d-Quarks in ein u-Quark: udd → uud (vgl. Abschn. 4.5).

Diese knappen Betrachtungen zur Quarkstruktur der Hadronen eröffnen zwar ein mögliches Szenarium der starken Wechselwirkung, machen aber gerade keine Aussagen über die zentrale Frage, in welcher Weise sich nämlich die Kräfte zwischen den Quarks umsetzen in die Kräfte zwischen den Nukleonen. Ob wir im Kern „besser" mit Nukleonen, Mesonen und Delta-Resonanzen oder aber mit Quarks operieren, hängt entscheidend von der Längenskala des untersuchten Objekts ab, im Vergleich zu der Dimension des Bag, innerhalb dessen die Quarks eingeschlossen sind. Dazu vergleichen wir den mittleren quadratischen Ladungsradius des Protons, $\langle r_p^2 \rangle^{\frac{1}{2}} = 0.79$ fm, und des Pions, $\langle r_T^2 \rangle^{\frac{1}{2}} = 0.66$ fm [150], mit dem mittleren Abstand $\bar{r}$ zweier Nukleonen im Kern. Für Kerne unter Gleichgewichtsbedingungen, also in der Nähe des Grundzustandes, liegt $\bar{r}$ bei 1.8 fm, wie wir in Abschn. 4.3.4 gesehen haben. Falls wir versuchsweise den Ladungsradius von Proton oder Pion mit dem Bag-Radius gleichsetzen (in Wirklichkeit scheint er noch etwas kleiner zu sein) [140], so ist anschaulich klar, dass in dieser Situation die Quarks *nicht* explizit in Erscheinung treten werden und die Nukleonen die wohldefinierten Bausteine des Kerns bleiben. Komprimieren wir jedoch Kerne, wie man dies in relativistischen Schwerionen-Stößen versucht [151], so besteht die Erwartung, dass der mittlere Abstand kurzzeitig mit dem Bag-Radius vergleichbar wird. Dann sollten sich die beteiligten Nukleonen „zugunsten von Quarkmaterie auflösen". Experimente zur Klärung dieser Frage werden am europäischen Beschleunigerzentrum CERN (Genf) durchgeführt [151]. Auch bei den Supernova-Modellen der Sternentwicklung spielt diese Frage eine wesentliche Rolle [152].

Unser kurzer Exkurs in das naive Quarkmodell hat beim Leser (beabsichtigt) sicher mehr Fragen aufgeworfen als beantwortet. Warum existieren offenbar nur Mesonen der Zusammensetzung $q\bar{q}$ und Baryonen der Zusammensetzung qqq, warum nicht qq, $qq\bar{q}\bar{q}$ oder dergleichen? Warum beobachtet man keine freien Quarks, und welcher Natur sind die Kräfte zwischen den Quarks, die das Confinement verursachen? Nach dem Pauli-Prinzip erwartet man voll antisymmetrische qqq-Eigenfunktionen für die Baryonen, während z. B. das $\Delta^{++}(1232)$ = uuu eine vollsymmetrische Spin-Eigenfunktion hat. Das bedeutet, dass die Quarks eine weitere Quantenzahl besitzen müssen, **Farbe (color)** genannt, wenn wir an der Gültigkeit des Pauli-Prinzips festhalten (vgl. Kap. 5). Selbst wenn wir auf all diese Fragen befriedigende Antworten gefunden haben, möchten wir noch verstehen, welche Eigenschaften oder Reaktionen endlicher Kerne „direkt" auf die konstituierenden Quarks zurückzuführen sind. Dieses sehr wichtige Forschungsgebiet auf der Grenze zwischen Kern- und Teilchenphysik lässt für die Zukunft entscheidende Einsichten in die Natur der starken Wechselwirkung erhoffen. Zur weiteren Lektüre seien die leicht verständliche Einführung von Gell-Mann und Ne'eman sowie ausführlichere Darstellungen in [153] empfohlen.

## 4.5 Kernzerfälle

### 4.5.1 Nuklidkarte – Zerfallsgesetz – Erhaltungssätze

Die natürliche Radioaktivität von Atomkernen stand am Beginn der Kernphysik, und aus ihr wurden wesentliche Einsichten in die Natur der starken und schwachen Wechselwirkung gewonnen. In Abschn. 4.3 haben wir an mehreren Stellen angedeutet, welche entscheidende Rolle z. B. elektromagnetische Übergänge ($\gamma$-Strahlung) zum Test von Kernmodellen spielen. Weitere spontan ablaufende Kernumwandlungen sind: die Emission eines $\alpha$-Teilchens ($\alpha$-Zerfall), die spontane Kernspaltung („spontaneous fission") und der $\beta$-Zerfall. Außerdem sind noch drei seltenere elektromagnetische Zerfälle zu nennen, nämlich die Elektronen-Konversion, der Elektronen-Einfang und die innere Paarbildung. Vor kurzem wurde außerdem entdeckt, dass Kerne aus ihrem Grundzustand auch ein Proton oder sogar einen schwereren Kern emittieren können. Alle diese Prozesse laufen spontan ab, sobald der zerfallende Kernzustand auf natürliche Weise (Nukleosynthese und Folgeprozesse) oder künstlich (durch eine Kernreaktion) produziert wurde.

Die wichtigsten Kernzerfälle sind in die Nuklidkarte eingezeichnet, die in Abb. 4.71 schematisch abgebildet ist [154]. Man erkennt das Tal der stabilen Kerne und das Gebiet der bis heute nachgewiesenen instabilen Nuklide. Auch die Grenzen,

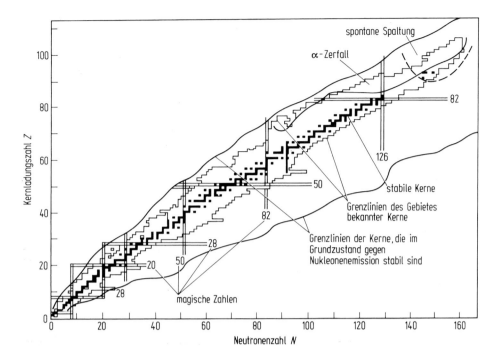

**Abb. 4.71** Einteilung der Nuklidkarte nach stabilen und instabilen Nukliden; die Stabilitätsgrenzen verschiedener Zerfallsmoden der instabilen Nuklide sind angegeben.

jenseits derer spontane Protonen- oder Neutronenemission aus dem Grundzustand stattfinden sollte, sind markiert. Schließlich sind in den schweren Kernen jene Bereiche umrissen, die gegen α-Zerfall oder Kernspaltung instabil sind (eine detaillierte Nuklidkarte ist in [154] zu finden). Die stabilen Nuklide sind durch ihre natürliche Häufigkeit und den Wirkungsquerschnitt $\sigma$ für thermischen Neutroneneinfang (in b) gekennzeichnet, die instabilen Nuklide durch ihre Halbwertszeit und Zerfälle ($\beta^+$, $\beta^-$, $\alpha$; Zerfallsenergien in MeV). Häufig werden auch noch die Energien der nachfolgenden $\gamma$-Strahlung angegeben. Eine sehr nützliche Zusammenstellung von Zerfallseigenschaften und anderen spektroskopischen Daten wird von Lederer und Shirley editiert [155]; noch umfassender ist das internationale Projekt Nuclear Data Sheets [156], in dem weltweit alle kernspektroskopischen Daten gesammelt werden.

**Zerfallsgesetze.** Bevor wir nun diese Kernumwandlungen detailliert darstellen, ist es nützlich, auf einige Gemeinsamkeiten hinzuweisen. Die Prozesse folgen einem gemeinsamen zeitlichen Ablauf, dem Zerfallsgesetz. Wir stellen uns vor, dass zu einem Zeitpunkt $t$ insgesamt $N(t)$ instabile Kerne vorhanden sind, von denen jeder mit der Wahrscheinlichkeit $\lambda$ zerfällt. Die *Zerfallskonstante* $\lambda$ sei weder von der Zeit noch von irgendwelchen äußeren Einflüssen noch von der Existenz anderer bereits zerfallener oder instabiler Kerne abhängig. Dann gilt für die Zahl der Zerfälle pro Zeiteinheit, die sog. **Aktivität**, das Zerfallsgesetz

$$A(t) \equiv -\frac{dN}{dt} = \lambda N(t). \tag{4.91}$$

Nach Integration über die Zeit wird daraus

$$N(t) = N(0)\exp(-\lambda t), \tag{4.92}$$

wenn $N(0)$ instabile Kerne zur Zeit $t = 0$ vorlagen. Die Zerfallskonstante ist mit der **mittleren Lebensdauer** $\tau$, der *Halbwertszeit* $T_{1/2}$ und der **Zerfallsbreite** $\Gamma$ des Zustands über die Beziehungen

$$\tau = \frac{1}{\lambda}, \quad T_{1/2} = \frac{\ln 2}{\lambda}, \quad \Gamma = \frac{\hbar}{\tau} = \hbar\lambda \tag{4.93}$$

verknüpft. Falls der instabile Zustand alternative Zerfallsmöglichkeiten hat, die mit den Wahrscheinlichkeiten $\lambda_1, \lambda_2, \ldots$ realisiert werden, so ist die gesamte Zerfallskonstante durch $\lambda = \sum_i \lambda_i$ gegeben. Der Zerfall in den Kanal $i$ verläuft dann mit der Aktivität

$$A_i = \lambda_i N(0)\exp(-\lambda t). \tag{4.94}$$

Man beachte, dass im Exponenten die gesamte Zerfallskonstante $\lambda$ steht! Als *Partialbreite* $\Gamma_i$ definiert man analog $\Gamma_i = \hbar\lambda_i$, sodass $\Gamma = \sum_i \Gamma_i$, und als *Verzweigungsverhältnis* die Größe $b_i = \Gamma_i/\Gamma$.

Häufig ist das Endprodukt eines Zerfalls nicht stabil, sondern zerfällt seinerseits weiter. Ein Beispiel solcher *Zerfallsketten* (mit den Zerfallskonstanten, $\Lambda_1, \Lambda_2, \ldots$) werden wir bei der natürlichen $\alpha$-Radioaktivität kennen lernen. Man stellt dann Ratengleichungen auf, die die Bilanz der Be- und Entvölkerung des $k$-ten Zwischenzustands angeben:

$$\frac{dN_1}{dt} = -\Lambda_1 N_1(t)$$

$$\frac{dN_k}{dt} = +\Lambda_{k-1}N_{k-1} - \Lambda_k N_k, \quad k \geq 2. \tag{4.95}$$

Die Lösungen dieser Differentialgleichungen sind Summen von Exponentialfunktionen $\exp(-\Lambda_k t)$; die Koeffizienten hängen vom Zerfallsschema und den Anfangsbedingungen ab. Wir wollen hier nur die einfachste Zerfallskette zweier aufeinander folgender Zerfälle $\mathbf{1}(\Lambda_1) \to \mathbf{2}(\Lambda_2) \to \mathbf{3}$ mit den Zerfallskonstanten $\Lambda_1$ und $\Lambda_2$ und den Anfangsbedingungen $N_2(0) = 0$ und $N_1(0) > 0$ behandeln. Sie wird durch die Gleichungen

$$\frac{dN_1}{dt} = -\Lambda_1 N_1(t)$$

$$\frac{dN_2}{dt} = +\Lambda_1 N_1(t) - \Lambda_2 N_2(t) \tag{4.96}$$

beschrieben mit den Lösungen

$$N_1(t) = N_1(0)\exp(-\Lambda_1 t)$$

$$N_2(t) = N_1(0)\Lambda_1 \frac{\exp(-\Lambda_1 t) - \exp(-\Lambda_2 t)}{\Lambda_2 - \Lambda_1}$$

$$A_2(t) = -\Lambda_2 N_2(t). \tag{4.97}$$

Ein anderer Grenzfall liegt vor, wenn die radioaktive Substanz mit der (zeitlich konstanten) Rate $\Phi$ z. B. über eine Kernreaktion erzeugt wird und mit der Zerfallskonstanten $\lambda = 1/\tau$ zerfällt. Als Lösung der Ratengleichung

$$\frac{dN}{dt} = \Phi - \lambda N(t) \tag{4.98a}$$

ergibt sich die Aktivität

$$A(t) = \lambda N(t) = \Phi[1 - \exp(-\lambda t)]. \tag{4.98b}$$

Die Aktivität nähert sich also mit der Zeitkonstanten $\tau$ asymptotisch der Produktionsrate $\Phi$; daher ist es nicht sinnvoll, die Produktion über einen Zeitraum von 1–2 Zeitkonstanten auszudehnen.

**Einheiten der Radioaktivität.** Für die Angabe der Aktivität einer radioaktiven Quelle sind zwei Einheiten gebräuchlich, die moderne SI-Einheit *1 Becquerel* = 1 Bq = 1 s$^{-1}$ und die historische Einheit *1 Curie* = 1 Ci = $3.70 \cdot 10^{10}$ Bq. Ursprünglich war die Aktivität einer Substanz, die mit 1 g Radium im radioaktiven Gleichgewicht steht, als 1 Ci definiert. Weil die beiden Einheiten um mehr als zehn Größenordnungen auseinanderliegen, sind sie für praktische Zwecke etwas unhandlich.

Da fast alle Arten radioaktiver Strahlung ionisieren und damit Energie an das durchstrahlte Medium abgeben, kann man ihre Wirkung durch die Angabe der erzeugten *Ionendosis* oder übertragenen *Energiedosis* charakterisieren. Die Ionendosis kann z. B. durch die im Gas einer Ionisationskammer erzeugte Ladungsmenge gemessen werden. Die SI-Einheit der Ionendosis ist *1 Coulomb pro Kilogramm* = 1 C/kg. Früher definierte man, eine $\gamma$-Strahlung habe die Ionendosis *1 Röntgen* = 1 R, wenn sie in 1 ml Luft unter Normalbedingungen eine elektrostatische Einheit von Ionen erzeugt, das entspricht der Ladungsmenge von $2.58 \cdot 10^{-4}$ C/kg Luft. Die SI-Einheit der Energiedosis ist *1 Gray* = 1 Gy = 1 J/kg. Die historische Einheit ist 1 Rad = 1 rd = $10^{-2}$ J/kg. Für Luft gilt 1 R $\approx$ 0.88 rd, für organisches Gewebe 1 R $\approx$ 1 rd.

Da verschiedene Strahlensorten biologisch unterschiedlich wirksam sind, hat man den Begriff der *Äquivalentdosis* eingeführt: die historische Einheit *1 Rem* (Einheitenzeichen: rem) = 1 „Röntgen equivalent man" entspricht der Energiedosis von 1 rd $\gamma$-Strahlung bei 200 keV; die SI-Einheit ist das *Sievert* (1 Sv = 100 rem). Die Äquivalentdosis ergibt sich aus der Energiedosis durch Multiplikation mit dem sog. *Bewertungsfaktor q*. Er ist für $\beta$-Strahlung ($q \approx 1.5$) und thermische Neutronen ($q \approx 2$) deutlich geringer als für die stärker ionisierenden $\alpha$-Teilchen ($q = 20$) und für schnelle Neutronen ($q = 10$) [157].

**Erhaltungssätze beim radioaktiven Zerfall.** Jeder radioaktive Zerfall ist durch einen Anfangszustand charakterisiert mit bestimmten Werten für $Z$, $N$, Energie, Spin, Parität, usw., und einen entsprechend definierten Endzustand. Diese Zustände seien durch ihre Wellenfunktionen $|i\rangle$ und $|f\rangle$ gekennzeichnet. Wie wir gesehen haben, wird der Zerfallsprozess $i \to f$ durch eine Energiebreite $\Gamma_{if}$ beschrieben. Sie ist quantenmechanisch gegeben durch den Betrag des Matrixelements des Übergangsoperators $G$: $\Gamma_{if} = |\langle f|G|i\rangle|^2$. An dieser Stelle sei als Beispiel an die Behandlung elektrischer Dipolübergänge in Atomen erinnert (Kap. 1, Abschn. 1.9). Ob ein Prozess grundsätzlich stattfindet, ist zunächst an die Erfüllung gewisser Erhaltungssätze geknüpft. Diese wiederum spiegeln die Natur und die Symmetrien des Operators $G$ wider und finden in Auswahlregeln ihren Ausdruck. Erst wenn diese Erhaltungssätze formal überprüft wurden, wendet man sich der viel schwierigeren Frage zu, wie $\Gamma_{if}$ berechnet wird, wie schnell also der Prozess abläuft. Das hängt beim radioaktiven Zerfall auch von Details der nuklearen Wellenfunktionen in $|i\rangle$ und $|f\rangle$ ab.

Das Geschehen im Kern wird durch die starke, die elektromagnetische und die schwache Wechselwirkung beeinflusst. Es ist daher notwendig, die Erhaltungsgrößen aller drei Wechselwirkungstypen zu kennen. Tab. 4.9 fasst dies kursorisch (und nicht ganz vollständig) zusammen. Einige in der Elementarteilchentheorie wichtige Erhaltungssätze und Symmetrien werden in Kap. 5 diskutiert; eine ausführliche Behandlung dieser sehr interessanten Fragen findet der Leser in [158]. Es ist zunächst befriedigend festzustellen, dass die uns aus der klassischen Physik vertrauten Erhaltungssätze bezüglich Ladung, Energie, Impuls und Drehimpuls (unter Einschluss des Spins) auch im Kern gelten. Dazu kommen Erhaltungssätze für die Baryonen- und Leptonenzahl. Sie spielen bei allen Prozessen eine Rolle, bei denen Anfangs- und Endkern nicht identisch sind. Auf die Isospinerhaltung bei der starken Wechselwirkung hatten wir in Abschn. 4.4.3 hingewiesen. Die einzige gravierende Verletzung ist jene der Parität beim β-Zerfall, auf die wir in Abschn. 4.5.5 kurz eingehen werden.

**Tab. 4.9** Erhaltungssätze bei Kernprozessen.

| Erhaltungsgröße | Starke Wechselwirkung (α-Zerfall) | Elektromagn. Wechselwirkung (γ-Strahlung) | Schwache Wechselwirkung (β-Zerfall) |
|---|---|---|---|
| Baryonenzahl | ja | ja | ja |
| Leptonenzahl | ja | ja | ja |
| Energie | ja | ja | ja |
| Impuls | ja | ja | ja |
| Drehimpuls | ja | ja | ja |
| Parität | ja | ja | nein |
| Isospin | ja | nein | – |

## 4.5.2 Der Alphazerfall

### 4.5.2.1 Einige wichtige Beobachtungen

Viele schwere Kerne emittieren spontan α-Teilchen, also $^4$He-Kerne. Das Beispiel einer natürlichen α-Zerfallskette, ausgehend vom $^{232}$Th und endend mit dem doppeltmagischen $^{208}$Pb, ist in Abb. 4.72a zu sehen. Neben den sechs sukzessiven α-Zerfällen finden auch einige β-Prozesse statt, die schließlich zu dem stabilen Endprodukt führen. Ähnliche natürliche Zerfallsketten treten auch für die langlebigen Isotope $^{238}$U ($T_{1/2} = 4.5 \cdot 10^9$ a), $^{237}$Np ($T_{1/2} = 2.1 \cdot 10^6$ a) und $^{235}$U ($T_{1/2} = 7.0 \cdot 10^8$ a) auf. Die noch schwereren Kerne jenseits des Urans sind ebenfalls α-Emitter.

Wenden wir uns wieder Abb. 4.72a zu, so fällt auf, dass sich die Halbwertszeiten der verschiedenen α-Emitter der $^{232}$Th-Reihe über 24 Größenordnungen (!) erstrecken, zwischen $T_{1/2}$ ($^{232}$Th) $= 1.4 \cdot 10^{10}$ a und $T_{1/2}$ ($^{212}$Po) $= 0.3$ μs. Bereits 1911 fanden Geiger und Nuttall [159] empirisch, dass $T_{1/2}$ auf einfache Weise mit der Energie $E_\alpha$ der emittierten α-Teilchen nach der Beziehung $\lg T_{1/2} \sim 1/\sqrt{E_\alpha}$ korreliert ist. Diese Korrelation ist für die gg-Kerne zwischen Ra ($Z = 86$) und Cf ($Z = 98$) in Abb. 4.72b zusammengefasst. Abgesehen von einer Verschiebung der Halbwertszeiten zu kürzeren Werten bei steigender Kernladungszahl liegen sie auf nahezu parallelen Geraden. Die beiden unterschiedlichen Symbole auf den Geraden, die immer paarweise auftreten, illustrieren einen Effekt, der mit dem Spin des Endzustands zusammenhängt. Es handelt sich immer um den Zerfall in den $0^+$-Grundzustand bzw. $2^+$-

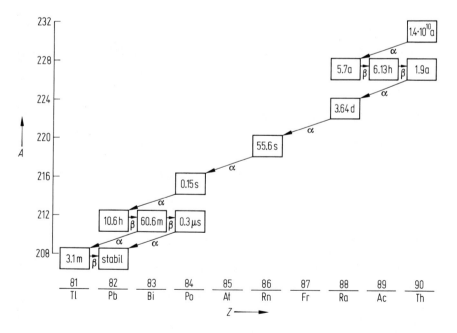

**Abb. 4.72a** Die natürliche (4n)-α-Zerfallsreihe, beginnend mit $^{232}$Th ($Z = 90$) und endend mit $^{209}$Pb ($Z = 82$). Die Halbwertszeiten der Zwischenprodukte sind eingezeichnet.

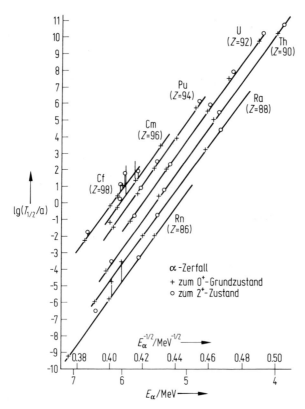

**Abb. 4.72b** Systematik der (log $T_{1/2}$)-Werte der α-Zerfälle von gg-Kernen im Bereich $86 \leq Z \leq 98$ (Geiger-Nutall-Regel). Die Zerfälle zum $0^+$-Grundzustand (+) und zum ersten angeregten $2^+$-Zustand (○) sind getrennt angegeben.

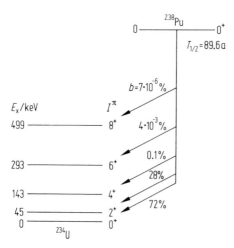

**Abb. 4.73** Feinstruktur des α-Zerfalls von $^{238}$Pu. Man beachte die starke Abnahme der Verzweigungsverhältnisse $b$ bei Zunahme von Anregungsenergie und Spin des Endzustandes.

Rotationszustand des jeweiligen Tochterkerns. Die partiellen Zerfallskonstanten unterscheiden sich um den Faktor $\lambda(2)/\lambda(0) \approx 0.2 \ldots 0.5$. Sieht man sich das $\alpha$-Spektrum eines solchen Nuklids mit guter Energieauflösung und nach genügend langer Messzeit an, so beobachtet man sogar, dass neben dem $0^+$- und $2^+$-Zustand mit stark abnehmender Wahrscheinlichkeit auch der $4^+$-Zustand und höhere Zustände der Rotationsbande im Tochterkern bevölkert werden. Die Abb. 4.73 zeigt die Verzweigungsverhältnisse $b(I) \equiv \lambda(I)/\sum_I \lambda(I)$ des Zerfalls $^{238}\text{Pu} \to {}^{234}\text{U} + \alpha$.

### 4.5.2.2 Der Gamow-Faktor

Die starke Abnahme der Zerfallswahrscheinlichkeit mit wachsendem Spin und sinkender Energie veranschaulicht eindrucksvoll die Erhaltung von Energie, Drehimpuls und Parität beim $\alpha$-Zerfall, wie wir im Folgenden darlegen möchten. Beim $\alpha$-Zerfall handelt es sich ja um den Aufbruch eines ruhenden Mutterkerns A in zwei Fragmente (A $\to$ B $+ \alpha$). Für diesen Prozess nehmen die Erhaltungssätze eine besonders einfache Form an:

1. *Energieerhaltung:*

$$E_\alpha + E_x + E_r = (m_A - m_B - m_\alpha)c^2. \tag{4.99a}$$

Hier haben wir mit $E_r$ die kinetische Energie des Tochterkerns B und mit $E_x$ seine Anregungsenergie bezeichnet. Für $E_x = 0$ ist $(E_\alpha + E_r)/c^2$ gerade die Massendifferenz zwischen A und B, vermindert um die Masse des $\alpha$-Teilchens.

2. *Drehimpulserhaltung:*

$$l_\alpha = I_A - I_B. \tag{4.99b}$$

Dabei ist $l_\alpha$ der Bahndrehimpuls, mit dem das $\alpha$-Teilchen emittiert wird; sein Spin ist null. Die niedrigste Partialwelle ist durch $\text{Min}\{l_\alpha\} = |I_A - I_B|$ gegeben; d.h. für den Zerfall aus einem Kern mit Spin $I_A = 0$ gilt $l_\alpha = I_B$ (vgl. Abb. 4.73).

3. *Paritätserhaltung:*

$$\pi_A = \pi_B(-)^{l_\alpha}. \tag{4.99c}$$

Ändert sich beim Zerfall die Parität nicht ($\pi_A = \pi_B$), so muss das $\alpha$-Teilchen mit einer geraden Partialwelle $l_\alpha$ emittiert werden, andernfalls mit einer ungeraden Partialwelle.

Wendet man diese Erhaltungssätze auf den Zerfall von $^{238}\text{Pu}$ an, so erwartet man zunächst gemäß der Geiger-Nuttall-Regel eine Behinderung in der Population der höher liegenden Zustände von $^{234}\text{U}$, da diesen $\alpha$-Teilchen etwas weniger Energie zur Verfügung steht. Für den $6^+$-Zustand entspricht die Behinderung einem Faktor $2 \cdot 10^3$ relativ zum Grundzustand. Eine weitere Behinderung entsteht jedoch durch den hohen Drehimpuls $l_\alpha = 6$, wie wir weiter unten sehen werden.

Die in Abb. 4.72 und 4.73 exemplarisch gezeigten, einfachen Zusammenhänge zwischen Zerfallsrate, Energie und Drehimpuls haben kurz nach der Entwicklung der Quantenmechanik eine recht einfache Erklärung gefunden [160]. Die Argumentation zerfällt in zwei Schritte. Zunächst wird angenommen, dass sich „im Innern" des Emitters ein α-Teilchen mit der Wahrscheinlichkeit $\lambda_0$ gebildet hat. Es ist zwar durch das nukleare Potential daran gehindert wegzufliegen, kann jedoch infolge des Tunneleffekts den Potentialwall durchdringen, da seine Gesamtenergie positiv ist. Einmal außen angelangt, wird es dann infolge der Coulomb-Abstoßung durch den Tochterkern B auf die kinetische Energie $E_\alpha$ beschleunigt, mit der wir es beobachten. Bei dieser Beschreibung handelt es sich formal also wieder um die Approximation eines Vielteilchenproblems durch eine Zweikörperwechselwirkung, gekennzeichnet durch die in Abb. 4.74 skizzierte „Einteilchen"-Potentialbarriere $V(r)$. Bezeichnen wir mit $T(l_\alpha)$ die Tunnelwahrscheinlichkeit für Emission mit dem Drehimpuls $l_\alpha$, dann ergibt sich die Zerfallsrate zu $\lambda(l_\alpha) = \lambda_0 T(l_\alpha)$.

Die quantenmechanische Berechnung des *Transmissionskoeffizienten* $T(l_\alpha)$ findet man in vielen Lehrbüchern. Er ergibt sich aus der Lösung der Einteilchen-Schrödinger-Gleichung für die in Abb. 4.74 gezeigte Potentialschwelle. Allgemein kann man für $T(l_\alpha)$ schreiben

$$T(l_\alpha) \approx \exp[-G(l_\alpha)] \tag{4.100}$$

mit dem sog. **Gamow-Faktor**

$$G(l_\alpha) = (8m_\alpha/\hbar)^{\frac{1}{2}} \int_R^{R'} [V(r) + V_{l\alpha}(r) - E_\alpha]^{\frac{1}{2}} \, dr. \tag{4.101}$$

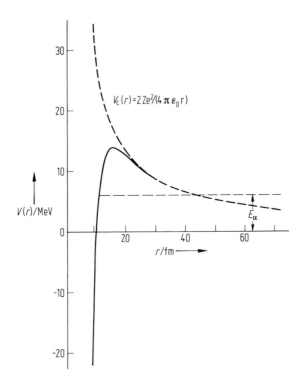

**Abb. 4.74** Potentialbarriere beim α-Zerfall.

4.5 Kernzerfälle    783

Die Zentrifugalbarriere $V_{l_\alpha}(r) = l_\alpha(l_\alpha+1)\hbar^2/2m_\alpha r^2$ erhöht das zu durchtunnelnde Potential und reduziert damit die Emissionswahrscheinlichkeit für höhere Partialwellen $l_\alpha > 0$ (vgl. Abb. 4.73). Einen geschlossenen Ausdruck für den Gamow-Faktor erhält man, wenn man $V(r)$ durch ein reines Coulomb-Potential $V_C(r) = 2Z_B e^2/(4\pi\varepsilon_0 r)$ für $r > R$ approximiert. Dann findet man

$$G(l_\alpha = 0) = \frac{8m_\alpha}{\hbar^2} \int_R^{R'} (V_C(r) - E_\alpha)^{\frac{1}{2}}\, dr$$

$$= \frac{e^2 Z_B}{\pi\varepsilon_0 \hbar} \left(\frac{2m_\alpha}{E_\alpha}\right)^{\frac{1}{2}} \gamma(z). \tag{4.102}$$

Die Funktion

$$\gamma(z) = \arccos\sqrt{z} - (z - z^2)^{\frac{1}{2}} \tag{4.103}$$

mit $z \equiv E_\alpha/V_C(R) = R/R' < 1$ ist in [161] tabelliert; sie ist nur schwach von $E_\alpha$ abhängig. Um die Größenordnung des Transmissionskoeffizienten deutlich zu machen, schätzen wir ihn für den Fall $A = 220$, $Z_B = 86$, $R = 1.2\, A^{\frac{1}{3}}$, $E_\alpha = 6$ MeV und $l_\alpha = 0$ ab: mit $z = 0.175$ und $G = 67.2$ wird $T(l_\alpha = 0) \approx 6 \cdot 10^{-30}$!

Während der Gamow-Faktor auch in allgemeineren Fällen ($l_\alpha \neq 0$, nicht-radialsymmetrische Barriere, ...) numerisch berechnet werden kann, bleibt die kernphysikalisch interessantere Frage bestehen, auf welche Weise α-Teilchen im Kern entstehen [162]. Die Wahrscheinlichkeit dafür wird *reduzierte Zerfallswahrscheinlichkeit* $\lambda_0$ genannt, sie ergäbe sich experimentell bei beliebig guter Transmission $T(l_\alpha) = 1$. Da der α-Emitter gegenüber der Emission einzelner Nukleonen stabil ist, sind deren Zustände gebunden. Jedoch kann sich aus der Korrelation zweier Neutronen und Protonen ein α-Teilchen formieren, dessen relativ hohe Bindungsenergie gerade einen schwach ungebundenen Zustand mit $E_\alpha > 0$ erzeugt [163].

### 4.5.2.3 Neuere Ergebnisse

Nachdem wir uns bisher mit dem α-Zerfall der natürlichen Zerfallsreihen befasst haben, soll am Schluss dieses Abschnitts kurz auf einige wichtige neuere Entwicklungen eingegangen werden. Es handelt sich einerseits um den Nachweis neuer Elemente und Isotope [163–165] mithilfe ihrer α-Zerfälle, zum anderen um die spontane Emission von Protonen [166] und leichten Kernen (z. B. $^{14}C$) [167].

Wegen der oben erwähnten Erhaltungssätze (4.99) ist der α-Zerfall besonders gut geeignet, von den bekannten Elementen und Isotopen her zu neuen zu gelangen. α-Spektren sind Linienspektren, und man kann mithilfe von Halbleitersperrschicht-Detektoren die Energie $E_\alpha$ präzise vermessen. Damit gibt Gl. (4.99a) ein einfaches Verfahren an die Hand, die Masse des α-Emitters aus jener des Tochterkerns zu bestimmen. Auf diese Weise sind lange **α-Zerfallsketten** von sehr neutronenarmen Kernen untersucht worden, die in Schwerionen-Reaktionen erzeugt wurden [163]. Die mit Namen versehenen Elemente des Periodensystems reichen derzeit bis zum Meitnerium (Mt) mit der Ordnungszahl $Z = 109$ [164]. Abb. 4.75 fasst das Ergebnis einer systematischen Untersuchung zur Herstellung der **Elemente mit den Ordnungs-**

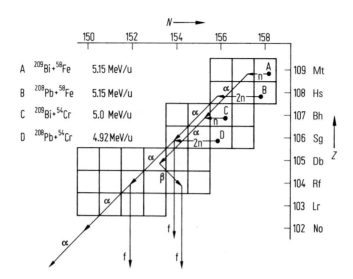

**Abb. 4.75** Produktion und Zerfall der schwersten Elemente mit den Ordnungszahlen $Z = 106 \ldots 109$ [165].

zahlen $Z = 106-109$ zusammen, bei der Armbruster und Mitarbeiter [165] bis zum Element 109 vorgestoßen sind.

Fusioniert man schwere Targets (wie $^{207,208}$Pb, $^{209}$Bi) mit mittelschweren Projektilen ($^{50}$Ti, $^{54}$Cr, $^{58}$Fe) möglichst „kalt", d.h. knapp oberhalb der Coulomb-Barriere und mit geringer thermischer Energie, dann gelingt es, nach Abdampfung von 1-2 Neutronen diese neuen Elemente herzustellen und mittels ihrer α-Zerfälle nachzuweisen. Tab. 4.10 fasst die Eigenschaften von einigen der schwersten jemals erzeugten Elemente zusammen [165]. Die Halbwertszeiten liegen im Bereich von Millisekunden und nehmen für steigendes $Z$ ab; die α-Energien liegen bei 9.5–10.5 MeV. Hervorzuheben ist, dass die Produktionsquerschnitte unter 1 nb = $10^{-33}$ cm$^2$ liegen! So kommt es, dass manche dieser Kerne erst mit wenigen Ereignissen belegt sind, Bildung und Zerfall der schwersten Kerne wurden weltweit erst an 1-3 Exemplaren nachgewiesen! Es ist undenkbar, dass man mit diesen kurzlebigen Elementen jemals wird Chemie machen können, auch wenn immer noch versucht wird, sie aufgrund ihrer erwarteten chemischen Eigenschaften in größeren Mengen nachzuweisen. Die Suche nach immer schwereren Transuranen wurde beflügelt durch die Vorhersage einer Insel möglicherweise stabiler Nuklide bei den nächsten magischen Protonen- und Neutronenzahlen.

In Abschn. 4.3.1 und 4.3.4 hatten wir darauf hingewiesen, dass die Bindungsenergie innerhalb einer Isobarenkette quadratisch vom Neutronenüberschuss $N - Z$ abhängt. Das lässt vermuten, dass Kerne in großer Entfernung vom Stabilitätstal nicht nur durch β-Zerfälle umgewandelt werden (vgl. Abschn. 4.5.5), sondern aus ihrem Grundzustand spontan ein Nukleon emittieren können. Vor wenigen Jahren ist es erstmals gelungen, einen Fall von Protonen-Radioaktivität aus dem Grundzustand eines Kerns zu beobachten [166]; andere Beispiele folgten seither. Dagegen

Tab. 4.10 Zerfälle der schwersten bekannten Isotope (Stand Juli 2000).

| Element, Z | | N | $T_{1/2}$ | Zerfall | Z | N | $T_{1/2}$ | Zerfall |
|---|---|---|---|---|---|---|---|---|
| **Sg** | 106 | 152 | 2.9 ms | f | 110 | 157 | 3.1 µs | α |
| | | 153 | 0.48 s | α | | 159 | 170 µs | α |
| | | 154 | 3.6 ms | α, f[b] | | 161 | 1.1 ms, 35 ms[a] | α |
| | | 155 | 0.23 s | α | | 163 | 75 µs, | α |
| | | 157 | 0.3 s, 0.9 s[a] | α | | 167 | 3 ms | α |
| | | 159 | 7.4 s | α | | 170 | 7.5 s | α, f[b] |
| | | 160 | 21 s | α | | 171 | 1.1 m | α |
| | | 163 | 22 s | α | 111 | 161 | 1.5 ms | α |
| **Bh** | 107 | 154 | 11.8 ms | α | | | | |
| | | 155 | | α | 112 | 165 | 240 µs | α |
| | | 157 | 44 ms | α | | 169 | 0.9 ms | α |
| | | 159 | 1 s? | α | | 171 | 0.7 s | f |
| | | 160 | 17 s | α | | 172 | 9 s | α |
| | | | | | | 173 | 1 m | α |
| **Hs** | 108 | 156 | 0.26 ms | α, f[b] | 114 | 171 | 0.6 ms | α |
| | | 157 | 1.7 ms | α | | 173 | 5.5 s | α |
| | | 159 | 59 ms | α | | 174 | 1.8 s | α |
| | | 161 | 9.3 s | α | | 175 | 21 s | α |
| | | 165 | 1.2 s | α | 116 | 173 | 0.6 ms | α |
| **Mt** | 109 | 157 | 1.7 µs | α | | | | |
| | | 159 | 70 µs | α | | | | |

[a] Wenn zwei Halbwertszeiten angegeben sind, so wurden zwei α-instabile Zerfallsketten identifiziert.
[b] Dieser Kern zerfällt alternativ über α-Emission (α) oder Spaltung (f).

war die Suche nach der spontanen Emission eines Neutrons aus dem Grundzustand von sehr neutronenreichen Kernen noch nicht erfolgreich. Die berechneten Grenzen für **Nukleonen-Radioaktivität** sind in Abb. 4.71 angegeben.

Dass selbst die uns längst vertrauten radioaktiven Substanzen noch Überraschungen bereithalten, wurde durch den Nachweis der spontanen Emission von $^{14}$C-Kernen aus $^{223}$Ra gezeigt [167]. Auch hier handelt es sich um einen extrem seltenen Prozess, der mit einer Wahrscheinlichkeit von $1 : 6 \cdot 10^{10}$ abläuft. Die mathematische Beschreibung dieses Zerfalls verläuft sehr ähnlich wie weiter oben für den α-Zerfall skizziert. Wegen der größeren Masse in Gl.(4.101) und (4.102) ist die Transmission stark behindert. Andererseits sind solche exotischen Prozesse interessant, da sie uns Auskunft über kompliziertere Nukleonen-Korrelationen und Potentialbarrieren in schweren Kernen geben.

## 4.5.3 Die Kernspaltung

### 4.5.3.1 Der Spaltprozess

Die Entdeckung der Kernspaltung durch Hahn und Straßmann [168] im Dezember 1938 hat wie kaum eine andere wissenschaftliche Entdeckung die Welt verändert. Der militärische Missbrauch der Kernenergie durch den Einsatz der bisher schrecklichsten Waffen (Hiroshima, Nagasaki, 1945) und die friedliche Nutzung der Kernspaltung in Reaktoren nach dem Prinzip der Kettenreaktion (erstmals am 2.10.1942 von Fermi und Mitarbeitern experimentell realisiert [169]) stehen als Eckpfeiler dieser Veränderungen.

Schon 1934 führten Fermi u. a. und später dann I. Curie u. a. Kernreaktionen mit Neutronen an Uran durch, um Elemente mit $Z > 92$, die sog. Transurane, herzustellen. Eine solche Reaktion, die dann 1940–41 zur Entdeckung der Elemente Np ($Z = 93$) und Pu ($Z = 94$) führte, ist z. B. der Neutroneneinfang in $^{238}$U:

$$^{238}\text{U}\,(n, \gamma)\; ^{239}\text{U} \xrightarrow[23.5\,\text{min}]{\beta^-} {}^{239}\text{Np} \xrightarrow[2.3\,\text{d}]{\beta^-} {}^{239}\text{Pu}. \tag{4.104}$$

Diese Neutronenbestrahlungs-Experimente wurden von Hahn und Straßmann wiederholt. Sie unterzogen die Reaktionsprodukte einer sorgfältigen chemischen Analyse und wiesen unter ihnen statt der erwarteten Elemente in der Nähe von Uran die Elemente Barium und Lanthan nach. Otto Hahn in Briefen an Lise Meitner [170]: „... das aus den Isotopen entstehende Ac ist kein Ac, sondern offensichtlich La!" und eine Woche später: „Wäre es möglich, dass Uran-239 zerplatzt in ein Ba und ein Mo?" Bereits 1939 gaben Meitner und Frisch [171] sowie N. Bohr und Wheeler [172] auf der Basis des Tröpfchenmodells die richtige Interpretation des Phänomens. Im gleichen Jahr wies u. a. Flügge [173] auf die technische Nutzung des Prozesses zur Energiegewinnung hin. Zwei Jahre nach der Entdeckung der neutroneninduzierten Spaltung führten Flerov und Petrzhak [174] den Nachweis, dass die Kerne $^{234,235,238}$U auch **spontan** mit Halbwertszeiten im Bereich zwischen $10^{13}$–$10^{17}$ Jahren spalten. Obwohl die neutroneninduzierte Spaltung natürlich keinen spontanen Kernzerfall im engeren Sinne darstellt, behandeln wir sie hier wegen ihrer großen Ähnlichkeit zur Spontanspaltung und zum $\alpha$-Zerfall. Eine anschauliche Darstellung der historischen Entwicklung findet sich in [170], zusammen mit den wichtigsten Originalarbeiten, umfassendere Beschreibungen des Spaltprozesses in [175].

Eine typische Spaltreaktion an $^{235}$U, induziert durch ein thermisches Neutron, verläuft wie folgt:

$$^{235}\text{U} + n \rightarrow {}^{236}\text{U} \rightarrow {}^{142}\text{Ba} + {}^{92}\text{Kr} + 2n. \tag{4.105}$$

Nach dem Einfang des Neutrons bildet sich ein sog. Compoundkern $^{236}$U, der dann in zwei schwere Bruchstücke und Neutronen auseinanderbricht. Die beiden Spaltfragmente sind nicht stabil, sondern zerfallen weiter über eine Reihe von $\beta$-Umwandlungen zu den stabilen Isotopen $^{142}$Ce und $^{92}$Zr:

$$^{142}\text{Ba} \xrightarrow[6\,\text{min}]{\beta^-} {}^{142}\text{La} \xrightarrow[74\,\text{min}]{\beta^-} {}^{142}\text{Ce}$$

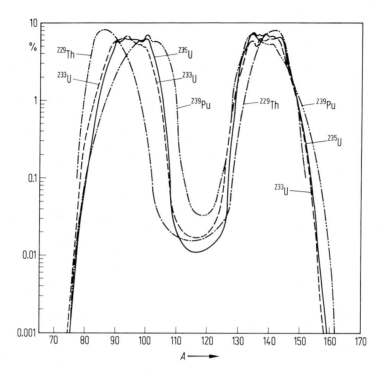

**Abb. 4.76** Verteilung der Spaltfragmente bei der durch thermische Neutronen induzierten Spaltung von $^{229}$Th, $^{233}$U, $^{235}$U und $^{239}$Pu, geordnet nach ihrer Massenzahl $A$. Auf der Ordinate ist die Spaltausbeute in Prozent aufgetragen.

$$^{92}\text{Kr} \xrightarrow[3.0\,\text{s}]{\beta^-} {}^{92}\text{Rb} \xrightarrow[5.3\,\text{s}]{\beta^-} {}^{92}\text{Sr} \xrightarrow[2.7\,\text{h}]{\beta^-} {}^{92}\text{Y} \xrightarrow[3.5\,\text{h}]{\beta^-} {}^{92}\text{Zr}. \quad (4.106)$$

Die Reaktion (4.105) beschreibt nur eine von sehr vielen Spaltmöglichkeiten. In Abb. 4.76 sind einige gemessene Fragmentverteilungen nach **thermischer Spaltung** gezeigt. Die Asymmetrie dieser Verteilungen mit Maxima bei $A_1 \approx 95$ und $A_2 \approx 140$ ist charakteristisch für die spontane Spaltung von $^{240}$Pu, $^{242}$Cm und $^{252}$Cf und die technisch wichtigen, neutroneninduzierten Spaltprozesse an $^{235,238}$U, $^{229}$Th und $^{239}$Pu. (Dagegen findet man symmetrische Fragmentverteilungen bei der spontanen Spaltung von $^{257}$Fm oder bei Spaltprozessen, die durch hochenergetische, geladene Projektile induziert werden.)

### 4.5.3.2 Energiebilanz – Spaltbarriere

Die mittlere Energiebilanz der bei einem Spaltereignis freiwerdenden Energie ist in Tab. 4.11 zusammengestellt. Der Hauptanteil besteht in der kinetischen Energie der schweren Fragmente (im Mittel 167 MeV). Dazu kommen noch ca. 12 MeV aus

**Tab. 4.11** Mittlere Energiebilanz bei der $^{235}$U-Spaltung mit thermischen Neutronen.

| | |
|---|---|
| Kinetische Energie der primären Fragmente | 167 MeV |
| Kinetische Energie der prompten Neutronen | 5 MeV |
| Prompte Gammastrahlung | 6 MeV |
| Sekundäre β-Zerfälle | 20 MeV |
| Sekundäre Gammastrahlung | 6 MeV |
| Summe | 204 MeV |

der kinetischen Energie der Neutronen und der Energie der prompten γ-Strahlung, die während der Abregung der schweren Fragmente abgestrahlt wird, bis diese in ihrem Grundzustand angelangt sind. Bei den nachfolgenden β-Zerfällen der Spaltfragmente werden nochmals 21 MeV durch schnelle Elektronen, Antineutrinos und sekundäre γ-Strahlung emittiert (vgl. Abschn. 4.5.5). Woher kommt nun diese hohe Energie von ca. 205 MeV pro Spaltereignis? Eine recht gute Abschätzung gibt schon das Tröpfchenmodell. Gemäß Gl. (4.34) errechnet sich die Differenz $\Delta B_f$ zwischen der gesamten Bindungsenergie der beiden Fragmente, $B = B(A_1) + B(A_2) \approx$ 1990 MeV, und der Bindungsenergie des Spaltkerns $B_f \approx 1790$ MeV zu $\Delta B_f \approx 200$ MeV. Dabei haben wir aus Abb. 4.13 die Bindungsenergien $B(A_1 \approx 95)/A_1 \approx 8.65$ MeV/Nukleon, $B(A_2 \approx 140)/A_2 \approx 8.35$ MeV/Nukleon und $B(A = 235)/A \approx 7.59$ MeV/Nukleon abgelesen. Letztlich ist es also das starke Anwachsen der Coulomb-Abstoßung in schweren Kernen, die proportional zu $Z^2/A^{\frac{1}{3}}$ geht, aus der die Kernspaltung ihre Energie erhält!

Um nun die **Dynamik des Spaltprozesses** abzuschätzen, ist es üblich, die potentielle Energie des Systems als Funktion der Deformation zu betrachten und ähnlich wie beim α-Zerfall eine Potentialbarriere einzuführen, wie es in Abb. 4.77 schematisch geschehen ist. Solange sich der Kern noch nicht geteilt hat, verstehen wir unter Deformation eine prolate Quadrupolverformung und eventuell höhere Multipole, die den Einschnürprozess in zwei verschieden große Fragmente beschreiben. Jenseits des Zerreißpunktes steht der Begriff Deformation in Abb. 4.77 für den Abstand der Fragmente, die nun der Coulomb-Abstoßung $V_C(r) = Z_1 Z_2 e^2/(4\pi\varepsilon_0 r)$ unterworfen sind.

Nach dem Tröpfchenmodell nimmt die Oberflächenenergie $E_s$ proportional zur Oberfläche zu (konstantes Volumen vorausgesetzt). Eine Quadrupolverformung der Kugel erhöht die Oberfläche und damit $E_s$, während sie die Coulomb-Energie $E_C$ vermindert, da der mittlere Abstand zwischen den Ladungen zunimmt. Für kleine Werte des *Deformationsparameters* ε gilt:

$$E_s(\varepsilon) = E_s(0)\left[1 + 0.4\varepsilon^2 + \ldots\right],$$
$$E_C(\varepsilon) = E_C(0)\left[1 - 0.2\varepsilon^2 + \ldots\right], \tag{4.107}$$

wobei ε das Verhältnis der Hauptachsen des Sphäroids ist und mit dem weiter oben eingeführten Parameter $\beta_2$ über $\varepsilon = 1.5\,\beta_2$ zusammenhängt. Die zur Verformung aufzuwendende potentielle Energie $\Delta E_{\text{def}}$ wird dann

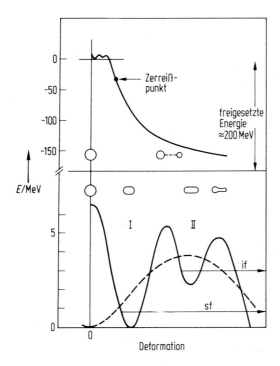

**Abb. 4.77** Schema der Spaltbarriere. Der untere Teil der Zeichnung illustriert die „Doppelhöcker-Struktur" mit den beiden Minima für spontane Spaltung (I, sf) und isomere Spaltung (II, if). Die gestrichelte Linie beschreibt den Verlauf der Spaltbarriere nach dem Tröpfchenmodell.

$$\Delta E_{\text{def}} = E_S(\varepsilon) - E_S(0) + E_C(\varepsilon) - E_C(0)$$
$$\approx \varepsilon^2 A^{\frac{2}{3}} [7.34 - 0.14 Z^2/A]. \tag{4.108}$$

Sie nimmt also quadratisch mit der Deformation $\varepsilon$ zu, solange der Ausdruck in der Klammer positiv ist. Eine spontane Spaltung tritt sicher dann ein, wenn der Ausdruck in der Klammer verschwindet und der *Spaltparameter* $x \equiv Z^2/A$ den Wert $x = 7.34/0.14 = 52$ erreicht hat. Diese vereinfachende Abschätzung vernachlässigt die endliche, wenn auch wegen der großen Massen sehr kleine Tunnelwahrscheinlichkeit durch die Spaltbarriere und die Tatsache, dass der spaltende Kern selbst schon stark deformiert ist (vgl. Abb. 4.77). Die bekannten, spontan spaltenden Kerne haben Spaltparameter zwischen $x = 35$ und $x = 42$. Ihre Halbwertszeiten hängen extrem stark von $x$ ab; typische Werte sind $T_{1/2}\,(^{238}\text{U}) \approx 10^{18}$ a ($x = 35.56$) und $T_{1/2}\,(^{254}104) \approx 10$ ms ($x = 41.92$)!

Die genaue Form der Spaltbarriere und der Weg, entlang dessen die Spaltung verläuft, sind Thema jahrzehntelanger intensiver Forschung gewesen. Dabei hat sich gezeigt, dass das Tröpfchenmodell zwar einige globale Gesichtspunkte (z. B. die Energiebilanz) richtig beschreibt, nicht aber die Details der Spaltbarriere und die Fragmentverteilungen. Das wird aus dem unteren Teil von Abb. 4.77 deutlich, wo die Voraussage des Tröpfchenmodells mit einer realistischeren Form der Spaltbarriere verglichen ist. Dieser Vergleich ist auch deshalb interessant, weil für diesen Kern die Barriere eine **Doppelhöcker-Struktur** zeigt, nämlich ein tiefes Minimum (I) bei mittlerer Deformation, aus der die spontane, langlebige Spaltung herrührt (sf), und ein zweites Potentialminimum (II) bei großer Deformation und höherer Energie. Die Spaltung aus Zuständen dieses Minimums geschieht um viele Größenordnungen schneller, da hier die Barriere enger und weniger hoch ist, sodass die Tunnelwahrscheinlichkeit sehr viel größer ist. Diesen Vorgang, 1963 von Polikanow u. a. beim $^{242}$Am entdeckt [176], nennt man aufgrund der sehr unterschiedlichen Lebensdauern **Spaltisomerie** (isomeric fission = if). Beide Prozesse zusammen ergeben in vielen Fällen eine recht gute experimentelle Abschätzung der Barrierenform [177]. Die isomere Spaltung war der erste Hinweis auf die Existenz sehr großer Kerndeformationen, ähnlich denen der in Abschn. 4.3.2 behandelten super-deformierten Rotationsbanden.

### 4.5.3.3 Spaltreaktoren

Der in Gl. (4.105) erwähnte neutroneninduzierte Spaltprozess bildet die Basis für die technische Energiegewinnung in Spaltreaktoren [178–182]. Dazu ist erforderlich, dass die hohe, pro Spaltprozess frei werdende Energie in kontrollierter Weise in eine speicherbare und leicht transportable Energieform (meist Elektrizität) umgewandelt wird (Konverter-Prinzip). Außerdem muss der Reaktor so konzipiert sein, dass die bei der Spaltung erzeugten schnellen Neutronen so auf thermische Energien abgebremst (moderiert) werden, dass pro Reaktion mindestens ein Neutron eine neue Spaltung induziert und eine Kettenreaktion aufrecht erhält.

In Abb. 4.78 sind die wesentlichen Komponenten zweier moderner Spaltreaktoren skizziert, des **Druckwasser-Reaktors** und des **Hochtemperatur-Reaktors**. Die Spaltprozesse finden im *Reaktorkern* (*Core*) statt, der die *Brennelemente* (mit $^{235}$U angereicherte Uranverbindungen), den *Moderator* und die *Steuerelemente* enthält. Etwa 80 % der in der Spaltung erzeugten Energie besteht in der kinetischen Energie der

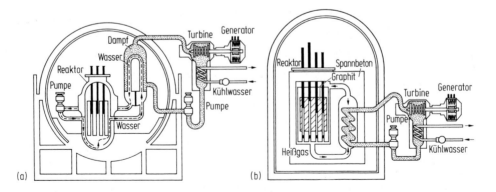

**Abb. 4.78** Prinzip eines Druckwasser-Reaktors (a) und eines Hochtemperatur-Reaktors (b).

beiden schweren Spaltfragmente (vgl. Tab. 4.11); diese Fragmente werden im Core abgebremst und erhitzen ihn. Die Kühlung des Core geschieht beim Druckwasser-Reaktor durch Wasser des primären Kühlkreislaufes, das über einen Wärmetauscher im sekundären Kreislauf Wasserdampf erzeugt, der elektrische Turbinen antreibt. Beim Hochtemperatur-Reaktor arbeitet der primäre Kreislauf mit Gas (Helium).

Im Folgenden geben wir eine kurze Beschreibung der Prozesse im Reaktorcore für den Fall der $^{235}$U-Spaltung mit thermischen Neutronen. Bei dieser Reaktion werden im Mittel $v$ = 2.43 Neutronen mit einer Energie von ca. 1.5 MeV pro Neutron frei; das Energiespektrum der Neutronen reicht bis etwa 10 MeV. Diese schnellen Neutronen sind zur Aufrechterhaltung der Spaltreaktion nicht geeignet, da der Spaltquerschnitt nur etwa 1 b beträgt; dagegen spalten thermische Neutronen (0.025 eV) mit einem sehr viel höheren Spaltquerschnitt von 580 b. Zusammensetzung und Geometrie des Core müssen also so gewählt werden, dass die schnellen Neutronen bei möglichst geringen Verlusten abgebremst werden und im Core verbleiben. Zur Moderierung verwendet man Materialien, in denen Neutronen durch elastische Kernstöße einen großen Teil ihrer kinetischen Energie verlieren: leichtes Wasser (H$_2$O), „schweres" Wasser (D$_2$O = $^2$H$_2$O) oder Graphit. Typische Weglängen der Moderierung („Bremslängen") liegen bei 5–20 cm [180].

Es gehen jedoch viele Neutronen in Konkurrenzprozessen verloren: Ein Bruchteil $(1 - P_s)$ der schnellen Neutronen entkommt aus den Randzonen des Core. Diese Verluste verringert man, indem man den Core mit einem Reflektor umgibt, der aus Materialien mit großem Streuquerschnitt und geringer Absorption besteht. Zwischen 100 eV und einigen keV geht ein beträchtlicher Teil $(1 - P_R)$ der mittelschnellen Neutronen durch (n, γ)-Resonanzeinfang an $^{238}$U verloren, bei thermischen Energien ein weiterer Teil $(1 - P_{th})$ durch Einfang an Wasserstoff, $^1$H(n, γ)$^2$H, bzw. durch Diffusion aus dem Core. Die besten Moderierungseigenschaften hat schweres Wasser, da das Deuteron wegen seiner kleinen Masse einen sehr günstigen Energieübertrag pro Stoß und außerdem einen sehr kleinen Einfangquerschnitt von ca. 1 mb aufweist. Daher können schwerwassermoderierte Reaktoren sogar mit natürlichem $^{235}$U-Isotopenanteil arbeiten.

Fasst man die genannten Prozesse zusammen, so besteht die Hauptaufgabe des Reaktorbaus darin, bei möglichst geringem $^{235}$U-Gehalt der Brennelemente eine Größe und Geometrie des Core zu finden, bei der der *effektive Neutronen-Vermehrungsfaktor* $k_{eff} > 1$ wird. Dieser Faktor ist definiert als

$$k_{eff} = v P_s P_R P_{th} \frac{\sigma_f}{\sigma_f + \sigma_r}; \qquad (4.109)$$

$\sigma_f$ ist der Wirkungsquerschnitt für thermische Spaltung, $\sigma_r$ jener für alle Konkurrenzprozesse bei thermischen Energien, die nicht zur Spaltung führen. Werte von $\sigma_f$, $\sigma_r$ und $\sigma_a = \sigma_f + \sigma_r$ für $^{233,235}$U sowie $^{239,241}$Pu sind in Tab. 4.12 zusammengestellt. Eine Anordnung mit $k_{eff} = 1$ wird kritisch genannt. Bei den derzeitigen Leistungsreaktoren beträgt die $^{235}$U-Anreicherung 3 % (gegenüber der natürlichen Isotopenhäufigkeit von 0.72 %) und $k_{eff} = 1.007$. Auch die Regelung der Energieerzeugung eines Reaktors geschieht über den Faktor $k_{eff}$. Man kann die Dichte der spaltfähigen Neutronen durch das Einbringen von Materialien verändern, die thermische Neutronen wegfangen. Dazu dienen z. B. Stäbe aus Bor oder Cadmium; die Einfangreaktionen sind

**Tab. 4.12** Wirkungsquerschnitte (in barn) für Neutronenreaktionen an den wichtigsten Spaltmaterialien.

| Reaktion | $^{233}$U | $^{235}$U | $^{239}$Pu | $^{241}$Pu |
|---|---|---|---|---|
| Absorption $\sigma_a$* | 578 (2) | 678 (2) | 1013 (4) | 1375 (9) |
| Spaltung $\sigma_f$ | 531 (2) | 580 (2) | 742 (3) | 1007 (7) |
| Einfang $\sigma$ (n, γ) | 47 (1) | 98 (1) | 271 (3) | 368 (8) |
| Neutronen pro Spaltung $\nu$ | 2.487 (7) | 2.423 (7) | 2.88 (1) | 2.93 (1) |

* $\sigma_a = \sigma_f + \sigma(n, \gamma)$

$$^{10}B(n, \alpha)^7Li \quad (\sigma_{th} = 3.8 \cdot 10^3 \, b) \quad bzw.$$

$$^{113}Cd(n, \gamma)^{114}Cd \quad (\sigma_{th} = 2.0 \cdot 10^4 \, b). \tag{4.110}$$

Als technologisch besonders interessanter Kernreaktor wurde in den letzten Jahren der **Hochtemperatur-Reaktor** entwickelt, ein graphitmoderierter, gasgekühlter Reaktor hoher Leistungsdichte (etwa 10 MW/m$^3$). Seine Brennelemente bestehen aus einer Mischung von Graphit und kugelförmigen Teilchen aus Uran- und Thoriumcarbid, die mit einer dünnen Schicht von pyrolytischem Kohlenstoff umgeben sind (sog. *coated particles*). Als Kühlgas verwendet man Helium, das auf über 750 °C erhitzt wird. Zur Umhüllung der Brennelemente werden keramische Materialien eingesetzt (z. B. SiC), die gegenüber Metallen geringere Neutronenabsorption und bessere thermische Eigenschaften besitzen.

Abb. 4.79 zeigt den Querschnitt durch den *Hochfluss-Forschungsreaktor* des Institut Laue-Langevin in Grenoble. Man erkennt den Reaktorkern, die Quellen für „heiße" und „kalte" Neutronen und die Auslegung der Strahlrohre zu den verschiedenen Messplätzen. Im unteren Teil der Abbildung sind die Neutronenflüsse für schnelle ($E > 1$ MeV), mittelschnelle und thermische Neutronen ($E < 0.625$ eV) im Bereich des Core eingezeichnet.

Zum Schluss kommen wir auf eine sehr wichtige kernphysikalische Frage zurück. Mancher Leser mag sich gefragt haben, warum zur Kernspaltung das so seltene Isotop $^{235}$U verwendet wird statt des Isotops $^{238}$U, das mit einer Häufigkeit von 99.28 % in der Natur so viel reichlicher vorkommt. Die Antwort ergibt sich aus dem Vergleich der Spaltbarriere mit der durch das Neutron eingebrachten Bindungsenergie. In der Reaktion $^{235}$U + n → $^{236}$U → f beträgt die Spaltschwelle 5.8 MeV, in der Reaktion $^{238}$U + n → $^{239}$U → f beträgt sie 6.3 MeV, der Unterschied ist also gering. Im ersten Fall beträgt die Separationsenergie des Neutrons $S_n$ ($^{236}$U) = 6.4 MeV, sodass bereits ein thermisches Neutron die Spaltung induzieren kann. Dagegen besitzt der ungerade Zwischenkern $^{239}$U nur eine Separationsenergie von $S_n$ ($^{239}$U) = 4.8 MeV, und das Neutron muss die fehlende Energie zur Überwindung der Spaltschwelle in Form kinetischer Energie aufbringen. Daher setzt Spaltung an $^{238}$U erst bei $E_n \approx 1.5$ MeV ein. Der für die Spaltung entscheidende Unterschied liegt also in der Neutronen-Paarungsenergie des Zwischenkerns! Aus dem gleichen Grunde spaltet z. B. auch der gg-Kern $^{232}$Th nur mit schnellen Neutronen.

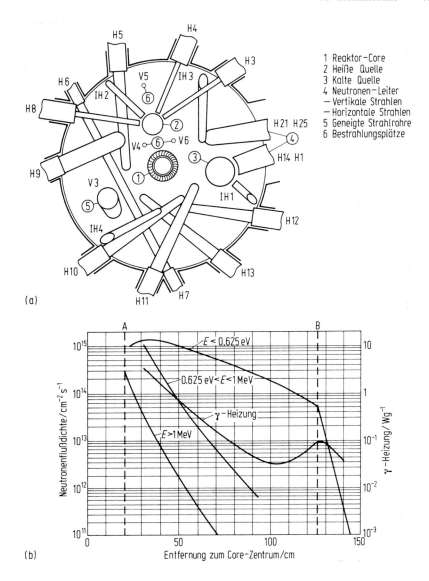

**Abb. 4.79** (a) Anordnung des Reaktorkerns, der Quellen für „heiße" und „kalte" Neutronen und der Strahlrohre am Hochfluss-Reaktor des Institut Laue-Langevin in Grenoble. (b) Verteilung schneller ($E > 1$ MeV), mittelschneller und langsamer ($E \leq 0.625$ eV) Neutronen als Funktion der Entfernung vom Zentrum des Kerns. A bezeichnet den Radius des Brennelements, bei B befindet sich ein $D_2O$-Reflektor.

### 4.5.4 Elektromagnetische Strahlung des Kerns

Kerne, die infolge eines vorhergehenden radioaktiven Prozesses oder einer Kernreaktion in einen angeregten Zustand gebracht wurden, zerfallen im Allgemeinen durch die spontane Emission elektromagnetischer Strahlung ($\gamma$-Strahlung). In schweren Kernen und/oder bei sehr kleinen Übergangsenergien ($E_\gamma \leq 100$ keV) kann der Kern alternativ auch durch den Prozess der Konversion zerfallen, auf den wir später zurückkommen. Im Folgenden betrachten wir Zustände bis zu einigen MeV Anregungsenergie und schließen alle konkurrierenden Zerfallsprozesse aus.

#### 4.5.4.1 Auswahlregeln

Ein angeregter Kern mit Energie $E$ (relativ zum Grundzustand), Spin $I$ und Parität $\pi$ wird häufig zu mehreren tiefer liegenden Zuständen ($E'$, $I'$, $\pi'$) zerfallen können. Wir werden zunächst zu prüfen haben, welche Übergänge aufgrund allgemeiner Erhaltungssätze erlaubt sind, bevor wir im zweiten Schritt untersuchen, wie wahrscheinlich die Übergänge wirklich sind. Der Energieerhaltungssatz fordert, dass die Energie $E_\gamma$ des $\gamma$-Quants durch die Beziehung $E_\gamma = \hbar\omega = E - E' - E_r$ gegeben ist. Wenn der emittierende Kern sich in Ruhe befindet, so beträgt die auf ihn übertragene Rückstoßenergie $E_r = E_\gamma^2/m_A c^2$, ist also im Allgemeinen vernachlässigbar gegenüber $E_\gamma$. Für $A = 100$ und $E_\gamma = 1$ MeV ist $E_r \approx 5$ eV! Erfahrungsgemäß haben angeregte Zustände Lebensdauern von $\tau > 10^{-16}$ s; damit sind die natürlichen Linienbreiten $\Gamma = \hbar/\tau < 10$ eV um viele Größenordnungen kleiner als die Übergangsenergien, die im Bereich zwischen etwa 10 keV und 20 MeV liegen. Somit ergibt sich, analog zum Spektrum atomarer Übergänge, ein $\gamma$-**Linienspektrum** als Abbild der diskreten Kernzustände. Als Beispiel erinnern wir an das Zerfallsschema von $^{106}$Pd in Abb. 4.33.

Was die Drehimpulserhaltung betrifft, so unterscheiden sich hier Kerne deutlich von angeregten Atomen, die unter Laborbedingungen ausschließlich elektrische Di-

**Tab. 4.13** Auswahlregeln elektromagnetischer Multipolstrahlung.

| Typ | $L$ | $\Delta I = \|I - I'\|$ [a] | Paritätswechsel | $C$(EL), $C$(ML) [b] |
|-----|-----|-----|-----|-----|
| E1  | 1   | $\leq 1$ | ja   | $1.59 \cdot 10^{15}$ |
| E2  | 2   | $\leq 2$ | nein | $1.22 \cdot 10^{9}$  |
| E3  | 3   | $\leq 3$ | ja   | $5.67 \cdot 10^{2}$  |
| E4  | 4   | $\leq 4$ | nein | $1.69 \cdot 10^{-4}$ |
| M1  | 1   | $\leq 1$ | nein | $1.76 \cdot 10^{13}$ |
| M2  | 2   | $\leq 2$ | ja   | $1.35 \cdot 10^{7}$  |
| M3  | 3   | $\leq 3$ | nein | $6.28 \cdot 10^{0}$  |
| M4  | 4   | $\leq 4$ | ja   | $1.87 \cdot 10^{-6}$ |

[a] Alle $\gamma$-Übergänge $I = 0 \to I' = 0$ sind verboten.
[b] Die Koeffizienten $C$(EL) und $C$(ML) sind durch Gl. (4.111) definiert; $E_\gamma$ in MeV, $\Gamma_w$ in eV.

polstrahlung (E1) emittieren (Kap. 1). In Kernen müssen wir auch magnetische Dipolstrahlung (abgekürzt M1) sowie höhere elektrische und magnetische Multipolstrahlungen (E2, E3, M2, ...) berücksichtigen. In der klassischen Elektrodynamik entwickelt man Ladungs- und Stromverteilungen nach Multipolen [183]. Sind die Entwicklungskoeffizienten zeitlich nicht konstant, sondern oszillieren mit der Zeit, so wird Multipolstrahlung emittiert. Zum Beispiel wird eine schwingende Ladungsverteilung mit der in Abb. 4.31a gezeigten Quadrupolform klassisch elektrische Quadrupolstrahlung (E2) emittieren, jene in Abb. 4.31b elektrische Oktopolstrahlung (E3). Die recht schwierige quantenelektrodynamische Behandlung [184–187] ergibt dann, dass der Übergang des Kerns vom Anfangs- zum Endzustand mit der Emission eines Photons mit dem ganzzahligen Drehimpuls $\boldsymbol{L = I - I'}$ (in Einheiten von $\hbar$) verbunden ist; $L$ nennt man die **Multipolordnung des Übergangs**. Welche Multipolordnungen möglich sind, folgt also aus der Drehimpulserhaltung. Man kann noch einen Schritt weiter gehen, indem man auch die Paritätserhaltung in der starken und elektromagnetischen Wechselwirkung berücksichtigt. Danach muss gelten: $\pi' = \pi \pi_L$, wobei die Parität des Photons durch $\pi_L = (-)^L$ für elektrische Multipolstrahlung (EL) bzw. $\pi_L = (-)^{L+1}$ für magnetische Multipolstrahlung (ML) gegeben ist. Diese Auswahlregeln infolge Drehimpuls- und Paritätserhaltung engen also die möglichen Werte von $L$ ein; sie sind in Tab. 4.13 zusammengefasst. So kann ein angeregter Zustand mit $I^\pi = 2^+$ in einem gg-Kern ausschließlich durch einen E2-Übergang zum $0^+$-Grundzustand zerfallen, jedoch (im Prinzip) mit einem M1-, E2-, M3- oder E4-Übergang zu einem tiefer liegenden $2^+$-Zustand. (Dass hier nur M1 und E2 wichtig sind, während M3 und E4 vernachlässigt werden können, muss eine Abschätzung der relativen Übergangswahrscheinlichkeiten zeigen, die im nächsten Abschnitt folgt.)

### 4.5.4.2 Einteilchenbreiten

Die bisher diskutierten Auswahlregeln folgen aus den allgemeinen Eigenschaften elektromagnetischer Multipolfelder und den Erhaltungssätzen der starken Wechselwirkung. Sie machen jedoch keine Aussagen, wie wahrscheinlich ein vorgegebener (erlaubter) Übergang in einem realen Kern ist. Das hängt entscheidend von der Struktur der beteiligten Kernzustände ab und hat zu einer ganzen Reihe zusätzlicher Regeln geführt, die u.a. in [187, 188] ausführlich diskutiert werden.

Als Maß für die Wahrscheinlichkeit eines $\gamma$-Zerfalls haben die Kernphysiker die sog. **Weisskopf-Einheit** $\Gamma_W$ eingeführt [186]. Sie schätzt die $\gamma$-Breite eines Übergangs ab, bei dem ein einzelnes Nukleon von einem Einteilchenzustand mit Drehimpuls $j$ in einen Zustand $j' = j + L$ übergeht. Für Multipolstrahlung des Typs $L$ und mit der Übergangsenergie $E_\gamma$ berechnet man $\Gamma_W$ gemäß [186]:

$$\begin{aligned} \Gamma_W(\text{EL}) &= C(\text{EL}) E_\gamma^{2L+1} B_W(\text{EL}), \\ \Gamma_W(\text{ML}) &= C(\text{ML}) E_\gamma^{2L+1} B_W(\text{ML}). \end{aligned} \quad (4.111)$$

Die Koeffizienten $C(\text{EL})$ und $C(\text{ML})$ sind in Tab. 4.13 aufgeführt. Die „reduzierten" Einteilchen-Übergangswahrscheinlichkeiten $B_W(\text{EL})$ und $B_W(\text{ML})$ haben die Form:

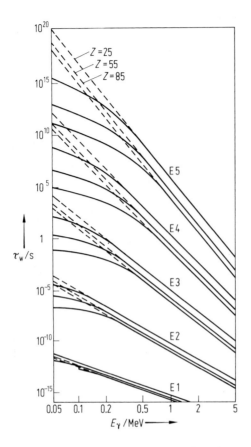

**Abb. 4.80** Weisskopf-Abschätzungen der Lebensdauern $\tau_\mathrm{w}$ elektrischer Multipolübergänge (E1–E5) als Funktion der $\gamma$-Energie $E_\gamma$ für $Z = 25$, 55 und 85. Die durchgezogenen Linien enthalten gegenüber den gestrichelten Linien den Einfluss der inneren Konversion.

$$B_\mathrm{W}(\mathrm{EL}) = [9/4\pi(L+3)^2]\,R^{2L} \quad (e^2\,\mathrm{fm}^{2L}),$$
$$B_\mathrm{W}(\mathrm{ML}) = [90/\pi(L+3)^2]\,R^{2L-2} \quad (\mu_\mathrm{N}^2\,\mathrm{fm}^{2L-2}), \tag{4.112}$$

wobei $R = 1.2\,A^{\frac{1}{3}}$ fm der Kernradius und $\mu_\mathrm{N}$ das Kernmagneton ist. In Abb. 4.80 sind die aus den Weisskopf-Einheiten erhaltenen Lebensdauern $\tau_\mathrm{w}(\mathrm{EL}) = \hbar/\Gamma_\mathrm{w}(\mathrm{EL})$ für elektrische Übergänge mit $L = 1\ldots 5$ und $Z = 25$, 55 und 85 als Funktion der $\gamma$-Energie aufgetragen. Man erkennt die starke Abhängigkeit von der Multipolarität $L$ und der $\gamma$-Energie. Für magnetische Multipolstrahlung gelten ähnliche Abhängigkeiten, wie schon aus Gl. (4.111) und (4.112) hervorgeht. Mithilfe dieser Graphik verstehen wir auch, warum für den weiter oben diskutierten $(2^+ \rightarrow 2^+)$-Übergang M3 und E4 gegenüber M1 und E2 zu vernachlässigen sind. Die starke Abnahme von $\Gamma_\mathrm{w}(\mathrm{EL})$ mit der Multipolarität kann man sich folgendermaßen veranschaulichen: Aus Gl. (4.111) und (4.112) folgt, dass $\Gamma_\mathrm{w}(\mathrm{EL}) \sim R^{2L} E_\gamma^{2L+1}$ ist. Nun ist $E_\gamma$

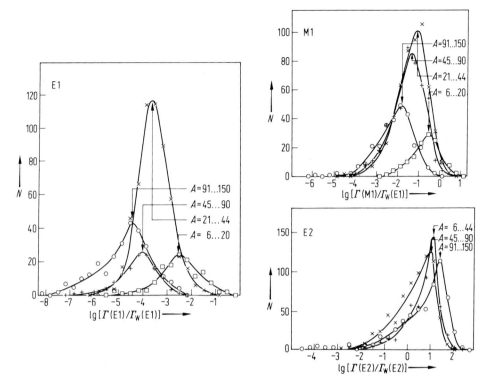

**Abb. 4.81** Häufigkeiten $N$ von E1-, M1- und E2-Übergangsstärken $\Gamma/\Gamma_\text{w}$ in verschiedenen Massengebieten [189].

über die Beziehung $E_\gamma = \hbar\omega = \hbar c/\lambdabar$ mit der Wellenlänge $\lambdabar = \lambda/2\pi$ der Strahlung verknüpft. Nehmen wir als typische Werte $E_\gamma = 1$ MeV und $A = 100$, so ist $R = 5.6$ fm, $\lambda = 197$ fm und damit $(R/\lambda) = 0.028 \ll 1$. Die Wellenlänge der Strahlung ist also sehr viel größer als die Dimension des „Senders", und höhere $L$-Werte werden wegen des Faktors $(R/\lambda)^{2L}$ sehr unwahrscheinlich, wenn aufgrund der Drehimpulserhaltung eine kleine Multipolarität erlaubt ist.

Da das Einteilchenmodell Kerne in der Nähe abgeschlossener Schalen beschreibt, sind dort die Weisskopf-Einheiten häufig recht gute Abschätzungen der $\gamma$-Zerfallsbreiten. Gravierende Abweichungen werden wir jedoch für Übergänge zwischen kollektiven Zuständen erwarten, an denen eine größere Zahl von Nukleonen beteiligt ist. Das Verhältnis $\Gamma(\text{EL})/\Gamma_\text{w}(\text{EL})$ bzw. $\Gamma(\text{ML})/\Gamma_\text{w}(\text{ML})$ gibt daher den Grad der Beschleunigung (oder Behinderung) eines Übergangs relativ zum Einteilchenübergang an. Dieses Verhältnis ist für eine große Zahl von E1-, M1- und E2-Übergängen in Abb. 4.81 dargestellt [189].

### 4.5.4.3 Messung nuklearer Lebensdauern

γ-Zerfallsbreiten hängen sensitiv von der Struktur des Anfangs- und Endzustands ab und ermöglichen somit den Test von Kernmodellen. Auf diesen Aspekt hatten wir bereits bei der Diskussion der Vibrations- und Rotationsspektren hingewiesen (vgl. Abschn. 4.3.2 und 4.3.3). Gemäß der Beziehung $\tau = \hbar/\Gamma$ ist die natürliche Linienbreite $\Gamma$ eines Zustands mit seiner Lebensdauer $\tau$ verknüpft. Lebensdauermessungen sind daher ein wichtiges spektroskopisches Hilfsmittel, um absolute γ-Zerfallsbreiten zu messen. Wir wollen hier einige Methoden vorstellen, die im Zeitbereich $\tau = 10^{-17} \ldots 10^{-6}$ s angewandt werden. Tab. 4.14 gibt einen Überblick über die Zeitbereiche, in denen die jeweilige Methode eingesetzt wird.

**Tab. 4.14** Messmethoden von Lebensdauern γ-instabiler Kernniveaus.

| Methode | Zeitbereich $\tau$/s | Definition der Zeitskala |
|---|---|---|
| Elektronische Zeitmessung | $\geq 10^{-10}$ | elektronische Zeitmarken |
| Rückstoßmethode | $5 \cdot 10^{-12} \ldots 10^{-8}$ | Flugzeit der Kerne |
| Abbremsmethode | $10^{-14} \ldots 5 \cdot 10^{-12}$ | Abbremszeit der Kerne in einem Festkörper |
| Kernresonanzfluoreszenz | $10^{-17} \ldots 10^{-13}$ | Messung der Linienbreite durch resonante Absorption von γ-Strahlung |
| Einfachresonanzreaktionen | $\leq 10^{-15}$ | Messung der Linienbreite in (n, γ)- und (p, γ)-Reaktionen durch Energievariation des Strahls |
| Coulomb-Anregung | $10^{-13} \ldots 10^{-18}$ | Messung der Linienbreite durch elektromagnetische Anregung mit einem geladenen Projektil |

**Elektronische Zeitmessung** [190]. Nach dem radioaktiven Zerfallsgesetz folgt die Aktivität, mit der sich ein angeregter Kernzustand entvölkert, einer Exponentialfunktion mit der Zeitkonstanten $\tau$. Gelingt es, zwei Zeitmarken im Augenblick der Population bzw. Depopulation des Zustands zu setzen, so folgt die Gesamtheit der Zeitdifferenzen zwischen den Zeitmarken ebenfalls einem exponentiellen Verteilungsgesetz (Intervallverteilung). Dabei kann der Zustand entweder durch eine Kernreaktion oder einen vorausgehenden radioaktiven Prozess populiert werden. Ausschlaggebend für die Genauigkeit der Zeitmessung ist die Präzision, mit der die Zeitmarken gesetzt werden. Dazu bedarf es sehr schneller Detektoren zum Nachweis der γ-Strahlung (z. B. Szintillationszähler aus Plastik oder $BaF_2$) und elektronischer Geräte, die die in den Detektoren erzeugten Signale innerhalb von Nanosekunden abfragen.

Als Beispiel zeigt Abb. 4.82 das Zeitspektrum einer Lebensdauermessung in $^{92}$Mo. Hier wurde der Zustand bei 2527 keV mit der Reaktion $^{92}$Mo(p, p') angeregt. Das inelastisch gestreute Proton erzeugt das Startsignal (Population), während das γ-Quant den Zerfall des Zustands durch ein Stopsignal markiert. Die Verteilung von Zeitintervallen zwischen Start und Stop ergibt eine Exponentialfunktion mit der

Lebensdauer $\tau = 2.24(6) \cdot 10^{-9}$ s des angeregten Zustands [191]. Das endliche zeitliche Ansprechvermögen der Detektoren und elektronischen Verarbeitung setzt dieser Methode eine Grenze bei $10^{-11}$ s.

**Rückstoßmethode** [192–194]. Hier regt man den Kern mittels einer Reaktion in einer dünnen Targetfolie an, aus der er wegen des in der Reaktion erhaltenen Rückstoßes in das Vakuum herausfliegt. Um die Rückstoßgeschwindigkeit $v$ möglichst groß zu machen (einige Prozent der Lichtgeschwindigkeit $c$), bedient man sich schwerer Projektile. Aufgrund des Doppler-Effekts ist die Energie der $\gamma$-Strahlung bei bewegter Quelle,

$$E_\gamma^D = E_\gamma^0 \left(1 + \frac{v}{c} \cos\theta\right), \tag{4.113}$$

gegenüber der Energie $E_\gamma^0$ in Ruhe verschoben; $\theta$ bezeichnet den Winkel zwischen Rückstoß- und Emissionsrichtung. Nach einer einstellbaren Flugstrecke $x$ wird der Kern in einer Metallfolie sehr schnell innerhalb von ca. $10^{-12}$ s abgebremst. Kerne, die erst nach dem Abbremsprozess zerfallen, emittieren natürlich $\gamma$-Strahlung mit der unverschobenen Energie $E_\gamma^0$. So erscheint im Spektrum eine Doppellinie bei $E_\gamma^D$

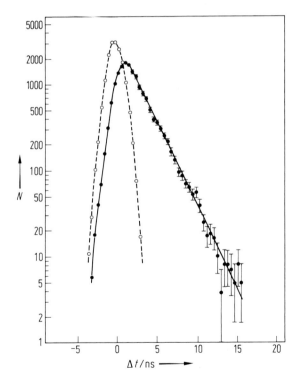

**Abb. 4.82** Zerfallskurve des 2575-keV-Zustands in $^{92}$Mo, gemessen in der Reaktion $^{92}$Mo$(p, p'\gamma)$. Aufgetragen ist die gemessene Häufigkeit $N$ der Koinzidenzereignisse pro Zeitintervall als Funktion der Zeitdifferenz $\Delta t$ zwischen Population und Zerfall des Zustands. Die Lebensdauer des Zustands beträgt $\tau = 2.24(6) \cdot 10^{-9}$ s [191].

und $E_\gamma^0$, deren Komponenten gerade um $\Delta E_\gamma = E_\gamma^0 v \cos\theta/c$ getrennt sind. Es ist anschaulich klar, dass Kerne, die im Mittel kürzer als die Flugzeit $t = x/v$ leben, im Wesentlichen *vor* dem Abbremsen zerfallen werden. Daher misst das Intensitätsverhältnis $R(x) \equiv I^0(x)/[I^0(x) + I^D(x)] \sim \exp(-x/v\tau)$ direkt die Lebensdauer $\tau$. Mit Schwerionenreaktionen ist dieses Verfahren im Zeitbereich zwischen etwa $5 \cdot 10^{-13}$ s und $10^{-8}$ s angewendet worden. Abb. 4.83 zeigt die Zerfallsfunktion $R(x)$ am Beispiel eines Zustands in $^{38}$Ar, der über die Reaktion $^{27}$Al($^{16}$O, $\alpha$p) angeregt wurde; hier ergab sich die Lebensdauer zu $\tau = 2\ 10^{-10}$ s [195].

**Abbremsmethode** [193, 194, 196]. Bei noch kürzeren Lebensdauern zwischen etwa $5 \cdot 10^{-15}$ s und einigen $10^{-12}$ s macht man sich den Abbremsmechanismus des angeregten Rückstoßkerns in einem Festkörper zunutze. Wie vorher werden die Kerne zum Zeitpunkt $t = 0$ mit fester Rückstoßgeschwindigkeit $v(0)/c$ erzeugt, die sich aber durch Stöße mit Elektronen und Atomen des Bremsmediums in etwa $10^{-12}$ s aufzehrt. Da der $\gamma$-Zerfall ein statistischer Prozess ist, findet er irgendwann im Laufe dieses Abbremsprozesses statt. Aufgrund des Doppler-Effekts ist jedes $\gamma$-Quant durch die Momentangeschwindigkeit $v(t)$ zum Zeitpunkt der Emission markiert, sodass bei bekanntem Abbremsprozess über die Funktion $v(t)$ eine Zeitachse festgelegt ist. Man wird daher im $\gamma$-Spektrum eine dopplerverbreiterte Linie zwischen $E_\gamma^0$ und $E_\gamma^D$ beobachten, deren Form vom Verhältnis der Lebensdauer zur Abbremszeit abhängig ist. Ein kurzlebiger Zustand wird verstärkt zu Beginn des Abbremsprozesses emittieren, sodass sich die Linienform zu hohen Geschwindigkeiten und also zu $E_\gamma^D$ hin verschiebt. Umgekehrt wird sich das Linienzentrum eines Übergangs aus einem längerlebigen Zustand näher bei $E_\gamma^0$ befinden. Auch diese Methode mag durch ein Beispiel verdeutlicht werden. Abb. 4.84a zeigt dopplerverbreiterte Linienformen eines Übergangs in einer Rotationsbande in $^{74}$Br, die in der Reaktion $^{58}$Ni($^{19}$F, 2pn)$^{74}$Br bei 70 MeV Einschussenergie populiert wurde. Die Linienformen wurden mit dem in Abb. 4.84b gezeigten Gamma-Spektrometer CLUSTER CUBE aufgenommen. Er besteht aus insgesamt 42 Germanium-Detektoren hoher Energieauflösung, von denen jeweils sieben Kristalle zu einem sog. Cluster zusammengefasst sind. Die

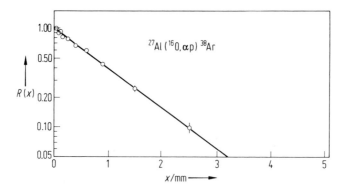

**Abb. 4.83** Zerfallsfunktion des 4585-keV-Niveaus in $^{38}$Ar (Übergang: 4585 keV → 4480 keV), gemessen mit der Rückstoßmethode und der Reaktion $^{27}$Al($^{16}$O, $\alpha$p). Der exponentielle Abfall der Größe $R(x)$ entspricht einer mittleren Lebensdauer von $\tau = 1.98(5) \cdot 10^{-10}$ s [195].

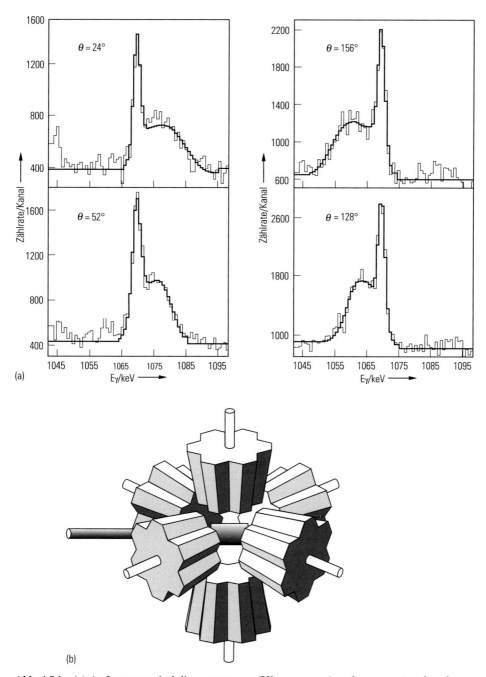

**Abb. 4.84** (a) Aufgetragen sind die gemessenen (Histogramme) und angepassten dopplerverbreiterten Linienformen eines Übergangs in $^{74}$Br unter den Beobachtungswinkeln $\theta = 24°$, $52°$, $128°$ und $156°$ zum Strahl. Die Reaktion war $^{58}$Ni($^{19}$F, 2pn) $^{74}$Br bei 70 MeV Einschussenergie. (b) Der in diesem Experiment verwendete CLUSTER CUBE Array mit 42 Germanium-Detektoren [197].

Cluster sind symmetrisch um das Target angeordnet. Um die Linienformen der vielen Übergänge im Spektrum energetisch sauber voneinander zu trennen, wurden sie im γγ-Koinzidenzmodus erfasst. Aufgrund der unterschiedlichen Beobachtungswinkel $\theta$ relativ zum $^{19}$F-Strahl erkennt man zu höheren ($\theta = 24°$ und $52°$) bzw. zu niedrigeren Gamma-Energien ($\theta = 156°$ und $128°$) verschobene Linienanteile. Sie stammen von Kernen, die noch nicht abgebremst wurden, sondern sich (im Mittel) in Strahlrichtung bewegen. Die Auswertung der Linienformen ergab für das 3068 keV Niveau eine Lebensdauer von $\tau = 2.5(2)\, 10^{-13}$ s [197].

### 4.5.4.4 Kernresonanzabsorption und Mößbauer-Effekt

Ein instabiler quantenmechanischer Zustand, der mit der mittleren Lebensdauer $\tau$ zerfällt, hat keine scharf definierte Energie $E_0$, sondern das Emissionsspektrum folgt einer Lorentz-Verteilung

$$N(E) \sim \frac{1}{(E - E_0)^2 + \Gamma^2/4}, \tag{4.114}$$

mit $\Gamma = \hbar/\tau$. (Rückstoß- und thermische Effekte wurden hier außer Acht gelassen.) Gemäß dieser Beziehung kann man statt der Lebensdauer $\tau$ auch die Breite $\Gamma$ bestimmen. Da die Breite normalerweise sehr viel kleiner als das Auflösungsvermögen der γ-Detektoren ist, kann man sie nicht direkt aus der Linienverbreiterung bestimmen, sondern man bedient sich zum Beispiel der Resonanzabsorptions-Methode. Damit ein Kern der Masse $m_A$ aus dem Grundzustand durch Absorption eines Photons in den angeregten Zustand mit der Energie $E_x$ gelangen kann, muss das Photon neben der Anregungsenergie auch für die Rückstoßenergie des Absorbers $E_r = p_r^2/2m_A = E_x^2/2m_A c^2$ aufkommen:

$$E_\gamma^{\text{abs}} \approx E_x + E_r. \tag{4.115}$$

Je nach dem Erzeugungsmechanismus des primären Spektrums unterscheidet man zwei Fälle, die in Abb. 4.85 skizziert sind. Im Falle (a) bieten wir dem Kern ein „breites" Primärspektrum an und messen, welcher Anteil durch resonante Absorp-

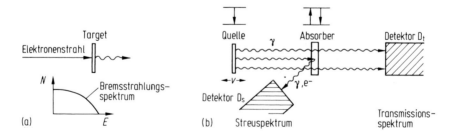

**Abb. 4.85** Gamma-Resonanzabsorption. (a) Hier ist das primäre Gammaspektrum ein kontinuierliches Bremsstrahlungsspektrum, das beim Beschuss des Targets mit einem hochenergetischen Elektronenstrahl im Target erzeugt wird. (b) Das diskrete Primärspektrum wird in einer Quelle erzeugt.

tion aus dem Primärstrahl herausgestreut wird. Ein solches breites Spektrum, das natürlich das Intervall zwischen $E_\gamma^{abs} - \Gamma$ und $E_\gamma^{abs} + \Gamma$ einschließen muss, kann man z. B. durch die Abbremsung eines intensiven, hochenergetischen Elektronenstrahls erzeugen (*Bremsstrahlung*) oder in einer Kernreaktion, bei der wegen der Abbremsung der Kerne dopplerverbreiterte γ-Strahlung erzeugt wird (vgl. den vorhergehenden Abschnitt). Man misst nun im Detektor $D_t$ die Intensität der durch den Absorber durchgelassenen Strahlung und im Detektor $D_s$ die Intensität der resonant gestreuten Strahlung. Das Verhältnis dieser beiden Intensitäten hängt von $\Gamma$ ab. Diese Methode verwendet man vor allem für kurzlebige Zustände mit $\tau \lesssim 10^{-14}$ s, also $\Gamma \gtrsim 0.07$ eV [198, 199].

Die bekanntere Form der resonanten Absorption von γ-Strahlung ist der **Mößbauer-Effekt**. Da hier für Erzeugung und Absorption der gleiche Kernzustand verwendet wird, handelt es sich um Resonanzfluoreszenz. Die emittierte Strahlung ist in diesem Fall für einen freien Emitter um die Energie $E_\gamma^{em} = E_x - E_r$ verteilt, ebenfalls mit der Breite $\Gamma$. Damit sich Emissions- und Absorptionsprofil überlappen, muss $\Gamma \approx 2E_r$ gelten. Für einen mittelschweren Kern mit $A \approx 100$ und $E_\gamma \approx 1$ MeV erfordert diese Bedingung Zustände mit sehr kurzen Lebensdauern von der Größenordnung $10^{-17}$ s, die in der Natur praktisch nicht vorkommen.

Bisher haben wir noch nicht berücksichtigt, dass sich die Kerne in thermischer Bewegung befinden. Sei $p_{th} = m_A v_{th}$ die von der thermischen Bewegung herrührende Impulskomponente entlang der Emissionsrichtung. Dann gilt

$$E_x + \frac{p_{th}^2}{2m_A} = E_\gamma^{em} + \frac{(p_{th} - p_r)^2}{2m_A}, \tag{4.116}$$

und die Energieverschiebung ergibt sich zu

$$\Delta E_\gamma^{em} \equiv E_x - E_\gamma^{em} = E_r - \frac{p_{th} p_r}{m_A} \approx E_r - E_\gamma \frac{v_{th}}{c}. \tag{4.117}$$

Da die Richtungen der thermischen Bewegung und der γ-Emission unkorreliert sind, erzeugt die Verteilung von $p_{th}$ ein verbreitertes Emissionsspektrum; gleiches gilt für das Absorptionsspektrum freier Kerne. Somit können sich Emissions- und Absorptionsspektrum auch für $\Gamma \ll E_r$ überlappen, sodass Resonanz stattfindet; jedoch ist die Wahrscheinlichkeit dafür gering.

Mößbauer [200] umging diese Probleme auf elegante Weise, indem er Emitter und Absorber in Kristallgitter einbaute. Wegen der elastischen Bindung an das Gitter nimmt dieses den gesamten Rückstoßimpuls und die Rückstoßenergie auf. In welcher Form der Kristall die Rückstoßenergie $E_r$ aufnimmt, hängt davon ab, ob im Kristall passende Anregungszustände vorhanden sind.

Dafür kommen die gequantelten, harmonischen Gitterschwingungen (Phononen) in Frage; sie haben typische Frequenzen von $\omega_G \approx 10^{13}$ s$^{-1}$ und Energien von $\hbar\omega_G \approx 10^{-2}$ eV (abhängig vom Gitter). *Rückstoßfreie Emission* (bzw. Absorption) tritt ein, wenn $E_r \ll \hbar\omega_G$, weil dann die Chance gering wird, dass der Kristall die Rückstoßenergie in Form eines Phonons aufnimmt. Eine Abschätzung des rückstoßfreien Anteils $f$, des sog. **Debye-Waller-Faktors**, gewinnt man entweder mit dem Debye-Modell der Gitterschwingungen oder mit dem experimentell bestimmten Phononenspektrum. Nach dem Debye-Modell ist

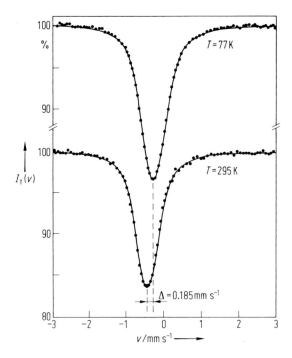

**Abb. 4.86** Transmissionsspektrum $I_t(v)$ beim Mößbauer-Effekt nach Gl. (4.119), aufgenommen mit einer $^{57}$Co-Quelle und einem Absorber bei $T = 77$ K und $T = 295$ K. Auf der Ordinate ist die Zählrate in Prozent der resonanzfreien Zählrate angegeben.

$$f(T) = \exp\left[ -\frac{3E_r(1 + 4T^2/\Theta_D^2)}{2k\Theta_D} \int_0^{\Theta_D/T} \frac{x\,dx}{e^{-x} - 1} \right], \tag{4.118}$$

wobei $\Theta_D$ die Debye-Temperatur bezeichnet. Mit wachsender Rückstoßenergie $E_r$ und Temperatur $T$ sinkt $f$ ab, bleibt aber bei $f \approx 1$ für ein „hartes" Gitter (große Debye-Temperatur $\Theta_D$). Der Einbau der Emitter- und Absorberkerne in Kristallgitter hat also zur Folge, dass sich die Energieverschiebungen aus Rückstoß und thermischer Bewegung verringern, sodass sich Emissions- und Absorptionsprofil besser überlappen.

Nehmen wir an, dass die Resonanzbedingung $E_\gamma^{abs} = E_\gamma^{em}$ gerade erfüllt ist, wenn Quelle und Absorber relativ zueinander in Ruhe sind. Nun können wir den rückstoßfreien (= resonanzfähigen) Anteil der Kerne dadurch verringern, dass wir den Absorber relativ zur Quelle mit einer Geschwindigkeit $v$ makroskopisch bewegen. Die durch den Absorber transmittierte $\gamma$-Intensität $I_t$ folgt dann ebenfalls einer Lorentz-Verteilung:

$$I_t(v) \sim 1 - \frac{f}{1 + (\Delta v/v)^2}. \tag{4.119}$$

**Tab. 4.15** Einige wichtige Eigenschaften der Mößbauer-Sonden $^{57}$Fe und $^{111}$Sn.

| Eigenschaft | | $^{57}$Fe | $^{119}$Sn |
|---|---|---|---|
| Population durch β-Zerfall | | $^{57}$Co (270 d) | $^{119}$Sb (38 h) |
| Übergangsenergie | $E_\gamma$/keV | 14.4 | 23.9 |
| Konversionskoeffizient | $\alpha$ | 8.12 (12) | 5.12 (10) |
| Lebensdauer | $\tau$/ns | 140 | 25.7 |
| Energiebreite | $\Gamma$/eV | 4.7 $10^{-9}$ | 2.6 $10^{-8}$ |
| Energieauflösung | $\Gamma/E_\gamma$ | 3.3 $10^{-13}$ | 1.1 $10^{-12}$ |
| Spin | $I/\hbar$ | $3/2^-$ | $3/2^+$ |
| Magnetisches Moment | $\mu/\mu_N$ | $-0.15531$ (4) | $+0.633$ (18) |
| Quadrupolmoment | $Q$/b | $-0.21$ (1) | $-0.064$ (5) |

Die Funktion $I_t(v)$ ist in Abb. 4.86 für den am häufigsten benutzten 14.4-keV-Mößbauer-Übergang in $^{57}$Fe gegen die Geschwindigkeit $v$ aufgetragen. Typische Geschwindigkeiten liegen bei einigen mm/s. Die Gesamtbreite der Resonanzfunktion, $2(\Delta v/v) = \Gamma/E_\gamma$, ist umgekehrt proportional zur Lebensdauer $\tau$. Die wichtigsten Eigenschaften des $^{57}$Fe-Übergangs und einer weiteren wichtigen Mößbauer-Sonde ($^{119}$Sn) sind in Tab. 4.15 zusammengetragen.

Der Mößbauer-Effekt wird heute nicht mehr zur Messung nuklearer Lebensdauern verwendet, da in dem für ihn typischen Zeitbereich zwischen $10^{-10}$ und $10^{-6}$ s einfachere Methoden zur Verfügung stehen, die wir weiter oben vorgestellt haben. Seine wesentliche Anwendung findet er im Bereich der Festkörperphysik, Chemie und Biologie. Wegen der phantastischen Energieauflösung von $\Gamma/E_\gamma \approx 10^{-12}$ ist der Mößbauer-Effekt sehr gut geeignet, die Hyperfeinwechselwirkung des Sondenkerns mit seiner Umgebung abzufragen, seien es magnetische Hyperfeinfelder, elektrische Feldgradienten oder Isomerieverschiebungen, die durch eine veränderte Elektronendichte $\varrho_{el}(0)$ am Kernort hervorgerufen werden. Der Leser sei auf die sehr umfangreiche Spezialliteratur verwiesen [201, 202].

### 4.5.4.5 Elektronen-Konversion

Die Coulomb-Wechselwirkung zwischen dem Kern und der Elektronenhülle kann dazu führen, dass ein angeregter Kern seine Energie direkt an ein Elektron abgibt. In diesem Fall wird statt eines γ-Quants ein Elektron emittiert, das das Atom mit der Energie $E_e = E_\gamma - B_e$ verlässt; dabei ist $B_e$ die Bindungsenergie des Elektrons. Diesen Vorgang nennt man innere Konversion. Je nachdem, aus welcher Schale das Elektron stammt, spricht man von K-Konversion, L-Konversion, usw. Da die Konversion ein zur γ-Emission konkurrierender Prozess ist, setzt sich die totale Zerfallsbreite des Kernzustands, $\Gamma = \Gamma_\gamma + \Gamma_e$, additiv aus den Einzelbreiten für γ-Emission ($\Gamma_\gamma$) und Konversion ($\Gamma_e$) zusammen. Das Verhältnis $\alpha = \Gamma_e/\Gamma_\gamma$ nennt man *totalen Konversionskoeffizienten*; er ist die Summe sämtlicher Konversionsprozesse aus den atomaren Schalen: $\alpha = \alpha_K + \alpha_L + \alpha_M + \ldots$ (Der Index L bedeutet hier die atomare Schale mit $n = 2$ und nicht die Multipolarität des nuklearen Übergangs!)

Die Berechnung der Konversionskoeffizienten hängt ganz entscheidend von der Kenntnis der Aufenthaltswahrscheinlichkeit der Elektronen am Kernort ab und erfordert daher sehr zuverlässige Elektronenwellenfunktionen. Tabellen der Konversionskoeffizienten findet man in [203]. Für $E_\gamma \gg B_e$ und $Z \gg e^2/\hbar c$ gilt approximativ

$$\alpha_K \sim Z^3 \left(\frac{2m_e c^2}{E_\gamma}\right)^{L+5/2}, \tag{4.120}$$

d. h. $\alpha_K$ nimmt bei steigender Ordnungszahl $Z$ und Multipolarität $L$ und bei abnehmender Übergangsenergie $E_\gamma$ stark zu. Die Abhängigkeit von $L$ nutzt man häufig aus, um die Multipolarität $L$ eines Übergangs zu bestimmen. Dazu erzeugt oder deponiert man die Substanz mit den angeregten Kernen in einer dünnen Folie, aus der die Elektronen fast ungehindert austreten können. Das Spektrum der Konversionselektronen misst man mit einem Magnetspektrometer oder einem Halbleiter-Sperrschichtzähler. Aus der Energie $E_e$ der K-Konversionslinie gewinnt man die Übergangsenergie, aus dem Verhältnis der emittierten K-Elektronen $N_e$ zu den emittierten $\gamma$-Quanten $N_\gamma$ des gleichen Übergangs den Konversionskoeffizienten $\alpha_K = N_e/N_\gamma = \Gamma_e/\Gamma_\gamma$. Auch das Verhältnis $\alpha_L/\alpha_K$ ist von der Multipolarität $L$ abhängig. Details dieser vor allem in schweren Kernen sehr nützlichen Methode sind in [204] zusammengestellt. In der Graphik der Weisskopf-Abschätzungen (Abb. 4.80) ist der Effekt der inneren Konversion für kleine $\gamma$-Energien und hohe Multipolaritäten deutlich zu sehen. Einige in mittelschweren und schweren Kernen gemessene K-Konversionskoeffizienten sind in Tab. 4.16 zusammengetragen.

**Tab. 4.16** Einige K-Konversionskoeffizienten.

| Kern | $Z$ | $E_\gamma$/MeV | $I_i$ | $\rightarrow$ | $I_f$ | $L$ | $\alpha_K$ |
|---|---|---|---|---|---|---|---|
| $^{92}$Tc | 43 | 0.047 | $2^+$ | | $3^+$ | M1 | 2.6 |
| | | 0.056 | $4^+$ | | $6^+$ | E2 | 10 |
| $^{99}$Tc | | 0.143 | $1/2^-$ | | $9/2^+$ | M4 | 23 |
| $^{199}$Hg | 80 | 0.208 | $3/2^-$ | | $1/2^-$ | M1 | 0.8 |
| | | 0.158 | $5/2^-$ | | $1/2^-$ | E2 | 0.30 |
| $^{200}$Hg | | 0.368 | $2^+$ | | $0^+$ | E2 | 0.038 |
| $^{204}$Pb | 82 | 0.899 | $2^+$ | | $0^+$ | E2 | 0.0066 |
| $^{200}$Pb | | 0.420 | $5^-$ | | $4^+$ | E1 | 0.013 |

### 4.5.5 Betazerfälle

Die schwache Wechselwirkung ist eine der revolutionärsten Entdeckungen der Physik des 20. Jahrhunderts, deren Tragweite weit über die Kernphysik hinausgeht (vgl. auch Kap. 5). Historisch gesehen fallen viele wichtige Ergebnisse zur schwachen Wechselwirkung (Postulierung und Entdeckung des Neutrinos, Nichterhaltung der Parität, grundlegender Ansatz des Wechselwirkungsoperators, ...) in die Kernphysik; eine geschlossene Darstellung müsste jedoch auch Reaktionen von Leptonen und Hadronen bei hohen Energien und β-Zerfälle dieser Teilchen berücksichtigen, die Gegenstand der Teilchenphysik sind. Eine leicht fassliche, ausführlichere Darstellung ist in dem Lehrbuch von Frauenfelder und Henley [FH79] zu finden, weitere Monographien [205, 206] behandeln das Thema im Detail. Nachdem die Theorie der elektroschwachen Ströme als weithin gesichert gilt, setzt der Kernspektroskopiker schon seit geraumer Zeit den β-Zerfall als willkommenes Hilfsmittel zur Strukturaufklärung nuklearer Wellenfunktionen ein.

### 4.5.5.1 Neutrinos

Bei der Diskussion der natürlichen α-Zerfallsreihen (zum Beispiel beim Zerfall $^{208}$Tl → $^{208}$Pb, vgl. Abb. 4.72a) hatten wir darauf hingewiesen, dass beim β-Zerfall die Nukleonenzahl $A$ erhalten bleibt, während sich die Ordnungszahl $Z$ um eine Einheit ändert. Aus Gründen der Ladungserhaltung muss beim Zerfall eines Neutrons im Anfangskern in ein Proton des Endkerns ein negativ geladenes Teilchen emittiert werden, das schon früh durch Ablenkung im Magnetfeld als Elektron identifiziert wird. Da der β-Zerfall zwischen wohldefinierten Kernzuständen stattfindet, sollten bei ihm auch Energie- und Drehimpulserhaltung gelten. So müsste ein Zweikörperzerfall (analog zum α-Zerfall) zu einem Linienspektrum der Elektronen führen. Rätselhafterweise fand man jedoch experimentell nur kontinuierliche Elektronenspektren! Auch die Drehimpulserhaltung bereitete Schwierigkeiten: die formale Zerfallsgleichung n → p + e$^-$ verletzt den Drehimpulssatz, da alle drei Teilchen Fermionen sind und somit auf der linken Seite stets ein halbzahliger, auf der rechten Seite stets ein ganzzahliger Gesamtdrehimpuls stünde. Diese missliche Situation bereinigte W. Pauli 1930, also noch vor Entdeckung des Neutrons, durch die gewagte Hypothese eines sehr leichten, ungeladenen Teilchens, des **Neutrinos**, das in den damaligen Experimenten nicht nachweisbar war. Das Neutrino bringt (als Fermion) sowohl die Drehimpulsbilanz in Ordnung als auch die Energiebilanz, da sich Elektron und Neutrino die gesamte beim Zerfall zur Verfügung stehende Energie teilen.

Bevor wir uns dem direkten Nachweis von Neutrinos zuwenden, sollen die drei in Kernen stattfindenden β-Prozesse aufgeführt werden. Man unterscheidet

1. **β$^-$-Zerfall:** $^AZ \to {}^A(Z+1) + e^- + \bar{\nu}_e$ \hfill (4.121a)
   Beispiel: n → p + e$^-$ + $\bar{\nu}_e$

2. **β$^+$-Zerfall:** $^AZ \to {}^A(Z-1) + e^+ + \nu_e$ \hfill (4.121b)
   Beispiel: $^{17}$F → $^{17}$O + e$^+$ + $\nu_e$

3. **K-Einfang:** $^AZ + e^- \to {}^A(Z-1) + \nu_e$ \hfill (4.121c)
   Beispiel: $^{37}$Ar + e$^-$ → $^{37}$Cl + $\nu_e$.

Beim K-Einfang fängt der Kern ein Elektron aus der K-Schale ein. Das verbleibende Loch in der K-Schale wird unter Emission eines Röntgenquants oder Auger-Elektrons gefüllt. Der Vollständigkeit halber erwähnen wir, dass $\nu_e$ als *elektronisches Neutrino* bezeichnet wird; $\bar{\nu}_e$ ist sein Antiteilchen, während das Positron e$^+$ das Antiteilchen des Elektrons (e$^-$) ist. Formal kann man den Elementarprozess des nuklearen β-Zerfalls also auch

$$p + e^- \leftrightarrow n + \nu_e \tag{4.122a}$$

schreiben. (Die Gleichung bringt zwei weitere Erhaltungssätze zum Ausdruck, nämlich die *Baryonenzahl-* und die *Leptonenzahlerhaltung*: auf beiden Seiten ist nämlich die Baryonenzahl B = 1 und die Leptonenzahl L = 1).

Der erste direkte **Nachweis von Antineutrinos** durch Reines und Cowans [207] im Jahre 1959 benutzte den Einfang von $\bar{\nu}_e$ an Wasserstoff, der in Analogie zur Reaktion (4.121 b) nach der Gleichung

$$p + \bar{\nu}_e \rightarrow n + e^+ \tag{4.122 b}$$

abläuft. Da die Wirkungsquerschnitte für Neutrinoreaktionen unvorstellbar klein sind ($\sigma \approx 10^{-43}$ cm$^2$), benötigt man einen sehr hohen $\bar{\nu}_e$-Fluss, wie er in einem Kernreaktor infolge der $\beta^-$-Zerfälle der Spaltfragmente zur Verfügung steht, und ein großvolumiges Wasserstoff-Target. Der entscheidende Trick solcher Messungen ist, dass Target und Detektor identisch sind. In diesem Fall wurde ein mit Cd angereicherter organischer Szintillator verwendet, wie er in Abb. 4.87 angedeutet ist. Der Ablauf der Einfangreaktion (4.122 b) wurde nun folgendermaßen nachgewiesen: Das in der Reaktion $p + \bar{\nu}_e \rightarrow n + e^+$ erzeugte Positron $e^+$ wird im Szintillator abgebremst, fängt ein Elektron ein und zerstrahlt mit ihm: $e^+ + e^- \rightarrow 2\gamma$. Dabei entstehen zwei $\gamma$-Quanten mit der Ruheenergie des Elektrons $m_e c^2 = 0.511$ MeV. Sie dienen als erstes Nachweissignal des Prozesses. Das in der Reaktion ebenfalls entstandene Neutron wird im Szintillatormaterial auf thermische Energien moderiert und dann mit hoher Wahrscheinlichkeit im Cadmium eingefangen. In diesem $^{113}$Cd$(n, \gamma)$-Prozess wird $\gamma$-Strahlung von insgesamt 9.1 MeV frei, die im Szintillator ebenfalls registriert wird. Der Einfang eines Antineutrinos durch ein Proton erzeugt also im Szintillator ein ganz typisches Signal (zwei 0.51-MeV-$\gamma$-Quanten und, zeitlich verzögert, die Emission hochenergetischer $\gamma$-Quanten), das sich von der Untergrundstrahlung, vor allem Höhenstrahlung, unterscheidet. Detektoren für hochenergetische Neutrinos werden in Kap. 5 beschrieben.

Neutrinos entstehen nicht nur beim nuklearen $\beta$-Zerfall, sondern u. a. auch beim Zerfall geladener Pionen und Myonen:

$$\begin{aligned}\pi^+ &\rightarrow \mu^+ + \nu_\mu, & \pi^- &\rightarrow \mu^- + \bar{\nu}_\mu, \\ \mu^+ &\rightarrow e^+ + \nu_e + \bar{\nu}_\mu, & \mu^- &\rightarrow e^- + \bar{\nu}_e + \nu_\mu.\end{aligned} \tag{4.123}$$

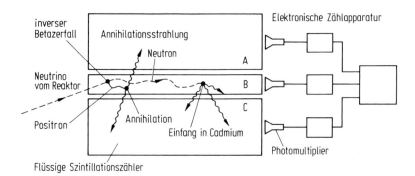

**Abb. 4.87** Apparatur zum Nachweis von Antineutrinos $\bar{\nu}_e$ eines Reaktors mittels der Reaktion $p + \bar{\nu}_e \rightarrow n + e^+$. Details im Text.

Die dabei erzeugten μ-Neutrinos $\nu_\mu$ (bzw. deren Antiteilchen $\bar\nu_\mu$) sind nicht identisch mit den Neutrinos des β-Zerfalls. Das kann man experimentell anhand von Einfangreaktionen überprüfen. So beobachtet man zwar die Reaktion $n + \nu_\mu \to p + \mu^-$, nicht aber den Einfang $n + \nu_\mu \to p + e^-$! Ergänzt wird das Spektrum der Leptonen durch das schwere τ-Lepton mit einer Masse von $m(\tau) = 1784$ MeV/$c^2$ und das ihm zugeordnete τ-Neutrino, für dessen Masse die Abschätzung $m(\nu_\tau) < 18.2$ MeV/$c^2$ vorliegt.

### 4.5.5.2 Die Form des β-Spektrums

Fermi griff Paulis revolutionäres Neutrino-Postulat sofort auf und hatte bereits bis zum Jahre 1934 die Grundzüge der heute noch gültigen Theorie des β-Zerfalls in Kernen entwickelt [208]. Da sich die emittierten Leptonen mit relativistischen Geschwindigkeiten bewegen, ist zu ihrer Beschreibung die Dirac-Gleichung erforderlich. Wir wollen hier die wesentlichen, dem Experimentator zugänglichen Größen der Fermi-Theorie zueinander in Beziehung setzen.

Die Form des kontinuierlichen β-Spektrums ist durch die quantenmechanische Wahrscheinlichkeit $N(p_e) dp_e$ gegeben. Sie besagt, dass das Elektron im Impulsintervall zwischen $p_e$ und $p_e + dp_e$ emittiert wird. Nach der Goldenen Regel (Störungsrechnung 1. Ordnung) gilt:

$$N(p_e) dp_e = (2\pi/\hbar)|\langle f|H|i\rangle|^2 \varrho(E). \tag{4.124}$$

Dabei ist $H_{fi} \equiv \langle f|H|i\rangle$ das Matrixelement des Operators $H$, der den Anfangszustand $|i\rangle$ (also den β-instabilen Kernzustand $\psi_i$) in den Endzustand $|f\rangle$, d.h. den nuklearen Endzustand $\psi_f$ sowie ein wegfliegendes Elektron und ein Antineutrino, überführt. Dieses Matrixelement bestimmt letztlich die Zerfallswahrscheinlichkeit, wie wir weiter unten sehen werden.

Für den Augenblick betrachten wir nur die beiden Leptonen. Das Matrixelement $|H_{fi}|^2$ ist sicher proportional zur Wahrscheinlichkeit, das Elektron und Antineutrino an ihrem Entstehungsort, also im Kerninnern, vorzufinden.

Wenn wir mit $\varphi_e(r)$ und $\varphi_\nu(r)$ die Wellenfunktionen der beiden Leptonen bezeichnen, so ist $|H_{fi}|^2 \sim |\varphi_e(0)|^2|\varphi_\nu(0)|^2$. Nun gehen wir von der meist gut erfüllten Annahme aus, dass $\varphi_e(r)$ durch eine ebene Welle mit dem Wellenvektor $k_e = p_e/\hbar$ ersetzt werden darf: $\varphi_e(r) = \exp(ik_e r)$. Bei Elektronenenergien von einigen MeV ist $k_e R \approx E_e R/\hbar c \approx 0.02$, also $k_e R \ll 1$. Entwickelt man daher die ebene Welle nach $k_e r$, so ergibt sich $\varphi_e(r) \approx 1 + i(k_e r) + \ldots$, wobei innerhalb des Kernvolumens nur der erste Term beiträgt und die Elektronenwellenfunktion durch den Wert bei $r = 0$ versetzt werden kann: $|\varphi_e(0)|^2 \approx 1$. Ähnliches gilt für das Antineutrino.

Die Form des Spektrums ist durch die Dichte der Endzustände $\varrho(E)$ gegeben. Sie hängt von der Aufteilung der gesamten Zerfallsenergie $E_0$ auf die beiden Leptonen ab: $E_0 = E_e + E_\nu$. Bei einem β$^-$-Zerfall ist $E_0$ gerade die Differenz der Atommassen-Energien:

$$E_0(\beta^-) = [m(^A Z) - m(^A Z - 1)]c^2. \tag{4.125a}$$

Dagegen muss beim β$^+$-Zerfall die bei der Annihilation des Positrons freiwerdende Energie von $2m_e c^2$ abgezogen werden:

$$E_0(\beta^+) = [m(^A Z) - m(^A Z + 1) - 2m_e]c^2. \tag{4.125b}$$

Es kann gezeigt werden, dass die Zustandsdichte bei diesem Dreikörperzerfall durch den Ausdruck

$$\varrho(E) = \frac{1}{(2\pi\hbar)^6} p_e^2 \, dp_e \, d\Omega_e p_\nu^2 \, d\Omega_\nu \frac{dp_\nu}{dE_0} \qquad (4.126)$$

gegeben ist, also proportional zur Anzahl der Phasenraumzellen der beiden Leptonen ist; $d\Omega_e$ und $d\Omega_\gamma$ sind ihre Raumwinkelelemente. Nimmt man wie Fermi [208] masselose Neutrinos an, dann ist wegen $E_\nu = p_\nu c = E_0 - E_e$

$$\frac{dp_\nu}{dE_0} = \frac{1}{c}, \quad p_\nu^2 = \frac{(E_0 - E_e)^2}{c^2} \qquad (4.127)$$

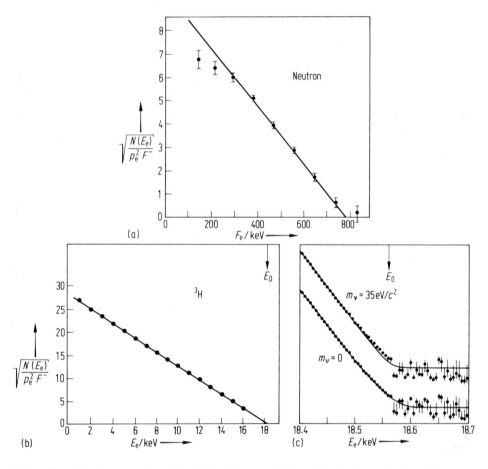

**Abb. 4.88** β-Spektren aus dem Zerfall des Neutrons (a) und des Tritiums (b, c). Aufgetragen ist die Größe $[N(E_e)/p_e^2 F^-(Z, E_e)]^{1/2}$ als Funktion der Elektronenenergie $E_e$. Der Teil (c) zeigt das Spektrum in der Nähe der Maximalenergie $E_0$ und Anpassungen unter der Annahme einer verschwindenden bzw. endlichen Neutrinomasse.

und schließlich nach Integration über $d\Omega_e$ und $d\Omega_v$

$$N(E_e)dp_e = c'|H_{fi}|^2 p_e^2(E_0 - E_e)^2 dp_e \tag{4.128}$$

mit der Konstanten $c' \equiv (2\pi^3 c^2 \hbar^7)^{-1}$. (Eine mögliche Richtungskorrelation der Emissionsrichtungen von Elektron und Neutrino wurde bei dieser Integration vernachlässigt.) Die Gleichung (4.128) legt nahe, statt des β-Spektrums $N(E_e)dp_e$ die Größe

$$\left[\frac{N(E_e)}{p_e^2}\right]^{1/2} = \sqrt{c'}|H_{fi}|(E_0 - E_e) \tag{4.129}$$

gegen $E_e$ aufzutragen (sog. *Kurie-Darstellung*). Falls das Matrixelement nämlich von $p_e$ unabhängig ist, so ist $[N(E_e)/p_e^2]^{\frac{1}{2}}$ gerade proportional zu $(E_0 - E_e)$ und verschwindet für $E_e = E_0$. Nun haben wir bisher nicht berücksichtigt, dass die Ladung des Tochterkerns das emittierte $e^-$ (bzw. $e^+$) verzögert (bzw. beschleunigt), wenn es den Kern verlassen hat. Dieser Abschirmeffekt wirkt sich vor allem bei kleinen Energien aus und verschiebt das Spektrum zu kleineren (bzw. größeren) Energien. Man korrigiert die Abschirmung durch Multiplikation des Spektrums mit der in [209] tabellierten Fermi-Funktion $F^\pm(Z, E_e)$. Elektronenspektren aus dem β-Zerfall des freien Neutrons und des Tritiums ($^3$H) sind in Abb. 4.88 in der Kurie-Darstellung $[N(E_e)/p_e^2 F^-(Z, E_e)]^{\frac{1}{2}}$ wiedergegeben; sie sind in der Tat linear in $E_e$ und ergeben die Endenergien $E_0(n) = 782$ keV und $E_0(^3\text{H}) = 18.58$ keV [210]. Wegen Gl. (4.125) lässt sich aus der Endenergie $E_0$ die Masse $m(^AZ)$ des Mutterkerns bestimmen, wenn Masse und Endzustand des Tochterkerns bekannt sind. Am Rande sei bemerkt, dass die „Kurie-Gerade" bei $E_e \approx E_0$ sensitiv von der Neutrinomasse $m_v$ abhängt (Abb. 4.88c). Präzisionsmessungen am Tritiumzerfall haben diese Masse auf $m_v < 18$ eV/$c^2$ eingeschränkt. Zur Zeit werden ähnliche Experimente mit größerer Massenempfindlichkeit vorbereitet, weil es Hinweise auf Neutrino-Oszillationen (Übergänge zwischen den drei Neutrinosorten) gibt, die nur mit $m_v > 0$ verträglich sind (vgl. Kap. 5).

### 4.5.5.3 Die β-Zerfallswahrscheinlichkeit

Wir kommen nun zur Betrachtung der Gesamtübergangswahrscheinlichkeit $\lambda$ und des Matrixelements $H_{fi}$ des β-Zerfalls. Aus Gl. (4.128) ergibt sich $\lambda$ durch Integration von $N(E_e)dp_e$ über das gesamte Elektronenspektrum:

$$\lambda \equiv \frac{\ln 2}{T_{1/2}} = c'|H_{fi}|^2 \int_0^{p_{\max}} dp_e F^\pm(Z, E_e) p_e^2 (E_0 - E_e)^2. \tag{4.130}$$

Da $E_e$ und $p_e$ über die Beziehung $E_e = [p_e^2 c^2 + m_e^2 c^4]^{\frac{1}{2}}$ verknüpft sind und $F^\pm(Z, E_e)$ bekannt ist, kann das Integral numerisch berechnet werden; es wird üblicherweise in der Form $m_e^5 c^7 f(E_0)$ angegeben. So kann der Betrag des Matrixelements aus der experimentellen Halbwertszeit $T_{\frac{1}{2}}$ mittels der Beziehung

$$\begin{aligned}|H_{fi}|^2 &= (2\ln 2\pi^3\hbar^7/m_e^5 c^4)(fT_{1/2})^{-1} \\ &= 43 \cdot 10^{-6}\,\text{MeV}^2\text{fm}^6\,\text{s}\,(fT_{1/2})^{-1}\end{aligned} \tag{4.131}$$

**Tab. 4.17** Eigenschaften typischer β-Zerfälle.

| Zerfall | $T_{1/2}$ | $E_0$/MeV | $\lg(fT_{1/2})$ | $I_i$ | $\to I_f$ | Klasse |
|---|---|---|---|---|---|---|
| n → p | ≈ 625 s | 0.78 | 3.03 | $1/2^+$ | $\to 1/2^+$ | über-erlaubt |
| $^3$H → $^3$He | 12.3 a | 0.0186 | 3.03 | $1/2^+$ | $\to 1/2^+$ | |
| $^{14}$O → $^{14}$N | 71.4 s | 1.81 | 3.49 | $0^+$ | $\to 0^+$ | |
| $^{17}$F → $^{17}$O | 64.5 s | 1.73 | 3.37 | $5/2^+$ | $\to 5/2^+$ | |
| $^6$He → $^6$Li | 0.81 s | 3.50 | 2.91 | $0^+$ | $\to 1^+$ | erlaubt |
| $^{14}$C → $^{14}$N | 5730 a | 0.16 | | $1^+$ | $\to 0^+$ | |
| $^{22}$Na → $^{22}$Ne | 2.60 a | 0.54 | | $3^+$ | $\to 2^+$ | |
| $^{60}$Co → $^{60}$Ni | 5.27 a | 0.32 | | $5^+$ | $\to 4^+$ | |
| $^{39}$Ar → $^{39}$K | 269 a | 0.56 | | $7/2^-$ | $\to 3/2^+$ | |
| $^{38}$Cl → $^{38}$Ar | 37.3 m | 4.91 | | $2^-$ | $\to 0^+$ | einfach verboten |
| $^{36}$Cl → $^{36}$Ar | 3.0 $10^5$ a | 0.71 | | $2^+$ | $\to 0^+$ | mehrfach verboten |
| $^{90}$Sr → $^{90}$Y | 28.8 a | 0.55 | | $0^+$ | $\to 2^+$ | |
| $^{40}$K → $^{40}$Ca | 1.28 $10^9$ a | 1.36 | | $4^-$ | $\to 0^+$ | |

berechnet werden ($T_{1/2}$ in s). Aus dem $fT_{1/2}$-Wert für den Zerfall des freien Neutrons, $fT_{1/2} = 1100$ s, erhält man als Abschätzung für das Matrixelement

$$|H_{fi}| \approx 2 \cdot 10^{-4} \text{ MeV fm}^3. \tag{4.132}$$

In Tab. 4.17 sind die Eigenschaften einiger typischer β-Zerfälle zusammengestellt. Neben der Halbwertszeit und der Endenergie $E_0$ sind der $\lg(fT_{1/2})$-Wert und die Spins und Paritäten des Anfangs- und Endzustandes aufgeführt. Empirisch findet man, dass Übergänge, die entweder mit einer Spinänderung von $\Delta I \geq 2$ und/oder mit einem Paritätswechsel einhergehen, deutlich langsamer ablaufen als Übergänge mit $\Delta I = 0, 1$ ohne Paritätswechsel. Die verzögerten Übergänge werden deshalb als verboten bezeichnet, wobei der Grad des Verbots mit $\Delta I$ ansteigt. Die großen $\lg(fT_{1/2})$-Werte für $\Delta I \geq 2$ (bzw. für $\Delta I = 1$ und Paritätswechsel) hängen mit der Tatsache zusammen, dass die beiden Leptonen dann mit endlichem Bahndrehimpuls emittiert werden müssen; dies ist wegen $k_e R \ll 1$ unwahrscheinlich. Die starke Abhängigkeit des ($fT_{1/2}$)-Wertes von $\Delta I$ wird gelegentlich dazu benutzt, den Spin des β-Emitters zu bestimmen.

Auch Beispiele besonders schnell ablaufender β-Prozesse, die man „über-erlaubt" (super-allowed) nennt, sind in Tab. 4.17 angeführt, z. B. der Zerfall des Neutrons, des $^3$H, $^{14}$O und $^{17}$F. Wenn wir uns an die früher behandelte Ladungsunabhängigkeit der Kernkräfte erinnern, so stellt sich heraus, dass bei allen „über-erlaubten" Übergängen der nukleare Anfangs- und Endzustand Mitglieder desselben Isospinmultipletts sind; $\psi_i$ und $\psi_f$ haben also identische Orts- und Spinanteile und passen so optimal zueinander. Das wiederum hat zur Folge, dass sich bei einem solchen β-Zerfall die Kernwellenfunktion vollständig reproduziert, bis auf den Austausch eines Neutrons durch ein Proton oder umgekehrt. Nach unseren Ausführungen über das Schalenmodell ist dies besonders einfach am Beispiel $^{17}$F → $^{17}$O zu dokumentieren: hier verwandelt sich das $d\frac{5}{2}$-Valenzproton des Kerns $^{17}$F durch einen $\beta^+$-Übergang in ein $d\frac{5}{2}$-Neutron, während die restlichen 16 Nukleonen des doppelt-magischen $^{16}$O-Rumpfes unverändert bleiben. Alle über-erlaubten $\beta$-Zerfälle laufen mit $\Delta I = 0$ und $\Delta \pi = +1$ ab.

Was bedeutet nun das in Gl.(4.132) abgeschätzte Matrixelement der Größenordnung $|H_{fi}| \approx 2 \cdot 10^{-4}$ MeV fm$^3$? Aufgrund allgemeiner Symmetriebetrachtungen der Dirac-Theorie machte Fermi den allgemeinen Ansatz

$$|H_{fi}|^2 = g_V^2 |M_F|^2 + g_A^2 |M_{GT}|^2 \tag{4.133}$$

für erlaubte $\beta$-Zerfälle. Die beiden reellen Parameter $g_V$ und $g_A$ werden die Kopplungskonstanten der schwachen Wechselwirkung genannt; sie hängen über die theoretische Beziehung $g_A/g_V = -1.25$ miteinander zusammen. Experimentell findet man $g_A/g_V = -1.261$ (4) sowie $g_V = 0.866$ (13) $\cdot 10^{-4}$ MeV fm$^3$ [211, 212]. Dass gerade diese beiden Kopplungskonstanten auftreten, hängt mit den beiden nuklearen Matrixelementen $M_F$ (sog. **Fermi-Übergang**) und $M_{GT}$ (sog. **Gamow-Teller-Übergang**) zusammen. Sie haben die Form

$$|M_F|^2 = \sum_m |\langle \psi_f | \sum_k \tau_+^{(k)} |\psi_i\rangle|^2,$$
$$|M_{GT}|^2 = \sum_m |\langle \psi_f | \sum_k \sigma^{(k)} \tau_+^{(k)} |\psi_i\rangle|^2, \tag{4.134}$$

wobei der Index $k$ über alle Nukleonen des Kerns läuft und $m$ über die magnetischen Quantenzahlen des Endzustandes summiert; die Operatoren $\sigma^{(k)}$ sind die *Pauli-Spinoren*. Der Operator $\tau_+^{(k)}$ ist uns aus der Behandlung des Isospins geläufig: Falls das $k$-te Nukleon ein Neutron ist, so wird es durch $\tau_+^{(k)}$ gerade in ein Proton verwandelt. Der Operator $M_F$ des Fermi-Übergangs bewirkt also nur eine Drehung im Isospinraum und berührt weder den Ortsanteil noch den Spinanteil der Wellenfunktion $\psi_i$. Daher gilt für ihn $\Delta I = 0$ und $\Delta \pi = +1$. Dies wiederum hat zur Folge, dass die Spins der beiden Leptonen antiparallel stehen und zu einem Spinsingulett $S = s_e + s_\nu = 0$ koppeln. Zwar bewirkt der Gamow-Teller-Operator $M_{GT}$ infolge des Anteils $\tau_+^{(k)}$ ebenfalls eine Drehung im Isospinraum, doch kann infolge des Anteils $\sigma^{(k)}$ auch der Spin des $k$-ten Nukleons umklappen. In diesem Fall ist der Gesamtdrehimpuls nur erhalten, wenn sich die Leptonen im Spintriplettzustand $S = 1$ befinden. Damit folgt die Auswahlregel $\Delta I = 0$ oder 1 und ebenfalls kein Paritätswechsel. Wir erinnern daran, dass die beiden Leptonen keinen Bahndrehimpuls besitzen!

### 4.5.5.4 Paritätsverletzung beim $\beta$-Zerfall

In Abschn. 4.5.2 und 4.5.4 hatten wir die Auswahlregeln diskutiert, die aus der Erhaltung der Parität bei der starken und elektromagnetischen Wechselwirkung folgen. Besonders gut ist die Paritätserhaltung am Beispiel des $\alpha$-Zerfalls zu veranschaulichen. Hier fordert sie, dass der Bahndrehimpuls $l_\alpha$ des $\alpha$-Teilchens mit den Paritäten des nuklearen Anfangs- und Endzustandes über die Relation $\pi_f = \pi_i(-)^{l_\alpha}$ verknüpft ist. Danach sind $\alpha$-Zerfälle der Art $1^+ \to 0^+$ oder $0^+ \to 2^-$ verboten.

Wie würde sich nun eine „geringe" Verletzung der Paritätserhaltung experimentell bemerkbar machen? Wir wollen dies an einem konkreten Beispiel verdeutlichen [213]. Es gibt im Kern $^{20}$Ne einen $1^+$-Zustand bei 14 MeV Anregungsenergie – wir nennen ihn $|\psi_i\rangle$ –, der durch den Einfang eines Protons in $^{19}$F angeregt werden kann und sich vorwiegend über einen erlaubten α-Zerfall mit $l_\alpha = 3$ zum 6.13-MeV-$3^-$-Zustand in $^{16}$O entvölkert. Der α-Zerfall zum $0^+$-Grundzustand in $^{16}$O ist verboten, da der einzige mögliche Bahndrehimpuls $l_\alpha = 1$ mit einem Paritätswechsel einherginge. Nun lockern wir etwas die Annahme strenger Paritätserhaltung in dem $^{20}$Ne-Zustand und lassen eine kleine Beimischung mit entgegengesetzter Parität zu. Wir schreiben also für seine Wellenfunktion

$$|\psi_i\rangle = (1-\varepsilon^2)^{\frac{1}{2}}|1^+\rangle + \varepsilon|1^-\rangle, \tag{4.135}$$

wobei die Koeffizienten so gewählt sind, dass $|\psi_i\rangle$ auf 1 normiert bleibt. Der paritätsverletzende Anteil $\varepsilon|1^-\rangle$ erlaubt nun einen α-Zerfall mit $l_\alpha = 1$ zum Grundzustand in $^{16}$O. Daher ergeben die Verzweigungsverhältnisse des α-Zerfalls zu diesen beiden Zuständen eine Abschätzung des Koeffizienten ε. Aus diesen und ähnlichen Experimenten gilt heute eine obere Grenze von $|\varepsilon|^2 \leq 3 \cdot 10^{-13}$ bei der starken Wechselwirkung. Ähnliche Werte liegen auch für die Paritätsverletzung der elektromagnetischen Wechselwirkung vor [214].

Anfang der Fünfzigerjahre hatte sich die Ansicht festgesetzt, dass die Paritätserhaltung für alle physikalischen Prozesse Gültigkeit habe. Das Erstaunen war daher groß, als Wu und Mitarbeiter 1957 den Nachweis führten, dass dies für die schwache Wechselwirkung nicht der Fall ist. Ihr Experiment, das wir nun beschreiben wollen, ging auf einen Vorschlag der Theoretiker Lee und Yang zurück. Es bestand in der Messung der **β-Asymmetrie beim $^{60}$Co-Zerfall** relativ zur Spinrichtung der polarisierten $^{60}$Co-Kerne. Um den Effekt zu verstehen, betrachten wir den Operator $\mathfrak{P} \equiv \boldsymbol{I} \cdot \boldsymbol{p}_e$, also das Skalarprodukt aus dem Spin des $^{60}$Co-Kerns und dem Impulsvektor des emittierten Elektrons. Außerdem betrachten wir zwei Koordinatensysteme, ein zunächst beliebig gewähltes und ein durch Spiegelung am Ursprung erzeugtes. Die beiden Systeme gehen also gerade durch die Paritätsoperation $P$ ineinander

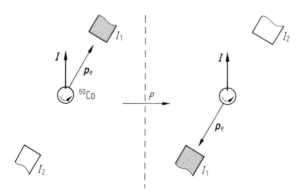

**Abb. 4.89** Prinzip des Experiments von Wu und Mitarbeiter. Ein polarisierter Kern emittiert Elektronen mit dem Impuls $\boldsymbol{p}_e$ im ursprünglichen Koordinatensystem (links) und im paritätstransformierten System (rechts).

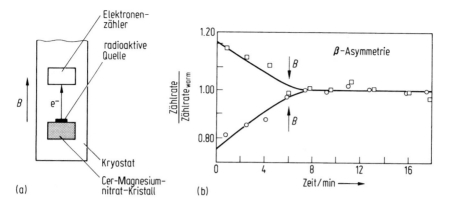

**Abb. 4.90** (a) Aufbau des Experiments zum Nachweis der Paritätsverletzung beim β-Zerfall von $^{60}$Co. (b) Messergebnis des Experimentes.

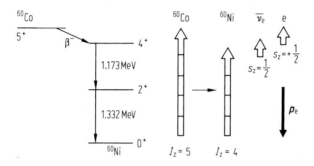

**Abb. 4.91** Zerfallsschema von $^{60}$Co sowie Vorzugsrichtung des Elektronenimpulses $p_e$ relativ zu den Spins von $^{60}$Co, $^{60}$Ni, Elektron und Antineutrino.

über (s. Abb. 4.89). Wie verhält sich nun der Erwartungswert von $\mathcal{P}$ bei dieser Paritätsoperation? Der Operator $\mathcal{P}$ besteht aus dem polaren Vektor $p_e$ und dem axialen Vektor $I$; für sie gilt $\mathcal{P}I = I$ und $\mathcal{P}p_e = -p_e$ und somit $\mathcal{P}Ip_e = -Ip_e$. Invarianz des $^{60}$Co-Zerfalls bezüglich der Paritätsoperation bedeutet also, dass die β-Zerfallsraten in Richtung $p_e$ im ursprünglichen und gespiegelten Koordinatensystem gleich sein müssen.

Abb. 4.90a skizziert den Aufbau des Experiments, mit dem diese Frage beantwortet wurde: Der Kern $^{60}$Co zerfällt über einen erlaubten β$^-$-Zerfall zum angeregten $4^+$-Zustand in $^{60}$Ni (siehe Tabelle 4.17). $^{60}$Co wurde in die Oberfläche eines Cer-Magnesium-Nitrat-Kristalls eingebracht. Dies ist ein paramagnetisches Salz, das durch adiabatische Entmagnetisierung abgekühlt werden kann. Dazu wird zunächst mit einem starken Magnetfeld die Elektronenkonfiguration polarisiert. Die dabei frei werdende Wärme wird durch flüssiges Helium bei 1.2 K abgeführt. Beim anschließenden langsamen Herunterfahren des Magnetfeldes sinkt die Temperatur der Probe auf etwa 10 mK. Ein von außen angelegtes kleines Magnetfeld in z-Richtung erzeugt einen Kern-Zeeman-Effekt. Wegen der sehr niedrigen thermischen Energie $kT \approx 10^{-6}$ eV ist überwiegend der tiefste Zeeman-Zustand des $^{60}$Co-Kerns im Grundzustand besetzt, somit sind die $^{60}$Co-Kerne polarisiert. Man misst mit einem Anthracen-Kristall die parallel zur Spinrichtung (bzw. bei Umpolen des Magnetfeldes antiparallel zur Spinrichtung) emittierten Elektronen. Das Ergebnis der Messung ist in Abb. 4.90b dargestellt. Die Zeitachse deutet die steigende Temperatur an, d.h. den sinkenden Polarisationsgrad der Probe. Die beobachtete β-Asymmetrie bei Zeiten unterhalb von 5 min ist ein klarer Beweis dafür, dass die Elektronen bevorzugt *entgegen* der Richtung des Kernspins $I$ emittiert werden. Das ist noch einmal schematisch in Abb. 4.91 illustriert: Die Projektionen der Spins von $^{60}$Co, $^{60}$Ni und der beiden Leptonen auf die z-Achse sind alle maximal, während der Elektronenimpuls $p_e$ bevorzugt entgegengesetzt steht. Für den Schraubensinn eines Teilchens hat man den Operator der **Helizität** $H = \sigma p/|p| = 2sp/|p|$ eingeführt. Aus dem Gesagten geht hervor, dass die Helizität der Elektronen beim β$^-$-Zerfall negativ ist; kurz nach dem Wu-Experiment konnten Frauenfelder und Mitarbeiter die Spin-Polarisation der Elektronen direkt messen.

### 4.5.5.5 Die Helizität des Neutrinos

Aus der Helizität $H(e^-)$ des beim β-Zerfall emittierten Elektrons kann man auf die Helizität des Neutrinos $H(\nu)$ schließen. Für masselose Neutrinos ergibt die Dirac-Theorie eine enge Korrelation zwischen Impuls $p_\nu$ und Spin $s$ des Neutrinos und sagt negative Helizität $H(\nu_e) = -1$ für das Neutrino bzw. positive Helizität $H(\bar{\nu}_e) = +1$ für das Antineutrino voraus [205].

Goldhaber, Grodzins und Sunyar wiesen 1958 experimentell die Richtigkeit dieser Auffassung nach [215]. Sie führten ein berühmtes Kernresonanz-Streuexperiment am Kern $^{152}$Sm durch, das hier kurz beschrieben werden soll. Der angeregte Zustand im $^{152}$Sm wird über Elektroneneinfang aus $^{152}$Eu bevölkert; das Zerfallsschema ist in Abb. 4.92a skizziert. In diesem Fall haben die Neutrinos eine feste Energie von $E_\nu = 950$ keV und erteilen dem Kern einen Rückstoßimpuls $p_\nu = E_\nu/c$. Das nachfolgende 963-keV-γ-Quant führt andererseits zu einem Rückstoß von $p_\gamma = E_\gamma/c$. Falls nun γ-Quant und Neutrino in genau entgegengesetzter Richtung emittiert werden, so kompensieren sich die beiden Rückstoßimpulse fast vollständig: Die auf den $^{152}$Sm-Kern übertragene Energie $E_r = p_r^2/2M = (E_\nu - E_\gamma)^2/2Mc^2 = 0.43$ meV wird sehr viel kleiner als die natürliche Linienbreite $\Gamma = 22$ meV des 963-keV-Niveaus. Somit wird gemäß Gl. (4.115) – (4.117) Resonanzfluoreszenz möglich und erlaubt eine Aussage über die Richtungskorrelation zwischen den Impulsen des Neutrinos und des γ-Quants.

Die Stellung des Neutrinospins $s_\nu$ relativ zu $p_\nu$ erhalten wir aus der Drehimpulserhaltung bei diesem Prozess. Vor dem β-Zerfall des $^{152}$Eu setzt sich der Gesamtdrehimpuls des Systems aus dem Kernspin $I = 0$ des Zustands in $^{152}$Eu und dem Spin $s_e = 1/2$ des aus der K-Schale eingefangenen Elektrons zusammen. Nach dem β-Zerfall besteht der Gesamtdrehimpuls aus dem Kernspin $I = 1$ des 963-keV-Zustands in $^{152}$Sm (bzw. nach dessen γ-Emission aus dem Drehimpuls $L = 1$ des Photons) und dem Spin $s_\nu = 1/2$ des wegfliegenden Neutrinos. Wir betrachten nun die Emissionsrichtung des Neutrinos als Quantisierungsachse und nehmen ferner an, dass

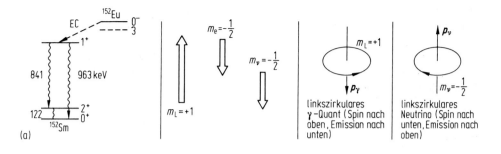

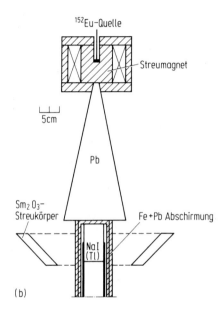

**Abb. 4.92** Zur Bestimmung der Neutrino-Helizität beim EC-Zerfall des $^{152}$Eu [215]. (a) Zerfallsschema und Drehimpulskomponenten. (b) Experimenteller Aufbau.

das Photon linkszirkular polarisiert ist. Dann steht der Drehimpuls $L$ entgegengesetzt zu $p_\gamma$; somit ist $m_L = +1$. Die Spinrichtungen von Elektron und Neutrino sind entgegengesetzt zur Spinrichtung des Photons, sodass wir $m_e = m_\nu = -1/2$ schreiben können (vgl. Abb. 4.92a). Für rechtszirkular polarisierte Photonen gilt Entsprechendes. Goldhaber et al. mussten nun nur noch die Zirkularpolarisation der $\gamma$-Quanten bestimmen, um die Spinrichtung der Neutrinos und damit die Helizität $H(\nu_e)$ festlegen zu können. Dazu benutzten sie die Compton-Streuung an magnetisiertem Eisen. Der Wirkungsquerschnitt für Compton-Streuung hängt von der relativen Orientierung von Elektronenspin und $\gamma$-Polarisation ab. In magnetisiertem Eisen sind etwa zwei der insgesamt 26 Elektronen spinmäßig entlang der magnetischen Feldrichtung polarisiert. Deshalb hängt die Intensität der gestreuten bzw. absorbierten $\gamma$-Strahlung von der Spinrichtung der Photonen ab. Abb. 4.92b illustriert den experimentellen Aufbau. Die $^{152}$Eu-Quelle ist von einem Eisenklotz umschlossen, der durch ein äußeres Feld magnetisiert wird. Die 963 keV-γ-Quanten werden aus dem ringförmigen Sm$_2$O$_3$-Streuer resonant gestreut. Dies äußert sich darin, dass im γ-Spektrum neben der 963-keV-Linie auch die 841-keV-Linie der Streustrahlung auftritt, die in dem von der $^{152}$Eu-Quelle abgeschirmten NaI-Detektor nachgewiesen wird. Aus der Zählratendifferenz des Detektors bei Umpolen des Magnetfelds folgt, dass die γ-Quanten linkszirkular polarisiert sind. Somit war der Nachweis der negativen Helizität des Neutrinos erbracht.

### 4.5.6 Radiodatierung

Die in diesem Abschnitt unter kernphysikalischen Gesichtspunkten behandelten radioaktiven Zerfälle haben vielfältige Anwendungen in anderen Gebieten der Physik und der Technik, Chemie und Medizin gefunden. Die wichtigsten Anwendungen kernphysikalischer Methoden in der Festkörperphysik und in den Materialwissenschaften sind übersichtlich von Schatz und Weidinger [SW85] dargestellt worden; auch [FH79, MU88, 29] enthalten sehr nützliche Hinweise. An dieser Stelle sollen einige radioaktive Zerfallsprozesse behandelt werden, die sich bei der Datierung historischer, erdgeschichtlicher oder kosmologischer Ereignisse bewährt haben [216]. Die Auswahl dieser Zerfälle beruht natürlich auf den langen Zeitkonstanten der entsprechenden α- und β-Emitter, deren Ursprung in Abschn. 4.5.2.2 und 4.5.5.3 erklärt wurde.

Ausgangspunkt der Datierungsmethoden ist stets das Zerfallsgesetz (4.91), das die Aktivität $A(t)$ zum jetzigen Zeitpunkt $t$ in Beziehung zur noch nicht zerfallenen Teilchenzahl $N(t)$ und zur Halbwertszeit $T_{1/2}$ setzt:

$$A(t) = \ln 2 \frac{N(t)}{T_{1/2}}. \tag{4.136}$$

Wenn also bekannt ist, mit welchem Anteil (oder in welchem Verhältnis zu anderen Elementen) ein radioaktives Nuklid bei der Entstehung eines Stoffes in diesen eingebaut wurde, so kann man entweder aus der Aktivität $A(t)$ oder dem Teilchenzahlverhältnis von Mutter- und Tochternuklid den Entstehungszeitpunkt bestimmen. Tab. 4.18 reiht einige Zerfallsprozesse mit ihren Halbwertszeiten und Endprodukten auf, bis hin zu den sehr langlebigen Isotopen $^{87}$Rb ($T_{1/2} = 4.9 \cdot 10^{10}$ a) und $^{147}$Sm ($T_{1/2} = 1.06 \cdot 10^{11}$ a).

Die bekannteste „Uhr" für organische Substanzen ist die **Radio-Carbon-($^{14}$C-)-Methode**. Man geht davon aus, dass beim Aufbau organischer Stoffe die Kohlenstoffisotope $^{12}$C und $^{14}$C im mittleren Verhältnis 1 : 1.5 10$^{-12}$ eingebaut werden. $^{14}$C wird ständig in der Atmosphäre durch die Reaktion $^{14}$N(n, p)$^{14}$C unter dem Einfluss der kosmischen Strahlung erzeugt. Dieser Einbau wird zum Zeitpunkt des Absterbens des Organismus unterbrochen, und das dann vorhandene $^{14}$C zerfällt mit einer Halbwertszeit von 5730 Jahren. Aus der gemessenen Aktivität (bezogen auf die Gesamtzahl der $^{12}$C-Kerne in der Probe) kann man das Alter des organischen Stoffes bis hin zu etwa 30000 Jahren bestimmen. Die Genauigkeit der Altersbestimmung hängt vor allem von der Veränderung des $^{14}$C/$^{12}$C-Verhältnisses durch technische

**Tab. 4.18** Zu Datierungszwecken benutzte Nuklide [202].

| Nuklid | $T_{1/2}$/a | Endnuklid | Zerfall |
|---|---|---|---|
| $^3$H | 12.3 | $^3$H | $\beta^-$ |
| $^{14}$C | $5.73 \cdot 10^3$ | $^{14}$N | $\beta^-$ |
| $^{231}$Pa | $3.25 \cdot 10^4$ | $^{227}$Ac | $\alpha$ |
| $^{230}$Th | $7.5 \cdot 10^4$ | $^{226}$Ra | $\alpha$ |
| $^{234}$U | $2.47 \cdot 10^5$ | $^{230}$Th | $\alpha$ |
| $^{10}$Be | $1.6 \cdot 10^6$ | $^{10}$B | $\beta^-$ |
| $^{129}$I | $1.7 \cdot 10^7$ | $^{129}$Xe | $\beta^-$ |
| $^{244}$Pu | $8.2 \cdot 10^7$ | Spaltprodukte | $\alpha$, f |
| $^{235}$U | $7.04 \cdot 10^8$ | $^{207}$Pb | ZR* |
| $^{40}$K | $1.25 \cdot 10^9$ | $^{40}$Ar | $\beta$, EC |
| $^{238}$U | $4.47 \cdot 10^9$ | $^{206}$Pb | ZR* |
| $^{232}$Th | $1.40 \cdot 10^{10}$ | $^{208}$Pb | ZR* |
| $^{87}$Rb | $4.9 \cdot 10^{10}$ | $^{87}$Sr | $\beta^-$ |
| $^{147}$Sm | $1.06 \cdot 10^{11}$ | $^{143}$Nd | $\alpha$ |

* ZR = Zerfallsreihe.

Einflüsse (Kohleverbrennung, Kernwaffenversuche, ...) bzw. von Veränderungen der Höhenstrahlung ab.

Wichtig geworden zur Datierung von Wasserkreisläufen ist das Isotop $^3$H (Tritium). Es entsteht ebenfalls aus den Elementen der Atmosphäre durch die Höhenstrahlung und zerfällt mit der kurzen Halbwertszeit von 12.3 Jahren. Untersucht werden sowohl die Zeitkonstanten in atmosphärischen Strömungen als auch in Oberflächenwasser, Gletschern und Brunnen.

Das **Alter des Sonnensystems** (ca. 4.6 Milliarden Jahre) wurde mit den natürlichen α-Zerfallsreihen des $^{232}$Th, $^{235}$U und $^{238}$U sowie den β-Zerfällen des $^{40}$K und $^{87}$Rb abgeschätzt. (Die (4n + 1)-Neptuniumreihe kommt wegen der „kurzen" Halbwertszeit $T_{1/2} = 2.1 \cdot 10^6$ a des $^{237}$Np dafür nicht in Betracht.) Diese extrem langen Halbwertszeiten können im Allgemeinen nicht direkt gemessen werden, sondern müssen gemäß Gl. (4.136) durch Messung der Aktivität $A(t)$ bei vorgegebener Teilchenzahl $N(t)$ bestimmt werden. Bei der Datierung solcher geologischer oder kosmologischer Zeiträume nimmt man an, dass bei der Bildung von Mineralien (und Meteoriten) eine zumindest teilweise chemische Trennung der Tochtersubstanz von der Muttersubstanz eintrat. Außerdem muss vorausgesetzt werden, dass die Bildung des Minerals im Vergleich zu seinem Alter schnell erfolgte und danach von der Probe keinerlei Mutter- oder Tochternuklide entfernt oder aufgenommen wurden. Der Aufbau der Endnuklide $N_e(t)$ aus der Muttersubstanz, die bei der Entstehung mit der Teilchenzahl $N(0)$ vorhanden war, erfolgt gemäß

$$N_e(t) = N(0) - N(0)\exp(-\lambda t) = N(t)[\exp(\lambda t) - 1]; \qquad (4.137)$$

das Alter $t$ kann dann aus dem Nuklidverhältnis $N_e(t)/N(t)$ bestimmt werden. Offensichtlich erhält man die größte Messgenauigkeit für $t \approx T_{1/2}$, weil dann die Fehler

820    4 Atomkerne

bei der Bestimmung der noch nicht bzw. bereits zerfallenen Teilchenzahl vergleichbar werden.

Neben der Frage nach dem Alter dieser Elemente ist natürlich auch jene nach den Prozessen der **Nukleosynthese** wichtig, d. h. nach den Bedingungen, unter denen der Elementaufbau in den Sternen stattfindet. Hier soll nur ein Aspekt beim Aufbau schwerer Elemente mit $A \geq 56$ beleuchtet werden, der mit dem sukzessiven Einfang von Neutronen zusammenhängt. Je nach der Dichte der zur Verfügung stehenden Neutronen unterscheidet man r-Prozesse (r = rapid) und s-Prozesse (s = slow). Der s-Prozess besteht darin, dass stabile oder langlebige Isotope Neutronen einfangen, wobei sich meist neutronenreiche Nuklide bilden, die gegen $\beta^-$-Zerfälle instabil sind. Die Balance zwischen Neutroneneinfang und $\beta$-Zerfall hängt von der Neutronendichte und -temperatur ab und verschiebt sich für höhere Neutronendichten und -energien in Richtung sukzessiven Einfangs weiterer Neutronen (Übergang zum sog. r-Prozess).

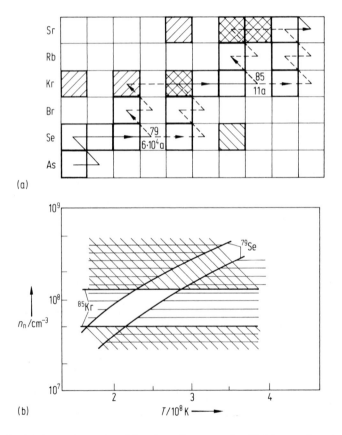

**Abb. 4.93** (a) Auszug aus dem Weg des s-Prozesses der Nukleosynthese im Bereich der Elemente Br-Sr. An den langlebigen Verzweigungspunkten $^{79}$Se und $^{85}$Kr entscheidet sich je nach Neutronendichte und -energie, ob weiterer Neutroneneinfang oder $\beta$-Zerfall stattfindet. (b) Die aus der Häufigkeit von $^{80}$Kr und $^{86}$Sr ermittelten Werte der Neutronendichte und Temperatur.

Abb. 4.93 a zeigt einen Ausschnitt des s-Pfades im Bereich der Arsen-Strontium-Kerne ($Z = 33 \ldots 38$). Man erkennt zwei Verzweigungspunkte, nämlich die instabilen, aber langlebigen Kerne $^{79}$Se und $^{85}$Kr: Bei hohem Neutronenfluss werden durch Neutroneneinfang $^{70,71}$Se und $^{86,87}$Kr gebildet. Bei niedrigem Neutronenfluss laufen dagegen zunächst die β-Zerfälle $^{79}$Se → $^{79}$Br und $^{85}$Kr → $^{85}$Rb ab, und die nachfolgenden Neutroneneinfänge führen zu den Isotopen $^{80}$Kr und $^{86}$Sr. Aus deren Isotopenhäufigkeit kann man bei Kenntnis der Einfangquerschnitte auf den Weg schließen, längs dessen der s-Prozess vorwiegend stattgefunden hat. Abb. 4.93 b zeigt die auf diese Weise abgeschätzte Neutronendichte ($n_n \approx 10^8 \text{cm}^{-3}$) und Temperatur ($T = 2.4(5)\,10^8$ K) zum Zeitpunkt der Entstehung dieser Elemente.

## Danksagung

Für Hinweise auf neuere Forschungsergebnisse und Kommentare danke ich herzlich Jonathan Billowes, Hans Börner, Peter von Brentano, Till von Egidy, Amand Faessler, Hans Geissel, Hubert Grawe, Kris Heyde, Herbert Hübel, Andrea Jungclaus, Ulrich Kneissl, Bogdan Povh, Achim Richter, Gerhard Schrieder, Wolf-Dieter Schmidt-Ott, Martin Schumacher und Wolfram Weise. Für redaktionelle Hilfen bin ich Heike Ahrens, Sankar Dhar und vor allem Lucie Hamdi zu Dank verpflichtet.

## Literatur

*Lehrbücher und Monographien*

Einführende Texte sind durch Fettdruck der Kodierung hervorgehoben.

[AS60]   Ajzenberg-Selove, F. (Hrsg.), Nuclear Spectroscopy, Academic Press, New York, 1960
[BA80]   Bass, R., Nuclear Reactions with Heavy Ions, Springer, Berlin, 1980
[BE68]   Belyaev, S. T., Collective Excitations in Nuclei, Gordon and Breach, New York, 1968
[BG71]   Brown, G. E., Unified Theory of Nuclear Models and Forces, North Holland, Amsterdam, 1971
[BG77]   Brussard, P. J., Glaudemans, P. W. M., Shell Model Applications in Nuclear Spectroscopy, North Holland, Amsterdam, 1977
[BL84]   Bleuler, K. (Hrsg.), Quarks and Nuclei, Springer, Berlin, 1984
[BM69]   Bohr, A., Mottelson, B. R., Nuclear Structure, Bd. I, II, Benjamin, New York, 1959, 1975; deutsche Ausgabe: Akademie-Verlag, Berlin, 1975/80
[BM84]   Braun-Munzinger, P. (Hrsg.), Nuclear Physics with Heavy Ions, Harwood Academic Publ., Chur, 1984
[**BO62**]   Bodenstedt, E., Experimente der Kernphysik und ihre Deutung, Teil 1–3, Bibliogr. Institut Mannheim, 1962, 1979
[BO79]   Bock, R., Heavy Ion Collisions, Bd. I, II, North Holland, Amsterdam, 1979
[**BR71**]   Brink, D. M., Nuclear Forces, Pergamon Press, London, 1971; deutsche Ausgabe: Kernkräfte, Akademie-Verlag, Berlin, 1971
[**BS86**]   Bethge, K., Schröder, M., Elementarteilchen, Wiss. Buchgesellschaft, Darmstadt, 1986

[BW52] Blatt, J. M., Weisskopf, V. F., Theoretical Nuclear Physics, Wiley, New York, 1952
[CA90] Casten, C. F., Nuclear Structure from a Simple Perspective, Oxford University Press, Oxford, 1990, 2001
[CL79] Close, F. E., An Introduction to Quarks and Partons, Academic Press, London, 1979, S. 410–426
[CO71] Cohen, B. L., Concepts of Nuclear Physics, McGraw-Hill, New York, 1971
[DA63] Davydov, A. S., Theorie des Atomkerns, VEB Deutscher Verlag der Wissenschaften, Berlin, 1963
[DA74] Daniel, H., Teilchenbeschleuniger, Teubner, Stuttgart, 1974
[DI86] Durrell, J. L., Irvine, J. M. (Hrsg.), Intern. Conference on Nuclear Physics, Harrogate, Bd. 1, 2, Institute of Physics, Conf. Ser. 86, Bristol, 1986
[EG70] Eisenberg, J. M., Greiner, W., Nuclear Theory, Bd. 1–3, North Holland, Amsterdam 1970, 1980
[EG87] Eisenberg, J. M., Greiner, W., Nuclear Models, North Holland, Amsterdam, 1987
[FE50] Fermi, E., Nuclear Physics, University of Chicago Press, Chicago, 1950
[FH79] Frauenfelder, H., Henley, E. M., Teilchen und Kerne, Oldenbourg, München, 1979, 1986
[GL72] Gläser, W., Einführung in die Neutronenphysik, Thiemig, München, 1972
[HA75] Hamilton, W. D. (Hrsg.), The Electromagnetic Interaction in Nuclear Spectroscopy, North Holland-Elsevier, Amsterdam, New York, 1975
[HE94] Heyde, K., Basic Ideas and Concepts in Nuclear Physics, IOP Publishing Ltd., London, 1994
[HO75] Hornyak, W. F., Nuclear Structure, Academic Press, New York, 1975
[IP88] Ivascu, M., Poenaru, D. (Hrsg.), Particle Emission from Nuclei, CRC Press, Boca Raton, 1988
[KA79] Kamke, D., Einführung in die Kernphysik, Vieweg, Braunschweig, 1979
[KE86] Kessler, G., Nuclear Fission Reactors, Potential Role and Risks of Converters and Breeders, Springer, Berlin, 1986
[KH86] Klapdor, H. V. (Hrsg.), Weak and Electromagnetic Interactions in Nuclei, Springer, Berlin, 1986
[KL86] Kleinknecht, K., Teilchendetektoren, Teubner, Stuttgart, 1986
[LA80] Lawson, R. D., Theory of the Nuclear Shell Model, Clarendon Press, Oxford, 1980
[LE81] Lee, T. D., Particle Physics and Introduction to Field Theory, Harwood Academic Press, Chur, 1981
[LE87] Leo, W. R., Techniques for Nuclear and Particle Physics Experiments, Springer, Berlin, 1987
[ML86] Medrano, G., Lieb, K. P. (Hrsg.), Reactor Physics for Developing Countries and Nuclear Spectroscopy Research, World Scientific, Singapur, 1986
[MI68] Migdal, A. B., Nuclear Theory: The Quasi-Particle Method, Benjamin Reading, 1968
[MK79] Mayer-Kuckuk, T., Kernphysik, Teubner, Stuttgart, 1979
[MU88] Musiol, G., Ranft, J., Reif, R., Seeliger, D., Kern- und Elementarteilchenphysik, VCH Verlagsgesellschaft, Weinheim, 1988
[MW69] Mahaux C., Weidenmüller, H. A., Shell Model Approach to Nuclear Reactions, North Holland, Amsterdam, 1969
[NW76] Nörenberg, W., Weidemüller, H. A., Introduction to the Theory of Heavy Ion Collisions, Springer, Berlin, 1976
[OK87] Okun, L. B., Elementarteilchen, Akademie-Verlag, Berlin, 1987
[PG97] Poenaru, D., Greiner, W. (Hrsg.), Experimental Techniques in Nuclear Physics, de Gruyter, Berlin, New York, 1997
[PR62] Preston, M. A., Physics of the Nucleus, Addison-Wesley, Reading, 1962

[PR99] Povh, B., Rith, K., Scholz, Ch., Zetsche, F., Teilchen und Kerne, Springer, Berlin, Heidelberg, New York, 1999
[RS80] Ring, P., Schuck, P., The Nuclear Many-Body Problem, Springer, Berlin, 1980
[SE77] Segré, E., Nuclei and Particles, Benjamin, Reading, 1977
[SI65] Siegbahn, K. (Hrsg.), Alpha, Beta and Gamma Ray Spectroscopy, Bd. 1, 2, North Holland, Amsterdam, 1965
[SW85] Schatz, G., Weidinger, A., Nukleare Festkörperphysik, Teubner, Stuttgart, 1985
[TO88] Towner, I. S. (Hrsg.), Nuclei Far from Stability, American Institute of Physics, New York, 1988
[WI69] Wilkinson, D. H. (Hrsg.), Isospin in Nuclear Physics, North Holland, Amsterdam, 1969

Abschnitt 4.1

[1] Becquerel, H., Compt. Rend. **122**, 501, 1896
[2] Curie, P., Curie, M., Compt. Rend. **127**, 175, 1215, 1898
[3] Rutherford, E., Geiger, H., Proc. Roy. Soc. **A81**, 162, 1908
[4] Rutherford, E., Royds, T., Phil. Mag. **17**, 281, 1909
[5] Rutherford, E., Phil. Mag. **21**, 669, 1911; Geiger, H., Rutherford, E., Marsden, E., Phil. Mag. **25**, 604, 1913
[6] Rutherford, E., Phil. Mag. **37**, 581, 1919
[7] Bothe, W., Becker, H., Z. Phys. **66**, 289, 1930
[8] Curie, I., Joliot, F., Compt. Rend. **194**, 273, 1932; Nature **133**, 201, 1934
[9] Chadwick, J., Nature **129**, 312, 1932; Proc. Roy. Soc. **A136**, 692, 1932
[10] Lattes, C.M.G., Muirhead, H., Occhialini, G.P.S., Powell, C.F., Nature **159**, 694, 1947; Lattes, C.M.G., Occhialini, G.P.S., Powell, C.P., Nature **160**, 453, 1947
[11] Yukawa, H., Proc. Phys. Math. Soc. Japan **17**, 48, 1935
[12] Anderson, S.H., Neddermeyer, C.D., Phys. Rev. **54**, 88, 1938
[13] In [FH79] S. 533–538
[14] Powell, C.F., Occhialini, G.P.S., Nuclear Physics in Photographs, Clarendon Press, Oxford, 1947

Abschnitt 4.2

[15] Chen, M.H., Crasemann, B., At. Data Nucl. Data Tabl. **33**, 217, 1985
[16] Sevier, K.D., At. Data Nucl. Data Tabl. **24**, 323, 1979
[17] Cohen, D.D., Harringan, M., At. Data Nucl. Data Tabl. **33**, 255, 1985; Meyerhof, W.E., Taulberg, K., Ann. Rev. Nucl. Sci. **27**, 279, 1977
[18] Smolorz, J., Dost, M., et al., Phys. Rev. **A21**, 207, 1980
[19] Newton, B.G., Scattering Theory of Waves and Particles, Springer, Heidelberg, 1982
[20] Mott, N.F., Proc. Roy. Soc. (London) **118**, 542, 1928
[21] Lieb, K.P., Contemp. Phys. **40**, 205, 1999
[22] Milosavljevic, M., et al., Appl. Phys. **A71**, 43, 2000; J. Appl. Phys.
[23] Ajzenberg-Selove, F., Nucl. Phys. **A449**, 1, 1986
[24] Thomson, J.J., Phil. Mag. **20**, 752, 1910; Aston, F.W. Phil. Mag. **38**, 709, 1919; **39**, 449, 1920
[25] Nier, A.O.C., Am. Sci. **54**, 59, 1966
[26] Ewald, H., in Handbuch der Physik, Bd. XXXIII, Springer, Berlin, 1956, S. 546
[27] Bieri, R., Everling, F., Mattauch, J., Z. Naturforsch. **10a**, 659, 1955
[28] Kirchner, R., et al., Nucl. Instr. Meth. **B26**, 235, 1987
[29] Münzenberg, G., in [PG97] S. 375

[30] Deslattes, R.D., Kessler, E.G., Saunder, W.C., Hennis, A., Ann. Phys. (N.Y.) **129**, 378, 1980
[31] Greene, G.L., Kessler, E.G., Deslattes, R.D., Börner, H.G., Phys. Rev. Lett. **56**, 819, 1986
[32] Oertzen, W. von, Berichte aus dem HMI, Bd. 2/1987, S. 14
[33] Mattauch, J.H.E., Thiele, W., Wapstra, A.H., Nucl. Phys. **67**, 1, 1965
[34] Wapstra, A.H., Audi, G., Nucl. Phys. **A432**, 1, 1985
[35] Möller, P., Nix, J.R., At. Data Nucl. Data Tabl. **26**, 165, 1981
[36] At. Data Nucl. Data Tabl. **17**, 1976
[37] Audi, G., Bersillon, O., Blachot, J., Wapstra, A.H., Nucl. Phys. **A624**, 1, 1997
[38] Rutherford, E., Radiations from Radioactive Substances, Cambridge University Press, Cambridge, 1930, S. 279
[39] Wegner, H.E., Eisberg, R.M., Igo, G., Phys. Rev. **99**, 825, 1955
[40] Hodgson, P.E., Rep. Progr. Phys. **47**, 613, 1984
[41] Friedman, E., Gils, H.J., Rebel, H., Phys. Rev. **C25**, 155, 1982
[42] Landau, L.D., Lifschitz, E.M., Lehrbuch der theoretischen Physik, Bd. II, Feldtheorie, Akademie Verlag, Berlin, 1963, S. 170
[43] Woods, R.D., Saxon, D.S., Phys. Rev. **95**, 577, 1954
[44] Hofstadter, R., Rev. Mod. Phys. **28**, 214, 1956; Ann. Rev. Nucl. Sci. **7**, 231, 1958
[45] Bellicard, J.B. et al., Phys. Rev. Lett. **19**, 527, 1967
[46] de Vries, H., de Jager, C.W., de Vries, C., At. Data Nucl. Data Tabl. **36**, 495, 1987
[47] Riisager, K., Rev. Mod. Phys. **66**, 1105, 1994; Hansen, P.G., Jensen, A.S., Jonson, B., Ann. Rev. Nucl. Part. Sci. **45**, 591, 1995
[48] Jonson, B., Richter, A., Phys. Bl. **54**, 1121, 1998
[49] Schrieder, G., Progr. Part. Nucl. Phys. **42**, 27, 1999
[50] Heisenberg, J., Nucl. Phys. **A396**, 391, 1983; Heisenberg, J., Blok, H.P., Ann. Rev. Nucl. Sci. **33**, 569, 1983
[51] Donnelly, T.W., Walecka, J.D., Ann. Rev. Nucl. Sci. **25**, 329, 1975
[52] Frisch, R.O., Stern, O., Z. Phys. **85**, 4 u. 17, 1933; Estermann, I., Simpson, J., Stern, O., Phys. Rev. **52**, 535, 1937
[53] Rabi, I.I., et al., Phys. Rev. **55**, 526, 1939
[54] Frois, B., Papanicolas, C.N., Ann. Rev. Nucl. Part. Sci. **37**, 133, 1987; Meissner, U.G., Kaiser, N., Weise, W., Nucl. Phys. **A466**, 685, 1987
[55] Fitch, V.L., Rainwater, J., Phys. Rev. **92**, 789, 1953
[56] Wu, C.S., Wilets, L., Ann. Rev. Nucl. Sci. **19**, 527, 1969; Devons, S., Duerdoth, I., Adv. Nucl. Phys. **2**, 295, 1969
[57] Backenstoß, G., Ann. Rev. Nucl. Sci. **20**, 467, 1970
[58] Brix, P., Kopfermann, H., Nachr. Akad. Wiss. Gött. **35**, 189, 1947; Rev. Mod. Phys. **30**, 517, 1958; Brix, P., Naturwiss. **64**, 293, 1977
[59] Ulm, G., et al., Z. Phys. **A325**, 247, 1986; Otten, E.W., Hyp. Int. **21**, 43, 1985
[60] Aufmuth, P., Heilig, K., Steudel, A., At. Data Nucl. Data Tabl. **37**, 455, 1987
[61] Heyde, K., et al., Phys. Rep. **102**, 291, 1983
[62] Schmidt, Th., Schüler, H., Z. Phys. **94**, 457, 1935; Casimir, H., Taylors Tweede Genootschap **11**, 1936; Nucl. Instr. Meth. **15/16**, 1, 1983; Brix, P., Z. Naturforsch. **41a**, 3, 1986
[63] Kopfermann, H., Kernmomente, Akad. Verlagsges., Frankfurt, 1956
[64] Alvarez, L.W., Bloch, F., Phys. Rev. **57**, 111, 1940

Abschnitt 4.3

[65] von Weizsäcker, C.F., Z. Phys. **96**, 431, 1935

[66] Bethe, H. A., Phys. Rev. **50**, 332, 1936; Bethe, H. A., Bacher, R. F., Rev. Mod. Phys. **8**, 32, 1936
[67] Gamow, G., Proc. Roy. Soc. (London) **A126**, 632, 1930; Bohr, N., Nature **137**, 144, 1936
[68] Myers, W. D., Droplet Model of Atomic Nuclei, Plenum, New York, 1983; Hasse, R. W., Mysers, W. D., Geometrical Relationships of Macroscopic Nuclear Physics, Springer, Berlin, 1988
[69] Rayleigh, J. W. S., The Theory of Sound, Vol. II, Macmillan New York, 1877
[70] Bohr, N., Kalckar, F., Kgl. Dan. Vid. Selsk. Mat.-fys. Medd. **14**, Nr. 10, 1937
[71] Bohr, A., Phys. Rev. **81**, 134, 1951; Bohr, A., Mottelson, B. R., Kgl. Dan. Vid. Selsk. Mat.-fys. Medd. **27**, Nr. 16, 1953
[72] De Frenne, D., et al., Nuclear Data Sheets **53**, 73, 1988
[73] Leander, G. A., in Nuclear Structure, 1985; Broglia, R., Hagemann, G., Herskind, B. (Hrsg.), North Holland, Amsterdam, 1985, S. 249
[74] Rohozinski, S. G., Rep. Progr. Phys. **51**, 541, 1988
[75] Baldwin, G. C., Kaliber, G. S., Phys. Rev. **71**, 3, 1947; **73**, 1156, 1948
Harvey, R. R., et al., Phys. Rev. **136**, B126, 1964
[76] Berman, B. L., Fultz, S. C., Rev. Mod. Phys. **47**, 713, 1975; Dietrich, S. S., Berman, B. L., At. Data Nucl. Data Tabl. **38**, 199, 1988
[77] Goldhaber, M., Teller, E., Phys. Rev. **74**, 1046, 1948
[78] Steinwedel, H., Jensen, J. H. D., Z. Naturforsch. **5a**, 413, 1950
[79] Pitthan, A., Walcher, Th., Phys. Lett. **36B**, 563, 1971; Fukuda, S., Torizuka, Y., Phys. Rev. Lett. **29**, 1109, 1972
[80] Fagg, L. W., Rev. Mod. Phys. **47**, 683, 1975; Bertrand, F. E., Ann. Rev. Nucl. Sci. **26**, 457, 1976; Speth, J., van der Woude, A., Rep. Progr. Phys. **44**, 719, 1981
[81] Grosse, E., et al., Phys. Scr. **24**, 337, 1981
[82] Bohr, A., Mottelson, B. R., Phys. Scr. **24**, 71, 1981
[83] Diamond, R. M., Stephens, F. S., Ann. Rev. Nucl. Sci. **30**, 85, 1980; Stephens, F. S., Nucl. Phys. **A396**, 307c, 1983
[84] de Voigt, M. J. A., Dudek, J., Szymanski, Z., Rev. Mod. Phys. **55**, 949, 1983
[85] Twin, P. J., et al., Phys. Rev. Lett. **57**, 511, 1986
[86] Janssens, R. V. F., Khoo, T. L., Ann. Rev. Nucl. Part. Sci. **41**, 301, 1991
[87] Byrski, T., et al., Phys. Rev. Lett. **64**, 1650, 1990; Baktash, C., Haas, B., Nazarewicz, W., Ann. Rev. Nucl. Part. Sci. **45**, 485, 1995
[88] Henry, R. G., et al., Phys. Rev. Lett. **73**, 777, 1994; Lopez-Martens, A., et al., Phys. Rev. Lett. **77**, 1707, 1996; Phys. Lett. **B380**, 18, 1996; Krücken, R., et al., Phys. Rev. **C55**, R1625, 1997; Weidenmüller, H. A., von Brentano, P., Barrett, B. R., Phys. Rev. Lett. **81**, 3603, 1998
[89] Keyser, U., Münnich, F., et al., Springer Tracts in Modern Physics, Springer, Berlin, 1988, und private Mitteilung
[90] Cameron, A. G. W., in Essays in Nuclear Astrophysics, Barnes, C. A., Clayton, D. D., Schramm, D. N. (Hrsg.), Cambridge University Press, Cambridge, 1982, S. 23
[91] Clayton, D. D., Fowler, W. A., Hull, T. E., Zimmermann, B. A., Ann. Phys. **12**, 331, 1961; Fowler, W. A., Rev., Mod. Phys. **56**, 149, 1984; Rolfs, C., Trautvetter, H. P., Rodney, W. S., Rep. Progr. Phys. **50**, 233, 1987
[92] Sakai, M., At. Data Nucl. Data Tabl. **31**, 399, 1984; Raman, S., et al., At. Data Nucl. Data Tabl. **36**, 1, 1987
[93] Goeppert-Mayer, M., Phys. Rev. **74**, 235, 1948; **75**, 1969, 1949; **78**, 16, 1950
[94] Haxel, O., Jensen, J. H. D., Suess, H., Phys. Rev. **75**, 1766, 1949; Z. Phys. **128**, 295, 1950
[95] Goeppert-Mayer, M., Jensen, J. H. D., Elementary Theory of Nuclear Shell Structure, Wiley, New York, 1955
[96] Elliott, J. P., Lane, A. M., The Nuclear Shell Model, Flügge, S. (Hrsg.), Handbuch der

Physik, Bd. 39, Springer, Berlin, 1957; De-Shalit, A., Talmi, I., Nuclear Shell Theory, Academic Press, New York, 1963
[97] Schmidt, Th., Z. Phys. **106**, 358, 1937; Schüler, H., Z. Phys. **107**, 12, 1937
[98] Arima, A., Horie, H., Progr. Theor. Phys. (Kyoto) **12**, 623, 1954
[99] Rainwater, J., Phys. Rev. **79**, 432, 1951
[100] Skyrme, T.H.R., Nucl. Phys. **9**, 615, 1959; Kuo, T.T.S., Brown, G.E., Nucl. Phys. **85**, 40, 1966; Anantaraman, N., Schiffer, J.P., Phys. Lett. **37B**, 229, 1971; siehe auch in [RS80], S. 172–187
[101] Moszkowski, S.A., in [SI65], Bd. II, S. 863
[102] Rowe, D.J., Rep. Progr. Phys. **48**, 1419, 1985
[103] Brown, B.A., Radhi, R., Wildenthal, B.H., Phys. Rep. **101**, 313, 1983
[104] In [EG87], S. 732–751
[105] Bethe, H.A., Rev. Mod. Phys. **9**, 69, 1937
[106] Krusche, B., et al., Nucl. Phys. **A386**, 245, 1982; Krusche, B., Lieb, K.P., Phys. Rev. **C34**, 2103, 1986
[107] Bethe, H., Ann. Rev. Nucl. Sci. **21**, 93, 1971
[108] Gutbrod, H.H., Stock, R., Phys. Blätter **43**, 136, 1987
[109] Greiner, W., Maruhn, J.A., Stöcker, H., High Energy Nucleus-Nucleus Collisions, World Scientific, Singapur, 1987
[110] Nilsson, S.G., Kgl. Dan. Vid. Selsk. Mat.-fys. Medd. **29**, Nr. 16, 1955
[111] Nazarewicz, W. et al., Nucl. Phys. **A435**, 397, 1985
[112] De Bettencourt, J., et al., Phys. Rev. **C34**, 1706, 1986; Almeide, J., et al., Nucl. Phys. **A315**, 71, 1979
[113] Lühmann, L., et al., Europhys. Lett. **1**, 623, 1986; Harder, A., et al., Phys. Lett. **B374**, 277, 1996; Phys. Rev. **C55**, 1780, 1997
[114] Johnson, A., Ryde, H., Hjorth, S.A., Nucl. Phys. **A179**, 753, 1972
[115] Mottelson, B.R., Valatin, J.G., Phys. Rev. Lett. **5**, 511, 1960
[116] Stephens, F.S., Rev. Mod. Phys. **47**, 43, 1975
[117] Lieder, R.M., Ryde, H., Adv. Nucl. Phys. **10**, 1, 1978; Faessler, A., Nucl. Phys. **A396**, 211c, 1983
[118] Garrett, J.D., Hagemann, G.B., Herskind, B., Ann. Rev. Nucl. Part. Sci. **36**, 419, 1986
[119] Arima, A., Iachello, F., Ann. Rev. Nucl. Sci. **31**, 75, 1981; Adv. Nucl. Phys. **13**, 139, 1984
[120] Harter, H., von Brentano, P., Gelberg, A., Otsuka, T., Phys. Lett. **188B**, 295, 1987
[121] Bohle, D., et al., Phys. Lett. **B137**, 27, 1984
[122] LoIudice, N., Richter, A., Phys. Lett. **B304**, 193, 1993
[123] Richter, A., Progr. Part. Nucl. Phys. **34**, 261, 1995
[124] Baldsiefen, G., et al., Nucl. Phys. **A574**, 521, 1994; Hübel, H., Nuovo Cim. **111A**, 709, 1998
[125] Frauendorf, S., Nucl. Phys. **A557**, 259c, 1993; Frauendorf, S., Reif, J., Nucl. Phys. **A621**, 738, 1997

Abschnitt 4.4

[126] Urey, H.C., Brickwedde, F.G., Murphy, G.M., Phys. Rev. **39**, 164, 1932
[127] Kellogg, J.M.B., Rabi, I.I., Ramsey, N., Zacharias, J.R., Phys. Rev. **55**, 318, 1939; Kellogg, J.M.B., Rabi, I.I., Phys. Rev. **57**, 677, 1940
[128] Bugg, D.V., Progr. Part. Nucl. Phys. **7**, 47, 1981
[129] Mott, N.F., Massey, H.S., The Theory of Atomic Collisions, Oxford, 1965; Goldberger, M.I., Watson, K.M., Collision Theory, Wiley, New York, 1964
[130] Fermi, E., Z. Phys. **88**, 161, 1934

[131] Mott, N.F., Proc. Roy, Soc. (London) **A126**, 259, 1930
[132] Knecht, R., et al., Phys. Rev. **114**, 550, 158; Blair, J.M., et al., Phys. Rev. **74**, 553, 948
[133] Brown, G.E., Jackson, A.D., The Nucleon-Nucleon Interaction, North Holland, Amsterdam, 1976
[134] Bugg, D.V., Ann. Rev. Nucl. Part. Sci. **35**, 295, 1985
[135] Meyer, H.O., et al., Phys. Rev. **C27**, 457, 1983
[136] Heisenberg, W., Z. Phys. **77**, 1, 1932
[137] Wigner, E.P., Group Theory and its Application to the Quantum Mechanics of Atomic Spectra, Academic Press, New York, 1959
[138] In [BM69], Bd. I, S. 43
[139] Endt, P., Van der Leun, C., Nucl. Phys. **A310**, 67, 1978
[140] Weise, W., Progr. Theor., Phys. Suppl. **91**, 99, 1987
[141] Particle Data Group, Groom, D.E. et al., Eur. Phys. J. **C15**, 1, 2000
[142] Feynman, R.P., Theory of Fundamental Processes, Benjamin, New York, 1962
[143] Hamada, T., Johnston, I.D., Nucl. Phys. **34**, 382, 1962; Reid, R.V., Ann. Phys. **50**, 411, 1968
[144] Vinh-Mau, R., Phys. Rev. **C31**, 861, 1980
[145] Holinde, K., Machleidt, R., Lecture Notes in Physics **197**, 352, 1984; Machleidt, R., Holinde, K., Elster, Ch., Phys. Rep. **149**, 1, 1987
[146] Gell-Mann, M., Phys. Lett. **8**, 214, 1964; Zweig, G., CERN Report 8182/Th 401, 1984, unveröffentlicht
[147] Fermi, E., Yang, C.N., Phys. Rev. **76**, 1739, 1949
[148] Pedroni, E., et al., Nucl. Phys. **A300**, 321, 1978; Höhler, G., Landolt-Börnstein, Neue Serie, Band 9, Springer, Berlin, 1983
[149] Gasser, J., Leutwyler, H., Phys. Rep. **87**, 74, 1982; Reinders, L.J., Rubinstein, H.R., Yazaki, S., Phys. Rep. **127**, 1, 1988
[150] Amendolia, S.R., et al., Phys. Lett. **138B**, 545, 1984; Nucl. Phys. **B277**, 168, 1986
[151] Satz, H., Specht, H.J., Stock, R. (Hrsg.), Z. Phys. **C38**, 1988
[152] Essays in Nuclear Astrophysics, Barnes, C.A., Clayton, D.D., Schramm, N.D. (Hrsg.), Cambridge University Press, Cambridge, 1982
[153] Gell-Mann, M., Ne'eman, Y., The Eightfold Way, Benjamin, New York, 1964; Lenz, F., Progr. Theor. Phys. Suppl. **91**, 27, 1987; Sauer, P.U., Progr. Part. Nucl. Phys. **16**, 35, 1986


Abschnitt 4.5

[154] Seelmann-Eggebert, W., Pfennig G., Münzel, H., Nuklidkarte, Gesellschaft für Kernforschung, Karlsruhe, 1978
[155] Lederer, M., Shirley, V., Table of Isotopes, Wiley, New York, 1978
[156] Nuclear Data Sheets, Tuli, J.K. (Hrsg.), Academic Press, New York, 1971 ff
[157] Kiefer, H., Koelzer, W., Strahlen und Strahlenschutz, Springer, Berlin, 1987
[158] In [BM69], Vol. I, S. 2–136; [FH79], S. 185–267
[159] Geiger, H., Nuttall, J.M., Phil. Mag. **22**, 613, 1911
[160] Gamow, G., Z. Phys. **51**, 204, 1928; Gondon, E.U., Gurney, R.W., Nature **122**, 439, 1928
[161] Perlman, I., Rasmussen, J.O., Handbuch der Physik, Band 42, Springer, Berlin, 1957, S. 109; Rasmussen, J.O., Phys. Rev. **113**, 1593, 1959
[162] Fliessbach, T., Mang, H.J., Nucl. Phys. **A263**, 75, 1976
[163] Westmeier, W., Merklin, A., Catalog of α-Particles from Radioactive Decay, Physics Data, Fachinformationszentrum Karlsruhe Nr. 29-1, 1985
[164] Seaborg, G.T., in Heavy Element Properties, Müller, W., Blank, H. (Hrsg.), North

Holland, Amsterdam, 1976, S. 3; Flerov, G. N., Ter-Akopyan, G. M., Rep. Progr. Phys. **46**, 817, 1983
[165] Armbruster, P., Ann. Rev. Nucl. Part. Sci. **35**, 135, 1985; Münzenberg, G., Rep. Progr. Phys. **51**, 53, 1987; Hofmann, S., Münzenberg, G., Rev. Mod. Phys. **72**, 733, 2000
[166] Hofmann, S., in [IP88]; Hardy, J.C., Science **227**, 993, 1985; Cerny, J., Hardy, J.C., Ann. Rev. Nucl. Sci. **27**, 333, 1977
[167] Rose, H.J., Jones, G.A., Nature **307**, 245, 1984; Hofmann, S., in [IP88]
[168] Hahn, O., Straßmann, F., Naturwiss. **27**, 11, 1939; **27**, 89, 1939
[169] Fermi, E., Am. J. Phys. **20**, 536, 1952
[170] Wohlfahrt, H. (Hrsg.), 40 Jahre Kernspaltung, Wissensch. Buchges., Darmstadt, 1979
[171] Meitner, L., Frisch, O.R., Nature **143**, 239, 1939
[172] Bohr, N., Wheeler, J.A., Phys. Rev. **56**, 426, 1939
[173] Flügge, S., Naturwiss. **27**, 402, 1939
[174] Flerov, G.N., Petrzhak, K.A., Phys. Rev. **58**, 89, 1940; J. Phys. **3**, 275, 1940
[175] Vandenbosch, R., Huizenga, J.R., Nuclear Fission, Academic Press, New York, 1973; Wahl, A.C., At. Data Nucl. Data Tabl. **39**, 1, 1988; Hyde, E.K., Nuclear Properties of Heavy Elements, III: Fission Phenomena, Prentice-Hall, Englewood Cliffs, N.J., 1964
[176] Polikanow, S.M., et al., J. Exptl. Theor. Phys. (USSR) **42**, 1464, 1962
[177] Swiatecki, W.J., Bjornholm, S., Phys. Rev. **46**, 326, 1972; Metag, V., Habs, J., Specht, H.J., Phys. Rep. **65**, 1, 1980
[178] Schulten, R., Güth, W., Reaktorphysik, BI-Hochschultaschenbücher Bd. 6, 11, Mannheim, 1962
[179] Emendörfer, D., Höcker, K.H., Theorie der Kernreaktoren, Bd. I, II, Bibliogr. Institut Mannheim, 1969
[180] Marion, J.B., Fowler, J.L. (Hrsg.), Fast Neutron Physics, Wiley-Interscience, New York, 1960–63
[181] Cameron, I.R., Nuclear Fission Reaktors, Plenum, New York, 1982
[182] Cohen, B.L., Before It's Too Late. Plenum, New York, 1983
[183] Landau, L.D., Lifschitz, E.M., Lehrbuch der theoretischen Physik, Feldtheorie, Akademie Verlag, Berlin, 1963, S. 107
[184] Bjorken, J.D., Drell, S.D., Relativistische Quantenmechanik, BI Taschenbuch, Mannheim, 1966
[185] Feynman, R.P., Quantenelektrodynamik, BI Taschenbuch, Mannheim, 1968
[186] In [BW52], S. 583–658
[187] Rose, M.E., Multipole Fields, Wiley, New York, 1955
[188] Warburton, E.K., Weneser, J., in [WI69], S. 173; Hanna, S.S., in [WI69], S. 591; Alder, K., Steffen, R.M., in [HA75], S. 39–54
[189] Endt, P., At. Data Nucl. Data Tabl. **26**, 47, 1981
[190] Löbner, K.E.G., in [HA75], S. 173
[191] Cochavi, S., McDonald, J.M., Fossan, D.B., Phys. Rev. **C3**, 1352, 1971
[192] Devons, S., Nature **164**, 586, 1949; Alexander, T.K., Bell, A., Nucl. Instr. Meth. **81**, 22, 1970
[193] Nolan, P.J., Sharpey-Schafer, J.F., Rep. Progr. Phys. **42**, 1, 1979
[194] Lieb, K.P., in [PG97], S. 425
[195] Rascher, R., Lieb, K.P., Uhrmacher, M., Phys. Rev. **C13**, 1217, 1977; Lieb, K.P., et al., Nucl. Phys. **A223**, 433, 1974
[196] Elliott, L.G., Bell, P.E., Phys. Rev. **74**, 1869, 1948
[197] Loritz, R., et al., Eur. Phys. J. **A6**, 257, 1999
[198] Metzger, F.I., Progr. Nucl. Phys. **7**, 54, 1959

[199] Kneissl, U., Pitz, H. H., Zilges, A., Progr. Part. Nucl. Phys. **37**, 349, 1996
[200] Mößbauer, R. L., Z. Phys. **151**, 154, 1958; Naturwiss. **45**, 538, 1958
[201] Wegener, H., Der Mößbauer-Effekt und seine Anwendungen in Physik und Chemie, BI Hochschultaschenbuch, Mannheim, 1965
[202] Gonser, U. (Hrsg.), Mößbauer Spectroscopy – Topics in Applied Physics, Bd. 5, Springer, Berlin, 1975
[203] Roesel, F., et al., At. Data Nucl. Data Tabl. **21**, 91, 1978
[204] Hamilton, J. H., in [HA75], S. 441
[205] Konopinski, E. J., The Theory of Beta Radioactivity, Clarendon Press, Oxford, 1966
[206] Lipkin, H., Beta Decay for Pedestrians, Wiley-Interscience, New York, 1962
[207] Reines, F., Cowans, C. L., Phys. Rev. **113**, 273, 1959
[208] Fermi, E., Z. Phys. **88**, 161, 1934
[209] Behrens, H., Bühring, W., Electron Radial Wave Functions and Nuclear Beta-Decay, Clarendon Press, Oxford, 1982
[210] Kündig, W., et al., in Weak and Electromagnetic Interactions in Nuclei; Klapdor, H. V. (Hrsg.), Springer, Berlin, 1986, S. 778
[211] Blin-Stoyle, R. J., Freeman, J. M., Nucl. Phys. **A150**, 369, 1970; Fajans, S. A., Phys. Lett. **37B**, 155, 1971; Christensen, C. J., et al., Phys. Rev. **D5**, 1628, 1972
[212] Bopp, P., Dubbers, D., et al., Phys. Rev. Lett. **56**, 919, 1986
[213] Neubeck, N., Schober, H., Wäffler, H., Phys. Rev. **C10**, 320, 1974; Gari, M., Kümmel, H., Phys. Rev. Lett. **23**, 26, 1969; Henley, E. M., Keliker, T. E., Pardee, W. J., Phys. Rev. Lett. **23**, 941, 1969
[214] Henley, E. M., Ann. Rev. Nucl. Sci. **19**, 367, 1969; Weinberg, S., Rev. Mod. Phys. **52**, 515, 1980; Salam, A., ibid. 525; Glasgow, S. L., ibid. 539
[215] Goldhaber, M., Grodzins, L., Sunyar, A. W., Phys. Rev. **109**, 1015, 1958
[216] Kirsten, T., in The Origin of the Solar System, Dermott, S. F. (Hrsg.), London, 1978

# 5 Elementarteilchen

*Rolf-Dieter Heuer, Peter Schmüser*

## 5.1 Historische Entwicklung und grundlegende Konzepte der Elementarteilchenphysik

### 5.1.1 Elementarteilchen in der Atom- und Kernphysik

Schon im Altertum sind die Menschen von der Idee fasziniert gewesen, dass alle Materie aus kleinsten, unteilbaren Bausteinen, den „Atomen", bestehen könnte. Die moderne Naturwissenschaft hat diese Vorstellung bestätigt, aber im 20. Jahrhundert ist die Rolle der fundamentalen Bausteine der Materie von den Elementarteilchen übernommen worden. Doch die Frage, welche dieser Teilchen wirklich elementar und nicht ihrerseits aus kleineren Objekten aufgebaut sind, ist nicht endgültig geklärt und wird uns im Weiteren ausführlich beschäftigen.

Nur drei Elementarteilchen sind erforderlich, um den Aufbau der Atome, Moleküle, Festkörper und letztlich der gesamten makroskopischen Materie zu erklären: Protonen und Neutronen sind die Bestandteile der Atomkerne, Elektronen bilden die Atomhülle. Die Entwicklung der Quantenphysik ist eng mit einer anderen Sorte von „Teilchen" verknüpft, den *Photonen* oder Lichtquanten. Diese bauen keine Materie auf, sondern sind die elementaren *Energiequanten des elektromagnetischen Feldes*.

Die Quantenmechanik ist in den zwanziger Jahren mit großem Erfolg angewandt worden, um die Struktur der Atome und ihre Spektrallinien zu erklären. Diese Theorie beruht auf der nichtrelativistischen Mechanik, doch bereits bei der Feinstruktur der atomaren Spektren erwiesen sich relativistische Korrekturen als nötig (s. Kap. 1, Abschn. 1.3.6.1). Wenn man die Prinzipien der speziellen Relativitätstheorie und der Quantenmechanik in einer relativistischen Quantentheorie vereinigt, folgt nahezu zwangsläufig, dass zu jedem bekannten Teilchen ein *Antiteilchen* existieren muss, welches die gleiche Masse, aber die entgegengesetzte Ladung hat. Das Positron als Antiteilchen des Elektrons wurde 1932 gefunden, wenige Jahre nach der Aufstellung der Dirac-Gleichung, der relativistischen Wellengleichung für Teilchen mit Spin 1/2. Das Antiproton wurde 23 Jahre später am eigens dafür gebauten Bevatron-Beschleuniger in Berkeley, USA, entdeckt.

Doch noch ein weiteres Teilchen wird in unserer Welt gebraucht. Nach der Entdeckung des Neutrons im Jahr 1932 wurde deutlich, dass die Beta-Zerfälle der Atomkerne die fundamentalen Erhaltungssätze von Energie, Impuls und Drehimpuls verletzen würden, sofern man nicht die Existenz eines nahezu masselosen, ungeladenen Teilchens, des Neutrinos, fordert. Auch bei den Kernumwandlungen in der Sonne spielt das Neutrino eine Rolle.

Eine merkwürdige Asymmetrie besteht darin, dass alle uns bekannte Materie aus den „Teilchen" Proton, Neutron und Elektron aufgebaut ist. Die „Antiteilchen" Antiproton, Antineutron und Positron können zwar künstlich erzeugt werden, sind aber nicht permanent vorhanden und werden beim Zusammentreffen mit den zugehörigen Teilchen vernichtet. Diese Asymmetrie ist in der relativistischen Quantentheorie nicht vorhanden, dort könnte man genauso gut das Positron als das Teilchen und das Elektron als das Antiteilchen bezeichnen. Es ist eine ungeklärte Frage, ob es irgendwo im Universum größere Ansammlungen von Antimaterie[1] gibt.

### 5.1.2 Erste Versuche zur Beschreibung der fundamentalen Wechselwirkungen

Die Elementarteilchenphysik beschäftigt sich mit den fundamentalen, kleinsten Bestandteilen der Materie und ihren Wechselwirkungen. Drei Arten von Wechselwirkungen spielen nach unserem heutigen Verständnis eine wesentliche Rolle, die *starke Wechselwirkung*, die Protonen und Neutronen im Kern zusammenhält, die *elektromagnetische Wechselwirkung* zwischen ruhenden oder bewegten Ladungen und die *schwache Wechselwirkung*, die für den radioaktiven Beta-Zerfall verantwortlich ist. Die Gravitation ist so viel schwächer, dass sie im Allgemeinen außer Acht gelassen werden kann.

Viele Jahrzehnte experimenteller Forschung und theoretischer Anstrengung waren nötig, um das sogenannte „*Standard-Modell*" der vereinheitlichten elektromagnetischen und schwachen Wechselwirkungen zu etablieren und mit der *Quantenchromodynamik (QCD)* die erste respektable Feldtheorie der starken Wechselwirkung zu formulieren. Einige Schritte auf diesem langen Weg sollen in den folgenden Abschnitten skizziert werden. Im Anschluss daran wollen wir zeigen, dass diese leistungsfähigen Theorien ein gründliches und konsistentes Verständnis einer enormen Vielzahl von Teilchenreaktionen ermöglichen.

Die klassische Elektrodynamik wurde im 19. Jahrhundert entwickelt und gipfelte in den Maxwell'schen Gleichungen, die immer noch zu den fundamentalsten Gesetzen der Physik gehören. Eine kritische Neubetrachtung des Elektromagnetismus begann um 1900 mit der Planck'schen Theorie der Hohlraumstrahlung und der Einstein'schen Erklärung des photoelektrischen Effekts, die zum Konzept des Photons führten. Die Idee, dass die Energie einer elektromagnetischen Welle durch Feldquanten getragen wird, ist ein Grundelement der *Quantenelektrodynamik (QED)*, der Quantenfeldtheorie der elektromagnetischen Wechselwirkung. In der klassischen Elektrodynamik kommt die anziehende Kraft zwischen einem Elektron und einem Atomkern dadurch zustande, dass der Kern ein elektrisches Feld erzeugt und dieses Feld auf negativ geladene Teilchen eine Kraft in Richtung auf den Kern hin ausübt. Die Streuung von hochenergetischen Elektronen oder $\alpha$-Teilchen an Kernen kann unter Benutzung des Coulomb-Gesetzes mit der klassischen Mechanik behandelt werden, und überraschenderweise stimmt der klassisch berechnete differentielle Wirkungsquerschnitt mit dem quantentheoretischen Resultat überein. In der Sprache

---

[1] 1995 ist es W. Oelert und anderen gelungen, die ersten Antiatome herzustellen. Im Antiproton-Speicherring LEAR am CERN wurden Positronen von Antiprotonen eingefangen, siehe Phys. Blätter, Feb. 1996, S. 100.

## 5.1 Historische Entwicklung und grundlegende Konzepte

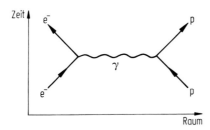

**Abb. 5.1** Feynman-Diagramm für die Elektron-Proton-Streuung. Eine gerade Linie symbolisiert die ungestörte Bewegung eines Teilchens, hier also des Elektrons oder Protons vor und nach der Streuung, während das Photon durch eine Wellenlinie angedeutet wird. Man kann den Graphen so interpretieren, dass das Proton am rechten Vertex ein Photon emittiert, welches am linken Vertex vom Elektron absorbiert wird. Man könnte aber genauso gut annehmen, dass das Photon vom Elektron emittiert und vom Proton absorbiert wird. Dieses Diagramm erster Ordnung macht keine Aussage über die Richtung der Kraft zwischen Elektron und Proton. Ein ähnliches Diagramm würde für die Positron-Proton-Streuung gezeichnet werden. Insbesondere soll die Konvergenz der einlaufenden und die Divergenz der auslaufenden Linien nicht implizieren, dass die Teilchen sich abstoßen. Die Diagramme wurden von dem amerikanischen Physiker Richard P. Feynman (1918–1988) eingeführt.

der Quantenfeldtheorie ist das vom Atomkern erzeugte Feld aus Feldquanten, den Photonen, aufgebaut. Der elementare Streuprozess besteht darin, dass der Atomkern ein Photon emittiert und dieses vom Elektron absorbiert wird (oder umgekehrt). Symbolisch wird dieser Vorgang durch das in Abb. 5.1 gezeigte *Feynman-Diagramm* dargestellt. Die Bedeutung der Feynman-Diagramme wird in Abschn. 5.5 erläutert.

Yukawa hat den Versuch unternommen, die Kernwechselwirkungen durch den Austausch von Feldquanten zu beschreiben, die *Mesonen* genannt wurden. Die kurze Reichweite der Kernkraft erfordert eine nichtverschwindende Ruhemasse der Quanten. Man kann sie wie folgt abschätzen: wenn ein Proton oder Neutron ein Meson der Masse $m$ emittiert, verletzt dieser Prozess den Energiesatz um einen Betrag $\Delta E \approx mc^2$. Gemäß der Energie-Zeit-Unschärferelation ist eine solche Verletzung für eine hinreichend kurze Zeit zulässig: $\Delta t \leq \hbar/\Delta E$. Die maximal mögliche Flugstrecke des Mesons und somit die Reichweite der Wechselwirkung ist dann $\Delta R \approx c\Delta t \leq \hbar/(mc)$. Setzt man für $\Delta R$ die bekannte Reichweite der Kernkräfte von etwa 1.4 fm ($1.4 \cdot 10^{-15}$ m) ein, so ergibt sich für die Ruheenergie des als $\pi$-Meson (oder auch

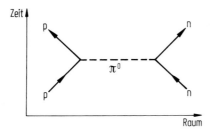

**Abb. 5.2** Feynman-Diagramm für die Proton-Neutron-Wechselwirkung durch Austausch eines $\pi$-Mesons.

Pion) bezeichneten Feldquants der Wert $mc^2 = 140$ MeV. Die Wechselwirkung von Proton und Neutron durch Meson-Austausch ist in Abb. 5.2 skizziert.

Hierzu sind zwei Anmerkungen zu machen: Erstens sind die Kernkräfte viel komplizierter als die elektrischen Kräfte und werden durch Meson-Austausch nicht adäquat beschrieben, und zweitens ist der Energiesatz in Feynman-Diagrammen in Wahrheit nicht verletzt. Das ausgetauschte Feldquant ist jedoch kein reelles, sondern ein sogenanntes *virtuelles Teilchen,* dessen Masse sich von der des reellen, freien Teilchens unterscheidet. Trotzdem bleibt die Schlussfolgerung richtig, dass massive Feldquanten Kräfte endlicher Reichweite vermitteln.

Um die mathematische Form des mit dem π-Mesonfeld verknüpften Potentials zu finden, betrachten wir zunächst den elektrischen Fall. Für eine zeitunabhängige Ladungsverteilung $\varrho(r)$ erfüllt es die Poisson-Gleichung

$$-\nabla^2 V = \varrho(r)/\varepsilon_0. \tag{5.1}$$

Für eine Punktladung am Ursprung ist $\varrho(r) = e\delta^3(r)$, und die Lösung lautet

$$V(r) = \frac{e}{4\pi\varepsilon_0 r}. \tag{5.2}$$

Ladungen sind die Quellen des elektrischen Feldes, und für eine Punktladung ergibt sich das Coulomb-Potential mit seiner charakteristischen $1/r$-Abhängigkeit.

In Analogie dazu sehen wir *Nukleonen* (Protonen, Neutronen) als Quellen des Meson-Feldes an. Die Verallgemeinerung der Gl. (5.1) für ein Feld mit Quanten endlicher Ruhemasse $m$ lautet

$$-\nabla^2 V + \left(\frac{mc}{\hbar}\right)^2 V = g\delta^3(r). \tag{5.3}$$

Dies ist die zeitunabhängige Form der *Klein-Gordon-Gleichung.* Hierbei ist angenommen worden, dass sich ein punktförmiges Nukleon am Ort $r = 0$ befindet. An Stelle der Ladung tritt hier eine *Kopplungskonstante* $g$ auf, die die Stärke der Kernkraft charakterisiert. Gleichung (5.3) wird gelöst durch

$$V(r) = \frac{g}{4\pi} \cdot \frac{\exp(-\mu r)}{r} \quad \text{mit} \quad \mu = \frac{mc}{\hbar}. \tag{5.4}$$

Dies ist das *Yukawa-Potential.* Seine Reichweite wird als der Abstand definiert, bei dem der Exponentialfaktor auf $1/e$ abgefallen ist: $\Delta R \cdot \mu = 1 \Rightarrow \Delta R = \hbar/(mc)$. Dies ergibt die gleiche Reichweite wie unsere frühere Abschätzung. Die Yukawa'schen Vorstellungen sind für die Entwicklung der Elementarteilchenphysik sehr wichtig gewesen und deshalb dargestellt worden, obwohl man heute die Mesonen keinesfalls als die Quanten der starken Wechselwirkung ansehen kann. Die eigentlichen starken Kräfte wirken zwischen den *Quarks* und werden durch Feldquanten vermittelt, die man *Gluonen* nennt (s. Abschn. 5.1.3).

Für die schwache Wechselwirkung, exemplarisch durch den Neutron-Zerfall $n \rightarrow p + e^- + \bar{\nu}_e$ vertreten, hat Fermi in den dreißiger Jahren einen theoretischen Ansatz gemacht, der gewisse Analogien zur QED hat. Anstelle des Photons wird ein Elektron-Neutrino-Paar an genau dem gleichen Punkt in Raum und Zeit abgestrahlt, an dem sich das Neutron in ein Proton umwandelt (Abb. 5.3). Die Fermi-

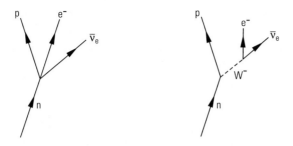

**Abb. 5.3** *Links:* Diagramm für die punktförmige schwache Wechselwirkung beim β-Zerfall des Neutrons gemäß der Fermi-Theorie. *Rechts:* Feynman-Graph für den Neutron-Zerfall mit intermediärem W-Boson.

Theorie erlaubt es, die Kern-β-Zerfälle phänomenologisch richtig zu beschreiben. Messungen bei hohen Energien haben aber gezeigt, dass die schwache Wechselwirkung nicht punktförmig wirkt, sondern eine endliche, wenn auch extrem kleine Reichweite von ca. 0.001 fm hat. Man kann sie durch ein Yukawa-Potential beschreiben mit Feldquanten, den *W- und Z-Bosonen*, deren Ruhemasse um nahezu drei Zehnerpotenzen größer als die der π-Mesonen ist.

### 5.1.3 Unser heutiges Bild der Elementarteilchen und ihrer Wechselwirkungen

Im Jahr 1937 wurden in der Höhenstrahlung Teilchen entdeckt, deren Masse von etwa 100 MeV/$c^2$ sie als geeignete Kandidaten für die von Yukawa postulierten Austauschteilchen der Kernkräfte erscheinen ließ. Kurz darauf fand man aber, dass diese Teilchen größere Materiedicken ohne merkliche Absorption durchdringen und daher schwerlich eine starke Wechselwirkung mit den Atomkernen haben können. Die heute als μ-Teilchen oder *Myonen* bezeichneten Teilchen sind das erste Beispiel dafür gewesen, dass es Elementarteilchen gibt, für deren Existenz anscheinend keine Notwendigkeit besteht, weder zur Erklärung des Aufbaus der Atomkerne noch um ihre Zerfälle zu verstehen. Die Yukawa-π-Mesonen, oft auch *Pionen* genannt, wurden 1947 gefunden, ebenfalls in der Höhenstrahlung.

Grundlage für die Erzeugung von Teilchen ist die Einstein'sche Beziehung $E = mc^2$, die besagt, dass Energie und Masse äquivalent sind. Wenn ein hochenergetisches Proton aus dem Weltall mit einem Kern der Lufthülle der Erde zusammenstößt, können viele Teilchen entstehen, vorwiegend π-Mesonen. Abb. 5.4a zeigt als Beispiel die Erzeugung von zwei π-Mesonen in der Proton-Proton-Wechselwirkung. In den Experimenten mit Protonen- und Elektronenbeschleunigern fand man ganze Familien neuartiger Elementarteilchen, die allem Anschein nach nur für kurze Zeit ins Leben gerufen werden können, in der uns umgebenden Welt jedoch keine Rolle spielen. Als erste wurden die K-Mesonen („Kaonen") sowie die Λ- und Σ-Teilchen entdeckt, die man als *seltsame Teilchen* (strange particles) bezeichnete, weil sie nur gemeinsam als KΛ- oder KΣ-Paare durch die starke Wechselwirkung erzeugt werden, aber individuell durch die schwache Wechselwirkung zerfallen. Abb. 5.4b zeigt die Erzeugung eines $K^0 \Lambda^0$-Paares bei der Wechselwirkung eines negativ gela-

836  5 Elementarteilchen

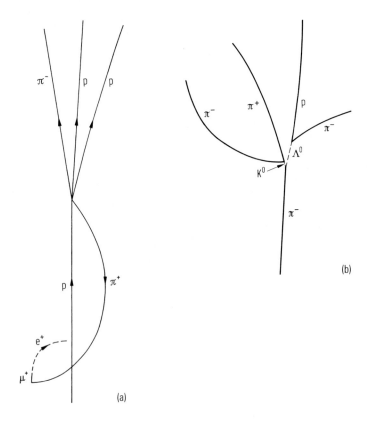

**Abb. 5.4** Skizzen von Blasenkammeraufnahmen der Reaktionen
(a) $p + p \to p + p + \pi^+ + \pi^-$. Das $\pi^+$-Meson zerfällt über die Kette $\pi^+ \to \mu^+ \nu_\mu$, $\mu^+ \to e^+ \bar{\nu}_\mu \nu_e$.
(b) $\pi^- + p \to K^0 + \Lambda^0$ mit den anschließenden Zerfällen $K^0 \to \pi^+ \pi^-$ und $\Lambda^0 \to p \pi^-$.

denen $\pi$-Mesons mit einem Proton im flüssigen Wasserstoff einer Blasenkammer. Die neutralen Teilchen $K^0$ und $\Lambda^0$ legen eine deutlich messbare Strecke von einigen Zentimetern zurück, ehe sie zerfallen. Zwei weitere Familien, die Charm- und Bottom-Teilchen, wurden ab Mitte der siebziger Jahre gefunden. Heute sind Hunderte von Teilchen bekannt, die man entweder als Grund- oder Anregungszustände elementarer Teilchen auffassen kann. Viele der Grundzustandsteilchen sind relativ langlebig. Diese sind in Tab. 5.1 aufgeführt.

Bei der Klassifikation der Elementarteilchen sind die wichtigsten Merkmale der Symmetriecharakter ihrer Wellenfunktion und die Art der Wechselwirkung. Teilchen mit halbzahligem Spin heißen *Fermionen* und haben eine antisymmetrische Gesamtwellenfunktion, Teilchen mit ganzzahligem Spin heißen *Bosonen* und haben eine symmetrische Wellenfunktion. Fermionen können nur paarweise erzeugt oder vernichtet werden, während es für Bosonen keine solchen Einschränkungen gibt.

Die weitere Einteilung erfolgt aufgrund der Wechselwirkung. Teilchen mit starker Wechselwirkung werden *Hadronen* genannt, wobei man zwischen *Mesonen* (ganzzahliger Spin) und *Baryonen* (halbzahliger Spin) unterscheidet. Die Teilchen mit

## 5.1 Historische Entwicklung und grundlegende Konzepte

**Tab. 5.1** Liste der langlebigen Teilchen, die nicht über die starke Wechselwirkung zerfallen. Ein Stern (*) zeigt an, dass für die Spinquantenzahl $J$ keine Messung vorliegt, sondern die Quark-Modell-Vorhersage aufgeführt ist.

| Teilchen | | Spin $J$ | Ruhemasse $m_0$ in MeV/$c^2$ | Lebensdauer $\tau$ in s | typischer Zerfall |
|---|---|---|---|---|---|
| **Leptonen** | $\nu_e$ | 1/2 | $< 3 \cdot 10^{-6}$ | stabil | |
| | $\nu_\mu$ | 1/2 | $< 0.19$ | stabil | |
| | $\nu_\tau$ | 1/2 | $< 18.2$ | stabil | |
| | $e^-$ | 1/2 | 0.511 | stabil | |
| | $\mu^-$ | 1/2 | 105.7 | $2.2 \cdot 10^{-6}$ | $e^- \bar{\nu}_e \nu_\mu$ |
| | $\tau^-$ | 1/2 | 1777.0 | $2.9 \cdot 10^{-13}$ | $e^- \bar{\nu}_e \nu_\tau, \mu^- \bar{\nu}_\mu \nu_\tau, \nu_\tau +$ Hadronen |
| **Mesonen** | $\pi^\pm$ | 0 | 139.57 | $2.6 \cdot 10^{-8}$ | $\pi^+ \to \mu^+ \nu_\mu$ |
| | $\pi^0$ | 0 | 134.98 | $0.8 \cdot 10^{-16}$ | $\pi^0 \to \gamma\gamma$ |
| | $\eta^0$ | 0 | 547.3 | $5.6 \cdot 10^{-19}$ | $\gamma\gamma, 3\pi^0$ |
| | $K^\pm$ | 0 | 493.7 | $1.24 \cdot 10^{-8}$ | $K^+ \to \mu^+ \nu_\mu, \pi^+\pi^0$ |
| | $K^0, \overline{K}^0$ | 0 | 497.7 | | 50% $K_S^0$, 50% $K_L^0$ |
| | $K_S^0$ | 0 | | $0.89 \cdot 10^{-10}$ | $\pi^+\pi^-$ |
| | $K_L^0$ | 0 | | $5.2 \cdot 10^{-8}$ | $\pi^+\pi^-\pi^0$ |
| | $D^\pm$ | 0 | 1869.3 | $10.5 \cdot 10^{-13}$ | $D^+ \to K^- +$ Hadronen |
| | $D^0, \overline{D}^0$ | 0 | 1864.5 | $4.1 \cdot 10^{-13}$ | $D^0 \to K^- +$ Hadronen |
| | $D_s^\pm$ | 0 | 1968.6 | $5.0 \cdot 10^{-13}$ | $K +$ Hadronen |
| | $B^\pm$ | 0* | 5279.0 | $16.5 \cdot 10^{-13}$ | $D +$ Leptonen/Hadronen |
| | $B^0, \overline{B}^0$ | 0* | 5279.4 | $15.5 \cdot 10^{-13}$ | $D +$ Leptonen/Hadronen |
| | $B_s^0$ | 0* | 5369.6 | $14.9 \cdot 10^{-13}$ | $D +$ Leptonen/Hadronen |
| **Baryonen** | $p$ | 1/2 | 938.27 | stabil | |
| | $n$ | 1/2 | 939.57 | 887 | $pe^-\bar{\nu}_e$ |
| | $\Lambda^0$ | 1/2 | 1115.7 | $2.6 \cdot 10^{-10}$ | $p\pi^-, n\pi^0$ |
| | $\Sigma^+$ | 1/2 | 1189.4 | $0.8 \cdot 10^{-10}$ | $p\pi^0, n\pi^+$ |
| | $\Sigma^0$ | 1/2 | 1192.6 | $7.4 \cdot 10^{-20}$ | $\Lambda^0 \gamma$ |
| | $\Sigma^-$ | 1/2 | 1197.4 | $1.5 \cdot 10^{-10}$ | $n\pi^-$ |
| | $\Xi^0$ | 1/2 | 1314.8 | $2.9 \cdot 10^{-10}$ | $\Lambda^0 \pi^0$ |
| | $\Xi^-$ | 1/2 | 1321.3 | $1.6 \cdot 10^{-10}$ | $\Lambda^0 \pi^-$ |
| | $\Omega^-$ | 3/2* | 1672.5 | $0.8 \cdot 10^{-10}$ | $\Lambda^0 K^-, \Xi^0 \pi^-$ |
| | $\Lambda_c^+$ | 1/2* | 2284.9 | $2.1 \cdot 10^{-13}$ | $pK^-\pi^+$ |
| | $\Xi_c^+$ | 1/2* | 2466.3 | $3.3 \cdot 10^{-13}$ | $\Lambda K^-\pi^+\pi^+$ |
| | $\Xi_c^0$ | 1/2* | 2471.8 | $1.0 \cdot 10^{-13}$ | |
| | $\Lambda_b^0$ | 1/2* | 5624 | $12.3 \cdot 10^{-13}$ | $\Lambda_c^+ +$ Leptonen/Hadronen |

Spinquantenzahl $J = 1/2$, die keine starke Wechselwirkung ausüben, heißen *Leptonen*. Die Namensgebung der Leptonen, Mesonen und Baryonen bezog sich ursprünglich auf die Masse: leichte, mittlere und schwere Teilchen; sie wurde beibehalten, auch als mit dem $\tau$-Teilchen ein Lepton entdeckt wurde, das nahezu doppelt so schwer wie das Proton ist.

Die schwachen Kräfte wirken auf sämtliche Hadronen und Leptonen, die elektromagnetischen auf alle geladenen Teilchen. Die Gravitation kann im Vergleich dazu vernachlässigt werden, weil die Kräfte um etwa 40 Zehnerpotenzen kleiner als die

Coulomb-Kräfte sind. Es wird aber generell angenommen, dass eine vereinheitlichte Beschreibung aller Wechselwirkungen nur unter Einbeziehung der Gravitation möglich ist.

Für die drei anderen Wechselwirkungen eine *relative Stärke* anzugeben, ist schwierig, weil sie ein sehr unterschiedliches Abstandsverhalten aufweisen. Die schwachen und starken Kräfte wirken überhaupt nicht zwischen makroskopischen Körpern und können keine makroskopischen Felder erzeugen, die dem elektrischen oder magnetischen Feld entsprechen. Als ein Maß für die Stärke kann die Wahrscheinlichkeit angesehen werden, mit der ein Prozess zwischen Elementarteilchen abläuft. Niederenergetische Neutrinos haben eine so geringe Wechselwirkung mit Materie, dass sie die gesamte Erde ohne Reaktion durchqueren können. Die mittleren Lebensdauern instabiler Teilchen sind umgekehrt proportional zu ihrer Zerfallswahrscheinlichkeit und sehr unterschiedlich für die drei Wechselwirkungen. Bei Zerfällen durch schwache Wechselwirkung liegen die typischen mittleren Lebensdauern $\tau$ bei $10^{-10}$ s, bei elektromagnetischen Zerfällen sind es unter $10^{-16}$ s und bei starken Zerfällen ca. $10^{-23}$ s. Eine Zeit von $10^{-10}$ s muss auf der Zeit- und Größenskala der Elementarteilchen als sehr lang angesehen werden, denn mit einer typischen Geschwindigkeit nahe $c$ legen die Teilchen innerhalb ihrer Lebensdauer eine Entfernung zurück, die um 13 Zehnerpotenzen größer als ihr Radius ist. Ein über die starke Wechselwirkung zerfallendes Teilchen würde dagegen nur eine Distanz zurücklegen, die seiner Ausdehnung entspricht, und muss daher als extrem kurzlebig eingestuft werden.

Nicht nur die Stärke der Wechselwirkung geht in die Zerfallswahrscheinlichkeit ein, sondern auch die Zahl der verfügbaren Endzustände, beschrieben durch einen statistischen Phasenraumfaktor. Die $D^0$-Mesonen mit $\tau = 4.3 \cdot 10^{-13}$ s, die $K^+$-Mesonen mit $\tau = 1.2 \cdot 10^{-8}$ s und die Neutronen mit $\tau = 900$ s zerfallen durch schwache Wechselwirkung. Die Stärke der Wechselwirkung ist in allen Fällen nahezu gleich, der enorme Unterschied in den mittleren Lebensdauern kommt im Wesentlichen durch den Phasenraumfaktor zustande.

Es ergeben sich interessante Gesetzmäßigkeiten, wenn man – beginnend vom Zerfall eines Ausgangsteilchens – alle Nachfolgezerfälle ansieht. Die instabilen Baryonen zerfallen in einer Weise, dass auf jeder Stufe immer ein Baryon vorhanden ist. Letztlich enden alle Baryon-Zerfälle beim Proton, welches das leichteste Baryon und nach heutiger Kenntnis absolut stabil ist[2]. Die folgende Zerfallskette eines angeregten $\Lambda$-Teilchens mit der Ruhemasse 1520 MeV/$c^2$ ist ein Beispiel dafür:

$$\Lambda(1520) \rightarrow \Lambda(1115) + \pi^+ + \pi^- \rightarrow p + \pi^- + \pi^+ + \pi^-.$$

Ganz anders ist es bei den Mesonen: sie zerfallen direkt in Leptonen, in $\gamma$-Quanten (etwa $\pi^- \rightarrow \mu^- + \bar{\nu}_\mu$, $\pi^0 \rightarrow \gamma + \gamma$) oder in andere Mesonen, die aber ihrerseits durch Zerfall schließlich verschwinden. In Abb. 5.4b kann man die Zerfälle $\pi^+ \rightarrow \mu^+ + \nu_\mu$, $\mu^+ \rightarrow e^+ + \nu_e + \bar{\nu}_\mu$ erkennen. Tab. 5.1 zeigt, dass die Leptonen ebenso wie die Baryonen nicht verschwinden, es bleiben letztlich Elektronen oder Neutrinos übrig.

Wir haben den interessanten Befund, dass die Zerfallskette eines Fermions wieder auf Fermionen (genauer eine ungerade Anzahl von Fermionen) führt. Die Zerfallskette eines Bosons endet dagegen bei Fermion-Paaren und/oder Photonen. Auch

---

[2] Die Experimente zum Proton-Zerfall ergeben eine Lebensdauer $\tau > 10^{31}$ bis $10^{33}$ Jahre je nach Annahme über die möglichen Zerfallskanäle [1].

hier erkennt man, dass der Unterschied zwischen Fermionen und Bosonen sehr fundamental ist.

**Leptonen und Quarks: Bausteine der Materie.** Nach dem heutigen Stand des Wissens ist alle Materie aus Fermionen mit Spin 1/2 aufgebaut: aus Leptonen und Quarks. Die geladenen Leptonen (Elektron, Myon, Tauon) haben innerhalb der heutigen Messgenauigkeit von $10^{-18}$ m keine innere Struktur. Jedem geladenen Lepton ist ein eigenes Neutrino zugeordnet: $\nu_e$, $\nu_\mu$, $\nu_\tau$ und zu jedem gibt es ein Antiteilchen: $e^+$, $\mu^+$, $\tau^+$, $\bar{\nu}_e$, $\bar{\nu}_\mu$, $\bar{\nu}_\tau$.

Die Hadronen sind dagegen ausgedehnt[3] mit typischen Radien von 1 fm. Die vergleichsweise großen Radien deuten auf eine innere Struktur hin. Schon Anfang der sechziger Jahre stellte sich heraus, dass viele Eigenschaften der Hadronen und ihre Systematik durch die Annahme von Bausteinen mit drittelzahliger Ladung und Spin 1/2 erklärt werden können. In den siebziger Jahren konnte dann experimentell gezeigt werden, dass diese als Quarks bezeichneten Bausteine tatsächlich in den Hadronen vorhanden sind. Sechs verschiedene Quark-Sorten sind inzwischen nachgewiesen worden: u (up), d (down), s (strange), c (charm), b (bottom), t (top). Die zugehörigen Antiquarks werden mit $\bar{u}$, $\bar{d}$, $\bar{s}$, $\bar{c}$, $\bar{b}$, $\bar{t}$ bezeichnet. Baryonen bestehen aus drei Quarks (qqq). Dies erklärt ihren halbzahligen Spin. Mesonen sind gebundene Zustände von Quark-Antiquark-Paaren ($q\bar{q}$), sie haben ganzzahligen Spin.

Quarks sind bisher nicht als freie Teilchen nachgewiesen worden, und es erscheint zweifelhaft, ob dies jemals möglich sein wird (s. Abschn. 5.6.4). Diese fundamentalen Bausteine der Hadronen können daher nicht auf dieselbe Stufe mit den oben erwähnten Elementarteilchen gestellt werden. Trotzdem gibt es viele Parallelen in den Eigenschaften der Leptonen und der Quarks. Auch für die Quarks konnte gezeigt werden, dass sie innerhalb der Messgenauigkeit von $0.001$ fm $= 10^{-18}$ m punktförmig sind und keine innere Struktur haben.

**Wechselwirkungen und Feldquanten.** In Anlehnung an Abb. 5.1 werden alle drei Wechselwirkungen auf den Austausch von *Feldquanten* zurückgeführt. Träger der schwachen Wechselwirkung sind die $W^\pm$- und $Z^0$-Bosonen. Die schwache Wechselwirkung wirkt auf alle fundamentalen Bausteine, d.h. auf Quarks und Leptonen. Die elektromagnetische Wechselwirkung wirkt auf alle geladenen Teilchen, das Feldquant ist das Photon[4]. Starke Wechselwirkungen gibt es nur zwischen den Quarks; sie werden durch acht Gluonen vermittelt. Alle genannten Feldquanten haben den Spin 1 und sind Bosonen. Das bisher noch nicht nachgewiesene Feldquant der Gravitation, das *Graviton*, sollte dagegen Spin 2 haben. Das Photon und die acht Gluonen sind masselos, während die W- und Z-Bosonen eine sehr große Ruhemasse ($80-90$ GeV/$c^2$) haben (s. Tab. 5.2). Der experimentelle Nachweis der Existenz von Gluonen, W- und Z-Bosonen ist in den Jahren 1979 bzw. 1983 gelungen und wird in den Abschn. 5.4 und 5.5 besprochen.

---

[3] Experimentell nachgewiesen ist dies allerdings nur für Protonen und Neutronen; für geladene Pionen und Kaonen gibt es spärliche Daten, die auf eine endliche Ausdehnung hinweisen.

[4] Die Tatsache, dass die neutralen Mesonen $\pi^0$ und $\eta^0$ elektromagnetisch in zwei Photonen zerfallen, wird durch das Quark-Modell verständlich: Die Photonen koppeln an die geladenen Quarks und Antiquarks, die das Meson aufbauen.

840   5 Elementarteilchen

**Tab. 5.2** Die Feldquanten der starken, elektromagnetischen und schwachen Wechselwirkung [1].

| Feldquant | Symbol | Spin $J$ | Ruhemasse $m_0$ in GeV/$c^2$ | Lebensdauer $\tau$ in s | typischer Zerfall |
|---|---|---|---|---|---|
| Gluon | g | 1 | 0 | | |
| Photon | $\gamma$ | 1 | $< 2 \cdot 10^{-25}$ | stabil | |
| W-Boson | $W^\pm$ | 1 | $80.419 \pm 0.056$ | $3.1 \cdot 10^{-25}$ | $e\nu, \mu\nu, \tau\nu, q\bar{q}'$ (Hadronen) |
| Z-Boson | $Z^0$ | 1 | $91.1882 \pm 0.0022$ | $2.6 \cdot 10^{-25}$ | $e^+e^-, \mu^+\mu^-, \tau^+\tau^-, \nu\bar{\nu}, q\bar{q}$ (Hadronen) |

Die Feldquanten sind gesondert von den übrigen Elementarteilchen aufgeführt worden, obwohl sie aufgrund des Welle-Teilchen-Dualismus ausgeprägte Teilcheneigenschaften haben. Beispielsweise können die W-Bosonen in Leptonen oder Quarks zerfallen. Bemerkenswert ist dabei, dass ihre mittlere Lebensdauer mit etwa $3 \cdot 10^{-25}$ s weit unter dem für starke Wechselwirkungen typischen Wert liegt, obwohl diese Quanten nur die schwache Wechselwirkung ausüben.

## 5.2 Beschleuniger und Teilchendetektoren

Die wichtigsten Instrumente der experimentellen Elementarteilchenphysik sind Hochenergie-Beschleuniger und Speicherringe, mit denen Elektronen oder Protonen, aber auch Positronen oder Antiprotonen auf Energien von vielen GeV beschleunigt werden, sowie komplexe Nachweisapparaturen zur Registrierung und Identifikation der bei einer Reaktion erzeugten Teilchen. In diesem Abschnitt soll auf die physikalischen Grundprinzipien dieser Instrumente und die technische Verwirklichung eingegangen werden.

### 5.2.1 Grundzüge der Beschleunigerphysik

Teilchenbeschleuniger enthalten in der Regel drei verschiedene Elemente: (1) Eine Teilchenquelle, meist in Verbindung mit einem Vorbeschleuniger, (2) Beschleunigungsstrecken zur schrittweisen Erhöhung der Energie und (3) magnetische Felder zur Führung und Fokussierung des Teilchenstrahls.

#### 5.2.1.1 Strahloptik und Betatronschwingungen

Die Beschleunigung und Ablenkung geladener Teilchen in elektrischen und magnetischen Feldern wird durch die Lorentz-Kraft bewirkt

$$F = \frac{d\boldsymbol{p}}{dt} = e(\boldsymbol{E} + \boldsymbol{v} \times \boldsymbol{B}). \tag{5.5}$$

## 5.2 Beschleuniger und Teilchendetektoren

Dieser Ausdruck gilt auch für Geschwindigkeiten nahe $c$, wobei $\boldsymbol{p} = m_0 \boldsymbol{v}/\sqrt{1 - v^2/c^2}$ der relativistische Impuls ist. Abgesehen vom Betatron werden bei allen Hochenergie-Beschleunigern elektrische Wechselfelder zur Energieerhöhung der Teilchen eingesetzt. Für die Ablenkung und Fokussierung relativistischer Teilchen sind jedoch Magnetfelder wesentlich effektiver: bei $v \approx c$ entspricht die Ablenkwirkung eines mit Elektromagneten leicht erreichbaren Feldes von 2 Tesla der eines elektrischen Feldes von 600 MV/m, welches weit jenseits der technischen Möglichkeiten liegt.

Die meisten Hochenergie-Beschleuniger sind kreisförmig; die Beschleunigungs- und Ablenkstrecken werden immer wieder durchlaufen. Dies gilt insbesondere für Speicherringe, in denen der Teilchenstrahl nach dem Ende des Beschleunigungsvorgangs für viele Stunden umläuft. Wir beschränken uns im Folgenden auf *Synchrotrons*, die durch eine energieunabhängige Sollbahn charakterisiert sind; die magnetischen Führungs- und Fokussierungsfelder werden synchron mit dem Teilchenimpuls erhöht.

Wir betrachten jetzt die Bewegung von Teilchen mit konstantem Impuls $p_0$ in einem Kreisbeschleuniger, der in der horizontalen Ebene liegt. Ein homogenes Magnetfeld $B_0$ wird in vertikaler Richtung angelegt, um die Teilchen mit Ladung $e$ auf eine Kreisbahn mit dem Krümmungsradius $\varrho$ zu bringen:

$$B_0 = p_0/(e\varrho). \tag{5.6}$$

Das homogene Führungsfeld allein reicht nicht aus, einen Strahl ohne Intensitätsverlust zu beschleunigen und zu speichern. Die Teilchen legen in einem Speicherring enorme Entfernungen zurück ($10^6 - 10^{10}$ km) und würden sich infolge der unvermeidlichen Strahldivergenz rasch von der Sollbahn entfernen und die Wand des Vakuumrohres treffen, wenn magnetische Linsen sie nicht immer wieder zur Sollbahn zurücklenken würden. Für diese Linsen kommen die in Elektronenmikroskopen verwendeten Solenoidspulen nicht in Frage, da sie nur im Streufeldbereich fokussieren und für relativistische Teilchen viel zu schwach sind. Die Alternative sind Quadrupolmagnete (Abb. 5.5), deren Feldkomponenten sich in der Form

$$B_x = g \cdot y, \quad B_y = g \cdot x,$$

schreiben lassen. Dabei wird mit $x$ ($y$) die horizontale (vertikale) Abweichung der Teilchen von der Achse des Magnets bezeichnet und $g$ ist der Gradient; typische Werte sind 20 T/m für Quadrupole mit Eisenpolschuhen und $100 - 200$ T/m für supraleitende Quadrupole. Die auf Teilchenimpuls und -ladung normierte Fokussierungsstärke ist $K = eg/p$. Ein Quadrupol der Länge $l$ hat die Brennweite $f = 1/(Kl)$ (Näherung der dünnen Linse).

Ein Nachteil im Vergleich zu optischen Sammellinsen ist, dass ein Quadrupol immer nur in einer Ebene fokussiert, in der dazu senkrechten Ebene dagegen defokussiert. Eine Fokussierung in beiden Richtungen wird erreicht, indem man Quadrupole mit alternierenden Gradienten periodisch aneinanderreiht [2]. Dies wird in Abb. 5.6 plausibel gemacht. Das *Alternating Gradient Synchrotron* (AGS) in Brookhaven, USA, und das Protonsynchrotron (PS) am CERN bei Genf waren die ersten Protonenbeschleuniger mit AG-Fokussierung.

Die Teilchen entfernen sich in dieser periodischen Magnetanordnung nur wenig von der Sollbahn, da sie durch die stark fokussierenden Quadrupollinsen immer

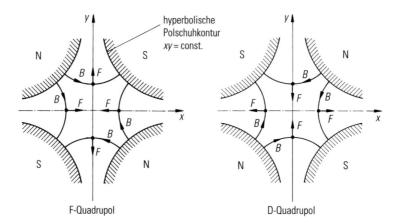

**Abb. 5.5** Feldverlauf in einem horizontal fokussierenden (F) bzw. defokussierenden (D) Quadrupol. Eingezeichnet sind auch die Kräfte, die auf ein positiv geladenes, aus der Zeichenebene herausfliegendes Teilchen wirken.

wieder zurückgelenkt werden. Daher kann die Apertur der Magnete klein sein. Im HERA-Protonen-Speicherring am DESY in Hamburg ist der Strahlrohrdurchmesser nur 55 mm, obwohl die Protonen den 6.3 km langen Ring innerhalb der Speicherzeit von typischerweise 10 Stunden mehr als $10^9$-mal durchlaufen.

Die Teilchen führen um die Sollbahn Schwingungen aus, die man *Betatronschwingungen* nennt. Bezeichnet man die Bahnkoordinate mit $s$ und die Abweichungen von der Sollbahn mit $x$ bzw. $y$, so gelten folgende Differentialgleichungen:

$$x''(s) + K(s)x(s) = 0, \quad y''(s) - K(s)y(s) = 0. \tag{5.7}$$

In einem horizontal fokussierenden Quadrupol (der vertikal defokussiert) gilt $K(s) = K_0 > 0$, in einem horizontal defokussierenden Quadrupol entsprechend $K(s) = -K_0 < 0$.

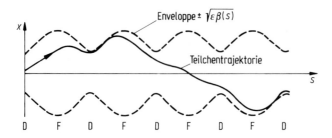

**Abb. 5.6** Das Prinzip der Fokussierung mit alternierenden Gradienten: Eine periodische Anordnung von fokussierenden und defokussierenden Linsen ergibt insgesamt eine fokussierende Wirkung, wenn die Abstände zwischen den Linsen kleiner als die doppelte Brennweite sind. Eingezeichnet ist die Enveloppe des Teilchenstrahls, die der Periodizität der Magnetanordnung folgt, sowie eine spezielle Teilchentrajektorie. Die Trajektorie ist nicht periodisch (nach Sands [3]).

Die Lösungen von Gl. (5.7) sind quasiharmonische, amplituden- und frequenzmodulierte Schwingungen

$$x(s) = A(s)\cos(\phi(s) - \phi_0), \tag{5.8}$$

wobei für die Amplituden- und Phasenfunktion gilt

$$A(s) = a\sqrt{\beta(s)}, \quad d\phi/ds = 1/\beta(s) \tag{5.9}$$

und $a$ eine Konstante der Dimension (Länge)$^{1/2}$ ist. Die Lösung $y(s)$ hat die gleiche Form. Es tritt hier eine sehr wichtige Funktion auf, die *Betafunktion*, die die Ortsabhängigkeit von Amplitude und Wellenlänge der Betatronschwingungen angibt:

$$A(s) \propto \sqrt{\beta(s)}, \quad \lambda(s) = 2\pi \cdot \beta(s).$$

Bei vorgegebener Magnetstruktur ist die Betafunktion eindeutig bestimmt. An jeder Stelle im Ring kann man ein Phasenraumdiagramm mit den Achsen $x(s)$ und $x'(s) = dx/ds$ auftragen. Teilchentrajektorien mit gleichem Amplitudenfaktor $a$ aber verschiedenen Phasen $\phi_0$ liegen auf einer Ellipse. Die Fläche der Ellipse, die einen bestimmten Prozentsatz des Strahls einschließt (z. B. 90%), schreibt man in der Form $F = \pi \varepsilon$ und definiert damit einen wichtigen Strahlparameter, die *Emittanz* $\varepsilon$. Wenn man die Teilchen durch den Ring verfolgt, ändert die Ellipse ihre Form und Orientierung, aber die Fläche bleibt invariant. Dies ist eine Konsequenz des Liouville-Theorems über die Invarianz der Phasenraumdichte. Während der Beschleunigung schrumpft die Emittanz umgekehrt proportional zum Impuls $p$. Die *normierte Emittanz* $\varepsilon_n = \varepsilon p/(m_0 c)$ sollte im Prinzip invariant bleiben von der Teilchenquelle bis hin zur maximalen Energie, sofern nichtlineare oder stochastische Effekte wie Synchrotronstrahlung, Streuung am Restgas im Vakuumrohr oder Störsignale in den Stromversorgungsgeräten vernachlässigt werden können. Im Allgemeinen beobachtet man eine gewisse Emittanzaufweitung, die natürlich unerwünscht ist, weil sie den Strahlquerschnitt vergrößert und die Luminosität der Maschine herabsetzt (siehe Abschn. 5.2.2).

Der Beschleunigerring besteht im Allgemeinen aus einer großen Zahl identischer „FODO"-Zellen, die jeweils einen fokussierenden Quadrupol F, einen defokussierenden Quadrupol D und zwei nichtfokussierende Elemente O enthalten, meist Dipolmagnete oder auch Driftstrecken. Die Periodizität der Magnetanordnung führt zu einer entsprechenden Periodizität der Betafunktion. Die Teilchentrajektorien dürfen jedoch keinesfalls periodisch sein, dies muss sogar strikt vermieden werden, denn sonst würden die unvermeidlichen Feldstörungen der Magnete bei jedem Umlauf mit der gleichen Phase durchlaufen werden. Das Resultat wäre ein resonanzartiges Anwachsen der Schwingungsamplitude und letztendlich der Verlust des gesamten Strahls. Die Zahl der Betatronschwingungen pro Umlauf, auch *Q-Wert* genannt, darf also nicht ganzzahlig sein, weil sonst Dipolstörfelder zum Strahlverlust führen. Aber auch halbzahlige *Q*-Werte sind verboten, um Resonanzen aufgrund von Quadrupolstörfeldern zu vermeiden.

Ein Teilchenstrahl überdeckt immer ein gewisses Impulsband von $\Delta p/p_0 \approx 10^{-3}$. Die Brennweite der Quadrupole ist impulsabhängig. Die resultierenden „chromatischen" Fehler in der Strahloptik werden durch Sextupollinsen korrigiert. Aus diesem Grund sind auch drittzahlige *Q*-Werte kritisch. In supraleitenden Magneten gibt es darüber hinaus Multipolfehler, die durch permanente bipolare Ströme im supraleitenden Kabel erzeugt werden und Resonanzen noch höherer Ordnung zur Folge haben.

### 5.2.1.2 Beschleunigung und Synchrotronschwingungen

Die Energieerhöhung der Teilchen wird traditionell Beschleunigung genannt, obwohl sich die Geschwindigkeit im relativistischen Bereich nur noch unwesentlich ändert. Was wirklich vergrößert wird, ist die bewegte Masse der Teilchen. Hochfrequente elektrische Felder werden dafür eingesetzt. Die Beschleunigungseinheiten sind Hohlraumresonatoren, die im Stehwellen- oder Wanderwellenbetrieb arbeiten und zu TM-Schwingungen mit transversalem magnetischem und longitudinalem elektrischem Feld angeregt werden. Die Hochfrequenzleistung wird über Hohlleiter eingekoppelt. Die Wände des Hohlraumresonators müssen eine möglichst gute Leitfähigkeit haben, um Ohm'sche Verluste gering zu halten. Normalerweise verwendet man Kupfer, aber in den letzten Jahren sind auch supraleitende Resonatoren aus Niob mit großem Erfolg gebaut und betrieben worden. Am TESLA-Testbeschleuniger in Hamburg werden Feldstärken bis 25 MV/m erreicht. Abb. 5.7 zeigt den neunzelligen 1.3 GHz-Resonator.

In einem Kreisbeschleuniger muss die Frequenz des Hochfrequenz-(HF)-Systems an die Umlauffrequenz der Teilchen angepasst werden. Als Referenz wählen wir ein Teilchen mit Sollimpuls $p_0$ und stellen die Bedingung auf, dass bei jedem seiner Durchgänge durch den HF-Resonator die HF-Phase denselben Wert $\phi_0$ hat, so dass dieses „Referenzteilchen" immer den gleichen Energiezuwachs erhält. Diese Bedingung ist erfüllt, wenn die Hochfrequenz $f_{HF}$ ein ganzzahliges Vielfaches der Umlauffrequenz $f_0$ des Referenzteilchens ist: $f_{HF} = h f_0$. Der Impuls $p_0$ wächst natürlich infolge der Energieerhöhung an, aber dies ist ein langsamer „adiabatischer" Prozess. In Protonenbeschleunigern muss die Frequenz $f_{HF}$ proportional zur Teilchengeschwindigkeit erhöht werden. In einem der Vorbeschleuniger für HERA ändert sich $f_{HF}$ um einen Faktor 3 zwischen der Anfangsenergie von 50 MeV und der Endenergie von 7 GeV. Elektronen sind meist so nahe an der Lichtgeschwindigkeit, dass die Frequenz konstant gehalten werden kann.

Die Synchronisation von Hochfrequenzphase und Teilchendurchgang wird dadurch erschwert, dass im Strahl nicht nur Teilchen mit „Sollimpuls" $p_0$ vorhanden sind. Teilchen mit $p = p_0 + \Delta p$ haben im Allgemeinen eine andere Umlaufzeit als das Referenzteilchen mit $p = p_0$. In Elektronenbeschleunigern ist in sehr guter Näherung $v = c$. Elektronen mit $p > p_0$ haben eine größere Umlaufzeit als das Referenzteilchen, weil ihr Bahnradius in den Dipolmagneten größer ist. In Protonenbeschleunigern ist häufig beim Beginn der Beschleunigung $v$ deutlich kleiner als $c$, dann haben Protonen mit $p > p_0$ eine kürzere Umlaufzeit als das Referenzteilchen. Mit wachsender Energie geht $v \to c$, so dass bei hohen Protonenenergien die gleiche Situation wie bei Elektronen eintritt.

Wir betrachten einen Elektronen-Kreisbeschleuniger mit einer einzelnen Beschleunigungsstrecke. Abb. 5.8 zeigt, dass die Phase der Hochfrequenzspannung während des Teilchendurchgangs zwischen 90° und 180° gewählt werden muss, damit ein Strahl mit einem endlichen Impulsband $\pm \Delta p$ nicht auseinanderläuft. Wenn $T_0$ die

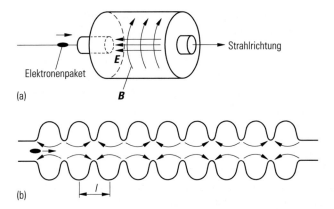

**Abb. 5.7** (a) Prinzip der Teilchenbeschleunigung in einem Hohlraumresonator. Im Zylinderresonator wird eine hochfrequente Schwingung mit longitudinalem elektrischem Feld und azimuthalem Magnetfeld angeregt. Die Teilchen durchfliegen den Resonator in Form von kurzen Ladungspaketen, die so mit der HF-Schwingung synchronisiert sind, dass die Teilchenenergie erhöht wird. (b) Längsschnitt durch den supraleitenden Hochfrequenzresonator des Elektronen-Linearbeschleunigers der TESLA-Testanlage [4]. Der neunzellige Resonator ist etwa 1 m lang und besteht aus hochreinem Niob, das mit supraflüssigem Helium auf eine Temperatur von 2 K heruntergekühlt wird. Die Beschleunigungsfeldstärke beträgt mehr als 25 MV/m, der gemessene Gütefaktor $Q_0 = f/\Delta f$ ist größer als $10^{10}$ ($f = 1300$ MHz Resonanzfrequenz, $\Delta f$ Halbwertsbreite der Resonanzkurve). Die HF-Schwingung ist gegenphasig in benachbarten Zellen. Die Zell-Länge $l$ ist so bemessen, dass die Flugzeit eines relativistischen Elektrons von einer Zelle zur nächsten gerade einer halben Hochfrequenzperiode entspricht ($l = c/2f$). Daher erhalten die Teilchen in allen Zellen den gleichen Energiezuwachs.

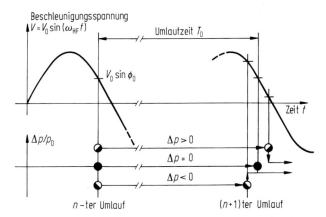

**Abb. 5.8** Prinzip der Energie- und Phasenfokussierung für relativistische Teilchen ($v \approx c$). Das „Referenzteilchen" mit Impuls $p_0$ wird mit zwei Teilchen verglichen, die eine Impulsabweichung haben. Beim Umlauf $n$ sollen alle drei Teilchen den Resonator mit der Sollphase $\phi_0$ der HF durchlaufen. Beim Umlauf $(n + 1)$ passiert nur das Referenzteilchen den Resonator mit der Sollphase $\phi_0$ und erhält den nominellen Energiezuwachs $\delta E_0$. Das Teilchen mit $p > p_0$ kommt später an und erhält einen kleineren Energiezuwachs, das Teilchen mit $p < p_0$ kommt früher an und erhält einen größeren Energiezuwachs (nach Bryant [5]). Die Folge sind annähernd harmonische Schwingungen um die Energie und Phase des Referenzteilchens.

Umlaufzeit für das Referenzteilchen mit $p = p_0$ ist, so braucht ein Elektron mit $\Delta p > 0$ eine Zeit $T > T_0$, es kommt somit bei einer kleineren HF-Amplitude an der Beschleunigungsstrecke an und erhält einen geringeren Energiezuwachs als das Referenzteilchen. Umgekehrt ist es für ein Elektron mit $\Delta p < 0$. Die Konsequenz ist, dass die Teilchen annähernd harmonische Schwingungen um die Energie und Phase des Referenzteilchens durchführen. Die Frequenz dieser *Synchrotronschwingungen* ist wesentlich geringer als die der Betatronschwingungen. Im HERA-Protonenspeicherring gibt es 31.15 Betatronschwingungen pro Umlauf, aber nur 0.002 Synchrotronschwingungen.

Aus Abb. 5.8 ist ersichtlich, dass nur die Teilchen beschleunigt werden, die sich in einem begrenzten Phasenintervall um die Sollphase $\phi_0$ befinden. Teilchen, die stark davon abweichen, werden abgebremst. Daher besteht der Strahl aus kurzen Paketen („bunches") von Teilchen. Elektronen müssen zur Kompensation des Energieverlustes durch Synchrotronstrahlung auch nach Erreichen der Endenergie ständig nachbeschleunigt werden. Sie sind daher stets aus Strahlpaketen aufgebaut. Bei einem Protonenspeicherring könnte man nach Erreichen der Endenergie die Beschleunigungsspannung abschalten und eine gleichförmig über den Umfang verteilte Strahlintensität erreichen, aber das ist für Collider-Experimente unerwünscht. Im Speicherbetrieb wählt man daher $\phi_0 = 180°$ und bewahrt damit die Paketierung des Protonenstrahls, ohne den Teilchen im Mittel Energie zuzuführen.

### 5.2.1.3 Synchrotronstrahlung

In den Dipolmagneten eines Kreisbeschleunigers erfahren die geladenen Teilchen eine Zentripetalbeschleunigung, die nach den Gesetzen der Elektrodynamik zur Abstrahlung von Energie führt. Die abgestrahlte Leistung $P$ wächst quadratisch mit der Energie $E_0$ der Teilchen und der Größe des Magnetfeldes $B$ an; sie ist umgekehrt proportional zur vierten Potenz der Ruhemasse $m_0$

$$P = \frac{e^4}{6\pi\varepsilon_0 c^5} \cdot \frac{E_0^2 \cdot B^2}{m_0^4}. \tag{5.10}$$

Für einen vorgegebenen Krümmungsradius $\varrho$ ist $B = p_0/(e\varrho) \approx E_0/(e\varrho c)$, und der Energieverlust pro Umlauf wird

$$U_0 = \frac{e^2}{3\varepsilon_0} \cdot \left(\frac{E_0}{m_0 c^2}\right)^4 \frac{1}{\varrho}. \tag{5.11}$$

Beim Elektron-Positron-Speicherring PETRA am DESY in Hamburg mit $\varrho = 192$ m beträgt der Energieverlust pro Umlauf $U_0 = 60$ MeV für $E_0 = 19$ GeV. Im Large Electron Positron Ring LEP am CERN wächst diese Zahl auf 2.8 GeV bei einer Strahlenergie von 100 GeV an. Diese enormen Verluste müssen ständig durch ein äußerst leistungsfähiges Hochfrequenzbeschleunigungssystem ausgeglichen werden. LEP wird der größte Kreisbeschleuniger für Elektronen bleiben, Energien von vielen 100 GeV bis TeV lassen sich nur noch mit Linearbeschleunigern realisieren. Für Elektronen im GeV-Bereich ist die Synchrotronstrahlung scharf nach vorn gebündelt und erstreckt sich vom sichtbaren Licht bis in den Röntgenbereich.

Die Abstrahlung ist umgekehrt proportional zur vierten Potenz der Masse des Strahlteilchens und ist bei den heutigen Protonenbeschleunigern vernachlässigbar. Im Large Hadron Collider LHC, der zur Zeit am CERN gebaut wird, wird ein Proton von 7 TeV etwa 10 keV pro Umlauf verlieren. Das ist für das HF-System und die Strahldynamik unerheblich, bedeutet aber eine starke Wärmebelastung für das Kryogeniksystem der supraleitenden Magnete.

**Strahlungsdämpfung und Quantenanregung.** Die Synchrotronstrahlung in Elektronen-Kreisbeschleunigern hat neben ihren negativen Auswirkungen auch einige positive Einflüsse: sie wirkt sich günstig auf die Strahlstabilität aus. Die zur Kompensation der Strahlungsverluste ständig erforderliche Nachbeschleunigung der Elektronen führt dazu, dass Betatron- und Synchrotronschwingungen gedämpft werden. Die Abstrahlung der Photonen erfolgt nahezu parallel zur Flugrichtung des Elektrons, so dass die Longitudinal- und Transversalkomponenten des Impulses gleichermaßen vermindert werden, während die Beschleunigungsstrecke nur die Longitudinalkomponente erhöht. Dadurch verringert sich kontinuierlich der Winkel zwischen Teilchenimpuls und Sollbahn. Die transversale Ausdehnung eines Strahlpakets wird kleiner, schrumpft allerdings nicht auf null, sondern auf Minimalwerte, die durch die Quantennatur der Strahlung und die daraus resultierenden statistischen Schwankungen bestimmt sind. Zudem hat ein Elektron mit $\Delta p > 0$ ($\Delta p < 0$) eine höhere (geringere) Abstrahlung als das Referenzteilchen. Die Differentialgleichung für Synchrotronschwingungen erhält infolgedessen einen Dämpfungsterm, aber auch hier treten die Quantenfluktuationen auf, die ein Schrumpfen auf null verhindern. Die Energieverteilung in einem Elektron-Positron-Speicherring wird durch eine Gauss-Funktion beschrieben, deren Varianz quadratisch mit der Energie anwächst

$$w(E) = \frac{1}{\sqrt{2\pi} \cdot \sigma} \exp(-(E-E_0)^2/2\sigma^2) \quad \text{mit} \quad \sigma^2 = \frac{55\hbar c}{64\sqrt{3}} \cdot \frac{E_0^4}{(m_0 c^2)^3} \cdot \frac{1}{\varrho}. \tag{5.12}$$

Im ADONE-Speicherring in Frascati (Italien) mit $E_0 = 1.5$ GeV betrug die Energieunschärfe $\sigma = 0.9$ MeV, im PETRA-Ring mit $E_0 = 19$ GeV bereits 22 MeV. Diese beträchtliche, durch die Quantennatur der Synchrotronstrahlung verursachte Energiebreite[5] der Elektronen- und Positronenstrahlen ist sehr nachteilig bei der Untersuchung schmaler Resonanzen wie der ψ- oder Upsilon-Teilchen (siehe Abschn. 5.4).

Die Dämpfung der Betatron- und Synchrotronschwingungen bewirkt, dass Elektronen den Einfluss von Störungen rasch „vergessen". Bei Protonen oder Ionen ist dies nicht der Fall. Jede von außen angeregte Schwingung, sei es durch Rippel im Magnetfeld oder Rauschen der Hochfrequenz, bleibt erhalten und vergrößert die Emittanz. Aktive Maßnahmen wie stochastische oder Elektronen-Kühlung sind nötig, um die Oszillationen der individuellen Protonen oder Antiprotonen zu reduzieren. Kollektive Schwingungen lassen sich durch Oktupolmagnete dämpfen, da in höheren Multipolfeldern die Betatronfrequenz amplitudenabhängig wird, so dass

---

[5] Die linearen Elektron-Positron-Collider weisen eine noch größere Energieunschärfe auf, die durch die sog. „Beamstrahlung", die Synchrotronstrahlung der Teilchen im extrem starken Magnetfeld des gegenläufigen Strahls, verursacht wird.

848   5 Elementarteilchen

die Phasenkohärenz der Teilchen allmählich verloren geht. Dieser Effekt wird *Landau-Dämpfung* genannt, aber die Oszillation der einzelnen Protonen wird dabei nicht gedämpft.

### 5.2.1.4 Teilchenquellen und Vorbeschleuniger

Eine ganze Kette von Beschleunigern ist nötig, um Teilchen auf Energien von vielen GeV oder sogar TeV zu bringen. Dafür gibt es physikalische, technische und finanzielle Gründe, von denen wir einige aufführen:

1. Normal- oder supraleitende Magnete haben nur einen begrenzten Bereich von etwa 1:20 zwischen dem niedrigsten nutzbaren Feld (Feldverzerrungen durch Remanenz im Eisen oder permanente Ströme im Supraleiter) und dem Maximalfeld (Sättigung im Eisenjoch oder kritischer Strom des Supraleiters).
2. Der Querschnitt eines Protonenstrahls sinkt umgekehrt proportional zur Energie, daher kann man bei hohen Energien die Apertur der Magnete reduzieren.
3. Auf niederenergetische Protonenpakete wirken stark defokussierende Kräfte aufgrund der elektrostatischen Abstoßung. Um eine Strahlaufweitung zu verhindern, benötigt man viele Quadrupole mit kurzer Brennweite. Bei relativistischen Teilchen heben sich die abstoßenden elektrischen und die anziehenden magnetischen Kräfte nahezu auf.

Abb. 5.9 zeigt als Beispiel die Vorbeschleuniger für die Elektron-Proton-Speicherring-Anlage HERA am DESY in Hamburg. Die Elektronen aus einer Glühkathode

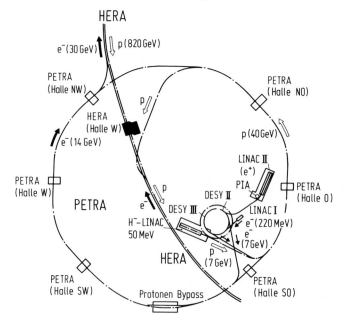

**Abb. 5.9** Die Vorbeschleuniger der Elektron-Proton-Speicherring-Anlage HERA am DESY in Hamburg.

werden auf 50 keV beschleunigt und in einen Wanderwellen-Linearbeschleuniger (LINAC I) eingeschossen, der sie auf eine Energie von 220 MeV bringt. In einem Synchrotron von 100 m Durchmesser (DESY II) wird die Energie auf 7.5 GeV erhöht. Ein zweites Synchrotron, der umgebaute Speicherring PETRA, beschleunigt die Elektronen auf 12 GeV, und von dort werden sie schließlich in den HERA-Elektronenring eingeschossen.

Auf der Protonenseite beginnt man zunächst mit einer Ionenquelle, die negativ geladene Wasserstoffionen von 18 keV liefert. Die nächste Beschleunigerstufe ist ein elektrischer Hochfrequenz-Quadrupol. Dieser relativ neue Vorbeschleunigertyp hat bemerkenswerte Eigenschaften: Er beschleunigt die Ionen auf 750 keV, fokussiert sie und macht aus dem gleichförmigen Strahl der Ionenquelle einen paketierten Strahl. Dieser wird für den nachfolgenden Linearbeschleuniger (LINAC III) gebraucht, der die Ionenenergie auf 50 MeV erhöht. Die $H^-$-Ionen werden danach in das Synchrotron DESY III eingeschossen. Sie durchlaufen eine dünne Kunststoff-Folie, in der beide Elektronen abgestreift und aus den negativ geladenen Ionen positiv geladene Protonen werden. Das Abstreifen der Elektronen ist ein stochastischer Effekt. Man kann damit das Liouville-Theorem umgehen und im Synchrotron eine höhere Phasenraumdichte als in den Vorbeschleunigern erzielen. Bei einer Energie von 7.5 GeV werden die Protonen in den PETRA-Ring geschossen, dort auf 40 GeV gebracht und danach in den HERA-Protonenring injiziert.

### 5.2.2 Kreisförmige und lineare Collider

Die Experimente an Hochenergie-Beschleunigern lassen sich in zwei Klassen unterteilen: *Festtargetexperimente*, bei denen ein hochenergetischer Teilchenstrahl auf stationäre Protonen oder Kerne trifft, sowie *Experimente mit kollidierenden Strahlen*. Messungen mit Myon-, Pion-, Kaon- oder Neutrino-Strahlen sind notwendigerweise vom Festtargettyp. Sie haben den gravierenden Nachteil, dass ein Großteil der Strahlenergie in nutzlose Bewegungsenergie der Sekundärteilchen übergeht. Die für die Erzeugung neuer Teilchen relevante Energie $W$ im Schwerpunktsystem ist (Gl. (A.11) im Anhang)

$$W = \sqrt{(m_1 c^2)^2 + (m_2 c^2)^2 + 2 E_1 \cdot m_2 c^2}, \tag{5.13}$$

wobei $m_1$ die Masse des Strahlteilchens und $m_2$ die Masse des Targetteilchens ist. Trifft ein 100 GeV-Pion auf ein ruhendes Proton, so verbleibt eine Schwerpunktsenergie von nur 14 GeV. Noch dramatischer wird dieser Verlust für Elektron-Positron-Wechselwirkungen: Wollte man ein $\Upsilon$-Teilchen erzeugen, indem man einen Positronenstrahl auf ruhende Elektronen schießt, so müssten die Positronen die utopische Energie von 90000 GeV haben. In einem Speicherring mit gegenläufigen Elektronen- und Positronenstrahlen braucht man nur 4.73 GeV pro Strahl.

Die Ereignisrate $R$ an einem Collider ist

$$R = L\sigma. \tag{5.14}$$

Dabei ist $\sigma$ der Wirkungsquerschnitt der betrachteten Reaktion und $L$ die *Luminosität* des Speicherrings. Für einen Elektron-Positron-Speicherring mit $N_b$ Elektronen- und Positronenpaketen pro Strahl, die jeweils $N_-$ bzw. $N_+$ Teilchen enthalten, wird die Luminosität

$$L = \frac{N_- \cdot N_+ \cdot N_b \cdot f_0}{4\pi\sigma_x\sigma_y}. \quad (5.15)$$

Hierin bedeuten $f_0$ die Umlauffrequenz und $\sigma_x$, $\sigma_y$ die Varianzen der Ladungsverteilung der Strahlpakete am Wechselwirkungspunkt; typische Werte sind 1 mm horizontal und < 0.1 mm vertikal. Heutige Collider erreichen $L = 10^{31}$ bis $10^{33}\,\text{cm}^{-2}\,\text{s}^{-1}$.

Die Luminosität ist umgekehrt proportional zum Strahlquerschnitt. Durch Minimalisierung der Betafunktion am Wechselwirkungspunkt (man spricht von Mini-Beta- oder sogar Mikro-Beta-Anordnungen) kann man $L$ deutlich vergrößern. Dazu ist es erforderlich, Quadrupole sehr nah an den Wechselwirkungspunkt zu bringen und teilweise mit in den experimentellen Aufbau einzubeziehen. Eine Erhöhung der Teilchenzahlen $N_+$ und $N_-$ steigert ebenfalls die Luminosität. Hierbei ist jedoch eine interessante Grenzbedingung gegeben: Bei der Strahlkreuzung wirkt das Positronenpaket wie eine fokussierende Linse auf das Elektronenpaket und umgekehrt. Dadurch verändert sich der $Q$-Wert, d.h. die Zahl der Betatronschwingungen pro Umlauf. Die $Q$-Wert-Variation muss hinreichend klein sein (bei Elektron-Positron-Speicherringen erfahrungsgemäß $\leq 0.025$, bei Proton-Proton- oder Antiproton-Proton-Ringen eine Größenordnung weniger), damit Resonanzen vermieden werden, die die Strahlen instabil machen.

In Tab. 5.3 sind einige der heute betriebenen oder im Bau oder in Planung befindlichen Großbeschleuniger und Collider aufgeführt. Der LEP-Speicherring wird der größte $e^+e^-$-Speicherring bleiben, da wegen der $E^4$-Abhängigkeit der Synchrotronstrahlung eine signifikante Energieerhöhung nicht mehr durch Vergrößerung des Radius erreicht werden kann. Um Elektron-Positron-Wechselwirkungen im Bereich von 500 GeV und darüber studieren zu können, bleibt nur der Weg, Strahlen aus Linearbeschleunigern frontal aufeinander zu schießen. Ein erster Schritt ist mit dem SLC (Stanford Linear Collider) in Stanford gemacht worden. Dort werden Elektronen und Positronen im Linearbeschleuniger auf Energien zwischen 40 und 50 GeV gebracht. Die Pakete laufen hintereinander auf verschiedenen Flanken einer elektromagnetischen Wanderwelle. Am Ende der Beschleunigung durchlaufen sie zwei entgegengesetzte 180°-Bögen und kommen in der Experimentierzone zur Kollision. Durch extrem feine Fokussierung sind Strahldimensionen von unter 2 µm am Wechselwirkungspunkt erreicht worden. Für die geplanten Collider im 500 bis 1000 GeV-Bereich muss die Fokussierung noch wesentlich feiner werden, damit trotz der einmaligen Strahlkreuzung Luminositäten von $10^{34}\,\text{cm}^{-2}\,\text{s}^{-1}$ oder mehr erzielt werden können. Die Untersuchungen an der Final Focus Test Beam Facility in Stanford zeigen, dass dies möglich sein sollte.

### 5.2.3 Wechselwirkungen von Teilchen und γ-Strahlung mit Materie

Für den Nachweis hochenergetischer Teilchen spielt die elektromagnetische Wechselwirkung eine dominierende Rolle. Nur geladene Teilchen können direkt messbare

**Tab. 5.3** Liste wichtiger Teilchenbeschleuniger und Speicherringe.

| Name | Ort | | max. Strahlenergie/GeV | Fertigstellung |
|---|---|---|---|---|
| *Protonensynchrotrons* | | | | |
| CERN PS | Genf, Schweiz | | 28 | 1960 |
| BNL AGS | Brookhaven, USA | | 32 | 1960 |
| Serpukhov | Serpukhov, Rußland | | 76 | 1967 |
| CERN SPS | Genf, Schweiz | | 450 | 1976 |
| Fermilab Tevatron | Batavia, USA | | 900 | 1982 |
| *Elektronenbeschleuniger* | | | | |
| Synchrotron DESY | Hamburg, Deutschland | | 7 | 1964 |
| Linearbeschleuniger SLAC | Stanford, USA | | 20 | 1966 |
| *Speicherringe* | | | | |
| SPEAR | Stanford, USA | $e^+e^-$ | 4.2 + 4.2 | 1972 |
| DORIS I/II | Hamburg, Deutschland | $e^+e^-$ | 5.6 + 5.6 | 1974/82 |
| PETRA | Hamburg, Deutschland | $e^+e^-$ | 23 + 23 | 1978 |
| PEP | Stanford, USA | $e^+e^-$ | 15 + 15 | 1980 |
| CESR | Cornell, USA | $e^+e^-$ | 6 + 6 | 1979 |
| TRISTAN | Tsukuba, Japan | $e^+e^-$ | 32 + 32 | 1986 |
| LEP I | Genf, Schweiz | $e^+e^-$ | 50 + 50 | 1989 |
| LEP II | Genf, Schweiz | $e^+e^-$ | 104 + 104 | 1995 |
| Sp$\bar{p}$S | Genf, Schweiz | p$\bar{p}$ | 315 + 315 | 1982 |
| Tevatron-Collider | Batavia, USA | p$\bar{p}$ | 900 + 900 | 1987 |
| HERA | Hamburg, Deutschland | ep | 27e + 920p | 1990 |
| LHC | Genf, Schweiz | pp | 7000 + 7000 | Im Bau |
| *Linear-Collider* | | | | |
| SLC | Stanford, USA | $e^+e^-$ | 50 + 50 | 1988 |

Signale erzeugen, während man bei der Erkennung neutraler Teilchen auf Zerfälle oder Sekundärreaktionen angewiesen ist.

### 5.2.3.1 Ionisation

Ein geladenes Teilchen überträgt beim Durchgang durch Materie Energie auf die atomaren Elektronen. Der mittlere Energieverlust d$E$, den das Teilchen durch Ionisation in einer Materieschicht der Dicke d$x$ erleidet, ist näherungsweise durch die Bethe-Bloch-Formel gegeben, die für SI-Einheiten lautet

$$-\frac{dE}{dx} = 4\pi\alpha^2 \frac{(\hbar c)^2}{m_e c^2} n_0 \frac{z^2}{\beta^2} \left[ \ln\left(\frac{2m_e c^2 \beta^2}{(1-\beta^2)I}\right) - \beta^2 \right]. \quad (5.16)$$

In dieser Formel bedeuten

$\alpha = e^2/(4\pi\varepsilon_0\hbar c) \approx 1/137$ die Feinstrukturkonstante,
$m_e$ die Ruhemasse des Elektrons,
$n_0$ die Elektronendichte des Materials,
$z$, $\beta = v/c$ die Ladungszahl und die normierte Geschwindigkeit des Teilchens.

Die Größe $I$ ist ein mittleres Ionisationspotential, das mit der Kernladungszahl $Z$ näherungsweise in der Form $I/\text{eV} \approx 16\, Z^{0.9}$ zusammenhängt. Für die Elektronendichte kann man schreiben

$$n_0/\text{cm}^{-3} = N_A \cdot Z \cdot \frac{\varrho/(\text{g}\cdot\text{cm}^{-3})}{A/(\text{g}\cdot\text{mol}^{-1})}$$

($N_A = 6.022 \cdot 10^{23}\,\text{mol}^{-1}$ Avogadro-Zahl, $\varrho$ Massendichte, $A$ Atomgewicht).

Es ist gebräuchlich, die lineare Dicke $dx$ des Materials durch die Massenbelegung $dX = \varrho\, dx$ zu ersetzen. Der mittlere Energieverlust durch Ionisation

$$\frac{dE}{dX} = \frac{1}{\varrho} \cdot \frac{dE}{dx} \tag{5.17}$$

wird üblicherweise in $\text{MeV}/(\text{g}\cdot\text{cm}^{-2})$ angegeben.

Der Energieverlust durch Ionisation ist eine universelle Funktion der Geschwindigkeit $v = \beta c$, unabhängig von der Ruhemasse $m_0$ des Teilchens. Im nichtrelativistischen Bereich nimmt $dE/dx$ mit $1/\beta^2$ ab und erreicht ein sehr breites, flaches Minimum bei einer kinetischen Energie von etwa $3m_0 c^2$, d. h. der dreifachen Ruheenergie, bzw. bei einem Teilchenimpuls $p \approx 4m_0 c$. Teilchen in diesem Energiebereich nennt man *minimal ionisierend*, der Energieverlust liegt dort zwischen 1 und 2 MeV/$(\text{g}\cdot\text{cm}^{-2})$. Bei sehr hohen Energien bewirkt der Term $1/(1-\beta^2)$ einen langsamen logarithmischen Wiederanstieg des Energieverlustes. Der physikalische Grund dafür ist, dass die Transversalkomponente des elektrischen Feldes des Teilchens propor-

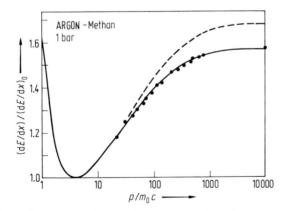

**Abb. 5.10** Energieverlust durch Ionisation in einer Argon (95%)-Methan (5%)-Mischung. Die gestrichelte Kurve stützt sich gemäß Gl. (5.16) auf Rechnungen mit einem mittleren Ionisationspotential. Die durchgezogene Kurve berücksichtigt Details der atomaren Schalenstruktur im Rahmen des sogenannten Photoabsorptions-Modells. Die Punkte sind Messwerte (nach Kleinknecht [6]).

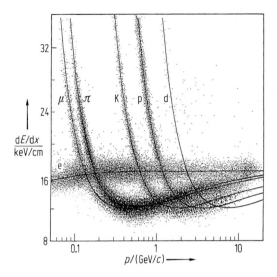

**Abb. 5.11** Die experimentell gemessene Ionisationsdichte verschiedener Teilchen in der Zeitprojektionskammer TPC am PEP-Speicherring in Stanford. Jeder Punkt entspricht einem Teilchen (nach Lynch und Ross [7]).

tional zu $\gamma = 1/\sqrt{1-\beta^2}$ anwächst und auch Atome in größerem Abstand von der Teilchenbahn ionisiert werden können. Der relativistische Wiederanstieg führt in Gasen unter Normalbedingungen auf das ca. 1.5fache des Minimalwertes, wie Abb. 5.10 für ein Argon-Methan-Gemisch zeigt. In dichteren Materialien ist die Abschirmung so stark, dass der Energieverlust im extrem relativistischen Bereich nur etwa 10 % oberhalb des minimalen Wertes liegt.

In magnetischen Detektoren wird nicht die Geschwindigkeit, sondern der Impuls der Teilchen gemessen. Trägt man $dE/dx$ als Funktion des Impulses auf, so ergeben sich für unterschiedliche Teilchenmassen getrennte Kurven, die bei logarithmischer Auftragung parallel gegeneinander verschoben sind. Abb. 5.11 zeigt diese Kurven zusammen mit Messwerten aus einer speziellen gasgefüllten Driftkammer. Eine Identifikation von Elektronen (Positronen), Myonen, Pionen, Kaonen, Protonen (Antiprotonen) und Deuteronen mit Hilfe der Ionisationsdichte ist in weiten Impulsintervallen möglich.

### 5.2.3.2 Bremsstrahlung

Gl. (5.16) ist auch für Elektronen anwendbar, aber bei höheren Energien spielt zunehmend der Energieverlust durch Bremsstrahlung eine Rolle. Die Abstrahlung erfolgt vorwiegend im Feld der Atomkerne. Im Grenzfall sehr hoher Elektronenenergie wächst der Energieverlust durch Bremsstrahlung linear mit der Elektronenenergie an:

$$-dE_{\text{brems}} = E \frac{dX}{X_0}. \tag{5.18}$$

Die Größe $X_0$ nennt man die *Strahlungslänge* des Materials. Sie ist näherungsweise gegeben durch

$$(X_0)^{-1} = 4\alpha^3 Z(Z+1) \left(\frac{\hbar c}{m_e c^2}\right)^2 \frac{N_A}{A} \ln(184 \cdot Z^{-1/3}).  \quad (5.19)$$

Die Energie der Elektronen nimmt im Mittel exponentiell ab:

$$\langle E \rangle = E_0 \exp(-X/X_0). \quad (5.20)$$

Als *kritische Energie* $E_c$ definiert man den Wert, bei dem die Energieverluste der Elektronen durch Ionisation und durch Abstrahlung gleich werden. Es gilt

$$E_c/\text{MeV} \approx 580/Z. \quad (5.21)$$

In Tab. 5.4 werden Strahlungslänge, kritische Energie und hadronische Absorptionslänge (s. Abschn. 5.2.3.5) für einige wichtige Materialien angegeben. Das Energiespektrum der Bremsstrahlung wird in Abschn. 5.5 diskutiert.

**Tab. 5.4** Strahlungslänge $X_0$, kritische Energie $E_c$ und hadronische Absorptionslänge $\lambda_{\text{Had}}$ für einige Materialien (nach Kleinknecht [6]).

| Material | $X_0/\text{g}\cdot\text{cm}^{-2}$ | $E_c/\text{MeV}$ | $\lambda_{\text{Had}}/\text{g}\cdot\text{cm}^{-2}$ |
|---|---|---|---|
| $H_2$ | 63 | 340 | 52.4 |
| Al | 24 | 47 | 106.4 |
| Ar | 20 | 35 | 119.7 |
| Fe | 13.8 | 24 | 131.9 |
| Pb | 6.3 | 6.9 | 193.7 |
| Bleiglas SF 5 | 9.6 | $\approx 11.8$ | |
| Plexiglas | 40.5 | 80 | 83.6 |
| $H_2O$ | 36 | 93 | 84.9 |
| NaI(Tl) | 9.5 | 12.5 | 152.0 |
| $Bi_4Ge_3O_{12}$ (BGO) | 8.0 | 10.5 | 164 |

### 5.2.3.3 Tscherenkow- und Übergangsstrahlung

In einem Medium mit dem Brechungsindex $n$ kann die Geschwindigkeit eines geladenen Teilchens größer als die Lichtgeschwindigkeit $c/n$ werden. Die dynamische Polarisation des Mediums führt dann zur Erzeugung von *Tscherenkow-Strahlung*. Die Photonen werden auf einem um die Teilchenrichtung zentrierten Kegelmantel emittiert mit dem halben Öffnungswinkel

$$\cos\theta_{\text{Tsch}} = 1/(n\beta). \quad (5.22)$$

Die Zahl der Photonen, die im Wellenlängenintervall zwischen $\lambda$ und $\lambda + d\lambda$ erzeugt werden, ist

$$dN = 2\pi\alpha \cdot \sin^2(\theta_{\text{Tsch}}) \frac{L}{\lambda^2} d\lambda. \quad (5.23)$$

$L$ ist die Länge der Teilchenbahn im Medium. Die Intensität des Tscherenkow-Lichts wächst mit $1/\lambda^2$ im kurzwelligen Bereich an, wobei allerdings berücksichtigt werden muss, dass im UV-Bereich die meisten Materialien absorbieren.

An den Grenzflächen zwischen dem Medium und der Luft und allgemein an jeder Grenzfläche, an der sich die Dielektrizitätskonstante $\varepsilon$ ändert, wird die so genannte *Übergangsstrahlung* emittiert. Die Zahl $dN$ der Photonen pro Frequenzintervall ist

$$\frac{dN}{d\omega} \propto \frac{\alpha}{\omega} \ln\left(\gamma \frac{\omega_p}{\omega}\right) \quad \text{mit} \quad \omega_p = \sqrt{\frac{n_0 e^2}{\varepsilon_0 m_e}} = \text{Plasmafrequenz.} \quad (5.24)$$

Die Übergangsstrahlung ist nur für sehr hohe Werte von $\gamma = E/(m_0 c^2)$ von Nutzen. Elektronen mit $\gamma = 2000$ lassen sich gut von Pionen mit gleichem Impuls unterscheiden. Verwendet werden sehr viele dünne Folien oder Fasern, um eine hinreichende Quantenausbeute zu erzielen.

### 5.2.3.4 Elektromagnetische Schauer

Für die Wechselwirkungen von $\gamma$-Strahlung mit Materie spielen bei Energien unter 2–3 MeV der *Photo-* und *Compton-Effekt* die Hauptrolle, während darüber die *Elektron-Positron-Paarerzeugung* dominiert. Die Wahrscheinlichkeit $dP$, dass ein $\gamma$-Quant in einer Schicht der Dicke $dx$ ein $e^+e^-$-Paar erzeugt, ist für hohe Energien konstant und gegeben durch

$$dP = \frac{7}{9} \cdot \frac{dX}{X_0}, \quad dX = \varrho\, dx.$$

Die Intensität eines $\gamma$-Strahles wird somit durch Paarbildung in Materie exponentiell abgeschwächt:

$$I(X) = I_0 \exp\left(-\frac{7}{9} \cdot \frac{X}{X_0}\right). \quad (5.25)$$

Die maßgebliche Materialgröße ist wie bei der Bremsstrahlung die Strahlungslänge $X_0$. Die bei der Paarerzeugung gebildeten Elektronen und Positronen erzeugen durch Bremsstrahlung weitere $\gamma$-Quanten, die ihrerseits neue Elektron-Positron-Paare bilden. Auf diese Weise kommt es zu einem lawinenartigen Anwachsen der Teilchenzahl; man spricht von einem *elektromagnetischen Schauer*. Die Vervielfachung hält an, solange die Energie der $\gamma$-Quanten zur Paarbildung ausreicht und solange der Energieverlust der Elektronen und Positronen durch Bremsstrahlung den Ionisationsverlust überwiegt. Ein elektromagnetischer Schauer kann auch von einem primären Elektron oder Positron ausgelöst werden. Die Zahl geladener Teilchen im Maximum eines Schauers ist näherungsweise proportional zur Primärenergie $E_0$

$$N_{\max} \approx E_0/E_c. \quad (5.26)$$

Misst man das von diesen Teilchen erzeugte Szintillations- oder Tscherenkow-Licht bzw. die Zahl der in einem Medium erzeugten Elektron-Ion-Paare, so erhält man ein zur Energie $E_0$ proportionales Signal. Mit einem *Schauerzähler* (s. Abschn. 5.2.4.6) kann man daher die Energie hochenergetischer $\gamma$-Quanten, Elektronen und Positronen bestimmen.

### 5.2.3.5 Hadronische Schauer

Durch ein primäres hochenergetisches Hadron kann eine Serie unelastischer hadronischer Wechselwirkungen mit den Kernen des Absorbermaterials ausgelöst werden und zur Entstehung eines *hadronischen Schauers* führen. Da bei den unelastischen Prozessen sehr häufig $\pi^0$-Mesonen erzeugt werden, die praktisch sofort in zwei $\gamma$-Quanten zerfallen, enthält jeder hadronische Schauer eine elektromagnetische Komponente. In der hadronischen Komponente gibt es große Fluktuationen in der Teilchenzahl. Daher ist die Energieauflösung im Allgemeinen wesentlich schlechter als bei elektromagnetischen Schauern. Ein Maß für die räumliche Ausdehnung von hadronischen Schauern ist die hadronische Absorptionslänge

$$\lambda_{\text{had}}/(g \cdot cm^{-2}) = \frac{A/(g \cdot mol^{-1})}{N_A/(mol^{-1}) \cdot \sigma_{\text{un}}/(cm^2)}. \tag{5.27}$$

$\sigma_{\text{un}}$ ist der Wirkungsquerschnitt für unelastische Wechselwirkungen, der die Abschwächung bestimmt. Tab. 5.4 zeigt hadronische Absorptionslängen für einige gebräuchliche Absorbermaterialien, sie sind deutlich größer als die Strahlungslängen. Hadronische Kalorimeter müssen daher sehr viel massiver und aufwändiger als elektromagnetische Schauerzähler sein.

### 5.2.4 Teilchendetektoren

#### 5.2.4.1 Aufgaben der Detektorkomponenten

Um eine Elementarteilchenreaktion vollständig zu erfassen, ist es nötig, alle entstehenden Sekundärteilchen zu registrieren, ihre Richtungen und Impulse zu messen, die Teilchen zu identifizieren, neutrale Teilchen aufgrund ihrer Zerfälle zu erkennen und sicherzustellen, dass die Teilchen nicht aus störenden Untergrundreaktionen stammen. Es gibt keinen einzelnen Teilchendetektor, der alle diese Aufgaben erfüllen kann; im Allgemeinen ist eine Kombination verschiedener Nachweisgeräte erforderlich, und auch dann erhält man in den meisten Fällen keine vollständige Information. In den folgenden Abschnitten sollen einige wichtige Teilchendetektoren vorgestellt werden.

#### 5.2.4.2 Szintillationszähler

In einem Szintillationsmaterial wird die durch ein geladenes Teilchen übertragene Anregungsenergie in sichtbares Licht umgewandelt. Wichtige *anorganische Szintillatoren* sind Natriumiodid mit Thalliumzusatz oder Bismutgermanat ($Bi_4Ge_3O_{12}$, BGO). Sie zeichnen sich durch große Lichtausbeute und kleine Strahlungslänge aus, sind jedoch teuer und empfindlich und haben lange Lichtabklingzeiten (einige µs). *Organische Szintillatoren* lassen sich preisgünstig für großflächige Zähler herstellen. Der Szintillationsprozess ist hier zweistufig: Zunächst werden Molekülniveaus angeregt, bei deren Zerfall blaues oder UV-Licht emittiert wird. Dem Szintillator ist eine „Wellenlängenschieber"-Substanz zugesetzt, die über Fluoreszenz daraus längerwelliges Licht macht. Die Lichtausbeute ist bei organischen Szintillatoren deutlich geringer, aber auch die Lichtabklingzeiten sind kürzer (einige ns), so dass Plastik-Szintillatoren für genaue Zeitmessungen eingesetzt werden können. Das Szintillationslicht wird über Lichtleiter aus Plexiglas auf die Photokathode eines Photomultipliers geleitet. Die Quantenausbeute beträgt für Bialkali-Kathoden etwa 25 %, d. h. auf 4 Photonen kommt im Mittel ein Photoelektron. Durch ein 10- bis 14-stufiges Sekundärelektronenvervielfacher-System erreicht man Verstärkungsfaktoren von $10^6$ bis $10^8$, so dass ein einzelnes Photoelektron ein elektronisch messbares Signal an der Anode des Photomultipliers liefert. Szintillationszähler mit Plastik-Szintillatoren werden häufig für *Flugzeitmessungen* eingesetzt. Bei Zählern von mehreren Metern Länge und etwa 20 cm Breite, deren Licht an beiden Schmalseiten mit Photomultipliern registriert wird, sind Zeitauflösungen von $\sigma = 0.2$ ns erreichbar.

### 5.2.4.3 Blasenkammer

Die Blasenkammer ist in den 60er Jahren eines der wichtigsten Instrumente der Elementarteilchenphysik gewesen, und viele neue Teilchen wurden in diesem Gerät entdeckt, das einen visuellen Zugang in die subatomare Welt eröffnete. Heute ist diese Aufgabe von Driftkammern übernommen worden. In einer Blasenkammer befindet sich ein verflüssigtes Gas, meist flüssiger Wasserstoff, unter Überdruck. Eine schnelle Expansion mit Hilfe eines Kolbens versetzt die Flüssigkeit in einen überhitzten Zustand. Entlang der Ionisationsspur geladener Teilchen bilden sich Gasblasen, die mit Blitzlampen beleuchtet und von mehreren Kameras stereoskopisch photographiert werden. Der große Vorteil einer Blasenkammer besteht darin, dass alle geladenen Teilchen sichtbar gemacht werden. Aus der Krümmung der Spuren in einem Magnetfeld von 2–3.5 Tesla kann man die Teilchenimpulse berechnen. Die Blasenkammer ist als Detektor für Speicherringe nicht geeignet, weil sie nicht „triggerbar" ist, d. h. nicht durch ein externes elektronisches Signal für ein interessierendes Ereignis zum Ansprechen gebracht werden kann, da der Expansionsvorgang zu langsam verläuft.

### 5.2.4.4 Proportional- und Driftkammern

Die wichtigsten Instrumente zur Messung von Teilchenspuren sind heute große gasgefüllte Proportional- und Driftkammern mit einer Vielzahl von Signaldrähten. Der Vorläufer dieser Kammern ist das *Proportionalzählrohr*, bei dem sich ein dünner Anodendraht (Durchmesser 20–50 µm) konzentrisch in einem gasgefüllten Rohr befindet. Das elektrische Feld ist radial vom Anodendraht nach außen gerichtet und hat die Größe

$$E(r) = \frac{U}{\ln(b/a)} \cdot \frac{1}{r} \tag{5.28}$$

mit $a$ = Drahtradius, $b$ = Rohrradius, $U$ = angelegte Spannung.

Ein ionisierendes Teilchen erzeugt längs seiner Spur Elektron-Ion-Paare. Die Elektronen wandern zum Anodendraht und werden durch das hohe Feld in der Nähe des Drahtes so stark beschleunigt, dass Sekundärionisationsprozesse mit einer lawinenartigen Ladungsträgervermehrung auftreten. Die *Gasverstärkung* kann bis zu $10^5$ betragen. Die Signalhöhe ist proportional zur Ionisationsdichte.

In einer *Vieldraht-Proportionalkammer* sind parallele Anodendrähte in 2 bis 3 mm Abstand angeordnet; der Drahtdurchmesser ist typischerweise 20 µm. Die Drähte befinden sich zwischen Kathodenebenen. In der Nähe der Anodendrähte ist das elektrische Feld annähernd radial wie beim Zählrohr. Als Füllgase verwendet man Argon mit Beimischungen von $CO_2$, $CH_4$ oder anderen molekularen Gasen. Die räumliche Auflösung ist $\sigma = d/\sqrt{12}$, wobei $d$ der Drahtabstand ist.

Wesentlich bessere Auflösungen sind mit *Driftkammern* möglich. Hierbei nutzt man aus, dass die primär erzeugten Elektronen mit nahezu konstanter Driftgeschwindigkeit zum Signaldraht wandern und die Gasverstärkung erst in unmittelbarer Nähe des Drahtes einsetzt. Aus der Zeitdifferenz zwischen dem Signal auf dem Anodendraht und dem Durchtritt des ionisierenden Teilchens durch die Kammer kann man den Abstand der Teilchenspur vom Signaldraht berechnen. Eine Auflösung von 200 µm ist in großen Driftkammern erreichbar, bei speziellen Kammern sind auch Werte unter 100 µm erzielt worden. Abb. 5.12 zeigt eine typische Driftkammerzelle. Trotz der wesentlich besseren Ortsauflösung kann ein viel größerer Signaldrahtabstand als bei einer Proportionalkammer gewählt werden. An den Elektron-Positron-Speicherringen benutzt man vorwiegend zylindrische Driftkammern mit tausenden von Signaldrähten, die in vielen konzentrischen Lagen angeordnet sind. Aus der Krümmung der Spuren in einem Magnetfeld von 0.5 bis 2 Tesla können die Impulse aller geladenen Teilchen bestimmt werden. Für eine ausführliche Darstellung verweisen wir auf Kleinknecht [6].

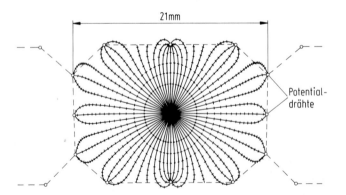

**Abb. 5.12** Die Zelle einer hochauflösenden Driftkammer (nach Deutschmann et al. [8]). Die Elektronen driften zum Anodendraht im Zentrum. Potentialdrähte bestimmen den Verlauf der elektrischen Feldlinien (durchgezogene Kurven) und der Äquipotentiallinien (gestrichelt).

### 5.2.4.5 Tscherenkow-Zähler

Die Messung der Teilchenbahn in einem Magnetfeld erlaubt nur eine Bestimmung des Ladungsvorzeichens und des Impulses. Die Geschwindigkeit muss unabhängig davon gemessen werden, um die Masse und damit die Identität des Teilchens festzulegen. Flugzeitmethoden sind nur bei relativ niedrigen Impulsen anwendbar, typischerweise bis etwa 1 GeV/c in Speicherringexperimenten. Der Tscherenkow-Effekt erlaubt eine Bestimmung von Teilchengeschwindigkeiten, die sehr nahe an der Lichtgeschwindigkeit liegen. In *Schwellen-Tscherenkow-Zählern* werden alle Teilchen registriert, deren Geschwindigkeit oberhalb der Schwelle $c/n$ liegt. In *differentiellen Tscherenkow-Zählern* wird der Tscherenkow-Winkel gemessen, so dass man die Geschwindigkeit direkt berechnen kann. Dazu fokussiert man das kegelförmig

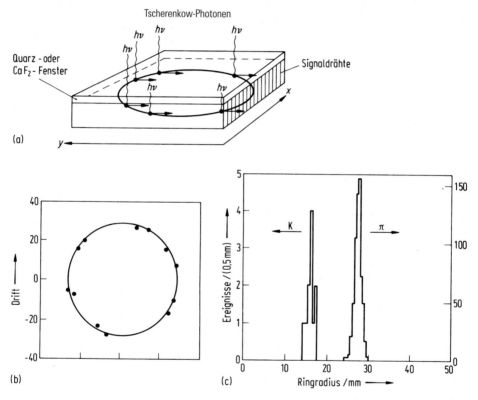

**Abb. 5.13** (a) Prinzip des ringabbildenden Tscherenkow-Zählers (Ring Imaging Cherenkov counter RICH) mit einer Driftkammer zur zweidimensionalen Rekonstruktion des Tscherenkow-Lichtringes. Durch die Photonen werden im TMAE Elektronen ausgelöst, die zu den Signaldrähten driften. Die $x$-Koordinate wird aus der Drahtnummer ermittelt, die $y$-Koordinate aus der Driftzeit (nach Barrelet et al. [9]). (b) Nachgewiesene Tscherenkow-Photonen und angepasster Lichtring für $\pi$-Mesonen von 11 GeV/c. (c) Gemessene Verteilung der Kreisradien für mehrere $\pi$- und K-Mesonen von 11 GeV/c. Die Teilchen können sehr gut voneinander unterschieden werden. Die Ergebnisse wurden mit einer Prototypkammer für den SLD-Detektor in Stanford gewonnen (nach Leith [10]).

emittierte Tscherenkow-Licht mit einem Hohlspiegel auf einen Ring in der Brennebene. In modernen Zählern ordnet man dort eine spezielle Driftkammer an, deren Gas eine durch Licht ionisierbare Substanz (z. B. Tetrakis-dimethyl-aminoethylen, TMAE) zugesetzt ist. Abb. 5.13 zeigt das Prinzip der Driftkammer und experimentelle Resultate.

### 5.2.4.6 Schauerzähler und Kalorimeter

Zur Energiemessung hochenergetischer $\gamma$-Quanten sind *homogene Schauerzähler* am besten geeignet, bei denen das aufschauernde und das Nachweismedium identisch sind. Die Tiefe des Zählers sollte mindestens 12 Strahlungslängen betragen, um ein zur $\gamma$-Energie proportionales Signal zu erhalten und Leckverluste zu minimieren. Mit den anorganischen Szintillatoren NaI(Tl) und BGO erreicht man die beste Energieauflösung, z. B. $\sigma(E)/E = 0.028 \cdot (E/\text{GeV})^{-0.25}$ in den Natriumiodid-Zählern des Crystal Ball-Detektors. Häufig werden Bleiglaszähler eingesetzt, bei denen die Elektronen und Positronen des Schauers über ihr Tscherenkow-Licht registriert werden. In *inhomogenen Schauerzählern* benutzt man eine Vielzahl dünner Bleiplatten zur Aufschauerung. Als Nachweismedium dienen organische Szintillatoren oder

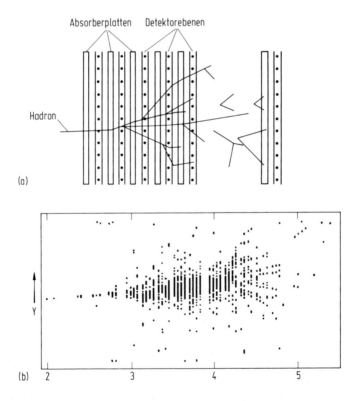

**Abb. 5.14** (a) Prinzip eines hadronischen Schauerzählers (nach Saxon [11]). (b) Ein hadronischer Schauer bei 316 GeV Primärenergie (nach Womersley [12]).

flüssiges Argon, wobei im letzteren die durch Ionisation entstandenen geladenen Teilchen auf Elektroden gesammelt und mit ladungsempfindlichen Verstärkern registriert werden. Das Energieauflösungsvermögen liegt bei $\sigma(E)/E = 0.10 \cdot (E/\text{GeV})^{-0.5}$, jedoch erlauben Flüssigargonzähler eine bessere Ortsauflösung und sind kostengünstiger als Natriumiodidzähler.

Zur Messung hadronischer Schauer werden ausschließlich inhomogene Zähler verwendet, da wegen der Größe der hadronischen Wechselwirkungslänge homogene Zähler zu teuer würden. Das Prinzip eines solchen *Hadronkalorimeters* und ein bei 316 GeV aufgenommener hadronischer Schauer werden in Abb. 5.14 gezeigt. Flüssigargonzähler mit Blei- oder Eisenplatten sind als Hadronkalorimeter geeignet. In vielen Anordnungen werden die Neutronen aus Kernreaktionen nicht oder nur schwach registriert, so dass hadronische Schauer im Allgemeinen eine geringere Signalamplitude ergeben als elektromagnetische Schauer gleicher Primärenergie. Dieses Defizit kann ausgeglichen werden, wenn man Uran-238 in Verbindung mit organischen Szintillatoren verwendet. Niederenergetische Neutronen aus der Kernspaltung werden dann über Anstoß-Protonen im Szintillator nachgewiesen. Für Hadronen wird dadurch eine nahezu gleiche Pulshöhe wie für Elektronen oder $\gamma$-Quanten erreicht (Abb. 5.15).

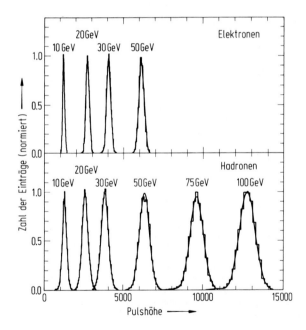

**Abb. 5.15** Gemessene Pulshöhenverteilung von Elektronen (10–50 GeV) und Hadronen (10–100 GeV) in einem Uran-Szintillator-Kalorimeter (nach Bernardi [13]).

### 5.2.4.7 Mikrovertexdetektoren

Der Nachweis relativ langlebiger Teilchen (z. B. B-Hadronen) sowie die Bestimmung sekundärer Vertizes erlangt immer größere Bedeutung bei vielen teilchenphysikalischen Fragestellungen. Silizium-Mikrovertexdetektoren erlauben eine Ortsmessung mit einer Auflösung von etwa 10 µm und ermöglichen damit die präzise Vermessung von Spuren, deren Extrapolation zum Primärvertex und die Identifizierung von Zerfalls-(Sekundär)vertizes.

Mikrostreifendetektoren sind großflächige (Größenordnung $4 \times 6$ cm$^2$), meist 300 µm dicke Halbleiterdioden mit einer feinen, streifenförmigen Strukturierung der Elektroden mit Abständen von typischerweise 50 µm auf einer oder auch auf beiden Oberflächen (siehe Abb. 5.16a). Es handelt sich um pn-Grenzschichten, die mit Spannungen von einigen 100 V in Sperr-Richtung betrieben werden, wodurch eine an

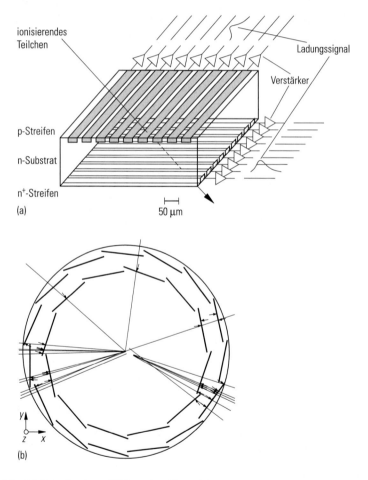

**Abb. 5.16** (a) Prinzip eines Silizium-Streifenzählers. (b) Der Mikrovertexdetektor des OPAL-Experiments am LEP-Speicherring, gesehen entlang der Strahlachsen. Die rekonstruierten Teilchenspuren zeigen einen Sekundärvertex im rechten Teil des Bildes [14].

Ladungsträgern verarmte sensitive Region entsteht. Hochenergetische Teilchen erleiden beim Durchtritt durch eine solche Diode einen Energieverlust, der zur Erzeugung von etwa 22000 Elektron-Loch-Paaren führt, welche im elektrischen Feld zu den Elektrodenstreifen driften und dort elektronisch verstärkt werden. Die vom durchfliegenden Teilchen freigesetzte Ladung verteilt sich durch kapazitive Kopplung auf mehrere benachbarte Streifen. Der Ort des Teilchendurchgangs wird über den Schwerpunkt dieser Einzelladungen berechnet. Dies erlaubt die Bestimmung des Teilchendurchtrittspunkts mit einer Genauigkeit von wenigen Mikrometern.

Hintereinander und in mehreren Lagen zylindrisch um den Wechselwirkungspunkt angeordnete Mikrostreifendetektoren bilden einen Mikrovertexdetektor, wie er in den Experimenten verwendet wird. Abb. 5.16b zeigt schematisch den Schnitt durch einen solchen zweilagigen Mikrovertexdetektor senkrecht zur Strahlachse zusammen mit den rekonstruierten Spuren eines Ereignisses. Deutlich erkennbar ist der Sekundärvertex im rechten Teil des Bildes.

Pixeldetektoren sind matrixförmig unterteilte Siliziumdetektoren mit noch besserer Ortsauflösung von jeweils etwa 5 µm in beiden orthogonalen Richtungen.

### 5.2.4.8 Ein moderner Speicherringdetektor

Wir wollen hier als Beispiel in Abb. 5.17 den DELPHI-Detektor vorstellen (Detector with Lepton, Photon, Hadron Identification), der an einer der Wechselwirkungszonen des $e^+e^-$-Speicherrings LEP in Genf aufgebaut ist. Der LEP wurde von 1989 bis 1996 mit Strahlenergien von etwa 50 GeV betrieben. Bei der Elektron-Positron-Annihilation mit hadronischen Endzuständen entstehen bei diesen Energien im Mittel 20 bis 25 geladene Teilchen (meist Pionen und Kaonen) und ebenso viele Photonen. Es sind viele verschiedene Detektorkomponenten zur Impuls- und Richtungsmessung sowie zur Identifikation der erzeugten Teilchen erforderlich, die in Abb. 5.17 dargestellt sind.

## 5.3 Wichtige Eigenschaften der Elementarteilchen

Die wichtigsten Klassifikationsmerkmale der Elementarteilchen sind der Spin und die Art ihrer Wechselwirkung. Weitere Parameter sind Masse, mittlere Lebensdauer, elektrische Ladung, magnetisches Moment und *Quantenzahlen* wie Baryonen- und Leptonen-Zahl, Isospin, Parität und Ladungskonjugations-Eigenwert. Die meisten dieser Quantenzahlen sind nur für die Elementarteilchenphysik relevant und spielen in der klassischen Physik keine Rolle, weil sie unverändert bleiben, wenn es keine Teilchenerzeugung oder -vernichtung gibt.

Die räumliche Ausdehnung der Protonen und Neutronen ist mit Hilfe der elastischen Elektron-Nukleon-Streuung detailliert untersucht worden (s. Kap. 4). Der mittlere quadratische Radius des Protons ergibt sich zu 0.86 fm. Für die übrigen Hadronen gibt es keine direkte experimentelle Information mit Ausnahme einiger spärlicher Daten, die man aus der Streuung geladener Pionen und Kaonen an atomaren Elektronen gewinnt.

864   5 Elementarteilchen

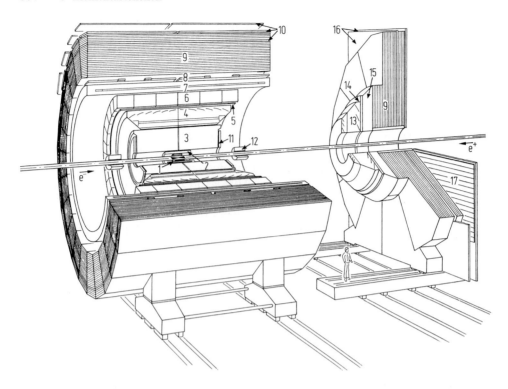

**Abb. 5.17** Prinzipbild des DELPHI-Detektors am Elektron-Positron-Speicherring LEP am CERN. 1: Siliziumstreifendetektor zur Rekonstruktion des Ereignisursprungs; 2, 5, 11, 14: Driftkammern; 3: Hauptdriftkammer zur Spurerkennung und $dE/dx$-Messung; 4, 13: ringabbildende Tscherenkow-Zähler; 6, 15: elektromagnetische Kalorimeter; 7: supraleitende Spule; 9: als Hadronkalorimeter instrumentiertes Rückflussjoch; 8, 17: Szintillatorebenen; 10, 16: Myon-Kammern; 12: Luminositätsmonitor. Eine große supraleitende Spule (7) mit 6.2 m Durchmesser und 7.4 m Länge erzeugt ein axiales Magnetfeld von 1.2 T (nach Hilke [15]).

### 5.3.1 Teilchen mit starken Zerfällen

In Tab. 5.1 haben wir die Elementarteilchen aufgeführt, die nicht durch starke Wechselwirkung zerfallen und demnach relativ langlebig sind. Darüber hinaus gibt es hunderte von stark zerfallenden Teilchen, die man in vielen Fällen als angeregte Zustände der langlebigen Hadronen auffassen kann. Die angeregten Baryon-Zustände bezeichnet man häufig als *Baryon-Resonanzen*, weil sie resonanzartige Maxima in Wirkungsquerschnitten hervorrufen können. Die bekanntesten Nukleon-Resonanzen sind die $\Delta$-Teilchen mit einer Masse von 1232 MeV/$c^2$. Man kann sie als Überhöhung im Wirkungsquerschnitt für Pion-Nukleon-Streuung beobachten. Abb. 5.18 zeigt den Wirkungsquerschnitt für elastische $\pi^+$-Proton-Streuung und den totalen $\pi^+$ p-Wirkungsquerschnitt als Funktion der Energie $W$ im Schwerpunktsystem. Bei $W = 1232$ MeV beobachtet man ein breites Maximum, das man als Hinweis auf die Erzeugung und den nachfolgenden Zerfall eines Zwischenzustandes ansehen

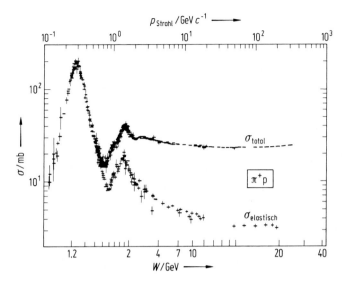

**Abb. 5.18** Wirkungsquerschnitte für elastische $\pi^+$p-Streuung und für die Summe von elastischer und unelastischer Streuung als Funktion der Gesamtenergie $W$ im Schwerpunktsystem [1].

kann. Die Reaktion $\pi^+ + p \rightarrow \Delta^{++} \rightarrow \pi^+ + p$ verläuft ähnlich der Bildung eines Zwischen-(Compound)-Kerns bei Kernreaktionen. Als *Resonanzbreite* $\Gamma$ definiert man die Halbwertsbreite der Resonanzkurve, der Zusammenhang mit der mittleren Lebensdauer $\tau$ ist

$$\Gamma \cdot \tau = \hbar. \tag{5.29}$$

Für stark zerfallende Teilchen sind die mittleren Lebensdauern von etwa $10^{-23}$ s viel zu kurz für eine direkte Bestimmung über die Flugstrecke von der Erzeugung bis zum Zerfall. Man gibt für diese Teilchen daher die Zerfallsbreite $\Gamma$ an. Die Zerfallsbreite des $\Delta(1232)$-Teilchens ist 150 MeV. Weitere wichtige Baryon-Resonanzen sind die angeregten $\Lambda$- und $\Sigma$-Teilchen $\Lambda(1405)$ und $\Sigma(1385)$. In Klammern wird dabei die Ruheenergie in MeV aufgeführt.

Von besonderem Interesse sind die Mesonen mit Spin 1, die man wegen des Transformationsverhaltens ihrer Wellenfunktion bei räumlichen Drehungen *Vektormesonen* nennt. Sie sind in Tab. 5.5 aufgeführt. Die $\varrho$-Mesonen gibt es in drei Ladungszuständen, während bei den $\omega$-, $\phi$-, $J/\psi$- und $\Upsilon$-Mesonen nur die neutralen Teilchen existieren.[6] Die neutralen Vektormesonen können an Elektron-Positron-Speicherringen erzeugt werden, wenn die Gesamtenergie $W = 2E$ mit der Ruheenergie des Mesons übereinstimmt. Auch hierbei beobachtet man Resonanzen. Als Beispiel wird in Abb. 5.19 der Wirkungsquerschnitt für die Reaktion $e^+ e^- \rightarrow \pi^+ \pi^- \pi^0$ gezeigt. Bei $W = 782$ MeV, der Ruheenergie des $\omega$-Mesons, ist ein scharfes Maximum mit einer

---

[6] Wenn Teilchen nur in einem Ladungszustand existieren, lässt man konventionsgemäß den Ladungsindex weg. Man schreibt also einfach $\omega$ für das neutrale $\omega$-Meson, aber $\varrho^0$ für das neutrale $\varrho$-Meson, da es in dieser Familie auch noch das $\varrho^+$ und $\varrho^-$ gibt.

**Tab. 5.5** Neutrale Vektormesonen mit Spin 1 und negativer Parität [1]. Bei den $\psi$- und $\Upsilon$-Mesonen wird die spektroskopische Zuordnung in Klammern angegeben, s. Text.

| Teilchen | Ruheenergie $mc^2$ [MeV] | Zerfallsbreite $\Gamma$ [MeV] | typischer Zerfall |
|---|---|---|---|
| $\varrho^0$ | 769.3 | 150 | $\pi^+\pi^-$ |
| $\omega$ | 782.6 | 8.4 | $\pi^+\pi^-\pi^0$, $\pi^0\gamma$ |
| $K^{*0}$ | 891.7 | 50.8 | $K\pi$ |
| $\phi$ | 1019.4 | 4.5 | $K^+K^-$, $K_S^0 K_L^0$ |
| $J/\psi$ (1S) | 3097 | 0.087 | $e^+e^-$, $\mu^+\mu^-$, Hadronen |
| $\psi$ (2S) | 3686 | 0.28 | $J/\psi(1S)\pi\pi$ |
| $\psi$ (3S) | 3770 | 23.6 | $D\overline{D}$ |
| $\Upsilon$ (1S) | 9460 | 0.053 | $e^+e^-$, $\mu^+\mu^-$, $\pi^+\pi^-$, Hadronen |
| $\Upsilon$ (2S) | 10023 | 0.044 | $\Upsilon(1S)\pi^0\pi^0$, Hadronen + $\gamma$ |
| $\Upsilon$ (3S) | 10355 | 0.026 | $\gamma(2S)\pi\pi$ |
| $\Upsilon$ (4S) | 10580 | 14 | $B\overline{B}$ |

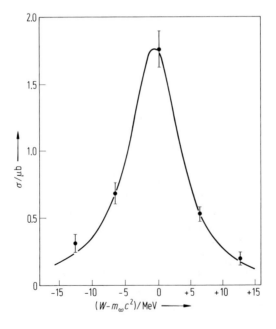

**Abb. 5.19** Wirkungsquerschnitt für die Reaktion $e^+e^- \to \pi^+\pi^-\pi^0$, gemessen am Speicherring ACO in Orsay, Frankreich. Die Kurve gibt eine angepasste Breit-Wigner-Verteilung wieder (nach Benaksas et al. [16]).

## 5.3 Wichtige Eigenschaften der Elementarteilchen

Breite $\Gamma = 8.4\,\text{MeV}$ zu erkennen ($\omega$-Meson). Der Wirkungsquerschnitt für $e^+e^- \to \pi^+\pi^-$ hat ein Maximum bei der Ruheenergie des $\varrho$-Mesons, der Wirkungsquerschnitt für $e^+e^- \to K^+K^-$ bei der Ruheenergie des $\phi$-Mesons. Die 1974 und 1976 gefundenen $J/\psi$- und $\Upsilon$-Teilchen, auf die wir im Abschn. 5.4 ausführlich eingehen, zeigen sich als sehr hohe und scharfe Resonanzen in der Reaktion $e^+e^- \to$ Hadronen.

Bei Weitem nicht alle kurzlebigen Teilchen können ihre Existenz durch Resonanzmaxima in Wirkungsquerschnitten beweisen. Eine andere Identifikationsmethode beruht auf der Analyse der beim Zerfall entstehenden langlebigen Teilchen. Dazu wird eine relativistisch invariante Größe, die *effektive Masse*, berechnet, mit deren Hilfe man entscheiden kann, ob die beobachteten Teilchen aus dem Zerfall eines kurzlebigen Teilchens im Zwischenzustand stammen. Wir betrachten als Beispiel die Reaktion

$$\pi^+ p \to \pi^+ p \pi^+ \pi^- \pi^0 \tag{5.30a}$$

und fragen uns, ob sie – zumindest teilweise – über die $\omega$-Erzeugung abläuft:

$$\pi^+ p \to \pi^+ p \omega \to \pi^+ p \pi^+ \pi^- \pi^0 \,.$$

Wir nehmen an, dies sei der Fall. Bei dem Zerfall des $\omega$-Mesons gelten Energie- und Impulssatz:

$$\begin{aligned} \omega^+ &\to \pi^+ + \pi^- + \pi^0 \\ E_\omega &= E_1 + E_2 + E_3 \\ \boldsymbol{p}_\omega &= \boldsymbol{p}_1 + \boldsymbol{p}_2 + \boldsymbol{p}_3 \,. \end{aligned} \tag{5.30b}$$

Wir definieren nun die effektive Masse der drei Teilchen (s. Anhang)

$$m_{\text{eff}} = \frac{1}{c^2}\sqrt{(E_1 + E_2 + E_3)^2 - (\boldsymbol{p}_1 + \boldsymbol{p}_2 + \boldsymbol{p}_3)^2 c^2}\,. \tag{5.31}$$

Da wir angenommen haben, dass die drei Pionen aus dem $\omega$-Zerfall stammen, hat ihre effektive Masse nach (5.30b) und (5.31) offensichtlich den Wert $m_\omega$. Wenn andererseits die drei Mesonen in (5.30a) direkt erzeugt werden, kann die effektive Masse jeden beliebigen, mit der Kinematik einer Vielteilchenreaktion verträglichen Wert annehmen. Abbildung 5.20 zeigt experimentelle Daten für $m_{\text{eff}}$ in der Reaktion (5.30a). Es wird eine breite Verteilung beobachtet, die der direkten Erzeugung entspricht, überlagert von einem deutlichen Maximum bei der $\omega$-Masse. Dies ist ein Beweis dafür, dass in der Tat $\omega$-Mesonen erzeugt werden. Ganz offensichtlich ist man bei der Methode der effektiven Masse auf viele Ereignisse des gleichen Typs angewiesen. Bei einem Einzelereignis kann man nicht mit Sicherheit sagen, ob ein $\omega$-Meson erzeugt wurde, selbst wenn $m_{\text{eff}} = m_\omega$ sein sollte.

Die meisten kurzlebigen Teilchen mit Lebensdauern $\tau < 10^{-13}\,\text{s}$ sind durch Maxima in den Verteilungen der effektiven Massen der Zerfalls-Teilchen entdeckt worden. Ein schönes Beispiel zeigt Abb. 5.21, in der die Mesonen $\pi^0(135)$, $\eta(549)$ und $\eta'(958)$ über ihren Zweiphotonenzerfall sichtbar gemacht werden.

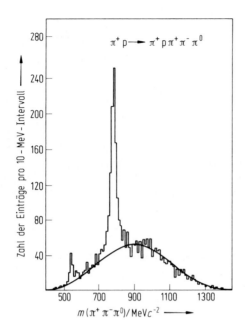

**Abb. 5.20** Verteilung der effektiven Massen des $\pi^+\pi^-\pi^0$-Systems in der Reaktion $\pi^+ p \rightarrow \pi^+ p + \pi^+\pi^-\pi^0$. Das große Maximum bei 780 MeV/$c^2$ stammt von $\omega$-Mesonen, das kleinere bei 550 MeV/$c^2$ zeigt die Erzeugung von $\eta$-Mesonen an. (Alff et al. [17]).

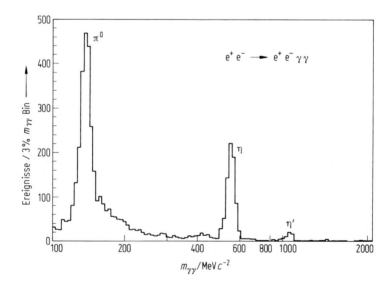

**Abb. 5.21** Verteilung der effektiven Masse der beiden Photonen aus der Reaktion $e^+e^- \rightarrow e^+e^-\gamma\gamma$ bei Strahlenergien von 5 GeV (Speicherring DORIS, Crystal Ball-Kollaboration [18]).

## 5.3.2 Dirac-Gleichung und Antiteilchen

Die Schrödinger-Gleichung beruht auf der nichtrelativistischen Mechanik und ist auf Teilchenreaktionen bei hohen Energien nicht anwendbar. Es hat schon kurz nach der Vollendung der Quantenmechanik Versuche gegeben, eine relativistische Verallgemeinerung zu finden, man ist dabei aber auf unerwartete begriffliche Schwierigkeiten gestoßen. Um die Problematik zu erläutern, wollen wir zunächst zeigen, wie man sich die Form der Schrödinger-Gleichung plausibel machen kann, und im Anschluss daran die Methode auf den relativistischen Fall übertragen. Dies führt uns auf die Klein-Gordon-Gleichung, die einfachste relativistische Wellengleichung.

Ausgangspunkt der Quantentheorie sind die nach Max Planck und Louis de Broglie benannten Beziehungen zwischen Frequenz und Energie sowie zwischen Impuls und Wellenlänge, die die Quantennatur der elektromagnetischen Strahlung und die Wellennatur der Teilchen beschreiben:

$$E = \hbar\omega \quad \text{und} \quad \lambda = 2\pi\hbar/p \Rightarrow \boldsymbol{p} = \hbar\boldsymbol{k} \quad \text{mit} \quad |\boldsymbol{k}| = 2\pi/\lambda. \tag{5.32}$$

Wir legen die nichtrelativistische Energie-Impuls-Relation

$$E = \frac{\boldsymbol{p}^2}{2m} + V(r) \tag{5.33}$$

zugrunde und betrachten zunächst den kräftefreien Fall $V(r) = 0$.

Um die Welleneigenschaften zu erfassen, beschreibt man die Teilchen durch eine Wellenfunktion, die für $V = 0$ vereinfachend als ebene Welle angesetzt wird

$$\psi(\boldsymbol{r}, t) = N \exp(\mathrm{i}(\boldsymbol{k} \cdot \boldsymbol{r} - \omega t)). \tag{5.34}$$

Dabei ist $N$ eine Normierungskonstante. In der Quantentheorie werden physikalische Größen durch Operatoren dargestellt, die auf die Wellenfunktion wirken und deren Eigenwerte die möglichen Messwerte sind. Aus den Eigenwertgleichungen

$$E_{\mathrm{op}}\psi = E\psi \equiv \hbar\omega\psi \quad \text{und} \quad \boldsymbol{p}_{\mathrm{op}}\psi = \boldsymbol{p}\psi \equiv \hbar\boldsymbol{k}\psi$$

folgt für die Operatoren der Energie und des Impulses

$$E_{\mathrm{op}} = \mathrm{i}\hbar\frac{\partial}{\partial t}, \quad \boldsymbol{p}_{\mathrm{op}} = -\mathrm{i}\hbar\boldsymbol{\nabla}. \tag{5.35}$$

Diese Form der Operatoren wird für den allgemeinen Fall $V(r) \neq 0$ beibehalten. Durch Einsetzen von Gl. (5.35) erhalten wir dann aus Gl. (5.33) die Schrödinger-Gleichung in ihrer allgemeinen Form

$$\mathrm{i}\hbar\frac{\partial\psi}{\partial t} = -\frac{\hbar^2}{2m}\Delta\psi + V(r)\psi. \tag{5.36}$$

Nun wird angenommen, dass die Operatoren auch im relativistischen Fall durch Gl. (5.35) gegeben sind, wobei der Energieoperator dann die Summe von kinetischer und Ruheenergie umfasst. Die relativistische Energie-Impuls-Beziehung lautet für den kräftefreien Fall

$$E^2 = \boldsymbol{p}^2 c^2 + m_0^2 c^4. \tag{5.37}$$

Zusammen mit Gl. (5.35) erhalten wir als einfachste relativistische Wellengleichung die *Klein-Gordon-Gleichung*

$$\hbar^2 \frac{\partial^2 \psi}{\partial t^2} - \hbar^2 c^2 \Delta \psi + m_0^2 c^4 \psi = 0. \tag{5.38}$$

Macht man für die Wellenfunktion eines freien Teilchens wiederum den Ansatz (5.34), so folgt durch Einsetzen

$$(-\hbar^2 \omega^2 + c^2 \hbar^2 \boldsymbol{k}^2 + m_0^2 c^4)\psi = 0 \Rightarrow E \equiv \hbar\omega = \pm\sqrt{c^2 \boldsymbol{p}^2 + m_0^2 c^4}. \tag{5.39}$$

Wir müssen feststellen, dass die Energie $E$ sowohl positive wie negative Werte annehmen kann. Diese Energie enthält aber keinen potentiellen Anteil, sie ist vielmehr die Summe von Ruhe- und kinetischer Energie, also eine Größe, die in jedem Fall positiv sein muss.

Man könnte versucht sein, die negativen Energiewerte und die zugehörigen Wellenfunktionen als physikalisch sinnlos einfach zu ignorieren. Das führt zu mathematischen Schwierigkeiten, da die Wellenfunktionen mit positiver Energie für sich allein kein vollständiges Funktionensystem bilden.[7]

Die negativen Werte für $E$ sind offensichtlich mit der Doppeldeutigkeit der Wurzel in Gl. (5.39) verknüpft und diese wiederum mit der zweiten Zeitableitung in der Klein-Gordon-Gleichung. Paul Dirac versuchte daraufhin, eine Gleichung zu konstruieren, die nur die erste Ableitung nach der Zeit enthält. Die Lorentz-Invarianz erfordert dann, dass auch die räumlichen Ableitungen nur in erster Ordnung vorkommen. Die *Dirac-Gleichung* lautet für ein freies Teilchen

$$i\hbar \frac{\partial \psi}{\partial t} = -i\hbar c \left( \alpha_1 \frac{\partial \psi}{\partial x} + \alpha_2 \frac{\partial \psi}{\partial y} + \alpha_3 \frac{\partial \psi}{\partial z} \right) + m_0 c^2 \beta \psi. \tag{5.40}$$

Dabei muss man $\psi$ als einen vierkomponentigen Wellenfunktionsvektor und $\alpha$ und $\beta$ als $4 \times 4$-Matrizen wählen. Die Hoffnung, die negativen Energiewerte damit vermeiden zu können, trügt jedoch, denn die Dirac-Wellenfunktionen müssen auch die Klein-Gordon-Gleichung erfüllen, die eine Konsequenz der relativistischen Energie-Impuls-Relation und der Form (5.35) der Operatoren ist. Da sich Dirac außerstande sah, die negativen Energiezustände zu eliminieren, machte er die kühne Annahme, dass sie tatsächlich existieren, aber normalerweise sämtlich mit Elektronen besetzt sind. Nach seiner Deutung ist der Grundzustand, oft auch das „Vakuum" genannt, nicht leer, sondern enthält unendlich viele Elektronen negativer Energie. Das Pauli-Prinzip verbietet den Übergang eines „normalen" Elektrons von seinem Zustand positiver Energie in ein negatives Energieniveau, so dass man normalerweise von den vielen negativen Niveaus nichts merkt. Durch ein $\gamma$-Quant mit einer Energie von mehr als $2m_0 c^2$ könnte jedoch ein Elektron von einem negativen auf ein positives Energieniveau angehoben werden. Das verbleibende Loch im „See" der Elektronen

---

[7] Man würde auch an physikalischem Inhalt verlieren. Dies soll an einem Beispiel aus der Mechanik verdeutlicht werden: Für $m_0 = 0$ entspricht Gl. (5.38) der Wellengleichung. Würde man bei dem Lösungsansatz (5.34) die Funktionen mit $\omega < 0$ weglassen, so käme man zu dem Schluss, dass es nur auslaufende Wellen in einer vorgegebenen Richtung $k$ gäbe, aber keine einlaufenden und auch keine stehenden Wellen. Eine Gitarrensaite könnte nach dieser Betrachtungsweise keine Töne erzeugen.

mit $E < 0$ sollte sich wie ein Teilchen mit positiver Ladung und positiver Energie verhalten.

Aufgrund dieser Überlegungen hat Dirac die Existenz von *Antiteilchen* vorhergesagt und damit eine der revolutionärsten Ideen der theoretischen Physik hervorgebracht. Das Dirac'sche Bild ist später mit großem Erfolg auf Halbleiter übertragen worden. Im Rahmen der Teilchenphysik hat es jedoch Nachteile: So ist es auf Bosonen überhaupt nicht anwendbar, da sie nicht dem Ausschließungsprinzip gehorchen.

Eine andere Interpretation stammt von Stückelberg und Feynman. Danach besitzen die Wellenfunktionen mit negativen Energiewerten selber keine physikalische Signifikanz, erhalten sie aber dadurch, dass man die Zeitrichtung umkehrt. Sie entsprechen dann den Wellenfunktionen der Antiteilchen, die mit positiver Energie zeitlich vorwärts laufen. Wir wollen die mathematischen Details dieser Zeitumkehrtransformation nicht vorführen, sondern die Stückelberg-Feynman-Ideen an einigen Beispielen verdeutlichen.

Ein Elektron, das mit negativer Energie rückwärts in der Zeit vom Punkt 2 zum Punkt 1 bewegt wird (Abb. 5.22a), entspricht physikalisch einem Positron, das mit positiver Energie vorwärts in der Zeit vom Punkt 1 zum Punkt 2 fliegt (Abb. 5.22b). Nun betrachten wir Wechselwirkungen mit einem Potential. Abb. 5.23a zeigt die Streuung eines normalen Elektrons ($E > 0$) an diesem Potential. Die Streuung eines

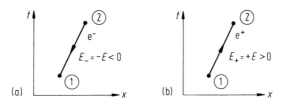

**Abb. 5.22** (a) Bewegung eines Elektrons mit negativer Energie rückwärts in der Zeit. (b) Interpretation als Bewegung eines Positrons mit positiver Energie vorwärts in der Zeit.

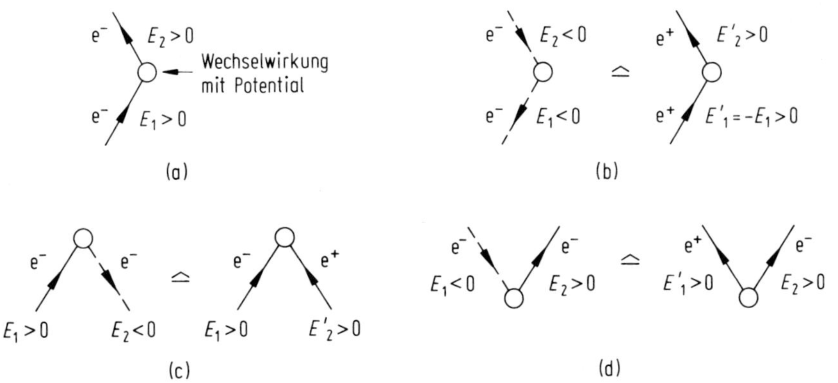

**Abb. 5.23** (a) Diagramm für Elektron-Streuung an einem Potential; (b) Positron-Streuung; (c) Elektron-Positron-Vernichtung; (d) Elektron-Positron-Erzeugung.

Elektrons mit negativer Energie, das rückwärts in der Zeit läuft (Abb. 5.23b) ist äquivalent zur Streuung eines Positrons mit positiver Energie, das vorwärts in der Zeit läuft.

Es sind noch zwei weitere Prozesse denkbar, und hier zeigt sich die wahre Stärke der Stückelberg-Feynman-Interpretation: Ein Elektron mit $E_1 > 0$ werde durch das Potential in einen Zustand gestreut, der sich mit negativer Energie zeitlich rückwärts bewegt (Abb. 5.23c). Dies entspricht der *Annihilation* eines Elektron-Positron-Paares, wobei das Potential Energie aufnimmt. Schließlich kann ein zeitlich rückwärts laufendes Elektron mit negativer Energie durch das Potential in einen vorwärts laufenden Zustand mit positiver Energie gestreut werden (Abb. 5.23d). Dies ist äquivalent zur *Erzeugung* eines Elektron-Positron-Paares, wobei das Potential Energie abgibt (ein γ-Quant der Energie $E_\gamma > 2mc^2$). Die Feynman-Diagramme und -Regeln basieren auf der Stückelberg-Feynman-Interpretation der Wellenfunktionen mit negativer Energie und behandeln alle vier Prozesse: Elektron-Streuung, Positron-Streuung, Paar-Vernichtung und Paar-Erzeugung mit ein und demselben mathematischen Formalismus.

Wie wir gesehen haben, folgt die Existenz der Antiteilchen aus der Vereinigung von Relativitätstheorie und Quantentheorie. Die Dirac-Gleichung wurde ursprünglich als Wellengleichung eines einzelnen Elektrons konzipiert, ist aber im Prinzip eine Vielteilchengleichung, da bei hinreichend hohen Energien beliebig viele Teilchen-Antiteilchen-Paare erzeugt oder vernichtet werden können. Die Antiteilchen sind in der Art der Wechselwirkung und in den Werten von Spin, mittlerer Lebensdauer und Masse identisch mit den Teilchen. Alle ladungsartigen Quantenzahlen haben das entgegengesetzte Vorzeichen.

### 5.3.3 Masse und mittlere Lebensdauer

Es sollen einige charakteristische Methoden zur Bestimmung von Teilchenmassen vorgestellt werden. Die Massen der Nukleonen sind durch massenspektrometrische Methoden an Protonen und Deuteronen und Messung der Bindungsenergie des Deuterons mit Hilfe der Photospaltungsreaktion γ + d → p + n sehr genau ermittelt worden. Die Masse der negativen π-Mesonen wurde im Jahr 1951 von Panofsky [19] ermittelt. Seine Idee war, die Mesonen von Wasserstoffkernen einfangen und mit den Protonen mesonische Atome bilden zu lassen. Aus dem 1s-Grundzustand erfolgt eine Reaktion $\pi^- + p \to n + \gamma$. Die emittierten γ-Quanten wurden registriert, und aus der gemessenen Energie konnte die Pionmasse berechnet werden: $m_\pi = (275.2 \pm 2.5) m_e$. Für die neutralen Vektormesonen, die durch $e^+e^-$-Wechselwirkungen erzeugt werden können, ist eine Massenbestimmung über die Strahlenergien möglich. Am Speicherring VEPP II in Nowosibirsk wurden die Energien durch Messung der Elektronenspin-Präzession mit hoher Genauigkeit ermittelt, was eine erste Präzisionsbestimmung der Masse des φ-Mesons erlaubte: $m_\phi = 1019.52 \pm 0.13 \text{ MeV}/c^2$ [20]. Die entsprechende Methode ist bei LEP angewandt worden, um die $Z^0$-Masse sehr genau festzulegen: $m_Z = 91.1882 \pm 0.0022 \text{ GeV}/c^2$ [1].

Bei instabilen Teilchen ist man im Allgemeinen darauf angewiesen, ihre Masse mit Hilfe der relativistischen Kinematik aus Erzeugungs- oder Zerfallsreaktionen zu berechnen. Die neutralen D-Mesonen wurden über den speziellen Zerfall

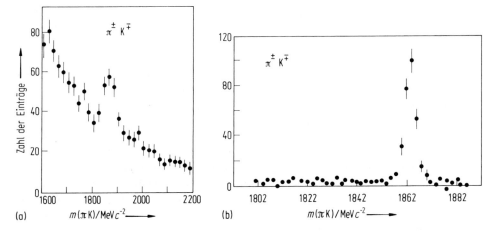

**Abb. 5.24** (a) Entdeckung der $D^0$- und $\overline{D}^0$-Mesonen im effektiven Massenspektrum von $K^-\pi^+$- und $K^+\pi^-$-Paaren, die bei der Elektron-Positron-Vernichtung im Energiebereich $3900 \leq W \leq 4600$ MeV erzeugt wurden (nach Goldhaber et al. [21]). (b) Bei $W = 3770$ MeV wird die $\psi(3770)$-Resonanz beobachtet, die vorzugsweise in $D\overline{D}$-Paare zerfällt. Im $K\pi$-Massenspektrum beobachtet man das Maximum auf einem verschwindend kleinen Untergrund (nach Lüth [22]).

$D^0 \rightarrow K^-\pi^+$ im effektiven $K\pi$-Massenspektrum entdeckt, das in Abb. 5.24 gezeigt wird. Die beobachtete Breite des Maximums ist hier ausschließlich durch die apparative Impulsauflösung gegeben.

Teilchen mit Ruhemasse null haben stets Lichtgeschwindigkeit. Dies folgt aus der relativistischen Energie-Impuls-Beziehung:

$$E^2 = \boldsymbol{p}^2 c^2 + m_0^2 c^4 \Rightarrow \beta = |\boldsymbol{p}|c/E = (1 + m_0^2 c^2/\boldsymbol{p}^2)^{-1/2}. \tag{5.41}$$

Für $m_0 = 0$ folgt $\beta = 1$. Für solche Teilchen gibt es kein Ruhesystem.

Die mittlere Lebensdauer massiver instabiler Teilchen ist so definiert, dass die Zahl der Teilchen im Ruhesystem exponentiell absinkt

$$N(t) = N_0 \exp(-t/\tau). \tag{5.42}$$

Für ein mit der Geschwindigkeit $\beta c$ fliegendes Teilchen wird im Laborsystem eine längere Lebensdauer gemessen

$$\tau_{\text{lab}} = \gamma \cdot \tau = \tau/\sqrt{1-\beta^2}. \tag{5.43}$$

Für $m_0 \rightarrow 0$, also $\beta \rightarrow 1$, folgt aus Gl. (5.43) $\tau_{\text{lab}} \rightarrow \infty$ für jedes Koordinatensystem. Daraus folgt: Teilchen mit Ruhemasse null haben in jedem Lorentz-System eine unendlich lange Lebensdauer, sind also absolut stabil.

Für das Photon wird $m_0 = 0$ angenommen. Eine endliche Photonmasse hätte zur Folge, dass das Coulomb-Potential durch ein Yukawa-Potential ersetzt werden müsste

$$V(r) = \frac{e}{4\pi\varepsilon_0 r} \cdot \exp(-r/r_0).$$

874   5 Elementarteilchen

Die Messungen des Jupiter-Magnetfeldes mit der Raumsonde Pionier 10 ergaben $r_0 > 4.4 \cdot 10^8$ m und daraus eine obere Grenze für die Photonmasse von $6 \cdot 10^{-16}$ eV/$c^2$ (Davis et al. [23]). Ob die Neutrinos eine Masse haben, ist eine sehr aktuelle Frage, die in Abschn. 5.6.5 angesprochen werden soll.

Die mittleren Lebensdauern der schwach zerfallenden Teilchen sind häufig durch die Messung ihrer mittleren Flugstrecke zwischen Erzeugungs- und Zerfallsort bestimmt worden. Dies ist für das $\Lambda^0$-Baryon und das $K^0$-Meson einfach, wie die Blasenkammeraufnahme in Abb. 5.4 zeigt. Das $\tau$-Lepton und die Charm- und Bottom-Hadronen haben viel kürzere Lebensdauern um $10^{-13}$ s, daher sind sehr präzise Messungen der Spuren nötig. Die großen Lorentz-Faktoren $\gamma$ am Tevatron und am LEP, in Kombination mit hochauflösenden Silizium-Vertexdetektoren, haben den Weg zu schönen und äußerst präzisen Lebensdauermessungen eröffnet. Als Beispiel zeigen wir in Abb. 5.25 die Verteilung der Zerfallslängen $l = \beta c \cdot \gamma \tau$ von B-Hadronen, die im DELPHI-Detektor gemessen wurde. Die Daten folgen dem exponentiellen Zerfallsgesetz über drei Größenordnungen.

Sehr bemerkenswert ist, dass sogar die Lebensdauer des elektromagnetisch zerfallenden $\pi^0$-Mesons direkt gemessen werden kann. Die Idee des Experiments ist in Abb. 5.26 skizziert. Durch Protonen von 450 GeV werden in einer Targetfolie $\pi^0$-Mesonen erzeugt. In einem Abstand $d$ befindet sich eine zweite Folie. Die $\gamma$-Quanten der Pionen, die im Zwischenraum zerfallen, bilden in der zweiten Folie Elektron-Positron-Paare. Die Rate hochenergetischer Positronen hängt vom Abstand zwischen den beiden Folien in folgender Form ab:

$$R = A + B(1 - \exp(-d/l)) \quad \text{mit} \quad l = \beta c \gamma \tau.$$

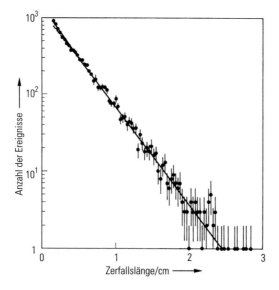

**Abb. 5.25** Die gemessene Zerfallslängenverteilung von B-Mesonen aus der Elektron-Positron-Annihilation bei LEP (nach [24]). Die mittlere Zerfallslänge $l$ hängt mit der mittleren Lebensdauer $\tau$ der Teilchen wie folgt zusammen: $l = \beta c \gamma \tau$.

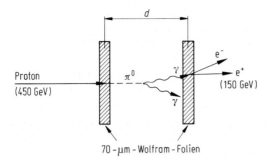

**Abb. 5.26** Schema der experimentellen Anordnung zur Bestimmung der Lebensdauer des neutralen Pions. Die Rate von 150 GeV/$c$-Positronen wird bei den Abständen $d = d_{min}$, $d = d_{min} + 45$ µm und $d = d_{min} + 250$ µm zwischen den beiden Folien gemessen (Atherton et al. [25]).

$A$ und $B$ sind Konstanten, die durch Messungen bei drei Abständen berechnet werden können. Man erhält für die mittlere Lebensdauer

$$\tau = (0.897 \pm 0.022 \pm 0.017) \cdot 10^{-16}\,\text{s}.$$

Der erste Fehler gibt die statistische, der zweite die systematische Unsicherheit des Experiments an.

### 5.3.4 Spin und magnetisches Moment

Für Elektronen und Myonen besteht aufgrund ihres magnetischen Moments kein Zweifel, dass sie Fermionen mit der Spinquantenzahl $J = 1/2$ sind und ihre Wellenfunktionen der Dirac-Gleichung genügen. Die τ-Teilchen wurden von Martin

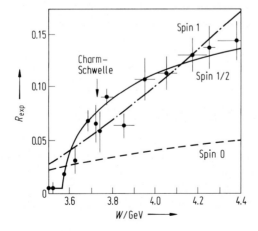

**Abb. 5.27** Rate für τ-Paarerzeugung an der Schwelle (willkürliche Einheiten). Die Kurven zeigen den theoretischen Verlauf für den Spin $J = 0$, $1/2$ oder $1$ (nach Bacino et al. [26]).

Perl in $e^+e^-$-Wechselwirkungen entdeckt, und zwar fast genau an der Schwelle für die Erzeugung von Charm-Mesonen. Eine Spinbestimmung dieser Teilchen war daher von großer Bedeutung für ihre Klassifizierung als Leptonen oder Mesonen. Abb. 5.27 zeigt die Rate für die τ-Paarerzeugung $e^+e^- \to \tau^+\tau^-$ nahe der Schwelle; der gemessene Verlauf ist mit $J = 1/2$ im Einklang. Gleichzeitig kann man die τ-Masse hieraus berechnen.

Den Spin der $\pi^+$-Mesonen hat man durch Vergleich der Reaktion (a) $\pi^+ + d \to p + p$ und der Umkehrreaktion (b) $p + p \to \pi^+ + d$ ermittelt. Die Übergangsmatrixelemente der beiden Prozesse sind identisch; für das Verhältnis der Wirkungsquerschnitte gilt (Perkins [27], Kap. 3.5):

$$\frac{\sigma_b}{\sigma_a} = 2 \cdot \frac{(2J_\pi + 1)(2J_d + 1)}{(2J_p + 1)^2} \cdot \left(\frac{p_\pi}{p_p}\right)^2. \tag{5.44}$$

Aus den Messdaten folgt $J_\pi = 0$.

Im Allgemeinen erfordert die Bestimmung des Spins von Hadronen komplizierte Drehimpulsanalysen von Erzeugungs- und Zerfallsreaktionen.

**Spins im Quark-Modell.** Die Spins der Mesonen und Baryonen kann man verstehen, wenn man Quarks den Spin 1/2 zuschreibt (hierfür gibt es experimentelle Hinweise, s. Abschn. 5.6.1). Die Mesonen sind gebundene Zustände von Quark und Antiquark. Antiparallele Spins ergeben $J = 0$, parallele $J = 1$.

$J = 0$ ↑↓    π, K, D, B
$J = 1$ ↑↑    ϱ, ω, ϕ, J/ψ, Υ.

Die Baryonen sind gebundene Zustände von drei Quarks und können Spin 1/2 und 3/2 haben:

$J = 1/2$ ↑↑↓    p, n, Λ, Σ
$J = 3/2$ ↑↑↑    Δ, Σ(1385), Ω⁻.

Es sind auch Bahndrehimpulse zwischen den Quarks möglich, womit man höhere Spinwerte bei angeregten Hadronzuständen erklären kann.

**Magnetische Momente.** Bei geladenen Teilchen ist mit dem Spin ein magnetisches Moment gekoppelt. Das Moment des Elektrons beträgt ein Bohr'sches Magneton und ist damit doppelt so groß wie für eine klassische Ladungsverteilung, die mit dem Drehimpuls $\hbar/2$ rotiert.

$$\boldsymbol{\mu}_e = -g\mu_{\text{Bohr}} \frac{\boldsymbol{J}}{\hbar} \quad \text{mit} \quad \mu_{\text{Bohr}} = \frac{e\hbar}{2m_e}. \tag{5.45}$$

Der experimentell bestimmte g-Faktor liegt ein wenig höher als der von der Dirac-Gleichung vorhergesagte Wert $g = 2$. Die Differenz kann durch die Quantenelektrodynamik (QED) erklärt werden. In der QED ist der g-Faktor

$$g = 2 \cdot \left(1 + \frac{\alpha}{2\pi} - 0.33\left(\frac{\alpha}{2\pi}\right)^2 + \ldots\right) \quad \text{mit} \quad \alpha = \frac{e^2}{4\pi\varepsilon_0 \hbar c} \text{ (Feinstrukturkonstante)}. \tag{5.46}$$

## 5.3 Wichtige Eigenschaften der Elementarteilchen

Die sogenannten (*g minus* 2)-*Experimente* am Elektron und Myon und die zugehörigen Rechnungen gehören zu den genauesten Tests der QED. Es ergibt sich [1]:

$$\mu_e = -(1.001159652187 \pm 0.000000000004) \cdot e\hbar/(2m_e)$$
$$\mu_\mu = -(1.0011659160 \pm 0.0000000006) \cdot e\hbar/(2m_\mu).$$

Die Myon-Experimente sind aufwändig. Die Teilchen werden produziert, indem man hochenergetische Protonen auf ein Target schießt, wo sie geladene Pionen erzeugen, die rasch in Myonen und Neutrinos zerfallen. Myonen mit einem Impuls von 7 GeV/c werden in einen Speicherring gelenkt, in dem sie viele Male umlaufen. Im magnetischen Feld präzedieren die Myon-Momente mit der Larmorfrequenz $\omega_L = \mu_\mu B$. Die Spinausrichtung wird über den Zerfall $\mu^+ \to e^+ \nu_e \bar{\nu}_\mu$ gemessen. Die Positronen werden vorzugsweise in Richtung des Myon-Spins emittiert und mit einer Anordnung von Szintillationszählern an der Ringperipherie nachgewiesen. Die Zählrate (Abb. 5.28) zeigt eine harmonische Oszillation, deren Periode direkt mit der Larmorfrequenz zusammenhängt.

Das Experiment hat einen interessanten Nebeneffekt: Das Einstein'sche Zwillingsparadox wird explizit bestätigt. Die 7 GeV/c Myonen leben rund 70-mal so lange wie ihre ruhenden Partner, obwohl sie immer wieder zum Ausgangspunkt zurückkehren. Die Zeitdilatation tritt also auch in beschleunigten Koordinatensystemen auf.

Das Proton hat ein magnetisches Moment von 2.79 Kernmagnetonen ($\mu_N$), das Neutron sollte eigentlich als neutrales Teilchen kein magnetisches Moment besitzen, gemessen wird ein Wert von $-1.91\,\mu_N$. Die Nukleonen-Wellenfunktionen sind daher sicher keine Lösungen der Dirac-Gleichung; die anomalen Momente sind ein erster

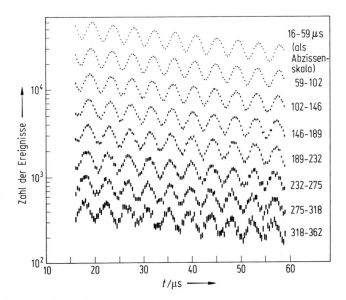

**Abb. 5.28** Bestimmung der Myon-Spin-Präzession aus der Oszillation der Positronenzählrate in einem 7 GeV-Myon-Speicherring (nach Bailey et al. [28]).

**Tab. 5.6** Magnetische Momente der Baryonen [1].

| Teilchen | magnetisches Moment im Quark-Modell | experimenteller Wert in $\mu_N$ |
|---|---|---|
| p | $4/3\,\mu(u) - 1/3\,\mu(d)$ | 2.7928 |
| n | $4/3\,\mu(d) - 1/3\,\mu(u)$ | $-1.9130$ |
| $\Lambda^0$ | $\mu(s)$ | $-0.613 \pm 0.004$ |
| $\Sigma^+$ | $4/3\,\mu(u) - 1/3\,\mu(s) = 2.67\,\mu_N$ | $2.458 \pm 0.01$ |
| $\Sigma^-$ | $4/3\,\mu(d) - 1/3\,\mu(s) = -1.11\,\mu_N$ | $-1.160 \pm 0.025$ |
| $\Xi^0$ | $4/3\,\mu(s) - 1/3\,\mu(u) = -1.43\,\mu_N$ | $-1.250 \pm 0.014$ |
| $\Xi^-$ | $4/3\,\mu(s) - 1/3\,\mu(d) = -0.49\,\mu_N$ | $-0.6507 \pm 0.0025$ |
| $\Omega^-$ | $3\,\mu(s)$ | $-2.02 \pm 0.05$ |

Hinweis auf eine innere Struktur. Im Quark-Modell kann man Aussagen über die magnetischen Momente machen, die recht gut mit den experimentellen Werten im Einklang sind. Tab. 5.6 gibt eine Übersicht.

### 5.3.5 Ladungsartige Quantenzahlen

Die *elektrische Ladung* ist in allen Wechselwirkungen streng erhalten. Man kann die Zahl der Ladungsträger durch Ionisation oder Paarbildung verändern, die Gesamtladung $Q \cdot e$ bleibt invariant:

$$\text{Photon} + \text{Atom} \rightarrow e^- + \text{Ion}^+ \quad Q = 0$$
$$\gamma + \text{Kern} \rightarrow e^+ + e^- + \text{Kern} \quad Q = Z.$$

Ein ladungsverletzender Zerfall des Elektrons $e^- \rightarrow \nu + \gamma$ ist nicht gefunden worden; die untere Grenze der Lebensdauer des Elektrons beträgt $\tau > 4.2 \cdot 10^{24}$ Jahre [1].

Die *Baryonenzahl* ist eine verallgemeinerte Ladungsquantenzahl, die zum Ausdruck bringt, dass bei allen Prozessen die Gesamtzahl der Baryonen abzüglich der Zahl der Antibaryonen konstant bleibt. Man ordnet allen Baryonen (p, n, $\Lambda$, $\Sigma$, ...) $B = +1$ zu, den Antibaryonen ($\bar{p}$, $\bar{n}$, $\bar{\Lambda}$, $\bar{\Sigma}$, ...) $B = -1$ sowie den Mesonen, Leptonen und Feldquanten $B = 0$. Die Baryonenzahl ist ebenfalls streng erhalten, ein schönes Beispiel dafür ist die Zerfallskette des $\Omega$-Baryons:

$$\Omega^- \rightarrow \Xi^- + \pi^0,$$
$$\Xi^- \rightarrow \Lambda^0 + \pi^-,$$
$$\Lambda^0 \rightarrow p + \pi^-.$$

In jedem Zwischenschritt ist $B = 1$. Das Proton ist als leichtestes Baryon stabil, so wie das Elektron als leichtestes geladenes Teilchen stabil ist. Die untere Grenze für die Protonlebensdauer ist $10^{31} - 5 \cdot 10^{32}$ Jahre, abhängig von den Annahmen über den Zerfallsmodus [1]. Ordnet man den Quarks den Wert $B = +1/3$ zu, den Antiquarks $B = -1/3$, so ist die Erhaltung der Baryonenzahl leicht zu verstehen, da die Quarks bei keiner der Wechselwirkungen verschwinden.

Drei verschiedene Leptonenzahlen $L_e$, $L_\mu$, $L_\tau$ werden gebraucht, um der Beobachtung Rechnung zu tragen, dass die Neutrinos $\nu_e$, $\nu_\mu$, $\nu_\tau$ alle verschieden sind. Die Elektron-Leptonzahl ist wie folgt definiert

$$\begin{aligned} L_e &= +1 \text{ für } e^-, \nu_e, \\ L_e &= -1 \text{ für } e^+, \bar{\nu}_e, \\ L_e &= 0 \text{ für alle anderen Teilchen.} \end{aligned} \tag{5.47}$$

Eine entsprechende Definition gilt für $L_\mu$ und $L_\tau$. Das $\tau$-Neutrino ist kürzlich nachgewiesen worden [29]. Bis zur Entdeckung der Neutrinooszillationen (Abschn. 5.6.5) ist keine Verletzung der Leptonenzahlerhaltung beobachtet worden. Die „erlaubten" Zerfälle lassen diese Quantenzahlen invariant, etwa

$$\underbrace{\pi^+ \to \mu^+ \nu_\mu}_{L_e = L_\mu = 0} \quad \text{oder} \quad \underbrace{\mu^+ \to e^+ \nu_e \bar{\nu}_\mu}_{L_e = 0,\, L_\mu = -1}.$$

Der „verbotene" Zerfall $\mu^- \to e^- \gamma$ ist nicht beobachtet worden, das Verzweigungsverhältnis (die relative Wahrscheinlichkeit dieses Zerfalls) ist $< 5 \cdot 10^{-11}$. Im Standard-Modell ist die Leptonenzahlerhaltung dadurch gewährleistet, dass die Leptonen in drei separate Familien eingruppiert werden, zwischen denen es keine Übergänge gibt.

Im Unterschied zu den Baryonen und Leptonen gibt es jedoch für die Mesonen keine entsprechende Erhaltungszahl. $\pi$-Mesonen können in Proton-Proton-Stößen in beliebiger Anzahl erzeugt werden, sofern nur die Energie ausreicht:

$$p + p \to \begin{cases} p + p + \pi^0 \\ p + p + \pi^+ + \pi^- \\ p + p + \pi^+ + \pi^- + \pi^0 \end{cases}$$

Das Quark-Modell liefert hierfür eine natürliche Erklärung, da die Mesonen Quark-Antiquark-Paare sind.

Neben den in allen Wechselwirkungen erhaltenen Quantenzahlen gibt es Größen, die bei der starken und elektromagnetischen Wechselwirkung konstant bleiben, in schwachen Reaktionen sich jedoch ändern können. Die *Seltsamkeit* (*Strangeness*) $S$ wurde lange vor der Entdeckung des Quark-Modells eingeführt, um der Tatsache Rechnung zu tragen, dass $K^0$- und $\Lambda^0$-Teilchen mit hoher Rate, also durch starke Wechselwirkung, gemeinsam erzeugt werden können, dass sie aber beide langsam, d.h. durch schwache Wechselwirkung, zerfallen. Diese merkwürdige Unsymmetrie kann man formal dadurch erklären, dass man dem $K^0$ den Wert $S = +1$ zuordnet, dem $\Lambda^0$ den Wert $S = -1$ und fordert, dass $S$ sich nur in der schwachen Wechselwirkung ändern darf. Für die in Abb. 5.4 gezeigte Erzeugungsreaktion

$$\begin{aligned} \pi^- + p &\to K^0 + \Lambda^0 \\ S: 0 + 0 &= +1 + (-1) \end{aligned}$$

bleibt der Wert $S = 0$ invariant. Bei den nachfolgenden schwachen Zerfällen

$$\begin{aligned} K^0 &\to \pi^+ \pi^- \quad \text{und} \quad \Lambda^0 \to p \pi^- \\ +1 &\neq 0 \qquad\qquad\qquad -1 \neq 0 \end{aligned}$$

ändert sich $S$ um 1. Aus heutiger Sicht sind die für die Seltsamkeit geltenden Regeln triviale Folgerungen des Quark-Modells, denn nur bei schwachen Übergängen kann sich ein s-Quark in ein u-Quark umwandeln (Abschn. 5.5.2).

### 5.3.6 Parität

Erhaltungssätze haben eine lange Tradition in der Teilchenphysik. Die Erhaltung von Energie, Impuls und Drehimpuls (inklusive Spin) kann formal aus Invarianzen des Hamilton-Operators gegenüber Translationen in Zeit und Raum sowie Drehungen hergeleitet werden. Neben diesen kontinuierlichen Transformationen gibt es die diskreten Transformationen der Parität $P$ (Raumspiegelung), Zeitumkehr $T$ und Ladungskonjugation $C$ (Teilchen-Antiteilchen-Vertauschung), die keine Entsprechung in der klassischen Physik haben.

**Paritätsoperator.** Der Paritätsoperator ist dadurch definiert, dass er den Ortsvektor jedes Teilchens in sein Negatives überführt

$$P_{op} r = -r. \tag{5.48}$$

Der Impuls ist $p = m \cdot dr/dt$ und ändert sein Vorzeichen, während der Drehimpuls gleich bleibt

$$P_{op} L = P_{op}(r \times p) = (-r) \times (-p) = L. \tag{5.49}$$

Interessant ist, dass die elektrische und magnetische Feldstärke unterschiedliches Paritätsverhalten aufweisen:

$$E \rightarrow -E, \ B \rightarrow +B. \tag{5.50}$$

Elektrische Felder werden von Ladungen erzeugt, die bei Anwendung der $P$-Operation an den gespiegelten Ort gebracht werden müssen. Quelle der Magnetfelder sind hingegen Kreisströme, die bei einer Spiegelung am Koordinatenursprung ihren Drehsinn nicht ändern. Richtungsbehaftete Größen, die bei der Paritätsoperation ihr Vorzeichen ändern, nennt man (*polare*) *Vektoren*, solche, die ihr Vorzeichen beibehalten, nennt man *Axialvektoren*. Ortsvektor, Impuls und elektrische Feldstärke sind Vektoren, Drehimpuls, Spin und magnetische Feldstärke Axialvektoren.

Beim Wasserstoffatom und generell bei allen kugelsymmetrischen Systemen kann man die Wellenfunktion als Produkt einer nur vom Radius abhängigen Radialfunktion und einer winkelabhängigen Kugelflächenfunktion schreiben:

$$\psi(r, \theta, \varphi) = R(r) \cdot Y_l^m(\theta, \varphi).$$

Dabei ist $l$ die Drehimpulsquantenzahl und $m$ die magnetische Quantenzahl. Anwendung der Paritätsoperation ergibt

$$r \rightarrow r, \ \theta \rightarrow \pi - \theta, \ \varphi \rightarrow \pi + \varphi$$
$$\Rightarrow Y_l^m(\theta, \varphi) \rightarrow Y_l^m(\pi - \theta, \pi + \varphi) = (-1)^l Y_l^m(\theta, \varphi). \tag{5.51}$$

Für $l = 0, 2, 4, \ldots$ hat die Wellenfunktion somit gerade Parität $(+1)$, für $l = 1, 3, 5, \ldots$ ungerade Parität $(-1)$.

**Eigenparität von Elementarteilchen.** In vielen Fällen ist es möglich eine *Eigenparität* eines Teilchens oder eines gebundenen Systems von Teilchen so zu definieren, dass die Gesamtparität bei Übergängen erhalten bleibt. Ein Beispiel aus der Atomphysik ist die Emission eines Photons durch ein angeregtes Atom. Wir schreiben dies als Reaktion

$$A^* \to A + \gamma.$$

Elektrische Dipolübergänge gehorchen der Auswahlregel $\Delta l = l^* - l = \pm 1$, so dass die atomaren Wellenfunktionen im Anfangs- und Endzustand verschiedene Paritäten haben. Ordnen wir dem Photon eine negative Eigenparität zu, so ist die Gesamtparität des Endzustandes $(-1)^l \cdot (-1)$ gleich der Parität $(-1)^{l^*} = (-1)^{l+1}$ des Anfangszustandes. (Die Parität ist eine multiplikative Quantenzahl, im Unterschied zur Ladung und den Baryonen- und Leptonenzahlen, die additiv sind.) Dem Photon eine negative Eigenparität zuzuordnen ist sinnvoll, denn die Wellenfunktion des Photons ist das Vektorpotential $A$, das bei einer Raumspiegelung in sein Negatives übergeht.

Wenn man die Eigenparitäten der Hadronen passend festlegt, bleibt die Gesamtparität, die sich als Produkt der Einzelparitäten ergibt, bei allen Reaktionen der starken und elektromagnetischen Wechselwirkungen erhalten, jedoch nicht bei der schwachen Wechselwirkung. Die Parität des Protons wird willkürlich mit $+1$ festgelegt. Da Proton und Neutron sich in der starken Wechselwirkung gleich verhalten, erscheint es sinnvoll, dem Neutron ebenfalls $P = +1$ zuzuordnen. Es ist nicht möglich, die relative Parität von Proton und Neutron experimentell zu bestimmen. Der Neutronzerfall ist ungeeignet, da er durch schwache Wechselwirkung erfolgt. Auch die Parität des $\Lambda$-Baryons ist nicht messbar, da es über die schwache Wechselwirkung in Nukleon und Pion zerfällt.

Für viele Mesonen kann jedoch die Parität bestimmt werden. Für die negativen $\pi$-Mesonen erfolgt dies mit Hilfe der Reaktion $\pi^- + d \to n + n$, wobei das Pion zunächst mit dem Deuteron ein mesonisches Atom bildet und dann aus der K-Schale ($l = 0$) vom Kern eingefangen wird. Das Deuteron hat positive Parität und Spin 1, die Parität des Anfangszustands ist daher $P(\pi)$. Die beiden Neutronen im Endzustand müssen als identische Fermionen eine antisymmetrische Gesamtwellenfunktion haben. Dafür gibt es zwei Möglichkeiten:

(a) antisymmetrische Spinfunktion ($S = 0$) und gerade Bahndrehimpulse ($l = 0, 2, 4, \ldots$),

(b) symmetrische Spinfunktion ($S = 1$) und ungerade Bahndrehimpulse ($l' = 1, 3, 5, \ldots$).

Nur die Wellenfunktion (b) ist verträglich mit dem Gesamtdrehimpuls 1 des Anfangszustands. Nimmt man Paritätserhaltung in dem Prozess an, so folgt $P(\pi) = (-1)^{l'} = -1$.

**Parität von Teilchen und Antiteilchen, Parität der Quarks.** Die Parität der Mesonen kann im Prinzip ermittelt werden, da sie einzeln erzeugt oder vernichtet werden können, was bei Baryonen nicht möglich ist. Festgelegt ist nur die relative Parität von Baryonen und Antibaryonen. Aus der Dirac-Gleichung folgt, dass Fermionen und Antifermionen entgegengesetzte Eigenparitäten haben. Dies wird durch eine

Analyse der Pionen aus der Proton-Antiproton-Vernichtung bestätigt. Bei Bosonen haben Teilchen und Antiteilchen die gleiche Parität.

Im Quark-Modell kann man die Eigenparitäten der Hadronen sehr leicht erklären, wenn man den Quarks die Parität + 1, den Antiquarks als Antifermionen die Parität − 1 zuordnet:

$$\begin{aligned} \text{Baryon} &= \text{qqq} & \text{mit } l = 0 &\Rightarrow P = +1, \\ \text{Antibaryon} &= \overline{\text{q}}\,\overline{\text{q}}\,\overline{\text{q}} & \text{mit } l = 0 &\Rightarrow P = -1, \\ \text{Meson} &= \text{q}\overline{\text{q}} & \text{mit } l = 0 &\Rightarrow P = -1. \end{aligned} \quad (5.52)$$

**Paritätsverletzung in der schwachen Wechselwirkung.** Die Zerfälle geladener K-Mesonen, bei denen Endzustände mit verschiedener Parität auftraten, führten Lee und Yang zu der Vermutung, dass die Parität bei schwachen Wechselwirkungen möglicherweise nicht erhalten sei. Auf ihren Vorschlag hin untersuchten Wu und Mitarbeiter den β-Zerfall polarisierter $^{60}$Co-Kerne. Dabei wurde beobachtet, dass die Elektronen vorzugsweise antiparallel zu den in einem starken Magnetfeld bei sehr tiefen Temperaturen ausgerichteten Spins der Cobalt-Kerne emittiert wurden. In einem raumgespiegelten Experiment müssten die Elektronen dann bevorzugt in Richtung der Kernspins fliegen.

Paritätsverletzung kann niemals mit einem einzigen Ereignis demonstriert werden. Wenn ein $^{60}$Co-Kern zerfällt, muss das Elektron irgendwohin fliegen: Relativ zur Richtung des Kernspins entweder in die Vorwärts- oder die Rückwärtshemisphäre. Die Paritätsverletzung zeigt sich vielmehr daran, dass eine „pseudoskalare" Größe, in diesem Fall das Skalarprodukt des Impulsvektors **p** des Elektrons und des Spinaxialvektors **J** des Kerns, einen nichtverschwindenden Erwartungswert hat. Dazu muss man viele Ereignisse registrieren und den Mittelwert von **J** · **p** berechnen.

Eine wichtige pseudoskalare Größe ist die *Helizität* der Teilchen, definiert als die Projektion des Spins auf die Impulsrichtung

$$\lambda = \boldsymbol{J} \cdot \boldsymbol{p}/(\hbar \cdot |\boldsymbol{p}|). \quad (5.53)$$

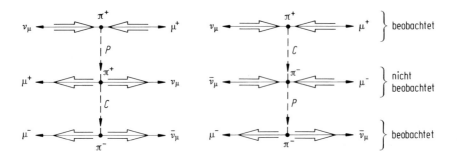

**Abb. 5.29** Skizze des Zerfalls $\pi^+ \to \mu^+ + \nu_\mu$ im Ruhesystem des Pions. Das Neutrino hat negative Helizität. Anwendung der Operatoren $P$ oder $C$ führt zu nicht beobachteten Prozessen. Die kombinierte Transformation $CP$ oder $PC$ führt auf den beobachteten Zerfall $\pi^- \to \mu^- + \overline{\nu}_\mu$ mit einem Antineutrino positiver Helizität. Die Impulse sind als einfache Pfeile gezeichnet, die Spins als Doppelpfeile.

Die Helizität ändert das Vorzeichen unter Raumspiegelung. Die Elektronen im Beta-Zerfall haben eine mittlere Helizität von $\lambda = -\beta/2$ mit $\beta = v/c$. Durch weitere Untersuchungen, insbesondere das ingeniöse Experiment von Goldhaber, Grodzins und Sunyar [30], konnte gezeigt werden, dass Neutrinos stets „linkshändig" sind, d. h. eine Helizität von $-1/2$ haben[8], während Antineutrinos rechtshändig sind ($\lambda = +1/2$). Die Paritätsverletzung ist hier maximal.

Die Paritätsverletzung kann sehr schön am Pionzerfall $\pi^+ \to \mu^+ \nu_\mu$ demonstriert werden (Abb. 5.29) Die Spinausrichtung der Myonen kann aus dem Folgezerfall $\mu^+ \to e^+ \nu_e \bar{\nu}_\mu$ bestimmt werden. Die Myonen haben stets negative Helizität, der raumgespiegelte Zerfall tritt daher nicht auf.

### 5.3.7 Ladungskonjugation, CP und CPT

Der Operator der Ladungskonjugation macht aus der Wellenfunktion eines Teilchens die des Antiteilchens. Dabei ändern alle ladungsartigen Quantenzahlen ihr Vorzeichen, während Masse, Spin und mittlere Lebensdauer unverändert bleiben. Eigenzustände des $C$-Operators können nur Teilchen sein, bei denen alle ladungsartigen Quantenzahlen null sind. Ein Beispiel ist das $\pi^0$-Meson, das in zwei $\gamma$-Quanten zerfällt. Die Eigenwerte des $C$-Operators nennt man auch $C$-*Parität*. Das Photon hat negative $C$-Parität, da das elektrische Feld beim Übergang von Ladungen zu Antiladungen seine Richtung ändert. Daher gilt $C(\pi^0) = (C(\gamma))^2 = +1$. Ein Zerfall in drei Gammaquanten ist verboten, sofern $C$-Erhaltung gilt, und wird auch nicht beobachtet. Die Teilchen-Antiteilchen-Symmetrie ($C$-Invarianz) gilt in der starken und elektromagnetischen Wechselwirkung, ist aber ebenfalls in der schwachen Wechselwirkung verletzt. Der Pion-Zerfall in Abb. 5.29 zeigt dies sehr deutlich. Die kombinierte Operation $CP$ (oder $PC$) führt jedoch von einem erlaubten Prozess zu einem anderen erlaubten Prozess: Die schwachen Wechselwirkungen sind invariant gegenüber $CP$, verletzen aber $C$ oder $P$ einzeln genommen.

Bemerkenswert ist, dass bei den Zerfällen neutraler K-Mesonen auch die $CP$-Invarianz auf einem Niveau von $10^{-3}$ verletzt ist. Eine befriedigende theoretische Erklärung steht noch aus. Zur Zeit wird die $CP$-Verletzung bei den neutralen B-Mesonen intensiv untersucht. Auf die interessanten Experimente können wir im Rahmen dieses Buches nicht eingehen.

Nach einem sehr allgemeinen Theorem der Quantenfeldtheorie besteht für alle drei Wechselwirkungen eine Invarianz gegenüber der kombinierten Operation $CPT$. Dabei ist $T$ der Operator für die Umkehrung der Zeitrichtung. Die $CP$-Verletzung müsste demnach mit einer $T$-Verletzung gekoppelt sein. Dafür gibt es aber keine direkten Hinweise wie etwa ein nichtverschwindendes elektrisches Dipolmoment des Neutrons (siehe hierzu Perkins [27]). Eine wichtige Konsequenz des $CPT$-*Theorems* ist, dass Teilchen und Antiteilchen exakt gleiche Masse und Lebensdauer haben. Es gibt viele Tests dafür [1]: Die Massen von Elektron und Positron sind innerhalb einer relativen Genauigkeit $< 10^{-8}$ gleich, die Lebensdauern von $\mu^+$ und $\mu^-$ haben einen relativen Unterschied von $< 10^{-4}$ etc.

---

[8] Die Aussage, dass Linkshändigkeit identisch mit negativer Helizität ist, gilt für verschwindende Ruhemasse der Neutrinos.

## 5.4 Quark-Modell

### 5.4.1 Einordnung der Hadronen in Isospin- und SU(3)-Multipletts

Die Isospin- und SU(3)-Symmetrie sind die ersten erfolgreichen Ansätze gewesen, Hadronen zu Familien zusammenzufassen und auf diese Weise eine Ordnung in die Vielzahl der Elementarteilchen zu bringen. Die dabei verwendeten mathematischen Methoden sind relativ abstrakt und können hier nur angedeutet werden; im Wesentlichen handelt es sich um eine Verallgemeinerung und Erweiterung des Drehimpuls-Formalismus der Quantenmechanik. Protonen und Neutronen üben gleiche Kernkräfte aus und können hinsichtlich der starken Wechselwirkungen als Verkörperungen eines einzigen Teilchens, des *Nukleons*, angesehen werden. In Analogie zum Spin des Elektrons, dessen zwei Einstellungen in einem Magnetfeld zu verschiedenen Energiewerten führen, ordnet man dem Nukleon den *Isospin* $I = 1/2$ zu und kennzeichnet das Proton durch die dritte Komponente $I_3 = +1/2$, das Neutron durch $I_3 = -1/2$. Die drei $\pi$-Mesonen $\pi^+$, $\pi^0$, $\pi^-$ haben ebenfalls identische starke Wechselwirkungen und werden in ein Triplett mit Isospin-Quantenzahl $I = 1$ und $I_3 = +1, 0, -1$ eingeordnet. Die Isospin-Multipletts gleichen den Drehimpuls-Multipletts der Atomphysik: $I$ entspricht der Bahndrehimpulsquantenzahl $l$ und $I_3$ der magnetischen Quantenzahl $m$. Hadronen mit gleichen Werten für Spin, Parität, Baryonenzahl und Seltsamkeit sowie annähernd gleichen Massen können zu einer Isospin-Familie zusammengefasst werden. Wichtige Isospin-Multipletts sind:

Singuletts ($I = 0$):    $\eta^0$-Meson, $\Lambda^0$-Baryon
Dubletts    ($I = 1/2$): K-Meson ($K^+$, $K^0$), $\overline{K}$-Meson ($\overline{K}^0$, $K^-$),
                         Nukleon (p, n), $\Xi$-Baryon ($\Xi^0$, $\Xi^-$)
Tripletts   ($I = 1$):     $\pi$-Meson ($\pi^+$, $\pi^0$, $\pi^-$), $\Sigma$-Baryon ($\Sigma^+$, $\Sigma^0$, $\Sigma^-$)
Quartett   ($I = 3/2$): $\Delta(1232)$-Resonanz ($\Delta^{++}$, $\Delta^+$, $\Delta^0$, $\Delta^-$).

Es ist experimentell gesichert, dass die starke Wechselwirkung Isospin-invariant ist in dem Sinne, wie der Hamilton-Operator des Wasserstoffatoms invariant gegenüber einer Rotation des Koordinatensystems ist. Eine Isospintransformation überführt z. B. ein Nukleon vom Protonzustand in den Neutronzustand. Das entspricht einer 180°-Drehung im Isospinraum. Die Isospin-Invarianz hat interessante Konsequenzen; beispielsweise sind die Zerfallsbreiten der $\Delta$-Resonanzen alle untereinander verknüpft. Sei $\Gamma$ die totale Breite des $\Delta^{++}$-Teilchens, so gilt

$$\Gamma(\Delta^{++} \to p\pi^+) = \Gamma$$

$$\Gamma(\Delta^+ \to p\pi^0) = \frac{2}{3}\Gamma, \; \Gamma(\Delta^+ \to n\pi^+) = \frac{1}{3}\Gamma$$

$$\Gamma(\Delta^0 \to p\pi^-) = \frac{1}{3}\Gamma, \; \Gamma(\Delta^0 \to n\pi^0) = \frac{2}{3}\Gamma$$

$$\Gamma(\Delta^- \to n\pi^-) = \Gamma.$$

Zwischen Drehimpuls und räumlichen Rotationen besteht ein enger Zusammenhang. Bei einer Rotation des Koordinatensystems wird die Spinwellenfunktion eines Elektrons mit einer unitären Matrix transformiert. Diese Matrizen bilden eine Gruppe, die SU(2)-Gruppe (die Gruppe der speziellen unitären Transformationen in zwei Dimensionen mit Determinante 1). SU(2)-Transformationen können auch auf den „Isospin-Raum" angewandt werden, haben aber keine anschauliche Deutung, abgesehen von einer 180°-Rotation, die der Vertauschung von Proton und Neutron entspricht.

Von Gell-Mann und Ne'eman wurde 1963 gezeigt, dass sämtliche damals bekannten Hadronen in die Multipletts der höherdimensionalen SU(3)-Gruppe eingeordnet werden konnten. Die SU(3)-Multipletts umfassen die Isospin-Multipletts. Die Teilchen in einem SU(3)-Multiplett sind durch zwei Quantenzahlen gekennzeichnet, die dritte Komponente $I_3$ des Isospins und die sogenannte *Hyperladung* $Y = B + S$. Die wichtigsten SU(3)-Multipletts werden in Abb. 5.30 gezeigt. Es sind zwei Oktetts für die Mesonen mit Spin 0 und 1, ein Oktett für die langlebigen Baryonen mit $J = 1/2$ und ein Dekuplett, das vor allem Baryon-Resonanzen mit Spin 3/2 enthält. 1963 war das letzte Teilchen im Dekuplett mit der Ladung $-e$ und der Seltsamkeit $S = -3$ unbekannt. Die Entdeckung dieses mit $\Omega^-$ bezeichneten Teilchens (Abb. 5.31), das in charakteristischer Weise in einer dreistufigen Kaskade zerfällt, war einer der großen Erfolge der SU(3)-Theorie.

Die niedrigsten Multipletts der SU(3)-Theorie sind zwei Tripletts, in die keine der bekannten Elementarteilchen passen. Murray Gell-Mann und George Zweig machten 1964 die Annahme, dass die Tripletts eine physikalische Bedeutung besitzen. Gell-Mann nannte die Objekte im ersten Triplett Quarks. Im zweiten Triplett haben alle additiven Quantenzahlen das umgekehrte Vorzeichen, so dass man die zuge-

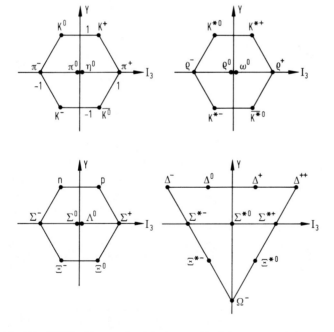

**Abb. 5.30** Die SU(3)-Oktetts der Mesonen mit Spin 0, 1 und der Baryonen mit Spin 1/2 und das Dekuplett der Baryonen mit Spin 3/2.

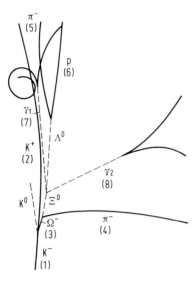

**Abb. 5.31** Entdeckung des $\Omega^-$-Baryons in einer Blasenkammer in Brookhaven (Barnes et al. [31]). Die Erzeugungsreaktion ist $K^- + p \to \Omega^- + K^+ + K^0$. Das $\Omega^-$-Baryon zerfällt in einer Dreifachkaskade $\Omega^- \to \Xi^0 \pi^-$, $\Xi^0 \to \Lambda^0 \pi^0$, $\Lambda^0 \to p \pi^-$.

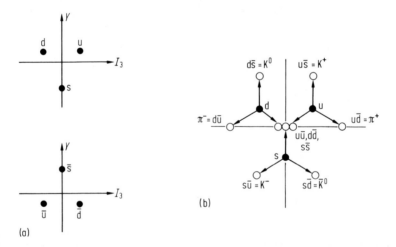

**Abb. 5.32** Die SU(3)-Tripletts der Quarks und Antiquarks und die geometrische Konstruktion des Meson-Oktetts. Die Zustände $u\bar{u}$, $d\bar{d}$, $s\bar{s}$ im Zentrum entsprechen nicht direkt physikalischen Teilchen. Die Wellenfunktionen der drei Mesonen $\pi^0$ (135), $\eta^0$ (549) und $\eta'^0$ (958) sind Überlagerungen dieser Zustände. Das $\eta'^0$ (958) gehört nicht zum Oktett, sondern in ein SU(3)-Singulett.

hörigen Objekte sinnvollerweise als Antiquarks bezeichnen kann. Die Quark- und Antiquark-Tripletts sind in Abb. 5.32a dargestellt. Hinsichtlich des Isospins bilden die u- und d-Quarks ein Dublett, das s-Quark ein Singulett. Quarks und Antiquarks ordnet man den Spin 1/2 zu.

In Abb. 5.32b wird gezeigt, wie man die Mesonen-Oktetts geometrisch durch Vektoraddition aus den Quark- und Antiquark-Tripletts konstruieren kann. Etwas aufwändiger ist die geometrische Kombination von drei Quarks. Dies führt zu einem Dekuplett (10-Multiplett), zwei Oktetts und einem Singulett. Drei Quarks ergeben ein Baryon, daher erscheint es sinnvoll, den Quarks die Baryonenzahl $B = 1/3$ zu geben und den Antiquarks $B = -1/3$. Aus der Gell-Mann-Nishijima-Relation

$$Q = I_3 + Y/2 , \qquad (5.54)$$

die für alle bis 1964 bekannten Hadronen gilt, folgt dann, dass die Quarks drittelzahlige Ladungen haben: u-Quark: $+2/3e$, d- und s-Quark: $-1/3e$.

Für den Aufbau der $\pi$-Mesonen und Nukleonen sind die u- und d-Quarks und ihre Antiquarks hinreichend. Die Ladungsunabhängigkeit der Kernkräfte folgt unmittelbar aus der Annahme, dass das u- und das d-Quark identische starke Wechselwirkung haben. Das dritte Quark s ist nötig, um die „seltsamen" Teilchen K, $\Lambda$, $\Sigma$, ... zu erklären. Die Verwandtschaft zwischen $\pi$- und K-Mesonen, die ja die Grundlage für die Einordnung in ein gemeinsames SU(3)-Multiplett sein sollte, ist viel weniger offensichtlich als die Verwandtschaft der drei $\pi$-Mesonen untereinander. Nach heutigem Verständnis ist die geringere Ähnlichkeit allein auf die unterschiedlichen Massen zurückzuführen. Bei sehr hohen Energien sollten $\pi$- und K-Mesonen die gleiche starke Wechselwirkung ausüben, was bedeutet, dass alle drei Quarks u, d und s (wie auch die später entdeckten c-, b-, t-Quarks) äquivalent sind bezüglich der starken Wechselwirkung. Darauf kommen wir in Abschn. 5.4.3 zurück.

### 5.4.2 Die Neuen Teilchen

Viele Experimente sind unternommen worden mit dem Ziel, freie Quarks zu finden. Ein Teilchen der Ladung $e/3$ hätte in einem magnetischen Detektor den dreifachen Krümmungsradius eines Teilchens der Ladung $e$, aber nur 1/9 der Ionisationsdichte. Diese Suche nach freien Quarks ist erfolglos geblieben. Daher wurde das Quark-Modell jahrelang nur als bequemes mathematisches Hilfsmittel zur Klassifikation der Hadronen angesehen, die physikalische Relevanz blieb zweifelhaft.

Die Situation änderte sich schlagartig mit der Entdeckung der „Neuen Teilchen" in den Jahren 1974–1976. Am AGS in Brookhaven wurde die Erzeugung von $e^+e^-$-Paaren in Proton-Kern-Wechselwirkungen untersucht. In der Verteilung der $e^+e^-$-Masse wurde über einem monoton abfallenden Spektrum ein deutliches Maximum bei 3.1 GeV/$c^2$ beobachtet (Abb. 5.33a), das die Existenz eines neuen Elementarteilchens beweist. Von den Physikern in Brookhaven wurde es mit J bezeichnet. Nahezu gleichzeitig fand eine Gruppe am Elektron-Positron-Speicherring SPEAR in Stanford ein außerordentlich scharfes und hohes Resonanzmaximum bei einer Gesamtenergie von 3.1 GeV (Abb. 5.33b); das Teilchen erhielt den Namen $\psi$. Wegen der nicht geklärten Priorität wird dieses Meson als J/$\psi$-Teilchen geführt.

Die beobachtete Resonanzbreite in Abb. 5.33b wird durch die Energieunschärfe in den Elektronen- und Positronen-Strahlen und durch Strahlungskorrekturen (vgl. Abschn. 5.5.1) verursacht. Die wahre Breite des J/$\psi$-Teilchens ist erheblich geringer und beträgt $\Gamma = 87$ keV. Dieser Wert ist um drei Zehnerpotenzen kleiner als bei typischen Hadron-Resonanzen (Abschn. 5.3.1) und ein Beweis dafür, dass das J/$\psi$

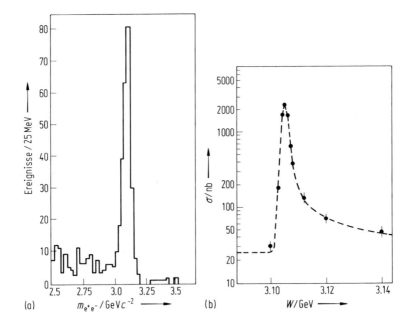

**Abb. 5.33** Die Entdeckung des J/$\psi$-Teilchens: (a) als Maximum im effektiven Massenspektrum von Elektron-Positron-Paaren, die in Proton-Kern-Wechselwirkungen erzeugt wurden (Aubert et al. [32]), (b) als Resonanz im Wirkungsquerschnitt e$^+$e$^- \to$ Hadronen (Augustin et al. [33]).

nicht aus den herkömmlichen Quarks aufgebaut sein kann, sondern ein neues, das von Glashow und anderen vorher theoretisch postulierte Charm-Quark c enthält:

$$J/\psi = c\bar{c}.$$

Kurz darauf wurden in Stanford Mesonen gefunden, die ein c-Quark und ein u- oder d-Quark enthalten (siehe Abb. 5.24)

$$D^+ = c\bar{d}, \ D^- = d\bar{c}, \ D^0 = c\bar{u}, \ \overline{D}^0 = u\bar{c}.$$

Mesonen mit c- und s-Quarks wurden am Speicherring DORIS in Hamburg entdeckt

$$D_S^+ = c\bar{s}, \ D_S^- = s\bar{c}.$$

Das fünfte Quark, *bottom* genannt, wurde wiederum zuerst in Hadron-Hadron-Wechselwirkungen gesehen. Am Fermi National Accelerator Laboratory (Fermilab) bei Chicago wurde die Erzeugung von Myon-Paaren in Proton-Kern-Stößen untersucht. Das Massenspektrum in Abb. 5.34a zeigt ein Maximum bei 9.4 GeV/$c^2$, das zugehörige Teilchen erhielt den Namen Upsilon $\Upsilon$:

$$\Upsilon = b\bar{b}.$$

Ein schwächer ausgeprägtes Signal ist bei 10 GeV/$c^2$ zu erkennen. Der Speicherring DORIS wurde für eine Maximalenergie von 10.5 GeV umgebaut, und die neuen Teilchen konnten sofort bestätigt werden. Die sehr viel bessere Massenauflösung

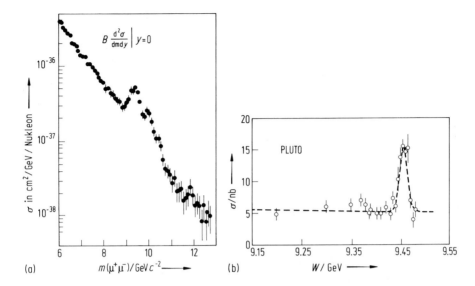

**Abb. 5.34** (a) Effektives Massenspektrum von Myon-Paaren aus Proton-Kern-Stößen (Innes et al. [34]). Zwei statistisch signifikante Maxima werden über einem exponentiell abfallenden Untergrund beobachtet. (b) Wirkungsquerschnitt für $e^+e^- \to$ Hadronen in der Umgebung des $\Upsilon$-Teilchens (Berger et al. [35]).

am Speicherring ist in Abb. 5.34b deutlich erkennbar. Am Elektron-Positron-Speicherring CESR der Cornell-Universität (USA) konnten der Grundzustand und fünf angeregte Zustände des $\Upsilon$-Mesons aufgelöst werden, siehe Abb. 5.41 in Abschn. 5.4.3.3.

Die B-Mesonen, die ein b-Quark und ein leichteres Quark enthalten, sind zuerst am CESR nachgewiesen worden. Mit hochauflösenden Silizium-Mikrostreifendetektoren gelang es am LEP, die Zerfallslängen der B-Teilchen zu messen (siehe Abb. 5.25).

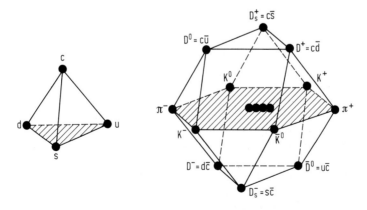

**Abb. 5.35** Das Quartett der u-, d-, s- und c-Quarks und das 16-Multiplett der Spin-0-Mesonen. Die neutralen Mesonen $\pi^0$, $\eta$, $\eta'$ und $\eta_c$ (2980) erscheinen im Zentrum.

**Tab. 5.7** Eigenschaften der Quarks. Es wird die sogenannte Konstituentenmasse angegeben.

| Quark | Ladung | ungefähre Masse [GeV/$c^2$] |
|---|---|---|
| u | $+2/3\,e$ | 0.34 |
| d | $-1/3\,e$ | 0.34 |
| s | $-1/3\,e$ | 0.51 |
| c | $+2/3\,e$ | 1.6 |
| b | $-1/3\,e$ | 4.8 |
| t | $+2/3\,e$ | $174.3 \pm 5.1$ |

Bei vier Quarks ist das fundamentale Multiplett ein Quartett mit den Quarks u, d, s und c, das man als Tetraeder bildlich darstellen kann. Die Mesonen mit Spin 0 bilden ein 16-Multiplett der SU(4)-Gruppe (Abb. 5.35). Bei fünf oder mehr Quarks ist eine graphische Darstellung der Multipletts nicht mehr möglich.

Einige wichtige Eigenschaften der Quarks sind in Tab. 5.7 zusammengefasst. Der Nachweis des Top-Quarks wird in Abschn. 5.6.3 diskutiert.

### 5.4.3 Experimentelle und theoretische Argumente für die Existenz von Quarks

Alle Versuche, freie Quarks nachzuweisen, sind erfolglos gewesen, aber es gibt zahlreiche experimentelle Beweise dafür, dass die Quarks eine physikalische Realität besitzen. Es gibt auch gewichtige theoretische Argumente: Die einzige renormierbare Theorie der starken Wechselwirkung, die Quantenchromodynamik (QCD), beruht auf der Annahme, dass Quarks nur im gebundenen Zustand innerhalb der Hadronen existieren können (*Confinement*). Im Folgenden wollen wir wichtige experimentelle Resultate und theoretische Ansätze besprechen, die zur Entwicklung der QCD geführt haben.

#### 5.4.3.1 Tief inelastische Elektron-Nukleon-Streuung

Die elastische Elektron-Proton-Streuung ist eine hervorragende Methode, die räumliche Verteilung der elektrischen Ladung im Proton zu bestimmen. Aus dem gemessenen Formfaktor kann man schließen, dass die Ladungsdichte in guter Näherung durch eine Exponentialfunktion der Form $\varrho(r) = \varrho_0 \exp(-\mu r)$ beschrieben werden kann mit einem mittleren Radius von 0.8 fm. Dies entspricht der negativen Ladungsverteilung im H-Atom, nur auf einer um den Faktor 40000 kleineren Skala. Wir wissen, dass das H-Atom eine Ausdehnung von rund 1 Å ($10^{-10}$ m) hat, aber aus sehr viel kleineren Bausteinen, dem Proton und dem Elektron, aufgebaut ist. Die Vermutung ist naheliegend, dass dies auch für das Proton gelten könnte.

Wie kann man nun die Existenz sehr kleiner Konstituenten im Proton nachweisen? Die elastische Elektron-Proton-Streuung ist nicht dazu geeignet, vielmehr muss man inelastische Streuexperimente durchführen, bei denen das Elektron einen großen Energiebetrag abgibt. Die tiefere Ursache dafür ist die Unschärferelation der Quantenmechanik. Dies soll am Beispiel des H-Atoms verdeutlicht werden. Im Atom bildet das Elektron eine „Wolke", die 40000 mal größer als der Kern ist. Die Ausdehnung der Wolke hat nichts mit dem wahren Radius des Elektrons zu tun, der extrem gering ist und aufgrund der Messungen am Speicherring PETRA höchstens ein tausendstel des Protonradius beträgt. Anschaulich kann man die atomare Wolke als zeitgemitteltes Bild einer rapiden Bewegung des winzigen Elektrons deuten.

Um die „Punktförmigkeit" des Elektrons zu demonstrieren, muss man sozusagen eine Aufnahme mit extrem kurzer Belichtungszeit machen. Die Energie-Zeit-Unschärferelation $\Delta t \cdot \Delta E \geq \hbar$ hat zur Folge, dass dann sehr viel Energie im Streuprozess übertragen wird. Dabei wird normalerweise das Atom nicht intakt bleiben, sondern ionisiert werden.

Diese Gedankengänge werden in Abb. 5.36 anhand von drei verschiedenen Experimenten illustriert: (a) der Streuung niederenergetischer Elektronen an Kohlenstoffatomen, (b) der Streuung von Elektronen mittlerer Energie an Heliumkernen und (c) der Streuung hochenergetischer Elektronen an Protonen. Aufgetragen ist jeweils die Energieverteilung der um einen festen Winkel $\theta$ gestreuten Elektronen. In allen drei Fällen wird ein scharfes Maximum bei der höchsten Sekundärenergie beobachtet; dies entspricht den Elektronen, die elastisch am gesamten Objekt, dem C-Atom, He-Kern oder Proton gestreut wurden. Zusätzlich findet man aber ein

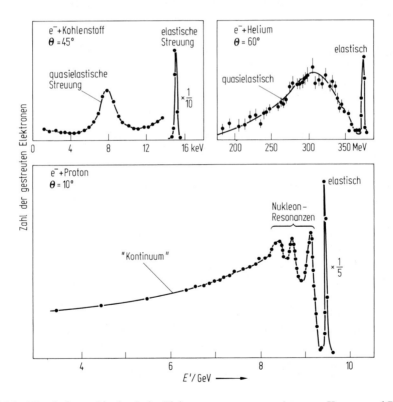

**Abb. 5.36** Elastische und inelastische Elektronenstreuung an Atomen, Kernen und Protonen (nach [36]).

breiteres Maximum bei einer kleineren Energie der gestreuten Elektronen. Im Fall (a) kommt es dadurch zustande, dass das primäre Elektron eine Streuung an einem einzelnen Hüllenelektron des C-Atoms durchführt und dieses aus dem Atom herausschlägt. Im Fall (b) ist es entsprechend die Elektronenstreuung an einem einzelnen Proton im Heliumkern. Die Sekundärmaxima sind nicht scharf, sondern ausgeschmiert, weil die Elektronen in der Atomhülle bzw. die Nukleonen im Kern nicht in Ruhe sind, sondern eine *Fermi-Bewegung* ausführen.

Aus den Experimenten (a) und (b) lernen wir, dass die inelastische Elektronenstreuung an einem zusammengesetzten Objekt (Atom oder Kern) der elastischen Streuung an den Konstituenten dieses Objekts (Elektronen oder Nukleonen) entspricht.

Die Elektron-Proton-Streuung (c) zeigt ein ähnliches Verhalten: neben dem elastischen Maximum und drei Nebenmaxima (die durch Anregung von Nukleon-Resonanzen entstehen) findet man ein „Kontinuum" inelastisch gestreuter Elektronen. Dies ist ein erster Hinweis auf die Existenz von Konstituenten im Nukleon. Die Fermi-Bewegung dieser als *Partonen* bezeichneten Bausteine erweist sich als so groß, dass das Sekundärmaximum vollkommen ausgeschmiert ist.

Für eine quantitative Analyse der inelastischen Elektron-Nukleon-Streuung wird der gemessene Wirkungsquerschnitt auf den Mott-Querschnitt normiert, den theoretischen Wirkungsquerschnitt für elastische Elektronenstreuung an punktförmigen Protonen (siehe Kap. 4). Dies ergibt die *Strukturfunktion* des Nukleons.[9] Abb. 5.37

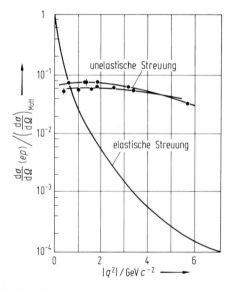

**Abb. 5.37** Vergleich der elastischen und inelastischen Elektron-Proton-Streuung. Der vom Elektron auf das Proton übertragene Viererimpuls wird mit $q$ bezeichnet (Breidenbach et al. [37]).

---

[9] Es gibt zwei Strukturfunktionen $F_1$ und $F_2$, entsprechend dem elektrischen und magnetischen Formfaktor bei der elastischen Streuung. Wenn die Partonen Spin 1/2 haben, sind die beiden Strukturfunktionen über die sog. Callan-Gross-Relation miteinander verknüpft, so dass die Funktion $F_2$ zur Charakterisierung ausreicht (siehe Perkins [27]).

zeigt das überraschende Ergebnis der Experimente am Stanford-Linearbeschleuniger: Im krassen Gegensatz zum Formfaktor der elastischen Streuung bleibt die Strukturfunktion der inelastischen Streuung nahezu konstant, wenn man sie gegen den übertragenen Impuls aufträgt. Dies bedeutet, dass diese Streuung an Partonen erfolgt, die im Rahmen der Messgenauigkeit als punktförmig anzusehen sind. Aus dem Vergleich der tief inelastischen Elektron-Nukleon- und Neutrino-Nukleon-Streuung folgt, dass die Partonen drittelzahlige Ladungen haben (siehe z. B. Perkins [27]). Es liegt daher nahe, sie mit den Quarks von Gell-Mann und Zweig zu identifizieren.

### 5.4.3.2 Hadronen-Jets in der Elektron-Positron-Vernichtung

Bei der Vernichtung von Elektronen und Positronen in einem Speicherring entstehen häufig $\mu^+\mu^-$-Paare. Die Myonen laufen diametral auseinander und sind als geladene Teilchen leicht in einer Driftkammer nachweisbar. $\tau$-Paare werden mit gleicher Wahrscheinlichkeit erzeugt und können ebenfalls relativ leicht identifiziert werden, obwohl diese kurzlebigen Leptonen bereits im Vakuumrohr des Speicherrings zerfallen.

Falls Quarks existieren und eine elektrische Ladung haben, müsste es auch möglich sein, Quark-Antiquark-Paare durch Elektron-Positron-Vernichtung zu erzeugen. Anders als bei den Leptonpaaren dürfen wir aber nicht erwarten, die Quarks selber beobachten zu können. Vielmehr bilden sich im Kraftfeld des auseinanderfliegenden Quark-Antiquark-Systems weitere Quark-Antiquark-Paare, die sich zu Hadronen kombinieren, vorzugsweise zu Mesonen. Die Hadronen folgen bei hohen Energien den ursprünglichen Quark-Richtungen und bilden zwei eng kollimierte Bündel von

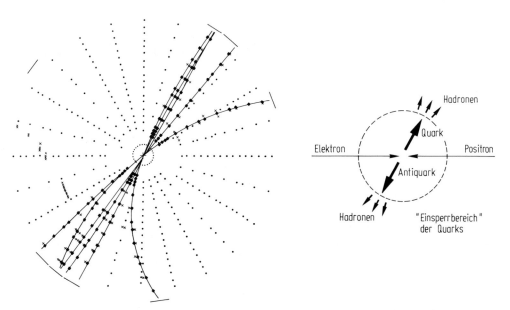

**Abb. 5.38** Zwei-Jet-Produktion in der Elektron-Positron-Annihilation. Links ein Ereignis vom TASSO-Experiment bei PETRA, rechts schematischer Ablauf der Reaktion.

894  5 Elementarteilchen

Teilchen, die man Jets nennt. An den Hochenergie-Speicherringen PEP, PETRA, TRISTAN und LEP sind Ereignisse mit zwei Hadronen-Jets zu zehntausenden gefunden worden (vgl. Abb. 5.38). Die Zwei-Jet-Ereignisse sind der bildhafte Beweis für die Existenz der Quarks.

### 5.4.3.3 Charmonium und Bottomium

Elektron und Positron können ein dem Wasserstoffatom ähnliches gebundenes System, das Positronium, bilden mit optischen Übergängen zwischen dem Grundzustand und den Anregungsniveaus. Falls die Hypothese stimmt, dass das J/$\psi$-Teilchen ein gebundener Zustand des Charm-Quarks und seines Antiquarks ist, sollte es eine ganze Reihe weiterer Teilchen geben, die den Anregungsniveaus des $c\bar{c}$-Systems entsprechen. Dies ist tatsächlich der Fall. Das gebundene $c\bar{c}$-System hat den Namen *Charmonium* erhalten. Das $\psi(3685)$ wurde am Speicherring SPEAR in Stanford als zweites Maximum im Wirkungsquerschnitt für $e^-e^+$-Annihilation gefunden. Seine dominanten Zerfallsmoden sind

$$\psi(3685) \to J/\psi + \pi^+\pi^- \quad \text{oder} \quad J/\psi + \pi^0\pi^0.$$

Der erste Zerfall wird in Abb. 5.39 gezeigt. Weitere Anregungszustände sind $\psi(3770)$, $\psi(4040)$, $\psi(4160)$, $\psi(4415)$. Alle $\psi$-Teilchen haben den Spin 1 und koppeln direkt an das virtuelle Photon in dem Feynman-Graphen für Elektron-Positron-Annihilation. In diesen Vektormesonen sind die Spins von c und $\bar{c}$ parallel, es handelt sich um $^3S_1$-Zustände in spektroskopischer Notation (Triplett-Zustände mit Bahndrehimpuls 0, Spin 1 und Gesamtdrehimpuls 1). Die Radialquantenzahlen sind $n_r = 1, 2, 3, 4, \ldots$ für J/$\psi$(3097), $\psi(3685)$, $\psi(3770)$, $\psi(4040)$, ... .

Die P-Zustände mit Bahndrehimpuls $l = 1$, auch $\chi$-Mesonen genannt, wurden zuerst bei DORIS gefunden und später ausführlich mit dem Crystal Ball-Detektor bei SPEAR untersucht. Sie werden durch Gamma-Übergänge vom $\psi(3685)$ erreicht, siehe Abb. 5.40. Der Singulett-Zustand $1^1S_0$ mit antiparallelen Quark-Spins ist auch

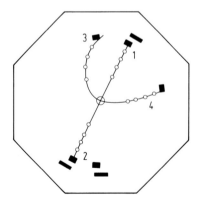

**Abb. 5.39** Ein Teilchen „schreibt" sein eigenes Symbol: Beobachtung des Zerfalls $\psi(3685) \to J/\psi + \pi^+ + \pi^-$ im MARK I-Detektor bei SPEAR. Das J/$\psi$ zerfällt in ein Elektron und ein Positron (Spuren 1 und 2), die niederenergetischen Pionen haben stark gekrümmte Spuren (3, 4) im Magnetfeld des Detektors (Abrams et al. [38]).

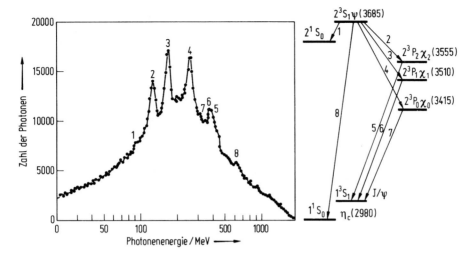

**Abb. 5.40** Die Energieniveaus des Charmonium-Systems und die mit dem Crystal Ball-Detektor gemessenen γ-Übergänge (Bloom et al. [39]).

bekannt, es ist das Meson $\eta_C(2980)$. Das b-Quark und sein Antiteilchen bilden ein ähnliches System gebundener Zustände, das man *Bottomium* nennt. Sechs der Triplettzustände sind am CESR gemessen worden (Abb. 5.41).

Die Charmonium- und Bottomium-Energieniveaus können mit guter Genauigkeit mit Hilfe der Schrödinger-Gleichung berechnet werden. Das Potential zwischen Quark und Antiquark, das man zur Anpassung der gefundenen Niveaus braucht, hat zwei Anteile:

$$V(r) = -\frac{a}{r} + b \cdot r. \tag{5.55}$$

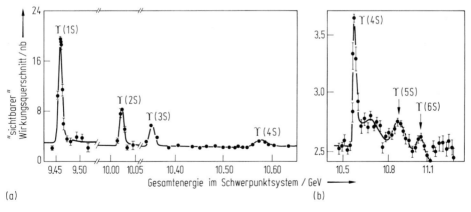

**Abb. 5.41** Wirkungsquerschnitt für $e^+e^- \to$ Hadronen zwischen 9.4 und 11.3 GeV. Der Grundzustand $\Upsilon(1S)$ und fünf radiale Anregungszustände $\Upsilon(2S), \ldots \Upsilon(6S)$ des $\Upsilon$-Teilchens sind sichtbar (Gittelman, private Mitteilung).

Der erste Term entspricht dem Coulomb-Potential im H-Atom. Der zweite Term ist der Confinement-Term, der linear mit dem Abstand anwächst und eine Trennung der Quarks verhindert. Wird immer mehr Energie aufgewandt, um dies dennoch zu erzwingen, so zerreißen die Kraftlinien, und an der Bruchstelle bildet sich ein neues Quark-Antiquark-Paar. Man hätte also aus einem Meson zwei Mesonen erzeugt. Es besteht eine gewisse Analogie zu einem Stabmagneten. Auch hier gelingt es nicht, Nordpol und Südpol zu isolieren, indem man den Magneten zerbricht. Vielmehr bilden sich an der Bruchstelle zwei neue Pole, so dass aus einem magnetischen Dipol zwei Dipole entstehen.

Die Existenz der Charmonium- und Bottomium-Systeme mit ihren vielen, genau berechenbaren Details wäre vollkommen unverständlich, wenn die Quarks nur mathematische Objekte ohne physikalische Realität wären.

### 5.4.4 Farbladungen und Gluonen

Das Quark-Modell in der bisher betrachteten Form hat einen Makel: Die Quarks gehorchen nicht dem Pauli-Prinzip, obwohl alles dafür spricht, dass sie Spin 1/2 haben. Um das Problem zu erläutern, betrachten wir Baryonen, die aus drei gleichen Quarks bestehen, wie das $\Delta^{++}$ = (uuu), das $\Delta^-$ = (ddd) oder das $\Omega^-$ = (sss). Die Spins der drei Quarks sind parallel, ihre Bahndrehimpulse sind 0. Die Gesamtwellenfunktion ist also symmetrisch bezüglich der Vertauschung zweier identischer Quarks. Um das Pauli-Prinzip zu retten, wurde kurz nach Schaffung des Quark-Modells vorgeschlagen, den Quarks noch eine „innere" Quantenzahl zu geben, die man Farbe (colour) nannte und die drei Werte $R$ (rot), $G$ (grün) und $B$ (blau) annehmen kann. Die Quark-Wellenfunktion des $\Delta^{++}$ wird als total antisymmetrisch in den Farbquantenzahlen angesetzt (der Raum- und Spinanteil der Wellenfunktion wird hier weggelassen):

$$\Delta^{++} = \frac{1}{\sqrt{6}}(u_R u_G u_B - u_G u_R u_B + u_G u_B u_R - u_B u_G u_R + u_B u_R u_G - u_R u_B u_G). \quad (5.56)$$

Damit erzwingt man die Gültigkeit des Pauli-Prinzips für Quarks. Diese Idee wurde jahrelang von den meisten Physikern als sehr abwegig angesehen, zumal jede experimentelle Suche nach den Quarks ergebnislos verlief.

Nach der Entdeckung des J/$\psi$-Teilchens wurde das Quark-Modell sehr populär, und mit der Entwicklung der Quantenchromodynamik (QCD) erkannte man allmählich, dass die Farben eine tiefe physikalische Bedeutung besitzen: *In der QCD sind die Farben die Ladungen der starken Wechselwirkung.* Das Wort „Farbe" ist unglücklich gewählt, weil es die wahre Bedeutung verschleiert, wir werden daher immer von *Farbladungen* sprechen. Ein rotes u-Quark hat die elektrische Ladung $2/3\,e$, und die Farbladung „rot". Das zugehörige Antiquark hat die elektrische Ladung $-2/3\,e$ und die Farbladung „antirot". Der wichtige Unterschied zur Elektrodynamik ist die Existenz von drei verschiedenen Sorten von Farbladung, die aber in ihrer Stärke identisch sind.

Die elektrischen Kräfte zwischen geladenen Teilchen werden durch Photonen vermittelt. Da es nur eine Sorte von Ladung (+) und Antiladung (−) gibt, existiert auch nur ein Photon, das elektrisch neutral (ungeladen) ist. Die starken Kräfte zwi-

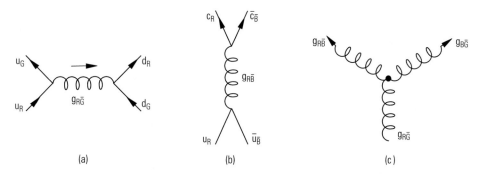

**Abb. 5.42** Wechselwirkungen von Quarks und Gluonen: (a) Quark-Quark-Streuung, (b) Quark-Antiquark-Annihilation und -Produktion, (c) Gluon-Selbstkopplung.

schen Quarks werden durch *masselose Gluonen* vermittelt. Diese Gluonen sind nicht neutral, sondern tragen selber eine Farbladung in der Kombination Farbe-Antifarbe R$\overline{\text{G}}$, R$\overline{\text{B}}$, G$\overline{\text{R}}$, ... Es gibt drei Farben und drei Antifarben, also sollte man neun verschiedene Typen von Gluonen erwarten. Nur acht davon sind in der QCD vorhanden. Das neunte hat eine vollkommen symmetrische Farb-Wellenfunktion

$$g_9 = \frac{1}{\sqrt{3}}(R\overline{R} + G\overline{G} + B\overline{B}) \tag{5.57}$$

und würde Kernkräfte unendlicher Reichweite zwischen den farbneutralen Hadronen vermitteln. Daher muss es aus physikalischen Gründen ausgeschlossen werden. Mathematisch geschieht das durch Wahl der SU(3)-Gruppe als Symmetriegruppe der Farbtransformationen. Die acht Gluonen bilden ein Oktett der Farb-SU(3)-Gruppe. Einige Beispiele für Quark-Gluon- und Gluon-Gluon-Wechselwirkungen werden in Abb. 5.42 gezeigt.

**Hadronen als farbneutrale Systeme.** Eine befriedigende Theorie der Quark-Bindung in Hadronen existiert noch nicht, wir beschränken uns daher auf einige intuitive Argumente. Man kann in Analogie zu der Situation bei geladenen Teilchen plausibel machen, dass zwei Quarks gleicher Farbladung sich abstoßen, Quark und Antiquark sich hingegen anziehen. Bei Drei-Quark-Zuständen erhält man die festeste Bindung für total antisymmetrische Farbkombination (s. Gl. (5.56)). In Quark-Antiquark-Zuständen ergibt eine in den Farben symmetrische Kombination die festeste Bindung. Die Quark-Darstellung des positiven Pions lautet

$$\pi^+ = \frac{1}{\sqrt{3}}(u_R\overline{d}_{\overline{R}} + u_G\overline{d}_{\overline{G}} + u_B\overline{d}_{\overline{B}}). \tag{5.58}$$

Man kann zeigen (und für das Meson ist es fast von selbst zu sehen), dass die acht Gluonen nicht an Drei-Quark-Zustände oder an Quark-Antiquark-Zustände ankoppeln (das neunte Gluon würde dies tun und damit ein $1/r$-Potential der Kernkraft hervorrufen). Diese Zustände sind also farbneutral („weiß"), so wie ein H-Atom elektrisch neutral ist. Die Farbneutralität der beobachteten Hadronen ist eine

Grundannahme der QCD. Es gibt deswegen keine direkten starken Kräfte zwischen Hadronen, ebensowenig wie es direkte Coulomb-Kräfte zwischen neutralen Atomen oder Molekülen gibt.

Was ist nun aber die Natur der Kernkräfte? Auch hier hilft die Analogie zum elektrischen Fall. Die neutralen Moleküle in einem Öl üben kurzreichweitige Kräfte aufeinander aus, die van-der-Waals-Kräfte, die auf induzierte Dipolmomente zurückzuführen sind. Die Kernkräfte sind wahrscheinlich die *van-der-Waals-Kräfte der wahren starken Kräfte*. Dies erklärt ihre kurze Reichweite. Die wahren starken Kräfte wirken nur zwischen den Quarks (bzw. Antiquarks).

**Experimentelle Evidenz für die drei Farbzustände.** Es gibt mehrere experimentelle Resultate, die belegen, dass jeder Quark-Typ dreifach auftritt:

a) Die Hadron-Erzeugung in der Elektron-Positron-Vernichtung verläuft vorwiegend über die Erzeugung von Quark-Antiquark-Paaren: $e^- e^+ \to q\bar{q}$. Gemessene und berechnete Wirkungsquerschnitte stimmen nur dann überein, wenn man jeden Quark-Typ u, d, s, c, b, dreifach zählt (vgl. Abschn. 5.5.1).

b) Die Zerfallsbreite des $\pi^0$-Mesons kann im Quark-Modell berechnet werden:

$$\Gamma(\pi^0 \to \gamma\gamma) = \begin{cases} 0.86 \, \text{eV} & \text{für} \quad N_C = 1 \\ 7.75 \, \text{eV} & \text{für} \quad N_C = 3 \end{cases}$$

Dabei ist $N_C$ die Anzahl der Farbladungszustände jedes Quarks. Die experimentelle Breite von $(7.84 \pm 0.55)$ eV ist konsistent mit $N_C = 3$.

c) Das $\tau$-Lepton kann folgendermaßen zerfallen:

$$\tau^- \to \nu_\tau + \begin{cases} e^- \bar{\nu}_e \\ \mu^- \bar{\nu}_\mu \\ d\bar{u} \end{cases}$$

Für $N_C = 1$ ist die Wahrscheinlichkeit etwa 33 % für jeden Zerfallskanal. Für $N_C = 3$ muss man den hadronischen Zerfall dreifach gewichten, und die Wahrscheinlichkeit für den $e^- \bar{\nu}_e$-Kanal beträgt etwa 20 %, was mit dem experimentellen Wert von $(17.83 \pm 0.06)$ % gut übereinstimmt, sofern man Korrekturen auf die Lepton- und Quark-Massen vornimmt. Eine ähnliche Betrachtung ergibt sich bei den Zerfällen der W- und Z-Bosonen, siehe Abschn. 5.6.3.

## 5.4.5 Entdeckung der Gluonen

Der erste indirekte Hinweis auf die Existenz der Gluonen ergab sich Ende der 60er Jahre aus den Experimenten zur tief inelastischen Elektron-Nukleon-Streuung. Die gemessene Strukturfunktion wurde zur Berechnung der Impulse der Partonen im Proton verwendet, mit dem überraschenden Ergebnis, dass die *geladenen Partonen*, die Quarks, nur etwa 50 % des Nukleon-Impulses tragen. Also mussten im Nukleon auch noch *ungeladene Partonen* vorhanden sein, die wegen ihrer elektrischen Neutralität keine Streuung der Elektronen bewirken können. Diese Objekte wurden *Gluonen* genannt, weil man vermutete, dass es sich dabei um die Bindeteilchen der starken Wechselwirkung handeln könnte.

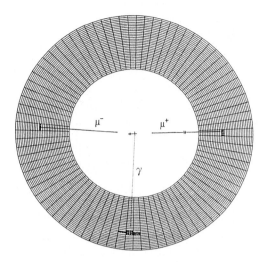

**Abb. 5.43** Beobachtung eines Ereignisses $e^+e^- \to \mu^+\mu^- + \gamma$ im JADE-Detektor. Das Photon wird in den zylindrisch angeordneten Bleiglaszählern registriert, die in einer perspektivischen Darstellung gezeigt sind.

Die direkte Entdeckung der Gluonen gelang im Jahr 1979 am Elektron-Positron-Speicherring PETRA in Hamburg, ein Ereignis von gleichem wissenschaftlichen Rang wie die berühmte Entdeckung der Feldquanten der schwachen Wechselwirkung am CERN Proton-Antiproton-Collider. Die grundlegende Idee der PETRA-Experimente war, nach Ereignissen zu suchen, in denen die Quarks ein Feldquant über den Mechanismus der *Gluon-Bremsstrahlung* emittieren. Für elektrisch geladene Teilchen, insbesondere Elektronen, ist dies wohlbekannt: Der Bremsstrahlungsprozess ist die physikalische Grundlage für die Erzeugung von Röntgenstrahlung und hochenergetischer $\gamma$-Strahlung an Elektronenbeschleunigern. Auch bei Elektron-Positron-Reaktionen spielt die Abstrahlung eine Rolle. Als Beispiel zeigen wir in Abb. 5.43 ein Ereignis der Form

$$e^- + e^+ \to \mu^- + \mu^+ + \gamma,$$

bei dem die Myonen in der Driftkammer des JADE-Detektors am PETRA-Speicherring nachgewiesen wurden und das $\gamma$-Quant in einem Bleiglasschauerzähler. Der entsprechende Prozess der starken Wechselwirkung sollte bei Quark-Antiquark-Endzuständen beobachtbar sein:

$$e^- + e^+ \to q + \overline{q} + \text{Gluon}. \tag{5.59}$$

Wir wissen bereits, dass Quarks nicht direkt, sondern nur über ihre Hadron-Jets beobachtbar sind, und dasselbe ist für das Gluon zu erwarten. Die Reaktion (5.59) sollte also zu Ereignissen mit drei Hadron-Jets führen. Diese wurden erstmals im Jahr 1979 gefunden, zuerst im TASSO-Experiment und wenig später in den Experimenten JADE, MARK J, PLUTO und CELLO. In Abb. 5.44 zeigen wir eines dieser Drei-Jet-Ereignisse, die in sehr schöner Weise die Existenz von Feldquanten der starken Wechselwirkung demonstrieren. Aus einer Analyse der Winkelverteilung

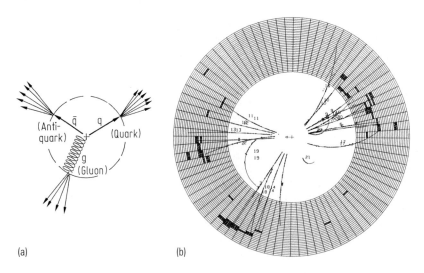

**Abb. 5.44** (a) Schema der Gluon-Abstrahlung in der Reaktion $e^+e^- \to q + \bar{q} + g \to 3$ Jets; (b) ein Drei-Jet-Ereignis im JADE-Detektor.

zwischen den drei Jets kann man schließen, dass die Feldquanten wie erwartet den Spin 1 haben.

Weitere Hinweise auf die Existenz von Gluonen ergeben sich aus den Zerfällen des $\Upsilon$-Mesons. Die neutralen Vektormesonen $J/\psi = c\bar{c}$ und $\Upsilon = b\bar{b}$ können nicht in ein Paar von D- bzw. B-Mesonen zerfallen, da ihre Ruheenergie hierfür zu niedrig ist. Ein hadronischer Zerfall muss über die Quanten der starken Wechselwirkung erfolgen. Aus der Impuls- und Drehimpulserhaltung folgt, dass die Vektormesonen $J/\psi = c\bar{c}$ und $\Upsilon = b\bar{b}$ in drei Gluonen, die Mesonen mit Spin 0 wie das $\eta_C$ in zwei Gluonen zerfallen. Die geringe Breite der $J/\psi$- und $\Upsilon$-Teilchen ist eine Konsequenz des Drei-Gluon-Zerfalls und kann theoretisch berechnet werden. Jedes Gluon geht in einen Hadron-Jet über.

Die Erzeugung und der Zerfall von $\Upsilon$-Mesonen können am Besten mit $e^+e^-$-Speicherringen untersucht werden. Wegen der niedrigen Schwerpunktsenergie beobachtet man keine deutlichen Drei-Jet-Ereignisse wie in Abb. 5.44; vielmehr sind die Jets relativ breit und überlappen einander. Aus einer statistischen Analyse von vielen tausend Ereignissen konnte geschlossen werden, dass die Hadron-Erzeugung bei der Resonanz über drei Gluonen abläuft, während neben der Resonanz die Quark-Antiquark-Erzeugung dominiert:

$$e^+e^- \to \Upsilon \to 3 \text{ Jets} \quad \text{für} \quad W = M_\Upsilon c^2$$
$$e^+e^- \to q\bar{q} \to 2 \text{ Jets} \quad \text{für} \quad W \neq M_\Upsilon c^2.$$

## 5.5 Elementarprozesse und Teilchenreaktionen

In diesem Kapitel sollen Reaktionen der elektromagnetischen und schwachen Wechselwirkung diskutiert werden, die man mit Hilfe von Feynman-Graphen berechnen kann. Auf die starke Wechselwirkung wird hier nicht eingegangen, da einfache Graphen nicht zur Berechnung hadronischer Prozesse geeignet sind.

### 5.5.1 Elementare Prozesse und Feynman-Graphen in der QED

Es gibt vier elementare Prozesse in der elektromagnetischen Wechselwirkung: die Emission oder Absorption eines Photons durch ein geladenes Teilchen sowie die Erzeugung oder Vernichtung eines Teilchen-Antiteilchen-Paares. Keiner dieser in Abb. 5.45 gezeigten Elementarprozesse kann als realer Vorgang mit freien geladenen Teilchen und Feldquanten auftreten, denn es ist nicht möglich, Energie- und Impulssatz gleichzeitig zu erfüllen. Die Lösung des Problems sieht folgendermaßen aus: Die Erhaltungssätze von Energie und Impuls behalten ihre Gültigkeit in den elementaren Prozessen, aber mindestens eines der Teilchen oder Quanten eines solchen Elementarprozesses ist *virtuell*, seine Masse unterscheidet sich von der des *reellen* (freien) Teilchens oder Feldquants.

Betrachten wir als Beispiel die Paarvernichtung $e^- + e^+ \to \gamma$. Im Ruhesystem des Paares ist der Impuls des Photons null, seine Energie jedoch nicht: $E_\gamma = E_- + E_+ = 2E > 0$. Für ein reelles Photon mit Ruhemasse null müsste aber $p_\gamma = E_\gamma/c > 0$ sein. Das Photon ist in diesem Prozess virtuell, seine Masse ist durch $\tilde{m}_\gamma = E_\gamma/c^2 > 0$ gegeben. Die Masse eines virtuellen Teilchens wird hier mit $\tilde{m}$ bezeichnet, um sie von der Masse $m$ des reellen Teilchens zu unterscheiden.

Alle realen Prozesse der Quantenelektrodynamik kann man aus den vier Elementarprozessen aufbauen. Dies führt uns zu den Feynman-Diagrammen. Wir betrachten die drei Reaktionen

(a) $e^- + p \to e^- + p$
(b) $e^- + e^+ \to \mu^- + \mu^+$
(c) $e^- + e^+ \to \gamma + \gamma$. (5.60)

Die Feynman-Diagramme sind in Abb. 5.46 dargestellt, und es wird angedeutet, wie sie aus den elementaren Graphen zusammengesetzt werden. Es gibt eine eindeutige Zuordnung zwischen *inneren Linien* und *virtuellen Teilchen* (*Quanten*) sowie zwischen *äußeren Linien* und *reellen Teilchen* (*Quanten*). In der Streureaktion (a) wird ein virtuelles Photon ausgetauscht, dessen Massenquadrat negativ ist:

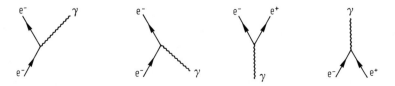

**Abb. 5.45** Die vier Elementarprozesse der Quantenelektrodynamik.

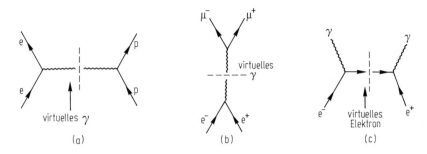

**Abb. 5.46** Reale Prozesse als Kombinationen der Elementarprozesse. (a) Feynman-Diagramm der Streuung, (b) Annihilation und Erzeugung von Fermion-Paaren, (c) Diagramm mit einem virtuellen Elektron.

$\tilde{m}_\gamma^2 = (E_\gamma^2 - p_\gamma^2 c^2)/c^4 < 0$. Der Annihilationsgraph (b) enthält ein virtuelles Photon mit positivem Massenquadrat $\tilde{m}_\gamma^2 = (E_\gamma^2 - p_\gamma^2 c^2)/c^4 = 4E^2/c^2 > 0$ ($E$ ist die Energie des Elektrons und des Positrons). Im dritten Graphen (c) gibt es ein virtuelles Elektron. Die ein- oder auslaufenden Teilchen sind stets reell, die ausgetauschten Teilchen stets virtuell.

Die Feynman-Graphen sind eine bildliche Darstellung der quantenmechanischen Störungsrechnung und werden benutzt, um die Matrixelemente und Wirkungsquerschnitte für die Reaktionen zu berechnen (siehe z. B. Bjorken und Drell [40]; Schmüser [41]). Hier merken wir nur an, dass jeder Vertex den Faktor $\alpha = e^2/(4\pi\varepsilon_0 \hbar c) \approx 1/137$ (die Feinstrukturkonstante) zum Wirkungsquerschnitt beiträgt und das virtuelle Photon den Faktor $(1/q^2)^2$, wobei $q$ der relativistische Viererimpuls des Photons ist. Im Folgenden werden einige wichtige Reaktionen vorgestellt.

**Elektron-Kern-Streuung.** Das zugehörige Feynman-Diagramm niedrigster Ordnung ist ähnlich wie in Abb. 5.46a, wobei das Proton durch einen Atomkern der Ladung $Ze$ ersetzt wird. Der differentielle Wirkungsquerschnitt ist durch die Rutherford-Formel gegeben

$$\frac{d\sigma}{d\Omega} = \frac{Z^2 \alpha^2 \hbar^2}{4\beta^2 p^2 \sin^4(\theta/2)} \tag{5.61}$$

($p$ Impuls, $\beta c$ Geschwindigkeit, $\theta$ Streuwinkel des Elektrons).

**Myon-Paarerzeugung.** Abb. 5.46b zeigt das zugehörige Feynman-Diagramm. An den Elektron-Positron-Speicherringen wird die Reaktion im Schwerpunktsystem gemessen (s. Abb. 5.59). $W = 2E$ ist die Gesamtenergie. Der differentielle Wirkungsquerschnitt ist

$$\frac{d\sigma}{d\Omega} = \frac{\alpha^2 (\hbar c)^2}{4W^2} (1 + \cos^2\theta). \tag{5.62}$$

Experimentelle Daten werden in Abschn. 5.6.1 gezeigt. Die Winkelverteilung $(1 + \cos^2\theta)$ ist charakteristisch für die Paarerzeugung von Spin 1/2-Teilchen und wird auch für $\tau^+\tau^-$- und Quark-Antiquark-Paare beobachtet. Integriert über alle Winkel folgt

$$\sigma_{\mu\mu} \equiv \sigma(\mathrm{e}^-\mathrm{e}^+ \to \mu^-\mu^+) = \frac{4\pi\alpha^2(\hbar c)^2}{3\,W^2}. \tag{5.63}$$

Diese Größe wird zur Normierung anderer Reaktionen benutzt, insbesondere der Quark-Antiquark-Produktion $\mathrm{e}^-\mathrm{e}^+ \to \mathrm{q}\bar{\mathrm{q}}$. Da die Quarks drittelzahlige Ladungen haben, gilt $\sigma(\mathrm{e}^-\mathrm{e}^+ \to \mathrm{u}\bar{\mathrm{u}}) = N_\mathrm{C} \cdot (2/3)^2 \cdot \sigma_{\mu\mu}$ und $\sigma(\mathrm{e}^-\mathrm{e}^+ \to \mathrm{d}\bar{\mathrm{d}}) = N_\mathrm{C} \cdot (-1/3)^2 \cdot \sigma_{\mu\mu}$. In weiten Energiebereichen läuft die Reaktion $\mathrm{e}^-\mathrm{e}^+ \to$ Hadronen vorwiegend über Quark-Antiquark-Paarbildung ab. Gl. (5.63) kann zur Berechnung des Wirkungsquerschnitts benutzt werden. Das Verhältnis $R$ des hadronischen und des Myon-Wirkungsquerschnitts ist

$$R \equiv \sigma(\mathrm{e}^-\mathrm{e}^+ \to \text{Hadronen})/\sigma_{\mu\mu} = N_\mathrm{C} \cdot \sum_\mathrm{q} Q_\mathrm{q}^2. \tag{5.64}$$

Hierin bedeuten $N_\mathrm{C} = 3$ die Zahl der Farbzustände der Quarks und $Q_\mathrm{q} \cdot e$ die Quark-Ladung. Die Summe ist über alle Quark-Sorten zu erstrecken, für deren Paarerzeugung die Schwerpunktsenergie $W$ ausreicht. Die experimentellen Daten werden in Abb. 5.47 gezeigt.

**Elektron-Positron-Streuung/Annihilation.** Die Reaktion $\mathrm{e}^-\mathrm{e}^+ \to \mathrm{e}^-\mathrm{e}^+$ enthält im differentiellen Wirkungsquerschnitt drei Terme, von denen der erste vom Streugraphen, der zweite vom Annihilationsgraphen und der dritte von der Interferenz der beiden herrührt.

$$\frac{\mathrm{d}\sigma}{\mathrm{d}\Omega} = \frac{\alpha^2(\hbar c)^2}{2W^2}\left[\underbrace{\frac{1+\cos^4(\theta/2)}{\sin^4(\theta/2)}}_{\text{Streugraph}} + \underbrace{\frac{1+\cos^2\theta}{2}}_{\substack{\text{Annihilations-}\\\text{graph}}} - \underbrace{\frac{2\cos^4(\theta/2)}{\sin^2(\theta/2)}}_{\text{Interferenzterm}}\right]. \tag{5.65}$$

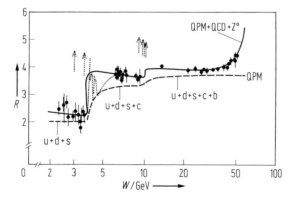

**Abb. 5.47** Das Verhältnis $R = \sigma(\mathrm{e}^+\mathrm{e}^- \to \text{Hadronen})/\sigma(\mathrm{e}^+\mathrm{e}^- \to \mu^+\mu^-)$ als Funktion der Energie $W$ im Schwerpunktsystem. Die Vorhersagen des Quark-Parton-Modells (QPM) und der Quantenchromodynamik (QCD) werden als gestrichelte und durchgezogene Kurven gezeigt (Marshall [42]).

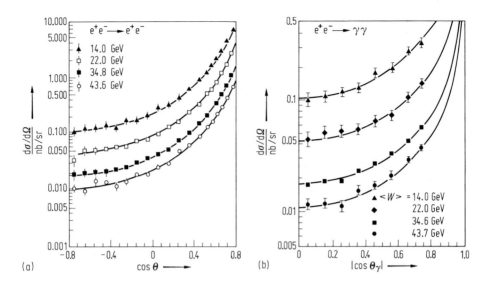

**Abb. 5.48** Differentielle Wirkungsquerschnitte für (a) Elektron-Positron-Streuung/Annihilation (TASSO-Experiment bei PETRA), (b) $e^+e^- \to \gamma\gamma$ (JADE-Experiment bei PETRA). Kurven: QED-Vorhersage.

Die Daten (Abb. 5.48a) stimmen sehr gut mit der Gl. (5.65) überein und zeigen bei kleinen Winkeln ($\theta \to 0$, $\cos\theta \to 1$) ein starkes Anwachsen des Wirkungsquerschnitts $d\sigma/d\Omega \propto 1/\sin^4(\theta/2)$, wie es für Rutherford-Streuung typisch ist.

**Zweiphotonerzeugung.** Die Reaktion $e^- + e^+ \to \gamma + \gamma$ wird durch zwei Graphen beschrieben, von denen einer in Abb. 5.46c gezeigt wird. Wir nennen $\gamma_1$ das vom linken Vertex kommende Photon. Der zweite Graph entsteht durch Vertauschung der beiden Photonen, so dass $\gamma_1$ dann vom rechten Vertex kommt. Da die Photonen nicht unterscheidbare Bosonen sind, ist das Matrixelement symmetrisch gegenüber dieser Vertauschung. Aus dem gleichen Grund ist der Wirkungsquerschnitt symmetrisch zu 90°:

$$\frac{d\sigma}{d\Omega} = \frac{\alpha^2(\hbar c)^2}{W^2} \cdot \frac{1+\cos^2\theta}{\sin^2\theta}. \tag{5.66}$$

Abb. 5.48b zeigt die gemessenen differentiellen Wirkungsquerschnitte, die wiederum sehr gut mit den theoretischen Kurven übereinstimmen.

Typisch für elektromagnetische Prozesse ist, dass ihre Wirkungsquerschnitte umgekehrt proportional zum Quadrat der Energie $W$ im Schwerpunktsystem abfallen. Dies wird in Abb. 5.49 für die $e^+e^-$-Streuung und die $\gamma\gamma$-Erzeugung gezeigt.

**Compton-Streuung.** Die Compton-Streuung $\gamma_1 + e^- \to \gamma_2 + e^-$ (s. Abb. 5.50a) ist eng mit der Zweiphotonerzeugung verwandt. Sie wird meist im Laborsystem gemessen, in dem das Elektron anfangs ruht. Auch hier gibt es zwei Graphen. Das einlaufende

5.5 Elementarprozesse und Teilchenreaktionen 905

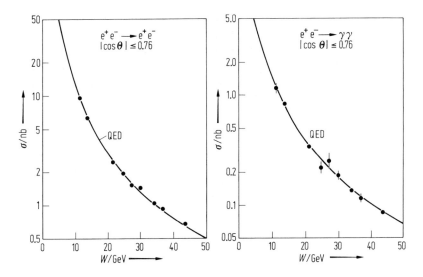

**Abb. 5.49** Energieabhängigkeit der Bhabha- und Gamma-Gamma-Wirkungsquerschnitte, gemittelt über den Winkelbereich $-0.76 < \cos\theta < 0.76$. Durchgezogene Kurven: QED-Vorhersage (JADE-Kollaboration).

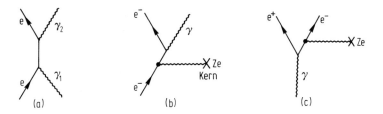

**Abb. 5.50** Feynman-Graphen für (a) Compton-Streuung, (b) Bremsstrahlung, (c) Paarerzeugung im Feld eines Atomkerns.

Photon der Energie $k_1$ überträgt Energie auf das Elektron, die Energie $k_2$ des auslaufenden Photons ist daher geringer

$$k_2 = k_1 \cdot \left(1 + \frac{2k_1}{m_e c^2}\sin^2\frac{\theta}{2}\right)^{-1}.$$

Der differentielle Wirkungsquerschnitt ist gegeben durch die *Klein-Nishina-Formel*

$$\frac{d\sigma}{d\Omega} = \frac{\alpha^2(\hbar c)^2}{2(m_e c^2)^2}\left(\frac{k_2}{k_1}\right)^2\left(\frac{k_2}{k_1} + \frac{k_1}{k_2} - \sin^2\theta\right). \tag{5.67}$$

Am Stanford-Linearbeschleuniger ist eine interessante Variante des Compton-Streuprozesses verwirklicht worden [43]. Photonen mit Energien von 3 eV aus einem Laser wurden frontal mit hochenergetischen Elektronen aus dem Beschleuniger zur Kollision gebracht. Die um 180° gestreuten Photonen hatten Energien von mehreren GeV und waren ebenso wie die Laserphotonen linear polarisiert. Mit den hochenergetischen, polarisierten Photonen sind wichtige Blasenkammerexperimente durchgeführt worden. Um mit dieser Methode einen annähernd monochromatischen γ-Strahl zu erhalten, muss die Winkeldivergenz des Elektronenstrahls extrem gering sein. Dies ist nur an einem Linearbeschleuniger erreichbar, nicht aber an einem Elektronensynchrotron, bei dem die Betatronschwingungen eine zu große Strahldivergenz hervorrufen.

**Bremsstrahlung und Paarerzeugung.** Diese Prozesse sind aus kinematischen Gründen nicht im Vakuum möglich, sondern erfordern zur Impulserhaltung einen Rückstoßpartner, etwa einen Atomkern (s. Abb. 5.50b, c). Die Graphen enthalten drei Vertizes, daher sind die Wirkungsquerschnitte proportional zu $\alpha^3$. Integriert man über den Raumwinkel, so ist der Wirkungsquerschnitt für Bremsstrahlung

$$\frac{d\sigma}{dk} = \frac{4Z^2\alpha^3(\hbar c)^2}{(m_e c^2)^2} \ln(183 \cdot Z^{-1/3}) \, g\left(\frac{k}{E_0}\right) \cdot \frac{1}{k} \tag{5.68}$$

umgekehrt proportional zur Energie $k$ des Photons. $E_0$ ist die totale Energie des einlaufenden Elektrons. Die Funktion $g(k/E_0)$ hat den Wert $g \approx 1$ für $k < E_0$ und $g \approx 0$ für $k > E_0$. Das kontinuierliche Energiespektrum $k \cdot d\sigma/dk$ ist nahezu flach und erstreckt sich von 0 bis $E_0 - m_e c^2$ (siehe Abb. 5.51).

Der Paarerzeugungsquerschnitt, integriert über die Winkel und Energien von Elektron und Positron, lautet für γ-Energien $k \gg m_e c^2$

$$\sigma_{\text{Paar}} = \frac{4Z^2\alpha^3(\hbar c)^2}{(m_e c^2)^2} \left(\frac{7}{9}\ln(183 \cdot Z^{-1/3}) - \frac{1}{54}\right). \tag{5.69}$$

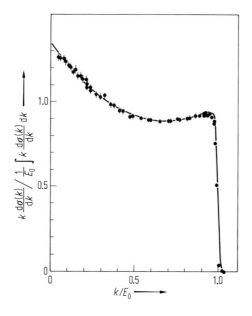

**Abb. 5.51** Das normierte Energiespektrum der Bremsstrahlung (Schulz [44]).

**Strahlungskorrekturen und die Radien der Leptonen und Quarks.** Die obigen QED-Prozesse erhalten zusätzliche Beiträge von Graphen höherer Ordnung. Diese enthalten mehr Vertizes und daher höhere Potenzen der Feinstrukturkonstante. Die Kleinheit von $\alpha$ bewirkt, dass diese *Strahlungskorrekturen* nur einige Prozent ausmachen. Aus der guten Übereinstimmung zwischen den strahlungskorrigierten Messdaten und den für punktförmige Teilchen berechneten QED-Wirkungsquerschnitten kann man schließen, dass die Radien der Leptonen e, µ, τ und der Quarks u, d, s, c, b kleiner als $10^{-18}$ m sind.

### 5.5.2 Schwache Wechselwirkung

Die schwache Wechselwirkung hat die Besonderheit, dass es zwei Typen von Feldquanten gibt, die elektrisch geladenen $W^\pm$-Bosonen und die neutralen $Z^0$-Bosonen. Beide haben eine sehr große Masse und ergeben daher eine Yukawa-Wechselwirkung sehr kurzer Reichweite:

$$\Delta R = \hbar/(M_W c) = 2.4 \cdot 10^{-18} \text{ m}.$$

Die Emission oder Absorption der W-Bosonen bewirkt einen Übergang von einem geladenen Lepton zu dem zugehörigen Neutrino oder umgekehrt. Dabei bleiben die Leptonenzahlen erhalten, das Myon kann nur in ein Myon-Neutrino, aber niemals in ein Elektron- oder Tau-Neutrino übergehen. In Abb. 5.52 sind einige Elementarprozesse der Leptonen und Quarks dargestellt.

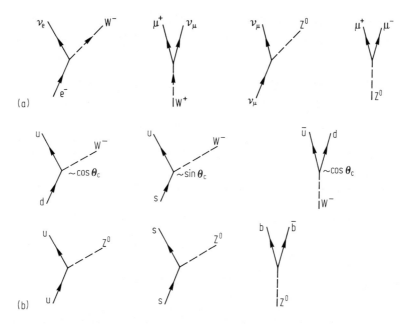

**Abb. 5.52** Beispiele für Elementarprozesse der schwachen Wechselwirkung mit (a) Leptonen und (b) Quarks.

Besonders interessant sind die schwachen Wechselwirkungen der Quarks. Die geladenen Feldquanten W ändern die Quark-Sorte. Ein u-Quark kann in ein d- oder s-Quark übergehen und dabei ein (virtuelles) $W^+$ emittieren. Das Gleiche trifft auf das c-Quark zu. In der Theorie von *Cabibbo* sind es nicht die d- und s-Quarks, die an der schwachen Wechselwirkung durch W-Austausch teilhaben, sondern Mischzustände der Wellenfunktionen der beiden Quarks:

$$\begin{aligned} d' &= d \cos\theta_C + s \sin\theta_C, \\ s' &= -d \sin\theta_C + s \cos\theta_C. \end{aligned} \qquad (5.70)$$

$\theta_C$ ist der *Cabibbo-Winkel*. In Wahrheit ist auch noch das b-Quark hinzugemischt. Dies wird durch die *Cabibbo-Kobayashi-Maskawa-Matrix* beschrieben.

Mit Hilfe der Quark-Mischung kann man erklären, dass $\pi^+$ und $K^+$ beide in ein Myon und ein Neutrino zerfallen:

$$\begin{aligned} \Gamma(\pi^+ \to \mu^+ \nu_\mu) &\propto \cos^2\theta_C, \\ \Gamma(K^+ \to \mu^+ \nu_\mu) &\propto \sin^2\theta_C. \end{aligned} \qquad (5.71)$$

Aus Messungen dieser und anderer Reaktionen folgt $\sin\theta_C \approx 0.21$. Einige Quark-W-Vertizes sind in Abb. 5.52b dargestellt. Die elektrisch neutralen $Z^0$-Bosonen koppeln an alle Leptonen und Quarks, ändern aber nicht die Teilchensorte. Man hat jahrelang nach neutralen schwachen Wechselwirkungen gesucht, die die Seltsamkeit ändern, aber keinen Hinweis darauf gefunden. Wenn d und $\bar{s}$ sich in ein virtuelles $Z^0$ umwandeln könnten, sollte das neutrale K-Meson mit hoher Wahrscheinlichkeit in ein Myon-Paar zerfallen: $K^0 = d\bar{s} \to Z^0 \to \mu^-\mu^+$. Der Feynman-Graph dieses spekulativen Prozesses wird in Abb. 5.53a gezeigt. Die Rate sollte ähnlich hoch sein wie bei dem erlaubten Zerfall $K^+ \to \mu^+ \nu_\mu$ (Abb. 5.53b). Experimentell ist der Zwei-Myon-Zerfall des $K^0$ extrem selten, das Verzweigungsverhältnis ist $(7.4 \pm 0.4) \cdot 10^{-9}$. Der untere Vertex in Abb 5.53a ist also verboten. Mit Graphen höherer Ordnung kann der seltene Zerfall $K^0 \to \mu^-\mu^+$ erklärt werden.

Die Neutrino-Quark-Streuung $\nu_\mu + d \to \mu^- + u$ wird in Abb. 5.53c gezeigt. Wegen der extrem kurzen Reichweite der schwachen Wechselwirkung kann man den Graphen durch Weglassen der inneren W-Linie vereinfachen und kommt dann

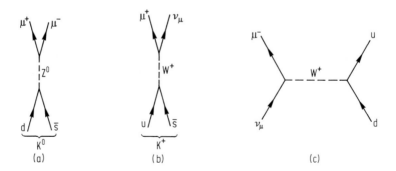

**Abb. 5.53** (a) Hypothetisches Feynman-Diagramm für den „verbotenen" Zerfall $K^0 \to (Z^0) \to \mu^+\mu^-$. (b) Der beobachtete Zerfall $K^+ \to (W^+) \to \mu^+ \nu_\mu$. (c) Diagramm für Neutrino-Quark-Streuung.

zur Vier-Fermion-Punktwechselwirkung der Fermi-Theorie des Betazerfalls (s. Abb. 5.3). Der Wirkungsquerschnitt wird

$$\sigma(\nu_\mu + d \to \mu^- + u) = \frac{G_F^2}{\pi(\hbar c)^4} W^2.\qquad(5.72)$$

Dabei ist $G_F$ die *Fermi-Konstante*. Dieser Wirkungsquerschnitt hat eine Besonderheit, er *wächst* mit dem Quadrat der Schwerpunktsenergie an, $\sigma \propto W^2$, während elektromagnetische Wirkungsquerschnitte mit $1/W^2$ *abfallen*. Es ist natürlich hochinteressant herauszufinden, ob diese erstaunliche theoretische Vorhersage experimentell bestätigt wird.

Wie kann man die Reaktion untersuchen? Die tief inelastische Neutrino-Nukleon-Streuung $\nu_\mu + N \to \mu^- +$ Hadronen, die im Parton-Modell einer Neutrino-Quark-Streuung entspricht, bietet diese Möglichkeit und ist in Experimenten am CERN und am Fermilabor ausgiebig untersucht worden. Die Energie $W$ im Schwerpunktsystem hängt mit der Laborenergie der Neutrinos folgendermaßen zusammen: $W^2 \approx 2m_p c^2 \cdot E_\nu^{\text{lab}}$. Der Wirkungsquerschnitt sollte also linear mit der Energie der Neutrinos anwachsen. Abb. 5.54 zeigt, dass dies bis zu den höchsten verfügbaren Neutrinoenergien von 250 GeV ($W \approx 22$ GeV) tatsächlich der Fall ist. Mit HERA werden viel höhere Schwerpunktenergien erreicht, und dann sind deutliche Abweichungen von diesem Verhalten zu erkennen (Abschn. 5.6).

Der *Myon-Zerfall* kann nach dem Diagramm in Abb. 5.55a berechnet werden. Die Zerfallsbreite ist proportional zur fünften Potenz der Myon-Masse

$$\Gamma(\mu^- \to \nu_\mu + e^- + \bar{\nu}_e) \equiv \frac{\hbar}{\tau_\mu} = \frac{G_F^2 (m_\mu c^2)^5}{192\pi^3 (\hbar c)^6}.\qquad(5.73)$$

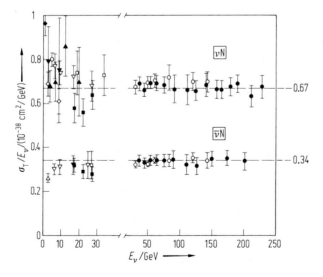

**Abb. 5.54** Energieabhängigkeit der Reaktionen $\nu_\mu N \to \mu^- +$ Hadronen und $\bar{\nu}_\mu N \to \mu^+ +$ Hadronen. Der Wirkungsquerschnitt, dividiert durch die Energie, $\sigma(\nu N)/E_\nu$, ist als Funktion der Neutrino-Energie $E_\nu$ im Laborsystem aufgetragen (Particle Data Group [1]).

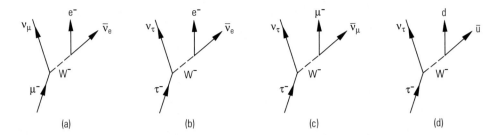

**Abb. 5.55** Feynman-Diagramme für die Zerfälle (a) $\mu^- \to \nu_\mu e^- \bar{\nu}_e$, (b) $\tau^- \to \nu_\tau e^- \bar{\nu}_e$, (c) $\tau^- \to \nu_\tau \mu^- \bar{\nu}_\mu$, (d) $\tau^- \to \nu_\tau d\bar{u}$.

Aus der gemessenen mittleren Lebensdauer $\tau_\mu = (2.19703 \pm 0.00004) \cdot 10^{-6}$ s folgt der präziseste Wert der Fermi-Konstanten [1]

$$\frac{G_F}{(\hbar c)^3} = (1.16639 \pm 0.00002) \cdot 10^{-5} \, \text{GeV}^{-2}. \tag{5.74}$$

Die Formel (5.73) kann auch auf das $\tau$-Lepton angewandt werden, wobei die verschiedenen Zerfallskanäle berücksichtigt werden müssen (Abb. 5.55b, c, d)

$$\tau^- \to \nu_\tau + \begin{cases} e^- + \bar{\nu}_e \\ \mu^- + \bar{\nu}_\mu \\ d\bar{u} \end{cases}$$

Der letzte Kanal ist wegen der drei Quarkfarben dreifach zu gewichten. Es folgt daher

$$\Gamma_\tau \approx 5 \cdot \left(\frac{m_\tau}{m_\mu}\right)^5 \cdot \Gamma_\mu \Rightarrow \tau_\tau \approx \frac{1}{5} \left(\frac{m_\mu}{m_\tau}\right)^5 \cdot \tau_\mu \approx 3.2 \cdot 10^{-13} \, \text{s}, \tag{5.75}$$

in guter Übereinstimmung mit dem experimentellen Wert von $(2.906 \pm 0.011) \cdot 10^{-13}$ s. Hierbei sind Korrekturen vernachlässigt, die sich aus den verschiedenen Massen der Elektronen, Myonen und Quarks ergeben.

Die neutralen schwachen Wechselwirkungen mit $Z^0$-Austausch, oft *neutral current (NC) interactions* genannt, wurden in der Gargamelle-Blasenkammer am CERN entdeckt [45].

Ein herausragendes Ereignis der Physik war die Entdeckung der Quanten der schwachen Wechselwirkung in den Jahren 1983/84 am Proton-Antiproton-Speicherring am CERN. Folgende Reaktionen wurden gemessen

$$p + \bar{p} \to \begin{cases} W^\pm + \text{Hadronen} \\ Z^0 + \text{Hadronen} \end{cases}$$

Zur Identifikation wurden leptonische Zerfälle benutzt:

$$W^\pm \to e^\pm + \nu_e (\bar{\nu}_e), \quad Z^0 \to e^- e^+ \quad \text{oder} \quad \mu^- \mu^+.$$

Die schweren Quanten werden nahezu in Ruhe erzeugt; beim Zerfall der W-Teilchen beobachtet man ein einzelnes, sehr hochenergetisches Elektron, das von der Vielzahl niederenergetischer Hadronen sehr gut unterschieden werden kann. Noch klarer ist

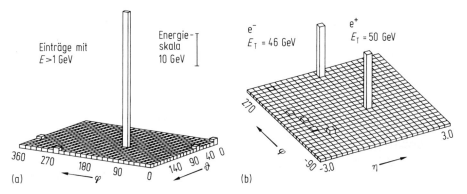

**Abb. 5.56** (a) Nachweis eines W-Bosons im UA2-Experiment am CERN Antiproton-Proton-Speicherring. Das Elektron (oder Positron) aus dem Zerfall $W^\pm \to e^\pm \nu$ deponiert eine Energie von etwa 40 GeV in den Schauerzählern, die zylindrisch um den Wechselwirkungsbereich angeordnet sind. Die Zeichnung zeigt eine abgewickelte Darstellung (nach [46]). (b) Nachweis eines $Z^0$ durch seinen Zerfall in ein Elektron-Positron-Paar im UA1-Experiment bei CERN (Arnison et al. [47]).

das $Z^0$ über seinen Zerfall in hochenergetische Elektron- oder Myon-Paare zu erkennen. Abb. 5.56 zeigt zwei Ereignisbilder.

## 5.6 Vereinigung der Wechselwirkungen

Auf den ersten Blick erscheint es abwegig, zwei so unterschiedliche Phänomene wie die elektromagnetischen Kräfte, die für den Aufbau der gesamten Materie verantwortlich sind, und die schwachen Kräfte, die sich lediglich in den radioaktiven Zerfällen einiger Atomkerne bemerkbar machen, auf eine gemeinsame theoretische Basis stellen zu wollen. Und dennoch besteht heute kein Zweifel daran, dass diese beiden Wechselwirkungen eng verknüpft sind und als Manifestationen einer einzigen *vereinheitlichten Wechselwirkung* angesehen werden können. Eine vergleichbare Vereinheitlichung fand im 19. Jahrhundert statt, als es Maxwell und anderen gelang, die Elektrodynamik als gemeinsame Basis von Elektrizität und Magnetismus zu konstruieren. Diese Vereinigung hatte große praktische Konsequenzen: Die Existenz von elektromagnetischen Wellen wurde aus den Maxwell'schen Gleichungen vorhergesagt. Vom theoretischen Standpunkt ist die Vereinigung der elektromagnetischen und schwachen Kräfte von gleicher Bedeutung, aber niemand kann vorhersagen, ob sie ähnlich tiefgreifende Auswirkungen haben wird.

### 5.6.1 Experimentelle Grundlagen der vereinheitlichten elektroschwachen Wechselwirkung

Wir haben im Abschn. 5.5 gesehen, dass elektromagnetische und schwache Reaktionen völlig unterschiedliche Energieabhängigkeiten aufweisen:

$$\sigma(e^-e^+ \to \mu^-\mu^+) \propto 1/W^2, \; \sigma(\nu_\mu d \to \mu^- u) \propto W^2. \tag{5.76}$$

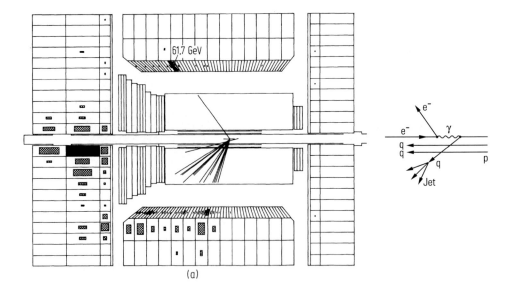

**Abb. 5.57** (a) Ein tief inelastisches Streuereignis vom Typ $e^-p \rightarrow e^- +$ Hadronen im ZEUS-Detektor bei HERA. Das Elektron (26 GeV) wechselwirkt mit einem der Quarks im Proton (820 GeV) gemäß Diagramm (b). Das gestreute Quark wandelt sich in einen Hadron-Jet um. Die „Zuschauer-Quarks" bilden Hadronen, die zum großen Teil im Vakuumrohr des Beschleunigers bleiben. Einige deponieren Energie im Vorwärtskalorimeter, angedeutet durch schwarze Punkte auf der linken Seite (G. Wolf, DESY).

Während schwache Reaktionen im Bereich „niedriger" Energien sehr viel seltener vorkommen als elektromagnetische Prozesse, nähern sich beide einander an für Schwerpunktsenergien um 100 GeV. Am Elektron-Proton-Collider HERA beobachtet man vergleichbare Zählraten für die Reaktionen

(a) $e^- + p \rightarrow e^- +$ Hadronen (elektromagnetisch),

(b) $e^- + p \rightarrow \nu_e +$ Hadronen (schwach).

Der erste Prozess erhält auch Beiträge vom $Z^0$-Austausch. Ein Ereignis vom Typ (a) wird in Abb. 5.57 gezeigt, die Wirkungsquerschnitte sind in Abb. 5.63 aufgetragen.

Die herausragende Rolle der schwachen Wechselwirkung wird deutlich, wenn man die experimentellen Resultate vom Elektron-Positron-Collider LEP in Abb. 5.58 ansieht: Die Wirkungsquerschnitte für Hadron- und Myon-Paar-Erzeugung zeigen ein enormes Resonanzmaximum bei der Ruheenergie des $Z^0$, das die elektromagnetischen Wirkungsquerschnitte um einen Faktor 1000 übertrifft[10]. Dies ist der augenfälligste Beweis dafür, dass die sogenannte „schwache Wechselwirkung" in Wahrheit überhaupt nicht schwach ist, sondern bei niedrigen Energien nur so wahrgenommen wird, weil ihre Reichweite extrem gering ist.

---

[10] Diese Resonanzüberhöhung bedeutet natürlich nicht, dass die elektromagnetische Wechselwirkung bei 92 GeV eine geringere Stärke als die schwache Wechselwirkung hat. Außerhalb der $Z^0$-Resonanz sind beide etwa gleich stark.

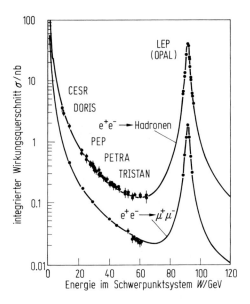

**Abb. 5.58** Die Wirkungsquerschnitte für $e^+e^- \to \mu^+\mu^-$ und $e^+e^- \to$ Hadronen im Energiebereich von 9–100 GeV. Durchgezogene Kurven: Summe von Photon- und $Z^0$-Austausch (nach Schaile [48]).

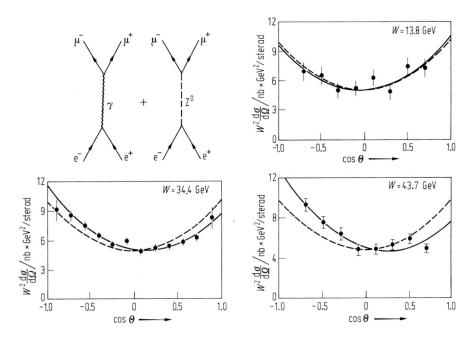

**Abb. 5.59** Die ($\gamma$-$Z^0$)-Interferenz in der Reaktion $e^+e^- \to \mu^+\mu^-$. Gestrichelte Kurven: nur Photongraph, $(1 + \cos^2\theta)$-Winkelverteilung; durchgezogene Kurven: Berücksichtigung der ($\gamma$-$Z^0$)-Interferenz (Naroska [49]).

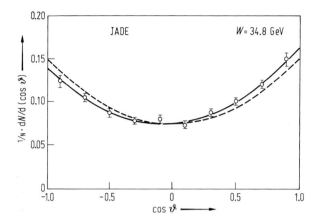

**Abb. 5.60** Verteilung des Winkels zwischen der Jet-Achse und der Strahlrichtung in Zwei-Jet-Ereignissen. Gestrichelte Kurve: $(1 + \cos^2 \theta)$-Verlauf wie in der QED für Spin-1/2-Quarks erwartet. Durchgezogene Kurve: Berücksichtigung der Interferenz zwischen Photon- und $Z^0$-Graph (JADE-Kollaboration).

Der Einfluss der neutralen schwachen Wechselwirkung wurde viele Jahre vor der Fertigstellung von LEP durch Interferenzeffekte untersucht. Die Reaktion $e^- e^+ \to \mu^- \mu^+ (\tau^- \tau^+)$ verläuft elektromagnetisch über ein virtuelles Photon und schwach über ein $Z^0$, siehe Abb. 5.59. Der Photongraph dominiert bei niedrigen Energien, der $Z^0$-Graph bei 92 GeV (wegen der Resonanzüberhöhung), während bei mittleren Energien um 40 GeV Interferenzeffekte wirksam werden, die zu einer Vorwärts-Rückwärts-Asymmetrie in der Winkelverteilung führen (Abb. 5.59). Bei PETRA ist es gelungen, daraus eine recht präzise Vorhersage der $Z^0$-Masse herzuleiten. Für die Reaktion $e^- e^+ \to q\bar{q} \to 2$ Jets ergibt sich genau die gleiche Winkelverteilung wie für Myon-Paare, siehe Abb. 5.60. Dies ist der beste experimentelle Beweis dafür, dass die Quarks den Spin 1/2 haben.

### 5.6.2 Die Eichtheorie der elektromagnetischen Wechselwirkung

Das grundlegende Konzept der vereinheitlichten Theorien ist das *Eichprinzip*. Es besagt, dass die Existenz äußerer Felder aus „lokalen" (raum- und zeitabhängigen) Phasentransformationen der Wellenfunktion hergeleitet werden kann. Wir studieren dies zunächst für den elektromagnetischen Fall. Die elektrischen und magnetischen Felder können aus einem skalaren und einem Vektorpotential berechnet werden:

$$\boldsymbol{E} = -\nabla \phi - \partial \boldsymbol{A}/\partial t, \quad \boldsymbol{B} = \nabla \times \boldsymbol{A}. \tag{5.77}$$

Diese Potentiale sind nicht eindeutig. Wenn man eine beliebige skalare Funktion $\chi(\boldsymbol{r}, t)$ wählt, so ergeben die neuen Potentiale

$$\phi' = \phi - \partial \chi/\partial t, \quad \boldsymbol{A}' = \boldsymbol{A} + \nabla \chi \tag{5.78}$$

dieselben Felder. Gl. (5.78) beschreibt eine *Eichtransformation*, und die Erkenntnis, dass das elektromagnetische Feld dabei invariant bleibt, bezeichnet man als *Eichinvarianz* der Elektrodynamik.

Das skalare Potential hat eine direkte Bedeutung in der klassischen Physik, $-e\phi$ ist die potentielle Energie eines Elektrons. Die Signifikanz des Vektorpotentials ist weniger offensichtlich. In der Quantentheorie ist dies anders, weil die Wellenlänge eines Elektrons (oder eines anderen geladenen Teilchens) durch $A$ beeinflusst wird. In der de Broglie-Relation muss der mechanische Impuls durch den *kanonischen Impuls* ersetzt werden:

$$\lambda = 2\pi\hbar/|p| \quad \text{mit} \quad p = mv - eA. \tag{5.79}$$

Diese Beziehung zwischen de Broglie-Wellenlänge und Vektorpotential wurde von Ehrenberg und Siday und von Aharanov und Bohm vorhergesagt und ist als *Aharanov-Bohm-Effekt* bekannt. Bestätigt wurde sie in einem Experiment von Möllenstedt und Bayh [50]. Das Möllenstedt-Experiment wird in Abb. 5.61 gezeigt. Ein Elektronenstrahl wird durch einen metallisierten Quarzfaden in zwei kohärente Teilstrahlen aufgespalten. Der Quarzfaden befindet sich auf negativem Potential und wirkt wie ein optisches Biprisma. Zwei weitere Quarzfäden mit passenden Potentialen sorgen dafür, dass die beiden Teilstrahlen auf einem Film zur Interferenz kommen. Man beobachtet sehr scharfe Interferenzlinien, wobei wegen der extremen Empfindlichkeit alle magnetischen Störfelder ausgeschaltet werden müssen. Hinter dem ersten Quarzfaden wird eine Solenoidspule (ca. 15 μm Durchmesser) angebracht, die aus Wolframdraht von 4 μm Dicke gewickelt ist. Durch Verändern des Stromes kann das Interferenzmuster kontinuierlich verschoben werden. Dies wird sichtbar gemacht, indem der photographische Film synchron dazu bewegt wird, so dass die Interferenzstreifen schräg verlaufen.

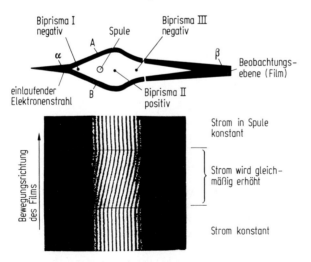

**Abb. 5.61** Einfluss des Vektorpotentials auf die Phase der Elektronenwellenfunktion. Schema des Möllenstedt-Experiments und beobachtetes Interferenzmuster bei konstantem und bei gleichförmig anwachsendem Strom in der Spule. Der Film zur Aufnahme der Interferenzen wird in der vertikalen Richtung bewegt (Möllenstedt und Bayh [50]).

Wie kommt die Verschiebung des Interferenzmusters zustande? Das Magnetfeld ist im Wesentlichen auf das Innere der Spule eingeschränkt und kann die beiden Teilstrahlen, die außen an der Spule vorbeifliegen, allenfalls durch sein schwaches Streufeld beeinflussen. Das Vektorpotential hingegen verschwindet nicht außerhalb der Spule, wie man aus der Beziehung $\oint A \cdot ds = \Phi_{mag}$ erkennen kann ($\Phi_{mag}$ ist der magnetische Fluss durch die Spule). Nach Gl. (5.79) gilt für die Phasendifferenz zwischen den Teilstrahlen

$$\Delta\varphi = \frac{e}{\hbar}\oint A \cdot ds = \frac{e}{\hbar}\Phi_{mag} = \frac{e}{\hbar}B \cdot a_{spule}. \tag{5.80}$$

Dabei ist $a_{spule}$ die Fläche der Spule. Die gemessene Phasenverschiebung stimmt quantitativ mit Gl. (5.80) überein.

Die Eichtransformation (5.78) beeinflusst die Phase der Elektronen-Wellenfunktion:

$$\psi'(r, t) = \exp(-ie\chi(r, t))\psi(r, t). \tag{5.81}$$

Wenn $\psi$ eine Lösung der Schrödinger- oder Dirac-Gleichung mit den Potentialen $\Phi$ und $A$ ist, so kann man beweisen, dass $\psi'$ die Gleichung mit den eichtransformierten Potentialen $\Phi'$ und $A'$ erfüllt.

**Das Eichprinzip.** Das Argument wird nun umgekehrt. Wir führen eine lokale Phasentransformation (5.81) der Wellenfunktion durch und verlangen, dass die Schrödinger- oder Dirac-Gleichung weiterhin gültig bleibt. Dies ist nur möglich, wenn die Potentiale auch transformiert werden, und zwar genau mit der Eichtransformation (5.78). Wir können sogar noch einen Schritt weiter gehen und mit dem kräftefreien Fall (ohne elektromagnetisches Feld) beginnen und das Elektron durch eine

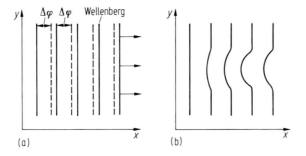

**Abb. 5.62** Beispiel für globale und lokale Phaseninvarianz: (a) In einem flachen Behälter bewegt sich eine ebene Wasserwelle in die positive $x$-Richtung. Die Wellenberge sind als durchgezogene Linien angedeutet. Eine globale Phasentransformation ändert an jedem Ort $(x, y)$ die Phase um den gleichen Betrag $\Delta\varphi$. Dadurch verschieben sich zwar die Wellenberge zu den gestrichelten Positionen, es bleibt aber eine ebene Welle, und im zeitlichen Mittel hat die globale Transformation keinen Effekt. (b) Bei einer lokalen Phasentransformation ist die Phasenänderung von Ort zu Ort verschieden: $\Delta\varphi = \Delta\varphi(x, y)$. Die transformierte Welle ist keine ebene Welle mehr. Man könnte eine solche Änderung durch ein Hindernis unter der Wasseroberfläche bewirken. Lokale Phasentransformationen erfordern also die Existenz äußerer Kräfte.

ebene Welle beschreiben. Wenn die Phase der Wellenfunktion überall um den gleichen Wert $\chi = \chi_0$ verändert wird (dies nennt man eine *globale* Phasentransformation), bleibt die Wellenlänge invariant, und die transformierte Wellenfunktion beschreibt wieder ein kräftefreies Teilchen. Ein ganz anderes Resultat ergibt sich, wenn wir eine Ortsabhängigkeit der Phasenänderung zulassen: $\chi = \chi(r)$. In diesem Fall hängt die Wellenlänge von der Position im Raum ab, und das ist natürlich unmöglich bei Abwesenheit eines elektromagnetischen Potentials. Man braucht in der Tat ein geeignetes Vektorpotential, das genau diese ortsabhängige Phasenverschiebung bewirkt (nämlich $A' = \nabla\chi$). Die fundamentale Konsequenz dieser Überlegung ist: *Die Existenz des elektromagnetischen Feldes lässt sich aus dem Prinzip der lokalen Phaseninvarianz herleiten.*

Diese zunächst fremdartig anmutende Idee ist in der Elektrodynamik natürlich unnötig, da die Felder schon längst bekannt sind. Ihre Verallgemeinerung in den neueren Eichtheorien führt zu weitreichenden neuen Erkenntnissen. Man kommt damit zur Existenz der W- und Z-Boson-Felder und der Gluonen und kann darüber hinaus die Kopplung dieser Feldquanten an die Leptonen und Quarks theoretisch vorhersagen.

Um die obigen Gedankengänge bildhaft darzustellen, skizzieren wir in Abb. 5.62 globale and lokale Phasentransformationen von Wasserwellen.

### 5.6.3 Das Standard-Modell der elektroschwachen Wechselwirkung

Wir können die elektroschwache Theorie hier nur sehr kurz und qualitativ diskutieren, eine systematische Einführung auf elementarem Niveau findet man in [41]. Alle Leptonen und Quarks tragen „schwache" Ladungen, über die sie an die Feldquanten $W^\pm$ und $Z^0$ koppeln. Emission oder Absorption der elektrisch geladenen W-Bosonen ändert die Teilchensorte. Die Teilchen, die auf diese Weise ineinander überführt werden können, fasst man in Multipletts des sogenannten *schwachen Isospins* zusammen, der analog zum hadronischen Isospin definiert ist. Interessanterweise koppeln nur linkshändige Fermionen an die W-Bosonen, dies ist eine Konsequenz der maximalen Paritätsverletzung der geladenen schwachen Wechselwirkung.[11] Die linkshändigen Leptonen und Quarks lassen sich in Dubletts des schwachen Isospins einordnen

$$\begin{pmatrix} \nu_e \\ e^- \end{pmatrix}_L, \begin{pmatrix} \nu_\mu \\ \mu^- \end{pmatrix}_L, \begin{pmatrix} \nu_\tau \\ \tau^- \end{pmatrix}_L \quad \text{und} \quad \begin{pmatrix} u \\ d' \end{pmatrix}_L, \begin{pmatrix} c \\ s' \end{pmatrix}_L, \begin{pmatrix} t \\ b' \end{pmatrix}_L. \qquad (5.82)$$

Hierin bedeuten $d'$, $s'$ und $b'$ die über die Cabibbo-Kobayashi-Maskawa-Matrix gemischten Quark-Zustände (siehe Abschn. 5.5.2).

Im Standard-Modell treten die Neutrinos nur linkshändig auf (die kürzliche Beobachtung von Neutrino-Oszillationen impliziert allerdings, dass es auch rechtshändige Neutrinos geben sollte, was hier ignoriert wird). Die geladenen Leptonen und

---

[11] Händigkeit und Helizität sind eng verwandt, aber nicht identisch. Linkshändigkeit bedeutet, dass die masselosen Neutrinos stets die Helizität $-1/2$ haben, die massebehafteten Leptonen und Quarks aber nur vorzugsweise: die Wahrscheinlichkeit für Helizität $-1/2$ ist $\beta = v/c$, die für Helizität $+1/2$ ist $(1-\beta)$. Für eine genaue Analyse siehe [41].

die Quarks existieren auch als rechtshändige Teilchen, die aber nicht an die W-Bosonen koppeln. Daher gehören sie alle in Singuletts des schwachen Isospins. In der Praxis bedeutet dies: Es gibt keinen bekannten Prozess, der ein rechtshändiges Teilchen in ein anderes rechtshändiges Teilchen überführt. Das $Z^0$ ist auch nicht dazu imstande, es ändert nicht die Quark-Sorte und kann auch nicht ein Elektron in ein Myon umwandeln. Die Singuletts sind also

$$e_R, \mu_R, \tau_R \quad \text{und} \quad u_R, d_R, s_R, c_R, b_R, t_R. \tag{5.83}$$

**Anwendung des Eichprinzips.** Zur Vereinfachung beschränken wir uns auf das Elektron und sein Neutrino, für die weiteren Teilchen verläuft die Betrachtung analog. Die Wellenfunktionen des linkshändigen Dubletts und des rechtshändigen Singuletts werden verallgemeinerten lokalen (ortsabhängigen) Phasentransformationen unterworfen. Damit die jeweiligen Dirac-Gleichungen gültig bleiben, müssen vier externe Felder eingeführt werden. Zwei davon sind die $W^\pm$-Felder, die beiden anderen, $W^0$ und $B^0$ genannt, erweisen sich als Superpositionen des Photon-Feldes und des $Z^0$-Feldes. Diese Superpositionen werden durch den sogenannten *schwachen Mischungswinkel* $\theta_W$ parametrisiert, der oft auch „Weinberg-Winkel" genannt wird nach einem der Urheber des Standard-Modells.

In den Eichtransformationen treten zwei *Kopplungskonstanten* $g$ und $g'$ auf, die der Elementarladung $e$ der Elektrodynamik entsprechen. Aus der Bedingung, dass das Neutrino nicht an das Photon koppeln darf, das Elektron dagegen mit der Stärke $-e$, ergibt sich eine grundlegende Beziehung zwischen $g$, $g'$ und der Elementarladung $e$

$$g \cdot \sin \theta_W = g' \cdot \cos \theta_W = e. \tag{5.84}$$

Der Mischwinkel ist ein freier Parameter der elektroschwachen Theorie. In den LEP- und SLC-Experimenten ist er mit hoher Genauigkeit bestimmt worden [1]

$$\sin^2 \theta_W = 0.23117 \pm 0.00016. \tag{5.85}$$

Aus Gl. (5.84) ergibt sich, dass die Photonen sowie die W- und Z-Bosonen mit etwa gleicher Stärke an die Leptonen und Quarks koppeln. Damit ist eine Grundvoraussetzung einer vereinheitlichten Wechselwirkung erfüllt.

Wie kann diese annähernde Gleichheit der Kopplungen mit der Beobachtung in Einklang gebracht werden, dass Prozesse mit W- oder Z-Austausch bei niedrigen Energien stark unterdrückt sind? Der Grund dafür liegt in der großen Masse der Bosonen. Ein wichtiges Element der Feynman-Graphen ist der *Propagator* des ausgetauschten Feldquants. Der Propagator des masselosen Photons lautet

$$1/Q^2 \quad \text{mit} \quad Q^2 = |E_\gamma^2 - p_\gamma^2 c^2|/c^2, \tag{5.86a}$$

während die massiven Bosonen durch

$$1/(Q^2 + M^2 c^2) \quad \text{mit} \quad M = M_W \text{ oder } M_Z \tag{5.86b}$$

beschrieben werden. Der Propagator geht quadratisch in die Wirkungsquerschnitte oder Zerfallsraten ein. Bei Schwerpunktsenergien $W \ll Mc^2$ dominiert der Massenterm in Gl. (5.86b) und sorgt für eine starke Unterdrückung schwacher Prozesse. In den heutigen Collidern wird der Bereich $Q^2 \geq M^2 c^2$ erfasst, in dem schwache

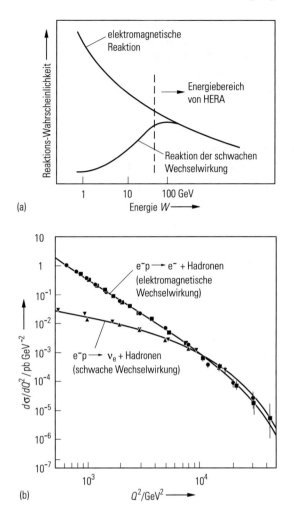

**Abb. 5.63** (a) Schematische Energieabhängigkeit der elektromagnetischen und schwachen Wechselwirkungen. (b) Die Vereinigung der elektromagnetischen und schwachen Wechselwirkungen, gemessen bei HERA: Aufgetragen ist die $Q^2$-Abhängigkeit der Wirkungsquerschnitte für $e^- + p \rightarrow e^- +$ Hadronen (elektromagnetisch) und $e^- + p \rightarrow \nu_e +$ Hadronen (schwach).

und elektromagnetische Prozesse die gleiche Stärke erreichen. Dies wird durch Messungen bei HERA in sehr schöner Weise demonstriert, siehe Abb. 5.63.

**Experimentelle Verifikation des Standard-Modells.** Das Standard-Modell legt sämtliche Kopplungen zwischen den Fermionen (Elektron, Myon, Tau, Neutrinos, Quarks) und den Feldquanten in eindeutiger Weise fest, wobei als einziger freier Parameter der schwache Mischwinkel offen bleibt. Die theoretischen Vorhersagen sind in glänzender Weise durch die Experimente bestätigt worden. Dafür sollen einige wichtige Beispiele gegeben werden.

In der Nähe der $Z^0$-Resonanz wird der Wirkungsquerschnitt für die Erzeugung eines Fermion-Antifermion-Paares gemäß der Reaktion $e^- + e^+ \to Z^0 \to f + \bar{f}$ durch die relativistische *Breit-Wigner-Formel* beschrieben

$$\sigma(W) = \frac{12\pi\hbar^2 \Gamma_{ee}\Gamma_{ff}}{M_Z^2 c^2} \cdot \frac{W^2}{(W^2 - (M_Z c^2)^2)^2 + (M_Z c^2)^2 \Gamma^2}. \qquad (5.87)$$

Die Größen in diesem Ausdruck sind:

$W = 2E$ Schwerpunktsenergie, $\Gamma$ totale Breite des $Z^0$,
$\Gamma_{ee}$, $\Gamma_{ff}$ partielle Breiten für die Zerfälle $Z^0 \to e^- e^+$ und $Z^0 \to f\bar{f}$.

Es sind noch Strahlungskorrekturen vorzunehmen, die das Resonanzmaximum um etwa 30% abschwächen und die Form der Resonanzkurve asymmetrisch machen mit einem Ausläufer zu hohen Energien. Die erlaubten Teilchen im Endzustand sind Leptonen und Quarks:

$$f\bar{f} = \begin{cases} e^-e^+, \mu^-\mu^+, \tau^-\tau^+ \\ \nu_e\bar{\nu}_e, \nu_\mu\bar{\nu}_\mu, \nu_\tau\bar{\nu}_\tau \\ u\bar{u}, d\bar{d}, s\bar{s}, c\bar{c}, b\bar{b} \to 2\ \text{Hadron-Jets}. \end{cases} \qquad (5.88)$$

Das Top-Quark ist zu schwer, um produziert zu werden.

Die Zerfälle in Neutrinos sind natürlich „unsichtbar". Wie kann man Information darüber gewinnen? Man nutzt die Tatsache aus, dass die totale Breite gleich der Summe der partiellen Breiten ist

$$\Gamma = \Gamma_{ee} + \Gamma_{\mu\mu} + \Gamma_{\tau\tau} + N_\nu \cdot \Gamma_{\nu\nu} + \Gamma_{had} \quad \text{mit} \quad \Gamma_{had} = \Gamma(Z^0 \to \text{Hadronen}). \qquad (5.89)$$

Hier ist angenommen worden, dass die Breiten der drei Neutrino-Kanäle identisch sind, wie vom Standard-Modell vorhergesagt. Die Anzahl $N_\nu$ der verschiedenen Neutrino-Sorten ist ein freier Parameter. Die Masse und totale Breite des $Z^0$ wird durch eine Anpassung an die gemessene Resonanzkurve bestimmt:

$$M_Z = 91.1882 \pm 0.0022\ \text{GeV}/c^2, \quad \Gamma = 2495.2 \pm 2.6\ \text{MeV}. \qquad (5.90a)$$

Die Zerfälle in geladene Leptonen und Hadronen sind direkt messbar. Innerhalb der experimentellen Unsicherheit von 0.3% sind die leptonischen Breiten wie erwartet gleich

$$\Gamma_{ee} = \Gamma_{\mu\mu} = \Gamma_{\tau\tau} \equiv \Gamma_{lep} = 84.057 \pm 0.099\ \text{MeV}. \qquad (5.90b)$$

Die hadronische Breite ist $\Gamma_{had} = 1743.8 \pm 2.2\ \text{MeV}$. Daher beträgt die Breite für unsichtbare Zerfälle

$$\Gamma_{unsicht} = \Gamma - 3\Gamma_{lep} - \Gamma_{had} = 499.4 \pm 1.7\ \text{MeV}. \qquad (5.90c)$$

Theoretisch trägt jede Neutrino-Sorte mit $167.1 \pm 0.3$ MeV zur Breite $\Gamma_{unsicht}$ bei. Daher kann man die Zahl der verschiedenen Neutrinos berechnen

$$N_\nu = 2.99 \pm 0.027. \qquad (5.91)$$

Dies ist sicherlich das wichtigste Resultat von LEP. Es bedeutet, dass es genau die drei bekannten Lepton-Familien $(\nu_e, e^-)$, $(\nu_\mu, \mu^-)$, $(\nu_\tau, \tau^-)$ gibt, und aus Symmetriegründen wahrscheinlich auch genau die drei Quark-Familien $(u, d')$, $(c, s')$, $(t, b')$.

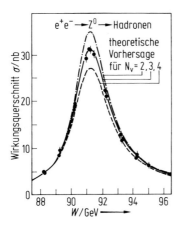

**Abb. 5.64** Wirkungsquerschnitt für $e^+e^-$-Annihilation in Hadronen in der Nähe der $Z^0$-Resonanz. Die Kurven zeigen die Standard-Modell-Vorhersage für 2, 3 und 4 Sorten von leichten Neutrinos [1].

In Abb. 5.64 vergleichen wir die theoretisch berechneten Resonanzkurven für 2, 3 und 4 Neutrino-Sorten. Die präzisen Daten sind in perfekter Übereinstimmung mit der Kurve für $N_\nu = 3$ und schließen 2 oder 4 vollkommen aus. Es bleibt die vage Möglichkeit, dass Neutrinos mit einer Masse oberhalb von 45 GeV/$c^2$ existieren, in die das $Z^0$ aufgrund der Energieerhaltung nicht zerfallen kann.

**Entdeckung des Top-Quarks.** Wir besprechen den experimentellen Nachweis des schwersten Quarks an dieser Stelle, weil die Geschichte seiner Entdeckung sehr eng mit präzisen Rechnungen zum Standard-Modell und entsprechend genauen Experimenten am LEP verknüpft ist. Die Energie des Elektron-Positron-Colliders LEP ist zu niedrig für Top-Paarerzeugung, man ist also auf indirekte Methoden angewiesen. Einer der stärksten Hinweise auf die Existenz des t-Quarks ergibt sich aus der gemessenen Breite des Zerfalls $Z^0 \to b\bar{b} \to 2$ Jets von 377.5 MeV, die in sehr guter Übereinstimmung mit der Standard-Modell-Vorhersage von 375 MeV ist. Wenn das t-Quark nicht existierte, müsste man das b-Quark in ein Singulett des schwachen Isospins einordnen, und in dem Fall wäre die berechnete Breite nur 24 MeV. Die LEP-Daten sind so präzise, dass man sogar eine recht genaue Vorhersage für die Top-Masse machen kann, weil der Einfluss von Graphen höherer Ordnung mit inneren t-Quark-Linien messbar wird. Im Rahmen einer globalen elektroschwachen Anpassung aller Daten bei der $Z^0$-Resonanz kann die Top-Quark-Masse innerhalb enger Grenzen vorhergesagt werden:

$$m_t = (168.2^{+9.6}_{-7.4}) \text{ GeV}/c^2.$$

Der direkte Nachweis des Top-Quarks erfolgte 1995 und 1996 im CDF-Experiment am Proton-Antiproton-Collider Tevatron [51], und zwar über den Zerfall $t \to b + W^+$. Die Masse ist in guter Übereinstimmung mit der LEP-Vorhersage:

$$m_t = (174.3 \pm 5.1) \text{ GeV}/c^2.$$

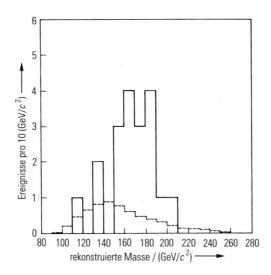

**Abb. 5.65** Nachweis des Top-Quarks im CDF-Experiment [51] am Tevatron über den Zerfall t → b + W. Aufgetragen ist die effektive (bW)-Massenverteilung für 4-Jet-Ereignisse, die ein identifiziertes b-Quark enthalten. Der Untergrund ist durch das gestrichelte Histogramm angedeutet.

Ohne die engen Massengrenzen von LEP wäre es sehr schwierig gewesen, die Ereignisse des CDF-Experiments (Abb. 5.65) in überzeugender Weise als Top-Quark-Erzeugung zu deuten.

**Paarerzeugung von W-Bosonen.** Die Paarerzeugung von W-Bosonen in der Elektron-Positron-Annihilation verläuft im Standard-Modell über Photon-, $Z^0$- und Neutrinoaustausch-Graphen, die miteinander interferieren (Abb. 5.66). Interessanterweise führt jeder Graph für sich genommen zu einer Divergenz des Wirkungsquerschnitts bei extrem hohen Energien, während die Summe der drei Graphen endliche Resultate liefert. Am LEP sind diese extrem hohen Energien nicht erreichbar, aber bereits in der Nähe der W-Paar-Schwelle erkennt man gute Übereinstimmung der Messdaten mit der Standard-Modell-Vorhersage, während der Neutrino-Graph allein rascher anwächst (Abb. 5.66).

**Der Higgs-Mechanismus.** Das Standard-Modell hat sich als eine außerordentlich erfolgreiche und präzise Theorie erwiesen, es gibt darin jedoch ein tiefliegendes Problem: Die Eichinvarianz ist nur gültig, wenn alle Feldquanten und Teilchen masselos sind. Dies steht natürlich in krassem Gegensatz zu den riesigen Massen der W- und Z-Bosonen. Es ist bis heute nur ein einziger Weg bekannt, den Bosonen eine Masse zu verleihen und gleichzeitig die Eichinvarianz zu bewahren: Dies ist der berühmte *Higgs-Mechanismus*. Die grundlegende Idee ist dabei, dass die schwachen Wechselwirkungen „an sich" eine *unendliche Reichweite* haben und durch *masselose Feldquanten* vermittelt werden. Der ganze Raum ist aber mit einem Hintergrundfeld angefüllt, welches die schwachen Ladungen der Fermionen abschirmt und so eine

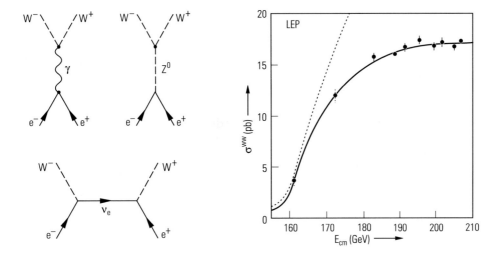

**Abb. 5.66** Feynman-Graphen und experimentelle Daten [52] zur $W^+W^-$-Paarerzeugung in Elektron-Positron-Stößen. Nur die Interferenz der drei Graphen gibt den gemessenen Energieverlauf des Wirkungsquerschnitts wieder (durchgezogene Kurve), der Neutrino-Graph allein sagt ein stärkeres Anwachsen voraus (gestrichelte Kurve).

Kraft mit sehr kurzer Reichweite hervorruft. Die Quanten dieses Hintergrundfeldes sind die Higgs-Teilchen.

Ein Abschirmvorgang dieser Art ist der Meissner-Ochsenfeld-Effekt in Supraleitern, der bewirkt, dass ein externes Magnetfeld nur mit exponentieller Abschwächung in eine dünne Oberflächenschicht eindringen kann und im Inneren des Supraleiters verschwindet. Die Analogie mit den schwachen Kräften wird noch deutlicher, wenn wir Supraleiter vom Typ II ansehen, die Magnetfelder im Innern zulassen, aber nur in Form von Fluss-Schläuchen. Jeder Schlauch enthält ein magnetisches Fluss-Quant $\phi_0 = h/2e$ und ist von einem Stromwirbel umgeben, der von den Cooper-Paaren gebildet wird. Das Material zwischen den Fluss-Schläuchen ist feldfrei. Einem imaginären Beobachter innerhalb des Supraleiters würde das Magnetfeld eines Fluss-Schlauchs sehr kurzreichweitig erscheinen. Wenn er nichts von der Existenz der Cooper-Paare wüsste, wäre er gezwungen, den Photonen als Quanten des Feldes eine nichtverschwindende Masse zuzuordnen. Diese Masse wäre natürlich eine „effektive" Masse, weil der eigentliche physikalische Grund für die kurze Reichweite, der Cooper-Paar-Strom, außer Acht gelassen wurde.

Im Higgs-Modell hat ein Neutrino, das durch den Raum fliegt, eine gewisse Ähnlichkeit mit einem Fluss-Schlauch im Supraleiter. Auf geheimnisvolle Weise erzeugen die Higgs-Teilchen „Abschirmströme", die das vom Neutrino erzeugte Kraftfeld exponentiell abschwächen (hier muss es eine Abschirmung in drei Dimensionen sein, während der Fluss-Schlauch nur in den zwei Koordinaten senkrecht zu seiner Achse abgeschirmt ist). Im Fall der schwachen Wechselwirkung sind wir nun alle „innere Beobachter", und da wir nichts von der Existenz der Higgs-Teilchen spüren, ignorieren wir sie normalerweise. Dann zwingt uns die sehr kurze Reichweite des Neutrino-Kraftfeldes aber, den Feldquanten eine große Masse zuzuordnen. Auch dies ist eine *effektive Masse*, denn der eigentliche physikalische Grund, der Higgs-Abschirmstrom, wurde ignoriert.

Das Higgs-Modell ist außerstande, die Absolutwerte der Massen vorherzusagen. In seiner einfachsten Form macht es eine Aussage über das Verhältnis der W- und Z-Massen, die in bemerkenswerter Weise vom Experiment bestätigt wird

$$M_Z = M_W/\cos\theta_W. \tag{5.92}$$

Um die Eichinvarianz zu erhalten, müssen auch die Massen der geladenen Leptonen und der Quarks durch Wechselwirkung mit dem Higgs-Feld erzeugt werden. Die Stärke der Kopplung ist dabei proportional zur beobachteten Masse des jeweiligen Teilchens. Diese Idee ist der bei weitem unbefriedigendste Aspekt des Standard-Modells, weil es genauso viele *verschiedene Kopplungen* an das Higgs-Feld geben müsste, wie es *verschiedene Teilchenmassen* gibt. Leider ist immer noch keine bessere Theorie zur Erklärung der Teilchenmassen bekannt.

Ein sehr ästhetischer Aspekt soll jedoch auch erwähnt werden: Der Higgs-Mechanismus lässt alle Kopplungen zwischen den Fermionen und den Feldquanten invariant, obwohl die Kopplungen nur für masselose Teilchen und Quanten aus der Eichinvaranz hergeleitet werden können.

**Suche nach den Higgs-Teilchen.** Die Existenz oder Nichtexistenz der Higgs-Teilchen ist zur Schlüsselfrage der modernen Elementarteilchenphysik geworden, weil das ansonsten unglaublich erfolgreiche Standard-Modell der vereinheitlichten elektromagnetischen und schwachen Wechselwirkungen in ganz fundamentaler Weise auf dem Higgs-Mechanismus beruht. In ähnlicher Weise wie beim t-Quark kann man versuchen, mit Hilfe sehr präziser Experimente eine Aussage über Graphen höherer Ordnung mit inneren Higgs-Linien zu machen und damit Vorhersagen für die Higgs-Masse herzuleiten. Es stellt sich heraus, dass die Korrekturen höherer Ordnung nur logarithmisch von der Higgs-Masse abhängen, so dass die Massengrenzen viel ungenauer ausfallen als beim Top-Quark. Die LEP-Experimente grenzen die Higgs-Masse auf den Bereich

$$65\,\text{GeV}/c^2 < m_H < 190\,\text{GeV}/c^2 \tag{5.93}$$

ein.

Die direkte Suche nach dem Higgs-Teilchen hat bislang keine überzeugenden Ergebnisse gebracht. An einem Elektron-Positron-Collider ist der am meisten Erfolg versprechende Kanal die Reaktion

$$e^- + e^+ \rightarrow Z^0 + H^0, \tag{5.94}$$

wobei das neutrale Higgs-Teilchen wegen seiner zur Masse proportionalen Kopplung vorzugsweise in die schwersten kinematisch erlaubten Quarks zerfallen sollte: $H^0 \rightarrow b + \bar{b} \rightarrow 2$ Jets. Am LEP hat man bei einer Schwerpunktsenergie $W = 207$ GeV einige Ereignisse gefunden, die mit der Reaktion (5.94) verträglich sind, aber wegen zu geringer Statistik nicht als definitiver Existenzbeweis angesehen werden können.

Wenn das Higgs-Modell richtig sein sollte, wäre ein Linear-Collider wie TESLA mit $W = 350$ bis $500$ GeV ideal dafür geeignet, die Higgs-Teilchen zu erzeugen und ihre Zerfallskanäle zu untersuchen. Von besonderem Interesse ist dabei, die massenproportionale Kopplung nachzuweisen, weil diese Eigenschaft das Higgs-Teilchen in charakteristischer Weise von allen anderen Teilchen und Quanten unterscheidet.

### 5.6.4 Die Quantenchromodynamik als Eichtheorie

Die Transformationen zwischen den drei Farbladungszuständen der Quarks werden durch eine SU(3)-Gruppe beschrieben. Die Anwendung des Eichprinzips auf die verallgemeinerten Phasentransformationen führt zur Eichtheorie der Quark-Gluon-Wechselwirkungen, die unter dem Namen Quantenchromodynamik bekannt ist. Acht Felder sind erforderlich, um die Gültigkeit der Dirac-Gleichung für die Quarks bei lokalen (ortsabhängigen) SU(3)-Transformationen zu gewährleisten. Wie schon in Abschn. 5.4 diskutiert nimmt man in der QCD an, dass die acht Gluonen masselos bleiben und die Hadronen farbneutral sind. Daher ist kein Higgs-Mechanismus nötig, um die kurze Reichweite der Kernkräfte zu erklären.

Die Stärke der Quark-Gluon-Kopplung wird durch eine „starke Ladung" $g_S$ charakterisiert. Für jeden Quark-Gluon-Vertex erhält der Wirkungsquerschnitt einen Faktor $\alpha_S = g_S^2/4\pi$ in Analogie zur Feinstrukturkonstante $\alpha$ der QED. Schleifengraphen höherer Ordnung führen zu einer Energieabhängigkeit der Kopplung $\alpha_S$ („running coupling"). Die starke Kopplung kann experimentell ermittelt werden, beispielsweise durch Vergleich der Häufigkeit von 3-Jet- und 2-Jet-Ereignissen. In Abb. 5.67 sind die heute bekannten Messdaten zu $\alpha_S$ aufgetragen. Die vorhergesagte Energieabhängigkeit wird in eindrucksvoller Weise bestätigt: $\alpha_S$ beträgt 0.35 bei der Ruheenergie des τ-Leptons und fällt auf 0.11 bei 200 GeV ab.

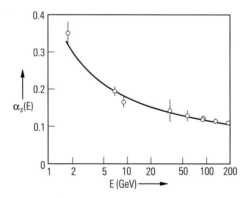

**Abb. 5.67** Die Energieabhängigkeit der starken Kopplung $\alpha_s$ [1].

**Asymptotische Freiheit und Confinement.** Was sind die physikalischen Konsequenzen dieser beträchtlichen Energieabhängigkeit? In „harten" Streuprozessen mit einem hohen Impulsübertrag ist die Quark-Gluon-Kopplung relativ schwach, und die Quarks verhalten sich annähernd wie freie Teilchen. Dies erklärt den Erfolg des Quark-Parton-Modells, das die Quarks im Nukleon als freie, nicht miteinander

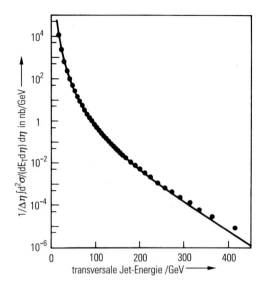

**Abb. 5.68** Wirkungsquerschnitt für Jet-Produktion in Proton-Antiproton-Stößen als Funktion der sogenannten transversalen Energie [53]. Die theoretische Kurve stammt aus einer QCD-Rechnung 2. Ordnung.

wechselwirkende Objekte behandelt. Die Störungstheorie kann zur Berechnung der Wirkungsquerschnitte angewandt werden. Ein schönes Beispiel dafür sind die Daten zur Jet-Produktion in Hadronstößen (Abb. 5.68), die über 9 Größenordnungen mit QCD-Rechnungen übereinstimmen. Bei unendlich hohen Energien (oder Impulsüberträgen) sollte die Quark-Gluon-Kopplung sogar ganz verschwinden, man nennt dieses Phänomen die *asymptotische Freiheit*.

Das entgegengesetzte Verhalten zeigt sich bei niedrigen Impulsüberträgen, die für die Bindung der Quarks in den Hadronen und das Confinement relevant sind. Hier wird die Kopplung sehr stark, und Quarks und Gluonen sind fest gebunden. Die Störungstheorie ist nicht mehr anwendbar. Die einzige bekannte Methode ist die Gittereichtheorie, bei der die Gleichungen der QCD auf einem diskreten Raumzeit-Gitter numerisch gelöst werden. Einige Erfolge sind bei der Berechnung der Hadronmassen und des Confinement-Potentials zu verzeichnen, aber man ist noch weit von einer quantitativen Beschreibung hadronischer Reaktionen entfernt.

Eine wichtige Konsequenz der eichtheoretischen Beschreibung, die auf der nicht-Abel'schen (nicht-kommutativen) Natur der Gruppe SU(3) beruht, ist die universelle Natur der Kopplung: $g_S$ (oder $\alpha_S$) ist *exakt gleich* für alle sechs Quark-Sorten und alle drei Farbladungen. Neuere Daten von den LEP- und SLC-Experimenten zeigen, dass die Kopplungstärke des b-Quarks innerhalb der experimentellen Fehler von einigen Prozent mit der der u-, d-, s- und c-Quarks übereinstimmt. Eine weitere Konsequenz der nicht-Abel'schen Struktur ist die Gluon-Selbstkopplung (s. Abb. 5.42c), die experimentell bestätigt ist.

### 5.6.5 Neutrino-Massen und Neutrino-Oszillationen

Im Standard-Modell werden die Neutrinos als masselos vorausgesetzt. Alle Experimente, die auf eine direkte Massenbestimmung der Neutrinos abzielten, sind bislang erfolglos geblieben. Die am meisten untersuchte Reaktion ist der Betazerfall des Tritiums

$$^3\text{H} \to {}^3\text{He} + \text{e}^- + \bar{\nu}_e.$$

Aus einer kinematischen Anpassung berechnet man das Quadrat der Neutrino-Masse. In fast allen Experimenten ergab sich ein negativer Wert für diese positiv definite Größe, was auf nicht verstandene systematische Fehler hindeutet.

Das Standard-Modell verbietet auch den Übergang von einer Neutrino-Sorte zur anderen, aber in dieser Hinsicht ergeben neue Resultate von einem großen unterirdischen Detektor (Super-Kamiokande in Japan) starke Hinweise darauf, dass Myon-Neutrinos sich in Tau-Neutrinos umwandeln können. Solche Übergänge sind notwendigerweise mit verschiedenen Massen der beiden Neutrino-Sorten verknüpft, ähnlich wie die Eigenschwingungen gekoppelter Oszillatoren sich in der Frequenz unterscheiden. Wie diese neuen Ergebnisse in die Theorie der vereinheitlichten elektroschwachen Wechselwirkung integriert werden können, ist eine noch offene Frage.

### 5.6.6 Große Vereinheitlichung

Angeregt durch die erfolgreiche Vereinigung der elektromagnetischen und schwachen Wechselwirkungen hat es schon vor 25 Jahren Versuche gegeben, auch die starke Wechselwirkung in einer *Großen Vereinheitlichten Theorie* (Grand Unified Theory GUT) mit einzubeziehen. Aus der logarithmischen Energieabhängigkeit der starken Kopplung (s. Abb. 5.67) erwartete man die Vereinigung bei extrem hohen Energien von etwa $10^{14}$ GeV, die natürlich mit Beschleunigern oder kosmischer Strahlung vollkommen unzugänglich sind. Dennoch sollte es beobachtbare Effekte geben, insbesondere eine Instabilität des Protons. Um dies zu verstehen, sehen wir uns den elektroschwachen Fall noch einmal genauer an. Eine Konsequenz der vereinheitlichten Eichtheorie ist die Existenz der Feldquanten $W^{\pm}$, die Übergänge zwischen elektrisch geladenen Teilchen (Elektronen, Myonen, Tau-Leptonen) und Teilchen der schwachen Wechselwirkung (Neutrinos) ermöglichen. In einer Großen Vereinheitlichten Theorie existieren entsprechende Feldquanten X und Y, die Übergänge zwischen den Teilchen der starken Wechselwirkung (Quarks) und denen der elektroschwachen Wechselwirkung (Leptonen) vermitteln. Beispielsweise könnten ein u- und ein d-Quark aus dem Proton in ein virtuelles Y-Quant übergehen, das anschließend in ein Positron und ein u-Antiquark zerfällt. Das Resultat wäre der Zerfall $p \to e^+ + \pi^0$. Die vorhergesagte mittlere Lebensdauer ist wegen der riesigen Masse der X- und Y-Quanten ($> 10^{14}$ GeV/$c^2$) außerordentlich hoch, nämlich in der Größenordnung von $10^{30}$ Jahren.

Eine Reihe von Experimenten ist durchgeführt worden, um Protonzerfälle zu finden. Die Idee ist einfach: In einem riesigen Wassertank oder einem Eisenkalorimeter mit mehr als $10^{31}$ Protonen sucht man nach Ereignissen vom Typ $p \to e^+\pi^0 \to e^+\gamma\gamma$. Mit der obigen Lebensdauerabschätzung sollte man mehrere Ereignisse pro Jahr registrieren. Keines der Experimente hat jedoch überzeugende Hinweise auf Protonzerfälle gefunden. Inzwischen haben bessere Daten über die Energieabhängigkeit von $\alpha_S$ die Vereinheitlichungsskala zu höheren Energien von $10^{16}$ GeV geschoben und die erwartete Lebensdauer des Protons merklich erhöht.

Die Große Vereinheitlichung macht viele theoretisch attraktive Aussagen:

- die elektrische Ladung muss quantisiert sein,
- die Summe von Proton- und Elektron-Ladung ist exakt null, was eine Grundvoraussetzung für die Existenz stabiler Materie ist,
- die drittelzahligen Ladungen der Quarks ergeben sich aus der Bedingung, dass die Summe der Ladungen in einem Quark-Lepton-Multiplett verschwinden muss und die Quarks in drei Farbzuständen auftreten,
- der schwache Mischwinkel ist festgelegt: $\sin^2 \theta_W = 3/8$.

### 5.6.7 Supersymmetrie

Der von GUT-Theorien vorhergesagte Wert des Mischwinkels von $\sin^2 \theta_W = 3/8$ bei der GUT-Energieskala reduziert sich beträchtlich durch Propagatorkorrekturen, wenn man zur $Z^0$-Ruheenergie herunterextrapoliert. Anfangs stimmte der extrapolierte Wert gut mit den Messungen von $\sin^2 \theta_W$ überein, aber die neuen präzisen Daten von LEP und SLC schließen die einfache GUT-Theorie aus.

Was kann man tun, um die Idee der Großen Vereinheitlichung zu retten? Eine Möglichkeit bietet die *Supersymmetrie*, die Fermionen und Bosonen miteinander verknüpft. In dieser Theorie sollte jedes bekannte Teilchen und Feldquant einen supersymmetrischen Partner haben mit einer um 1/2 verschiedenen Spinquantenzahl. Man postuliert somit die Existenz von Leptonen und Quarks mit Spin 0 und von Feldquanten mit Spin 1/2. Keines dieser Teilchen ist bisher gefunden worden, möglicherweise weil sie zu schwer sind. Aus theoretischer Sicht ist die Supersymmetrie sehr attraktiv, weil sie in allen Quantenfeldtheorien benötigt wird, die auch die Gravitation mit einschließen. Es ist sehr bemerkenswert, dass eine supersymmetrische Große Vereinheitlichte Theorie perfekte Übereinstimmung mit den LEP- und SLC-Daten für $\sin^2 \theta_W$ ergibt. Die *Superstring-Modelle*, die versuchen, alle Wechselwirkungen auf geometrische Eigenschaften eines höherdimensionalen Raums zurückzuführen (eine Verallgemeinerung der Ideen der Allgemeinen Relativitätstheorie von Albert Einstein), umfassen ebenfalls die Supersymmetrie.

## 5.7 Zusammenfassung und Ausblick

Die Elementarteilchenphysik hat in den letzten drei Jahrzehnten enorme Fortschritte gemacht und mit der Entwicklung der Eichtheorien der vereinheitlichten Wechselwirkungen einen ganz wesentlichen Beitrag zu einem fundamentalen Verständnis der Natur geleistet. Dennoch bleiben einige offene Fragen:

- Haben Neutrinos eine Masse und wie groß ist sie? Dies ist von großer Bedeutung für die Balance zwischen Masse und kinetischer Energie im Weltall.

– Warum gibt es exakt drei Familien von Quarks und Leptonen?
– Haben Quarks und Leptonen eine Substruktur, gibt es gemeinsame Konstituenten?

Der nächste und wichtigste Schritt wird zweifellos die Entdeckung und genaue Erforschung des Higgs-Teilchens sein, sofern die Idee der Masseerzeugung über den Higgs-Mechanismus sich als richtig erweisen sollte. Die Energien der im Aufbau oder in der Planung befindlichen Beschleuniger sollten dafür ausreichen.

Die Autoren danken Prof. Hartwig Spitzer, der wesentliche Beiträge zur 1. Auflage geleistet hat, aber aus zeitlichen Gründen an dieser Auflage nicht mehr mitarbeiten konnte.

## Anhang: Relativistische Kinematik und Einheiten

Wir geben hier kurz die wichtigsten Formeln und Zusammenhänge der relativistischen Kinematik an.

Für ein freies relativistisches Teilchen lautet der Zusammenhang zwischen Energie, Impuls und Ruhemasse:

$$E^2 = \boldsymbol{p}^2 c^2 + m_0^2 c^4. \tag{A1}$$

Vierervektoren und ihr Skalarprodukt werden wie folgt definiert:

$$A = (a_0, \boldsymbol{a}), \quad B = (b_0, \boldsymbol{b}),$$
$$A \cdot B \equiv a_0 b_0 - \boldsymbol{a} \cdot \boldsymbol{b}. \tag{A2}$$

Wichtige Vierervektoren sind der Zeit-Raum- und der Energie-Impuls-Vierervektor:

$$X = (ct, \boldsymbol{x}) \quad P = (E, c\boldsymbol{p}). \tag{A3}$$

**Lorentz-Transformation.** Das Koordinatensystem $(x', y', z', t')$ bewege sich gegen das Koordinatensystem $(x, y, z, t)$ mit der Geschwindigkeit $v = \beta c$ längs der $z$-Achse. Dann gilt

$$x' = x$$
$$y' = y$$
$$z' = \gamma(z - \beta ct)$$
$$t' = \gamma\left(t - \beta \frac{z}{c}\right) \quad \text{mit} \quad \gamma = 1/\sqrt{1-\beta^2} = \frac{E}{m_0 c^2}. \tag{A4}$$

Das Skalarprodukt (A2) ist *invariant* gegenüber einer räumlichen Rotation und einer Lorentz-Transformation. Ein spezielles Skalarprodukt ist

$$P \cdot P = E^2 - \boldsymbol{p}^2 c^2 = m_0^2 c^4 \tag{A5}$$

Die Invariante ist hier das Quadrat der Ruheenergie $m_0 c^2$.

Die Lorentz-Transformation des Energie-Impuls-Vierervektors kann man auch folgendermaßen schreiben:

$$p'_\parallel = \gamma\left(p_\parallel - \beta \frac{E}{c}\right),$$
$$p'_\perp = p_\perp,$$
$$E' = \gamma(E - \beta c p_\parallel). \tag{A6}$$

Dabei ist $p_\parallel$ die Komponente des Impulses parallel zur Bewegungsrichtung des Koordinatensystems $(x', y', z', t')$, $p_\perp$ die dazu transversale Komponente. Die Formel (A6) ist besonders nützlich, wenn man Teilchenenergien und -impulse vom Schwerpunktsystem (CMS = center of mass system; gekennzeichnet durch einen Stern*) ins Laborsystem umrechnen will. Auch die Winkel lassen sich so leicht umrechnen.

$$\tan \theta^* = \frac{p_\perp^*}{p_\parallel^*}, \quad \tan \theta = \frac{p_\perp}{p_\parallel}.$$

**Kinematik einer Zweikörperreaktion** a + b → c + d. Als Beispiel betrachten wir die Reaktion:

$$\pi^- + p \to K^0 + \Lambda^0$$
$$P_a + P_b = P_c + P_d \tag{A7}$$

Die Viererimpulserhaltung umfasst Energie- und Impulssatz.

Im Laborsystem gilt: $\quad P_a = (E_a, c\boldsymbol{p}_a), \quad P_b = (m_b c^2, 0),$
im Schwerpunktsystem: $\quad P_a^* = (E_a^*, c\boldsymbol{p}_a^*), \quad P_b^* = (E_b^*, -c\boldsymbol{p}_a^*). \tag{A8}$

Wir führen relativistisch invariante Variablen ein:

$$s \equiv W^2 = (E_a^* + E_b^*)^2 = (P_a^* + P_b^*)^2, \quad t \equiv q^2 = (P_a^* - P_c^*)^2/c^2. \tag{A9}$$

Wegen der Invarianz des Skalarproduktes gilt auch

$$s \equiv W^2 = (P_a + P_b)^2, \quad t \equiv q^2 = (P_a - P_c)^2/c^2. \tag{A10}$$

Man kann daher das Quadrat der Gesamtenergie $W$ im Schwerpunktsystem durch Laborgrößen berechnen:

$$W^2 = (P_a + P_b)^2 = (E_a + m_b c^2)^2 - (\boldsymbol{p}_a + 0)^2 c^2,$$
$$W^2 = 2 E_a m_b c^2 + m_a^2 c^4 + m_b^2 c^4. \tag{A11}$$

Für das Quadrat des übertragenen Viererimpulses gilt

$$t \equiv q^2 = (P_a^* - P_c^*)^2/c^2$$
$$= (E_a^{*2} + E_c^{*2} - p_a^{*2} c^2 - p_c^{*2} c^2 - 2 E_a^* E_c^* + 2 p_a^* p_c^* c^2 \cos\theta^*)/c^2,$$
$$q^2 = (m_a^2 c^4 + m_c^2 c^4 - 2 E_a^* E_c^* + 2 p_a^* p_c^* c^2 \cos\theta^*)/c^2. \tag{A12}$$

Dies ergibt den Zusammenhang zwischen dem Streuwinkel im Schwerpunktsystem und dem Viererimpulsübertrag $q^2$. Für elastische Streuung: $m_a = m_c$, $p_a^* = p_c^*$ folgt

$$q^2 = -2 p_a^{*2}(1 - \cos\theta^*)/c^2. \tag{A13}$$

Die Impulse und Energien im CMS kann man wie folgt berechnen:

$$p_a^* = p_b^* = \frac{1}{2Wc}\sqrt{(W^2 - m_a^2 c^4 - m_b^2 c^4)^2 - 4m_a^2 m_b^2 c^8},$$

$$E_a^* = \frac{1}{2W}(W^2 + m_a^2 c^4 - m_b^2 c^4),$$

$$E_b^* = \frac{1}{2W}(W^2 + m_b^2 c^4 - m_a^2 c^4). \tag{A14}$$

**Schwelle einer Reaktion.** Wir betrachten wieder das Beispiel $\pi^- + p \to K^0 + \Lambda^0$. An der Schwelle ist die Energie im Schwerpunktsystem gerade gleich der Summe der $K^0$- und $\Lambda^0$-Ruheenergien.

$$W_{\text{Schwelle}} = (m_K + m_\Lambda)c^2$$

Daraus folgt nach (A11) für die erforderliche Mindestenergie des Pions im Laborsystem

$$(E_\pi)_{\text{Schwelle}} = \frac{1}{2m_p}[(m_K + m_\Lambda)^2 - m_\pi^2 - m_p^2]c^2. \tag{A15}$$

**Vergleich von Fest-Target- und Speicherring-Experiment.** Wir betrachten Positron-Elektron-Wechselwirkungen zur Erzeugung von J/ψ-Teilchen. Es ist $W = M_J c^2 = 3.1$ GeV, und beim Speicherring gilt $W = 2E$. Die Energie pro Strahl beträgt somit $E = 1.55$ GeV. Schießt man dagegen hochenergetische Positronen auf ruhende Elektronen, so wird nach (A11):

$$E_+ = \frac{W^2 - 2m_e^2 c^4}{2m_e c^2} = 9500 \text{ GeV}.$$

**Effektive Masse.** Wir betrachten die Mehrkörperreaktion

$$\pi^- + p \to \pi^+ + \pi^- + n$$
$$P_a + P_b = P_1 + P_2 + P_3,$$

die einmal direkt, andererseits auch über $\varrho^0$-Mesonen oder $\Delta$-Baryonen im Zwischenzustand ablaufen kann. Die effektive Masse $m_{12}$ der beiden Pionen wird berechnet durch

$$m_{12}^2 c^4 = (E_1 + E_2)^2 - (\boldsymbol{p}_1 + \boldsymbol{p}_2)^2 c^2 \equiv (P_1 + P_2)^2. \tag{A16}$$

Dies ist als Skalarprodukt zweier Vierervektoren eine relativistisch invariante Größe. Wenn die $\pi^+$- und $\pi^-$-Mesonen aus dem $\varrho^0$-Zerfall kommen, gilt

$$m_{12} = m_\varrho.$$

Analog ist die invariante Masse von $\pi^+$ und n gegeben durch

$$m_{13}^2 c^2 = (P_1 + P_3)^2$$

und sollte den Wert $m_\Delta$ haben, falls die Reaktion in der Form

$$\pi^- + p \to \pi^- + \Delta^+ \to \pi^- + \pi^+ + n$$

abläuft.

**Einheiten.** In der Elementarteilchenphysik ist es häufig üblich, $c$ und $\hbar$ durch 1 zu ersetzen, was bedeutet, dass man alle Geschwindigkeiten in Einheiten der Lichtgeschwindigkeit und alle Wirkungen in Einheiten der Planck-Konstante angibt. Die Umrechnung in SI-Einheiten ist unzweideutig; man muss lediglich die Dimension der betreffenden Größe beachten. Beispiele: Die Ruheenergie lautet im vereinfachten System $m_0$, im SI-System $m_0 c^2$. Der Wirkungsquerschnitt für µ-Paarerzeugung ist

$$\sigma_{\mu\mu} = 4\pi\alpha^2/(3W^2) \quad \text{im vereinfachten System}$$

und

$$\sigma_{\mu\mu} = 4\pi\alpha^2(\hbar c)^2/(3W^2) \quad \text{im SI-System.}$$

Für die elektromagnetischen Größen werden bei den Eichtheorien Gauß-Heaviside-Einheiten benutzt, die man aus den SI-Einheiten erhält, indem man $\varepsilon_0$ und $\mu_0$ durch 1 ersetzt. In diesen Einheiten ist die Feinstrukturkonstante $\alpha = e^2/(4\pi\hbar c)$ bzw. $\alpha = e^2/4\pi$, falls man auch noch $\hbar$ und $c$ durch 1 ersetzt.

**Literatur**

[1] Particle Data Group, Review of Particle Properties, Eur. Journal of Physics C, Springer, 2000
[2] Courant, E.D., Snyder, H.S., Theory of the Alternating Gradient Synchrotron, Ann. Phys. **3**, 1–48, 1958
[3] Sands, M., SLAC Report 121, 1970
[4] Aune, B. et al., Phys. Rev. ST Accel.-Beams **3** 092001, 2000
[5] Bryant, P.J., CERN Report 84-04, 1984
[6] Kleinknecht K., Detektoren für Teilchenstrahlung, Teubner Studienbücher, 1992
[7] Lynch, G.R., Ross, R.R., private Mitteilung
[8] Deutschmann, M. et al., Nucl. Instr. Meth. **A252**, 379, 1986
[9] Barrelet, E. et al., Nucl. Instr. Meth. **200**, 219, 1982
[10] Leith, D.W.G.S., Nucl. Instr. Meth. **A265**, 120, 1988
[11] Saxon, D.H., ZEUS Collaboration, DESY Report 87-165, 1987
[12] Womersley, W.J. et al., Nucl. Instr. Meth. **A267**, 49, 1987
[13] Bernardi, E., Dissertation, Universität Hamburg, Interner Bericht DESY F1-87-01, 1987
[14] Desch, K., Wermes, N., Phys. Blätter **56**, Nr. 4, 35, 2000
[15] Hilke, H., DELPHI Collaboration, CERN, Genf, private Mitteilung
[16] Benaksas, D. et al., Phys. Lett. **42B**, 507, 1972
[17] Alff, C. et al., Phys. Rev. Lett. **9**, 322, 1962
[18] Williams, D.A. et al., Phys. Rev. **D38**, 1365, 1988
[19] Panofsky, W.K.H. et al., Phys. Rev. **81**, 565, 1951
[20] Bukin, A.D. et al., Sov. J. Nucl. Phys. **27**, 516, 1978
[21] Goldhaber, G. et al., Phys. Rev. Lett. **37**, 255, 1976
[22] Lüth, V., Int. Symp. on Lepton and Photon Interactions at High Energies, Batavia, 1979

[23] Davis, L. et al., Phys. Rev. Lett. **35**, 1402, 1975
[24] Venus, W., XVI Int. Symp. on Lepton-Photon Interactions, Ithaca, 1993
[25] Atherton, H.W. et al., Phys. Lett. **158B**, 81, 1985
[26] Bacino, W. et al., Phys. Rev. Lett. **41**, 13, 1978
[27] Perkins, D.H., Introduction to High Energy Physics, Addison Wesley, 4th Edition, Reading, 2000
[28] Bailey, J. et al., Phys. Lett. **55B**, 420, 1975
[29] K. Kodama et al., Phys. Lett. **B504**, 218, 2001
[30] Goldhaber, M., Grodzins, L., Sunyar, A., Phys. Rev. **109**, 1015, 1958
[31] Barnes, V. et al., Phys. Rev. Lett. **12**, 204, 1964
[32] Aubert, J.J. et al., Phys. Rev. Lett. **33**, 1404, 1974; Nucl. Phys. **B89**, 1, 1975
[33] Augustin, J.E. et al., Phys. Rev. Lett. **33**, 1406, 1974
[34] Innes, W.R. et al., Phys. Rev. Lett. **39**, 1240, 1977
[35] Berger, C. et al., Phys. Lett. **76B**, 243, 1978
[36] Study on the Proton-Electron Storage Ring Project HERA, ECFA Report 80/42, 1980
[37] Breidenbach, M. et al., Phys. Rev. Lett. **23**, 935, 1969
[38] Abrams, G.S. et al., Phys. Rev. Lett. **34**, 1181, 1975
[39] Bloom, E.D., Feldman, G.J., Scientific American **246**, No. 5, 42, 1982
[40] Bjorken, J.D., Drell, S.D., Relativistische Quantenmechanik, BI-Taschenbuch 98/98a, Bibliographisches Institut, Mannheim, 1964
[41] Schmüser, P., Feynman-Graphen und Eichtheorien für Experimentalphysiker, Springer, Berlin, Heidelberg, New York, 1995
[42] Marshall, R., Z. Phys. **C43**, 595, 1989
[43] Ballam, J. et al., Phys. Rev. **D5**, 545, 1972; siehe auch Milburn, R.H., Phys. Rev. Lett. **10**, 75, 1963; Arutyuanyan, F.R. et al., Sov. Phys. JETP **17**, 1412, 1963; **18**, 218, 1964
[44] Schulz, H.D., DESY Bericht 66/16, Hamburg, 1966
[45] Hasert, F.J. et al., Phys. Lett. **46B**, 138, 1973
[46] Gößling, C., XXIV Intern. Conf. on High Energy Physics, München, 1988
[47] Arnison, G. et al., Phys. Lett. **126B**, 398, 1983
[48] Schaile, D., DESY Theory Workshop, 1.–3.10.1990
[49] Naroska, B., Phys. Rep. **148**, 68, 1987
[50] Möllenstedt, G., Bayh, W., Phys. Blätter **18**, 299, 1962
[51] Abe, F. et al., Phys. Rev. Lett. **74**, 2626, 1995
[52] Die experimentellen Daten sind dem Preprint CERN-EP-2001-021 entnommen.
[53] Abe, F. et al., Phys. Rev. Lett. **77**, 438, 1996

## Tabelle der Fundamentalkonstanten

Wegen der im Deutschen und Englischen unterschiedlichen **Schreibung von Dezimalzahlen** und der dadurch bedingten Fehlermöglichkeiten, wird im Bergmann-Schaefer der englische Dezimal*punkt* anstelle des deutschen *Kommas* verwendet.

| Größe | Formelzeichen | Zahlenwert | dezimale Vielfache und Einheit | relative Unsicherheit |
|---|---|---|---|---|
| Lichtgeschwindigkeit im Vakuum | $c_0, c$ | 299 792 458 | m s$^{-1}$ | Null |
| magnetische Konstante | $\mu_0$ | $4\pi \times 10^{-7}$ | N A$^{-2}$ | Null |
| | | $= 12.566\,370\,614\ldots$ | $10^{-7}$ N A$^{-2}$ | Null |
| elektrische Konstante, $1/\mu_0 c_0^2$ | $\varepsilon_0$ | 8.854 187 817... | $10^{-12}$ F m$^{-1}$ | |
| Gravitationskonstante | $G$ | 6.673(10) | $10^{-11}$ m$^3$ kg$^{-1}$ s$^{-2}$ | $1.5 \times 10^{-3}$ |
| Planck'sches Wirkungsquantum, Planck-Konstante | $h$ | 6.626 068 76(52) | $10^{-34}$ J s | $7.8 \times 10^{-8}$ |
| | | 4.135 667 27(16) | $10^{-15}$ eV s | $3.9 \times 10^{-8}$ |
| $h/2\pi$ | $\hbar$ | 1.054 571 596(82) | $10^{-34}$ J s | $7.8 \times 10^{-8}$ |
| | | 6.582 118 89(26) | $10^{-16}$ eV s | $3.9 \times 10^{-8}$ |
| Elementarladung | $e$ | 1.602 176 462(63) | $10^{-19}$ C | $3.9 \times 10^{-8}$ |
| | $e/h$ | 2.417 989 491(95) | $10^{14}$ A J$^{-1}$ | $3.9 \times 10^{-8}$ |
| Flußquant, $h/2e$ | $\Phi_0$ | 2.067 833 636(81) | $10^{-15}$ Wb | $3.9 \times 10^{-8}$ |
| Josephson-Konstante | $2e/h$ | 4.835 978 98(19) | $10^{14}$ Hz V$^{-1}$ | $3.9 \times 10^{-8}$ |
| von-Klitzing-Konstante, $h/e^2 = \tfrac{1}{2}\mu_0 c_0^2/\alpha$ | $R_K$ | 25 812.807 572(95) | $\Omega$ | $3.7 \times 10^{-9}$ |
| Leitwert-Quantum | $2e^2/h$ | 7.748 091 696(28) | $10^{-6}$ $\Omega^{-1}$ | $3.7 \times 10^{-9}$ |
| Bohr-Magneton, $eh/2m_e$ | $\mu_B$ | 9.274 008 99(37) | $10^{-24}$ J T$^{-1}$ | $4.0 \times 10^{-8}$ |
| | | 5.788 381 749(43) | $10^{-5}$ eV T$^{-1}$ | $7.3 \times 10^{-9}$ |
| Kernmagneton, $eh/2m_p$ | $\mu_N$ | 5.050 783 17(20) | $10^{-27}$ J T$^{-1}$ | $4.0 \times 10^{-8}$ |
| | | 3.152 451 238(24) | $10^{-8}$ eV T$^{-1}$ | $7.6 \times 10^{-9}$ |
| Sommerfeld-Feinstrukturkonstante, $\tfrac{1}{2}\mu_0 c_0 e^2/h$ | $\alpha$ | 7.297 352 533(27) | $10^{-3}$ | $3.7 \times 10^{-9}$ |
| | $\alpha^{-1}$ | 137.035 999 76(50) | | $3.7 \times 10^{-9}$ |
| Rydberg-Konstante, $\tfrac{1}{2}m_e c_0 \alpha^2/h$ | $R_\infty$ | 10 973 731.568 549(83) | m$^{-1}$ | $7.6 \times 10^{-12}$ |
| | $R_\infty c_0$ | 3.289 841 960 368(25) | $10^{15}$ Hz | $7.6 \times 10^{-12}$ |
| Bohr-Radius, $\alpha/4\pi R_\infty$ | $a_0$ | 0.529 177 208 3(19) | $10^{-10}$ m | $3.7 \times 10^{-9}$ |
| Zirkulationsquant | $h/2m_e$ | 3.636 947 516(27) | $10^{-4}$ m$^2$ s$^{-1}$ | $3.7 \times 10^{-9}$ |

# Tabelle der Fundamentalkonstanten

| Größe | Formelzeichen | Zahlenwert | dezimale Vielfache und Einheit | relative Unsicherheit |
|---|---|---|---|---|
| Masse des Elektrons | $m_e$ | 9.109 381 88(72) | $10^{-31}$ kg | $7.9 \times 10^{-8}$ |
| | | 5.485 799 110(12) | $10^{-4}$ u | $2.1 \times 10^{-9}$ |
| | $m_e c_0^2$ | 0.510 998 920(21) | MeV | $4.8 \times 10^{-8}$ |
| spezifische Elektronenladung | $-e/m_e$ | $-1.758\,820\,174(71)$ | $10^{11}$ C kg$^{-1}$ | $4.0 \times 10^{-8}$ |
| Compton-Wellenlänge des Elektrons, $h/m_e c_0$ | $\lambda_C$ | 2.426 310 215(18) | $10^{-12}$ m | $7.3 \times 10^{-9}$ |
| | $\lambda_C/2\pi$ | 3.861 592 642(28) | $10^{-13}$ m | $7.3 \times 10^{-9}$ |
| klassischer Elektronenradius $\alpha^2 a_0$ | $r_e$ | 2.817 940 285(31) | $10^{-15}$ m | $1.1 \times 10^{-8}$ |
| magnetisches Moment des Elektrons | $\mu_e$ | $-928.476\,362(37)$ | $10^{-26}$ JT$^{-1}$ | $4.0 \times 10^{-8}$ |
| | $\mu_e/\mu_B$ | $-1.001\,159\,652\,186\,9(41)$ | | $4.1 \times 10^{-12}$ |
| g-Faktor des Elektrons[1], $2\mu_e/\mu_B$ | $g_e$ | $-2.002\,319\,304\,373\,7(82)$ | | $4.1 \times 10^{-12}$ |
| gyromagnetisches Verhältnis des Elektrons, $2|\mu_e|/h$ | $\gamma_e$ | 1.760 859 794(71) | $10^{11}$ s$^{-1}$ T$^{-1}$ | $4.0 \times 10^{-8}$ |
| | $\gamma_e/2\pi$ | 28 024.954 0(11) | MHz T$^{-1}$ | $4.8 \times 10^{-8}$ |
| Masse des Myons | $m_\mu$ | 1.883 531 09(16) | $10^{-28}$ kg | $8.4 \times 10^{-8}$ |
| | | 0.113 428 916 8(34) | u | $3.8 \times 10^{-8}$ |
| | $m_\mu c^2$ | 105.658 356 8(52) | MeV | $4.9 \times 10^{-8}$ |
| Verhältnis Masse des Myons zu der des Elektrons | $m_\mu/m_e$ | 206.768 265 7(63) | | $3.0 \times 10^{-8}$ |
| magnetisches Moment des Myons | $\mu_\mu$ | $-4.490\,448\,13(22)$ | $10^{-26}$ JT$^{-1}$ | $4.9 \times 10^{-8}$ |
| g-Faktor des Myons[1], $(2\mu_\mu/\mu_B)(m_\mu/m_e)$ | $g_\mu$ | $-2.002\,331\,832\,0(13)$ | | $6.4 \times 10^{-10}$ |
| Masse des Tauons | $m_\tau$ | 3.167 88(52) | $10^{-27}$ kg | $1.6 \times 10^{-4}$ |
| | | 3477.60(57) | MeV | $1.6 \times 10^{-4}$ |
| Verhältnis Masse des Tauons zu der des Elektrons | $m_\tau/m_e$ | 1.672 621 58(13) | | $7.9 \times 10^{-8}$ |
| Masse des Protons | $m_p$ | 1.007 276 466 88(13) | $10^{-27}$ kg | $1.3 \times 10^{-10}$ |
| | | | u | $4.0 \times 10^{-8}$ |
| | $m_p c_0^2$ | 938.271 998(38) | MeV | $2.1 \times 10^{-9}$ |
| Verhältnis Masse des Protons zu der des Elektrons | $m_p/m_e$ | 1836.152 667 5(39) | | $4.0 \times 10^{-8}$ |
| spezifische Protonenladung | $e/m_p$ | 9.578 834 08(38) | $10^7$ C kg$^{-1}$ | $7.6 \times 10^{-9}$ |
| Compton-Wellenlänge des Protons, $h/m_p c_0$ | $\lambda_{C,p}$ | 1.321 409 847(10) | $10^{-15}$ m | $7.6 \times 10^{-9}$ |
| | $\lambda_{C,p}/2\pi$ | 2.103 089 089(16) | $10^{-16}$ m | $4.1 \times 10^{-8}$ |
| magnetisches Moment des Protons | $\mu_p$ | 1.410 606 633(58) | $10^{-26}$ JT$^{-1}$ | $1.0 \times 10^{-8}$ |
| | $\mu_p/\mu_B$ | 1.521 032 203(15) | $10^{-3}$ | $1.0 \times 10^{-8}$ |
| | $\mu_p/\mu_N$ | 2.792 847 337(29) | | $1.0 \times 10^{-8}$ |
| g-Faktor des Protons, $2\mu_p/\mu_N$ | $g_p$ | 5.585 694 675(57) | | $1.0 \times 10^{-8}$ |

## Tabelle der Fundamentalkonstanten

| Größe | Symbol | Wert | Einheit | rel. Unsicherheit |
|---|---|---|---|---|
| gyromagnetisches Verhältnis des Protons, $2\mu_p/h$ | $\gamma_p$ | 26 752.2212(11) | $10^4\ \text{s}^{-1}\ \text{T}^{-1}$ | $4.1 \times 10^{-8}$ |
|  | $\gamma_p/2\pi$ | 42.577 482 5(18) | $\text{MHz}\ \text{T}^{-1}$ | $4.1 \times 10^{-8}$ |
| Masse des Neutrons | $m_n$ | 1.674 927 16(13) | $10^{-27}\ \text{kg}$ | $7.9 \times 10^{-8}$ |
|  |  | 1.008 664 915 78(55) | u | $5.4 \times 10^{-10}$ |
|  | $m_n c_0^2$ | 939.565 330(38) | MeV | $4.0 \times 10^{-8}$ |
| Verhältnis Masse des Neutrons zu der des Elektrons | $m_n/m_e$ | 1 838.683 6550(49) |  | $2.2 \times 10^{-9}$ |
| Verhältnis Masse des Neutrons zu der des Protons | $m_n/m_p$ | 1.001 378 418 87(58) |  | $5.8 \times 10^{-10}$ |
| Compton-Wellenlänge des Neutrons, $h/m_n c_0$ | $\lambda_{C,n}$ | 1.319 590 898(10) | $10^{-15}\ \text{m}$ | $7.6 \times 10^{-9}$ |
|  | $\lambda_{C,n}/2\pi$ | 2.100 194 142(16) | $10^{-16}\ \text{m}$ | $7.6 \times 10^{-9}$ |
| magnetisches Moment des Neutrons | $\mu_n$ | $-0.966\ 236\ 40(23)$ | $10^{-26}\ \text{JT}^{-1}$ | $2.4 \times 10^{-7}$ |
|  | $\mu_n/\mu_B$ | $-1.041\ 875\ 63(25)$ | $10^{-3}$ | $2.4 \times 10^{-7}$ |
|  | $\mu_n/\mu_N$ | $-1.913\ 042\ 72(45)$ |  | $2.4 \times 10^{-7}$ |
| Masse des Deuterons | $m_d$ | 3.343 583 09(26) | $10^{-27}\ \text{kg}$ | $7.9 \times 10^{-8}$ |
|  |  | 2.013 553 212 71(35) | u | $1.7 \times 10^{-10}$ |
|  | $m_d c_0^2$ | 1 875.612 762(75) | MeV | $4.0 \times 10^{-8}$ |
| Verhältnis Masse des Deuterons zu der des Protons | $m_d/m_p$ | 1.999 007 500 83(41) |  | $2.0 \times 10^{-10}$ |
| magnetisches Moment des Deuterons | $\mu_d$ | 0.433 073 457(18) | $10^{-26}\ \text{JT}^{-1}$ | $4.2 \times 10^{-8}$ |
|  | $\mu_d/\mu_B$ | 0.466 975 455 6(50) | $10^{-3}$ | $1.1 \times 10^{-8}$ |
|  | $\mu_d/\mu_N$ | 0.857 438 228 4(94) |  | $1.1 \times 10^{-8}$ |
| Avogadro-Konstante | $N_A, L$ | 6.022 141 99(47) | $10^{23}\ \text{mol}^{-1}$ | $7.9 \times 10^{-8}$ |
| Atommassenkonstante, $m_u = \frac{1}{12}m(^{12}\text{C}) = 1\ \text{u}$ | $m_u$ | 1.660 538 73(13) | $10^{-27}\ \text{kg}$ | $7.9 \times 10^{-8}$ |
|  | $m_u c_0^2$ | 931.494 013(37) | MeV | $4.0 \times 10^{-8}$ |
| Faraday-Konstante, $eN_A$ | $F$ | 96 485.341 5(39) | $\text{C mol}^{-1}$ | $4.0 \times 10^{-8}$ |
| universelle Gaskonstante | $R$ | 8.314 472(15) | $\text{J mol}^{-1}\ \text{K}^{-1}$ | $1.7 \times 10^{-6}$ |
| Boltzmann-Konstante, $R/N_A$ | $k$ | 1.380 650 3(24) | $10^{-23}\ \text{JK}^{-1}$ | $1.7 \times 10^{-6}$ |
|  |  | 8.617 342(15) | $10^{-5}\ \text{eV}\ \text{K}^{-1}$ | $1.7 \times 10^{-6}$ |
|  | $k/h$ | 2.083 664 4(36) | $10^{10}\ \text{Hz}\ \text{K}^{-1}$ | $1.7 \times 10^{-6}$ |
|  | $k/hc_0$ | 69.503 56(12) | $\text{m}^{-1}\ \text{K}^{-1}$ | $1.7 \times 10^{-6}$ |
| Stefan-Boltzmann-Konstante, $(\pi^2/60)k^4/\hbar^3 c_0^2$ | $\sigma$ | 5.670 400(40) | $10^{-8}\ \text{W}\ \text{m}^{-2}\ \text{K}^{-4}$ | $7.0 \times 10^{-6}$ |

[1] Häufig wird der g-Faktor als positive Größe, bezogen auf den Betrag des magnetischen Momentes, verwendet; so ist auch der Begriff „(g − 2)-Experiment" zu verstehen.

Mohr, P.J., Taylor, B.N., J. Phys. Chem. Ref. Data **28**, 1713 (1999); Rev. Mod. Phys. **72**, 351 (2000); Physics Today, August 2002, Buyer's Guide Supplement, BG6–BG13

# Register

16-Multiplett der Spin-0-Mesonen 889
2-D NMR Spektroscopy 409
2D- und Korrelations-Spektroskopie 444–448

AAS 408
Abbremsmethode
– Rückstoßkern im Festkörper 800–803
Above Threshold Ionization 277
Abregung, kohärente 234
Abregungsprozess, superelastischer 323
Abschäler 185
Abschirmung
– atomare 432
– der Kernladung 101
– der Kernspins 432–437
– diamagnetische 436
– paramagnetische 432, 435
Abschirmungsdublett 132
Abschirmungskonstante 433
Absorption
– Alpha-Teilchen 687
– thermische Neutronen 792
– Strahlung 79, 202
Absorption und Emission, NMR 418–421
Absorptionskante 130
Absorptionskoeffizient
– EXAFS 612
– Helium 281
– Röntgenstrahlung 130
Absorptionslänge, hadronische 854
Absorptionsprofil 248, 423
Absorptionsspektrum
– Barium 161
– Co-K-Kante 613
– Helium 447
– Jupiter 643–644
– $SF_6$ 492
– Weißer Zwerg 167
Absorptionsübergänge
– Level-Crossing 235
Additionsreaktion 392
Adiabasie-Kriterium, Massey'sches 348

adjungierte Vektoren 59
ADONE 847
AES 408
AGS 841
Aharanov-Bohm-Effekt 915
Airy-Ringe, parasitäre 572
Aktinoide 100
Aktivierungsenergie 388
Aktivität 776
Alchemie 373
Alignment 287
– bildliche Darstellung 320
Alkalimetallatome 101, 106–113
– Spektren 106
– Termschema 109
Alphazerfall 779–785
Alter des Sonnensystems
– Radiodatierung 819
Alternating Gradient Synchrotron 841
Aluminium-Atom, Termschema 117
Analysator, elektrostatischer 306
Ångström 11
Anharmonizität 495
Anisotropie
– der Polarisierbarkeit 493
– der Quenchstrahlung 259
Annihilation
– eines Elektron-Positron-Paares 872
Anomalie des $g$-Faktors 215
anorganische Szintillatoren 856
Anregung, kohärente 234
Anregungsenergie 10
– Atomkerne 678
Antiatome 832
Anticrossing 164, 235
Anticrossing-Technik 237–242
Anti-Helmholtz-Spulenpaar 193
antihermitescher Operator 61
Antimaterie 832
Antineutrinos 808–809
Antiproton 831
Antiproton-Atom-Stoßprozess 356–358
Anti-Stokes-Linien 494

Anti-Stokes-Raman-Spektroskopie 516–521
Antisymmetrie der Wellenfunktionen 85, 89
Antiteilchen 260, 831–832
Antiwasserstoff-Atome 261
Äquivalentdosis 777
Aromatizität 396
Arrhenius'sche Aktivierungsenergie 387
Astrophysik
– Aurora- und Nebularlinien 118–120
– galaktische Mikrowellenstrahlung 13
– extrem hohe Magnetfelder 167
– Jupiteratmosphäre 643–644
asymptotische Freiheit 925–926
ATI-Peaks 277
atomare Abschirmung 432
atomare Einheiten 359
atomare Gaszellen 182
atomare Spektrallinien
– Breite und Linienform 195–203
atomare Stoßprozesse 267–368
– Klassifizierung 267–270
Atome 1–369
– exotische 260–265, 703
– in elektrischen Feldern 167
– in Magnetfeldern 145
– mit mehreren Elektronen 85–144
– metastabile 249
– vereinigte 342–348
Atomgewicht 676
Atomic Absorption Spectroscopy 408
Atomkerne 663–829
– allgemeine Eigenschaften 670
– quantenmechanisches Vielteilchensystem 664
Atom-Photon-Koinzidenzmessungen 354
Atomphysik 1–369
– Entwicklung 1–3
Atomspektroskopie 181–260
Atomstrahlapparatur 183
Atomstrahldetektor, universeller 210
Atomstrahlen 183–188
Atomstrahlöfen 184
Atomstrahl-Resonanzmethode 207
Atomtheorie, ältere 3–14
Atommassenkonstante 937
Aufbauprinzip der Atome 99
Auger-Ausbeute 138
Auger-Effekt 134
Auger Electron Spectroscopy 408
Auroralinie 118
Ausrichtung von Atomen 287
Ausschließungsprinzip, Pauli'sches 102

Austauschabstoßung 641
Austauschcharakter der Kernkräfte 755
Austausch-Kernel 566
Austauschwechselwirkung 85
Austausch-Wechselwirkungsenergie
– Heisenberg'sche 85, 94
Auswahlregeln
– Atome 75–85
– Atomkerne 794–795
– Moleküle 591–593
Autoionisation 125, 260
Avogadro-Konstante 937
Avoided Crossing 595

Backbending 744
Bag 772
Balmer-Serie 12
Barbanis-Typ
– anharmonisches Potential 525
Barn 673
Baryonen 770, 836
Baryonenzahl 762, 878
Baryonenzahlerhaltung 808
Baryon-Resonanzen 864
Basisvektor 58–59
Bausteine der Materie
– Leptonen und Quarks 839
Beam-Foil-Spektroskopie 242–243
BEC 408
Becquerel 777
BEK 193–195
Berechnung des Formfaktors
– bei der Elektronenstreuung 693
Beschleuniger 840–850
Betafunktion 843
Beta-Spektrum 809–811
Betatronschwingungen 842–844
Betazerfälle 806–807
Bethe'sche Summenregel 606
Bethe-Bloch-Formel 851
Bethe-Oberfläche 605
Bewertungsfaktor 777
binärer Peak 324
Bindungen und Reaktionen
– Moleküle 373–404
Bindungsabstände
– in Alkalimetallhalogeniden 537
Bindungsenergie
– eines Atomelektrons 9
– eines Kerns 676
– pro Nukleon 686
– myonischer Wasserstoff 614

Register 941

Bindungsmultiplizität
- von Übergangsmetallen 624
Bindungssuszeptibilität 473
biologische Aktivität
- spiegelbildisomerer Wirkstoff 398
Blasenkammer 836, 857
Bloch'sche Gleichungen 421-423
Bohr'sche Frequenzbedingung 6
Bohr'scher Mitbewegungseffekt 50
Bohr'sches Atommodell 5
Bohr'sches Aufbauprinzip 85
Bohr-Coster-Diagramm 132
Bohr-Magneton 33, 935
Bohrs Beziehung
- für die quantisierten Energien 68
Bohr-Radius 8, 935
Bohr-Sommerfeld'sche Elektronenbahnen 111
Bohr-Sommerfeld'sche Theorie 14
Boltzmann-Konstante 937
Boltzmann-Verteilung 418, 510
Born'sche Näherung, erste 528-529, 550
Born-Oppenheimer-Näherung 738
Born-Oppenheimer-Theorem 573-576
Bose Einstein Condensation 408
Bose-Einstein-Kondensationen 193-195
Bosonen 89, 836
Bottle Necking 489
Bottomium 894-896
Bottom-Quark 888
Brackett-Serie 12
Bra-Vektor 58
Breit-Rabi-Formel 158
Breit-Wigner-Formel 920
Breit-Wigner-Resonanz 303-309
Bremsstrahlung 140-141, 803, 853-854, 906
- Winkelverteilung der Intensität 141
- als Funktion der Ordnungszahl 144
Brennelemente 790
Brossel-Bitter-Experiment 224
Buckminsterfullerene 646-657
Buckyball 646
Bunches 846

C14-Methode 818
C-60 646
Cabibbo-Kobayashi-Maskawa-Matrix 908, 917
Cabibbo-Winkel 908
Calcium-Atom, Termschema 114
CARS 408, 516-521
CARS-Spektrometer 519
CD 408

CE 409
Cerenkov *siehe* Tscherenkow
CERN 356, 846
Chalkogenide 504
Chaos 525
Chaos-Enhanced Relaxation 419
charakteristische Röntgenstrahlen 125-126
Charaktertafel, Punktgruppe $C_{4v}$ 481
Charmonium 894-896
Charm-Quark 888
Chemically-Induced Dynamic Electron/Nuclear Polarization 408
chemische Bindungen 373-384
chemische Formeln 373-374
chemische Verschiebungen 431
chemisches Gleichgewicht 384-386
chemisches Potential 391
Chromophor 513
Chiral Pool 399
Chiralität 397, 399
CIDEP/CIDNP 408
Circular Dichroism 408
Clebsch-Gordan-Koeffizienten 545
$CO_2$-Laser 489-490
Coherent Anti-Stokes Raman Spectroscopy 408
Collider
- kreisförmige und lineare 849-850
Color 774
Compound-Modell 303
Compton-Effekt 855
Compton-Streuung 904
Compton-Wellenlänge
- des Elektrons 936
- des Neutrons 937
- des Protons 936
Condon-Parabel 595, 599
Confinement 772, 890, 925-926
Coranulen 646-647
Core
- Atomrumpf 106, 112, 121
- Reaktorkern 790
Coriolis-Entkopplung 742-744
Coriolis-Kraft 743
Correlation Spectroscopy 409
Coster-Kronig-Übergang 136
COSY 409, 445
Coulomb Explosion 409
Coulomb-Barriere 674
Coulomb-Limit 160
CP 883
C-Parität 883

CP-MAS(S) 409
CPT, CPT-Theorem 883
CP-Verletzung 883
Cr-Cr-Abstand, ultrakurzer 624–625
Cross Polarization 446
Crossed-Beam Technique 268
Cross Polarization Magic Angle (Sample) Spinning 409
Crystal Ball-Detektor 894
Curie 777

Dämpfung
– der Betatron- und Synchrotronschwingungen 847
DANTE 409
Darwin-Term 39
Datierungszweck
– benutzte Nuklide 819
D-Beimischung 749
de-Broglie'sche Teilchenwellenhypothese 16
de-Broglie-Wellenlänge 341
Debye-Waller-Faktor 803
Deformationsparameter 788
Deformation von Atomkernen 706, 740–742, 788
Delays Alternating with Nutations for Tailored Excitation 409
DELPHI-Detektor 864
Deltaresonanz 748
Density Functional Theory 566
Depolarisation
– der Resonanzfluoreszenz 233
– der Spinpolarization 333
DEPT 409
Deuteron 748–751
– Eigenschaften 748, 937
Dezimalzahlen, Schreibung 935
DFT 566
diamagnetische Abschirmung 436
Diamagnetismus 158–167
Dichroismus
– linearer magnetischer 290
– zirkularer 290–293
differentieller Wirkungsquerschnitt 270–271
Dipol-Auswahlregeln 77
Dipolmoment
– anomales Spinmoment 709
– elektrisches 83
– induziertes elektrisches 57, 168, 492
– magnetisches 33, 212, 708
Dirac'sche Theorie 31
Dirac-Gleichung 870

– und Antiteilchen 869–872
Dirac-Schreibweise
– der Quantenmechanik 54, 58–85
Dispersionsenergie 641
Dissoziationsgrad 389
Distortionless Enhancement by Polarization Transfer 409
Döbereiner'sche Triaden 374
Doppelhöcker-Struktur
– Spaltbarriere 789–790
Doppelphotoionisation 290–293
Doppelresonanztechnik
– optische 224–231
Doppler-Profil 202
Doppler-Verbreiterung 198–200
Doppler-Verschiebung 199
DORIS 894
Down-Quark 771
Drehimpuls einer Lichtwelle 180
Drehimpulsquantenzahl 21
Drehspiegelung 479
Drehung
– um eine $n$-zählige Drehachse 479
Drei-Jet-Ereignis
– im JADE-Detektor 900
Drei-Photonen-Emission 264
Driftkammern 858
Druckwasser-Reaktor 790
Düsenstrahlexpansion, adiabatische 185
Dynamik des Spaltprozesses 788

E/Z-Isomere 396
E1-Riesenresonanzen 717
ED 409
Edelgase 120
Edelgasatome 101
Edelgaskonfiguration 378
Edukt 393
EDX 409
EELS 409
effektive Hauptquantenzahl 107
effektive Masse 867, 924, 931
Eichinvarianz 915
Eichprinzip 914, 916–917, 918
Eichtheorie
– elektromagnetische Wechselwirkung 914
Eichtransformation 915
Eigenfunktionen 54–56, 71–72
Eigenparität von Elementarteilchen 881
Eigenschaften der Quarks 890
Eigenwerte 54
Eigenwert-Gleichung 17

Eigenwert-Problem 61
Einheiten
- atomare 359
- der Elementarteilchenphysik 932
- der Radioaktivität 777
Einneutron-Halo 698
Ein-Pion-Austausch
- bei der Proton-Neutron-Streuung 754
Einstein'sche Relation
- zwischen den A- und B-Koeffizienten 81
Einstein-Koeffizienten 81
Einstein-Podolsky-Rosen-Paradox 255
Einsteins Beziehung
- für die Energie quantisierter elektromagnetischer Strahlung 68
Einteilchenbreiten
- Kernzustände 795-797
Einteilchen-Energie
- nach dem Schalenmodell 728
Einteilchen-Schalenmodell 723-734
Eisen-Gruppe 100
elastischer Stoßprozess 268
ELDOR 409
Electron
- Diffraction 409
- Energy-Loss Spectroscopy 409
- Microscopy 410
- Nuclear Double Resonance 458
- Paramagnetic Resonance 410
- Spectroscopy for Chemical Analysis 410, 611
- Spin Resonance 410
Electron-Electron Double Resonance 409
Electronic Spectroscopy 410
Electron-Nuclear Double Resonance 410
elektrische Anharmonizität 495
elektrische Dipolübergänge 203-207
elektrische Konstante 935
elektrische Ladung 878
elektrische Quadrupolmomente 706-709
elektrischer Formfaktor des Protons 700
elektrisches Dipolmoment, induziertes 169
elektrocyclische Reaktion 393
Elektrolyse 390
elektromagnetische Schauer 855
elektromagnetische Strahlung
- des Kerns 794-806
- spektrale Bereiche 407
Elektron-Atom-Streuung 293-341
- Spineffekte 328-341
Elektronen- und Ionenfallen 188-193
Elektronegativität 378, 538

Elektronenaffinität 123-125
Elektronenaustausch 329
Elektronenbeschleuniger, Liste 851
Elektronenbeugung 528-539
Elektronenkollektion 276-279
Elektronenkonfiguration 96, 99, 103-105
Elektronen-Konversion 805-806
Elektronenloch 101
Elektronenpolarisation 285
Elektronen-Schale 100
Elektronen-Stripping 125
Elektronenspin 180
Elektronen-Spin-Resonanz-Spektroskopie 453-459
Elektronenstoßanregung 604-605
- Vergleich mit optischer Anregung 604
Elektronenstoß-Oszillatorstärken 608
Elektronenstreuapparatur 532
Elektronenstreuung 540-567, 558-561, 604-614, 692-697
- an orientierten Molekülen 540
- an statistisch orientierten Molekülen 548
- hochenergetische 692
- inelastische 558
- niederenergetische 540
- unelastische 604
Elektronenverlustspektrum 609
Elektronenwolke 29, 322
Elektron-Ion-Koinzidenzapparatur 327
elektronische Zeitmessung 798
elektronisches Neutrino 807
Elektron-Kern-Streuung 902
Elektron-Molekül-Streuung, Theorie 561
Elektron-Nukleon-Streuung
- tief inelastische 890-893
Elektron-Photon-Koinzidenzapparatur 315
Elektron-Photon-Winkelkorrelation 318
Elektron-Positron-Paarerzeugung 855
Elektron-Positron-Streuung/Annihilation 903
elektroschwache Kräfte 664
elektroschwache Wechselwirkung
- experimentelle Grundlagen 911-914
elektrostatische Korrelation 86
elementare Anregungen 709
elementare magnetische Anregungen 744-748
Elementarladung 935
Elementarprozesse
- der Quantenelektrodynamik 901
- der schwachen Wechselwirkung 907
- und Teilchenreaktionen 901-911

Elementarteilchen
- unser heutiges Bild 835
- wichtige Eigenschaften 863–883
Elementarteilchenphysik
- historische Entwicklung 831–840
- Zusammenfassung und Ausblick 928–929
Elemente
- der d-Gruppen 122
- der p-Gruppen 117–122
- Produktion der schwersten 784
Elemente und Isotope
- Nachweis neuer 783–785
Eliminierungsreaktion 392
EM 410
Emission
- induzierte und spontane 79–81
Emission, stimulierte *siehe* induzierte 79
Emissionsübergänge
- Level-Crossing 235
Emittanz, normierte 843
Enantiomere 399
endohedrale Fullerene 656–657
ENDOR 410, 458–459
Energie- und Phasenfokussierung
- für relativistische Teilchen 845
Energiebilanz
- bei einem Spaltereignis 787–788
Energiediagramm einer Reaktion 393
energiedispersive Messmethode 570
Energiedosis 777
Energiequanten
- des elektromagnetischen Feldes 830
Energiestruktur der inneren Schalen 125
Energy Dispersive X-ray Spectroscopy 409
Entartung
- der Feinstrukturterme 42
- der Stark-Niveaus 172
- geringe 457
- l-, m- 30–53, 145
Enthalpie 386
- freie 386–387
Entropie 386
EPR 410
(e, 2e)-Prozess 323
EPR-Paradox 255
Erdalkalimetallatome 113–116
Ereignisrate an einem Collider 849
Erhaltungssätze
- beim radioaktiven Zerfall 778
Erwartungswert 39, 64
Erzeugung

- eines Elektron-Positron-Paares 872
Erzeugungsoperatoren 67
ES 410
ESCA 410, 611
ESR 410, 453–459
EUROBALL 720–721
EXAFS 410, 612–614
Existenz von Quarks 890–896
exotische Atome 260–265, 703
Expansion, adiabatische 185
Experimente
- mit kollidierenden Strahlen 849
Extended X-Ray Absorption Fine Structure 410, 612–614

FAB 410
Fano-Beutler-Resonanz 282
Fano-Effekt 282–286
Fano-Lichten-Diagramm 342
Fano-Parameter 248, 304
Fano-Profil 249, 305
Far Infrared Spectroscopy 410
Faraday-Konstante 937
Farbe 774
Farbladungen 896–898
Fast Atom Bombardment Mass Spectroscopy 410
Fast-Beam Spektroskopie 242–243
Feinstruktur
- anomale 52–53
- für das Wasserstoffatom 40
- normale 32
Feinstruktur-Aufspaltung 14
Feinstrukturkonstante
- Sommerfeld'sche 14, 38, 935
Feld-Ionisation 173, 174
Feldquanten 839
Feldverschiebungseffekt 10
Fermi's Goldene Regel 58, 558
Fermi-Bewegung 892
Fermi-Energie 734
Fermi-Funktion 695
Fermigas-Modell 734–738
Fermi-Konstante 909, 910
Fermionen 89, 836
Fermi-Resonanz 488, 503
Fermi-Übergang 813
Feshbach-Resonanz 309, 555–556, 561
Festkörper-Bremsstrahlungsspektrum 142
Festtargetexperimente 849
Feynman-Diagramm
- für die Elektron-Proton-Streuung 833

Feynman-Graphen 766, 901–907
FID 423, 426
fiktiver Nullpunkt 737
FIS 410
Flop-In-Methode, Flop-Out-Methode 208
Flugzeitspektrometer 273–274, 301
Flugzeitmessungen 857
Fluor-Atom, Termschema 120
Fluorescence Spectroscopy 411
Fluoreszenzausbeute 138
Flußquant 935
FODO-Zellen 843
Fokussierung
- mit alternierenden Gradienten 842
Form des $\beta$-Spektrums 809–811
Formeln, chemische 373–374
Formfaktor 694
Fortrat-Diagramm 600–601
Fourier-Transform Infrared Spectroscopy 411
Fourier-Transformation 508
Fourier-Transformations-NMR 425–427
Fourier-Transformationstechnik 484
F-Quadrupol 842
Fragmentseparatoren 682
Franck-Condon-Faktoren 512, 598–599
- als Interferenzen im Phasenraum 598
- berechnete 596
Franck-Condon-Prinzip 739
Franck-Hertz-Versuch 310
Fraunhofer'sche Näherung 528
Free Induction Decay 423, 426
freie Enthalpie 386–387
freier Induktionszerfall 426
Frequenzbreite
- eines Wellenpaketes 196
FS 411
FTIR 411
Fundamentalkonstanten
- Zahlenwerte 935–937
Fullerene 647–657
- elektronische Zustände 652
- endohedrale 656
- Herstellung 647
- Spektren 648
Fundamentalschwingungen 479
Fusion, myonenkatalisierte 616
Fusionsreaktionen 616, 671
Fusionszyklus, myonischer 619

Gamma-Strahlung 794–806
Gamow-Faktor 781–783

Gamow-Teller-Übergang 813
Gasverstärkung 858
Gaszellen, atomare 182
Gauß-Profil 197
Geiger-Nutall-Regel 780
gekapptes Ikosaeder 646
gekreuzter Atomstrahl 268
Gell-Mann-Nishijima-Beziehung 762
Gell-Mann-Nishijima-Relation 887
$(g-2)$-Experiment 877, 937
$g$-Faktor 149
- freier Elektronen und Positronen 214–215
- nuklearer 708
$g$-Faktor-Anomalie 53, 215
$g$-Faktor des Elektrons 936
$g$-Faktor des Myons 936
$g$-Faktor des Protons 936
$g_F$-Faktor 154
gg-Kerne 710
Gibbs-Funktion 386
$g_J$-Faktor 150
Gleichgewicht, chemisches 384–386
Glorieneffekte 349
Gluon-Bremsstrahlung 899
Gluonen 834, 896–890
- masselose 897
Gluon-Selbstkopplung 897
GOS 606
Grand Unified Theory 927
Gravitationskonstante 935
Graviton 839
Gray 777
Grotrian-Diagramm 11
große Vereinheitlichung 927–928
Gross-Pitaevkii-Gleichung 195
GUT 927
gyromagnetischer Faktor 233
gyromagnetisches Verhältnis 206, 417
- des Elektrons 936
- des Protons 937

Hadronen 836
- als farbneutrale Systeme 897
Hadronen-Jets 893–894
Hadronenresonanz 769–771
Hadronenzustände und -resonanzen 770
hadronische Atome 261
hadronische Schauer 856
hadronischer Schauerzähler 860
Hadronkalorimeter 861
halbe Stöße 271
Halbwertszeit 776

Halogene 101
Halokerne 697
Hamilton-Operator
– quantenmechanischer 15
– relativistische Form 38
Händigkeit und Helizität 917
Hanle-Effekt 232–235
Hard Core 759, 766, 767
Hartree-Fock-Methode 112
Hauptquantenzahl 7, 23
Heisenberg'sche Ungleichung 56
Heisenberg'sches Austausch-Integral 94
Heisenberg'sches Unbestimmtheitsprinzip 65
heiße Bänder 488
Heliumatom 90–98
– Termschema 97
Helizität 882, 917
– des Neutrinos 816–818
– des Photons 181
Helizitätszustand 181
HERA 842
Hermite'sche Operatoren 54, 61
Hermitezität 57
Herzberg-Teller-Störung 512
heterogene Katalyse 387
heterogener Katalysator 388
Hexapolfeld, elektrisches 546–547
Hexapolmagnet 333
Higgs-Abschirmstrom 924
Higgs-Feld 924
Higgs-Mechanismus 922–924
Higgs-Teilchen 924
Highest Occupied Molecular Orbital 627
Hilbert-Raum 54, 58
historische Entwicklung
– der Kernphysik 666–670
Hochfrequenz-Quadrupolfalle 188
Hochfrequenzspektroskopie 203–215
Hochtemperatur-Reaktor 790, 792
Hohlraum-Strahlung 80
Holographie an Molekülen 572–573
HOMO 627
homogene Schauerzähler 860
HREM 410
Hund'sche Regel 381
Hund-Fälle (a) bis (e) 578–582
Hybridisierung einer Wellenfunktion 384
Hybridorbitale 383
Hyperfeinstruktur 10
– Aufspaltungsfaktor 44
– des H-Atoms 211–214
Hyperfeinstruktur-Kopplungen 454–456

Hyperfeinstruktur-Multipletts 49
Hyperladung 762, 885
Hyperonen 773
Hypersatellit
– charakteristische Röntgenlinien 133

IAM 529, 540
ICR 411
identische Banden 723
Identität, trivale 479
Identitätsoperator 60
Impulsübertrag beim Streuprozess 674
INDOR 443
Independent Atom Model 540
Induktionsenergie 641
induzierte Emission 79–81
induzierte Strahlung 79
inelastischer Stoßprozess 268
infrarote Laserspektroskopie 490–492
Infrarotspektren 485–489
Infrarotspektrometer 482–485
Infrarotspektroskopie 475–492
inhomogene Schauerzähler 860
inneres Produkt 58
Institut Laue-Langevin
– Hochfluss-Forschungsreaktor 792–793
Interferenz der Quantenzustände 235
Interkombinationslinien 96
Interkombinationsübergang 96, 115
intermediäre Kopplung 116
Inter-Nuclear Double Resonance 442
Intervallregel
– der magnetischen Kopplung 49
intrinsisches Koordinatensystem 717
Intruder 727
Inversionszentrum 479
Ion Cyclotron Resonance Spectroscopy 411
Ion-Atom-Stoßprozess 341–358
Ionen
– Anionen, Kationen 379
– hochenergetische 242
– komplexe 379
– negative 122–125
– vereinigte 346
– wasserstoffgleiche 122
Ionen- und Elektronenfallen 188–193
Ionenbindung 378–379
Ionendosis 777
Ionenkollektion und Ladungsanalyse 274–276
Ionenstrahlen 188
Ionisation 851–853

Ionisationsenergien der Atome 101
Ionisationskontinuum 277
IR 407
Isobare 670
isoelektronische Reihen 122
isoskalare Moden 717
Isospin 761–765
Isospin-Multipletts 763, 884–887
Isospinoperator 762
Isospin-Triplett 765
Isotone 670
Isotope 670
– Zerfälle der schwersten bekannten 785
Isotopensubstitution 472, 498, 505
Isotopieverschiebung 51, 703–705
Isotopieverschiebungseffekt 10, 50
isovektorielle Moden 717
IUPAC 373

JADE-Detektor
– am PETRA-Speicherring 899
Jahn-Teller-Verzerrung 456
J-aufgelöste-Spektroskopie 445
Jet-Atomstrahlen 185
Jets 893, 900
J/ψ-Teilchen
JILA 195
jj-Kopplung 87
– Vektormodell 88
Josephson-Konstante 935

kanonischer Impuls 915
Kaonen 835
Katalyse 386–389
Keimbildung in Gasen 645
Kernladung 671–676
Kernmagneton 43, 416, 708, 935
Kernmassen und Bindungsenergien 676–687
Kernmodelle 709–748
kernparamagnetische Resonanz 416–452
Kernprozesse, Erhaltungssätze 778
Kernphysik 663–830
Kernradien 687–705
Kernresonanzabsorption 802–803
Kernresonanz, magnetische 709
– siehe Nuclear Magnetic Resonance, NMR
Kernspaltung 786–793
Kernspin 42, 417, 706–709
Kerntemperatur 738
Kernvolumen 10
Kern-Zeeman-Effekt 709
Kernzerfälle 774–821

Ket-Vektor 58
Kinetik 386–389
K-Konversion 805
K-Konversionskoeffizienten 806
Klassifikation und Termsymbole
– von elektronisch angeregten Molekülzuständen 576
klassische Trajektorien
– als Wahrscheinlichkeitsdichten 527
klassischer Elektronenradius 936
Klein-Gordon-Gleichung 834, 870
Klein-Nishina-Formel 905
Kohlenstoff-Atom, Termschema 118
Koinzidenzexperiment 312–327, 351
Kollaps des Eigenzustandes 63
Kollektivmodell 712
Kombinationslinien 488
kommutative Operatoren 56
Kommutatoren, quantenmechanische 65
komplexe Amplitude 269
Konformationsisomere 396
Konstituentenmasse 890
kontinuierliche Röntgenstrahlen 125
Konversionskoeffizient 805
Kopenhagen-Göttinger Interpretation
– der Quantenmechanik 253
Kopplung elementarer Moden 738–744
Kopplungskonstante 834, 918
Korrelation, elektrostatische 86
Korrelationsdiagramm 342–343, 346, 353, 585, 590
Korrelationsspektroskopie 445
Kössel-Region 609
kovalente Bindung 379–384
Kraftkonstanten
– für einige Atompaare 476
Kreiselmoleküle 462
Kristallspektrometer 684
kritische Energie 854
Krönig-Region 610
K-Schalen-Energieverlustspektrum 610
Kugelkreisel 462
Kurie-Darstellung des β-Spektrums 811

Ladungsdichten
– von Proton und Neutron 700
Ladungsdublett 761
Ladungskonjugation 880, 883
Ladungsquantenzahl 878
Ladungssymmetrie der Kernkräfte 758
Ladungstransferprozess 351
Ladungstriplett 761

Ladungsunabhängigkeit
– der Kernkräfte 761
Ladungsverteilung im Kern 691
Lamb'sche Formel 432
Lamb-Dip 220
Lamb-Retherford-Experiment 221
Lamb-Shift 42, 52–53
Lamb-Shift-Experimente 221
Landau-Bereiche 158–167
Landau-Dämpfung 848
Landau-Limit 160
Landé'scher g-Faktor 148–158
Landé-Faktor 453
langlebige Teilchen, Liste 837
Langmuir-Taylor-Detektor 210
Lanthanoide 100
Laplace-Operator 19
Large Hadron Collider 847
Larmor-Frequenz 156, 416
Laser Induced Fluorescence 411, 604
Laser Magnetic Resonance or Laser Zeeman Spectroscopy 411
Laserdiodenspektrometer 491
Laserkühlung 190
Laserspektroskopie 217–221
– Doppler-freie 217
– infrarote 490
Lebensdauern atomarer Zustände 82
LEED 411
Leiteroperatoren 762
Leitwert-Quantum 935
Lennard-Jones-Potential 348, 637
LEP 846, 850, 894
Leptonen 837
Leptonenzahlen
– drei verschiedene 879
Leptonenzahlerhaltung 808
Level Crossing 235
Level-Crossing-Technik 236–237
LHC 847
Lichtgeschwindigkeit im Vakuum 935
Lichtpolarisation 178–181
Lichtquanten 5
LIF 411, 604
Liganden 622–625
– zweizähnige 624
Linear-Collider, Liste 851
lineare Ketten 462
lineare Moleküle 460–462
lineare Superposition
– von Eigenzuständen 55, 63
linearer Stark-Effekt 170

Linienbreite, natürliche 196
Linienform der Spektrallinie 195
Lithium-Atom, Termschema 107
l-mischender Bereich 162
LMR/LZS 411
Lock-In-Verstärkung 220
Lokalelement 391
Lokalität 255
longitudinale Spinpolarisation 332
Lorentz-Formel
– quantenmechanische 197
Lorentz-Linienform 196–197
Lorentz-Profil 197, 202, 423
Lorentz-Transformation 929
Lorentz-Tripletts 145–148
Lorentz-Verschiebung 148
Lorentz-Verteilung 802, 804
Low Energy Electron Diffraction 411
Lowest Unoccupied Molecular Orbital 627
LS-Kopplung 36, 86
– Vektormodell 87
Luminosität des Speicherrings 849–850
LUMO 627
Lyman-Serie 12

Mach-Zahl 186
magische Zahlen 686, 707, 723–724, 775
Magnet
– Quadrupol 841
Magnetic Circular Dichroism 411
magnetische Anregungen, elementare 744
magnetische Dipolübergänge 203–207
magnetische Konstante 935
magnetische Momente 706–709, 876
– der Baryonen 878
– von Einteilchenzuständen 730
magnetische Quantenzahl 20
magnetische Rotation 747–748
magnetisches Moment
– des Deuterons 937
– des Elektrons 936
– des Neutrons 937
– des Protons 936
Magnetspektrometer 685
Maser 211
Mass Spectroscopy 411
Mass-Analyzed Ion Kinetic Energy Spectroscopy 412
Masse
– effektive 867–868, 931
– reduzierte 8
– relativistische 14, 40

Masse des Deuterons 937
Masse des Elektrons 936
Masse des Myons 936
Masse des Neutrons 682–683, 937
Masse des Protons 936
Masse des Tauons 936
Masse und mittlere Lebensdauer 872–875
masselose Feldquanten 922
Masseneinheit, atomare 676
– siehe auch Atommassenkonstante 937
Massendefekt 677
Massenspektrograph 679
Massenspektrometer und Massenseparatoren 678–682
Massenverschiebungseffekt 10
Massenwirkungsgesetz 385
Massey-Kriterium 348
Matrix Isolation Spectroscopy 411
Matrixelement des Dipol-Operators 58
Matrix-Formulierung
– der Quantenmechanik 58–62
Matrizen-Mechanik 54
Matrizen-NMR-Spektroskopie 448–450
MCD 411
mechanische Anharmonizität 495
Mehr-Elektronen-Atome 116–122
mesomere Grenzstrukturen 395–396
Mesonen 770, 833
Mesonenfabrik 752
mesonische Effekte 732
Metall 377–378
metallische Mehrfachbindung
– von Übergangsmetallen 621, 631
Metallorbitalbänder, delokalisierte 377
metastabile Zustände 249–260
metastabiler Wasserstoff 249–260
– Zwei-Photonen-Zerfall 249
Met-Cars 648
Microwave Optical Double Resonance 412
Microwave Spectroscopy 412
MIFS 412
MIKES 412
Mikrostreifendetektoren 862
Mikrovertexdetektoren 862–863
Mikrowellen-Messmethode 468–471
Mikrowellen-Spektroskopie 203–215, 221–224, 459–474
– angeregter Atome 221
– Anwendungen 471–474
Millimeter Wave Spectroscopy 412
MIS 411

Mittelwerte, quantenmechanische 54–58
mittlere freie Weglänge 270
mittlere Lebensdauer 776
MIWS 412
Modell der kohärenten Anregung 320
Modell-Ladungsverteilungen 694
Moderator 790
MODR 412
molekulare Konstanten 504
molekulare Strukturen und NMR 431–450
Moleküle 371–661
– Bindungen und Reaktionen 373–404
– einführende Bemerkungen 371–372
– im angeregten elektronischen Zustand 573–614
– im elektronischen Grundzustand 415–573
– Messmethoden 408–415
– Spektroskopie und Strukturen 405–661
Molekülorbitale 382–384
– für zweiatomige Moleküle 584–591
– numerisch berechnete Bilder 589
– van-der-Waals-Moleküle 640–643
Morino-Bastiansen-Schrumpfeffekt 533
Morse-Potential 460–461, 530
Moseley'sches Gesetz 131
Mössbauer Spectroscopy 412
Mößbauer-Effekt 803–805
Mößbauer-Sonden 805
Mott-Detektor 284, 337
Mott-Streuquerschnitt 693
MPI/(REMPI) 412
MS 411
MSMS 412
MSP 412
Multi Stage Mass Spectrometry 412
Multi-Ionisations-Prozess 323
Multiphoton Induced Fluorescence Spectroscopy 412
Multiphoton Ionization Spectroscopy (Resonance Enhanced) 412
Multi-Photonen-Ionisation 277
Multiphotonen-IR-Anregungen 522–526
Multi-Photonen-Prozess 218
Multiplett-Spektren
– der Mehr-Elektronen-Atome 116–122
Multiplikationstafel
– für die Punktgruppe $C_{4v}$ 480
Multiplizität 37, 95
Multipolordnung, Übergänge des Kerns 795
Multipolstrahlung, elektromagnetische 794
Multipolwechselwirkungen 78
MWS 412

Myonen 835
myonenkatalisierte Fusion 616–621
myonische Atome 701–703
myonische Moleküle 614–621
myonischer Fusionszyklus 619
myonisches Heliumatom 264
myonisches Röntgenspektrum 702
Myonium 261–264
Myon-Paarerzeugung 902
Myon-Zerfall 909

Natrium-Atom
– Quantendefekte 110
– Termschema 108
natürliche (4n)-α-Zerfallsreihe 779
natürliche Häufigkeit
– der stabilen Isobare 725
natürliche Linienbreite 196–197
ND 412
Nebularlinie 118
negative Ionen 123–125
Neon-Atom, Termschema 121
neue Teilchen 887–890
Neutral Current Interactions 910
neutrale Vektormesonen 866
Neutralisation 390
Neutrino-Helizität 817
Neutrino-Massen 927
Neutrino-Oszillationen 811, 879, 927
Neutrino-Quark-Streuung 908
Neutrinos 807–809, 831
Neutron
– Diffraction 412
– Ausdehnung 699
– Entdeckung 668
– Zahlenwerte 937
Neutronen-Vermehrungsfaktor
– effektiver 791
Newlands Oktavengesetz 374
nicht-kommutative Operatoren 56
nichtlineare Moleküle 462–468
Nichtlokalität der Quantenmechanik 255
Nilsson-Diagramm 741
Nilsson-Modell 740–742
Niveaudichte 736
NMDR 413
$n$-mischender Bereich 164
NMR 413, 416–452
NMR-Messverfahren 423–430
NMR-Spektrometer 424
NMR-Spektroskopie
– in der Medizin 450–453

NN-Systeme 748
NOE(SY) 413
normaler Zeeman-Effekt 145–148
Normalschwingungen 479
Nozzle 185
NQR 413
Nuclear Magnetic Double Resonance 413
Nuclear Magnetic Resonance 413
Nuclear Overhauser Spectroscopy 413
Nuclear Quadrupole Resonance 413
nukleare Grundbausteine 667
nukleare Lebensdauer, Messung 798–802
nuklearer $g$-Faktor 708
Nukleonen 834
Nukleonen-Radioaktivität 785
Nukleonenverteilung im Kern 687–691
Nukleon-Nukleon-Potentiale
– phänomenologische 765–768
Nukleon-Nukleon-Streuung 751–752
Nukleon-Nukleon-Wechselwirkung 748–774
Nukleosynthese 820
Nuklide 670
Nuklidkarte 774–775
Nullfeld-Level-Crossing 235
Nullpunktenergie 68

Obertöne 488
ODR 413
Oktett
– der Farb-SU(3)-Gruppe 897
Oktopol-Oberflächenschwingung 717
One Pion Exchange Potential 766
On-line-Massenseparatoren 680–682
OPEP 766
Operatoren 54–58
– adjungierte 61
– hermitesche 61
Optical Double Resonance 413
Optical Rotary Dispersion 413
optisches Pumpen 228–231, 333
Orbitale 382–384, 584–591, 640–643
ORD 413
organische Szintillatoren 856
Orientation 287
– bildliche Darstellung 320
orientierte Moleküle 540–548
Orientierung 287
Orientierungsparameter
– für symmetrische Moleküle 450
Ortho-Positronium 263–264
orthonormales System 55
Oszillator, quantenmechanischer 66

Oszillatorenstärke 605–608
Oxidationsmittel 391

Paarbildung in Materie 855
Paarerzeugung 906
– von W-Bosonen 922
Paarkraft 708
Paarungsenergie 710
PAH 646
Palladium-Gruppe 100
paramagnetische Abschirmung 432, 435
Paramagnetismus 159
Para-Positronium 263–264
Parität 880–883
– der Quarks 881
– von Teilchen und Antiteilchen 881
Paritätserhaltung 781, 795
Paritätsoperation 814
Paritätsoperator 880
Paritätsverletzung
– beim $\beta$-Zerfall 813–816
– in der schwachen Wechselwirkung 882–883
Paritätswechsel 794
Partialbreite 776
Partialwellenanalyse 295–301
Partialwellen-Methode 529
partiell polarisiert 180
Partonen 892
Pascal'sches Dreieck 440
Paschen-Back-Effekt 151–156
Paschen-Serie 12
Pauli-Darwin'sche Approximation 42
Pauli-Matrizen 762
Pauli-Prinzip 85, 88–90, 99, 346, 381
Pauli-Spinoren 813
PCI-Effekt 138
PE/PES 413
PEP 894
Periodensystem 99, 101, 374–376
– farbig *hinterer Einband*
– kompakte Form 376
Periodizität
– chemischer Eigenschaften 374–376
PETRA 846–847, 894
Pfund-Serie 12
Phasenfokussierung 845
Phasenraum 598–599
Phasenraumfaktor 838
Phononen 713
Photo Electron Spectroscopy 413
Photoabsorptionstechnik 272
Photo-Effekt 855

Photoelektronenspektren
– winkelaufgelöste 654–656
Photoelektronenspektroskopie 276–279
Photoionisation
– der Atome 271–293
– mit polarisierten Atomen 286–290
Photoionisationsexperiment
– vollständiges 286
Photoionisationsquerschnitt
– Messung 272–279
Photonen 5, 179, 830
Photonenhelizität 181
Photonenmasse, obere Grenze 873–874
Photonenspin 178–181
Photospaltung des Deuterons 749
pH-Wert 389
Pion 668, 835
Pixeldetektoren 863
Planck'sche Beziehung 68
Planck'sches Gesetz
– thermische Wärmestrahlung 80
Planck'sches Wirkungsquantum 5
Planck-Konstante 5, 935
Planetenmodell
– dynamisches Atommodell 3
Platin-Gruppe 100
Poisson'sche Schreibweise 65
Poisson-Klammer 65
Polarisation einer Lichtwelle 179
Polarisationsgrad 328
Polarisationspotential 565
Polarisationstensor 511
Polarisationsvektor 179
polarisierte Atome 332
polyatomare Moleküle
– Symmetrien 479–482
positive Ionen 122–123
Positron-Atom-Wechselwirkung 299
Positronenstreuung
– Ramsauer-Townsend-Minima 300
Positronium 261–264
Post-Collision Interaction 138
Potentialbarriere beim $\alpha$-Zerfall 782
Potentialstreuung
– quantenmechanische Struktureffekte 348
Potentialtopf
– quantenmechanischer 70–75
Prädissoziation 596
Präionisationsgebiet 609
Produkt einer Reaktion 393
Propagator
– Feynman-Graphen 918

Proportional- und Driftkammern 857–858
Proportionalzählrohr 857
Proton, Ausdehnung 699
Protonendonator 389
Protonensynchrotrons, Liste 851
Proton-Halo 698
Proton-Neutron-Streuung 752–756
Proton-Proton-Streuung 757–761
Proton-Zerfall, Lebensdauer 838
PSE 374
Puddingmodell
– statisches Atommodell 3
Pumpen, optisches 228–231
P-Zweig 478

QCD 832
QED 876
quadratischer Stark-Effekt 168
Quadrupoldeformation
– Gebiete der Nuklidkarte 707
Quadrupolfallen, elektrische 189
Quadrupolkonstante 48
Quadrupolmoment 47, 48
– reduziertes 707
Quadrupolschwingung 713
Quadrupol-Speicherring 190
Quadrupolübergänge 118
Quadrupol-Vibrator 714
Quadrupol-Wechselwirkung 47
Quantenanregung 847
Quantenbeats 226–228, 257
Quantenchaos 165, 525
Quantenchromodynamik 768, 832
– als Eichtheorie 925–926
– im Bereich der Kernphysik 665
Quantendefekt 108, 111
Quantenelektrodynamik 42
Quantenmechanik
– Ansätze zur Verallgemeinerung 54–85
– in der Formulierung Schrödingers 14–53
– Postulate 62–65
Quantentheorie des Lichtes, Anfänge 178
Quantenzahl des Bahndrehimpulses 23
Quantenzahlen
– Drehimpulsquantenzahl 21
– effektive 110
– elektrische 171
– Hauptquantenzahl 7
– ladungsartige 878–880
– magnetische 20
– sehr hohe 12–13
Quark-Antiquark-Annihilation 897

Quark-Modell 771, 884–900
Quark-Quark-Streuung 897
Quarks 664, 768–769, 834
– Eigenschaften der drei leichten 771
Quartett 889
– der u-, d-, s- und c-Quarks 889
Quasikontinuum, Messungen 523–524
Quasi-Landau-Bereich 162
Quasi-Molekülbildung 342–348
Quecksilber-Atom, Termschema 116
Quenchstrahlung im elektrischen Feld 255
Q-Wert
– einer Kernreaktion 677
– Zahl der Betatronschwingungen pro Umlauf 843, 850
Q-Zweig 494

Rabi'sche Atomstrahl-Resonanzmethode 207–211
Rad 777
Radien der Leptonen und Quarks 907
Radioaktivität
– Einheiten 777
– Entdeckung 667
Radio-Carbon-Methode 818
Radiodatierung 818–821
Raman Spectroscopy (Spontaneous) 413
Raman-aktive Übergänge
– für ein zweiatomiges Molekül 497
Raman-Induced Kerr-Effect Spectroscopy 413
Raman-Spektren 501–511
Raman-Spektrometer 499–501
Raman-Spektroskopie 492–521
Raman-Wirkungsquerschnitte, absolute 511
Ramsauer-Townsend-Effekt 295–301
Ramsey Fringes 420
Ramsey'sche Zwei-Oszillator-Anordnung 209
Ramsey-Interferenzstruktur 209
Ratengleichung 777
Rayleigh-Streuung 493, 508
RBS-Analyse 675–676
Reaktionen zwischen Kernen 670–671
Reaktionsablauf 393
Reaktionsdynamik, chemische 384–391
Reaktionsmöglichkeiten 392–396
Reaktionstypen
– der organischen Chemie 392
Reaktorkern (Core) 790
Redoxreaktion 390–391
Reduktionsmittel 391

reduzierte Masse 8
– von exotischen Atomen 261
reduziertes Quadrupolmoment 707
reelle Teilchen (Quanten) 901
Regenbogenstreuung 349
relative Atommasse 676
relative Häufigkeit
– von Elementen und Isotopen 723
relative Stärke
– der Wechselwirkungen 838
relativistische Kinematik
– und Einheiten 929–932
relativistische Korrekturen 32
relativistische Quantentheorie 31
Relaxationszeiten $T_1$ und $T_2$ 419
Rem 777
REMPI 604
Resonance Enhanced Multiphoton Ionization 604
Resonance Raman Spectroscopy 414
Resonance Trapping 202–203
Resonanzabsorptionsprozesse 202
Resonanzbreite 865
Resonanzfluoreszenzstrahlung 182
Resonanzlinien
– der Alkalimetallatome 112
Resonanz-Raman-Spektroskopie 511–516
Resonanzstrukturen
– Elektron-Atom-Streuprozesse 301–311
Restwechselwirkung 726, 732–734
RICH 859
Richtungsquantisierung 150, 155
Riesenresonanzen 716–717
RIKES 413
Ritz'sches Korrespondenzprinzip 524
Röntgen 777
Röntgen-Bremsstrahlung 127, 139
Röntgenfluoreszenz-Analyse 671
Röntgen-Formfaktoren 567
Röntgenröhre 129
Röntgenspektren 125–139
Röntgenstreuapparatur
– für energiedispersive Messungen 569
Röntgenstreuung von Molekülen 567–573
Rotational Spectroscopy 414
Rotationsbanden 717–723
Rotationskopplung 347
Rotationsspektren 602
Rotationsstruktur
– eines elektronischen Zustandes 599
Rotverschiebung
– quadratischer Stark-Effekt 173

r-Prozess 820
RRS 414
RS 414
RSS 413
Rückstoß-Fragment-Separator
– der GSI/Darmstadt 681
rückstoßfreie Emission 803
Rückstoßmethode 799–800
Rückstoß-Peak 324
Rumpfpolarisation 732
Runge'sche Regel 151
Running Coupling 925
Russel-Saunders-Kopplung 86
Rutherford-Backscattering-Methode 674–676
Rutherford-Bohr'sches Atommodell 3–10
Rutherford-Streuformel 674
Rutherford-Streuung 672–676
Rutherford-Trajektorie 673
Rydberg-Atome 265–267
Rydberg-Konstante 9, 935
Rydberg-Ritz-Formel 108
Rydberg-Terme 107
R-Zweig 478

Sandwich Compound 459
Satellit
– charakteristische Röntgenlinien 133
Sättigung der Kernkräfte 687
Sättigungsparameter 202
Sättigungsspektroskopie 219
Sauerstoff-Atom, Termschema 119
Säure 389
Säure-Base-Reaktion 389–390
SCF-Xα-SW-Methode 626
Schalenmodell 724–734
Schauerzähler 855
– und Kalorimeter 860–861
Scheren-Mode 748
Schmidt-Linien 730–731
Schrödinger-Gleichung 15, 17–28, 195
– für das Wasserstoffatom 18
– nichtlineare 195
– Potential-Null-Lösung 18
– stationäre 17
– zeitabhängige 15
Schulz-Resonanz 306
schwache Kopplung
– kollektiver und Einteilchen-Bewegung 739
schwache Wechselwirkung 663, 907–911
schwacher Mischungswinkel 918
Schwarzschild-Epstein-Formel 171

Schwelle einer Reaktion 931
Schwellen-Tscherenkow-Zähler 859
Schwingungsstruktur
– eines elektronischen Zustandes 593–599
Scissors Mode 745–746
Secondary-Ion Mass Spectroscopy 414
SECSY 414
Seeded-Beam-Technik 187
Selbstumkehr der Spektrallinien 201–203
Selfconsistent Field 626
Seltenerd-Metalle 100
seltsame Teilchen 835
Seltsamkeit 762, 879
SEM 410
SEP 547
Separationsenergie
– Massen benachbarter Kerne 677
– und Q-Wert 682–685
– zweier Neutronen 723–724
SERS 414
SEXAFS 414
Shake-Off-Prozess 357
Shape-Resonanz 309
Shears Mode 748
Sherman-Funktion 285
Shrinkage 533
Sievert 777
Silverstein-Korrektur 548
Silizium-Streifenzähler 862
SIMS 414
Singulett-Streuamplituden 330
Singulett-Zustand 93
Skimmer 185
SLC 850
Sommerfeld-Feinstruktur-Konstante 14, 38, 935
s-Prozess 820
Spallationsreaktionen 671
Spaltfragmente, Verteilung 787
Spaltisomerie 790
Spaltparameter 789
Spaltprozess 786–787
Spaltreaktoren 790–793
Spannungsreihe 391
SPEAR 894
Speicherringdetektor 863–864
Speicherringe, Liste wichtiger 851
Speicherring-Experiment 931
Spektrallinie 195
Spektralserien des Wasserstoffatoms 11
Spektroskopie
– mit der Synchrotronstrahlung 243

spektroskopische Messmethoden
– der Molekülphysik 408–415
– optische und Lasermethoden 216–260
spektroskopischer Faktor 608
spezifische Elektronenladung 936
Spiegelung
– an einer Spiegelebene 479
Spin und magnetisches Moment 875–878
Spin-Andere-Bahn-Wechselwirkung 97
Spinasymmetrie 331
Spinaustausch-Operator 767
Spin-Bahn-Term 727, 759
Spin-Bahn-Wechselwirkung 32, 36, 282–286
Spindublett 132
Spin-Echo Correlation Spectroscopy 414
Spin-Echo-Messungen 429–430
– im medizinischen Bereich 451
Spin-Echo-Modulation 445
Spineffekte
– Elektron-Atom-Streuung 328–341
Spin-Entkopplung 441–444
Spinexperimente
– in der Elektron-Atom-Streuung 351
Spin-Flip-Prozess 336
Spin-Gitter-Relaxation 420
Spin Mode 746
Spinpolarisation der Elektronen 332
spinpolarisierte Atome 229
Spinquantenzahl 32
Spinreaktion 329
Spins im Quark-Modell 876
Spin-Spin-Kopplung 437–441
Spin-Spin-Relaxation 420
Spin-Spin-Relaxationszeit $T_2$ 430
Spin-Spin-Wechselwirkungen 419
Spin-Tickling 444
Spinumklappfrequenz 204
Spiralstruktur der Milchstraße 13
spontane Emission 79–81
spontane Spaltung 775
s-Prozesse 820
SRS 414
Stabilitätshierarchie
– van-der-Waals-Moleküle 642
Stabilitätstal 712
Standard-Modell 832
– der elektroschwachen Wechselwirkung 917
– experimentelle Verifikation 919–925
Standardpotential, elektrochemisches 391
starke Ladung 925
starke Wechselwirkung 663
Stark-Effekt 167–178

- quadratischer 168
Stefan-Boltzmann-Konstante 937
Stellungsisomere 396
STEM 410
Stereochemie 396–400
Stern-Pirani-Manometer 210
Steuerelemente 790
Steuprozess, quasi-elastischer 558
Stickstoff-Atom, Termschema 119
Stickstoffmolekül
- Molekülparameter 502
Stimulated Emission Pumping 547
Stimulated Raman Spectroscopy 414
Stimulated Transfer Induced Raman Adiabatic Passage 547
stimulierte Emission
- siehe induzierte Emission 79
STIRAP 547
Stokes-Linien 494
Störungstheorie 57
Stoßexperiment mit Antiteilchen 358
stoßinduzierte Absorption 643
Stoßparameter, asymptotischer 673
Stoßparameter-Darstellung 341
Stoßprozesse
- zwischen Elektronen und Atomen 293–340
Stoßverbreiterung der Spektrallinien 198
Strahloptik
- Fokussierung eines Teilchenstrahls 840–844
Strahlungsdämpfung 847
Strahlungskorrekturen 907
Strahlungslänge des Materials 854
strahlungsloser Übergang 134
strange Quark 771
Strangeness 762, 879
Streuasymmetrie
- Spin-Bahn-Kopplung 761
Streulänge 755
- im NN-System 758
Streuresonanz 305
Strukturaufklärung, chemische 401–402
Struktureffekte
- quantenmechanische 348
Strukturen von Molekülen 540–643
Strukturfunktion des Nukleons 892
Struktur-Reaktivitäts-Beziehung 395
SU(3)-Multipletts 884–887
SU(3)-Oktetts der Mesonen 885
SU(3)-Tripletts
- der Quarks und Antiquarks 886
Substitutionsreaktion 392

Super-Coster-Kronig-Übergänge 136
superdeformierte Banden 719
superelastische Elektronenstreuung 323
Superpositionsprinzip, quantenmechnisches 64
Supersymmetrie 928
Surface Enhanced Raman Spectroscopy 414
Surface Extended X-ray Absorption Fine Structure 414
Surface-Delta-Wechselwirkung 734
Suszeptibilität
- diamagnetische 159
- magnetische 436–437
Symmetrie der Wellenfunktion 88
Symmetrieenergie 710
Symmetrie-Interferenzeffekt 350
Symmetrien
- in polyatomaren Molekülen 479–482
Symmetrieoperationen, fundamentale 479
symmetrische Kreisel 462
Synchrotron 841
Synchrotronschwingungen 844–846
Synchrotronstrahlung 846–848
- Polarisation 246
Synthese, chemische 391–404
Szintillationszähler 856–857

$T_1$, Messung 428–429
$T_2$, Messung 429–430
TAC 313
Tauchbahnen 109
Tautomere 396
Teilchen siehe auch Elementarteilchen
- minimal ionisierende 852
- mit starken Zerfällen 864–868
Teilchenbeschleuniger
- Liste wichtiger 851
- Prinzip 845
Teilchendetektoren 850–863
Teilchenquellen 848–850
Teilchen-Rumpf-Kopplung 740
TEM 410
Tensorkraft
- zwischen Proton und Neutron 750
Termsymbole für Molekülzustände 576
Termwert 10
TESLA 845
thermische Spaltung 787
Thomas-Faktor 34
Thomson'sches Atommodell 3
Tickling 443

Time-to-Amplitude Converter 313
TMAE 860
T-Matrix der Streutheorie 309
Top-Quark 921
totaler Wirkungsquerschnitt 270
- der Photoionisation 279–282
Trägheitsmomente
- symmetrischer Moleküle 463–464
Transmissionsfenster 305
Transmissionskoeffizienten 782
transversale Spinpolarisation 332
Triplet Resonance Raman Radiation 414
Triplett-Streuamplituden 330
Triplett-Zustand 93
TRISTAN 894
Tröpfchenmodell 710–712
TRRR/TR3 414
Tscherenkow-Detektor 691
Tscherenkow-Strahlung 854–855
Tscherenkow-Winkel 859
Tscherenkow-Zähler 859–860
Tunnel-Effekt 75
Tunneleffekt-Ionisation 174
Typ-I- und Typ-II-Resonanz 309

Übergangselemente 100
Übergangsmatrixelemente 75–85
Übergangsmetalle 621–631
Übergangsmetallverbindungen 456–458
Übergangsstrahlung 855
Überlagerung
- von p-Orbitalen 588
- von s-Orbitalen 586
Überlappungsmöglichkeiten
- zwischen zwei d-Orbitalen 621
ug-Kerne 710
Ultra Violet Spectroscopy 414
Unbestimmtheitsprinzip
- Heisenberg'sches 65
Undulator 246
Ungenauigkeitsbeziehungen 65
Ungenauigkeitsprinzip
- Heisenberg'sches 65
universelle Gaskonstante 937
unpolarisiertes Licht 180
unsymmetrische Kreisel 462
Ununterscheidbarkeit
- quantenmechanische 85
up-Quark 771
Uran-Szintillator-Kalorimeter 861
uu-Kerne 710

UV Photo Electron Spectroscopy 414
UVPE 414
UVS 414

van-der-Waals-Kraft 348
- Analogie zur Kernkraft 898
van-der-Waals-Moleküle 631–646
- Eigenschaften 636, 639
- Herstellung und Nachweis 631
- in der Gasphase 643
Vektormesonen 865
Vektor-Raum, linearer 58–62
verallgemeinerte Oszillatorstärke 606
vereinigtes Atom 342
vereinigtes Ion 346
Vereinigung der Wechselwirkungen 911–928
Vernichtungsoperatoren 67
Vertauschungsregeln
- quantenmechanischer Operatoren 64–65
Vertauschungsrelation 765
Verzweigungsverhältnis 776
Vibrationsmodell 712–717
Vieldraht-Proportionalkammer 858
Vielfermionensystem 664
Vielkanal-Ofen 185
Vielquantenanregungen 524–526
Vielteilchensystem
- quantenmechanisches 664
Vielzentrenmetallchemie 622
Vierer-Vektoren 929–930
Vierphoton-Mischprozesse 516
virtuelle Teilchen (Quanten) 901
virtueller Zustand des Moleküls 498
virtuelles Teilchen 834
Voigt-Profil 197, 200–202
vollständiges Experiment 269, 312, 337
Vollständigkeitsprinzip 558
von-Klitzing-Konstante 935
Vorbeschleuniger 848–850
VPS 414

W- und Z-Bosonen 835
Wahrscheinlichkeitsdichte 16
- radiale 23
Wasserstoff, myonischer 614–616
Wasserstoffatom 4, 10–53
- Feinstruktur und Hyperfeinstruktur 30
- Grobstruktur der Energiezustände 28–30
- in extrem hohen Magnetfeldern 167
- Lamb-Shift 52–53

- Mikrowellen-Strahlung 13
- Spektralserien 4, 10
- Termschema 11
wasserstoffgleiche Spektren 12
Wasserstoffionen-Konzentration 389
Wasserstoffmaser 211–214
Wechselwirkung, vereinheitlichte 911
Wechselwirkungen
- fundamentale 832–835
- und Feldquanten 839
Wechselwirkungen mit Materie
- von Teilchen und $\gamma$-Strahlung 850–856
Weinberg-Winkel 918
Weisskopf-Einheit 795–797
Wellenfunktion
- statistische Deutung 16
- Vorzeichen 380
Wellengleichung
- relativistische 869
- Schrödinger'sche 15
Wellenmechanik 54
Welle-Teilchen-Dualismus 179
White'sche Darstellung der Elektronenwolken 28
Wien-Filter 336
Wiggler 246
Wigner-Kraft 766
Winkelverteilung
- gestreuter Elektronen 302, 314
- von Drehimpulskomponenten 320
Wirkungsquerschnitt
- absoluter 548
- relativer 510
- dreifach differentieller 325
- totaler und differentieller 270–271
- unelastischer 608–611
Wood'sches Horn 182
Wood'sches Rohr 224
Woods-Saxon-Form
- nukleares Streupotential 690

XANES 415
XPS 415
X-Ray Absorption Near Edge Structure 415
X-Ray Diffraction 415
X-Ray Diffuse Scattering 415
X-Ray Fluorescence spectroscopy 415
X-Ray Photoelectron Spectroscopy 415
XRD 415
XRDS 415
XRF 415

Yrast-Bande 720
Yrast-Linie 721
Yukawa-Potential 834

Zahlenwerte
- Fundamentalkonstanten 935–937
Zeeman-Aufspaltung 145
Zeeman-Effekt 145–167
- anomaler 148
- linearer 148, 159
- longitudinaler 147
- mit Hyperfeinstruktur 152
- normaler 147
- quadratischer 158–159
- transversaler 146
Zeitumkehr 880
Zerfallsbreite 776
Zerfallsgesetz 775
Zerfallsketten 776
Zerfallskonstante 775
Zerfallstypen eines Elektronenloches 136
Zerfallswahrscheinlichkeit
- reduzierte 783
Zeugmatographie 452
zirkularer Dichroismus 292
Zirkulationsquant 935
Zitterbewegung 52
zufällige Koinzidenz 312
Zustand, virtueller 498
Zustandsfunktion 386
Zustandsgleichung von Kernmaterie 738
Zustandssee 522
Zwei-Elektronen-Systeme 113–116
Zwei-Jet-Produktion
- in der Elektron-Positron-Annihilation 893
zweikerniger Metallkomplex
- Struktur und Photoelektronenspektren 630
Zweikörperreaktion, Kinematik 930–931
Zweineutronen-Halo 698
Zwei-Oszillator-Anordnung
- einer Rabi-Apparatur 209
Zwei-Photonen-Spektroskopie
- doppler-freie 217
Zwei-Photonen-Zerfall
- metastabiler Wasserstoff 249
Zweiphotonerzeugung 904
Zweistrahl-Infrarotspektrometer 483
Zwischenstoff 393
Zwischenstufen
- chemischer Reaktionen 393
Zyklotronfrequenz 159

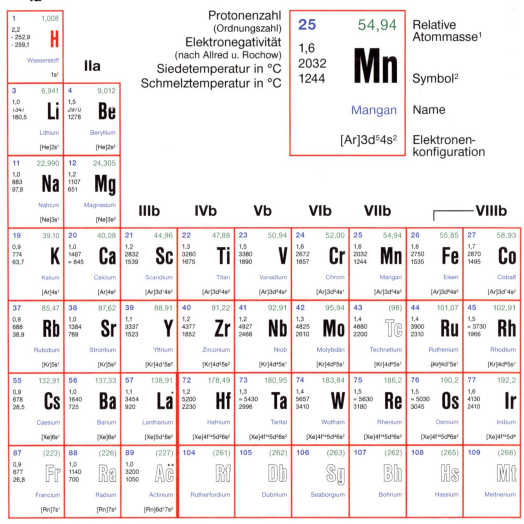